求 索 集

气象标准化
与科技评估研究

成秀虎　编著

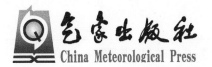
气象出版社
China Meteorological Press

图书在版编目（CIP）数据

求索集：气象标准化与科技评估研究 / 成秀虎编著
. -- 北京：气象出版社，2023.12
ISBN 978-7-5029-8088-7

Ⅰ．①求… Ⅱ．①成… Ⅲ．①气象服务－标准化－中
国－文集②气象服务－科学技术－评估－中国－文集
Ⅳ．①P451-53

中国国家版本馆CIP数据核字(2023)第212748号

求索集——气象标准化与科技评估研究

Qiusuo Ji — Qixiang Biaozhunhua yu Keji Pinggu Yanjiu

成秀虎 编著

出版发行：气象出版社

地　　址：北京市海淀区中关村南大街 46 号　　　　**邮政编码：**100081

电　　话：010-68407112（总编室）010-68408042（发行部）

网　　址：http://www.qxcbs.com　　　　**E - m a i l：**qxcbs@cma.gov.cn

责任编辑：王萃萃　郑乐乡　　　　　　　　**终　　审：**张　斌

责任校对：张硕杰　　　　　　　　　　　　**责任技编：**赵相宁

封面设计：阳光图文工作室

印　　刷：北京旺鹏印刷有限公司

开　　本：889 mm × 1194 mm　1/16　　　　**印　　张：**43.75

字　　数：1267 千字

版　　次：2023 年 12 月第 1 版　　　　　　**印　　次：**2023 年 12 月第 1 次印刷

定　　价：200.00 元

序

在中国加入世界贸易组织的大背景下，为了将气象标准化工作提升到一个新的高度，2007 年中国气象局决定在当时的中国气象局培训中心成立标准化研究室，作为中国气象局专门的气象标准化研究机构，主要任务是组织开展气象标准化研究、完善气象标准化体系建设和加强气象标准化宣贯与培训。2011 年中国气象局批复组建标准化与科技评估室，增加气象科技项目管理系统建设与气象科技项目评估两项工作职能，业务范围首次由气象标准化领域扩大到气象科技评估领域。2019 年中国气象局批复将教育培训评估与研究的职能划归标准化与科技评估室，并在 2022 年升级为标准化与科技评估中心，同年 12 月更名为气象标准化研究所（科技教育评估中心），职能包括气象标准化发展战略和基础性研究与标准化技术支持服务、气象科技评估和气象科技成果推广应用技术支持和保障、气象教育培训评估三大任务。至此，标准化研究室经过近 16 年的发展，实现了由最初单一的标准化研究职能起步，到中间标准化与科技教育评估技术支持服务并重，再到如今进一步深化标准化研究功能、不断提升助力气象高质量发展决策咨询服务能力的完美蜕变。

成秀虎同志 2011 年调任这个部门主任，在中国气象局政策法规司、科技与气候变化司、人事司的指导和气象干部培训学院（原培训中心）历任领导的大力支持下，按照以研究为起点、以业务化为目标、以信息化为基础、以业务技术研发为根基的工作思路，与所在部门全体同志共同奋斗，逐步完成气象标准化技术支持服务、气象科技评估、气象教育培训三大业务体系的建立，形成支撑三大业务开展的气象标准化信息服务与管理平台、气象科技管理信息系统、气象培训评估三大业务平台系统和气象标准资源、气象科技项目与成果、气象培训评估调查资料三大信息资源数据库，基本建成一支可以满足三大业务体系正常运行的专业化队伍，所在团队工作先后 3 次获得中国气象局创新工作奖。十几年来，成秀虎研究员及其团队在夯实业务体系基础、形成业务技术能力方面所开展的研究，主要涉及气象标准化发展规划与管理规定、气象标准体系构建等事关标准化发展顶层设计研究，气象标准化培训课程体系、气象干部培训评估指标体系研究，标准全生命周期质量控制评价、气象科技创新全链条监测评价、气象教育培训评估等评价技术研究。这些研究成果构成了本书内容的主体，少量内容为其从事气象图书及标准化期刊出版、气象防灾与科普方面的内容。全书共收集气象标准化、气象标准复核、气象科技评估、气象培训、气象防灾与标准化科普、气象出版六个板块的百篇论文，基本涵盖了他从事气象标准化与科技评估、气象培训、气象出版三段经历的科研性探索与思考，从中不难窥见从理论到实践、从思想观念提出再到业务化发展的求真探索脉络。这些成果皆是因工作或业务发展需要而产生的，许多工作是在没有现成模式套用的情况下，作为探索性业务而发展起来，大多具有从 0 到 1 的起步创新意义。

我曾在中国气象局政策法规司、人事司、科技与气候变化司工作，很高兴地看到上述成果能够汇集成册并保留下来，这既是对过去探索过程的一个总结，也为后来者不断学习提供了参考。迄今社会进步的历史反复证明，今日文明之进步，无不得益于前人的长期积累，在所有最值得后人传承的财富之中，尤以智慧最为宝贵，尤以启示最值珍藏。相信任何有价值的探索都因时间的迁移而更显得弥足珍贵，我想本书也应该能起到这种作用，读者也应能感受到这种价值。

于玉斌

2023 年 6 月于北京

于玉斌，中国气象局气象干部培训学院院长、研究员。

目录

Contents

序

气象标准化

气象标准复核

气象防灾与标准化科普

气象出版

气象标准化

"十一五"时期我国标准化事业取得的成就及"十二五"的发展重点①

成秀虎

（中国气象局气象干部培训学院，北京 100081）

"十二五"时期是我国全面建设小康社会的关键时期，是深化改革开放、加快转变经济发展方式的攻坚时期。国内工业化、信息化、城镇化、市场化、国际化深入发展，经济结构转型加快，科技创新势头迅猛，社会管理亟待加强，对标准化工作提出了新的更高要求。国际上经济全球化继续深入发展，全世界围绕市场、资源、人才、技术、标准等的国际竞争更加激烈。标准作为创新技术产业化、市场化的关键环节，成为参与国际合作与竞争、保障产业利益和经济安全的重要手段。标准与技术法规、合格评定程序等共同构成技术性贸易措施，在国际贸易中的应用更趋频繁。标准已成为国际经济和科技竞争制高点。为适应国内经济社会发展和参与全球国际竞争的需要，全面提升我国标准化发展的整体质量效益，服务经济社会又好又快发展，国家标准委于2011年年底发布了《标准化事业发展"十二五"规划》，绘制出一幅未来5年我国标准化事业发展的全新蓝图。

1 "十一五"时期我国标准化事业取得的成就

"十一五"期间，我国标准化事业快速发展，基础性、战略性地位显著增强，政府引导、市场驱动、社会参与、产学研相结合的标准化工作格局基本形成。截至"十一五"末，批准发布国家标准15117项，国家标准平均标龄由10.2年缩短至5年，制修订周期由平均4.5年缩短至3年，国家级标准化试点示范项目达到3519个，关键技术标准推进工程顺利实施，标准化公益性科研有效开展，在产业调整与振兴、食品消费品安全、节能减排、高新技术、资源节约和环境保护等方面，研制了一批重要技术标准。全国共形成专业标准化技术委员会1148个，委员超过4万名，国家标准总数达到26940项，备案行业标准44143项，备案地方标准19214项，覆盖第一、二、三产业及社会事业领域，对经济社会发展的支撑和保障作用明显。标准化国际合作与交流广泛开展，参与国际标准化活动能力和水平显著增强，以我国技术和标准为基础的国际标准数量不断增加。我国成为国际标准化组织（ISO）常任理事国。

2 "十二五"我国标准化工作需要着重解决的问题

"十二五"期间，标准化工作将着重解决标准化法律法规相对滞后、体制机制不尽完善、管理的系

---

① 本文刊于2012《气象标准化通讯》第1期，收入本文集时标题有修改。

统性有待增强的问题，改变目前标准体系结构不合理，整体质量水平不高，一些标准更新速度慢，实施效益不明显，与技术创新、产业发展和社会事业发展需求脱节的现象。

3　"十二五"我国标准化事业的发展目标

"十二五"期间，国家将按照紧密衔接国家经济社会发展重大部署、解决标准化发展重大实际问题、在继承基础上创新发展的要求，着力提升标准化发展的整体质量效益，促进创新型国家和质量强国建设，实现标准化对经济社会发展贡献率的大幅提升。主要目标如下。

3.1　标准体系进一步完善

基本健全覆盖第一、二、三产业，满足经济社会发展需求的标准体系，在重点领域形成一批重要标准。第二产业标准适应制造业改造提升和战略性新兴产业发展要求，第一、三产业及社会管理、公共服务、资源节约、环境保护标准所占比例明显提高，强制性标准与推荐性标准、国家标准与行业及地方标准之间的协调性进一步增强，联盟标准化有序发展。

3.2　标准质量水平明显提高

标准化与科技创新、产业发展的结合更加紧密，标准制修订过程管理更加科学、严格，标准化科技创新步伐加快，标准质量和技术水平明显提高，标准适用性和有效性显著增强。与国际标准相关联的国家标准达到和高于国际标准水平的比例超过 85%。

3.3　标准实施效益明显增强

各相关方协作的标准推广应用机制和服务体系进一步健全，标准化与计量、合格评定/认证认可的结合更加紧密，标准化试点示范建设取得重大进展，标准实施监督与评价力度进一步加大，推动标准有效实施，实施效益明显增强。

3.4　国际标准化活动取得新突破

标准化国际交流与合作持续深化，担任国际标准组织领导和管理工作的能力不断提高，实质参与制修订国际标准的水平明显提升，有效参与制订相关国际标准组织政策和规则的能力进一步增强。成为国际电工委员会(IEC)常任理事国。

3.5　标准化发展基础更加坚实

标准化法制、体制和制度不断完善，标准化法修订取得实质进展。标准化工作机制进一步优化，各相关方协调推进力度加大，制修订工作更加公开透明、高效有序。技术组织体系不断优化，激励约束机制进一步强化。科研技术机构综合实力显著增强，人才队伍发展壮大，能力素质明显提升。科技、信息化支撑更加有力，公共服务体系基本建立。全社会支持和参与标准化的良好氛围更加浓厚。

4　"十二五"我国标准化工作的重点领域

与《国民经济和社会发展第十二个五年规划纲要》提出的加快发展现代农业、改造提升制造业、培育发展战略性新兴产业、推动服务业大发展、建设资源节约型环境友好型社会、加强社会管理和公共服务等6个领域相对应，"十二五"期间我国标准化工作将围绕这6个重点领域加快建立、完善相关的标准体系，进一步提高标准水平。

4.1 现代农业标准化

围绕现代农业基础设施、产业体系及新型农业社会化服务体系，完善现代农业标准体系，研制标准1500项，建设农业综合标准化示范区320个，农业综合标准化示范市、县30个，促进农业标准的推广应用，推进农业结构战略性调整，加快转变农业发展方式，提高农业综合生产能力和抗风险能力，保障国家粮食安全，支撑现代农业发展和社会主义新农村建设。

4.2 制造业标准化

围绕优化产业结构、改善品种质量、提升安全水平、淘汰落后产能，完善制造业标准体系，研制标准1500项，推动原材料工业调整优化和食品、消费品工业改造提升，引导传统制造业向结构优化、技术先进、清洁安全、附加值高的产业链高端发展，促进制造业由大变强，提高我国制造业在全球经济中的竞争优势。

4.3 服务业标准化

围绕服务业发展的新领域、新业态、新热点，拓宽服务业标准化覆盖范围，健全生产性服务业和生活性服务业标准体系，制修订1000项标准，开展300个服务业标准化试点建设，促进服务业的规范化与标准化，提高服务业在国民经济中的比重，推动我国服务业大发展。

4.4 能源资源环境标准化

按照建设资源节约型、环境友好型社会的要求，加强能源生产与利用、资源开发与循环利用、生态环境保护、应对气候变化等领域的标准化工作，制修订1000项标准，形成终端用能产品能效、高耗能产品能耗限额、节水、交通节能、海水综合利用、资源循环利用、清洁煤技术、应对气候变化、环境质量、污染物排放等10大重要标准体系，支撑节能重点工程、污染物减排重点工程、循环经济重点工程的实施，开展30个国家循环经济标准化试点示范建设，促进节能减排技术的推广应用，服务节能减排约束性目标的实现。

链接1 生态保护与应对气候变化标准建设重点

生态保护方面：制修订生态环境影响评价、生物多样性调查和评价、自然保护区相关标准；研制水土保持、荒漠化治理、生态保护与修复、生态系统服务、生态风险评估标准。

应对气候变化方面：研制低碳产品标准、碳排放交易相关的方法和统计标准；开展气候变化监测与预测、温室气体管理，以及工业、建筑、交通、农业等领域温室气体排放标准的研究。

4.5 战略性新兴产业标准化

围绕提升产业层次、高起点建设现代产业体系，加快培育先导、支柱产业，大力开展节能环保、新一代信息技术、生物、高端装备制造、新能源、新材料和新能源汽车等产业的标准化工作，制修订2000

项标准，研制一批标准样品，建立健全战略性新兴产业标准体系，积极开展标准化试点示范，促进标准化与技术创新、产业发展同步，引领和支撑战略性新兴产业的发展。

链接 2　资源循环利用、环保、新能源产业标准建设重点

　　资源循环利用方面：研制再制造、再生资源利用标准，以及建筑废物、餐厨废弃物、农林废物资源化利用标准；开展产业共生网络优化评估、产业共生与链接技术、废物信息交流等标准的研究。

　　环保产业方面：制修订污水处理、垃圾处理、大气污染控制、危险废物处置、土壤污染治理等关键环保技术装备标准；研制环保材料、环保药剂等环保产品标准；开展脱硫脱硝、除尘等环保设备运行效果评价，以及排污权交易、生态设计等环保服务标准的研究。

　　新能源产业方面：制修订太阳能集热系统、太阳能光伏发电系统、光热光电联合供能系统及相关设备标准；研制高效太阳能电池、太阳能热发电热电转换材料、核心部件及大规模储热技术标准；开展太阳能资源监测、预测预报和评估、太阳能电场选址和电场运行等关键技术标准研究。

　　制修订大型风电机组及关键部件的设计、制造和检测技术标准；研制大型风电机组在极端环境条件下的应对技术，以及大规模海上风电关键技术与装备标准；开展风能资源监测、预测预报，以及大型风电场资源评估、选址施工、监控和运营标准的研究。

4.6　社会管理和公共服务标准化

　　按照创新社会管理，推进基本公共服务均等化的要求，大力开展公共教育、就业服务、社会保险、基本社会服务、公共医疗卫生、人口计生、公共基础设施管理与服务、公共文化、公共交通、公共安全以及社会公益科技服务等领域的标准研究，制修订800项与人民生活密切相关的服务安全和质量标准，建立社会管理和公共服务标准体系。加强标准实施与监督，加大社会管理和公共服务重要基础标准、强制性标准的宣贯力度，选择300个具有明显资源优势、区域优势的省、市、县，开展社会管理和公共服务标准化试点，使标准成为提高社会管理与公共服务质量和政府服务绩效的有效手段，促进社会管理与公共服务水平的提升。

链接 3　公共安全、社会公益科技服务、公共交通领域标准建设重点

　　公共安全方面：开展公共安全基础、安全防范、风险管理、公共安全应急装备、公共安全教育等标准研究；制修订安全生产、交通安全、设施与设备安全、化学品安全、社会治安、司法和刑事鉴定、消防安全等领域的标准；研制突发事件应急、防灾减灾等领域的标准；开展特种设备安全风险评估、化学品风险分析技术标准的研究。

　　社会公益科技服务方面：制修订地震监测、预测、预警，地理国情动态监测与测绘、地理信息产品、导航与基于位置服务、地理信息交换与共享、遥感影像应用，档案管理，气候、大气成分和空间天气的监测预警与服务、气象灾害防御、气象信息与气象影视等领域的标准。

　　公共交通方面：制修订道路交通客运服务、城市客运服务、水路客运服务、铁路客运服务。民航客运服务、公共邮政服务等领域的标准；研制公路、铁路、水路、桥梁、港口、车站和机场等交通基础设施和综合交通枢纽的建设、维护、管理标准，以及智能运输系统标准。

"十二五"气象标准化工作成就综述①

成秀虎

（中国气象局气象干部培训学院，北京　100081）

"十二五"以来，在国家标准化管理委员会（简称"国家标准委"）的指导下，在各相关部门的支持下，中国气象局按照立足职责、面向社会、服务民生的指导思想，通过创新工作机制、优化工作程序、强化工作指导、健全技术组织、加大宣贯力度等措施，积极促进气象标准化在气象改革发展中发挥好基础性作用，为履行公共气象服务和气象社会管理职能提供了有力的支撑和保障，具体总结为以下五个方面。

1　强化顶层设计，明确气象标准化发展思路

为贯彻落实《国务院关于印发深化标准化工作改革方案的通知》以及中国气象局有关推进气象改革发展和法治建设的工作部署，2015 年 10 月，中国气象局印发《关于贯彻落实〈国务院关于印发深化标准化工作改革方案的通知〉的实施意见》，提出 10 条工作举措推进气象标准化的改革发展。

为贯彻落实《标准化事业发展"十二五"规划》和《气象发展规划（2011—2015）》，2012 年 3 月，中国气象局制定下发了《气象标准化"十二五"发展规划》。规划在总结"十一五"期间气象标准化取得的成绩、经验的基础上，围绕气象业务服务和科研需要，进一步明确了"十二五"期间气象标准化工作的原则、目标、主要任务和保障措施，为气象标准化科学发展指明了方向、勾画了蓝图。

此外，全国有 12 个省（区、市）气象局出台了地方气象标准化发展和工作规划。上海、江苏、重庆等省（市）局将气象标准化工作纳入到地方气象事业发展规划。黑龙江省局组织开展了《黑龙江省气象标准体系表》科研项目，重庆市局将"加强异常气候变化、气象灾害的监测预警和应急处置环节的关键技术标准研制"等内容写进了《重庆市人民政府关于加快实施技术标准战略打造内陆技术标准高地的若干意见》和《重庆市标准化发展战略纲要（2010—2020 年）》，《云南气象标准体系研究与建设》被列入省政府同类项目的最高档次资金资助，研究成果以地方标准的形式发布应用。

2　完善组织建设，基本实现气象业务领域全覆盖

"十二五"以来，中国气象局进一步加强了标准化工作体系建设，基本形成以气象标准归口管理机构、业务牵头机构、业务服务单位、气象标准化技术委员会、气象标准化研究机构和省（区、市）气象

---

① 本文成稿于 2016 年，收入本文集时标题有修改。

局为主体的组织架构，并通过加强对标准化技术委员会秘书处的支持、协调和指导力度，鼓励气象业务、科研骨干参与标准化工作等措施，积极推动标准化工作的健康持续开展。在加强现有气象标准化技术委员会的技术协调与服务保障能力建设的基础上，为了形成覆盖各业务领域、分层清晰的标准化专业技术组织体系，在各有关部门的积极配合和协助下，经国家标准委批准，组建成立了全国气候与气候变化、农业气象、人工影响天气等技术委员会和大气成分观测预报警报服务、风能太阳能气候资源、气象影视等分技术委员会等六个标准化技术组织。各省（区、市）气象局也大力推进地方气象标准化技术组织建设，截至"十二五"末，有19个省（区、市）建立了气象地方专业标准化技术委员会和分委员会，极大地推动了气象地方标准化工作的发展。"十二五"期间，共制定实施气象国家标准39项、行业标准171项、地方标准182项。

3　创新工作机制，全面提升气象标准化管理水平

为了加强气象标准化工作的流程管理，推进气象标准化工作的制度化、信息化建设，中国气象局进一步强化气象标准化管理制度建设，立项开展气象标准化信息服务与管理平台的研制工作，力求通过细化气象标准化管理规定、优化气象标准制修订程序、引入信息化管理手段等措施，进一步加强气象标准制修订的质量控制，提高气象标准化工作效率。目前，已初步形成由《气象标准化管理办法》《气象标准制修订管理细则》《关于强化气象标准实施工作的通知》和《气象标准化工作流程》《气象标准化工作手册》《气象标准编写指南》等构成的制度体系；积极探索了标准预审制、重点项目督查制、报批稿会核制等新的工作机制；开发建设了气象标准化网、气象标准制修订管理系统和气象信息服务系统，并全面推广应用，利用信息化手段强化标准制修订管理、提高标准资料共享水平、提升标准化工作效率。

各省（区、市）气象局结合本地实际情况，也相继制定了地方气象标准化工作管理的规定和细则，有力地促进了地方气象标准化工作的顺利实施。据不完全统计，已有19个省（区、市）气象局出台气象标准化管理办法或实施细则。

4　创新宣贯形式，营造良好的标准化工作氛围

"十二五"以来，中国气象局认真研究、积极探索有效的气象标准学习宣传形式和方法，在全部门、全行业、全社会营造"学标准、讲标准、用标准"的良好氛围。每年针对标准编制人员、标准化管理人员、标委会工作人员等不同对象组织举办两期全国性的培训班或研习班，并将标准化培训纳入局重点培训计划，加强了标准项目管理、编写模板应用、出错案例解析、问题与经验交流等学习内容，设置了讨论、实习、参观等新颖多样的教学形式，学习效果好、学员评价高。气象远程培训网络平台每年均安排资源对已发布重要气象标准进行解读和宣讲。组织编发季刊《气象标准化》，每年刊登标准解读文章约30篇，就标准化动态与知识、气象标准化研究等内容进行交流。组织出版和印刷气象行业标准单行本和《气象标准汇编》，并免费发放到全国各地气象部门，每年约印发9万余册。

5　强化研究应用，充分发挥气象标准化效益

一是加强气象标准化相关研究。积极组织开展了多层次、多领域的标准化研究工作。开展公益性行业科研专项《全国气象服务规范》的研究，形成了由《全国气象服务规范手册》以及《雾的预报等级》

等17项标准组成的研究成果；中国气象局软科学课题《气象标准应用效果评估指标的研究》《风能太阳能资源标准体系建设》顺利验收；《气象标准化人才素质需求与培训内容研究》和《气象标准培训教材研究》等研究项目取得初步成果。二是着力提升气象标准在气象业务和管理工作中的应用水平。在全国气象业务服务单位建立"执行标准清单"制度，要求梳理形成清单并动态更新，清单要纳入单位信息公开范畴，作为标准实施监督检查的主要依据；中国天气网组织全国编辑培训大会，将《常用气象信息服务用语》推广应用到中国天气网及其省级站；《基于手机客户端的气象灾害预警信息播发规范》应用到中国移动定制机采购白皮书中，为实现在定制机中预装气象预警信息手机客户端提供技术依据。三是推进气象服务标准化试点工作。深圳市气象服务标准化试点项目以高分通过评估验收，评估专家评价该试点项目通过建立实施标准体系，促进了气象服务的规范、高效发展，为发挥气象标准作用和效益探索出了新的途径。贵州省气象局防雷减灾公共服务、山西省人工影响天气防灾减灾服务、北京市城乡公共气象服务、福建省防雷技术服务等不同专业领域的标准化试点项目陆续获得立项。四是组织开展气象标准应用调查评估活动。研究制定和印发了《气象标准应用调查实施方案》，明确调查目的、原则、步骤和要求，先后于2012年对17项防雷标准开展专项应用调查和评价，发出调查问卷1760份，涉及调查对象占防雷从业人员8%；2014年对230个气象标准的应用情况进行全面摸底调查，调查范围涵盖了全国4级气象部门和4个主要行业部门的235家单位。这两次组织开展的气象标准应用调查评估活动，为全面了解气象标准应用情况提供了高质量的数据支撑。

"十三五"及更长时期气象标准化工作的信息化建设探讨①

纪翠玲　成秀虎　边森

（中国气象局气象干部培训学院，北京　100081）

1　引言

　　信息化是推动经济社会变革的重要力量，是当今世界经济社会发展的大趋势，是我国全面建成小康社会和实现社会主义现代化的必然选择。党的十八大将信息化纳入"四化"同步发展的战略布局。2014 年 2 月 27 日习近平主持召开中央网络安全和信息化领导小组第一次会上强调，没有信息化就没有现代化。气象信息化在全球和国家信息化的大背景下产生，信息技术已全面渗透并正在深刻影响着气象事业发展理念、发展方式、气象业务服务结构、服务模式和气象管理工作方式。

　　在全面推进气象现代化和深化气象改革的新形势下，2015 年 1 月 8 日，中国气象局在国家级气象现代化第四次推进会议上提出了以"信息化、集约化、标准化"为重点推进气象业务现代化。信息化在全面推进气象现代化建设全局中具有重要地位。标准化是全面推进气象现代化的重要基础。显然，气象信息化工作离不开标准化，标准化是信息化的重要环节。同样，气象标准化工作的深入开展也离不开信息技术支撑，标准化工作的信息化建设是气象信息化的重要组成部分。本文通过分析信息化对气象标准化工作的作用和意义，国家和气象部门有关的方针政策和需求、信息化现状和经验，提出了在"十三五"及更长时期气象标准化工作的信息化建设重点及建议，为中国气象局标准化工作的信息化建设总体设计和统一部署提供参考。

2　信息化对气象标准化工作的重要作用和意义

　　气象标准化事业经过十几年尤其是近几年的快速发展，在组织机构、项目、标准、人才、资金等方面已经达到了相当规模，标准化活动愈加频繁，管理和服务工作愈加繁重。新时期，贯彻落实好国务院《深化标准化工作改革方案》，还要开展一系列工作，包括加快气象标准制修订、完善标准体系、提高标准质量、加强标准实施与监督、发挥标准的效益和影响力、改进管理机制、落实标准化工作职责等。切实完成这些任务，依靠传统的管理模式和工作方式显然不行，而信息化则是最好的推动方式之一。

---

　　①　本文刊于 2017 年《气象标准化》第 1 期。

2.1 信息化有利于提高气象标准化工作的管理水平

实施信息化，有利于提高气象标准化工作的管理能力和效率。第一，有利于优化工作流程，贯彻管理制度。因为管理活动本身就是信息加工处理的过程，信息化可以对标准化工作流程进行彻底梳理、优化甚至再造。通过信息系统，工作流程得以固化、管理规范得以强制执行。第二，有利于改进工作机制，落实标准化工作职责。通过信息系统，可以实现集成化管理和协同工作，对工作流程中各个节点有关各方的职责进行固定，可以有效地规避工作随意性，杜绝推诿扯皮，降低协调成本。第三，有利于提高工作效率，提升运行能力和效果。通过透明监管、信息共享、便捷工具，有力提高任务督办、报送审批、信息管理等事务处理工作效率，让日常管理工作能够按计划轻松完成。第四，有利于提高决策部门的信息处理能力和决策效率。通过为领导决策提供数据和分析工具支撑，可以提高基于数据的决策能力和准确性，此外，信息化增强了多部门之间的协同办公，极大地提高决策效率。

2.2 信息化有利于增强气象标准化工作的服务能力

随着气象标准在气象业务现代化、气象服务社会化和气象工作法制化中地位的不断增强、效益的不断发挥，气象部门内外和社会各界对气象标准应用的广度和深度会不断拓展，对气象标准化信息的需求会不断增多，随之而来的是对中国气象局标准化信息服务能力提出了更高要求。信息技术的应用可以突破传统服务方式，带来深刻变革。第一，在服务手段上，借助手机、网络等多种平台，可以面向社会和公众及时发布、更新和传播气象标准化信息，使用户能够在网上随用随取所需信息，还可以做到对用户反馈和咨询的及时接收和应答，从而有效提升服务的覆盖面、时效性和灵活性。第二，在服务形式上，可以利用多媒体技术以文本、图表、音频、视频等多种形式展现标准化信息，增强表现力和服务效果。第三，在服务技术上，通过强大的搜索引擎技术和算法，可以极大地加快用户对标准化信息的检索、分析和处理速度。第四，在服务内容上，可以增加一些更加具有针对性、专业性强、深层次的服务。例如，可以通过研发定制服务系统，开展标准信息定制服务，用户可以按标委会、标准分类法定制相关标准及信息，通过电子邮件形式自动发布给用户。也可以建立用户数据库，通过自动检索与伺服系统，在用户所用标准更新时，自动发送信息给用户最新版本，达到跟踪服务目的。还可以通过抓住热点、难点问题，对各类标准信息进行分类、加工，建立专题或专栏，提供特色服务。

2.3 信息化有利于促进气象标准化宣传和意识增强

十八届三中全会通过的《中共中央关于全面深化改革若干重大问题的决定》指出："政府要加强发展战略、规划、政策、标准等制定和实施，加强市场活动监管，加强各类公共服务提供。"在此，标准被提升到国家战略的层面。标准化工作的重要性将逐渐为社会所认知，对国民经济和社会发展的有效作用也日渐显现。因此，气象标准化工作的一个重要方面是对全民的宣传推广，努力加强政府部门、企事业单位、社会和个人的气象标准化意识。信息化则为完成这项任务提供了帮助。第一，通过提供一个新型、高效、便捷的信息交流和共享平台，让社会各方可以方便、快捷地获取气象标准化信息，这将对气象标准化工作宣传、气象标准的应用和效益发挥起到很好的推进作用。第二，通过信息技术，能够很好地与社会公众互动，提升参与意识，增强对气象标准和标准化的认知。例如，在气象标准制修订过程中，尤其是标准项目提案、征求意见等环节，利用网络等技术手段，可以扩大信息的覆盖面，提高社会参与度，形成广泛参与、协同推进的工作氛围。在标准推广应用和实施反馈等工作中，借助信息化手段可以方便地收集和听取各方意见，使气象标准的修订完善能够及时跟上技术发展和社会需求变化的步伐。

总之，信息化是气象标准化工作的技术推进器，它将为气象标准化工作的管理提供一个规范、高效、可靠、智慧的工具，为气象标准化信息服务带来诸多便利和快捷，为气象标准化宣传普及和意识增强创造条件。因此，要提高认识，重视信息化对推动气象标准化工作的必要性和紧迫性。

3 国家和气象行业标准化工作的信息化现状

3.1 国家标准化工作的信息化现状和经验

国家标准化管理委员会一直以来都十分重视信息化工作。在"十五"期间，就研制了"国家标准制修订项目计划申报系统""国家标准制修订项目阶段管理系统""国家标准网上发行服务系统"以及"国际标准投票系统"，通过信息化手段实现了全部国家标准项目计划基于网络的申报、征求意见、审查和协调，提高了管理工作的透明度，保证了信息的有效传播和交流工作的顺利开展。在2009年的工作要点中，国家标准化管理委员会提出要重点抓好四件大事，其中之一即加强国家技术标准资源服务平台建设，通过整合国家、行业、地方标准信息资源并建设应用及服务系统，为全社会提供权威、准确、全面的标准化动态信息，提升我国标准化信息服务的整体水平。在2010年全国标准化工作要点中，国家标准化管理委员会提出要以开展"强化管理年"活动为主线，努力提升标准化工作管理水平，切实强化标准制修订和实施的全过程管理。

近年来，国家标准化管理委员会又相继开发了"国家标准制修订工作管理信息系统""国家标准实施信息反馈系统""技术委员会年报填报系统""服务业标准化试点管理系统""农业标准化示范区信息平台"等多个系统。后经重新设计，2014年建成上线了"国家标准制修订工作管理信息系统"（简称"新系统"）和"全国专业标准化技术委员会工作平台"（简称"新平台"），这两个系统是我国标准化工作信息化建设又向前迈进一步的标志。"新系统"是原"国家标准制修订工作管理信息系统"的升级版。它可以提供国家标准计划项目的申报、审批、协调和下达等各阶段环节的流程管理和控制；国家标准草案的委员会审查（含投票）、部门审批、审查部技术审查、国家标准化管理委员会的专业部审核、国家标准化管理委员会的委务会批准、公告发布等各阶段环节的流程管理和控制。"新系统"可初步实现标准审批审查等业务工作的无纸化和网络协同；基本实现了全过程监管，进度实时监控、动态跟踪。为今后严格周期管理，缩短审批发布周期，实现标准审批发布和出版同步，全面提升标准制修订工作质量和效率，提供了技术支持和前提保障。"新平台"是为全国各专业标准化技术委员会搭建的网络化工作平台。可以提供文件共享、视频会议、电子投票、内部论坛、项目查询、通知公告等功能，初步实现技术委员会层面标准制定工作的网络化，无纸化。通过推行网络视频会议，可提高技术委员会的工作效率，降低企业参与标准制定工作的成本；通过推行电子投票表决制度，可确保企业参与的公平公正，确保了标准制定工作全过程的公开和透明。

通过计算机网络和文献资料，对国务院部委标准化工作的信息化建设情况调研发现，国家环境保护部研制了国家环境标准修订项目管理信息系统、中国环境标准网（http://www.es.org.cn）；水利部研制了水利技术标准业务管理信息系统、水利部水利安全生产标准化评审管理网（http://slbzh.chhsn.com）；国土资源部研制了国土资源标准化信息服务平台（http://www.lrs.org.cn）；农业部研制了农业部农业标准化网（http://www.agristd.org.cn/）、农业标准化评审系统；林业部门研制了中国林业标准信息管理系统；国家测绘和地理信息局研制了中国测绘地理信息标准网（http://www.csms.org.cn）等。上述网站和系统主要围绕标准制修订管理、标准信息共享、标准化评审等方面，未发现对其他标准化工作和活动研发的信息系统。

3.2 气象标准化工作的信息化现状

从"十一五"开始，便随着气象标准化工作的大力推进，中国气象局对标准化工作的信息化意识逐渐增强，并在"十二五"发展规划文件中，专门将信息化建设作为一项重要任务，要求建成气象标准化信息服务与管理平台。该平台于 2011 年 8 月开始投资建设，2012 年底实现了上线试运行，2015 年开始进行业务化运行，取得了较为丰富的成果，完成了一网（中国气象标准化网）、两系统（气象标准制修订管理系统、气象标准信息服务系统）、三库（气象标准档案库、气象标准项目库、气象标准化人才库）的开发，以及服务器等计算机硬件设备的建设。

目前，气象标准化信息服务与管理平台可以提供文件、表格、音频、视频等多种形式、电子与印刷两种格式、丰富的国内外标准化数据资源。其中，气象标准档案库建设了 600 余项我国气象国家标准、行业标准和地方标准资源，800 余项相关行业的国家标准、行业标准和基础性标准资源，500 余项国际国外气象相关标准资源，400 余项标准化专业图书、科技论文、基础知识和电子课件等学习资源，近 4000 项标准化管理有关的政策法规文件、组织机构文件及信息，近 200 项气象标准宣贯材料和视频资源。气象标准项目库管理了 1000 余项气象国家标准项目、行业标准项目、预研究项目的全部信息和有关文本材料。气象标准化人才库记录了 1200 多位气象标准化专家、标委会委员、起草人、管理人员等各类标准化人才的基本信息。

建成的中国气象标准化网、气象标准制修订管理系统、气象标准信息服务系统，符合气象标准化政策、管理要求和业务实际需要，功能便捷、丰富。其中，中国气象标准化网包括组织管理（国家和气象部门的政策法规、标准化组织机构）、新闻动态（综合新闻、地方动态、标委会动态、国内资讯、国际视窗）、标准制修订通知公告（发布公告、复审公告、立项公告、地标备案、征求意见）、宣贯研究（学术期刊、标准化研究、示范区建设、在线学习、常用文件下载、常用网站、公众留言）、网站公告、站内搜索、网站后台管理（内容管理模块、栏目管理模块、用户管理模块、网站管理模块、站点配置模块、访问统计模块）等"7 大 25 小"的功能模块和栏目。气象标准信息服务系统包括标准信息服务、标准项目信息服务、地方标准备案、标准项目提案、标准征求意见、标准应用反馈、标准解读培训、标准化人才信息服务、信息咨询服务等 9 大功能模块。气象标准制修订管理系统包括申报项目管理、在编项目管理、项目申报、编制与征求意见、审查、批准与发布、出版与存档、项目经费管理、项目调整管理、通告及材料下载、短信及信息通、用户权限管理、系统管理等 13 大功能模块。上述系统和功能在一定程度上促进了中国气象局标准化工作宣传和政策传播、各标准化组织机构间的信息交流共享、气象标准及信息的提供和服务、气象标准的实施和应用、气象标准制修订的高效管理、地方标准备案业务管理。

气象标准化信息服务与管理平台面向全社会开放，可以供各类气象标准化组织机构〔中国气象局各业务职能司，全国、行业、地方的气象标准化技术委员会，中国气象局各直属单位和各省（区、市）气象局政策法规处，气象干部学院标准化研究室〕、全部气象标准化工作人员（标准化管理人员、研究人员、标准起草人员、标准化专家、标准宣贯人员、标准使用者）、社会公众共同使用，避免各单位重复建设。通过各方力量的互动、共建和共享，该平台成为我国气象标准化管理工作的有力工具和统一出入口，为全社会提供权威、准确、全面的气象标准信息和服务。

"十二五"期间气象标准化的信息化建设，形成了气象标准化的信息化平台的框架模式，积累了一定的标准信息和资源，完善了气象标准化工作机制，实现了较为丰富的管理功能，提高了气象标准信息服务能力，提升了气象标准化工作效率、质量和水平，一定程度上促进了气象标准化工作信息化、集约化、规范化，产生了一定的社会和经济效益，为今后深化"1 网 +n 库 +n 系统"的信息化模式和持续发展奠定了基础。

4　气象标准化工作信息化建设的新政策与新需求分析

4.1　国家和气象部门有关方针政策要求

4.1.1　国家有关方针政策

2015 年 3 月，国务院印发了《深化标准化工作改革方案》（国发〔2015〕13 号），要求充分发挥国务院各部门在相关领域内标准制定、实施及监督的作用。建立强制性国家标准实施情况统计分析报告制度。充分运用信息化手段，建立标准制修订全过程信息公开和共享平台，强化制修订流程中的信息共享、社会监督和自查自纠，有效避免推荐性国家标准、行业标准、地方标准在立项、制定过程中的交叉重复矛盾。建立标准实施信息反馈和评估机制，及时开展标准复审和维护更新，有效解决标准缺失滞后老化问题。

国家的改革方案对今后气象标准化工作的信息化建设主要提供了以下两方面启示：一是继续加强气象标准制修订过程的信息化管理和公开共享。二是继续加强气象标准实施应用的信息化管理，通过信息化手段确保标准实施信息的及时反馈、报告、分析、评估，为后续复审和修订奠定基础。

4.1.2　气象部门有关方针政策

2012 年 3 月，中国气象局发布了《气象标准化"十二五"发展规划》（气发〔2012〕27 号），将"加快气象标准化信息服务和管理平台建设"列为七项主要任务之一，还强调了要加强气象标准制修订质量控制，不断提高标准质量，解决标准质量不高的问题，提高标准宣传应用水平，加大气象标准学习宣传力度，增强标准执行及检查评估力度等方面。2012 年 2 月印发的《中国气象局气象干部培训学院发展规划（2011—2020 年）》和 2014 年 4 月批准的《气象干部培训学院气象现代化实施方案（2014—2020 年）》将气象标准化信息服务与管理平台建设列为重点任务之一，促进气象标准化信息的传播、汇总、发布、共享，利用信息化手段提高气象标准化工作效率、规范相关标准化组织机构行为。开展气象标准化信息咨询服务，提供定制化的标准化信息和标准制修订技术咨询服务。2015 年 4 月，中共中国气象局党组印发的有关气象法治化文件中提出，完善依法发展气象事业的制度体系，要加强气象发展战略、规划、政策、标准等的制定和实施力度。完善气象标准体系，强化气象标准实施应用，推进气象标准化、规范化管理。加强法制机构和基层执法队伍建设，明确执法责任。2015 年 10 月，中国气象局在《气象标准化改革实施方案》中提出，要建立气象标准化工作问责机制。一是建立标准项目承担单位和承担人信用记录、通报及相应问责制度。对不能按要求完成标准制修订、参加编写培训、开展标准解读等工作任务的单位和人员记录在案，并定期进行通报。承担人有不良信用记录的，视情节采取新标准减分或取消申报资格等措施；二是标委会秘书处等相关单位及工作人员在标准化各个工作环节未能按规定履行职责的，予以通报；三是气象相关企事业单位及工作人员不执行标准造成后果的，应追究相应责任。

上述文件涉及了气象标准制修订和质量控制、标准宣贯和应用检查、信息共享和咨询、组织和人员考核等多个方面，对今后气象标准化工作的信息化建设主要提供了以下几方面启示：一是可以通过信息化建设，继续提高气象标准化管理工作效率和水平，特别是加强气象标准制修订过程管理、标准化组织机构和标准化人员管理。二是借助信息技术辅助，促进气象标准质量提高。三是创新标准化信息和资源的共享手段，提供与标准制定、应用和行政执法等工作有关的优质咨询和信息服务，促进标准宣传和贯彻。四是可以利用信息技术开展气象标准应用的报告、考核、调查和评估等工作，加强对气象标准应用的监督。

4.2 气象标准化工作的信息化新需求

随着气象标准化业务发展、国家和气象部门标准化改革的不断推进，需要结合工作实际和发展趋势，客观地分析不足和新需求，以促进气象标准化工作的信息化水平进一步提高。通过征集和调研，信息化建设新需求主要包括以下几个方面：第一，加强气象标准化信息化的安全建设，将软件正版化和信息安全解决方案作为建设内容之一。第二，加强与国家标准化管理委员会的标准制修订管理信息系统对接和关联，为气象国家标准的申报和报批工作提供便捷工具。第三，要持续不断地更新和补充气象标准化及有关的信息和数据，尤其是加强相关规范性政策文件、国内相关标准、国际国外相关标准的采集，保证气象标准化数据库的权威、全面和完备。第四，结合国际规则和国家政策，通过改造和技术措施，解决公益类标准网上公开浏览的问题，推动标准的应用。第五，加强气象标准制修订必备的知识和资料库的建设，为气象标准编写和审查提供方法和技巧方面的技术支持，促进气象标准编制效率和质量提高。第六，目前气象标准制修订工作各环节中，仅出版环节未纳入信息化管理，有必要增加出版发行一体化功能，为气象标准的出版和网上发行服务提供技术支持。第七，根据气象标准化发展需求和实际需要，考虑开发气象标准化信息平台手机小程序（APP），便于随时随地查标准、交流和共享，推动气象标准应用。

5 推进气象标准化工作信息化建设的建议

5.1 重点建设内容

通过综合分析国家和气象部门标准化改革新要求、气象标准化工作信息化建设现状及新需求，借鉴国家和相关部委的建设经验，建议中国气象局在"十三五"及更长时间，以气象标准化信息服务与管理平台为基础，重点推进以下几方面内容的建设。

5.1.1 持续补充数据和信息资源

数据和信息是信息平台运行的血液，否则，将会严重影响信息平台作用的发挥。因此，需要持续更新和不断补充气象标准数据库的数据资源，保证数据库的权威、全面和完备，使其成为我国气象领域标准化方面的专业图书馆。

5.1.2 持续完善和扩展现有系统

根据信息化建设的继承中发展、螺旋式改进的原理，需要继续完善以下系统的功能。一是继续扩展气象标准制修订管理系统。增加更加丰富、强大的功能，按照国家标准化改革的要求，进一步开放气象标准制修订信息，与国家标准化管理委员会进行信息关联和对接等。二是继续扩展气象标准信息服务系统。创新气象标准化信息和资源的共享手段，提供优质咨询和信息服务，促进气象标准宣传和贯彻。解决公益类标准获取问题，推动标准应用。三是继续加强气象标准实施应用的信息化管理，为气象标准推广应用及其效益调查、评价、监督检查工作提供技术支撑，为后续的标准复审和修订奠定基础。

5.1.3 持续创新和研发新系统

主要包括：一是建设气象标准制修订技术支持与培训系统。借助信息技术，改变学习模式，实现气象标准编写技能学习的模块化、智能化、便捷化，提升培训效果，为气象标准制修订工作提供技术支持和保障，促进气象标准编写和审查技术水平、工作效率和质量的提高。二是研究设计气象标准化工作考核评价指标体系，开发气象标准化组织机构管理系统，对省（区、市）气象局、中国气象局直属单位、气象标委会等各有关单位和组织的标准化活动进行督办、检查、成效评价，形成报告和评价制度，引导标准化资源合理配置，加强科学管理。三是建设气象标准化人才考试认证系统，为建设一支覆盖国家级和省级单位的各类气象标准化人才队伍提供技术支撑。四是建设气象标准质量评价系统，促进气象标准质量提高、标准复审、立项新需求提出提供支撑。

5.2　推进措施建议

5.2.1　增强对信息化紧迫性的认识

信息化是气象标准化工作的技术推进器，它将为气象标准化改革和创新提供一个规范、可靠、高效、智慧的先进平台，使气象标准化工作有更多机会享受新技术带来的便利和快捷。深化信息化建设，需要进一步提高管理者和决策者对信息化重要性的认识，意识到信息化对推动气象标准化工作的紧迫性。

5.2.2　深刻理解标准化内涵和改革精神

气象标准化工作的信息化建设必须以标准化工作本身的业务内容和内涵为核心，认真分析真正影响和制约其发展的主要问题，将信息化作为一种突破手段。同时，更要以国家和气象部门关于信息化、标准化、现代化的改革精神为指导和牵引，以效益为本，立足部门、面向行业、代表国家，才能更好地为气象标准化支撑气象现代化建发挥技术保障作用。

5.2.3　重视前期研究和顶层设计

信息化建设是一项复杂的系统工程，顶层设计尤为重要，需要以科学研究为基础、以可行性论证作保障，需要分步实施、不断改进，不能急于求成、一蹴而就。在当前国家和气象部门改革和信息化的大形势下，气象标准化工作的信息化建设成为必然，因此更要按照统筹安排、成熟优先的原则，稳步、持续的建设，将全国气象标准化工作集成到一个统一、权威的信息平台上来。

5.2.4　稳定的人力和资金投入

信息化建设是一项长期性的工作，因此，需要持续的投入，包括稳定的研究和开发团队进行研究、设计、开发和维护，还需要列入规划、计划，纳入财政支持范围，作为中国气象局的一项重要工程进行建设。

"十四五"气象标准体系框架及重点气象
标准项目建议研究①

摘　要：根据中国气象局《全国气象发展"十四五"规划》基本思路和目标，在总结分析"十三五"气象标准化工作取得的成绩和存在的主要问题基础上，针对"十四五"气象标准化工作面临的新形势，按照适用实用、创新前瞻、开放兼容、协调配套的指导思想，遵循目标明确、全面成套、层次适当、划分清楚的基本原则，以"十三五"气象标准体系框架为基础，构建了由领域维、功能维、级别维、类别维、性质维、范围维等六个维度构成的"十四五"全国气象标准体系结构模型。

以支撑气象高质量发展和气象强国建设为主线，满足"生命安全、生产发展、生活富裕、生态良好""监测精密、预报精准、服务精细"和"发挥气象防灾减灾第一道防线作用"的需要，将"十四五"全国气象标准体系结构模型的主维度"领域维"展开，构建了"十四五"全国气象标准体系框架，包括气象观测标准体系、气象信息标准体系、气象预报预测标准体系、气象服务保障标准体系、气象基础综合标准体系等五个标准体系。为提升标准体系框架的指引性和易用性，为五个标准体系分别设计了体系框架，并给出详细范围和说明。

为保证"十四五"期间气象标准制定的针对性和计划性，对各领域的标准需求进行了分析，并给出了重点项目建议。"十四五"重点标准项目将更加注重质量和效益，更加注重政府和市场的需求，向精品标准、好用标准、有影响力标准转变，争取在国际化方面有所突破。基于对各领域的重点方向分析，在广泛调研基础上，提出了"十四五"重点标准项目建议167项（含48个系列标准），并对在各标委会分布情况进行了统计，这些标准预期在22个方面发挥作用。

为保障"十四五"全国气象标准体系顺利建设，提出了"加强对标准体系宣贯和持续研究""加强组织管理和标准化人才保障""保持稳定持续的经费投入""建立跨部门跨领域协调机制""建立重点方向配套标准试点机制""建立对标准体系定期评估机制"等措施建议。

"十四五"时期是开启全面建设社会主义现代化国家新征程、向第二个百年奋斗目标进军的第一个五年。做好"十四五"全国气象标准体系研究，既是贯彻新发展理念，落实"习近平总书记关于气象工作重要指示精神"、《全国气象现代化发展纲要（2015—2030）》和《全国气象发展"十四五"规划》的重要体现，也是发挥气象标准化服务气象事业发展的基础性、战略性、引领性作用，支撑和保障气象事业高质量发展和气象强国建设，助推构建气象事业新发展格局的重要举措。

1　"十三五"气象标准化工作取得的成绩和存在的主要问题

1.1　主要成绩

"十三五"时期，全国气象标准化工作进入了快速发展阶段，标准体系建设、标准化制度和机制建设、标准化技术支撑体系建设、标准宣贯实施等各方面稳步开展并均取得了重要进展。

---

① 本文为中国气象局软科学重点项目（2020ZDIANXM12）研究成果，项目负责人为成秀虎、纪翠玲，收入本文集时相关内容有修改。

1.1.1　建立了较完整的气象标准体系

围绕国计民生和气象事业改革发展对标准化工作的要求和需求，印发了《"十三五"气象标准体系框架及重点气象标准项目计划》，形成了包括气象防灾减灾、应对气候变化、公共气象服务、生态气象等 14 个专业领域在内，由国家标准、行业标准、地方标准、团体标准 4 个层级组成的气象标准体系，标准化领域覆盖完整、重点明确，标准制修订的指导性、计划性和协调性得到了明显加强。到 2020 年底，共制定发布气象领域国家标准 195 项、行业标准 600 项、地方标准 707 项、团体标准 19 项。"十三五"期间气象标准制修订工作呈现跨越式发展，制修订国家标准 150 项，约占现行有效国标总数的 77.3%；行业标准 314 项，约占现行有效行业标准总数的 55.7%。地方标准 400 项，约占现行有效行业标准总数的 56.7%；团体标准 19 项，实现 0 的突破。五年间气象领域标准制定数量超过 2000—2015 年发布标准数量的总和。

1.1.2　建立了较完善的气象标准化制度体系

先后制定印发了《气象标准化管理规定》《关于国家级气象标准化主要工作职责分工的通知》《气象标准制修订管理细则（修订版）》《气象领域标准化技术委员会评估办法》等多个管理性制度，编印了《气象标准复核工作规范》等规范性资料，创建了标准预研究、预审、复核与会核、指令性立项、制修订快速通道和信用管理、地方标准信息报告、标委会年度评估等具有气象特色的标准化工作机制，为规范气象标准化各环节工作奠定了基础。

1.1.3　构建了适应需求的气象标准化技术支撑体系

在国家级层面成立了全国气象防灾减灾等 7 个全国标准化技术委员会、6 个分技术委员会和 1 个行业标准化技术委员会，地方各省级层面也成立了 23 个气象领域的地方标准化技术组织，气象标准化技术组织基本实现了对气象业务服务领域的全覆盖。设立了国家级气象标准化技术支撑服务机构，初步形成了支撑性、服务型的气象标准化业务体系。

1.1.4　初步形成了气象标准化工作协同机制

初步形成了"归口管理部门统一协调、主管职能部门分工主导"的标准化工作机制。特别是近几年来，各主管职能部门按照"标准先行"的要求，推进市场监管、信息化、气象装备等领域的标准体系建设，使标准在支撑气象改革发展和确保履职尽责上发挥出了重要作用。此外，标准化成果被纳入科技成果范畴和高级职称评聘依据，标准专项经费得以落实等等。通过开展气象领域的标准化试点活动，以标准为抓手不断拓宽气象服务的广度和深度，在各专业领域的实践中有力地促进了标准实施应用。

1.1.5　气象标准的效益明显提升

5 年来，气象标准化工作按照"紧贴需求、服务大局"的工作思路，立足民生，面向公众、面向生产、面向服务，在服务国家经济社会发展和气象改革发展中发挥出了越来越明显的作用和效益。一批重要标准，为发挥好防灾减灾"第一道防线"作用、健全现代气象为农服务体系、助力乡村振兴和脱贫攻坚以及生态文明建设以及更广泛的经济社会发展领域发挥更有效作用提供了技术依据。气象信息服务、气候可行性论证、防雷安全等系列监管标准，为适应行政审批制度改革和职能转变的要求，以及相关规章制度的落地实施提供了配套、有力的技术支撑，客观上也大大提升了气象履职能力和水平。

1.2 存在问题

"十三五"气象标准化工作虽然取得了一定成绩，但也还存在着一些问题和不足。

1.2.1 气象标准体系的系统性、协调性、均衡性有待加强

标准子体系之间的逻辑关系不够清晰，存在一定程度交叉，整体系统性不足。子体系之间、同系列标准之间、标准与科技项目和工程项目之间、气象部门与行业内单位之间，关联性、协调性不够。各类别、各子体系的标准数量不均衡，业务技术类等对内标准多、面向公众和社会需求的对外标准少，技术标准多、管理标准过少。

1.2.2 气象标准化水平和标准质量有待进一步提升

标准总体数量和增速仍不能满足气象事业改革发展需要。规划的重点项目指导性不强，按计划完成率不高。高质量标准、好用标准、针对性强的标准、影响力大的标准不多，标准的权威性和硬约束地位不够明显。

1.2.3 气象标准国际化参与程度有待提高

参与国际气象标准化活动的意识不强、渠道不畅通，采用国际标准和国外先进标准的力度不大，在国际气象标准化领域的话语权有限。

1.2.4 气象标准化工作机制有待进一步完善

现有标准化工作制度仍存在配套政策不到位、可操作性不够强的问题。对气象标准体系重要性的宣传与认识不够，高层次业务科研人员参与标准体系建设的程度不够，标准执行及检查评估力度不够，气象标准在气象事业发展中的地位和作用还没有得到充分体现。

2 "十三五"气象各业务领域标准体系适用性及发展需求分析

2.1 气象预报与气象防灾减灾

"十三五"时期，气象预报、气象防灾减灾业务领域分别设立了标准体系框架。气象预报与气候预测一起构成了气象预报预测体系，其中气象预报包括"气象监测""气象预报"，从大类上看基本包括了有关业务内容，但与专业气象监测和预报、公共气象服务的界面划分不够清晰。气象防灾减灾标准体系框架细分为"气象灾害监测预警""气象灾害风险管理""气象灾害应急及其他"三个子体系。从范围界限看，"气象灾害监测预警"下的"预警信息发布"与公共气象服务标准体系有交叉，"气象灾情调查与收集"与应对气候变化标准体系有交叉，给标准分类造成了混乱。"十四五"时期，将在"十三五"标准体系框架基础上进一步加强顶层设计，对该领域子体系重新界定和梳理。目前，虽然已经发布国家标准35项、行业标准65项、地方标准167项、团体标准4项，在编国标标准计划9项、行业标准计划30项，但仍不能满

足需要，而且部分重要方向的标准缺口较大。

2.2 气候预测与应对气候变化

气候与气候变化业务领域在"十三五"标准体系中进行了拆分，对应"应对气候变化"和"气象预报预测"两个子体系。其中应对气候变化领域包括"气候变化监测预估""气候影响评估""气候可行性论证""气候资源开发利用"。气候预测包括"气候影响评价""业务质量管理"。两个体系基本包括了气候与气候变化领域业务服务的标准化方向。气候与气候变化领域的标准面向国家需求、跟踪国际科技发展，目前已发布国家标准16项、气象行业标准42项、地方标准25项、团体标准6项，逐步形成了可基本覆盖气候业务和服务、较为科学的标准体系。对标"监测精密、预报精准、服务精细"，气候预测业务管理的标准化和定量化水平还需继续提高，适应研究型业务的标准体系构建是面临的主要问题。健全标准化规范化的管理体系，转变业务管理理念和方式，推进向标准化和定量化管理转变，实现标准规范、检验评估、考核准入对无缝隙气象预报业务全流程的三个全覆盖，才能为高效完成"十四五"目标提供支撑保障，因此对气候预测、应对气候变化两个专业领域的标准体系优化均提出了更高要求。

2.3 风能太阳能气候资源

"十三五"期间，风能太阳能气候资源业务领域共发布国家标准9项、气象行业标准5项、地方标准1项，这些标准为规范风能太阳能资源行业有关工作奠定了基础。"十三五"时期，全国气象标准体系框架中未单独为其设立体系框架，而是将其并入了应对气候变化标准体系框架下的"气候资源开发利用"中。该领域的标委会从加强管理角度，设计了一套标准体系框架，但体系各层次的目标性和相关性不够突出。作为碳达峰、碳中和目标实现的重要手段，风能太阳能开发利用未来将呈现大规模、高比例、高质量的发展特征，风能太阳能气候资源方面也应建立与之相适应的标准体系，组织研究、制定一批符合新发展特征的高水平标准规范。

2.4 公共气象服务

"十三五"公共气象服务标准体系是在"十二五"气象影视标准体系基础上提出的新的标准体系。随着气象影视业务面临萎缩，使得气象影视标准体系领域变窄，目前仅仅发布行业标准11项、地方标准3项。原有气象影视标准体系已经不能满足气象服务业务快速发展的标准化要求，主要表现在：一是标准体系不能涵盖气象服务的业务领域，难以支撑经济社会高质量发展和人民对美好生活向往带来的精细化的气象服务需求。二是服务标准数量少，远不能满足现行和未来气象服务业务发展需要。三是气象服务领域没有清晰的体系框架指引，现有各专业领域分属于多个其他领域，造成标准管理上存在交叉、重复和缺乏总体规划等问题，使气象服务标准制定和管理工作不能及时有效开展。落实气象保障综合防灾减灾、生态文明建设、乡村振兴、军民融合等重大战略行动计划，响应新时代人民群众对精细化、多元化的气象服务的旺盛需求，充分发挥新一轮信息化变革为气象服务发展带来的新动能，积极应对更加开放的社会观测和"走出去"战略带来的气象服务工作新格局，该领域急需加强体系顶层设计，建立一个系统、专业的公共气象服务标准体系框架，为"十四五"时期公共气象服务业务发展提供标准支撑。

2.5 气象观测

气象观测（即气象仪器与观测方法）标准是目前标准总体数量最多的领域，现行国家标准58项、气象行业标准78项、地方标准19项。因"十三五"全国气象标准体系框架统一只设置了两个层级，具体到每个专业领域，都只有一个层级，因此，气象观测专业领域也没有向下细化，结构比较粗放，对标准制修订工作只能给出方向性指引，对重点方向和需求指引力度不够，对各子体系的范围和界限界定得仍不够清晰。因此，有必要对标准体系进行系统梳理和完善设计，使"十四五"标准体系框架能够在纵向上细化，明确各子体系并补充新的重点方向。

2.6 气象基本信息

气象基本信息业务领域现行国家标准5项、气象行业标准59项、地方标准13项，进入"十四五"，无论从国家还是部门层面，新形势、新需求和新技术发展均对该领域标准体系建设提出了更高要求，标准体系框架急需进一步优化。具体表现在：气象业务技术体制改革提出要建立以气象大数据为中心、为主线的新的业务技术体制，把"推动国省两级'数算一体'云平台建设及业务系统'云+端'改革"作为深入推进业务技术体制改革的重点内容；《全国气象发展"十四五"规划》提出了发展平台化、生态化、云智能的气象大数据应用的要求，建设国家气象大数据应用中心，提升大数据收集和存储管理能力等；气象信息化自身发展要求要以新一代信息技术为气象信息化发展提供支撑，为实现气象信息化发展规划的五大主要任务，必须建立贯穿气象数据全流程的气象信息化标准体系框架；此外，气象信息化水平与发达国家在整体规划、重要指标、信息安全措施等方面相比还有很大差距，信息化标准需要从引进吸收为主到向标准国际化努力。

2.7 人工影响天气

人工影响天气（简称"人影"）现行国家标准6项、气象行业标准32项、地方标准71项，"十三五"标准体系根据业务发展需求和管理要求分为"人影装备""人影作业条件预报识别""人影作业安全""人影作业效果检验""人影业务技术保障"五个方面。存在的主要问题包括：各子体系标准不平衡，人影装备、业务保障等涉及"硬件"的标准较多，人影作业条件识别、人影效果检验等涉及"软件"的标准较少，甚至严重缺少；标准没有形成系列，缺乏系统性，造成标准之间内容交叉；标准与业务分类的衔接不够，部分标准分类的名称含糊，如人影业务技术保障类，既涵盖了所有人影业务技术，但又未表述清楚是哪类业务，造成该类标准多集中在作业装备的业务保障上。因此，按照目前人影科研、业务的特点，需要重新进行归类，增加"基础标准"，并对体系进行优化。

2.8 生态气象与农业气象

"十三五"时期，生态气象、农业气象分别设立了标准体系并下设子体系。两个领域现行国家标准共21项、气象行业标准55项、地方标准105项。"十三五"期间各子体系发布的标准数量不均衡，生态气象服务子体系和农业气象服务子体系仅仅发布了1项国家标准，农业气象试验研究方法子体系没有发布标准，不能完全适应和满足粮食安全、生态文明建设和乡村振兴气象保障服务需求，建议继续完善生态文明气象保障子体系，并在其下一层级增加智慧农业与乡村振兴气象保障子体系，加强农业气象"趋利"方面的标准体系建设，增加农产品气象品质评价、气候好产品评价与认证、农业气象保险等方面的标准研制，加强农业气象地方标准、企业标准、团体标准的制定，适应气象为农服务社会化需求。以上发展形势和新需求，均需要在标准体系框架和重点项目布局上加以考虑。

2.9　卫星气象与空间天气

"十三五"时期，按照业务管理特点为卫星气象、空间天气分别设立了标准体系，并细分为"气象卫星地面应用系统""气象卫星遥感应用"和"空间天气仪器""空间天气监测""空间天气预警""空间天气服务""空间天气效应"等子体系，已发布国家标准 7 项、气象行业标准 70 项、地方标准 6 项，总体上能够较好地适应"十三五"时期该领域规范化发展需求。然而，对标新形势和新要求，特别是国家重大战略，以及卫星气象和空间天气事业高质量发展要求，该领域标准体系有待进一步完善，遥感卫星辐射校正体系覆盖范围和内容划分需要更加明确，卫星遥感在轨性能跟踪与监测需要进一步细化，辐射校正与真实性检验场地定标标准体系内涵需要详细定义。此外，综合考虑适应气象信息化、气象现代化建设的要求和业务实际发展的需要，气象卫星数据、气象遥感应用、空间天气监测预警领域的标准体系框架均需进一步修订。总体上，该领域有必要全面优化体系结构，增加新的专业门类和种类，提高标准体系质量和集成度，扩大适用范围。

2.10　大气成分观测预报预警服务

"十三五"大气成分观测预报预警服务标准体系，结构简明清晰，功能比较明确，划分为"大气成分观测仪器""大气成分观测""大气成分预报预警""大气成分服务子体系"四个子体系，基本能满足当前大气成分业务需求，为该领域标准化工作提供了方向性指南。目前，国家标准 12 项、气象行业标准 41 项、地方标准 2 项。在多年的实践、宣贯和应用过程中，也发现了一些不足，具体包括：一是与其他领域存在交叉，包括"大气成分仪器"子体系与气象观测领域，数据格式、资料编码、质量控制等与气象基本信息领域，"大气成分预报预警"与气象防灾减灾领域等均存在交叉。二是体系内的分类不尽合理，对于"大气成分仪器"与"大气成分观测"子体系，观测的概念已经包含了仪器。三是齐备性不够，标准体系功能仍显粗放，指导性仍显不足，实际申报项目与标准明细表存在一定偏差。四是部分标准划分过细、集约性不强。主要体现在多要素、多功能、多流程、多环节相关的标准编制上，注重了独立性，但忽视了集约和连贯性。例如，一个仪器或方法可以测量多个要素，却拆分成了 2 个或多个标准；一个完整的业务流程却拆分成了多个环节，而这些环节的标准又不是同步编写的。

2.11　雷电防御

"十三五"期间，雷电防御领域标准体系框架通过不断优化日趋完善，能够涵盖该领域标准化建设的各个方面，满足目前业务工作需要，对该领域标准制修订以及长期规划都起到了积极的指导作用。目前现行国家标准 6 项、气象行业标准 66 项、地方标准 106 项、团体标准 9 项。不足之处在于：虽然中国气象局是全国雷电灾害防御的归口管理部门，但是建设部也在推进雷电防护标准的制定，此外受全国雷电防护标准化技术委员会（SAC/TC 258）[对应国际电工委员会雷电防护技术委员会（IEC81）]影响，导致在标准化工作中缺乏主导权。在多个行业主管部门各自为政的情况下，雷电防护标准化管理责权不够清晰，会给管理造成归口混乱、标准交叉重复、实施用户无所适从等问题。此外，近年来中国气象局防雷减灾体制改革对雷电防御业务范围进行了调整。因此，有必要对气象行业雷电防御标准体系的范围重新进行严格界定。

2.12　气象综合

"十三五"时期的气象综合标准体系框架包括了上述各领域的术语、符号等基础标准，气象科技管理、气象工程管理、气象人才管理以及气象科普宣传等其他综合性标准，主要面向基础性、通用性、管理相关的标准，覆盖面总体上较为完整，但标准数量较少，仅45项。面对"十四五"对气象行业和社会管理需求和要求的增加，有必要进一步细化和优化。

3　"十四五"气象标准化工作新形势

气象事业是党和国家事业发展的重要组成部分，是国家高质量发展的重要推动力量。气象事业高质量发展离不开标准和标准化工作。站在新的历史起点上，气象标准化工作既面临着难得的历史机遇，也面临着巨大的压力挑战。

3.1　党和国家对标准化工作的决策部署，对气象标准化工作提出了更高要求

党的十九大报告中明确提出了建设社会主义现代化强国的目标，并且提出"必须坚持质量第一、效益优先"，这对标准化工作提出了更高要求，标准决定质量，只有高标准才有高质量，加快形成推动高质量发展的标准体系，以标准助力创新发展、协调发展、绿色发展、开放发展、共享发展。新修订的《中华人民共和国标准化法》的立法目的明确要"加强标准化工作，提升产品和服务质量，促进科学技术进步，保障人身健康和生命财产安全，维护国家安全、生态环境安全，提高经济社会发展水平"。此外，《关于进一步加强行业标准管理的指导意见》等文件也对加快国家标准体系建设、以高标准推动高质量发展进行了部署、提出了要求。

3.2　习近平总书记关于气象工作重要指示，为新时代气象标准化工作指明了发展方向

新中国气象事业70周年之际，习近平总书记专门作出重要指示，指出"气象工作关系生命安全、生产发展、生活富裕、生态良好，做好气象工作意义重大、责任重大"；要求"广大气象工作者要发扬优良传统，加快科技创新，做到监测精密、预报精准、服务精细，推动气象事业高质量发展，提高气象服务保障能力，发挥气象防灾减灾第一道防线作用，努力为实现'两个一百年'奋斗目标、实现中华民族伟大复兴的中国梦作出新的更大贡献"。习近平总书记的重要指示，指明了新时代气象事业发展的根本方向、战略定位、战略目标、战略重点、战略任务，是新时代气象事业发展的根本遵循，为新时代气象标准化工作指明了方向。

3.3　把握新发展阶段加快建设气象强国，为气象标准化工作确立了新定位

新发展阶段明确了我国发展的历史方位，十九届五中全会明确提出我们要乘势而上开启全面建设社会主义现代化国家新征程、向第二个百年奋斗目标进军。气象事业是服务国家服务人民的科技型、基础性社会公益事业，气象现代化是国家现代化的重要组成部分。新形势下，气象事业要更好地服务于实现"两个一百年"奋斗目标和中华民族伟大复兴的中国梦，就必须准确把握新发展阶段，加快建设气象强国，这对作为重要支撑的气象标准化工作确立了新定位。

3.4　贯彻新发展理念推动气象事业高质量发展，为气象标准化工作明确了新思路

新发展理念明确了我国现代化建设的指导原则。创新、协调、绿色、开放、共享的发展理念，作为

管全局、管根本、管长远的理念，指明了我国的发展思路、发展方向和发展着力点，回答了实现什么样的发展、怎样实现发展这个重大问题。《全国气象发展"十四五"规划》从"坚持创新驱动发展，实现气象科技自立自强""实施'气象+'赋能行动，服务保障经济社会高质量发展""构建智能数字新业态，发展无缝隙全覆盖的精准气象预报""面向气候系统，发展全时全要素、立体精密的气象监测""坚持适度超前，打造集约开放、安全智能的数字引擎""全面深化气象改革，提升气象治理效能""坚持面向全球，加快形成更高水平气象开放格局""统筹实施重点工程建设"八方面部署了气象事业高质量发展的重点任务，这些都为气象标准化服务于气象高质量发展明确了新思路。

3.5 构建新发展格局实现气象科技自立自强、提高气象服务保障能力，为气象标准化工作提出新重点

构建新发展格局明确了我国经济现代化的路径选择。构建新发展格局的关键在于经济循环的畅通无阻，最本质的特征是实现高水平的自立自强，必须加强科技创新，突破产业瓶颈，实行高水平对外开放。"十四五"时期，服务构建新发展格局，要充分发挥新型举国体制优势，着力攻关关键核心技术，加快实现气象科技自立自强，深入开展高水平对外开放合作，注重需求侧管理，深化气象服务供给侧结构性改革，加快形成气象服务多元供给格局，全面提升服务保障生命安全、生产发展、生活富裕、生态良好的能力，全面满足经济社会发展需求，这为新时代气象标准化工作提出了新重点。

3.6 对标气象社会治理的新需求，为气象标准化工作提出了新任务

国务院下发的《关于印发深化标准化工作改革方案的通知》（国发〔2015〕13号）提出"更好发挥标准化在推进国家治理体系和治理能力现代化中的基础性、战略性作用"。党的十九大报告提出"要建设党委领导、政府负责、社会协同、公众参与、法治保障的社会治理体系"，标准的多元特性和协调过程能够有效激发社会活力，形成多元参与的社会治理格局。随着社会主义法治体系的基本建成，国家"放管服"改革的逐步推进，气象部门面临着通过气象法治体系建设来强化气象社会管理和社会治理的空间和资源越来越少、难度越来越大的现状，而标准化治理可以运用标准化原理和标准化方法在政府、市场、社会等方面进行治理，将社会治理创新成果转化为标准，填补法律的空白，弥补社会治理制度的缺失，更好地解决社会治理领域的问题和矛盾。对标国家的新要求和气象部门的新需求，要进一步聚焦气象社会治理的需求，加强与政府部门和其他社会主体的互动，加大关系到国计民生，政府和社会公众关心和关注、有较大社会影响的重大标准的供给，强化事中事后监管的关键标准。

综上，进入新发展阶段，贯彻新发展理念，构建新发展格局，要求加强气象标准化建设，完善气象标准体系，加强基础性、关键性气象标准制定。推进开门制标、开放贯标，促进气象标准的多元参与，提高国际标准化参与度和话语权。以标准促进气象关键核心技术的业务化、产业化，提升标准的实施应用水平。

4 "十四五"全国气象标准体系构建的指导思想、基本原则与体系结构，模型

4.1 标准体系构建的指导思想

把握新发展阶段，贯彻新发展理念，构建新发展格局，落实发展新要求，满足发展新需求，按照如

下 4 个指导思想构建高质量的"十四五"全国气象标准体系。

4.1.1 适用实用

适应气象事业进入高质量发展阶段的新需求，发挥标准的支撑、保障、引领作用，按照适合业务实际、以用为主的指导思想，对现有体系进行补充优化，突出重点优先发展方向，明确关键急需标准项目。

4.1.2 创新前瞻

不拘泥于原有以技术委员会为主进行的领域划分，围绕发展新要求和新需求对标准体系进行系统性优化。适应国家标准"走出去"战略，发挥标准引领作用，对全球观测、全球预报、全球服务超前布局，通过标准争取全球话语权。

4.1.3 开放兼容

既支撑国家经济社会发展和民生需要，又为军民融合等国家重大战略需求保留可分解可扩展空间。推进开门制标、开放贯标，促进气象标准制定的多元参与，提高国际标准化参与度。建设更加开放兼容的标准体系，实现气象标准化水平全面提升。

4.1.4 协调配套

注重系统性和整体效能，保证覆盖全面、逻辑清晰，解决缺失、交叉、重复和不均衡问题。既能继承原有体系成果，又能满足新要求和新需求，不仅业务领域之间能够关联衔接，而且各个级别、各个类别、各类性质标准在相应范围发挥各自作用，形成协调配套、功能互补的标准群。

4.2 标准体系构建的基本原则

"十四五"全国气象标准体系构建应符合GB/T 13016—2018《标准体系构建原则和要求》规定，遵循以下 4 个基本原则。

4.2.1 目标明确

气象标准体系是为气象事业发展服务的。"十四五"全国气象标准体系的目标是落实习近平总书记关于新中国气象事业 70 周年重要指示精神、《全国气象现代化发展纲要（2015—2030）》《全国气象发展"十四五"规划》和《气象强国建设纲要》[①]，解决"十三五"气象标准体系存在的问题，支撑气象事业高质量发展和气象强国建设。

4.2.2 全面成套

围绕"十四五"全国气象标准体系的目标，在继承"十三五"全国气象标准体系基础上，形成贯穿气象业务全过程，系统完备、功能全面、级别合理、类别均衡、先进适用、协调配套、重点突出、发展有序、开放兼容的标准体系。

---

① 即 2022 年国务院印发的《气象高质量发展纲要（2022—2035 年）》，本研究期间初步定名为《气象强国建设纲要》。

4.2.3　层次适当

要结合各项业务实际特点,按照上下"层次"关系和逻辑"序列"关系合理设计标准体系。既便于理解、减少复杂性,又要兼顾实用性和指导性,设置恰当的层次,不宜过多也不能过于粗放。对于通用性、基础性标准尽量合理简化、独立设置,置于较高层次。

4.2.4　划分清楚

保证标准体系结构合理,要做到分类科学、界面清晰,同一标准只能列入某一个子体系中。标准类别划分、子体系范围界定,应主要按标准化活动内在逻辑性质的同一性,而不是按照标准化技术委员会或行政机构的管辖范围而划分。

4.3　"十四五"全国气象标准体系结构模型

4.3.1　"十四五"气象标准体系结构模型及说明

根据上述指导思想和基本原则,以"十三五"气象标准体系框架为基础,围绕"十四五"目标,构建了"十四五"全国气象标准体系结构模型,见图1。该模型由领域维、功能维、级别维、类别维、性质维、范围维六个维度构成,即可以从六个角度对气象工作进行标准化建设,对制定的气象标准从六个角度进行分类,具有目的性、集合性、协调性、层次性、系统性和发展性等特点,且相互独立。

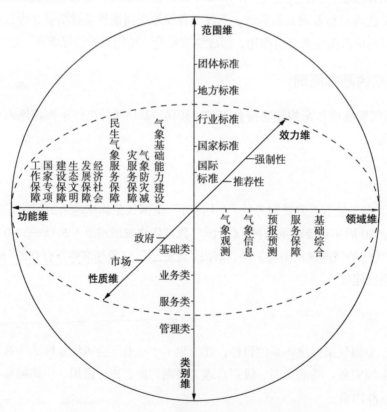

图1　"十四五"全国气象标准体系结构模型

领域维：指气象标准所支持的业务领域，是"十四五"全国气象标准体系的主维度，包括气象观测、气象信息、预报预测、服务保障、基础综合等五个业务方向。

功能维：指气象标准发挥的主要作用，包括支持气象基础能力建设、气象防灾减灾第一道防线、民生气象服务保障、经济社会发展保障、生态文明建设保障、国家专项工作保障等六大功能。

范围维：指气象标准体系中标准的使用范围，包括国际标准、国家标准、行业标准、地方标准、团体标准等五类。

类别维：指气象标准的应用方向和用途，包括基础类、业务类、服务类、管理类。其中，基础类指气象术语、符号等用于工作衔接的标准；业务类指气象行业工作人员开展气象观测、气象信息、预报预测、服务保障等气象业务工作需遵循的标准；服务类指向政府领导、社会公众、专业用户等各类对象提供气象服务保障需遵循的标准；管理类指用于规范管理工作或者为履行气象管理职能提供支撑的标准。

效力维：指气象标准的约束力和效力，包括强制性、推荐性两类。

性质维：指气象标准的制定主体性质，包括政府、市场标准两类。政府标准为政府动用公共资源为公共利益而制定的标准，包括国家标准、行业标准、地方标准；市场标准为市场主体出于自身需要自主制定的标准，包括企业标准、团体标准、国际标准等。

4.3.2 与"十三五"模型的主要变化与改进

"十四五"全国气象标准体系在继承"十三五"气象标准体系基础上，由三维发展到六维。相比"十三五"体系框架，主要变化包括：一是增加了功能维、范围维和性质维三个维度，对体系建设进一步增强了指导性和易用性；二是在级别维中增加了国际标准，突出对国际标准化的重视和"十四五"重点方向；三是范围维中设置了军民通用类标准，支撑了国家军民融合发展战略；四是功能维突出了气象标准支撑和保障经济社会发展、民生服务、国家战略的作用，进一步明确了"十四五"气象标准化的具体目标；五是领域维按照气象业务链条划分为气象观测、气象信息、预报预测、服务保障，以及对气象业务起基础和支撑作用的综合管理标准，高度综合了气象主要业务领域，使标准体系的系统性和协调性更强。

5 "十四五"全国气象标准体系框架设计

5.1 总体框架

5.1.1 设计思想

在综合分析"十三五"各领域标准体系适用性和发展需求基础上，以支撑气象高质量发展和气象强国建设为主线，满足"生命安全、生产发展、生活富裕、生态良好""监测精密、预报精准、服务精细"和"发挥气象防灾减灾第一道防线作用"的需要，构建"十四五"全国气象标准体系框架。

将"十四五"全国气象标准体系结构模型的主维度"领域维"展开，按照气象大数据"获取—处理—分析—应用"的气象业务应用链条，设置气象观测标准体系、气象信息标准体系、气象预报预测标准体系、气象服务保障标准体系，以及起基础支撑作用的气象基础综合标准体系，五个标准体系按照业务逻辑既相互联系又相互耦合，共同构成了"十四五"全国气象标准体系总体框架，见图2。

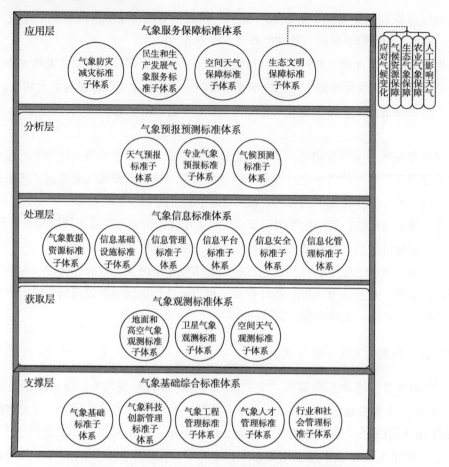

图2 "十四五"全国气象标准体系总体框架

5.1.2 与"十三五"气象标准体系框架的关系

气象观测标准体系：从提高气象服务保障能力出发，突出"监测精密"需求，包括地面和高空气象观测、卫星气象观测、空间天气观测三个方面，与"十三五"的气象观测（气象仪器与观测方法）、卫星气象、空间天气三个领域相衔接。

气象信息标准体系：从提高气象信息保障能力出发，突出大数据、人工智能技术在气象领域的应用以及"云+端"业务体制变革需要，与"十三五"气象基本信息领域相衔接。

气象预报预测标准体系：从提高气象服务保障能力出发，突出"预报精准"需求，包括天气预报、气候预测、专业气象预报、国际气象预报四个方面，与"十三五"气象预报预测、应对气候变化两个领域相衔接。

气象服务保障标准体系：从提高气象服务国家服务人民的保障能力、"发挥气象防灾减灾第一道防线"作用需要出发，突出满足"生命安全、生产服务、生活富裕、生态良好"和气象"精细服务"需求，包括气象防灾减灾、公共气象服务、生态文明保障、空间天气保障四个方面，与"十三五"气象防灾减灾、公共气象服务、人工影响天气、生态气象、农业气象、大气成分、雷电防御等领域相衔接。

5.2 各业务体系框架及说明

为提升标准体系框架的指引性和易用性，为五个体系分别设计了体系框架，并给出详细的范围和说明。体系框架采用层状结构并细化层级，将层级由"十三五"的二层增加到三层或四层，各子体系的框架与说明分述如下。

5.2.1 气象观测标准体系框架

气象观测标准体系整合了气象综合观测系统中所有与观测有关的仪器、装备、系统、技术、方法、业务、保障等有关的标准，特别是将"十三五"标准体系框架中的农业气象子体系、生态气象子体系、雷电防御子体系、大气成分子体系中涉及观测的部分调入此体系，具体包括生态气象、农业气象、海洋水文气象、交通气象、公众气象服务等专业气象标准和大气成分观测装备、方法和业务方面的标准。此外，对地面和高空气象观测、卫星气象观测、空间天气观测的子子体系（三级体系）均重新进行了调整、补充和优化。"十四五"气象观测标准体系框架图见图3，说明见表1。

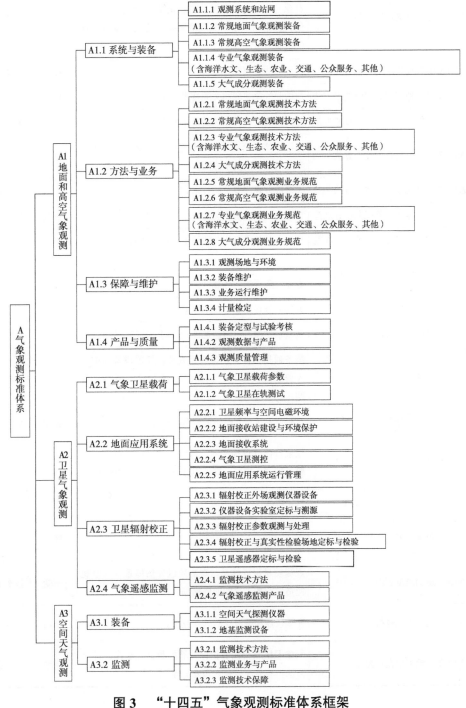

图3 "十四五"气象观测标准体系框架

表1 "十四五"气象观测标准体系框架说明

第二层级	第三层级	第四层级	范围	与"十三五"比较	设置依据和意义
A1 地面和高空气象观测	A1.1 系统与装备	A1.1.1 观测系统和站网	地面和高空气象观测系统、基层台站和站网的设计、建设、管理，观测系统数据产品等。	不变	基本业务
		A1.1.2 常规地面气象观测装备	地基气象观测仪器、雷达装备等。	修改	基本业务
		A1.1.3 常规高空气象观测装备	空基气象观测仪器、遥感遥控设备等。	修改	基本业务
		A1.1.4 专业气象观测装备	海洋和水文气象观测装备、交通气象观测装备、农业与生态气象观测装备、清洁能源气象观测装备、健康和旅游气象观测装备、公众气象服务观测装备等。	修改	基本业务
		A1.1.5 大气成分观测装备	大气成分观测业务装备。	修改	基本业务
	A1.2 方法与业务	A1.2.1 常规地面气象观测技术方法	与地面气象观测相关的技术方法。	修改	基本业务
		A1.2.2 常规高空气象观测技术方法	与高空气象观测相关的技术方法。	修改	基本业务
		A1.2.3 专业气象观测技术方法	海洋水文、交通、农业与生态、公众气象服务等专业气象观测技术方法。	修改	基本业务
		A1.2.4 大气成分观测技术方法	大气成分观测有关的技术方法。	修改	基本业务
		A1.2.5 常规地面气象观测业务规范	与地面气象观测相关的技术规范、要求。	修改	基本业务
		A1.2.6 常规高空气象观测业务规范	与高空气象观测相关的技术规范、要求。	修改	基本业务
		A1.2.7 专业气象观测业务规范	海洋水文、交通、农业与生态、公众气象服务等专业气象观测业务规范。	修改	基本业务
		A1.2.8 大气成分观测业务规范	大气成分观测业务技术要求。	修改	基本业务
	A1.3 保障与维护	A1.3.1 观测场地与环境	观测场站建设、雷达选址、观测场环境保护。	修改	基本业务
		A1.3.2 装备维护	装备通用备件，装备周期处置，仪器设备维护、大修、运行监控，仪器装备的包装、储运、仓储、物流编码。	新增	基本业务
		A1.3.3 业务运行维护	观测业务运行与维护的规范、规程。	新增	基本业务
		A1.3.4 计量检定	气象仪器计量标准器，计量方法，计量检定、试验、测试、校准、验证等方法，实验室建设等。	不变	基本业务
	A1.4 产品与质量	A1.4.1 装备定型与试验考核	气象观测仪器装备出厂定型、业务使用试验考核。	修改	基本业务
		A1.4.2 观测数据与产品	数据传输与存储元数据等气象观测有关的数据、观测产品等。	修改	基本业务
		A1.4.3 观测质量管理	观测质量保证体系，观测质量评估体系，气象观测员等业务人员职业资格等。	不变	基本业务
A2 卫星气象观测	A2.1 气象卫星载荷	A2.1.1 气象卫星载荷参数	光学仪器和微波仪器的参数指标。	新增	基本业务
		A2.1.2 气象卫星在轨测试	气象卫星载荷性能指标计算的数据源要求、计算方法、在轨测试要求和方法等。	新增	基本业务

续表

第二层级	第三层级	第四层级	范围	与"十三五"比较	设置依据和意义
A2 卫星气象观测	A2.2 地面应用系统	A2.2.1 卫星频率与空间电磁环境	接收系统周边电磁环境及干扰分类，气象卫星业务频率划分与其他业务共享技术，气象卫星遥感频率划分及保护技术等。	不变	基本业务。保障卫星气象观测业务实施
		A2.2.2 地面接收站建设与环境保护	C波段FENGYUNCast用户站通用技术要求，接收站环境保护等。	修改	基本业务
		A2.2.3 地面接收系统	静止气象卫星S-VISSR数据接收系统的组成、技术要求、试验方法等，极轨气象卫星接收分系统接口、接收设备、数据视频广播接收设备、高分辨率图像数据、中分辨率光谱成像仪图像数据的广播和接收技术要求、接收时间表格式等。	修改	国家大数据战略要求的数据资源整合和开放共享
		A2.2.4 气象卫星测控	气象卫星地面站数据接收规范，IT系统建设维护规范，气象产品分发规范，卫星安全等。	不变	基本业务。为构建运用"统一任务计划、统一调度控制、统一星地监视"的高度自动化的新一代气象卫星业务运行系统
		A2.2.5 地面应用系统运行管理	风云系列气象卫星及其地面应用系统硬件维护维修、运行故障等级、异常处理流程和故障上报，风云卫星运行成功率统计方法，极轨和静止气象卫星数据质量等级和质量评价指标等。	不变	基本业务。推动并保障气象卫星工程中卫星地面应用系统正常运行
	A2.3 卫星辐射校正	A2.3.1 辐射校正场观测仪器设备	辐射校正场仪器设备、测试条件、设备操作规程等。	新增	填补缺失
		A2.3.2 仪器设备实验室定标与溯源	实验室常规操控规程、常规定标内容及方法。	不变	基本业务。通过标准传递，使全球遥感卫星辐射定标精度成倍提高，为国内和国际所有光学遥感卫星提供最高品质的辐射校正服务
		A2.3.3 辐射校正参数观测与处理	利用遥感器对地表和大气辐射校正与处理时的观测方法、场区位置、仪器设备标定、数据预处理以及数据处理等。	新增	新要求
		A2.3.4 辐射校正与真实性检验场地定标与检验	主要包括辐射校正与真实性检验的检验测试条件、技术方法、数据产品格式、成果资料发布规范等。	修改	新要求
		A2.3.5 卫星遥感器定标与检验	卫星遥感器在轨性能跟踪与监测，反射波段在轨星上定标、红外波段在轨星上定标、微波波段在轨星上定标、交叉定标，以及多场地地表、O-B、深对流云定标等的数据选择、数据处理以及计算方法，卫星遥感器在轨辐射定标精度和不确定性评价等。	修改	基本业务

第二层级	第三层级	第四层级	范围	与"十三五"比较	设置依据和意义
A2 卫星气象观测	A2.4 气象遥感监测	A2.4.1 监测技术方法	天气、气候、环境与灾害、生态与农业气象遥感监测，包括：雾、沙尘暴、洪涝、海冰、森林火险、土壤湿度、荒漠化、积雪、蓝藻水华等的遥感监测技术导则，水灾、火灾、雪灾等的灾害监测技术方法，以及水体、主要生物物理量的遥感提取技术方法等。	不变	发挥气象防灾减灾第一道防线作用，完善遥感业务体系规范，切实保障生态气象工程建设，做到精密监测、服务精细，为精准预报提供支持。
		A2.4.2 气象遥感监测产品	环境与灾害事件评估、气候遥感评估、生态与农业气象遥感评估等所涉及的气象卫星遥感监测产品、产品质量评估、产品发布等。	不变	
A3 空间天气观测	A3.1 装备	A3.1.1 空间天气探测仪器	空间天气各种要素监测所用仪器、所涉及的测量传感器、观测装备等。	新增	完善空间天气业务运行规范，保障业务运行，为保障国家安全、经济建设、国防和军队建设协调发展提供战略支撑。
		A3.1.2 地基监测设备	空间天气探测地基监测仪器设备。	新增	填补缺失
	A3.2 监测	A3.2.1 监测技术方法	空间天气各种要素的监测技术、流程、方法。	修改	提升业务能力
		A3.2.2 监测业务与产品	监测系统，太阳活动、磁层、电离层、中高层大气、地磁活动预警预报业务和产品等。	修改	提升业务能力
		A3.2.3 监测技术保障	空间天气监测过程中的计量检定、运行监控、装备保障、环境保护、质量管理、安全作业。	修改	提升业务能力

5.2.2 气象信息标准体系框架

气象信息标准体系框架的主体为"十三五"的气象基本信息标准子体系，并将卫星气象、空间天气、农业气象、生态气象、气候资源、大气成分领域有关信息部分均归入此体系。此外，根据信息技术发展趋势和需求，对子体系总体结构重新进行了调整、补充和优化。"十四五"气象信息标准体系框架图见图4，说明见表2。

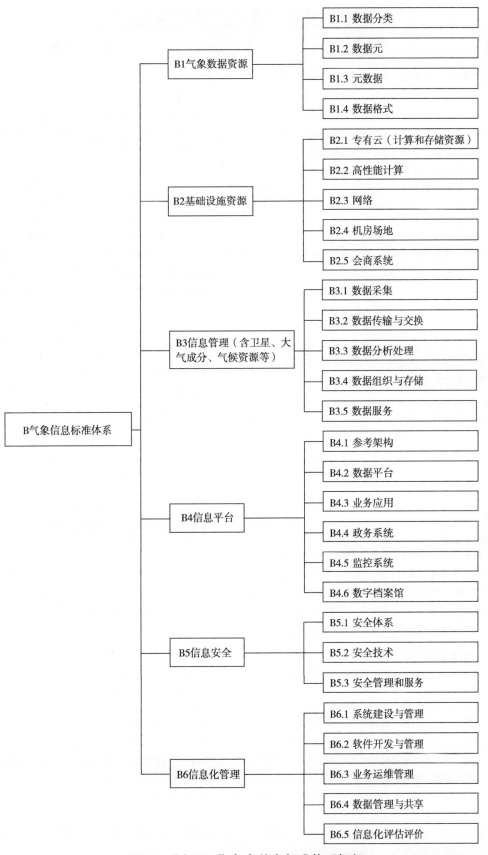

图4 "十四五"气象信息标准体系框架

表2　"十四五"气象信息标准体系框架说明

第二层级	第三层级	范围	与"十三五"比较	设置依据和意义
B1 气象数据资源	B1.1 数据分类	包括地面气象数据、高空气象数据、海洋气象数据、卫星气象数据，以及农业气象数据、生态气象数据、大气成分观测资料、数值预报产品、气象服务产品、气象灾害数据、气象档案等各类气象数据的数据分类方法，类别编码规则，一级、二级及以下各级分类及代码等。	不变	用于规范相关数据在气象业务、服务和管理信息流程各环节中的统一标识及其使用管理，以解决相同气象数据在不同业务环节分类体系不一致、数据种类统计的标准和口径不统一等问题。
	B1.2 数据元	各类气象数据的元数据、数据格式的数据元。	新增	用于规范相关数据元在元数据和数据格式中的统一标识和表示。适用于气象数据的采集、传输、分析、加工、存储、发布，以及应用和服务等各业务环节，以解决相同数据元在不同业务环节中代码、特征值等表示规则不统一的问题。数据元标准定义的标准数据元通过数据元注册管理系统实现在气象业务全流程环节共享，确保数据元定义的"全局"一致。
B1 气象数据资源	B1.3 元数据	数据采集、传输、分析、加工、数字化、归档、存储、发布、应用等各业务环节中元数据的表示、管理和发布。	不变	用于规范和统一气象数据在数据采集、传输、分析、加工、数字化、归档、存储、发布、应用等各业务环节中相关元数据的表示、管理和发布，为各业务环节间、各级数据环境间管理、整合和访问分布存储的数据资源提供支撑。
	B1.4 数据格式	文件、消息和数据流等数据对象的命名规范、表示格式和模板，以及编码规则等。	不变	用于规范数据文件、数据消息和数据流在采集、传输、数字化、归档、存储、发布和应用等各业务环节，以及跨系统、跨地区、跨部门的数据传输和共享中使用的统一标识和格式，以保证传输、交换和共享数据的效率及完整性和有效性，解决气象业务中自定义气象数据格式数量繁多，同类数据格式不统一、不规范，上下游业务环节中各应用系统衔接复杂，吞吐效率低等问题。
B2 基础设施资源	B2.1 专有云	通用计算存储资源（包括物理资源池、虚拟资源池以及存储资源池）提供池化、集群化参考架构，明确虚拟化资源池、分布式资源池、数据资源池的功能需求和性能要求、软硬件配置规范、资源池接口标准，以及业务应用入池规则。	新增	用于促进气象业务、科研、服务系统的支撑和管理系统的硬件资源和系统软件的合理配置、高效利用及规范使用，确保气象部门内部系统互连、互通、互操作。
	B2.2 高性能计算	气象部门高性能计算机系统的功能需求和非功能要求、系统评测以及资源管理和使用等方面的要求。	新增	用于指导高性能计算机系统的建设，规范相关资源的使用，以及支撑分布式高性能计算资源的统一管理和动态调度，以提升数值预报和科研支撑能力。
	B2.3 网络	气象部门广域网络、局域网络、部委城域专网、互联网、卫星通信网络等提供功能需求和非功能要求、系统测试以及网络应用相关资源管理和使用等方面技术要求和管理规范。	新增	用于指导相关网络系统的建设，规范相关网络资源的管理和使用。参照国家有关标准编制，主要考虑网络结构、网络接口、网络设备、IP地址、域名分配和网络应用使用等方面的标准。
	B2.4 机房场地	气象部门信息化、档案馆等相关系统正常运行所需的场地、安全防范、供电、防火、防尘、防静电、环境温度和湿度等机房基础设施及环境监测等方面提出技术和管理要求。	新增	参照国家有关标准编制。指导相关机房基础设施系统的设计、建设和管理。

续表

第二层级	第三层级	范围	与"十三五"比较	设置依据和意义
B2 基础设施资源	B2.5 会商系统	为气象部门视频会商系统提出业务运行和维护管理方面的相关要求，规定系统组成、基本要求、功能要求、性能要求和环境要求。	新增	填补缺失。参照国家有关标准编制，用于指导相关气象视频系统的业务运行、维护管理、建设和升级改造。
B3 信息管理	B3.1 数据采集	地面气象数据、高空气象数据、海洋气象数据、卫星气象数据、农业气象数据、生态气象数据、大气成分观测资料等各类气象数据获取。	新增	填补缺失。必备环节，地面和高空气象观测、卫星气象、空间天气、农业气象、大气成分等多领域均涉及的业务。
	B3.2 数据传输与交换	各类气象数据和元数据在业务流程各环节间、国内各级气象部门间、跨部门、跨地区、国际传输、接收、交换与共享的功能、性能、传输接口及传输协议等技术要求和管理规范。	新增	填补缺失。必备环节，地面和高空气象观测、卫星气象、空间天气、农业气象、大气成分等多领域均涉及的业务。
	B3.3 数据分析处理	数据质量控制、数据评估与检验、数据统计和数据融合分析、历史气象档案拯救等。	新增	填补缺失。必备环节，地面和高空气象观测、卫星气象、空间天气、农业气象、大气成分等多领域均涉及的业务。面向不同业务应用的规范化数据分析处理、档案数字化处理技术规则，用于规范各类数据质量控制、质量评估、数据插补、偏差订正及均一化、融合分析、数字化等数据分析处理技术环节，解决目前相同数据在不同业务环节处理规则不一致，统计规范不标准等问题。
	B3.4 数据组织与存储	观测数据、再处理数据、长序列气候数据、大型实验和校正场数据等各类气象数据的组织规则、存储结构，以及在线、近线和离线存储管理策略、归档管理、数据备份管理等。	新增	填补缺失。必备环节，地面和高空气象观测、卫星气象、空间天气、农业气象、大气成分等多领域均涉及的业务。
	B3.5 数据服务	各类气象数据的对外服务、服务评价、效益评估、产品发布、数据汇交接口等。	新增	为保障数据安全，助力加快数字中国建设。
B4 信息平台	B4.1 参考架构	信息平台的基础功能和技术架构，用于描述信息平台的功能定位、基本组成和结构、核心技术指标等。	新增	指导观测、天气、气候、服务等应用系统在统一的大平台上进行构建和部署。气象业务在构建时，可直接参考总体架构中的应用指南，确定自己在大平台中的位置以及可以直接使用的资源，以确保各应用系统能形成一个相互支撑、有机结合的整体，实现应用敏捷开发、快速部署和稳定运行，彻底解决现行业务中应用系统独立发展、重复建设、烟囱林立等问题。
	B4.2 数据平台	气象数据从采集、交换、处理、存储到服务全信息流程的技术要求和管理规定，包括数据采集、数据交换、产品加工集成、数据存储、数据服务。	修改	规范和指导各业务环节的功能建设和流程衔接，以及相关业务环节协同工作的有关要求，以支撑相关应用系统建设。
	B4.3 业务应用	观测、预报、预测、服务等气象业务应用系统的基于大数据云平台开发与协同、数据挖掘，以及公共云应用等。	修改	指导和规范天气、气候等应用系统基于开放平台进行建设和发展，实现"技术能力沉淀"；指导和规范气象大数据挖掘与分析系统的建设，挖掘算法的研发和使用；指导和规范气象部门对公共云统筹租用以及基于公共云的业务应用部署和运行管理。

续表

第二层级	第三层级	范围	与"十三五"比较	设置依据和意义
B4 信息平台	B4.4 政务管理平台	政务管理平台、政务移动办公平台和政务多应用在接入流程、服务协议和集成接口等方面的技术要求。	新增	用于规范气象政务平台的集成框架、核心服务、支撑接口和访问管理,指导各气象政务管理应用按照统一规范接入政务平台部署运行,确保相对独立的管理应用整合为相互支撑、协同联动的"大系统",满足气象政务管理信息系统需求扩展、应用整合和快速集成要求。
	B4.5 监控系统	对监控系统的业务应用及技术架构提出的规范、规定及技术要求。	新增	用于指导气象业务监控系统的设计和建设。
	B4.6 数字档案馆	在数字档案馆建设过程中,为规范档案馆基础设施、数字档案资源、业务系统等建设形成的标准和技术规范。	新增	用于明确纸质气象记录档案拯救的技术要求,档案业务系统建设和档案资源开发利用的一般要求,推进数字气象档案馆的建设,实现电子档案存储数字化和利用网络化,促进档案资源的开发和利用等。
B5 信息安全	B5.1 安全体系	气象部门非涉密信息系统和涉密信息系统在安全防护、等级保护定级、等级保护测评、安全检查、安全管理等方面需遵循的标准和规范。	新增	全部参照国家有关法规和标准。
	B5.2 安全技术	非涉密信息系统的物理安全、网络安全、系统安全、应用安全、数据安全、容灾备份,以及云安全、物联网安全、密码安全等方面遵循的技术标准;涉密信息系统在防电磁泄漏和所采用安全产品方面需遵循的技术标准等。	新增	全部参照国家有关标准。
	B5.3 安全管理和服务	非涉密信息系统生命周期所涉及的安全建设、运维管理准则,在安全管理制度、安全管理机构、人员安全管理和信息系统运维管理等方面的安全细则,以及非涉密业务系统入云需满足的安全管理要求等;涉密信息系统在保密制度、机房与设备安全管理和安全产品保密管理等方面的要求。	新增	主要参照国家有关标准执行。根据气象信息化建设需求,补充编制《公共云安全管理规范》。
B6 信息化管理	B6.1 系统建设与管理	气象信息系统集约化建设以及项目建设所需遵循的管理程序、管理行为和管理职责等有关要求。	新增	规范气象信息系统建设和项目管理,加强气象信息系统统筹规划、有序建设和集约化运行,确保工作质量,提高投资效益。
	B6.2 软件开发与管理	软件系统、软件产品和软件服务在其生存周期各阶段所需遵循的过程、任务、方法、准则等要求。用于规范软件系统的供应、开发、测试、运行、维护等行为。	新增	用于规范软件系统的供应、开发、测试、运行、维护等行为。
	B6.3 业务运维管理	气象信息系统和数据产品业务运行准入和退出、气象信息业务系统运行维护和使用、信息平台和软件及基础设施等服务方面需遵循的标准、程序、分工、规则等要求。	新增	规范气象信息业务系统的运维管理和服务运营,促进其高效可靠运行和安全使用。

续表

第二层级	第三层级	范围	与"十三五"比较	设置依据和意义
B6 信息化管理	B6.4 数据管理与共享	数据资源收集汇交、加工处理、保存使用、整合共享、服务应用、安全监管等工作的原则、范围、职责、任务、流程、权限等要求。	新增	规范数据管理，加强数据资源整合，保障数据安全共享，促进数据开发利用。
	B6.5 信息化评估评价	气象信息系统建设及气象数据产品研发效益评估、绩效评价、集约化评估以及气象信息化建设水平评价过程、指标、算法等有关标准规范和管理要求。	新增	规范业务、数据、服务和管理等方面气象信息化建设效益的系统性和定量化评估，为指导并调整气象信息化建设实施路线提供支撑。

5.2.3 气象预报预测标准体系框架

在"十三五"气象预报预测标准子体系基础上，加强了数值预报和智能数字预报技术标准，突出了服务民生和经济社会发展的专业气象预报标准，将农业气象、生态气象，以及现有气象业务体系中其他专业气象预报预测有关的标准均归入此体系，进行了比较大的补充和优化。"十四五"气象预报预测标准体系框架图见图5，说明见表3。

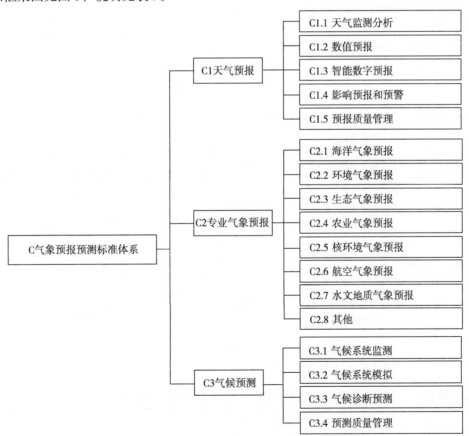

图5 "十四五"气象预报预测标准体系框架

表3 "十四五"气象预报预测标准体系框架说明

第二层级	第三层级	范围	与"十三五"比较	设置依据和意义
C1 天气预报	C1.1 天气监测分析	天气监测和分析业务所涉及的指标、方法、流程等。	不变	基本业务。
	C1.2 数值预报	数值预报技术方法、模式、规范、流程、产品等。	新增	依据气象发展"十四五"规划,"十四五"中重点发展的预报预测业务领域。
	C1.3 智能数字预报	智能数字预报技术方法、模式、规范、流程、产品等。	新增	依据气象发展"十四五"规划,"十四五"中重点发展的预报预测业务领域。
	C1.4 影响预报和预警	影响预报的技术、方法、模式、流程、产品等,预警的指标、等级等。	修改	依据气象发展"十四五"规划,"十四五"中重点发展的预报预测业务领域。
	C1.5 预报质量管理	面向气象预报业务的全流程、精细化检验评估体系,预报预测平台等。	修改	新需求。依据气象预报业务发展规划(2021—2025年),"十四五"中重点发展的全流程气象预报业务检验。
C2 专业气象预报	C2.1 海洋气象预报	海洋气象预报技术、方法、模式、流程、产品等。	新增	专业气象服务类别专门提出。
	C2.2 环境气象预报	环境气象预报技术、方法、模式、流程、产品等。	新增	专业气象服务类别专门提出。
	C2.3 生态气象预报	生态气象预报技术、方法、模式、流程、产品等。	不变	基本业务。
	C2.4 农业气象预报	农田气象要素及农事活动预报、农作物发育期预报、农作物产量预报、农用天气预报等。	不变	基本业务。
	C2.5 核环境气象预报	核环境气象预报技术、方法、模式、流程、产品等。	新增	专业气象服务类别专门提出。
	C2.6 航空气象预报	航空气象预报技术、方法、模式、流程、产品等。	新增	专业气象服务类别专门提出。
	C2.7 水文地质气象预报	水文地质气象预报技术、方法、模式、流程、产品等。	新增	专业气象服务类别专门提出。
	C2.8 其他	其他专业预报技术、方法、模式、流程、产品等。	新增	专业气象服务类别专门提出。
C3 气候预测	C3.1 气候系统监测	气候系统监测和分析业务所涉及的气候系统要素、指标、方法、流程等。	修改	新需求。
	C3.2 气候系统模拟	气候系统模拟算法、评价等。	新增	新需求。
	C3.3 气候诊断预测	候、旬、月、季节、年际等多时间尺度气候监测预测业务中所涉及的指标、方法、模式、流程、产品等。	修改	新需求。
	C3.4 预测质量管理	主要包括气候预测质量的评估指标、检验方法等。	新增	新需求。

5.2.4 气象服务保障标准体系框架

气象服务保障标准体系为调整最大的体系，主要是面向气象防灾减灾救灾、民生和生产发展气象服务、生态文明气象保障，以及空间战场环境服务保障的空间天气保障四个大的子体系，并从整体上进行了重组、调整和补充，与"十三五"体系中的气象防灾减灾、应对气候变化、公共气象服务、生态气象、农业气象、雷电防御、人工影响天气等相衔接。其中气象防灾减灾部分增加了"救灾"，丰富了"第一道防线"的内涵。民生和生产发展气象服务子体系为完全重新构建的体系。生态文明气象保障子体系在"十三五"的"生态气象"领域的基础上，外延扩展了与之有关的领域，将应对气候变化、气候资源保障、农业气象保障、人工影响天气保障等归入此类。"十四五"气象服务保障标准体系框架图见图6，说明见表4。

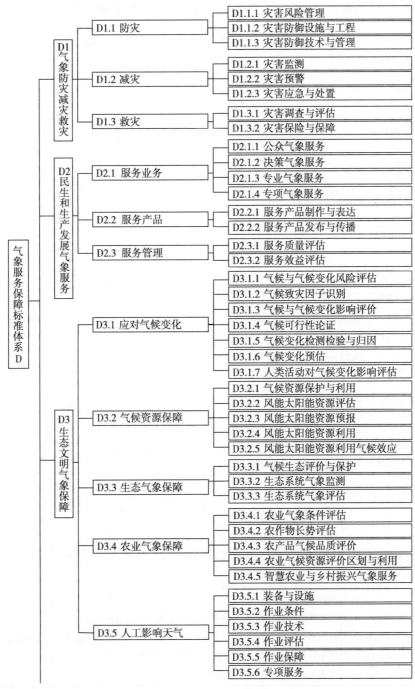

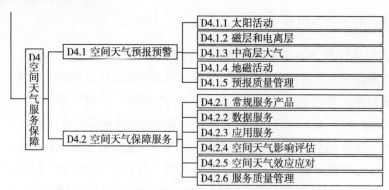

图6 "十四五"气象服务保障标准体系框架

表4 "十四五"气象服务保障标准体系框架说明

第二层级	第三层级	第四层级	范围	与"十三五"比较	设置依据和意义
D1 气象防灾减灾救灾	D1.1 防灾	D1.1.1 灾害风险管理	气象灾害风险普查、区划、影响评估等。	修改	基本业务,根据《全国气象发展"十四五"规划》修改,发挥趋利避害作用。
		D1.1.2 灾害防御设施与工程	气象灾害防御装置和设施、防护工程设计与施工等。	新增	基本业务(包括农业气象灾害、雷电灾害等)。
		D1.1.3 灾害防御技术与管理	气象灾害防护装置检验和维护、防御措施与技术、防护服务等。	新增	基本业务(包括农业气象灾害、雷电灾害等)。
	D1.2 减灾	D1.2.1 灾害监测	气象灾害监测指标、方法、流程,灾害等级等。	不变	基本业务(包括农业气象灾害、雷电灾害等)。
		D1.2.2 灾害预警	气象灾害预警所涉及的判定指标、方法、流程、等级及划分、预警信号等。	不变	《全国气象发展"十四五"规划》指出,要完善气象灾害预警信息发布体系,为我国气象灾害预警发布体系建设提供更好的标准保障。
		D1.2.3 灾害应急与处置	灾害应急启动与终止、流程、应急响应、信息共享与发布等。	不变	气象防灾减灾基本业务。
	D1.3 救灾	D1.3.1 灾害调查与评估	气象灾害调查、灾情鉴定、影响评估。	不变	基本业务。
		D1.3.2 灾害保险与保障	气象灾害定损、保险风险区划、保险模型等。	新增	发挥农业气象趋利避害作用。
D2 民生和生产发展气象服务	D2.1 服务业务	D2.1.1 公众气象服务	公众气象服务技术方法和要求,包括服务过程中所利用的各种方法、程序、规则、技巧、业务规范等。	新增	基本业务、服务需求。
		D2.1.2 决策气象服务	决策气象服务技术方法和要求,包括服务过程中所利用的各种方法、程序、规则、技巧、业务规范等。	新增	基本业务、服务需求。
		D2.1.3 专业气象服务	海洋、交通、旅游等专业气象服务技术方法和要求,包括服务过程中所利用的各种方法、程序、规则、技巧、业务规范等。	新增	基本业务、服务需求。
		D2.1.4 专项气象服务	为保障重大活动、重大工程、国防建设、应对突发公共事件等提供服务的技术方法和要求。特别是自然灾害、事故灾难、公共卫生事件、社会安全事件等突发事件的预警分类分级、预警发布流程、预警发布机制与策略、预警传播技术等。	新增	基本业务、服务需求。

续表

第二层级	第三层级	第四层级	范围	与"十三五"比较	设置依据和意义
D2 民生和生产发展气象服务	D2.2 服务产品	D2.2.1 服务产品制作与表达	公众气象服务、决策气象服务、专业气象服务、专项气象服务等各类气象服务开展过程中涉及的基础产品和特定产品的产品内容，服务产品制作和表达的方式、形式、要求、格式等。	修改	基本业务。
		D2.2.2 服务产品发布与传播	公众气象服务、决策气象服务、专业气象服务、专项气象服务等各类气象服务产品发布与传播过程中遵循的规则等。	修改	基本业务。
	D2.3 服务管理	D2.3.1 服务质量评价	各类气象服务质量评价的技术、方法、指标、等级等。	不变	基本业务。
		D2.3.2 服务效益评估	各类气象服务效益评价的技术、方法、指标、等级等。	不变	基本业务。
D3 生态文明气象保障	D3.1 应对气候变化	D3.1.1 气候与气候变化风险评估	极端事件的气候风险识别，气候变化风险评估。	修改	新需求。
		D3.1.2 气候致灾因子识别	气候致灾因子分析、判别。	新增	新需求。
		D3.1.3 气候与气候变化影响评价	为保障重大工程、规划、活动等可能造成的气候影响进行评估所涉及的方法、指标、参数、流程等。	不变	基本业务。
		D3.1.4 气候可行性论证	气候为重大工程、规划、活动等可能造成的影响进行评估所涉及的数据、方法、流程、指标、产品等。	不变	基本业务。
		D3.1.5 气候变化检测、检验与归因	气候变化检测、检验与归因技术、方法、指标。	新增	新需求。
		D3.1.6 气候变化预估	气候变化预估方法、指标等。	新增	新需求。
		D3.1.7 人类活动对气候变化影响评估	重大工程对气候影响评估，双碳目标下的气候变化影响，人类活动和自然植被的碳核算等。	新增	新需求。
	D3.2 气候资源保障	D3.2.1 气候资源保护与利用	各类气候资源评估、区划、分析、利用指南等。	修改	新需求。
		D3.2.2 风能太阳能资源监测评估	风能太阳能资源等级，光伏发电太阳能资源、分散式风力发电风能资源、海上风能资源等不同应用场景下风能太阳能资源调查、评估方法、资源计算方法、评估规范，风能和太阳能资源年景评估等。	修改	新需求。
		D3.2.3 风能太阳能资源预报	风电场风速预报准确率评判方法，太阳能光伏发电功率短期预报方法，区域风能、太阳能资源的短期预报方法，风电场风能资源、光伏电站太阳能资源、光热发电太阳能资源的短期预报及订正技术等。	修改	新需求。
		D3.2.4 风能太阳能资源利用	高温、热带气旋等天气气候事件对风能、太阳能资源利用的影响等级、评估技术方法和要求等。	新增	新需求。
		D3.2.5 风能太阳能资源利用气候效应	大型集中式光伏电站局地气候效应评估方法、内陆风电场（群）局地气候效应评估方法。	新增	新需求。
	D3.3 生态气象保障	D3.3.1 气候生态评价与保护	气候生态影响评价指标、方法、保护要求等。	新增	生态文明建设气象保障业务服务技术支撑。

第二层级	第三层级	第四层级	范围	与"十三五"比较	设置依据和意义
D3 生态文明气象保障	D3.3 生态气象保障	D3.3.2 生态系统气象监测	农田生态气象监测、评估、模拟与预报技术，森林生态气象、草原生态气象、湿地和湖泊生态气象、荒漠（绿洲）生态气象、城市生态气象的监测评估。	新增	生态文明建设气象保障业务服务技术支撑。
		D3.3.3 生态系统气象评估	生态系统气象条件、气象效果评价指标、方法、模型等。	新增	新需求。
	D3.4 农业气象保障	D3.4.1 农业气象条件评估	大宗粮食作物气象条件、设施农业气象条件、特色农业气象条件等的评估。	修改	基本业务。
		D3.4.2 农作物长势评估	大宗粮食作物长势评估等。	不变	基本业务。
		D3.4.3 农产品气候品质评价	农产品气候品质评价业务规范、认证规则，粮食作物、经济特色气候好产品、特色设施农产品气候品质评价技术方法。	增加	发挥农业气象趋利避害作用，助力打造气候好产品。
		D3.4.4 农业气候资源评价区划与利用	农业气候资源评价技术方法、农业气候区划技术方法、农业应对气候变化分析利用。	修改	基本业务完善。
		D3.4.5 智慧农业与乡村振兴气象服务	智慧农业气象物联网监测、智慧农业气象大数据、智慧农业及乡村振兴气象服务体系、智慧农业气象试验研究与科技支撑体系等。	新增	智慧农业气象业务服务体系科技支撑。
	D3.5 人工影响天气	D3.5.1 装备与设施	人工影响天气作业装备、特种探测装备、催化剂、试验环境设施、作业站点建设等。	修改	基本业务完善。
		D3.5.2 作业条件	人工增雨、防雹、防霜、消云雾的作业环境和作业条件监测、分析、识别、预报、预警。	不变	基本业务。
		D3.5.3 作业技术	人工影响天气作业预案与方案，作业实施过程的方案、操作技术、调度指挥、实施要求等。	不变	基本业务。
		D3.5.4 作业评估	对人工影响天气作业效果进行物理检验、统计检验、数值模式检验等作业效果检验，对人工影响天气作业效果进行评估的方法、要求等。	修改	基本业务完善。
		D3.5.5 作业保障	人工影响天气作业安全管理（如飞机作业安全管理、作业装备使用安全、射界图）、装备运输存储、空域申请与使用、岗位能力管理（如岗位职责、作业人员培训与认证等）、事故调查等。	修改	基本业务。
		D3.5.6 专项服务	重大活动人工影响天气保障过程中任务实施、调度管理、信息共享等的规范、规程、方案等。	增加	新需求。
D4 空间天气服务保障	D4.1 空间天气预报预警	D4.1.1 太阳活动	太阳活动预报业务中所涉及的指标、方法、流程、产品。	修改	基本业务，国家战略需求。
		D4.1.2 磁层和电离层	磁层和电离层空间天气要素、现象和事件的现报、预报和警报业务中所涉及的方法、流程、指标、产品等。	修改	基本业务，国家战略需求。
		D4.1.3 中高层大气	中高层大气参量（密度、温度、风场和大气成分等）的结构分布和扰动进行的现报、预报和警报业务中所涉及的方法、流程、指标、产品等。	修改	基本业务，国家战略需求。

续表

第二层级	第三层级	第四层级	范围	与"十三五"比较	设置依据和意义
D4 空间天气服务保障	D4.1 空间天气预报预警	D4.1.4 地磁活动	地磁活动参量、地磁暴发生概率的现报、预报和警报业务中所涉及的方法、流程、指标、产品等。	修改	基本业务，国家战略需求。
		D4.1.5 预报质量管理	空间天气预报质量的评估指标、评估方法等。	新增	新需求，加强质量管理。
	D4.2 空间天气保障服务	D4.2.1 常规服务产品	空间天气监测、预报、预警等产生的产品的格式、要求、制作技术、发布要求等。	修改	结合气象军民融合深入发展，完善空间天气业务运行规范，保障业务运行，为保障国家安全、经济建设、国防和军队建设协调发展提供战略支撑。
		D4.2.2 数据服务	数据提供、数据汇交等。	新增	国家战略需求。
		D4.2.3 应用服务	服务方案、技术方法、服务评价、效益评估等。	新增	国家战略需求。
		D4.2.4 空间天气影响评估	空间天气效应的分类、分级，影响评估的方法、指标、流程等。	不变	基本业务，国家战略需求。
		D4.2.5 空间天气效应应对	根据影响评估结果，服务高风险行业开展基本应急能力建设等。	不变	基本业务，国家战略需求。
		D4.2.6 服务质量管理	空间天气保障服务质量管理体系。	新增	新需求，加强质量管理。

5.2.5 气象基础综合标准体系

气象基础综合标准体系框架是在"十三五"的"气象综合"标准子体系基础上构建而成，包括基础、综合两大部分。气象基础部分为气象术语、符号、标准体系等标准化基础性标准。综合部分主要是面向气象能力建设的管理标准，突出加强了科技创新管理、工程管理等有关的标准，扩充了有关"行业和社会管理"标准，其中行业监管标准包括了有关气象数据服务、雷电防护服务等有关的管理标准，市场治理标准包括了与气象服务市场监管、准入等有关的管理标准。"十四五"气象基础综合标准体系框架图见图7，说明见表5。

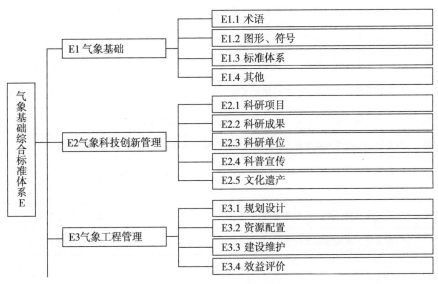

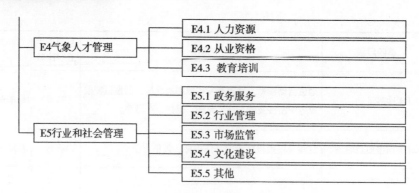

图7　"十四五"气象基础综合标准体系框架

表5　"十四五"气象基础综合标准体系框架说明

第二层级	第三层级	范围	与"十三五"比较	设置依据和意义
E1 气象 基础	E1.1 术语	各业务领域的名词、术语。	不变	气象业务基础。
	E1.2 图形、符号	各领域的图形、符号。	不变	气象业务基础。
	E1.3 标准体系	各业务领域指导标准化工作的标准。	不变	气象业务基础。
	E1.4 其他	各业务领域标准体系建设有关的其他基础性标准。	不变	气象业务基础。
E2 气象 科技 创新 管理	E2.1 科研项目	气象科研项目管理、评价。	不变	气象业务支撑。
	E2.2 科研成果	气象科技成果管理、评价、转化、应用。	不变	气象业务支撑。
	E2.3 科研单位	气象科研单位管理、评价。	不变	气象业务支撑。
	E2.4 科普宣传	气象科普品牌、气象信息宣传等。	新增	符合规划有关要求。
	E2.5 文化遗产	气象文化遗产管理、评价、认定、应用、传播等。	新增	符合规划有关要求。
E3 气象 投资 管理	E3.1 规划设计	气象事业发展及气象工程的规划、初步设计、详细设计的方法、要求等。	不变	气象业务支撑。
	E3.2 资源配置	气象资产配置要求、指标，定额标准等。	新增	加强管理，符合规划有关要求。
	E3.3 建设维护	气象工程建设与验收、维护与评价的要求、指标、方法等。	不变	气象业务支撑。
	E3.4 效益评价	气象投资效益评价的要求、指标、方法等。	新增	加强管理，符合规划有关要求。
E4 气象 人才 管理	E4.1 人力资源	气象人力资源评价要求、指标等。	不变	气象业务支撑。
	E4.2 从业资格	各类气象人才职业标准、考核要求和指标等。	不变	气象业务支撑。
	E4.3 教育培训	气象教育培训资源建设、培训组织实施、教育培训评估等。	不变	气象业务支撑。
E5 行业 和社 会管 理	E5.1 政务服务	气象政务信息的采集、处理、管理、公开、共享、服务等。	新增	新要求。
	E5.2 行业管理	气象数据和资源等共享行为、雷电防护等气象技术服务的管理。	新增	新要求。
	E5.3 市场监管	气象服务市场监管、准入，服务能力，服务信用，服务从业规范等。	新增	新要求。
	E5.4 文化建设	气象文化活动开展、传播等管理。	新增	新要求。
	E5.5 其他	气象立法、执法等其他管理。	修改	用于扩展。

5.3 各标委会标准体系与全国气象标准体系的对应关系

各标委会标准体系线性全国气象标准体系的对应关系见表6。

表6 各标委会标准体系与全国气象标准体系的对应关系

序号	标委会	对应的"十四五"标准体系框架
1	气象防灾减灾（SAC/TC 345）	C1 天气预报
		C2 专业气象预报
		D1 气象防灾减灾
		E1 气象基础
2	气象影视（SAC/TC 345/SC 1）	A1.1.4 专业气象观测装备
		A1.2.3 专业气象观测技术方法
		A1.2.6 专业气象观测业务规范
		B4 信息平台
		D2 公共气象服务
		E5.3 市场监管
		E1 气象基础
3	气象基本信息（SAC/TC 346）	B 气象信息标准体系
		E1 气象基础
		E5.2 行业管理
4	卫星气象与空间天气（SAC/TC 347）	A2 卫星气象观测
		A3 空间天气观测
		B1 气象数据资源
		B3 信息管理
		D4 空间天气服务保障
		E1 气象基础
5	气象仪器与观测方法（SAC/TC 507）	A1 地面和高空气象观测
		E1 气象基础
6	雷电灾害防御（行业TC）	A1.1.2 地面气象观测装备
		A1.2.1 地面气象观测技术方法
		A1.2.4 地面气象观测业务规范
		C1 天气预报
		D1 气象防灾减灾
		E1 气象基础
		E5.2 行业管理
		E5.3 市场监管

序号	标委会	对应的"十四五"标准体系框架
7	人工影响天气（SAC/TC 538）	D3.5 人工影响天气
		E1 气象基础
8	农业气象（SAC/TC 539）	A1.1.1 观测系统和站网
		A1.1.4 专业气象观测装备
		A1.2.3 专业气象观测技术方法
		A1.2.6 专业气象观测业务规范
		C2.3 生态气象预报
		C2.4 农业气象预报
		D3.3.2 生态系统气象监测
		D3.3.3 生态系统气象评估
		D3.4 农业气象保障
		E1 气象基础
9	气候与气候变化（SAC/TC 540）	C3 气候预测
		D3.1 应对气候变化
		D3.2 气候资源保障
		D3.3.1 气候生态评价与保护
		E1 气象基础
10	大气成分观测预报预警服务（SAC/TC 540 /SC1）	A1.1.1 观测系统和站网
		A1.1.5 大气成分观测装备
		A1.2.4 大气成分观测技术方法
		A1.2.8 大气成分观测业务规范
		A1.3 保障与维护
		A1.4 产品与质量
		B3 信息管理
		C2.2 环境气象预报
		D2 民生和生产发展气象服务
		E1 气象基础
11	风能太阳能气候资源（SAC/TC 540/SC 2）	A1.1.1 观测系统和站网
		A1.1.2 地面气象观测装备
		A1.2.1 地面气象观测技术方法
		A1.2.4 地面气象观测业务规范
		A1.3 保障与维护
		A1.4 产品与质量

序号	标委会	对应的"十四五"标准体系框架
11	风能太阳能气候资源 (SAC/TC 540/SC 2)	B3.3 数据加工处理
		D3.2.2 风能太阳能资源监测评估
		D3.2.3 风能太阳能资源预报
		D3.2.4 风能太阳能资源利用
		D3.2.5 风能太阳能资源利用气候效应
		E1 气象基础

6 "十四五"气象各领域标准需求分析与重点项目建议

6.1 标准需求分析

6.1.1 气象观测领域

（1）地面和高空气象观测

"十四五"期间，地面和高空气象观测业务将向智能观测、实时监控实时响应的现代化模式转变，观测设备将逐渐向集成化设备、自动观测系统成套化设备转变，因此，有关标准也需要进行相应调整，尤其是国产化观测装备、先进观测装备，以及基层台站建设、观测规范、运行维护标准还存在较大缺口，应予以重点考虑；高质量的观测业务体系是气象预报预测服务的基础和保障，"十四五"期间应继续深化气象观测质量管理体系标准化建设，特别是业务运行监控、保障维护、检定检验等观测业务自身质量管理的标准；气象观测是气象预报预测的基础领域，也是海洋气象等国家重大战略支撑业务的重点内容，应加强通用观测仪器装备等方面标准的制定；在国际上，虽然我国气象观测占有一席之地，WMO观测方法指南以我国气象观测工作为基础，观测设备观测方法也已经和全球接轨，但在标准化建设上尚缺乏主动权和发言权，参与和主导国际标准制定工作很少，应作为"十四五"重点。

长期、连续、高质量的大气成分观测资料，既是我国实施可持续发展战略，生态文明建设、应对气候变化、低碳经济建设、国际环境外交等科学决策不可或缺的基础资料，也是推动我国大气科学技术和气象现代化长远发展的最具探索性、原创性的科学数据。除气象行业外，环保、林业、劳动、卫生以及电子、计量检定等行业也在制定相关标准，因此，气象行业需要加强与其他行业的协作。此外，在国际化方面，我国大气本底观测站网参与了WMO的全球大气观测计划，为使我国大气成分观测数据具有国际可比性，获得国际认可，非常有必要建立与国际接轨的大气成分观测相关的标准体系。

（2）卫星气象观测和空间天气观测

贯彻落实习近平总书记对新中国气象事业70周年重要指示精神、李克强总理在风云气象卫星事业50周年作出的重要批示要求和胡春华副总理在座谈会的讲话精神，卫星气象观测、空间天气观测两个标准子体系应重点围绕"十四五"气象卫星、新一代天地一体化辐射校正场技术、国防和国家安全有关的重点任务和重大工程项目开展配套标准的制定，切实提升遥感监测、空间天气业务工作规范化、现代化和国际化水平，具体包括新一代遥感卫星辐射校正标准、保障卫星业务运行质量管理标准、卫星遥感和空间天气监测技术和产品系列标准等。

6.1.2　气象信息领域

面向国家大数据战略、气象信息化新技术和现代气象业务发展新要求，气象信息标准体系存在着适用性不强、重点不突出等多方面问题。主要表现在：气象信息化是涵盖业务、服务、管理的全面信息化，当前缺少基础设施资源、信息化平台建设、信息安全以及信息化管理类标准；气象数据资源标准中缺少数据标识类标准，无法规范信息化全流程中对数据的标识；气象信息平台管理方面，需要加强数据汇交、数据挖掘、气象专有云等专业技术规范的制定；随着新一代信息技术飞速发展，急需人工智能等技术在气象领域深度融合应用的标准；对于气象卫星和空间天气、预报预测、服务等气象业务应用系统，需要加强大数据云平台的开发与协同、数据挖掘、交换及质量控制、公共云应用等方面标准的制定，切实提升气象卫星对气象防灾减灾救灾、生态气象保障和"一带一路"、国防与国家安全等国家战略的数据支撑能力。

6.1.3　气象预报预测领域

气象预报部分重要方向，如智慧精准的气象灾害预报预警等，标准缺口较大，建议围绕"全球预报"和"精准预报"，推进智能网格预报系列标准、影响预报系列标准、天气预报检验系列标准等。针对环境气象的社会关注度日益增强，大气成分预报预警和服务方面的标准明显不足，特别是缺乏引领性标准和国家标准。"十四五"期间还有必要进一步加强气候预测业务的规范化，为"全球预报"和统筹国家发展与安全奠定基础，应重点制定天气过程监测、气候系统监测、气候预测及质量检验系列标准。

6.1.4　气象服务保障领域

（1）气象防灾减灾救灾

"十四五"期间，建议围绕"充分发挥气象防灾减灾第一道防线作用"，制定全球高影响和灾害性天气监测预报标准，根据气象灾害风险区划分类重点制定高风险区气象灾害防御规范、气象灾害风险评估指标体系、重大工程建设可行性论证规范；加强现代化气象灾害预报预警、应急管理、风险管理等有关标准的制修订；积极参与城市排水、建设工程防雷、防风、防冻、防高温等相关标准，以及应急避难场所、旅游景区、河堤海堤等防灾减灾救灾基础设施建设、管理、维护等相关标准的制定；重点开展雷电灾害普查、风险评估、灾害预警、社会化服务等方面标准的制定，并大力推进国际化参与度。

（2）公共气象服务

面对旺盛的气象服务需求和标准严重不足的现状，"十四五"期间，应重点加强公共气象服务标准体系建设，一是需要进一步规范为公众提供气象信息服务，包括气象监测、预报、预警等信息服务的标准制修订；二是加强为经济社会特定行业（如交通、林业、旅游等）和用户提供的有专门用途的气象服务标准制订；三是为加强保障重大活动、重大工程、国防建设和应对突发公共事件等气象服务，提供可循标准；四是落实习近平总书记气象保障"生命安全""发挥防灾减灾第一道防线作用"的重要指示精神和《全国气象发展"十四五"规划》"强化气象灾害预警信息发布能力"要求，运用预警信息为公众、应急责任人和行业用户提供预警发布服务；五是为科学地度量和评估气象服务效果和效益，通过建立评估技术标准和指标体系，完善效益评估工作规范，对评估方法、评价标准等技术进行规范，加强气象服务效益评估的规范化管理。

（3）生态文明保障

在应对气候变化方面，目前尚没有气候变化方面的标准项目，与国家重大战略实施、经济社会高质量发展极不适应，非常有必要围绕新时期"碳达峰"目标与"碳中和"愿景以及气候韧性建设，气候变化监测、气候变化预估、气候变化检测归因、气候变化风险评估、影响评估等气候变化业务服务方面加强相关标准的研制。在气候资源保障方面，风电场、太阳能电站的大量开发、建设和运行会对周边气候环境和生态环境造成一定影响，环境影响评价和减缓标准是未来需要关注的主要方向之一；近年来气象灾害频发，在风电场光伏电站的数量逐年增多的背景下，提高风电场光伏电站的灾害防御能力、减少损伤方面需要出台相应标准；对已经投产运行的风光发电项目有必要制定一套成系统的后评估方法和流程标准，用于指导风光发电行业健康和持续发展；随着海上风电开发技术不断进步和海上风电开发从近海向中远海、海上分布式开发建设方式发展，有必要制定近远海风能资源评估、风资源数值模拟及遥感资料应用标准；随着风电场光伏电站由大规模集中式发展到复杂地形分散式，风光互补、农光互补、渔光互补、水光风互补的风电资源开发逐渐成为发展趋势，建议"十四五"重点围绕面向风、光、热、储多能互补综合利用的气候资源分析与评价方法、区域风能太阳能资源动态监测与评价规范、农光互补在农田小气候及作物适应性等方面提出标准制定项目；此外，在国际化方面，需要积极将我国处于领先水平的技术方法推动成为国际认可的标准。

在生态气象保障方面，贯彻落实习近平总书记关于实施重要生态系统保护和修复重大工程的指示精神及有关规划等，应重点围绕"十四五"生态气象保障有关重点任务和重大工程项目开展配套标准制定，具体包括生态环境卫星监测标准、面向"山水林田湖草"的卫星遥感应用标准等。

在农业气象保障方面，对标国家战略，围绕国家粮食安全、生态文明建设和乡村振兴气象保障服务需求，需要重点推进相关业务服务标准研制和实施应用：推进智慧农业气象、生态文明气象保障、农业气象"趋利避害"、农业气象保险服务等标准研制，以及其他农业气象基础业务标准研究，促进业务服务高质量发展，提升生态气象和农业气象业务服务科技支撑能力；制定特色农业气象服务标准，比如特色作物观测站网建设、特色作物物候观测、特色农产品气候品质评价与认证系列标准，适应特色农业气象中心建设需求。

人工影响天气方面，人影作业条件识别、人影效果检验等涉及"软件"的标准较少，是"十四五"期间的制定重点。

（4）空间天气保障

进一步规范空间天气预报预警业务规范、服务产品标准、空间天气效应应对、空间天气影响评估标准。通过调研和评估，优先开展涉及国防与国家安全标准的立项研制。

6.1.5 气象基础综合领域

目前，气象基础综合类标准总体数量偏少。随着国家和部门对科技创新、人才队伍建设、重大工程项目建设实施、资源配置的高度重视和不断投入，对气象行业管理和社会管理要求的提升，急需加强管理类标准的制定，支撑技术标准的配套实施。

6.2 "十四五"气象重点标准项目建议

6.2.1 "十四五"重点标准建议项目

"十四五"的重点标准项目将更加注重质量和效益，更加注重政府和市场的需求，向精品标准、好用标准、有影响力标准转变，争取在国际化方面有所突破。基于对各领域的重点方向分析，并在广泛调研基础上，提出了"十四五"重点标准项目建议167项（含48项系列标准）。这些标准预期要在以下

22个方面发挥作用或满足相关需求：（1）填补国际空白；（2）保护我国主导技术和知识产权，有显著社会经济效益；提高水平，达到国际领先或国际先进；（3）填补国内空白或提升国际影响力（含外文版）；（4）与国际规则保持一致（包括采标、主要参考）；（5）支撑国家重大战略规划政策；（6）抢占国内阵地或市场；（7）促进跨部门跨领域统一；（8）重大科技支撑项目、重大科技创新成果、核心技术转化成关键性标准；（9）促进内部业务规范化（含业务规范转标准）；（10）促进对外服务规范化，提升影响力；（11）促进社会监管规范化；（12）促进业务技术体制改革；（13）涉及安全和底线要求有必要制定为强制性国标；（14）强制性国标的配套标准；（15）支撑某项法律法规；（16）社会广泛关注热点；（17）基础性标准（如术语、符号、分类、编码），通用性标准（数据格式类、方法类、通用技术和通用管理类等）；（18）标准整合需要；（19）落实复审结论需要；（20）系列化建设需求；（21）标准军民通用化需求。（22）促进市场统一。

6.2.2　各标委会归口管理的重点标准建议项目统计

按归口标委会统计的"十四五"重点标准建议项目见表7。

表7　按归口标委会统计"十四五"重点标准建议项目

序号	标委会	对应标准体系大类	项目总数（含系列标准数）	标准/预研究	民用/军民通用	自主研制/采标/外文版	制定/修订	国/行/团
1	气象防灾减灾（SAC/TC 345）	C（C1）	4（4个）	4/0	1/3	4/0/0	4/0	2/2/0
2	气象影视（SAC/TC 345 /SC 1）	D（D2、D3）	14（11个）	14/0	14/0	14/0/0	14/0	1/13/0
3	气象基本信息（SAC/TC 346）	B	13（8个）	13/0	3/10	13/0/0	12/1	3/10/0
4	卫星气象与空间天气（SAC/TC 347）	A（A2、A3）、B（B3）、D（D4）、E（E1）	17	15/2	16/1	17/0/0	16/1	0/17/0
5	气象仪器与观测方法（SAC/TC 507）	A（A1）	22(3个)	22/0	1/21	21/1/0	22/0	22/0/0
6	雷电灾害防御（行业TC）	A（A1）、C（C2）、D（D1）、E（E1）	15	14/1	1/14	13/2/0	13/2	0/15/0
7	人工影响天气（SAC/TC 538）	D（D3）	8	8/0	0/8	8/0/0	8/0	3/5/0
8	农业气象（SAC/TC 539）	A（A1）、C(C2)、D（D1、D3）	29(4个)	29/0	29/0	29/0/0	28/1	8/21/0
9	气候与气候变化（SAC/TC 540）	C（C1、C3）、D（D1、D3）	12（12个）	12/0	12/0	12/0/0	12/0	0/12/0
10	大气成分观测预报预警服务（SAC/TC 540 /SC 1）	A（A1）、B（B3）、C（C2）	15（5个）	15/0	15/0	15/0/0	15/0	1/14/0
11	风能太阳能气候资源（SAC/TC 540 /SC 2）	A（A1）、C（C2）、D（D3）	13	13/0	13/0	13/0/0	13/0	11/2/0
12	中国气象服务协会（团标TC）	/	5	5/0	5/0	5/0/0	5/0	0/0/5
13	合计	/	167（47个）	164/3	110/57	164/3/0	162/5	51/111/5

7 "十四五"全国气象标准体系建设保障措施建议

7.1 加强对标准体系的宣贯和持续研究

气象标准体系建设是气象部门内外单位和人员共同参与的过程，是由气象管理、业务、服务、科研、教育、生产等各类机构，以及管理者、起草人、使用者等各类主体共同完成的标准化活动。因此，要通过多种形式广泛宣传，使有关主体对其准确理解，按计划申报标准项目，保证体系建设顺利实施。标准体系也是不断优化和动态迭代的过程，因此需要持续不断地深入研究，以不断适应气象事业发展需求。

7.2 加强组织管理和标准化人才保障

在气象标准制定管理有关文件中，进一步明确各有关组织机构和人员的职责和分工，保证标准制定各环节管理和保障到位。推进分层次、分对象的气象标准化培训工作，建立起高水平的标准起草人队伍和质量把关专家队伍，为气象标准制定提供人才保障，保证标准体系建设工作高质量发展。

7.3 加大标准体系建设经费的持续投入

标准体系建设是一项长期工作，需要持续、稳定、大量的经费投入。要将气象标准制定经费纳入年度预算，合理安排专项资金。在业务、服务、科技及工程项目中预留经费和明确投资计划，促进业务科技成果向标准转化。鼓励和引导社会力量投入资金参与气象标准研制和应用。对急需标准和关键技术标准，要通过加大投入、采取招投标配置最佳资源等方式加快标准制定速度和保证标准质量。

7.4 建立跨部门跨领域协作机制

气象作为服务经济社会发展的重要事业，与农业农村、应急管理、自然资源、生态环境、交通、水利、旅游、能源、保险、工业和信息化、公安等关联行业和单位联系密切，加强协作和交流、将标准制定列为部门合作重要事项，更加有助于推动防灾减灾、应对气候变化、生态文明建设等服务保障标准的制定实施。

7.5 建立重点方向配套标准试点机制

针对目前气象标准体系建设的系统性不足、业务标准多管理标准少等短板问题，有计划、有重点地开展针对性建设。需要业务职能主管部门和标委会选取一些重点、急需领域，例如涉及人身安全、预警发布、能力建设管理等，集中精力以试点形式推进，研制出一批有示范效果的大标准、好用标准、系列配套标准，并将好的做法进行推广，形成标准体系建设新模式。

7.6 建立标准体系定期评估机制

标准体系建设是动态发展、不断优化的过程，因此，需要定期对气象标准体系框架进行评估，对计划项目申报和完成情况进行核查，将已发布标准随时归类，将标准明细表进行动态更新，确保气象标准体系便于使用和按计划顺利实施。此外，对标准发布实施后是否发挥作用，需要定期深入调查和评估，确保标准体系效益的发挥。

参考文献

[1] 本刊．GB/T 13016—2018《标准体系构建原则和要求》解读[J]．机械工业标准化与质量，2018（10）：27-32．

[2] 曹学章，高吉喜，徐海根，等．生态环境标准体系框架研究[J]．生态与农村环境学报，2016，32（6）：863-869. DOI：10. 11934/ j. issn. 1673-4831. 2016. 06. 001.

[3] 国家标准化管理委员会．国家标准化管理委员会关于印发《2020 年全国标准化工作要点》的通知:国标委发〔2020〕8 号[Z]．北京：国家标准化管理委员会，2020．

[4] 国家标准化管理委员会．国家标准化管理委员会关于印发《关于进一步加强行业标准管理的指导意见》的通知:国标委发〔2020〕18 号[Z]．北京：国家标准化管理委员会，2020．

[5] 国家市场监督管理总局．强制性国家标准管理办法:国家市场监督管理总局令第 25 号[Z]．北京：国家市场监督管理总局，2020．

[6] 纪翠玲．气象领域强制性国家标准体系框架研究[J]．标准科学，2020（5）：39-45. DOI: 10.3969/j.issn.1674-5698.2020.05.006.

[7] 交通运输部，国家标准化管理委员会．交通运输标准化体系[R]．北京：交通运输部，2017．

[8] 交通运输部办公厅．交通运输部办公厅关于发布《交通运输信息化标准体系（2019 年）》的通知[Z]．北京：交通运输部，2019．

[9] 麦绿波．标准体学—标准化的科学理论［M］．北京：科学出版社，2017．

[10] 麦绿波．标准体系优化的方法[J]．中国标准化，2018（7）：58-65．

[11] 民政部，国家标准委．民政部 国家标准委关于印发《养老服务标准体系建设指南》的通知：民发〔2017〕145 号[Z]．北京：民政部，2017．

[12] 彭江．新时代中国高等教育质量标准体系框架建构[J]．教育与考试，2020（4）：58-65. DOI: 10.3969/j.issn.1973-7865. 2020.04.010.

[13] 市场监管总局．中国标准创新贡献奖管理办法:〔2020〕第 15 号[Z]．北京：市场监管总局，2020．

[14] 水利水电规划设计总院．水电行业技术标准体系表：2017 年版[M]．北京：中国水利水电出版社，2017．

[15] 于新文．于新文在第二次全国气象标准化工作会议上的讲话[R]．济南：第二次全国气象标准化工作会议，2019．

[16] 岳高峰．标准体系理论与实务［M］．北京：中国计量出版社，2011．

[17] 中国气象局．中国气象局关于印发《全国气象现代化发展纲要（2015—2030 年）》的通知：气发〔2015〕59 号[Z]．北京：中国气象局，2015．

[18] 中国气象局．中国气象局关于印发"十三五"气象标准体系框架及重点气象标准项目计划的通知:气发〔2017〕26 号[Z]．北京：中国气象局，2017．

[19] 中国气象局．中国气象局办公室关于印发《智慧气象服务发展行动计划（2019-2023 年）》的通知：办函〔2018〕385 号[Z]．北京：中国气象局，2018．

[20] 中国气象局．中国气象局关于印发《气象科普发展规划（2019—2025 年）》的通知：发〔2018〕110 号[Z]．北京：中国气象局，2018．

[21] 中国气象局．中国气象局关于印发《气象观测技术发展引领计划（2020—2035 年）》的通知：发〔2019〕90 号[Z]．北京：中国气象局，2019．

[22] 中国气象局．中国气象局关于推进气象业务技术体制重点改革的意见：2020〔1〕号文[Z]．北京：中国气象局，2020．

[23] 中国气象局．中国气象局气候变化中心建设方案：中气函〔2021〕118 号[Z]．北京：中国气象局，2021．

[24] 中国气象局．气象"一带一路"发展规划（2017—2025 年）[R]．北京：中国气象局，2018．

[25] 中国气象局．气象强国建设纲要：征求意见稿[Z]．北京：中国气象局，2022．

[26] 中国气象局．全国气象发展"十四五"规划：论证后修改稿[Z]．北京：中国气象局，2021．

[27] 中国气象局．粤港澳大湾区气象发展规划（2020—2035 年）[R]．北京：中国气象局，2019．

[28] 中国气象局计划财务司．"十四五"规划编制领导小组办公室关于印发气象发展"十四五"规划体系的通知:气计函〔2019〕198 号[Z]．北京：中国气象局，2019．

[29] 中国气象局计划财务司．气象事业发展"十四五"规划编制领导小组办公室关于印发"十四五"气象发展规划基本思路的函[Z]．北京：中国气象局，2019．

[30] 中华人民共和国水利部．水利技术标准体系表[M]．北京：中国水利水电出版社，2014．

[31] 庄国泰在贯彻落实习近平总书记关于气象工作重要指示精神推进高质量气象现代化建设工作会议上的讲话[Z]．北京：中国气象局，2021．

[32] 白殿一，刘慎斋，等．标准化文件的起草[M]．北京：中国标准出版社，2020．

[33] 于连超．标准化法原论[M]．北京：中国标准出版社，2021．

"十五"—"十三五"期间气象标准研制贡献大数据分析[①]

刘艳阳　黄　潇　刘子萌　骆海英　成秀虎　纪翠玲

（中国气象局气象干部培训学院，北京　100081）

摘　要： 本文引入气象标准研制贡献度和贡献指数这一大数据和量化分析手段，针对气象行业特点设计了科学和有针对性的指标，将标准研制数量和在标准研制中所起作用进行综合考虑，从总体情况、地区分布、单位类型、发挥作用等多个维度对研究对象进行分析，研究以上要素在现状和发展趋势方面存在的特点，并给出了现行气象标准研制贡献排行榜。

关键词： 气象，标准研制贡献，大数据分析

1　引言

党的二十大报告指出，坚持创新在我国现代化建设全局中的核心地位。作为科技成果转化的载体，标准能以其"乘数效应"助推科技成果的快速扩散，将创新成果转化为推动经济社会发展的现实动力。标准的研制是将先进的科技成果、管理经验转化为标准的过程，是标准化工作的关键环节。正因如此，国家重视对标准起草单位和起草人在内的标准化参与主体的奖励和支持，如《中华人民共和国标准化法》第9条规定，"对在标准化工作中做出显著成绩的单位和个人，按照国家有关规定给予表彰和奖励"；国家标准化管理委员会实施了《中国标准创新贡献奖管理办法》。在气象行业，《气象标准化管理规定》第29条也提出"支持和鼓励有关主管部门、社会团体和企事业单位对在气象标准化工作中做出显著成绩的单位、个人和项目按有关规定进行表彰奖励"，目的在于吸引更多的科技工作者和相关企事业单位参与到气象标准研制工作中来，进一步营造多元参与开放合作的标准化工作机制和良好氛围，充分发挥标准化对创新的"助推器"作用。

"十五"—"十三五"期间是全国气象标准化工作从起步到跨越式发展的阶段，气象领域共发布国家标准、行业标准836项，形成了包括气象防灾减灾、应对气候变化、公共气象服务、生态气象等十四个专业领域的气象标准体系。本文对气象标准起草单位对标准研制所做的贡献进行评价，可以为标准化表彰奖励制度提供数据支持，也为气象标准化科学管理提供决策依据。同时，本文引入了标准研制贡献度和贡献指数的大数据分析手段，针对气象行业特点设计了科学和有针对性的指标，将标准研制数量和在标准研制中所起作用进行综合和量化，能够多维度和动态揭示出各主体气象标准研制参与的活跃度，也能够在一定程度上反映全国和地区气象标准化发展水平。

---

① 本文由中国气象局标准预研究项目"气象标准研制贡献度评价研究"（编号Y-2020-08）支持，在2023年《气象标准化》第2期上发表。

2 研究对象与数据准备

本文对"十五"—"十三五"期间在中国大陆地区发布的气象领域国家标准和行业标准中涉及的起草单位信息进行提取，并进行了归一化处理。共采集到2441条标准起草单位数据，包含627个单位名称。通过各级气象局官方网站的政务公开栏目、事业单位在线、国家企业信用信息公示系统、天眼查、企查查等途径对起草单位名称、单位存续状态和基本信息进行校正和统计，共统计标准起草单位523家，采集了包括单位隶属、单位性质、所在地等在内的6个字段的单位信息。

3 研究方法

3.1 国内现行研究方法综述

目前可见的相关研究方法大致可以分为两种：一种是以起草单位数量为基础进行的研究和分析。例如中国标准化研究院于刚等进行了辽宁省标准化时间空间大数据分析[1]；另一种是进行标准起草单位对标准研制的贡献度的大数据分析。例如中国标准化研究院所做的国家标准起草单位大数据分析[2]以及上海、深圳、浙江等地方的标准起草单位大数据分析[3~5]；南方电网科学研究院王昕等开展了电力行业标准研制贡献大数据分析[6]；青海省标准化研究所王颖翔等选取了七个省作为欠发达地区，进行了各省标准研制贡献指数与GDP指数等的对比分析[7]。

3.2 研究方法选取

3.2.1 赋分方法和计算公式

总结现有的研究成果，从研究方法来看，近年来已从单纯起草单位数量的研究逐步转向以研制贡献度计算和大数据分析为基础的多维度分析。本文采用了第二种研究方法，即对起草单位在标准研制中的贡献按照一定的标准进行赋分和计算，形成标准研制贡献度和贡献指数，并在此基础上设计分析指标，进行大数据分析，旨在将标准起草单位在标准研制中的排名和所研制标准的数量进行综合和量化，从而对各起草单位对气象标准研制作出的贡献进行全面和可对比的评价。

其中，标准研制贡献度指起草单位对单个气象标准研制所做的贡献。依据在标准起草中的排名对单个单位对单一标准研制贡献度进行赋值。赋值（i）如表1所示[①]。

表1 气象标准研制贡献度赋值

排名	排名第1	排名第2	排名第3	排名第4	排名第5	排名第6及以后
赋值	1	0.8	0.6	0.4	0.2	0.1

标准研制贡献指数是单个标准起草单位对一定范围内多个标准研制所做的贡献。单个单位（j）对n个标准研制贡献指数（I）为其对该n个标准的研制贡献度的加和。计算公式为：

$$I_j = \sum_{k=1}^{n} i_{jk}$$

式中，k为第k个标准。

---

① 本文在贡献度赋值时未区分国家标准和行业标准，在实际评价中可根据评价需求调整贡献度赋值。

则一定范围内 m 个单位（j）的标准研制贡献指数（A）为划定分析维度（如时间、地域、单位类别等）内该 m 个标准起草单位标准研制贡献指数的加和。计算公式为：

$$A = \sum_{j=1}^{m} i_j$$

3.2.2 分析维度

一是地区分布维度。按照起草单位注册地所在的省级行政区划的不同，揭示标准研制的地区差异。统计范围内的标准起草单位所在地区涵盖了中国内地的 23 个省、5 个自治区和 4 个直辖市以及香港特别行政区。

二是单位类型维度。分类参考了中国标准化研究院的分类维度并根据气象部门的特点进行了创新。（1）根据隶属关系，将起草单位分为气象行业内和行业外。行业内单位主要为各级气象局，各级直属单位，南京信息工程大学和成都信息工程大学等气象行业对口高校，主营业务为防雷、气象仪器等气象类业务的企业和气象领域协会、学会等社会团体。（2）根据单位性质将起草单位分为政府机关、专业院所、企业、社会团体、高校、医院、军队等。政府机关为履行行政管理职能的国家机构，包括各级气象局和行业外政府机关；专业院所为具有一定专业方向的科研单位和业务单位；（3）根据职能不同，行业内气象专业院所分为业务单位和科研单位。目前科研单位主要为包含"一院八所"在内的国家级和各省级气象科学研究院所、气象专业研究院所，业务单位为各级从事各项气象业务的单位。

三是起草单位在气象标准研制中所起的作用维度。依据起草单位在标准研制中的排名情况，对起草单位在标准研制中所起的作用进行定性分析，结合标准研制贡献度的定量分析，全面揭示起草单位在气象标准研制中所发挥的作用。本文将标准各起草单位中排名第 1 的定义为主持，排名第 2~4 名的定义为主导，排名第 5 及以后的单位均定义为参与，具体见表 2。

表 2　起草单位在气象标准研制中所起的作用

排名	排名第 1	排名第 2~4	排名第 5 及以后
作用	主持	主导	参与

四是时间分布维度。按照标准发布时间不同，动态研究"十五"—"十三五"期间起草单位气象标准研制贡献度的变化趋势。

五是气象标准研制贡献指数排行榜。通过计算给定维度（如单位、地域、时间等）标准研制贡献指数的总和形成气象标准研制贡献指数排行榜。

4　总体分析

"十五"—"十三五"期间 2000—2020 年气象领域发布国家标准 210 项（含现行 194 项、被修订或废止 16 项）、行业标准 626 项（含现行 535 项，被修订或废止 91 项）（见图 1），形成气象标准贡献指数 1542.6（现行气象标准贡献指数 1364.9）（见图 1）。图 2 为按五年计划进行划分所计算的从贡献指数和标准数量增长的对比，从中可见，标准研制贡献指数增速快于标准数量增速，反映了"十五"至"十三五"时期单个标准的起草单位逐步增多，标准研制参与广泛度增加。

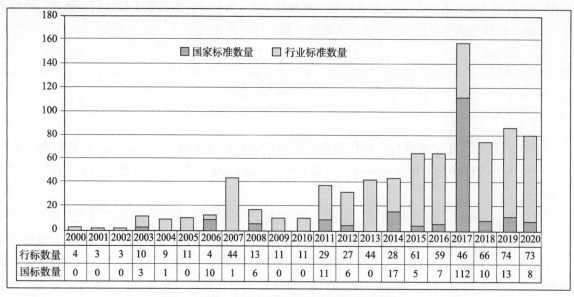

图1 2000—2020年发布的气象标准数量

	2000	2001	2002	2003	2004	2005	2006	2007	2008	2009	2010	2011	2012	2013	2014	2015	2016	2017	2018	2019	2020
行标数量	4	3	3	10	9	11	4	44	13	11	11	29	27	44	28	61	59	46	66	74	73
国标数量	0	0	0	3	1	0	10	1	6	0	0	11	6	0	17	5	7	112	10	13	8

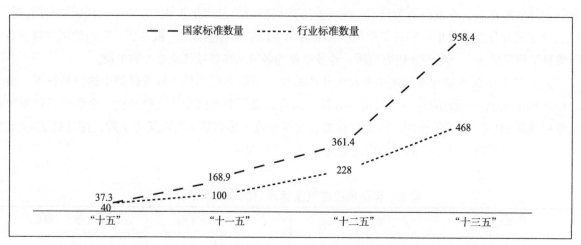

图2 "十五"—"十三五"期间发布的气象标准数量和标准研制贡献指数

"十五"—"十三五"期间共有气象标准起草单位523家，其中现行气象标准（不含被修订和废止标准）起草单位504家。"十五"—"十三五"各时期起草单位数量分别为12家、37家、176家和420家，起草单位数量呈快速增加趋势（见图3）。

图4反映了现行气象标准起草单位与标准研制贡献指数的关系及发展趋势。"十五"时期标准研制贡献指数排名前10%和50%的起草单位贡献了该时期总贡献指数的24.8%和82.1%，而至"十三五"时期这一数据分别上升到了62.3%和

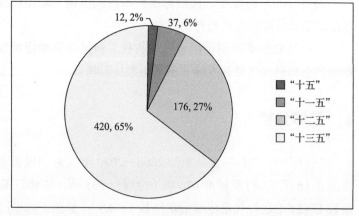

图3 "十五"—"十三五"期间现行气象标准起草单位数量及占比

91.0%。由此可以看出，"十五"至"十三五"时期，虽然起草单位数量增加了，但越来越多地研制贡

献指数集中由每个时期贡献指数排名靠前的少数单位贡献，其他单位更多是参与了少数标准的起草。气象标准研制的主导权逐步集中掌握在少数头部单位。

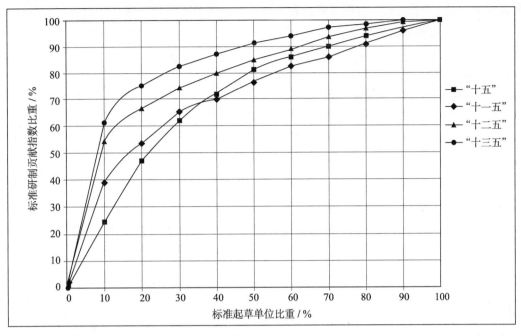

图4 "十五"—"十三五"期间标准研制贡献指数与标准起草单位数量的关系及发展趋势

5 地区分析

"十五"—"十三五"期间，除国家级气象单位外，61.2%的标准研制贡献指数由各省、区、市贡献，排名见图5。贡献指数排名前三的省（市）分别是湖北省、北京市、江苏省，占比分别为8.8%、8.5%和7.8%。

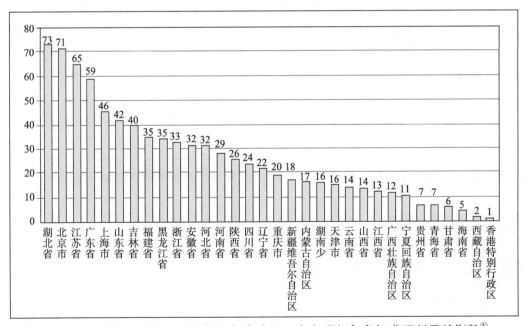

图5 "十五"—"十三五"期间各省（区、市）现行气象标准研制贡献指数①

---

① 统计的北京市的起草单位中不包含国家级气象单位。

由图6可见，"十三五"时期北京市、江苏省、湖北省和广东省贡献指数占全国比重最高；相对于"十二五"时期，天津市、陕西省、广东省、辽宁省贡献指数增速最快，其中，广东省贡献指数占比和增速排名都相对靠前。"十三五"时期贡献指数负增长的地区为西藏自治区、贵州省、青海省、宁夏回族自治区、广西壮族自治区和四川省，均为西部地区；且除四川省外，均为该时期贡献指数占比相对靠后地区；对比2020年发布的全国各省级地区GDP经济数据，除四川省外，以上贡献指数负增长地区均为经济相对欠发达地区。

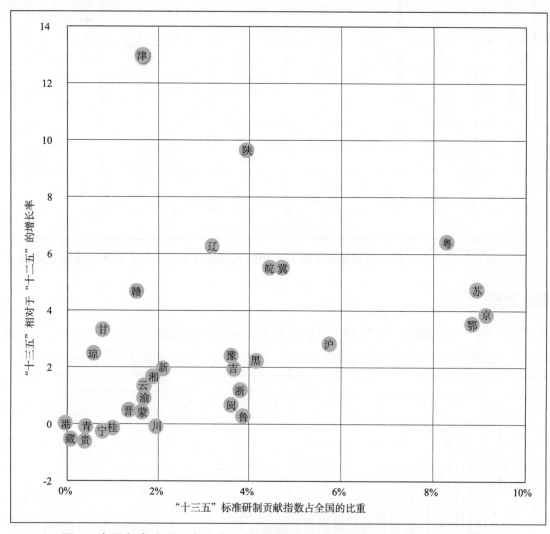

图6　全国各省（区、市）十三五时期现行标准研制贡献指数占比与增长率

6　单位类型及作用分析

6.1　单位隶属

6.1.1　各级气象直属单位

从气象行业内与行业外起草单位数量和现行气象标准贡献指数对比情况（见图7）来看，行业内单位数量是行业外的1.7倍但研制贡献指数是行业外单位的8.5倍，是气象行业标准研制的绝对主导力量，行业外单位在气象标准研制中的参与度仍有提升空间。

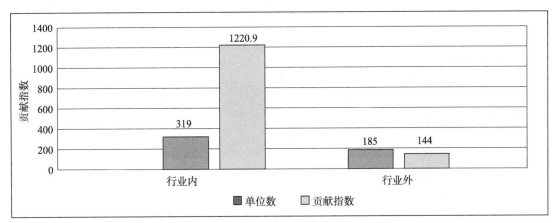

图7　气象行业内与行业外现行气象标准起草单位数量和贡献指数对比

　　根据单位隶属，起草现行气象标准的各级直属单位中有国家级直属单位（图8、图9中简称直属单位）13家①，省级直属单位166家，市级直属单位15家。其中，单位数量占比6.7%的国家级直属单位完成57.8%的现行气象标准贡献指数，主持标准次数占比65.5%，在各类气象专业院所中占比最多，单位数量虽少但在气象标准研制中贡献最多、作用最大；省级直属单位数量最多，完成贡献指数347.2，占比40%，主导和参与标准次数占比最多；市级直属单位完成贡献指数19.6，仅占2.3%，且以参与标准研制为主（见图8）。平均到单个单位来看，国家级直属单位平均单个单位主持、主导和参与标准次数都占绝对优势（见图9）。由此可见，国家级直属单位和省级直属单位是现行气象国家标准和行业标准研制的主力，行业内基层单位参与度还相对较低。

　　贡献指数排名前10的直属单位见图10，其中排名前三名的直属单位为中国气象局气象探测中心、国家卫星气象中心和中国气象科学研究院，而中国气象局气象探测中心的贡献指数总数和"十三五"时期相对于"十二五"时期的增长率均最高。

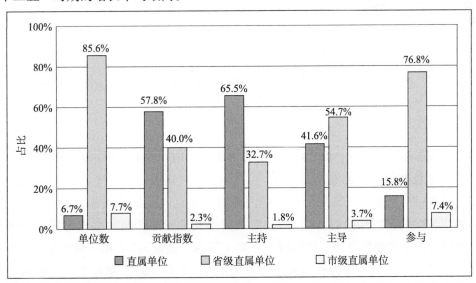

图8　各级直属单位数量、贡献指数及主持、主导、参与现行气象标准次数占比

―――――――――
　　① 分别为：国家气象中心、国家气象信息中心、中国气象局气象探测中心、国家气候中心、国家卫星气象中心、中国气象科学研究院、中国气象局公共气象服务中心、中国气象局气象干部培训学院、中国气象局气象宣传与科普中心、中国气象局资产管理事务中心、中国气象局气象发展与规划院、华风集团、华云集团。

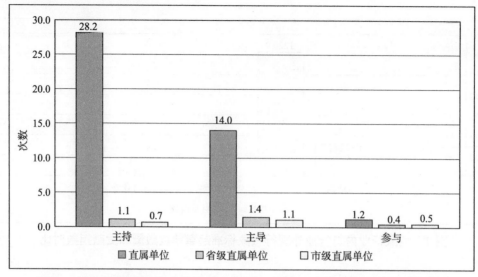

图 9 各级直属单位平均单个单位主持、主导、参与现行气象标准次数

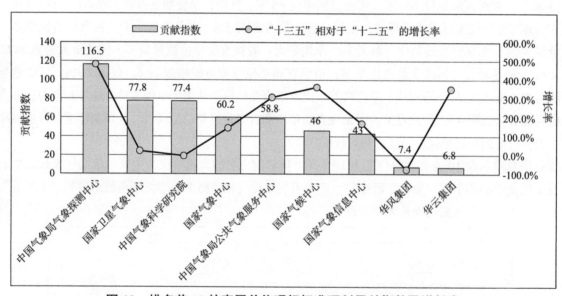

图 10 排名前 10 的直属单位现行标准研制贡献指数及增长率

6.1.2 各级气象政府机关

从事现行气象标准起草的 99 家政府机关中有气象行业内单位 84 家，行业外单位 15 家。按照单位隶属，行业内单位数量最多的是市级气象局，有 43 家，其次是省级气象局 31 家和县级气象局 9 家。单位数占比 36.9% 的省级气象局完成行业内政府机关总贡献指数的 81.6%，主持、主导、参与标准次数分别占 88.1%、78% 和 83.3%，是政府机关中气象标准研制的主导力量。市级气象局单位数量最多但作用远低于省级气象局。国家级气象局（简称"国家局"）和县级气象局研制贡献指数均较少，在现行气象标准研制中发挥作用较小（见图 11）。平均到单个单位来看，省级气象局主持标准最多，国家局主导和参与标准最多（见图 12）。贡献指数排名前 10 的省级气象局见图 13，其中湖北省气象局、黑龙江省气象局和广东省气象局排名前三，对比"十二五"时期，广东省气象局的贡献指数在"十三五"时期增速最快。

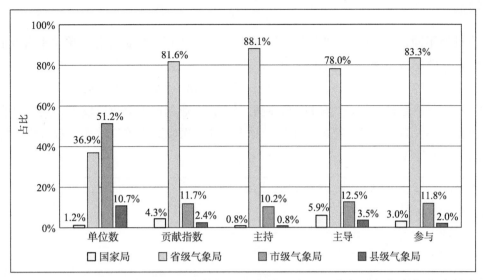

图 11　行业内政府机关单位数、贡献指数及主持、主导、参与现行气象标准次数占比

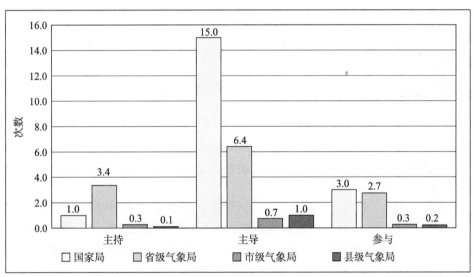

图 12　行业内政府机关平均单个单位主持、主导、参与现行气象标准次数

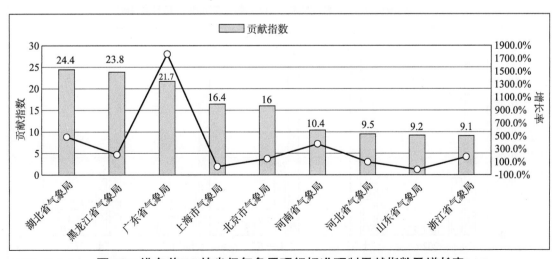

图 13　排名前 10 的省级气象局现行标准研制贡献指数及增长率

6.2　单位性质

根据单位性质不同,"十五"—"十三五"期间,504家现行气象标准起草单位中有专业院所247家、企业123家、政府机关99家、高校27家、军队4家、社会团体3家、医院1家,标准研制贡献指数分别为899.7、129、302.2、28.3、3、2.9和0.6(见图14)。其中,专业院所单位数、贡献指数和单个单位的平均贡献指数最高,是气象标准研制的主力;企业起草单位数虽较多,但平均单个单位的标准研制贡献指数不及政府机关。高校、军队、社会团体和医院无论单位数和贡献指数均极少,气象标准研制中的参与度很低。

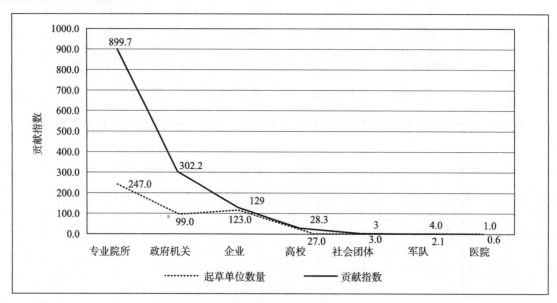

图14　"十五"—"十三五"期间现行气象标准的各类起草单位标准研制贡献指数与单位数量对比

发展趋势方面,排除"十五"期间由于标准被修订和废止导致的样本数量少带来的误差,"十一五"—"十三五"期间,专业院所的贡献指数占比基本稳居高位,略有下降;政府机关的研制贡献指数占比缓慢下降;企业占比在低位中缓慢上升,高校占比在"十三五"时期略有上升,而社会团体的贡献指数全部在"十三五"时期形成(见图15)。

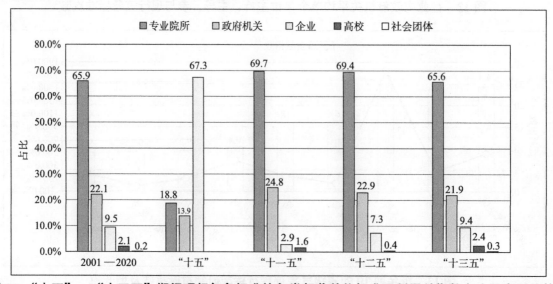

图15　"十五"—"十三五"期间现行气象标准的各类起草单位标准研制贡献指数占比及发展趋势

发挥作用方面，由各单位主持、主导和参与研制标准的总次数（见图16）和单个单位的平均次数（见图17）来看，专业院所和政府机关主要是主持和主导标准研制；若平均到单个单位来看，单个专业院所主持的标准数量最多，为2.2次，远高于政府机关和社会团体（分别为1.2和1.0次）；社会团体研制的3项标准均为主持完成；单个政府机关主导和参与的标准数量最多，分别为0.3和0.4次。

以上数据在进一步说明企业、高校、社会团体气象标准研制总体参与度不足的同时，还尤其显示出企业、高校在主持、主导标准研制方面的作用发挥仍有较大空间。

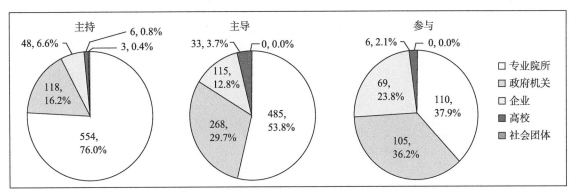

图16 "十五"—"十三五"期间各类起草单位主持、主导、参与的现行气象标准次数及占比

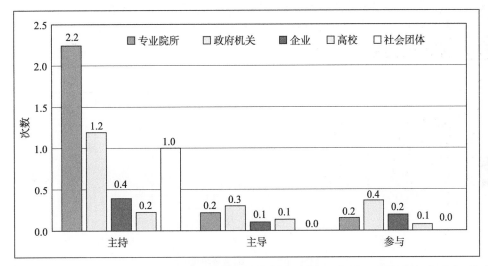

图17 "十五"—"十三五"期间平均单个起草单位主持、主导、参与现行气象标准次数

发展趋势来看，排除十五期间由于标准被修订和废止导致的样本数量少带来的误差，相较于前一个5年，增量与增速体现为：专业院所和政府机关主持、主导标准次数增量明显；企业主持和主导标准次数增速迅速并在"十三五"时期保持了一定增速，到"十三五"时期主导标准研制次数有明显增加。"十三五"时期高校主导标准次数增速较快，在标准制定中的参与度有了一定上升。"十二五"时期各单位参与标准研制的次数均实现了从无到有的突破并在"十三五"时期有较快增速，再次体现了"十三五"时期标准研制参与的广泛度升高。

6.3 单位职能

据单位职能，研制现行气象标准的192家气象专业院所中有19家科研单位和173家业务单位，完成贡献指数分别为132.1和721.9。其中单位数量占比90%气象业务单位，完成贡献指数占比84.5%，是现行气象标准的研制主力（见图18）。但平均来看，单个科研单位完成的标准贡献指数更高，是业务单位的约1.8倍；主持和主导标准研制数量也略高于业务单位（见图19）。

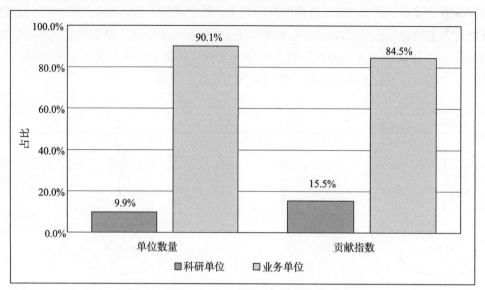

图18 科研和业务单位数、贡献指数占比

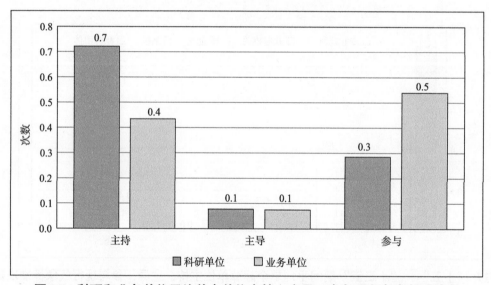

图19 科研和业务单位平均单个单位主持、主导、参与现行气象标准次数

科研单位中，作为国家级气象科研院所的"一院八所"中参加现行气象标准研制的仅有5家，分别是中国气象科学研究院、北京城市气象研究院、广州热带海洋气象研究所、乌鲁木齐沙漠气象研究所和兰州干旱气象研究所，其贡献指数见图20，在504家现行气象标准起草单位中排名分别为第3、45、60、84和306名，除中国气象科学研究院外，其他院所的标准研制参与度偏低。贡献指数的增长率方面，相对于"十二五"时期，"十三五"时期北京城市气象研究院的增速最快，为133.3%，兰州干旱气象研究所实现了从无到有的增长，而中国气象科学研究院和广州热带海洋研究所研制贡献指数呈下降趋势。由此可见，"一院八所"在气象标准研制中的优势作用不明显，科技成果转化为标准的潜力有待发掘。

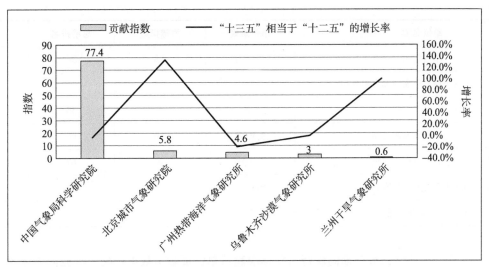

图20 "一院八所"中参加现行标准研制单位的贡献指数及增长率

7 现行气象标准研制贡献指数排行榜

表3—表6给出了"十五"—"十三五"期间现行气象标准起草单位中标准研制贡献指数排名前10的单位，以及在企业、行业内省级单位和行业内市县级单位中现行标准贡献指数排名前10的起草单位。

表3 "十五"—"十三五"期间现行气象标准起草单位贡献指数排行榜

单位名称	单位性质	单位隶属	贡献指数	排名
中国气象局气象探测中心	专业院所、业务单位	直属单位	116.5	1
国家卫星气象中心	专业院所、业务单位	直属单位	77.8	2
中国气象科学研究院	专业院所、科研单位	直属单位	77.4	3
国家气象中心	专业院所、业务单位	直属单位	60.2	4
中国气象局公共气象服务中心	专业院所、业务单位	直属单位	58.8	5
国家气候中心	专业院所、业务单位	直属单位	46	6
国家气象信息中心	专业院所、业务单位	直属单位	43	7
湖北省气象局	政府机关	省级气象局	24.4	8
黑龙江省气象局	政府机关	省级气象局	23.8	9
广东省气象局	政府机关	省级气象局	21.7	10

表4 "十五"—"十三五"期间现行气象标准起草单位贡献指数排行榜（企业）

单位名称	单位隶属	贡献指数	总榜排名	排名
江苏省无线电科学研究所有限公司	行业外	20.4	11	1
华风集团	行业内	7.4	32	2
长春气象仪器研究所有限责任公司	行业内	7.4	33	3

单位名称	单位隶属	贡献指数	总榜排名	排名
华云集团	行业内	6.8	34	4
中环天仪（天津）气象仪器有限公司	行业内	6.1	41	5
北京敏视达雷达有限公司	行业内	5	55	6
长春气象仪器有限公司	行业内	4.6	60	7
华云升达（北京）气象科技有限责任公司	行业内	4	67	8
陕西中天火箭技术股份有限公司	行业外	2.8	91	9
南京恩瑞特实业有限公司	行业外	2.5	95	10

表5　"十五"—"十三五"期间现行气象标准起草单位贡献指数排行榜（行业内省级单位）

单位名称	单位性质	单位隶属	贡献指数	总榜排名	排名
湖北省气象局	政府机关	省级气象局	24.4	8	1
黑龙江省气象局	政府机关	省级气象局	23.8	9	2
广东省气象局	政府机关	省级气象局	21.7	10	3
上海市气象局	政府机关	省级气象局	16.4	12	4
北京市气象局	政府机关	省级气象局	16	13	5
中国气象局上海物资管理处	专业院所、业务单位	省级直属单位	14.6	14	6
武汉区域气候中心	专业院所、业务单位	省级直属单位	11.8	16	7
河南省气象局	政府机关	省级气象局	10.4	17	8
河北省气象局	政府机关	省级气象局	9.5	18	9
山东省气象局	政府机关	省级气象局	9.2	19	10

表6　"十五"—"十三五"期间现行气象标准起草单位贡献指数排行榜（行业内市县级单位）

单位名称	单位性质	单位隶属	贡献指数	总榜排名	排名
深圳市气象服务中心	专业院所、业务单位	市级直属单位	5.8	44	1
武汉农业气象试验站	专业院所、业务单位	市级直属单位	3	84	2
厦门市气象局	政府机关	市级气象局	2.8	91	3
青岛市气象局	政府机关	市级气象局	2.6	94	4
洛川县人工影响天气办公室	政府机关	县级气象局	2.4	97	5
厦门市气象灾害防御技术中心	专业院所、业务单位	市级直属单位	2.3	99	6
山东省日照市气象局	政府机关	市级气象局	2	104	7
深圳市气象局	政府机关	市级气象局	2	104	8
浙江省台州市椒江区气象局	政府机关	县级气象局	1.6	125	9
大连市气象局	政府机关	市级气象局	1.5	140	10

8 分析结论

（1）"十五"至"十三五"期间单个标准的起草单位逐步增多，标准研制参与广泛度增加。

（2）起草单位总数量呈快速增加趋势，但气象标准研制的主导权逐步集中掌握在少数头部单位。

（3）相对于"十二五"时期，天津市、陕西省、广东省、辽宁省贡献指数增速较快，其中广东省贡献指数占比和增速排名都相对靠前。"十三五"时期，贡献指数负增长的地区均为西部地区，且除四川省外均为经济相对欠发达地区。

（4）直属单位和省级直属单位是现行气象标准研制的主力。省级气象局是政府机关中气象标准研制的主导力量。

（5）按照单位性质划分，专业院所是气象标准研制的主力；企业起草单位数虽较多，但平均单个单位的标准研制贡献指数不及政府机关。高校、社会团体等气象标准研制中的参与度还很低。

（6）科研单位中，作为国家级气象科研院所的"一院八所"在气象标准研制中的优势作用未充分显现，科技成果转化为标准的潜力有待发掘。

9 说明与展望

为避免重复统计，本文除第4部分总体分析的部分内容外，主要是针对现行气象标准的起草单位开展统计和分析，修订后新发布的标准统计入修订年份，被修订或废止的标准不再列入统计。

本研究利用EXCEL软件形成数据集并建立数据关联，最终形成数据库能够基本实现自动更新、计算，自动输出计算结果和分析图表。未来的研究和应用中可通过不断更新、维护基础数据输出更新年份的大数据分析产品，也可进一步形成针对单个类型单位或单个单位的大数据分析产品。

下一步可根据应用需求利用Tableau等数据可视化软件实现分析结论的可视化和可交互性展现，并通过网络平台等媒介进行动态对外展示。可视化和可交互性的展现可以更为直观、动态地显示不同时期和不同维度的分析结论，使分析结论展现得更为全面、更为一目了然和更具可读性，进一步实现气象标准数据的关联化、知识化和智能化输出，从而更好地利用大数据分析结论，为提升气象治理体系的现代化和促进气象标准化工作的更多方面、多元参与提供决策和参考依据。

参考文献

[1] 于钢，赵奇，孙宇宁，等．辽宁省标准化时间空间大数据分析[J]．标准科学，2017（9）．

[2] 甘克勤，李爱仙．大数据背景下的标准研制贡献研究与实证[J]．中国标准化，2016（12）上．

[3] 甘克勤，史胜楠，汪滨，等．我国标准起草单位大数据分析——上海篇[J]．中国标准化，2020（3）．

[4] 甘克勤，汪滨，高俊，等．我国标准起草单位大数据分析——深圳篇[J]．中国标准化，2020（3）．

[5] 甘克勤，高俊，汪滨，等．我国标准起草单位大数据分析——浙江篇[J]．中国标准化，2020（3）．

[6] 王昕，王宏，周育忠，等．[J]．电力行业标准研制贡献大数据分析．标准科学，2016（11）．

[7] 王颖翔．数据分析视角下的青海标准化现状研究[J]．中国标准化，2018（10）下．

透视2000—2018年中国气象行业标准的
时序变化特征与发展展望①

王一飞　成秀虎　崔晓军　吴明亮

（中国气象局气象干部培训学院，北京　100081）

摘　要：随着社会经济发展和国家战略需求，中国气象行业标准取得了长足发展。全面系统了解中国气象行业标准的时序动态变化，对于掌握气象行业标准现状，了解气象行业标准不足与挑战和科学规划未来气象行业标准发展具有重要意义，又有助于推动整个气象行业标准的快速发展。本文采用中国气象标准化网公布的2000—2018年的我国气象行业标准数据，采用时间序列的趋势性分析与检验方法和文本挖掘方法，对2000—2018年中国气象行业标准进行统计分析。结果表明：①中国气象行业标准发布数量在2000—2018年整体呈现出增加态势，尤其是2010年后增加迅猛，2007年、2015年和2018年中国气象行业标准发布数量出现增长峰值，分别达到42个、59个和67个，中国气象行业标准需求在未来将进一步稳步增加。②中国不同领域气象行业标准相差较大，尤其是气象观测仪器和气象防灾减灾类的标准发布相对较多，反映了气象观测服务和防灾减灾服务需求增加。气象仪器与观测方法、气象防灾减灾、雷电灾害防御和农业气象四类气象行业标准占总体气象行业标准的56.26%。③在气象行业标准归口单位上，全国气象防灾减灾标准化技术委员会、全国雷电灾害防御行业标准化技术委员会、全国农业气象标准化技术委员会和全国卫星气象与空间天气标准化技术委员会归口管理气象行业标准最多，其他单位相比这四个归口单位相对较少。④气象行业标准在"一带一路"倡议和生态文明建设等国家战略下亟须兼顾国内和国外大局，以气象行业标准助力国家战略和建设，促进走出国门提升中国标准和中国创造的品牌效应，夯实软实力。

关键词：气象行业标准，时序变化，标准体系，标准对比分析，发展与展望，"一带一路"

1　引言

近年来随着中国气象事业的蓬勃发展，气象行业标准得到了长足发展。尤其是国民经济发展中，相关行业和领域对气象事业的依赖度与日提升，气象行业发展出现新的机遇。随着生态文明建设和"一带一路"建设的深入推进，中国企业不断参与其中，势必对气象行业标准产生较大需求。

气象标准化工作是气象事业的重要组成部分，是气象事业发展的重要基础，为气象事业又好又快发展发挥着重要的技术支撑和保障作用。《中华人民共和国气象法》和《国务院关于加快气象事业发展的若干意见》都明确强调要建立健全以综合探测、气象仪器设备和气象服务技术为重点的气象标准体系，加强气象业务工作的标准化、规范化管理。因此，加强气象标准化建设，对于强化气象工作的社会管理、统一气象工作的技术和规范、加强气象信息的共享与合作，促进气象事业又好又快发展，更好地为全面建设小康社会提供优质的气象服务具有十分重要意义。我国气象标准化工作起步晚、起点低，气象标准化管理与科研工作则更加滞后。1998年前，只颁布实施了一项气象国家标准。1998—2003年，我

---

①　本文刊于2019年《气象标准化》第1期。

国气象标准化工作稳步开展，共有14项气象标准列入国家标准制修订计划，40余项气象标准列入气象行业标准制修订计划。2004年以来，气象标准化工作得到了明显加强，特别是《国务院关于加快气象事业发展的若干意见》明确提出要建立气象标准体系，中国气象局从战略、规划层面加强了领导，气象标准化工作翻开了新的一页。

对没有推荐性国家标准、需要在全国某个行业范围内统一的技术要求，可以制定行业标准。行业标准由国务院有关行政主管部门制定，报国务院标准化行政主管部门备案。根据中国气象标准化网站（http://www.cmastd.cn/）关于中国气象行业标准的数据，从2000年开始，截至2019年3月26日，共查询到2000—2018年间发布的455条气象行业标准数据，根据该网站对上述标准进行的所属标准体系的分类，455项气象行业标准分布在13项标准体系类别中，这13项分别为气象影视、风能太阳能资源、气象基础与综合、空间天气、人工影响天气、气候与气候变化、大气成分观测预报预警与服务、卫星气象与遥感应用、气象基本信息、农业气象、雷电灾害防御、气象防灾减灾、气象仪器与观测方法。

本文基于上述中国气象标准化网站2000—2018年的中国气象行业标准的数据，分析其时序变化特征，并对标准进行文本挖掘分析，以期对其有一个全面、科学的认识，从而为中国气象行业的未来发展规划提供可能的参考与支撑。

2 数据来源与研究方法

2.1 数据来源

本文采用的2000—2018年中国气象行业标准数据来自于中国气象局气象干部培训学院标准化与科技评估室业务运营的中国气象标准化网（网址：http://www.cmastd.cn/）。本文采用的气象行业标准数据包括：标准编号、标准中文名称、发布日期、实施日期、所属标准体系、归口单位、起草单位和标准简介，共计8个字段的455条数据。所有上述数据上传网站时均通过业务审核，数据一致性良好，并服务于日常标准化业务，在业务中得到了检验。

2.2 计算方法

2.2.1 时间序列的趋势性分析与检验

对于样本量为n的某一序列y_j，用t_j表示所对应的时刻，建立y_j与t_j之间的一元线性回归方程：

$$\hat{y}_j = a + bt_j \tag{1}$$

式中，a为回归常数，b为回归系数。利用最小二乘法可求出a和b，并进行显著性检验。

$$\begin{cases} a = \dfrac{1}{n}\sum\limits_{j=1}^{n} y_j - b\dfrac{1}{n}\sum\limits_{j=1}^{n} t_j \\ b = \dfrac{\sum\limits_{j=1}^{n} y_j t_j - \dfrac{1}{n}\left(\sum\limits_{j=1}^{n} y_j\right)\left(\sum\limits_{j=1}^{n} t_j\right)}{\sum\limits_{j=1}^{n} t_j^2 - \dfrac{1}{n}\left(\sum\limits_{j=1}^{n} t_j\right)^2} \end{cases} \tag{2}$$

回归系数b的符号表示变量的线性趋势。$b>0$表明随时间增加，变量呈增加趋势；$b<0$表示随时间增加的变量呈减少趋势。b的大小反映了变量增加或减少的速率。本文将回归系数b称为变化趋势值，即表示增加或减少的倾向程度。

2.2.2 词云图分析

本文采用的词云图分析主要是利用Sina·MData(上海蜜度信息技术有限公司)微舆情（网站：http://www.wrd.cn/login.shtml）的在线文本挖掘数据功能，对气象行业标准的相关字段和内容进行分析。Sina·MData成立于2009年。2014年完成新浪微博领投的A轮融资，成为新浪微博投资的子公司。在互联网信息采集、大数据处理与挖掘等领域均拥有核心技术和知识产权。旗下微热点(微舆情)，是国内社会化大数据应用服务平台。微热点凭借自身强大的数据挖掘和大数据处理技术及专业的报告分析能力，已成为政府、企业、个人的大数据服务品牌。本文采用词云图分析气象行业标准可以反映当前气象行业标准的相关内部结构与功能特征。

3 我国气象行业标准的年际趋势性变化特征

从中国气象行业标准的年际变化来看，2000—2018年中国气象行业标准整体在波动中呈现增加趋势，增加趋势达3.4579个/年，通过了信度0.05显著性水平的F检验（见图1），尤其是2010年以来增加尤为迅猛。2000年中国气象标准的发布数量仅为1项，2018年则增加至67项。

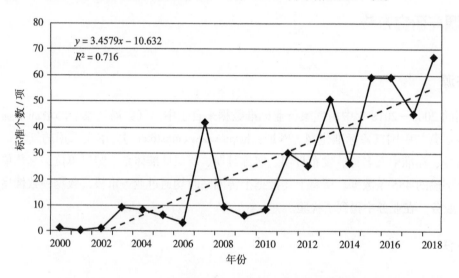

图1　2000—2018年我国气象行业标准发布年际趋势性变化

分段来看，2000—2006年，中国发布气象行业标准数量非常少，中国气象标准化网站所查询到的所发布的气象行业标准仅为28项。2007—2014年气象行业标准发布了197项。2007—2014年相比2000—2006年而言，增加了603.57%。2015—2018年气象行业标准发布230项，2015—2018年相比2007—2014年而言，增加了16.75%。其中气象行业标准发布数量出现几个峰值的年度分别为2007年、2015年和2018年，分别为42项、59项和67项。

2007年，为加强气象标准化工作的规范化、制度化、程序化建设，加快气象标准化工作步伐，中国气象局印发《气象标准化管理办法》（气发〔2007〕473号），随着该管理办法的出台，当年气象行业标准发布数量出现了迅猛增长，达42项。2009年中国气象局印发《中国气象局关于加强气象标准化工作的意见》（气发〔2009〕266号），在该文件中提及"加快气象标准的制修订步伐，以数量为基础，以质量为核心，更加注重气象标准的效益。力争每年颁布实施气象国家标准20项左右，气象行业标准40

项左右。2012 年在中国气象局发布的《关于印发气象标准化"十二五"发展规划的通知》（气发〔2012〕27 号）文件中强调"气象标准数量少，覆盖领域不全面、不平衡，特别是面向社会、行业实施管理和开展服务的支撑标准数量不足"的现状，提出"要以需求牵引，应用为本，力争到 2015 年气象行业标准总量达到 300 项。

从图 1 可看出 2015 年所发布的气象行业标准数量为 59 项，在中国气象标准化网站上所查询到的截至 2015 年底中国气象局所发布的气象行业标准总数量为 284 项，基本实现气发〔2009〕266 号和气发〔2012〕27 号文件中所期望的目标。2018 年发布气象行业标准 67 项，创历史新高，这与 2017 年印发的《中国气象局关于印发"十三五"气象标准体系框架及重点气象标准项目计划的通知》（气发〔2017〕26 号）不无联系。《"十三五"重点气象标准项目计划》列明 14 个领域共计 212 项标准计划中 140 项是行业标准。在气象行业标准的高需求的牵引下，越来越多高质量的行业标准必然顺势而来。

综上统计数字的结果表明，随着国家社会经济发展，相关气象行业对气象行业标准的需求呈现增加态势，气象标准颁布数量不断增加，有助于规范和促进气象事业发展。

4 我国气象行业标准体系类别的对比分析

4.1 气象行业标准的总体发展态势与对比

气象标准体系对界定气象标准化工作范围和领域具有重要指导意义，对厘清标准之间的相互作用和关系具有重要参考价值。随着气象事业的发展和气象标准化工作的深入开展，现有的气象标准体系框架将不断充实、深化、拓展和完善。从不同体系标准的数量来看，2000—2018 年中国气象影视行业标准发布数量最少，仅为 6 项；气象仪器与观测方法行业标准发布数量最多，达 83 项，两者相差 77 项，后者是前者的近 14 倍；整体来看，除气象仪器与观测方法标准外，发布标准数量排名前三的有气象防灾减灾、雷电灾害防御和农业气象，分别有 64 项、63 项和 46 项（见图 2）。上述 4 类行业标准发布数量达 256 项，占所有行业标准的 56.26%。

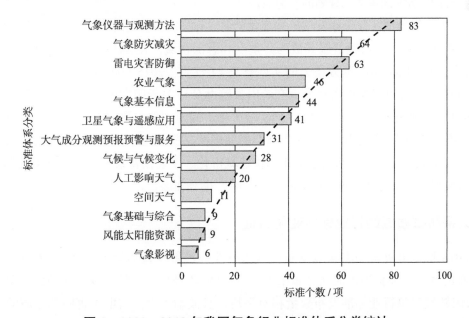

图 2　2000—2018 年我国气象行业标准体系分类统计

4.2　气象仪器与观测方法领域的行业标准变化

图 2 统计数据表明气象仪器与观测方法领域的行业标准发布数量最多。具体来看，我国气象仪器与观测方法领域的行业标准分布如下：观测仪器装备相关标准达 30 项；观测方法与产品领域标准达 10 项；观测规范相关标准共计 32 项；观测业务技术保障类标准共计 11 项。

从气象仪器与观测方法领域行业标准发布的历年情况来看，2007 年以前发布的 28 项气象行业标准中属气象仪器与观测方法领域的共计 20 项，占 2007 年以前发布的气象行业标准总数量的 71.4%，这表明仪器类的气象行业标准业务需求相对迫切，关于仪器的使用及观测规范亟须统一，所以在气象标准制定最早期就有了仪器类的气象行业标准。2007 年发布的 42 项气象行业标准中，气象仪器与观测方法共计 26 项，占 2007 年发布的气象行业标准总数的 61.9%。由此可见，2007 年在中国气象局印发《气象标准化管理办法》（气发〔2007〕473 号）后，气象仪器与观测方法领域的气象行业标准最先得以较大规模和数量地制定和发布实施。2007 年以后仪器与观测方法领域行业标准发布数量呈逐年增长态势，这与业务实践中需求不断增加有关，也与国家和中国气象局的气象标准领域工作重点有关。

4.3　气象防灾减灾领域的行业标准变化

2000—2018 年我国气象防灾减灾领域发布的行业标准数量，是继仪器与观测方法领域行业标准数量之后排名第二多的标准体系类别。气象防灾减灾领域主要包括气象灾害监测预警、气象灾害风险管理和气象灾害应急及其他分领域，其中，关于气象灾害监测预警和气象灾害风险管理分领域的气象行业标准数量相对较多；而气象灾害应急领域的气象行业标准数量则相对前两者较少。气象防灾减灾领域的气象行业标准在 2016 年以前仅累计颁布 26 项，2016—2018 年发布数量达 38 项。换言之，近 60% 的防灾减灾领域的行业标准发布于近 3 年。

随着综合防灾减灾救灾成为国家长期发展的重要战略之一，化解重大风险已成为我国可持续发展面临的突出问题之一，因此，防灾减灾领域标准被社会各行业高度重视，且多次在国家层面和中国气象局层面的政策文件中被提及，不仅是落实习近平总书记关于防灾减灾理念的体现，而且也是气象部门助力实现国家"十三五"防灾减灾救灾规划的着力点。

在 2012 年中国气象局《关于印发气象标准化"十二五"发展规划的通知》（气发〔2012〕27 号）文件中，气象灾害风险管理与预警服务被列为重点和急需领域；在 2015 年《中国气象局关于贯彻落实国务院〈深化标准化工作改革方案〉的实施意见》（气发〔2015〕71 号）中，气象灾害等级和预警标准作为重点推进的领域被再次提及；在《国务院办公厅关于印发国家标准化体系建设发展规划（2016—2020 年）的通知》（国办发〔2015〕89 号）中，提出"重点研制气象灾害监测预警评估类的技术和服务标准，提升我国防震减灾和气象预测的准确性、及时性与有效性。气象防灾减灾作为综合防灾减灾的重要组成部分，尤其在气候变化和快速城市化、工业化背景下，多数灾害大都与气象因素密切相关。高度重视气象行业防灾减灾标准正逢其时，也势在必行。"

4.4　雷电灾害防御领域的行业标准变化特征

2000—2018 年雷电灾害防御领域发布的气象行业标准数量位居第三，共计 63 个。从雷电灾害防御领域发布的气象行业标准的时间分布来看，从 2007 年开始才开始出现该领域的气象行业标准。2007 年以来该领域气象行业标准发布数量相对平均，且波动不大。雷电灾害防御领域的气象行业标准主要涉及雷电防护装置的技术要求、雷电防护装置检测、雷电防护服务和市场监管、雷电灾害调查与评估及雷电监测和雷电预警等分领域。其中涉及雷电防护装置的技术要求和雷电防护装置检测这两个分领域的气象行业标准发布数量最多，达33项，占雷电灾害防御领域发布气象行业标准总数量的52.38%。雷电防护服务和市场监管、雷电灾害调查与评估这两个分领域发布的气象行业标准数量较少。值得注意的是，随着全国气象行业防雷体制改革的进一步深化，防雷检测已成为气象行业相关公司或部门继续完善和调整的领域，而雷电灾害防御领域的行业标准是否需要根据改革形势做出必要的更新和调整，仍有待于在具体业务实践中进一步检验。

4.5　农业气象领域的行业标准变化特征

气象为农服务是气象部门的重点业务之一。农业气象领域2000—2018年期间共发布气象行业标准46项，主要涉及农业气象观测规范、方法和产品；农业气象条件预报，农田土壤墒情及灌溉预报，发育期预报，产量预报，农用天气预报，自然物候期预报，病虫害发生发展气象等级预报；农业气象服务产品、流程、效益评价；定期综合评价规范，气象条件评价产品与指标，土壤墒情评价方法与指标；农业气象灾害监测、预警、评估和农业气候资源评价、区划、利用等气象行业标准。

中国农业气象领域的气象行业标准也是从2007年才开始出现，2007—2018年该领域气象行业标准年发布数量相对较平均，波动不大。涉及水稻、油菜、冬小麦、大豆、茶叶、番茄、富士系苹果、玉米、设施蔬菜、烤烟、烟草、柑橘、枸杞、枇杷、夏玉米、春玉米、荔枝、淡水养殖、龙眼、香蕉、杨梅、橡胶等20余种农作物相关的气象行业标准。可以看出，农业气象标准主要涉及不同地区的经济作物，区域农业经济的快速发展与标准规范的指导需求是农业气象标准发展的主要推动力。

4.6　风能太阳能资源、气象基础与综合和空间天气领域的行业标准变化特征

除气象影视标准外，中国其他三个发布标准数量最少的为风能太阳能资源、气象基础与综合和空间天气，分别有9项、9项和11项，上述4种气象行业标准发布数量为35项，仅占所有行业标准的7.69%。排名前四的标准总数是排名后四的标准总数的约7.3倍。上述统计数据表明对气象影视行业标准的需求最少，所以该领域标准的发布数量就少；风能太阳能资源领域包括在风电场、太阳能、风力发电、核电等领域气象标准的检测规范、技术导则、观测规范、预报方法等，由于以上领域范围较窄，新能源利用率尚未普及，所以发布的行业标准也较少。

气象基础与综合领域的标准主要是关于气象科技项目管理，科研成果管理，科研单位评估，气象工程设计、建设、验收、评价等，气象人才资源管理，从业资格，教育培训等和气象科普宣传，气象立法、执法、标准化基础等相关标准。这类规范类的标准需求有限，且制定出来往往要求具有普适性，故所发布的标准数量较少。

空间天气领域涉及太阳活动、太阳质子事件、电离层、地磁活动等标准，受气象行业对空间天气的研究进程的局限，该领域的标准数目截至目前仍较少。

5　我国气象行业标准归口单位分析

图3反映的是不同归口单位气象行业标准的数量统计，其中最多的是全国气象防灾减灾标准化技术委员会，数量达83项，除此之外，排名前三的为：全国雷电灾害防御行业标准化技术委员会、全国农业气象标准化技术委员会和全国卫星气象与空间天气标准化技术委员会，数量分别为52项、34项和30项。数量在10项以下的有23个归口单位。10项以上34项以下的有8个归口单位，除此之外，还有14

项气象行业标准在气象标准化网站上未查询到归口单位。

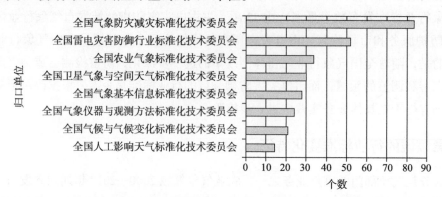

图3　不同归口单位气象行业标准数量统计（部分）

6　我国气象行业标准的文本挖掘分析

本文进一步采用词云图挖掘起草单位相关信息。在气象标准化网站查询到的455项气象行业标准起草单位的文本数量共计9617个字，起草单位词云图结果如图4所示。从图4可知，2000—2018年中国气象行业标准在气象部门中，中国气象局内设机构及其直属事业单位，包括国家气候中心、国家气象中心、国家卫星气象中心、中国气象科学研究院、中国气象局气象探测中心、中国气象局公共气象服务中心所参与起草的标准占气象行业标准总数的80%以上。在省级层面，各省（区、市）的气象科学研究所、气候中心、探测中心、卫星中心在气象行业标准起草中发挥了重要作用。从参与气象行业标准起草的省份来看，东部省份较西部省份参与起草的标准较多，尤其是江苏省、浙江省、湖北省、河北省、安徽省、河南省、四川省等。

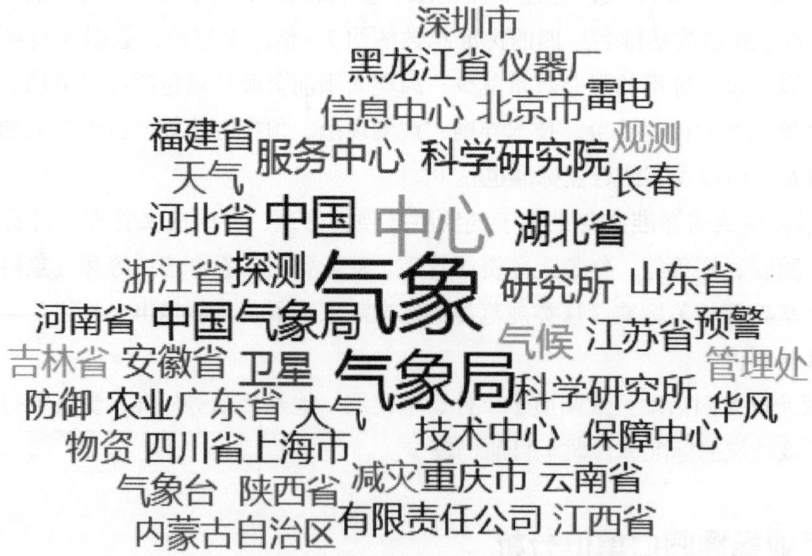

图4　起草单位词云图分析（9617个字）

从标准名称词云图分析来看，455项气象行业标准名称的文本数量共计5983个字。中国气象行业标准中除气象和规范两个词外，与"气象规范""气象观测""气象数据""卫星""地面监测""农业气象""气象灾害"等相关的标准较多（图5）。总体来看可以大致分为三类，即气象数据类、气象观测等级类和气象术语与可行性分析等。

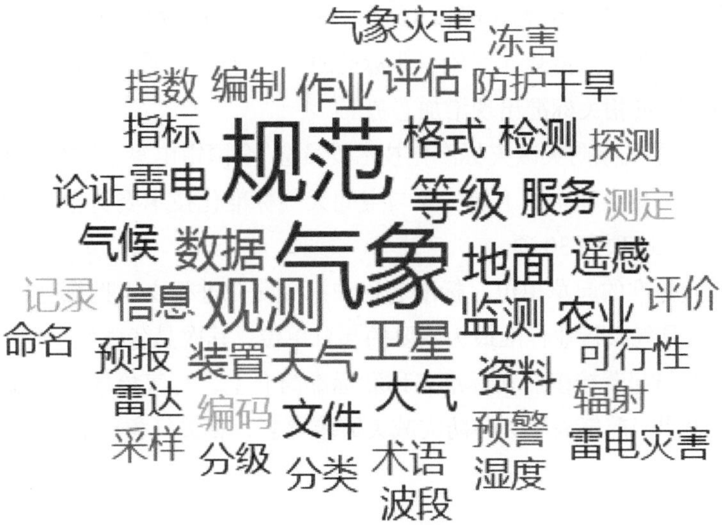

图 5 标准名称词云图分析（5983 个字）

从标准简介词云图分析来看，455 项气象行业标准简介的文本数量共计 34440 个字。中国气象行业标准名称中除气象和标准两个词外，与观测仪器和方法、气象数据、防灾减灾、雷电灾害防御、气象卫星相关的词频最多（图 6），进一步表明气象观测服务和防灾减灾需求的提升。

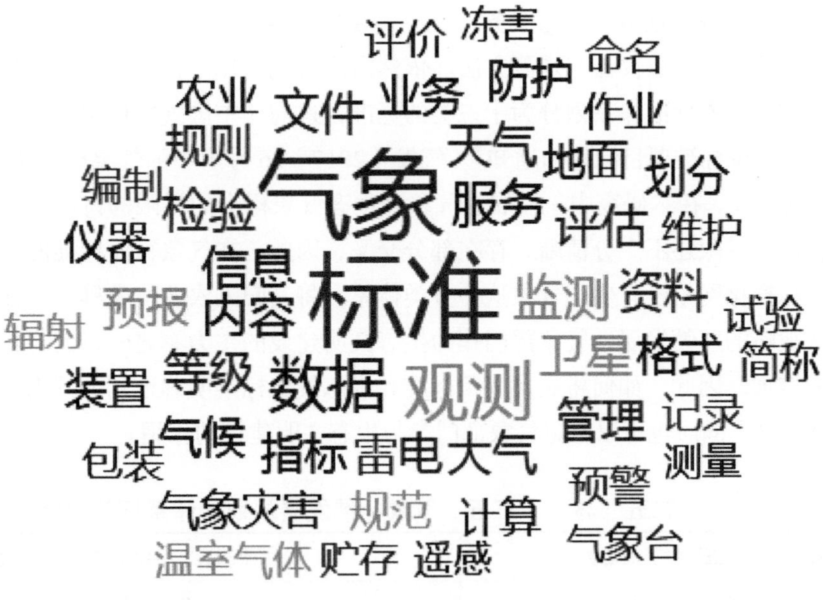

图 8 标准简介词云图分析（34440 个字）

7 结论

（1）2000—2018 年中国气象行业标准整体在波动中呈现增加趋势，2010 年以来增加尤为迅猛。气象行业标准发布数量在 2007 年、2015 年和 2018 年出现增长峰值，发布数量分别达到 42 项、59 项和 67 项。在气象行业标准的高需求的牵引下，气象行业标准的需求呈现增加态势，越来越多高质量的行业标准必然顺势而来，气象行业标准有助于规范和促进气象事业发展。

（2）在不同行业标准类别上，2000—2018年中国气象影视行业标准发布数量最少，而气象仪器与观测方法行业标准发布数量最多，分别为6项和83项。气象仪器与观测方法、气象防灾减灾、雷电灾害防御和农业气象四类气象行业标准占总体气象行业标准的56.26%，表明随着社会经济发展和国家战略需求，气象观测服务与防灾减灾相关标准出现增加态势。

（3）在归口单位上，全国气象防灾减灾标准化技术委员会、全国雷电灾害防御行业标准化技术委员会、全国农业气象标准化技术委员会和全国卫星气象与空间天气标准化技术委员会归口管理气象行业标准最多，分别达83项、52项、34项和30项。

（4）本文对气象行业标准的起草单位、标准名称和标准简介进行文本挖掘分析表明，中国气象局内设机构及其直属事业单位是气象行业标准最为主要的起草单位，其次是各省气象局的气候中心与研究所。东部省份相比西部省份参与起草较多。在标准名称和标准简介上，与气象数据、观测服务和防灾减灾相关的标准占据多数，这表明当前气象服务与防灾减灾需求增多，相关气象行业标准呈现增长态势。

8　讨论与展望

本文在统计分析2000—2018年中国气象行业标准时序变化特征的基础上，对气象行业标准工作发展的讨论和展望有以下5个方面。

（1）气象行业标准的分类体系的讨论。根据中国气象标准化网站当前对气象行业标准按标准体系分类，分为13类，分别为气象影视、风能太阳能资源、气象基础与综合、空间天气、人工影响天气、气候与气候变化、大气成分观测预报预警与服务、卫星气象与遥感应用、气象基本信息、农业气象、雷电灾害防御、气象防灾减灾、气象仪器与观测方法。依然沿用《气象标准化"十二五"发展规划》中根据气象工作职责和领域对气象标准体系划分为十三类的标准，这与《中国气象局关于印发"十三五"气象标准体系框架及重点气象标准项目计划的通知》（气发〔2017〕26号）中的气象标准体系划分为14个专业领域略有不同，见表1。在本研究中，以农业气象和生态气象标准的界限的讨论为例。当前我国农业气象和生态气象标准的界限还不十分清晰，存在部分交叉，因此，在气象行业标准的体系分类中可能存在重叠。中国气象标准化网中没有生态气象这一分类体系，将其归入农业气象等行业标准体系中。随着生态文明建设国家战略的蓬勃发展，气象部门作为生态文明建设的主力军之一，其对生态气象标准的需求和依赖度将大幅增加。因此，如何将农业气象标准和生态气象标准明确地划分开来，一方面有利于气象为农服务的顺利开展，同时也可以厘定气象部门参与生态文明建设的作用。

表1　"十二五"与"十三五"气象标准发展规划的体系框架对比

《气象标准化"十二五"发展规划》	《"十三五"气象标准体系框架》
气象影视	公共气象服务
风能太阳能资源	生态气象
气象基础与综合	气象综合
空间天气	空间天气
人工影响天气	人工影响天气
气候与气候变化	应对气候变化
大气成分观测预报预警与服务	气象预报预测

《气象标准化"十二五"发展规划》	《"十三五"气象标准体系框架》
卫星气象与遥感应用	卫星气象
气象基本信息	气象基本信息
农业气象	农业气象
雷电灾害防御	雷电防御
气象防灾减灾	气象防灾减灾
气象仪器与观测方法	气象观测
	大气成分

（2）气象行业标准走向全球的展望："一带一路"气象行业标准亟须健全和发展。随着"一带一路"建设的深入推进，中国企业走出去具有较好的机遇。中国气象行业标准多数在国内得到了较好的应用与检验，为了提升中国气象标准的国际化进程，亟须推动中国气象行业标准走出国门，服务"一带一路"沿线国家和地区，促进"一带一路"建设，增加民心相通和中国创造的品牌效应，夯实中国软实力。

（3）气象行业标准在国内发展的新机遇。气象工作专业性很强，标准渗透于气象工作的方方面面。特别是近年来，气象改革步伐不断加快，防雷管理体制改革、气象信息服务市场放开、加强气候可行性论证等各个方面要求我们既要简政放权、优化服务，也要强化事中事后监管、履行好行政管理职责，同时还要做好生态文明气象保障、强化气象工作趋利避害的作用和功能，这都为标准化工作提供了良好的发展契机，也提出了更高的要求，在各专业领域业务科研及标准化骨干的共同努力下，气象标准化工作取得新的进展和突破，气象信息化、气象仪器装备、气候资源评价以及防雷减灾监管、气象信息服务监管、气候可行性论证监管等各个领域的系列标准陆续研制出台，不断让标准贯穿于气象业务、服务、管理的全流程，为气象改革发展提供了更好的支撑和保障。各地气象部门也积极在标准化工作上贯彻落实创新、协调、绿色、开放、共享的新发展理念，进一步推动了气象事业发展质量和效益的提升。

（4）气象行业标准归口单位存在管理交叉。通过分析表明中国气象行业标准在归口单位中存在上下层级不对等，甚至交叉重叠的现象。这在一定层面上导致气象行业标准的对外管理存在多级重复管控的可能，也不利于气象行业标准形成统一协同的共享管理平台。气象服务需求的不断拓展，气象管理职能的不断强化，气象技术应用越来越广泛和深入，气象工作跨领域、跨专业、基础性、共享性的特点越来越突出，气象标准和标准化的基础性、战略性作用也日益凸显。利用标准和标准化所具有的系统性、综合性的优势和特点，实现气象技术、服务和管理的统一化、规范化，对于加快推进我国气象现代化、充分发挥气象工作对保障经济社会发展和人民安全福祉具有十分重要的意义。

（5）气象行业标准的修订与废弃。随着社会经济发展和国家战略的需求，已有的气象行业标准在实际应用中已经出现迟滞或不适应的现象，亟须修订，或废弃并重新制定适应新形势的气象行业标准，以提升标准与业务服务的融合度。气象标准化工作需要继续坚持紧贴需求、服务大局的工作思路，立足民生，面向行业、面向经济社会发展，通过完善气象标准化制度，加快重点领域标准的制修订，推进标准信息化进程，探索标准应用实施的有效模式，积极推进标准化在强化社会管理和公共服务职能中的支撑和引领作用。

参考文献

[1]《气溶胶污染气象条件指数（PLAM）》等19项气象行业标准发布[J]. 中国标准导报, 2015（9）: 9.

[2] 曹之玉, 张明明. 气象灾害预警标准合理性浅析[J]. 气象科技进展, 2017, 7（6）: 191-193.

[3] 陈文广, 李伟, 孙健. 关于修订我国炮兵标准气象条件的方法研究[J]. 弹道学报, 2014, 26（4）: 56-60.

[4] 陈晓静. 气象观测标准应用的经验与问题[J]. 农技服务, 2017, 34（19）: 148.

[5] 丁雪松. 黑龙江省气象行业管理研究[D]. 哈尔滨: 黑龙江大学, 2016.

[6] 范雯杰. 澳大利亚的气象行业培训[J]. 职业教育研究, 2017（9）: 89-92.

[7] 韩丽琴, 符琳, 高金阁, 等. 北京市气象灾害防御标准体系建设研究[J]. 内蒙古科技与经济, 2017（2）: 56-58.

[8] 郝克俊, 董国涛, 林丹, 等. 人工影响天气安全管理标准体系研究[J]. 标准科学, 2018（10）: 85-88.

[9] 纪翠玲, 边森. 气象标准化信息服务与管理平台设计[J]. 中国标准化, 2014（4）: 80-83.

[10] 纪翠玲, 边森, 成秀虎. 气象标准化工作的信息化建设研究[J]. 标准科学, 2017（1）: 27-30.

[11] 金宝森, 吴吉东. 我国气象灾害减灾救灾标准体系完备性研究[J]. 灾害学, 2012, 27（4）: 114-116+121.

[12] 荆国栋, 邹立尧. 气象行业"慕课"规划建设的可行性研究[J]. 继续教育, 2014, 28（9）: 52-54.

[13] 李坤玉, 王秀荣, 王维国. 决策气象服务相关标准的应用分析和改进措施[J]. 武汉理工大学学报（信息与管理工程版）, 2017, 39（4）: 432-438.

[14] 李坤玉, 王秀荣, 王维国. 决策气象服务相关标准的应用分析和改进措施[J]. 武汉理工大学学报（信息与管理工程版）, 2017, 39（4）: 432-438.

[15] 李社宏. 气象领域深度学习知识体系框架及前沿应用[J]. 陕西气象, 2018（1）: 21-25.

[16] 李怡, 杨静飞, 刘健. 军事气象海洋环境数据库标准建设研究[J]. 测绘与空间地理信息, 2014, 37（10）: 117-119.

[17] 李英梅. 浅析气象行业建设工程项目档案的管理[A]//国家档案局, 中国档案学会. 2010年全国档案工作者年会论文集（广西卷）[C]. 国家档案局, 中国档案学会: 广西档案学会, 2010: 4.

[18] 梁淑敏, 胡葳, 严家琼. 关于广东省气象灾害防御标准化工作的思考[J]. 质量探索, 2018, 15（1）: 26-30.

[19] 刘艳阳, 成秀虎, 骆海英. 气象强制性标准与法律法规的协调性研究[J]. 标准科学, 2016（12）: 34-38.

[20] 刘克唐. 气象仪器标准制订之我见[J]. 仪器仪表标准化信息, 1989（3）: 1-2.

[21] 马锋波. 提升气象标准化工作 为"一带一路"建设保驾护航[C]//中国标准化协会. 第十四届中国标准化论坛论文集. 北京: 中国标准化协会, 2017: 8.

[22] 秦大河. 气候变化科学与人类可持续发展[J]. 地理科学进展, 2014, 33（7）: 874-883.

[23] 孙石阳, 余立平, 邱宗旭, 等. 气象服务标准化实践及模式发展探讨[J]. 中国标准化, 2013（12）: 79-82.

[24] 王凤梅. 与时俱进 开拓创新 全面加强气象行业管理[J]. 新疆气象, 2004（6）: 42.

[25] 王莹, 李建科, 宋鸿, 等. 公共气象服务地图类产品的表现标准研究[J]. 创新科技, 2013（5）: 61-62.

[26] 王毓, 王洪涛. 浅谈新形势下的气象行业台站管理的建议[J]. 农业与技术, 2014, 34（7）: 201.

[27] 吴友法. 气象行业管理的任务及其必要性[J]. 新疆气象, 1999（1）: 44-45.

[28] 吴友法. 我区气象行业管理的难点与对策[J]. 新疆气象, 1999（6）: 42-43.

[29] 熊千其, 万贵珍, 黄越, 等. 完善气象地方标准体系有关问题探讨[J]. 中小企业管理与科技（上旬刊）, 2018（8）: 115-116.

[30] 薛建军, 成秀虎, 黄潇, 等. 气象标准复核业务信息化的思考与实践[J]. 标准科学, 2016（11）: 31-36.

[31] 杨玲, 梁潇, 李蜀湘. 电视气象节目质量标准研究与应用分析[J]. 科技传播, 2015, 7（12）: 197-198.

[32] 杨萍, 高学浩. 面向质量目标的课程设计概念模型研究——以气象行业继续教育为例[J]. 继续教育, 2018, 32（3）: 58-60.

[33] 郁万文, 郑尔宁. 与行业标准相衔接的高等教育课程体系构建——以南京信息工程大学公共气象服务专业为例[J]. 文教资料, 2016（25）: 146-148.

[34] 臧强, 孙宁, 叶小岭. 气象行业特色下的自动化专业本科生培养的研究与探索[J]. 科技创新导报, 2015, 12（13）: 224.

[35] 张钛仁. 加快气象标准化步伐 促进气象事业科学发展[J]. 中国标准化, 2009（11）: 29-31.

[36] 张鑫, 凌敏, 张玥. "一带一路"沿海城市风暴潮灾害综合防灾减灾研究[J]. 河海大学学报（哲学社会科学版）, 2017, 19（1）: 81-87, 91.

[37] 赵建峰.《公众气象预报规范》地方标准解读[J]. 大众标准化, 2018（7）: 12.

[38] 郑祺. 行业质量标准在气象工程项目评估业务中的应用[J]. 企业改革与管理, 2017（19）: 201-202.

当前亟待加强的气象标准化若干优先领域探讨①

成秀虎

（中国气象局气象干部培训学院，北京　100081）

1　引言

"十二五"期间，国家特别强调重视标准的应用工作，并试图通过服务标准化工作试点、通过社会管理和公共服务标准化试点等工作推动标准的制定和应用，促进标准发挥更大的作用。一些标准应用评估的结果不断证明，只有那些被实践证明有效的经验和科技成果经过总结上升为标准后，才能在工作中产生广泛的需求，进而在更大的范围、更广的领域里发挥作用。回顾 2013 年的气象工作可以发现，气象部门在强化基本公共气象服务提供、发挥气象服务对业务、管理的牵引方面做了许多探索，尤其是通过树典型、做示范、立标杆方面多有建树，这些做法无不体现了标准化的理念和思想，运用了标准化的原理和方法。这些做法本身虽然还不是标准，但却为标准的建立打下了基础，只要经过进一步的预研和发展，从中不难产生一些当前急需的、能够满足需求的、对推动事业发展有益的新标准。本文希望通过对 2013 年气象工作所取得成绩的分析，从中发现那些具备标准雏形的经验，通过对当前气象工作重点任务的梳理，发现那些有急迫标准化需求的优先领域和方面，从而为今后一段时期我国气象标准的立项申报和标准计划制定提供参考。

2　标准化理念在气象工作中的应用举例

按照中国标准化专家李春田的解释，标准化方法主要是指通过简化、统一、协调、优化的方法实现最佳秩序、促进共同利益的做法。从 2014 年全国气象局长会议报告有关"2013 年气象工作回顾"中可以看到，气象部门在实际管理工作中已经大量运用了有关"统一、优化、协调、简化"的方法，现列举如下。

2.1　建成国家突发事件预警信息发布系统，实现国家预警信息发布的统一

中国气象局"承担的国家突发事件预警信息发布系统在 2013 年初步建成，实现了与国务院应急办指挥平台对接，14 个省（区、市）人民政府出台了突发事件预警信息发布管理办法。"[1]通过国家突发事件预警信息发布系统建设和突发事件预警信息发布管理办法的出台，我国实现了国家突发事件预警信息的统一发布，保证了突发事件预警信息发布与传播的权威性、及时性，避免了未来可能出现的预警信息发布混乱的局面，对于突发事件的应急管理和服务将会起到重要作用。

---

① 本文刊于 2014 年《气象标准化》第 1 期，收入本文集时标题有修改。

2.2 联合开展京津冀及周边地区重污染天气监测预警预报，保持雾霾与空气质量标准之间的协调

2013 年中国气象局"积极参与国家和区域大气污染防治行动计划，强化全国环境气象业务，联合环保部门开展京津冀及周边地区重污染天气监测预警预报。县级以上气象机构均开展空气污染气象条件、雾和霾天气预警预报工作，加强重点城市环境气象观测业务，发布全国颗粒物监测日报"[1]。$PM_{2.5}$ 纳入了新版国家空气质量标准，与霾标准之间形成了共同的指标基础，保持霾标准与空气质量标准之间的协调一致，成为保持社会观感一致、避免各界质疑的科学基础。

2.3 开展气象灾害应急准备认证，督促防灾应急准备工作落到实处

2013 年全国"新增 400 个县级气象防灾减灾机构、464 个县气象灾害应急准备认证。乡镇气象信息站 7.8 万个，覆盖率 87.4%。气象信息员 60 余万人，村屯覆盖率 91.7%。农村大喇叭 32.4 万个，农村气象手机用户 4000 余万个，农村经济信息网覆盖 31 个省（区、市）1300 多个县"[1]。认证是标准化工作中的重要一环，是第三方机构对标准符合情况的认定，是促进标准实施的重要手段，通过认证可以督促相关单位和责任主体认真执行标准。尽管目前气象灾害应急机构与应急准备的通用标准还没形成，但标准认证的手段已运用于气象灾害应急管理中了。

2.4 推进标准化农业气象服务县与气象灾害防御乡镇建设，促进气象为农服务工作最优化发展

在气象为农服务两个体系建设过程中，先后出现"德清模式""永川模式"等先进典型，通过不断总结优化，制定出现代农业气象服务县、气象灾害防御乡镇应具备的基本条件，形成建设标准并向全国推广。"2013 年全国共建成标准化现代农业气象服务县 23 个，标准化气象灾害防御乡镇 200 个。"[1]这一做法经典地运用了优化的标准化原理，即通过试点取得经验，经过总结形成标准化模式，然后在全国范围内铺开，达到迅速推广的目的。

2.5 气象业务服务评价定量化，评价相对客观统一

气象业务服务方面，2013 年"全国 24 小时晴雨预报和最高温度、最低温度预报准确率分别提高到 87.6%和 77.1%、82.3%。强天气预报TS评分较 2012 年提高 15%。中央气象台台风路径 24 小时预报误差 82 km，比 2012 年减少 12 km。汛期降水气候预测评分达 73 分，比 2012 年提高 3 分。太阳活动预报和地磁活动预报准确率稳步提高。""全国公众气象服务满意度为 86.3 分，较 2012 年提高 0.1 分"[1]。气象业务、服务评价已经充分运用了定量化的方法，纵向比较客观统一，进步与否一目了然。

2.6 制订省级气象现代化指标体系，实现气象现代化建设标准的统一

根据国务院要求，2013 年中国气象局党组决定"在 2011 年和 2012 年上海、江苏、广东、北京四省（市）率先基本实现气象现代化试点工作基础上，将气象现代化从试点转向全面推进"。"提出了到 2017 年气象事业发展的目标和主要任务，组织编制全国气象现代化发展纲要和国家级气象现代化总体方案，制订了省级气象现代化指标体系。"[1]指标体系的出台将成为全面推动省级气象现代化实现与否的衡量标准，标准的标杆作用得到充分发挥。

3 当前气象工作中产生的标准化需求

3.1 公共气象服务类标准

2013年中国气象局"启动了公共气象服务中心第三阶段改革，完成全国省级公共气象服务业务系统建设。国家级和省级一体化交通气象业务服务体系初步建成。开展了旅游气象服务和海洋气象服务试点，启动了长江流域气象信息服务共享系统建设。交通、海洋、水文、旅游等专业气象服务深入发展。建成农田小气候仪1096套、农田实景监测系统406套，1580个县农业气象业务服务平台投入应用。开展了268个沿海岛屿、港口和渔场的气象精细化预报，以及36个大城市暴雨雨强预报。"[1]我国公共气象服务业务系统建设布局完成之后，即将面临的是服务产品品质、服务质量监督、服务效果检验、服务满意度评价、服务精细化程度、服务所需监测数据的精确度与及时性等需要统一和保证的问题，所有这些，都需要靠标准来评判、来判定，遗憾的是我国气象服务积累的经验少、服务标准短缺、制定难度大，所以公共气象服务类标准的建设任重而道远。

3.2 基础气象资料提供类标准

气象服务社会化，要求建立政府、社会和市场共同提供气象服务的机制，实现这一机制的前提是基础气象资料的数据共享和公开。2013年中国气象局"完成全国高空、辐射、元数据基础气象资料质量检查更正工作，发布8类18种基础气象资料产品。初步建立地面资料实时历史一体化业务流程。启动全球和区域大气资料再分析工作。卫星天气应用平台、卫星监测分析与遥感应用系统在全国各省（区、市）和部分地市推广应用。国家级新一代高性能计算机系统实现业务运行。启动国家级气象通信业务同城应急备份系统和中国气象数据网建设"[1]。如果将中国气象数据网作为基础气象资料数据的共享和发布平台，其发布数据的权威性将取决于数据质量、数据的可用性、数据种类的丰富性以及数据产品的易获得性等，所以当基础气象资料作为一种公共资源向社会提供时，资料的标准化是基础，需要做好资料预处理、再分析与质量控制工作，需要规范向社会发布的产品类型和提供方式，有了标准，可以避免将来可能产生的不必要的纠纷、质疑与社会责难。

3.3 气象观测装备保障类标准

据统计，我国目前已有1100多个国家级地面观测站实现"新型自动站、能见度仪、固态降水等自动观测技术和装备的运行，区域自动气象站乡镇覆盖率达92.6%，较2012年提高4个百分点。"[1]如此众多的观测装备要实现全天候、高质量、不间断的稳定运行，对装备保障提出了很高的要求，观测自动化带来的新的任务是观测装备保障的难题，依气象部门现有的人员和能力，保障起来确有困难，探索气象观测装备保障的社会化，采用政府购买服务的方式由社会力量提供装备维修与保障是一个可行之道。但观测装备保障的有效性取决于许多因素，如观测装备技术性能是否统一、零部件是否能够互换、装备保障人员是否具备相应的技能等，同时保障社会化必然带来政府购买合同化，合同对维护保障提供者的要求，诸如及时性、持续运行保障率、返修率等，如果能通过标准固定下来，则对服务的提供和接受双方都更加有依据，也更具有可操作性和权威性。所以观测自动化带来的观测装备保障社会化，有了标准，就可以解决保障不及时和由此带来的气象观测数据质量不稳定甚至缺漏的隐患。一句话，气象观测装备保障社会化呼唤相关标准的出台。

3.4 气候资源利用与气候可行性论证类标准

2013 年，中国气象局已"联合国家能源局实现全国风能资源详查成果和评价资料共享，完善覆盖全国的风能、太阳能辐射数值预报系统。编制 3 项气候可行性论证指南"[1]。在气候资源普查的基础上，气候资源类标准急需制定，以风能资源为例，是不是资源、有多少资源取决于标准的高低；气候可行性论证可能涉及几十年、上百年的重大工程，责任重大，技术要求高，科技含量大，需要强大的科研做支撑。项目建设气候上是否可行，依据标准可以降低风险，避免论证的片面性和局限性，保证论证的科学性和预见性，所以应该加快这类标准的预研和制定工作。

3.5 气象认证类标准

认证是对标准符合情况的认定，是标准实施的重要手段，通过认证可以督促相关单位和责任主体认真执行标准和规范性文件。认证通常由第三方机构来执行，认证机构、认证人员都有资质与资格问题。全国现已有数百个县气象局在发应急准备认证，2013 年中国气象局还完成了"34 个气候可行性论证机构确认评审和 389 个项目的气候可行性论证"[1]，并且这些工作将一直持续下去，成为未来的一项重要管理工作，所以加强认证机构、认证人员的资质与资格管理，已经提上议事日程。重点要从针对什么标准认证、谁来认证、如何提高认证公认度和权威性等角度考虑。由于发放认证证书是一项技术性很强的工作，国家对认证认可从法律上有严格的规定，为了维护认证工作的严肃性，确保认证对应急准备工作和气候可行性论证工作起到持久的推动作用，应该加强气象认证类标准的建设，包括认证机构的资质、认证人员的资格标准以及作为认证依据的相关标准的建设等。

4 结束语

通过对全国气象局局长会议报告中 2013 年气象重点工作成绩的标准化视角分析发现，现代气象业务管理中标准化的方法和理念其实早已得到应用，而且一些经验和做法已经具备了标准的雏形，只是还没有上升为标准而已。随着气象服务社会化的深入开展，气象部门代表政府管理社会气象的职能会进一步加强，为保障全社会的气象服务需求得到充分满足，防止"政府、社会、市场共同提供气象服务"过程中产生的无序和混乱，避免气象服务与装备保障社会化可能带来的不同主体间的利益纠纷，都迫切需要加强相关标准的预研和制定工作。

尽管目前气象工作中已经运用了标准的一些理念和方法，但他们还远不是标准。其与标准的最大差别在于，标准要由公认机构批准、要有协商一致的过程、要通过固定的格式发布、要具备重复使用共同使用的特征。这里之所以强调标准的不同，是想说明标准是进行社会管理和规范的重要手段之一，可以起到部门文件无法起到的作用。对于在不断强调转变政府职能、强化民生服务的今天，气象部门应该加紧推动气象管理和气象社会服务中急需的标准建设，尽快把当前气象工作中经过实践检验有效的一些成熟经验、技术和管理要求上升为标准，以适应中央全面深化改革有关"政府要加强发展战略、规划、政策、标准等制定和实施，加强市场活动监管，加强各类公共服务提供"的形势要求，全面正确履行政府职能，实现通过标准提高气象社会管理的效率、提升全社会享受到均等化的公共气象服务水平的目的。

参考文献

[1] 郑国光. 2014 年全国气象局长会议报告[R]. 北京：中国气象局，2014.

[2] 李春田. 标准化概论[M]. 北京：中国人民大学出版社，2011.

强化气象标准化引领推动气象事业
高质量发展能力研究①

成秀虎¹ 黄　潇¹ 刘子萌¹ 崔晓军¹ 吴明亮¹ 纪翠玲¹ 周韶雄²

（1.中国气象局气象干部培训学院，北京　100081；2.中国气象局政策法规司，北京　100081）

摘　要：本研究总结了 10 年来气象标准化工作取得的成绩和经验，从围绕服务气象事业高质量发展这一气象标准化工作的新定位出发，分析了气象事业高质量发展对气象标准化工作提出的新要求，阐述了气象标准化工作面临的新形势和发展机遇，明确了新时代气象标准化工作的目标和任务，对如何进一步做好新时代气象标准化工作，提升引领推动气象事业高质量发展的能力提出了方法与措施。

关键词：气象，标准化，高质量发展，引领推动，方法措施

1　引言

标准是国家核心竞争力的基本要素，是建设创新型国家的重要技术支撑，是增强自主创新能力的重要内容，也是规范经济社会秩序的重要技术保障。党的十八大以来，以习近平同志为核心的党中央高度重视标准化工作。习近平总书记在各种场合多次提及标准化，强调：加强标准化工作，实施标准化战略，是一项重要和紧迫的任务，对经济社会发展具有长远的意义。党的十九大做出我国经济已由高速增长阶段转向高质量发展阶段的重大政治判断，把"瞄准国际标准提高水平"作为推进高质量发展的重要途径，深刻揭示了高质量发展以标准为基础的内在规律及方向和路径。

当前整个气象行业正以习近平新时代中国特色社会主义思想为指导，全面落实为决胜全面建成小康社会、实现两个一百年奋斗目标提供高水平气象保障的新要求，努力推动气象事业高质量发展，这其中气象标准化成为推动气象事业高质量发展的重要途径。习近平总书记说过，有什么样的标准，就有什么样的质量，高标准决定高质量。新形势下只要用好标准这个工具，制定出高质量的标准，就可以实现引领气象事业高质量发展的目标。气象标准化是一项基础性、战略性、全局性的工作，涉及气象事业发展的各个领域，渗透于综合防灾减灾救灾、应对气候变化、生态文明建设、乡村振兴、"一带一路"建设、区域协调发展和大气污染防治、军民融合等诸多方面。气象标准已成为从事气象业务活动的重要依据，成为履行气象工作职能的重要支撑，成为推动气象产业发展的重要手段，成为推广气象创新成果的有效载体，成为促进中国气象"走出去"的重要途径。

多年来，在贯彻落实国家标准化发展战略的过程中，气象标准化工作得到了长足的发展，取得了显著的成绩，保障和促进气象事业发展的能力不断增强、水平不断提高。随着我国社会主义建设进入新时

---

① 本文刊于 2019 年《中国标准化》第 11 期。

代，国家经济社会发展和国家重大发展战略对气象工作的需求愈来愈大、要求愈来愈高，在不断满足国家需要不断推进气象现代化建设的进程中，气象标准化工作不适应、不满足新时代气象事业高质量发展要求的问题日益突出。以下围绕以气象标准化引领、促进气象事业高质量发展为主题，从气象标准化近十年取得的成绩和经验、气象事业高质量发展对气象标准化工作提出的新要求和开创气象标准化工作新局面引领气象事业高质量发展三个视角进行阐述。

2 近 10 年来气象标准化工作取得的成绩和经验

2009 年以来，气象标准化工作按照围绕中心、服务大局、突出重点、协同推进的原则，在标准体系建设、标准化制度和机制建设、标准化技术支撑体系建设、标准制修订、标准宣贯实施、标准化信息平台建设等方面取得了重要进展，积累了许多宝贵经验，较好地发挥了标准对气象改革发展的支撑和保障作用。

一是建立了完整的气象标准体系。围绕国家重大战略部署和局党组中心工作，分别印发了《气象标准化"十二五"发展规划》《"十三五"气象标准体系框架及重点气象标准项目计划》，形成了包括防灾减灾、应对气候变化、公共气象服务、生态气象等十四个专业领域在内的由国家标准、行业标准、地方标准、团体标准四个层级组成的完整气象标准体系，标准重点领域突出，标准制修订的指导性、计划性和协调性得到明显加强。

二是建立了完善的气象标准化制度体系。先后制定印发了《气象标准化管理规定》《关于贯彻落实国务院＜深化标准化工作改革方案＞的实施意见》《关于国家级气象标准化主要工作职责分工的通知》《气象标准制修订管理细则》《气象领域标准化技术委员会评估办法》等政策性制度，编印了《气象标准复核工作规范》《气象标准化工作手册》等规范性资料，建立健全了标准预研究、预审、复核与会核、指令性立项、制修订快速通道和信用管理、地方标准信息报告、标委会年度评估等机制。

三是组建了气象标准化技术支撑体系，强化了标准化研究。已构建起包括气象标准化管理、气象标准化技术组织和气象标准化技术支撑服务在内的覆盖全国气象行业、适应气象事业发展需要的气象标准化技术支撑体系。国家层面成立了全国气象防灾减灾等 13 个全国标准化技术委员会及分技术委员会、1 个全国雷电灾害防御行业标准化技术委员会。地方层面成立了北京等 21 个地方气象标准化技术组织。在中国气象局气象干部培训学院设立了国家级气象标准化技术支撑服务机构，实现标准化技术支持服务的业务化。

中国气象局采取措施，持续加大标准化研究支持力度。在各类重大科研计划中增加了有关标准化方面的研究项目，在一些重大业务项目和重要研究项目中提出形成有关业务技术标准的要求，不断促进科研与业务的结合，提高气象标准科技含量。推动气象科技成果向标准转化，研究形成气象科技成果转化为标准的评估指标体系；会同联参战保局组织开展了气象领域军民融合标准体系建设研究，形成军民通用气象标准体系框架。

四是形成了标准化工作协同机制。贯彻落实国务院标准化工作改革实行"统一管理、分工负责"的精神，于 2015 年对各职能司、直属单位的标准化工作职责和分工进行了明确和细化，目前"归口管理司统一协调、主管职能司分工主导"的标准化工作机制初步形成，标准在支撑气象改革发展、适应气象社会管理职能方面发挥了重要作用。减灾司、法规司联合推进的"气象信息服务市场监管标准体系建设"，为《气象预报发布与传播管理办法》《气象信息服务管理办法》等规章制度的实施提供有力的支撑，提升了气象信息服务市场监管能力和水平；预报司、法规司联合推进的"气候可行性论证监管标准体系建设"，为在气候可行性论证工作中规范行为、强化监管提供了依据，联合印发的《气象信息化标准体系（2018版）》，按照"标准先行"的思路为推进信息化建设提供指导；观测司、法规司联合制定的《综合观测标准化工作方案》，提升了标准规范对观测业务和管理质量、效益的支撑作用，联合推进的"气象观测装备标准体系建设"，为适应行政审批制度改革和职能转变的需求，依法、依标面向全社会、全行业履行好管理职责提供了技术支撑；法规司组织制定了《防雷安全监管标准体系建设工作方案》，按照"简政放权、放管结合、优化服务"的总体要求，初步构建面向社会的防雷安全监管标准体系，为转变防雷监管方式、加强事中事后监管提供支撑。科技司出台的《中国气象局科学技术成果认定办法（试行）》和《气象科技成果登记实施细则》（修订版）中将标准和标准化成果纳入科技成果范畴进行认定和登记；人事司在首席气象服务专家、首席预报员的管理细则中，在正高级和高级工程师职称评审条件中，将主持标准制修订纳入了相关人员的能力和业绩要求。

五是搭建了标准化信息平台。完成了"中国气象标准化网"的一期建设，稳步推进二期建设。充分发挥"中国气象标准化网"的宣传、交流和共享作用，实现气象标准的网上全文公开和下载，网站用户量超过8000个注册用户，年PV访问量达近30万。

六是标准制修订成绩显著，实现数量、质量双提升。"十二五"以来，气象标准数量保持稳定快速的增长，截至2018年12月底，共制定发布了气象领域的国家标准175项（含强制性标准4项和废止的1项）、行业标准474项（含废止的21项）、地方标准520余项、团体标准8项。在国家标准和行业标准中，业务技术类标准占53%，公共服务类标准占36%，对外监管类标准占8%，基础通用类标准占3%。

七是标准宣贯实施力度加大。先后组织开展了气象服务、防雷减灾、人工影响天气、灾害预警、现代农业气象保障、气象装备、草原防扑火等多个领域的11个国家级标准化试点项目，组织开展了观测质量管理体系建设，推广标准化经验、促进标准化应用。在全国气象部门建立并推行了"执行标准清单"制度，各业务服务单位公开其执行的标准清单，强化其标准实施的主体责任。运用"中国气象标准化网"、《气象标准化》期刊的标准宣贯、解读、交流和共享作用，不断扩大气象标准的影响力，实现气象标准的网上全文公开和下载，出版气象标准汇编，方便标准的传播和使用。

八是标准化队伍建设不断推进。研究形成了具有气象特色的标准化人才队伍培训政策和课程体系，气象标准化分类分层培训常态化地得到开展，培训标准化人员1000多人（次），跨领域、懂业务的气象标准化技术骨干和专家人才队伍正在形成，气象领导干部和从业人员的标准化意识得到明显提高。

综上所述，10年来，气象标准化工作不断改革创新，探索出了具有气象特色、符合气象实际的标准化工作机制和模式，积累了一些好的做法和经验。归纳起来，主要有以下四点。

一是做好标准化工作必须把握发展机遇，气象是一个小领域，但无论从成立标委会的数量还是速度，以及国标立项数量来说都不逊于其他同行，这是在发展过程中善于抓住发展机遇的结果，标准化经费专项的设立也同样如此。

二是做好标准化工作必须注重顶层设计。抓住标准体系建设、规章制度建设这根弦，做好职责分工的顶层设计，标准化工作就能有序开展，健康发展。

三是做好标准化工作必须坚持需求引领。标准发挥作用，关键在应用，应用的关键则在于满足需要，标准的制定必须面向公众、面向生产、面向服务，将标委会分别挂靠在各业务单位，避免了标准制定与应用的脱节，实现了标准制定与需求的最佳结合。

四是做好标准化工作必须依托信息技术。信息技术在标准化工作中的应用，提高了气象标准化管理和制定工作的效率，实现了制修订过程的全流程管理，标准资源的网上下载促进了气象标准资源的共享，用户可以在第一时间了解标准发布信息，第一时间接受标准宣贯和解读信息，第一时间掌握和应用标准。

3　气象事业高质量发展对气象标准化提出的新要求

加强气象标准化工作是实施标准化国家战略的重要内容，也是新时期引领和推动气象事业高质量发展的必然要求。当前，气象标准化工作正处于快速发展的关键时期，面临着许多有利条件和难得发展机遇。

一是党中央、国务院对标准化工作高度重视，为推动气象标准化发展提供了强大动力。

《中共中央关于全面深化改革若干重大问题的决定》提出"政府要加强发展战略、规划、政策、标准等制定和实施；加强市场活动监管，加强各类公共服务提供"。《中共中央　国务院关于推动高质量发展的意见》也明确提出"大力实施标准化战略，健全产品、工程、服务、营商环境、生态环保、安全生产、社会治理以及公共服务等领域标准，大幅提高标准水平，以高标准推动高质量发展"的要求，这充分体现了标准作为推动各领域改革发展的基础性制度的重要地位，体现了标准化在推进国家治理体系和治理能力现代化中的基础性、战略性作用。气象事业是科技型、基础性社会公益事业，各级气象部门又承担了相应的政府行政管理和公共服务职能，同样需要通过标准来实现全行业技术、服务和管理的集约化、统一化、规范化，促进气象资源的优化配置和充分共享，推动气象事业的高质量发展。

二是新时期气象改革发展的不断推进，对气象标准化工作提出了新的需求和更高的要求。

运用气象大数据、智慧气象等创新手段推进气象现代化建设、提高气象业务服务能力、支撑气象事业提质增效升级对标准提出了新要求；推动全面深化气象改革，适应国家生态文明建设、乡村振兴等战略实施，满足气候资源利用、专业气象服务业务服务领域拓展需要，提升气象装备技术标准水平等对标准提出了新需求；全面推进气象法治建设中，强化气象灾害防御、防雷与人工影响天气安全监管等履行气象社会管理职能，实现政府职能转变、放管服改革、深化气象服务供给侧结构性改革要求、促进规范履职等，对气象标准化提出了新需要。

三是气象标准化自身建设的不断加强，为进一步推进气象标准化工作奠定了良好基础。

中国气象局在实施国家标准化发展战略的过程中，气象标准化自身建设得到不断加强，尤其是近几年来气象标准化工作步入了快速发展的阶段，气象标准化组织机构、制度体系、标准体系、工作流程全面建立并不断完善，各业务和管理单位的标准意识有所提升，气象标准化工作逐步进入规范化、制度化发展的轨道，为进一步推进气象标准化工作奠定了良好基础。

在看到成绩的同时，也要看到气象标准化工作存在的薄弱环节和突出问题，总结起来说就是存在大而不强、多而不精、有而不用的问题，表现为以下四个方面。一是发展不平衡。现有气象标准体系中，各专业领域的标准化水平不尽相同，观测和防灾领域的标准较多，预报和服务领域的标准较少。另外，从标准化对象和应用范围上看，业务技术类等对内标准比重较大，面向公众、社会需求的对外标准比例偏小；二是能力水平不高。气象行业内既懂专业又懂标准化的人才不多，专门从事气象标准化研究的人才更少。同时，由于认可度不够、投入不足等原因，业务骨干、科学家对承担标准制修订工作积极性、主动性不高，特别是气象领域标委会的履职能力和水平还有很大的改善空间，是影响标准质量的重要因素；三是影响力不大。从国家和行业层面上看，有权威性、有影响力的气象标准还不多，行业引领作用没有发挥出来。从国际上看，气象标准对我国作为气象大国地位的支撑不强，气象标准国际化水平亟需大力推进；四是效益发挥不够。气象标准重制定、轻实施的现象没有根本改变，标准总体实施应用水平还不高。除气象装备、气象服务和防雷市场监管、人影作业安全以及部分数据格式标准被主管职能司直接引用或"强制执行"外，其他气象工作领域尚未将标准纳入业务考核或行政管理事务的依据，标准的"硬约束"作用和效益还没有全面得到发挥。

4 提升气象标准化引领推动气象事业高质量发展能力的方法措施

气象标准化历经从无到有、从小到大的进程，现在可以说进入了从大到强的发展阶段，走到了面临着发展理念和发展方式转变关键时期，面对新时代气象事业高质量发展的新要求，应该抓住机遇，统筹规划和推进气象标准化工作向纵深发展，从以下"四个着力"入手来提升气象标准化引领推动气象事业高质量发展能力，充分发挥其在气象参与社会治理和公共气象服务中的基础性、战略性和引领性作用。这四个着力的具体内容为：

一是着力优化标准体系结构，做到政府主导制定标准与市场主导制定标准相互补充，各类标准之间相互配套衔接，实现优势互补、协调有序的良好局面。要按照面向民生、面向生产、面向行业的要求，紧扣生态文明气象保障服务、应对气候变化、防灾减灾、"一带一路"建设等新时代新需求，组织研究和完善各领域的标准体系，进一步突出标准重点领域，加强标准制修订的指导性、计划性和协调性。要科学规划气象标准体系中不同性质、不同层级标准的范围和作用，发挥好标准在气象事业发展中保质量和促发展的作用。国家标准、气象行业标准、地方标准属政府性、公益类标准，应聚焦政府职责范围内的公共气象服务和气象社会管理的基本要求，国家标准重点制定跨部门、跨行业的基础通用标准，气象行业标准重点制定规范和引领行业发展的专用标准，地方标准重点突出地域特点和专业优势。团体标准属市场化标准，以满足市场和创新需要为目标，聚焦新技术、新产业、新业态和新模式的相关要求。

二是着力创新标准化工作机制，积极应用改革创新的方式、方法从机制上解决标准不适应气象改革发展需求的各种问题。重点改革措施建议包括：落实标准化工作职责，形成"管业务必须抓标准、管社会必须用标准"的氛围；建立专项标准技术攻关机制，推进关键、重大标准的出台；引导形成国家标准和行业标准"划底线"、地方标准和团体标准"标高线"的格局，发挥好标准保基础和促发展的双驱作用；推广应用快速通道和修改单，缩短标准制定周期；推广专项标准化工程和指令性项目，促进标准与业务的融合；支持科研项目产出标准、推进科技成果转化标准，强化标准科技基础；加强国际交流与部门合作，扩大气象标准影响力等。

三是着力提升标准质量效益。经过 10 年的发展，气象标准总量达近 1200 部，基本覆盖气象行业各个领域、各个层次，满足了有标准可用的问题，今后气象标准化工作的重心要由注重数量规模为主向提升标准质量和发挥标准效益方面转变，实现从"有标准"到"有好标准"、从"有好标准"向"用好标准"的过渡。既要全面完善支撑气象提质增效升级、引领新技术创新发展的基础标准、关键标准，也要重点凝练充分发挥气象保障服务和趋利避害作用的重大标准、好用标准，着力在气象关键核心领域实施标准重点突破，使标准更好地适应国家重大战略、经济社会发展以及政府职能转变的需要。

四是着力推进标准化开放合作，提高标准的社会化参与度，提高军民融合气象标准化发展水平，推进气象标准的国际化。标准化工作要继续坚持围绕中心、服务大局的理念，坚持多元参与、开放合作、跳出部门抓标准的思路，推进开门制标、开放贯标，积极建立和营造全社会、全行业、部门间共同关心、参与和推进气象标准化工作的有效机制和良好氛围，增强气象标准化发展活力，提升气象标准国际化水平。要加大部门间标准化合作力度，注重与农业农村、应急管理、自然资源、生态环境、交通、水利、旅游、能源、保险等关联行业在标准化方面的工作沟通、技术交流和资源共享，将标准化列为部门合作重要事项，积极推动在防灾减灾、应对气候变化、生态文明建设等领域的跨行业标准的制定和实施。

探索建立包括标准联合制修订机制、标准化专家组机制、标准宣贯解读培训机制、标准信息资源交换共享机制、标准符合性检测资源共享机制等在内的军民气象标准化融合发展的长效发展与协调机制，推进军民通用气象标准体系建设，鼓励和支持先进适用的军民标准相互转化，更加有针对性、有计划性地推进军民通用急需、关键标准的制定出台。

要推进气象标准的国际化。鼓励和支持相关单位参与国际标准化活动、相关专家参与或牵头制定国际标准，依托气象仪器装备、业务系统等"走出去"的契机，推动我国自主创新、特色优势标准走向国际，提高气象领域国际标准化参与度和话语权。加强对WMO、ISO、IEC等国际组织的标准跟踪、评估和转化，促进气象领域国内标准与国际标准的对接。将标准化工作纳入气象国际交流与合作范畴，在有国际应用需求的专业领域探索出版气象标准外文版，推动气象标准在"一带一路"沿线国家或有良好气象合作国家之间的应用与互认。

着眼于引领推动气象事业高质量发展，可以从以下五个方面强化气象标准化工作，不断开创气象标准化工作的新局面，不断提升引领推动能力。

一是要强化标准意识，加强对标准化工作的组织领导。为更好地贯彻落实党中央、国务院有关加快转变政府职能和推动高质量发展的部署要求，应在气象行业大力实施标准化战略，树立以高标准推动气象高质量发展的工作理念，以标准为抓手积极推进气象管理范围转向行业社会、气象管理方式转向公开规范、气象业务考核转向质量管理体系。各级气象部门领导要增强标准意识，组织建立以标准为依据的履职工作体系。主管职能部门要按照管业务必须抓标准、管社会必须靠标准的原则，进一步转变履职方式，在日常行政管理工作中积极引用标准和有效使用标准，继续推进部门业务规定或规范转化为标准。要强化标准在气象基础业务以及行业管理、安全监管工作中的"硬约束"地位，特别是在行业准入、监督抽查、质量评价等面向社会和行业管理工作中所涉及的技术要求，原则上应以标准的形式发布实施。

二是要处理好三个关系，统筹推进标准化工作。这三个关系是标准化归口管理和业务主管的关系、技术标准和部门规范的关系、标准制定和应用的关系。

处理好标准化归口管理和业务主管的关系，就是既要发挥好标准化归口管理部门的综合协调作用，也要发挥好主管职能部门在分管专业领域内的标准化主导作用，同时落实好业务服务单位制定、实施标准以及承担标准化技术组织职责的主体责任，形成各司其责、齐抓共管、协同推进气象标准化工作的局面。

处理好技术标准和部门规范的关系，就是要站在国家和行业管理的高度，树立优先依据标准管理的思想，能用技术标准管的事就不用部门规范管理。各级气象主管机构要将组织制定和实施标准纳入工作职责并全方位、全过程融入实际工作，在全行业共同培育和形成按标准办事的习惯，相关内容已有标准规定的要以标准为依据，不断扩大气象标准的影响面和知晓度。要加大法律法规、规章、政策、制度引用标准的力度，充分发挥标准对法律法规的技术支撑和补充作用。

处理好标准制定和应用的关系，就是要推进以标准应用为核心的标准制定业务工作体系。在气象业务服务及管理的各个环节增强标准应用意识，鼓励和支持各级气象业务服务单位结合自身业务特点，提出标准需求，制定满足气象事业高质量发展需要的各层级标准，促进气象业务服务质量水平的整体提升。主管职能部门要结合业务考核、汛期检查、执法检查、专项整治等各项工作，广泛收集、及时分析标准实施意见和建议，对于重要工作环节中缺失和不适用的标准应尽快提出制修订建议，由标准化归口管理部门通过快速通道或以修改单形式加快立项、出台，形成标准制修订、实施、监督、反馈、改进的良性联动机制。

三是要实施重点突破，大力抓好关键急需标准的出台。气象标准化工作要始终将支撑国家重大战略部署和党组中心工作作为基本原则，全力推进优先立标、重点制标，大力抓好关键急需标准的出台。要面向公众、面向生产、面向行业的需求，使气象标准更好地适应国家发展战略、经济社会发展以及政府职能转变的需要，为提升气象保障服务水平、引领气象行业发展提供技术支撑。要紧扣国家发展战略和气象事业改革发展的要求和需求，按照查遗补缺、急需先行的原则，重点抓好关键急需标准的出台。对于重要领域标准，要通过建立专项标准技术攻关机制以及加大经费投入、开辟快速通道、定期跟踪督促等措施，确保标准研制质量和尽快出台。

四是要加大履职考核评估力度，切实发挥标委会的技术平台作用。标准化归口管理部门要会同主管职能部门组织对标委会年度工作情况进行综合评估，并按照鼓励先进、带动后进的原则，对效能优良的秘书处采取通报表扬和加大资金投入等激励措施。标委会秘书处要建立和完善委员考核评价和退出机制，形成委员"能进能出"的动态管理模式。通过考核评估优化技术组织设置，落实秘书处承担单位责任，优化调整秘书处承担单位，促进资源合理配置。各标委会秘书处承担单位应将秘书处工作纳入本单位工作体系，做到年初有计划、过程有督办、年终有考核。

五是要夯实工作基础，持续加大标准化支撑保障力度。在人才队伍培养方面，大力推进标准化人才队伍建设，要研究制定针对性强、操作性强的具有气象特色的标准化人才队伍培训政策和课程体系，推进分层次、分对象的气象标准化培训制度化。要利用好科技成果中试基地建设、标准验证检验检测点试点建设、综合气象观测试验基地建设等现有机制培养跨领域、懂业务的气象标准化技术骨干，加快建设气象标准化专家库和核心人才库。

在经费保障方面，要加大资金保障，各级气象部门要将气象标准化经费纳入年度预算，合理安排专项资金推进标准的研制、宣贯和执行，保障标准化工作的运行和管理。在业务、服务、科技及工程项目中预留标准化工作经费，促进业务科技成果向标准的转化。鼓励和引导社会组织或企业投入资金参与气象标准的研制和应用，利用社会资源推进急需标准的研制出台和重要标准的贯彻实施。

在技术支撑平台方面，要加强标准化技术支撑服务能力建设。依托中国气象局气象干部培训学院，按照研究型业务、支撑性定位、专业化队伍的原则推进国家级气象标准化技术支撑机构建设，投入与工作职责相匹配的人才和经费，充分发挥其在气象标准化领域的研究评估、技术把关、凝聚专家、培养人才等职能作用。加强"中国气象标准化网"品牌建设，推进信息和资源的整合，实现标准制修订管理以及远程学习、信息查询、资源下载、应用反馈等气象标准化工作的全流程、一站式服务。

在增强标准科技基础方面，要促进标准与气象业务、服务、科技及工程项目的互动融合。要在业务、服务、科技及工程项目的立项、实施和验收等关键环节中强化标准的导向作用，将转化形成相关标准化成果列入项目重要考核指标，以标准促进关键核心技术的业务化、产业化。要打通业务、服务、科技及工程项目产出标准的渠道，相关项目成果经评估可以转化为标准的，由主管职能部门提出建议，经中国气象局批准后直接纳入气象标准制修订计划。

在激励机制方面，要推动设立气象标准化贡献奖和气象标准优秀奖等奖项，对标准化工作突出的个人、单位以及优秀标准的主要起草人和起草单位予以奖励。在专业技术职称评聘、创新团队建设以及首席岗位、关键技术岗位、科技骨干等选聘工作中，将主持标准制定和推进标准实施应用的工作情况作为申报条件或依据，并逐步加大相关指标的比重。

气象强制性标准与法律法规的协调性研究①

刘艳阳　成秀虎　骆海英

（中国气象局气象干部培训学院，北京　100081）

摘　要：根据最新征求意见的《标准化法》和国家强制性标准整合精简的规定，我国强制性标准是基于法定目的，有法律法规依据而制定的国家标准。强制性标准不同于法律法规，而是依附于后者存在，对其具有支撑作用。我国强制性标准与法律法规协调应采用单轨制的协调模式，在严格限定强制性标准制定范围同时，更多地通过法律法规引用标准或预先授权制定标准的方式形成强制性标准。气象强制性标准在与法律法规协调性方面存在标准的法律法规依据不明确等问题，要通过在立法中注重对标准的检索和引用，增强强制性标准立项的科学性，提高强制性标准编写质量等方式，建立二者的长效协调机制。

关键词：气象强制性标准，法律法规，协调性

0　引言

《国家标准化体系发展规划》（2016—2020）指出，建成支撑国家治理体系和治理能力现代化的有中国特色的标准体系，要按照"包容开放，协调一致"的基本原则，加强标准与法律法规、政策措施的衔接配套，发挥标准对法律法规的技术支撑和必要补充作用。气象事业是社会基础性公益性事业，气象防灾减灾、应对气候变化等气象管理职能的实现需要气象强制性标准与气象法律法规的协调配合的治理手段。尤其在简政放权、管放结合的背景下，发挥强制性标准对法律法规的支撑作用，将成为气象部门依法行使行政权力的有力抓手，在关系到生命、健康、安全、环保与社会经济管理基本要求的关键事项上"管得住"，高效、合法、科学、合理地实现行政目标。由于自身的发展脉络和入世的特殊背景，我国强制性标准有一定的特殊性，其与法律法规的关系及其强制性效力的依据仍存争议。随着国家标准化改革的推进和《中华人民共和国标准化法》（以下简称《标准化法》）修订，强制性标准的规定有了新的变化，以此为契机，本文对我国强制性标准与法律法规关系和协调模式进行研究，并结合气象行业强制性标准整合精简评估工作的实际和发现的问题，对增进气象强制性标准与法律法规协调性提出若干建议。

1　强制性标准的内涵

强制性标准的定义源于1976年版的ISO/IEC指南2。2004版指南"标准化及相关活动——词汇"将强制性标准定义为"根据某项普通法或被法规唯一性引用而强制使用的标准"。根据这一定义，强制性标准是普通法规定强制实施或被法规"唯一引用"的标准，前者是指普通法将某项标准的要求规定为法定义务，后者则指法规对标准进行了排他性引用，即满足法规要求的唯一方法是符合标准的规定，除以

---

①　本文刊于2016年《气象标准化》第3期，并在2016年《标准科学》第12期公开发表。

上两种情况外，标准都是自愿性的。强制性标准的存在，原因在于标准符合法规调整的"正当目的"，即在保障安全、保护身体健康、保护环境等方面与法律法规具有目标的一致性。除"指南"外，WTO/TBT协定2.4条也对强制性标准给出了类似的定义，有研究表明，美国、英国、法国等发达国家以及新兴工业国家关于强制性标准的定义基本上采纳了ISO/IEC或WTO/TBT的定义（刘春青 等，2013）。

在我国，现行对强制性标准的规定主要有1988年通过的《中华人民共和国标准化法》及在此之后制定的《标准化法实施条例》《关于加强强制性标准管理的若干规定》和《关于强制性标准施行条文强制的若干规定》。《标准化法》修订过程中，强制性标准的规定有了较大的修改。2016年3月公布的《标准化法》征求意见稿第9条规定，"为保障人身健康和生命财产安全、国家安全、生态环境安全以及满足社会经济管理基本要求，需要统一的技术和管理要求，应当制定强制性国家标准。国务院标准化行政主管部门统一管理强制性国家标准，负责强制性国家标准的立项、编号和发布，并开展对外通报。国务院各有关行政主管部门依据职责负责强制性国家标准的项目提出、组织起草、征求意见、技术审查、组织实施和监督。省、自治区、直辖市人民政府可以向国务院标准化行政主管部门提出强制性国家标准的立项建议，由国务院标准化行政主管部门决定。"根据这一修订，强制性标准在类型、调整范围、立项和发布部门方面都将有较大变化。作为国家深化标准化改革的重要步骤，国务院于2016年初在全国范围内开展了强制性标准整合精简评估工作。为统一评估方法，国家标准委印发了《强制性标准整合精简评估方法》（以下简称《评估方法》）。根据该《评估方法》，评估结果为保留的强制性标准要在制定必要性、制定目的、核心内容、适用范围、技术内容适用性等六个方面符合评估要求。

根据新《标准化法》征求意见稿，结合《评估方法》的精神，可以总结出我国此次强制性标准评估希望保留的强制性标准的几个基本特点：第一，制定强制性标准的必须为满足"特定目的"。"特定目的"至少包含以下之一：保障人身健康和生命财产安全、国家安全、生态环境安全或满足社会经济管理基本要求；第二，强制性标准有明确的法律法规依据，有强制执行措施和实施监督部门；第三，强制性标准未来将全部为国家标准；第四，强制性标准将实行全文强制，非强制性条文可另行制定推荐性标准；第五，强制性标准的核心内容为规范、规程，术语、分类、试验方法标准及指南不制定强制性标准；第六，强制性标准通常具有在某领域或跨领域的适用性，但也允许存在适用于具体产品、过程或服务的强制性标准；第七，强制性标准要符合制定标准的一般要求，如技术内容的适用性等。

2 强制性标准与法律法规的关系

2.1 二者的差异

在我国，作为社会主义法的渊源的法律是指由全国人民代表大会和全国人大常委会按照立法权限和立法程序制定颁布的规范性文件。法规主要包括行政法规、地方性法规、部门规章、地方政府规章、民族自治地方的自治条例和单行条例等。与法律法规相较，强制性标准同样具有规范性和在一定范围内强制执行的效力，但二者之间的区别也十分明显，至少包含以下几点：首先，制定主体不同，按照制定中的《标准化法》，强制性标准由全国标准化主管部门统一发布实施，而法律法规由《立法法》规定的有立法权的主体制定。其次，规范构成不同，完整的法律规范由三个部分构成：假定，是规范的适用条件，它连接规范和一定的事实，指出在何种条件下规范适用；处理，规定行为模式，即权利和义务，指明行为主体可以做什么，应该做什么及不能做什么；制裁，是主体违反法律规定应当承担的法律责任（孙国华 等，2004）。标准规范通常由两部分构成，即假定和处理，不包含制裁部分。第三，制定程序方面，强制性标准与法律法规在法律案或项目的提出、规范起草、审议的主体和程序等方面都有明显的不同。第四，代表的广泛性程度不同。法律法规在征求意见的范围和代表意见的广泛性程度上都明显广于强制性标准。有观点认为，标准在内容上限于技术性问题，而法规则包含管理规定，但根据征求意见稿，强制性标准将不限于技术要求，也可以包含管理要求。

2.2 强制性标准对法律法规的支撑作用

实现法律法规的规范目的有多种途径，强制性标准也是其中的一条途径，从这一角度看，标准可以为法律法规提供支撑。标准具有推动社会发展和环境保护的技术要素，反映技术发展水平，促进新兴技术传播等优点，所以ISO/IEC才积极推动各国政府在制定法规时引用标准，这不但有利于政府减少工作成本，而且还使技术法规更具有科学性和适用性（刘春青 等，2010）。2008年ISO和IEC发布了《关于在技术法规中使用和引用ISO和IEC标准》的文件，其前言中指出，"本文件是由ISO和IEC向法规制定者传达在法规中选择使用和引用ISO/IEC标准的好处，并证明这样做可支持良好法规规范。"在国际贸易中，WTO/TBT协定第2条第4款要求各成员国除特殊情况如气候、地理因素等外，要依据现有国际标准制定其国家的技术法规或其有关部分。在法规中采纳标准符合WTO消除贸易壁垒的要求。

我国法制体系的完善同样需要强制性标准发挥其支撑作用，尤其是在技术性和专业性较强的领域，法律、法规因其宏观性和稳定性特点，无法就事务的具体方面做出细致规定和动态调整，需要标准对其进行细化和补充，支撑其原则和要求等落到实处。以气象探测环境保护领域为例，该领域目前共有GB 31221—GB 31224四部强制性国家标准，对应了《气象法》和《气象探测环境保护条例》赋予气象部门的对地面、高空、天气雷达和大气本底站的环境保护职责，从保护期限、障碍物要求等多个方面对法律法规的要求进行了具体化，以对相应的法律和条例提供支撑。同时，以强制性标准支撑立法，也有利于推动国外和国际组织的先进技术标准和文件在我国的采纳和实施。这四部标准在制定中，充分参考了全球气候观测系统（GCOS）、世界气象组织/全球大气监测网（WMO/GAW）等文件和技术指南。四项强制性标准的制定，使得气象法律法规在执行中充分采纳了国际通行的技术指标，促进了国内法与国际规则的接轨。

2.3 强制性标准对法律法规的依附性

在采纳技术法规概念的国家和地区，强制性标准依附于技术法规存在。根据ISO/IEC指南2：2004，强制性标准就是被技术法规采用的自愿性标准。技术法规并非独立的法律类别，而是散见于法律体系中，其规范形式根据各国制定法渊源的不同，可以是法律或政府的行政性立法等（刘春青，2010）。[①]

我国没有采纳技术法规的概念，而是将强制性标准等同于国外的技术法规。在以计划经济为背景的新中国标准化发展初期，标准都是强制性的（《中国标准化三十年》编写组，1979），1979年颁布的《中华人民共和国标准化管理条例》明确规定，标准一经发布，就是技术法规，因而必须严格执行。1988年《标准化法》出台以后，标准被分为强制性标准和推荐性标准，但仍没有采纳技术法规的概念，尤其在要满足入世要求的背景下，强制性国家标准被作为技术法规的形式对外通报。

---

① 1962年我国颁布的《工农业产品和工程建设技术标准管理办法》第18条就曾规定，各级生产、建设管理部门和各企业单位，都必须贯彻执行有关的国家标准、部标准。如果确有特殊情况，贯彻执行还有困难的，应当说明理由，并且提出今后贯彻执行的步骤，报请国务院有关主管部门批准。

关于强制性标准是否依附于法律法规问题，有观点认为强制性标准具有法律性，与法律法规的区别仅是采用的方式和命名不同（文松山，1999）；强制性标准是我国的技术法规（郭济环，2010）。但相反的观点则认为强制性标准不属于正式的法律渊源，不能作为法官的裁判依据，强制性标准经立法程序，转化成技术法规才能具有法律效力（何鹰，2010）。笔者认为，讨论该问题的关键在于，强制性标准能否不依赖法律法规而当然具有强制执行效力。笔者认为，强制性标准在我国也是依附于法律法规存在的，其原因主要在于规范的强制执行效力必须有相应的制裁措施为其保障。如前所述，标准规范主要是对技术和管理要求的表达，不包含制裁要素，因此，违反标准的制裁措施，尤其是行政处罚或刑事责任必须由法律法规规定，从而使得强制性标准必须依附于法律法规而获得强制执行效力。

2.4　强制性标准强制执行效力的规范依据

既然强制性标准的强制执行效力来源于法律法规，那么明确强制性标准的规范依据就关系到强制性标准存在的正当性和其强制执行效力的真正实现。依据现行《标准化法》[①] 第7条，保障人体健康，人身、财产安全的标准和法律、行政法规规定强制执行的标准是强制性标准。第14条规定，强制性标准，必须执行。不符合强制性标准的产品，禁止生产、销售和进口。第20条则规定了违反第14条的制裁措施。

有观点认为，我国的强制性标准是由《标准化法》赋予其强制力，不遵守强制性标准的行为，直接依据《标准化法》进行制裁。根据这一观点，符合《标准化法》第7条规定范围而制定的强制性标准，依据第14条获得强制执行效力，由第20条保障该效力实现。但值得注意的是，根据《评估方法》，强制性标准要同时满足"有明确的法律法规依据"，和"符合特定制定目的"两项指标，这两项指标单独存在。结合此要求，《标准化法》的规定不一定能单独作为强制性标准具有强制执行效力的法律依据，否则符合特定制定目的的强制性标准将适用《标准化法》第7条和第14条，当然具有法律法规依据。

对照现行《标准化法》，制定强制性标准的范围上，征求意见稿第9条修正了现行法第7条，增加了"保障生态环境安全以及满足社会经济管理基本要求"两项，删除了"法律、行政法规规定强制执行的标准"；第23条延续了第14条强制执行效力的规定，第36条与现法第20条相比在制裁主体和制裁措施方面进行了调整和细化；增加了第39条团体标准违反强制性标准的制裁措施。

笔者认为，结合《评估方法》和《标准化法》的修改情况，《标准化法》不一定能当然作为强制性标准的法律法规依据，有时应当结合其他单行法律、行政法规的规定。在违反标准的制裁措施方面，除团体标准内容违反强制性标准外，未来应当按照征求意见稿第36条，由其他法律、行政法规规定的行政主管部门对违反依据该法律法规制定的强制性标准的行为进行处罚。仅在其他法律、行政法规未规定主管部门或处罚措施的情况下，由标准化主管部门依照《标准化法》第36条后半段进行处罚。

---

① 《标准化法》征求意见稿第36条规定："生产、销售、进口产品或者提供服务不符合强制性国家标准的，由法律、行政法规规定的行政主管部门依法处理；法律、行政法规未作规定的，由标准化行政主管部门责令改正，予以警告、没收违法所得，根据情节处违法所得一倍以上五倍以下的罚款；没有违法所得的，处十万元以上五十万元以下的罚款；情节严重的，责令停业整顿；构成犯罪的，依法追究刑事责任"。

3 强制性标准与法律法规的协调模式

世界各国、各地区强制性标准与法律法规的关系，总结起来可以划分为两种协调模式：一是"双轨制"，即强制性标准单独制定，对同一调整对象法律法规和强制性标准可能分别作出规定。二是"单轨制"，即强制性标准通过法律法规引用和采纳推荐性或自愿性标准形成，强制性标准就是被法律法规采纳的自愿性或推荐性标准。

我国采纳了双轨制的协调模式，强制性标准在法律法规和推荐性标准外单独制定。这一模式的采用，在特殊时期发挥了弥补法律法规空白的积极作用，也使我国满足了入世对技术法规的相关要求。但是，随着经济发展、技术进步及社会主义法制体系的完善，双轨制模式也给强制性标准自身发展及其与法律法规协调发展造成了一系列弊端：（1）法律法规依据不足导致的强制性标准的约束力不足，出现大量不符合法律法规要求的强制性标准。据初步统计，在国家标准委第一批征求意见的 4930 项强制性标准（项目）的整合精简评估结论中，结论为废止或转化为推荐性标准（项目）的有 3058 项，占标准和项目总数的 62%，其中，评估理由中明确指出无法律法规依据或不符合强制性标准制定目的的就有约 400 余项；（2）对同一技术指标的规定，强制性标准之间或标准与法律法规之间的重复、矛盾和冲突现象明显；（3）法律法规对标准的引用率低，强制性标准的权威性和强制执行力缺乏保障。

因此，笔者认为，应当依托国家标准化改革和《标准化法》修改的良好契机，借鉴单轨制模式的做法，强调强制性标准对法律法规的依附性，将现行强制性标准严格限定在符合《标准化法》规定的制定目的，并有法律法规依据的范围内。未来在完善技术标准的同时注重立法过程中对标准的引用，更多地通过在法律法规中引用标准或授权制定标准来实现法规目的，建立新型的强制性标准和法律法规关系，形成标准支撑法律法规的长效协调机制。

4 气象强制性标准与法律法规的协调性现状与改进

4.1 气象强制性标准与法律法规的协调性现状

2016 年，按照国务院和国家标准委的要求，中国气象局开展了气象强制性标准整合精简评估工作，对 11 项气象强制性标准（国家标准 4 项，行业标准 7 项；雷电防护类 6 项，气象观测类 5 项）进行了评估。评估工作组根据国家标准委印发的《强制性标准整合精简评估方法》，向全国 31 个省级相关业务服务和管理部门发放了 352 份调查问卷。结合问卷调查、文献调研、专家咨询等方式，对气象强制性标准与法律法规的协调性现状形成了以下结论：第一，被评估的气象强制性标准全部具有制定标准的法律法规依据。雷电防护类标准所依据的法律法规主要为《中华人民共和国气象法》（以下简称《气象法》）、《气象设施和气象探测环境保护条例》《气象灾害防御条例》《中华人民共和国安全生产法》《文物保护工程管理办法》等；气象观测类标准所依据的法律法规主要为《中华人民共和国气象法》《气象设施和气象探测环境保护条例》《中华人民共和国安全生产法》和《特种设备安全监察条例》。第二，被评估的气象强制性标准，有 4 项被现行法律法规引用，占被评估强制性标准总数的 36.4%。通过此次评估，发现了以下问题：

第一，标准的法律法规依据不够明确。与强制性标准相关的法律法规条文有以下几种：（1）规定技术指标应当符合国家相关标准的规定（如《防雷减灾管理办法》第 11 条：……应当符合国家有关防雷标准和国务院气象主管机构规定的使用要求……）；（2）授权管理部门制定标准或规范（如《气象设施和气象探测环境保护条例》第 15 条第 2 款：前款规定的保护范围和要求由国务院气象主管机构公布……）；（3）仅一般性的规定保护目标或行政相对人的义务（如《气象法》第 19 条：国家依法保护气象探测环境，任何组织和个人都有保护气象探测环境的义务）；（4）仅原则性强调标准应当严守（如《气象法》第 6 条：从事气象业务活动，应当遵守国家制定的气象技术标准、规范和规程）。在以上法律法规条文中，哪些能够被作为标准制定的依据，不是十分清晰。这一情况不利于强制性标准与具体法律条文关联性的建立，也影响了对违反标准的法律制裁条款的检索和确定。

第二，标准的部分技术指标与法律法规内容重叠（如《气象设施和气象探测环境保护条例》第 12、13 条），法律法规中如果增加"依据××标准"的要求，形成法律法规对标准的直接引用，则不但满足了协调性要求，还显得法律法规的精练与必要。

第三，标准起草人和使用人对强制性标准需要法律法规依据及强制执行措施不够了解。被调查者中，有 36.4% 的起草人和 58.6% 的应用单位表示不了解标准制定的法律法规依据；有 45.6% 的起草人和 68.4% 的使用单位表示不了解标准的强制执行措施。

第四，在法律法规中引用标准的意识不强，对标准与法律法规之间的关系认识不清，对标准可以为法律法规提供支撑、标准的强制效力需要法律法规支持认识模糊。表现为法律法规的标准引用率低，不知道如何引用标准（如引用形式不规范、未提及标准名称），标准与法律法规技术指标重叠，等。实际上就强制性而言，法律法规的效力要大于强制性标准，不需要以强制性标准的形式来强化法律法规要求的执行。

综上可见，气象强制性标准与法律法规在对气象事务的调整中在一定程度上还存在"各自为政"的现象，气象强制性标准对法律法规的支撑作用有待于强化，强制性标准与法律法规协调的良好机制仍有待建立。

2.2 增进气象强制性标准与法律法规的协调性的若干建议

第一，注重对气象强制性标准与法律法规的协调性、气象标准支撑立法的研究与实践，建立标准与法律法规的长效协调机制。在气象行业领域，实现气象工作法治化，首先要从法律法规、标准规范、制度规划三个层面构建一个协调配套的规范体系，在纵向上完善各级气象立法的同时，横向上发挥标准对立法的支撑作用。实现这一目标，要重视标准对法律法规支撑现状与需求的研究，探索形成气象标准与法律法规协调的长效机制；要推动法规部门与标准化主管部门及标准化技术组织在标准制定和立法方面的沟通与合作，确立共同目标，形成协作机制。

第二，气象立法要注重对现行标准的检索和引用；提高立法的预见性，对可能需要制定强制性标准进行细化事项，在法律法规条款中预先做出制定标准或其他规范的授权性规定，并提出标准立项建议、协调标准制定进度。通过立法引用标准的方式，可以最大限度地实现法律条文的精简，避免社会发展和技术进步带来的法律条文的不稳定性，可以在立法中充分采纳先进科技成果，同时减轻法规起草部门的负担。GB/T 20000.3《标准化工作指南　第 3 部分：引用文件》第 6.2 和 6.3 条给出了法规中引用标准的方法和表述方式，可供法规起草部门参考。在气象法律法规中引用标准或给出制定强制性标准的预先授权，将较好地解决强制性标准的法律依据不明确、强制执行措施不明确、强制性标准与法律法规内容重复等问题。

第三，增强气象强制性标准立项的科学性。强制性标准立项要在气象部门的职权范围内，在《标准化法》规定的有关健康、安全、环保、社会管理基本要求的范围内，要有法律法规依据；立项前要对国家现行强制性标准和气象行业有关标准进行充分调研，避免出现重复和矛盾；立项时要对制定标准的必要性进行充分论证，要对标准依据的法律条文、支撑立法情况和保障实施的强制性措施予以说明。

　　第四，提高气象强制性标准的编写质量。提高气象强制性标准制定的开放度、透明度，保障标准内容广泛的协商一致性、科学性和合理性；气象强制性标准的内容要注意排除术语、分类方法、试验方法、指南等非规范和规程的技术内容；编写标准的用语应使用"应"或"不应"而不使用"宜""不宜"或"可"的表述。

参考文献

郭济环，2010．技术法规概念刍议[J]．科技与法律（2）．

何鹰，2010．强制性标准的法律地位——司法裁判中的表达[J]．政法论坛（3）．

刘春青，2010．美欧日技术法规体系共性研究及其对我国的启示[J]．标准科学（2）．

刘春青，于婷婷，2010．论国外强制性标准与技术法规的关系[J]．科技与法律（5）．

刘春青，等，2013．国外强制性标准与技术法规研究[M]．北京：中国标准出版社．

孙国华，朱景文，2004．法理学：第二版[M]．北京：中国人民大学出版社：293．

文松山，1999．再论技术法规与强制性标准[J]．中国标准化（6）．

《中国标准化三十年》编写组，1979．中国标准化三十年[M]．北京：技术标准出版社：3．

《气象标准化管理规定》修订解读①

刘艳阳　成秀虎　崔晓军

（中国气象局气象干部培训学院，北京　100081）

　　《气象标准化管理规定》（以下简称《管理规定》）规范了气象标准的制定、实施及其监督管理的整体工作流程，明确了气象标准化工作主体的职责与分工，规定了保障工作开展的各项原则和机制，是关于气象标准化工作的顶层设计。2013年，《管理规定》由中国气象局与国家标准化管理委员会（以下简称国家标准委）联合制定印发，发布实施以来对加强气象标准化工作的统一管理与协调，保障工作的规范化、制度化，促进气象改革发展起到了重要作用。但随着国务院深化标准化工作改革的推进，《中华人民共和国标准化法》（以下简称《标准化法》）的修订实施和气象标准化工作的持续快速发展，原有《管理规定》的内容已不能完全符合相关国家法规制度的要求和满足支撑气象标准化工作开展的需要，因此，中国气象局与国家标准化管理委员会共同成立工作组，启动了《管理规定》的修订工作，并于2020年1月联合印发了修订后的新版《管理规定》。

1　修订的目的

1.1　适应国家法律法规修订提出的最新要求

　　2018年《标准化法》正式修订施行，国家市场监督管理总局和国家标准委也相继制定出台《全国专业标准化技术委员会管理办法》《强制性国家标准管理办法》《地方标准管理办法》等法规和《团体标准管理规定》等文件，对标准的类型、范围、制定、实施和监督管理等做出了新的规定，对强制性国家标准、地方标准、团体标准和全国专业标准化技术委员会管理的有关工作要求进行了明确和细化。为回应以上国家法规和文件的修改和发布，《管理规定》应结合气象部门的管理职能做相应的修改和调整，使之在气象部门的管理性文件中有所细化体现和落实。

1.2　充分体现气象领域落实国务院深化标准化工作改革的最新工作成果

　　适应《国务院关于印发深化标准化工作改革方案的通知》（以下简称《改革方案》）和《贯彻实施<深化标准化工作改革方案>行动计划（2015—2016）》要求，中国气象局开展了一系列工作：（1）加强标准化技术组织能力建设，2016年发布了《气象领域标准化技术委员会评估办法（试行）》，并开展了4个年度的标委会工作评估，推进标委会的履职能力建设，提高了挂靠单位对标委会工作的重视程度；（2）整合精简气象强制性标准，2016年按照国务院标准化协调推进部际联席会议和国家标准委要求，对现

---

　　①　本文成稿于2020年，在2021年《中国标准化》第4期（下）发表。

有的 11 项强制性标准进行精简整合，将强制性标准的制定严格限制在保障健康、安全和满足社会管理的基本要求范围内；（3）培育发展气象团体标准，2015 年成立中国气象服务协会（China Meteorological Service Association，CMSA），是气象部门成立的第一个全国性、行业性、非营利性社会组织，协会根据国家标准委、民政部《团体标准管理规定》，组建成立标准化委员会，参照标准化良好行为规范建立健全内部标准化工作机制，2018 年协会获批国家标准委第二批团体标准试点单位之一，2019 年获批加入 2019 年团体标准化发展联盟并建立了团体标准体系。截至目前对外发布 16 项团体标准，在研标准 19 项。为总结改革成果，培育气象团体标准健康发展，《管理规定》对以上工作应有相关制度化的体现。

1.3 进一步发挥气象标准化工作对气象事业高质量发展的助推作用

一方面，2013 年以来，气象标准数量快速增长，继《气象标准化"十二五"发展规划》后，印发了《"十三五"气象标准体系框架及重点气象标准项目计划》，围绕国家重大战略部署和气象部门重点工作，将气象标准明确划分为包括防灾减灾、应对气候变化、公共气象服务、生态气象等十四个专业领域，加强标准制修订的指导性、计划性和协调性同时，各专业领域及其主管部门按照紧贴需求、服务大局的思路，立足民生，面向公众、面向生产、面向服务，推进标准应用并发挥效益，气象标准助推气象事业高质量发展的作用不断显现。另一方面，标准化技术支撑机构作用进一步显现，在标准制修订、标准评估、标委会评估、气象强制性标准精简整合、气象标准化信息化平台建设和服务等工作中支撑能力不断显现，标准化科研能力不断提高。但也应该看到，气象标准化工作中仍存在着一些问题，如各领域和类别标准发展不平衡；承担标准制修订工作积极性、主动性不高，特别是气象领域标委会的履职能力和水平一直没有达到期待的改善；标准实施应用水平还不高，标准纳入业务考核或作为行政管理事务的依据的"硬约束"作用和效益还没有全面得到发挥等。因此，需要通过《管理规定》进一步完善标准的实施监督措施、保障激励政策，明确技术支撑机构等标准化工作主体的地位和职责等，以充分发挥标准助推气象事业高质量发展的作用。

2 修订的主要依据及过程

《管理规定》的修订主要依据是《标准化法》《改革方案》《全国专业标准化技术委员会管理办法》《团体标准管理规定》等法律法规和文件，同时参考了《强制性国家标准管理办法（征求意见稿）》《上海市地方标准管理办法》以及《"十三五"气象标准体系框架》《中国气象局关于进一步深化气象标准化工作改革的意见》等文件资料。

中国气象局（法规司和气象干部培训学院）与国家市场监督管理总局（标准技术管理司）联合组成修订工作组，共同完成了修订草案及编制说明的起草和征求意见等工作。修订工作自 2019 年 1 月启动；4 月形成了修订草案，并多次召开专家会议对草案进行研究讨论；8 月征求了中国气象局各内设机构、直属单位以及各省（区、市）气象局的意见；9 月中国气象局与国家标准委就修订内容进行了沟通讨论；10 月国家标准委征求各省（区、市）市场监管局及相关单位意见；11 月初工作组对反馈意见进行了汇总分析，修改形成了修订草案送审稿。2020 年 1 月 18 日，修订后的《管理规定》由中国气象局和国家标准化管理委员会联合印发实施（气发〔2020〕23 号）。

3 修订的主要内容

修订后的《管理规定》共有六章三十二条，分别为：第一章"总则"（六条），第二章"组织与分工"

（六条），第三章"标准制定"（六条），第四章"标准实施与监督"（七条），第五章"保障机制"（六条），第六章"附则"（一条）。主要修订的内容如下。

3.1　进一步明确了气象标准的层级和类型

一是将现行气象领域的强制性国家标准、行业标准和地方标准整合为强制性国家标准，取消了强制性行业标准和地方标准；二是删除新《标准化法》中未明确提及的标准化指导性技术文件；三是将团体标准、企业标准纳入气象标准的范畴。

修订后气象标准包括国家标准、行业标准、地方标准和团体标准、企业标准；国家标准分为强制性标准和推荐性标准，行业标准、地方标准是推荐性标准。

3.2　进一步明确了气象标准的制定范围和定位作用

一是对原有气象标准的制定范围进行更新调整，充分覆盖气象业务、服务、科研和管理等领域需要统一的技术要求；二是结合气象工作实际，采取一般规定和具体列举相结合的方式，将强制性国家标准的范围明确为气象灾害防御、人工影响天气作业、气象探测环境保护等涉及安全和满足经济社会管理基本需要的技术要求；三是厘清各类气象标准的关系，确保相互衔接配套。明确国家标准、行业标准、地方标准是政府主导制定的公益类标准，团体标准、企业标准是市场主体自主制定的市场类标准。

3.3　进一步强化了气象标准的实施与监督

一是强化标准实施的约束性，规定气象行业准入、监督抽查、质量评价等面向社会和行业的管理应当依据标准；二是推动气象标准文本免费向社会公开，并通过推进气象标准化工作的信息化建设，加强气象标准化信息资源整合和共享；三是明确气象和标准化主管部门建立标准实施信息反馈、评估和复审机制以及畅通标准实施投诉举报渠道的职责，提高气象标准质量和应用水平。

3.5　进一步完善了气象标准化保障机制

将原规定第五章的"奖励与处罚"修改为"保障机制"，删去了处罚条款，侧重于规定多措并举的气象标准化工作保障机制。新增了鼓励社会资金投入、人才培养、项目成果转化、标准制修订信用管理等机制和措施，以加大对气象标准化工作的支持和保障力度。

3.6　其他修改完善的内容

一是结合实际工作需要，完善了气象标准化工作原则；二是进一步细化标委会职责，新增标委会秘书处承担单位的主要职责；三是明确气象标准化技术支撑机构主体地位和工作职责；四是新增主管部门对气象领域团体标准的指导和监督职责；五是完善了鼓励参与国际标准化活动的相关表述；六是新增推进军民通用标准体系构建和资源共享的规定。

气象服务业发展中团体标准应用研究①

成秀虎　王一飞　刘子萌

(中国气象局气象干部培训学院，北京　100081)

摘要： 近年来，随着标准化改革的推进，团体标准迎来了前所未有的发展机遇，本文首先从国家和中国气象局层面介绍了有关团体标准发展的政策，接下来，具体讨论了发展团体标准对气象服务业发展的益处；明确了发展团体标准需要注意的问题，最后详细论述了开展团体标准化工作的要点。

关键词： 团体标准，政策，益处，工作要点

1　团体标准面临的发展机遇

2015 年 3 月国务院出台的《深化标准化工作改革方案》(以下简称《改革方案》)，为团体标准的发展带来了前所未有的发展机遇。这种机遇表现在两个方面，一是团体标准在国家标准体系中有了一席之地。通过深化标准化改革，重新确立了新型的国家标准体系，由原有的以政府主导制定标准的四级标准体系，发展为以"政府主导+市场自主制定"的五级标准体系，参见图 1。政府主导制定的标准侧重于保基本，市场自主制定的标准侧重于提高竞争力，通过市场的手段增加有效标准的供给。二是上述改革将通过标准化法的修订将团体标准法律地位固化下来，成为持续稳定发展的基础。2017 年 11 月 4 日，第十二届全国人民代表大会常务委员会第三十次会议修订通过的标准化法第十八条第一款明确：国家鼓励学会、协会、商会、联合会、产业技术联盟等社会团体协调相关市场主体共同制定满足市场和创新需要的团体标准，由本团体成员约定采用或者按照本团体的规定供社会自愿采用。

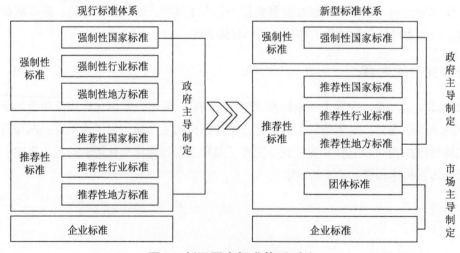

图 1　新旧国家标准体系对比

①　本文刊于 2017 年《中国标准化》第 12 期。

2 有关团体标准发展的政策

2.1 国家政策

（1）在标准制定主体上，鼓励具备相应能力的学会、协会、商会、联合会等社会组织和产业技术联盟协调相关市场主体共同制定满足市场和创新需要的标准，增加标准的有效供给。

（2）在标准管理上，充分发挥市场竞争机制的优胜劣汰作用，对团体标准不设行政许可，由社会组织和产业技术联盟自主制定发布。

（3）在工作推进上，选择市场化程度高、技术创新活跃、产品类标准较多的领域，先行开展团体标准试点工作。

（4）鼓励团体标准及时吸纳科技创新成果，促进科技成果产业化，提升产业、企业和产品核心竞争力。支持专利融入团体标准，推动技术进步。

2.2 中国气象局政策

2.2.1 两个支持

中国气象局关于贯彻落实国务院《深化标准化工作改革方案》的实施意见（气发〔2015〕71号）中对团体标准的发展提出两个支持的方针：一是支持气象相关社会组织制定满足气象行业自律和市场需求的团体标准；二是支持技术成熟、适用性好、需求性强的团体标准、地方标准和企业标准上升为气象行业标准或国家标准。

2.2.2 纳入标准体系总体框架

中国气象局关于印发"十三五"气象标准体系框架及重点气象标准项目计划的通知将团体标准纳入了气象标准体系的总体框架之中（参见图2），是"十三五"需要大力发展的部分。在随框架下达的首期标准计划表中，即已经列入11项团体标准，随着气象类社会团体的发展壮大和团体标准意识的觉醒，相信会有更多的团体标准项目产生。

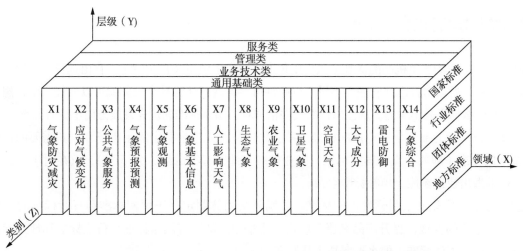

图2 纳入团体标准的"十三五"气象标准体系框架

3　发展团体标准的益处

标准是经济和社会活动的技术依据。对于社会团体而言，大力发展团体标准，就是为团体活动或团体涉及的市场提供规矩、规范和准则，并为团体及其成员带来如下一些基本利益。

（1）通过在团体标准中优先采用先进技术，制定高水平的标准，使团体成员一起受益，提升团体成员的整体市场竞争力；

（2）通过及时制定适合市场需要的标准，提高团体成员的服务质量，树立团体的服务品牌，扩大社会团体影响力；

（3）通过提前制定涉及安全健康、环保及资源利用的底限标准，预防团体成员侵害公众利益、违背国家产业政策，减少团体成员的经营与监管风险；

（4）通过制定统一和规范气象服务市场行为的团体标准，增强行业自律，加强团体成员之间的协调与统一，在获取最大共同利益的同时，促进产业健康有序发展。

大力发展团体标准对团体自身带来的好处是提高了对团体成员的服务手段和水平，增强了团体的向心力和凝聚力，提升了团体的社会影响力和知名度。所谓得标准者得天下，国外有很多知名的团体机构，其制定的标准是事实上的国际标准，因为标准用到了国外，也成为全球有名的团体和组织。

提升团体影响力和知名度的标准化途径至少可以有如下三个方面：

一是团体标准影响力排行榜。目前国内已有第三方评价机构针对企业标准进行排行的报道，相信随着团体标准的大力发展，针对团体标准的排行榜也会很快推出。

二是将团体标准上升为国标行标、地标甚至国际标准。目前已见的有关团体标准转化为国家标准、行业标准、地方标准的条件为：（1）通过良好行为评价、实施效果良好；（2）符合国家标准、行业标准或地方标准制定范围。团体标准转化为国际标准的路径则主要依靠国家即将建立的社会团体参与国际标准化活动的渠道，这一渠道可以为社会团体提供基于团体标准提出国际标准提案和参与国际标准起草的机会。

三是团体标准为法律法规所引用。国外将各种来源的标准纳入法规中引用是一种惯例。我国目前虽然还不经常，但相信随着国家标准走出去战略的实施，国际上的通行做法也会在国内流行起来，团体标准被国内法律法规引用也会成为常态，甚至被其他国家法律法规引用，都有可能，这时团体的影响力就不可小觑了。

4　发展团体标准要注意的问题

国家从充分发挥市场竞争机制的优胜劣汰作用角度，制定了由市场自主制定、自由选择、自愿采用的团体标准发展原则，所以对标准在管理上不设立行政许可。但就此认为社会团体就可以放任自由，想发布什么标准就发布什么标准是不对的。从已出台的文件精神看，团体标准的优先发展方向至少有如下三个。

（1）团体标准应优先制定填补空白的标准。社会团体应优先考虑制定满足市场和创新需要的标准，而不是保基本的标准（即要在没有国家标准、行业标准和地方标准的地方先下手），重在对满足创新和市场需求的标准做出快速响应，填补标准空白。

（2）团体标准应优先制定引领发展的标准。鼓励社会团体制定严于国家标准和行业标准的团体标准，引领产业和企业的发展，提升产品和服务的市场竞争力。即已有国家标准、行业标准和地方标准的情况下，也可以制定团体标准，但水平要高于其标准。

（3）应发挥专利优势，鼓励将专利写入团体标准，鼓励将科技成果转化为标准，实现技术专利化、专利标准化、标准全球化，提升团体成员的全球竞争力。

团体标准虽然由社会团体自主制定并对外发布，但国家加强了事中事后的监管，其监管方式有二。

（1）建立信用记录制度

《改革方案》中明确要国务院标准化主管部门会同国务院有关部门制定团体标准发展指导意见和标准化良好行为规范，对团体标准进行必要的规范、引导和监督。探索建立社会团体标准化良好行为规范信用记录制度。目前已发布的行为规范文件有《关于培育和发展团体标准的指导意见》（国质检标联〔2016〕109号），已发布的行为规范标准有：GB/T 20004.1—2016《团体标准化 第一部分：良好行为指南》。后面还会发一个良好行为评价标准。要通过开展团体标准机构的第三方评价，向社会公开通过良好行为评价的社会团体名单，激励社会团体以高标准、严要求开展标准化工作。

（2）加强社会监督

《标准化法修订草案二次审议稿》第二十七条第一款为：国家实行团体标准、企业标准自我声明公开和监督制度。国家鼓励团体标准、企业标准通过标准信息公共服务平台（全国团体标准信息平台）向社会公开。要建立第三方评估、社会公众监督和政府事中事后监管相结合的评价监督机制。通过第三方专业机构对团体标准内容的合法性、先进性和适用性开展评估。鼓励社会公众特别是团体标准使用者对不符合法律法规和强制性标准要求的团体标准进行投诉和举报，建立有关投诉和举报的处理机制，畅通社会公众监督反馈的渠道。

由上可见，国家在鼓励团体标准发展的同时，也在加强对团体标准发展的引导与规范，避免一哄而上，无序发展。

5 开展团体标准化工作的要点

团体标准在国内还是新生事物，在国外早已有成熟的经验，社会团体在开展团体标准工作时，应该掌握如下三个要点。

5.1 一般原则

开展团体标准化工作应掌握开放、公平、透明、协商一致、促进行业健康发展的五大原则。

"开放"是指对所有团体成员的开放，同时也指团体的大门是对社会开放的，要畅通加入渠道，敞开大门吸纳相关团体会员。"公平"是指全体团体成员享有同等权利，承担与权利对等的义务。"透明"是指团体的信息要公开透明，尤其是标准制修订信息要充分公开。"协商一致"是指团体成员对制定的团体标准要持普遍同意的意见，对团体成员的不同意见要充分考虑和沟通，对重大反对意见要进行充分协调。"促进行业健康发展"是指团体标准的制定要符合市场需求、满足服务需要，发布实施的标准不应妨碍竞争、不应限制成员技术发展。

5.2 建立标准化组织机构

团体标准的发展应成为团体的发展战略之一，领导必须高度重视和真心支持。这种支持主要体现在标准化组织机构的建立及运行机制的完善上。社会团体的决策机构如理事会中应有标准化议事决策职能，下面宜设立标准化管理协调机构如秘书处，负责编制机构如TC、WG的组建、调整与日常管理工作。

5.3 具备标准化功能

团体标准机构设立虽然可根据各社会团体的情况有一定的灵活性，但如下所列的标准化功能必须具备，否则就无法开展好团体标准工作。

5.3.1　标准制定功能

（1）要有团体标准的标准编号与文件管理体系。团体标准应按国家有关规定须实行统一代号，具体编号方式为：

> T/团体代号　团体标准顺序号—年代号

其中团体代号由团体自主拟定，代号的最后一位不能放数字，拟定的团体标准代号要到全国团体标准信息平台上进行查重，不重复才可以使用。

（2）要有规范的团体标准制定程序，一般程序至少包括提案、立项、起草、征求意见和审查、通过和发布、复审 6 个阶段。

（3）要有统一的团体标准编写规则和发布格式，团体标准虽然可以制定各自的编写规则与发布格式，但从方便转化上升为国家标准、行业标准、地方标准和方便国际交流角度，仍以采用GB/T 1.1 为最好，因为该标准源于国际标准化组织的起草规则，有国际通用性，更方便团体标准走出去。

5.3.2　申诉与联络功能

开展团体标准化工作的社会团体要通过互派观察员等方式协调本团体与其他标准化机构的活动，掌握其他标准化机构的动态，推广向高一级标准的转化。

5.3.3　知识产权管理功能

团体拥有独立制定的团体标准的版权，自然也包括版权产生的收益权，团体应建立包括专利政策、版权政策、商标在内的知识产权管理政策，通过政策调节团体标准知识产权与团体成员使用者、社会使用者、专利权人等之间的利益关系。

5.3.4　宣传推广应用功能

标准是科学、技术与经验等成果的综合体现，团体标准作为一种科技成果，其标准的研制、转化和推广应用也都离不开培训、研讨和推广，所以社会团体要具备围绕团体标准开展培训、组织论坛、在媒体上广泛宣传的能力。条件成熟的还可以开展基于团体标准的合格评定活动，促进标准的应用，让团体标准发挥最大的效益和影响力。

掌握了以上要点，团体标准化工作就应该可以顺利开展起来。国家发展团体标准的目的是要增加标准的有效供给，笔者以为，团体在一开始制定团体标准时重点要在"有效"上做文章，标准选择上宜少而精，要尽量选择有专业代表性、技术先进和有公信度的标准项目立项，追求质量不追求数量，争取发一个管用一个，发一个叫好一个，既占领一片市场，又提升团体成员的竞争力，促进气象服务业健康向上发展。

参考文献

[1] 陈燕申，陈思凯 . 美国联邦法规采用标准的探讨与启示[J] . 标准科学，2017（4）.

[2] 质检总局 . 国家标准委关于印发《关于培育和发展团体标准的指导意见》的通知：国质检标联〔2016〕109 号[Z] . 北京：质检总局，2016 .

影响标委会作用发挥的因素及应对之策探讨①

成秀虎

（中国气象局气象干部培训学院，北京 100081）

摘 要：标准化技术委员会是标准化工作的重要技术组织，其工作水平和履职能力直接关系到标准化工作的质量和效益，本文以气象领域标准化技术委员会为麻雀，解剖了影响其作用发挥的原因，客观分析了其面临的困难和问题，提出了解决问题的措施建议。

关键词：标委会，作用，建议

标委会是一定专业领域内从事标准起草和技术审查、研究提出标准体系建议、开展标准宣贯及实施调研等标准化工作的技术组织，因而其业务工作水平和履职能力直接影响到标准化工作的质量和效益。在标准制修订过程中，标委会的技术管理和组织引导起着至关重要的作用，直接关系到标准的周期和质量；在标准的实施过程中，标委会的宣传推广、应用指导、释疑解惑则关系到标准的应用效果和效益的发挥，有关实施信息的反馈还关系到标准化三角形循环的完整，关系到复审工作能不能到位、标准体系是否完善等。随着气象标准化工作的广泛、深入开展，标准质量和效益问题日益突出，在强调加强标准实施力度、充分发挥标准作用的背景下，强化标委会的规范化管理、增强标委会的履职能力、提高标委会的业务水平、充分地发挥标委会的主体作用必然会提上议事日程。为适应这一新形势的要求，本文根据有关调研和相关培训中调查的结果，结合自己对标委会工作的思考，探讨提出以下一些意见和建议。

1 影响标委会作用发挥的因素

1.1 外部环境因素

主要有相关部门领导重视程度、社会关注度、行业内外对标准需求的内生动力等。就目前气象领域标委会面临的外部环境看，存在着领导重视程度不够、社会关注度不高、业内外对标准的需求内生动力不足的问题。

1.2 标委会自身因素

主要有人员标准化素养、标准化业务水平、投入精力大小、队伍稳定性等因素。当前气象领域标委会存在着部分从业人员标准化素养不够、业务水平有限、积极性不高、队伍变动频繁等问题。

---

① 本文刊于 2014 年《气象标准化》第 3 期，2016 年《标准科学》增刊公开发表，收入本书时标题有修改。

2　加强标委会作用发挥的外部环境建设建议

（1）应加强对领导和各级人员标准化知识的宣传，让领导进一步树立标准化意识、贯彻标准化理念，更加重视标准化工作。要让更多的人关注标准化工作，吸引更多社会力量来参与标准化工作。要对有能力承担标准项目的人员进行重点宣传，让他们了解标准项目的重要性，提高参与起草标准的积极性，要告诉他们什么样的技术成果可以转化成标准。目前，大部分人都认为标准项目费时、费力，而且经费支持较少，在职称评定、业务评比中无法发挥大的作用，所以参与积极性不高。改变这一现状，需要主管部门加大政策支持和工作宣传力度，以提高大家对标准化工作的认可度，提高相关领导对标准化工作的支持度。

（2）标委会在政策法规部门领导下开展工作，是组织领导与具体业务的关系，二者应合理分工、理顺关系，进一步明确各自角色与定位，履行好各自职责。目前，各地方气象标委会，有的是与法规处合二为一，有的是无法独立履职，部分标准起草人甚至不知有标委会这个组织，也不了解标委会的职责，大部分标委会应履行的职责都由法规处完成了。这不但给法规处带来了大量的工作，也无形之中弱化了标委会的职责，使得标委会形同虚设。

（3）要理顺标委会与起草单位标准管理部门的关系。起草单位标准管理部门应加强对起草组在标准各个环节提交材料的审核把关，不要仅在起草组与标委会之间起"二传手"作用，要切实承担起标准初审把关的工作，包括格式、逻辑等方面的问题。然后标委会在单位初审的基础上，再从标准化专业角度提出审核、指导意见，这样才更有利于保证标准的编制质量。

（4）要建立起业务主管机构与标委会之间经常的沟通机制，增进职能管理部门与标委会之间的相互了解。业务主管机构要加强对标委会的指导，定期听取标委会工作汇报，并与标委会共同研究沟通行业需求和导向、完善各专业领域标准体系。

（5）提高对标委会的经费投入。建议设立标委会工作专项经费、纳入年度财政预算。总盘子中要加大对各省标准化管理工作经费的支持。

（6）已建立的标委会应挂牌和设立专门的办公室，让标准化工作像其他业务工作一样十分正规。

（7）建议提供人员及配套经费保障。人员不足时，应允许使用配套经费聘用专职人员，以减轻目前标委会兼职人员的工作压力和劳动强度，提高标委会人员从事标准化工作的积极性。

（8）努力争取政策支持，落实标准在专业技术岗位晋升及职称评定工作中的地位。

3　加强标委会自身建设与业务指导能力的建议

3.1　完善标委会的组织建设

（1）标委会主要负责人（主任委员）、标委会秘书处正副秘书长及秘书应向外界亮明身份。要以明确的身份，指导和协调起草与评审工作。

（2）要加强从业人员队伍建设，配备专职管理人员。标委会人员数量、工作时间要有保证。目前大部分标委会秘书处人员都为兼职，不能全身心完成标委会工作，秘书处人员应有时间及时处理、跟踪归口管理的标准事项，指导编写组编制标准，转达专家意见。

（3）标委会委员组成应具有代表性、广泛性、权威性；委员本人应自愿参与标准化工作，要真正关心标准化工作，积极热心并有一定的奉献精神。

3.2　加强标委会制度建设

（1）明确职责，建章立制，为标委会顺畅运行保驾护航。应完善标委会组织机构和规章制度，明确标委会各类人员的职责，以使标委会内部工作人员、起草人、法规处管理人员全都清楚出现什么问题该找何人办理。

（2）应按照《标准化技术委员会章程》《秘书处职责及管理办法》《气象标准化管理规定》等制定气象标委会管理规定。应按规定将标委会工作纳入单位目标管理、气象业务考核范围，探索对标委会工作效能进行评比和考核。

（3）引入队伍动态管理与奖惩机制，提高从业人员的积极性和责任心。对标委会秘书处人员开展绩效考核，可从工作态度、责任心、起草人的评价、工作业绩等方面综合考虑。

（4）对标委会秘书处工作人员建立岗位退出机制。对不能定期参加业务提升培训、又不能按要求履职的，要从岗位退出。建立秘书处工作人员岗位定期学习制度。标准化知识的掌握和丰富，需要与工作实践相结合，如无实际工作经历，很难真正熟悉理解相关内容。所以需要建立定期学习制度，只有经过"学习、工作、学习"的循环，才能逐渐理解和熟练掌握相关标准化工作要求，才能运用好相关知识开展标准化技术审查、咨询、指导等工作。各相关气象标委会主任委员、副主任委员、标委会秘书长、秘书等都需建立定期学习进修制度。这里面又以地方标委会人员更为迫切。

（5）建立标委会专家工作制度，对标委会委员在工作时间、工作任务、工作精力上提出硬性要求。标委会的委员是以标准化专家身份进入的，需要承担一些实际的咨询审查任务，既然进来了就应充分发挥作用，不能只挂名、不尽职。必须制定一套有效的专家工作制度，配之以适当的退出机制，确保进入标委会的专家能把一部分工作精力放到标准化工作中来。建议对标委会委员也要建立考评机制，对不热心标准化工作的专家逐步请出标委会，对无法实际发挥作用的行政领导专家也宜适当减少，以改变目前向标委会委员征求意见反馈信息不多、咨询审查时意见不集中的现象。

（6）建立信用登记制度。在对标委会积压项目清理基础上，适当中止一些无法进行下去的项目，以此为基础建立标准项目编制信用登记制度，对信用差的要进行适当惩罚，让今后申请标准的人引以为戒，确保按规定认真编制标准。

3.3　强化标委会业务指导能力建设

（1）标委会应定期组织学习、交流和研讨。组织工作人员及委员学习标准化政策、知识及最新动态，交流对行业、业务发展有利的新技术、新成果，研讨更新完善标准体系，研究提出业务服务管理中急需制定的标准项目或系列标准。

（2）标委会应重视对预研项目的指导作用，建议增加预研项目经费，未来要通过培育优秀的预研项目，制定出高质量、社会急需的标准。

（3）应加强对标准立项的指导、审查和把关，包括以下几方面。

①标委会在法规司发布标准项目指南前，应充分做好前期调研，在资源时间有限的情况下，先制定什么标准，后制定什么标准需要全面考虑、综合平衡。项目申报指南最好配一个明确的范围说明，避免申报时各种项目遍地开花。建议发布一个申报指导意见，引导大家有针对性、有侧重地提出项目；标准项目指南中要提供项目执行每一个步骤的时间限制，以便起草人能够有针对性的提出建议书，避免项目开会审查时浪费大量时间，工作效率不高。

②标委会要把好立项初审筛选这一关，标准立项阶段严把关，使标准从一开始就正规化、合理化，

要杜绝因立项不合理问题造成标准积压等后期问题。立项审查时，要把握标准是一种战略工具的思想，要重点关注和筛选有利于在社会上或市场上抢得主动权、有利于发挥气象在经济社会生活中优势和作用的标准项目。

③组织立项评审时，要发现那些有潜力转化成标准的项目，要鼓励那些有条件做成标准的科研成果转化成标准。对于往年完成进度较好的单位或个人要作为项目承担的优先对象，也可有意识地安排他们参与创意好、但编制能力弱的项目。

（4）标委会应加大对标准适用性的审查力度，指导编制出更适用的标准。标准只有有更多人用，才会有更多人重视，不能为了制标准而制标准。

（5）应加强对标准编制过程的管理和指导。

①指导项目承担单位建立合理的标准起草组，包括主要起草人的选定、编写组成员构成（专业技术人员、标准化人员、利益相关方人员）等。参与标准起草的要能干事，不能仅挂名。

②帮助扩大征求意见范围，应借助标委会这一更有影响的平台进行广泛发布，征集更多的意见；对于争议大的标准，可考虑组织公开讨论征集意见，也可通过网络征集意见。建议建立起网络征集意见的平台，公布意见征集流程，明确意见收集的具体责任人。

③审查阶段要提前一周将待审查标准的相关材料发专家，这样讨论时可以有的放矢。避免专家评审临时现场才翻看有关内容，这样难免会有疏漏和偏颇。

④标准编制过程中的每一环节，标委会都有责任去跟踪指导。秘书处人员应主动关注并督促各阶段责任人及时完成任务，指导相关人员对标准上报材料的把关，确保编制质量阶段性合格。标委会要畅通与起草人、省局法规处、直属机关各职能司之间的沟通渠道，便于跟踪、监督各环节相关人员。

（6）标委会要加强对各地标准制修订项目和标准宣传贯彻工作的指导。

3.4 提升业务技术指导效果的建议

（1）增强服务意识。"起草人"和"专家"是标准编制过程中两个最重要的因素，作为标委会，应紧紧围绕这两个因素做好服务和管理工作，服务好了，标准质量就有保障。

（2）建议标委会结合标准制修订阶段加强对各类人员开展多层次、多角度、多方位的培训或讲座。如预研与立项阶段面向潜在起草人进行立项方向、立项前注意事项的培训，调动更多有潜在意向的人参与标准项目申报，培训同时也可以收集筛选更多有潜在影响的标准项目，增强立项标准的适用性和影响力。起草阶段面向起草人进行标准如何编写的培训；审查阶段面向审查人进行标准制修订规范方面的知识培训。

（3）开设标准化网络课堂。建议标委会将本领域内标准立项、编写、审查的要求，报批过程中需要注意的事项和审查重点，起草人起草中常犯的错误、典型案例等录制成课件挂在网上，通过网络课形式进行重点讲解，让编制人员遇到问题时可以随时点播、收听收看。

（4）加强内外部的沟通协作。

①发挥标委会成员组成广泛的优势，加强与外部门的联系与沟通，指导标准起草人多拓展对外的标准化对象，体现气象服务社会化，气象工作政府化的理念。目前很多政府部门的职能是有交叉的，标委会有来自各部门的人员，是一个好的沟通平台，便于各方协调一致。

②加强行业间、行业内的部门沟通，鼓励跨行业、跨部门人员协作制定标准。

③标委会与省局法规处、起草人、法规司、机关职能部门等要加强交流与沟通，确保各环节信息明确、畅通，转达及时。

④标委会秘书处要加强与委员的沟通，适时组织专家联谊、碰头，交流、研讨领域内标准化工作重点、发展方向，完善丰富标准体系。要定期将相关工作要求、存在问题、希望专家关注事项以简报、动态、信息等形式递送给标委会委员。

⑤利用好"气象标准制修订系统"这个管理工具，及时与起草人、起草单位主管部门、标准化管理部门沟通，提醒起草组掌握标准进度，按照制修订系统提示的时间按时完成各阶段任务。

以上从标委会工作的外部环境与自身建设方面对标委会的工作提出了一些意见和建议。从中可以看出，发挥标委会作用、提高标委会履职能力不是一件简单的事，单凭某一方面的推进很难起到很好效果。必须采取综合措施，内外并举、多管齐下，才可能达到预期目的。当然，作为标委会自身，不能因为工作推动困难就有畏难情绪，而应努力克服困难，有所作为，要通过自身富有成效工作成果，去唤醒社会各界的关注，引起各级领导的重视，获得社会多方面的支持。

气象领域标准化技术委员会考核评价
指标体系构建研究[①]

黄潇　刘艳阳　成秀虎　骆海英　薛建军　刘子萌

（中国气象局气象干部培训学院，北京　100081）

摘　要：本文介绍了构建气象领域标准化技术委员会（以下简称"标委会"）考核评价指标体系的研究背景，分析了国内标准化技术委员会的评价指标研究现状及存在问题。依据《全国专业标准化技术委员会考核评估办法》，结合气象标委会的日常运行情况和管理工作需要，以提升气象标委会能力和绩效为目的构建了考核评价指标体系，不仅详细的解释评价指标的内涵，同时对其应用也提出了建议。

关键词：气象，标准化技术委员会，评价指标

专业标准化技术委员会是一定专业领域内从事标准起草和技术审查、研究提出标准体系建议、开展标准宣贯及实施调研等标准化工作的技术组织，根据国家标准委网站统计数据显示，截至 2018 年 10 月已经成立 1300 个技术组织，含 573 个全国专业标准化技术委员会（TC），716 个分技术委员会（SC）和 11 个工作组（SWG）。由此可见，它是开展标准化工作的重要组织基础，也是标准化技术工作的重要组织机构。其建设和管理情况、业务工作水平和履职能力直接影响到标准化工作的质量和效果。

1　研究背景

自 2008 年以来，在国家标准化技术委员会的关心、支持下，中国气象局依托国家级各主要业务服务单位先后组建成立了全国气象防灾减灾等 14 个全国专业标准化技术委员会（TC）、分技术委员会（SC）以及行业标准化技术委员会（见表 1）。随着气象标准化工作的广泛深入开展，气象标准的数量增长迅速，气象标委会也已具备了相当的规模，截至 2018 年 10 月，我国已发布实施的现行气象国家标准 174 项，现行行业标准 431 项。气象领域各标委会已发布现行标准的数量分布见图 1。

表 1　气象领域标委会清单

序号	编号	名称（文中简称）	秘书处挂靠单位
1	TC 345	气象防灾减灾标委会（防灾）	国家气象中心
2	TC 345/SC1	气象影视分标委会（影视）	华风集团
3	TC 346	气象基本信息标委会（信息）	国家气象信息中心
4	TC 347	全国卫星气象与空间天气标委会（卫星）	国家卫星气象中心

[①]　本文刊于 2018 年《中国标准化》第 12 期（下）。

续表

序号	编号	名称（文中简称）	秘书处挂靠单位
5	TC 507	气象仪器与观测方法标委会（仪器）	中国气象局气象探测中心
6	TC 538	人工影响天气标委会（人影）	中国气象科学研究院
7	TC 539	农业气象标委会（农气）	国家气象中心
8	TC 540	气候与气候变化标委会（气候）	国家气候中心
9	TC 540/SC 1	大气成分观测预报预警服务分标委会（大气成分）	中国气象局气象探测中心
10	TC 540/SC 2	风能太阳能气候资源分标委会（风能太阳能）	中国气象局公共气象服务中心
11	雷电TC	雷电灾害防御行业标委会（雷电）	中国气象局气象探测中心

注：根据目前各标委会管理现状、模式及其独立性的特点，从便于管理的角度将其合并为11个，全国卫星气象与空间天气标委会（TC 347）下设的3个SC并入TC作为整体考虑。

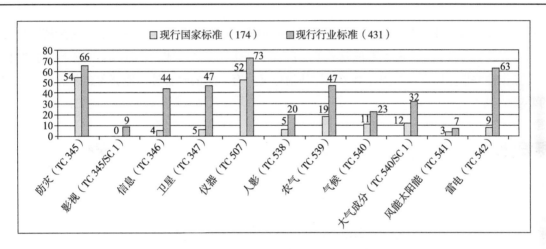

图1　各标委会已发布现行标准的数量分布图

由此可见，各标委会标准数量存在不均衡性，各标委会发展程度也具有不平衡性。虽然标委会工作基本覆盖了气象行业各个领域，从组织上保证了标准制定工作的开展，对行业技术进步起到了支撑作用，但仍存在很多问题，如标准系统性不尽完善、数量有所不足（重点标准缺失）、质量不高、制修订周期较长、标准应用效果和效益较低等。究其原因，一方面，外部环境，存在领导重视程度不够、社会关注度不高、业内外对标准的需求内生动力不足的问题。另一方面，自身建设，存在着部分从业人员标准化素养不高、工作经验和业务水平不足、积极性不够、队伍变动频繁等问题。这都使得标委会的主体作用难以充分发挥出来。

国务院《深化标准化工作改革方案》以及《国家标准化体系建设发展规划（2016—2020年）》中，明确要求加强标准化技术委员会管理，《中国气象局关于贯彻落实国务院〈深化标准化工作改革方案〉的实施意见》也明确提出了要"建立标委会工作绩效评价和通报制度"和"建立标委会委员履职考核制度"等改进标委会管理的工作任务。依据相关文件精神，研究构建科学合理的标委会考核评价指标体系，对标委会科学的管理与控制非常有必要，是从源头抓标准质量、强化标委会规范化管理、提升标委会工作活力和有效性的重要手段，对于加强标委会自身发展，推进国家标准化战略的实施具有重要意义。

2　现状及存在问题

2016 年以前,国家标准化主管部门对标委会的评价局限于定性考核其工作结果,仅凭一份工作总结和工作报表(标委办〔2014〕88 号)对其工作进行形式上的认定,没有对工作完成程度、成效等设定具体的量化指标,使得标委会的目标管理弹性过大,容易产生管理盲区,激励约束机制难以实施。为解决这个难题,国家标准委一直以来都在积极寻找解决之道,2016 年 6 月 28 日,国家标准委正式印发《全国专业标准化技术委员会考核评估办法(试行)》,开始对其批准成立的技术委员会进行以每 3 年为一个评估周期的考核,是对这一难题的破解之始。然而,由于技术委员会的设置涉及方方面面的专业领域,各行业领域又具有复杂性、多样性的特点,作为所有专业领域通用评价指标,显然是不理想的,缺乏针对性和可操作性。3 年的考核周期,在管理的时效性和实用性上也略有欠缺。

其他相关领域在 2016 年以前,大部分技术委员会也基本没有相关的工作绩效评价标准和评价体系。经文献调研仅电工、石油工业、交通运输等行业以及部分地方标委会曾开展过考评工作,并形成有部分指标。

本文构建的评价指标体系充分吸收各领域研究经验和成果,从气象领域自身特点和实际情况出发,结合行业管理经验,在已有研究和实践的基础上,进一步细化提炼,形成了一套具有气象行业独特性、针对性和可操作性的指标体系,与国标委考核评估指标又具有一定的吻合性,能够覆盖并满足国标委考核评估的要求。

3　指标设计

3.1　设计原则

指标的设计主要遵循的原则是:全面性、适用性、科学性、实用性。

在全面性方面,围绕《全国专业标准化技术委员会管理规定》及《气象标准化管理规定》中对标委会工作职责的要求,经过逐条梳理,将可以设计为指标的内容进行提炼。进行广泛调研及经验借鉴,将适用的评价指标和评价方法进行引进和集成、研究和筛选。吸收融合《全国专业标准化技术委员会考核评估办法(试行)》中的评价指标。

在适用性方面,分析各标委会发展运行现状和存在问题,从气象标委会自身特点和实际情况出发,结合行业需求和管理经验,多次反复征询管理部门、各标委会秘书处、权威专家的意见,对指标进行修正和调整。

在科学性方面,对指标进行合理的分层,科学的分类。在设定定性指标时,先将定性指标进一步细化为多个考核维度,每一个维度尽量用数据和事实来具体明确,尽量规避定性指标非量化的特点所带来的笼统和模糊,使指标能够比较精确地进行考核。而定量指标的设定主要依靠时间量化、数量量化等的方式,对于复杂的综合性指标,建立评价数学模型。研究分析指标的重要程度,对其赋予不同的权重。通过试评估等手段,对指标进行验证。

在实用性方面,指标的设计结合气象标委会的日常运行情况和管理工作需要,以提升能力和绩效为目的对标委会实施年度评估、对比和通报,同时注重指标体系与国家标准委考核评估要求的对接,确保各标委会既能够履行好日常工作职责,又能够顺利通过国家标准委组织的考核评估。

3.2 指标体系

指标体系由 5 个一级指标，17 个二级指标构建而成，一级指标包括标准制修订、日常管理、国际标准化、标准研究与奖励和工作量，见图 2。

标准制修订主要反映气象领域标委会在组织标准体系建设以及标准制修订中的能力、水平和成效，包括 6 个二级指标，分别为：项目完成率、标准体系建设和维护，项目申报，制修订过程及时、公开与透明度，报批稿质量，复审与实施等。

日常管理主要反映标委会秘书处在日常运行管理中的保障服务能力，以及管理的规范性和有效性，包括 5 个二级指标，分别为：年会及年报、委员管理与培训、标准宣贯、经费管理、挂靠单位支持等。

国际标准化主要反映标委会及其委员在组织参与国际标准化方面的工作情况，包括 2 个二级指标，分别为：参与国际标准化和国际标准化成效等。

标准化研究与奖励主要反映标委会在组织开展归口专业领域标准化研究以及所取得成效的工作情况，包括 3 个二级指标，分别为：标准化研究活动、标准化研究成果、标准化奖励与表彰。

工作量主要反映本年度各标委会组织开展标准制修订的工作量情况，用以弥补工作量大小不一的标委会在综合评估时可能存在的不合理差异。只设 1 个二级指标，叫作标准制修订工作量。

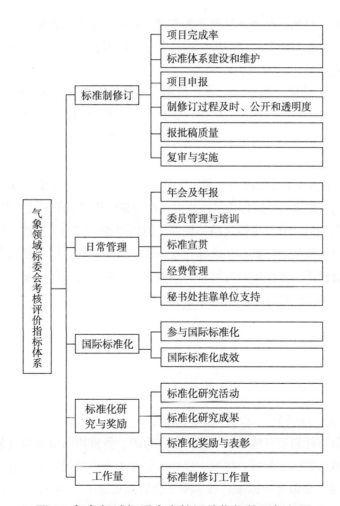

图 2　气象领域标委会考核评价指标体系框架图

3.3　指标类型及指标赋分方法

从不同角度可以将指标进行多种形式的分类。

（1）基本指标和加分指标，即标委会必须履行的职责和鼓励其开展的工作。其中，基本指标主要衡量标委会的履职情况，包括标准制修订、日常管理、国际标准化3个一级指标和项目完成率等13个二级指标。加分指标主要衡量标委会工作取得突破性进展的情况，包括标准化研究与奖励、标准制修订工作量2个一级指标和奖励表彰等4个二级指标。

（2）关键性指标和一般性指标。关键性指标是标委会工作中最需要突出、注意和强调的地方，又称为约束性指标，赋有较高的分值，具有一定的约束作用。包括项目完成率、年会与年报2个二级指标。

（3）定量和定性指标。定量指标用于考核可量化的工作，侧重于考核工作结果，采取时间量化，数量量化的方式，并对于复杂的综合性指标建立数学模型；定性指标用于考核不可量化的工作，侧重于考核工作的过程，为尽量规避其模糊性，对定性指标的描述采用了等级描述法和关键事件法，即对工作完成情况进行了分级界定，对相应工作中关键事件制定相应的减分或加分标准。定量指标主要包括项目完成率，项目申报，制修订过程及时、公开和透明度，复审，年会等，其中，项目完成率和复审率给出了计算数学模型。

指标体系实行评分制，目的是使考评结果更为直观，有利于标委会之间的对比。评分方法主要采用要素评分法，即根据标委会在工作中履行职责的难易及复杂程度，按其内涵区分为不同要素，根据不同要素的重要程度赋予权重。

基本分值为100分，包括标准制修订、日常管理、国际标准化，各占59%、35%、6%的权重。其中，在标准制修订6个指标中，关键性指标（项目完成率）权重占34%。在日常管理5项指标中，关键性指标（年会与年报）权重占37%。可见关键性指标具有相对较高的权重分值，对整体分值影响较大，能够突出标委会工作重点。

加分分值为10分，包括标准化研究与奖励、工作量，各占50%的权重。其中，工作量采用了硬性分配法，即将标委会根据工作量大小进行排序按近似正态分布的规律给予对应的分值。

现行赋权虽经过多轮研讨，分值也做过整体统筹，但仍存在一定的主观性。此外在指标筛选中，虽尽量选取独立而不相重复的指标，但也存在指标相互关联交叉的现象，即存在做同一项工作在多个地方均可得分的情况。随着管理部门工作重心的转移和调整，以及标委会工作不断完善，在今后标委会的考核评估工作中，具体指标赋分的分值可以根据需要作出调整。

3.4　指标内容

3.4.1　标准制修订

标准制修订工作包括：预研究、立项、起草标准草案、征求意见、审查、批准、出版、复审等环节。在这些环节中，制修订计划项目建议、制修订工作组织、负责所归口领域气象标准的技术内容和质量，负责复审本专业领域国家标准和行业标准，建立和管理本专业领域立项、起草、征求意见、审查、报批等相关工作档案，是《全国专业标准化技术委员会管理规定》《气象标准化管理规定》规定的气象标委会应承担的职责。除此之外，研究提出本专业领域的标准化发展规划、标准体系，承担已发布标准实施情况的调查、评估工作作为标委会职责的一部分，也和制修订的相关环节密不可分，标委会作为串联各环节的关键作用举足轻重。因此，在分析气象标委会职责和工作现状的基础上，参考《全国标准化技术委员会考核评估办法（试行）》，在标准制修订一级指标下设项目完成率、标准体系建设和维护、项目申报、制修订过程及时公开与透明度、报批稿质量、复审与实施 6 个二级指标。

项目完成率，该指标的设置旨在有效保证标准制修订进度，反映技术委员会时间统筹能力和工作水平，是从结果方面考核标委会是否履行组织本专业领域国家标准和行业标准的制修订工作职能的指标。为增加可比性，促进标委会对指标的理解和使用，计算方法与《全国标准化技术委员会考核评估办法（试行）》中保持一致，考核的是前 3 个自然年的标准项目的完成率情况，计算公式为：

$$r = \frac{1}{n} \sum_{t=T-3}^{T-1} \frac{S_t}{Y_t} \times 100\%$$

式中：

——r 为项目完成率；

——n 为"3 减去项目数为零的年数"；

——Y_t 为第 t 年度应完成的标准项目数（不包括以往年度应完成的标准）；

——S_t 为第 t 年度应完成标准项目中的实际完成并报送中国气象局政策法规司待批准的标准项目数(获批准延期和终止的项目不计算在内)；

——T 为评估年。

在指标设计过程中，以该公式对 11 个标委会 2011—2013 年立项的标准完成率进行了试算，其中 5 个标委会项目完成率在 60% 以下，处于较低水平，因此在参考国标委考核指标的前提下，根据目前气象标委会标准项目完成率的现状，设置了 30% 以下、30%～67%、67%～75%、75%～85%、85% 以上五个完成率档次，分别赋分，以达到既区分反映实际情况，又有效促进标委会不断改进提高项目完成率的目的。

标准体系建设和维护，该指标的设置旨在反映标委会在本专业领域内把握标准化宏观发展方向的情况。考核的是本年度标准体系的变动情况。标准体系包括标准体系框图和标准明细表。标委会应掌握和及时维护各领域的标准体系，及时组织本领域专家对标准体系及其表变动情况进行审查，以使其正确反映本领域的技术发展成果，为未来本领域标准的立项和制修订提供指引。

项目申报，该指标的设置旨在反映技术委员会在指导本专业领域内标准制定方面所发挥作用的情况。同项目完成率一样，考核的是前 3 个自然年标委会组织标准申报和立项的工作情况。考核分两个方面：（1）申请立项的国家标准项目委员平均投票率，即所有申请立项的国家标准项目委员投票率的平均值。（2）标准立项数，又分为两部分：其一，国家标准立项数，即包括国家标准修订项目在内的所有的国家标准计划项目；其二，标准立项总数，即包括国家标准、行业标准及其修订项目在内的所有的标准计划项目数。该数量的设定是依据历年气象标准立项数测算而得的，由于气象领域标委会是按照 11 个标委会独立考核评估的，因此在对立项数的要求上也有所区分：对雷电TC，只考虑行业标准及其修订项目；对SC，在国标立项数上比TC要求略做降低，对于TC，自身即要达到国标委对该指标的要求，从而引导各标委会均要重视对国标的申请工作，充分发挥标委会的指导作用。

制修订过程及时、公开和透明度，该指标的设置旨在促进标准的及时流转，提高技术委员会工作效率并保证标准制修订过程的公开与透明，是从过程方面考核标委会是否正确履职的指标，主要通过征求意见和标准审查两个环节来反映。根据《气象标准制修订管理细则》的要求，征求意见方面，考核标委会是否向有关行业部门、协会以及相关生产、销售、科研、检测和用户等单位定向征求意见，并向全体委员及社会公开征求意见，是否在收到标准征求意见材料 15 个工作日内及时出具征求意见函。标准审查方面，考核标委会是否将标准送审稿送达全体委员，委员投票率是否达到要求的比例，是否在收到标准送审材料后 5 个月内完成标准审查。

报批稿质量，该指标的设置旨在有效控制标准质量，直接反映技术委员会工作效果。按照《气象标准复核通过基本要求》，对标委会的报批材料提出了材料齐全、格式规范、内容合理、专家意见处理合理、积极配合复核工作等五项要求，由气象标准复核机构根据本年度接收的标委会提交复核的报批材料进行分项打分。

复审与实施，该指标的设置旨在保证标准的适用性和先进性，及时剔除和修订滞后标准，反映了标委会对本专业领域的标准实施情况的掌握程度和及时处理能力，促进标委会在对于标准执行过程中的问题的调研分析中发挥重要作用。根据《中华人民共和国标准化法》的规定，标准的复审周期一般不超过 5 年，因此，复审指标考核标委会对考核年度标龄为 5 年标准的复审率和复审报告。实施情况跟踪与分析指标，考核标委会是否能够收集标准实施反馈信息并及时向主管部门通报有关情况或提出处理意见；是否对重点标准开展实施情况的分析研究，并形成分析报告等书面材料。

3.4.2　日常管理

标委会秘书处是标委会的常设工作机构，是开展标委会工作的核心。由年会及年报、委员管理与培训、标准宣贯、经费管理、秘书处承担单位支持等 5 个二级指标组成。

年会是标委会召开的全体会议。根据《全国专业标准化技术委员会管理规定》标委会应每年至少召开一次全体委员会工作会议。为保证年会质量，要求标委会出席年会的委员超过一定的比例，并形成和保存组织召开年会的通知、会议纪要、委员签到表、年会照片等记录。年报方面，要求标委会按照国家标准委和气象标准化管理部门的要求按时提交年报。年报内容翔实，符合要求，且数据真实有效，尽可能无修改记录。

委员管理方面，要求标委会委员构成符合《全国专业标准化技术委员会管理规定》要求，并规范开展标委会换届工作。要求标委会对委员履职情况，主要包括参加立项投票、就标准征求意见进行反馈、出席年会、审查会等情况进行跟踪和形成记录，当委员出现不适合继续担任委员或不履行委员职责等情况时及时进行委员的调整。委员培训方面，为提高履职能力，要求标委会副秘书长、委员和秘书处工作人员每年参加由标准化专业机构或行业部门组织的标准化方面的培训不少于 1 人/次。

标准宣贯是指由标委会组织或参与组织的标准宣贯，也包括标委会有关人员在行业协会年会、产业联盟大会上所做的标准宣贯，包括网络形式、会议形式等。要求标委会在考核年度内组织过标准宣贯活动，对重点标准开展专题宣贯活动的作为加分项。

经费管理方面，标委会秘书处挂靠单位的经费支持和健全的财务制度是标委会健康运行的保障。按照《全国专业标准化技术委员会管理规定》经费管理的相关要求，指标考核标委会的工作经费是否纳入挂靠的秘书处承担单位财务统一管理，秘书处是否向全体委员报告经费收支总体情况，国家标准制修订补助经费是否符合《国家标准制修订经费管理办法》规定，工作经费是否单独核算、专款专用。

由于标准化技术委员会不具有独立的法人资格，其秘书处挂靠单位对标准化工作开展的重视程度，提供的人力、物力支持成为支撑标委会健康运行的关键因素。秘书处承担单位支持方面，按照《气象标准化管理规定》第六条，指标考核秘书处工作是否纳入承担单位年度工作计划并能按照工作计划实施。人员支持方面，指标考核秘书处是否配备能履行好工作职责的专门秘书或专职秘书。经费支持方面，指标考核秘书处承担单位是否为标委会提供标准化活动经费支持及支持的力度。

3.4.3 国际标准化

由参与国际标准化和国际标准化成效 2 个二级指标组成。

参与国际标准化，反映参与国际标准化活动的活跃度及工作情况，要求标委会或其委员积极参与 1 项或以上国际标准化的工作：①参与制修订国际标准；②积极提交国际标准提案；③按时参与国际标准投票；④按时参与国际对口标准化技术委员会年会；⑤积极开展国家标准外文版翻译；⑥积极参与发达国家或地区（如CEN）对口标准化工作；⑦组织开展本领域标准化国际会议；⑧国际标准的跟踪评估及转化。

国际标准化成效，反映在国际标准化工作中影响力以及取得的重要进展情况，要求标委会或其委员积极取得以下 1 项或以上国际标准化成效：①担任国际或国外标准化组织领导职务；②承担国际或国外标准化组织秘书处；③获得ISO或IEC奖励；④提交新工作领域申请并获得国际组织批准；⑤主导制定的国际标准发布。

3.4.4 标准化研究及奖励

由标准化研究活动、标准化研究成果、标准化奖励与表彰 3 个二级指标组成。

标准化研究活动反映开展标准化研究的活跃度，标委会或其委员应开展：①承担标准化研究项目（以司局级单位下达的任务书为准）；②组织国内标准化学术交流、研讨等活动。

标准化研究成果，反映标准化工作的研究能力，标委会或其委员应取得以下任意一项研究成果：①发表（出版）标准化相关论文或论著；②撰写了标准化技术报告或调研报告。

标准化奖励表彰反映标准化工作的科研成效及亮点，指标委会或其委员获得省部级或国家级（含获国际奖励、表彰）标准化方面的奖励、表彰。

3.4.5 工作量

各标委会工作量以本年度组织开展标准征求意见和审查活动的数量之和计算。根据计算结果对标委会进行排名，按排名结果给予对应分值。

4 应用前景及指标改进

2016 年，中国气象局办公室关于印发《气象领域标准化技术委员会评估办法（试行）》的通知（气办发〔2016〕27 号）现已应用于气象标委会每年的绩效考核与评估实务中。通过实践和应用，未来希望达到以下效果：（1）加快标准制修订的进度，提高标准质量。（2）进一步深入分析气象行业标准化机构现行运行状况及存在问题，不断提高气象领域标委会的可持续运行能力，促进标委会技术支撑作用的充分发挥，增强标委会的履职能力、提高标委会业务水平。（3）填补气象标委会评价指标研究和实践的空白，为气象标准化管理和发展提供决策支持和信息参考，也可为国家标准委及其他行业部门借鉴参考。（4）建立的标委会评价指标体系经过实践检验能够转化成常规管理手段，成为强化标委会的规范化管理的有力抓手。

由于标委会工作开展情况和标准化管理的要求是不断变化和提高的，标委会考核评价指标的内容也需要根据与日俱增的精细化管理的要求，进行相应的调整和扩展。在今后的评价实务中，要积极收集反馈的建议，发现问题，不断改进。

参考文献

[1] 陈锦汉，伍文虹，黄怀. 专业标准化技术委员会绩效评价体系初探[J]. 中国标准化，2009（7）.

[2] 国家标准委办公室. 国家标准委办公室关于开展2014年全国专业标准化技术委员会巡视督查工作的通知：标委办〔2014〕88号[Z]. 北京：国家标准委办公室，2014.

[3] 国家标准委办公室. 2016年全国专业标准化技术委员会考核评估工作方案：标委办综合函〔2016〕156号[Z]. 北京：国家标准委办公室，2016.

[4] 中国气象局. 气象标准化管理规定：气发〔2013〕82号[Z]. 北京：中国气象局，2013.

[5] 唐建辉，朱培武，张珠香，等. 地方标准化技术组织运行绩效评价体系研究[J]. 中国标准化，2014（10）.

[6] 徐元凤. 电工行业全国专业标准化技术委员会考核评价方法研究[J]. 电器工业，2015（5）.

[7] 徐元凤，李昱昊. 2014年度电工行业国家标准复审情况研究报告[J]. 电器工业，2015（4）.

[8] 薛强. 对新形势下标准化技术委员会风险管理工作的思考[J]. 中国标准化，2011（10）.

[9] 中国气象局. 关于贯彻落实国务院《深化标准化工作改革方案》的实施意见：气发〔2015〕71号[Z]. 北京：中国气象局，2015.

[10] 中国气象局. 关于国家级气象标准化主要工作职责分工的通知：气发〔2015〕347号[Z]. 北京：中国气象局，2015.

[11] 中国气象局办公室. 中国气象局办公室关于强化气象标准实施工作的通知：气办发〔2014〕39号[Z]. 北京：中国气象局，2014.

气象领域标准化技术委员会现状评估与改进对策^①

刘艳阳　黄潇　成秀虎　刘子萌

（中国气象局气象干部培训学院，北京　100081）

摘　要： 本文介绍了气象领域标准化技术委员会评估的指标和方法，从标准制修订、日常管理、国际标准化、标准化研究与奖励等方面对气象领域标准化技术委员会运行和工作现状进行了评估和分析，给出了改进其管理机制和工作的几点建议。

关键词： 气象，标准化技术委员会，现状评估，改进对策

1　引言

标准化技术委员会是在一定专业领域内，从事全国性标准化工作的技术组织，其建设和发展情况直接关系着标准化工作的发展水平和整体效果。自 2008 年以来，气象领域依托国家级各主要业务服务单位先后组建成立了 14 个全国专业标准化技术委员会、分技术委员会以及行业标准化技术委员会（以下统称"标委会"），为充分发挥国家级业务服务单位的业务技术优势、促进气象标准制修订起到了关键性作用，有效支撑了气象标准化工作的发展。但是，由于工作经验不足、秘书处承担单位支持力度不够等原因 [1]，标委会运行管理机制还存在一些问题，不能完全履行好工作职责并发挥出应有作用。《国务院关于印发深化标准化工作改革方案的通知》（国发〔2015〕13 号）、《国务院办公厅关于印发国家标准化体系建设发展规划（2016—2020 年）的通知》（国办发〔2015〕89 号）中，都明确要求加强标委会管理，《中国气象局关于贯彻落实国务院〈深化标准化工作改革方案〉的实施意见》（气发〔2015〕71 号）也明确提出了要"建立标委会工作绩效评价和通报制度"和"建立标委会委员履职考核制度"等改进标委会管理的工作任务。因此，依据《全国专业标准化技术委员会管理规定》（国标委办〔2009〕3 号）、《气象标准化管理规定》（气发〔2013〕82 号）赋予标委会的职责，参考《2016 年全国专业标准化技术委员会考核评估工作方案》（标委办综合函〔2016〕156 号），2016 年中国气象局发布了《气象领域标准化技术委员会评估办法（试行）》（气办发〔2016〕27 号，以下简称《办法》），并分别于 2017 年 3 月和 12 月对标委会 2016 和 2017 年度的工作情况进行了试评估和正式评估，以期加强气象领域标委会管理，提高标委会履职能力和水平，积极主动适应国家标准化管理委员会对标委会的考评要求。

---

① 本文刊于 2018 年《标准科学》第 12 期。

2　总体情况

按照《办法》规定,《气象领域标准化技术委员会评估指标（2016年版）》分为基本指标和加分指标,其中,基本指标包括标准制修订、日常管理、国际标准化等3个一级指标和13个二级指标,满分100分;加分指标包括标准化研究与奖励和工作量2个一级指标和4个二级指标,满分10分。评估范围包括国家标准和行业标准完成情况,评估方法以评估单位对标委会上报材料的真实性和完整性进行审核为主,以专家打分为辅。按照上述指标对标委会报送的评估材料进行评分,11个标委会（由于有3个分技术委员会的机构设置和秘书处承担单位与所属的技术委员会相同,因此并入所属的技术委员会整体评估）的得分率见图1。

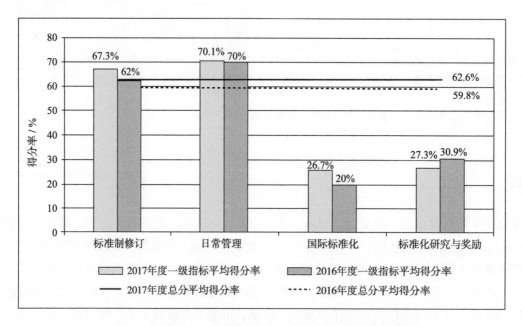

图1　标委会一级指标（除工作量外）的平均得分率

图1反映出2016和2017年度标委会基本能够履行工作职责,但整体工作水平一般,其中,国际标准化的平均得分率分别为20.0%和26.7%,标准化研究与奖励的平均得分率分别为30.9%和27.3%,反映出标委会在参与国际标准化活动和开展标准化研究方面的工作存在明显短板。2017年度11个标委会总分平均得分率略有上升,说明标委会无论是对工作开展还是对评估都提高了重视程度,报送的评估材料在规范性和完整性方面也有提升,但也反映出标委会工作水平,尤其是国际标准化和标准化研究水平的提高还需要经历一个相对长期的过程。

3　标准制修订情况

标准制修订由6个二级指标组成:项目完成率（20分）、标准体系建设和维护（5分）、项目申报（10分）、制修订过程及时公开和透明度（11分）、报批稿质量（5分）、复审与实施（8分）。标委会的平均得分率见图2。

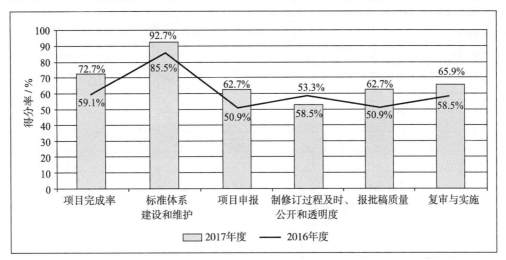

图2 标委会标准制修订二级指标的平均得分率

由图2可见，标委会在标准体系建设和维护方面的工作完成得相对较好，其他五个方面工作还有欠缺。通过评估发现，标委会在标准制修订方面的突出问题表现在：第一，项目申报方面，标准立项数目总体偏低，尤其是国家标准立项和申请立项数量不足。项目申报二级指标中的各评分点中，2016和2017年度标准立项数这一评分点的平均得分率分别仅为49.4%和53.3%。国家标准立项数前三个自然年累计，2016年有7个标委会，2017年有4个标委会未达到《办法》要求的最低国家标准立项数量（即技术委员会3项，分技术委员会1项）；2016年有4个标委会前三年未发起申请国家标准委员投票。第二，标准项目完成率偏低。2016年11个标委会该项的平均得分率为59.1%，有5个标委会三年项目完成率未达到67%；2017年三年项目完成率有所提高，为72.7%，但仍有3个标委会过去三年项目完成率未达到67%，反映出相关标委会仍要加强标准制修订进度管理，进一步缩短标准制修订周期。第三，制修订过程及时、公开和透明度方面，征求意见的及时、公开和透明度较好，但标准审查的及时、公开和透明度不足，2017年平均得分率仅为21.2%，5个标委会未将标准送审材料送达全体委员，委员投票率均低于国家标准委要求的最低值（委员总数的67%）。第四，标准报批稿质量方面，报批材料格式不规范和材料不齐全问题仍有存在，2016年该项平均得分率仅27.3%，在标准制修订各评分点中得分率最低。第五，复审与实施方面，标准实施情况跟踪分析项平均得分率为54.6%，标委会在标准实施情况的跟踪、反馈、分析工作中的作用仍有待于进一步发挥。

4 日常管理情况

日常管理由年会及年报（13分）、委员管理与培训（6分）、标准宣贯（4分）、经费管理（4分）、秘书处承担单位支持（8分）等5个二级指标组成，11个标委会各二级指标的平均得分率见图3。

由图3可见，标委会经费管理比较规范，年会及年报、委员管理与培训工作完成情况也相对较好。通过评估，发现标委会日常管理存在以下不足：第一，标委会的标准宣贯工作是薄弱环节，作为本专业领域国家级标准化技术组织，标委会在标准宣贯工作中的主体地位没有充分体现。2016和2017年度仅接近半数的标委会组织或参与组织了标准宣贯活动，且仅约1/3数量的标委会就重点标准进行了专题宣贯。宣贯形式上，标委会自身组织的专题宣贯活动较少，多数以在其他主题的培训班、世界气象日宣贯标准或将标准汇编入知识库、科技成果材料的形式实现。第二，秘书处承担单位对标委会的人员和经费

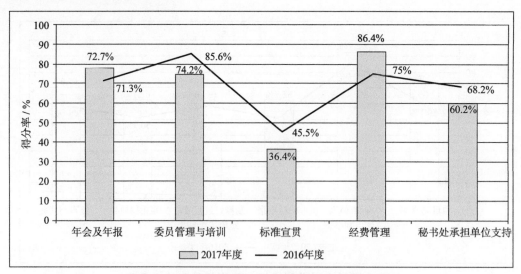

图3　标委会日常管理二级指标的平均得分率

支持不足。11个标委会中仅1个标委会配备了专职秘书，秘书开展标委会工作精力不足，秘书更换后工作交接不充分的问题突出。2016和2017年度，承担单位为标委会提供活动经费支持超过5万元的标委会仅5个，未获得承担单位经费支持的标委会数量分别为4个和3个。第三，年会召开不及时，委员出席率低，缺乏会议纪要。11个标委会截至评估时，2016和2017年度都仅有1个标委会召开年会且委员出席率达国家标准委要求的67%最低限。第四，委员管理与培训方面，对委员履职情况记录不充分。标委会对委员参加立项投票、审查投票、征求意见反馈和出席年会的情况记录不完整、不准确，部分标委会反映无法掌握委员对标准征求意见的反馈情况，缺乏对委员调整和撤换的参考依据；标委会委员和秘书处人员标准化业务培训参训率也偏低。

5　国际标准化情况

国际标准化由参与国际标准化（4分）和国际标准化成效（2分）两个二级指标组成，除全国雷电灾害防御行业标准化技术委员会作为行业标委会不参加该指标评估外，另10个标委会该项二级指标的平均得分率见图4。

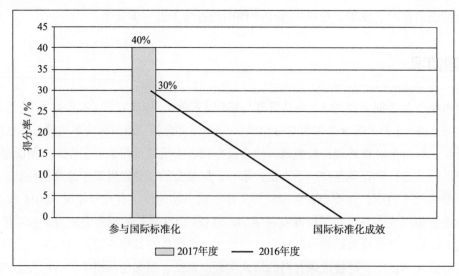

图4　标委会国际标准化二级指标的平均得分率

由图 4 可见，标委会的国际标准化水平较低且尚无成效。这一方面反映了标委会和委员在国际对口标准化组织活动、国际标准制修订工作等方面的参与度和影响力不足，也在一定程度上反映了标委会秘书处对委员参与国际标准化活动的情况掌握得不充分。

6　标准化研究与奖励情况

标准化研究与奖励由标准化研究活动（2 分）、标准化研究成果（1 分）、标准化奖励与表彰（2 分）3 个二级指标组成，11 个标委会的平均得分率见图 5。

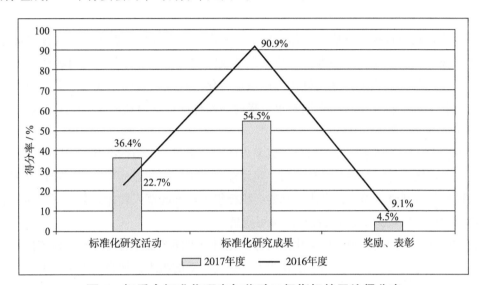

图 5　标委会标准化研究与奖励二级指标的平均得分率

由图 5 可见，标委会虽然组织参与了一些标准化研究活动并取得了一定的成果，但几乎未获得相关奖励与表彰，总体上该方面工作还需要加强。2016 年度各标委会和委员有一些好的标准化研究成果，集中于发表论文和撰写技术报告，但承担标准化研究项目、组织标准化学术活动的活跃性以及在全国领域内的影响力明显偏低。标准化研究成果得分较高但研究活动少的矛盾可能源于标委会提交了一些不是由自身组织完成的研究成果所致。2017 年度的研究成果得分率明显降低，反映标委会的标准化研究成果具有年度的不均衡和不持续性，同时，通过评估发现标委会对委员开展标准化相关研究活动的了解和跟踪不足，没有发挥好标准化技术平台的枢纽作用。

7　工作量情况

工作量指标主要反映本年度各标委会组织开展标准制修订的工作量情况，用以弥补工作量大小不一的标委会在综合评估时可能存在的不合理差异。各标委会工作量以本年度组织开展标准征求意见和审查活动的数量之和计算。2017 年度，标委会组织征求意见和审查的标准项目总数为 133 项，其中，工作量最大的标委会共 31 项，工作量最小的标委会仅 6 项，分技术委员会仅 2 项，从一定程度上反映出各专业领域的工作范围或其标准化水平发展得不均衡。

8　改进标委员工作的几点建议

第一，对标委会和标准化工作的重视程度还需继续提高。标准化对于推进国家治理体系和治理能力现代化具有基础性、战略性作用，尤其对于气象行业，管理对象技术属性强，标准化更是对全面推进气象法治建设和气象依法行政的有力支撑。通过评估可见，标委会总体上能够履行基本工作职责，但工作能力和管理水平有待提高。建议进一步加强对各级领导和管理人员标准化理念与知识的宣传培训，增强标准化意识，增加重视程度。中国气象局相关职能部门加强业务指导，同时秘书处承担单位应进一步加大支持力度，特别是要落实专职工作人员及工作经费的要求，并将秘书处纳入单位工作体系并统一考核[2]。

第二，标委会比较重视标准制修订工作，但国家标准申报和立项数偏少。建议标委会进一步加强国家标准的申报及立项组织工作，积极推动将本领域成熟的科技成果和业务规范转化为标准，加强对本领域专家标准知识的普及力度，提高科技人员主动转化科技成果形成标准的意识和能力。同时，积极主动适应新形势下国家标准申报、立项要求，提高国家标准申报材料质量，提升国家标准的立项成功率，增加国家标准立项数量。

第三，标委会在抓标准体系建设和项目完成率方面有一定成效，但标准制修订过程的及时、公开和透明度，以及报批稿质量等方面还有提升空间。建议标委会进一步加强标准制修订项目管理，把好标准材料质量关、缩短标准制修订周期。也建议标委会积极组织标准起草人和标委会秘书参加标准制修订方面的培训，普及标准编写知识，从而提高标准编写质量。

第四，标委会在标准宣贯、国际标准化以及标准化研究方面的工作力度不够。建议标委会加强对标准实施情况的跟踪、分析及反馈，加强标准化学术、研究活动的组织，加强对委员标准化工作情况的收集汇总，提升标委会作为技术平台的作用和影响力。

第五，标委会的工作量大小极不平衡。建议根据各领域的标准化实际需求，对各标委会归口的专业领域或组织架构进行适当优化调整。

参考文献

[1] 成秀虎. 影响气象标委会发挥作用的因素及应对之道[J]. 标准科学，2016（Z）：223-226.
[2] 包正擎，周韶雄. 改进气象标准化工作机制的思考[J]. 标准科学，2016（Z）：219-220.

雷电防护领域气象标准使用情况和应用效果评估报告

评估项目组[①]

摘　要：本文通过定向发放、定量收回调查表的方式，对气象部门防雷领域的 17 项现行标准从标准的认知、适用性、使用频率和应用效果以及整体综合评价进行统计分析，并根据评价结果给出了在标准宣贯与培训、标准实施的推广应用、标准的适用性、标准的跟踪评价等方面相应建议。

关键词：标准，评估，认知程度，适用性，使用频率，应用效果

1　基本情况

1.1　评估对象

防雷工作是气象部门近年来发展较快的一项重要业务和服务，涉及面广、专业性强、社会影响大，系统反映了气象部门履行社会管理和公共服务职能的情况。而防雷标准是建立业务秩序、履行法定职责的技术支撑和依据，相对气象其他领域的工作而言，防雷标准数量较多、覆盖业务较全、使用频率较高、应用领域较广，对其使用情况和应用效果进行评估具有实际意义和价值。因此，本次评估选取了《建筑物防雷装置检测技术规范》等 17 项防雷标准（见表 1）作为评估对象。其中，涉及防雷技术监督类标准 5 个，雷电灾害评估与调查类标准 2 个，特定对象防雷规范类标准 5 个，防雷产品类标准 5 个。

表 1　评估涉及的防雷标准项目清单

序号	分类	标准号	标准名称
1	防雷技术监督类	GB/T 21431—2008	建筑物防雷装置检测技术规范
2		QX/T 86—2007	运行中电涌保护器检测技术规范
3		QX/T 105—2009	防雷装置施工质量监督与验收规范
4		QX/T 106—2009	防雷装置设计技术评价规范
5		QX/T 110—2009	爆炸和火灾危险环境防雷装置检测技术规范
6	雷电灾害评估与调查类	QX/T 85—2007	雷电灾害风险评估技术规范
7		QX/T 103—2009	雷电灾害调查技术规范

[①] 评估项目组成员：成秀虎、周韶雄、闫冠华、王亚光、骆海英、纪翠玲、黄潇、边森、邢超、闫一铭。本文在 2016 年《标准科学》增刊上发表。

序号	分类	标准号	标准名称
8	特定对象防雷规范类	QX 2—2000	新一代天气雷达站防雷技术规范
9		QX 3—2000	气象信息系统雷击电磁脉冲防护规范
10		QX 4—2000	气象台（站）防雷技术规范
11		QX 30—2004	自动气象站场室防雷技术规范
12	特定对象防雷规范类	QX/T 109—2009	城镇燃气防雷技术规范
13	防雷产品类	QX 10.1—2002	电涌保护器　第 1 部分：性能要求和试验方法
14		QX/T 10.2—2007	电涌保护器　第 2 部分：在低压电气系统中的选择和使用原则
15		QX/T 10.3—2007	电涌保护器　第 3 部分：在电子系统信号网络中的选择和使用原则
16		QX/T 104—2009	接地降阻剂
17		QX/T 108—2009	电涌保护器测试方法

1.2　评估范围

为了使评估结果尽可能真实地反映标准使用的实际情况，评估工作组先后两次组织对 5 个省（市）的 9 个市（区、县）气象局进行了专题调研，在此基础上，经过多次论证、修改和测试后制定了评估方案，并确定评估指标、设计调查表。本次评估工作的调查范围涉及全国 31 个省（区、市）气象局及所属地级市气象局的防雷管理和技术人员。

2　评估思路、方法和资料处理

2.1　评估思路

此次评估的基本思路是基于标准使用者的实际体验来进行评估。主要评价点包括：一是认知（途径、程度），二是适用性（技术内容、技术要求、业务关联度），三是使用频率，四是应用效果（社会效益、经济效益和社会管理作用）。

2.2　评估方法

本次评估采用综合评价方法，主要方法包括：一是用层次分析法进行指标筛选；二是采取定性和定量结合的方式设计调查问卷，并对回收数据用数理统计方法进行汇总和加工；三是采用模糊评价法将定性评价转化为定量分值进行评价。

2.3　资料获取及处理

本次评估的基础数据通过定向发放、定量回收调查表的方式获取，调查表按调查对象分为管理类和技术类两种（略）。共发出调查表 1760 份，收回 1559 份（其中管理类 375 份、技术类 1184 份）。经技术检验，可作为评估样本的有效调查表 1548 份，以此为基础建立数据集，并对数据进行归一化处理和量化处理。

3 统计与分析

3.1 防雷标准的认知途径和程度

知道标准的存在并了解其内容是应用标准的前提，因此本次评估通过调查"认知来源""认知程度"这两项指标，来了解标准使用者获知标准的渠道和对标准的熟悉程度。统计结果如图 1 所示。

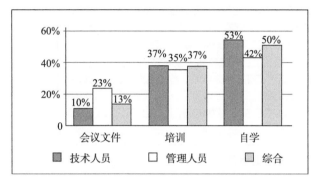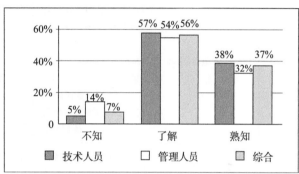

图 1 17 项标准的认知途径和认知程度调查结果汇总

从图 1 可看出以下几点。

（1）防雷标准在防雷业务服务工作中具有重要的技术支撑作用。首先，了解和熟知防雷标准的人员比例高达 93%；其次，尽管有很多人并没有参加过标准培训（约占 63%），但基于实际工作需要，也通过自学方式（约占 50%）去了解或者掌握标准。

（2）接受培训是熟悉和掌握防雷标准的关键渠道。经计算发现，参加过培训与熟知标准之间的相关系数高达 91%，说明培训对于标准使用者熟知防雷标准起到了至关重要的作用。

（3）管理人员和技术人员在标准认知途径及熟悉程度上有差别。通过会议文件的渠道了解标准的管理人员明显多于技术人员，而通过自学的渠道了解标准的技术人员则明显多于管理人员。技术人员对标准的熟悉程度总体上高于管理人员。这与管理、技术工作的性质、侧重点有关。

（4）防雷标准的宣传贯彻力度不够。标准使用者通过"会议文件"和"培训"的途径加起来所占比例仅为 50%，也就是说有半数标准使用者并非通过有组织的宣传贯彻活动获知标准的。管理人员作为标准宣传贯彻活动的主要参与者和组织者，也有四成以上是通过自学来获知标准的。

3.2 防雷标准的适用性

标准的技术内容是否全面、技术要求是否合理是标准能否获得广泛应用的关键，因此本次评估通过调查业务技术人员对标准的业务关联性、技术内容全面性、技术要求合理性等三项指标的看法来综合评价标准的适用性。统计结果如图 2 和图 3 所示。

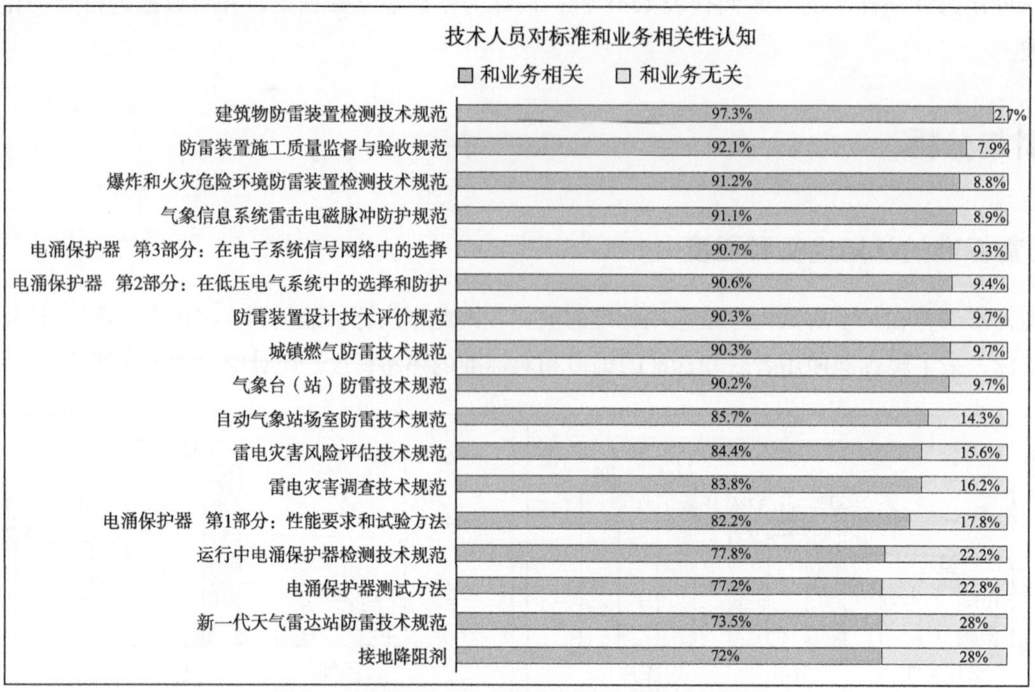

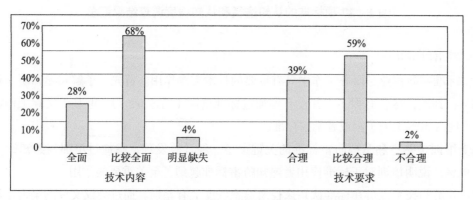

图 2　单项标准与业务相关性的调查结果

图 3　17 项标准的技术内容和技术要求调查结果汇总

　　从图 2 可以看出，防雷标准与实际业务服务的关联性很强（均在 72% 以上，最高达 97%），说明这些防雷标准的制定较好地满足了业务服务需求。

　　从图 3 可以看出，认为防雷标准技术内容明显缺失或技术要求不合理的仅占 4% 和 2%，说明防雷标准总体质量水平比较高。但同时，认为技术内容全面、技术要求合理的人员比例分别仅有 28% 和 39%，说明防雷标准也还有比较大的改进空间。特别是 2006 年以前发布的五项标准中，技术内容被评价为"明显缺失"和技术要求被评价为"不合理"的比重之和普遍偏高，其中最高（5% 以上）的 3 个标准，即《新一代天气雷达站防雷技术规范》（QX 2—2000）、《气象台（站）防雷技术规范》（QX 4—2000）和《电涌保护器　第 1 部分：性能要求和试验方法》（QX/T 10.1—2002），恰好与中国气象局 2011 年发布的标准复审结论中需要修订的标准项目一致，说明随着技术进步和需求变化，标龄较长的标准应及时组织修订。

3.3　防雷标准的使用情况

　　标准具有共同使用和重复使用的特性，其效益只有通过使用才能得到体现，因此本次评估通过调查

"使用频率"这一关键指标来反映防雷标准的应用程度。统计结果如图4和图5所示。

从图4可以看出，防雷标准的使用频率总体上较高，使用比例达90%。

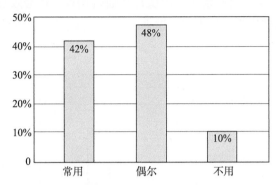

图4　17项标准的使用频率调查结果汇总

从图5可以看出，具体到每项标准，其使用情况有着很大差异。总的来说，防雷标准的使用频率呈现以下特点。

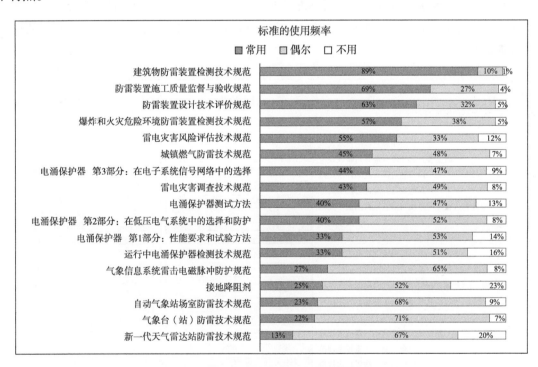

图5　单项标准使用频率的调查结果

（1）面向社会的带有社会管理和公共服务职能的标准（比如防雷装置设计、施工、检测和雷电灾害评估与调查等）在实际业务服务中使用较广泛，而面向气象行业领域或部门业务的防雷标准则很少。

（2）标龄长的标准使用频率明显较低，常用频率较高的6项标准均为2007年以后发布的，其中4项为2009年发布。

（3）国家标准使用频率明显高于行业标准。

此外，经计算发现，标准的业务关联度、认知熟悉程度与使用频率之间具有较强相关性（相关系数分别为0.84和0.88），这符合实际工作情况，调查结果与实践经验可相互验证。

3.4 防雷标准的应用效果

为了解防雷标准使用后产生的效益情况，本次评估通过调查"社会效益""经济效益"和"社会管理作用"三项指标，试图从标准使用者的主观认识来评价防雷标准的应用效果。统计结果如图6、图7、图8所示。

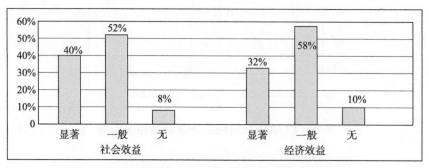

图6 17项标准社会效益和经济效益调查汇总结果

从图6可以看出，绝大多数人认为防雷标准是能产生社会、经济效益的，且认为社会、经济效益显著的比例还不低（分别达到40%和32%）。相对而言，标准使用者倾向于认为防雷标准产生的社会效益比经济效益更突出。

	社会效益 显著 / 一般 / 无			经济效益 显著 / 一般 / 无		
建筑物防雷装置检测技术规范	69%	31%	0%	59%	40%	1%
防雷装置施工质量监督与验收规范	52%	45%	3%	48%	47%	5%
防雷装置设计技术评价规范	49%	48%	3%	46%	48%	6%
雷电灾害风险评估技术规范	47%	48%	5%	44%	47%	9%
爆炸和火灾危险环境防雷装置检测技术规范	45%	52%	3%	40%	55%	5%
雷电灾害调查技术规范	41%	54%	5%	32%	53%	15%
城镇燃气防雷技术规范	41%	55%	4%	37%	58%	5%
电涌保护器测试方法	35%	60%	5%	32%	59%	9%
电涌保护器 第1部分：性能要求和试验方法	33%	63%	4%	28%	65%	7%
电涌保护器 第3部分：在电子系统信号网络中的选择	33%	61%	6%	29%	60%	11%
气象信息系统雷击电磁脉冲防护规范	32%	62%	6%	26%	64%	10%
接地降阻剂	32%	63%	5%	28%	63%	9%
新一代天气雷达站防雷技术规范	30%	63%	7%	20%	67%	13%
气象台（站）防雷技术规范	30%	63%	7%	27%	60%	13%
自动气象站场室防雷技术规范	29%	61%	10%	14%	70%	16%
	28%	63%	9%	21%	63%	16%
	28%	64%	8%	19%	66%	15%

图7 单项标准产生社会效益和经济效益的调查结果

从图7可以看出，具体到每项标准，其社会、经济效益有着比较明显的差别，但总体来看，标准产生的社会、经济效益有较好对应关系，即社会效益显著的一般经济效益也会比较显著。此外，国家标准和面向社会服务的行业标准产生的社会、经济效益相对明显，与标准使用频率高低呈现很强的相关性。

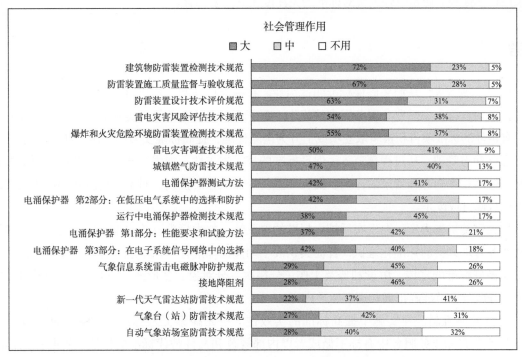

图8 单项标准社会管理作用的调查结果

从图8可以看出，标准使用者普遍认为防雷标准对于强化社会管理职能具有作用，特别是认为国家标准的社会管理作用大的比例高达72%，说明防雷标准作为气象部门依法履行防雷社会管理职能的技术依据和支撑，正在发挥着非常好的作用。

4 结论

综合各项指标的评价结果，形成以下结论。

（1）防雷标准与防雷业务服务工作的关联度较高，适用性得到了普遍认同。防雷标准基本符合业务服务需求，具有重要技术支持作用，但随着业务、技术发展及社会需求的变化，还有进一步提高的空间。

（2）防雷标准是开展防雷业务服务的重要技术依据，并在实际工作中得到了普遍使用。特别是等级高、标龄短、适用性好、面向社会的标准在实际业务服务中使用最为广泛。但一些针对气象行业领域或部门业务的行业标准，其行业渗透力、影响力还有待加强。

（3）防雷标准应用效果的总体评价较好。作为气象部门依法履行防雷社会管理和公共服务职能的重要技术支撑和依据，防雷标准在实践中发挥了非常好的作用，也产生了比较显著的社会经济效益。

（4）部分防雷标准综合表现突出。《建筑物防雷装置检测技术规范》（GB/T 21431—2008）、《防雷装置施工质量监督与验收规范》（QX/T 105—2009）、《防雷装置设计技术评价规范》（QX/T 106—2009）、《爆炸和火灾危险环境防雷装置检测技术规范》（QX/T 110—2009）、《雷电灾害风险评估技术规范》（QX/T 85—2007）等五项标准在适用性、使用频率、产生效益等各项指标上均表现突出，与对调查表中"综合评价"项进行量化处理后得出的结果基本一致，说明这几项标准质量较高、影响较大、效果较好。

（5）防雷标准的宣传贯彻、培训力度有待加强。有组织的宣传贯彻活动覆盖面尚显不足，多数标准使用者采用自学途径。防雷管理人员对标准的关注度尤其需要加强。

5　思考

（1）面向发展需求，从源头确保标准的适用性。在标准计划和立项环节，对拟立项标准适用性和应用效果进行预估，符合实际业务服务需求的优先立项，面向全社会的管理类和服务类标准优先立项。将有基础、有条件的标准项目积极争取立项或上升为国家标准，提高标准实施的权威性和影响力。

（2）强化动态管理，从过程环节入手保证标准的技术先进性。加强行业内外及各应用层面的沟通与协调，避免标准技术内容和要求的冲突、交叉和重复；加强标龄控制，对不适应技术和需求发展的标准及时组织进行修订或废止。

（3）加大宣传贯彻力度，在发布后扩大标准的普及性。加大标准宣传力度，特别是要提高各级领导干部以及业务管理人员的标准化意识，督促其积极主动关注标准化工作动态，并利用文件、期刊、网站等渠道组织做好标准的宣传、解读和普及工作；分层次、分对象、多形式、高频次组织开展标准培训，确保各级业务服务人员准确把握和理解标准内容。

（4）完善各项机制，在实施中提高标准的实效性。一是探索促进标准应用的各种激励、考核机制，努力避免在实际业务服务中有标不循或者以内部规范和文件替代标准的做法，不断提高标准应用水平；二是推进气象行业标准在全行业的应用，通过标准发挥好气象部门的行业指导作用；三是建立标准使用情况和应用效果跟踪评价的长效机制，及时收集和分析标准使用者和业内相关人员的意见，为优化标准制修订计划以及更好地发挥标准效益和作用提供参考；四是加强气象标准实施效果评估技术与方法的研究，构建评价指标、改进评估方法、拓宽评估范围、强化成果应用，不断提升气象标准化工作的综合绩效。

气象标准应用评估数据分析报告

《气象标准应用评估》工作组[①]

1 基本情况

1.1 评估背景

为掌握已实施气象标准的应用情况，促进气象标准效益的发挥和适用性的提升，切实发挥气象标准的技术支撑和保障作用，中国气象局政策法规司从2014年4月开始在全国范围内组织开展了一次气象标准应用评估活动，对13个气象专业技术领域的38项气象国家标准和184项气象行业标准共计222项现行气象标准的应用情况进行了全面调查，调查范围涉及31个省（自治区、直辖市）气象局本级、93个地市级气象局本级、93个县级气象部门、7个中国气象局直属单位、11个行业内企事业单位共235家单位，覆盖了气象业务、管理、科研、教育培训、生产等各方面的相关者。

1.2 评估目的

此次气象标准应用评估是对2013年8月以前实施的气象领域的国家标准、气象行业标准进行全面调查，了解标准的应用情况，广泛收集和深度分析标准应用所带来的社会效益和经济效益，发现和查找气象标准应用中存在的问题和不足，总结促进气象标准应用的经验，提出完善气象标准应用的具体措施，使气象标准在起草单位、应用单位和社会公众之间形成良性互动，切实提升气象标准的适用性和效益。

1.3 评估原则

此次气象标准应用评估遵循以下原则。

（1）全面摸底，突出重点

采取全面调查和典型评估相结合的方式，既着眼于全面掌握各气象专业技术领域标准的应用现状，为更好地促进气象标准的推广应用奠定基础；同时又要充分结合本地、本单位气象标准化工作实际，选取重点领域和典型应用个例，善于运用"解剖麻雀"这一工作方法，开展典型评估，进行深入分析。

（2）客观真实，科学组织

坚持客观、真实、科学的原则，注重做好评估工作方案的整体设计，有针对性地选用适当的评估方法，积极组织业务、管理、科研、教育培训以及有关企事业单位广泛参与，发挥参与者的主动性、积极性和创造性，全面、客观了解他们对气象标准的反映和评价，保证评估的广度、深度和可信度。

[①] 工作组主要负责人：成秀虎、纪翠玲，本文成稿于2014年。

（3）讲究实效，服务实践

以规范业务、强化社会管理和公共服务为落脚点，深入开展调查研究和分析评估，不预设评估结论或者根据预设结论收集信息资料。评估结果及提出的意见和建议要对促进标准应用、增强标准立项的科学性和提高标准复审的针对性具有参考价值。

2　评估主要步骤

2.1　明确评估对象

此次评估采取全面调查和典型评估相结合的方式。

全面调查过程中，各省、自治区、直辖市气象局对 223 项国家标准和气象行业标准进行调查；中国气象局各有关直属单位选取与本单位业务领域相关的标准开展调查。

典型评估是指依据全面调查的结果，各省、自治区、直辖市气象局和中国气象局各有关直属单位在被调查标准范围内自主选取 1 项或若干项标准开展有针对性的典型应用评估。

2.2　落实评估主体

各省、自治区、直辖市气象局和中国气象局各有关直属单位具体落实此次评估活动的工作主体，制定和细化本地区、本单位的评估工作方案，按时组织完成全面调查和典型评估报告。

全面调查过程中，由各省、自治区、直辖市气象局委托其相关内设机构、直属单位以及市、县气象局，中国气象局各有关直属单位委托相关业务处室开展具体的评估工作。在委托单位的选择上要求综合考虑各单位在标准评估方面的理论水平、实践能力及其与评估对象的紧密程度等多种因素来确定。

典型评估过程中，根据选定标准的特点组织相关应用单位、科研服务机构、专家和社会公众开展更为深入、针对性更强、可操作的评估工作。鼓励各省、自治区、直辖市气象局与行业台站联合开展评估，发挥行业台站的积极性，提高评估结果的客观性和代表性。

中国气象局气象干部培训学院负责对全面调查数据的汇总、统计以及典型评估报告的收集、整理、分析，形成全面反映此次气象标准应用评估活动的综合评估报告。

2.3　确定评估内容

全面调查重点对以下 5 个方面进行评估：

（1）标准是否被应用；

（2）标准主要应用于哪项业务、服务、科研和管理工作；

（3）标准应用的频度；

（4）标准适用性的综合评价；

（5）标准未被应用的原因。

典型评估重点对以下 5 个方面进行评估：

（1）被评估标准的应用范围和领域。希望获取标准文本的方式；

（2）被评估标准是否好用（科学性、协调性、规范性），对相关工作是否起到技术支撑和保障作用；

（3）被评估标准应用后的社会经济效益情况；

（4）被评估标准应用中存在的问题和不足；

（5）对提高被评估标准适用性的意见和建议。

2.4 获取评估信息

2.4.1 调查范围

尽可能覆盖标准应用的所有相关者，包括业务、管理、科研、教育培训以及有关企事业单位，甚至社会公众。全面调查过程中，由各省、自治区、直辖市气象局组织其相关内设机构、直属单位并选取3个地市级气象局、3个县级气象局分别进行调查，被选取的地市级气象局和县级气象局具体组织其业务科室、直属单位或者业务岗位开展相关领域的标准应用调查；中国气象局各相关直属单位组织其下属业务处室开展相关领域的标准应用调查。典型评估过程中，各单位对所有可能应用标准的单位甚至个人进行调查，确保调查的覆盖面和广泛性，鼓励各单位与外部门联合开展调查。

2.4.2 调查方法

本次评估以问卷法和访问法为主要方式，也可以采用专家评估、召开座谈会、实地调研等方法进行补充调查。可根据不同的调查对象和调查内容选用适宜的调查方式。要求注重做好调查组织工作，注意发挥各有关方面反映意见的积极性、主动性。全面调查按照《气象标准全面评估调查问卷》开展，典型评估参照《气象标准典型评估调查问卷》进一步细化后开展调查，并形成评估报告。

2.4.3 质量控制

在评估工作启动前，由评估主体向被调查单位和个人介绍开展气象标准应用评估的重要意义和评估工作方案，指定专门的调查员。调查员负责对调查情况进行记录、提供咨询，为调查问卷的填写提供指导，对回收问卷的完整性、准确性和真实性进行审核，对调查获得的一手数据和资料按照不同的调查内容和调查对象进行分类整理和汇总。全面调查结束后，中国气象局各相关直属单位各自提交1张汇总表；各省、自治区、直辖市气象局共提交7张汇总表，其中，省气象局内设机构和直属单位的情况汇总成1张表，3个地市级气象局和3个县级气象局各自汇总成6张表。中国气象局政策法规司组织对上报调查数据和资料进行抽查和复核。

2.5 形成评估报告

本次评估采用定性和定量相结合的评估方法，对调查数据和资料在定量分析的基础上进行定性分析，并充分听取专家意见，进行综合评估。评估报告要实事求是地做出客观、明确、具体的评估结论，总结标准应用中存在的问题和不足，并提出改进完善的建议和举措，发挥评估报告在气象标准应用工作中的指导和借鉴作用。

3 全面评估与分析

3.1 评估指标及计算方法

（1）平均使用率

平均使用率用来反映气象标准在所有使用单位的平均应用水平，指标准使用频度被选择为"经常""一般""偶尔"的总份数与调查问卷总份数的百分比。用公式（1）表示。

$$\frac{\sum_{i=1}^{m}\sum_{j=1}^{n}(a_{i,j}+b_{i,j}+c_{i,j})}{m\times n}\times100\% \qquad (1)$$

式中:

　　m——被调查的标准总数;

　　n——被调查的单位总数;

　　i——被调查标准的编号,取值范围为 $1\sim m$;

　　j——被调查单位的编号,取值范围为 $1\sim n$;

　　$a_{i,j}$——单位 j 经常使用标准的情况,取值为 0 或 1;

　　$b_{i,j}$——单位 j 较少使用标准的情况,取值为 0 或 1;

　　$c_{i,j}$——单位 j 偶尔使用标准的情况,取值为 0 或 1。

(2)平均经常使用率

"平均经常使用率"指标准使用频度被选择为"经常"的总份数与调查问卷总份数的百分比。

(3)平均未使用率

"平均未使用率"为选择"没有使用"总份数与调查问卷总份数的百分比。

3.2 标准使用情况

3.2.1 总体情况

为了调查标准使用情况,本次调查将标准的使用频率分为四个级别:经常、较少、偶尔、没有使用。调查结果为 222 项气象标准在全国范围内均有不同程度的应用。所有标准的平均使用率为 45.54%,平均经常使用率为 30.67%,平均未使用率为 23.79%。由于本次标准评估中的少部分标准存在地域性强的特点,以及参与评估的地方单位业务布局存在不同程度的差异,如果只针对适用于全国各单位的标准进行评估,标准的平均使用率为 73.1%,平均经常使用率为 49.26%,平均未使用率为 26.9%。

3.2.2 分单位情况

(1)行业单位

在 5 个接受调查的行业单位中,标准平均使用率为 27.83%,平均经常使用率为 21.89%。此数据远低于全国平均水平,总体说明调查的 222 项气象标准在行业单位中应用不够理想。在 222 项标准中,只有 115 项标准被行业单位使用,有 107 项标准从未被行业单位使用过(见图 1),由于行业台站的业务针对性

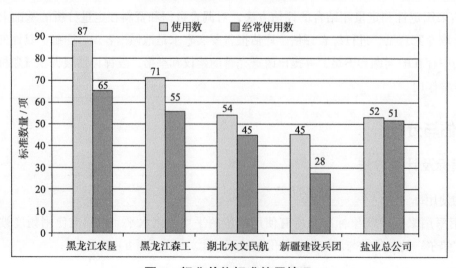

图 1　行业单位标准使用情况

原因，风能太阳能、大气成分和气象影视领域的共计 21 项标准从未被应用。从应用的标准领域看，涉及气象基础与综合、气象仪器与观测方法、气象基本信息、气象防灾减灾、气候与气候变化、卫星气象与遥感应用、空间天气、农业气象、人工影响天气、雷电灾害防御等 10 个专业技术领域。仅大气成分、风能太阳能资源、气象影视等 3 个领域的标准没有被使用。

（2）中国气象局直属单位

如果将 7 个直属单位统一考虑，标准的平均使用率为 28.5%，平均经常使用率为 13.83%。与行业台站类似，直属单位的任务分工明确，业务针对性强，如果将 7 个单位视为一个整体，其标准的平均经常使用率为 63.06%，说明在直属单位中，将近三分之二的标准是被经常使用的。在 222 项标准中，有 198 项在直属单位中得到了不同程度的应用（见图 2）。

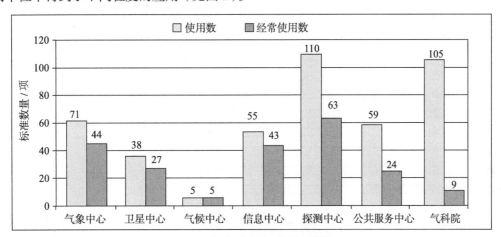

图 2　直属单位标准使用情况

（3）省（自治区、直辖市）气象局本级

各省（自治区、直辖市）气象局本级使用的标准和经常使用的标准数量情况见图 3。省本级单位标

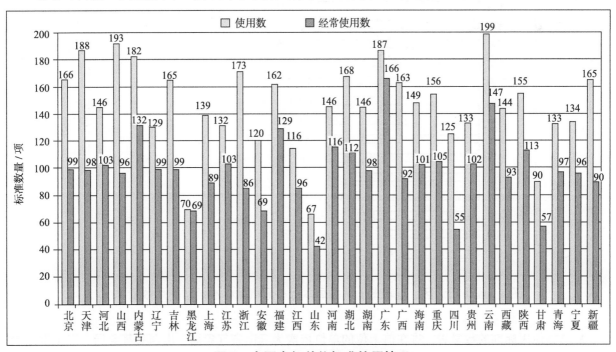

图 3　全国省级单位标准使用情况

准平均使用率为 65.98%，平均经常使用率为 44.15%，高于总体情况。考虑到省级单位的涉及业务范围应该是最全的，因此标准使用率相对较高属于正常现象。在业务范围最广的省级单位，标准的平均经常使用率仍不足 50%，可见标准的应用率仍不高。

按照被经常使用标准的数量、较少使用标准的数量、偶尔使用标准的数量，以及总体使用标准的数量对 31 个省（自治区、直辖市）气象局本级分别进行了统计。从经常使用标准的数量来看，排在前十位的单位依次为广东省气象局、云南省气象局、内蒙古自治区气象局、福建省气象局、河南省气象局、陕西省气象局、湖北省气象局、重庆市气象局、河北省气象局、江苏省气象局（见图 4）。

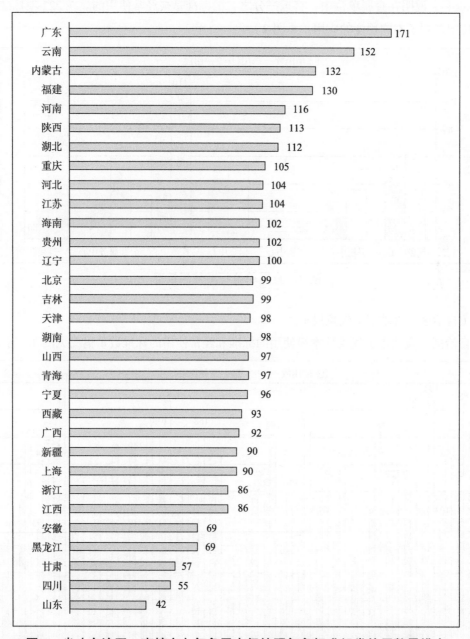

图 4　省（自治区、直辖市）气象局本级按照气象标准经常使用数量排序

从总体使用标准的数量看，排在前十位的单位依次为云南省气象局、山西省气象局、广东省气象局、天津市气象局、内蒙古自治区气象局、浙江省气象局、福建省气象局、湖北省气象局、北京市气象局、新疆维吾尔自治区气象局（见图5）。

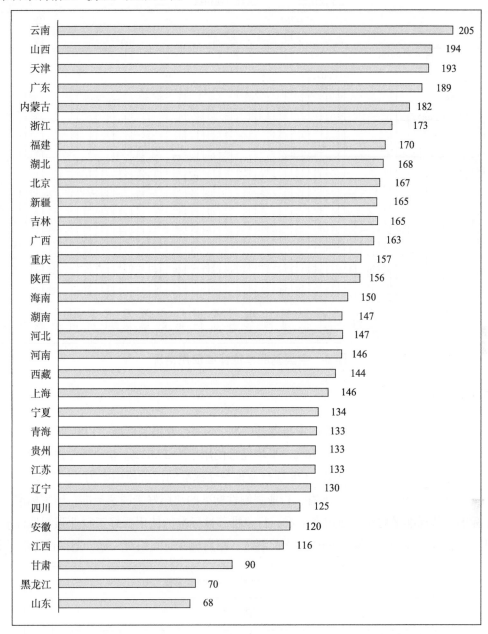

图5 省（自治区、直辖市）气象局本级按照气象标准总体使用数量排序

（4）基层单位（市、县级）

各省（自治区、直辖市）气象局基层单位（市、县级）使用的标准和经常使用的标准数量情况见图6。市级单位标准平均使用率为50.08%，平均经常使用率为32.89%。县级单位标准平均使用率为37.97%，平均经常使用率为26.5%。从调查结果看，市级单位的标准使用效果总体要好于县级单位的使用效果，而联系省级单位数据可以得到的特点是省级高于市级，市级高于县级。这也反映出省级业务相对广泛，标准应用数量相对较多，而市、县级单位业务相对单一，标准的使用数量相对较少。

综合考虑基层单位，标准平均使用率为43.25%，平均经常使用率为29.29%。这一数据基本与本次调查结果一致，这是由于调查样本基层单位数量巨大，其调查结果直接影响最终结果。因此，提高气象标准在基层单位的应用率，是提高气象标准总体应用水平的重要环节。

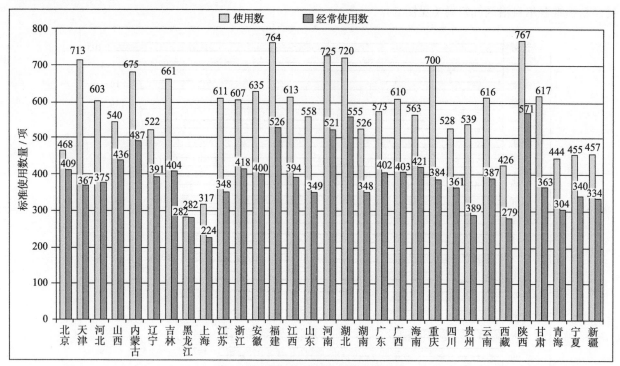

图 6 全国基层单位标准使用情况

3.2.3 分标准类别情况

本次评估的标准按类别分成：38 项国家推荐性标准、6 项行业强制标准、178 项行业推荐性标准。

国家推荐性标准的平均使用率为 55.76%，平均经常使用率为 37.03%。6 项行业强制标准的平均使用率为 64.34%，平均经常使用率为 28.9%。178 项行业推荐性标准的评价使用率为 42.73%，平均经常使用率为 29.37%（见图 7）。从平均使用率上看，行业强制性标准的使用好于国家标准，国家标准的使用好于行业推荐性标准。从标准平均经常使用率来看，行业推荐性标准的使用要好于行业强制性标准，这或许与行业强制性标准的制修订时间多为 2004 年之前制定，距离现在时间相对久远，适用性降低导致有关。

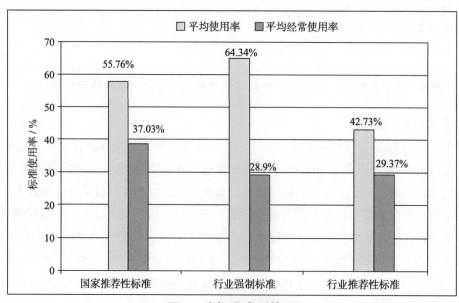

图 7 分标准类别情况

3.2.4 分标准领域情况

按照专业技术领域，气象标准体系分为气象基础与综合、气象仪器与观测方法、气象基本信息、气象防灾减灾、气候与气候变化、卫星气象与遥感应用、空间天气、农业气象、人工影响天气、雷电灾害防御、风能太阳能资源、大气成分、气象影视13个分体系。目前，不同分体系的标准数量不同，应用情况也有很大差异。为对比各领域标准的使用情况，将所属领域单项标准的平均使用单位数量作为评估各领域标准应用程度的好坏。

各领域单项标准的平均使用数量从高到低的排序见图8。从图中可见，雷电灾害防御标准、气象仪器与观测方法标准、气象防灾减灾标准、人工影响天气标准、气象基础与综合标准、气象基本信息标准的应用程度较好，而空间天气标准、风能太阳能资源标准、气象影视标准、卫星气象与遥感应用标准、大气成分标准、农业气象标准、气候与气候变化标准的应用程度较差。这与各领域在各单位的业务布局、标准本身的地域差异性等因素有一定相关性。

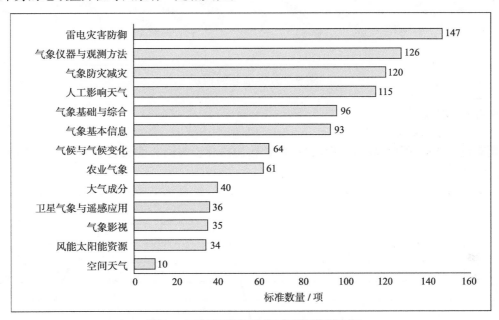

图8　不同领域气象标准的应用程度

在本次调查的13个气象标委会中，雷电灾害防御、气象仪器与观测方法、气象防灾减灾、人工影响天气等4个领域的标准使用情况较好，平均使用率均超过了50%，这是由于这些领域的应用范围相对较广，基层单位应用相对频繁。而大气成分、卫星与遥感、气象影视、风能太阳能资源、空间天气等5个领域的标准由于对应的业务面相对较窄，应用此领域标准的单位相对较少，平均使用率均不超过20%。各领域气象标准应用情况见图9。

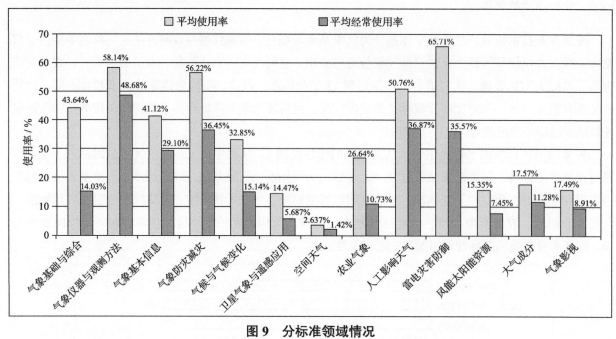

图9　分标准领域情况

3.2.5　按发布年份情况

本次调查的222项标准，发布年份从2000年至2013年，时间跨度长达14年。被调查标准按发布年度分布情况见图10。

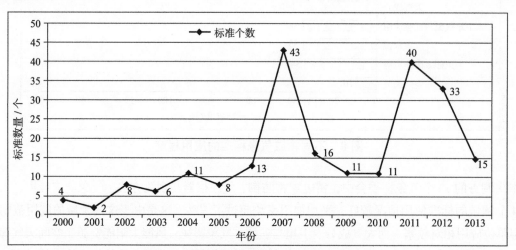

图10　被调查标准按发布年度分布情况

从标准的平均使用率来看，并未呈现出使用率随年份增加而增加的趋势规律，数据显示，2011—2013年的标准使用频率反而相对较低，而2000年、2004年、2007—2010年发布的标准的平均使用率均超过50%，这些年份发布的标准多涉及观测方法、技术规范、仪器设备和预报等级等应用范围相对较广的内容，因此使用频率高（见图11）。

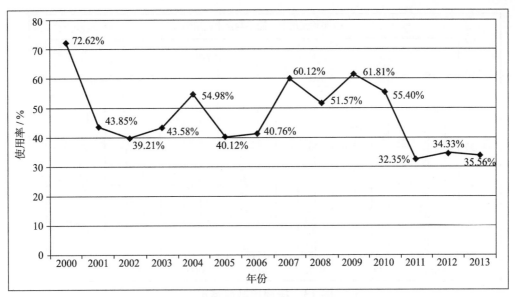

图 11 按年份发布标准平均使用率

如果考察经常使用的标准在所有使用的标准中所占比例，可以看出，除去 2013 年的比例为 45.77% 外，其余各年的比例均超过 50%，且平均为 62.99%，即在每年发布的所有使用的标准中，有六成的标准为经常使用。具体数据见图 12。

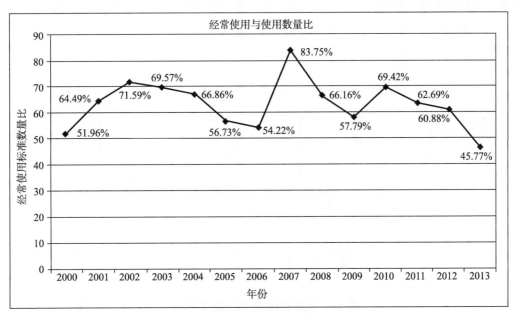

图 12 按年份经常使用标准数与使用标准数比

3.2.6 按使用区域情况

按照行政区域划分来考虑气象标准的使用情况，可以看出，除了东北区域的平均使用率为 39.23%，相对较低外，其他区域的平均使用率均在 45% 左右。而平均经常使用率大致相当（见图 13）。

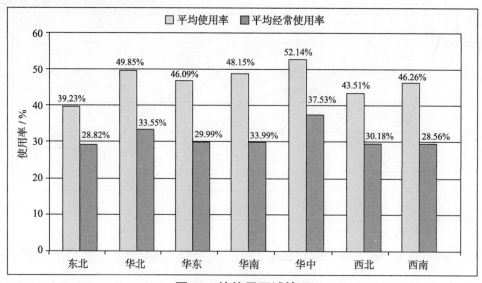

图13 按使用区域情况

3.3 标准适用情况

3.3.1 总体适用效果

本次调查针对标准的适用性进行了评价。将气象标准的好用程度分为四个级别，依次为好、较好、一般、较差。参加此次调查的235家单位对所使用的气象标准的效果进行了评价，四个级别的比重分别为47.5%、39.4%、12.6%、0.5%（见图14）。其中，评价"好"和"较好"的高达86.9%，可见使用单位对绝大部分用过的标准较为满意，即"用了多数说好"，表明气象标准的适用性较强。

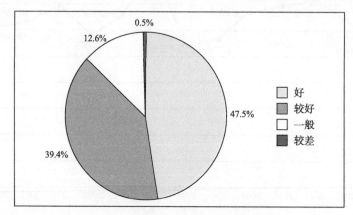

图14 气象标准的使用效果评价

3.3.2 分单位情况

（1）行业单位

在被调查的5个行业台站中，共有308项次的标准被使用，在使用的标准中，评价为好和较好的标准占95.13%，绝大多数标准均在行业台站使用（见图15）。

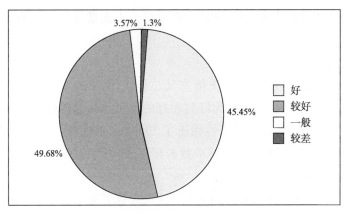

图15　行业单位标准适用性调查

（2）中国气象局直属单位

在被调查的 7 个直属单位中，共有 403 项次的标准被使用，其中评价为好和较好的标准占 84.62%，评价为较差的标准仅占 0.74%（见图 16），说明针对具体业务的标准在使用上相对评价较好，使用者对标准质量内容相对满意。

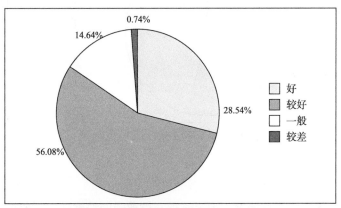

图16　直属单位标准适用性调查

（3）省（自治区、直辖市）气象局本级

省级单位返回的调查结果显示，共有 4541 项次标准被使用，将近六成的标准被评价。在被使用的标准中，评价为好和较好的标准共占 86.91%，占所有 222 项标准的 57.34%，即为超过半数的标准在省级气象局层面被认为适用（见图 17）。但同时，有 21 项标准被评价为适用性较差，占所有

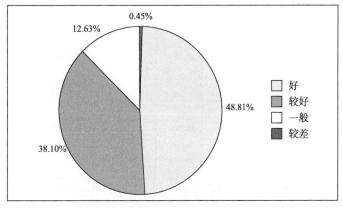

图17　省级单位标准适用性调查

标准的 9.45%。被评为适用性较差的标准中，大部分仅为 1 次被选用，仅有 2 项标准被多次评为适用性较差。

（4）基层单位（市、县级）

市级单位使用标准评价为好和较好的比例占其总体使用的 86.42%，评价为较差的占其总体的 0.53%（见图 18）。县级单位使用标准评价为好和较好的比例占其总体使用的 89.26%，评价为较差的占其总体的 0.39%。基层单位共对标准适用性做出了 17835 项次评价，占所有适用性评价的 77.11%。而基层单位对使用的标准评价为好和较好的标准数占其自己所有评价总数的 86.91%，说明绝大部分标准在基层的使用中还是受到好评的。

在市级单位中，重复被评为适用性较差的标准（评价次数多于 1 次）为 5 项，在县级单位中，重复被评为适用性较差的标准为 6 项。以基层单位计算，市级单位与县级单位共同适用性较差的标准中有 3 项重复，因此，基层单位重复被评为适用性较差的标准数为 8 项，占所有被基层单位使用标准的 3.6%。

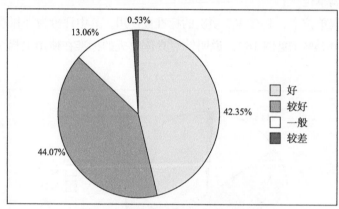

图 18　基层单位标准适用性调查

3.3.3　分标准类别情况

通过对已使用的标准进行适用性评价，国家标准、行业强制性标准、行业推荐性标准得到好和较好评价的比例分别为：86.26%、78.76%和87.51%。而三类标准中得到较差评价的比例分别为：0.66%、0.23%和0.45%（见图 19）。三个类型中，重复被评为适用性较差的标准分别为 7 项、0 项、14 项，占被

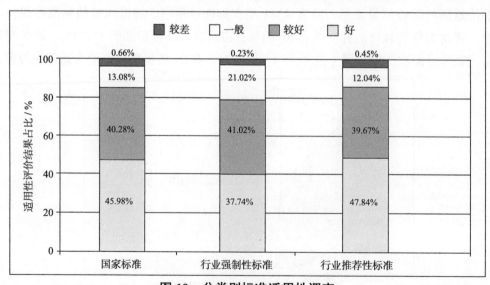

图 19　分类别标准适用性调查

146

评价本类标准的 18.42%、0%、7.87%。由此数据可以看出，使用相对频繁的国家标准，有相当数量的标准并非十分适用。行业强制标准的适用程度相对较好，这也与强制标准的本身质量相对有保障有关。

3.3.4 分标准领域情况

参加此次调查的 235 家单位对不同领域气象标准的使用效果进行了评价，评价好、较好、一般、较差的具体构成情况见图 20。

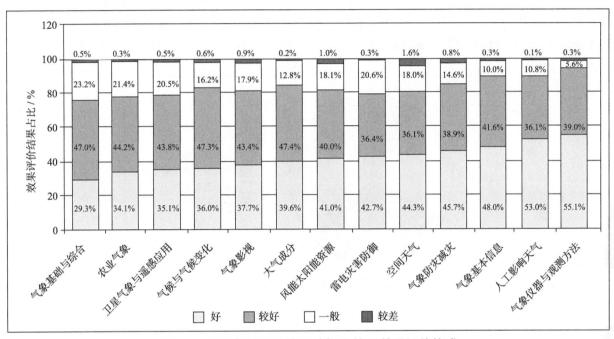

图 20 各气象标准分体系的标准使用效果评价构成

本次调查的 13 个标准领域得到好和较好评价的比例分别为：气象基础与综合 77.39%、气象仪器与观测方法 94.18%、气象基本信息 89.83%、气象防灾减灾 85%、气候与气候变化 80.43%、卫星气象与遥感应用 78.6%、空间天气 83.33%、农业气象 78.65%、人工影响天气 89.11%、雷电灾害防御 79%、风能太阳能资源 80.95%、大气成分 86.57%、气象影视 81.13%，评价好评率为 83.39%，说明各领域标准普遍适用。而各领域标准得到较差评价标准的比例分别为：0.50%、0.32%、0.34%、0.78%、1.66%、0.47%、0、0.27%、0.14%、0.34%、0.95%、0.83%、0.94%，评价差评率为 0.58%。13 个领域中，重复被评为适用性较差的标准分别为 0 项、5 项、0 项、9 项、2 项、0 项、0 项、1 项、0 项、3 项、0 项、1 项、0 项，占被评价本领域标准的 0、8.93%、0、21.43%、25.00%、0、0、5.56%、0、11.11%、0、6.67%、0。从数据可以看出，气象基础与综合、气象基本信息、卫星气象与遥感应用、空间天气、人工影响天气、风能太阳能资源和气象影视领域的被使用标准差评标准相对较少，标准适用比例较高。业务针对性较强的领域，标准使用比例较高。

3.4 影响使用的主要原因

3.4.1 总体情况

影响气象标准应用的原因包括 11 个方面：（1）没见过；（2）无处获取；（3）中国气象局没要求用；

（4）本单位没要求用；（5）本单位无此项业务（地域+业务布局）；（6）业务调整、业务停用（业务变化）；（7）本单位该方面业务存在特殊情况（普适性问题）；（8）内容技术水平已落后；（9）标准写得不好，不好用；（10）有其他文件或图书资料更好用；（11）其他原因。

对235家单位不使用标准的原因进行分析，可以归纳为四类，即无相应业务、上级单位没要求使用、不知道有标准、标准不好用。其中，无相应业务指的是由于调整、停用等业务变化、业务布局差异，以及标准自身存在地域适用性差异等因素，导致部分单位无法应用某些标准；上级部门没要求用指的是上级单位没有明确规定在气象业务、服务、管理工作中使用相应标准；不知道有标准是因为没有见过和无法获取相关标准；标准不好用的可能原因包括标准内容的技术水平已落后、标准写得不好、有其他文件或图书资料比标准更好用等因素。经统计，四类原因所占比重分别为38%、27%、21%、13%（见图21）。

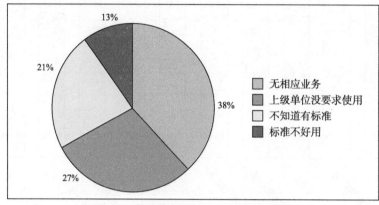

图21　气象标准未使用的原因构成

3.4.2　分单位情况

对31个省（自治区、直辖市）气象局本级、81个地市级气象局本级、104个县气象局的标准不使用原因进行了统计，结果见图22（图22中横坐标数字1~11为前述所列的11个原因，纵坐标为统计的问卷数量）。

根据调查结果分析，影响气象标准应用的主要原因可归纳为以下四方面原因：无相应业务、上级没要求、不知道有标准、不好用，所占比重分别为38%、27%、21%、11%。除"无相应业务"属客观原因外，其他三方面原因均可以通过强化应用考核、加大宣贯力度、提高标准的质量和适用性等工作加以克服和改进，说明标准应用水平还是有很大提升空间的。图22表明：不使用标准的主要原因前3位分别为：

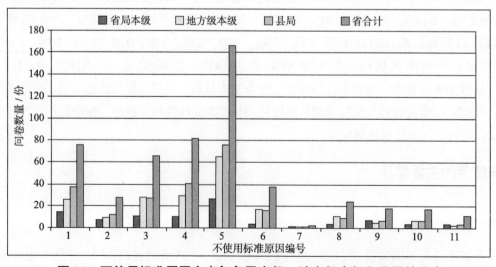

图22　不使用标准原因在省气象局本级、地市级本级和县局的分布

本单位无此项业务（地域+业务布局）（省合计 167 份）、本单位没要求用（81 份）、没见过（76 份）。省
气象局本级、地市级本级、县局和省合计数量具有相同的分布特点。

图 23 给出了 7 个中国气象局直属单位、5 个行业台站不使用标准原因的统计结果。可以看出，中国
局直属单位不使用标准的原因前 3 位分别为：本单位无此项业务（地域+业务布局）、没见过、内容技术
水平已落后。

行业台站不使用标准原因排序前 3 位分别为：无处获取、没见过、本单位无此项业务（地域＋业务
布局）。

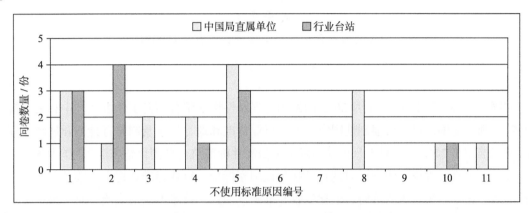

图 23　7 个直属单位和 5 个行业台站不使用标准原因的分布

强制性标准整合精简评估方法应用之探讨[①]

成秀虎

（中国气象局气象干部培训学院，北京 100081）

为落实国务院办公厅 2016 年 1 月 30 日印发的《强制性标准整合精简工作方案》中有关"按照强制性标准制定原则和范围，对现行强制性国家标准、行业标准和地方标准及制修订计划开展清理评估"的要求，国家标准委于 2016 年 2 月 5 日正式印发了《强制性标准整合精简评估方法》，作为各省级政府、国务院各部委和各直属机构组织开展对现行的强制性国家标准、行业标准和地方标准及制修订计划进行评估工作的统一技术方法。深入理解、消化吸收和准确掌握这一技术方法的实质，对于形成合理的整合精简结论至关重要，为此本文试图从操作层面对技术方法的应用及注意事项做一探讨。

1 评估目的

了解评估目的，对于用好技术方法具有十分重要的意义。强制性标准评估是为"整合精简"这一目标服务的。整合精简从字面上理解，"整合"就是调整合并，"精简"就是"去掉不必要的，留下必要的"。按照国务院《深化标准化工作改革方案》（以下简称《改革方案》）的精神，"整合"是指将"确有必要强制的现行强制性行业标准、地方标准，整合上升为强制性国家标准"。"精简"是指"按照强制性标准制定原则和范围，对不再适用的强制性标准予以废止，对不宜强制的转化为推荐性标准。"通过整合精简，余下的就是确需强制而应予保留的，其中对那些技术上不太适用的，还应进行修订。

2 评估思路

根据整合精简这一目标，评估的思路是先采用统一的技术方法对现行强制性标准进行筛选分类，形成"废止、整合、转化、修订、保留"五种类型的标准评估结论，再将五种类型的标准评估结论转化成五种类型的整合精简结论。这五种整合精简结论与五种标准评估结论的对应关系见表1。

通过如表 1 所示的转化之后，国家标准化主管部门就可以依据整合精简结论，会同相关部门对现行的强制性国家标准、行业标准、地方标准实施整合精简措施，通过"废止一批、转化一批、整合一批、修订一批"的行政手段，解决现行强制性标准存在的"交叉重复矛盾、超范围制定"等问题，保留那些确需强制的强制性国家标准，为构建"结构合理、规模适度、内容科学"的新型强制性国家标准体系奠定基础。

[①] 本文在 2016 年《气象标准化》第 1 期上发表。

表 1   标准评估结论与精简整合结论对应关系

标准评估结论	整合精简结论	整合精简结论应用
废止	废止现行强制性国家标准、行业标准、地方标准	原发布主体各自发布废止公告
转化	现行强制性国家标准、行业标准、地方标准转化为推荐性标准	后续按照推荐性标准制修订程序转化
整合	现行强制性国家标准、行业标准提出"与某某、某某整合为强制性国家标准"建议	后续国务院有关部门提出强制性国家标准修订计划，新强标未发布前，被整合强标仍然有效
整合	现行强制性地方标准"提出强制性国家标准修订建议"	后续各地区提建议，国务院有关部门处理，同意则原地方强标在新强标发布前继续有效，不同意则"整合"结论调整为"废止"
修订	对现行强制性国家标准为"修订"，同时描述主要修订内容	后续国务院有关部门提出强制性国家标准修订计划，新强标未发布前，被修订强标仍然有效
修订	对现行强制性行业标准为"修订为国家标准"，同时描述主要修订内容	同上
修订	对现行强制性地方标准为"提出强制性国家标准修订建议"	后续各地区提建议，国务院有关部门处理，同意则原地方强标在新强标发布前继续有效，不同意则"修订"结论调整为"废止"
保留	对现行强制性国家标准为"继续有效"	——
保留	对现行强制性行业标准为"上升为强制性国家标准"	后续由国务院标准化主管部门商国务院有关部门按快速程序转化为强制性国家标准。
保留	对现行强制性地方标准为"提出强制性国家标准修订建议"	后续各地区提建议，国务院有关部门处理，同意则原地方强标在新强标发布前继续有效，不同意则"保留"结论调整为"废止"

3   评估指标

以解决当前强制性标准交叉重复矛盾和超范围制定的突出问题为出发点，以确保在全国范围内实行"一个市场、一条底线、一个标准"为依归，选择五项评估项作为整合精简标准的评估指标。通过五项指标的筛选，既要实现本次整合精简评估的目的，又要为《改革方案》中对未来国家标准体系只保留强制性国家标准一级的改革创造条件。既然未来强制性标准只有国家标准一级，其侧重点必然放在通过性上，所以本次评估中要优先选择那些跨领域或某领域通用的、保障底线的强制性标准加以保留。

3.1   强制性标准存在的必要性

从强制性标准存在有无明确的法律法规依据、是否有明确的实施监督部门、标准内容是否适合用标准形式来规范及是否已完全被其他强制性标准所覆盖四个方面进行评估判断。

3.2   强制性标准制定的目的

从标准制定的目的是否为"保障人身健康和生命财产安全、国家安全、生态环境安全以及满足社会经济管理基本要求"进行评估判断。这里强调两点，一是标准制定的目的是指直接目的，间接目的不算；二是要标准全文针对上述目的，部分条款针对不算。对于现行强制性标准中那些直接目的不针对上述目的或只有部分条款针对上述目的的标准（即条文强制标准），都不能保留为强制性标准。

3.3 强制性标准的核心内容

强制性标准将严格限于为相关活动规定可操作的过程（规程类标准）和为相关活动的结果规定可验证的要求（规范类），凡是核心内容超出这两项范围的标准，如指南类标准将不能作为强制性标准保留。

3.4 强制性标准的适用范围

将优先保留那些通用性好的强制性标准，凡跨领域或某领域通用且技术适用的标准将获得保留，技术不适用的通过修订后保留。同时鼓励将已是某领域或跨领域的强制性标准，整合成适用范围更广的跨领域或某领域标准。

对于非跨领域或某领域通用的产品/过程/服务标准，原则上应先考虑与其他标准整合成跨领域或某领域的标准，整合不成时才考虑予以保留或修订。

3.5 强制性标准技术内容的适用性

确定保留的强制性标准，要对其技术内容的适用性进行评估，重点从标准的技术内容"是否充分反映当前技术水平"和"是否与当前我国经济、社会和科技的发展情况相适应"两个方面进行判断，技术内容适用的保留，技术内容不适用的修订。

4 评估方法

按照上述五项评估指标，采用"逐项判断、分步筛选"的方法，将现行强制性标准分步骤划分出"废止、整合、转化、修订、保留"五种类型，具体筛选过程见图1。该方法主要经过四个步骤，具体操作过程如下：

第一步，根据必要性原则，在对现行强制性标准存在的现状、实施情况及存在问题调研基础上，筛选出需要废止、不再适用的强制性标准；

第二步，根据强制性标准制定的原则和范围，对不符合强制性标准制定条件的现行强制性标准提出转化为推荐性标准的建议，对符合部分强制性标准制定条件的现行强制性标准(即条文强制标准)提出与其他强制性标准整合的建议，行业强制性标准、地方强制性标准与其他标准整合后一律上升为国家强制性标准，取消所有行业、地方强制性标准；

第三步，根据控制底线原则，对经过前两步筛选剩余的全文强制性标准进行属性判断，不属于过程控制（可操作的活动规程类）和结果控制（活动结果指标类）的现行强制性标准，一律转化成推荐性标准；

第四步，根据通用性和技术适用性原则，优先保留跨领域或某领域通用且技术内容适用的标准，对于跨领域或某领域通用但技术内容滞后的给予修订后保留。对于既不跨领域又不是某领域内通用的具体标准（产品/过程/服务标准），原则上应先整合，整合不成时再视技术内容的适用性，作出予以保留或修订处理。

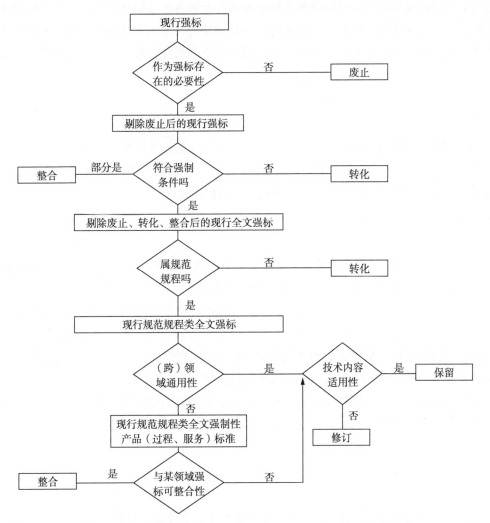

图1　强制性标准（图中简称"强标"）整合精简评估步骤

5　评估注意事项

5.1　废止从宽

　　评估的第一步是从强制性标准存在的必要性角度筛选出需要废止的标准，这就意味着一旦废止即无这个标准存在了，如果只是因为标准执行上的某些原因，如执法主体不明确或相关法律法规要求不明确、实施监督不到位等，就废止掉本该存在的强制性标准，则可能会使某些需要强制规范的活动过程或结果得不到应有的规范。个人觉得只有"不适合用标准的形式来规范""已有可取代的法律法规或其他规范性文件"及"已被或将被其他强制性标准所覆盖"的强制性标准才可以被废止，其余的均应在充分调研分析基础上，尽量将其转化成推荐性标准，供以后完善的法律法规或政府文件引用。而对于确需强制但又执行不到位的标准，应提出强化执行的措施，不能简单一废了事。

5.2　保留从严

　　经过四步五项判断的评估筛选，得出需要保留的强制性标准，真正直接保留的是现行的强制性国家标准，其他需要保留的强制性行业标准和地方标准都需要分别再经过制修订程序的重新筛选才能上升为强制性国家标准。现行国家标准执行不好的原因之一是标准的技术内容适用性不强，所以凡是准备保留为继续有效的强制性国家标准，都应在技术内容的适用性上经得住推敲，如果稍许有些不足也应归为修订类更合适。

5.3　善用整合

整个评估过程中，两类强制性标准需要整合。一类是条文强制类标准，其强制性条款需要整合到其他强制性国家标准中去；另一类是通用性不强的全文强制性产品/过程/服务类标准，凡是能与其所在领域强制性标准整合的要优先整合，只有整合不了时才予以保留或修订。

5.4　结论可变

强制性标准整合精简评估针对国家标准、行业标准和地方标准三个级别，虽然标准评估结论同样为"废止、整合、转化、修订、保留"，但对不同级别的标准，其含义截然不同（参见表2），结论上还有变化的可能。从表2看出，上述结论完全适用于国家标准，基本适用于行业标准，少量适用于地方标准。换句话说，对地方标准、行业标准还要对含义进行新的解释才能适用。如对地方标准而言，整合、修订和保留的意义完全相同，就是要提出强制性国家标准修订的建议，至于能不能变成国家标准，要看后续国务院标准化主管部门和国务院标准化有关部门的处理意见，不同意的话都要调整为"废止"的结论。对于行业标准而言，整合、修订和保留都意味着要上升为强制性国家标准，取消原来的强制性行业标准。之所以有这些差别，是与《改革方案》设定的改革目标有关。《改革方案》提出在标准体系上，要"逐步将现行强制性国家标准、行业标准和地方标准整合为强制性国家标准"，未来政府主导制定的标准要由6类整合精简为4类，即强制性国家标准和推荐性国家标准、推荐性行业标准、推荐性地方标准。这次评估实际上是在为落实《改革方案》中分级别、按职责构建新型强制性标准体系要求做准备，所以在评估基础上研究提出各领域强制性国家标准体系框架，也是这次评估的任务之一。

表2　不同级别强制性标准评估结论含义的差异

标准评估结论	国家标准	行业标准	地方标准
废止	废止	废止	废止
转化	转化为推荐性国家标准	转化为推荐性行业标准	转化为推荐性地方标准
整合	与其他强制性国家标准整合	与其他强制性国家或行业标准整合，整合后上升为国家强制性标准	强制性国家标准修订建议
修订	修订	修订为强制性国家标准	强制性国家标准修订建议
保留	保留	上升为强制性国家标准	强制性国家标准修订建议

参考文献

[1] 国家标准委. 强制性标准整合精简评估方法：国标委综合函〔2016〕6号[Z], 2016.

[2] 国务院. 深化标准化工作改革方案：国发〔2015〕13号[Z], 2015.

[3] 国务院办公厅. 贯彻实施《深化标准化工作改革方案》行动计划（2015—2016年）：国办发〔2015〕67号[Z], 2015.

[4] 国务院办公厅. 强制性标准整合精简工作方案：国办发〔2016〕3号[Z], 2016.

[5] 中国社会科学院语言研究所词典编辑室. 现代汉语词典：第6版[M]. 北京：商务印书馆, 2013.

组织机构工作业绩评估指标体系研究①

成秀虎　刘艳阳　黄　潇　刘子萌

（中国气象局气象干部培训学院，北京　100081）

1 组织机构评估理论与方法综述

1.1 组织机构工作业绩评估的研究概况

关于评估的内涵，《项目评估——方法与技术》一书的作者罗西等人认为，"评估的广义定义包括所有探讨时间、事物、过程或人的价值的努力。"《社会研究方法》一书的作者巴比认为，"评估研究是一种应用性研究，它研究的是社会干预的效果。"也有人认为，"评估是一项研究，其设计及实施是协助阅读评估报告者评价任一对象的优点与价值"；"评估有广义与狭义之分，广义的评估是指评估主体对评估客体的价值大小或高低的评价、判断、预测的活动，是人们认识、把握某些事物或某些活动的价值的行为；狭义的评估是指在一定时限内，尽可能系统地、有目的地对实施过程中已完成的项目、计划或政策的设计、实施和结果的相关性、效果、效率、影响和持续性进行判定和评价，它具有时限性、系统性、规范性、科学性和学习性"。

工作业绩评估又称为绩效评估、绩效考评，作为一种管理方法，对组织机构工作业绩的评估，既可以用于组织综合绩效监测报告、绩效管理和战略规划，也可以用于管理组织机构某一方面的工作项目或财务预算等。目前国内外开展的相关研究多按照组织的类型进行划分，评估对象主要分为以下组织类型：①公共组织，主要包括政府部门、地方政府和事业单位；②公司、企业；③非营利组织，例如社会团体（协会、学会、联合会等）、基金会和民办非企业单位等。

以上研究中，关于组织机构业绩评估的内涵，有的关注评估结果，定义为"政府或社会其他组织通过多种方式对政府的决策和管理行为所产生的政治、经济、文化、环境等短期或长远的影响和效果综合分析和科学测评"；有的突出绩效指标，认为"绩效考评就是定义、衡量和运用绩效指标的过程"，而"绩效指标是关于公共部门与公共项目绩效各方面的客观的、高质量的标志"；有的强调目标导向，认为绩效评估"是围绕明确（非营利组织）绩效这一目标，评估主体在一定的时限内运用科学的评估手段和技术对运营效果进行测量、判定和评价的系统过程：其目的是发现组织在经营过程中过去或是目前的行为成果与组织的战略目标之间存在的差距，并帮助组织改进其不足之处，以达到最终帮助提升组织绩效的目的"；或认为"组织绩效是指组织的整体运营效果，而绩效评估是种管理过程，组织的绩效评估是指用组织使命和整体战略把组织管理过程各要素整合起来，以结果为导向的一系列计划、管理、监

---

① 本文为中国标准化研究院委托项目研究报告，项目完成于 2017 年。

测和检查程序，代表了一个组织（政府）整合各种资源与接近目标的行为和程度。"还有的结合评估目的、制度和工具三方面进行定义，认为"（政府）绩效评估是一个复杂的体系，可以从行政理念、制度模式和管理工具三个方面来定义，在行政理念方面，它强调结果导向、公民导向、绩效导向，要求政府提高服务意识，强化责任机制，提高行政效能；在制度模式方面，它要求建立以绩效为导向的公共评价体系、公共预算体系和公共管理体系，需要对行政体制和机制进行一系列的创新和变革；在管理工具方面，它提供多种提高公共管理效能的技术工具和管理方法，进行有效的经济性、效率性和效益性测评，如著名的PART项目评估工具和平衡计分卡等"。

研究内容方面，相关研究涉及组织机构评估的全方位与全流程，主要包括对某种组织机构评估的历史发展历程、评估的理论方法、指标体系的构成、指标体系的编制原则、指标评分方法、评估数据采集与分析方法、评估结果报告形式、绩效考评管理系统的设计开发和组织机构绩效评估在组织各方面管理中的应用案例等。

1.2 组织机构工作业绩评估指标模型

组织机构工作业绩评估指标模型是构建组织机构业绩评估指标体系的方法。随着组织机构绩效评估研究的逐渐推进，评估指标模型也日益丰富，但当对这些方法进行总结和选择时，应当注意的是，首先，组织机构工作业绩评估指标模型不同于组织绩效目标设计模型（如SMART分析法等），或单项绩效指标值的确定方法（如趋势分析法、标杆管理法等），后者用于明确组织运营所要达到的目标或某项单项指标值的设定；其次，它也不同于绩效评估数据的获得方法，后者关注绩效评估中如何获得真实、全面和有效的数据，它可以用于获得某项绩效指标的数据，也可以用于不设绩效指标的快速评估，如调查访问法、农村快速评估法等；最后，组织工作业绩评估指标模型也应当区别于组织成员或员工的绩效评价模型，前者关注对组织业绩的评价，而后者是人力资源管理的内容。国内外文献中目前已总结的组织机构评估指标模型较多，而且也有在同一评估中综合使用两种或以上模型的案例，在此将几种较为成熟和常用的组织工作业绩评估指标模型综述如下。

1.2.1 项目工作逻辑模型

项目工作逻辑模型从预期的工作目标或工作结果出发展示组织内部项目工作的内在逻辑，即项目工作按照何种逻辑运行并带来了最终的产出，从而有效地设计工作绩效考评指标。

如图1所示，模型中，各种资源被用于开展项目工作的行动和提供服务。以产生即时产品或产出。组织希望这些产出会带来相应的成果，这种成果就是期望项目工作所能带来的最终收益。模型通过清晰地表达工作可用资源、客户、提供服务、直接产出和最终成果，从而帮助评估者系统地确定与工作绩效考评最为相关的指标。这些绩效指标通常包括：①产出指标，指工作的直接产品，如咨询师咨询的小时数，交通部门修路的公里数等；②生产力指标，指特定资源的单位产量，如每个咨询师每天培训完成的人数，每台印刷机每小时印刷数；③效率指标，指单位产出的成本，与生产力不同，它关注的是资金成本，如培训每名培训对象所耗费的资金；④服务质量指标，通常用客观和量化的数据跟踪，包括周转时间、准确度、全面程度、接近程度、便利、热情和安全等；⑤效果指标，指目标的完成程度和预期结果的实现程度，相比产出，它更具有最终目的性，如职业修复咨询师帮助6个月内成功找到适合工作的人数或人数百分数；⑥成本—效益指标，达到工作最终目标耗费的成本，如职业修复工作使单位客户获得雇佣的成本，交通部门提高单位道路流量的成本等；⑦客户满意度指标，可以通过跟踪投诉、客户调查来测评；⑧资源指标，通常不作为独立的指标，而作为计算效率指标的基础，如教师人数等；⑨工作量指标，通常不作为独立的指标，仅在需要测评系统内的工作储备量或以把工作量限制在合理限度为目标时使用。

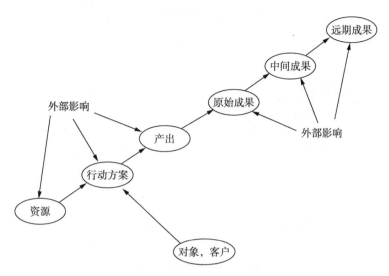

图1   一般项目工作逻辑模型

项目工作逻辑模型在我国的政府和非营利组织的组织、政策和项目评估中已有使用，如我国学者使用的"逻辑框架法""逻辑框架分析法"也属于类似的方法。

1.2.2   平衡计分卡（BSC）

平衡计分卡由罗伯特·卡普兰和戴维·诺顿于1992年提出，最早是为公司设计，但也同样可以应用于政府部门。它基于这样的假定，即公司需要超越诸如投资回报、利润和亏损以及现金流等传统财务指标，从而获得全面和综合的绩效。之后也逐步为政府与非营利组织等组织形式所采用。如图2所示，平衡计分卡包括四个维度，即财务、客户、内部业务流程和学习与成长。组织在这四方面确定目标，然后确定衡量指标来跟踪是否达到目标。财务考察的是服务价值的提高和服务成本的降低两方面；客户维度通常包括几个核心指标和概括指标，代表一个经过深思熟虑和确实执行的战略应该获得的成果。核心指标包括顾客满意度、顾客保留率、顾客增加率、客户盈利率以及在目标市场中所占的份额等等；内部管理维度，绩效评估重点考察创新能力、营运效率和后续服务；组织学习与成长反映组织长期成长与发展的能量，用来衡量组织人员、系统及组织程序等在学习与成长方面的能力与表现。

平衡计分法作为绩效评估方法为组织策略制定、调整提供了更全面、客观和及时的依据，它兼顾长期与短期目标、财务与非财务目标、滞后与现行指标、外部与内部业绩指标，既强调了结果，也对结果形成的动因、过程进行了衡量与分析。绩效评估方面，平衡计分卡把组织的战略和策略转化为具体的目标和测评指标，组织管理者能全面地了解掌握组织的现状和未来，在大量的信息数据中，集中精力于那些对组织生存和发展有关键作用的信息和数据，从整个系统中可以观测到任何一个指标的修正对其他指标的影响，并领悟、掌握到其中的关联关系。我国目前已有基于平衡计分卡这一模型的地方政府、非营利组织等组织类型的绩效评估指标研究。

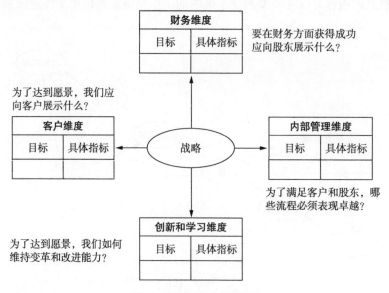

图 2　平衡计分卡模型

1.2.3 "3E"/"4E"评估模型

与平衡计分卡不同，"3E"评估最早应用于政府的绩效评估而后推广至非营利部门。"3E"包含经济（Economy）、效率（Efficiency）和效益（Efectiveness）三个指标。经济性指组织经营活动中获得一定数量和质量的产品和服务及其他成果时所耗费的资源最少。经济性主要关心投入的数量，不关心产出与服务的品质等。效率指投入与产出的比率。从经济学角度看，在给定投入和技术条件下，社会能从其稀缺资源中得到最多东西的特性。这一情况指资源没有浪费，或对经济资源做了能带来最大可能性满足程度的利用，也是"配置效率"（Allocative Efficiency）的一个简化表达。效益则关心公共服务实现目标的程度。

"3E"是政府、企业与非营利组织普遍关注的问题。基于对公共服务的质量和顾客满意度的日渐重视，政府和非营利组织在社会中所追求的价值理念（如：平等、公益、民主等）和"3E"评价法单纯强调经济性之间存在矛盾与冲突，因此后来又加入了公平（Equity）指标，发展为"4E"，用以补充"3E"指标的价值缺陷。"

1.2.4 "APC"评估模型

"APC"评估模型是针对我国非营利组织评估面临的实际问题而提出的评估模型。该理论认为，我国民间组织面临的主要问题是公信度不足、治理结构不完善、组织能力弱小、效率低下。因此，"APC"评估模型包括民间组织问责（Accountability），指民间组织对其使用的公共资源的流向及其使用效果的社会交代；绩效（Performance），指对民间组织的适当性、效率、效果、顾客满意度、社会影响及持续性的评估，这一评估吸收了"4E"等理论；组织能力（Capacity），指组织开展活动和实现组织宗旨的技能和本领。"APC"三个方面密切相关，相互作用，其中，问责性评估是保证民间组织公信度的制度安排，绩效评估是保证民间组织有效使用稀缺资源的制度安排，组织能力评估是保证民间组织提升组织能力的管理工具。在实际操作中，评估机构可以就以上三方面进行综合性评估，也可以出于经济性或可操作性考虑选择或侧重于某一方面进行。

1.2.5 利益相关者模型

20 世纪 80 年代以后，随着经济全球化和企业竞争激烈，经济学家在研究中拓展了"利益相关者"的内涵，认为他们是"能够影响一个组织目标的实现或者能够被组织实现目标所影响的人"。这一定义一方面认为利益相关者会影响组织的决策和行动，从而影响组织绩效，如员工影响组织的生产效率，政府政策影响组织决策；另一方面，受组织在实现目标过程中采取的行动所影响的人也是利益相关者。这一理论主张在进行组织评估时，从利益相关者角度出发，要考虑：利益相关者的满意——谁是利益相关者，他们的愿望和要求是什么?利益相关者的贡献——我们需要从利益相关者那里得到什么？战略——我们应该采用什么战略来满足这些需要?流程——我们需要什么样的流程才能执行我们的战略？能力——我们要运用什么能力来更有效果和更有效率地执行这些流程?从以上对战略、流程和能力的定位出发，确定基于利益相关者的绩效评估指标。这一理论模型实质是从关注利益相关者这一价值导向出发确定组织的绩效目标，明确达到这一目标的战略、流程、能力等以设定绩效指标。

1.2.6 德尔菲法

德尔菲法（Delphi Method）是在 20 世纪 40 年代由赫尔默（Helmer）和戈登（Gordon）首创，1946 年，美国兰德公司为避免集体讨论存在的屈从于权威或盲目服从多数的缺陷，首次用这种方法用来进行定性预测，后来该方法被迅速广泛采用。德尔菲法是依靠专家意见或专家咨询进行的评估方法，可用于绩效指标的隶属度分析。隶属度是模糊数学中的一个概念。模糊数学认为，社会经济生活中存在着大量模糊现象，其概念的外延不是很清楚，无法用经典集合论来描述。某个元素对于某个集合来说，不能说是否属于，只能说在多大程度上属于。元素属于某个集合的程度称之为隶属度。如果把绩效评价体系视为一个模糊集合，把每个评估指标视为一个元素，可以对每个评估指标进行隶属度分析。德尔菲法的具体做法是将评估指标制成专家咨询表，把专家咨询表送给专家，要求背对背的通信方式征询专家小组成员的预测意见，专家根据自身的专业知识，从中选取部分最理想的绩效评估指标。其大致流程是：在对所要预测的问题征得专家的意见之后，进行整理、归纳、统计，再匿名反馈给各专家，再次征求意见，再集中，再反馈，直至得到一致的意见。其过程可简单表示如下：匿名征求专家意见—归纳、统计—匿名反馈—归纳、统计……若干轮后停止。某项指标的专家选择总次数与回收的有效咨询表的数量之比就是该指标的隶属度。这种方法的优点主要是简便易行，具有一定科学性和实用性，可以避免会议讨论时产生的害怕权威而随声附和，或固执己见，或因顾虑情面不愿与他人意见冲突等弊病；同时也可以使大家发表的意见较快收集，参加者也易接受结论，具有一定程度综合意见的客观性。

1.2.7 关键绩效指标（KPI）模型

KPI（Key Performance Indication）是近年来较为流行的人力资源管理方式，也是监测组织宏观战略决策执行效果的指针。KPI即关键绩效指标，它结合了目标管理和量化考核的思想，是以企业的战略目标为出发点，通过对企业战略目标的逐层分解、递进、细化，形成量化的、实际可操作记录的指标体系，这些指标是总目标的末端分支，受到总目标的制约，但同时也是总目标的核心基础，指导、影响着企业战略目标的完成效果。KPI 方法基于管理的"二八原理"，即 20%的骨干员工创造企业 80%的价值。而对每一个员工来说，80%的工作任务是由 20%的关键行为完成的。因此，应当抓住 20%的关键行为，对之进行分析和衡量，这就抓住了业绩考评的重心，它试图将复杂的各种非关键因素刨除，只看关键驱动因素。KPI指标体系的确定和筛选可以从企业当期战略出发，具体结合平衡计分卡等模型方法。

1.2.8 CAF（Common Assessment Framework）通用模型

CAF的基本框架来源于欧洲质量管理基金会（EFQM）的"卓越模型"，从评估的内容来看，CAF可分为两大类要素："能动要素"（包含5个指标，即领导力、人力资源、战略与规划、伙伴关系与资源、过程与变革管理）和"结果要素"（包含4个指标，即雇员角度的结果、顾客/公民为导向的结果、社会结果、关键绩效结果）。上述9个指标构成了绩效评估的一级指标，9个一级指标共包括28个次级指标。其目的是通过领导驱动、战略与规划、各种合作伙伴关系、资源和过程管理等，来实现组织绩效的最佳结果。CAF最初旨在建立一个适用于所有公共部门的通用的管理质量评估框架，为其提供一个简便易行的自我评估工具。其应用领域包括了海关、税收和财政、经济和农业、卫生、社会服务、教育和研究、地方行政部门和运输等部门。

2004年，中国标准化研究院联合七家单位借鉴国内外卓越绩效管理的经验和做法，结合我国企业经营管理实践，制定了GB/T 19580—2004《卓越绩效评价准则》和GB/Z 19579—2004《卓越绩效评价准则实施指南》，并在2012年发布了最新版本。该准则建立在远见卓识的领导、战略、顾客驱动、社会责任、以人为本、合作共赢、重视过程与关注结果的理念之上，其内容包括领导、战略、顾客与市场、资源、过程管理、测量分析与改进、结果等7个方面，在具体的评分标准设定下又划分为若干二级指标，具体包括高层领导的作用、组织治理、社会责任、战略制定、战略部署、顾客与市场的了解、顾客关系与顾客满意、人力资源、财务资源、信息和知识资源、技术资源、基础设施、相关方关系、过程的识别与设计、过程的支持与改进、测量分析与改进、改进与创新的管理、产品和服务结果、顾客与市场结果、财务结果、资源结果、过程有效性结果、领导方面的结果。准则和指南规定了组织卓越绩效的评价要求，为组织提供了自我评价的准则。

1.3 组织机构工作业绩评估指标体系

1.3.1 公司企业工作业绩评估指标体系

企业经营业绩评估的理论经历了由简单、单一向丰富和多元发展。中外企业经营业绩评价史充分说明，经营环境的变化是企业业绩评价体系发生变革的根本原因。20世纪90年代的财务业绩评价是基于利润最大化的财务目标而设计的，是与工业经济时代经济发展的特点相适应的，会计利润是工业化生产过程中反映物质资本的投入、耗用和产出的主要指标和基础。进入20世纪80年代，短期利益至上的弊端日益显现，长期竞争优势的形成与保持成为企业关注的重点，企业经营业绩评价体系逐渐引入了诸如顾客满意度、市场占有率、产品生命周期等非财务指标，进而进入到以财务指标为主，非财务指标为辅的企业业绩评价阶段。20世纪90年代开始的战略经营业绩评价是与新经济时期的经济发展要求相适应的。随着社会经济形态的演变和转化，该时期企业规模不断扩大，企业间的竞争不断加剧，企业可持续发展成为第一要务，形成与保持企业的核心竞争力成为可持续发展的关键，也因此成为企业的战略经营目标。而传统的以财务指标为基础的业绩评价由于具有短视性等缺陷已无法与企业的战略经营目标的管理相适应，建立多维的战略经营业绩评价体系成为必然。如平衡计分卡、利益相关者的战略业绩评价。进入新世纪后，随着低碳、环保理念的引入，战略业绩评价体系的内容将得到不断的丰富。

在我国，真正意义上的企业经营业绩评价是在20世纪80年代，随着市场经济发展模式的正式导入，为了加强对国有资本金的控制管理，提高资金的使用效率而产生的。20世纪80—90年代的价值量评价是与当时国家开始对企业实行放权让利的改革、以利润为中心的管理思想相适应的。如1982年国家六部委制定的企业 16 项主要经济效益指标，又如 1988 年财政部等四部委共同发布的包括销售利润率、资金利税率等在内的 8 项考核指标。20 世纪 90 年代的财务指标为主的评价是为了与当时的调整结构和增加效益的经济改革相适应。在总结了放权让利和承包制的经验教训之后，20 世纪 90 年代开始，中央开始将经济工作的重点转移到调结构和增加效益上，如 1993 年《企业财务通则》规定的 8 大财务状况评价指标，开始注重企业偿债能力、营运能力和盈利能力的评价，1995 年财政部制定的《企业经济效益评价指标体系》，开始从企业投资者、债权人以及企业对社会的贡献三个方面进行业绩的综合评价。随着经济的进一步发展，可持续发展成为企业的第一要务，从而形成了战略经营目标，1999 年四部委联合颁布并实施的《国有资本金效绩评价规则》以及 2006 年国资委发布的《中央企业综合绩效评价实施细则》均是与企业可持续发展的管理要求相适应的。进入新世纪后，人们意识到，企业的可持续发展是建立在人与自然和谐生存和发展的基础之上的，从而形成了以循环经济发展原则（3R）为指导的企业战略经营业绩评价。

1.3.2 政府工作业绩评估指标体系

对政府组织机构的评估方面，提出的比较有代表性的评估指标体系主要有以下几个：第一是由中国地方政府绩效评估体系研究课题组提出的指标体系。对地方政府评估中，该研究提出的一级指标 3 个：职能绩效、发展绩效和潜力绩效，权重分别占 60%、20% 和 20%，总分 100 分。职能绩效下设 5 个二级指标，包括经济调节、市场监管、社会管理、公共服务和国有资产管理；发展指标下设 3 个二级指标，包括经济、社会和资源环境；潜力指标下设 3 个二级指标，包括人力资源状况、廉洁状况和行政效率。二级指标下又设有 33 个三级指标。三级指标的评定又分优良中低差五个等级，对应不同分值。对地方政府部门的评估方面，研究将政府部门分经济管理类、政法类和医疗卫生类，分别设定绩效指标。第二是由马德怀主持的"政府绩效评估指标体系"研究。该研究对山东、湖南、福建、北京等地政府绩效评估现状进行调研，形成了调研报告，并汇总了中央和青岛、深圳等多地出台的绩效考评相关规定，形成了对下级政府的绩效评估指标体系和对政府部门的绩效评估指标体系。其中对下级地方政府的评估借鉴了项目工作逻辑模型，设计的指标体系分政府工作效率、政府行政能力（执行力）和行政工作的社会效益（社会发展）和公民满意度（回应力）4 个一级指标，总分 1000 分。下设 10 个二级指标和 40 个三级指标。对政府部门的评估方面，研究主张在现阶段各类部门仍使用统一的评价指标体系，体系包含一级指标 6 个，包括行政业绩、阳光行政情况、依法行政情况、效能建设和廉政建设情况、民主监督和社会监督情况、创新情况。其中，前 5 项指标为基本项，分值 1000 分，创新情况为加分项，分值 36 分。指标另设二级指标 21 个，三级指标 52 个。第三是倪星等结合了BSC、KPI和绩效棱柱模型提出的包含学习与成长、政府内部管理、地方发展、各方利益相关主体等 4 个维度，下设人力资源、学习与创新能力、政府行政能力、政府服务水平、政府廉洁程度、经济发展、资源环境保护、民生水平、科教文卫、公共安全和基础设施建设等 10 个一级指标和 52 项关键指标的地方政府绩效评估指标体系。

对政府的绩效评估，最初借鉴了企业绩效评估的模型和方法，随着政府行政目标和价值取向的不断丰富和发展，政府绩效评价指标体系也显示出以下特点：第一，地方政府经济评估指标由单一经济指标逐步转变为经济、政治、社会、环境等多元综合指标。第二，由单纯的结果指标转向综合的过程指标和结果指标，更关注行政效率提升、组织建设和提高公众满意度等；第三，兼顾了总量和增量，在发展现状考核指标基础上增加了对发展潜力的评估指标；第四，定性和定量相结合，内部评价和民意测评相结合，指标更加注重政府的外部评价；第五，战略性和科学性相结合，逐步开始借鉴平衡计分卡、德尔菲法等科学方法。

1.3.3　非营利组织工作业绩评估指标体系

对非营利组织的评估，邓国胜基于"APC"评估理论，区分不同类型的非营利组织分别设计了行业协会、学会、公益性社团、民办非企业单位和基金会的评估指标体系。其中，社会团体（前三类）评估主要包括基本条件、组织管理、业务活动与社会影响四个一级指标，一级指标又分解成二级指标和三级指标。民办非企业单位的评估包括组织的宗旨与活动、治理结构、组织管理与能力建设、信息透明、相关利益群体的权益保障、社会影响6项一级指标和37个二级指标。指标下设的评分细则包含ABCD四档，每档权重分别为1、0.7、0.5、0.3。基金会又被分为公募和非公募两种，指标体系由4个维度、三级指标构成，满分600分。最终评分折算成百分制。按百分制得分，对应从1A到5A的五个等级。王锐兰提出了一个非营利组织综合评价指标体系，包括5个一级指标：财务绩效指标体系、过程绩效指标体系、政治绩效指标体系、服务绩效指标体系和其他绩效指标体系。一级指标下设37个二级指标。

上海社会科学院政府绩效评估中心还设计了事业单位的评估指标体系：①履职管理，包括职责定位、职责履行、编制管理；②财政资金，包括预算管理和财务管理；③运行效果，包括社会绩效和服务绩效；④可持续发展，包括能力建设和持续性影响。二级指标下又设三级指标和指标解释。

实践层面，为推进社会组织评估工作开展，我国民政部制定了《社会组织评估管理办法》（民政部令第39号），对经各级人民政府民政部门登记注册的社会团体、基金会、民办非企业单位进行评估，并按照组织类型不同印发了5类评估指标（2016年）：①全国性公益类社团评估指标；②全国性行业协会评估指标；③全国性联合类社团评估指标；④全国性学术类社团评估指标；⑤全国性职业类社团评估指标。指标分为四级，五类组织一级评估指标均包括4项：基础条件（60分）、内部治理（390分）、工作绩效（430分）和社会评价（120分）。其中前两项下设置的二级评估指标五类组织均相同，包括法人资格、章程、登记备案、年度检查、发展规划、组织机构、党组织、领导班子、人力资源、财务资产管理、档案证章管理等的11项；工作绩效一级指标五类组织根据主要职能的不同下设不同的二级和三级指标。以行业协会为例，工作绩效下设二级指标包括：①提供服务（185分），下设行业信息统计（40分）、会展与培训（25分）、技术服务与咨询（20分）、政策法规制修订（60分）、承接政府项目（60分）、社会责任（40分）等6项三级指标；②反映诉求（33分）下设维护权益（33分）三级指标；③行业自律（85分），下设自律规约（15分）、信用体系建设（15分）、规范行为（55分）三级指标；④行业影响力（50分），下设行业覆盖率（20分）、国际影响力（30分）三级指标；⑤信息公开与宣传（57分），下设平台建设（23分）、向会员公开内容（12分）、向社会公开内容（12分）、媒体报道（10分）三级指标；⑥特色工作（20分），下设特色贡献（20分）三级指标。五类组织社会评价一级指标下设二级指标均包括内部评价（50分）和外部评价（70分）。内部评价主要包括会员、理事和工作人员评价，公益性社团还包括来自捐赠人、受助人和志愿者的评价；外部评价主要包括登记机关、业务主管单位和表彰奖励情况等3项三级指标。

与企业相比，非营利组织不以获得利润为目标，使命更抽象，业绩成果更难量化，内部激励手段特殊，外部与政府、服务群体等利益相关者的关系更复杂，因此评价模型和评价指标也具有特殊性。总体上来看，对非营利组织评估指标体系的研究体现以下特点：第一，指标体系体现综合性，是对组织全方位评估的综合性指标。第二，重视对组织自身规范性、合法性和能力建设的评估；第三，区分组织类型，按组织职责分别设定绩效指标；第四，重视组织利益相关者的影响和评价。

1.4　组织机构工作业绩评估指标赋权方法

目前可见的对组织机构工作业绩评估指标的赋权方法大致可以分为主观赋权法和客观赋权法，前者主要依靠专家的经验对指标值进行赋权，如德尔菲法。其优点在于简单快速，缺点在于主观性较强，缺乏检验方法；而后者还借鉴了数理统计的方法，如层次分析法、主成分分析法等，其弥补了主观赋权方法的缺陷更具有客观性和可检验性，运用数理统计工具也可以实现运算的简化，但同时对目标指标的规范性、样本的数量也提出了更高的要求。

1.4.1　德尔菲法

德尔菲法除用于设计评估指标外也可以用于指标赋权。德尔菲法是借助专家经验和知识对评估指标的权重进行判断，它的程序如下：第一步，将待确定权重的指标、相关资料和统一规则发给选定专家，请他们独立地给出各指标的权重值；第二步，分别计算各指标权重的均值和标准差；第三步，将计算结果及补充资料返还给各位专家，并要求专家在参考研究第一轮征询结果的条件下，深入细致地思考。同时要求所给权重与均值相差较大的专家说明原因，随后要求专家在新的基础上重新确定权重；第四步，不断重复第二和第三的步骤，直至专家们的意见趋于收敛、稳定或基本一致，然后计算各指标的均值作为该指标的权重。

1.4.2　层次分析法（AHP）

层次分析法（Analytic Hierarchy Process）是由美国匹兹堡大学教授T.L.Saaty在20世纪70年代中期提出的。它是将复杂问题分解为多个组成因素，并将这些因素按支配关系进一步分解，按目标层、准则层、指标层排列起来，形成一个多目标、多层次的模型，形成有序的递阶层次结构。通过两两相比较的方式确定层次中诸因素的相对重要性，建立判断矩阵，然后综合评估主体的判断确定诸因素相对重要性的总顺序。具体流程见图3。应用层次分析法确定指标权重有几个关键操作步骤：①根据1~9（或其倒数）的比例标度将单层指标进行两两比较，建立判断矩阵；②利用方根法（还有行和法、和积法）计算特征向量、最大特征根λ_{max}、一致性指标CI并将其与随机一致性指标值RI对比做判断矩阵的一致性CR检验；③如果判断矩阵CR<0.10时，则此判断矩阵具有满意的一致性，否则就需要对判断矩阵进行调整。层次分析法分层对比单层指标的重要性程度然后进行层次累积，主要适用于计算多层次且单层多指标的指标体系的权重。

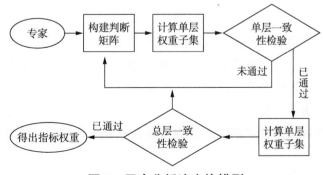

图3　层次分析法实施模型

1.4.3　主成分分析法（PCA）

主成分分析（Principal component analysis）也称主分量分析，旨在利用降维的思想，把多指标转化为少数几个综合指标（即主成分），其中每个主成分都能够反映原始变量的大部分信息，且所含信息互不重复。这种方法在引进多方面变量的同时将复杂因素归结为几个主成分，使问题简单化。同时得到的结果更加科学有效。主成分分析法是根据各评估指标的实际值所体现的方差信息来确定权重值。应用主成分分析法确定指标权重通常有几个关键步骤：①通过专家打分等方法获得指标权重的 n 组样本数据，进行数据标准化，形成数据矩阵；②应用 SPSS 软件降维，③进行因子分析，检验是否适合该分析方法，计算特征根和方差，提取主成分 $F_1 \sim F_m$，形成新的主成分矩阵；④计算指标在不同主成分线性组合中的系数，得到主成分线性组合，计算主成分的方差贡献率，得到所有指标在综合得分模型中的系数，在此基础上归一化处理，得到各指标的最终权重。应用该方法要求样本单位数大于指标个数。

2　组织机构工作业绩评估指标模型的选择

2.1　组织工作业绩评估指标模型类型

综合以上文献，可以发现常用的组织机构业绩评估指标模型可以归为三类：一种是结果导向型评估模型，是对业绩形成结果进行管理的评价，即强调经营、管理和工作的结果（经济与社会效益和客户满意度），经营管理和日常工作中表现出来的能力、态度均要符合结果的要求，此类模型如项目工作逻辑模型、关键绩效指标等，适用于对以工作绩效为明确目标的组织机构的评估；第二种是结果和过程综合导向型评估模型，认为高质量、高标准和有效的过程管理是形成良好的业绩结果的关键，应介入对组织管理等业绩形成过程的评价，例如平衡计分卡、"APC"评估理论等，适用于组织外部环境复杂、评估主体和绩效目标多元或短期工作成果或效益量化困难的组织类型，如非营利组织等；第三种是工具导向型评估模型，重点说明评估指标体系建立所依靠的工具或进行的程序，如德尔菲法，可以在评估中与其他模型结合共同使用。

2.2　结果导向型工作业绩评估模型的特点

建立组织标准化工作业绩的评估指标体系，我们主张借鉴项目工作逻辑模型的做法，将这种模型定名为"既定目标下的结果导向型工作业绩评估模型"。结果导向型工作业绩评估模型的特点是，以组织机构存在的目的为出发点，分解、设计和确定评估目标；再以此为基础设计达致保证组织目标成功的必要评估指标，形成组织机构的成功路线图；通过评估指标的监测分析和评价，确保方向正确，且沿着既定的目标在正确的轨道上运行，或者及时对组织成功前进道路上的障碍进行纠偏与指引，或者指出距离目标的差距与改进措施，诸如集中资源于优先事项以提高效率、及时纠偏和改进，避免盲目运行、重蹈覆辙、资源浪费等；意在通过评估，对有权决定组织机构目标的人，提出支持决策和改善管理的建议，或者要求组织机构相关人员增强责任感、使命感等，以最终实现组织机构目标和使命。

根据上述特点，总结得到图 4 所示的结果导向型工作业绩评估模型逻辑框图。

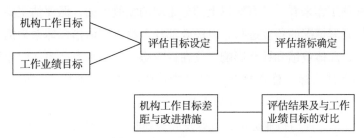

图 4　结果导向型工作业绩评估模型逻辑框图

2.3　组织机构标准化工作业绩评估指标模型选择

根据中华人民共和国标准化法和国务院深化标准改革的指导意见，我国的新型国家标准体系可以分为国家标准、行业标准、地方标准等政府主导制定的标准类型和团体标准、企业标准等以市场为主导制定的标准类型，参见图 5。其中国家标准的制定主体为国务院标准化行政主管部门（国家标准化技术委员会），行业标准的制定主体主要为国务院有关行政主管部门，地方标准的制定主体为省、自治区、直辖市标准化行政主管部门，团体标准的制定主体为具有法人资格和相应专业技术能力的学会、协会、商会、联合会以及产业技术联盟，企业标准的制定主体为各种参与市场竞争的企业法人组织。通过调研我们发现，目前开展标准化工作的组织机构有几个共同特点：①开展标准化工作的组织机构多，但又大多不是以标准化工作作为唯一使命，以协会为例，从调研的情况看，在民政部门注册登记的协会共 954个，而标准化协会仅有中国标准化协会、中国通信标准化协会、中国机械工业标准化技术协会、中国电子工业标准化技术协会和中国工程建设标准化协会 5 个组织；②从组织机构类型划分的角度看，从事标准化工作的组织类型不一，种类繁多，有政府部门、事业单位、社会团体、公司企业等等，以行业标准化管理机构为例，除政府部门外，社会团体如中国包装联合会、中国电力企业联合会、中国纺织工业协会、中国石油和化学工业联合会等，公司企业如中国船舶工业集团公司、中国核工业集团公司、中国航空工业集团公司等。此外，还有的组织不具备独立的法人资格，以挂靠或其他形式依附于其他组织，如部分全国专业标准化技术委员会秘书处；③从标准化工作开展的角度来看，这些组织所扮演的角色各不相同，分别从事着标准制定、应用推广、标准化研究或标准化管理中的一项或几项工作。

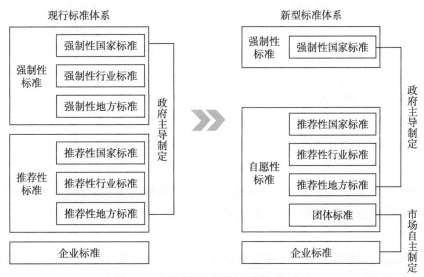

图 5　改革前后国家标准体系对比

从现行已开展的评估工作来看，已有对以上部分组织的绩效评估，但评估主要考察组织全面运行情况，并未从标准化工作开展情况的角度进行，以民政部社会组织评估指标体系为例，评估重点关注组织存在的合法性、健全性、总体业绩和社会影响，仅在行业协会、学术类社团和职业类社团的工作绩效指标下设了标准化相关的评估指标，总分1000的评估指标体系中，行业协会评估"参与制定行业标准、行业准入条件"（15分）和"参与国际标准和规则制定"（4分）两项；学术类社团评估"标准制定"（10分）一项；职业类社团评估"参与执业标准或行业发展规划制定"（10分）一项。

通过对三类组织机构工作业绩评估指标体系的综合对比可以发现，有效的评估指标一要符合评价主体的需要；二要符合组织在某一发展阶段的工作目标管理的要求。只有这样，才能充分发挥业绩评价的导向性功能。标准化工作的业绩评价不同于一般组织机构的工作业绩评价，标准化工作业绩只是这些机构的部分工作目标，其组织机构的设立、组织机构的组成、组织机构的运作和工作运行机制都不以完成标准化工作任务为唯一目标，所以关注工作过程的工作逻辑模型不完全适合于这类评估，而是以结果为导向型模型更适合一些。当然这里的工作结果只关注标准化工作结果，而不适合该组织机构的所有工作结果。

基于以上的分析，我们认为，结果导向型工作业绩评估模型适合于评估组织机构标准化工作业绩。原因在于：首先，这种模型从既定目标出发设计评估指标。这种既定目标视评估目的而定，主要要看委托人的意向。这种委托人既可以是组织机构的高层管理者，也可以是与组织机构相关的外部管理者、投资人或者代表社会公众的第三方机构等。采用这种模型更有益于促进组织将标准化工作目标与国家标准化发展的战略相结合，并通过评估促进这些目标的实现。其次，这种模型结果与目标之间有正向联系，结果的好坏与多少直接决定了目标的实现程度，采用这种模型可以将评估的重点集中在与标准化工作相关的工作结果上，便于在多样的组织类型中提取反映标准化工作要求的共同指标，排除不相关的因素，便于指标设计和评估目标实现。最后，这种模型提供了从目标出发分析工作逻辑，提取评估指标的具体思路，且与目标相联系的结果也可衡量、可测量，实用性和可操作性强，便于评估指标的设计和评估工作的开展。

2.4　结果导向型工作业绩衡量的维度

结果导向型工作业绩的衡量将主要关注工作业绩的结果，可以从两个维度进行分析，即工作结果与工作效果。工作结果可以从工作结果的数量、及时性、效率、质量、对客户诉求的反应、预算完成情况等角度衡量，工作效果则可以从工作结果产生的效果及所起的作用和影响入手分析，不同的工作效果会不同，比如消费品作为企业生产工作的成果，其效果是满足消费者特定方面的生理或者心理上，甚至是美学上的需求，产生快感、满足感、幸福感等。

西奥多·H·波伊斯特所著的《公共与非营利组织绩效评估：方法与应用》一书为我们提供了分析组织机构工作业绩的项目工作逻辑模型，参见图1。其基本思路是从工作业绩产生源头资源出发，以工作活动为本体，研究工作的产出及其结果。该工作逻辑模型显示了工作各部分内容之间相互作用的过程、过程中的产出（即工作结果，如可提供的产品或服务），以及过程带来的最终结果（即工作效果），他把这种结果又分为最初的、中间的或最终的结果。工作逻辑模型为设计工作业绩评估指标提供了方法。

这一逻辑模型揭示，工作业绩既与工作过程相关，也与工作结果相关。从工作过程角度审视，影响工作业绩的因素从内部看，有战略定位、组织机构、工作机制（决策与沟通）、资源保障等；从外部因素看，有政策环境、激励措施、竞争机会、广泛参与与联合的需要等。从工作结果的角度审视，则可以完全忽视过程中的因素，只关注其工作的产出和最终结果。这一方法特别适合于对组织机构没有直接控制权，但又要关注其工作结果的评估类型，比如标准化工作业绩。

2.5 组织机构标准化工作逻辑模型

根据上述判断，我们可以构建一个基于结果的标准化工作逻辑模型，见图6。这一模型只关注标准化工作业绩产生的过程和结果，不关注组织机构的类型和性质，是一种典型的结果导向型工作业绩评估指标模型。这一模型的基本逻辑是，标准化法赋予了不同类型的社会组织机构以标准化工作的职责或权限，无论是标准化法的立法者、执法者或者社会公众都需要对被赋予标准化工作权限的组织机构的标准化工作业绩进行跟踪和了解。尤其当标准化被作为一种资源看待时，法律赋予的标准化资源配置权应该用好并发挥最大效益。对于任何一个组织机构而言，其法律赋予的标准化使命可以理解为负责标准的制定并让标准在经济社会发展上产生效益。完成这一使命需要实现的目标包括：①制定标准，包括国家标准、行业标准、地方标准、团体标准、企业标准和国际标准；②推广和使用标准；③让标准产生效益（规范秩序、促进贸易、保证安全健康、获得最佳共同效益，提升竞争力，促进科技成果转化，促进创新、和谐、绿色、开放、共享发展等）。其中间目标可以包括制定标准的数量、层级、范围、影响力等，其工作过程目标包括标准制修订过程规范（程序和文本）、推出有效到位的标准实施措施。开展评估的目的，就是要让这种资源配置发挥最大的效益，让有权从事标准化工作的组织机构使用好国家赋予的标准化资源配置权，发挥标准的最大效益，增强责任感和使命感。

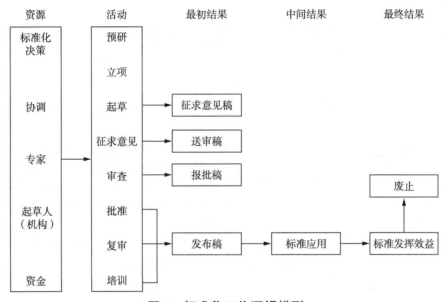

图6 标准化工作逻辑模型

3 组织机构标准化工作业绩评估指标体系

根据标准化工作逻辑模型，可以清晰地设计并界定出明确的标准化工作业绩评估指标体系，见表1。由于标准化组织机构的特殊性，这种指标在设计时，只偏重于标准化工作的结果及其影响，而忽略其工作过程的跟踪和进度确认。另外，尽管我国的标准体系只有五种类型，但标准化工作是一个跨国界的工作，其影响也是跨国界的，所以在考虑工作业绩时，一定要把制定国际标准和国际标准化的影响力放到评价指标里面。

表1 组织机构标准化工作业绩评估指标体系

一级指标	二级指标	一级指标	二级指标
制定贡献指数	总指数	标准应用指数	海外采用率
	国际标准制定贡献指数		认证采用率
	国家标准制定贡献指数		法律引用率（法规支撑度）
	行业标准制定贡献指数	标准影响力指数	总指数
	地方标准制定贡献指数		先进性
	团体标准制定贡献指数		引领性
	企业标准制定贡献指数		开放性
标准应用指数	总指数		经济效益
	适用范围采用率		社会效益

4 组织机构工作业绩评估赋权模型

组织机构的标准化工作业绩可以通过标准制定贡献指数、标准应用指数和标准影响力指数三个方面来衡量。制定贡献指数（R_1）、标准应用指数（R_2）和标准影响力指数（R_3）均以100作为指数的最高值，其具体赋值方法分别见表2—表4。

表2 制定贡献指数（R_1）赋值方法

一级指标	二级指标	目标分	赋分规则
制定贡献指数（R_1）	总指数	100	
	国际标准制定贡献指数	20	以当年发布该类标准总数为基数（分母），分别计算其机构对该类标准制定的贡献指数，每个标准为1分，多个机构参与制定时，第一起草单位得0.5分，其余起草单位按排序总得0.5分，计分方法为由后往前排序，以序号值累计之和作分母，以序号值作分子相除后与0.5相乘，为该机构在该标准中的得分。累计某机构该类标准制定贡献所有得分，与分母相除再乘以目标分，为该类指数得分。
	国家标准制定贡献指数	20	
	行业标准制定贡献指数	20	
	地方标准制定贡献指数	10	
	团体标准制定贡献指数	20	
	企业标准制定贡献指数	10	

表3 标准应用指数（R_2）赋值方法

一级指标	二级指标	目标分	赋分规则
标准应用指数（R_2）	总指数	100	
	适用范围采用率	50	当年由该机构制定的有效标准总量中在适用范围内得到社会采用的数量占比。与目标分相乘，为该项指标得分。
	海外采用率	10	当年由该机构制定的有效标准总量中得到海外采用的数量占比。与目标分相乘，为该项指标得分。
	认证采用率	20	当年由该机构制定的有效标准总量中用于认证的标准数量占比。与目标分相乘，为该项指标得分。
	法律引用率（法规支撑度）	20	当年由该机构制定的有效标准总量中用于法律法规支撑的标准数量占比。与目标分相乘，为该项指标得分。

表 4　标准影响力指数（R_3）赋值方法

一级指标	二级指标	目标分	赋分规则
标准影响力指数（R_3）	总指数	100	
	先进性	20	参考标准水平排行榜，第一名得 20 分，前二至五名得 18 分，第六至十名得 15 分。第十一至二十名得 10 分。第二十一至三十名得 5 分。第三十一至四十名得 2 分，第四十一至五十名得 1 分，其后不得分。
	引领性	20	通过标准培育产业产生或促进产业规模发展与扩大，得 10 分；通过标准带动科技成果转化，得 10 分。
	开放性	20	对贸易产生促进作用得 10 分；带动中国产业走出去、拓展扩大海外市场得 10 分。
	经济效益	20	产生巨大经济效益得 10 分；提升企业竞争力得 10 分。
	社会效益	20	在社会治理方面起到明显的规范市场秩序得 5 分，起到保证底线作用得 10 分，起到保证质量作用，得 5 分。

每一项指数均从一个方面反映了标准化工作逻辑模型中组织机构的标准化工作业绩成果。三种指数按照权重加总形成标准化工作业绩指数，其与三个分指数的权重关系见表 5。本研究采用了线性加权函数即综合评分法设计标准化工作业绩指数模型，可归纳为如下计算公式，即：

$$I = \sum R_i w_i$$

式中，I 为标准化工作业绩指数，R_i 代表标准化工作业绩贡献分指数，w_i，为 3 个分指数的权重（见表 5）。

表 5　组织机构标准化工作业绩指数权重

业绩贡献分指数 R_i	权重 w_i
制定贡献指数	30%
标准应用指数	40%
标准影响力指数	30%

根据上述评估模型所得出的评估结论，主要考察全国各组织机构对年度国家标准体系建设、参与国际标准化活动的实际贡献及其所制定标准对经济社会的实际影响。也可以用于衡量其是否成功并富有竞争力地参与了法律赋予的标准化资源配置的权力。其评估的结果还可以用于树立标准化工作业绩标杆，成为其他标准化组织机构学习的榜样；还可以向社会公众公布及参与国际同行交流，向国际国内社会广泛推荐其中的佼佼者。

5　评估指标体系的使用与后续需要探讨的问题

（1）关于指系的适用范围。本评估指标体系以完成和丰富国家标准体系、发挥标准对经济社会发展的贡献作为衡量标准化工作业绩的主要目标。按照标准化法的规定，我国具有标准化工作职能的组织机构很多，但又都不是专门以制定标准作为其存在的唯一理由。从标准制定角度看，如图 7 所示，由下到上，可以分为企业、团体、省（含自治区、直辖市）标准化行政主管部门、国务院有关行政主管部门、国务院标准化行政主管部门。越到底下，可以制定或参与制定的范围越广，但制定的标准层级越低，其特点是组织机构数量众多，制定的标准市场适应性强；越到上面，可以制定的标准范围逐步收窄，但制定的标准层级越高，其特点是组织机构数量少，规范社会秩序、保障社会底线、参与国际竞争的性质越强。理论上该指标体系适合于任一类型组织的标准化工作业绩评估，但位于上层的组织机构其评估结果更便于横向比较。位于中下层的组织机构其评估结果既便于横向比较，也适合纵向比较。

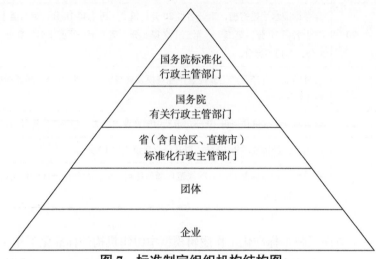

图7 标准制定组织机构结构图

（2）关于组织机构标准化工作目标的确定。评估使用了结果导向型工作业绩评估模型，组织机构目标和评估主体的要求对评估指标体系设置和赋权的导向性明显。组织机构目标的确定属于组织战略管理的重要部分，如何使组织机构工作目标更明确（specific）、可度量（measurable）、有挑战（ambitious）、现实（realistic）和有时间限制（time-bound），如何评估这些目标设置的合理性，以及在业绩评估实践中通过对评估指标体系和赋权的微调来更好地帮助组织认识和实现这些目标也是应当在未来的评估实践和理论研究中需要关注的问题。

（3）关于该指标体系的后续发展。组织机构工作业绩评估指标体系与组织发展情况、工作开展情况和外部环境相关。随着国家政策环境的改变和组织工作的推进，评估指标体系也会随之变化，从而表现出一定的阶段性。本结果导向型工作业绩评估模型从设计上看试图与现阶段组织标准化工作开展状况相符合，与现阶段标准化业绩评估需求相符合。但随着外部政策环境的变化、组织标准化工作的推进，可能会出现"结果"和"效益"以外的对组织机构标准化工作的新评估需求，因而可能需要结合其他评估体系构建新的评估模型，以进一步丰富评估指标体系。

（4）关于指标体系的实践检验。由于以上模型只是基于理论上的探讨，未经过实践的检验，后续还应该加强实证研究。实证研究的重点需要围绕通用模型权重设置的合理性、不同类型组织机构权重是否要区分、要不要分类设置评估模型、分类评估的指标设置要不要有所取舍、指数可不可以不封顶等方面进行。

参考文献

[1] 彼得·西罗，等. 项目评估：方法与技术：第六版[M]. 邱泽奇，等，译. 北京：华夏出版社，2002：4.

[2] 艾尔·巴比. 社会研究方法：第10版[M]. 邱泽奇，译. 北京：华夏出版社，2005：356.

[3] 邓国胜，等.民间组织评估体系——理论、方法与指标体系[M]. 北京：北京大学出版社，2007.

[4] 邓国胜.非营利组织评估[M]. 北京：社会科学文献出版社，2001.

[5] 西奥多·H·波伊斯特. 公共与非营利组织绩效评估：方法与应用[M]. 北京：中国人民大学出版社，2005.

[6] 上海社会科学院政府绩效研究中心. 非营利组织绩效评估[M]. 北京：上海社会科学院出版社，2015.

[7] 桑助来，等. 中国政府绩效评估报告[M]. 北京：中央文献出版社，2009：7-9.

[8] 李志军，等. 第三方评估理论与方法[M]. 北京：中国发展出版社，2016.

[9] 罗伯特·卡普兰，等. 平衡计分卡——化战略为行动[M]. 刘俊勇，等，译，王化成，译校. 广州：南方出版传媒、广东经济出版社，2013：5-13.

[10] 彭国南，等. 基于平衡计分卡的地方政府绩效评估[J]. 湖南社会科学，2004（5）.

[11] KAPLAN R S，NORTON D P.Harvard Business Review[J]. lan/Fed，1992.

[12] 邓国胜. 事业单位治理结构与绩效评估[M]. 北京：北京大学出版社，2008：177.

[13] 常伟，等. 利益相关主体分析，绩效控柱模型在城市经营绩效管理中的应用[J]. 城市发展研究，2008（1）.

[14] 范柏乃. 政府绩效评估理论与实务[M]. 北京：人民出版社，2005：223-224.

[15] 古银华，等. 关键绩效指标（KP1）方法文献综述及有关问题的探讨[J]. 内江科技，2008（2）.

[16] 饶征，等. 以KPI为核心的绩效管理[M]. 北京：中国人民大学出版社，2003.

[17] 郑立群，等. 企业综合绩效评价方法研究——基于ANP、平衡计分卡和绩效棱柱理论[J]. 西安电子科技大学学报，2007（4）.

[18] 孙迎春，等. 欧盟通用绩效评估框架及对我国的启示[J]. 兰州大学学报，2008（1）.

[19] 刘旭涛，等. 欧暨国家公共部门通用评估框架评介[J]. 国家行政学院学报，2005（6）.

[20] 高姝，等. 组织绩效评估方法的国内外进展研究[J]. 中国卫生事业管理，2008（12）.

[21] 张蕊，等. 企业经营业绩评价综述；理论、方法与展望[J]. 当代财经，2016（11）.

[22] 张蕊. 循环经济下的企业战略经营业绩评价问题研究[J]. 会计研究，2007（10）.

[23] 马德怀，等. 政府绩效评估指标体系研究报告[M]. 北京：中国政法大学出版社，2010：62-125.

[24] 倪星，等. 地方政府绩效指标体系构建研究，基于BSC、KP1与绩效棱柱模型的综合运用[J]. 武汉大学学报（哲学社会科学版），2009（5）.

[25] 王锐兰. 非营利组织绩效评价[M]. 上海：上海人民出版社，2009：124.

[26] 彭国甫，等. 应用层次分析法确定政府绩效评估指标权重研究[J]. 中国软科学，2004（6）.

[27] 韩小孩，等. 基于主成分分析的指标权重确定方法[J]. 四间兵工学报，2012（10）.

世界认可日与我国认可的国际通用性①

成秀虎

（中国气象局气象干部培训学院，北京　100081）

1　世界认可日的由来

世界认可日是世界两大国际认可合作组织——国际实验室认可合作组织（ILAC）和国际认可论坛（IAF）联合设立的节日，旨在推动认证认可活动在全球的广泛发展。该节日由国际认可论坛和国际实验室认可合作组织于 2007 年 10 月 28 日在澳大利亚悉尼联合召开的大会上提出，确定自 2008 年起，把每年的 6 月 9 日定为"国际认可日"，宣传一个主题。　从 2010 年起，"国际认可日"更名为"世界认可日"。迄今为止，历届世界认可日主题分别是：

2008 年主题：信任；

2009 年主题：能力；

2010 年主题：全球承认；

2011 年主题：认可——政府监管工作的支撑；

2012 年主题：食品安全和清洁饮用水；

2013 年主题：认证认可促进世界贸易；

2014 年主题：认证认可在能源供应中传递信任。

一直以来，我国国家质检总局和国家认监委借助世界认可日这个平台做了很多工作，期望通过这个平台，促进认证认可的国际交流与合作，分享认证认可领域的最新技术和前沿动态，推动中国认证认可事业的成长和发展。

2　国际认可合作组织的努力目标

为了增加跨国产品和服务的接收程度，国际性的认可合作组织——国际认可论坛和国际实验室认可合作组织致力于建立一个相互承认的协议网络。国际间经过同行评审，使符合国际技术准则要求和具备能力的认可机构签署国际多边互认协议，从而促进全球贸易便利化，促进实现"一次检测，一次检查，一次认证，全球承认"的总体目标。

2.1　推动建立全球范围内承认的唯一合格评定体系

国际认可论坛的英文是"International Accreditation Forum"，英文缩写为IAF，致力于在世界范围内

---

①　本文刊于 2014 年《气象标准化》第 2 期。

建立一套唯一的合格评定体系，通过确保已认可的认证证书的可信度来减少商业及其顾客的风险。该机构成立于1993年1月，是由世界范围内的合格评定认可机构和其他有意在管理体系、产品、服务、人员和其他相似领域内从事合格评定活动的相关机构共同组成的国际合作组织。IAF认可机构成员对认证机构开展认可，认证机构向获证组织颁发认证证书以证明组织的管理体系、产品或者人员符合某一特定的标准（这类活动被称为合格评定）。IAF成员主要分为认可机构成员、辅助成员（包括认可的认证机构/检查机构成员、工业界/用户成员）、区域成员、伙伴成员四类。IAF的目标是：遵循世界贸易组织（WTO）贸易技术壁垒协定（TBT）的原则，通过各国认可机构在相关认可制度等方面的广泛交流，促进和实现认证活动和结果的国际互认，减少或削除因认证而导致的国际贸易技术壁垒，促进国际贸易的发展。

　　IAF建立了国际认可论坛多边承认协议（IAF MLA）。通过IAF全面系统的国际同行评审，认可制度符合相关国际准则要求的国家认可机构签署IAF MLA，由IAF MLA的全体签约机构组成IAF MLA集团。截至2013年5月，IAF MLA集团现有签约认可机构共66个，我国认可机构是IAF MLA集团的正式签约方。国家认可机构只有加入了IAF MLA集团，才能表明其认可结果是等效的，带有该签约方认可标志的认证证书才具有国际等效性和互认性。

2.2 推动建立一个实验室检测和校准结果相互承认的协议网络

　　国际实验室认可合作组织的英文是"International Laboratory Accreditation Cooperation"，英文缩写为ILAC，前身是1978年产生的国际实验室认可大会（International Laboratory Accreditation Conference，简称亦是ILAC），其宗旨是通过提高对获认可实验室出具的检测和校准结果的接受程度，以便在促进国际贸易方面建立国际合作。1996年ILAC成为一个正式的国际组织，其目标是在能够履行这项宗旨的认可机构间建立一个相互承认协议网络。ILAC互认协议的产生是22年努力工作的结晶。ILAC目前有100多名成员，分为正式成员、协作成员、区域合作组织和相关组织等。ILAC目标为：

　　1）研究实验室认可的程序和规范；

　　2）推动实验室认可的发展，促进国际贸易；

　　3）帮助发展中国家建立实验室认可体系；

　　4）促进世界范围的实验室互认，避免不必要的重复评审。

　　ILAC通过建立相互同行评审制度，形成国际多边互认机制，并通过多边协议促进对认可的实验室结果的利用，从而减少技术壁垒。截至2013年5月，包括我国在内的81个实验室认可机构成为国际实验室认可合作组织的正式成员，并签署了多边互认协议，为逐步结束国际贸易中重复检测的历史，实现产品"一次检测、全球承认"的目标奠定了基础。

3 中国认可与国际认可

　　中国合格评定国家认可制度在国际认可活动中有着重要的地位，其认可活动已融入国际认可互认体系，并发挥着重要的作用。

3.1 我国参与IAF的有关活动情况

　　我国1994年1月首次派代表参加IAF的会议。1995年6月，原中国质量体系认证机构国家认可委员会（CNACR）首批签署了IAF谅解备忘录。1998年1月，IAF在中国广州召开了第11届全体会议以及

IAF执委会、IAF MLA管委会及各工作组会议。在这次会议上，包括中国在内的16个国家的国家认可机构获准首签了IAF MLA中的质量管理体系认证认可互认协议，其中CNACR是唯一获准首签IAF MLA的发展中国家的认可机构。1998年10月，原中国国家进出口企业认证机构认可委员会（CNAB）在IAF第12届全体会议上签署了质量管理体系认证机构认可互认协议。2004年10月，原中国认证机构国家认可委员会（CNAB）在IAF第12届全体会议上签署了环境管理体系认证机构认可互认协议。

目前，CNAS继续保持我国认可机构在IAF的中国代表机构资格，以及IAF质量管理体系认证机构认可、环境管理体系认证机构认可、产品认证机构认可三个认可领域的多边互认协议签约方的地位。CNAS秘书长肖建华现任IAF副主席。

3.2　我国参与 ILAC 的有关活动情况

我国在1996年9月有包括原中国实验室国家认可委员会（CNACL）和原中国国家进出口商品检验实验室认可委员会（CCIBLAC）在内的44个实验室认可机构签署了正式成立"国际实验室认可合作组织"的谅解备忘录（MOU），成为ILAC的第一批正式全权成员。2000年11月和2001年11月，原CNACL和CCIBLAC分别签署了ILAC多边互认协议（MRA）。2003年2月，原中国实验室国家认可委员会（CNAL，2002年7月在CNACL和CCIBLAC合并基础上成立的国家认可机构）续签了ILAC多边互认协议（MRA）。

目前，CNAS已取代原中国实验室国家认可委员会（CNAL），继续保持我国认可机构在ILAC中实验室认可多边互认协议方的地位。

3.3　中国认证认可的国际通用性

认证认可是国际公认的质量基础设施。随着我国经济社会发展水平和对外开放程度的不断提升，认证认可作为国际通行的现代管理制度，其地位和作用越来越重要。作为国际性认可合作组织国际认可论坛、国际实验室认可合作组织，区域性认可合作组织太平洋认可合作组织（PAC）、亚太实验室认可合作组织（APLAC）的多边互认协议成员，CNAS已经签署了国际范围和亚太区域现有的全部多边互认协议，可在签署的承认协议范围内使用互认联合徽标，其认可结果得到协议其他签署方的承认。这意味着经我国认可的各类合格评定机构及其颁发的认证证书，在相关协议管辖的范围内有其国际的通用性。

主导物联网国际标准制定权的暗战①

成秀虎

（中国气象局气象干部培训学院，北京　100081）

谈及标准的重要性时人们经常爱引用经济界的一句话，叫作"一流企业做标准，二流企业做品牌，三流企业做产品"，看来大家越来越开始形成一个共识，那就是"谁掌握了标准，谁就赢得了市场主导权"。有着丰富市场竞争经验的西方发达国家，历来十分重视国际标准制定的主导权问题。2015 年 6 月 28 日中央电视台《对话》栏目再次为我们提供了一个与中国相关的最新案例。这是一个由中国提出的物联网参考架构的国际标准项目，但在围绕标准制定的主导权方面，美国不可谓不费尽心事，甚至奥巴马政府还出面干预，标准之争对于国家间竞争的重要性由此可见一斑。

1　物联网国家标准的制定

目前，物联网还没有一个精确且公认的定义（参见文后物联网小百科），通俗地或可理解为：物联网是指物物相连的互联网，它是互联网的延伸，属于互联网发展的高级形态，由"互联网+传感器"构成。物联网通过智能感知、识别技术与普适计算等通信感知技术，广泛应用于网络融合中，也因此被称为继计算机、互联网之后世界信息产业发展的第三次浪潮。我国于 2009 年 8 月 7 日，由中国无锡物联网产业研究院院长、国家物联网 973 首席科学家刘海涛提出建设"感知中国"理念，立即得到国家高度肯定并迅速建立"感知中国"中心。随后几年，刘海涛和他的"感知中国"团队创建了物联网感知社会论，从理论上对物联网进行了顶层设计，即物联网是基于智能化、网络化基础上的全新的社会属性感知体系。

在上述理论指导下，物联网技术在公共安全、交通、环保、医疗、家居等众多领域得到广泛应用，但产业如火如荼发展的同时，标准不统一、产业分工混乱等问题日益突出。为此刘海涛团队提出了物联网三层架构、共性平台+应用子集产业化架构与发展模式的物联网顶层设计方案，并据此设计了物联网的国家标准体系架构，成立了以"基础标准工作组+应用标准工作组"为组织架构的标准化组织，来推进物联网标准的发展。其中的基础标准工作组主要负责物联网标准体系和共性体系标准制订。截止到 2012 年 10 月，我国已有多个行业百余家企业共同参与到国家物联网基础标准体系建设中，其中传感器网络标准工作组已成立 13 个项目组，成员单位达 115 家。国家物联网基础标准工作组中标识、安全、架构 3 个标准工作组已全面启动。

由于我国在物联网领域前瞻性强，布局早，速度快，所以形成了较强的技术积淀和人才储备，在技术层面上毫不逊色于西方国家，加上较早成立了国家物联网基础标准工作组和多个物联网应用标准工作

---

①　本文刊于 2015 年《气象标准化》第 2 期。

组，从而赢得了制定物联网国际标准的先机。

2　制定物联网国际标准真的那么重要吗?

面对世界信息产业发展的第三次浪潮，人类正迎来以信息物理融合系统（CPS）为基础，以生产高度数字化、网络化、机器自组织为标志的第四次工业革命，这次工业革命的主导很可能是基于物联网的智能制造。因此从一定意义说，谁掌控了物联网国际标准，谁就是第四次工业革命的主导者。占据物联网国际标准的制高点，关乎各国产业的生存和发展。有鉴于此，欧、美、日、韩等各国均将物联网作为其重要的战略新兴产业来推进，在物联网国际标准的制定上也一直积极参与，力图主导。

作为赶超世界先进国家的发展中大国，如果我们能在代表第四次工业革命先导的物联网领域取得领先地位，必将有利于发挥后发优势，实现中国产业的跨越式发展，更好地促进由制造大国向制造强国迈进。争取物联网国际标准制定的主导权，是实现这一宏伟目标的重要组成部分，因为国际标准的制定和在全球范围内的采用，必将极大地带动中国的技术和产业走向世界。同时有了一个好的开端，也可以为今后中国提出更多新的物联网国际标准项目、进而全面掌控物联网领域国际标准制定的主导权打下基础，让中国由参与国际游戏规则的制定到主导国际游戏规则的制定。

3　国际标准制定的通行规则

国际标准是指由国际标准化组织（ISO）、国际电工委员会（IEC）和国际电信联盟（ITU）制定的标准，以及由国际标准化组织确认并公布的其他国际组织制定的标准。国际标准的影响非常大，因为它能够在世界范围内统一使用。一项国际标准从提出到批准大致分为 6 个阶段，即提案阶段、准备阶段、技术委员会阶段、询问阶段、批准阶段和出版阶段。一项国际标准要被批准，需要得到 189 个国家和600 多个工业组织及众多厂商的认可，所以制定一项国际标准是一项十分复杂而又时间冗长的工作，至少需要耗费数年的时间。

依据ISO和IEC标准制定的技术工作程序，任何标准要想成为国际标准，都要经过提案阶段的审查。提案阶段的任务是确定国际标准的新工作项目，任何成员国、技术委员会或分技术委员会或工作组都可以提出新工作项目提案。提案提出后须分发给所属技术委员会或分委员会的全体成员投票表决，如果多数赞成或是至少有 5 个成员团体愿意参加此项工作，则该提案可列入工作计划，并由执行委员会办公室注册。物联网国际标准新项目提案分属ISO/IEC JTC1 来管理。多年来，国际标准制定形成的惯例是提案由谁提出就由谁负责该标准的后续制定工作，其核心负责人称为项目的主编辑。担任主编辑的国家要吸收其他愿意参加的若干个国家来共同制定标准，直到标准被批准为止。

4　物联网国际标准的争夺暗战

为推动物联网标准在全球统一的问题，促进全球范围内物联网新兴产业的健康发展，我国积极与其他国家联合，向ISO/IEC JTC1 提出了物联网参考架构的国际标准框架。这是在全球新兴热门技术领域，首次由中国牵头主导的顶层架构标准，如果提案获得通过，按照惯例，这项标准的主编辑将由中国担任，也就意味着中国获得了物联网这一新兴热门领域顶层架构标准的国际最高话语权，影响深远。

2014 年 9 月 4 日，ISO/IEC JTC1 就这一提案进行了 33 个成员的投票表决，由于大家对中国在物联网标准制订部分领域的领先地位的认可，以及中国在负责物联网领域国际标准制定的第七工作组（WG7）中已经拥有过半主编辑席位的实力，该提案顺利获得成员国的认可，正式列入ISO/IEC JTC1 新工作项目，项目编号为ISO/IEC 30141。正常情况下，中国将理所当然地成为该国际标准项目的主编辑，但面对通过的项目，美国不甘心将此项目的主导权拱手让给中国，于是开始了一系列的争夺行动。

首先，在项目通过后，美国专家突然提出要成立一个第十工作组（WG10）来作为物联网标准制定的专门工作组，以示对物联网领域标准工作的重视。其实，美国的目的是借新成立的工作机构将由中国提出的物联网参考架构国际标准项目排除在外，好由他们另起炉灶，重新主导这个顶层的标准架构体系。针对美国的提议，ISO/IEC JTC1 于 2014 年 11 月召开了全会，决定新成立物联网标准工作组（WG10），但附加了一条，即由原中国主导的物联网参考体系架构标准项目需要同步转移至新的工作组。

眼看借成立新工作组排除中国主导项目的企图要落空，美国于是又使出更新项目主编辑的招数。他们以"中国参与国际标准委员会经验不足""中国是第一次牵头巨大的标准体系，没有能力来掌控"为由，要求WG10开会重新选择物联网系统架构的国际标准项目（ISO/IEC 30141）的主编辑，并且明确提出主编辑应"选一个母语是英语"的人。显然这是想借主编辑的更换来达到推翻中国提出的体系架构的目的。面对美国的发难，中国以不符合惯例为原则，据理力争，毫不相让，直到会议结束也得不到结果，于是召集人提出把重新甄选主编辑的事项交由没有与会的秘书长决定。因为秘书长是美国人，而且他们私下已经做了很多沟通，所以中国又不得不落入重新竞选项目主编辑的境地。

也是到了此时，中国人才彻底明白了当初美国人提议成立WG10的真正目的，原来他们早就计划好要利用国际标准制定规则中的漏洞做文章。看清了美国的企图，中国及时从政府和民间层面同时做出反击。在国家层面，由国家标准化委员会正式发出严正声明函，并及时对无锡物联网产业研究院提供全力支撑和指导，邀请中国电子标准化研究院等单位的标准化专家一起认真研究对策，积极应对。在民间层面，积极利用海外华人的影响力和国内专家主动与各相关成员国进行民间沟通，陈述我国提出的物联网标准架构也符合其他成员国的利益，从而取得了成员国有投票权专家的理解。这样在 2015 年 5 月 20 日召开的物联网标准化（WG10）大会上，无锡物联网产业研究院副院长沈杰博士再次当选为ISO/IEC 30141 国际标准项目的主编辑。经过这次投票表决，有关物联网参考架构国际标准项目的提案计划才算正式结束，花落中国。

4 标准争夺暗战的启示

回顾上述过程可以发现，本来按照惯例由提出国担任项目负责人这样一件很简单的事，经过美国的暗中阻挠，使得中国在获得该项目的主导权上一波三折，大费周章。但其重要的突破意义在于我国因此第一次取得了主导一个庞大的系统性国际标准制定的主导权，它的重要意义还在于中国的科研人员第一次以"主导者"而不是"跟随者"的身份出现在国际标准的舞台上，第一次在信息技术领域开始了参与甚至主导"原始规则"制定的历程。

国际标准作为一国重大创新、知识产权、市场开发综合能力的承载体之一，历来成为各国表现实力、展示权威的场所，也是国家竞争中利益诉求和博弈的所在。所以标准之争，实际上是国家实力与影响力之争，是产业发展之争。长久以来，美国及欧洲是国际标准制定的"老大"，掌控国际标准的制定权。作为新兴的、崛起中的大国，中国在从"跟随者"向"主导者"前进的过程中，不可避免地会挑战到发达国家的权威，因而必然会遭到猛烈的反扑。该案例表明，中国在参与国际标准制定的过程中，要想获得标准制定的主导权，决不能掉以轻心。不要以为技术好、按照现行的规则就一定能够拿到标准制定的主导权。要充分考虑到可能遭遇到的抵抗，尤其是防止有计划、有步骤的阻击行动。应充分利用"国际舞台"上不论国大国小均是一人一票的游戏规则，提前与有投票权的各成员国进行沟通、联络，找到与各成员国利益相关的契合点，从而获得成员国投票时的支持，实现预期目的。

参考文献

[1] 蔡恩泽. 背后的大国博弈：物联网标准之争[N]. 上海证券报，2015-07-01.
[2] 国际标准[S/OL]. 百度百科. http://baike.baidu.com.
[3] 国际标准制定和修订程序、规则，中国质量报[N]，2008-03-25.
[4] 过国忠. 我国将主导物联网架构国际标准制定[N]. 科技日报，2015-05-21.
[5] 刘海涛. 中国对于物联网标准制定具有一定的话语权，5联网 [N/OL]. www.5lian.cn，2012-10-27.
[6] 刘云浩. 物联网导论[M]. 北京：科学出版社，2010.
[7] 中国牵头制定物联网国际标准掌握最高话语权. 证券时报网，2014-09-05.

物联网小百科

1 什么是物联网？

"物联网"与"互联网"一字之差，"差"在哪里？不同的专家学者对这个"差"有不同的理解，有共识也有争论。"物联网"（Internet of Things，IoT）这个词，国内外普遍公认的是麻省理工学院（MIT）Auto-ID 中心Ashton 教授 1999 年在研究RFID（Radio Frequency Identification，射频识别）时最早提出来的。

物联网理念最早可追溯到比尔·盖茨 1995 年《未来之路》一书。1998 年，美国麻省理工学院（MIT）创造性地提出了当时被称作EPC（Electronic Product Code，电子产品码）系统的物联网构想。1999 年，建立在物品编码、RFID技术和互联网的基础上，美国MIT的Auto-ID中心首先提出物联网概念。

物联网的基本思想出现于 20 世纪 90 年代，新世纪以来得到迅猛发展。2005 年 11 月 17 日，在信息社会世界峰会（WSIS）上，国际电信联盟（ITU）发布了《ITU互联网报告 2005：物联网》，指出无所不在的"物联网"通信时代即将来临，世界上所有的物体从轮胎到牙刷、从房屋到纸巾都可以通过互联网主动进行信息交换。2008 年，欧洲智能系统集成技术平台（EPoSS）在《Internet of Things in 2020》报告中分析预测了未来物联网的发展阶段。2009 年 1 月 28 日，美国总统奥巴马在与美国工商业领袖举行了一次"圆桌会议"上，对IBM提出的"智慧地球"概念给予了积极回应："经济刺激资金将会投入到宽带网络新兴技术中去，毫无疑问，这就是美国在 21 世纪保持和夺回竞争优势的方式。"同年，欧盟执委会发表题为《Internet of Things - An action plan for Europe》的物联网行动方案，韩国通信委员会出台了《物联网基础设施构建基本规划》，日本政府IT战略本部制定了日本新一代的信息化战略《i-Japan战略 2015》。2009 年 8 月 7 日，国务院总理温家宝在无锡视察时发表重要讲话，提出"感知中国"的战略构想，表示中国要抓住机遇，大力发展物联网技术，将我国物联网的研究与应用推向一个新高。

什么是物联网，至今没有一个精确而公认的定义。现在讨论的物联网概念，实际上是中国人的一个发明，整合了美国的CPS、欧盟的IoT和日本的i-Japan等概念，但又不完全和哪一个相同。清华大学刘云浩教授在《物联网导论》一书中将其定义为：物联网是一个基于互联网、传统电信网等信息承载体，让所有能够被独立寻址的普通物理对象实现互联互通的网络。它具有普通对象设备化，自治终端互联化和普适服务智能化 3 个重要特征。

2 物联网技术和物联网的应用标准规范制定情况

被誉为第三次产业浪潮的物联网行业，各种物联网技术和物联网的应用经过这几年沉淀和探索，在某些层面市场环境已经基本雏形，各个领域也陆续建立了针对性的国家行业标准和壁垒。

2.1 物联网应用技术规范

RFID：无线射频识别技术，可通过无线射频信号识别特定目标并读写相关数据。

标准制定情况：RFID行业具备相对较完善的行业标准，运行比较规范。

4G：第四代移动电话行动通信标准，是集 3G 与 WLAN 于一体，并能够传输高质量的多媒体资料。

标准制定情况：TD-LET（中国移动）、FDD-LTE（国际标准）。

M2M：Machine-to-Machine/Man，一种以机器终端智能交互为核心的、网络化的应用与服务。

标准制定情况：运营商主导，YD/T 2398—2012《M2M业务总体技术要求》、YD/T 2399-2012《M2M应用通信协议技术要求》。

车联网：以车内网、车际网和车载移动互联网为基础，按照约定的通信协议和数据相互交互标准，在车-X（X：车，路、行人及互联网等）之间实现无线通信和信息交换。

标准制定情况：行业应用领域具备标准，车载安全等需求仍待完善。

可穿戴技术：探索和创造能直接穿在身上或整合进用户的衣服或配件设备的科学技术。

标准制定情况：暂无，谷歌发布的有关操作平台有望成为行业标准。

Wi-Fi：能够将个人电脑，手持设备（掌上电脑，手机）等终端以无线方式互相连接的技术。

标准制定情况：IEEE 802.11a/b/g/n。

视频监控：包括前段摄像机、传输线缆和视频监控平台。

标准制定情况：公安部、住建部视频安防监控技术要求相关国家及行业标准。

大数据：指所涉及的资料量规模巨大到无法透过目前主流软件工具，在合理时间内达到撷取、管理、处理、并整理成为帮助企业经营决策更积极目的的资讯。

标准制定情况：新技术，标准正在制定中。

二维码：它使用几何图形按一定规律在平面（二维方向）上分布的黑白相同的图形，是所有信息数据的一把钥匙。

标准制定情况：PDF417（美系标准）、QR码（日系标准）、DM码（韩系标准）、GM和CM（中国标准）。

NFC：Near Field Communication，近距离无线通信技术，在单一芯片上结合感应式读卡器、感应式卡片和点对点的功能，能在短时间内与兼容设备进行识别和数据交换。

标准制定情况：ISO/IEC IS 18092国际标准、EMCA-340标准与ETSI TS 102 190标准。

生物识别：通过计算机与光学、声学、生物传感器和生物统计学原理等高科技手段密切结合，利用人体固有的生理特性和行为特征来进行个人身份的鉴定。

标准制定情况：已有大量技术标准，并在不断完善。

移动支付：允许用户使用其移动终端（通常是手机）对所消费的商品或服务进行账务支付的一种服务方式。

标准制定情况：13.56 MHz的NFC技术标准、2.4 GHz标准。

云计算：基于互联网的相关服务的增加、使用和交付模式，通常涉及通过互联网来提供动态易扩展且经常是虚拟化的资源。

标准制定情况：尚在制定中，目标为互联云。

2.2 物联网应用领域规范

智能电网：构建统一坚强的智能电网。

标准制定情况：国内标准已由国家电网在制定《智能电网技术标准体系规划》，国际上通用 IEEE P2030、IEC-SG3，NIST三种标准。

智能交通：高效低碳便捷的智能交通，集信息技术、数据通信技术、电子传感技术、控制技术及计算机技术于一体的交通综合信息管理系统。

标准制定情况：各种交通应用，如TEC、车载定位终端等标准已在制定中，并不断完善

智能物流：让货物流通更加畅通和快捷，利用集成智能技术，使物流系统模仿人的智能，快捷人性化的实现货通天下。

标准制定情况：行业标准正在制定中。

智能家居：实现家庭万物的互联互通，通过视频监控、无线通信、智能硬件、可穿戴设备等技术和产品，打造完整的家居生态系统。

标准制定情况：目前暂无公认的行业标准，国际上有两大智能家居通信协议联盟Zig-bee和Z-wave。

环境与安全检测：让环境更美好，让世界更安全，利用互联网传感技术和无线通信技术，实现对大气、水文、森林、土壤等环境的要素和动植物安全的跟踪监测。

标准制定情况：已形成覆盖全面的行业标准体系。

> 智能工业：工业自动化控制从信息化到智能化，工业生产中，通过各种参数的自动化设置，尽量减少人操作，充分利用人以外的能源和各种资讯来进行生产。
>
> 标准制定情况：行业标准健全。
>
> 医疗健康：医疗健康物联网应用大有前途，利用RFID、传感器、二维码等随时获取药品或药械信息，通过有线或无线网络与互联网结合，将产品信息准确传递，利用云计算系统对海量信息进行分析处理，实现智能化控制管理。
>
> 标准制定情况：由国家食品药品监督管理总局CFDA制定了100多项医疗器械行业标准。

参考文献

[1] 刘云浩. 物联网导论[M]. 北京：科学出版社，2010.

[2] 深圳市宏电技术股份有限公司. 3.15聚焦物联网行业规范一张图让你看懂物联网[Z/OL]. http://www.hongdian.com/news/View_101039001_100000691962864.html.

国外电视天气系统图形符号使用状况
及我国的标准制定①

李　强[1]　朱定真[1]　成秀虎[2]

（1.中国气象局公共气象服务中心，北京　100081；2.中国气象局气象干部培训学院，北京　100081）

1　引言

在电视及网站上使用天气系统图形符号有助于社会公众更直观地理解天气发生的原因及天气发展、变化的过程。制定《电视气象节目常用天气系统图形符号》标准，能使全国电视、网络媒体中天气系统图形符号的表现形式统一起来，避免不同的图形符号在社会公众中引起误解和混乱，从而树立起电视、网络气象信息传播的权威性和信息传递的准确性，有利于天气发展状况信息的传播和气象防灾减灾知识的普及，有利于提升电视、网站及新媒体平台上公众气象服务的实际效果。

针对这一目标，我国于2014年制定并发布了《电视气象节目常用天气系统图形符号》标准。在标准制定过程中，标准起草组通过对英国、德国、意大利、美国、加拿大、俄罗斯、日本、韩国、印度、泰国、越南、巴基斯坦、菲律宾、澳大利亚、新西兰、南非等国家的气象类网站、气象节目视频以及相关标准文献等进行了大量查阅调研，了解了国外气象节目中天气系统符号的运用情况，现整理出来以飨读者。

2　国外媒体天气系统图形符号的应用特点

国外多数国家的气象局官方网站或节目中都有对天气的分析图及数值预报图，这些图中使用的天气系统图形符号可以分为两类，一类为有一定规范的，如常用的高压、低压、冷锋和暖锋。而槽线、脊线、切变线等系统符号出现相对较少，只在一些国家有所规范。另外一类为无相应规范的天气系统图形符号，根据图形表达需要，用区域或线条绘制的天气区域或系统，如表示强烈天气的区域、系统发展移动方向的箭头和中心标值等。

有规范的天气系统图形符号表述基本都是采用气象天气图的绘制习惯（如图1所示），如冷锋就是用蓝色实线，间隔分布着一个又一个三角形，三角形的尖指向暖空气一侧；暖锋用红色，间隔分布着一个又一个半圆形，半圆形指向冷空气一侧；高压用蓝色字母"H"或"高"表示；低压用红色字母"L"或"低"来表示。

---

①　本文刊于2014年《气象标准化》第2期。

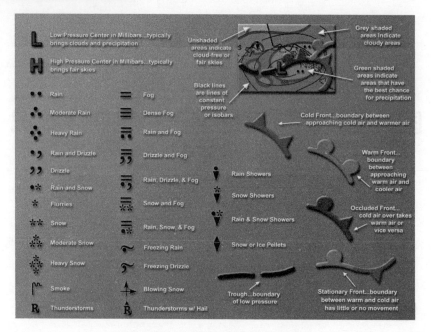

图 1　国外天气系统图形符号规范

各国使用习惯虽然整体类似，但在颜色和形状等方面仍有差异：在颜色上，同一个天气系统图形的颜色虽属同一色系，但有深有浅；在形状上，每个国家都有自己习惯的表达方式。以高压为例，在一般的天气分析图中美国、韩国、泰国喜欢用深蓝色的大写字母"H"表示，而日本的高压除了用"高"之外，后面还配有一个填满蓝色的圆形；而澳大利亚和新西兰则喜欢在大写字母"H"的后面配上一个填色的正方形，澳大利亚还会在H或L附近标上中心值，如图2所示。

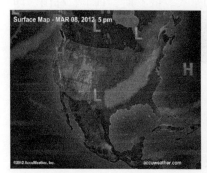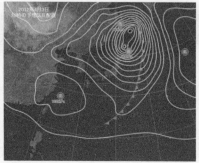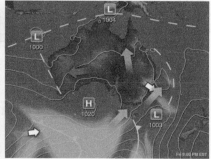

图 2　美国、日本和澳大利亚的天气分析图对比

在国外的天气网站中，由于电视媒体制作一般为自动化，对于一般的天气分析图，天气系统的图形表达都看起来简单明了，并不复杂，有些国家只用简单的黑白色，甚至连天气系统的符号都没有标注，只有一些简单的等值线，如菲律宾和新西兰气象局网站，而相对来说，英国、美国、日本和澳大利亚的气象网站所使用的天气系统图形颜色饱和，更具美观性和形象性。就拿美国常用的www.accuweather.com这个网站中的气象专家类节目来说（如图3所示），天气系统符号做得尤其生动，节目中出现的冷锋、暖锋都颜色饱满，比较立体，而高压也不仅仅是用一个深蓝色的字母"H"表示，其后面还配有浅蓝色的顺时针方向旋转的气流。不过在他们的节目中也很少见到槽线、脊线的身影，他们更喜欢用急流来表示。

图 3　美国Accuweather（准确天气）公司天气系统图形

在国外气象网站或节目中，使用天气系统图形时，还通常会和雷达、卫星或强天气发生区域叠加使用（图4），其对剧烈天气的表达更加突出，能给观众以直观、深刻的印象，但其对主持人的表达和讲述能力、气象知识要求更高。

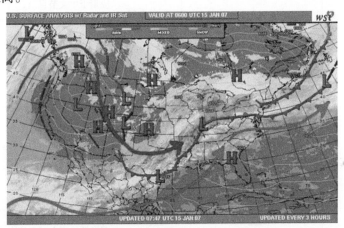

图 4　美国WSI的天气系统图形（WSI现为TWC子公司）

相对来说，其他国家的气象局做得可能就没有这么生动形象，而有一些国家，如巴基斯坦、南非等在其气象局官方网站上都找不到天气实况分析图，多是一些数值预报产品的直接引用。

3　我国天气系统图形符号设计的主要考虑因素

我国发布的《电视气象节目常用天气系统图形符号》标准，对天气系统图形符号所做的统一规定见表1。这些符号设计时特别考虑到方便大众和兼顾专业，主要考虑以下四方面重要因素：

一是根据天气学原理、依据天气系统相关教材和天气预报实际业务中已经广泛使用的多个天气系统图形符号、颜色为基础，如冷锋、暖锋、准静止锋、高低压等；

二是总结自1980年电视气象节目开播以来已经广泛应用于电视节目当中的，已经形成收视习惯了的常见天气系统图形、辅助天气系统图形，如辐散区、辐合区、冷气流、暖气流、升温、降温等图形；

三是借鉴了国际"通用"的美观、易懂的天气系统图形符号，如急流等，并自主设计新增了飑线、辐合线、切变线、湿气流、干气流、暖湿气流、冷湿气流等天气系统图形符号；

表1 电视气象节目常用天气系统的图形符号

编号	名称	图形	颜色	说明
1-01	冷锋 Cold front		蓝色系	
1-02	副冷锋 Secondary cold front		蓝色系	
1-03	暖锋 Warm front		红色系	
1-04	锢囚锋 Occluded front		紫色系	
1-05	准静止锋 Stationary front		蓝色系和红色系的组合	
1-06	高压（中文） High pressure	高	红色系或蓝色系	应用于中文节目 颜色的选取由系统冷暖性质决定 图形符号下方可标注中心数值，单位为hPa
1-07	高压（英文） High pressure	H	红色系或蓝色系	应用于英文节目 颜色的选取由系统冷暖性质决定 图形符号下方可标注中心数值，单位为hPa
1-08	低压（中文） Low pressure	低	红色系或蓝色系	应用于中文节目 颜色的选取由系统冷暖性质决定 图形符号下方可标注中心数值，单位为hPa
1-09	低压（英文） Low pressure	L	红色系或蓝色系	应用于英文节目 颜色的选取由系统冷暖性质决定 图形符号下方可标注中心数值，单位为hPa
1-10	台风 Typhoon		红色系	
1-11	龙卷 Tornado		棕色系	
1-12	飑线 Squall line		棕色系	上方为飑线后侧，下方为飑线前侧（前进方向）
1-13	辐合线 Convergence line		棕色系	高空天气系统用相同图形符号
1-14	槽线 Trough line		棕色系	
1-15	脊线 Ridge line		棕色系	

编号	名称	图形	颜色	说明
1-16	切变线 Shear line		棕色系	可根据实际情况对风向调整
1-17	急流 Jet stream		紫色系	由急流带（外管）和急流轴（箭头）组成，动画演示箭头的移动速度应更快
1-18	辐散区 Divergence region		棕色系或 蓝色系或 红色系	南半球辐散区应反向旋转 冷性系统用蓝色系 暖性系统用红色系 不强调系统冷暖性质时用棕色系
1-19	辐合区 Convergence region		棕色系或 蓝色系或 红色系	南半球辐合区应反向旋转 冷性系统用蓝色系 暖性系统用红色系 不强调系统冷暖性质时用棕色系
1-20	等值线 Contour		灰色系或黄色 系或绿色系 或红色系	等压线、等位势高度线选取灰色系或黄色系或绿色系，可根据节目底图颜色选取不同的等值线色系等温线用红色系
1-21	冷中心（中文） Cold center	冷	蓝色系	应用于中文节目
1-22	冷中心（英文） Cold center	COLD	蓝色系	应用于英文节目
1-23	暖中心（中文） Warm center	暖	红色系	应用于中文节目
1-24	暖中心（英文） Warm center	WARM	红色系	应用于英文节目
1-25	冷气流 Cold advection		蓝色系	
1-26	暖气流 Warm advection		红色系	
1-27	干气流 Dry advection		蓝色系或 红色系	冷性系统用蓝色系 暖性系统用红色系
1-28	湿气流 Moisture advection		绿色系	
1-29	冷湿气流 Cold moisture advection		蓝色系	

续表

编号	名称	图形	颜色	说明
1-30	暖湿气流 Warm moisture advection		红色系	
1-31	降温 Cooling		蓝色系	图形符号中部可标出气温下降的数值
1-32	升温 Rising		红色系	图形符号中部可标出气温上升的数值

四是根据视觉及审美要求，充分考虑电视表达需要的美观性和醒目性，对颜色的确定综合考虑了气象规范、颜色学、电视制作技术要求等方面的因素，通过以往天气区域配色和影视制作经验的总结，在咨询有关专家的基础上，在标准确立过程中，各方面专家对颜色进行了深入的讨论，最终确定了一套既符合实际制作要求，又在电视屏幕上有较好表现力的规范。

由于综合考虑了上述各种因素，广泛吸纳了国内外同一领域不同做法的优点，因而使得所设计的天气系统图形符号较之国外更具应用的广泛性和适用性。所制定的《电视气象节目常用天气系统图形符号》标准，在专家看来天气学意义不错，在公众看来又能理解天气学意义。

4 讨论

本标准综合考虑了国内外天气系统图形符号的使用情况，有效规范、形象地传播气象信息，对提高电视气象节目的服务效果非常有益。但是仍有以下问题值得讨论：

1）本标准主要针对电视气象节目制定，具有一定普适性。但是，目前各种媒体形式层出不穷，在各类新媒体上使用本标准仍需根据媒体特性进行细化。

2）经过20多年的发展，各省地市均已形成各有特色的天气节目规范，本标准的推广执行将会是一个比较漫长的过程。

PM$_{2.5}$的监测与大气环境质量标准[①]

边　森　成秀虎

（中国气象局气象干部培训学院，北京　100081）

1　历史上因颗粒物引起的空气污染事件回顾

历史上，很多国家都发生过由可吸入颗粒物引起的空气污染事件。如1930年比利时马斯河谷烟雾事件、1943年洛杉矶烟雾事件、1948年美国多诺拉烟雾事件、1952年英国伦敦烟雾事件。在这些事件中，以英国伦敦烟雾事件影响最为深远。1952年12月5—9日，由于逆温层作用及连续数日无风，煤炭燃烧产生的多种气体与污染物在伦敦上空蓄积，12月5日开始，城市连续四天被浓雾笼罩，能见度极低，司机甚至需要人坐在引擎盖上指引才能开车。四天的浓雾造成1.2万人死亡，这是和平时期伦敦遭受的最大灾难。

伦敦烟雾事件直接推动了1956年世界上第一部空气污染防治法案《英国洁净空气法案》的通过，此后，英国又出台了一系列的空气污染防控法案，针对各种交通污染、废气排放进行了严格约束，并制定了明确的处罚措施，有效减少了烟尘和颗粒物。经过近30年努力，英国伦敦才甩掉了"雾都"的帽子。

2011年12月4日19时，位于北京的美国驻华大使馆监测到高达522 μg/m^{3}的PM$_{2.5}$瞬时浓度，对应空气质量指数(AQI)为上限值500（参考图1），健康提示为"Beyond Index(指数以外)"。美国驻华大使馆做出这一健康提示所依据的是美国2006年发布的《国家环境空气质量标准》。由于当时我国还没有涉及PM$_{2.5}$的空气质量发布标准，因此直接促成了空气污染监测管理的新标准、政策的发布，也将雾霾天气对公民生活健康的影响提升到全民关注的程度，引起了民间和政府的高度重视。

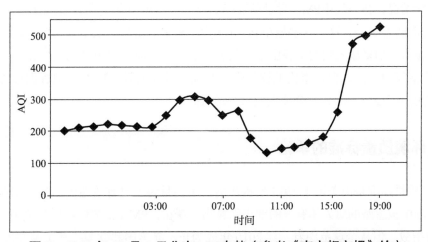

图1　2011年12月4日北京AQI走势（参考《南方都市报》绘）

---

①　本文刊于2014年《气象标准化》第1期。

2 美国 PM$_{2.5}$ 标准的构建与实施

1997 年，美国在全球各国中首次提出PM$_{2.5}$空气质量标准，这是美国解决空气污染过程中一个里程碑式的措施。按照美国环保署 2006 年的规定，24 小时空气中PM$_{2.5}$的平均浓度应限制在每立方米 35 μg，年平均浓度限值为每立方米 15 μg。根据环保署的统计数据，截至 2010 年，美国近 300 个都会城市空气中PM$_{2.5}$年平均浓度值均达到了每立方米不超过 15 μg 的清洁空气标准，美国用了 13 年时间终于跨过了降低空气中PM$_{2.5}$含量的门槛。2012 年美国再上一层楼，新的空气质量标准规定，在 2020 年前所有城市空气中PM$_{2.5}$年平均浓度每立方米要在 12 μg以下。

美国 1990 年修正发布的《清洁空气法》要求行政部门对空气质量做出量化标准，并定期向民众公布空气质量指数，用以衡量空气质量对民众健康的影响。美国环保署根据空气质量指数将空气质量分成六个等级，一是空气质量好、二是空气质量良、三是空气质量对敏感人群有害、四是空气质量对健康有影响、五是空气质量对健康有严重影响、六是空气质量危害健康。

为了使美国民众随时了解空气质量，美国环保署发布了空气质量指数，逐日监测各地的空气质量，目的是让民众知道呼吸了污染空气之后，在几个小时或者几天内对健康会有什么影响。空气质量指数包括 5 种空气污染指标：地面上空的臭氧浓度、可吸入颗粒物污染、空气中一氧化碳含量、二氧化硫含量和二氧化氮含量。按照美国 2012 年新的空气中PM$_{2.5}$含量标准，好的空气质量为每立方米空气中PM$_{2.5}$的浓度应控制在 12 μg以下。每立方米空气中PM$_{2.5}$的浓度超过 200 μg时，有心脏或肺部疾病的人、老人和小孩应该避免所有户外活动，其他人也应该避免长期户外活动。每立方米空气中PM$_{2.5}$的浓度超过 300 μg时，空气属于有害空气，民众吸入的空气恐怕就同吸二手烟差不多。所有人都应该避免户外活动。有心脏或肺病的人、老人和小孩应该保持在室内，减少活动。如果PM$_{2.5}$的浓度超过 500 μg，那空气就不是空气，而是"毒气"了。

不可否认，美国在治理空气污染特别是PM$_{2.5}$上起步早、标准高、投入资源多，甚至不惜降低GDP增长速度，也要让天蓝、空气好。但相应的，也为此付出了经济上的代价，像美国加州为了降低空气中PM$_{2.5}$含量，重点治理汽车尾气排放所带来的污染，其汽油标准高于全美，因此油价也是全美最高的。美国治理空气污染效果显著，与政府制定的严格空气质量标准并严格实施是分不开的，各个大都会地区要按照规定的时间达到政府规定空气质量标准，达不到标准的地区，惩罚措施也很重。

虽然美国政府制定了统一的空气质量标准，但很多地方政府却没有只要达标就可的"懒人"想法，而是依据地方实际情况，将空气中PM$_{2.5}$含量争取降到最低点。2010 年美国有 25 个城市每立方米空气中PM$_{2.5}$的含量年均值低于 6 μg，这是这些城市在 10 年中不断采取措施降低空气污染所取得的成果。而一些自然条件好的城市，如夏威夷州的檀香山市，是著名的旅游胜地，2000 年时檀香山市每立方米空气中PM$_{2.5}$的含量年均值仅为 5 μg，但该市仍继续加强对空气质量的改善。2010 年檀香山市每立方米空气中PM$_{2.5}$的含量年均值下降到 3.6 μg，是全美大城市中最低的。

3 关于大气环境质量标准的争论

PM$_{2.5}$的大气质量标准是由美国于 1997 年提出的，主要是为了更有效地监测随着工业化日益发达而出现的、在旧标准中被忽略的对人体有害的细小颗粒物。现在，PM$_{2.5}$指数已经成为美国一个重要的测控空气污染程度的指数。但从全球范围看，到 2010 年底为止，除美国和欧盟一些国家将PM$_{2.5}$纳入国家标准并进行强制性限制外，世界上大部分国家都还未开展对$PM_{2.5}$的监测，大多数国家依然只是对PM_{10}进行监测，非专业人士也对其并不了解。2011年美国驻华使馆发布的北京$PM_{2.5}$监测数据爆表，超过了最高污染指数500 μg/m³，也即"超出了该污染物的阈值"，这一消息由于有了微博"推波助澜"的宣传作用，使得$PM_{2.5}$瞬间变得"炙手可热"，政府与民众也有了关于监测$PM_{2.5}$的浓度问题针锋相对的讨论机会。而实际上要指出的是，美国大使馆公布的$PM_{2.5}$空气质量数据是小时浓度，而用小时浓度来简单的评价北京市的大气质量"不健康"或"危险"本身就是不科学的，因为无论WHO（世界卫生组织）、美国或中国的空气质量标准的限制浓度都是年均值或日均值，其公共卫生学含义即连续365 d或24 h暴露于该限制浓度以上，才有可能评价是否会出现上述的对人群"不健康"或"危险"的状态，仅仅根据小时浓度值就评价所谓"爆表"是不科学的。当然近期美国使馆的数据发布也根据中国政府的建议做了修订。

自从1997年美国率先将$PM_{2.5}$列为检测空气质量的一个重要指标后，国际上主要发达国家先后陆续出台了相关标准。到目前为止，实施$PM_{2.5}$标准的国家已有加拿大、美国、澳大利亚、新西兰、墨西哥、欧盟、英国以及日本、泰国和印度等国家，我国的香港也已制定了$PM_{2.5}$的空气质量标准。例如，2008年4月14日，欧盟委员会通过了旨在提高欧盟空气质量的《环境空气质量指令》。新的指令为降低$PM_{2.5}$和PM10的含量设定了标准和具体达标日期。根据该指令，到2020年，在城市地区，欧盟各成员国须在2010年的基础上平均降低20%的$PM_{2.5}$含量；到2015年将城市地区的可吸入颗粒物含量控制在年平均浓度20 μg/m³以下。而就各成员国整体而言，可吸入颗粒物含量须控制在年平均浓度25 μg/m³的水平。上述目标最迟须在2015年达到，对于某些成员国则可以在2010年达到。在亚洲，日本东京对$PM_{2.5}$的排放标准是亚洲最严格的，它要求每天每立方米不超过35 μg。表1是世界卫生组织和一些国家环境空气中$PM_{2.5}$标准的限值。

表1　环境空气中$PM_{2.5}$的标准限值　　　　　　　单位：μg/m³

国家/组织	年均限值	日均限值	备注
WHO准则值	10	25	2005年发布
WHO过渡期目标-1	35	75	
WHO过渡期目标-2	25	50	
WHO过渡期目标-3	15	37.5	
加拿大	8	24	
澳大利亚	8	25	2003年发布，非强制标准
美国	15	35	2006年12月17日生效，比1997年发布的标准更严格
日本	15	35	2009年9月9日发布
欧盟	25	无	2010年1月1日发布目标值，2015年1月1日强制标准生效
中国	35	75	拟于2016年实施

世界卫生组织（WHO）和各国对环境空气质量不光在$PM_{2.5}$的标准限值不同，而且在达标率和约束力等方面也各不相同，如WHO要求每年最多有3天超标（99%的达标率），澳大利亚最多5 d，而美国和日本要求的达标率为98%。

4 我国新发布的环境空气质量标准与国外标准的差异

我国 1996 年发布的国家标准《环境空气质量标准》（GB 3095—1996），采用 API（空气污染指数）对全国空气污染物做出衡量。但是 API 只考虑了 PM_{10}、二氧化硫、二氧化氮三种污染物。这三类污染物中，前两个主要源于燃煤或工地扬尘等，后一个则与燃煤和汽车尾气相关。由于过多考虑燃煤因素，该指标基本上对由氮氧化物、挥发性有机物和臭氧等发生光化学反应形成的 $PM_{2.5}$ 类物质，缺乏描述能力。这也正是居民凭感官就知道空气质量不佳时，API 值仍处于"良"的主要原因。

$PM_{2.5}$ 引起社会广泛关注后，中国政府迅速发布了新修订的 2012 版《环境空气质量标准》（GB 3095—2012），与旧标准相比，主要有三个方面变化：调整环境空气质量功能区分类方案，将现行标准中的三类区并入二类区，完善污染物项目和监测规范，包括在基本监控项目中增设 $PM_{2.5}$ 年均、日均浓度限值和臭氧 8 h 浓度限值，收紧 PM_{10} 和氮氧化物浓度限值等，发布频次从每天一次变成每小时一次，与美国等国外标准有了可比性，同时提高数据统计有效性要求。这是我国首次制定 $PM_{2.5}$ 的国家环境空气质量标准，中国的 $PM_{2.5}$ 标准拟于 2016 年生效。

考虑中国国情，新标准采用了 WHO 规定的第一过渡时期的数值，即年均限值与 24 h 平均浓度限值分别定为 35 μg/m³ 和 75 μg/m³。世界卫生组织在 2005 年版《空气质量准则》中也指出：当 $PM_{2.5}$ 年均浓度达到每立方米 35 μg 时，人的死亡风险比每立方米 10 μg 的情形约增加 15%。世界卫生组织认为，$PM_{2.5}$ 小于 10 是安全值，这一浓度可以保护人群中 95% 的人的健康不受颗粒物的危害。

虽然《环境空气质量标准》（GB 3095—2012）对 $PM_{2.5}$ 的限值已经与 WHO（世界卫生组织）第一过渡期目标一致。然而，在评判是否达标的方式以及约束力等方面仍有较大差异。我国发布的 $PM_{2.5}$ 标准中，依然没有规定多高的达标率才是可接受的。

此外《环境空气质量标准》（GB 3095—2012）虽然对 API 指数做出了修正，但 $PM_{2.5}$ 并未立即被纳入强制性监测指标。考虑到环境空气质量标准实施是一项复杂的系统工程，我国新发布的 $PM_{2.5}$ 环境空气质量标准到 2016 年才实施，即要在全国范围内实现常规的业务化监测并公布监测结果时才能实行，这是由我国当前的环境监测能力和现状决定的。虽然我国已有成熟的 $PM_{2.5}$ 监测技术，并且我国部分城市已开展了包括 $PM_{2.5}$ 在内的城市空气质量研究性或试点监测工作，但要在全国统一开展 $PM_{2.5}$ 监测还需要包括仪器设备购置安装、数据质量控制、专业人员的培训、财政资金的支持等大量的准备工作和能力建设工作，所以需要逐步推开。2012 年 12 月 21 日召开的全国环境保护工作会议给出的我国监测 $PM_{2.5}$ 和臭氧（O_3）的时间表为：2012 年在京津冀、长三角、珠三角等重点区域以及直辖市和省会城市开展监测，2013 年在 113 个环境保护重点城市和环保模范城市开展监测，2015 年在所有地级以上城市开展监测。由此可见，北京、上海、广州等大城市在 2012 年即已实施 $PM_{2.5}$ 环境空气质量标准，而全国各地要到 2016 年 1 月 1 日才能全部实施 $PM_{2.5}$ 环境空气质量标准。

参考文献

[1] 焦玉洁."看得见"的 $PM_{2.5}$[J].世界环境，1990（4）.

[2] 中国科学院大气物理研究所.空气中 $PM_{2.5}$20 问[Z/OL]，[2012-11-27].http://iap.cas.cn/gb/kxcb/kpwz/202004/t20200417_5551338.html.

气象标准复核

从复核向标准化技术审查过渡①

——关于复核工作再定位的思考

成秀虎

（中国气象局气象干部培训学院，北京　100081）

1　引言

随着气象事业发展的需要，由于气象标准的编制立项的激增，出现大批待报批的标准文本草案。由于气象标准编制工作是一项严谨、细致的工作，标准化专业技术基础薄弱，致使标准报批稿的文本质量不高，为了保证气象标准的编制质量，中国气象局政策法规司于 2010 年 6 月以气法函〔2010〕21 号《关于委托开展气象行业标准复核与气象地方标准备案工作的通知》形式正式委托当时的中国气象局培训中心（现气象干部培训学院）标准化研究室承担标准复核工作。经过近 3 年的复核实践，标准化室共接收了 150 多项气象行业标准和国家标准的复核任务，对标准编制的质量起到了一定的审查把关作用。

当前，国家对标准化工作日益重视，但标准制修订工作中也出现重数量、轻应用的现象，许多标准的发布之日就是束之高阁之时，在实际工作中没有得到应有的应用。一项统计表明，我国 30% 的标准制订出来后没有卖过一份，标准的适用性差是原因之一。这一现象促使人们对标准质量的认识发生了变化，衡量标准的质量不仅要从标准文本本身着眼，更要从"用"字上着眼，围绕标准是否"有用""能用"和"管用"进行判断，只有那些让人觉得"有用"、具备可操作性"能用"和具有约束力"管用"的标准才是高质量的好标准。过去复核工作着眼于标准文本自身的规范性，现在需要从"用"的角度对报批的标准进行编制质量的审查。

就气象标准而言，标准发布之后使用率同样不高，因为实际业务中大家习惯于按照部门业务文件要求去做，深层次的原因与标准的质量不高、适用性不强也有关系。气象标准是气象部门实施行业管理，强化社会管理和公共服务职能的重要手段之一，那种依靠部门文件管理的方式显然不能适应新形势的要求，所以《气象标准化十二五发展规划》中特意将公共服务与社会管理类标准作为"十二五"时期气象标准编制的重点。标准制订出来后作为新的技术要求或工作规范，要能被社会各方所广泛认可和接受，才能得到很好的应用，因此加强标准适用性方面的质量审查十分重要。为适应这一新的形势需要，标准复核的原有定位必须有所转变，即要向气象标准化技术审查方向过渡。

2　标准复核的主要内容及存在的问题

从 2010 年 5 月标准化研究室向法规司提交的复核工作建议内容来看，复核工作主要是对标委会提

---

①　本文成稿于 2012 年，在《气象标准化通讯》2013 年第 1 期上内部刊发。

交的标准报批稿进行材料齐全性检查和GB/T 1.1—2009有关格式、结构和文字要求的形式审查。发现的问题多集中在标准报批文本的体例、格式（如引导语、图、表、注、要求等）、标准条款措辞不当（如要求性条款要用"应"，推荐性条款要用"宜"等）、规范性与资料性混用、内容取舍不当（如用了大量篇幅讲原因、无法执行的条款写入标准、标准前后内容不一致，与现行标准、法规要求冲突等等）、文字表达不通顺不准确等。

实际工作中复核人花了大量时间和精力检查核对起草人有没有按标准审查会录音或审查意见对标准条款进行逐条修改，但对标委会所报送材料的完整性没有严格履行把关职责，材料不齐的也进入了复核程序，致使不少报批材料至今仍积压在复核机构手中不能上报发布。

在复核机制上初步形成了一套程序，如建立了始于起草单位、中间到标委会秘书处、法规司，下到干部学院标准化研究室的复核流程。要求在标委会、省局建立起复核人员队伍，从源头把关；划分了标准出版稿与标准复核稿版本不一致时的责任，形成了复核意见出现分歧时由法规司出面协调裁决的争议解决机制（即会核会制度）。上述机制在实际运行中因为各种原因并未得到全部实施和贯彻，如标委会、省局建立复核队伍把关的问题，复核意见如何有效、快速转达的问题迄今都没有得到很好的解决。

3　标准化技术审查的主要内容

根据国家标准技术审查部的介绍，标准化技术审查的工作内容可以从"利益公正、程序合法、文书齐全、材料充分"这16个字的工作总要求出发来加以总结。

一是要审核报批材料的齐全性，即对报批材料的完整性情况、计划与报批材料的一致性情况以及计划的执行情况进行检查。由此可以看出，标准化技术审查者相当于以项目组织者委托人的身份代表国家对标准项目承担者提交的项目成果实施检查和验收，重点是看项目是否按计划要求进行并达成项目目标。

二是审核标准制修订程序的合法性，即对国家标准制定程序及各个环节是否符合法律规定的程序要求进行审核。审核的依据是《国家标准管理办法》和《国家标准制订程序》的相关规定。标准体现的是共同利益与最大限度的共识，只有保证制修订过程的公开、透明，协商一致，才能保证标准的公平公正和融合，关键是各利益相关方的意见能够在标准中得到充分的反映。编制说明、审查会纪要及其相关附件是反映制修订程序合法性的重要材料，是标准化技术审查者必须重点关注的审核文件，也是需要起草人花费与标准文本同等精力予以关注的重要报批文件。

三是审核标准报批文本的内容合理性，要对标准内容确立依据的情况、标准与法律法规的符合情况、与相关标准协调情况和采用国际标准情况等进行审核。标准内容的必要性、可行性、协调性、一致性等必须在编制说明中有充分的论证与说明。

四是审核标准报批文本的编写规范性，即是否符合GB/T 1.1及相关的基础性国家标准的要求，重点关注标准的结构、篇章安排是否符合要求，内容表达、陈述方式、编排格式是否符合相关规定。这方面的要求很多、很细，是标准编写者短时间难以一下子全部掌握的内容，也是标准化技术审查中最容易发现的问题。

4　复核与标准化技术审查的异同

从标准化技术审查的内容可以看出，标准化技术审查担任了四个方面的角色，即标准编制项目完成情况的第三方评估者，国家标准制修订管理办法及相关程序执行情况的检查者，标准技术内容质量的监督者，及标准编写规范执行情况的执法者，承担标准发布前最后一道综合把关的责任，可以看作是政府与社会公众利益的守夜人。而从复核工作的实践看，复核人把更多的精力和时间用在帮助起草人修改完善标准上了，图1为标准复核中大量重复出现的部分问题，从中可以看出，大部分问题应该在标准报批稿之前就解决了。即使不是标准，就一般的论文写作而言，用词统一、图文一致、标题与内容一致、前后逻辑上相呼应等都是最起码的要求。由此可见标准报批前尽管做了大量程序性工作，但缺乏对标准报批稿文本的完整性修改和整体把关，导致标准复核客观上成了标委会标准审查职责的代工人。

概括起来看，复核工作做了大量编写规范性审查的工作，甚至超出了标准化技术审查的要求范畴，越俎代庖当起了起草人，这里既有制度规定不清、职责不明的原因，也有标准起草人水平不高、标准化人才缺乏、对标准制修订程序不熟悉的原因。另一方面，在材料齐全性方面虽有要求但把关不严，在利益公正、程序合法、内容合理方面则关注度不够，主要表现在对编制说明等附件审核不到位、不重视，审查要求与重点不明确等。

1.排版格式问题，如未套用GB/T 1.1—2009模板；排版格式，字间距、行间距等不符合规定。

2.内容术语等不统一，包括同一标准内术语不统一，标准间术语不统一；标准内容叙述前后不一致、数据格式、符号不一致等。

3.审查会意见未落实到报批稿上。

4.标准篇章写法不符合要求

    封面：英文题目和中文不一致；

    前言：起草规则、起草单位、起草人的写法不按基本格式写等；

    引言：出现不应该在引言中出现的内容；文字不简练；

    范围：范围和文本不一致；范围和目次不一致；范围和题目不一致；

    规范性引用文件：引导语格式不规范；规范性引用文件在文本中未引用，或引用的文件没有在这里列出；规范性引用文件的排序不符合规定；

    术语和定义：引导语格式；术语在文中未出现；英文对应词和中文不一致；排版方式，条号、字体、空格等；定义中出现"指""是指""一般指"等词；以范围代替定义；定义的外延和内涵不能完全取代术语；出现教科书式的内容，不符合定义的写法，术语中出现单位、示例等应该放在注中的内容等。

图1　标准复核常见问题举例

5　实现标准化技术审查需要具备的条件

要想实现由复核工作向标准化技术审查的顺利过渡，至少需要具备下列四个条件。

条件一，形成政策的支持。标准的审批、发布权限归国家标准化行政主管部门，GB/T 16733—1997在标准制定程序的阶段划分中，将"国家标准技术审查机构提出审核意见和结论"作为国家标准批准阶段的主要工作，明确对报批材料不符合上报要求的可退回标委会或起草单位处理，对存在重大技术方面或协调方面问题的，技术审查机构可退回主管部门或有关标委会。上述规定，如果不是写入《国家标准化管理办法》及其相关规定，其权威性就不够，标委会和起草人就不会认可。气象标准复核工作向气象标准化技术审查职能转变也需要在气象标准化管理的相关规定中有明确规定才行。

条件二，气象标准主管部门要有现实的需求。标准化技术审查是政府批准标准的一个工作环节，技术审查机构受托提出标准审核意见和结论，如果标准报批数量很少，政府机构的人就能承担，就没必要指派专门机构和人员承担标准化技术审查工作，只有当标准编制数量较多，而技术审查专业性要求又比较强时，标准化技术审查的需要才会提上议事日程。

　　条件三，标准化制修订各环节的相关人员要有各负其责的共识。标准制修订涉及起草人、起草单位、各利益相关方、标委会和标准行政管理者，各方只有都按照有关规定履行好自己的职责，各负其责，才可能实现标准复核向标准化技术审查的顺利转变。其中标委会的一环尤其重要，《全国专业标准化技术委员会管理规定》（国标委办〔2009〕3号）第二条第三款明确规定，标委会"对所组织起草和审查的国家标准的技术内容和质量负责；"换句话说，应尽可能将未按照GB/T 1.1—2009要求起草的标准草案挡在报批稿上报之前。这一关如果把不好，标准化技术审查机构仍要花大量时间来修改编排格式、各要素选择不适当、条款有歧义不易为专业人员所理解等问题，要花大量精力就如何处理好推荐型与陈述型性条款的关系，贯彻好统一性要求（文体、结构、体例、术语、编号、图表、附录等统一）等与起草人反复沟通，不堪重负的编写规范性修改会让技术审查机构无法真正履行好标准化技术审查的职责。

　　条件四，要有具备承担标准化技术审查能力的人员。从标准化技术审查的内容来看，其审查人员既要熟悉标准化管理的相关法律法规，又要熟悉气象领域相关的法律法规和业务规定，既要懂标准化技术，又要懂专业技术，既要有一定的文字功底，还要有一定的沟通能力，既要熟悉国内的标准，又要熟悉国际的标准，既要熟悉标准制修订方面的标准，又要熟悉气象专业方面的标准。仅就支撑标准制修订工作的基础性系列国家标准而言，就有近20个标准需要掌握（见图2），这些标准是从事标准化技术审查的基本依据，不熟悉和不掌握就不可能做一个称职的标准化技术审查人员，所以拥有具备一定标准化技术审查能力的人员是实现标准化技术审查转向发展的又一关键。

1.GB/T 1　标准化工作导则
　——GB/T 1.1—2009　第1部分：标准的结构和编写
　——GB/T 1.2　第2部分：标准制定程序
2.GB/T 20000　标准化工作指南
　——GB/T 20000.1—2002　第1部分：标准化和相关活动的通用词汇
　——GB/T 20000.2—2009　第2部分：采用国际标准的规则
　——GB/T 20000.3—2003　第3部分：引用文件
　——GB/T 20000.4—2003　第4部分：标准中涉及安全的内容
　——GB/T 20000.5—2004　第5部分：产品标准中涉及环境的内容
　——GB/T 20000.6—2006　第6部分：标准化良好行为规范
　——GB/T 20000.7—2006　第7部分：管理体系标准的论证和制定
3.GB/T 20001　标准编写规则
　——GB/T 20001.1—2001　第1部分：术语
　——GB/T 20001.2—2001　第2部分：符号
　——GB/T 20001.3—2001　第3部分：信息分类编码
　——GB/T 20001.4—2001　第4部分：化学分析方法
　——GB/T 20001.5—XXXX　第5部分：产品
　——GB/T 20001.6—XXXX　第6部分：管理体系标准的论证和制定
　……

4.GB/T 20002　标准中特定内容的起草
　——GB/T 20002.1—2008　第1部分：儿童安全
　——GB/T 20002.2—2008　第2部分：老年人、残疾人
　……

图2　支撑标准制修订工作的基础性系列国家标准

6 标准化技术审查条件逐步具备

随着气象社会化管理和公共气象服务职能的加强，推进气象标准在公共管理和服务中的应用成为气象部门加强行业管理的重要手段之一，标准能不能反映各方利益，是不是代表了公正的立场，经常成为公众和媒体质疑的焦点。在这种情况下，加强标准的利益公正性、程序合法性审查就变得更加重要和迫切，过去复核工作中是很少从这个角度进行检查和审核的。从现实的情况来看，标准化技术审查的客观条件正在具备。

首先，正在修订的"气象标准化管理规定"中考虑了当前气象标准化发展的形势，认为有必要提高对标准复核工作的要求，有意将复核工作转化为标准化技术审查职能，增强其权威性和把关作用，授权对于不合格的标准可以退回标委会要求重新处理。

其次，标委会数量不断壮大，至 2013 年气象全国专业标准化技术委员会及分技术委员会和气象行业标准化技术委员会将增至 14 个，标准制修订数量会明显增多，标准质量要求会进一步增强，成立专门的标准化技术审查机构和培养专职化的标准化技术审查人员势在必行。

再次，经过多年的发展，气象标准化人才有了一定的储备，业务能力不断增强，管理水平不断提高，标准质量把关能力得到提升，客观上为标准复核机构腾出精力从编写规范性修改向标准化技术审查方向过渡提供了可能。

最后，标准复核机构人员经过几年的复核锻炼和不断学习，基本掌握了标准化技术审查的要领，积累了从事标准化技术审查的基本经验，总结形成了可供操作的具备气象行业特色的标准化技术审查业务流程，初步具备了履行标准化技术审查的能力。

综上所述，开展标准化技术审查的条件已基本具备，复核工作向标准化技术审查过渡的时机已经来临。作为复核机构，我们应该及时转变观念，顺应形势发展的需要，抓住机遇，强化能力，努力为气象标准的发布质量和增强标准的适用性把好关，提供好相关的咨询和服务。

气象标准复核质量管理中
系统论思想的应用与探索①

成秀虎　黄　潇

（中国气象局气象干部培训学院，北京　100081）

为提高气象标准质量，2010年6月中国气象局标准化行政主管部门下发了《关于委托开展气象行业标准复核与气象地方标准备案工作的通知》，将气象标准复核工作正式委托给一个专门机构（当时称为气象标准研究机构，后来称为标准化技术支撑机构）来完成。5年来，专门机构在努力完成气象标准复核任务的同时，按照"学习、实践、总结、规范"的工作思路，逐步总结探索出一条以系统论思想为基础的标准复核质量控制办法，以下是这一实践探索的总结。

1　复核质量管理面临的难题

气象标准复核的主要任务是按中国气象局要求，对每年上报的标准报批稿进行GB/T 1.1—2009等制修订基础性国家标准的符合性审查，以保证标准发布的质量。通常每年发布标准都有一定数量要求，所以标准复核质量管理本质上包括两个方面的内容，即标准质量控制和标准复核时间控制。复核时间过长，发布数量得不到满足，标准作用得不到应有的发挥，质量就成了一种自娱的游戏；过分关注时间要求，质量得不到保证，发布的大量标准就可能如同废纸一堆，同样浪费了国家的财力、物力。兼顾好数量与质量两者之间的关系，是标准复核管理工作需要面对的难题。专门机构开展复核工作以来面临这一难题的主要表现如下。

1.1　复核标准积压较多

自专门机构开展复核工作以来，平均每年有47.4个标准提交了之后不能完成复核，年均标准复核完成率只占当年应完成数的39.7%（见表1），可见复核标准积压之多。造成复核标准积压的原因，既有提交复核标准质量不高的原因，也有复核人员不足的问题。前者造成单个标准复核周期加长，后者造成复核标准数量总体积压。

---

①　本文成稿于2014年，参加了同年在中国厦门举办的全国第一届提升标准质量交流会，2016年在《标准科学》增刊上公开发表。

表1 2010—2014年标准提交及复核完成情况

年度	提交复核数	年度累计需复核量	当年完成复核数	年末结余数	年度累计复核完成率
2010	34	34	1	33	2.9%
2011	61	94	44	50	46.8%
2012	46	96	46	50	47.9%
2013	45	95	48	47	50.5%
2014	66	113	57	56	50.4%
平均	50.4	86.4	39.2	47.2	39.7%

1.2 标准复核周期偏长

图1为专门机构开展复核工作5年的平均复核周期，从中可见前4年复核周期呈逐年加长的趋势，单个标准最长复核周期也由2011年的15.1个月加长到2013年的40.1个月。2014年因采取行政清理措施强制要求必须完成2013年及其以前标准才使得复核周期加长趋势得到遏制。导致复核周期加长的主要原因是以前年度提交复核标准在随后年度未能及时完成，加之每年因标准复核能力所限导致的当年提交复核标准不断压后，使得整个标准复核周期步入不断加长的恶性循环之中。

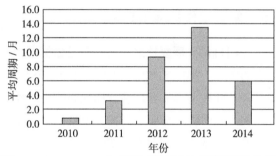

图1 2010—2014年标准复核平均周期发展趋势

1.3 标准复核状态信息不全

一项标准何时进入专门机构，进入专门机构后何时分配给复核人，复核人复核了多长时间，什么时候退给标委会、标委会有没有返给起草人，起草人有没有修改，起草人知不知道修改要求，标准起草单位和当地标准化行政主管部门有没有督促检查、有没有对复核意见的修改进行指导把关等全都说不清楚。作为管理者要想了解有多少标准在复核中，有多少标准在退改中、有多少标准需要会核、有多少标准可以上报，没有一个人能说得清楚。已有的登记材料时间不准确，登记项不全；登记人数度变化，资料没有延续性；动态信息缺乏，需要一个一个去了解，而且一次跟一次了解的情况还可能不一样。这种信息的混乱，导致管理者难以实现有效的进度管理。

1.4 复核质量终裁机制缺乏

如表1所示，2010年专门机构收到的提交复核标准34个，但实际只完成1个，这是按照"复核标准上报后不再退回"的标准进行统计的，并非当年实际复核标准上报数。事实上当年复核的大多数标准在进入复核程序后，大都在专门机构、标委会、起草人、标准批准机构之间来回反复多次。原因是专门机构出具的复核意见不够权威、复核各环节涉及人员都从自身对GB/T 1.1—2009的理解出发，自说自话、自我坚持，形不成统一的意见，而面对争议又缺乏终裁机制，导致有些标准被长期搁置。图2是2010—2014年标准复核完成情况结构图，从中可以看出，2013年复核完成的标准中，前三年积压标准占 2013 年当年总复核标准的 65%，而 2010 年提交复核的标准只有 6 个，须知这是在以行政手段强制要求完成以前年度提交标准的情况下完成的，如果不是强制，标准可能还会被长期搁置下去。

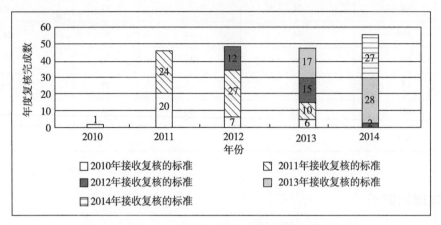

图 2　2010—2014 年标准完成复核情况结构分布

1.5　复核工作标准不定型

专门机构开展复核之初的任务是做标准报批稿的形式审查，重点关注符合GB/T 1.1—2009 有关格式要求的情况。2013 年 12 月中国气象局办公室印发《气象标准制修订管理细则》，规定专门机构的主要任务是对"标准内容的合理性、标准间的协调性以及标准编写的规范性"等进行复核，增加了专门机构要在"三个月内将符合要求的标准报批材料以及复核意见汇总处理表报送政策法规司并抄送标委会和直属企事业单位或者省级气象主管机构"的时间和程序性要求。2014 年 11 月中国气象局办公室印发《关于强化气象标准实施工作的通知》，强调发挥标准的基础性制度作用，确保气象标准批准发布后能够在实际工作中得到贯彻实施。这一文件无疑促使了标准复核工作朝着实质性内容审查方向发展，标准的"内容合理"和"协调一致"将可能成为未来复核的重点。2014 年底，中国气象局标准化主管部门又根据人事司机关职能下放文件的精神，增加了专门机构对报批材料齐全性审查和报批稿终审把关的要求。由上可见，复核工作在不同时期有着不同的要求和工作标准，专门机构对适应这种不断变化和提高的标准要求方面还显得准备不足。

2　系统论思想对标准复核质量管理的启发

面对复核质量管理中的困境，从系统论思想中可以找到解决问题的办法。系统论作为一种世界观和方法论，打破了传统的封闭思维习惯，要求人们要注重事物的整体性，研究事物的内部结构及联系，重点是空间排列及时序组合对系统存在目的性的影响，关注系统内部及与外界环境之间的信息传递对系统整体功能实现的影响。系统论的基本思想方法，就是把所研究和处理的对象，当作一个系统，分析系统的结构和功能，研究系统、要素、环境三者的相互关系和变动的规律性，并从优化系统的角度来看问题。

系统论的这一思想，为我们对标准的复核质量控制提供了一种方法，即要从复核质量管理目标出发，以联系的、整体的观点看待复核工作各个环节，找出影响复核质量的各种要素，让各种要素通过时空的有序组合和与外部信息的畅通交流，实现复核质量达标的目的。系统论思想对复核工作的启示是，可以按照系统的概念，将影响气象标准复核质量的各要素按照一定的时空顺序组合起来，形成相互联系相互影响的有机整体，具体表现为合理的流程和必要的信息交流与反馈，促使与复核相关各岗位人员自觉履行职责、主动关注个人工作结果对整体目标实现的影响，通过对各复核环节的有效控制、质量把关和行为调节（含主动与被动），实现复核质量、复核周期达到标准发布质量标准的目的。

标准复核可以看作一个"在一定周期要求下，以保证发布标准达到质量要求"为目标的人造系统。所谓人造系统，就是其有明显的目的性，表现为功能的人为性，即系统的功能服从于人们的某种目的，人们可以通过系统要素的选择、联系方式及系统的运动设计，来反映人们的某种意志，实现人们的某种目的。根据这一原理，可以人为构建一个复核系统模型，为有效的标准复核过程管理、标准复核效率提高、标准复核周期缩短、标准复核质量保障提供有效的质量控制措施。

3 气象标准复核系统模型的构建

复核系统模型构建的目的在于通过模型的系统分析，抓住复核过程中那些需要抓住的关键时间节点，取得相应的信息，从而便于及时重新配置资源、做好必要的协调和控制，提高复核工作的整体效率，实现专门机构的整体复核目标和任务。

图3为笔者运用系统论思想，根据国家有关标准制修订阶段的划分规定、《国家标准管理办法》《气象标准化管理规定》及《气象标准制修订管理细则》的有关要求，构建的气象标准复核系统模型。从图中可见，系统的主体是灰色部分，系统的输入端是经标委会审核认为合格、可以进入复核程序的标准报批稿，包括报批材料的附件；输出端是经专门机构复核确认达到标准质量要求、可以提交批准的标准报批稿，包括标准编制说明等报批材料的所有附件。

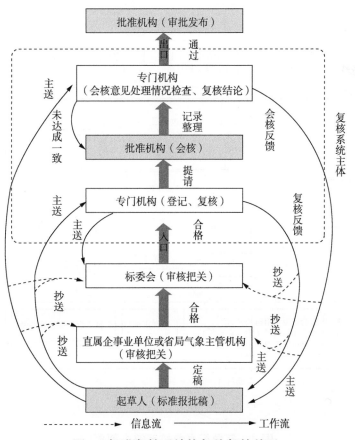

图3　标准复核系统构与外部的关系

　　输入输出端内部构成复核系统的主体，要素包括输入端的报批材料初核确认与登记、复核人员选择及确定，复核阶段的意见提出及修改，会核阶段的会核意见提出、协调及修改确认，输出端的报批材料综核上报等4个环节，涉及复核秘书、复核人、专门机构负责人等三种内部人员，具体见图4。

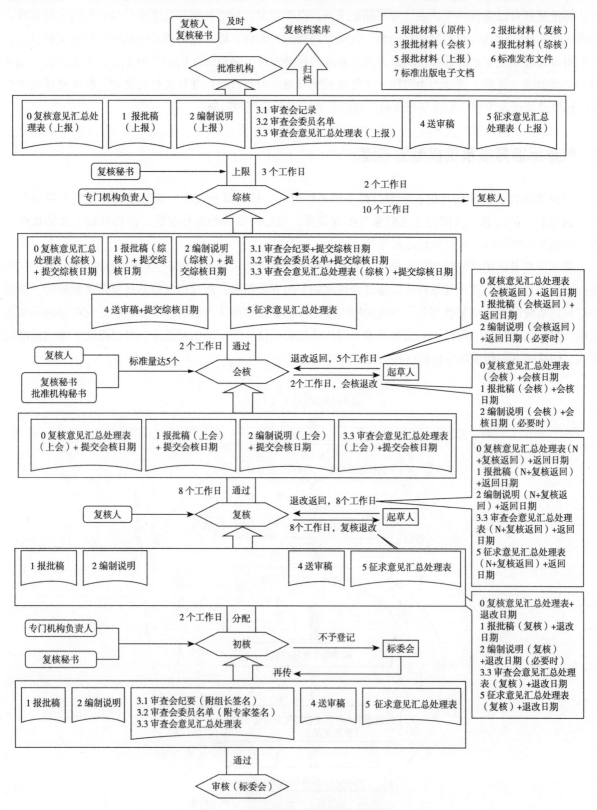

图4　气象标准复核系统内部要素

复核系统与外部环境之间，存在着专门机构与起草人之间的两个顺时针方向的工作与信息流大循环，用于复核意见、会核意见的反馈处理；存在着专门机构与标委会、专门机构与标准批准机构之间的逆时针方向的工作与信息流小循环，用于阻止不符合基本条件的标准进入复核程序和保障复核意见得到协调一致的处置。大循环在专门机构与起草人之间进行，但所有变化信息需要周知标委会、省级气象局（或直属单位）标准化管理人员（参见图3）。由此可见，标准复核系统还是一个典型的开放系统，需要与外部环境之间进行多对象、多层次、多时间窗口的信息交换和沟通。

综合起来看，我们可以把气象标准复核系统归结为一个开放的、目标单一的人造系统，其工作目标是保证发布标准达到以GB/T 1为代表的制修订基础性系列国家标准的要求。

4 气象标准复核质量的控制措施

系统论思想的好处，不仅在于可以通过构建系统模型来认识复核系统的特点和规律，更重要的是还可以利用认识到的这些特点和规律去控制、管理一个系统，或改造成一个新的系统，使它的存在与发展合乎人们预期。在提出复核系统概念模型基础上，我们以复核系统存在的目的为出发点，重点从系统的输入、处理、输出过程入手，提出了几项优化系统的措施，以达到有效控制质量、缩短复核周期的目的。

4.1 建立标准复核准入与复核登记制度

在系统的输入端，安排复核秘书作为把关人，对送交专门机构复核的材料进行初核把关，避免材料不全或报批材料有缺陷的标准带病进入复核程序。为了方便复核秘书把关，明确复核秘书的工作标准，明确提交复核的标准材料及附件有7个（见图5）。对于材料不全、基本格式不合格、审查会纪要为未通过、审查委员会主任委员未签名、审查会专家未签名或签名不全的，予以退回，不予进入复核程序。

对于经初核合格的标准进行编号和登记。标准接收顺序号是复核标准在专门机构的唯一身份识别信息。为了全程跟踪和全面掌握标准在整个制修订周期中的情况，设计了反映标准从立项到复核过

```
提交材料清单：
1 报批文本
2 编制说明
3.1 审查会纪要
3.2 审查委员会专家名单
3.3 审查会意见汇总处理表
4 送审稿
5 征求意见汇总处理表
```

图5 提交复核标准应交材料清单

程、发布等专门机构必须掌握的全部信息的复核信息记录表（见表2）。该表一表多用，既可用于标准复核过程中各相关方与起草人的联系；也可供管理者随时掌握每个标准所处的状态，根据状态对复核人和复核标准进行管理；还可用于标准协调性检查、标准周期分析研究等，因而是标准管理与质量控制的重要工具。该表明确由复核秘书根据标准复核及审批的进度情况及时跟踪并如实记录在相应的栏目中，保证数据的随时更新。

表2 复核信息记录表

接收顺序号	标准名称	标准级别	归口标委会及秘书	起草单位/起草人及电话	复核人	进度状态	接收日期	分配日期	复核退改日期	退改返回日期	提交会核日期	会核日期及结论	会核退改日期	会核退改返回日期	上报日期	标准项目编号	标准项目名称	发布文号	发布日期	标准编号	审查秘书	备注

4.2　建立责任复核人制度

　　标准进入复核程序后，由专门机构负责人根据复核人的专业情况、工作水平及标准的难易程度、加急程度确定标准复核人。复核人一经确定，就需要对该标准全程负责。类似于书报刊的责任编辑制度，复核人对所复核标准的质量负完全责任，既包括标准格式的形式审查，也包括标准内容的实质性审核。复核通过的基本标准为"材料齐全、统一规范"，更高的标准还应包括"内容合理、协调一致"。为了对复核人履职情况进行跟踪检查、对起草人配合情况进行记录、对标准中的争议问题进行协商、对标准质量问题进行总结分析等，特意要求复核人对所有复核、会核意见和意见处理情况进行登记，要将复核过程的重要意见和处理情况完整、如实地填入标准复核意见汇总处理表（见表3）中，这一记录将成为日后标准发布后出现质量问题时明晰责任的重要依据，也是复核周期长短计算的原始依据。标准复核意见汇总处理表的应用，可以增强复核人的责任意识、质量意识和周期意识。该表如实记载了复核阶段对标准质量和周期负有义务的各参与方的履职情况，是标准质量分析、标准质量评估的重要数据之一。

表3　复核意见汇总处理表

标准名称		计划项目名称	
起草单位		计划项目编号	
所属标委会		联系人及电话	
主要起草人		联系电话	
复核人		联系电话	

复核情况（共　条，采纳　条，如行数不够时可自行根据需要增加）						
序号	标准章条编号	复核意见	起草人修改为	采纳情况和理由	复查情况	备注

会核情况（共　条，采纳　条，如行数不够时可自行根据需要增加）						
序号	标准章条编号	会核意见	起草人修改为	采纳情况和理由	复查情况	备注

综核情况（共　条，采纳　条，如行数不够时可自行根据需要增加）						
序号	标准章条编号	综核意见	起草人或复核人处理意见	采纳情况和理由	复查情况	备注

复核人结论：
复核人（签字）：　　　　　　　　　　　　　年　月　日
专门机构意见：
专门机构负责人（签字）：　　　　　　　　　　年　月　日

5.3 复核人员提前介入问题

由于目前复核人员对所复核标准在制定目的、制定过程中讨论的问题、重要分歧协商的结论等不是很清楚，导致在复核过程中也提出了一些审查过程中已充分讨论过的问题，使得标准起草人修改时左右为难。未来应探讨建立一种复核人提前介入标准预审和审查工作的机制，避免重复提出已有定论的修改意见，减少沟通障碍，避免低效无效劳动。

5.4 复核结果权威化问题

运用系统论思想对标准复核质量进行控制和提高，目的是要让复核结果具有真正的权威性，达到为标准发布质量守门把关的作用。对于专门机构提出的正确复核意见，批准机构应要求相关人员尊重并合理采纳，以树立专门机构复核意见的权威性。当复核人员觉得自己的复核意见具有重要价值时，其履职的态度和积极性也就不同，这种变化将有利于从整体上提高所有气象行业标准复核与发布的质量。

6 结语

气象标准复核作为气象行业标准报批前的最后质量把关措施，其工作质量的高低直接关系到气象行业标准发布后的质量和应用效果，所以加强标准复核质量管理十分重要。专门机构经过 5 年来的复核实践，在总结经验、分析问题的基础上，依据系统论思想，探索提出了强化标准复核质量管理的一些措施和方法。这种系统论思想的应用探索还是初步的，依据这一思想采取的各项措施其作用正在逐步显现。相信未来系统论思想不仅在气象标准复核质量控制这一环节，而是在国家标准制修订过程的整个质量管理方面，都会有较好的应用价值。

参考文献

成秀虎，等，2014a．气象标准复核工作规范：2014 版[Z]．北京：中国气象局干部学院标准化与科技评估室．
成秀虎，等，2014b．气象标准复核周期分析[J]．气象标准化，28（2）．
中国标准化与信息分类编码研究所，1997．国家标准制定程序的阶段划分及代码：GB/T 16733—1997[S]．北京：中国标准出版社．
中国气象局办公室，2013．气象标准制修订管理细则[Z]．北京：中国气象局．

气象标准复核业务信息化的思考与实践[①]

薛建军　成秀虎　黄　潇　骆海英

（中国气象局气象干部培训学院，北京　100081）

摘要： 本文以信息化的思维和视角，以业务流程为出起点，通过分析现行的气象标准复核业务，给出了其实施信息化的需求和基本原则，提出基于工作流思想的气象标准复核业务系统并设计了系统的关键流程、角色和主要功能，构建一个满足业务运行和过程管理的信息化工作平台。该工作也是一次将业务流程和管理过程与信息技术相集成，统筹业务、管理工作全流程，促进数据资源开发与信息共享的尝试。

关键词： 复核业务，信息化，业务应用，过程管理，工作流

1　引言

信息化是当今世界经济社会发展的大趋势，是推动经济社会变革的重要力量。党的十八大以来将信息化纳入"四化"[②]同步发展的战略布局，成为国家发展的重要战略。同样，气象事业的改革发展也须适应信息化时代的特征，当前我们已把信息化建设作为气象现代化的核心内容之一。因此，利用信息领域的新思维和技术，以业务流程为出发点，以用户为中心，将业务流程和管理过程与信息技术相集成，统筹业务、管理工作全流程，促进数据资源开发与信息共享具有重要的意义。

2　气象标准复核业务分析

2.1　在气象标准制修订工作中的位置

现行的《气象标准化管理规定》和《气象标准制修订细则》将气象标准制修订工作分为：预研究、立项、编制、征求意见、审查、批准与发布、出版和复审8个环节，气象标准复核是批准与发布环节的重要内容，主要完成对"标准内容的合理性、标准间的协调性以及标准编写的规范性进行复核"。该工作由气象标准化技术支撑机构负责、其他相关单位（或人员）配合共同完成，工作周期要求不超过三个月。

2.2　气象标准复核业务流程分析

根据《气象标准复核工作规程》的要求，气象标准复核从气象标准化技术支撑机构接受气象标准化技术委员会提供的标准报批材料开始到向气象标准化归口管理机构报送复核通过的标准报批材料为止，

---

① 本文在2016年《标准科学》第11期上发表。

② "四化"指工业化、信息化、城镇化、农业现代化。

一般由复核秘书、复核人、复核机构负责人、综核人和气象标准化归口管理机构等共同参与完成，整个业务流程上可划分为初核、复核、会核、综核和上报归档 5 个阶段。

（1）初核阶段，复核秘书接受标准报批材料并提出复核工作分配方案，复核机构负责人批准或修改分配方案。

（2）复核阶段，复核人进行已分配标准的复核，同时向标准起草人反馈修改意见，敦促标准起草人修改并反馈材料。此过程中可收集整理未达成一致的复核意见以提请到会核阶段处理。

（3）会核阶段，气象标准化归口管理机构组织召开会核会议，复核人及相关人员阐述讨论修改意见，完成修改后提交综核。

（4）综核阶段，综核人对报批材料的复核情况做出最终判断。

（5）上报归档阶段，复核人完成复核工作后提交最终材料，经由复核秘书确认后上报并归档。

复核业务的流程的关键点主要有三：第一，对于某一阶段，流程上要能够实现阶段自循环。例如复核阶段，流程上要能够实现复核人与起草人的多轮往复过程。第二，各阶段之间流程上要能够按预设的规则贯通，各阶段既可依次顺序流转也可跳跃执行。例如复核阶段完成后，可选择进入会核或综核阶段。第三，复核信息除了在通信对象之间传递还要能够按预设规则传播给其他对象。例如，复核阶段，当复核人向起草人反馈信息时，同时可以将信息传递给气象标准化技术委员会和省级气象主管机构等。

3 气象标准复核业务信息化思考

3.1 气象标准复核业务信息化的需求

（1）气象标准制修订全过程信息化管理的需要

2016 年 3 月国家标准委启动了国家标准全过程信息化管理工作，对标准修订工作中全过程监管、进度监控、动态跟踪、周期管理等内容提出新的要求。目前，气象标准化归口管理机构已利用信息技术，引入目标管理的概念和实施项目管理的模式，组织构建了气象标准化制修订系统，旨在实现标准项目立项到复审各环节的动态监理。气象标准复核作为批准与发布环节的重要内容，复核业务的信息化是构成气象标准制修订工作全流程信息化的组成部分。因此，该业务的信息化也是贯通制修订工作全流程，实现制修订全过程信息化管理的基本要求。

（2）气象标准复核业务自身的需要

首先，复核业务本身涉及多个阶段和参与对象，复核过程中的信息传递、材料流转需要一个集中而又具有独立操作界面的统一工作平台。其次，复核业务管理工作要满足工作提醒、进度实时监控、动态跟踪、过程信息采集、综合信息查询、周期管理等需求也需要一个能够实现过程管理与控制的信息化管理工具。再次，复核材料归档要实现工作文件集中管理、版本控制、共享资源等也需要一个归档系统。因此，实现气象复核业务信息化，构建一个满足复核业务运行和过程管理需求的信息系统也是复核业务自身的需要。

3.2 气象标准复核业务信息化基本原则

（1）系统集约与资源共享

气象标准复核业务的信息化不是简单的构建一个封闭的自循环的新信息系统，而是考虑气象标准复核业务与标准制修订工作一体化要求，实现与标准制修订业务流程的无缝隙对接。因此，气象标准复核业务信息化要充分依托现有的气象标准制修订系统，在原有业务流程的基础上嵌套进新的业务流程，确保两者的业务流和信息流互联互通，形成系统集约与资源共享的信息系统。

（2）业务应用与数据资源开发

气象标准复核业务的信息化不仅是构建一个满足业务应用的信息系统，而且要在构建信息系统的同时以信息化的理念和思维推进业务积累与建设。在信息化过程中既充分利用信息技术来提高工作效率和质量，同时也兼顾系统数据资源开发与应用。例如，实现流程和管理过程信息的自动采集、分析处理和存储，不但有助于复核业务工作的质量和进度控制，同时还可以对积累的过程数据资源进行开发和二次利用，有助于气象标准复核业务经验的积累。因此，气象标准复核业务的信息化既要立足业务应用，也要面向数据资源开发。

4 基于工作流思想的复核业务系统构建

工作流是文档、信息或任务在多个参与者之间按照某种预定义的规则自动进行传递的过程，以实现某个预期的业务目标。工作流的概念起源于生产过程和办公自动化领域，它是针对日常工作中具有固定程序的活动而提出的一个概念，目的是通过将工作分解成定义良好的任务、角色，按照一定的规则和过程来执行这些任务并对它们进行监控，达到提高办事效率、更好的控制过程、增强对客户的服务、有效管理业务流程等，以提高企业生产经营管理水平和企业竞争力。

按照工作流的思想将复核业务抽象为：复核业务是一系列相互衔接、自动进行的业务活动或任务，其主要内容为标准报批材料和有关信息在初核、复核、会核、综核和上报归档等阶段之间或者某个阶段内部按一定规则进行流转，工作的参与者按照任务编排规则来完成这个流转过程，其特点是：

（1）工作在流动；

（2）参与者要执行任务。

4.1 复核业务系统流程设计

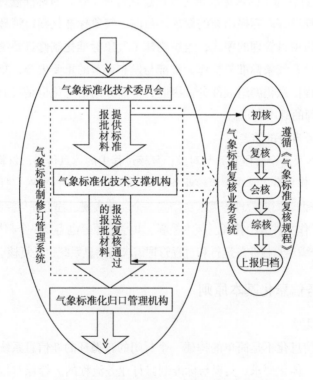

图1 气象标准复核业务系统的工作流示意

按照工作流的思想，如果将整个复核业务过程看作是一条河，它的"源"是气象标准化技术委员会提供标准报批材料，"汇"是向气象标准化归口管理机构报送复核通过的标准报批材料，其中间流动的是工作流。图1是气象标准复核业务系统的工作流示意图，在不改变气象标准制修订管理业务流程和体系结构情况下，将符合《气象标准复核工作规程》的复核业务工作流，嵌套进去形成气象标准复核业务系统。该系统依托气象标准制修订管理系统上下游业务流，充分利用其数据和用户资源，完成气象复核业务工作并将流程最后归并到制修订系统，两者能够流程互通、资源共享、有效协作。在该系统内部，按照工作流的思想将复核工作5个阶段的内容进行组织和编排，实现工作相互衔接，参与者协作完成业务活动或任务。其中在复核业务工作流中抽象出了6个参与者及其在各阶段的主要任务。参与者1—参与者6在不同的阶段执行对应的任务，任务的编排按照预设规则衔接执行，部分任务还可以往复执行或者可跳跃执行，主要工作流程见图2。

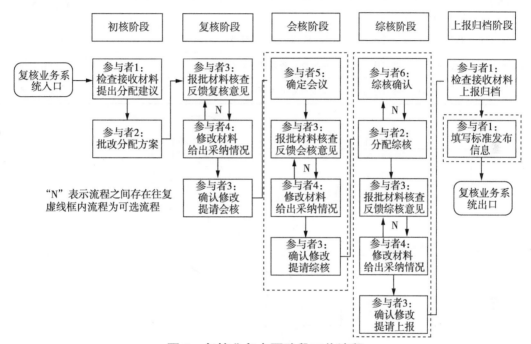

图2 复核业务主要阶段工作流程

4.2 复核业务系统角色设计

基于工作流思想的复核业务系统内部，复核业务的工作内容被视为一个个任务，由不同的角色按照一定的约束关系来执行。在复核业务系统外部，由于业务流程的"源"和"汇"都来自制修订系统，因此执行任务的角色应包括系统内部自定义的角色和标准制修订系统中的已有角色。复核业务系统内部角色有5类，分别是复核秘书、复核机构负责人、复核人、综核人和复核业务管理员。复核业务系统外部角色有4类，分别是起草人、气象标准化技术委员会、司局级气象主管机构和气象标准化归口管理机构，系统外部角色使用制修订系统已有角色，通过用户接口使其参与任务执行或仅获取信息。各类角色具体任务内容见表1，内部角色中复核业务管理员并不直接参与任务执行，而是承担对其他4类角色及任务组织编排的管理。外部角色中参与任务执行的有起草人和气象标准化归口管理机构用户，其他角色只是在任务执行的过程中获取信息。直接参与任务执行的各角色按照任务编排规则有序协作，确保各阶段任务正常执行和工作流转，主要协作关系见图3。

表1　复核业务系统角色表

角色	执行任务	来源
复核秘书	对应参与者1，执行初核阶段材料检查并提出分配建议任务，执行上报归档阶段各项任务。上接气象标准化技术委员会，下达气象标准化归口管理机构	复核业务系统内部定义
复核机构负责人	对应参与者2，执行初核阶段批改分配方案任务和综核阶段分配综核任务	复核业务系统内部定义
复核人	对应参与者3，执行复核阶段、会核阶段和综核阶段的材料修改、确认修改和提交到下一阶段的任务	复核业务系统内部定义
综核人	对应参与者6，执行综核阶段综核确认的任务	复核业务系统内部定义
复核业务管理员	不直接参与任务执行，承担复核业务系统内部角色和任务组织编排管理	复核业务系统内部定义
起草人	对应参与者4，执行复核阶段、会核阶段和综核阶段的材料修改和采纳情况反馈任务	制修订系统已有用户
气象标准化归口管理机构	对应参与者5，执行会核阶段确定会议的任务	制修订系统已有用户
气象标准化技术委员会	不直接参与任务执行，从复核业务系统获取信息	制修订系统已有用户
司局级气象主管机构	不直接参与任务执行，从复核业务系统获取信息	制修订系统已有用户

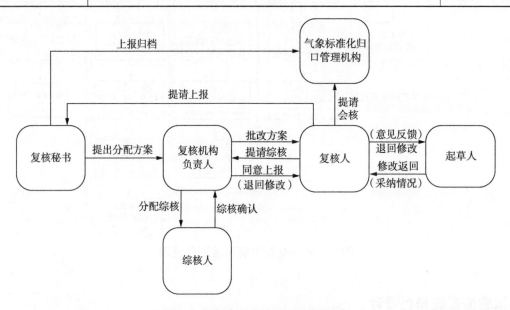

图3　各角色执行任务协作关系

4.3　复核业务系统功能设计

基于工作流思想的复核业务流程和角色的设计，构建B/S架构的气象标准复核业务系统。系统的主要功能设计有以下内容。

（1）工作安排与进度控制

当气象标准制修订流程进入复核业务系统后，复核工作就可按照图2流程由不同的角色执行任务并完成流转，直至工作流程归并到制修订流程结束。在此过程中，复核秘书和机构负责人参考系统提供各复核人（综核人）当前承担的工作情况制定或修改分配方案，方案确定后相应的任务将自动编排到相关人员，此外每个角色任务执行节点都设置工作时间节点要求和工作提示，从而实现工作自动安排和复核进度的控制。

（2）过程信息自动采集存储与报表生成

在复核流程中，系统设计了复核过程信息自动采集功能，能够对进入复核业务工作的各类文件实现自动编号、命名，自动记录各节点时间和复核工作所处的阶段。各类信息可以既可在线实时查看也可按需生成各类报表，满足统计、分析总结工作需求。相关功能不但可以提高工作效率和数据质量，完整的过程信息还可为复核业务建设、标准制修订过程研究提供数据资源。

（3）过程文件集中管理与版本控制

复核业务过程中会将不同版本的过程文件存档或者流转，系统可将上传文件按照一定规则进行自动编号和命名后保留全部过程文件，若某一阶段过程文件流转有往复，则将该阶段所有文件按不同版本号命名存储，默认下载版本号最新的文件。对于历史过程文件，系统提供历史文件包详情列表和历史文件详情列表功能，既可查看复核中全部的过程文件存档情况还可按需整包下载某个阶段文件或者单个下载某个文件。

（4）基于角色的用户权限管理

系统设计了基于角色的用户权限管理功能，即不同的角色执行不同的任务，从而有不同的操作权限和用户页面，将角色配置给相应的用户账户，从而实现用户的权限分配与管理。用户和角色是一对多的关系，即一个用户账户可以赋予一种或多种角色，该用户在系统中的操作权限和用户页面就是不同角色的综合，而用户的角色分配和收回是可配置的。这种方式以用户为中心，既可增强系统适用性也提高了用户的体验。

（5）系统基础功能模块

借鉴当前信息系统功能设计的新理念和技术，系统设计更加注重人性化的系统基础功能。系统设计了检索条件的AUTO-COMPLETE功能。设计了可选的短信、邮件和页面工作提示等多种用户提醒功能。设计了操作记录流程日志功能。优化信息列表的内容的编排方式，将待操作项按时间序倒序排列。优化信息检索方式和条件，提供报表导出功能。

5 结语

本文在复核业务积累与规范化建设的过程中，以信息化的思维和视角，对复核业务进行信息化的思考。通过对现行复核业务的流程分析，提出复核业务信息化的需求和基本原则，构建基于工作流思想的气象标准复核业务系统。目前，系统已经上线试运行，依托气象标准制修订管理系统上下游业务流，将气象标准复核工作流有效嵌入，实现两者的流程互通、资源共享、有效协作。气象标准复核业务系统的构建不仅是为复核日常业务和管理工作构建一个信息化的平台，也是一次将业务流程和管理过程与信息技术相集成，统筹业务、管理工作全流程，促进数据资源开发与信息共享的尝试。

参考文献

[1] 陈炜. 信息化建设中的问题与IT治理对策分析[J]. 中国科技信息，2009，24：326-327.

[2] 成秀虎，黄潇. 气象标准复核质量管理中系统论思想的应用与探索[J]. 标准科学（增刊），2016：105-113.

[3] 黄潇，薛建军，成秀虎. 气象标准复核周期分析[J]. 标准科学（增刊），2016：114-120.

[4] 纪翠玲，马锋波. 气象标准制修订过程管理探究[J]. 标准科学（增刊），2016：100-104.

[5] 李向宁，郝克刚，赵克. 一种新的业务过程管理模型[J]. 计算机学报，2008，1：104-111.

[6] 孙晓立. 国家标准全过程信息化管理启动[J]. 中国标准化，2016（4）：23-27.

[7] 吴昊，谭长庚. 工作流管理系统及其建模研究[J]. 现代计算机，2011，10：23-28.

[8] 杨定泉．信息化环境下的业务流程管理与交易成本[J]．科技管理研究，2010（4）：231-235．

[9] 张敬普，马飞．信息管理系统中的工作流技术研究与设计[J]．计算机与数字工程，2012，12：102-108．

[10] 张敏辉，刘燕．基于工作流管理技术的研究[J]．信息安全与技术，2011，11：45-46．

[11] 郑国光．在中国气象局气象信息化领导小组第二次会议上的讲话[R]．北京：中国气象局，2015．

[12] 郑国光．在中国气象局气象信息化领导小组第三次会议上的讲话[R]．北京：中国气象局，2016．

[13] 中国气象局．气象标准化管理规定[R]．北京：中国气象局，2013．

[14] 中国气象局．气象标准制修订管理细则[R]．北京：中国气象局，2013．

[15] 中国气象局．气象信息化行动方案（2015—2016年）[R]．北京：中国气象局，2015．

[16] 中国气象局气象干部培训学院标准化与科技评估室．气象标准复核工作规程[R]．北京：中国气象局，2016．

[17] 周卫国．信息化环境下内部控制实施流程优化研究[J]．财务与会计，2014，11：56-58．

气象标准复核周期分析[①]

成秀虎　黄潇　薛建军

（中国气象局气象干部培训学院，北京　100081）

1　引言

2013 年底，中国气象局办公室下发了《气象标准制修订定管理细则》（气办发〔2013〕55 号文），对标准报批阶段的复核周期提出了 3 个月内完成的明确要求。目前这一要求已固化到气象标准制修订管理系统中，成为定量评价复核工作的依据之一。那么已有的气象标准复核周期究竟有多长？距离文件规定要求有没有差距呢？本文根据 2010—2013 年复核机构接收并登记的复核原始记录，对当前的气象标准复核周期进行了一些分析，希望能对上述问题做一个初步的回答。

2　提交复核标准概况

2.1　标准复核提交情况

2010—2013 年的 4 年间，标准复核机构共收到提交复核的标准 186 部，其中国家标准 48 部，行业标准 138 部；按领域划分，涉及气象防灾减灾类标准 28 部（含气象影视类标准 7 部），气象基本信息类标准 23 部，卫星气象与空间天气类标准 34 部，气象仪器与观测方法类标准 33 部，人工影响天气类标准 3 部，农业气象类标准 13 部，气候与气候变化类标准 24 部（含大气成分类标准 15 部，风能太阳能类标准 6 部），雷电灾害防御类标准 26 部，国家职业标准 2 部。

各年标准提交与复核完成情况统计数据见表 1。该表显示，复核机构年均接收复核标准 46.5 部，2010 年刚开始复核，数量为 34 部，第 2 年为 61 部，后两年提交复核数量基本接近平均水平。

表 1　2010—2013 年历年标准提交及复核完成情况统计

年度	提交复核数	年度累计需复核量	完成复核数	年末结余	当年提交当年完成率/%	次年负担率/%	年度累计复核完成率/%
2010	34	34	1	33	3	97	3
2011	61	94	44	50	39	61	47
2012	46	96	46	50	26	74	48
2013	45	95	48	47	38	62	51
合计	186		139				
年均	46.5	79.75	34.75	45	74.7	25.3	43.6

----

① 本文成稿于 2014 年，在 2016 年《标准科学》增刊发表。

2.2　标准复核完成情况

截至 2013 年底，复核机构共完成标准复核 139 部，仍需要复核的标准 47 部，标准复核总体完成率为 74.7%（参见表 1）。具体到各个年度，2011—2013 年每年标准的复核完成数量在 44~48 部，相对比较稳定。但 2010 年只有 1 部，原因在于为便于统计口径的一致，此次对标准复核完毕的时间做了明确界定，即以上报批准机构并得到确认不再需要返工为准。这样一来，有些标准如 2012 年法规司退回的 9 部以前年度上报但又重新复核的标准，在确定复核结束时间时，就按新的标准界定了。这类情况在复核前两年较多，后两年较少。据不完全统计，4 年中因各种原因造成重新复核的标准不下 40 部，占复核上报标准总数的 28.8%。

3　复核周期起止时间的确立及周期计算

3.1　复核周期计算标准

复核周期是指从标准提交复核机构、经复核机构确认接收起，至标准复核完毕上报批准机构并经批准机构确认符合上报要求止所经历的时间。这一过程大概要经历复核稿提交、复核稿初核确认并登记、启动复核程序并进行复核、与起草人沟通复核意见、提请批准机构组织会核、向起草人反馈会核会意见、对会核复核意见修改情况综合审核确认、复核完成稿上报等 8 个阶段。本文在确定复核周期的起止时间时以复核机构接收时间为起始时间，以批准机构确认接收为结束时间。对于需要重新复核的标准，以最后一次复核上报并经批准机构确认的时间为结束时间。为了便于计算，本文对早期少量的原始记录做了合理的推测和处理，如对 2012 年 3 月以前有月无日的接收日期、上报日期取该月首日计算，其对单个具体标准的系统误差不会超过 1 个月；对于年度平均误差而言，考虑到需要调整的数据比例较小，故其影响可以忽略。

3.2　平均复核周期

在 2010—2013 年 4 a 间，复核机构共复核标准 139 部，平均每年复核标准约 35 部，复核周期加权平均时长为 9.9 个月（见表 2）。

表 2　2010—2013 年标准复核周期统计

年份	复核完毕数/个	平均周期/月	最长周期/月	最短周期/月	长短倍数/月
2010	1	1.4	1.4	1.4	1
2011	44	4.3	15.1	0.5	30.2
2012	46	10.4	24.7	0.5	49.4
2013	48	14.7	40.1	0.2	200.5
总年平均	35	9.9	40.1	0.2	200.5

图 1 为历年标准平均复核周期趋势图，从中不难发现标准复核周期有明显加长的趋势，越到后来周期越长。显然如果不采取适当措施，相信这一加长的趋势还会持续下去。

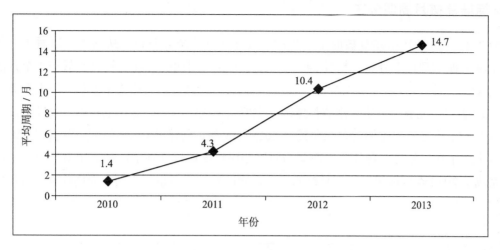

图 1　历年标准平均复核周期发展趋势

3.3　历年标准复核周期极值情况

图 2 为历年标准复核周期极值变化图。从中可以看出，最长周期逐年加长，最短周期有逐年缩短趋势，说明复核周期长短有人为调节的余地。在所有完成的复核标准中，复核周期最长的是 2010 年提交复核的标准，周期长达 40.1 个月，相当于 3.3 a 以上；复核周期最短的标准是 2013 年提交复核的标准，复核周期只有 0.2 个月，相当于一周多一点的时间。需要说明的是 GB/T 16733—1997 对包括标准复核时间在内的、从起草到发布的时间是 28 个月，而作为批准阶段中一个环节的复核时间竟长达 40 个月以上，显然已经严重影响到整个标准的制修订周期，进而影响到标准实施后的适用性。标准作为一种技术的载体，其先进性需要以及时性做保障。在当今技术飞速发展的年代，技术更新的速度很快，标准制修订周期的加长，意味着技术性强的标准在发布之时即是过时之刻。据统计，目前复核周期超过 28 个月的标准占总数的 4.3%，所幸比例不大。这些标准中，除 1 个标准为 2011 年第 1季度提交的之外，其余 7 个标准均为 2010 年提交的。

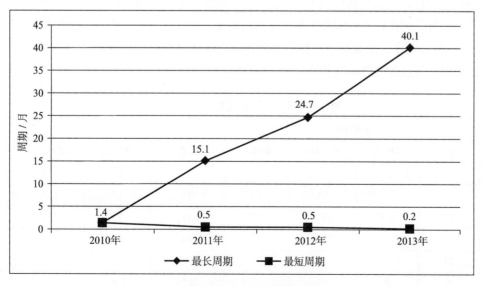

图 2　历年标准复核周期极值变化

3.4　历年标准复核月周期分布

图 3 为 2010—2013 年历年复核的 139 个标准按月进行的统计分布。从图中可以看出，复核周期变化曲线呈峰值偏左型正态分布，超过 24 个月（2 a）的长周期标准数量较少，低于 1 个月的短周期标准数量也较少；周期为 8 个月以内的标准有两个峰值，分别为 2 个月和 4 个月；绝大多数标准都在 18 个月（1.5 a）以内完成；峰值右侧的长尾部分主要是 2013 年和 2012 年的标准，反映了以前年度提交标准在这两个年度复核的比例较大，尤其是 2013 年复核的标准长短周期分布都有，且 28 个月以上长周期标准全集中在该年度。导致这一现象的原因是该年度通过管理手段加大了对历史标准的清理力度，基本完成了 2012 年以前年度提交复核的标准，所以复核周期超两年的长周期标准相对集中。

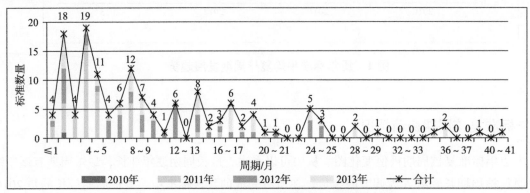

图 3　2010—2013 年标准复核月周期分布

4　复核周期差异分析

4.1　不同层次标准复核周期差异

在复核的 139 项标准中，有国家标准 24 项，行业标准 115 项，行业标准占已复核标准的 82.7%。相对国家标准而言，完成行业标准的复核是复核机构的主要任务。就角色而言，复核行业标准是在为行业标准批准机构发布前做最重要的技术最后把关者，而复核国家标准只是为增加国家标准技术审查顺利通过的一个辅助环节而已，两者的责任是不一样的。平均而言，国家标准的复核周期为 9 个月，行业标准的复核周期为 8 个月，行业标准较国家标准的复核周期短 1 个月，参见表 3。但最长（40.1 个月）、最短周期（0.2 个月）都出现在行业标准中，长短倍数相差 200 倍之多（参见表 2），说明行业标准中可调节的余地较大，加强复核过程管理和规范管理的必要性更强一些。

表 3　不同层次标准复核周期比较

年度	国家标准				行业标准			
	数量	平均/月	最长/月	最短/月	数量	平均/月	最长/月	最短/月
2010					1	1.4	1.4	1.4
2011	3	3.6	3.6	3.5	41	4.3	15.1	0.5
2012	13	6.2	16.1	1.7	33	12	24.7	0.5
2013	8	17.2	35.1	3.7	40	14.2	40.1	0.2
合计	24				115			
年均	6	9			28.75	7.98		
极值							40.1	0.2

4.2　不同领域标准复核周期差异

在完成复核的 139 项标准中，来源于 7 个标委会和 1 个行业标委会的标准共 137 项。从标准数量上来看，复核的标准主要集中于卫星气象与空间天气及气象防灾减灾领域，而人工影响天气领域内标准明显不足，见图 4。

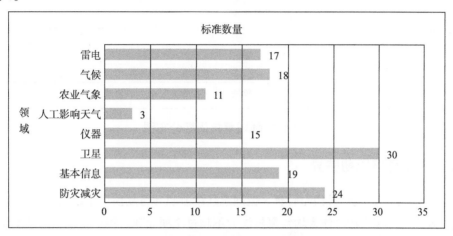

图 4　复核标准按领域划分数量分布

图 4 显示，各标委会上报的标准并不均衡。从表 4 中可以看出，各标委会年均少的 2 部，多的 10 项，多与少相差 5 倍左右，这客观上给复核机构人员的专业化均衡配置提出挑战。

表 4　不同领域标准复核周期比较

领域	标准数量	年均数量	平均周期/月
气象防灾减灾	24	8	12.1
气象基本信息	19	5	4.4
卫星气象与空间天气	30	10	15.2
气象仪器与观测方法	15	4	7.7
人工影响天气	3	2	11.6
农业气象	11	4	8.5
气候与气候变化	18	6	4.5
雷电灾害防御	17	4	12.2
合计	137		
说明：2 个法规司直接下达的职业标准未纳入统计数据。			

图 5 为各领域平均复核周期分布图，从中看出，气象基本信息类标准及气候变化类标准平均复核周期最短，不超过 4.5 个月；卫星气象与空间天气类标准平均复核周期最长，为 15.2 个月。各领域标准周期与数量之间相关研究表明，数量与周期间的相关系数为 0.26，表明数量不是影响各领域复核周期的主要因素。

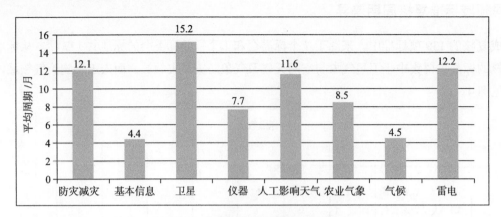

图 5 各领域复核周期分布图

4.3 不同复核主体复核周期差异

2010—2014 年 5 年中，复核机构先后有 8 位同志陆续兼职参与复核工作，其年均复核数量及复核周期见表 5。该表表明，复核机构总体人均年复核能力不超过 7 项标准，年平均复核周期不超过 10 个月。虽然个体复核数量上差异较大，多的与少的可以相差 6 倍，但复核周期长短相差仅 2 倍多一点，说明复核周期长短有其内在的规律支配，关键是如何确定恰当的时长。

表 5 不同复核主体复核周期比较

复核主体	年均复核数量	年均复核周期/月	最短周期/月	最长周期/月
A	11	8.5	0.2	27.1
B	9.67	12.5	0.5	40.1
C	12	9.93	0.9	35.1
D	4.25	15.3	1.2	39
E	3	9.1	1.5	16.6
F	6	7.55	1.5	19.8
G	4	10	1.5	15.6
H	2	6.9	6.4	7.4
平均	6.49	9.97	0.2	40.1

5 复核周期影响因素分析

5.1 复核接收均衡性对复核周期的影响

图 6 为标准提交的月度分布。该图表明，标准提交时间十分不均匀，最多的月份一次提交 20 个，最少的月份一个没有；总体来看，3 月、8 月是复核提交的高峰期，下半年提交的标准数量要多于上半年的标准。各年提交亦无明显规律，2012 年 3 月、2011 年 8 月提交数量特别多，这种月度与年度分布的不均给复核工作的均衡安排和人员的合理配置带来困难，高峰期集中提交的标准必然因人手限制不能及时安排复核而加长复核周期。

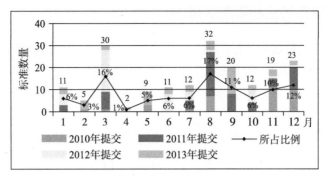

图 6　标准提交月度分布

5.2　复核累积对标准周期的影响

如前面图 1 所表明的那样，2013 年是 4 年中平均复核周期最长的一年，造成该年平均周期长的原因，从图 7 中各年完成标准结构的剖析可以看出端倪。尽管该年是标准历年累计复核完成率最高的一年，但因完成当年提交的标准数量少，完成前 3 年提交标准的数量多，所以平均复核周期最长。

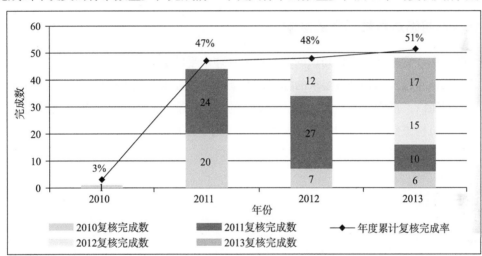

图 7　2010—2014 年各年复核完成标准结构剖析

表 6 表明，该年度完成的前 3 年提交复核的标准比重分别为 12.5%、20.8%、31.3%，完成当年提交标准的比重仅有 35.4%，即全年的复核任务中有近 2/3 是在完成历史标准，其后果一是拉长该年标准平均复核周期，二是降低了当年提交标准复核的比例，拉长了以后年度标准的平均复核周期。

表 6　2011—2013 年完成复核标准结构分析

复核年度	年度完成量	2010 年提交	2011 年提交	2012 年提交	2013 年提交
2011	44	20	24	——	——
完成率/%	100	45.5	54.5		
2012	46	7	27	12	——
完成率/%	100	15.2	58.7	26.1	
2013	48	6	10	15	17
完成率/%	100	12.5	20.8	31.3	35.4

5.3　复核过程管理不规范对复核周期的影响

正如本文3.1节所述,复核过程从标准提交复核机构、经复核机构确认接收起,至标准复核完毕上报批准机构并经批准机构确认符合上报要求止,一般要经历复核稿提交、复核稿初核确认并登记等8个阶段,无论是各阶段的衔接还是各阶段工作的时长都会影响复核周期。目前实际工作中出现的影响复核周期的主要因素如下。

(1)相关环节不能按时间要求完成各自的工作。如某些标准在反馈起草人后,停留时间长达近一年得不到有效处理;有些标准在复核人手里反复修改,超过一年以上;早期还有些标准则是停留在标委会等中间环节被耽搁了下来,新的复核流程改变了经标委会转交起草人的做法,这一现象才得以避免。

(2)标准未达到上报要求就进入复核环节,造成返工和重复劳动,加长了复核周期。导致复核返工或反复复核的原因大致有:标委会错报、提供的版本不对等造成反复;由于上报材料不全,审查会纪要、专家委员会名单缺少签名等造成反复;标准本身质量太差,虽反复沟通仍不能定稿导致的无限期搁置;复核人员无法定稿被迫提交批准机构要求协商处理导致的反复等等。上述情况中的前二项,通过复核机构的初审把关,能够有效避免。

5.4　复核标准不明确对复核周期的影响

几年来,随着标准管理者标准化知识的普及标准管理水平的提高,复核的重点和复核的要求都在发生变化,那些原来认为已经达到复核要求的标准,在新的复核要求面前可能就不合格,上报后也有退回重新复核的情况。所以,形成一个各方认可的、统一的复核标准作为检验复核是否完成的依据还是很有必要的。目前复核机构虽然对上报的标准已要求复核机构负责人把关后再上报,但各方对什么样的标准算复核到位还存在不同看法,急需统一。

6. 基本结论与建议

6.1　基本结论

(1)2010—2013年复核机构共接收复核标准186项,年均接收复核标准约47项;4年完成复核标准总数139项,年均完成复核标准约35项;从2011—2013年的完成情况看,复核机构的年均复核能力不超过48项。4年平均看,复核机构的年均复核完成率为75%,年均累计复核完成率为44%。

(2)目前复核机构的年人均复核能力约为7项,复核周期约为10个月,与中国气象局《气象标准制修订定管理细则》规定的3个月的要求相比明显偏长。历史数据表明(见表7),过去复核机构复核的所有标准中,只有18.7%的标准能达到上述复核周期要求。

表7　标准复核完成时间按月统计及累计百分比

完成时间/月	4年复核完成总数	累计百分比/%	完成时间/月	4年复核完成总数	累计百分比/%
≤1	4	2.9	5~6	4	43.2
1~2	18	15.8	6~7	6	47.5
2~3	4	18.7	7~8	12	56.1
3~4	19	32.4	8~9	7	61.2
4~5	11	40.3	9~10	4	64.0

完成时间/月	4年复核完成总数	累计百分比/%	完成时间/月	4年复核完成总数	累计百分比/%
10~11	1	64.7	20~21	1	88.5
11~12	6	69.1	21~24	5	92.1
12~14	8	74.8	24~25	3	94.2
14~15	2	76.3	25~28	2	95.7
15~16	3	78.4	28~30	1	96.4
16~17	6	82.7	30~35	1	97.1
17~18	2	84.2	35~36	2	98.6
18~19	4	87.1	26~39	1	99.3
19~20	1	87.8	39~41	1	1

6.2 缩短复核周期的建议

（1）妥善处理历史积累标准，从根子上斩断超长周期标准的产生。复核机构积存的历史标准越多，与起草人沟通的难度、标委会关心的热度、复核人复核的疲劳度都会大大增加，各方参与的主动性、积极性都会下降；更为重要的是，历史标准的堆积会干扰到当年提交标准的复核，造成旧的标准没完成，又增加新标准的累积，步入周期加长的恶性循环之中。所以，妥善处理历史标准积累问题是缩短标准周期的重要措施。

（2）提高复核机构人均复核数量和总复核数量，努力避免产生新的历史标准累积，尤其不能允许跨越2年的标准积累出现。未来复核机构的理想复核完成指标应该是"标准复核当年完成率"达75%，"次年负担率"不超过25%，"历史标准结余率"接近0。

（3）进一步规范优化复核业务流程，明确复核各环节的时间要求，建立复核业务系统，实行复核过程控制信息化，有效监控和缩短周转时间和停留在各环节的时间，将时间要求执行情况作为履职检查的重要依据之一。

（4）制定复核通过标准，减少各方对复核工作要求看法的不一致，让复核人员掌握复核通过标准，加强对复核上报标准的把关，尽可能减少和避免标准的重复复核、反复复核。

意见汇总处理的目的、方法及常见问题探析①

成秀虎

（中国气象局气象干部培训学院，北京　100081）

意见汇总处理是标准制定征求意见阶段起草人所要完成的一项重要工作，然而由于起草人对于这项工作重要性的认识不足，往往主观上重视不够，客观上流于形式，甚至草率应付的事也常有发生，那么意见汇总处理的目的是什么，究竟应该怎么进行意见的汇总和处理，意见汇总处理中常见的问题又有哪些，本文就此做了一些探讨和分析。

1　征求意见阶段的任务分工

征求意见阶段是标准制定程序中的第四个阶段，GB/T 16733—1997 给其规定的阶段代码为 30，其前一个阶段是起草阶段（阶段代码 20），后一个阶段是审查阶段（阶段代码 40）。从这个阶段划分可以看出，征求意见阶段是起草阶段的延续，是审查阶段的基础。所谓征求意见就是对起草阶段形成的标准草案最终稿进行利益相关方的意见征集（称为征求意见稿），收到意见后根据意见进行处理和修改，形成标准草案送审稿，供审查阶段专家审查使用。

常规程序的征求意见阶段可分为四个子阶段，各子阶段主要任务如下。

登记（阶段代码 30.00）：标委会收到起草组提交的标准草案并审查合格，登记为征求意见稿。

征求意见开始（阶段代码 30.20）：标委会（或其授权人，通常是起草组）向其所有委员和其他利益相关方发送标准草案征求意见稿。

征求意见结束（阶段代码 30.60）：起草组提出意见汇总处理表。

征求意见处理决定（阶段代码 30.90）：起草组根据征求意见分歧情况，向标委会提出返回起草阶段（阶段代码 20）、进入审查阶段（阶段代码 40）或终止项目的申请。标委会在起草组申请的基础上做出决定。如果同意起草组返回起草阶段，则应进一步根据需要向标准化主管部门提出延长制定周期的申请；如果同意进入审查阶段，则应对起草组上报的送审稿进行确认和登记，开始审查阶段的工作；如果同意终止项目的申请，则应进一步向标准化主管部门提出项目终止的申请，申请获得批准，则项目终止。

从这四个子阶段的安排顺序可以看出，国家标准的征求意见执行主体是标委会，工作主体是起草组，决定主体是标准化主管部门。

---

①　本文刊于 2015 年《气象标准化》第 3 期。

2 意见汇总处理的目的

意见汇总处理通常以"意见汇总处理表"的形式出现，它是起草人向审查人员提供其标准分歧意见处理情况的一种报表，是《国家标准管理办法》第二十条规定的必须向审查人员提供的四个要件之一。审查人员借此可以了解标准制定过程中的主要问题，并作为判断标准制定过程是否取得协商一致的重要依据，因而对标准能否顺利通过审查影响甚大。《国家标准管理办法》第二十一条规定标准"原则上应协商一致"后才能审查通过。协商一致，是指标准制定过程中利益相关方关切的所有问题要得到有效处理，如经过充分讨论、分歧得到解决，达成共识等。达成共识的衡量标准是，对于实质性问题，重要的相关方没有坚持反对的意见；达不成共识时，审查会应认真听取各方意见，充分进行民主讨论和协商，尽可能取得一致，特别是对反对意见不要轻易否定，以使技术内容充分反映各方利益，获得最大范围的拥护。实在不能取得一致意见时，则可以通过四分之三多数表决的方式来实现标准"达到了普遍同意"的要求。

由上可见，意见汇总处理的目的，是为审查会提供标准草案有哪些分歧意见以及这些分歧意见是否在协商或验证的基础上得到有效处理，尤其是是否在尊重科学、尊重彼此关切的基础上达成了共识。意见汇总处理本质上是通过表格形式向标准审查人员客观呈现标准制修订过程中收集到的各利益相关方的不同意见及起草组经过协调和验证后的主观意见，供审查人员判断这些意见是否得到科学合理的处理、这些处理是否能够充分反映各利益相关方的利益，进而做出是否通过标准的决定。

3 意见汇总处理的方法及要求

意见汇总处理通常在征求意见回复截止日期到期后马上进行。为了方便日后征求意见的整理和综合，宜在发征求意见函时附上征求意见表供被征求意见的委员及相关方人员填写，并要求其在规定的期限内回复。征求意见函除应明确回复意见的最后期限外，还应明确告知"如无意见也请复函说明,逾期不复函,将按无异议处理"，同时要强调"若存在重大异议"，则需"具体说明理由或依据"。这样一旦有重大分歧意见，起草组便可以知道产生分歧意见的原因、了解产生分歧意见的不同科学线索、分析导致分歧意见产生的根源，从而有助于研究提出解决分歧意见的办法，找到相互协商、达成一致的途径或方案等。

意见汇总处理归纳起来有五个步骤，第一，对回复意见进行归纳、整理；第二，对归纳整理的意见逐条提出处理意见；第三，对意见处理情况进行统计汇总；第四，对征求意见稿进行修改完善，形成标准送审稿；第五，根据意见处理中的实际情况对编制说明做相应修改。其中前三项工作都要统一记录并填写到《意见汇总处理表》中，后两项工作在标准征求意见稿和标准编制说明中完成。

3.1 意见归纳整理

意见归纳整理的要求是以发送的征求意见稿为准，先按章条顺序，对收集回来的意见逐条归纳整理，同一章条有多条意见时需再按被征求意见的单位（或被征求意见人员）的顺序进行整理。被征求意见人的意见或建议归纳整理要做到完整、准确，没有遗漏。意见提出的单位或人员名称信息要清楚准确。

3.2 意见处理

意见归纳整理到《意见汇总处理表》中后，起草组需要将各条意见逐条进行分析、研究和讨论，对照标准编写的目的和意见的合理性，逐条提出科学合理的处理意见，并将处理决定记录在《意见汇总处理表》的"处理意见"一栏中。意见处理决定一般分为以下五种情况。

（1）采纳。表示起草组认可被征求意见对象的意见，并决定在征求意见稿中完全按照提出意见者的意见对相应条目做修改。

（2）部分采纳。表示起草组决定有选择的接受被征求意见对象的意见，并决定在征求意见稿中对相应条目做适当修改；同时对未接受部分的意见，会给出不接受的理由和依据。

（3）不采纳。表示起草组经研究认为被征求意见对象的意见有不妥之处，决定不接受被征求意见对象的相关意见，征求意见稿中相关条款也不做任何改动。同时对不接受的理由和依据做出陈述。

（4）待试验后确定。表示被征求意见对象的意见有其充分理由或依据，起草组认为有必要根据被征求意见对象提供的新情况进行必要的补充试验或重新验证等工作。验证结果出来后，起草组会根据新的验证结果做出是否采纳的处理决定。通常如果试验验证的难度较大或需要花费较长的时间完成相应的试验验证工作，则可能涉及工作延期，此时起草组需根据情况提出延期申请，并制订相应的工作计划，即时安排试验项目和明确试验要求。

（5）待标准审查会确定。表示起草组觉得分歧意见过大，认为由审查会决定如何统一更恰当，则可以暂时不对征求意见稿的相应条目做修改，待审查会讨论确定、协商一致后，再根据审查会的决定对相应条目做出修改。

3.3 意见统计汇总

意见统计汇总包括征求意见发放情况统计汇总和意见处理情况统计汇总。国家标准征求意见发放情况的汇总统计要求是：按照发送征求意见稿的单位数（单位：个）、收到征求意见稿后回函的单位数（单位：个）、收到征求意见稿后回函并有建议或意见的单位数（单位：个）和没有回函的单位数（单位：个）四项内容进行统计，并附在《意见汇总处理表》最后一页的下面。发放情况统计的目的，是方便审查人员对征求意见的数量及范围是否符合国家标准规定的"征求意见的范围和数量"要求做出考查。由于标准征求意见回复意见不均衡并考虑到气象标准需要拥有更广泛的代表性，《气象标准制修订管理细则》在征求意见环节强化了对被征求意见单位发放范围和回函的要求，即气象以外部门回函应不少于5件（这里的件可指个人，从而相对弱化了单位的概念，较之国家标准降低了难度）。这些数据在意见发放情况的汇总统计中都要体现出来。

另外，气象标准还对起草组的意见处理情况提出了汇总统计的要求，《气象标准制修订管理细则》提供的《征求意见汇总处理表》中要求起草组按照"采纳""部分采纳""未采纳"和"待审查会确定"进行分类统计汇总，以为审查人员判断意见处理情况提供方便。

3.4 征求意见稿的修改

正常情况下，起草组在完成《征求意见汇总处理表》的填写后，对标准征求意见稿的修改也就胸有成竹了。此时应严格按照经过讨论的处理意见对标准进行逐条修改。逐条修改完成后，还应对照GB/T 1.1—2009的要求，重新对标准的条款、图表的顺序号，附录的性质、序号、规范性引用文件和术语等重新核对。条文、图表有增删时，应注意条文、图表顺序号的更改；条文中有引用这些条文、图表的，其顺序号也要相应修改。引用文件性质发生变化的，应对规范性引用文件章节或清单做出相应的改变；术语发生变化的，应在"术语和定义"一章中做出相应的增减和修改。

3.5 编制说明的修改

起草组完成意见处理和征求意见稿修改后，还应将征求意见阶段所做的主要工作内容和重大技术修改处理意见写入编制说明中；如果有新增的试验验证工作，还应增加试验验证材料的内容；如果涉及采用国际标准或国外先进标准，还应附上国际标准或国外先进标准的原文及译文。如果涉及专利，还应尽可能提供可追踪的专利信息。凡是标准征求意见稿中做了修改的条款，编制说明中涉及相应内容时都要做相应改动，要始终保持编制说明与标准文本内容的同步性和一致性。

4 意见汇总处理中的常见问题

从目前复核过程中发现的问题来看，气象标准在意见处理环节经常出现的问题有如下一些方面。

（1）意见汇总处理未按《国家标准管理办法》附件4《意见汇总处理表》或《气象标准制修订管理细则》附件4提供的《征求意见汇总处理表》格式填写，如表前不写标准名称、承办人、联系电话等。

（2）对回复意见未按规定顺序逐条整理，导致审查人无法弄清同一条款有多少条意见，也不易明辨有哪些不同意见，因而对意见处理的合理性难以作出准确判断；

（3）对征集的意见缺乏足够的研究和分析，需要做试验验证的没有做，意见处理不够认真和严谨。有些标准送审稿中明明未采纳征集的意见，但却在《意见汇总处理表》中标明采纳或部分采纳；

（4）对重大意见汇总时有遗漏，导致审查会时再次提及并重新讨论；

（5）征求意见的代表性和代表数量不够，如没有征求相关方和用户意见；

（6）"部分采纳"或"不采纳"的意见没有说明理由或依据。或虽有理由或依据但理由依据说得不充分；

（7）"待审查会确定"的意见及理由在编制说明中没有说明；

（8）未按要求对征求意见情况和意见处理情况进行统计汇总，或虽做了汇总但数据不准确、不完整；

（9）征求意见处理情况及重大分歧意见的处理未在编制说明中做说明，或说明得不详细；

（10）标准文本内容修改了，但编制说明中未做相应改动，用词、术语甚至内容上存在不一致性等。

5 结语

征求意见汇总处理是体现标准制修订"协商一致"要求的一项重要工作，征求意见是协商的起点，意见处理是通过协商达成共识的重要过程。"采纳"或"部分采纳"征集的意见表示起草组充分尊重并吸纳了各利益相关方的意见并达成或基本达成一致，"不采纳""待试验后确定"表示还不能马上形成各方共识，有关不采纳的合理性、试验验证结果的科学性及如何处理和平衡这些不同的意见和结果，则需要通过后续的审查会做出进一步的判断和决定。至于"待审查会确定"，本质上是将"未达成一致的意见"延续到标准审查阶段，并由标准审查会完成协商一致的过程。意见汇总处理工作的重点在于意见处理，意见处理得好、科学合理，则不但预示着标准的审查可以顺利通过，而且也预示着标准发布会得到更广泛的应用。因为各方的意见在制修订过程中已得到充分的吸收和尊重，自然也就得到更多利益相关方的拥护和支持，大家也就愿意遵照执行，标准实施起来也就容易一些。由此可见，征求意见的汇总处理十分重要，标准起草人对此一定要认真对待，千万不能仅仅把它作为一个程序和形式上的要求，而忽视其内在的本质。只有意见处理工作做好了，才能为后面的标准实施和作用发挥打下坚实的基础。

参考文献

[1] 国家标准化管理委员会. 标准化基础知识培训教材[M]. 北京：中国标准出版社，2004.

[2] 国家标准技术审查部. 标准研制与审查[M]. 北京：中国标准出版社，2013.

[3] 国家技术监督局. 国家标准管理办：国家技术监督局令第10号[Z]. 北京：国家技术监督局，1990.

[4] 王忠敏. 标准化基础知识实用教程[M]. 北京：中国标准出版社，2010.

[5] 中国气象局. 中国气象局办公室关于印发《气象标准制修订管理细则》的通知：气办发〔2013〕55号[Z]. 北京：中国气象局，2013.

标准编制过程中引用术语添加新注标注方式问题探讨^①

成秀虎

（中国气象局气象干部培训学院，北京 100081）

"术语和定义"是非术语标准中的规范性技术要素之一，它给出为理解该标准中某些术语所必需的定义。GB/T 1.1—2009 规定，"如果确有必要重复某术语已经标准化了的定义，则应标明该定义出自的标准。" 8.1.1 关于引用的通则进一步明确重复已经标准化了定义的方法是"认为有必要重复抄录其他文件中的少量内容"时，"应在所抄录的内容之后的方括号中准确标明出处"，即表示"[ ]"之前为所抄录的内容。按此要求，示例一应该理解为"短时强降水"的"定义和注"引自 GB/T 28594—2012 的定义 2.3，因为"[ ]"之前有"定义和注"两项内容，如果注不是被抄录标准的内容，就不应放在"[ ]"之前。但事实是该"注"恰恰不是被抄录标准的内容，而是标准起草人所新添加的内容。有一种观点认为只要照抄定义，在"[ ]"前就可以任意添加新注，笔者认为十分不妥，理由如下。

示例一

> **3.2**
>
> **短时强降水 flash heavy rain**
>
> 1 h降水量大于等于 20 mm的降水。
>
> 注：新疆、西藏、青海、甘肃、宁夏、内蒙古等6省（区）可自行定义标准。
>
> [GB/T 28594—2012，定义 2.3]

1 不符合设立"[ ]"的原本意图

设立"[ ]"的本意是准确标明"重复抄录文件中少量内容"的出处，所抄录的内容在前，标明标准出处的"[ ]"紧随其后。示例一中"注"不是抄录的内容，却放在抄录的位置，违背了设立"[ ]"仅用于表明"重复抄录内容"出处的本意，不符合 8.1.1 引用通则的要求。标明出处是基于版权法律政策的考量，迄今为止还没有看到世界上任何国家允许抄袭和不标明出处的非法侵占，版权政策允许出于正当理由的少量原文照抄，属于合理使用的范畴，但有严格的限制条件，标明出处是其要件之一，这是对原标准起草人劳动和知识产权的尊重。

---

① 本文刊于 2013 年《气象标准化通讯》第 2 期。

2 误导标准使用者认为"是原标准起草人的意思"

依据"只要照抄定义,在'[ ]'前添加新注不受限制"的原则,示例一是合乎规定的。看到示例一,任何一个有着正常思维的人都会认为"注"是原有标准所附带的,而不会判断出是新标准起草人所新加的。正如收到快递公司递送的礼品,里面附带的礼品说明书,没有人会认为是快递公司送的,只会认为是朋友附的。如果允许任意添加新注,容易把使用者引向"认为是原有起草人意思"的方向,一旦添加新注违背了原标准起草人的意思,可能构成对原标准起草人声誉和水平方面的损害,失去了起码的公平性。

3 埋没了新标准起草人的贡献

在"[ ]"前任意添加新注的做法,在可能误导标准使用者将不良理解归咎于原标准起草人的同时,也埋没了新标准起草人的贡献,掩盖了新标准起草人所做的工作,违背了尊重事实、尊重知识、尊重创造的基本原则。如果新标准起草人通过加注的方式,更有利于对术语概念的准确理解,却要归功于原有起草人,同样损害了新标准起草人的利益。这种方式还可能导致以讹传讹,造成标准间概念术语理解的混乱和不同标准起草人之间的矛盾,不利于追根求源,理清继承与发展的关系。

4 对原标准的概念含意可能构成理解上的偏差

在"[ ]"前任意添加新注的原则,除了容易造成"误导标准使用者人"和"埋没新标准起草人贡献"之外,还可能引起对引自同一标准定义的不同理解,造成"A非A"的逻辑悖论。示例二的"标准化"术语引自GB/T 20000.1—2002定义2.1.1,示例三的"标准化"术语也是引自GB/T 20000.1—2002定义2.1.1,只是"注"不同,这符合"起草人可以添加新注"的观点。同样引自同一个标准的定义,任意添加新注,就可以有不同的解读。为了显示注的权威性,笔者特意根据国内标准化泰斗级人物李春田先生标准化过程三角形概念撰写了示例二的注,该"注"权威性可以不容置疑,事实上我国《标准化法》也是按照该注的这一精神来立法的。示例二反映的是中国的标准化定义,标准化过程包括标准的生产、实施和实施信息的反馈。示例三反映的是ISO对标准化的定义,标准化过程包括标准的编制、发布和实施。对照两者看,对标准化强调的重点是有所区别的。避开相同的编制部分不谈,前者更注重实施和实施信息的反馈。后者更注重编制和发布,它对实施的理解更多的是鼓励各国采用,即以国际标准为蓝本,翻译或转化为本国的国家标准,这是由ISO作为国际组织对各国没有强制约束力的特性所决定的。所以它的功能与我国相比,更加强调发布,强调采用。由此可见,不同的人、不同的组织对同一术语概念可以有不同的理解,这很正常,但"允许起草人随意添加新注"的结果,就会导致引自同一出处的术语,却可以产生两种甚至两种以上解读的现象,陷入"A非A"的逻辑悖论之中。

示例二

2.1.1 　标准化　standardization 　为了在一定范围内获得最佳秩序,对现实问题或潜在问题制定共同使用和重复使用的条款的活动。 　注:上述活动主要包括标准的生产、实施和实施信息的反馈过程。 　[GB/T 20000.1—2002,定义2.1.1]

示例三

2.1.1

标准化　standardization

为了在一定范围内获得最佳秩序，对现实问题或潜在问题制定共同使用和重复使用的条款的活动。

注1：上述活动主要包括编制、发布和实施标准的过程。

注2：标准化的主要作用在于为了其预期目的改进产品、过程或服务的适用性，防止贸易壁垒，并促进技术合作。

[GB/T 20000.1—2002，定义2.1.1]

允许在"[ ]"前随意添加新注的最大弊端是分不清哪个注是起草人新加的，哪个是被抄录标准原有的，从而造成上述四个方面的问题。为了避免出现这一情况，国内标准中已有区分这种情况的做法，详见示例四。该例子引自GB/T 3358.2/ISO 3534-2:2006。从中可以看出，3.1.12为完整抄录[GB/T 19000—2008]的内容，包括注在内。3.1.11的注则为起草该标准的人所新加，不是抄录内容。

示例四

3.1.11

不合格　nonconformity

未满足的要求。

[GB/T 19000—2008]

注：见缺陷（3.1.12）中的注。

3.1.12

缺陷　defect

未满足与预期或规定用途有关的要求。

注1：区分缺陷与不合格（3.1.11）的概念是重要的，这是因为其中有法律内涵，特别是与产品责任问题有关。因此，术语"缺陷"应慎用。

注2：顾客希望的预期用途可能受供方提供的信息内容的影响，如操作或维护说明。

[GB/T 19000—2008]

以上论述表明，"允许在'[ ]'前添加新注"的做法其缺陷是明显的，如果标准起草人在起草标准时，认为需要抄录被引用标准的定义，又觉得还需加一些解释说明或提供附加信息，建议做如下处理。

（1）对原标准定义进行改写，加注说明，如示例五。

示例五

3.3

采用　adoption

<国家标准对国际标准>以相应国际标准为基础编制，并标明了与其之间差异的国家规范性文件的发布。

注：改写GB/T 20000.1—2002，定义2.10.1。

（2）舍弃"注"的作用，只抄录定义，不抄录"注"。此种做法只在注不影响原定义的理解情况下适用，否则会以牺牲对术语的准确理解和对概念的完整把握为代价。

（3）在"[ ]"后加注，以示这是起草人新添加的有别于被抄录标准定义的新注。此法已有旧例可循（如示例四所示第一项），其好处是可以明确区分标准起草人与被抄录标准起草人之间的责任，明确继承与发展的关系。按此原则，示例二可以示例六的形式就更为妥当，明确了新标准起草人只是引用了原标准的定义，而没有引用原标准的注，本术语定义的注为起草人新添加的。

示例六

> 2.1.1
>
> 标准化　standardization
> 为了在一定范围内获得最佳秩序，对现实问题或潜在问题制定共同使用和重复使用的条款的活动。
> [GB/T 20000.1—2002，定义 2.1.1]
> 注：上述活动主要包括标准的生产、实施和实施信息的反馈过程。

（4）抛开被抄录标准，自己重新起草。既然需要加注，说明原有标准的定义不能完全满足起草标准的需要，不能覆盖起草标准的范围，那就应该针对新起草标准的特定内涵、要求和覆盖范围，重新定义专供本标准所使用的定义。

最后笔者想强调的一点是GB/T 1.1—2009 为代表的基础标准确定的编制规则，是为标准内容的恰当表达和方便使用服务的，对标准编制规则的掌握应以满足使用者准确理解和方便使用为尺度，不应片面地按照字面意思理解，而要看隐藏在字面意思背后制定规则的真实意图。显然标准编制规则的制定是为了统一编制行为、编写要求和编排格式，方便标准使用者正确理解和准确掌握，如果不从标准应用的角度考虑，仅从GB/T 1.1—2009 条款字面理解出发，则容易误入歧途。仍以术语引用规定为例，GB/T 1.1—2009 规定是"如果确有必要重复某术语已经标准化了的定义，则应标明该定义出自的标准。"此处的定义可以理解为"编号、对应词、定义、注"中的"定义"，也可以理解为某标准中"术语和定义"一章标题中的"定义"，前者是小概念，后者是大概念。如果按大概念来理解，示例三中"[GB/T 20000.1—2002，定义 2.1.1]"中的"定义"可以理解为是GB/T 20000.1—2002 中"术语和定义"一章序号为 2.1.1 术语条目下面的所有内容，包含注在内；如果按小概念来理解，可以仅理解为序号为 2.1.1 术语和对应词下面的"定义"本身。实际情况是两种情况皆可能发生，两种理解都不能算错，主要看引用的需要，合适引用到哪里，就引用到哪里。关于大概念的理解，可参考白殿一先生 2009 版《标准的编写》一书中的叙述，该书第三章第七节在第四（二）2（3）项中写到，"如果在术语和定义一章中的某些术语和定义是从其他文件抄录来的，则需要在定义后的方括号中给出定义所出自的文件编号及术语条目编号"，这里所指的条目编号是术语条目编号，而不是专指小概念的"定义"编号，事实上小概念的"定义"并没有单独的编号，所以此处的"定义"理解为大概念的"术语和定义"中的"定义"更为准确一些，可以视为"术语和定义"的简称，这样引用时就比较好掌握，术语条目序号下面的部分，包括术语、英文对应词、定义、注或图、表等作为概念的一个整体看待，根据需要进行引用，需要引用到哪里，就截止到哪里，其后立即用"[ ]"标明出处，很清楚。本来"[ ]"的作用就是标明抄录内容的出处，当然可以需要多少抄多少，只要抄完了注明出处就可以了。上述案例表明，实际标准编写过程中会出现很多规则没有讲到的情况，此时需要标准编制人员、审查人员深刻理解订立规则的真实意图并权衡利弊、灵活掌握，只要有利于规定明确且无歧义的条款，有利于厘清权责关系并与法律要求不冲突，就应按照"法无禁止则视为可行"的原则，允许有所创新，以使标准的条款为更多人所理解，促进标准的正确应用。

参考文献

[1] 白殿一，等．标准的编写[M]．北京：中国标准出版社，2011．

[2] 《标准化工作手册》编写组．国际标准化组织（ISO）章程和议事规则[M]//标准化工作手册：第三版．北京：中国质检出版社，2011．

[3] 李春田．标准化概论[M]．北京：中国人民大学出版社，2011．

[4] 全国标准化原理与方法标准化技术委员会．标准化工作导则　第1部分：标准的结构和编写：GB/T 1.1—2009[S]．北京：中国标准出版社，2009．

[5] 韦之．著作权法原理[M]．北京：北京大学出版社，1998．

[6] 中国标准出版社第四编辑室．统计方法应用国家标准汇编：术语符号和统计用表卷[M]．北京：中国质检出版社，2011．

[7] 中国标准研究中心．标准编写规则　第1部分：术语：GB/T 20001.1—2001[S]．北京：中国标准出版社，2001．

[8] 中国标准研究中心．标准化工作指南　第1部分：标准化和相关活动的词汇：GB/T 20000.1—2002[S]．北京：中国标准出版社，2002．

标准编写中列项的探讨①

崔晓军　黄　潇　成秀虎　王一飞　吴明亮

（中国气象局气象干部培训学院，北京　100081）

摘　要：本文依据GB/T 1.1—2009《标准化工作导则 第1部分：标准的结构和编写》，介绍了列项的概念、编写要求等，指出造成列项不规范的原因、弊端，以已发布的标准为案例源，重点介绍列项不规范的10种情况，并给出处理意见和方法。

关键词：标准编写，列项，处理方法

1　列项的概念

在标准条文中常常使用列项的方法阐述标准的内容。列项是"段"中的一个子层次，可以在标准的章或条中的任意段里出现。列项通常是将一个包含并列成分的长句，采用分列的形式表述；列项也可由并列的句子构成。其作用一是突出并列的各项；二是强调各项的先后顺序。[1]

2　列项的编写要求

GB/T 1.1—2009 中 5.2.6 对列项的编写给出了以下规定[2]。

（1）列项应由一段后跟冒号的文字引出。

（2）列项的各项之前应使用列项符号，如圆点，破折号，或a）、b）、c）……

（3）在一项标准的同一层次列项中，使用破折号还是圆点应统一。

（4）列项的项，如果需要识别，应使用字母编号，如a）、b）、c）……

（5）在字母编号的列项中，如果需要对某一项进一步细分成需要识别的若干分项，则应使用数字编号，如1）、2）、3）……

另外，列项是"段"中的一个子层次，列项的各分项中不再分段[3]，一般情况下，除最后一个列项的末尾使用句号外，其他各项的末尾使用分号[1]。

3　造成列项不规范的原因及弊端

3.1　列项不规范的原因

归纳标准文件中列项不规范的原因，主要为：一是编写者对GB/T 1.1—2009 中列项的规定缺乏了

---

① 本文刊于2019年《气象标准化》第3期。

解，不知道列项是什么，以及为什么要列项；二是编写者参考已发布的同类标准，但没有认真核对该标准的发布年份，参考的标准为2009年以前发布的，并不是基于GB/T 1.1—2009的规定起草的；三是编写者对标准的结构层次以及各层级间的逻辑关系了解得不够充分，在标准层次设置中，首先设置的应是章和条，其次设置段（段是章或条下面不编号的层次），再次是列项（列项是段中的子层次），当编写者对原本要表达的内容并没有理出头绪，尚未对文字进行深入分析加工时，便无法有效地利用标准的层次使表达更为清晰、直观、符合要求。

3.2 列项不规范的弊端

标准是指"通过标准化活动，按照规定的程序经协商一致制定，为各种活动或其结果提供规则、指南或特性，供共同使用和重复使用的文件"，从这一定义可以看出，标准必须具备"共同使用和重复使用"的特点，即标准中的内容应便于直接使用或便于被其他标准、法律、法规等引用，所以，编写标准要进行反复推敲，表达应"清楚、准确、简洁"。列项的不规范，不仅会使标准层次逻辑不清晰，更会给标准的引用带来不便。

4 列项不规范示例及处理方法

根据笔者标准化工作经验，标准编写中列项不规范主要体现在以下方面。

4.1 缺少引语

GB/T 1.1—2009规定，列项应由一段后跟冒号的文字（称为引语）引出，示例1和示例2的三组列项a）、b）、c）……前均找不到"后跟冒号的文字"，因此判定其列项缺少引语。

列项前的引语，有归纳总结列项所要表达的共性主题、同时引领下文的作用，缺少引语往往会使列项不突出，增加内容理解和阅读的难度，影响标准的应用效果。如示例1，列项缺少引语或不当的省略，使列项各分项的关键词"水质""沉积物质量和海洋生物""潮间带生态"与条标题"站位布设"关联性不强，造成理解上的困难。示例1的修改方法即补充适当的引语。示例2则修改为示例3所示形式。

【示例1】

> 10.4.2 站位布设
> 　　站位布设要考虑延续性，如果监测范围内存在敏感区如红树林、珊瑚区、产卵区、繁殖区、索饵区、洄游区，应适当增加监测站位数。
> 　　a）水质：根据工程施工作业方式及工程使用功能，设置3~5个断面，以建设项目所处海域中心为主断面，在主断面两侧各设1~2个断面；每个断面设站位不少于3个。站位的间距，应遵循由内向外由密到疏的原则。
> 　　b）沉积物质量和海洋生物：可在每个水质断面中选取1~3个站位。
> 　　c）潮间带生态：在工程附近区域布设1~2个潮间带生态监测断面，同时设1个对照断面。若沿岸有重要功能的湿地，应布设断面。

引自：HJ 442—2008《近岸海域环境监测规范》。

【示例2】

7.1 压缩

7.1.1 压缩机应按照GB 50177—2005要求设安全防护装置。

7.1.2 使用旋转式压缩机（水环泵）压缩氢气

    a) ×××××××××××××××××××××；

    b) ×××××××××××××××××××××；

    c) ×××××××××××××××××××××；

    ×××××××××××××××××××××。

7.1.3 使用活塞式压缩机压缩氢气

    a) ×××××××××××××××××××××；

    b) ×××××××××××××××××；

    c) ×××××××××××××××××××××；

    ×××××××××××××××××××××。

7.1.4 使用膜式压缩机压缩氢气

    a) ×××××××××××××××××××××；

    b) ×××××××××××××××××；

    c) ×××××××××××××××××××××；

    ×××××××××××××××××××××。

引自：GB 4962—2008《氢气使用安全技术规程》。

【示例3】

7.1 压缩

7.1.1 压缩机应按照GB 50177—2005要求设安全防护装置。

7.1.2 使用旋转式压缩机（水环泵）压缩氢气要求如下：

    a) ×××××××××××××××××××××；

    b) ×××××××××××××××××××××；

    c) ×××××××××××××××××××××；

    ×××××××××××××××××××××。

7.1.3 使用活塞式压缩机压缩氢气要求如下：

    a) ×××××××××××××××××××××；

    b) ×××××××××××××××××××××；

    c) ×××××××××××××××××××××；

    ×××××××××××××××××××××。

7.1.4 使用膜式压缩机压缩氢气要求如下：

    a) ×××××××××××××××××××××；

    b) ×××××××××××××××××××××；

    c) ×××××××××××××××××××××；

    ×××××××××××××××××××××。

引自：HJ 442—2008《近岸海域环境监测规范》。

4.2 引语后未用冒号

GB/T 1.1—2009规定，列项应由一段后跟冒号的文字引出。这项规定在引语作为无标题条时容易被忽略，比如示例4中"监测报告分监测快报及专题监测报告两种。"为引语用语，其后的句号应改为冒号，这是基于冒号"用于总说性或提示性词语之后，表示提示下文[4]"的作用，另外，a）分项后的句号改为分号为宜。

【示例4】

> 10.5.11　监测报告
> 监测报告分监测快报及专题监测报告两种。
> a）监测快报根据环境监测报告制度报送，××××××××××××××××××。
> b）专题监测报告主要针对大规模赤潮、长时间或影响较大的赤潮进行专题调查分析，×××××。

4.3　同一层级的列项末尾标点使用不统一

一般情况下，除最后一个列项的末尾使用句号外，其他各项的末尾使用分号[1]。"分号是句内点号的一种，表示复句内部并列关系分句之间的停顿，以及非并列关系的多重复句中第一层分句之间的停顿[4]""分项列举的各项有一项或多项已包含句号时，各项的末尾不能再用分号[4]"，笔者认为，这里的"一般情况"是指，除最后一个分项外，其他分项内部只有冒号、顿号、逗号、无分号、句号。示例5中5.2.5的列项除最后一个分项外，其余各分项末尾用的是分号，5.2.6中的各分项间的标点属于上述的"一般情况"，考虑标准条文的协调一致性，各分项末尾也应用分号。

【示例5】

> 5.2.5　勘误页
> 学位论文如有勘误页，应在题名页后另起页。
> 在勘误页顶部应放置下列信息：
> ——题名；
> ——副题名（如有）；
> ——作者名。
> 5.2.6　致谢
> 放置在摘要页前，对象包括：
> ——国家科学基金，资助研究工作的奖学金基金，合同单位，资助或支持的企业、组织或个人。
> ——协助完成研究工作和提供便利条件的组织或个人。
> ——在研究工作中提出建议和帮助的人。
> ——给予转载和引用权的资料、图片、文献、研究思想和设想的所有者。
> ——其他应感谢的组织和个人。

引自：GB/T 7713.1—2006《学位论文编写规则》。

4.4　错把列项设置成无标题条

列项可以放在无标题条下，不可以放在有标题条下而无引导语引出。有的标准编写者不清楚列项和条的界限，在标准编写中错把列项设置成无标题条，如示例6中8.3.2属于无标题条，其下不应再设条，"安全使用须知的提示，一般应包括下列内容。"为典型列项引语用语，8.3.2.1、8.3.2.2和8.3.2.3的内容属于并列关系，按列项处理最合理。如果用无标题条表述，则属于悬置条[5]，与无标题条下不可再设置无标题子条的编写规定相冲突。考虑到GB/T 19774—2005《水电解制氢系统技术要求》中其他列项均为无编号列项且均使用破折号，该例子改为示例7所示形式为佳。

【示例6】

8.3 使用手册

8.3.1 制造厂家应提供启动、停机程序的指导性要求或说明。

8.3.2 安全使用须知的提示,一般应包括下列内容。

8.3.2.1 氢气生产的环境有关防爆、防泄漏和安全运行的提示。

8.3.2.2 电解液的制备、防泄漏及其安全保护措施。

8.3.2.3 氢气排入不通风或通风不良的房间内,形成富氢环境的危害的提示。

8.3.3 当水电解制氢系统设有远距离监控系统时,制造厂家应提供相关的程序说明,并详细说明计算机的操作运行要求。

引自:GB/T 19774—2005《水电解制氢系统技术要求》。

【示例7】

8.3 使用手册

8.3.1 制造厂家应提供启动、停机程序的指导性要求或说明。

8.3.2 安全使用须知的提示,一般应包括下列内容:

 ——氢气生产的环境有关防爆、防泄漏和安全运行的提示;

 ——电解液的制备、防泄漏及其安全保护措施;

 ——氢气排入不通风或通风不良的房间内,形成富氢环境的危害的提示。

8.3.3 当水电解制氢系统设有远距离监控系统时,制造厂家应提供相关的程序说明,并详细说明计算机的操作运行要求。

4.5 列项中包含图、表或公式

列项包含的成分有词汇、短语或句子,还可以有注、脚注、示例,并可提及附录,但不宜包含图、表或公式;无标题条包含的成分有句子、段和列项以及可能的图、表、公式、注、脚注、示例,并可提及附录[6]。示例8中的列项不规范之处主要有:一是列项中包含了表格;二是缺引语。

仔细分析a)、b)、c)三个分项间的关系:b)和c)是代码格式的说明,介绍的是同一件事,没有分开的必要;c)分项中包含两个表格。这种情况有三种修改方法:一是处理为段,如示例9所示;二是处理为有标题条,如示例10所示;三是处理为无标题条,如示例11所示。列项中包含图和公式的处理也可参照以上方法,具体问题具体分析,以清晰、便于引用、无歧义为目的。

【示例8】

4.3.1 河流代码

 a) 编码规则:用8位字母和数字的组合码表示河流的工程类别、所在流域或水系、编号及类别。

 b) 代码格式:ABTFFSSY。

 c) 说明:

A——×××××××××××××××××××××××××××。

BT——×××××××××××××××××××××××。

FFSS——××××××××××××××××××。字段含义按表1的规定执行。

Y——××××××××××××××××××××××,取值按表2的规定执行。

表1 河流代码FFSS字段规定

表2 河流代码Y字段规定

引自：SL 213—2012《水利工程代码编制规范》。

【示例9】

4.3.1 河流代码

用8位字母和数字的组合码表示河流的工程类别、所在流域或水系、编号及类别，代码格式为ABTFFSSY，各字段含义如下：

A——××××××××××××××××××××。

BT——××××××××××××××××××。

FFSS——×××××××××××××××××。字段含义按表1的规定执行。

Y——×××××××××××××××××××，取值按表2的规定执行。

表1 河流代码FFSS字段规定

表2 河流代码Y字段规定

【示例10】

4.3.1 河流代码

4.3.1.1 编码规则

用8位字母和数字的组合码表示河流的工程类别、所在流域或水系、编号及类别。

4.3.1.2 代码格式

代码格式为ABTFFSSY，各字段含义如下：

A——××××××××××××××××××××。

BT——××××××××××××××××××。

FFSS——×××××××××××××××××。字段含义按表1的规定执行。

Y——×××××××××××××××××××，取值按表2的规定执行。

表1 河流代码FFSS字段规定

表2 河流代码Y字段规定

【示例 11】

4.3.1　河流代码

4.3.1.1　编码规则：用 8 位字母和数字的组合码表示河流的工程类别、所在流域或水系、编号及类别。

4.3.1.2　代码格式：ABTFFSSY。各字段含义如下：

A——×××××××××××××××××××××××××。

BT——×××××××××××××××××××××××××。

FFSS——×××××××××××××××××××××××。字段含义按表 1 的规定执行。

Y——××××××××××××××××××××，取值按表 2 的规定执行。

表 1　河流代码FFSS字段规定

表 2　河流代码Y字段规定

4.6　引语引导的内容与列项中的内容不相符

引语引导的内容与列项中的内容应相符。引语引导的内容与分列各项的内容不应出现不一致，甚至矛盾的现象。如果引语中的表述为"……应符合下列要求："，则分列的各项中应全部都是要求，不应出现推荐的分项。[1]

示例 12 中引语表述为"……应符合下列要求："，与分项 e）、f）、g）、h）中"……宜采用……"推荐的内容不一致，可把引语改为"内涝、中小河流洪水、山洪防御规定如下："。

【示例 12】

6.5　防御内涝、中小河流洪水、山洪应符合下列要求：

　　a）××××××××××××××××××；

　　b）××××××××××××××××××；

　　c）××××××××××××××××××；

　　d）××××××××××××××××××；

　　e）村镇位于山洪流域下游及流域出口处，宜采用排（截）洪沟；

　　f）山区坡面宜采取建设梯田、梯地防洪工程措施；

　　g）山区坡度较大的地面宜采取植树种草；

　　h）山间溪沟道，宜采用在横向修建 5 m 以上低坝的措施。

引自：GB/T 34294—2017《农村民居防御强降水引发灾害规范》。

4.7　引语与列项的内容重复

引语中已经出现的词语，分列各项中不应重复出现[1]。示例 13 的不规范之处体现在：

一是引语中已有"观测地段""应"等词语，分列的各项中又重复出现这些词语。

二是引语用语与列项中内容不相符，引语为"……应符合以下要求："，分列的各项出现了"宜""不应""可"的条款（本文 4.6 提及的问题）。

三是同一项要求分列。如分项 f）中"农业气象灾害和病虫害的调查应在能反映不同受灾程度的田块上进行，不限于观测地段的玉米品种"与分项c）均属关于品种的条款，二者不宜分别列出。

经综合分析，示例13可改为示例14所示形式。

【示例13】

4.2.1 观测地段选择要求

观测地段的选择应符合以下要求：

a）观测地段能代表当地气候、土壤、地形、地势、主要耕作制度、种植管理方式及产量水平。

b）观测地段应保持相对稳定，如确需调整应选择与原观测地段条件较为一致的农田。

c）观测地段作物品种应为当地的主栽品种。

d）观测地段面积宜超过 1 hm²，不应小于 0.1 hm²，确有困难可选择同一种作物成片种植的较小地块。

e）观测地段距林缘、建筑物、道路（公路和铁路）、水塘、灌溉机井等应在 20 m以上，应远离河流、水库等大型水体，尽量减少小气候的影响。

f）生育状况调查应选择能反映当地玉米生长状况和产量水平不同类型的田块，可与农业部门苗情调查点相结合。农业气象灾害和病虫害的调查应在能反映不同受灾程度的田块上进行，不限于观测地段的玉米品种。

引自：QX/T 361—2016《农业气象观测规范 玉米》。

【示例14】

4.2.1 观测地段选择

观测地段面积宜超过 1 hm²，不应小于 0.1 hm²，确有困难可选择同一种作物成片种植的较小地块。生育状况调查应选择能反映当地玉米生长状况和产量水平不同类型的田块，可与农业部门苗情调查点相结合。同时，遵循如下规定：

a）观测地段应能代表当地气候、土壤、地形、地势、主要耕作制度、种植管理方式及产量水平。

b）观测地段应保持相对稳定，如确需调整应选择与原观测地段条件较为一致的农田。

c）观测地段作物品种应为当地主栽品种；但当进行农业气象灾害和病虫害调查时，应在能反映不同受灾程度的田块上进行，不限于观测地段的玉米品种。

d）观测地段距林缘、建筑物、道路（公路和铁路）、水塘、灌溉机井等应在 20 m以上，应远离河流、水库等大型水体，尽量减少小气候的影响。

示例15引语中已经使用了"应""应符合"，分列各项中不应重复出现。根据"引语可以是一个句子，也可以是一个句子的前半部分[1]"，综合分析示例15中引语与各分项的关系，可把引语改为一个句子的前半部分，即改为示例16所示形式。

【示例15】

6.6 防御泥石流和滑坡应符合下列要求：

a）应符合《泥石流灾害防治工程设计规范》（DZ/T 0239）和《滑坡防治工程设计与施工技术规范》（DZ/T 0219）的要求；

b）应提高强降水引发泥石流和滑坡监测预警水平；

c）应制定村镇泥石流、滑坡防御和应急方案。

引自：GB/T 34294—2017《农村民居防御强降水引发灾害规范》。

【示例 16】

> **6.6 防御泥石流和滑坡应：**
> a）符合DZ/T 0239 和DZ/T 0219 的要求；
> b）提高强降水引发泥石流和滑坡监测预警水平；
> c）制定村镇泥石流、滑坡防御和应急方案。

4.8　有编号列项层级不规范

"列项中的项如果需要识别,应使用字母编号（后带半圆括号的小写拉丁字母）在各项之前进行标示。在字母编号的列项中，如果需要对某一项进一步细分成需要识别的若干分项，则应使用数字编号（后带半圆括号的阿拉伯数字）在各分项之前进行标示"[2]。据此可知,第一层次的列项用编号 a）、b）、c）……，其下若需进一步细分成需要识别的若干分项，则用编号 1）、2）、3）……。示例 17 中的列项为第一层次的列项，用了第二层次的列项编号，显然是不符合规定的，可修改为示例 18 所示形式。

【示例 17】

> **4.1 中国标准书号的构成**
> 中国标准书号由标识符"ISBN"和 13 位数字组成。其中 13 位数字分为以下五部分：
> 1) EAN·UCC前缀；
> 2) 组区号；
> 3) 出版者号；
> 4) 出版序号；
> 5) 校验码。

引自：GB/T 5795—2006《中国标准书号》。

【示例 18】

> **4.1 中国标准书号的构成**
> 中国标准书号由标识符"ISBN"和 13 位数字组成。其中 13 位数字分为以下五部分：
> a) EAN·UCC前缀；
> b) 组区号；
> c) 出版者号；
> d) 出版序号；
> e) 校验码。

4.9　列项中分段

列项是段下的一个子层次，列项的各分项中不再分段[3]，但已发布的标准文件中仍然存在列项中分段的现象，包括两种情况：一是列项设标题，标题下设段；二是同一分项下包含几个段。

4.9.1　列项设标题，标题下设段

示例 19 为列项设标题，标题下又设段。在列项的各项中，可将其中的关键术语或短语标为黑体，

以标明各项所涉及的主题[2]。示例 19 中若要达到突出列项中标题的内容，可把这些内容排为黑体，如示例 20 所示。

【示例 19】

> 5.2.3 题名页
>
> 　　学位论文应有题名页。题名页主要内容：
>
> 　　a）中图分类号
>
> 　　采用《中国图书馆分类法》（第 4 版）或《中国图书资料分类法》（第 4 版）标注。
>
> 　　示例：中国分类号 G250.7。
>
> 　　b）学校代码
>
> 　　按照教育部批准的学校代码进行标注。
>
> 　　c）UDC
>
> 　　×××。
>
> 　　d）密级
>
> 　　×××××××××××××××××××××××××××××××××××。

引自：GB/T 7713.1—2006《学位论文编写规则》。

【示例 20】

> 5.2.3 题名页
>
> 　　学位论文应有题名页。题名页主要内容：
>
> 　　a）**中图分类号**：采用《中国图书馆分类法》（第 4 版）或《中国图书资料分类法》（第 4 版）标注。
>
> 　　示例：中国分类号 G250.7。
>
> 　　b）**学校代码**：按照教育部批准的学校代码进行标注。
>
> 　　c）**UDC**：××××××××××××××××××××××××××××××××××××。
>
> 　　d）**密级**：×××××××××××××××××××××××××××××××。

4.9.2　同一分项下包含几个段

示例 21 中的列项符合列项不应设标题的要求，但列项不规范，体现在以下方面：

一是编号不规范，若为编号列项，第一层次的列项编号应用 a）、b）、c）……；

二是列项编号字体、字号不规范，列项编号应排五号宋体，不加粗；

三是列项中文字回行不规范，列项中"每一项之前的破折号、圆点或字母编号均应空两个汉字起排，其后的文字以及文字回行均应置于距版心左边五个汉字的位置[2]"；

四是引语用语与列项中内容不相符，引语中有"应"，而列项中出现了"不应"的内容；

五是第 3 个分项中包含 3 个段，这与列项不再分段[4]矛盾。

示例 21 中第 3 个分项是对防火卷帘耐火极限的规定，根据防火卷帘耐火极限情况确定是否设置自动喷水灭火系统保护，并对需要设置的自动喷水灭火系统保护进行了规定。分析得知，可对第 3 个分项进行细分，根据规定，在字母编号的列项中，如果需要对某一项进一步细分成需要识别的若干分项，则应使用数字编号，如 1）、2）、3）……。根据"字母编号下一层次列项的破折号、圆点或数字编号均应空四个汉字起排，其后的文字以及文字回行均应置于距版心左边七个汉字的位置[2]"的规定，示例 21 可修改为示例 22 所示形式。

【示例 21】

6.5.3 防火分隔部位设置防火卷帘时，应符合下列规定：

  1 ××××××××××××××××××××××。

  2 ×××××××××××××××××××。

  3 除本规范另有规定外，防火卷帘的耐火极限不应低于本规范对所设置部位墙体的耐火极限要求。

  当防火卷帘的耐火极限符合现行国家标准《门和卷帘耐火试验方法》（GB/T 7633）有关耐火完整性和耐火隔热性的判定条件时，可不设置自动喷水灭火系统保护。

  当防火卷帘的耐火极限仅符合现行国家标准《门和卷帘耐火试验方法》（GB/T 7633）有关耐火完整性的判定条件时，应设置自动喷水灭火系统保护。自动喷水灭火系统的设计应符合现行国家标准《自动喷水灭火系统设计规范》（GB 50084）的规定，但火灾延续时间不应小于该防火卷帘的耐火极限。

  4 ××××××××××××××××××××××。

  5 ×××××××××××××××××××××。

  6 ×××××××××××××××××。

引自：GB 50016—2014《建筑设计防火规范》。

【示例 22】

6.5.3 防火分隔部位设置防火卷帘时，规定如下：

  a）××××××××××××××××××××××。

  b）×××××××××××××××××××。

  c）除本规范另有规定外，防火卷帘的耐火极限不应低于本规范对所设置部位墙体的耐火极限，且满足以下要求：

  1）当防火卷帘的耐火极限符合现行国家标准《门和卷帘耐火试验方法》（GB/T 7633）有关耐火完整性和耐火隔热性的判定条件时，可不设置自动喷水灭火系统保护。

  2）当防火卷帘的耐火极限仅符合现行国家标准《门和卷帘耐火试验方法》（GB/T 7633）有关耐火完整性的判定条件时，应设置自动喷水灭火系统保护。自动喷水灭火系统的设计应符合现行国家标准《自动喷水灭火系统设计规范》（GB 50084）的规定，但火灾延续时间不应小于该防火卷帘的耐火极限。

  d）××××××××××××××××××××××。

  e）×××××××××××××××××××。

  f）×××××××××××××××××。

分项下设段除造成引用的困难外，还容易造成理解上的困难，易产生歧义。如示例 23 除了存在缺少引语及条标题字体不规范等问题外，列项的 e）分项包括 4 段文字，其中第 4 段中的"以上方法"指代不明，可理解为指代 e）分项介绍的"溢流堰法"，也可理解为指代其上分项介绍的所有方法，即包括污水流量计法、容积法、速仪法、量水槽法、溢流堰法。又示例 23 中的f）分项与a）—e）分项格式上不同，内容上也不易判断是否与 a）—e）分项并列。示例 23 的这种不易判断的情况需要商归口标准化技术委员会和起草人解决。

【示例23】

> 4.7.3.2　流量测量方法
>> a）污水流量计法：××××××××××××××××××××××××。
>> b）容积法：×××××××××××××××××××××××。
>> c）速仪法：××××××××××××××××××××××××。
>> d）量水槽法：×××××××××××××××××××××××。
>> e）溢流堰法：××××××××××××××××××××××××。
>
> 利用堰板测流，由于堰板的安装会造成一定的水头损失。另外，固体沉积物在堰前堆积或藻类等物质在堰板上黏附均会影响测量精度，必须经常清除。
>
> 在排放口处修建的明渠式测流段要符合流量堰（槽）的技术要求。
>
> 在选用以上方法时，应注意各自的测量范围和所需条件。以上方法无法使用时，可用统计法。
>> f）如污水为管道排放，所使用的电磁式或其他类型的测量计应定期进行计量检定。

引自：HJ 494—2009《水质 采样技术指导》。

4.10　错把条或段表述成列项的形式

在编写标准时，有些内容本来应该分条或分段表述，但却错误地使用了列项的形式[1]。示例23中f）分项是对管道排放污水流量测量仪器的规定，与介绍具体方法的a）—e）分项非并列关系，不宜放在一个引语下，应与e）分项分段以及指代不明的问题一并商归口标准化技术委员会和起草人，改为段或条的形式。

5　结语

标准的重要特点是具有可读性和可操作性，便于使用和引用[6]。GB/T 1.1—2009中关于标准文件中列项的规定，正是为了标准条款便于被引用而制定的。在标准编写中应遵守"制定标准的目标是规定明确且无歧义的条款，以便促进贸易和交流"这一目标，并遵循统一性、协调性、适用性、一致性、规范性原则，灵活、规范、准确地对待、处理列项，以期编写出高质量的标准。

参考文献

[1] 白殿一，等．标准的编写[M]．北京：中国标准出版社，2015．
[2] 全国标准化原理与方法标准化技术委员会．标准化工作导则 第1部分：标准的结构和编写：GB/T 1.1—2009[S]．北京：中国标准出版社，2009．
[3] 张利华．编辑谈标准编写[M]．北京：中国质检出版社，中国标准出版社，2013．
[4] 教育部语言文字信息管理司．标点符号用法：GB/T 15834—2011[S]//新闻出版总署科技发展司，新闻出版总署图书出版管理司，中国标准出版社．作者编辑常用标准及规范：第三版．北京：中国标准出版社．
[5] 崔晓军，吴明亮，王一飞，等．标准编写中悬置段、悬置条的探讨[J]．中国质量与标准导报，2018（10）：17-21．
[6] 熊正隆，王福囤，陈星．标准编写中的无标题子条与列项的应用[J]．核标准计量与质量，2014（2）：41-45．

标准中计量单位的使用规则及常见问题辨析[①]

成秀虎　闫冠华

（中国气象局气象干部培训学院，北京　100081）

　　计量单位使用错误在标准编写中经常出现，原因往往是起草人对标准编写中单位使用的要求和规则了解不够所致。GB/T 1.1—2009 对标准编写中计量单位的使用要求只有一句话，即第 8.7 条规定的"应使用 GB 3101、GB 3102 规定的法定计量单位"。这简单的一句话，不足以指导起草人去掌握和确切地知道计量单位的使用规则。熟悉标准语言的同志可能知道，这句话是一个典型的要求型条款，同时又是一个规范性引用。意思是说，标准编写中涉及法定计量单位的使用时，应遵循 GB 3101、GB 3102 的规定。这里需要强调二点，一是 GB/T 1.1—2009 在规范性引用 GB 3101、GB 3102 时，采用的是不注日期的引用，即任何 GB 3101、GB 3102 最新修改和变化都适用于标准的编写，所以标准编写过程中需要注意跟踪法定计量单位规定的最新变化。二是 GB 3101、GB 3102 是强制性标准，相当于技术法规，其要求不容变通和商量，没有伸缩的余地，必须遵循。

1　几个基本概念

1.1　法定计量单位与非法定计量单位

　　法定计量单位(Legal Unit of Measurement)是一国通过法律形式强制规定的，要求各行业、各组织和全社会都必须遵照执行的计量单位，目的是保证全国范围内单位使用上的一致。为便于国际合作与交流，我国的法定计量单位以国际单位制（SI）为基础，加上少数其他单位制的计量单位共同构成。具体地讲，我国的法定计量单位包括如下六个方面。

　　（1）SI 基本单位，见表 1，共 7 个。它们是相互独立的最重要的 7 个基本量的单位，也是 SI 的基础。

表 1　SI 基本单位

量的名称	单位名称	单位符号
长度	米	m
质量	千克（公斤）	kg
时间	秒	s
电流	安[培]	A
热力学温度	开[尔文]	K
物质的量	摩[尔]	mol
发光强度	坎[德拉]	cd

---

①　本文刊于 2015 年《气象标准化》第 2、3 期，2016 年在《标准科学》增刊上公开发表。

（2）SI的辅助单位，见表2，共2个。

表2　SI辅助单位

量的名称	单位名称	单位符号
[平面]角	弧度	rad
立体角	球面度	sr

（3）具有专门名称的SI导出单位，见表3，共19个。为了使用上的方便和习惯，也为了纪念杰出的科学家，在SI中对19个导出单位给出了专门名称，其中18个用科学家的名字命名的。它们是借助乘、除符号，通过代数式运算用基本单位表示的单位。如：力的单位$kg \cdot m/s^2$或$kg \cdot m \cdot s^{-2}$。

表3　具有专门名称的SI导出单位

量的名称	专门单位名称	专门单位符号	原导出单位符号
频率	赫[兹]	Hz	s^{-1}
力	牛[顿]	N	$kg \cdot m/s^2$
压力，压强，应力	帕[斯卡]	Pa	N/m^2
能[量]，功，热量	焦[耳]	J	$N \cdot m$
功率，辐[射能]通量	瓦[特]	W	J/s
电荷[量]	库[仑]	C	$A \cdot s$
电压，电动势，电位，（电势）	伏[特]	V	W/A
电容	法[拉]	F	C/V
电阻	欧[姆]	Ω	V/A
电导	西[门子]	S	A/V
磁通[量]	韦[伯]	Wb	$W \cdot s$
磁通[量]密度，磁感应强度	特[斯拉]	T	Wb/m^2
电感	亨[利]	H	Wb/A
摄氏温度	摄氏度	℃	K
光通量	流（明）	lm	$cd \cdot sr$
[光]照度	勒[克斯]	lx	lm/m^2
[放射性]活度	贝可[勒尔]	Bq	s^{-1}
吸收剂量，比授[予]能，比释动能	戈[瑞]	Gy	J/kg
剂量当量	希[沃特]	Sv	J/kg

（4）国家选定的非SI单位，见表4，共16个，可与SI单位并用。

表4 国家选定的非SI单位

量的名称	单位名称	单位符号
时间	分	min
	[小]时	h
	日，（天）	d
[平面]角	度	°
	[角]分	′
	[角]秒	″
体积	升	L，（l）
质量	吨	t
	原子质量单位	u
旋转速度	转每分	r/min
长度	海里	n mile
速度	节	kn
能	电子伏	eV
级差	分贝	dB
线密度	特[克斯]	tex
面积	公顷	hm²

注：1.平面角度单位度、分、秒的符号，在组合单位中采用（°）、（′）、（″）的形式。例如，不用°/s而用（°）/s。

　　2.升的两个符号中，小写字母l为备用符号（这是GB 3100的说法，GB 3101则认为两者地位相同，可任意选用）。

　　3. 公顷的国际通用符号为hm²。

（5）由以上单位构成的组合形式的单位。

（6）由SI词头和以上单位所构成的十进倍数和分数单位。SI词头见表5。

表5 SI词头

因数	词头名称	词头符号	因数	词头名称	词头符号
10^{24}	尧[它]	Y	10^{-1}	分	d
10^{21}	泽[它]	Z	10^{-2}	厘	c
10^{18}	艾[可萨]	E	10^{-3}	毫	m
10^{15}	拍[它]	P	10^{-6}	微	μ
10^{12}	太[拉]	T	10^{-9}	纳[诺]	n
10^{9}	吉[咖]	G	10^{-12}	皮[可]	p
10^{6}	兆	M	10^{-15}	飞[母托]	f
10^{3}	千	k	10^{-18}	阿[托]	a

因数	词头名称	词头符号	因数	词头名称	词头符号
10^7	百	h	10^{-21}	仄[普托]	z
10^1	十	da	10^{-24}	幺[科托]	y

注：1.词头加在SI单位之前构成SI制单位的十进倍数和分数单位，与SI单位符号之间不留空隙。

2.SI词头不能与单位一的符号1构成十进倍数或分数单位，需要时用10的幂表示。

3.SI词头的选取，一般应使量的数值处于0.1～1000之间。为对照方便，同一量使用相同单位时，可不受此规则限制。

在表1—表5中，[ ]内的字，是在不致混淆的情况下，可以省略的字。( )内的字为前者的同义语。

超出这六个方面的单位，在我国都是非法定计量单位，比如厘米·克·秒制单位（CGS制），市制单位，以英尺、磅和秒为基础的单位等。具体讲，市制单位（表示长度的[市]里、丈、尺、寸、[市]分，表示面积的亩、[市]分、[市]厘），长度单位"英寸、英尺、码、英里"，时间单位"年、回归年"、质量单位"斤、两、钱"，面积单位"平方英寸、平方英尺、平方码、平方英里、英亩"，功率单位"匹"，数量单位"打"等均为非法定计量单位。

1.2　物理量单位与非物理量单位

GB 3101、GB 3102只用于处理定量描述物理现象的量，称为物理量，故其规定的单位只是物理量的单位。但在现实生活中，不光要处理物理现象的定量描述，还需要处理非物理现象的定量描述，如衡量货币、人的数量多少以及以星期、月、年等为单位衡量时间的长短等，这些量一般称之为非物理量，直接用汉字"元""人""星期""月""年"等量词表示，但其中"年"规定了单位符号"a"（见GB 3102.1，1-7备注）。常用的表示人、事物或动作数量的非物理量单位有"条""根""枝""张""颗""粒""个""次""率""成"等。这些词虽然不是物理量，但在中国人的现实生活中有着广泛的应用，属于实用中特别重要的情形，故在中文书面表达中仍然是允许存在的。此外这些词在发展历史较长的特定科学技术领域也有应用，如气象上就有"5月地面影响系统有17.3个，700 hPa有15.6个""5、6月出现的气旋波分别有1.3次和0.7次""阴指低云量9～10成或总云量10成"等的表达需求，可见非物理量单位并非不能在科学技术领域中应用，而且运用时其使用规则与物理量单位的使用规则是相同的。

1.3　无量纲量的单位与有量纲量的单位

从定义上看，所有量纲指数都等于零的量，称为无量纲量。为了理解这一定义，我们需要借助公式来说明。

对于任一量Q，其量纲可表示为：

$$\dim Q = A^{\alpha}B^{\beta}C^{\gamma}\cdots \tag{1}$$

式（1）中，A，B，C，…表示基本量A，B，C的量纲，α，β，γ，…称为量纲指数，当所有量纲指数均为0时，即为无量纲量，反之则是有量纲的量。

当α，β，γ，…全为零时，式（1）变成：

$$\dim Q = A^{\alpha}B^{\beta}C^{\gamma}\cdots = A^{0}B^{0}C^{0}\cdots =1 \tag{2}$$

式（2）表明无量纲量的量纲是一，此时 Q 称为量纲为一的量。

在一贯单位制中，量纲一的量的单位是 1。由于 SI 制是以长度、质量、时间、电流、热力学温度、物质的量和发光强度七个基本量为基础的一贯单位制，所以国际单位制中量纲为一的量，其单位也是"1"。气象上量纲为一的量很多，如泊松数、光谱吸收比、发射率、弗劳德数等都是量纲为一的量，其单位都是 1。

1.4 单位名称、单位符号及单位的中文符号

任何单位都需要指称，单位是与量紧密相联的，量的单位通过单位符号（包括字母形式和汉字形式）来体现，对单位符号的指称就是单位名称，通常用于口语中，不同的语种对同一单位符号的名称表达方式是不同的，如单位"s"的中文名称是"秒"，英文名称是"second"，两者并不相同，汉语书面用语里经常出现把单位名称、英文名称、中文符号混用的情况。如把组合单位"m/s"的中文名称"米每秒"误作该单位的中文符号"米/秒"使用，把单位"s"的英文名称缩写"sec"误作该单位的单位符号使用，这些都是混淆了单位的中文名称、英文名称与中文符号、单位符号的差别所致。

汉语里面单位名称就是指单位的中文名称，有时为了简化叙述，在不影响其表达的情况下还可省略名称中的部分字。省略后的单位名称称为单位名称的简称。单位的名称及其简称都有固定的用词，是"量、单位和符号"标准内容的一部分，用到单位名称时，应以 GB 3101、GB 3102 所规定的单位名称为准，不能随意更改。

单位的符号分为单位符号和单位的中文符号两种类型。单位符号的优点是简单明了，国际通用，所以又称为国际符号。通常讲的"单位符号"专指用字母形式表示的国际符号，中文符号专指用汉字形式表示的单位的符号。

中文符号有固定的汉字，不能随意更改，具体以 GB 3101、GB 3102 各表中所列单位名称的简称为准（没有简称的用全称）。由于单位的中文符号与单位名称在很多情况下是重叠的（对于 GB 3101、GB 3102 各表中所列单位名称，实际上也可用作单位的中文符号，只有反映旋转速度的"转每分"是一个例外），而单位名称与单位的中文符号使用场合不同，所以常常因两者区分不清造成组合单位使用上的错误（非组合单位中一般不存在这种错误，因为两者几乎是完全一致的）。如在需要用中文符号"米/秒"（或"米·秒$^{-1}$""米/秒"）的情况下，却用"米每秒"代替，违背了"组合单位的中文符号可以用乘除符号构成"的规则（见 GB 3100—93,6.2.3 条）。反过来,在口述或叙述性文字中需要用单位名称"米每秒"时，却用"米/秒""米·秒$^{-1}$""米/秒"等形式代替，违背了"书写组合单位名称时，应不加乘（除）等其他符号"（GB 3100—1993,5.5 条）的规定。

1.5 量值

任何物理量都由数值和单位构成，称为量值，量值用量的符号表示。如物理量 A 的量值表示方式为：

$$A= \{ A \} \cdot [A] \tag{3}$$

式中，$\{A\}$ 表示量 A 的数值，$[A]$ 表示量 A 的单位。

任何量都必须由数值和单位一起共同构成，如光速（c）的量值为 299792458 m/s，其后的单位不能省略。

当用表来表达量值时也不例外，通常量的数值在表中表示，将量的单位放在表头中量的名称之下，见示例 1。

示例1

类型	线密度 kg/m	内圆直径 mm	外圆直径 mm

如果表中所有量的单位均相同时，为方便起见，不需要在每个表头中重复，故推荐采用在表的右上方用陈述的方式将量的单位表达出来，见示例2。

示例2

单位为毫米

类型	长度	内圆直径	外圆直径

这里的"单位为毫米"就是采用的陈述方式，毫米是单位的名称，因为GB3100规定，单位名称用于口述，也可用于叙述性文字中。不过笔者以为如果用"单位为mm"或"单位：mm"，应该也是可以的，因为GB 3100中6.1.1同样规定量的单位符号同样也适用于叙述性文字。

当所表示的量为量的和、差、积或商时，应当将单位置于各个量数值之后，如：

60 mm×20 mm×25 mm不能写成60×20×25 mm；"220 V，正负10%误差"应写成220（1±10%）V或220 V±22 V或（220±22）V，不能写220 V±10%。

这样规定的理由是只有同一类量才能做加减乘除运算。上述例子中，如果数值后面不加单位，就变成了无量纲量与有量纲量两类物理量了，而不同类的量是不能做加减乘除运算的。

2 单位使用规则

单位使用规则可以从单位名称、单位符号、单位的中文符号及其组合等方面加以归纳，以下五条是编制标准时需要熟练掌握的原则。

（1）单位名称用于口述，也可用于叙述性文字中（GB 3100—1993，5.2条）。书写组合单位名称时，不加乘（除）等其他符号（GB 3100—1993，5.5条）。

（2）单位符号（含词头符号）用于公式、数据表、曲线图、刻度盘、产品铭牌等需要明了的地方，也用于叙述性文字中（GB 3100—1993，6.1.1条）。单位符号印刷时要用正体，单位符号应放在数值之后且留1/4汉字的空隙［平面角的度（°）、分（′）、秒（″）例外］。单位名称和单位符号不得拆开使用，如摄氏度是一个整体，20℃只能写成"20摄氏度"，不能写成"摄氏20度"。书写组合单位时可

用乘（除）号、括号、负指数等形式，如Nm，N·m，m/s，ms^{-1}，$\frac{m}{s}$，kJ/（kg·K）等（GB 3100—1993，6.2.2条）。

（3）单位的中文符号只在小学、初中教科书和普通书刊中有必要时使用（GB 3100—1993，6.1.2条）。非组合单位的中文符号与单位名称或其简称相同。书写组合单位的中文符号时要在两个单位的中文符号之间加乘（除）等其他符号，如牛·米，米/秒等（GB 3100—1993，6.2.3条）。

（4）单位符号与中文符号不应在组合单位中同时使用，如km/h不能写成km/时（GB 3100—1993，

6.1.5 条）。但由于摄氏度的符号可以作为中文符号使用（GB 3100—1993，6.1.4 条），所以像"焦/℃"的形式又是允许的。

（5）单位符号可以和非物理量单位的汉字构成组合形式的单位，如元/d；t/（人·月）（量和单位标准手册，4.2.2.7 条）。

根据上面这些规定可以看出，单位名称主要用于口语中，单位符号主要用于公式、图表、刻度盘、产品铭牌中，两者均可在叙述性文字中使用。所以无论是叙述性文字还是非叙述性文字中都应该优先选择单位符号，只在小学、初中教科书和普通书刊中需要用单位符号又可能难以为读者所认识或接受时才考虑用中文符号。因此《量和单位标准手册》4.2.1 条强调"一般情况下应使用单位符号"，GB 3101—1993 的 3.2.1 条强调只有"在某些必须使用中文符号的情况下"才"可按GB 3100 的规定构成中文符号"。可见中文符号在汉语书面表达中并不鼓励优先使用，原因可能在于中文符号的构成基础是中文名称，两者常常有重叠，但在组合单位中差别又很明显，常常造成误用。另一方面，大量使用中文符号既不符号我国法定计量单位以国际单位制为基础的初衷（国际符号全球通用），也不符合日益增长的国际交流与贸易的需要。作为标准，既非小学、初中教科书，又非普通书刊，所以建议非不得已不要使用单位的中文符号，以避免误用，同时促进中国标准的国际通用性。

3　常见问题辨析

3.1　数字 1 是不是单位？

熟悉了"量纲一的SI制单位是一"这一概念就可以知道，数字 1 也可以是单位。GB 3101—1993 第 2.3.2 条规定，任何量纲一的量的SI一贯单位名称都是"一"，单位符号是"1"，但在表示量值时一般并不明确写出，如折射率n=1.53 的真实含义是 1.53×1，即折射率的值是 1.53，单位符号是 1。

3.2　单位一有没有专门符号？

如 3.1 所述，单位一的单位名称是一，单位符号是 1，但特殊情况下，单位一还可以规定专门的名称和专门的单位符号，如平面角的SI单位是弧度，表示"两条射线从圆心向圆周射出，形成一个夹角所正对的一段弧与这个圆的半径之比"，可见平面角是一个量纲为一的量，其单位为一。为便于识别量纲相同而性质不同的量，国际计量委员会（CIPM）在 1980 年规定平面角的单位名称为弧度，单位符号为rad，类似地，立体角的单位名称为球面度，单位符号为sr。从这一规定可以看出，量纲一的量的单位有无专门名称和符号是国际组织专门规定的，对于量纲一的量，用不用专门名称要看具体情况而定。所谓具体情况就是去查GB 3102 中备注栏中标注为量纲一的量在单位名称和符号栏中有无固定的名称和符号。如GB 3102.2—1993 第 2-9 项场级量的备注栏中说明该量为"量纲一"的量，其"国家法定计量单位和与SI并用的非SI的单位"一栏中显示有单位名称"奈培"、单位符号"Np"，则此种情况下用到量纲一的量时就要用单位符号表示。反之，查阅GB 3102.3—1993 第 3-3 项，相对密度d对应的SI单位名称栏显示单位名称是一，单位符号是 1，备注栏为空，说明这是没有规定单位名称和符号的量纲为一的量。标准制修订过程中，对于量纲一的量的单位符号选择，主要是查阅GB 3102 中对此量有无专门的规定。

3.3 "%"是不是单位?

"%"的中文含义是"百分",对应SI单位制中的SI词头 10^{-2},按照SI词头使用的规定,SI词头可以与SI制单位及我国的法定计量单位构成十进制倍数或分数单位,但不能单独作为单位,所以"%"不是单位。据此原则,如果标准中出现某量的"单位为%"则是错误的表述。如降水距平百分率(r)按式(4)计算,

$$r = (R - \bar{R})/\bar{R} \times 100\% \qquad (4)$$

式中:

r——降水距平百分率,单位为%;

R——某月降水量;

$\bar{R}$——某月降水多年气候平均值。

正确的表达方式是将"单位为%"改为"用%表示"。此公式的其他问题见3.7。

另外,由于%代表的是数 10^{-2},即 0.01,所以对于 2%~50% 的范围,就不能用 2~50% 的形式表示,因为后者的含义是 2~0.5,与前者意欲表达的 0.02~0.5 的范围相距甚远。

3.4 ppm、pphm、ppb 是不是单位?

ppm、pphm、ppb是英文"parts per million""parts per hundred million""parts per billion"的英文缩写,代表 10^{-6},10^{-8},10^{-9}(美法等国,在英德等国为 10^{-12}),而英文缩写不能作为单位符号,因为中国的法定计量单位规定了只有单位名称(指中文名称)的简称可以作为单位的中文符号,英文是不允许的。另一方面,ppm、pphm、ppb本质上是词头(或类似词头),而词头是不能单独做单位的,所以ppm、pphm、ppb不是单位,当需要时,要用幂的形式表示,如 5 ppm应改成 5×10^{-6}。

3.5 千、万、亿是不是单位?

标准中可能会出现 3000 万 kW·h,3 千秒$^{-1}$,60 亿t等形式的表述方式,这里的"万""亿"是作为数词使用的,代表 10^4,10^8,但不代表SI词头,因为SI词头中无这两个因数。但"千秒$^{-1}$"中的"千"则是SI词头,代表 10^3,不是数词,所以"3 千秒$^{-1}$"的含义是"三每千秒"而不是"三千每秒"。再如"成灾面积 220 千hm^2"表达也是错误的,因为"千"作为词头中文符号不应与作为面积单位的英文符号"hm^2"混用,根据实际情况,这里的"千"表达数字的概念应改成"22 万hm^2"。当然如果是作为倍数单位的概念,则应改成"220 khm^2"。区分"万、亿"作为数词与"千"作为词头使用的差别很重要,因为前者考虑的是照顾数值很大时我国的使用习惯(见GB/T 15835—2011,5.3 条),而后者考虑的是遵循SI词头的使用规则,误解了两种用法就可能会出现数值上和物理意义上的差错。

3.6 "$\dfrac{v}{km/h}$"等形式表达的是数值吗?

如公式(3)所显示的那样,计量单位中,量与数值、单位密不可分。反过来,数值也与量和单位紧密相连,把式(3)变形可以得到:

$$\{A\} = A /[A] \qquad (5)$$

公式(5)表明量值中的任何数值都是针对特定的量和单位而言的,所以当图表中需要表示数值时,就可以用到这种表达方式。如曲线图上的坐标轴可用v/(km/h),l/m等形式表示,因为坐标轴上标明的是数字,用这种方式标示时,保持了与数轴上数值的一致性。

同样表头也可以选用这种方式表示，见示例 3。

示例 3

类型	$\rho_1/$（kg/m）	$d/$mm	$D/$mm

该示例表明，表头是数，表头下各行也是数，其性质都是一样的，保持了两者作为"数值"概念上的统一。

3.7 数值方程式为什么要标明单位？

科学技术中所用的方程式分为量方程式和数值方程式，量方程式中的量是量值的概念，其字母符号包含数值和单位，而数值方程式中的字母符号只代表数值，不包含单位，所以要强调说出其单位。为了便于理解，以下举一个例子说明两者的差别。

我们知道，做匀速运动的质点速度可通过其在 t 时间内所运动的距离 l 来测定，即

$$v=\frac{l}{t} \tag{6}$$

这是一个量的方程式。参考式（3）的表达方式，上式可变换成：

$$\{v\}\cdot[\mathrm{V}]=\frac{\{l\}\cdot[\mathrm{L}]}{\{t\}\cdot[\mathrm{T}]}=\frac{\{l\}}{\{t\}}\cdot\frac{[\mathrm{L}]}{[\mathrm{T}]}$$

按照 GB 3101—93 第 2.1 条允许的"用下标标注单位"的方式，上式变换成：

$$\{v\}_{\mathrm{m/s}}=\frac{\{l\}_{\mathrm{m}}}{\{t\}_{\mathrm{s}}} \tag{7}$$

这是以 m/s 为单位表示的速度公式，如果换算成以 km/h 为单位的公式，式（7）变换成：

$$\{v\}_{\mathrm{km/h}}=3.6\frac{\{l\}_{\mathrm{m}}}{\{t\}_{\mathrm{s}}} \tag{8}$$

这种以单位下标标注形式表达数值公式的方式特别烦琐，不符合科技语言的表达习惯，换成大家熟悉的方式就是：

$$v=3.6\frac{\{l\}}{\{t\}} \tag{9}$$

但此处的 v、l、t 与式（6）中的 v、l、t 完全不是一回事，前者代表量的概念，后者代表量的数值的概念，所以 GB 3101—1993 第 2.2.2 条强调采用数值方程式时，文中必须指明单位。由于气象标准中有大量指标值计算，只有少量的理论与方法规定，所以数值方程式还是较多的，碰到这种情况，对公式中符号进行解释时，一要强调值的概念，二要强调其单位是什么。对式（9）的正确解释是：

v——匀速运动质点的速度**的数值，单位为千米每小时（km/h）**；

l——运行距离**的数值，单位为米（m）**；

t——时间间隔**的数值，单位为秒（s）**。

与量的方程相比，上述解释中的黑体字是多出来的，这些多出来的字在数值方程中是必不可少的，否则就是错误的，因为式（6）、式（9）对照会得出 1=3.6 的荒谬结论。类似地，读者可以就式（4）中存在的问题试做修改。

为规避上述数值方程式与量方程式不分的谬误，GB/T 1.1—2009 特意在第 8.8.1.1 条中规定，"一项标准中同一符号绝不应既表示一个物理量，又表示其对应的数值"。

4 常见错误举要

4.1 单位符号使用不当

"短的仅几 min，长的 1～2 d""由积雨云单位产生的雷雨大风持续时间一般为几 min"，这里的"几 min"是概数，应按照汉语的使用习惯改成"几分钟"，属于标准中规定的"必须使用中文符号的情况"。类似地，"降雹范围长几千米到几十千米，宽几十 m 到几 km""全长为 150 余 km""直径可达数十 mm"等中的单位符号都应使用中文符号更合适。

4.2 中文符号使用不当

"受北风冷空气侵袭，致使当地 48 小时内任意同一时刻的气温下降 5 ℃ 或以上，且有升压或转北风的现象。"这里的"小时"与数值相连，应优先采用"h"，以与后面的"5 ℃"表达方式相对应。类似的情况如"雨季中连续 10 天降水量总量大于 150 mm 的出现时间""降水时间不超过 2 小时，或断断续续在 12 小时内降水量不到 0.1 mm""其他各地平均每年不到 1 次，平均 2～3 年就有一次。"中的"天""小时""年"都宜用"d""h""a"表示，以便上下文统一，同时满足标准中"一般情况下应使用单位符号"和"在某些必须情况下才使用中文符号"的要求。

4.3 时点概念与时段概念混用

对于"12 时 45 分出现大风"与"大风持续 12 小时 45 分钟"是两个截然不同的概念，前者表达的是时点，只能用"12 时 45 分"而不能用"12h45min"；后者是时段，只宜用"12 h 45 min"，不能用"12 时 45 分"，否则易产生误解。

4.4 分子为 1 的组合单位符号，应采用负数幂的形式

对于"波数为 12 1/m""角频率为 58 1/s"的单位而言，正确的表示方式为"波数为 12 m^{-1}""角频率为 58 s^{-1}"，可以读作"波数为 12 负一次方米（或每米）""角频率为 58 负一次方秒（或每秒）"，因为这样表达不易与前面的数值之间发生混淆且更清晰明了（见《量和单位标准手册》4.2.2.5b 的注 2）。

4.5 单位名称误用

单位符号同样是 m^2、m^3，但当作为面积、体积的单位时，其名称为"平方米""立方米"；作为其他单位，如核四极矩、截面系数时，其名称却为"二次方米""三次方米"。组合单位时情况亦如此，当表达包含面积、体积在内的组合单位，如压强单位 kgf/m^2、体积质量单位 kg/m^3 时，其名称分别为千克力每平方米、千克每立方米；当表达其他单位，如转动惯量单位 kgm^2 时，其名称为千克二次方米。

单位名称误用的另一种情况是，误将组合单位的中文符号当作中文名称加以应用，如对于电阻率的单位符号"Ω·m"，不应用中文符号"欧姆·米"代替其单位名称"欧姆米"，两者表达的含义完全不同。类似地，对于速度的单位符号"m/s"，也不应用中文符号"米/秒"代替其单位名称"米每秒"。

5 小结

本文针对标准编写中需要遵守的单位使用规定进行了总结，其主要依据是由GB/T 1.1—2009引申的GB 3101、GB 3102及由GB 3101引申的GB 3100中涉及计量单位使用方面的规定。这些标准作为国家法定计量单位加以颁布，编制标准时必须严格遵守。然而，在遵循这些标准的同时，也要知道其特有的局限性，避免死搬硬套，作茧自缚。GB 3101针对的是物理量，GB 3102采用的枚举法编写方法，必然导致其不可能包罗万象。也许是考虑到这些因素，GB 3100—1993第7.3条特别留有活口，即"个别科学技术领域中，如有特殊需要，可使用某些非法定计量单位"，只要与"有关国际组织规定的名称、符号相一致"即可。事实上，像气象领域使用的一些单位符号，就并未完全包含在上述标准中，如"标准大气压（atm）""位势米（gpm）"等。根据上述条款，满足气象上特殊需要的单位符号，只要与WMO的规定或ISO 1000、ISO 31所提出的符号相同，则仍是可以使用的。

另外，我们应该牢记，现实生活是丰富多彩的、科学技术领域的特殊需求是多种多样的，标准作为反映现实生活、经济社会发展和技术、管理经验积累的载体，也必然对单位有多种需求。为此在编制标准时，除了严格遵循GB 3100、GB 3101、GB 3102标准的要求外，也应根据诸如汉语使用习惯的需求、实用中特别重要的需求、专门科学技术领域的特殊需求等现实情况，不断加以归纳和总结，形成像《量和单位标准手册》《出版物上数字用法》（GB/T 15835—2011）等新的观点和标准，以丰富计量单位的使用内涵，适应多个领域、多种场合对单位使用的现实需要。

参考文献

[1] 国家技术监督局. 国际单位制及其应用（ISO 1000）：GB 3100—1993[S]. 北京：中国标准出版社，1993.

[2] 国家技术监督局. 有关量、单位和符号的一般原则（ISO 31-0）：GB 3101—1993[S]. 北京：中国标准出版社，1993.

[3] 国家技术监督局. 量和单位［ISO 31（所有部分）］：GB 3102—1993（所有部分）[S]. 北京：中国标准出版社，1993.

[4] 教育部语言文字信息管理司. 出版物上数字用法：GB/T 15835—2011[S]. 北京：中国标准出版社，2011.

[5] 全国标准化原理与方法标准化技术委员会. 标准化工作导则　第1部分：标准的结构和编写：GB/T 1.1—2009[S]. 北京：中国标准出版社，2009.

[6] 赵燕，等. 量和单位标准手册[M]. 北京：中国标准出版社，2002.

标准编写中"累积"与"累计"用法辨析①

崔晓军　吴明亮　王一飞　成秀虎

（中国气象局气象干部培训学院，北京　100081）

摘　要： 列举了现有一些标准文件和某些专业类工具书中"累积""累计"混用现象。通过对比《说文解字》和《辞源》中"积"与"计"的释义，以及《现代汉语词典》（第7版）、《现代汉语规范词典》"累积"与"累计"的释义，参考已有文献中讲述的"累积"与"累计"的区别，从新的角度对"累积"与"累计"的词义进行辨析。统计"术语在线"公布的由"累积""累计"构成的科技名词，并对其中个别名词进行辨析。对"累积""累计"应用示例中二者混用现象给出推荐用法。

关键词： 标准编写，累积，累计

标准编写中经常会用到"累积""累计"这两个词及由"累积"与"累计"构成的其他科技名词，因"累积"与"累计"在语义上比较接近，在已发布的标准文件和一些工具书中存在混用现象，比如累计效应、累积效应，累积雨量器、累计雨量器，等等。有一篇文献讲述了"累积"与"累计"的区别，但并未将"累积"与"累计"用法完全区分开来。在此，笔者借助工具书——《说文解字》[1]《辞源》[2]《现代汉语词典》（第7版）[3]、《现代汉语规范词典》[4]等对"累积"与"累计"的用法从新的角度进行辨析。

1　累积、累计应用示例

1.1　已发布标准文件中累积、累计应用示例

已发布的标准文件中，累积、累计的使用频次较多，比如，关于降水量，QX/T 178—2013《城市雪灾气象等级》[5]中术语和定义2.5"累积降雪量"（accumulated snowfall amount）定义"连续降雪日数中，逐日日降雪量累加值"；QX/T 396—2017《中国雨季监测指标 西南雨季》[6]中术语和定义2.4"日降水量"（daily accumulated precipitation）定义"前一日20时到当日20时的累积降水量"；GB/T 32136—2015《农业干旱等级》[7]中6.1、QX/T 383—2017《玉米干旱灾害风险评价方法》[8]中附录B出现了"某10天的累计降水量"；等等。

在QX/T 259—2015《北方春玉米干旱等级》[9]附录C和QX/T 260—2015《北方夏玉米干旱等级》[10]附录B中介绍作物水分亏缺指数计算方法，有"考虑到水分亏缺的累计效应及对后期作物生长发育的影响，计算某旬累计水分亏缺指数时，以该旬为基础向作物生长前期推4旬（共5旬）"，其中就有"累计效应""累计水分亏缺指数"。QX/T 383—2017《玉米干旱灾害风险评价方法》[8]附录B中也出现了"某生育期内的累计水分亏缺指数"，等等。

---

①　本文刊于2019年《标准科学》第8期上。

在QX/T 396—2017《中国雨季监测指标 西南雨季》[6]术语和定义2.6"5天滑动累积"（5-day moving accumulation）定义"连续要素序列依次以当天及前4天共5个数据为一组求和"。

1.2 现有工具书中累积、累计应用示例

现有的大气科学类工具书，多是对含有累积与累计词汇的收录，但没有对二者的使用进行区分，比如《英汉汉英大气科学词汇》（第二版）[11]收录有"累计雨量器"（accumulation raingauge，pluviometer-association，totalizing rain gauge）和"累计雨量器【大气】"（accumulative raingauge），同时也收录了"累积雨量器"（totalizer for rain）和"蓄水式雨量器，累积雨量器"（storage gauge）。而《大气科学名词》（第三版）[12]收录有"累计雨量器【大气探测】"（accumulative raingauge），定义"测量较长时间内降水总量的仪器。其盛水器内注有油以防蒸发"。

2 已有文献对"累计"与"累积"用法的辨析

笔者利用网络资源，查到刘晓艳等[13]的一篇文章，讲解"累计"与"累积"的区别，其主要观点为：

（1）"积"注重的是过程，为长时间作用的结果；"计"则注重的是结果，主要指计算、总计。

（2）从用法的广度来说，"累积"比"累计"广，凡是注重中间的积累过程，需要时间的沉淀、积累才能获得的，无论是无形事物（经验、财富、知识等），还是有形事物（资料等），都可以以"累积"搭配。而"累计"多用于数量词搭配，主要强调数量的汇总计算。

同时，该文献又说明，不是所有与数量词的连用都用"累计"，当强调数量的累积时应该使用"累积"，例如"累积拍摄了5年时间"，这里强调的是从开始到结束累积的时间长达5年，因此需要用"累积"。

3 "积"与"计"释义

3.1 "积"释义

《说文解字》[1]中"积"（積）释义："聚也。从禾，責聲。则歷切。"从"禾"，表示与农作物有关。本义为"堆积谷物"。

《辞源》[2]中"积"有7种释义：

（1）聚，积蓄。《诗·周颂·载芟》："载获济济，有实其积，万亿及秭。"《左传·僖公三十三年》："敝邑为从者之淹，居则具一日之积，行则备一夕之卫。"注："积，刍米菜薪。"后泛指一般的积累。

（2）堆叠，累积。易升："君子以顺德，积小以高大。"《宋书·乐志三·魏武帝·步出夏门行》："钱镈停置，农收积场。"

（3）多。《周礼·地官·遗人》："掌邦之委积，以待施惠。"注："少曰委，多曰积。"

（4）病名。如寒积、食积等。《灵枢经·百病始生》："积之始生，得寒乃生，厥乃成积也。"

（5）算学中乘得之数曰积。如面积、体积等。《九章算术·商功》："今有圆锥，下周三丈五尺，高五丈一尺，问积几何？"

（6）功业。通"绩"。《荀子·礼论》："积厚者流泽广。"

（7）通"迹"。汉有迹射士，言寻迹而射之。《后汉书·邓晨传》："晨发积射士千人。"注："积与迹同，古字通用。"

3.2 "计"释义

《说文解字》[1]中"计"（計）释义："會也，筭也。从言，从十。古詣切。""言"有数（shǔ）的意思；"十"是整数，表示事物成一个数目。数数字，所以有计算的意思。本义为"算账；总计；计算"。

《辞源》[2]中"计"有6种释义：

（1）计算，算术。《礼·内则》："十年，出就外传，居宿于外，学书计。"《后汉书·冯勤传》："八岁善计。"李贤注："计，算术也。"

（2）账簿。《左传·昭公二十五年》："计于季氏。"注："送计簿于季氏。"淮南子人间："解扁为东封，上计而入三倍，有司请赏之。"

（3）考核官吏。《周礼·天官·小宰》："以听官府之六计，弊群吏之治。"汉董仲舒《春秋繁露·考功名》："前后三考而黜陟，命之曰计。"

（4）计议，商量。《史记·项羽纪》："项梁召诸别将会薛计事。"

（5）计划，谋略。《管子·权修》："一年之计，莫如树谷，十年之计，莫如树木；终身之计，莫如树人。"《汉书·高帝纪下》七年："用陈平礼计得出。"

（6）姓。春秋越有计然，汉有计子勋。见《史记·货殖传》《后汉书·方术传》。

4　累积、累计释义

4.1 《现代汉语词典》（第7版）的解释

《现代汉语词典》（第7版）[3]，累积和累计中的"累"均为动词，是"积累"的意思，对累积、累计的释义和举例分别如下。

累积：层层增加；积聚。示例：累积资料；累积财富；前八个月完成的工程量累积起来，已达到全年任务的90%。

累计：加起来计算；总计。示例：一场球打下来，累计要跑几十里呢。

4.2 《现代汉语规范词典》的解释

《现代汉语规范词典》[4]中对累积、累计的解释和示例如下。

累积：动词，累加；聚积。示例：把全年所有收入累积在一起，数目相当可观。

累计：动词，合起来计算；合计。示例：全年贷款累计550万元。

5　累积、累计词义辨析

综合以上分析，笔者认为累积、累计的主要区别如下。

（1）累积

①词义上，"累积"突出"层层增加；积聚"，不管描述是有形的事物还是无形的事物，最后的结果是变高、增厚、变多等。

②感情色彩上，"累积"是一个具有积极意义的动词，并稍有褒义的色彩，通常与"收入""经

验""财富"等表示积极结果的词联系在一起。

③习惯用法上，"累积"常与抽象的名词连用。

（2）累计

①词义上，"累计"突出"合起来计算"，多用于与数量词搭配。其描述的事物（过程），最后结果有变多的可能，也有变少的可能。

②感情色彩上，"累计"是一个偏中性的动词，有时还与负面的词，比如"损失""亏缺""失败"等联系在一起。

③习惯用法上，"累计"常与具体的名词连用。

（3）表示求和时"累积"与"累计"的区别

在涉及求和时，若是具体数值的算术运算，有数(shǔ)的意思，推荐使用"累计"；若是连续变量通过积分求和，推荐使用"累积"。

简言之，"累积"与"累计"两个词，都强调过程。"累"和"积"重叠连用，时间上有长度感，空间上有高度（或厚度）感，并对结果有积极的暗示，强调结果；而"累计"，就是合起来计算，注重对动作方法的描述，并不关注时空上的效果。

6 由累积、累计构成的科技名词统计及辨析

6.1 由累积、累计构成的科技名词统计

截至 2019 年 6 月 5 日，笔者查阅了由全国科学技术名词委员会审定，并在"术语在线"（http://www.termonline.cn/index.htm）审定公布数据库公布的由"累积"或"累计"构成的科技名词及其英文名、学科、公布年度、定义，分别列于表 1 和表 2。

表 1　由"累积"构成的科技名词

序号	科技名词	英文名	学科	公布年度	定义
1	[发动机]累积工作时间	accumulated duration [of engine]	航天科学技术	2005	无
2	车载式颠簸累积仪	vehicular bump-integrator	公路交通科学技术	1996	无
3	导程累积误差	cumulative error in lead	机械工程	2000	在规定的螺纹长度内，同一螺旋面上任意两牙侧与中径线交点间的实际轴向距离与其基本值之差的最大绝对值
4	颠簸累积式平整仪	bump-integrator roughometer trailer	公路交通科学技术	1996	无
5	非累积的科学	non-cumulative science	自然辩证法	2003	无
6	分累积产额	fractional cumulative yield	化学	2016	某给定核素的累积产额占该核素所在的质量链的链产额的份额
7	分子量累积分布	Cumulative relative molecular massistribution	材料科学技术	2011	无

续表

序号	科技名词	英文名	学科	公布年度	定义
8	海洋污染累积种	accumulation species of marine pollution	海洋科学技术	2007	用来指示海洋环境污染状况的对污染物质有高的浓缩或累积能力的生物种
9	累积[量]展开	cumulant expansion	物理学	2019	无
10	累积层	accumulation layer	物理学	2019	无
11	累积产额	cumulative yield	化学	2016	在发生裂变后的指定时间，导致直接生成和经由β衰变（少数情况经β衰变后再缓发中子）间接生成某指定裂变产物核的裂变数占裂变总数的份额。如不指定时间，指$t\to\infty$的渐近值
12	累积产量	cumulative production	石油	1994	无
13	累积产水量	cumulative water production	石油	1994	无
14	累积产油量	cumulative oil production	石油	1994	无
15	累积常数	cumulative constant	化学	2016	具有多个配位体的配合物各级配位平衡常数的乘积
16	累积持续时间	cumulative duration	地球物理学	1988	无
17	累积多烯（又称：联多烯）	cumulene	化学	2016	含3个或更多个碳-碳累积双键的烯烃
18	累积发病率	cumulative incidence rate	全科医学与社区卫生	2014	当观察人口比较稳定时，用观察开始时的人口数做分母，以整个观察期内的新发病人数为分子，计算出的某病的发病频率。可用来表示某病在一定时间内新发生的病例数占该固定人群的比例
19	累积反射	integrated reflection	物理学	2019	无
20	累积概率	accumulative probability	化学	2016	概率分布在某一区间的概率的加和。用p表示，$p(\geqslant uk_a)=\frac{1}{\sqrt{2\pi}}\int_{k_a}^{\infty}e^{-\frac{u^2}{2}}du$，式中$p$为标准正态分布在区间$[k_a,\infty]$内的累积概率
21	累积概率分布函数	cumulative probability distribution function	机械工程	2000	由概率密度函数积分求得的函数
22	累积故障概率（又称：累积失效概率）	cumulative failure probability	电子学	1993	无
23	累积和图	cumulative sum chart	电子学	1993	无
24	累积活度	accumulated activity	核医学	2018	在滞留时间内核衰变的总次数。等于滞留时间内随时间变化的放射性活度积分
25	累积剂量	accumulated dose	放射医学与防护	2014	在一定时间内或终生连续或断续受电离辐射照射的吸收剂量或剂量当量等的总和
26	累积剂量	accumulated dose	核医学	2018	放射性物质或放射线在一定时间内沉积于介质或生物体中的累加剂量

续表

序号	科技名词	英文名	学科	公布年度	定义
27	累积加注量	accumulated filling throughout	航天科学技术	2005	无
28	累积流量	volume	计量学	2015	一段时间内流体流过一定截面的量
29	累积膜	built-up film	生物物理学	2018	玻片垂直于有脂质单分子层表面的液面上下移动形成的能达数百层厚的人工膜
30	累积频率	cumulative relative frequency	数学	1993	无
31	累积频率曲线	cumulative probability curve	水利科学技术	1997	某一水文变量与其等值或超过值出现概率的关系曲线。工程水文中通常用作频率曲线
32	累积频数	cumulative frequency	化学	2016	在一组依数值大小排序的测量值中，按一定的组距将其分组时测定量值小于某一数值的测定值数目的总和
33	累积频数	cumulative frequency	电子学	1993	无
34	累积频数	cumulative absolute frequency	数学	1993	无
35	累积生产气油比	cumulative produced gas-oil ratio	石油	1994	无
36	累积塑性应变	accumulated plastic strain	力学	1993	无
37	累积损伤	accumulated damage	力学	1993	无
38	累积损伤法则	cumulative damage rule	航空科学技术	2003	计算交变载荷下所造成损伤不断累积以至破坏的法则
39	累积索引	cumulative index	图书馆·情报与文献学	2017	将两个或两个以上的索引中的款目定期汇总编排而成的一个阶段性总括索引
40	累积通量	fluence	航天科学技术	2005	无
41	累积稳定常数	cumulative stability constant	化学	2016	金属离子M与配体L形成配合物ML_1、ML_2、ML_3、ML_4、ML_5，的累积$\beta_1=K_1$，$\beta_2=K_2K_2$……，$\beta_n=K_2K_2$，…，K_n稳定常数
42	累积误差	cumulative error	物理学	2019	无
43	累积误差	cumulative error	数学	1993	无
44	累积系数	accumulation coefficient	地质学	1993	无
45	累积效应	cumulative effect	生态学	2006	无
46	累积星等	integrated magnitude	天文学	1998	按有视面的天体或天体系统的总亮度确定的星等
47	累积延时	cumulative delay	航天科学技术	2005	无
48	累积因子	accumulative factor	地质学	1993	无
49	累积应力	cumulative stress	物理学	2019	无
50	累积增量备份	cumulative incremental backup	计算机科学技术	2018	一种备份策略，备份上次备份以来所有变化的数据
51	累积主义	accumulationism	自然辩证法	2003	无

序号	科技名词	英文名	学科	公布年度	定义
52	累积注采比	cumulative injection-production ratio	石油	1994	无
53	累积注水量	cumulative water injection volume	石油	1994	无
54	累积作用	accumulative action	地质学	1993	无
55	粒度累积分布曲线	cumulative distribution curve of particle size	石油	1994	无
56	螺距累积误差	cumulative error in pitch	机械工程	2000	在规定的螺纹长度内,任意两同名牙侧与中径线交点间的实际轴向距离与其基本值之差的最大绝对值
57	疲劳累积损伤	cumulative fatigue damage	机械工程	2000	在交变载荷下零件产生的损伤,随着循环次数的增加而累积
58	生物累积	bioaccumulation	地质学	1993	无
59	生物累积	bioaccumulation	海洋科学技术	2007	海洋生物从周围环境中蓄积某些元素或难分解的化合物,并随生物的生长发育,浓缩系数不断增加的过程
60	生物量累积比	biomass accumulation ratio	生态学	2006	生态系统的生物量对年生产量的比率
61	土方累积图	mass diagram	公路交通科学技术	1996	无
62	土粒沉降累积曲线	particle sedimental accumulated curve	土壤学	1998	以小于某一直径的颗粒含量为纵坐标,粒径为横坐标所绘出的曲线
63	污染物累积指数	accumulation index of pollutants	土壤学	1998	土壤多种污染物的实测值与标准值比较,反映各污染物不同危害程度的综合污染指数。它用来评价土壤环境质量
64	盐分累积	salt accumulation	生态学	2006	在盐化作用下使土壤上层可溶性盐沉淀量增加,甚至能在土壤表面形成盐霜、盐结皮或盐结壳的现象

表2 由"累计"构成的科技名词

序号	科技名词	英文名	学科	公布年度	定义
1	非连续累计自动衡器(又称:累计料斗秤)	discontinuous totalizing automatic weighing instrument	计量学	2015	把一批散料分成若干份分立、不连续的被称载荷,按预定程序依次称量每份后分别进行累计,以求得该批物料总量的一种自动衡器
2	[电力系统]等效峰荷累计停电持续时间	aggregate equivalent peak interruption duration	电力	2009	给定时间内等效峰荷停电持续时间之和
3	[累计]总量表	quantity meter	化学工程	1995	无
4	沉物[累计]曲线	cumulative sink curve	煤炭科学技术	1996	表示煤中沉物累计产率与其平均灰分关系的曲线。代表符号θ

序号	科技名词	英文名	学科	公布年度	定义
5	浮物[累计]曲线	cumulative float curve	煤炭科学技术	1996	表示煤中浮物累计产率与其平均灰分关系的曲线。代表符号β
6	可累计优先股	cumulative preferred stock	管理科学技术	2016	历年的股息可累积到以后年度一并支付的优先股
7	累计百分数声级	percentile level	计量学	2015	多次读数中，出现的百分数为n以上的A声级，符号为L_n，如L_{10}、L_{50}和L_{90}，分别表示出现百分数为10、50和90以上的A声级
8	累计测时法	cumulative timing	管理科学技术	2016	采用两个或三个秒表完成测时的方法。在连续计时的时候，每一个操作单元结束后操作联动机构，使一个表停下来，另一个表则重新启动。研究人员对停下的表读数，每个单元的时间通过将两个交替的读数相减而获得
9	累计当量轴次	accumulative equivalent axles	公路交通科学技术	1996	无
10	累计方差贡献率	cumulative variance contribution rate	管理科学技术	2016	贡献率波动情况的累计
11	累计和控制图	cumulative sum control chart	管理科学技术	2016	用描点值表示连续样本统计量相对于某个目标值的偏差累计和的控制图
12	累计流量计	flow quantity recorder	石油	1994	无
13	累计频数图	cumulative frequency polygon	心理学	2014	用来表示向上或向下的累积频数的图形
14	累计时间	progressive time	奥运体育项目名词	2008	无
15	累计式[测量]仪器	totalizing [measuring] instrument	航天科学技术	2005	无
16	累计式称量装置	cumulative batcher	机械工程	2013	对两种或两种以上搅拌物料计量的称量装置
17	累计提前期（又称：关键路径提前期)）	cumulative lead time; aggregate lead time	管理科学技术	2016	产品或组件下属元件所有提前期的累计
18	累计雨量器	accumulative raingauge	大气科学	2009	测量较长时间内降水总量的仪器。其盛水器内注有油以防蒸发
19	累计装机容量	accumulated installation capacity	机械工程	2013	到某一年底所累计的风力发电机组装机容量
20	连续累计自动衡器（又称：皮带秤）	continuous totalizing automatic weighing instrument	计量学	2015	无需对质量细分或者中断输送带的运动，而对输送带上的散状物料进行连续称量的自动衡器。如按承载器分类的称重台式与输送机式皮带秤，按皮带速度分类的单速皮带秤与多速皮带秤（或定量给料机）
21	筛上物累计分布曲线	cumulative oversize distribution curve	机械工程	2000	在筛孔尺寸递降的一套试验筛中，每个筛子筛上物的质量累计百分比与其对应的筛孔尺寸关系的曲线

序号	科技名词	英文名	学科	公布年度	定义
22	筛下物累计分布曲线	cumulative undersize distribution curve	机械工程	2000	在筛孔尺寸递降的一套试验筛中，每个筛子筛下物的质量累计百分比与其对应的筛孔尺寸关系的曲线
23	远程累计	telecounting	电力	2009	应用通信技术，传输按特定参数(如时间)累计的量测量。累计可发生在传送前或传送后。若累计发生传送前，则用"累计传输"来表达
24	职位积分累计模型	job-point accrual model	管理科学技术	2016	组织有许多的职位且有许多的技能需要员工学习，但同时由组织来安排员工学习知识和技能的内容的模型
25	最小累计载荷	minimum totalized load	计量学	2015	累计自动衡器的规定的累计载荷值。低于该值时就有可能超出规定的相对误差

6.2 由累积、累计构成的科技名词辨析

根据第 5 章中"累积"与"累计"词义辨析，笔者对表 1 和表 2 中个别科技名词提出推荐用法，列举如下。

（1）表示时间之和，有"合起来计算"之意的，推荐用"累计"。如表 1 中序号 1 "[发动机]累积工作时间"，笔者认为该名词定义为"发动机工作时间之和"，故推荐使用"[发动机]累计工作时间"。"累计"的此用法，与表 2 中序号 2 "[电力系统]等效峰荷累计停电持续时间"一致。同理，表 1 中序号 16 "累积持续时间"、序号 47 "累积延时"推荐分别使用"累计持续时间""累计延时"。文献[13]中提到的"累积拍摄了 5 年时间"推荐使用"累计拍摄了 5 年时间"。

（2）关于数量求和，若是具体数值的算术运算，有数（shǔ）的意思，推荐使用"累计"。如表 1 序号 25、26 的"累积剂量"，在放射医学与防护、核医学中的定义分别为"在一定时间内或终生连续或断续受电离辐射照射的吸收剂量或剂量当量等的总和""放射性物质或放射线在一定时间内沉积于介质或生物体中的累加剂量"，均有"算账；总计；计算"之意，故推荐用"累计剂量"。同理，根据"累积频数"的定义"在一组依数值大小排序的测量值中，按一定的组距将其分组时测定量值小于某一数值的测定值数目的总和"，也是具体数值的算术运算，故表 1 序号 32、33、34 的"累积频数"推荐使用"累计频数"。与表 2 序号 13 "累计频数图"中累计的用法一致，"累计频数图"定义"用来表示向上或向下的累积频数的图形"中的"累积"推荐使用"累计"。

若是连续变量通过积分求和，推荐使用"累积"。如表 1 序号 20、21 的"累积概率""累积概率分布函数"。

（3）鉴于"积"有"聚，积蓄"之意，而"计"无此含意，故与财富增加有关的推荐使用"累积"。如表 2 中序号 6 "可累计优先股"推荐使用"可累积优先股"，与其定义"历年的股息可累积到以后年度一并支付的优先股"中的"累积"用法一致。同时，与《现代汉语词典》（第 7 版）[3]中示例"累积资料；累积财富"，以及《现代汉语规范词典》[4]中示例"把全年所有收入累积在一起，数目相当可观"中"累积"的用法也一致。

7　累积、累计应用示例中用法辨析

7.1　关于"累积降雪量""累积降水量""累计降水量"

气象学上降水量定义为"从天空降落到地面上且未经蒸发、渗透、流失的液态或固态（经融化后）水量值，通常用在地面上积聚的深度表示，以毫米（mm）为单位，气象观测中取一位小数[14]"。由此可知气象观测数据记录的降水量为具体数值。

由QX/T 178—2013《城市雪灾气象等级》[5]中2.5"累积降雪量"定义"连续降雪日数中，逐日日降雪量累加值"，其中的逐日日降雪量是一个具体的数值，逐日日降雪量累加值即一组数值合起来计算，故此处推荐使用"累计降雪量"。

QX/T 396—2017《中国雨季监测指标 西南雨季》[6]中2.4"日降水量"定义"前一日20时到当日20时的累积降水量"中的降水量是一天内的降水量积蓄在一起，故笔者认为此处"累积降水量"用法恰当。

GB/T 32136—2015《农业干旱等级》[7]6.1中式（4）、QX/T 383—2017《玉米干旱灾害风险评价方法》[8]附录B中式（B.3）中的变量Pj释义为"某10天的累计降水量，单位为毫米（mm）"，由上下文知，此处为某10天降水量的观测值的累加值，而非某10天的降水积蓄在一起观测到的值，故笔者认为此处"累计降水量"用法合理。

7.2　关于"累计效应""累计水分亏缺指数"

QX/T 259—2015《北方春玉米干旱等级》[9]附录C和QX/T 260—2015《北方夏玉米干旱等级》[10]附录B中"考虑到水分亏缺的累计效应及对后期作物生长发育的影响，计算某旬累计水分亏缺指数时，以该旬为基础向作物生长前期推4旬（共5旬）"，其中的"水分亏缺"没有用具体的数值来表征，在此处属抽象名词，故此处的"累计效应"推荐改为"累积效应"，与表1中序号45"累积效应"一致。

由"计算某旬累计水分亏缺指数时，以该旬为基础向作物生长前期推4旬（共5旬）"得知，某旬的"累计水分亏缺指数"是由5旬的水分亏缺指数具体数值通过算数计算得来的，故此处的"累计水分亏缺指数"用法得当。同理，QX/T 383—2017《玉米干旱灾害风险评价方法》[8]附录B中"某生育期内的累计水分亏缺指数"用法合理。

7.3　关于"5天滑动累积"

由QX/T 396—2017《中国雨季监测指标　西南雨季》[6]中2.6"5天滑动累积"的定义"连续要素序列依次以当天及前4天共5个数据为一组求和"得知，"5天滑动累积"为5个具体数值的算术运算，故推荐使用"5天滑动累计"。

7.4　关于"累计雨量器""累积雨量器"

雨量器是测量某一段时间内液体和固体降水总量的仪器，包括雨量筒和雨量杯两部分。雨量筒用来承接降水物，雨量杯用来测量降水量。[14]

《英汉汉英大气科学词汇》（第二版）[11]收录的"累积雨量器"和"累计雨量器"，均未给出定义。《大气科学名词》（第三版）[12]中"累计雨量器"的定义为"测量较长时间内降水总量的仪器。其盛水器内注有油以防蒸发"。可见，雨量器是一种测量仪器，《中国大百科全书》[15]对"测量仪器"（measuring instrument）定义为"单独或连同辅助设备一起用于进行测量的器具。又称计量器具"。除实物量具外，测量仪器就其功能分为比较式仪器、显示式测量仪器、积分式测量仪器、累计式测量仪器（同表 2 序号 15"累计式[测量]仪器"）。其中，累计式测量仪器是通过对来自一个或多个源中，同时或依次得到的被测量的部分值求和，以确定被测量值的测量仪器。"累计雨量器"即属于累计式测量仪器，故推荐使用"累计雨量器"。表 2 中的非连续累计自动衡器（又称：累计料斗秤）、连续累计自动衡器（又称：皮带秤）均为累计式测量仪器。

8　结语

　　"累积"与"累计"，是日常生活、科研活动、经济生活中的数据统计常用而且容易混用的两个词，况且，语言环境和具体的描述主体的变化，用法自然会发生变化。在此，仅表达了作者关于这两个词的认识，旨在抛砖引玉，希望读者批评斧正。

参考文献

[1] 许慎撰，徐铉校定，王宏源新勘．说文解字：现代版[M]．北京：社会科学文献出版社，2005．

[2] 吴泽炎，黄秋耘，刘叶秋．辞源：修订本[M]．北京：商务印书馆，2004．

[3] 中国社会科学院语言研究所词典编辑室．现代汉语词典:第 7 版[M]．北京：商务印书馆，2018．

[4] 李行健．现代汉语规范词典[M]．北京：外语教学与研究出版社，语文出版社，2004．

[5] 全国气象防灾减灾标准化技术委员会．城市雪灾气象等级：QX/T 178—2013[S]．北京：气象出版社，2013．

[6] 全国气候与气候变化标准化技术委员会．中国雨季监测指标 西南雨季：QX/T 396—2017[S]．北京：气象出版社，2018．

[7] 全国农业气象标准化技术委员会．农业干旱等级：GB/T 32136—2015[S]．北京：中国标准出版社，2015．

[8] 全国农业气象标准化技术委员会．玉米干旱灾害风险评价方法：QX/T 383—2017[S]．北京：气象出版社，2017．

[9] 全国农业气象标准化技术委员会．北方春玉米干旱等级：QX/T 259—2015[S]．北京：气象出版社，2015．

[10] 全国农业气象标准化技术委员会．北方夏玉米干旱等级：QX/T 260—2015[S]．北京：气象出版社，2015．

[11] 周诗健，王存忠，俞卫平．英汉汉英大气科学词汇：第二版[M]．北京：气象出版社，2012．

[12] 全国科学技术名词审定委员会．大气科学名词：第三版[M]．北京：气象出版社，2009．

[13] 刘晓艳，高建群，张志琴．科出版物中"累计"与"累积"的区别[C]//刘志强．学报编辑论丛 2016．上海：上海大学出版社，2016．

[14] 《中国气象百科全书》总编委会．中国气象百科全书：气象预报预测卷[M]．北京：气象出版社，2016．

[15] 《中国大百科全书》总编委会．中国大百科全书：第二版[M]．北京：中国大百科全书出版社，2009．

气候变化研究中"气候平均值"等术语标准化问题探析①

崔晓军　王一飞　吴明亮　黄　潇　成秀虎

（中国气象局气象干部培训学院，北京　100081）

摘　要： 全球气候变化影响到人类社会的方方面面，气候变化研究也因此成为国际社会普遍关注的热点问题之一，而规范、标准的术语则成为消除专业语言中的歧义、促进高效交流的有力工具。但已有文献中，气候平均值、标准气候值、气候标准值、气候值等有关气候变化统计量的部分术语和定义界限不够清晰，存在一词多义和一义多词等问题，给术语的理解、使用造成困难，影响了气候变化研究成果的交流、推广和应用。本文通过文献调研法，对其中的部分术语和定义进行比较，以透明性、单义性、简明性、国际性、协调性为定名原则，遵照GB/ T 1.1—2020 和《全国科学技术名词审定委员会科学技术名词审定原则及方法》的定义原则，分别给出了标准化文件和非标准化文件中有关术语的名称、英文对应词和定义。

关键词： 气候平均值，标准气候值，气候值，临时气候值，基准气候值，气候变化，术语标准化

1　引言

全球气候变化影响到人类社会的方方面面，气候变化研究也因此成为国际社会普遍关注的热点问题之一。为了对全球的气候和气候变化情况进行对比分析，促进全球气候变化统计量的共享使用，早在 20 世纪上半叶世界气象组织（WMO）就给出了"气候平均值"这一术语名称和定义，之后 WMO 的相关出版物中又出现"标准平均值""标准气候平均值""基准平均值"等术语[1—3]，但没有严格界定这些术语的区别。而我国的现行国家标准和气象行业标准、《中国气象百科全书》[4—6]《英汉汉英大气科学词汇》[7] 等出版物，以及全国科学技术名词审定委员会审定公布的相关名词也没有对以上术语进行区分，甚至还出现了"标准气候值""气候标准值""气候值""临时气候值"等新的术语。以上术语概念界限不够清晰，存在一词多义和一义多词等问题，给术语的理解、使用造成困难，影响了气候变化研究成果的交流、推广和应用。本文通过文献调研法，对其中的部分术语和定义进行比较，以透明性、单义性、简明性、国际性、协调性为定名原则，遵照 GB/T 1.1—2020[8] 和全国科学技术名词审定委员会事务中心于 2016 发布的《全国科学技术名词审定委员会科学技术名词审定原则及方法》的定义原则，分别给出了标准化文件和非标准化文件中有关术语的名称、英文对应词和定义。

---

①　本文受中国气象局标准预研项目"《气象标准体系表》标准研究"（项目编号：Y-2018-10）资助,在 2022 年《标准科学》第 10 期发表。

2　现行标准中相关术语和定义

在气候变化研究中经常要用到描述气候平均状态的统计量。笔者查阅了截至 2022 年 5 月的现行国家标准和气象行业标准中的有关术语和定义情况，其中描述气候平均状态的统计量有气候平均值、标准气候值、气候标准平均值、气候值、临时气候值、常年平均值、常年值等。这些术语和定义存在一词多义、一义多词，以及一个术语对应多个英文对应词、一个英文对应词对应多个术语等问题。

2.1　一词多义

以术语"气候平均值"为例，由表 1 可见，"气候平均值"这一术语的定义和英文对应词不尽相同，可归纳为 4 种情况。

（1）指最近 3 个年代（即 30 年）气象要素的多年平均值。未强调年代间的连续性，未说明根据世界气象组织（WMO）的相关规定，未说明每年代更新一次，如表 1 中序号 1-1～1-4[9-12]。

（2）指气象变量最近 3 个连续整年代 30 年的平均值。强调了年代间的连续性，注中说明每 10 年进行滚动更新，如序号 1-5[13]。

（3）指最近连续 3 个整年代的气象要素平均值。强调年代间的连续性，注中说明根据WMO的相关规定，并说明每年代更新一次，如序号 1-6[14-16]、1-7[17]。序号 1-6 中还给出了术语"气候平均值"的另两个许用术语"气候态"和"常年值"，而序号 1-7[17]中仅把"常年值"作为"气候平均值"的许用术语。

（4）指气象要素 30 年或 30 年以上的平均值。未强调年代间的连续性，注中说明根据WMO的相关规定，取最近 3 个年代的平均值，未说明每年代更新一次，如序号 1-8～1-10[18-20]。

以上 4 种情况虽然在定义的表述上有所不同，但结合注中的说明，可以合并为两类情况：一是是否根据WMO的相关规定；二是是否每年代更新一次。这两类情况将在下文详细介绍。

2.2　一义多词

表 2 给出了气候平均值、常年值、常年平均值、气候标准平均值等 4 个术语的定义情况。分析发现以下几点。

（1）术语"气候平均值"将"气候态""常年值"作为许用术语，见表 2 中序号 2-1[14-16]；"常年值"将"气候平均值"作为许用术语（序号 2-2）[21]；

"常年平均值"将"气候平均值"作为优先术语（序号 2-3）[22]。"常年值"与"常年平均值"定义含义相同，但术语名称不同，可以说是一义多词，也可以说"常年值"为"常年平均值"的简称，但已发布标准中未体现。

（2）"气候平均值"（序号 2-1）[14-16]和"气候标准平均值"（序号 2-4）[23]定义相同，但术语名称不同，可以归入一义多词。

由上暂定气候平均值、气候标准平均值这两个术语为一义多词，下文再进一步分析。

表1 术语"气候平均值"一词多义情况

序号	术语名称	英文对应词	定义	引自的标准
1-1		climatological normal	气象要素的多年平均值，取最近3个年代的平均值作为气候平均值	GB/T 34306—2017《干旱灾害等级》定义2.1[9]
1-2		climate normal	气象要素最近3个年代30年的平均值，计算方法见……	GB/T 33675—2017《冷冬等级》定义2.2[10]
1-3		climate normals	气象要素的多年平均值，取最近3个整年代的平均值作为气候平均值	QX/T 507—2019《气候预测检验厄尔尼诺/拉尼娜》定义2.2[11]
1-4		climatological normal	最近3个年代资料序列的平均值。	QX/T 144—2011《东亚冬季风指数》定义2.1.2[12]
1-5		climatological normals	气象变量最近3个连续整年代30年的平均值。 注1：气候平均值每10年进行滚动更新。2000年及以前的变量采用1961—1990年的平均值作为其气候平均值，2001年到2010年间的变量采用1971—2000年的平均值作为其气候平均值，2011年到2020年间的变量采用1981—2010年的平均值作为其气候平均值，依此类推。 注2：改写GB/T 33675—2017，定义2.2	GB/T 38950—2020《凉夏等级》定义2.3[13]
1-6	气候平均值	climatological normal	气候态 常年值 最近连续3个整年代的气象要素平均值。 注：按照世界气象组织（WMO）的相关规定，每年代更新一次，即2011—2020年期间，采用1981—2010年的平均值为其气候平均值，依此类推	GB/T 21983—2020《暖冬等级》定义2.2[14] QX/T 495—2019《中国雨季监测指标华北雨季》定义2.5[15] QX/T 496—2019《中国雨季监测指标华西秋雨》定义2.4[16]
1-7		climatological normal	常年值 最近连续3个整年代的气象要素平均值。 注：按照世界气象组织（WMO）的相关规定，每年代更新一次，即2011—2020年期间，采用1981—2010年的平均值为其气候平均值，依此类推	QX/T 570—2020《气候资源评价气候宜居城镇》定义3.2[17]
1-8		climatic normal	气象要素30年或以上的平均值。 注：本标准根据WMO有关规定，取最近3个年代的平均值作为气候平均值。如：2001—2010年期间，气候平均值取1971—2000年共30年的平均值	GB/T 27956—2011《中期天气预报》定义3.2[18]
1-9		climate normal	气象要素30年或以上的平均值。 注：根据世界气象组织的有关规定，本标准取最近3个年代的平均值作为气候平均值	QX/T 396—2017《中国雨季监测指标西南雨季》定义2.7[19]
1-10		climatic normal	气象要素30年或以上的平均值。 注：本标准根据WMO规定取最近3个年代的平均值作为气候平均值。如：2011—2020年期间，气候平均值取1981—2010年的平均值；2001—2010年期间，气候平均值取1971—2000年的平均值。 [GB/T 20481—2006，定义2.11]	GB/T 33670—2017《气候年景评估方法》定义2.1[20]

2.3 地面和高空气候资料统计方法标准中相关术语和定义

中国气象局于2004年批准发布气象行业标准QX/T22—2004《地面气候资料30年整编常规项目及其统计方法》[24]，2017年国家标准GB/T 34412—2017《地面标准气候值统计方法》[25]发布，GB/T 34412—2017[25]是QX/T 22—2004[24]的完善更新版。2019年中国气象局批准发布气象行业标准QX/T 501—2019《高空气候资料统计方法》[26]。GB/T 34412—2017[25]和QX/T 501—2019[26]均给出了累年统计值、气候值、标准气候值、临时气候值这4个术语和定义（见表3），其中"累年统计值"这一术语和定义是理解另3个术语和定义的基础。

由表3可知，术语"标准气候值"是指"世界气象组织规定的30年期间的气象要素累年统计值"，这里的"30年通常指1901—1930年、1931—1960年、1961—1990年……"，即统计时间段以30年为间

表2 一义多词情况

序号	术语名称	英文对应词	定义	引自的标准
2-1	气候平均值	climatological normal	气候态 常年值 最近连续3个整年代的气象要素平均值。 注：按照世界气象组织（WMO）的相关规定，每年代更新一次，即2011—2020年期间，采用1981—2010年的平均值作为其气候平均值，依此类推	GB/T 21983—2020《暖冬等级》定义2.2[14] QX/T 495—2019《中国雨季监测指标 华北雨季》定义2.5[15] QX/T 496—2019《中国雨季监测指标 华西秋雨》定义2.4[16]
2-2	常年值	normal	气候平均值 climate normal 气象要素30年或其以上的平均值。 注：根据世界气象组织的有关规定，本标准取最近3个年代的平均值作为气候平均值。亦可根据需要，选取连续的3个年代计算常年值。 示例：2011—2020年期间，取1981—2010年30年的平均值。	QX/T 152—2012《气候季节划分》定义2.5[21]
2-3	常年平均值	perennial average	气候平均值 climatological normal 某一气象要素在较长时间内的平均状况，通常用最近3个整年代的30年平均值为代表。该值每10年滑动更新。	QX/T 377—2017《气象信息传播常用用语》定义4.1[22]
2-4	气候标准平均值	climatological standard normals	连续30年气象要素的平均值。如：1901—1930年，1911—1940年等。 注：根据世界气象组织（WMO）有关规定，取最近3个年代的平均值	QX/T 394—2017《东亚副热带夏季风监测指标》定义2.4[23]

表3 地面和高空气候资料统计方法标准中相关术语和定义

序号	术语名称	英文对应词	定义	引自的标准
3-1	累年统计值	statistics for many years	基于历年观测和统计资料计算的统计值，包括多年平均值、极值等	GB/T 34412—2017《地面标准气候值统计方法》定义3.1[25]
3-2		multi-year statistics	基于历年观测和统计资料计算的统计值。注1：包括多年平均值。 注2：改写GB/T 34412—2017，定义3.1	QX/T 501—2019《高空气候资料统计方法》定义2.1[26]
3-3	气候值	climate normals	至少包含连续30年期间的气象要素累年统计值	GB/T 34412—2017《地面标准气候值统计方法》定义3.2[25] QX/T 501—2019《高空气候资料统计方法》定义2.2[26]

续表

序号	术语名称	英文对应词	定义	引自的标准
3-4	标准气候值	standard climate normals	世界气象组织规定的30年期间的气象要素累年统计值。 注：30年通常指1901—1930年、1931—1960年、1961—1990年……	GB/T 34412—2017《地面标准气候值统计方法》定义3.3[25] QX/T 501—2019《高空气候资料统计方法》定义2.3[26]
3-5	临时气候值	provisional climate normals	不满足标准气候值或气候值的统计要求时，在该时段内连续10年及其10年以上的气象要素累年统计值	GB/T 34412—2017《地面标准气候值统计方法》定义3.4[25]
3-6			在不满足标准气候值或气候值的统计要求的时段内连续10年及其以上的气象要素累年统计值	QX/T 501—2019《高空气候资料统计方法》定义2.4[26]

隔期，年份之间没有重叠；而把"至少包含连续30年期间的气象要素累年统计值"定义为"气候值"，此定义并没有清楚地表达气候值与标准气候值的关系，"至少包含连续30年"似乎包含了"世界气象组织规定的30年"，也就是说气候值中包含标准气候值，二者是包含与被包含关系；把"在不满足标准气候值或气候值的统计要求的时段内连续10年及其以上的气象要素累年统计值"定义为"临时气候值"，从这个定义来看，气候值与标准气候值又是并列关系。因此说GB/T 34412—2017[25]和QX/T501—2019[26]给出的气候值、标准气候值的术语和定义有引起歧义的可能。

根据GB/T 34412—2017[25]和QX/T 501—2019[26]中术语和定义，表1、表2中的气候平均值、气候标准平均值包括了表3中的气候值、标准气候值，但是不包括临时气候值。

GB/T 34412—2017[25]还规定了能够统计"标准气候值""气候值"和"临时气候值"的有效数据量，即规定"标准气候值"和"气候值"历年连续缺失数据不超过3个、总的缺失数据不超过5个；不符合标准气候值和气候值的统计要求时，在标准气候值（或气候值）统计相应的年期间内，应有连续10年以上的有效数据。

2.4 英文对应词问题

文献调研中发现，已发布标准中存在一个术语对应多个英文对应词、一个英文对应词对应多个术语等问题。如：表1中"气候平均值"的英文对应词有climatologicalnormal（如序号1-1）、climatenormal（如序号1-2）、climatenormals（如序号1-3）、climatologicalnormals（如序号1-5）、climaticnormal（如序号1-8）4种，属于一个术语对应多个英文对应词；表1中序号1-3"气候平均值"的英文对应词为climatenormals，而表3中"气候值"的英文对应词也是climatenormals（序号3-3），属于一个英文对应词对应多个术语。

2.5 小结

综上可知，在已发布的现行国家标准和气象行业标准中，气候平均值、气候标准平均值、标准气候值、气候值等术语名称、英文对应词及定义存在不统一、不协调，甚至混淆使用的现象，给标准的使用带来困扰，不利于国际社会气候变化研究成果的交流和互相借鉴利用。下文对气候值、气候平均值、气候标准平均值、标准气候值、临时气候值这5个术语和定义使用情况进行文献调研。

3　全国科学技术名词审定委员会审定公布的相关名词

2022 年 4 月 21 日，笔者通过"术语在线"（https://www.termonline.cn/index）分别以气候值、气候平均值、气候标准平均值、标准气候值、临时气候值作为关键词检索由全国科学技术名词审定委员会公布的科技名词，检索中出现新术语"标准气候平均值"，未检索到标准气候值、临时气候值（检索结果见表 4）。

由表 4 可知，气候值、气候平均值、标准气候平均值均出自《海峡两岸大气科学名词（第三版）》[27]，但都没有给出定义；气候标准平均值出自《大气科学名词（第三版）》[28]，且给出了定义，定义中的"1951—1980 年平均"不在 1901—1930 年、1931—1960 年、1961—1990 年……之列，属于 GB/T 34412—2017[25]中定义的"气候值"（序号 3-3）而不属于"标准气候值"（序号 3-4），且与表 1 中的"气候平均值"定义相符。虽在现行国家标准和气象行业标准的术语和定义中未见"标准气候平均值"，但作为备选术语之一，与上文中的 5 个术语一并继续进行文献调研和辨析。

4　《中国气象百科全书》中相关术语和定义

《中国气象百科全书》共 6 卷，于 2016 年 12 月出版，是中国气象局组织编纂的我国气象行业的首部气象专科性百科全书，具有权威性、科学性、普及性和工具性。对上述 6 个术语进行检索，在不同分卷中检索到标准气候值、气候值、临时气候值、气候平均值、标准气候平均值 5 个术语及定义，未检索到气候标准平均值（结果见表 5）。

（1）标准气候值、气候值和临时气候值的定义与 GB/T 34412—2017[25]中标准气候值、气候值、临时气候值的定义相同，而且对标准气候值的定义更加明确为"必须是 WMO 规定的 30 年（如：1901—1930 年、1931—1960 年等）期间，并且在每个 30 年期间数据连续缺测数量不超过 3 个、总的缺测数量不超过 5 个"，见序号 5-1~5-3[4]。也就是，在《中国气象百科全书·气象观测与信息网络卷》[4]中明确区分了标准气候值、气候值和临时气候值，可以作为下文推荐术语的依据。

表 4　全国科学技术名词审定委员会公布的相关科技名词

序号	科技名词	英文名	定义	所属学科及最新公布年度	出处
4-1	气候值	climatic value	无	大气科学，2020	《海峡两岸大气科学名词（第三版）》[27]
4-2	气候平均值	climatological normal	无	大气科学，2020	《海峡两岸大气科学名词》（第三版）[27]
4-3	标准气候平均值	climatological standard normal	无	大气科学，2020	《海峡两岸大气科学名词（第三版）》[27]
4-4	气候标准平均值	climatological standard normals	气候要素连续 30 年的平均值。近来世界气象组织曾建议采用 1951—1980 年平均，以便于比较	大气科学—气候学，2009	《大气科学名词（第三版）》[28]

（2）由"气候平均值"的定义可知，又出现"气候标准值"这一新的术语，而且气候平均值、气候标准值、常年值为同位术语（见序号 5-4）[5]，其定义与"标准气候平均值"相同（见序号 5-5）[6]。同时，"标准气候平均值"又称为常年值（见序号 5-5）[6]。由此得出，气候平均值、气候标准值、常年值、标

准气候平均值含义相同。也就是，《中国气象百科全书·气象预报预测卷》[5]和《中国气象百科全书·气象科学基础卷》[6]中术语的定义不够明确。

5 《英汉汉英大气科学词汇（第二版）》中相关术语和定义

《英汉汉英大气科学词汇（第二版）》[7]是气象部门重要的英汉汉英工具书，对《中国气象百科全书》中出现的"气候标准值"以及前文的 6 个术语共 7 个术语进行检索，检索到气候值、气候平均值、标准气候平均值、气候标准平均值 4 个术语（结果见表 6）。

由表 6 可见，"标准气候平均值"与"气候标准平均值"的英文、注释完全相同（见序号 6-3、6-4），注释中统计时段"1901—1930 年、1931—1960 年"与 GB/T 34412—2017 中"标准气候值"定义中的统计时段吻合。所以《英汉汉英大气科学词汇（第二版）》[7]收录的标准气候平均值、气候标准平均值就是 GB/T 34412—2017[25]和《中国气象百科全书·气象观测与信息网络卷》[4]中的"标准气候值"（序号 3-4、5-1）。

表 5 《中国气象百科全书》中相关术语和定义

序号	术语名称	英文	定义（摘编）	出处
5-1	标准气候值	standard climate normals	必须是世界气象组织（WMO）规定的 30 年期间（如：1901—1930 年、1931—1960 年、1961—1990 年等）的气象要素统计值（平均值、极值和其他）；并且在每个 30 年期间数据连续缺测数量不超过 3 个、总的缺测数量不超过 5 个	《中国气象百科全书·气象观测与信息网络卷》[4]
5-2	气候值	normal	在非 WMO 规定的 30 年期间，至少包含 3 个连续 10 年期间（如：1971—2000 年、1981—2010 年等）的气象要素统计值（平均值、极值和其他）；对于连续 30 年的数据，要求数据连续缺测数量不超过 3 个、总的缺测数量不超过 5 个	《中国气象百科全书·气象观测与信息网络卷》[4]
5-3	临时气候值	provisional normal	在既不符合标准气候值的统计标准，又不符合气候值的统计标准时，在与标准气候值或气候值相同的 30 年（或 30 年以上）期间内连续 10 年及其 10 年以上的气象要素统计值	《中国气象百科全书·气象观测与信息网络卷》[4]
5-4	气候平均值	climatology mean	"气候平均值也叫气候标准值、多年平均值或常年值""世界气象组织（WMO）专门对气候平均值的计算做了规定：取某气象要素的最近 3 个整年代的平均值或统计值作为该要素的气候平均值，即每隔 10 年需对气候平均值进行一次更新。中国气象局根据该规定，从 2012 年 1 月 1 日起，在日常气候业务中使用 1981—2010 年 30 年的平均作为气候平均值"	《中国气象百科全书·气象预报预测卷》[5]
5-5	标准气候平均值	无	又称为常年值。是在标准气候阶段内产生的气候数据序列的平均值。世界气象组织（WMO）规定标准气候阶段为 30 年。例如：近期使用 1981-2010 年的平均值作为常年值	《中国气象百科全书·气象科学基础卷》[6]

表 6 《英汉汉英大气科学词汇（第二版）》[7]收录的相关词汇

序号	词汇	英文	注释
6-1	气候值	climatic value	无
6-2	气候平均值	climatological normals	无
6-3	标准气候平均值	climatological standard normals	1901—1930 年、1931—1960 年等 30 年年平均值
6-4	气候标准平均值	climatological standard normals	1901—1930 年、1931—1960 年等 30 年年平均值

6　气候平均值定义的历史沿革及 WMO 出版物中相关术语和定义

6.1　气候平均值定义的历史沿革

气候平均值的历史做法可回溯到 20 世纪上半叶，一般建议是使用 30 年的基准期[2]，即这 30 年是非重叠的 30 年（如 1901—1930 年、1931—1960 年、1961—1990 年、1991—2020 年）。

2015 年第 17 次世界气象大会批准对气候平均值相关定义进行修改，规定标准气候平均值统计时段为 0 尾数年份的最近 30 年，如：2015 年的最近 30 年即是指 1981—2010 年，而不是像以前那样的非重叠的 30 年期[2]。这次会议未对作为气候变化评估基准的那些非重叠的 30 年期的平均值给出正式的名称。但在《WMO气候平均值计算指南》[2]中，称之为基准平均值。

6.2　WMO 出版物中相关术语和定义

检索到的有关气候平均值的WMO比较新的出版物为《WMO气候平均值计算指南》[2]和《技术规则》[1]，相关术语和定义见表 7。在《WMO气候平均值计算指南》[2]一书中，"气候平均值"的含义比较广，包括了表 7 中所列的标准气候平均值、基准平均值等各项统计量。

7　术语定名原则、定义规则及推荐的术语和定义

7.1　术语定名原则

根据GB/T 20001.1—2001《标准编写规则　第 1 部分：术语》[29]、GB/T 10112—2019《术语工作原则与方法》[30]及全国科学技术名词审定委员会事务中心于 2016 年发布的《全国科学技术名词审定委员会科学技术名词审定原则及方法》（修订稿）的有关规定，本文遵循以下原则给出推荐的术语名称。

（1）透明性。即不需要定义或任何解释，就能由一个术语或名称推测出其所指称的概念[30]。表 2 中气候平均值、常年值、常年平均值、气候标准平均值这 4 个同义术语相比较，"气候平均值""气候标准平均值"较"常年值""常年平均值"的透明度更大，因此前两者优于后两者，在定名时考虑采用前两者。

（2）单义性。即一个概念仅确定一个与之相对应的规范的中文名称。一个概念有多个名称时，应确定一个名称为正名（规范名），其他为异名。本文推荐使用的术语，避免"一词多义"和"一义多词"。

（3）简明性。即术语宜尽可能简明，以提高交流的效率[30]。比如："标准气候值"比"标准气候平均值"就显得简洁明了。

（4）国际性。定名时应与国际上通行的名词在概念上保持一致，以利于国际交流。本文推荐使用的术语尽量与WMO出版物上的术语一致。我国的国家标准、气象行业标准和气象部门权威工具书中均未见使用"基准平均值"这一术语，为了与国际接轨，建议考虑作为许用术语。

（5）协调性。即术语名称应与已发布的国家标准、行业标准相协调，与全国科学技术名词审定委员会公布的术语相协调，与相应国际标准的概念体系和概念的定义尽可能一致；相同概念的定义和所用术语应一致[29]。GB/T 34412—2017[25]于 2017 年 9 月 29 日发布，2018 年 4 月 1 日正式实施，截至目前已正式实施 4 年有余，我国各类气象台站在进行地面气候资料 30 年整编及气候资料统计时均执行此标准，在气象部门应用面较广、沿用时间较长，该标准规定的术语名称不应轻易改动，以免引起新的混乱。

表 7　WMO出版物中相关术语和定义

序号	术语名称	英文原文	定义	出处
7-1	平均值	average	任何特定时期气候资料的月平均值（不必以数字1结尾的年份开始）。在一些资料中，也称之为"临时平均值"	《WMO气候平均值计算指南》[2]
7-2	长期平均值	period averages	针对为期至少10年的时段计算出的气候资料平均值，从以数字1结尾的年份的1月1日起	《技术规则》[1]定义，《WMO气候平均值计算指南》[2]沿用
7-3	标准平均值	normals	针对某个统一的较长时期（至少为3个连续的10年期）计算出的平均值	
7-4	标准气候平均值	climatological standard normals	对下述的连续30年时期计算出的气候资料的平均值：1981年1月1日至2010年12月31日，1991年1月1日至2020年12月31日，依此类推	
7-5	基准平均值	reference normals	作为气候变化评估基准的那些如1961—1990年的平均值	《WMO气候平均值计算指南》[2]

注：英文原文引自World Meteorological Organization，2017[3]。

综合考虑术语定名原则，推荐沿用GB/T 34412—2017[25]和《中国气象百科全书·气象观测与信息网络卷》[4]中术语"气候值""标准气候值""临时气候值"，将《WMO气候平均值计算指南》[2]中的"基准平均值"作为"标准气候值"的许用术语。

7.2　标准化文件中术语定义规则及推荐的术语和定义

7.2.1　标准化文件中术语定义规则

根据GB/T 1.1—2020[8]的有关规定，标准化文件中术语的定义遵循以下原则。

（1）定义的方式采取内涵定义。即"定义 = 用于区分所定义的概念同其他并列概念间的区别特征+上位概念"，且定义的表述能在上下文中代替其术语。

（2）定义的描述使用陈述句。即定义的描述中不包含要求型条款，也不应写成要求的形式。

7.2.2　标准化文件中推荐的术语和定义

"气候值""标准气候值""临时气候值"都是气象要素的累年统计值，其区别取决于气候资料序列的时间（年限）、有效数据量（非缺测数据）和数据质量[4]，其中有效数据量（非缺测数据）和数据质量属于要求，在标准化文件中不宜在定义中给出，而"统计的30年内数据连续缺测数量不超过3个、总的缺测数量不超过5个"等规定可在标准化文件适当位置给出。以下给出标准化文件中的术语名称、英文对应词和定义。

（1）标准气候值standard climate normal。又称基准气候值。自1901年开始的非重叠的30年期间（即1901—1930年、1931—1960年、1961—1990年、1991—2020年……）的气象要素统计值（平均值、极值和其他）。

（2）气候值climate normal。又称气候平均值、常年值。标准气候值统计时段之外的自以数字1结尾的年份开始至少包含 3 个连续 10 年期间（如：1971—2000 年、1981—2010 年等）的气象要素统计值（平均值、极值和其他）。

（3）临时气候值provisional climate normal。在既不符合标准气候值的统计标准，又不符合气候值的统计标准时，在与标准气候值或气候值相同的 30 年（或 30 年以上）期间内连续 10 年及其以上的气象要素统计值。

7.3 非标准化文件中术语定义规则及推荐的术语和定义

7.3.1 非标准化文件中术语定义规则

根据全国科学技术名词审定委员会事务中心于 2016 年发布的《全国科学技术名词审定委员会科学技术名词审定原则及方法》（修订稿）的有关规定，非标准化文件中术语定义遵循以下原则。

（1）定义要反映某一概念的本质特征。本质特征是指该概念所反映的客体所特有的，能把该客体同其他客体区别开来的那些特征。

（2）科学性。定义对概念的描述必须明晰、准确、客观、符合逻辑。

（3）系统性。定义要反映被定义的名词在本学科概念体系中与上位概念及同位概念间的关系。

（4）简明性。定义要言简意赅，只需描述概念的本质特征或一个概念的外延，不需给出其他说明性、知识性的解说。

7.3.2 非标准化文件中推荐的术语和定义

根据 7.3.1 的原则可知，非标准化文件术语定义不涉及是否包含要求型条款的说法，气候资料序列的时间（年限）、有效数据量（非缺测数据）和数据质量[4]的有关规定可以在术语定义中体现。以下给出非标准化文件中的术语名称、英文对应词和定义。

（1）标准气候值standard climate normal。又称基准气候值。指自 1901 年开始的非重叠的 30 年期间（即 1901—1930 年、1931—1960 年、1961—1990 年、1991—2020 年……）的气象要素统计值（平均值、极值和其他），且统计的 30 年内数据连续缺测数量不超过 3 个、总的缺测数量不超过 5 个。

（2）气候值climate normal。又称气候平均值、常年值。指标准气候值统计时段之外的自以数字 1 结尾的年份开始至少包含 3 个连续 10 年期间（如：1971—2000 年、1981—2010 年等）的气象要素统计值（平均值、极值和其他），且统计的 30 年内数据连续缺测数量不超过 3 个、总的缺测数量不超过 5 个。

（3）临时气候值provisional climate normal。指在既不符合标准气候值的统计标准，又不符合气候值的统计标准时，在与标准气候值或气候值相同的 30 年（或 30 年以上）期间内连续 10 年及其以上的气象要素统计值。

8 结语

标准气候值、气候值、临时气候值等统计量是认识气候、评价气候、分析和研究气候与气候变化的最重要的基础数据之一，是研究气候异常变化、防灾减灾救灾的重要数据来源，使用统一规范的术语名称、英文对应词和定义，对国际社会气候变化研究成果的交流、共享、应用，尤其是对我国碳达峰、碳中和目标的实现有较好的推动作用，建议全国气候与气候变化标准化技术委员会尽快组织制定气候变化领域术语标准。

参考文献

[1] 世界气象组织．技术规则：WMO-No．49[M]．日内瓦，瑞士：世界气象组织，2016．

[2] 世界气象组织．WMO 气候平均值计算指南：WMO-No．1203[M]．日内瓦，瑞士：世界气象组织，2017．

[3] World Meteorological Organization.WMO Guidelines on the Calculation of Climate Normals：WMO-No.1203[M]. Geneva：World Meteorological Organization，2017．

[4] 《中国气象百科全书》总编委会．中国气象百科全书：气象观测与信息网络卷[M]．北京：气象出版社，2016．

[5] 《中国气象百科全书》总编委会．中国气象百科全书：气象预报预测卷[M]．北京：气象出版社，2016．

[6] 《中国气象百科全书》总编委会．中国气象百科全书：气象科学基础卷[M]．北京：气象出版社，2016．

[7] 周诗健，王存忠，俞卫平．英汉汉英大气科学词汇：第二版[M]．北京：气象出版社，2012．

[8] 全国标准化原理与方法标准化技术委员会．标准化工作导则 第1部分：标准化文件的结构和起草规则：GB/T 1.1—2020[S]．北京：中国标准出版社，2020．

[9] 全国气候与气候变化标准化技术委员会．干旱灾害等级：GB/T 34306—2017[S]．北京：中国标准出版社，2017．

[10] 全国气候与气候变化标准化技术委员会．冷冬等级：GB/T 33675—2017[S]．北京：中国标准出版社，2017．

[11] 全国气候与气候变化标准化技术委员会．气候预测检验厄尔尼诺/拉尼娜：QX/T 507—2019[S]．北京：气象出版社，2019．

[12] 全国气象防灾减灾标准化技术委员会．东亚冬季风指数：QX/T 144—2011[S]．北京：气象出版社，2011．

[13] 全国气候与气候变化标准化技术委员会．凉夏等级：GB/T 38950—2020[S]．北京：中国标准出版社，2020．

[14] 全国气候与气候变化标准化技术委员会．暖冬等级：GB/T 21983—2020[S]．北京：中国标准出版社，2020．

[15] 全国气候与气候变化标准化技术委员会．中国雨季监测指标 华北雨季：QX/T 495—2019[S]．北京：气象出版社，2019．

[16] 全国气候与气候变化标准化技术委员会．中国雨季监测指标 华西秋雨：QX/T 496—2019[S]．北京：气象出版社，2019．

[17] 全国气候与气候变化标准化技术委员会．气候资源评价 气候宜居城镇：QX/T 570—2020[S]．北京：气象出版社，2020．

[18] 全国气象防灾减灾标准化技术委员会．中期天气预报：GB/T 27956—2011[S]．北京：中国标准出版社，2012．

[19] 全国气候与气候变化标准化技术委员会．中国雨季监测指标西南雨季：QX/T 396—2017[S]．北京：气象出版社，2018．

[20] 全国气候与气候变化标准化技术委员会．气候年景评估方法：GB/T 33670—2017[S]．北京：中国标准出版社，2017．

[21] 全国气象防灾减灾标准化技术委员会．气候季节划分：QX/T 152—2012[S]．北京：气象出版社，2012．

[22] 全国气象防灾减灾标准化技术委员会．气象信息传播常用用语：QX/T 377—2017[S]．北京：气象出版社，2017．

[23] 全国气候与气候变化标准化技术委员会．东亚副热带夏季风监测指标：QX/T 394—2017[S]．北京：气象出版社，2018．

[24] 中国气象局监测网络司．地面气候资料30年整编常规项目及其统计方法：QX/T 22—2004[S]．北京：中国标准出版社，2004．

[25] 全国气象基本信息标准化技术委员会．地面标准气候值统计方法：GB/T 34412—2017[S]．北京：中国标准出版社，2017．

[26] 全国气象基本信息标准化技术委员会．高空气候资料统计方法：QX/T 501-2019[S]．北京：气象出版社，2019．

[27] 海峡两岸大气科学名词工作委员会．海峡两岸大气科学名词：第三版[M]．北京：科学出版社，2020．

[28] 全国自然科学名词审定委员会．大气科学名词：第三版[M]．北京：科学出版社，2009．

[29] 中国标准研究中心．标准编写规则 第1部分：术语：GB/T 20001.1—2001[S]．北京：中国标准出版社，2001．

[30] 全国语言与术语标准化技术委员会．术语工作 原则与方法：GB/T 10112—2019[S]．北京：中国标准出版社，2019．

标准编写规则新旧版本主要技术变化对比研究①

崔晓军　成秀虎　王一飞　吴明亮

（中国气象局气象干部培训学院，北京　100081）

摘　要： GB/T 1.1—2020 作为新的标准编写标准，将于 10 月 1 日正式实施。本文列出了其与 GB/T 1.1—2009 的主要技术变化，包括文件自身的提及、前言、范围、规范性引用文件、术语和定义、符号和缩略语、列项等。

关键词： 标准编写，GB/T 1.1—2020，GB/T 1.1—2009，技术变化，对比

GB/T 1.1—2020《标准化工作导则　第 1 部分：标准化文件的结构和起草规则》（以下简称"2020版"）代替 GB/T 1.1—2009《标准化工作导则　第 1 部分：标准的结构和编写》（以下简称"2009 版"），于 2020 年 3 月 31 日发布，自 2020 年 10 月 1 日起实施。2020 版前言中列出了 25 条主要技术变化，一些技术变化需要根据标准化工作实际具体问题具体分析来实现。本文通过对比研究仅列出了标准编写中应关注的一些共性方面的变化，其依据主要是 2020 版前言中提到的主要技术变化。

1　文件自身的提及

标准文件自身的提及，2009 版前言、范围中使用"本标准……"，规范性引用文件、术语和定义中使用"本文件……"，2020 版提及文件自身不再使用"本标准……"，而统一使用"本文件……"（包括标准、标准的某个部分、标准化指导性技术文件），即前言、范围中需要使用"本标准……"的地方，现全用"本文件……"代替。

2　前言

前言比较明显的变化有两点：一是更改了编写要素"前言"时不允许使用的条款类型的规定；二是文件起草所依据的标准及表述形式的改变。

（1）关于编写要素"前言"时不允许使用的条款类型，2009 版规定前言"不应包含要求和推荐，也不应包含公式、图和表"，而 2020 版规定"前言不应包含要求、指示、推荐或允许型条款，也不应使用图、表或数学公式等表述形式"，增加了对指示和推荐性条款的限制使用。

（2）关于文件起草所依据的标准，2009 版为 GB/T 1.1—2009《标准化工作导则　第 1 部分：标准的结构和编写》，2020 版更改为 GB/T 1.1—2020《标准化工作导则　第 1 部分：标准化文件的结构和起草规则》。关于文件起草所依据标准的表述形式，由"起草规则"更改为"起草规定"，具体表述为：

---

①　本文刊于 2020 年《气象标准化》第 1 期。

"本文件按照GB/T 1.1—2020《标准化工作导则 第 1 部分：标准化文件的结构和起草规则》的规定起草。"

3 范围

关于陈述"范围"所使用的条款类型，2009 版规定"范围不应包含要求"，2020 版更改为"范围应表述为一系列事实的陈述，使用陈述型条款，不应包含要求、指示、推荐和允许型条款"，明确了范围的陈述只能是陈述性条款。

4 规范性引用文件

规范性引用文件的主要变化有两处：一是由可选要素变为必备要素；二是引导语的改变。

（1）规范性引用文件由可选要素变为必备/可选要素。如果不存在规范性引用文件，根据 2009 版规定不列规范性引用文件一章。而 2020 版则明确规定"该要素应设置为文件的第 2 章"，并在表 3 脚注中说明规范性引用文件的"章编号和标题的设置是必备的，要素内容的有无根据具体情况进行选择"，即规定"规范性引用文件"固定为标准第 2 章的标题，编号为第 2 章，无一例外，只是如果标准中未规范性引用文件，则应在章标题下给出以下说明：

"本文件没有规范性引用文件。"

（2）引导语的改变。2020 版规定，引出规范性引用文件清单的引导语为：

"下列文件中的内容通过文中的规范性引用而构成本文件必不可少的条款。其中，注日期的引用文件，仅该日期对应的版本适用于本文件；不注日期的引用文件，其最新版本（包括所有的修改单）适用于本文件。"

5 术语和定义

2020 版更改了编写"术语条目"的一些规则，增加了详细的规定，主要包括以下几点。

（1）由可选要素变为必备/可选要素。2009 版"术语和定义为可选要素"，如果没有需要界定的术语和定义可不列此章。2020 版则明确规定"该要素应设置为文件的第 3 章"，规定术语和定义的"章编号和标题的设置是必备的，要素内容的有无根据具体情况进行选择"，并规定：如果没有需要界定的术语和定义，应在章标题下给出以下说明：

"本文件没有需要界定的术语和定义。"

（2）增加按音序排序。除沿用 2009 版按照概念层级分类和编排的规定外，增加了"如果无法或无须分类可按术语的汉语拼音字母顺序编排"的规定。

（3）明确定义术语的条件。2020 版 8.7.3.2 规定，术语和定义这一要素中界定的术语应同时符合以下 4 个条件：①文件中至少使用两次；②专业的使用者在不同语境中理解不一致；③尚无定义或需要改写已有定义；④属于文件范围所限定的领域内。

（4）推荐定义术语的种类。2020 版 8.7.3.2 规定，术语和定义中宜尽可能界定表示一般概念的术语，而不界定表示具体概念的组合术语。这是因为表达具体概念的术语往往由表达一般概念的术语组合而成，当具体概念（比如"自驾游基础设施"）等同于两个或两个以上一般概念（"自驾游"和"基础设施"）

之和时，只须分别定义一般概念（"自驾游"和"基础设施"）即可，不必定义具体概念（"自驾游基础设施"）。

（5）推荐采用内涵定义的形式。2009版对术语的定义采用内涵式定义还是外延式定义未给出要求或建议；2020版8.7.3.3明确规定，定义宜采用内涵定义的形式，其优选结构为"定义=用于区分所定义的概念同其他并列概念间的区别特征+上位概念"。

（6）定义来源的变化。在特殊情况下，当有必要抄录或改写其他文件中的少量术语条目时，应在抄录或改写的术语条目下准确地标明来源。

对抄录的术语，2009版采用"[文件编号，定义条目编号]"的方法，2020版则为"[来源：文件编号，条目编号]"，均排五号宋体。比如，若抄录GB/T 20000.1—2014中定义9.4，则2009版为"[GB/T 20000.1—2014，定义9.4]"，而2020版为"[来源：GB/T 20000.1—2014，9.4]"，其中加了"来源："，删除了"定义"二字。

对改写的术语，2009版在注中说明来源，形式为"注：改写文件编号，定义条目编号。"并按照注的排版要求，"注："排小五号黑体，"改写文件编号，定义条目编号。"排小五号宋体。2020版则变更为"[来源：文件编号，条目编号，有修改]"，均排五号宋体。比如，若改写GB/T 20000.1—2014中定义9.4，则2009版为"注：改写GB/T 20000.1—2014，定义9.4。"，而2020版为"[来源：GB/T 20000.1—2014，9.4，有修改]"，排五号宋体。

6　符号和缩略语

符号和缩略语为可选要素，既可以单独设章，也可以并入"术语和定义"一章。当其单独设章时，2009版对其构成未直接给出具体规定，而2020版8.8.1则规定符号和缩略语这一要素"由引导语和带有说明的符号和/或缩略语清单构成"；并在8.8.2中规定，根据列出的符号、缩略语的具体情况，引出符号和/或缩略语清单的引导语有"下列符号适用于本文件。""下列缩略语适用于本文件。""下列符号和缩略语适用于本文件。"三种形式。

7　列项

2020版更改了列项的具体形式及编写规则。2020版明确规定"列项应由引语和被引出的并列的各项组成"，与2009版相比，强调了列项中各子项的并列关系。

（1）在形式上，2009版为"列项应由一段后跟冒号的文字引出"，这段文字可以是完整的句子，也可以是一句话的前半句。而2020版规定列项的形式有以下两种：①后跟句号的完整句子引出后跟句号的各项；②后跟冒号的文字引出后跟分号或逗号的各项。并规定列项的最后一项均由句号结束。

从2020版的示例可看出，若列项需要进一步细分为分项，则第一层次列项宜采用"后跟句号的完整句子引出后跟句号的各项"，其下细分的列项则宜采用"后跟冒号的文字引出后跟分号或逗号的各项"。

若列项不需要进一步细分为分项，则宜采用"后跟冒号的文字引出后跟分号或逗号的各项"。

（2）在编写规则上，2020版增加了"列项可以进一步细分为分项，这种细分不宜超过两个层次"的规定。

对不需要识别或表明先后顺序的列项，2020版规定"通常在第一层次列项的各项之前使用破折号，第二层次列项的各项之前使用间隔号"，而2009版未规定破折号、间隔号的使用顺序，仅规定"在一项标准的同一层次的列项中，使用破折号还是圆点应统一"。

对需要识别或表明先后顺序的列项，2020 版与 2009 版相同，均规定"在第一层次列项的各项之前使用字母编号"。在使用字母编号的列项中，如果需要对某一项进一步细分，2009 版规定"应使用数字编号在各分项之前进行标示"，而 2020 版则变更为"根据需要可在各分项之前使用间隔号或数字编号"。

（3）举例说明。现以按照 GB/T 1.1—2009 给出的规则起草的 GB/T 35227—2017《地面气象观测规范 风向和风速》及 GB/T 35237—2017《地面气象观测规范 自动观测》中的列项为例，说明 2020 版中列项形式及编写规则的变化。

示例 1 有两个层次的列项，从中看出，2009 版第一层次列项和第二层次列项的引导语均是后跟冒号的文字，除最后一项由句号结束外，其他各子项结尾均用分号。按照 2020 版规定，示例 1 应改为示例 2 或示例 3 所示形式。

示例 4 为后跟冒号的文字引出后跟分号的各项，这种情况 2009 版与 2020 版形式相同，由 2020 版规定结合标点符号用法，这种情况引导语引出的各项文字中使用了逗号，因此各项结尾就不宜再使用逗号，而是使用分号。

由 2020 版规定可知，示例 5 应改为示例 6，这种形式的特点是，引导语引出的各项文字中未使用逗号，各子项一般为词组或短语。

【示例 1】

> 5.1.2.4 挑取各正点 10 分钟最多风向
> 应按下列步骤挑取，并用铅笔将风向符号记录在自记纸对应的时间线上：
> a）从正点前 10 min 内的 5 条风向划线中挑取出现次数最多的风向；
> b）有 2 个风向划线次数相同时，先舍去最左面 1 条划线，从剩余 4 条划线中挑取；若仍有 2 个风向划线次数相同时，再舍去左面的 1 条划线，从剩余 3 条划线中挑取；若 5 条划线均是不同风向，以最右面划线的风向作为该正点的最多风向；
> c）正点前 10 min 内的风向划线有不正常或中断，造成一部分划线缺测时，有下列情形之一的，仍可按正常方法挑取最多风向：
>   1）风向划线缺测 1 次，剩余划线中有 3 条或 4 条是同一风向的；或者剩余划线中左面 2 条不是同一风向，右面 2 条是同一风向的；
>   2）风向划线缺测 2 次，剩余 3 条划线是同一风向；
>   3）从实有的 5 条风向划线中挑取的最多风向为 NNE、ENE、ESE、SSE、SSW、WSW、WNW、NNW 之一的；
>   4）从实有记录中，参照上述方法可以判定缺测记录不影响最多风向挑取的；
> d）风速迹线划平线时，最多风向记 C。

引自：GB/T 35227—2017《地面气象观测规范 风向和风速》。

【示例 2】

> 5.1.2.4 挑取各正点 10 分钟最多风向
> 应按下列步骤挑取，并用铅笔将风向符号记录在自记纸对应的时间线上。
> a）从正点前 10 min 内的 5 条风向划线中挑取出现次数最多的风向。
> b）有 2 个风向划线次数相同时，先舍去最左面 1 条划线，从剩余 4 条划线中挑取；若仍有 2 个风向划线次

数相同时，再舍去左面的 1 条划线，从剩余 3 条划线中挑取；若 5 条划线均是不同风向，以最右面划线的风向作为该正点的最多风向。

c) 正点前 10 min 内的风向划线有不正常或中断，造成一部分划线缺测时，有下列情形之一的，仍可按正常方法挑取最多风向：

· 风向划线缺测 1 次，剩余划线中有 3 条或 4 条是同一风向的；或者剩余划线中左面 2 条不是同一风向，右面 2 条是同一风向的；

· 风向划线缺测 2 次，剩余 3 条划线是同一风向；

· 从实有的 5 条风向划线中挑取的最多风向为 NNE、ENE、ESE、SSE、SSW、WSW、WNW、NNW 之一的；

· 从实有记录中，参照上述方法可以判定缺测记录不影响最多风向挑取的。

d) 风速迹线划平线时，最多风向记 C。

【示例 3】

5.1.2.4　挑取各正点 10 min 最多风向

应按下列步骤挑取，并用铅笔将风向符号记录在自记纸对应的时间线上。

a) 从正点前 10 min 内的 5 条风向划线中挑取出现次数最多的风向。

b) 有 2 个风向划线次数相同时，先舍去最左面 1 条划线，从剩余 4 条划线中挑取；若仍有 2 个风向划线次数相同时，再舍去左面的 1 条划线，从剩余 3 条划线中挑取；若 5 条划线均是不同风向，以最右面划线的风向作为该正点的最多风向。

c) 正点前 10 min 内的风向划线有不正常或中断，造成一部分划线缺测时，有下列情形之一的，仍可按正常方法挑取最多风向：

1) 风向划线缺测 1 次，剩余划线中有 3 条或 4 条是同一风向的；或者剩余划线中左面 2 条不是同一风向，右面 2 条是同一风向的；

2) 风向划线缺测 2 次，剩余 3 条划线是同一风向；

3) 从实有的 5 条风向划线中挑取的最多风向为 NNE、ENE、ESE、SSE、SSW、WSW、WNW、NNW 之一的；

4) 从实有记录中，参照上述方法可以判定缺测记录不影响最多风向挑取的。

d) 风速迹线划平线时，最多风向记 C。

【示例 4】

4.4.1　风向

应按下列要求记录：

a) 以度（°）为单位时，记录风向的度数；

b) 以方位为单位时，按表 1 的要求记录对应的风向符号。

引自：GB/T 35227—2017《地面气象观测规范　风向和风速》。

【示例 5】

6.4　质量控制信息

至少应包括：

——正确；

     ——可疑；

     ——错误；

     ——缺测；

     ——修改；

     ——其他情况。

引自：GB/T 35237—2017《地面气象观测规范　自动观测》。

【示例 6】

6.4　质量控制信息

    至少应包括：

     ——正确，

     ——可疑，

     ——错误，

     ——缺测，

     ——修改，

     ——其他情况。

8　结束语

GB/T 1.1—2020《标准化工作导则　第 1 部分：标准化文件的结构和起草规则》是在非等效采用国际标准化基础上，结合我国标准化工作实际基础上编制的，其顺利实施可确保我国标准起草规则更加严谨，并与国际标准化文件在总体上保持一致，标准化工作者应认真学习掌握并落实到实际工作中，促进我国标准化活动的广泛开展和健康有序发展。

气象科技评估

科学人才观下开展气象人才工作评价的基本模式①

成秀虎

（中国气象局气象干部培训学院，北京 100081）

科学人才观是我们党人才工作解放思想、理论创新的最新成果，是对国内外人才发展规律的深刻总结。其全面回答了新形势下我国人才发展的一系列重大理论和实践问题，涵盖了育才、引才、用才、聚才等各个方面，成为当前和今后一段时期推动我国人才工作科学化发展的重要指导思想，气象部门作为气象人才的行业主管部门，也应积极组织各地方部门、各相关领域深入贯彻落实，并在实际人才工作中按照科学人才观提出的新理念和方法论，统筹推进各类人才队伍建设，营造有利于各类人才脱颖而出、各尽其才的制度环境，加快气象人才发展体制机制改革和政策创新，为气象人才涌现、聚集、发展和成功创造更好的环境氛围，为推动建设创新型部门和气象人才强局战略作出积极努力。

1 科学人才观的内涵

科学人才观是科学发展观在人才发展领域的具体应用。2003 年 10 月党的十六届三中全会上胡锦涛同志提出了以人为本、全面协调可持续的科学发展观，同年 12 月在全国人才工作会议上，又提出了以"人才资源是第一资源""人人都可以成才""以人为本"为核心理念的科学人才观，可见科学人才观是在科学发展观指导下提出的，是科学发展观在人才发展领域的集中体现。科学人才观继承和发展了党中央三代领导集体关于人才发展的重要思想，构成了中国特色社会主义人才理论，成为我国实施科教兴国战略和人才强国战略的行动指南，党的十八大报告中有关"尊重劳动、尊重知识、尊重人才、尊重创造"的观点和"加快确立人才优先发展战略布局""开创人人皆可成才、人人尽展其才的生动局面"等要求都是科学人才观的重要体现。

关于科学人才观的内涵，2011 年 12 月召开的全国人才工作座谈会明确了一个权威的说法，指出科学人才观是关于人才发展的理论，是对什么是人才，如何选才育才用才等所形成的科学认识。

科学人才观对"什么是人才"的回答是，人才是指"具有一定的专业知识或专门技能，能够进行创造性劳动并对社会作出贡献的人，是人力资源中能力和素质较高的劳动者"。这一定义成为体现马克思主义价值观的人才标准，有别于资产阶级的精英人才观，强调人才来源于群众，来源于实践，人才在实践中成长、发展并接受实践的检验；人才是经济社会发展中的正能量，他通过自己的创造性劳动对社会做出贡献，并在对社会做出贡献的同时实现自身的价值，促进人自身的全面发展。

科学人才观对人才发展的科学认识主要体现为三个核心理念。

一是认为人才发展是科学发展的前提条件和主导因素，所以"人才资源是第一资源"。当今世界已

---

① 本文成稿于 2014 年，获评中央党校中央国家机关分校优秀毕业论文，收入本书时标题有修改。

经步入了一个以知识经济和信息化为特征的时代，美国学者迈克尔·波特认为，传统的依靠资源、资本和劳动力实现增长的发展方式正在受到诸如资源、环境等硬约束条件的挑战，有竞争力的国家必须向依靠创新驱动和财富驱动的发展阶段转变，创新型经济是全球经济发展的未来趋势，所以十八大提出了实施创新驱动发展战略、加快转变经济发展方式的要求。知识和人才是创新驱动发展的两个最重要的支撑要素，知识是创新的源泉，人才是创新的主体，创新是两者的有机结合，实现创新驱动发展必须以人才为本，将人才作为第一资源优先发展。

二是认为人才发展有其自身的客观规律，人才工作应该遵循规律并不断在实践中检验和发展这一规律，只要按照人才发展规律开展工作，就能保证"人人都可以成才"。只要合理使用，人人皆可成才。人人都能成才，是保障社会主义现代化建设的人才资源基础。这一思想解决了人才资源的来源问题，即要以"人人皆可成才"的观点系统培养和开发人才。

三是继承了科学发展观"以人为本"的核心理念，强调人才发展要以用为本，把用好用活人才、提高人才效能、充分发挥人才作用放在首要位置。强调作为个体的人才越用越聪明，作为整体的人才越用越增多，"用"是打通人才价值与人才价值实现的关键环节，要以"用"为导向，把国家发展需要、社会需求和个人特长秉性有效结合起来，实现才与用的有机统一，最大限度地实现人才的自身价值和社会价值。

从上述三个核心理念进一步延伸，科学人才观又提出了人才发展需要坚持的十大理念，构成科学人才观的基本内容，分别是"人才是最活跃的先进生产力""人才是科学发展第一资源""人才工作要为经济社会发展中心任务服务""人才优先发展是科学发展的有效途径""树立人人皆可成才的社会理念""以用为本是人才发展的重要方针""人才投资是效益最大的投资""高端引领是人才队伍建设的战略重点""遵循系统培养的人才开发规律""改革创新是人才发展的根本动力"。

2　当前国家人才工作中贯彻科学人才观的重点

从科学人才观的基本内容可以看出，人才工作的根本任务是服务科学发展，所以人才工作要紧密围绕科学发展这一中心任务确定人才工作思路、部署重点工作、创新重大政策，培养、吸引和造就一大批优秀人才，切实把人才优势转化为经济、科技、教育、文化等综合优势，以人才发展引领经济社会发展。具体而言，个人觉得当前人才工作中要重点在"人才优先、系统培养、高端引领、以用为本"等方面多下功夫、多做文章。

所谓"人才优先"是指全社会尤其是各级领导干部都要树立"人才是科学发展第一资源"的理念，把人才发展放在各项事业发展的优先位置，将人才优先发展的要求贯穿落实在经济社会发展的各项方针政策和工作部署中，坚持人才资源优先开发、人才结构优先调整、人才投资优先保障、人才制度优先创新。迄今为止的人类社会发展形态，如果按生产要素进行分类，可分为农业经济时代（包括群体劳动力经济、劳动力经济、土地/资源经济）和工业经济时代（即资本经济）两种类型，农业经济和工业经济的初期阶段，经济的增长主要靠物质资本；在工业化中期，货币资本是经济增长的主要推动因素；而在工业化后期以及知识经济时代，人力资本成为现代经济社会发展的第一动力源泉和第一要素，人才成为经济增长的第一推动力。1979 年，美国诺贝尔经济学奖获得者西奥多·舒尔茨指出：人类的未来并不完全取决于空间、能源和耕地，而是取决于人类智慧的发展。人才是科技创新中最具能动性的要素，是新知识的创造者，新技术的发明者，新学科的创建者，新产业的带动者，在科技创新全过程中发挥不可替代的重要作用。可见人才是后工业社会发展的主要动力，依靠科技、依靠创新就必须依靠人才，当前我国已成为世界第二大经济体，经济发展步入工业化中后期，资源、资金和廉价劳动力等传统要素已难以支撑经济社会可持续发展，所以党的十八大报告及时提出了依靠创新驱动加快转变经济发展方式的战略，要求不断提高原始创新能力、技术创新能力和产业竞争力，实现这一战略目标，必须依靠大量人才尤其是创新型人才的涌现。走创新驱动发展之路就必须走人才优先发展之路。

"系统培养"提出的依据来源于对人才成长规律的认识。人才成长过程是一个相当复杂的系统演进过程，一个人成才是个体与群体、主体与客观环境相互作用的结果，人才的培养开发必须遵循系统演进的规律，对人才的培养、吸引、使用等环节和评价、流动、管理、激励等方面进行系统思考和整体设计，用系统论的思想与方法，发现薄弱环节和关键缺陷，解决突出问题，在目标管理、机制设计、要素整合等方面，提高人才开发的针对性、实效性，增强人才培养开发的整体效应和社会效益。系统培养是经过实践证明了的必须遵循的人才发展规律，是快出人才、出优秀人才的不二法门。

"高端引领"是指要在经济社会各个领域培养和造就一批走在时代前列、站在世界前沿、能够代表未来发展方向的高端人才，以引领经济社会发展和人才队伍建设。这是由我国经济社会发展在国际竞争中所处地位和人才队伍建设现状所决定的。当今国际经济环境正在发生深刻变化，科技与创新日益成为竞争取胜的关键，高端人才作为新理论、新方法、新技术、新产业、新时代的引领者和开拓者，其科技与创新成就往往能对一个组织、一个行业、一个地区、一个国家乃至整个世界产生革命性的影响，如比尔·盖茨的软件产业、柏纳斯的互联网技术，不仅推动了全球经济发展，还广泛而深远地影响到整个人类的生活方式，所以高端人才的规模和水平代表并影响着一个国家和地区的竞争力水平。与发达国家相比，我国既是人口大国，又是人力资源大国，但还不是人才资源的强国，高端人才十分短缺，特别是世界一流的科学家和战略性新兴产业领军人才十分短缺。正像十八大报告指出的那样，当前我国正处在转型发展的关键时期，急需在各领域培养造就一批高端人才，需要加大高层次人才培养和引进力度，为提高国际竞争力和建设人才强国提供强大支撑和持久动力。

"以用为本"是指人才工作的各个环节要以"用"为根本出发点和落脚点，围绕用好用活人才、提高人才效能来育才、引才、用才，充分发挥各类人才作用和效能。育才要围绕经济社会发展需求来培养，造就能为人类社会发展进步创造财富和价值的有用之才；引才要着眼于现代化建设急需紧缺的人才，为用而引，筑巢引凤，提供可供人才发挥作用的平台和空间，引得进、留得住，辐射效应好，示范效应强；用才要运用好人才评价、流动、激励等手段，调动人才的积极性、发挥人才的创造性，用其所能、任其所宜。要通过给人才提供舞台，为人才提供机会，营造良好的制度环境、适宜的工作环境、良好的资源支持等，用好用活人才，激发人才活力、发掘人才潜力，使人才的创造力获得自由发展空间，让人才的智力活动、创造性活动在经济社会发展中发挥关键作用，最大限度地发挥人才效能。

3 如何以评价为抓手促进科学人才观重点要求的落实

人才工作要为经济社会发展中心任务服务是科学人才观的重要理念，也是人才工作的核心价值取向，上文提出了当前人才工作中要重点围绕"人才优先、系统培养、高端引领、以用为本"四项要求抓好科学人才观的落实。由于这四项要求还比较抽象，考察人才观是否落实、文件落实还是具体落实，落实在纸上还是落到了实处，需要有一个手段来检验和评判，而人才工作评价作为一个全面系统、客观公正衡量人才工作过程、检查人才工作状况的科学方法，是一个行之有效的手段。个人认为当前人才工作评价可以从以下四个方面展开。

一是开展以人才投资为重点的人才政策评价，促进人才优先发展战略的落实。美国诺贝尔经济学奖获得者詹姆斯·海克曼在 2000 年就曾指出：人力资本是最终决定中国富裕的资产。中国存在的问题是，人才资本投入过少，不同地区的教育投资存在着严重不均衡，人与人不平等的主要因素是出生地。中国投资人力资本的回报率可能高达 40%，应尽快开放人力资本市场并进一步减少人才流动限制，中国教育若另辟蹊径可能带动其经济快速增长，考评官员政绩应考察其在人力资本和教育上的投资。中国在人才资本教育方面的投资只占了GDP比例的 2.5%，而在实物资本（房屋建设、工厂建设等）方面的投入又太高，占GDP的 30%，这种投资是极不均衡的。

二是开展人才发展规划评价，以规划的制定和推进情况来检验人才培养开发的系统性。人才工作必须遵循系统培养的人才开发规律，规划是系统培养开发规律的具体体现。2010 年 4 月颁布的《国家中长期人才发展规划纲要（2010—2020）》（简称《规划》）是党中央、国务院按照科学人才观要求对实施人才强国战略进行的总体规划和全面部署，目的是为在 21 世纪中叶基本实现社会主义现代化奠定人才基础。规划规定了走向人才强国的具体路线图，确定了加强人才队伍建设、创新人才体制机制、完善重大人才政策、实施重大人才工程的主要任务，成为当前和今后一个时期推动我国人才发展的指导性文件。人才发展规划实施情况和目标任务进展情况需要通过人才规划评价来了解。开展人才规划评价有利于建立起人才培养结构与经济社会发展需求相适应的动态调控机制，包括人才需求监测机制、产学研紧密结合的人才培养机制，以提高人才培养与经济社会发展之间的适应性和契合度。

三是开展高端人才发展状况评价，以检验高端引领的落实情况。马克思主义认为，科学技术是推动经济发展和社会进步的第一生产力，人是生产力中最活跃的因素，而人才是人力资源中的先进部分，是知识、技术、技能的有机载体，科技进步来源于科技创新，高端人才则是科技创新的主导力量。高端人才之所以能产生科技创新能力，主要是靠人的思想解放和自由全面发展。正像温家宝在中国科学院第十六次院士大会和中国工程院第十一次大会上指出的那样："没有思想解放和人的全面发展，科技进步是做不到的，即使做到一些，也是有限度的。"可见人的思想解放和自由全面发展是科技进步、科技创新的前提。高端人才的评价要以是否按照人才成长规律提供全面、自由的发展空间和环境，社会经济发展急需的紧缺人才、高端人才是否得到优先培养为标准。

四是开展人才能力施展及贡献情况评价，督促"以用为本"的落实。人才的价值关键在于使用，正像 1994 年联合国开发计划署《人类发展报告》指出的那样，"人类带着潜在的能力来到这个世界上，发展的目的就在于创造出一种环境，让所有的人都能施展他们的能力。"要按照以"用"为导向的要求，检查激励、评价、流动、公开选拔、竞争上岗等措施是否激发了人的潜能，发挥了人才的活力，调动了人才的积极性，激发了人才的创造性，最大限度地发掘了人才潜质，实现了人才效用的最大化。要增强人才贡献评价的客观性和公正性，克服以学历、职称、关系、资历论贡献的倾向，坚持以人才的实践效果和实际业绩作为衡量人才贡献的客观标准。

4　开展气象人才工作评价的基本模式

作为全国人才工作的一部分，气象人才工作应该按照科学人才观的要求，以满足"全面推进气象现代化，保障全面建成小康社会和建设社会主义现代化事业，实现'中国梦'"这一目标的需要为根本任务，树立人才优先发展的思想，加大人才投入，坚持系统培养开发和高端引领的思路，引进和使用并举，在全球范围内引进配置人才资源，充分发挥人才的作用，最大限度地提高人才效能。应该对各级气象部门领导和人才工作部门开展人才工作评价，以了解他们对科学人才观要求的落实情况。由于气象部门是一个科技型基础性公益事业单位，其业务类型相对单一，不涉及生产、贸易、流通等社会复杂系统，因而对气象人才工作的评价可以通过设立以下四个指标来衡量。

（1）设立人才投入指标，来考察人才优先发展政策的落实情况。该指标的内容为人才培养开发投入占气象事业发展总投入的比例，用以重点考察各级气象部门党政领导是否在人才问题上舍得投入，在经费有限的情况下是否能优先投入，是否建立了正常的经费投入机制等等。人才优先发展，投入比例及投入的持续性是关键，没有投入的"人才优先"是口头上的优先，不可能产生有质量的发展。

（2）设立人才队伍结构指标，来考察人才系统培养开发的情况。气象人才规划是气象人才系统培养的依据，是着眼于事业未来发展的需要而做的科学规划，它统筹考虑了气象事业发展对各种类型人才的数量与质量要求，必须得到贯彻落实和统筹推进。人才队伍结构可以设置包括各类人才队伍资源量、与人才资源总量的比例在内的二级指标，具体衡量系统培养、整体推进、区域协调、层次布局的情况。

（3）设立高端人才规模和水平指标，来考察高端引领和业务技术创新情况。高端人才是指那些具有世界一流水平的气象科学家、引领气象业务发展潮流的领军人才、拓展气象服务领域和提升气象服务质量的复合型专门人才，他们要能代表气象相关领域未来的发展方向，能占领未来气象研究业务发展的制高点，具备独自或带领团队通过创新取得重大气象科技成果或在相关领域取得突破性进展的能力，要能起到强大的引导和示范作用，引领和带动整个气象人才队伍的建设。

（4）设立人才贡献度指标，来考察"以用为本"方针的执行情况。人才的价值在于使用，培养、引进和造就大量人才，如果不使用，不在岗位上发挥价值或发挥作用不充分，既是对人才的最大浪费，也是对事业的极不负责。使用的最大责任者是各级用人单位，通过衡量用人单位人才做出的贡献度可以考察人才作用发挥情况，促进科学人才观在各用人单位的落实，切实推动"一把手"抓"第一资源"。人才贡献度可通过设立人才影响力（学术交流、培训授课次数、咨询建议上升为国家政策情况）、人才成果（论文、专利、项目数，业务服务创新情况，业务服务社会认可度等）、人才经济价值（人才使用带来的经济增值或成本节省）等二级指标进行定性或定量的考察。

5 开展气象人才工作评价的难点及建议

开展气象人才工作评价是推动科学人才观在气象人才工作中贯彻落实的需要，也是气象部门加强人才工作管理的有效抓手之一，但评价本身是一项系统性很强的技术工作，开展评价需要具备一定的基础条件和制度保障，目前开展人才工作评价的难点为：

一是国内对人才工作要不要评价、评价什么还处于探索期，人才工作评价方面的研究、方法明显不足，可供借鉴的典型案例很少；

二是开展人才工作评价的基础数据不全，全国没有建立统一的气象人才工作统计报告制度，与人才工作相关联的数据如人才贡献、人才投入的数据分散在各处，满足不了人才工作评价的需要；

三是各级领导对人才工作的关注点较多，短期内难以形成兼顾各方需求的人才工作评价指标体系，这一事实客观上也阻碍了人才工作统计系统与报告制度的建立；

四是人才标准缺乏，评价的依据不够充分，导致指标体系及其所包含的内涵具有不确定性。

基于以上的难点，当前要做好气象人才工作评价，建议从以下几个方面着手：

一是加强科学人才观对气象人才工作要求的研究，加强气象人才工作发展特点和规律的研究，进一步明确未来气象事业发展对人才数量、类型和质量上的要求，为气象人才发展规划和气象人才发展提供更科学的基础支撑；

二是明确界定气象人才标准，将人才与气象人力资源分开，将高端人才与一般人才分开。由于气象部门从业人员学历素质普遍较高，因而要制定高端人才（包括复合型专门人才）的标准，通过高端人才引领人才队伍建设，把高端人才作为人才引进、培养、开发和投入的重点；

三是从专项评价开始，如开展人才工作科学人才观贯彻落实情况的评价等，逐步向综合评价方向发展，积累经验、熟悉方法，通过检验，逐步建立起符合气象人才工作实际需要的评价指标和评价模型；

四是研究制定并发布气象人才工作评价指标体系，建立针对指标体系和国家部门人才工作管理、人才发展规划实施需要的人才监测统计指标体系，实施人才工作统计上报制度；

五是开展制度化的人才工作评价，将评价结果与人才工作考核、规划实施、国家人才政策检查落实相联系，使评价工作成为人才管理的重要抓手，人才发展的重要推手。

参考文献

[1] 国务院. 国务院关于加快气象事业发展的若干意见：国发〔2006〕3号[Z]. 北京：国务院，2006.

[2] 胡锦涛. 坚定不移沿着中国特色社会主义道路前进，为全面建成小康社会而奋斗[R]. 中国共产党第十八次全国代表大会报告，2012.

[3] 田应奎. 科学发展观研究[R]. 中共中央党校分校讲稿，编号2013-10，2013.

[4] 杨秋宝. 加快转变经济发展方式科学发展观研究[R]. 中共中央党校分校讲稿，编号2013-11，2013.

[5] 中共中央组织部人才工作局. 科学人才观理论读本[M]. 北京：人民出版社，2012.

[6] 中央人才工作协调小组办公室，等. 国家中长期人才发展规划纲要（2010—2020年)[M]. 北京：党建读物出版社，2010.

气象人才工作评估指标设计与应用研究①

《气象人才工作评价》课题组

1　研究目的

根据《中国气象局关于加强气象人才体系建设的意见》(气发〔2009〕25 号)、《中共中国气象局党组关于进一步加强人才工作的意见》(中气党发〔2004〕53 号）的精神，设计一套实用的气象人才工作评估指标，通过评估推进各省局、直属单位认真贯彻党的十八大精神，落实科学发展观，牢固树立人才资源是第一资源的理念，坚定不移地实施人才强局战略，保障人才工作的落实发展。同时要按照"以评促建、以评促改、以评促管、评建结合、重在建设"的方针，评估中国气象局已出台政策、方针的完备性、落实情况和作用效果，进一步完善有利于人才成长和发挥作用的体制机制，为气象现代化建设提供数据和智力支撑。

2　评估指标设计

2.1　指标构成

气象人才工作评价指标体系包含四个层次 6 项一级指标。四个层次分别为领导层（领导力）、执行层（人才管理水平、保障能力）、体验层（人才环境）、效果层（人才贡献度、人才存量），各层次的设计目的如下：

领导层：旨在评价单位领导层对人才工作的重视程度，学习领会、贯彻执行、理解运用中央、部门人才方针政策的情况；

执行层：旨在评价人才工作队伍执行单位领导有关人才指示、人才政策的情况。人才工作队伍是气象人才培养开发、评价发现、选拔任用、流动配置、激励保障等 5 个人才工作主要环节的真正组织实施者，需要将人才政策制度化，建立起长效机制保障政策到位、落实各项制度；

体验层：人才自身对单位人才环境的评价，侧面反映单位人才工作是否落到实处；

效果层：评价人才工作成效的客观效果。

2.2　人才工作评价指标体系框图

人才工作评价具体指标见图 1。

---

① 本研究完成于 2014 年，课题组由成秀虎、王梅华负责。

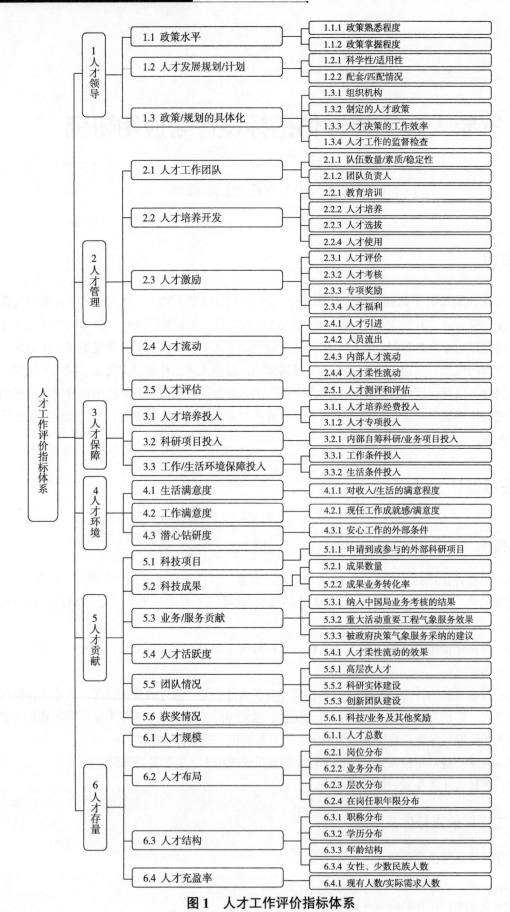

图1 人才工作评价指标体系

2.3 指标体系与人才工作主要流程及关键环节的对应关系

人才工作指标依据图 2 所示的人才工作流程及主要工作要求设计，其对应关系见表 1。

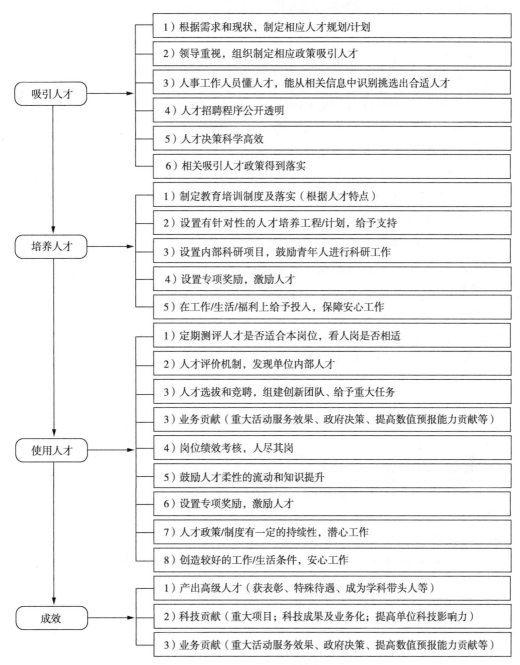

图 2 人才工作流程和关键环节

表 1 人才工作主要流程及关键环节涉及的指标

主要流程	关键环节	涉及的指标（见图1）
吸引人才	单位根据现状（编制、人才结构、人才布局、政策等），制定相应人才规划/计划	6.1—6.4 1.1、1.2
	领导重视，熟悉相关政策，能根据单位具体情况，组织制定相应政策吸引人才	1.1、1.3.1、1.3.2

续表

主要流程	关键环节	涉及的指标
吸引人才	人事工作人员懂人才，从简历中能挑选出合适人才	2.1
	人才招聘程序公开透明	2.5.1
	人才决策科学高效	1.3.3
	相关吸引人才政策得到落实	1.3.4
培养人才	制定教育培训制度（根据个人特点，安排相应培训，如新进人员进行任职培训、低学历者鼓励进行学历教育、在职人员根据知识更新程度按计划进行业务培训、新业务安排进修培训等）及落实	2.2.1、3.1.1
	设置具有针对性的人才培养工程/计划，并给予一定的经费支持	2.2.2、3.1.2
	设置内部科研项目，鼓励青年人进行科研工作，并给予经费支持	3.2.1
	设置专项奖励，如奖金或表彰等，激励人才	2.3.3
	在办公条件和生活上、福利上给予一定的投入，保障人才安心工作	2.3.4、3.3、4.1—4.3
使用人才	通过定期人才测评，发现人员是否适合本岗位，通过单位内部岗位流动，使之相适应（一般人员）	2.4、2.5.2
	有相应的人才评价机制，能发现单位内部人才	2.3.1
	有相应的人才选拔机制和平台，使人才能够通过竞聘，安排在合理的岗位上（如组建创新团队、给予重大任务等），做到人岗相适	2.2.3、2.2.4
	通过对岗位职责和任务进行分类，以及岗位绩效考核，对不同岗位给予不同的任务和考核，使人尽其岗，在其岗位上发挥出相应的作用	2.3.4
	根据人才本身能力，鼓励其进行相应的柔性的流动和知识提升（如访问、进修、挂职、培训）	2.5.4、2.2.1
	设置专项奖励，如奖金或表彰等，激励人才	2.3.3
	人才政策/制度有一定的持续性，使业务/科研人员在工作上有目标，能够潜心钻研业务/科研	1.3.2、1.3.4
	创造较好的工作和生活条件，使工作人员安心工作	2.3.4、3.3、4.1—4.3
成效	科技贡献［申请到外部门的科技项目；科技成果及其业务化；提高单位科技实力或科技影响力（重点实验室、博士后流动站、创新团队等、科技实力宣传、获得表彰等）］	5.1、5.2、5.4、5.5.2、5.5.3、5.6
	业务贡献（重大活动、重要工程气象服务效果，对政府决策气象服务贡献，提高中国气象局数值预报能力贡献等）	5.3

3　评估数据采集

气象人才工作评估所需数据通过向评估对象调查获取，包括气象人才工作调查（A类-通用表-省）、气象人才工作调查（B类-通用表-直属单位、气象人才工作调查C类-个人）三种类型。其中C类又根据人才工作的基本内容和气象部门的具体情况，设计分设C1、C2、C3三类表格，分别面向业务（科研）专家、人事处和管理部门领导。调查表题型包括填空（表格）题、选择题和开放式问题。内容包括对现行人才政策的认知、落实和满意程度；调查对象对人才工作的认识和评价等。以下为所用表格。

气象人才工作情况调查表

（A类：省局人事处）

单位：

填表日期：

《气象人才工作评价》课题组

填写说明

1.各栏目数据统计日期截至 ××××年底。

2.第二大项"人才需求"栏：填写未来3年的需求数据；表格中"领军"系"领军人才"，指学科或业务领域的带头人；"骨干"系"骨干人才"，指研究项目或业务领域（专项）的核心成员；"辅助"系"辅助人员"，指学科或业务领域（专项）的一般成员。"研究型"系指主要从事研究工作的人才；"技能型"系指主要从事专业技术的业务人才；"管理型"系指主要从事管理工作的人才；"复合型"人才系指上述不同类型的组合式人才。

3.第六大项"人才工程或人才培养计划"栏：可填中国气象局的相关培养计划和本单位培养计划的名称、人数、带头情况、投入经费、实施时间。

4.第十一大项"高层次人才状况"栏：只填写纳入地方政府及其他部委的高层次人才或团队的名称，如陕西省的"三秦人才"。

省级气象人才工作情况调查表（主表）

	一、人才总体情况											
层级	总量			国家编制			地方编制			编制外		
	合计	男	女	合计	男	女	合计	男	女	合计	男	女
省												
地												
县												

	二、人才需求（未来3年）											
原因	性别需求		学历需求				职称需求				专业需求	
	男	女	博士	硕士	本科	大专	正高	副高	中级	初级	大气	地球	电子信息	其他
退休人员引起												
空编人员引起												
事业发展需求（编制）												

原因	岗位需求							能力需求			类型需求			
	观测	预报	服务	技术	科研	教育培训	其他	领军	骨干	辅助	研究型	技能型	管理型	复合型
退休人员引起														
空编人员引起														
事业发展需求（编制）														

	三、人才技术职务与文化程度												
层级	职称								文化程度					
	技术资格				技术职务				学历				学位		
	正高	副高	中级	初级	正高	副高	中级	初级	研究生 博士	研究生 硕士	本科	专科	中专	博士	硕士	学士
省																
地																
县																

四、业务技术岗位人才年龄、性别及在岗年限																							
年龄/层级		性别		观测			预报			服务			技术保障			科研			教育培训			其他		
		男	女	5年以下	5~10年	10年以上	5年以下	5~10年	10年以上	5年以下	5~10年	10年以上	5年以下	5~10年	10年以上	5年以下	5~10年	10年以上	5年以下	5~10年	10年以上	5年以下	5~10年	10年以上
≤30	省																							
	地																							
	县																							
31~40	省																							
	地																							
	县																							
41~50	省																							
	地																							
	县																							
≥51	省																							
	地																							
	县																							

五、人才教育培训情况

培训方式	人数					培训经费	培训量
	国外	国家级	省级	地/市/县级	单位		
在职学历（位）教育							
集中面授							
远程							

六、人才工程或人才培养计划（近3年）

名称	人数		带头情况（人）	人才专项经费额度	起始时间
	国家级	省级			

七、人才引进情况（近3年）														
名称	合计	专业				学历					年龄			
		大气科学	地球科学	电子信息	其他	研究生		本科	专科	中专	≤30	31~40	41~50	≥51
						博士	硕士							
毕业生														
海外人才														
部门调动														
其他														

八、人才流出情况（近3年）																					
名称	合计数	职称				学历				岗位						年龄				专业	
		正高	副高	中级	初级	研究生		本科	专科	中专	观测	预报	服务	技术保障	科研	教育培训	其他	≤30	31~40	41~50	51~55	56~60	大气科学	地球科学	电子信息	其他
						博士	硕士																			
调休																						
调出																						
辞职																						
辞退																						
开除																						
解聘																						

九、人才柔性流动情况（柔性流动指身份、工资都保留在原单位不变；流入流出以省局为界，局内部流动不统计）

方式	合计数	职称			学历				岗位						年龄			专业			
		高级	中级	初级	研究生		本科	专科	中专	观测	预报	服务	技术保障	科研	教育培训	其他	≤30	31~40	41~50	大气科学	地球科学	电子信息	其他
					博士	硕士																	
访问出国（3个月以上）	流入																						
	流出																						
科研院所	流入																						
	流出																						
高校进修	流入																						
	流出																						
岗位交流（业务）	流入																						
	流出																						
挂职（管理人员）	流入																						
	流出																						

十、科技进步

项目	国家级科技项目												气象关键技术集成与应用项目				气候变化专项		参加以上项目的人数			成果状况						获奖	
	自然基金			973		863		国家科技计划		行业专项		重点项目		面上项目							技术成果			项目经费人才培养				
	重点	面上	青年	项目数	经费	项目数	经费	项目数	经费	项目数	经费	项目数	经费	项目数	经费	项目数	经费	正研	副研	中级	登记	备案	转化	人数	经费数	国家	省部
新批																											
在研																											

十一、高层次人才状况（入选地方政府）				十二、人才影响力		
层级	名称	高层次人才	数量	表现	人数	次数
省部	人才			在国际学术组织任职（时点数）		
				在国内学术组织任职（时点数）		
				在国际学术会议做学术报告		
				在国内学术会议做学术报告		
	团队			在国外学术机构讲学/授课		
				在国内学术机构讲学/授课		
				SCI收录		
				到高校中兼职任教		
厅局	团队			地方政府顾问（时点数）		

十三、业务进步

测报	地面（人工）		地面（自动）		高空		雷达观测			卫星观测	农业气象观测	
	错情数	错情率	错情数	错情率	错情数	错情率	平均可用性	运行成功率	共享服务校定运行率		错情数	错情率

预报	天气预报				气候预测		
	最高气温综合 TT（%）	最低气温综合 TT（%）	晴雨（雪）PC（%）	暴雨预报准确率（%）	月降水距平百分率预测	月平均气温距平预测	月气候预测准确率

资料传输	常规观测资料传输			精细化预报产品传输			参加全球交换气象数据传输			自动站数据传输			全国酸雨资料传输			汛期雷达PUP产品传输			全国区域自动站传输		
	及时	逾限	缺报	及时	逾限	缺报	及时	逾限	缺报	及时	逾限	缺报	及时	逾限	缺报	及时	逾限	缺报	及时	逾限	缺报

满意度调查	省（区、市）人民政府对气象工作的满意率	%	社会公众对气象预报服务的满意率	%

十四、人才工作综述

请对贵局近三年来的人才工作状况进行综述，内容包括人才规划、政策、计划、规定、措施、办法、成效等情况。要能提供具体的实例、素材。字数不限。（超出表格，可另附纸张）。

气象人才工作情况调查表

（B类：直属单位）

单位：

填表日期：

《气象人才工作评价》课题组

填写说明

1.各栏目数据统计日期截至××××年底。

2.第二大项"人才需求"栏：填写未来3年的需求数据；表格中"领军"系"领军人才"，指学科或业务领域的带头人；"骨干"系"骨干人才"，指研究项目或业务领域（专项）的核心成员；"辅助"系"辅助人员"，指学科或业务领域（专项）的一般成员。"研究型"系指主要从事研究工作的人才；"技能型"系指主要从事专业技术的业务人才；"管理型"系指主要从事管理工作的人才；"复合型"人才系指上述不同类型的组合式人才。

3.第六大项"人才工程或人才培养计划"栏：可填中国气象局的相关培养计划和本单位培养计划的名称、人数、带头情况、投入经费、实施时间。

气象人才工作情况调查表

一、人才总体情况												
层级	总量			国家编制			地方编制			编制外		
	合计	男	女	合计	男	女	合计	男	女	合计	男	女
省												
地												
县												

二、人才需求（未来3年）												
原因	性别需求		学历需求				职称需求				专业需求	
	男	女	博士	硕士	本科	大专	正高	副高	中级	初级	大气	地球	电子信息	其他
退休人员引起														
空编人员引起														
事业发展需求（编制）														

原因	岗位需求							能力需求			类型需求			
	观测	预报	服务	技术	科研	教育培训	其他	领军	骨干	辅助	研究型	技能型	管理型	复合型
退休人员引起														
空编人员引起														
事业发展需求（编制）														

三、人才技术职务与文化程度													
层级	职称								文化程度					
	技术资格				技术职务				学历					学位		
	正高	副高	中级	初级	正高	副高	中级	初级	研究生		本科	专科	中专	博士	硕士	学士
									博士	硕士						
省																
地																
县																

续表

四、业务技术岗位人才年龄、性别及在岗年限

年龄/层级	性别		观测			预报			服务			技术保障			科研			教育培训			其他		
	男	女	5年以下	5~10年	10年以上	5年以下	5~10年	10年以上	5年以下	5~10年	10年以上	5年以下	5~10年	10年以上	5年以下	5~10年	10年以上	5年以下	5~10年	10年以上	5年以下	5~10年	10年以上
≤30																							
31~40																							
41~50																							
≥51																							

五、人才教育培训情况

培训方式	人数					培训经费	培训量
	国外	国家级	省级	地/市/县级	单位		
在职学历（位）教育							
集中面授							
远程							

六、人才工程或人才培养计划（近3年）

名称	人数		带头情况（人）	人才专项经费额度	起始时间
	国家级	省级			

七、人才引进情况（近3年）

名称	合计	专业				学历					年龄			
		大气科学	地球科学	电子信息	其他	研究生		本科	专科	中专	≤30	31~40	41~50	≥51
						博士	硕士							
毕业生														
海外人才														
部门调动														
其他														

续表

八、人才流出情况（近3年）

名称	合计数	职称				学历					岗位							年龄					专业			
		正高	副高	中级	初级	研究生		本科	专科	中专	观测	预报	服务	技术保障	科研	教育培训	其他	≤30	31~40	41~50	51~55	56~60	大气科学	地球科学	电子信息	其他
						博士	硕士																			
调休																										
调出																										
辞职																										
辞退																										
开除																										
解聘																										

九、人才柔性流动情况（柔性流动指身份、工资都保留在原单位不变；流入流出以省局为界，局内部流动不统计）

方式	合计数	职称			学历					岗位							年龄			专业			
		高级	中级	初级	研究生		本科	专科	中专	观测	预报	服务	技术保障	科研	教育培训	其他	≤30	31~40	41~50	大气科学	地球科学	电子信息	其他
					博士	硕士																	
访问出国（3个月以上）	流入																						
	流出																						
科研院所	流入																						
	流出																						
高校进修	流入																						
	流出																						
岗位交流（业务）	流入																						
	流出																						
挂职（管理人员）	流入																						
	流出																						

十、科技进步

项目	国家级科技项目										气象关键技术集成与应用项目				气候变化专项		参加以上项目的人数			成果状况					获奖	
	自然基金			973		863		国家科技计划		行业专项		重点项目		面上项目							技术成果			项目经费人才培养			
	重点	面上	青年	项目数	经费	项目数	经费	项目数	经费	项目数	经费	项目数	经费	项目数	经费	项目数	经费	正研	副研	中级	登记	备案	转化	人数	经费数	国家	省部
新批																											
在研																											

十一、高层次人才状况（入选地方政府）				十二、人才影响力		
层级	名称	高层次人才	数量	表现	人数	次数
省部	人才			在国际学术组织任职（时点数）		
				在国内学术组织任职（时点数）		
				在国际学术会议做学术报告		
				在国内学术会议做学术报告		
	团队			在国外学术机构讲学/授课		
				在国内学术机构讲学/授课		
				SCI收录		
				到高校中兼职任教		
厅局	团队			地方政府顾问（时点数）		

十三、业务进步											
测报	地面（人工）		地面（自动）		高空		雷达观测	卫星观测		农业气象观测	
	错情数	错情率	错情数	错情率	错情数	错情率	平均可用性	运行成功率	共享服务校定运行率	错情数	错情率

预报	天气预报				气候预测		
	最高气温综合TT（%）	最低气温综合TT（%）	晴雨（雪）PC（%）	暴雨预报准确率（%）	月降水距平百分率预测	月平均气温距平预测	月气候预测准确率

资料传输	常规观测资料传输			精细化预报产品传输			参加全球交换气象数据传输			自动站数据传输			全国酸雨资料传输			汛期雷达PUP产品传输			全国区域自动站传输		
	及时	逾限	缺报	及时	逾限	缺报	及时	逾限	缺报	及时	逾限	缺报	及时	逾限	缺报	及时	逾限	缺报	及时	逾限	缺报

满意度调查	省（区、市）人民政府对气象工作的满意率	%	社会公众对气象预报服务的满意率	%

十四、人才工作综述
请对贵单位近三年来的人才工作状况进行综述，内容包括人才规划、政策、计划、规定、措施、办法、成效等情况。最好能提供具体的实例、素材。字数不限。（超出表格，可另附纸张）。

气象人才工作情况调查（C1类：人事处）

说明：本调查由人事处代表单位填写。

1.单位类别：＿＿＿＿＿＿＿＿＿＿＿＿＿＿（国家级、直辖市、区域中心、一般省）

2.请对中国气象局近年出台的人才政策做出评价（画"√"选择）

政策名称	政策出台时间（年.月）	完备性					可行性					效果				
		5 很完备	4 完备	3 基本完备	2 不太完备	1 不完备	5 可行	4 较可行	3 基本可行	2 不太可行	1 不可行	5 很好	4 好	3 一般	2 较差	1 差
中国气象局关于加强气象人才体系建设的意见	2009.01															
中国气象局关于加快气象培训体系建设的意见	2010.09															
中国气象局"双百计划"管理办法（试行）	2010.09															
中国气象局创新团队建设与管理办法	2010.09															
中国气象局西部优秀青年人才津贴实施办法	2010.09															
中国气象局直接联系专家工作办法	2010.09															
中国气象局正研级专业技术人员岗位聘任办法（试行）	2009.07															
中国气象局正研级专业技术人员岗位考核实施细则（试行）	2010.12															
中国气象局国内高级专家访问进修实施办法	2010.09															
天气预报员上岗资格管理办法	2010.09															
中国气象局首席预报员管理办法实施细则（试行）	2010.10															
中国气象局首席气象服务专家管理办法实施细则（试行）	2011.08															
气象部门事业单位录用编外用工人员管理办法（试行）	2011.01															

3. 请对贵局（单位）人才环境和人才工作状况做出评价（画"√"选择）

序号	人才环境和人才工作状况	评价				
		5	4	3	2	1
（1）	现行人才政策对推进人才队伍建设的有效性	很有效	有效	一般	不大	无效
（2）	现行人才政策对人才脱颖而出的有利程度	很有利	有利	一般	不太有利	不利
（3）	现行人才考核制度的合理性	很合理	合理	基本合理	不太合理	不合理
（4）	现行人才激励措施与机制的健全程度	很健全	健全	一般	不太健全	不健全
（5）	贵局（单位）对人才培养的支持力度	很大	大	一般	不大	无
（6）	贵局（单位）发挥专家作用的程度	很大	大	一般	不大	无
（7）	贵局（单位）员工的平均收入与当地平均收入水平相比	很高	高	相当	略低	低很多
（8）	贵局（单位）人才各尽其能的情况	很好	较好	一般	较差	差

4.请根据贵局（单位）的实际情况在对应的选项上打勾，无特别说明的只选一项。

1）贵局（单位）召开人才工作专题会议的频次？

A.≥4次/年　　　　B.3次/年　　　　C.2次/年　　　　D.1次/年　　　　E.0次/年

2）贵局（单位）制定符合自身特点的人才政策及执行的情况？

A.已制定，执行中　B.已制定，未很好执行　　　C.制定中　　　D.计划制定　E.未考虑制定

3）贵局（单位）人才队伍建设规划的落实情况？

A.非常理想　　　　B.理想　　　　C.基本理想　　　D.不太理想　　　E.不理想　　　F.没有建设规划

4）贵局（单位）的人才队伍结构的合理性如何？

A.非常合理　　　　B.合理　　　　C.基本合理　　　D.不太合理　　　E.不合理

5）贵局（单位）高层次人才的后备状况如何？

A.非常充足　　　　B.充足　　　　C.基本充足　　　D.不足　　　E.无储备

6）贵局（单位）当前的人岗相适（选择符合岗位要求的员工到相应的岗位）程度如何？

A.非常相适　　　　B.相适　　　　C.基本相适　　　D.不太相适　　　E.不相适

7）贵局（单位）的岗位绩效考核制度的效果如何？

A.显著　　　　B.明显　　　　C.一般　　　D.不太显著　　　E.走形式

8）贵局（单位）择优上岗人数占职工总数的比例？

A.全部　　　　B.大部分　　　　C.半数　　　D.少部分　　　E.极少

9）根据实际情况，在自由选岗的情况下，贵局下列岗位中哪些岗位选择去的人比较多（按受欢迎程度排序，最多选五个）_____？

A.气象观测　　　B.气象预报　　　C.气象服务　　　D.技术支持与保障　　　E.科研　　F.教育培训

G.参公人员（公务员）　　　H.事业单位职员　　　I.行政管理　　　J.双肩挑　K.工勤

L.其他（请说明）_____

选择的原因是：_____

10）中国气象局提供的哪些平台对人才成长特别有利（可多选）？

A.主持或参与科研项目　　　　B.首席岗位、业务把关

C.创新团队建设　　　　D.培训讲学

E.各层次岗位的业务、科研交流机制（会商、会议、访问学者等）

F.其他（请说明）_____

11）贵局（单位）提供的哪些平台对人才成长特别有利（可多选）？

A.主持或参与科研项目　　　　B.首席岗位、业务把关

C.创新团队建设　　　　D.培训讲学

E.各层次岗位的业务、科研交流机制（会商、会议、访问学者等）

F.其他（请说明）_____

5.从人才工作的角度，请对以下因素按其重要程度从 1 到 7 排序。

因素	人才理念	政策设计	事业前景	岗位待遇	领导水平	工作环境	其他（自填）
排序							

6.贵局（单位）吸引高层次人才的因素，由高到低的排序是：_____。

A.事业前景　　　B.关键岗位　　　C.科研项目　　　D.薪酬待遇　　　E.工作环境

7.请叙述制约气象部门高层次人才发挥作用的主要原因是什么？

8.从落实人才强局战略的角度看，中国气象局或贵局（单位）最急需出台哪些方面的政策？

中国气象局急需出台的：

贵局（单位）急需出台的：

感谢您参与此次问卷调查。

气象人才工作情况调查（C2 类：管理干部）

说明：本调查旨在通过人才使用部门领导的视角，反映单位人才政策制订落实、人才环境及人才工作效果等情况，请如实填写。

1.受访者信息：

A.单位：　　　　A.1 省局机关　　　　A.2 省局业务单位

　　　　　　　　A.3 地（市）局　　　A.4 县局

B.年龄（岁）：　B.1 ≤ 30　　　　　　B.2　31 ~ 40

　　　　　　　　B.3　41 ~ 50　　　　　B.4 > 50

C.性别：　　　　C.1 男　　　　　　　C.2 女

D.职务：　　　　D.1 处级主要负责人　D.2 处级领导

　　　　　　　　D.3 科级领导　　　　D.4 管理人员

E. 任职年限（年）：E.1 ≤ 2　　　　　E.2　3 ~ 5

　　　　　　　　E.3　6 ~ 10　　　　　E.4 > 10

F.职称：　　　　F.1 正高级　　　　　F.2 副高级　　　　F.3 中级

G. 专业：　　　　G.1 大气科学　　　　G.2 地球科学

　　　　　　　　G.3 电子信息　　　　G.4 其他＿＿＿＿

2.请您对中国气象局近年出台的人才政策的了解程度、政策落实情况和政策作用做出评价（画"√"选择）

政策名称	政策出台时间（年.月）	您熟悉这些政策吗？					您认为政策落实得如何？						您认为这些政策有用吗？					
		5 非常熟悉	4 熟悉	3 了解	2 知道	1 不知	5 很好	4 较好	3 一般	2 较差	1 未落实	0 不清楚	5 很有用	4 有用	3 一般	2 不太有用	1 无用	0 不清楚
中国气象局关于加强气象人才体系建设的意见	2009.01																	
中国气象局关于加快气象培训体系建设的意见	2010.09																	
中国气象局"双百计划"管理办法（试行）	2010.09																	
中国气象局创新团队建设与管理办法	2010.09																	
中国气象局西部优秀青年人才津贴实施办法	2010.09																	
中国气象局直接联系专家工作办法	2010.09																	
中国气象局正研级专业技术人员岗位聘任办法（试行）	2009.07																	
中国气象局正研级专业技术人员岗位考核实施细则（试行）	2010.12																	
中国气象局国内高级专家访问进修实施办法	2010.09																	
天气预报员上岗资格管理办法	2010.09																	
中国气象局首席预报员管理办法实施细则（试行）	2010.10																	
中国气象局首席气象服务专家管理办法实施细则（试行）	2011.08																	
气象部门事业单位录用编外用工人员管理办法（试行）	2011.01																	

注：1)"了解程度"指对该项政策内容的了解与认识程度。"非常熟悉"即充分了解该项政策的内容、目的与意义；"熟悉"为十分清楚该项政策的内容；"了解"为对政策内容有一般性的了解；"知道"为只知政策名称及大致内容概况；"不知"为不知道有该项政策出台。

2)"落实情况"指该政策出台后省局落实程度。

3)"政策作用"指该项政策内容对人才环境的改善、推动人才成长和发挥人才的作用有无促进。

3.请对贵局（单位）人才环境和人才工作状况做出评价（画"√"选择）

序号	人才环境和人才工作状况	评价					
		5	4	3	2	1	0
(1)	现行人才政策对推进人才队伍建设的有效性	很有效	有效	一般	不大	无效	不清楚
(2)	现行人才政策对人才脱颖而出的有利程度	很有利	有利	一般	不太有利	不利	不清楚
(3)	现行人才考核制度的合理性	很合理	合理	基本合理	不太合理	不合理	不清楚
(4)	现行人才激励措施与机制的健全程度	很健全	健全	一般	不太健全	不健全	不清楚
(5)	贵局（单位）对人才培养的支持力度	很大	大	一般	不大	无	不清楚
(6)	贵局（单位）发挥专家作用的程度	很大	大	一般	不大	无	不清楚
(7)	贵局（单位）员工的平均收入与当地平均收入水平相比	很高	高	相当	略低	低很多	不清楚
(8)	贵局（单位）人才各尽其能的情况	很好	较好	一般	较差	差	不清楚

4.请根据您工作中的体会，在下列各题的选项上打勾，无特别说明的只选一项。

1）贵局（单位）的人才队伍结构的合理性如何？

A.非常合理　　　　B.合理　　　　C.基本合理

D.不太合理　　　　E.不合理　　　　F.不清楚

2）贵局（单位）高层次人才的后备状况如何？

A.非常充足　　　　B.充足　　　　C.基本充足

D.不足　　　　E.无储备　　　　F.不清楚

3）贵局（单位）的岗位竞聘可在多大程度上做到择优选用？

A.大部分岗位　　B.半数岗位　　C.少部分岗位

D.极少岗位　　E.体现不出　　F.不清楚

4）贵局（单位）当前的人岗相适（岗位要求与上岗员工的水平、能力相匹配）程度如何？

A.非常相适　　B.相适　　C.基本相适　　D.不太相适　　E.不相适

5)如果可以自由选岗，在您看来下列岗位中，哪些岗位选择去的人比较多（按受欢迎程度排序，最多选五个）＿＿＿＿＿？

A.气象观测　　　B.气象预报　　C.气象服务　　D.技术支持与保障

E.科研　　　　F.教育培训　　G.参公人员（公务员）

H.事业单位职员　I.行政管理　　J.双肩挑　　　K.工勤

L.其他（请说明）＿＿＿＿＿＿

您认为做上述选择的原因是什么＿＿＿＿＿＿＿＿＿＿＿＿＿＿＿＿

6）您认为中国气象局提供的哪些平台对人才成长特别有利（可多选）？

A.主持或参与科研项目　　　　B.首席岗位、业务把关

C.创新团队建设　　　　D.培训讲学

E.各层次岗位的业务、科研交流机制（会商、会议、访问学者等）

F.其他（请说明）＿＿＿＿＿＿＿

7）您认为贵局（单位）提供的哪些平台对人才成长特别有利（可多选）？

A.主持或参与科研项目　　　　B.首席岗位、业务把关

C.创新团队建设　　　　　　　　　D.培训讲学

E.各层次岗位的业务、科研交流机制（会商、会议、访问学者等）

F.其他（请说明）＿＿＿＿＿＿＿＿

5.您认为员工在选择岗位时，最看重什么？请按重要程度由高到低从 1 到 10 排序。

因素	事业前景	专业对口	岗位待遇	工作条件	领导水平	人际关系	个人兴趣爱好	实现个人价值	工作压力	其他（自填）
排序										

6.贵局（单位）吸引高层次人才的因素，由高到低的排序是：＿＿＿＿＿＿＿＿＿＿＿＿＿＿＿＿＿＿。

A.事业前景　　　　　B.关键岗位　　　C.科研项目　　　D.薪酬待遇　　E.工作环境

7.请叙述制约气象部门高层次人才发挥作用的主要原因是什么？

8.从落实人才强局战略的角度看，中国气象局或贵局（单位）最急需出台哪些方面的政策？

中国气象局急需出台的：

贵局（单位）急需出台的：

感谢您参与此次问卷调查。

人才工作情况调查（C3 类：专家）

说明：本调查旨在通过您的感受反映单位人才政策落实情况及人才工作状况，请如实填写。

1.您的单位所在地：_____省（区、市）_____市（地、州、盟）年龄：____ 性别：_____民族：_____；职称：_____；资格获得时间：_____

2.您的专业：A. 大气科学　　B. 地球科学　　　　C. 电子信息　　D. 其他（请说明）_____

3.您的岗位_____，同时承担的工作（可多选）_____

　　　A.气象观测　　B.气象预报　　C.气象服务　　D.技术支持与保障

　　　E.科学研究　　F. 教育培训　　G. 其他（请说明）_____

4.担任行政职务情况：

　　　A. 厅局级干部　　B. 处级干部　　　C.科级干部　　　　　D.无

5.请您对中国气象局近年出台的人才政策的了解程度、政策落实情况和政策作用做出评价（画"√"选择）

政策名称	政策出台时间（年.月）	您熟悉这些政策吗？					您认为政策落实得如何？						您认为这些政策有用吗？					
		5 非常熟悉	4 熟悉	3 了解	2 知道	1 不知	5 很好	4 较好	3 一般	2 较差	1 未落实	0 不清楚	5 很有用	4 有用	3 一般	2 不太有用	1 无用	0 不清楚
中国气象局关于加强气象人才体系建设的意见	2009.01																	
中国气象局关于加快气象培训体系建设的意见	2010.09																	
中国气象局"双百计划"管理办法（试行）	2010.09																	
中国气象局创新团队建设与管理办法	2010.09																	
中国气象局西部优秀青年人才津贴实施办法	2010.09																	
中国气象局直接联系专家工作办法	2010.09																	
中国气象局正研级专业技术人员岗位聘任办法（试行）	2009.07																	
中国气象局正研级专业技术人员岗位考核实施细则（试行）	2010.12																	
中国气象局国内高级专家访问进修实施办法	2010.09																	
天气预报员上岗资格管理办法	2010.09																	
中国气象局首席预报员管理办法实施细则（试行）	2010.10																	
中国气象局首席气象服务专家管理办法实施细则（试行）	2011.08																	
气象部门事业单位录用编外用工人员管理办法（试行）	2011.01																	

注：1）"了解程度"指对该项政策内容的了解与认识程度。"非常熟悉"即充分了解该项政策的内容、目的与意义；"熟悉"为十分清楚该项政策的内容；"了解"为对政策内容有一般性的了解；"知道"为只知政策名称及大致内容概况；"不知"为不知道有该项政策出台。

2）"落实情况"指该政策出台后省局落实程度。

3）"政策作用"指该项政策内容对人才环境的改善、推动人才成长和发挥人才的作用有无促进。

6.请您对目前的人才环境与自身工作状况作出评价（画"√"选择）

序号	人才环境和人才工作状况	您的评价					您本来的期望值				
		5	4	3	2	1	5	4	3	2	1
(1)	现行人才政策对推进人才队伍建设的有效性	很有效	有效	一般	不大	无效	很高	较高	一般	较低	低
(2)	现行人才政策对人才脱颖而出的有利程度	很有利	有利	一般	不太有利	不利	很高	较高	一般	较低	低
(3)	现行人才考核制度的合理性	很合理	合理	基本合理	不太合理	不合理	很高	较高	一般	较低	低
(4)	现行人才激励措施与机制的健全程度	很健全	健全	一般	不太健全	不健全	很高	较高	一般	较低	低
(5)	贵局（单位）对人才培养的支持力度	很大	大	一般	不大	无	很高	较高	一般	较低	低
(6)	贵局（单位）发挥专家作用的程度	很大	大	一般	不大	无	很高	较高	一般	较低	低
(7)	贵局（单位）员工的平均收入与当地平均收入水平相比	很高	高	相当	略低	低很多	很高	较高	一般	较低	低
(8)	贵局（单位）人才各尽其能的情况	很好	较好	一般	较差	差	很高	较高	一般	较低	低

7.在选择岗位时，对于下表所列的要素，您最看重什么？请按重要程度用数字1到11进行排序。

因素	事业前景	专业对口	岗位待遇	工作条件	领导水平	人际关系	个人兴趣爱好	实现个人价值	工作压力	福利待遇	其他（自填）
排序											

8.您认为中国气象局提供的能够较好施展您才能的平台有（可多选）：

A.主持或参与科研项目　　　　　B.首席岗位、业务把关

C.创新团队建设　　　　　　　　D.培训讲学

E.各层次岗位的业务、科研交流机制（会商、会议、访问学者等）

F.其他（请说明）_____

9.您认为贵局（单位）提供的能够较好施展您才能的平台有（可多选）：

A.主持或参与科研项目　　　　　B.首席岗位、业务把关

C.创新团队建设　　　　　　　　D.培训讲学

E.各层次岗位的业务、科研交流机制（会商、会议、访问学者等）

F.其他（请说明）_____

10.如果重新选择，在以下岗位中，您最想去哪类岗位？（不想离开原岗位可不选）

A.参公人员（公务员）　　　　　B.事业单位职员

C.工勤　　　　　　　　　　　　D.行政管理

E.双肩挑　　　　　　　　　　　F.专业技术人员

（F.1 气象观测　F.2 气象预报　F.3 气象服务　F.4 技术支持与保障　F.5 科研　F.6 教育培训　F.7 其他专业技术岗位（请说明）_____　）

选择的理由：_____

11.您过去和现在的年收入及未来期望：3年前是_____万元；现在是_____万元；未来3年期望是_____万元。

12.贵单位有哪些福利政策（可多选)？

A.疗养　　　B.体检　　　C.休假　　　　　D.工会活动

E.健身场所　F.住房（宿舍）　G.职工食堂　H.班车

I.子女教育　J.其他（请注明）_____

13.请列举您工作以来最有成就感的一件事？

14.您认为制约高层次人才发挥作用的主要原因是什么？

15.您认为中国气象局或贵单位最急需出台哪些方面的新政策或配套政策？

中国气象局急需出台的：

贵局（单位）急需出台的：

感谢您参与此次问卷调查。

4 评估指标计算方法

根据人才工作评估指标，结合各类数据特点，可分别采用两种计算方法。一是择优赋分法，适用于数据为"比例"的指标；二是极限择优综合法，适用于数据为"人数"的指标。具体计算方法如下。

（1）择优赋分法：以基年年底的数据为基线，指标达到优秀值X时，评估得分为指标赋分的90%（即90%A）。然后按如下公式计算该项指标得分：

$$f(x) = \frac{90\% A}{X} X x$$

式中，A为指标的赋分值；X为指标的优秀值。

（2）极限择优综合法：构建一个单调递增且存在极大值的函数：

$$f(x) = \frac{2A}{\pi} \times A \tan \ (ax)(x \geqslant 0)$$

按照如下公式计算该项指标得分：

$$f(x) = \frac{90\% A}{X} \times x \times 70\% + \frac{2A}{\pi} \times A \tan (ax) \times 30\%$$

式中，$a = \tan\left(\frac{90\% \pi}{2}\right) / X$；$A$和$X$取值方法与择优赋分法相同。

新形势下气象科技统计工作初探[①]

薛建军[1]　杨　蕾[2]　马春平[1]　成秀虎[①]

（1.中国气象局气象干部培训学院，北京　100081；2.中国气象局科技与气候变化司，北京　100081）

摘　要：以气象科技统计实际需求为出发点，结合国家科技统计工作的发展情况，总结分析了气象科技统计的现有基础，提出了气象科技统计工作的基本原则、机制与流程设计，对气象科技统计工作进行了初步探索。

1　气象科技统计的需求分析

2012 年，《中共中央关于科技创新体系建设意见》（中发〔2012〕6 号）要求加强科技管理信息及数据库建设、强化科技资源开放共享。2014 年 1 月，全国气象局长会议要求加强科技发展战略研究，建立创新调查和报告制度。科技统计工作的主要任务是通过统计调查，对科技活动有关的数据进行收集、整理和加工：通过定量分析反映科技活动规模、结构和布局的总体特征和关系；通过构建科技指标体系，对科技活动进行监测。科技统计是推进基础资源库建设、数据共享，开展创新调查的基础，是制定科技政策、编制科技发展规划，实现科技管理科学化、现代化的基础，是评价科技政策和计划实施效果的主要依据，也是认识、分析、评价科技活动的重要手段。

因此，科学、有效地组织全国气象部门的科技信息收集、保管和服务工作，建立、健全气象科技统计体系，有利于推动对气象科技发展状况的了解和全景展示，有利于对科技活动规模、结构及特征的有效测度，以及对科技政策和科学管理的效果跟踪，对气象科技创新能力及支撑现代化发展动态反映等都具有重要的意义。

2　国家科技统计工作概况

我国的科技统计工作萌芽于 20 世纪 50 年代，70 年代末随着科技工作的需要，国内有关专家开始着手开展科技统计方法的研究。1978 年国家统计局联合国家计委、国家科委等组织了一次全国自然科学与技术领域科技人员的情况普查。1985 年由国家科委牵头会同其他部门实施了"全国科技普查"，科技统计调查工作正式开展。1988 年国家科委组织专家修订科技统计指标开展了 R&D 活动抽样调查。1990 年，国家科委组织全国 20 个省市参加"全社会科技投入"调查，并首次对我国的 R&D 活动的范围和口径进行规范，为建立全国科技统计年报制度奠定了基础。经过多年发展，目前我国已建立起一套比较完善、规范并与国际接轨的科技统计指标体系和制度。科技统计的范围包括各级县以上的政府研究机构、

---

① 本文受到 2015 年气象软科学自主申报项目"气象科技年度报告制度建设有关政策研究"（项目编号：〔2015〕M20 号）的支持，在 2016 年《气象软科学》第 3 期发表。

全日制普通高校、各国民经济行业和高新技术产业,统计内容包括科技活动人员、经费、项目、成果、机构、R&D情况等,形成的政府出版物主要有《中国科学技术指标》《中国科技统计年鉴》和《中国科技统计数据》等。

3 气象科技统计的探索与实践

目前,气象部门已形成制度的统计工作主要有两项,并且这两项工作都包含部分科技统计的内容。一是作为国家科技统计的统计调查对象,每年向有关部门报送科学技术研究与技术开发机构调查表、研究与试验发展(R&D)活动调查表等科技统计报表。二是按照统计法的有关要求,结合气象工作的需要设立了《气象部门综合统计报表制度》,主要反映气象事业发展动态,内容包括公共气象服务、预报预测。综合观测业务、科技发展等十四部分。上述两项统计工作每年一次,统计调查对象涉及各省、自治区、直辖市、计划单列市气象局和中国气象局各直属单位。经过多年的努力,气象统计工作已成为气象事业的重要内容之一,培养了人才队伍,积累了大量宝贵经验,为开展气象科技统计工作奠定了良好基础。

3.1 气象科技统计的基本原则

气象科技统计的基本任务是进行气象科技信息的收集、整理、统计分析、保管和服务,开展主要统计指标研究与监测,统计工作既要能够满足当前国家和气象部门的统计、评价需求,也要立足长远,充分发挥统计数据的服务作用、监测作用和导向作用。因此,气象科技统计工作应遵循以下原则。

3.1.1 国家科技统计与气象统计需求相结合

气象科技统计是国家科技统计的组成部分,也是气象统计的重要内容。气象科技统计必然要以国家科技统计和气象统计为基础,既要符合科技统计的一般要求,也要遵循气象统计特点。气象科技统计应满足现行的国家科技统计和气象统计中对统计范围、对象和工作的要求,在统计设计中也应充分考虑国家科技统计和气象统计的共性和个性需求。

3.1.2 气象科技统计体系要包容开放

对于多数统计调查活动而言,统计设计往往表现为一个往复的设计、修订和完善过程。因此,统计体系也将是一个不断修订和发展的过程。气象科技统计要能够"包容"当前各方对统计工作的要求,并根据统计活动变化不断改进和完善。此外,统计工作还要统筹考虑气象事业发展过程中对科技信息的需求,建立"开放"的科技统计以便于用户对统计范围、对象和内容进行扩充。当前尤其要以气象事业发展为主线,围绕创新驱动、科技引领建立开放的科技统计体系。

3.1.3 气象科技统计方法要科学

统计工作要求调查对象尽可能提供准确、及时、全面的数据。因此调查方法要科学合理,统计指标解释应明确,避免歧义。调查内容应简洁,避免交叉、矛盾。统计工作应遵循"规范、精简、效能"原则,避免由于统计工作设计不当造成不必要的统计负担。随着气象信息化的全面推进,特别要注意充分利用现代信息技术,制定合理、高效的统计调查方案和数据质量控制方法,提高统计效率和数据质量。

3.2 气象科技统计的机制与流程设计

3.2.1 工作机制

结合气象部门垂直管理的特点，气象科技统计采用"统一领导、分级负责"的统计工作机制，即由中国气象局科技管理部门归口管理和监督指导全国气象科技统计工作，负责全国气象科技统计工作的宏观管理和统筹协调；各省（区、市）气象局和中国气象局直属单位负责本地区、本单位气象科技统计工作的组织实施。统计工作涉及面广、信息量大、专业性较强，还应有专门的第三方机构承担有关事务性与研究性工作，具体负责统计工作组织落实和技术指导。

统计工作分常规调查统计和专项调查统计。其中，常规调查统计按年度实施，内容相对稳定，最大限度地保证统计数据的连续性。专项调查统计作为常规调查统计的重要补充，按需开展，重点调查专门领域的气象科技活动发展情况。

3.2.2 统计范围及内容

借鉴吸收气象部门现行的与科技统计相关的内容并结合当前科技管理工作的需求，气象科技统计的对象为气象部门各级单位，年度统计内容（见表1）为气象科技资源配置、成果产出、人才团队、交流合作、基础条件建设与共享、组织管理与政策保障、年度科技与气候变化亮点工作等，共计9大类，28个细类，统计指标有时期指标和时点指标，统计数据有基本信息和统计信息。

3.2.3 数据审核

数据的质量控制是统计调查中的关键工作之一，填报过程中除了利用计算机程序对数据进行标准化处理和逻辑控制外，对数据进行人工审核也非常重要。数据人工审核主要是对数据进行完整性、准确性和合理性检查，主要内容如下。

统计内容形式检查。检查填报内容形式是否完整，特别是检查统计单位是否未填报或部分填报，避免出现少填、漏填、瞒报、迟报的情况。

属性指标的检查。检查统计单位对统计指标的理解，特别是对统计口径的理解，对理解不一致的指标提早预防，做好解释说明。

数量指标的检查。统计指标自身有一定的阈值或计量单位要求，指标间也有量的关系要求，除依靠计算机程序进行逻辑控制外，还应进行人工数据平衡关系检查综合数据检查。部分统计指标具有多年的连续性或相关性，注意数据的综合检查，特别要注意某些指标突变情况，或者关联数据的不合理情况数据质量评估与复查。审核过程中应注意进行数据质量的评估，判断数据的总体变化趋势、变化幅度、结构比例等是否存在异常，以便更准确地把握数据质量。对整改后的数据还应进行复查，避免引入新的异常，数据人工审核工作分为本单位审核、主管单位审核、质量控制审核和确认审核四个环节（见图1）。其中由各单位对本单位提交的数据进行单位审核，省级气象部门对下级单位提交的数据进行主管单位审核，第三方机构对全国数据按省级单位进行质量控制审核，最后由中国气象局气象科技管理部门对全国汇总数据进行确认审核。

表1　气象科技统计内容

统计大类	细类	主要统计内容	指标类型	数据类型
科研项目情况	科技项目	项目基本信息、成果信息、获得专利、软件著作权、发表论文和进展报告	时期指标	基本信息
科技人员情况	机构人员基本情况	机构人员概况、课题活动人员引进，调离，按资历（学历、职称）和年龄分类情况	时点指标	统计信息
	R&D人员情况	R&D人员概况	时点指标	统计信息
科技经费情况	科技项目经费	承担项目的当年的经费到账情况	时期指标	基本信息
	科技经费收入总表	年度实际到账的各类来源（类制）的科技经费情况	时期指标	统计信息
科技成果情况	成果统计	在中国气象局登记，认定等成果基本信息，由其他部委、地方科技厅登记过的成果情况	时期指标	基本信息
	转化应用部门外成果	转化应用部门外单位成果情况	时期指标	基本信息
	科技奖励	获得科技、人才有关奖励的情况	时期指标	基本信息
	专利信息	获得的专利情况	时期指标	基本信息
	软件著作权	获得的软件著作权情况	时期指标	基本信息
	科技论文	发表的论文情况	时期指标	基本信息
	科技著作	出版的专著情况	时期指标	基本信息
	技术标准	发布的技术标准情况	时期指标	基本信息
	技术报告（规划计划）	经有关单位认定（采用）的技术报告（规划计划）情况	时期指标	基本信息
	气候变化决策服务	向有关部门报送的气候变化决策服务材料情况	时期指标	基本信息
科技交流情况	科技会议	举办科技交流会议情况	时期指标	基本信息
	科技交流人员	参加科技交流活动的人次概况	时期指标	统计信息
	区域协同创新	区域气象科技协同创新情况	时期指标	基本信息
	科研合作	当年开展的部门内外的合作交流情况	时期指标	基本信息
科技与气候变化政策文件情况	政策文件	当年制定（修订）的气象科技与气候变化政策性文件情况	时期指标	基本信息
创新团队建设情况	创新团队	创新团队建设和运行情况	时点指标	基本信息
科技基础条件与支撑平台情况	气象科学观测试验基地	气象科学观测试验基地建设和运行情况	时点指标	基本信息
	重点实验室	部门重点实验室建设和运行情况	时点指标	基本信息
科技基础条件与支撑平台情况	工程技术（研究）中心	部门工程技术（研究）中心建设和运行情况	时点指标	基本信息
	原值50万元以上设备	仪器设备信息和运行情况	时点指标	基本信息
	中试基地（平台）	中试基地（平台）建设和运行情况	时点指标	基本信息
气象科技与气候变化亮点工作情况	亮点工作	年度科技创新和应对气候变化方面的特色工作和重点业绩情况	时点指标	基本信息

注：时期指标是在一段时间内发生的总量，各时期数据往往可相加，如科技项目数。时点指标是在某一时点的总量，各时期数据通常不相加，如年末R&D人员数。基本信息指填报统计内容的基本情况，一个统计单位同一细类往往具有多条记录，如科技项目。

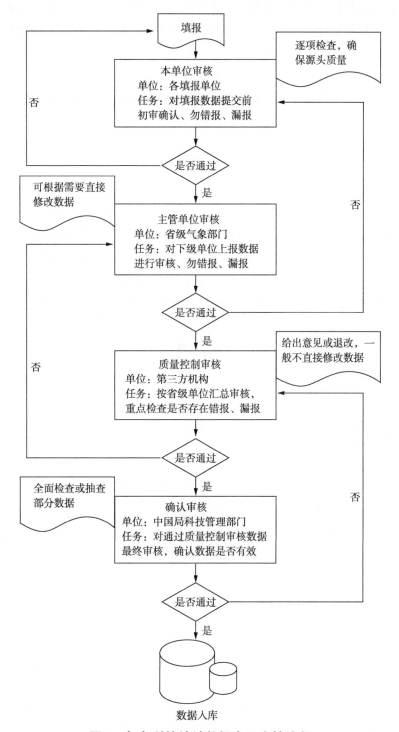

图1 气象科技统计数据人工审核流程

3.3 气象科技统计的相关实践

2013年以来，基于"气象科技管理信息系统"（http：//www.cmakjgl.cn/），中国气象局气象干部培训学院、中国气象局科技与气候变化司联合开发了气象科技统计模块，并组织开展了2014、2015年度气象科技统计工作，完成了2013—2015年度气象科技统计数据的填报和审核。

科技司作为中国气象局科技管理职能机构，负责统计工作的归口管理和监督指导。干部学院承担第三方机构的职责，具体负责统计工作组织落实，特别是对各省（区、市）气象局和中国气象局直属单位的技术指导与服务。各省（区、市）气象局和中国气象局直属单位负责本地区、本单位气象科技统计工作的组织实施。工作实施以来，各单位对气象科技统计工作高度重视、大力推进，进行了有益探索。同时，科技统计数据已在编制中国气象局科技年报、了解气象科技发展状况、支撑科技管理决策服务等方面逐步显现效益。

4 结束语

气象科技统计是一项长期性、基础性工作。目前，我们根据工作实际、充分借鉴部门内外统计工作的经验，提出了气象科技统计的基本原则，设计了气象科技统计的工作机制和流程，对新形势下气象科技统计工作进行了有益探索。但受制于学识和能力水平，气象科技统计工作还存在诸多问题，有待进一步健全和完善，下一步应研究加快推进以下工作；强化"统计意识"，提高统计工作的严肃性和权威性：加强统计工作的科学性和规范性建设；强化"数据意识"，加强统计数据的科学、规范应用。

参考文献

[1] 科学技术部发展计划司，中国科学技术指标研究会. 科技统计实用手册[M]. 北京：科学技术文献出版社，2011.

[2] 许亦频. 科技统计基础与应用（上、下册）[M]. 北京：科学文献出版社，2015.

[3] 缪旭明. 气象统计指标的研究与设计[J]. 河南气象，1994（4）：27-29.

[4] 马元三. 科技统计与技术创新管理研究[J]. 技术经济与管理研究，2010（6）：54-57.

[5] 李大军，涂柳婧，屈懿等. 加强科技统计 推动院所成果转化[J]. 农业科技管理，2013，32（2）：38-4.

[6] 袁广兰. 我国现行科技统计制度执行现状分析[J]. 产业与科技论坛，2014，13（14）：97-98.

[7] 史伟. 完善我国科技统计制度的对策思考[J]. 江苏科技信息，2015（17）：8-9.

气象科技统计标准化研究与实践①

薛建军　成秀虎　崔晓军　骆海英

（中国气象局气象干部培训学院，北京　100081）

摘　要： 加强并完善气象科技统计工作是气象事业高质量发展的必然要求，本文从近年气象科技统计实践中运用标准化理论服务于高效准确科技统计工作要求出发，分析了气象科技统计标准化的作用和意义，对气象科技统计制度、数据处理、数据使用发布的标准化研究及信息化实践进了梳理总结，重点讨论了在工作机制、统计范围及内容、数据填报与审核、填报工作质量评价和信息化建设等方面的做法和成效，指出了下一步的标准化研究重点与方向，以期对未来气象科技统计工作更好地服务于气象高质量发展提供参考。

关键词： 气象，科技统计，标准化

1　引言

　　气象事业是科技型、基础性社会公益事业，气象工作关系生命安全、生产发展、生活富裕、生态良好[1]。对标对表监测精密、预报精准、服务精细的气象业务体系我们把构建更高水平的气象科技创新体系摆在了更加突出的位置。在深化新一轮科技体制改革和科技创新体系建设过程中，破解改革难题，完善气象科技创新体制机制，是当前和今后一个时期科技管理工作面临的重大研究课题。科技统计是科技管理工作的基础性重要内容之一，利用统计学方法对科技活动的总体数量特征及结构进行测度，定量反映科学技术活动的特征和规律，已经成为对科学技术和创新系统进行科学化管理的重要任务，它是制定科技政策、编制科技发展规划，实现科技管理科学化、现代化的重要基础，是评价科技政策和计划实施效果的主要依据，也是全面认识、深刻分析、系统评价科技活动的重要手段[2]。

　　标准化是人类社会文明进步和社会实践的必然产物，它能改进产品、过程和服务的适用性，在经济、技术、科学及管理等社会实践中，对重复性事物和概念通过制定、发布和实施标准，达到统一，以获得最佳秩序和社会效益[3-5]。标准化是统一化和理想化的范式，是追求合理性的历史最高认识[6]。因此借鉴标准化的理论和方法，科学、有效地组织全国气象部门的科技信息收集、保管和服务工作，完善气象科技统计体系，加强统计数据的规范应用，发挥统计数据的监测、服务和导向作用必将为新时期气象科技管理和创新发展战略研究提供有力支撑。

2　气象科技统计工作概述

　　目前，气象部门已成制度事涉科技统计的工作主要有两项，一是作为国家科技统计工作的统计调查对象，向有关部门每年报送科学技术研究与技术开发机构调查表、研究与试验发展（R&D）活动调查表

---

①　本文在 2021 年《标准科学》第 5 期发表。

等多种科技统计报表。二是按照统计法的有关要求，结合气象工作的需要设立了包含气象科技发展等十余项内容，反映气象事业发展动态的《气象部门综合统计报表制度》。经过多年的努力，气象统计工作已成为气象事业的重要内容之一，培养了人才队伍，积累了大量宝贵经验，为开展气象科技统计工作奠定了良好基础。

作为气象统计工作的重要组成部分，气象科技统计的基本任务是进行气象科技信息的收集、整理、统计分析、保管和服务，开展主要统计指标研究、创新监测评价，支撑科技决策、科技管理和和创新发展战略研究等工作。鉴于前一项统计工作主要由国家科技管理部门组织实施，气象科技统计标准化研究主要是对第二项，即由气象科技管理部门组织实施的本部门的气象科技统计。

3　气象科技统计标准化的作用和意义

3.1　依法规范统计工作的必然要求

统计法要求统计工作须制定统一的标准，保障统计调查采用的指标涵义、计算方法、分类目录、调查表式和统计编码等的标准化。统计标准化是"统计语言"的基础[7]，开展气象科技统计工作，必然要求在统计的技术层面上要做出一系列规范性要求。

3.2　统计工作提质增效的重要途径

统计工作是一项系统工程，必须从各个环节加以规范，才能提高行业统计工作的整体水平[8]。影响气象科技统计质量的因素是多方面的，包括统计调查工作机制、统计口径和范围，调查方法、统计数据处理（采集/填报、审核，分析汇总），统计资源共享等。如订立科学、规范、统一的工作机制，可以更好地明确各方权责，清晰工作边界，为整体工作流程提供制度依据，从机制上保障统计工作有规可依。再如规范包括统计口径和范围，调查方法、数据填报、审核等在内的统计工作，使之标准、统一化，则能有效提升统计数据质量。此外，气象科技统计标准化还是发挥信息化技术优势提升统计工作效率，强化统计数据分析和应用的重要基础[5, 9-10]。因此，标准化研究是推动气象科技统计工作提质增效的重要途径。

3.3　提升治理效能的有效手段

随着全面深化改革工作向纵深发展，标准化已被定位为推进国家治理体系和治理能力现代化、促进经济社会发展的战略工具。越来越多的政策文件将以标准的形态呈现，标准的政策化和法规化将成为治理现代化的重要组成部分[11-12]。气象科技统计标准化有助于进一步全面梳理、厘清工作职责，统筹协调本部门、本系统、本行业统计活动，提升部门、行业管理工作水平和治理能力。

3.4　将标准化理论方法与统计实践的有益结合

统计工作要求规范性统一性。简言之，"规范统一"就是具有一套共同遵守的、基本的统计工作标准，且各相关方都应遵照执行，以达到统一、完整、协调一致，避免个别的、任意的、偶然的行为纳入一定的规矩和模式之内，从而保证整体上的有序状态[13-15]。标准化理论是表达其在一定范围内的普遍性和实践性的概念、规律、模型、关系和方法，通常基于实践经验抽象或者基于价值意义推理出具有客观、可信任和可复现等特性。通过构建统计标准化可以将统一化和秩序化的期望变成现实，实现期望和现实的统一[6]。

4 气象科技统计标准化研究

气象科技统计是一项长期性、基础性的系统工程，因而对其的标准化也应是一个长期的系统工程。系统工程要求从系统观念出发，以最优方法求得系统整体的最优的综合化。系统观念的突出特点是强调整体性，强调从整体上认识和解决问题，注重事物的内部结构和联系[16-17]。因此，笔者认为气象科技统计标准化不仅是对统计内容的标准化，也不单是制定若干个统计标准，而是旨在提高统计工作整体质量和效益，利用标准化的理论和方法，坚持系统的观点，结合统计科学理论和统计工作实践的综合成果，对气象科技统计工作的主要内容和关键过程做出科学、规范、统一的规定，并以此规定作为指导和检查工作实践的依据，以期此范围内获得最佳秩序，促进共同效益。简单地说，气象科技统计标准化应基于统一的标准、规范，满足特定程度上的空间性和时间性的要求，通过对重复性事物和概念的制定、发布和实施标准或者规范，达到统计工作科学、规范、统一。

作为完整体系，理论上气象科技统计标准化涉及统计全部的工作内容和工作流程，但气象科技统计标准化不是"一蹴而就"的，而应是一个递进的、螺旋式优化的过程，它能在当前各方对统计工作的要求下"取得最佳秩序，促进共同效益"并根据统计活动的变化不断完善和发展的过程。借鉴已有研究[5, 8-10]并结合近年工作实际，对气象科技统计的部分容和关键过程开展了标准化研究和探索，这里主要讨论制度标准化、数据处理标准化和数据发布标准化等方面的一些做法和成效。

4.1 制度标准化

制度标准化为气象科技统计整体工作提供制度依据，按照有关法律法规、部门的规章、文件要求、结合工作实际对统计调查工作加以规范，从制度层面确保相关工作有规可依。

4.1.1 工作机制

制度标准化首要任务是订立职责清晰的工作机制。统计工作基本上是采取"地区或部门分工负责"的工作模式。结合气象部门垂直管理的特点，气象科技统计采用"统一领导、分级负责"的统计工作机制，即由中国气象局科技管理部门归口管理和监督指导全国气象科技统计工作，负责全国气象科技统计工作的宏观管理和统筹协调；各省（区、市）气象局和中国气象局直属单位负责本地区、本单位气象科技统计工作的组织实施。此外，统计工作涉及面广、信息量大、专业性较强，还专门设立了气象科技统计技术组作为第三方，承担有关事务性与研究性工作，具体负责统计工作组织落实和技术指导。

气象科技统计工作应遵循"规范、精简、效能"原则，避免由于统计工作设计不当造成不必要的统计负担。统计工作分常规统计调查和专项统计调查，其中常规统计调查按年度实施，全面了解、跟踪气象科技活动的基本情况，统计时间周期和内容相对稳定，最大限度地保证统计数据的连续性。专项统计调查作为常规统计调查的重要补充，按需开展，重点调查专门领域的气象科技活动发展情况。

4.1.2 统计范围及内容

除了工作机制，统计范围、指标等内容也是制度标准化的核心内容，通过对统计活动过程中所运用的概念、范畴、方法、统计指标的名称、定义，以及统计口径、计量单位、计算方法做出规定，以确保统计分类清晰完整，统计指标生动饱满，统计口径准确一致。

气象科技统计工作是国家科技统计工作的一个组成部分，又是气象统计工作的一项重要内容。从统计需求上分析，气象科技统计工作应能够同时满足现行的国家科技统计和气象统计工作中对统计范围、工作内容等方面的要求，统计范围及内容的设计应充分考虑国家科技统计和气象统计工作共性和个性需求，将两者需求有机结合。因此，统计内容要兼顾完备性与互斥性，还应具有一定的前瞻性，保证统计内容在一定的时间内可以自由扩充。

在研究分析气象部门现行与科技统计相关的内容，结合当前科技管理工作需求的基础上，确立了常规统计调查的范围和内容，其统计对象为气象部门各级单位，年度统计内容为各单位表征气象科技活动情况的气象科技资源配置、成果产出、人才团队、交流合作、基础条件建设与共享、组织管理与政策保障、年度科技与气候变化亮点工作等，共计 9 大类，28 个细类，统计指标有时期指标和时点指标，统计数据有的基本信息和统计信息，具体内容参见表 1。上述统计范围及内容的设计充分考虑了"数据"与"报表"的分离，这在标准化范畴内，统计数据将脱离报表的一维模式，可以依照管理和决策目的任意匹配。基于标准一致的统计数据，不仅可以根据不同的排列组合、筛选、关联、汇总以满足不同的统计工作需求，还可以从多维度、多视角挖掘统计信息，以发挥统计数据的最大效用。此外，每一个统计项都有一贯的和统一的定义，时间、空间口径，计量单位乃至计算方法上的规定，这样既便于历史数据的保存，有利于对比和分析，也便于未来数据的扩展。在常规调查基础上，据实按需开展专项统计调查，调查的内容和要求参照常规统计调查设计。

4.2 数据处理标准化

数据质量是统计工作的生命线，质量控制是统计调查的关键性工作之一。数据处理标准化通过规范、统一数据的处理方式、程序以达到从数据填报（采集）、审核、上报到最终数据确认的全过程质量控制的目的，具体包括过程控制和结果控制。理论上数据处理标准化包括数据处理各个环节和整个数据处理流程的标准化，但考虑到控制工作效率等因素，更多的是采用关键点控制的方法，即对列为关键点的统计调查环节或活动采取必要的手段和措施进行重点控制和管理。当前工作中，我们将气象科技统计数据的填报和审核列为数据处理标准化的关键点。

表 1　　气象科技统计指标

指标大类	指标细类	主要统计内容	指标类型	数据类型
科研项目情况	科技项目	项目基本信息、成果信息、获得专利、软件著作权、发表论文和进展报告	时期指标	基本信息
科技人员情况	机构人员基本情况	机构人员概况、课题活动人员引进、调离、按资历（学历、职称）和年龄分类情况	时点指标	统计信息
	R&D人员情况	R&D人员概况	时点指标	统计信息
科技经费情况	科技项目经费	承担项目的当年的经费到账情况	时期指标	基本信息
	科技经费收入总表	年度实际到账的各类来源（类别）的科技经费情况	时期指标	统计信息
科技成果情况	成果统计	在中国气象局登记、认定等成果基本信息，由其他部委、地方科技厅登记过的成果情况	时期指标	基本信息
	转化应用部门外成果	转化应用部门外单位成果情况	时期指标	基本信息
	科技奖励	获得科技、人才有关奖励的情况	时期指标	基本信息
	专利信息	获得的专利情况	时期指标	基本信息
	软件著作权	获得的软件著作权情况	时期指标	基本信息
	科技论文	发表的论文情况	时期指标	基本信息
	科技著作	出版的专著情况	时期指标	基本信息

续表

指标大类	指标细类	主要统计内容	指标类型	数据类型
科技成果情况	技术标准	发布的技术标准情况	时期指标	基本信息
	技术报告（规划计划）	经有关单位认定（采用）的技术报告（规划计划）情况	时期指标	基本信息
	气候变化决策服务	向有关部门报送的气候变化决策服务材料情况	时期指标	基本信息
科技交流情况	科技会议	举办科技交流会议情况	时期指标	基本信息
	科技交流人员	参加科技交流活动的人次概况	时期指标	统计信息
	区域协同创新	区域气象科技协同创新情况	时期指标	基本信息
	科研合作	当年开展的部门内外的合作交流情况	时期指标	基本信息
科技与气候变化政策文件情况	政策文件	当年制定（修订）的气象科技与气候变化政策性文件情况	时期指标	基本信息
创新团队建设情况	创新团队	创新团队建设和运行情况	时点指标	基本信息
科技基础条件与支撑平台情况	气象科学观测试验基地	气象科学观测试验基地建设和运行情况	时点指标	基本信息
	重点实验室	部门重点实验室建设和运行情况	时点指标	基本信息
	工程技术（研究）中心	部门工程技术（研究）中心建设和运行情况	时点指标	基本信息
科技基础条件与支撑平台情况	原值50万元以上设备	仪器设备信息和运行情况	时点指标	基本信息
	中试基地（平台）	中试基地（平台）建设和运行情况	时点指标	基本信息
气象科技与气候变化亮点工作情况	亮点工作	年度科技创新和应对气候变化方面的特色工作和重点业绩情况	时点指标	基本信息

注：时期指标是在一段时间内发生的总量，各时期数据往往可相加，如科技项目数。

时点指标是在某一时点的总量，各时期数据通常不相加，如年末R&D人员数。

基本信息是指填报统计内容的基本情况，一个统计单位同一细类往往具有多条记录，如科技项目。

统计信息是指填报统计内容按一定规则整理后的汇总情况，一个统计单位一个细类一般只有一条记录，如经费收入总表。

4.2.1　统计数据填报与审核

对统计数据填报与审核工作进行标准化，通过这两个关键环节的有效执行和把控以达到过程质量控制的效果。首先，对照常规统计调查的内容对各指标概念、统计口径、数据平衡关系、计量单位与值域范围、相关指标的逻辑关系和连续性等进行规范统一。制定数据填报和审核工作统一的规范性技术文件，明确各项统计内容、填报方法、数据审核方法及要点，重点从统计内容形式检查、属性指标的检查、数量指标的检查、综合数据检查和数据质量评估与复查这五方面入手，突出对数据整体的完整性、准确性和合理性检查，具体见表2。在此基础上，对科技项目、科研人员、科技经费、科技成果、科技交流、创新团队建设和科技基础条件与支撑平台这七个统计大类编制了专项规范性技术文件。

表2　气象科技统计数据填报与审核评价指标

名　称	释　义
统计内容形式检查	数据填报、审核过程中应注意填报内容形式上要完整，不应出现少填、漏填、瞒报、迟报的情况，特别注意检查应报而未报、漏报的情况
属性指标的检查	数据填报、审核过程中应注意填报人员对统计指标的理解和检查，要注意统计口径的一致，提醒督促填报人员认真阅读填报说明和有关工作文件，特别要注意共性问题，对易出现理解不一致的指标提早预防，做好解释说明

名　称	释　义
数量指标的检查	数据填报、审核过程中应注意部分统计指标自身有一定的阈值或计量单位要求，指标间也有量的关系要求，除依靠自动化的程序进行逻辑控制外，还应进行人工数据平衡关系检查
综合数据检查	数据填报、审核过程中应注意部分统计指标具有多年的连续性或相关性，注意数据的综合检查，特别要注意某些指标突变情况，或者关联数据的不合理情况
数据质量评估与复查	数据填报、审核过程中应注意进行数据质量的评估，判断数据的总体变化趋势、变化幅度、结构比例等是否异常，以便更准确地把握数据质量。对检查出现问题的数据整改后还应进行复查，避免引入新的异常

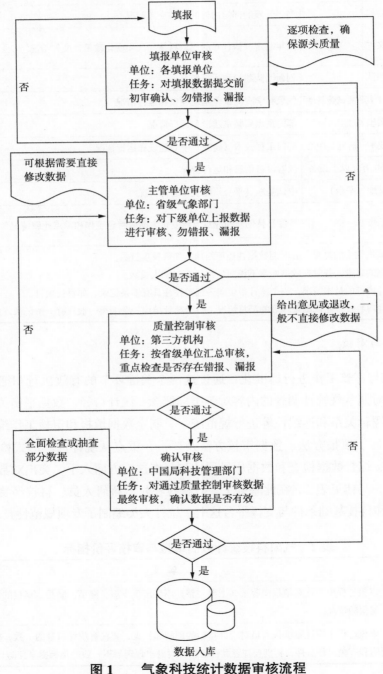

图1　气象科技统计数据审核流程

其次，规范了气象科技统计数据的审核工作流程，对各工作单位的工作任务与步骤、完成工作的要点和要求等进行了规定。做出这些规定的目的是为了规范、统一工作行为，明确各环节的质量控制要求。数据审核自各填报单位提交数据开始，到中国气象局科技管理部门认可本次数据填报可信有效、数据正式入库为止，共分为单位审核、主管单位审核、质量控制审核和确认审核四个环节。各单位对本单位提交的数据进行单位审核，县以上气象部门对下级单位提交的数据进行主管单位审核，第三方机构对全国数据按省级单位进行质量控制审核，最后由中国气象局气象科技管理部门对全国数据进行确认审核，审核流程参见图1。其中：

填报单位审核：各填报单位每次报送数据前均应进行数据审核、确保数据质量。对填报数据提交前初审确认、勿错报、漏报，对本单位数据的完整性、准确性、合理性负责。

主管单位审核：各主管单位对下级报至本级单位数据在提交至上一级单位前应进行主管单位审核，对直接下属单位提交数据的真实性、完整性、合理性等负责，同时还应督促下级单位按照审核意见完成修改或重报。

质量控制审核：第三方机构对各省级单位上报数据提交中国气象局科技管理部门前审核，重点检查是否存在错报、漏报，对上报数据的完整性、合理性负责，对数据做全面的检查，重点检查"多""漏""有""无""类型""计量"等正误问题，对数据质量进行评估。

确认审核：中国气象局科技管理部门承担上报数据的最终确认的职能，对质量控制审核数据应进行最终确认。只有通过确认的数据才算正式入库，本流程结束。

4.2.2 数据填报工作质量评价

数据填报作为统计调查工作的重要基础环节，按照既定的统计工作方案、运用合理的方式方法进行数据的采集。数据填报作为统计调查重要的关口，该环节的质量直接关系到统计数据的质量和后续工作的有效实施。因而在对该环节过程控制标准化的基础上又进行了结果控制标准化探索。提出了气象科技统计填报工作质量评价指标、明确了评价对象和方法等，对数据填报工作质量评价做出规范和统一的规定，具体评价指标见表3。

表3 气象科技统计填报工作质量评价指标

一级指标	二级指标
完整性（A）	统计项完整性（A1）
	记录信息完整性（A2）
准确合理性（B）	形式准确规范性（B1）
	内容合理可用性（B2）
及时主动性（C）	退改修回质量（C1）
	按时主动工作（C2）

4.3 统计数据使用发布标准化

统计工作的最终产品是"数据"，统计数据使用发布是统计工作成果展现的重要内容，它体现了统计数据管理、应用及服务的能力和水平。为了维护统计调查的严肃性、权威性和统一性，统计数据的使用发布应有规范、统一的规定。

目前已初步形成气象科技统计数据的使用发布规范，首先，数据的使用发布须经中国气象局科技管理确认授权并注明来源。其次，在部门内部建立了有效的信息资源共享机制，经确认入库的历年气象科技统计数据已成为气象现代化指标测算、气象科技年报编制、气象统计年鉴、气象科技创新监测评价和相关研究重要的数据来源。再次，进一步强化了气象科技统计信息的公开共享工作，按照有关规定对科技统计形成的项目、论文、论著、专利、软件著作权、科技奖励等数据向公众开放。

5　气象科技统计信息化实践

标准化是统计工作准确高效的基础，也是统计信息化的前提。统计工作要求调查对象尽可能地提供准确、及时、全面的数据。随着气象信息化和现代化的全面推进，气象科技统计工作要求依托气象信息化的建设成果，充分利用现代信息技术，制定合理、高效的统计调查方案和数据质量控制方法以提升统计工作整体效能。2013年以来，中国气象局气象干部培训学院、中国气象局科技与气候变化司联合开发了气象科技统计系统，开展了气象科技统计信息化实践。系统采用B/S架构，部署于互联网运行，面向气象部门各级单位用户。

该系统的构建集中体现了气象科技统计标准化研究成果，一是按照气象科技统计的工作机制建立了符合气象部门垂直管理特征的"国-省-市-县"四级的科技统计业务和统计用户管理体系，采用各单位按年度统一批量填报/审核、提交/撤回、接受/退回机制，实现了统计业务与用户体系同步的"统一领导、分级负责"；基于用户的数据"分层、分类可见"，既确保了数据权限和安全也满足各级单位不同的数据需求。二是立足于良好的数据填报与审核的标准化基础，完成了所有统计项的信息化数据填报、审核、汇缴、检索查询、分析汇总和数据管理，通过计算机程序自动化实现数据完整性，指标关联性，数据总量、分量等平衡关系检查，分类自动汇总等形式检查及逻辑控制；基于数据审核的需求，开发了数据审核标识功能，实现数据标记、意见反馈和检索复查等功能；设计了对部分统计指标（如科技项目、创新团队）基本信息的历史数据自动导入功能，实现统计系统内部不同统计项目和年度内容的自动关联，开发了气象科技统计标准化器，生成中间格式的统计文件，实现其他固定格式数据（如EXCEL表单）快速向统计系统的批量集中导入，减少不必要重复填报，提高效率和数据质量。上述功能的开发应用显著提升了统计工作质量和信息系统人机交互用户体验。

该系统构建也采用了标准化的理论和方法，按照"系统结构模块化、核心模块通用化、特性模块系列化"的设计思想[6]，对系统功能进行分解、设计、开发，以较少的功能品种覆盖较大的应用范围、尽可能地通过不同功能模块的组合进行部分或者全部重复利用。其一，基于上述理念，设计了基于用户角色的动态菜单配置功能，满足统计工作中不同统计对象对统计内容、权限的调整，满足数据填报、审核、质量评价、数据确认、查询、使用发布等不同工作内容对用户权限的授权和调整。其二，考虑到气象科技统计指标、体系的扩充和调整，系统的构建高内聚、低耦合，通过相应的接口将各部分优化集成，实现以四级用户系统和统计业务流程为"主干"，统计大类为"枝干"，统计细类是"枝条"，具体的统计项为"叶"信息化系统。在主干持续稳定的前提下，不同统计内容的调整和扩充可以看作是对"枝""叶"的裁剪、优化调整，进一步提升了统计系统的稳定性、实用性、适用性和扩充性。

6　结语

新的发展阶段，加强并完善气象科技统计工作是气象事业高质量发展的必然要求，本文根据近年来气象科技统计工作的研究与实践，分析了气象科技统计标准化的作用和意义，对气象科技统计标准化研究和实践工作进行了梳理和总结，以期通过标准化的理论和方法，在当前各方对统计工作的要求下"取得最佳秩序，促进共同效益"。

众所周知标准化工作是一项复杂的系统工作，气象科技统计标准化概莫能外。受制于学识和能力水平，当前的研究和实践工作还有待加强。一方面对气象科技统计标准化的研究主要集中在借鉴其理论和方法，只对统计工作中部分关键的环节和内容展开研究，尚未能够提出完整的标准化框架或者体系，标准化的认识和理论深度还有待进一步凝练。其次，研究的着力点主要着眼于通过"规范、统一"提升统计工作的整体质量，而对制定统计相关标准这一标准化工作的"标志性"工作关注不够。随着"十四五"时期推进统计现代化改革的新要求的提出，气象科技统计标准化研究与实践必将任重而道远。

参考文献

[1] 中国气象局. 中国气象局简介[EB/OL], 2020. http://zwgk.cma.gov.cn/zfxxgk/gknr/jgyzn/bmgk/202006/t20200629_1804190.html.

[2] 科学技术部发展计划司, 中国科学技术指标研究会. 科技统计实用手册[M]. 北京：科学技术文献出版社，2011.

[3] 朱斌，陈惠玲，郑华婷，等. 浅谈标准化助力智能制造发展[J]. 中国标准化，2021（1）下：22-25.

[4] 顾孟浩. 标准化概念的逻辑自洽与标准化实践的跨界拓展刍议[J]. 标准科学，2021（1）：43-47.

[5] 安康，韩兆洲. 倡导统计标准化[J]. 中国统计，2011（11）：42-43.

[6] 麦绿波. 标准化学——标准化的科学理论[M]. 北京：科学出版社，2017.

[7] 谭宏，李元平，张娜. 科技统计标准化工作对策的探讨[J]. 中国科技产业，2006（4）：50-52.

[8] 马艾文. 关于民爆行业统计工作标准化的研究[C]. 2007年中国国防工业标准化论坛，2007.

[9] 杜鹏. 浅谈统计标准化[J]. 场经济管理，2018（12）：37.

[10] 张丽. 浅谈实行统计标准化的意义[J]. 中国集体经济，2007（28）：16-17.

[11] 宋明顺. 未来标准化发展趋势之我见[J]. 中国标准化，2021（1）上：23-24.

[12] 曹玉姝，徐亮，蒋旭峰. 上海市机关事务标准化实例分析[J]. 中国标准化，2021（1）上：106-111.

[13] 王国钧. 论统计工作的规范统一[J]. 中国统计，2011（4）:15-16.

[14] 沈岩，张怡祈. 对部门统计规范性统一性的探索与实践[J]. 中国统计，2018（1）：53-55.

[15] 张敏. 统计体制改革对部门统计规范性统一性的新时代要求与实践研究[J]. 知识经济，2018（23）：60-62.

[16] 苗东升. 系统科学精要[M]. 北京：中国人民大学出版社，2010.

[17] 成秀虎，黄潇. 气象标准复核质量管理中系统论思想的应用与探索[J]. 标准科学（增刊），2016：105-113.

气象科技成果推广应用模式研究①

成秀虎　薛建军　黄　潇

（中国气象局气象干部培训学院，北京　100081）

摘　要：通过对国内外其他行业科技成果推广应用状况的分析整理，开展科技成果转化一般性规律研究，归纳分析气象科技成果的特点和成果推广转化不畅的原因，提出一种适用于我国气象部门现状的气象科技成果推广模式，该模式以政府为主导，采用成立专业推广机构、强化中试基地建设和作用发挥、建立成果信息共享平台、规范推广业务流程、加强应用导向评价、强化激励机制等措施，其可行性和完整性还要不断接受实践的检验，并在实践的基础上进行改进和提高。

邓小平同志曾经做过"科学技术是第一生产力"的论断，这一论断促进了我国科学技术的发展。然而科学技术并不直接就是生产力，而是要经过转化才能变成生产力，我们把科学技术转化为生产力的过程称为科技成果的推广应用。所谓科技成果推广应用就是将具有应用价值的科技成果通过扩大使用范围、扩大发挥作用范围的方式，将科技成果从科研部门转移到生产部门的过程。通过这一过程实现了科技成果从实验（研究）室向生产车间（业务服务）的转化，达到扩大产能、提高效率、改善质量、改变生产生活的目的。

科技成果推广应用常采用三种途径，第一种由"供方"主导，即科研机构在原始创新基础上进行应用性研究，将科研成果转化成可以用于生产的技术，向生产机构推销；第二种由"需方"主导，即用户或生产单位根据规模化生产的需要向科研机构寻找适用的科研成果，经自身的或联合的创新改造直接应用于生产；第三种则是由"第三方"主导，即技术推广中介组织，其作为连接科研机构与生产机构的桥梁，将科研单位的科研成果经应用性开发改造、中间试验等，形成可以直接应用于生产的产业化技术，向生产机构推介。前二者都是科研成果的直接转化，第三者是科研成果的间接转化。三种成果转化应用途径分析见图1。

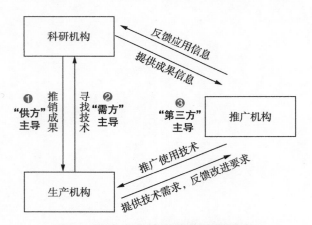

图1　科技成果转化应用途径分析

---

①　本文在2014年《气象软科学》第2期发表。

通常，科技成果推广应用要经过技术立项构思、实验室研究、中间应用试验、成果产业化等环节，最终形成能为生产机构所接受并直接应用的技术产品。上述三种途径，各有优劣，各有其适用范围和环境。此外，途径只是手段，不是核心，决定科技成果推广应用能否成功的关键因素还取决于成果本身应用价值的大小、中试结果的好坏、用户对成果需求的迫切程度以及成果应用的环境等。

本文通过对国内外科技成果推广应用状况的分析整理，开展科技成果推广的一般规律的研究，并结合气象科技成果的特点，归纳分析气象科技成果的特点和成果推广转化不畅的原因，提出一种适用于我国气象部门现状的气象科技成果推广模式，该模式涵盖了气象科技成果推广的途径、方法、流程及机制等。

1 国外科技成果推广常见模式

1.1 立法式

美国政府为了促进科研成果的转化制定了《贝赫-多尔法》（1980年）、《史蒂文森-怀勒技术创新法》（1980年）以及《联邦政府技术转让法》（1986年）等一系列法案，要求联邦政府实验室和学术机构把受联邦政府资助而取得的发明的所有权向工业转让，成立研究和技术应用办公室促进这种转让，组建联邦实验室技术转移联合体，采用网络服务方式，将政府实验研究成果与各级政府和企业相联系，发布联邦实验室的技术转移与合作项目，将地方政府和企业需求反映到相关实验室。

印度科技部鼓励项目参加人员和研究所对开发的项目成果申请专利保护，推动技术转让和商业化并为技术发明人提供便利，研究所以及发明人都可以对成果拥有所有权，可以决定是否对专利采取专营措施，允许拥有专利产生的利润。

上述两种方式对应于图1中的第一种途径。

1.2 风投式

德国政府为促进科技进步，加快科研成果转化而采取举措鼓励创办风险投资公司。这些公司由政府一方发起，主要任务是支持推广应用高新技术，支持高新技术创新企业的发展以及帮助中小型企业提高竞争力。在风险投资事业的起步阶段，政府还采取了一些鼓励措施，主要包括：税收优惠、财政补贴、贷款担保、开辟第二证券市场、监察管理。

上述措施都是从企业层面通过风险投资资金的支持，鼓励企业优先采用高新技术，形成产能，引导产业向高新技术产业发展，走的是图1中的第二种途径。

1.3 政府主导下的中介式

日本政府非常注重科技成果的推广作用，许多省、厅都设有促进国立研究机构成果向企业转移的中介机构。如经济产业省的产业技术振兴会和科技厅的特殊法人新技术开发事业团。产业技术振兴会有专门的科技人员在企业和国立研究机构进行斡旋，协助双方缔结和实施合同并对合同进行管理，还举办专利成果发布会出版专利情报，向企业提供信息。新技术开发事业团的专家在大学、国立研究机构发掘优秀的研究成果，促使其向民间转移以便实现产业化和商业化。

日本所采取的科技成果推广应用方式类似于图1中的第三种途径，即通过科技推广中介机构实现科技成果的转化。

目前，主要发达国家的科技推广机构大致有 3 种类型：

（1）科工贸集团型。这类企业集团具有科技开发力量（人才、设备、实验基础），又具备中试工业基础，还有相应的新产品销售渠道，科技成果转化成功率高转化成效大，对产业发展的引导效应明显。因而应是科技成果推广的主要形式

（2）科技服务型。一种科技成果商业推广的重要形式，主要是协助企业、商业、事业单位选择使用科技成果完成二次开发并转移给相关的用户使用。

（3）信息服务型，作为科技成果商业推广机构的附着物，面向基层，提供和传递有关的科技成果推广信息，加快成果推广速度。

2 国内科技成果推广常见模式

国内科技成果推广做得比较成熟的当属农业部门，当前，农业生产早已过了依靠简单地增加劳动力投入、扩大种植面积就能提高产量的时代，而主要依赖于农业科技成果应用水平的程度，所以农业科技成果转化形成了一套可资参考的运作模式。

目前，我国农业科技成果转化的模式主要有 4 种。

（1）以农业推广部门为中心的转化模式。该模式始于 20 世纪 50 年代，在计划经济时期对提高农业生产水平起到了积极作用。

（2）以公司或企业为中心的转化模式。该模式是指涉农公司或企业为农业科技成果转化的核心动力源，由其推动农业科技成果从实验室转化成社会实际生产力，这里的公司或企业包括农业科研单位所兴办的经济实体、农业产业链中的龙头企业等。

（3）以农民合作组织为中心的转化模式。该模式以农民合作组织、通常是各种专业技术协会，作为农业科技成果转化的重要媒介，由他们将农业科技推广到千家万户。农民合作组织的组建方式大致可以分为两类：一类为农民自发组建，另一类为政府涉农部门或相关企业牵头兴建。

（4）以农业科研单位为中心的转化模式。该模式中，主体是农业科研与教学单位中的科技人员。通过两种渠道获得运行经费，一是财政拨款，如政府设立的科技转化经费、推广类课题的经费等；二是单位自筹经费。

当前，农业科技成果转化在运行机制上大多采用技术的有偿转让形式，或者直接把有关农业科技成果出售给企业，由企业生产出技术产品来推广。

上述四种模式，前三种都可以对应于图 1 中的第三种途径，第四种为图 1 中的第一种途径。

3 科技成果推广的一般规律

3.1 科技成果推广的过程分析

国内外科技成果推广的方式或模式为总结科技成果推广的一般规律提供了依据。从中我们可以看出，将科技成果从科研领域向生产领域转移是一个系统的过程，推广应用是促成科技的知识价值向生产价值、生活价值转移的重要方式，其价值转移过程见图 2。从中可以看出知识改变生活、知识促进经济发展、科技变成生产力是需要推手的，这个推手就是科技成果推广。

科技成果推广的前提是有大批原始创新的成果，科技成果推广的首要任务是筛选出具有共性和成

熟的、具备市场价值和应用前景的成果，并进行集成、组装、配套等二次开发，将原创成果转化成具有应用价值的成果；其次要对具有应用价值的成果进行产业化改造，经过中间试验、适应性试验、定型试验等，成为可以在生产上直接使用的技术；再次对于投资大或风险高的应用技术还要进行产业化生产示范，接受实践的检验；最后才能将这些成果进行大面积推广和大范围应用，产生规模效益。上述过程分析见图3。

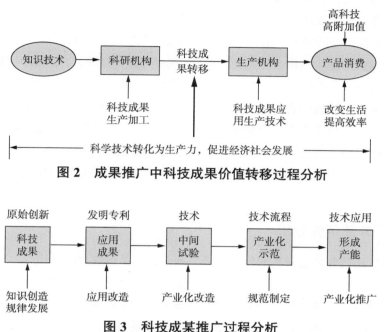

图2 成果推广中科技成果价值转移过程分析

图3 科技成某推广过程分析

3.2 科技成果推广模式分析

科技成果推广的具体模式有多种，成功的科技成果推广模式概括起来可分三类，即政府主导型推广模式、市场主导型推广模式和民间主导型推广模式，见图4。

民间主导型推广模式是科研机构与生产机构自发的、通过非组织的自我寻找与自我对接的方式完成的，属于图1中的第一、二种方式。政府主导型和市场主导型推广模式都可以通过中介机构来实现，属于图1中的第三种方式。在很多国家，中介机构是科技成果推广的中心，在国家政策支持下集成各种科技成果资源，形成了上下联动、"官—产—学—研"相结合的中介服务体系。这些中介机构有的以政府支持为主，有的以市场运行为主。

政府主导型中介组织是由政府提供运营经费的服务性和非营利性机构，称为公共中介，他们为科技成果转化提供信

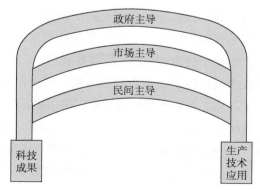

图4 科技成果推广的三种模式

息和技术服务，不以营利为目的，国外大多由学术团体和学会来建立。在日本，则直接由政府各级部门设立科技成果转化机构，指导科研机构和企业良好结合，促进科技成果的有效转化，缩短技术创新从实验室向产业化转移的时间。

市场主导型中介组织是由政府通过立法和设立各种优惠政策，制定各种优惠措施等支持中介组织发

展，保持推广中介机构的永续经营。这些中介组织通常是私人性质的，以营利为目的，规模可大可小运营比较灵活。典型代表是德国，他们仿效日本和美国的做法，将政府、企业和个人利益统一起来，由科研人员出成果，企业出资本，国家出政策并成立由高校、研究院、协会组成的中介机构促进科技成果在工业、经济领域的应用，美国的商业性中介机构同样种类繁多，既与国家基金委和各大高校、科研院所紧密相连，也与行业密切合作，很好地推进了美国科技成果的商业化转化。研究表明，科技成果推广是一项专业性很强的任务，具体要求可概括为以下四方面：需要一定科研基础知识，需要专业开发能力和试验基础条件，需要把握市场的能力，需要一定资金的支持和特定的营销能力。

综上所述，建立专业的推广机构十分必要。通常，中介机构推广科技成果时一般要建立起五个方面的衔接工作，以农业科技成果推广为例，必须做好以下衔接：第一，科研单位与技术推广中介机构必须建立客观公正的协作关系，明确二者的权力、责任、利益；第二，科研单位必须提供理论上成熟、可行的实验室小试成果；第三，技术推广中介机构必须承担小试成果的试验、示范、配套、组装等产业化转化任务；第四，技术推广中介机构必须及时提供成果推广后的售后咨询服务；第五，技术推广中介机构应及时收集用户关于科技成果应用效果方面的相关信息，并及时梳理分析后传递给科技成果供给方，提出新的需求。

3.3　科技成果推广外部条件分析

实现科技成果推广还需要创造有利的外部环境与条件，主要归纳为以下几点。

（1）有利于科技创新的政策环境。制定知识产权保护政策、专利使用政策、科技成果效益激励政策等，使具备应用价值的科技成果、能产生经济效益的科技成果、能对产业发展产生革命性影响的科技成果层出不穷。改变成果奖励制度和成果评价体系，对应用性研究成果的评价从发表论文数水平为主转变为获得专利、自主知识产权为主。

（2）有利于中介机构持续发展、开发能力提升与试验条件改善、科技成果推广队伍稳定的政府投入机制与市场运行保障机制。科技成果推广作为一个系统和过程，各个组成部分之间相互联系，相互作用、合理制约（参见图3），只有各个部分之间有效运行，其系统的整体有效性才能发挥出来，才能使科技成果推广步入良性循环、健康发展轨道，科技成果的推广有利于国家的经济社会建设，政府的引导和投入是科技成果推广的最主要的推手。只有那些有重大市场价值的科技成果推广才可以通过市场机制来进行。对于从事科技成果推广的企业国家要从税收、财政补贴、资金担保、推广奖励等多方面给予优惠和照顾，政府要通过政策引导搭建起完整的科技成果转化支持体系，包括政策激励体系、技术转让体系、中介服务体系、产业化基地体系和金融支持体系。

（3）有利于科技成果推广的信息基础建设，尤其是科技成果信息共享平台建设。建立和完善科技成果转化、咨询、合作网络平台，推动科技成果推广、转化、产业化和信息化建设。

（4）加强技术市场建设，发展技术交易机构和配套服务，大力发展各种层次的科技中介机构，提出发展多种形式的科技中介机构政策措施、明确职责，试行资质、资信管理。

4　气象科技成果的特点及推广转化的模式选择

4.1　气象科技成果的特点分析

通过研究分析，可以归纳出当前气象科技成果的主要特点如下。

（1）气象科研成果主要为气象自身发展和公益服务需要所设立，作为商品满足社会的需求量小、覆盖面窄，难以形成规模。

（2）气象科研课题大多探讨大气科学的规律问题，探索性成分居多，因而难以直接产生经济效益。

（3）即使从满足气象业务自身发展角度看，由于大气运动与变化的规律还没有完全为人类所掌握，所以其课题研究难度大，周期长，特别是天气学理论和天气预报、气候预测等关键技术难以在短时间内取得革命性突破，所以可用于推广的成果也比较少。

4.2 气象科技成果推广不畅的原因分析

从中国气象局层面看，已认识到科技成果推广转化的重要意义，"十一五"期间（2007—2012年），在有关国家气象科技创新体系建设的系列文件中，对气象科技成果工作做出了一些部署。但是这些措施大多以宏观政策导向为主，缺乏具体的实施方案和步骤，特别是相关内容分布在各文件中（仅为其组成部分），未能形成气象科技成果推广应用的系列政策文件，因此当前的气象科技成果转化工作并不顺畅。归纳起来，气象科技成果推广不畅的主要原因如下。

（1）气象部门作为公益性事业部门，气象经济产业没有形成，对气象科研成果商业化转化需求不迫切。

（2）科技成果应用导向性不强。科技人员在选题立项时对前沿性、创新性考虑得多，对满足业务需求方面考虑得少，因而科技成果可用性不强。

（3）气象科技成果的可推广性差。科技成果的原创性、本土性不强，部分成果源于国外，进入本土后改造不够，难以直接应用于现有的业务系统中。

（4）科技成果推广条件不足。气象科技成果大部分为原创成果，都需要中试才能实际应用，但气象科研机构普遍缺乏中试的资金和场地，科技成果推广缺少中试环节。

（5）气象科技成果推广机构缺乏，成果转化的主体尚未形成。气象作为公益性、科技型行业，其科技成果转化的目的主要体现在对业务能力的促进上，因此缺乏以市场需求为中心的转化动力，需要建立健全集公益性和专业性于一体的专业推广机构。

（6）科技成果推广转化的基础环境，包括政策环境、机制环境、资金环境、意识环境、创新环境等建设相对薄弱。以成果推广所需资金为例，气象科技成果的推广完全是公益性的，因而需要从政府渠道解决推广费用，不可能依靠市场机制获得解决。政府对科研中试费投入很少，而科技贷款的规模和方式又远不适应成果转化的需要。

（7）供需不对接，缺乏系统规范的科技成果信息发布制度和技术交易市场，气象行业新科技成果信息的发布、收集和分析未形成制度，供需信息不对称，科技成果交易量无从统计，既不知道有哪些科研成果可以用于推广应用，也不知道技术有多少价值。

（8）缺乏有效的激励机制，无论是科研人员、中介机构还是用户，都对开发、转化和使用气象科技成果缺少动力。

4.3 气象科研成果推广的模式选择

鉴于气象科技成果的基础性公益性特点，以及通过对成果推广不畅的原因所做分析，我们认为选择建立政府主导型气象科技成果中介推广模式是可行的。即在中国气象局科技管理部门指导下，建立以政府推动为核心的气象科技成果推广中介机构。该机构由政府提供经费支持和政策环境支持，不以营利为目的，主要任务是为科技创新主体和气象科技成果用户搭建信息交流平台，提供供需信息服务，评价成果价值和应用前景，组织具有应用价值成果的开发和中试，推广成熟的气象科技成果，促进气象科技成果的快速转化，基于该模式的气象科技成果推广应用流程示意图见图5。

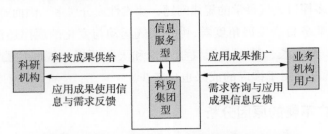

图5　政府主导型气象科技成果推广中介模式

5　气象科技成果推广的途径与方法

按照"政府支持、建立中介"的发展模式（见图5），形成气象科技成果推广应用的科技成果信息共享平台、推广应用平台和有利于成果推广应用转化的政策环境和评价导向机制，充分发挥中介机构的作用。

5.1　建立专职的成果推广机构

在政府的支持下选择有条件的单位作为气象科技成果推广应用的中介机构，重点开展气象科技成果推广应用的研究，收集、整理、归类现有的科技成果，分析评价应用价值大小，从中筛选具有推广价值的应用成果，组织开展气象科技成果的推广信息服务和推广示范，提供成果推广信息服务，跟踪科技成果推广应用效果，反馈业务单位应用成果需求，提出科技项目立项应用导向的改进建议等。把中介机构建成气象科技成果和应用情况的信息汇聚中心与气象科技成果推广应用转化的推动中心，通过信息服务、示范基地建设和推广计划，促进科技成果的转化应用。

中介机构可分为两种类型，一种是信息服务型，以科技成果收集、整理、分类、评价、筛选、发布为主，提供科研机构与用户（业务机构）的应用与需求对接，具体转化过程由供需双方通过协商解决。如果双方需要还可以提供深度服务，比如接受供方委托或根据政府部门要求，组织具备中试条件的科研业务单位共同完成科技成果的二次开发，形成满足用户（业务机构）直接应用需求的技术产品，为用户提供需要的技术应用培训，跟踪技术应用情况，反馈应用信息，提出新的科研开发要求等，另一种是科贸集团型，由有一定实力的科贸集团公司如中国华云集团，利用自身的技术优势、市场优势、资金优势对具有应用价值的气象科技成果进行二次开发和中间试验，形成可以直接上市的成果，向业务用户推广使用，并提供后续的咨询服务和技术支撑，

5.2　强化中试基地的建设和作用发挥

解决科研成果的中试问题能有效提高成果的成熟度，增加成果的转化率，提高科技创新成果对业务的贡献率。国外研究表明，经过中试的项目直接进行转化，成功率能达80%~100%，未经过中试的项目直接进行转化，成功率低于30%。所以近年来国家加大对中试基地的建设，中国气象局也在2013年开始了"气象预报预测业务与科研结合试点工作"，意在强化科技成果从实验（研究）室向生产（业务）阶段转移的中试环节建设，发挥气象中试基地的作用，其建设可能需要重点关注如下几个方面：

一是选择有条件的单位，发挥专业化的优势。中试基地的任务是对已取得技术鉴定证书或成功通过

验收的科技成果，进行二次转化和开发，取得生产（业务）的第一手试验数据，确定完善的技术规范，解决业务化运行的关键技术问题，因而需要具备很强的专业化能力，如中试基地的试验操作人员要对相关业务较为熟悉，要能发现试验设计中不尽合理的地方，提出改进的措施和办法，以便让通过中试的成果获得人们期待的业务应用效果，因此中试基地的选择宜从人员、设施、场地、业务熟悉程度等专业化条件角度综合考虑，目前以国家级业务单位作为中试基地的试点建设方向十分正确。

二是吸纳科研、其他业务单位的人员参加。中试的前端是实验（研究）室成果，研究人员参与到中试环节有利于中试人员从源头了解技术设计的机理、原理，减少因错误理解或阅研花费的大量时间，提高中试的效率；中试的后端是用户单位，一般需要推广的项目都不是一家业务单位使用，吸收不同类型、不同层次业务单位的参与，有利于及时发现科技成果业务化运行中的问题，提高中试成果的普适性和可推广性。

三是保证中试试验结果的合法性。中试基地是经过政府组织批准建设、并确认具备中试条件和技术资格的组织，其中试取得的试验结果，形成的规范流程、运行维护与保障机制等都经过了业务化试运行的检验，应具有权威性，尤其是气象部门实行的是全国一盘棋的业务体系，成果使用单位在使用经过中试的成果时，应严格按照中试阶段确定的工艺流程、技术方法、规则规定进行运用，否则就会造成业务系统的不稳定、不协调、不对接。

5.3　建立气象科技成果信息共享平台

在中国气象局科研管理部门的支持下，建立气象科技成果信息共享平台，实行全国统一的气象科技成果标准化信息采集与科技成果登记发布制度。通过气象科技成果信息共享平台，搭建起气象科研成果转化的桥梁，实现科研与业务需求的对接，加强具有应用价值科技成果的挖掘与推广，保证信息的及时性、准确性和分析的深度，注重信息共享的作用。该信息平台应包括承担单位及研究人员科研项目信息、任务完成情况信息、产生的成果信息、成果推广应用情况信息，具备动态反映科技项目进度、业务需求信息反馈、科技人员信誉评价、成果推介、成果应用转化必备条件等功能。

5.4　建立规范的成果转化推广业务流程

以科技成果信息共享平台为基础由气象科技成果管理部门出台规范的成果转化推广业务流程，参见图6。

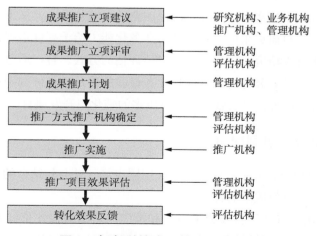

图 6　气象科技成果推广业务流程

科技成果应用价值的大小由科研机构、业务机构（用户）、推广机构和中国气象局业务管理机构共同确定，他们分别从成果的可应用性、业务化需求迫切性、推广的难易程度等方面提出成果推广立项建议。

管理机构在评估或专家评审的基础上确定气象科技成果推广计划，研究推广方式、推广机构及需要匹配的资金。推广方式包括直接推广和中介推广两种方式。直接推广适合于可以直接推广应用的项目，由拥有成果的科研单位与需要使用成果的业务单位直接对接，管理机构可采取经费补偿的方式给予双方成果应用的奖励。中介推广应侧重于具有应用性价值但成果还不适合马上应用的项目，需要通过中介机构的二次开发、中试等才能应用的项目，可选择有条件的中介机构（如公司）作为推广机构、提供一定的推广经费，并允许中介机构以市场的方式获得推广应用之后的相应报酬。

推广机构按照推广计划要求实施成果推广任务后，由科技成果管理机构组织评估机构对推广项目的效果进行客观评估，形成评估报告反馈给管理部门并在科技成果信息共享平台上公示，对科技成果推广机构的信誉进行评级和记录。

概括起来说，该业务流程的核心是根据应用价值大小和业务需求程度提出推广项目立项建议，通过评价或评审确定推广项目，形成推广计划，确保推广立项的科学性和可操作性；项目推广实施后注重推广成效的跟踪和信息反馈，形成推广机构信誉档案，为培育成果推广龙头中介机构创造条件。业务流程的目的是通过"需求—立项—评价—转化—推广—评价—应用—反馈"的良性循环，达到促进气象科技成果有效推广的目的。

5.5　加强应用类科技项目的应用导向性评价

气象科技成果应用价值大小，其实从立项之初就已被决定了，所以应对基础研究、应用研究和开发研究项目实现分类管理，强化应用研究类项目立项时的应用性导向评价，变科技成果转化的末端机制为源头机制，具体可采取的办法包括：

（1）科研课题的选题与立项开始时，首先，要对学科专业领域的发展趋势进行调研，其次，是做好市场需求预测，并结合气象服务的需要，坚持根据气象研究目标和业务服务需求立项，以使立项课题成为成果转化的基础。

（2）注重立项项目的后续管理。加强研究过程的跟踪，确保应用性导向不走偏，项目验收目标中要提出对科技成果后续开发有利的导向性要求。

（3）应用性研究项目结题验收要强化科技成果应用性评价制度，弱化成果鉴定制度，建立规范统一的成果应用评价机制，既评价研究水平，也评价成果的业务可转化潜力，从重视科研论文数量、质量向重视业务、服务方向转化，对科研成果的可转化和可业务化能力给予高度重视，对于达不到业务化要求的项目不予验收通过。至于开发研究类项目，可通过后评估的方式，直接通过业务应用情况评价开发项目的好坏，不必拘泥于验收、评审和鉴定，经受住业务检验的项目就是好的项目，参与人员或中介机构就应得到正向激励，形成好的声誉，以后就可以获得更多的转化与开发项目。

5.6　加强科技成果应用激励机制建设

设立气象科技成果转化项目，鼓励科研开发、应用同市场、社会相结合的行为，设立科技成果转化奖、应用奖、推广奖，强化对科技成果的转化。

强化成果应用管理，建立有利于科技成果应用和推广的新型考核评价体系。成果评估对成果的转化具有重要的引导作用，成果能否被转化，与该成果应用价值密切相关，研究主体跟着评价的导向而变，现行科技评价方法不利于产生应用性成果，存在着"重学术价值、轻业务化应用价值，重科研、轻开发，重成果、轻转化"的倾向，不少科技人员把大量的时间精力花在课题申报、论证、检查、验收、鉴定上，建议根据基础研究、应用研究、开发研究的不同性质分门别类地制定评估办法和指标体系，对应用研究、开发研究给予导向性倾斜，建立成果转化应用与科研转化主体之间的合理利益分配机制，通过技术交易机制与知识产权保护机制，实现对科研人员、开发人员的双向激励，保证科研机构研制原创成果的积极性和中介机构通过转化获得经济利益的积极性。

6 结束语

与农业科技成果推广不同，气象科技成果推广尚没有形成配套的推广体系和有利于成果推广、转化的政策环境，也没有形成专职的成果推广机构和科技推广队伍，更没有一个公认、高效的推广模式。本文试图从国内外其他行业科技成果推广的经验、做法出发，开展科技成果转化一般性规律研究，结合行业特色归纳分析气象科技成果的特点和成果推广转化不畅的原因，总结提出了一种适用于我国气象部门现状的气象科技成果推广的模式。该模式的可行性和完整性还要不断接受实践的检验，并在实践的基础上进行改进和提高。

参考文献

[1] 黄淑玲. 创新科技成果管理 加速科技成果转化[J]. 集美大学学报（自然科学版），2005（3）.

[2] 胡天军，申金升. 国家重点项目科技成果推广的系统分析[J]. 科学管理研究，2003（4）.

[3] 杨兰蓉，陈强，郭潇. 国家科技奖励获奖项目成果推广应用的综合激励政策[J]. 科技法制与政策研究，2006（6）.

[4] 林一飞，王进宇，张辉. 黑龙江省科技成果转化工作发展现状与对策[J]. 农机化研究，2005（5）.

[5] 栾美晨，王爱华. 关于农业科技成果转化推广中信息技术服务的思考[J]. 广东农业科学，2010（7）.

[6] 信乃诠. 农业科技成果推广的有效途径和模式[J]. 农业科技通讯，2003（1）.

[7] 张雨. 农业科技成果转化的制约因素及转化模式[J]. 南昌大学学报（人文社会科学版），2007（2）.

[8] 李伟文，邱凤鸣. 农业科技成果转化机制探析[J]. 安徽农业科学，2009（36）.

[9] 何淑群，古秋霞. 我国农业科技成果转化效率及关键策略分析[J]. 广东农业科学，2012（15）.

[10] 郭涛，刘亭，李博文. 新农村建设背景下我国农业科技成果转化体系建设研究[J]. 安徽农业科学，2012（4）.

[11] 陈艳玲，余立中，王昌运. 建筑业科技成果推广创新发展模式研究[J]. 科技管理研究，2012（19）.

[12] 易燕明，范旭，刘伟. 国外科技成果管理的比较及对我国气象部门科技成果全程管理的启示[J]. 科技管理研究，2008（3）.

[13] 阿旺旺堆，阎昌，王晓军，等. 气象科技成果转化的管理和激励机制研究[J]. 科技情报开发与经济，2010（14）.

[14] 谢涛. 对解决科技成果中试问题的思考[J]. 科技成果纵横，2004（4）.

[15] 姚全成. 武汉市建立行业中试基地透视[J]. 科技进步与对策，1991（1）.

[16] 赵修卫. 中试基地建设与管理中的问题和对策[J]. 科研管理，1994（2）.

气象科技成果分类评价研究①

马春平[1] 闫冠华[2] 成秀虎[1] 薛建军[1] 王亚光[1]

（1.中国气象局气象干部培训学院，北京 10081；2.中国气象局科技与气候变化司，北京 10081）

摘 要： 本文着重分析了气象科技成果评价现状和存在问题，对气象科技成果进行了定义和分类，并分别提出了气象基础理论类、应用技术类、产业化类和软科学类四类气象科技成果的分类评价指标体系和评价要点，以期对气象科技成果的分类评价工作提供理论指导和参考。

科技成果评价是科技成果管理的重要手段，能够激励和保护科技人员自主创新的积极性，同时也是有效实施科技成果应用和转化的关键环节。通常，科技成果评价是指评价主体根据一定的评价标准，遵循一定的评价原则和程序，采取一定的评价方法，如鉴定、评审、评估、验收、专利授权、行业准入等，对科技成果的学术价值、技术价值和实用价值进行确认、评定的行为，它具有判断、选择、预测、导向等功能。鉴于科技成果的多样性，随着我国市场经济体制的不断完善和科技体制改革的不断深化，以往过于简单的科技成果评价标准和方法已难以满足不同类型科技成果的评价需求，急需按照不同类别科技成果的特点开展分类评价。习近平总书记在 2016 年 5 月 30 日召开的全国科技创新大会上发表重要讲话指出："要改革科技评价制度，建立以科技创新质量、贡献、绩效为导向的分类评价体系，正确评价科技创新成果的科学价值、技术价值、经济价值、社会价值、文化价值。"因此，2016 年国家正式废止了科学技术成果鉴定办法，实施各级科技行政管理部门的科技成果评价工作，由委托方交给专业评价机构执行。为推进气象科技成果的分类评价，促进气象科技成果的转化与应用，《中国气象局办公室关于印发加强气象科技成果转化指导意见的通知》（气办发〔2016〕19 号）中明确提出，根据科技成果特点，开展科技成果分类评价，同时还给出了不同类别气象科技成果的评价导向。目前，气象部门还未能常态化地开展气象科技成果的分类评价和认定工作，首要原因就是我们至今尚未建立起气象科技界公认的、分类科学的气象科技成果评价指标体系。

1 气象科技成果分类评价的必要性

"分类"是人们认识和研究客观事物的一种重要的逻辑思维方法。气象科技成果分类评价就是在气象科技评价活动中，根据成果的属性区分出不同类别的科技成果，采用适用的评价指标和方法对其进行评价，并按照一定的格式规范给出评价报告。

气象科技成果分类评价的意义在于保证科技评价过程和结论的科学、公正、合理，解决"一把尺子"衡量各种不同表现形式科技成果的不合理问题，解决不同类别成果之间难以比较的问题，解决科技

① 本文受到 2016 年度气象软科学重点项目"气象科技成果分类评价研究"（项目编号：〔2016〕D10 号）的支持。在 2018 年《气象软科学》第 2 期上发表。

评价数据和评价尺度的标准化处理问题；同时，通过评价的指挥棒作用，激励气象科技人员围绕气象现代化建设和核心技术突破进行科技创新，对气象科技事业的健康发展、树立正确的学术风气具有重要意义。

气象科技成果分类评价是国家科技体制改革和气象科技创新发展的要求。2015 年 9 月中共中央国务院印发《关于深化科技体制改革加快国家创新体系建设的意见》，提出"深化科技评价改革"的要求，其中改革的目标之一就是建立分类评价制度。2015 年全国气象局长会议明确了"建立气象科技成果认定和分类评价制度"的工作任务，旨在强化科技评价导向作用。开展气象科技成果分类评价，既是完善科技成果激励机制的需要，也是推动科技成果转化应用，优化科技资源配置，激励气象科技人员致力于气象现代化建设和核心技术突破的有力抓手。

气象科技成果分类评价是气象科技评价工作实践的要求。近些年，气象科技管理部门在重大科研项目管理的主要环节和关键过程中都开展了气象科技评价工作，其中也包括气象科技成果的评价。但无论是对气象基础研究成果、应用技术成果，还是对气象科技推广成果的评价，都在采用大致雷同的无分类评价方法。其评价结果不能客观、真实、准确地反映不同类型的气象科技成果的质量和价值，从而无法激发气象科技人员的科技创新精神。为了实现气象科技成果的分类评价，保护气象科技人员的科技创新动力和活力，开展气象科技成果分类评价迫在眉睫。

2 气象科技成果的概念和分类

2.1 科技成果的概念和分类

1996 年《中华人民共和国促进科技成果转化法》将科技成果转化的对象界定为"科学研究与技术开发所产生的具有实用价值的科技成果"。2003 年，崔建海[1]提出科技成果是科技人员应用科学的理论、思想和方法，借助先进的手段，研究出的具有科学性、先进性和系统性，对科技进步及经济发展具有促进作用，通过鉴定、审定或认定的新理论、新方法、新技术、新产品等。2011 年，在《国家科技成果转化引导基金管理暂行办法》中所指科技成果，主要限于利用财政资金形成的科技成果，包括国家（行业、部门）科技计划（专项、项目）、地方科技计划（专项、项目）及其他由事业单位产生的新技术、新产品、新工艺、新材料、新装置及其系统等。2011 年，贺德方[2]提出我国的科技成果是指通过相关科学技术活动取得具有一定学术意义和实用价值的成果的统称，可以将之看作是经过认定的科研活动产出的集合，而不能简单等同于西方发达国家论文、专利等具体的科研活动的产出。其内涵主要有以下三个方面的特征：第一，科技成果是科学技术活动的产物；第二，科技成果应具有一定的价值，即学术价值和实用价值；第三，科技成果必须是经过认定的。

科技成果的分类是对科技成果概念的进一步明晰，我国不同时期的法律法规给出了不同的科技成果分类方式，目前普遍接受的科技成果分类是原国家科委 1987 年颁布的《中华人民共和国国家科学技术委员会科学技术成果鉴定办法》中的分类，即科技成果分为科学理论成果、应用技术成果、软科学研究成果三类。目前，在科技界针对科技成果评价研究方面也主要是围绕基础研究、应用研究、技术推广、软科学研究等四类开展的。如王志强等将水利科技成果分为基础研究、应用技术和软科学三类分别提出了其评价指标体系；寇元虎等[3]针对国防科技成果的特性将其主要分为基础研究、应用研究、技术开发和基础管理四类科技成果，并重点围绕应用研究和技术开发类成果提出了一套评价的指标体系和判断标准；刘如顺等[4]在研究海洋科技项目管理一般规律的基础上，提出了海洋应用类科技成果的评价指标和评价方法设想；梁秀英等围绕标准化科技成果进行了分类研究，并将其分为基础研究、应用研究和开发研究三类；农业部 2015 年发布国家标准《农业科技成果评价技术规范》，将农业科技成果分为应用开发、软科学和基础研究三种不同类型，并分别建立了评价指标体系。

2.2 气象科技成果的概念和分类

通过对国内外关于科技成果概念的比较，我们将气象科技成果定义为：通过气象科学技术活动所取得的具有一定学术意义和实用价值的成果。其内涵包括三个方面的特征：第一，气象科技成果是气象科学技术活动的产物；第二，气象科技成果应具有一定的价值，即学术价值和实用价值；第三，气象科技成果必须是经过认定的。

气象科技成果的分类目前还没有一个统一的界定。依据《中国气象局科学技术成果认定办法（试行）》，气象科技成果可分为两类：一是业务报告类，主要指在气象现代化建设中发挥了重要作用的业务技术报告、决策服务材料、发展战略、规划计划和重大软科学研究成果等。二是业务技术类，主要指在提升气象核心业务能力和水平方面取得重要进展的系统、平台、设备、软件、数据集、方法、指标、科普作品以及重大技术标准研究成果等。《气象科技成果登记实施细则（修订版）》中规定的气象科技成果登记范围也是从这两个分类来进行规定的。以上两种分类方法主要是从气象科技成果的表现形式上进行了一般分类，且仅仅是对可认定和需要履行登记手续的气象科技成果的分类。对于已经公开发表的论文、专著、已授权的专利、软件著作权和已颁布的气象标准等获得公开认可的气象科技成果却没有包含在内，这种分类方法有利于科技成果的登记、认定和统计，但对气象科技成果分类评价而言是不全面的。通过分析目前科技界针对成果分类评价的研究文献，结合国家奖励的分类，以及气象科技成果的公益性特点，我们将气象科技成果分为基础理论类成果、应用技术类成果、产业化类成果和软科学类成果。

3 评价指标的建立原则

在科技成果分类评价中，评价指标的选取直接影响评价的结果，气象科技成果分类评价指标的选取原则主要考虑了以下几个方面。

导向性。气象科技成果评价指标体系要反映行业对气象科学技术研究活动引导的需求，指标含义要符合国家、行业和部门的政策，因而具有强烈的导向性，通过这种评价指标体系取得的评价结果，应能指引当前或未来气象科学技术发展的方向，反映我国气象科学技术的最好水平，激励气象科技人员围绕突破行业核心技术进行创新。

可比性，评价指标的设置要与国家和相关行业同类评价的参数、标准、尺度尽可能地一致或可替代，指标所反映的内容可以比较。

可操作性。首先，评价指标的设置一定要在现行的环境下具有可操作性，如指标数据是否可以方便地获取。其次，评价指标体系结构直观、操作简易、计算便捷。

4 气象科技成果评价指标体系的构建和评价要点

根据以上对气象科技成果的分类和构建气象科技成果分类评价指标体系的原则，分别建立了气象基础理论类成果、气象应用技术类成果、气象产业化类成果和气象软科学类成果的评价指标体系，四个指标体系在评价内容、评价要点上各有不同，以适应对不同类别气象科技成果的评价。

4.1 气象基础理论类成果评价指标体系和评价要点

气象基础理论类成果是指在认识气象自然现象、探索气象自然规律的过程中所取得的新的发现，形成新的概念、新的学说、新的见解，在国内外首次阐明；在气象科学理论、学说上有创建，在气象研究方法、手段上有创新，对推动气象学科发展有重大意义，或者对经济建设和社会发展有重要影响。成果的表现形式主要是论文、论著、研究报告等，气象基础理论类成果以原始创新成果和创新性人才培养为重点，着重评价其科学价值、国内外学术影响力以及对业务可持续发展的前瞻性、储备性。具体评价指标体系见表1。

表1 气象基础理论类成果评价指标体系

指标名称	指标说明	评价依据
创新性	成果的研究内容或研究方法手段的创新程度	1.发现新现象
		2.揭示新规律、新机理，建立新理论、新学说等
		3.用新角度或新技术分析问题，形成新研究思路或方法
		4.对已有假说或观点进行验证，补充或修正
先进性	成果与国内外同类成果相比，其领先的程度或成果水平能达到的高度	成果与国内外同类学科研究的水准比较所处的地位
复杂程度	成果的技术难度，包括涉及的专业领域范围、规模，需要解决的关键问题数量	成果涉及的专业领域范围、规模以及需要解决的关键问题数量等程度
前瞻性	成果研究内容是否涉及本领域的前沿问题	1.针对性强，涉及本领域重大理论或现实问题
		2.前瞻性高，提出了学科发展方向
科学价值	成果对本学科或其他相关学科重要基础科学问题的解决情况，成果对学科和行业进一步发展的影响和作用	1.解决了本领域共性基础问题或关键科学问题
		2.有助于对新现象的理解及实际问题的解决
		3.有助于推进更深入的相关研究
		4.填补学科空白或形成新的学科分支
		5.提出新的学术思想或理论，对学科发展具有导向作用
		6.对交叉学科及其他相关学科发展做出重大贡献
		7.对相关应用研究起到理论指导和推动作用
学术影响力	主要学术思想和观点被国内外学术界认可的情况	1.代表性论文、著作发表情况
		2.代表性论文或著作的他引情况
		3.成果的他人评价情况。如知名专家对成果的评论文章、发文期刊或国际同行专家对成果的正面评价、获本领域亮点论文推荐、代表性引文中同行对成果的认可评价情况、成果被国内外研究机构验证或采用
		4.成果相关的学术交流情况
人才培养	高级学术人才与技术人才培养情况	1.硕士、博士、博士后培养情况
		2.高工及以上人才培养情况
		3.成果完成人入选各类人才计划情况

4.2 气象应用技术类成果评价指标体系和评价要点

气象应用技术类成果主要指为提高气象业务水平和促进社会公益事业而进行的科学研究、技术开发、后续试验和应用推广所产生的具有实用价值的新技术、新工艺、新设计、新产品及技术标准等，包括可以独立应用的阶段性研究成果和引进技术、设备的消化、吸收再创造的成果。成果表现形式为系统、平台、设备、软件、数据集、方法、指标、技术标准等。应用技术类科技成果以关键技术和核心技术突破、自主知识产权创造、技术集成化率水平、技术标准建立、业务转化应用前景、业务贡献率及经济和社会效益等为重点，着重评价成果转化情况及技术成果的突破性和带动性。具体评价指标体系见表 2。

表 2　气象应用技术类成果评价指标体系

指标名称	指标含义	评价依据
创新性	在气象科学研究和技术开发中取得的进展和创新程度，包括建立新技术、新方法、新设备，掌握新规律及进行系统集成创新等	创新点、自主创新所占的比重
先进性	与国内外同类技术、方法、装置比较，其性能、功能参数及总体技术指标等的水平	成果的主要技术性能指标在当时时间节点上处于国内外同类技术中的地位
突破性	成果针对行业重大核心技术问题的解决情况	成果是否解决了行业、区域或地区核心关键技术问题
复杂程度	成果研制开发的技术难度，包括涉及的专业领域范围、规模，需要解决的关键问题数量	成果涉及的专业领域范围、规模以及需要解决的关键问题数量等程度
知识产权	成果取得的知识产权情况，包含专利、软件著作权、标准、论文、专著等成果	取得的专利申请授权数量、软件著作权登记数量、标准制定情况，论文和专著的发表和引用评价情况
推广、应用程度	成果在气象生产应用中的实用性、适用性，及其在相关领域或行业的推广应用覆盖程度	成果是否实用和适用，以及其推广应用的范围
经济、社会和人才效益	成果取得的经济、社会和人才效益	成果的经济产出情况，以及对于提升国家综合实力、推进科技进步和人才培养等的促进作用

4.3 气象产业化类成果评价指标体系和评价要点

科技成果产业化主要是指科学研究与技术开发所产生的有实用价值的科技成果通过后续开发、技术扩散、产品生产、市场推广等环节，将科技成果转化为新产品、新工艺、新材料和新服务，达到一定的市场规模，逐渐形成产业的过程，是科技成果市场化、商品化、规模化的动态过程。气象产业化类科技成果主要指为提高生产力水平而进行的气象科学研究与技术开发所产生的具有产业化价值的新技术和新产品等。由于气象是公益性事业，可形成的产业化成果比较少，其表现形式可能主要是气象仪器和设备，也可能有一些潜在的气象服务产品。目前科技界针对产业化成果的评价指标体系研究比较少，可借鉴的不多。我们主要依据气象科技管理部门关于气象产业化类成果的评价政策导向，即气象产业化类成果以技术、产品的成熟度和市场反应为重点，着重评价其对产业发展的实际贡献，并在参考了应用技术类成果如何进行产业化的研究基础上，探索性地提出了一套评价指标体系，具体见表 3。

表 3　气象产业化类成果评价指标体系

指标名称	指标说明	评价依据
技术、产品的成熟度	成果在产业化过程中所处的具体阶段，包括实验室、小试、中试、大规模生产	开发阶段（产品化阶段）
		试制阶段（工业化或商业化阶段）
		量产阶段（产业化阶段）
知识产权	成果取得自主知识产权情况	取得专利授权（国际和国内发明、实用新型和外观设计）
		软件著作权
		形成标准（国际标准、国家标准、地方标准、行业标准、团体标准、企业标准）
		发表国内外论文
		出版专著
市场潜力及竞争力	自主研发的关键技术或产品在市场竞争中发挥作用的情况，如适应市场需求，形成具有竞争能力的技术或产品，代替进口产品或突破技术壁垒进入国际市场等	成果欲转入的目标市场规模，包括当前国内目标市场规模，未来国内预期市场规模，当前国际目标市场规模，未来国际目标市场规模
		成果欲转入的目标市场上的主要竞争对手情况，本成果竞争优势情况分析的可靠度，有无对本成果主要竞争优势的清晰的分析及分析是否到位
产业化效益	成果产品化、产业化时是否具有可信的赢利能力	投入产出比
		已获得或可预期获得的交易额或销售收入

4.4　气象软科学类成果评价指标体系和评价要点

气象软科学类成果主要是指为气象决策科学化和管理现代化而进行的有关发展战略、政策、规划、评价、预测、科技立法以及管理科学与政策科学的研究成果，成果的表现形式主要为战略研究报告、政策研究报告、发展规划等。气象软科学类科技成果以满足决策服务需求为目标，以丰富和充实思想库、智囊团建设为评价重点。具体评价指标体系见表 4。

表 4　气象软科学类成果评价指标体系

指标名称	指标含义	评价依据
创新性	成果在理论观点上的创新性，研究方法上的创新程度	成果是否在理论观点上和研究方法上有创新，以及创新的程度
先进性	成果提出的观点、理论、方法在当时与同类研究比较所处的水平	成果的主要理论、观点及研究的方法在当时分析的时间节点上处于国内外同类技术中的地位
战略性	成果与国民经济、社会、科技发展需求的某一个方面或多个方面的紧密程度	成果提出的理论、观点具有战略性、前瞻性
复杂程度	成果的技术难度，包括涉及的专业领域范围、规模、需要解决的关键问题数量	成果涉及的专业领域范围、规模以及需要解决的关键问题数量等程度
决策服务效益	成果为各级政府部门、各类企事业单位决策提供科学依据、管理现代化发挥作用的影响程度	成果是否被采纳和应用，并在决策服务中发挥了作用，以及影响的程度
经济和社会效益	应用成果发挥的作用，取得的经济和社会效益	成果取得的经济和社会影响

4.5　结语

本研究利用文献调研、实地调研、科技成果评价试点行业和部门走访座谈等调查分析方法，结合气象部门科技评价的实际需要，分析了气象科技活动和气象科技成果的特点，通过专家座谈等形式，建立了气象基础理论类、气象应用技术类、气象产业化类和气象软科学类科技成果分类评价的指标体系。指标设计的重点体现了成果的科学价值、技术价值、应用前景、经济社会发展与人才培养、业务发展贡献等，为开展气象科技成果科学评价和成果推广转化等工作提供决策服务和技术支撑。其中，气象应用技术类科技成果的评价指标体系的主体部分已进行过试用，并在气象科技奖励申报工作中发挥了作用。其他各类评价指标体系还需在一定范围内进行试评价，并进一步优化分类评价指标体系和评价方法，以期强化科技评价引导作用，推进分类评价制度的专业化和规范化。

参考文献

[1]　崔建海．科技成果转化的基本理论及发展对策[J]．山东农业大学学报（社会科学版），2003.5（7）：112-114.

[2]　贺德方．对科技成果及科技成果转化若干基本概念的辨析与思考[J]．中国软科学，2011，11：1-7.

[3]　寇元虎，陶瑞．国防科技成果评价指标体系与评判标准构建研究[J]．科学管理研究，2015，33（3）：32-35

[4]　刘如顺，刘大海，彭伟．海洋应用类科技项目成果评价指标体系设计与评价方法初探[J]．海洋技术，2010，29（3）：128-130.

[5]　梁秀英，罗虹．标准化科技成果的分类研究[J]．标准科学，2009，8：4-7.

[6]　陶晓丽，王海芸，等．北京市科技成果评价指标体系参考元素设计与测评[J]．科技和产业，2015.15（7）：80-85.

[7]　成秀虎，马春平，骆海英，等．气象科技创新业务贡献评价标准研究[J]．标准科学，2016（8）：32-36.

[8]　陈艾菊．高校科技创新技术产业化评价研究[J]．商业时代，2008，16：96-97.

[9]　王新新．科技成果产业化的理论分析及对策选择[J]．科技与经济，2013，26（4）：11-15.

[10]　唐建荣，汤斐．科技成果产业化的初始条件[J]．统计与决策，2007，21：187-188.

气象科技成果转化为技术标准潜力评价指标构建[①]

——基于GB/T 33450—2016视角

薛建军　骆海英　成秀虎　纪翠玲　马春平　王一飞　刘子萌

（中国气象局气象干部培训学院，北京　10081）

摘　要：《科技成果转化为标准指南》（GB/T 33450—2016）提出了科技成果转化为标准的需求分析、可行性分析以及标准类型与内容的确定，提供了科技成果转化为标准的通用性路径指导。围绕当前气象科技成果转化为技术标准的现实需求，本文基于《指南》要求的契合标准基本属性、满足需求导向和转化可行性3项核心要点的"气象化"应用与改造，构建了气象科技成果转化为技术标准潜力评价指标并进行了指标实证性研究，为进一步推动气象科技成果转化和气象标准化工作提供参考。

关键词：气象科技成果，标准，潜力评价指标，GB/T 33450—2016

1 引言

在新的历史起点上，党中央把科技创新摆在了更加重要的位置，提出大力实施创新驱动发展战略，开启了建设世界科技强国的新征程[1]。科技成果转化有利于加快实施创新驱动发展战略，有利于提高经济社会效益，促进经济建设、社会发展和维护国家安全[2]。技术标准是促进科技成果转化为生产力的桥梁和纽带，在科技成果市场化、产业化过程中起着非常关键的作用，被认为是打通科技成果转化"最后一公里"的重要手段[3]。

近年来，针对科技成果转化为技术标准，党和国家作出了一系列的战略部署和安排。如：2015年中共中央办公厅、国务院办公厅印发的《深化科技体制改革实施方案》提出要"健全科技与标准化互动支撑机制"[4]。2016年国务院印发《促进科技成果转移转化行动方案》指出要"开展科技成果转化为技术标准试点，推动更多应用类科技成果转化为技术标准"[5]。2017年科技部、原国家质检总局、国家标准委联合发布了《"十三五"技术标准科技创新规划》，更是对"推动科技计划成果转化为技术标准，开展科技成果转化为技术标准的方法研究，研制科技成果向技术标准转化的指南等"做出了具体安排[6]。

鉴于现实需求，我国不少学者或机构也围绕着科技成果转化为技术标准这一主题进行了多元化的研究和探索。如：李姻婧、高京等人进行了科技成果转化为技术标准发展现状与典型路径的研究，剖析了当前科技成果转化为技术标准遇到的问题，提出了有助于科技成果转化为技术标准的一些工作构想[7, 8]。郑鹰等人开展了科技成果转化为技术标准对策研究，提出了推动科技成果转化为技术标准的对策建议，

① 本文受中国气象局政策法规司2018年气象标准预研究项目计划"气象科技成果转化为标准潜力评价指标体系研究"支持。发表于《标准科学》2022年第4期（上）。

建立了科技成果转化为技术标准的评价模型构建及开展实证分析,为判断科技成果是否具有标准化潜力提供了技术方法借鉴[9, 10]。2016 年,原国家质检总局、国家标准委联合发布了《科技成果转化为标准指南》(GB/T 33450—2016)(以下简称《指南》),提出了科技成果转化为标准的需求分析、可行性分析,以及标准类型与内容的确定、标准编写等要求,为各行业、各类组织提供了科技成果转化为标准的通用性路径指导[11]。

当前,标准已成为提升社会治理能力和行业管理水平的重要手段[12]。气象事业是科技型、基础性社会公益事业。将气象科技成果转化为技术标准,这不仅是进一步提升气象科技创新能力的必然要求,也是气象工作服务生命安全、生产发展、生活富裕、生态良好的重要途径。本文在梳理、借鉴已有研究的基础上,结合气象行业科技成果特点,以《指南》为指导,研究提出了具有气象特色的气象科技成果转化为技术标准潜力评价指标,以期能够从现有的气象科技成果中挑出那些具有潜力成为技术标准的成果,为行业主管部门提供技术支撑和决策参考。

2　概念界定

本文采用《气象科技成果认定规范》(QX /T 432—2018)有关"气象科技成果"的定义,即"通过气象科学研究与技术开发所产生的、具有科学价值或实用价值的成果"。气象科技成果包括基础理论类、应用技术类和软科学类三类成果[13]。从气象科技成果的定义和分类可以看出,第一,气象科技成果是气象科学技术活动的产物;第二,气象科技成果应具有一定的价值,即学术价值或实用价值。其中基础理论类成果以原始创新成果和创新性人才培养为重点,意义在于其科学价值、国内外学术影响力以及对业务可持续发展的前瞻性、储备性,以科学方法、原理、规则为主要产出。应用技术类成果聚焦关键技术和核心技术突破、自主知识产权创造、技术集成化效率水平、技术标准建立等,突出业务转化应用前景、业务贡献率及社会效益等。而软科学类研究成果多为政策性、管理性的成果,以服务决策为需求,成果类型上多为决策服务材料、战略研究报告、规划计划等支撑性智库产品为重点。

《标准化工作指南第 1 部分:标准化和相关活动的通用术语》(GB/T 20000.1—2014)对标准的定义是"标准是通过标准化活动,按照规定的程序经协商一致制定,为各种活动或其结果提供规则、指南或特性,供共同使用和重复使用的文件。"共同使用和重复使用是标准必须具备的特点,另外,标准以科学、技术和经验的综合成果为基础[14]。因此,只有那些能够被共同使用、重复使用的气象科技成果才具备转化为技术标准的潜在可能。对照标准的内涵,可以看出,在气象科技成果的三种类型中,应用技术类成果应为转化的重点,基础理论类次之,软科学类研究成果转化的可能性最弱。

3　潜力评价指标构建

3.1 构建思路

《指南》以需求为导向,首先强调了开展科技成果转化为标准需求分析的重要性。此外《指南》还强调,在考虑科技成果转化时既要考虑一项成果的市场占有量、技术成熟度,还要综合考虑成果所处行业的整体发展前景,以及预期的社会效益、经济效益,还要确保与同领域标准间的协调性,避免交叉重复。

鉴于气象行业的科技型、基础性和公益性特色，《指南》中关于成果所属产业的性质、与市场对接的有效性、对经济的带动作用等内容并不完全适用。因此，在充分借鉴《指南》思路和方法的基础上，笔者在构建气象科技成果转化为技术标准潜力评价指标时，重点从成果的性质、成果转化为标准的需求、技术可行性、成果转化为标准后的潜在效益等4个方面出发，以期通过对不同的气象科技成果在同一指标下的筛选、评价，评判气象科技成果是否具备可转化为技术标准的潜力。

3.2 构建原则

（1）综合性原则。指标应是能够全面反映气象行业科技成果转化为标准的综合情况，保证综合评价的全面、可靠。

（2）科学性原则。力求客观、真实、准确地反映被评价对象。

（3）系统性原则。要能充分反映气象科技成果转化为标准的需求、成果技术上的可行性、成果推广后对行业、社会的贡献以及在国际上的影响力等内容。

（4）可行性原则。评价指标应有明确的含义，要以一定的现实统计为基础，尽可能进行定量分析。同时指标项要适量，内容应简洁，方法要可行。

3.3 指标设计及其释义

依据综合、科学、系统和可行的原则，参照《指南》中关于契合标准基本属性、满足需求导向和转化可行性三项核心要点的要求[15]，笔者构建了气象科技成果转化为技术标准潜力评价指标。该指标共分两类，一类是筛选性指标，另一类是竞争性指标，具体如表1所示。其中筛选性指标只设1项，即A1标准特性，意在考察气象科技成果是否具备转化成为标准的基本特性。在A1标准特性下设二级指标A1.1共同使用和重复使用特性，即考察是否契合"共同使用""重复使用"这一标准基本属性。具体来讲，共同使用就是拟转化为标准的科技成果能在一定范围内（如国际/国内/区域或某一行业等）共同使用。重复使用就是拟转化为标准的科技成果不应仅使用于一次性活动，如单纯为某次气象服务提供决策支撑的成果。只有符合共同使用和重复使用特性的气象科技成果才能进行竞争性指标的评价。

竞争性指标是在筛选性指标的基础上，进一步考察符合标准基本特性的科技成果是否满足需求导向和转化可行性的要求。通常，并不是所有满足标准基本特性的科技成果都能够或者需要转化为技术标准。作为"潜力评价"，我们侧重于评价哪些气象科技成果转化更有需求、更为合适以及更应优先地转化为技术标准。竞争性指标有3项，即B1转化需求、B2技术可行性和B3潜在贡献。

表1 气象科技成果转化为技术标准潜力评价指标

分类	一级指标	二级指标	指标含义
筛选性指标	A1 标准特性	A1.1 共同使用和重复使用特性	共同使用特性，拟转化为标准的科技成果在一定范围内（国际、国内、区域或某一行业等）共同使用；重复使用特性，拟转化为标准的科技成果不应仅使用于一次性活动，如单纯为某次气象服务提供决策支撑的成果
竞争性指标	B1 转化需求	B1.1 转化为标准的需求	指行业内外对该成果有转化为标准的需求，从两方面考虑转化需求：1.成果本身工作需求，如是否围绕国家战略、行业领域重点等工作需求；2.成果转化为标准需求
		B1.2 与相关标准的关联	与现行国际/国家/行业标准的关系（空白、修订、废止、补充），根据需要程度进行评分

续表

分类	一级指标	二级指标	指标含义
竞争性指标	B2 技术可行性	B2.1 先进性	与同行相比达到国内或国际的领先程度
		B2.2 亟需程度	该成果有助于解决本领域的技术难题或行业热点问题或亟需解决的问题的程度
		B2.3 业务化水平	成果可业务化的程度。一般情况下，尚处于研究试验的成果不考虑将其转化为标准
		B2.4 推广应用的潜力	成果得到使用者的认可程度
			预期能推广应用的范围
	B3 潜在贡献	B3.1 行业发展贡献	对气象高质量发展的潜在贡献
		B3.2 社会发展贡献	立足气象工作的战略定位和实际要求，聚焦气象监测预报、气象防灾减灾、应对气候变化、开发利用气候资源、保障和服务民生、安全与发展、生态文明建设、服务重大战略、工程等层面，重点强调其对社会发展的贡献
		B3.3 国际影响贡献	瞄准气象科技强国建设目标，提升国际影响力的潜在贡献

（1）B1 转化需求。包括 2 个二级指标，分别从气象科技成果转化需求和标准制定需求两个视角进行评价。

B1.1 转化为标准的需求。该指标表征气象行业对该气象科技成果有转化为技术标准的需求，主要从两方面考虑，一是成果本身需求，如是否有国家战略、行业领域重点关注的需要，二是成果转化为标准的现实需求。在实际操作中，可以根据成果转化为标准需求的迫切程度来评分。例如：若气象科技成果满足国家、行业以及部门有关标准体系框架相关要求或与重点标准项目计划中待立项的内容契合则可以给予优先支持。

B1.2 与相关标准的关联。该指标主要考虑与现行国际/国家/行业标准的协调情况（如空白、修订、废止、补充），可以根据需要程度进行评分。如尚无相应的国际/国家/行业标准则应优先考虑。

（2）B2 技术可行性。从成果的技术属性考察其转化为技术标准的可行性，包括 4 个方面。

B2.1 先进性。考察与同行业相比技术水平达到国内或国际的领先程度，代表了该项技术在现阶段的引领性。

B2.2 亟需程度。考察该成果是否有助于解决该领域的技术难题或行业热点问题或亟需解决问题的程度，代表了该项技术成果应用的急迫性。

B2.3 业务化水平。表征成果可业务化的程度，某种程度上可反映成果转化为标准时的技术成熟度。一般的，尚处于研究试验阶段的成果不考虑将其转化为标准。

B2.4 推广应用的潜力。从成果得到使用者的认可程度以及预期成果推广应用范围来评价。成果得到使用者的认可程度在某种程度上反映了成果技术性能的完善性和推广后的适用性，预期推广范围则可反映转化为标准后的使用范围。

（3）B3 潜在贡献。鉴于气象行业公益性特点，《指南》中关于产业化、商业化以及经济效益的考量在本研究中并不完全适用，笔者对其进行了"气象化"改造，主要从业务贡献和社会贡献、国际影响力提升这三方面来考察。

B3.1 行业发展贡献。主要从立足本行业、支撑气象事业高质量发展的角度突出其对行业发展的贡献。譬如：引领行业发展，建立规则秩序；加快行业发展，提升工作质量；保障行业发展，满足业务的基本需求等。

B3.2 社会发展贡献。从气象工作关系生命安全、生产发展、生活富裕、生态良好这一战略定位和监测精密、预报精准、服务精细的工作要求，聚焦气象监测预报、气象防灾减灾、应对气候变化、开发利用气候资源、保障和服务民生、安全与发展、生态文明建设、服务重大战略（工程）等层面，重点强调其对社会发展的贡献。

B3.3 国际影响贡献。立足国内，面向国际，瞄准气象科技强国建设目标，提升国际影响力的潜在贡献，凸显在全球气象业务中的中国影响和贡献。譬如：填补空白，包括倡议、主导建立规则、秩序、取得技术突破或者技术领先等；有力支撑，包括获得广泛认可、赞同、取得技术显著进步等。

4 指标实证研究

本研究选取了某类气象行业代表性科技项目成果来进行本指标的合理性与适用性情况的实证研究。这类项目主要定位于开展本行业应急性、培育性、基础性科研工作。主要包括行业应用基础研究、重大公益性技术前期预研、行业实用技术研究开发等。理论上，这些项目产出的成果通常具有较高的转化为技术标准的潜力。

受制于数据的完整性和准确性，实际测算时共选取了 12 个项目中的 52 个气象科技成果作为样本。表 2 给出了这些成果的名称、项目立项时对成果转化为标准的需求以及所属项目等。鉴于有关信息保护的考量，这里对所有项目名称及部分成果名称进行了模糊化处理。

表 2　指标实证研究所用 52 个成果情况简表

序号	成果名称	项目立项时对成果转化为标准的需求	所属项目
1	表格驱动码过渡技术规范	▲▲	项目 1
2	太阳光度计***观测气溶胶光学厚度质量控制方法	▲▲	项目 2
3	***观测气溶胶质量浓度的质量控制方法	▲▲	项目 2
4	***气溶胶分析质量控制方法	▲▲	项目 2
5	反应性气体质量控制方法	▲▲	项目 2
6	***观测气溶胶散射系数质量控制方法	▲▲	项目 2
7	***气候站探测环境保护和选址	▲▲	项目 3
8	***气象站探测环境保护和选址	▲▲	项目 3
9	***气象站探测环境和选址	▲▲	项目 3
10	气象探测环境的卫星遥感评估技术与应用研究	△	项目 3
11	***极端温度事件的检测归因技术研制	△	项目 4
12	***极端温度变化的量化归因技术	△	项目 4
13	气候变化检测归因技术的改进及其在中国地区的应用	△	项目 4
14	***地区冬小麦农业气象指标体系	△	项目 5
15	交通运输高影响天气预警平台	△	项目 6
16	交通气象预报流程	△	项目 6
17	低能见度浓雾的预报技术	△	项目 6
18	路面温度预报技术及空间分布分析技术	△	项目 6
19	路面积雪预报技术	△	项目 6

序号	成果名称	项目立项时对成果转化为标准的需求	所属项目
20	路面湿滑状况预测技术	△	项目6
21	农业区划方法库、指标体系和业务流程	▲▲	项目7
22	千米网格的农业气候资源数据集	△	项目7
23	精细化农业气候区划产品制作图技术规范	△	项目7
24	卫星遥感旱情火情监测预警系统	▲▲	项目8
25	多源多星***资料与处理/质量控制系统	△	项目8
26	用于数值预报资料同化的***快速透过率系数生成	△	项目8
27	气象灾害风险区划技术手册	▲▲	项目9
28	气象灾害风险评估技术规范	▲▲	项目9
29	多源异构承灾体数据动态采集	△	项目9
30	不同给定条件下致灾临界面雨量的方法研究	△	项目9
31	长波辐射表、旋转遮光式太阳能测量系统	▲	项目10
32	***型辐射观测站、数据采集器	▲	项目10
33	太阳能资源观测站	▲	项目10
34	一级总辐射表、一级直接辐射表	▲	项目10
35	我国***温室气体观测分析系统	▲	项目11
36	我国温室气体***观测分析系统	▲	项目11
37	区域观测综合定位技术	△	项目12
38	基于区域观测图像的姿态确定方法	△	项目12
39	基于历史姿态数据预报的姿态求解方法	△	项目12
40	适应高时效分发的区域观测标称数据集制作方法	△	项目12
41	基于粗糙姿态关系模型的姿态求解方法	△	项目12
42	地面业务系统同步数据缓冲文件改造	△	项目12
43	指令与数据接收站图像处理系统区域观测适应性改造	△	项目12
44	区域观测技术在***静止卫星地面系统业务化	△	项目12
45	***卫星区域加密观测数据传输方案	△	项目12
46	***卫星区域观测策略	△	项目12
47	***气象卫星地面系统运行控制中心改造	△	项目12
48	***卫星区域高频次观测精细化业务服务流程	△	项目12
49	区域观测技术融合	△	项目12
50	区域观测预处理与产品生成软件	△	项目12
51	适应高时效分发的区域观测标称数据集制作方法	△	项目12
52	***保持控制后的图像定位恢复系统	△	项目12

注：▲▲ 项目有明确要求转化为标准的成果；▲ 项目有需要转化为标准的成果；△ 项目无要求的成果。

首先，这些成果都满足标准特性，即符合A1.1共同使用和重复使用特性的要求。在此基础上对B1转化需求、B2技术可行性和B3潜在贡献这三项竞争性指标进行以定量为主，定量与定性相结合的赋分评价，总分为100分，得分越高代表该成果转化为技术标准的潜力越大。各指标项的分数赋值、评分办法、数据来源及数据转化方法如表3所示。

表3 气象科技成果转化为技术标准潜力评价

一级指标	二级指标	评分办法	数据来源及转换方法
A1 标准特性	A1.1 共同使用和重复使用特性	据统计，常用的气象标准名称关键字如下：观测/监测/检测/检验/采样/测试/统计/传播/编码/技术/编制/设计/评价/防护/验收/建设/规范/要求、规程、等级/等级划分、仪器、格式/编码/元数据……	从项目验收材料中提取具有共同使用和重复使用特性的成果，应特别注意满足常用气象标准名称关键字的成果
B1 转化需求（45分）	B1.1 转化为标准的需求（30分）	如成果满足重大项目或基础通用项目条件或现阶段标准体系标准领域中的重点项目，得30分；如果不满足上述条件但有充足的转化为标准的需求，得25分；需求不强烈但有可能制定为标准的，得15分	查看推荐性国家标准立项评估办法、气象标准体系框架及重点气象标准项目计划和项目立项书，进而综合判断其转化为标准的需求程度
	B1.2 与相关标准的关联（15分）	没有相关国际/国家/行业标准，成果可能形成国际标准或交叉领域国家标准或行业标准，得15分；行业内有相关国家/行业标准，但技术比现有标准更先进更适合推广，可以废止或修订现有标准得10分；是现有标准的补充（修改单），得8分	结合现有标准清单，根据成果情况综合判断是否可填补空白或对现有标准进行修订、废止或补充
B2 技术可行性（45分）	B2.1 先进性（10分）	国际先进得10分，国内先进得8分，未有评价的不得分	查看项目结题意见对该项是否有评价或可参看结题评审意见关于"技术水平"的评分。满分3分，若平均分2.5~3分对应该项打10分，2~2.5分打8分
	B2.2 亟需程度（10分）	解决了该领域的技术难题或行业热点问题或亟需解决的问题得10分；部分解决得8分；有助于技术难点或热点问题或亟需问题的解决得6分	查看项目结题意见对该项是否有评价或参看结题评审意见关于"关键技术突破"的评分。满分3分，若平均分25~3分对应该项打10分，2~2.5分打8分，1.5~2分打6分
	B2.3 业务化水平（10分）	可业务应用得10分；可准业务应用得8分；业务试验得6分；处于研究试验则终结该成果的评价	查看项目结题意见对该项是否有评价或参看结题评审意见关于"成果应用转化状态"的评分。满分4分，若平均分3.5~4分对应该项打10分，2.5~3.5分打8分，1.5~2分打6分
	B2.4 推广应用的潜力（15分）	行业内外省级以上应用单位认可，得10分；行业内省级以上单位认可得8分；其他评价的不得分	查看项目验收材料"成果应用报告"，对应打分，如有司局级及以上业务管理部门发文的则直接打10分
		全国推广得5分；区域（跨省）推广得3分；其他不得分	查看项目验收材料"项目成果简表"中的推广范围判定
B3 潜在贡献（10分）	B3.1 行业发展贡献（3分）	取得核心技术突破，引领行业发展，建立行业规则得3分；推进核心技术攻关，加快行业发展，提升工作质量得2分；保障行业发展，满足业务的基本需求得1分	查看项目验收材料"项目执行情况自评价报告"中自评价

续表

一级指标	二级指标	评分办法	数据来源及转换方法
B3 潜在贡献（10分）	B3.2 社会发展贡献（3分）	满足以下任意一项即可得3分：该成果应用后能提升监测、预报预警服务，提升防灾减灾服务能力等，保障经济社会发展和人民生命财产安全起到积极作用；该成果应用后能提高应对气候变化和保障生态文明建设的能力等，该成果应用后能保障国家重大战略、重大工程、重大活动的组织实施等。否则得0分	查看项目验收材料"项目执行情况自评价报告"中自评价
	B3.3 国际影响贡献（4分）	瞄准气象科技强国建设目标，有助于获得国际话语权得4分；取得积极进展，有助提升国际影响力得2分	查看项目验收材料"项目执行情况自评价报告"中自评价

经测算，52项成果中最高得分为100分，最低69分，平均得分82.5分。其中得分≥90的成果18项，80≤得分<90的成果7项，70≤得分<80分的成果26项，得分<70分的1项。整体上看，这些成果转化为技术标准的潜力都是比较高的，这与该类科技项目设置的初衷是一致的。因为，通过筛选性指标的成果中大多数为应用技术类成果，而这类成果由于项目立项的要求，往往以关键技术研发、核心技术集成、技术标准建立等为主，具有较强的需求导向，业务转化应用前景、业务贡献及社会效益要求等，因此评价得分应当较高，转化潜力较大。

此外，还对这52个成果按照项目立项时是否有关于成果转化为技术标准的要求进行了分类研究。第一类是项目有要求转化为标准的成果（13个），纳入结题考核，通常这类成果所在项目立项时承诺有标准研制的要求。第二类是项目有需要转化为标准的成果（6个），通常这类成果所在项目在任务书中有将成果转化为标准的需求，但无结题考核的任务。其余的成果归为第三类（33个），通常这类成果所在项目在立项时并无提及是否有转化为标准要求或需要。通过分类比较发现，第一类成果的平均得分最高（93分），第二类成果的平均得分次之（91分），第三类最低（76分）。得分越高，说明项目成果转化为技术标准的潜力越大。这一结论也得到项目实际结题情况的验证。对照后检查发现，前两类成果所在项目结题时均已有成果转化为标准或者正在转化中，而第三类成果所在项目仅50%的项目在结题时（后）有成果转化为标准。

通过以上的分析可以看出，该指标能够评判出具有较好应用潜力的气象科技成果，指标设计具有一定的合理性和适用性。

5　结语

本文围绕当前气象科技成果转化为技术标准的现实需求，着力于《指南》要求的契合标准基本属性、满足需求导向和转化可行性3项核心要点的"气象化"应用与改造，构建了气象科技成果转化为技术标准潜力评价指标并以某类气象行业代表性科技项目产出的52个成果进行了指标实证性研究，为进一步推动气象科技成果转化和气象标准化工作提供参考。

科技成果转化为技术标准是一项持续性的系统工程，需要集合各方力量协同推进[8, 10]。首先，本研究还有诸多不足之处，例如：受制于有限的评价数据，指标的合理性与适用性情况还待进行更为精细的分析研究，指标的设计也有待在实际应用中持续优化完善。其次，还应进一步对气象科技成果转化为技术标准潜力评价这项工作进行标准化，特别是对其工作流程、数值采集分析等关键过程进行统一和规范[12]并在工作实际中不断完善和发展，以更好地"取得最佳秩序，促进共同效益"。

参考文献

[1] 王志刚. 新时代建设科技强国的战略路径[J]. 中国科学院院刊，2019，34（10）：1112—1116.

[2] 中华人民共和国促进科技成果转化法[EB/OL]. http://www.most.gov.cn/ztzl/gjkxjsjldh/jldh2017/jldh17xgwj/201801/t20180104_137478.html.

[3] 杨文君，肖春勇，路宏峰. 科技成果转化为技术标准的"一中心，三维度"服务体系探索——记深圳在创建国家科技成果转化为技术标准试点中的先行实践[J]. 标准科学，2021，561（2）：86-89.

[4] 深化科技体制改革实施方案[EB/OL]. http://www.gov.cn/ guowuyuan/2015-09/24/content_2938314.htm.

[5] 促进科技成果转移转化行动方案[EB/OL]. http://www.gov.cn/ zhengce/content/2016-05/09/content_5071536.htm.

[6] "十三五"技术标准科技创新规划[EB/OL]. http://www.gov.cn/ xinwen/2017-06/29/content_5206786.htm.

[7] 李姵婧，谢秋琪. 科技成果转化为技术标准现状分析与路径研究 [J]. 中国标准化，2018（3）：103-108.

[8] 高京，王德成，李海斌，等. 科技成果转化为技术标准发展现状与典型路径 [J]. 科技管理研究，2020，40（8）：185-190.

[9] 郑鹰. 科技成果转化为技术标准对策研究 [J]. 标准科学，2017（12）：80-83.

[10] 郑鹰，韩朔. 科技成果转化为技术标准的评价模型构建及实证分析 [J]. 科技管理研究，2018，038（023）：44-49.

[11] 科技成果转化为标准指南：GB/T 33450—2016 [S]. 北京：标准出版社，2016.

[12] 薛建军，成秀虎，崔晓军，等. 气象科技统计标准化研究与实践 [J]. 标准科学，2021，564（5）：52-58.

[13] 气象科技成果认定规范：QX/T 432—2018 [S]. 北京：标准出版社，2018.

[14] 标准化工作指南 第1部分：标准化和相关活动的通用术语：GB/T 20000.1—2014 [S]. 北京：标准出版社，2014.

[15] 李涵.《科技成果转化为标准指南》（GB/T 33450—2016）解读[J]. 中国质量与标准导报，2017，（5）：34-35.

气象登记科技成果转化为标准实证分析研究①

马春平　成秀虎　纪翠玲　骆海英　崔晓军

（中国气象局气象干部培训学院，北京　100081）

摘　要：习近平总书记指出，标准决定质量，有什么样的标准就有什么样的质量，只有高标准才有高质量。新时期气象事业高质量发展离不开高标准的引领。本文在借鉴《科技成果转化为标准指南》的基础上，结合气象行业需求，按照科学、适用、易用的原则，构建了气象登记与备案科技成果转化为标准的评价指标体系，并以国家标准和行业标准为转化对象，对中国气象局 2015—2020 年登记和备案的科研成果进行了试评价和实证分析，以期为气象部门和其他行业开展科技成果转化为标准工作提供参考。

关键词：气象，科技成果转化，标准

1　引言

标准作为科技成果的"扩散器""助推器"和产业发展的"风向标"，为科技创新活动建立"最佳秩序"、提供"通用语言"，实现科学研究、实验开发、推广应用"三级跳"，降低创新成本、明晰创新方向、加快创新速度[1]。目前，我国社会主义现代化建设进入新发展阶段，经济社会发展对气象服务供给提出更高要求。科技创新是引领气象事业高质量发展的第一动力，是做到监测精密、预报精准、服务精细，提高气象服务保障能力的根本途径，是发挥气象防灾减灾第一道防线作用的必然要求[2]。作为科技型的气象事业，高质量发展离不开高标准的引领。经过多年努力，气象标准化工作逐步走出了一条数量、质量并重的路子。但是气象标准质量不高、好用的标准不多、有影响力标准较少的局面没有得到根本性改观。2018 年，全国气象局长会首次提出要推动气象科技成果转化为标准工作，经过几年的发展，目前气象科技成果转化为标准的形势还不容乐观，围绕气象科技成果转化为标准的评价方法和专业化技术与信息服务还处于探索阶段，相关政策机制还没建立，从科技成果到标准的转化路径还没有打通。根据中国气象标准化平台统计，截至 2020 年底，气象领域共制定发布各类标准 1521 项，其中国家标准 195 项、行业标准 600 项、地方标准 707 项、团体标准 19 项，其中有 4 项国家标准为强制性标准，其他标准均为推荐性标准。目前大部分气象标准的应用效果还不理想，主要是标准质量不高、好用标准较少的缘故造成的，追根溯源是因为气象标准研制经费投入不足及其导致的重编制轻研制、重文本规范轻技术检验验证等问题。与此同时，同期在中国气象局进行登记和备案的行业科技成果有 9400 余项，成果量虽然很大，但系统显示有标准产出的成果还比较少。2021 年，中共中央、国务院发布的《国家标准化发展纲要》提出到 2025 年实现共性关键技术和应用类科技计划项目形成标准研究成果的比率达到 50% 以上的发展目标。因此，如何将气象科技成果及时转化为标准，通过气象科技成果的转化有效提高气象

① 本文受中国气象局 2019 年标准预研究项目"气象科技成果转化为标准实证分析研究"资助。

标准的水平和质量，从而助力新时期气象事业高质量发展和气象强国建设是气象部门当前急需解决的重要问题，其中，研究建立气象登记与备案科技成果转化为标准的评价指标并进行实证分析不失为一种有效且可行的路径。

2　指标构建

针对科技成果如何转化为标准，2016年国家质检总局、国家标准委发布了GB/T 33450—2016《科技成果转化为标准指南》（以下简称《指南》）。该国家标准提出了科技成果转化为标准的需求分析、可行性分析，以及标准类型与内容的确定、标准编写等要求，为各行业、各类组织提供了科技成果转化为标准的通用路径[3]。但是，目前针对科技成果是否可以转化为标准，及其在转化为标准潜力大小方面还没有明确的尺度或者指标加以评判[4-7]。因此，本研究尝试建立一套简单的、操作性强的共性评价指标体系，旨在打通气象登记与备案成果转化为标准的路径，同时为其他气象科技成果转化为标准工作提供参考。通过检索相关文献、政策和法规，并依据《指南》和《"十三五"技术标准科技创新规划》的要求，结合科技成果转化为标准潜力评价的前期研究成果及各方专家的意见和建议，重点从科学性、导向性和可操作性方面考虑构建了气象登记与备案科技成果转化为标准的评价指标体系，具体见表1所示。

表1　气象登记与备案科技成果转化为标准评价指标

评价指标	指标释义	评分标准		
		优	良	差
必要性	成果水平的先进性及对技术进步的影响；成果转化为标准的情况	实现了重大技术跨越，能够解决行业或区域重大技术问题，对行业或区域技术进步作用显著，没有转化为标准	技术水平明显提高，能够解决行业或区域重要技术问题，对行业科技进步作用明显，没有转化为标准	技术水平有所提高，解决了行业或区域一般技术问题，对行业科技进步作用一般。或者已经转化为标准
可行性	指该成果的技术成熟度，是否已经进入成熟应用阶段，且经过反复验证，反映成果的重复使用功能，是标准的重要属性	成熟阶段：指正式投入应用或已经工业化生产的成果，需业务单位开具应用证明	中期阶段：指新产品、新工艺、新生产过程直接用于生产前，为从技术上进一步改进产品、工艺或生产过程而进行的中间试验（中试）；为进行产品定型设计，获取生产所需技术参数而制备的样机、试样；为广泛推广而作的示范；为达到成熟应用阶段、广泛推广而进行的阶段性研究成果	初期阶段：指实验室、小试等初期阶段的研究成果
适用性	指该成果可推广应用的范围，反映成果的共同使用功能，是标准的重要属性	可在国际、全国或行业范围内广泛应用	可在地方、联盟或企业范围内广泛应用	不适合广泛应用（含只适合一次性活动的成果）

（1）必要性。一项成果首先得存在转化的必要或者需求，即具有转化动因，才能进入后续转化阶段，因此，必要性是开展科技成果转化为标准工作的前提。《指南》中将开展科技成果转化为标准的需求分析放在了第一位，确保转化的出发点是必要的，目标是明确的[8]。针对不同的对象，出发点会有所不同，有的为了增进协调、降低成本；有的为了新产品的生产销售、占领市场先机；有的为了保护公众利益，由政府主导制定一些公益类标准[3]。结合气象行业的公益属性和气象强国发展需求，必要性主要

从成果的相关技术是否已经转化为标准、所属领域（标准体系）的重要程度以及与相关标准的协调性3个方面进行衡量。成果所属领域的重要程度主要指该成果是否属于当前气象标准体系规划中的重点气象项目与创新驱动发展的基础标准，生态气象等关系国计民生、政府关心关注且有较大社会影响的重大标准，气象服务市场管理等落实国务院有关简政放权、放管结合、优化服务改革精神并强化事中事后监管的关键标准，气候资源开发利用等引领新技术发展并拓展业务服务领域的急需标准等；与相关标准的协调性主要指成果能够填补相关领域标准空白或替代其他标准，或者成果的主要技术内容是已发布相关标准的补充或改进。根据气象登记与备案科技成果的材料现状，结合专家意见，从操作层面主要判断成果的技术水平与国内外同类技术相比提高的幅度，对行业或区域重要核心技术问题的解决情况和引领带动情况，以及相关技术是否已经转化为标准。

（2）可行性。可行性是评价一项科技成果是否可以转化为标准的关键因素，是对技术本身的评价。《指南》中提出对科技成果转化为标准的可行性分析包含诸多因素，如科技成果的标准特性分析（共同使用特性和重复使用特性）、科技成果的技术成熟度分析、科技成果的推广应用前景分析以及与同领域现有标准的协调性分析。考虑评价指标的适用性和可操作性，以及相关因素之间的关联性，结合气象登记与备案科技成果具体情况，可行性指标从操作层面主要判断成果的技术成熟度，是否已经进入成熟应用阶段，且经过反复验证，反映成果的重复使用功能，是标准的重要属性。

（3）适用性。适用性也是判断一项科技成果是否能够转化为标准的重要因素，从科技成果本身来说，是否具备转化为标准的基本特征，除了该成果可重复使用之外，还需要满足可共同使用的特性。有些科技成果虽在必要性（如技术水平高，对行业或区域有较大引领带动作用，且没有制定相关标准等）、可行性(如技术成熟)上均具有较高特性，但由于技术本身不具备可共享性或仅适合一次性活动的，不适宜转化为标准。基于气象登记与备案科技成果材料现状，从操作层面主要判断成果可推广应用的范围。

3　试评价与实证分析

3.1　试评价

中国气象局自2005年开始进行成果登记和备案工作，但是从2015年才开始通过气象科技管理信息系统实施在线成果登记与备案，早期2005—2014年间的成果材料因历史原因不太齐全，且考虑到成果转化的时效性问题，故选取2015—2020年间在中国气象局进行登记和备案的气象科技成果进行试评价，备选科技成果共有6315项，其中基础理论类成果521项、软科学类成果142项、应用技术类成果5652项。因成果体量较大，本研究重点以国家标准和行业标准为转化对象，试评价前对备选科技成果进行了初步筛选，方法如下：

首先，通过查看成果类别，直接排除基础理论类成果，因为根据标准化的原理这些成果很难转化为标准或者没有转化的意义。经过此次筛选，去除521项基础理论成果后，剩余5794项成果。其次，针对软科学类成果，排除属于地方性研究的项目成果、成果名称中含有"战略、政策、策略、方案、规划、对策"等字样的成果以及成果形式为规划计划和决策服务材料的成果。通过此次筛选，软科学类成果去除140项，剩余2项。最后，针对应用技术类成果，排除属于地方性研究的项目成果、成果形式为科普作品的成果以及不能成熟应用的成果。根据此次筛选，5652项应用技术类成果中，去除掉处于初期阶段的成果2280项、处于中期阶段的成果860项和所处阶段不明的成果23项，剩余处于成熟应用阶段的成果2489项，再去除地方性研究成果1970项后，剩余519项。通过以上3步筛选，初步排除不能转化为标准以及不符合要求的科技成果 5794 项，剩余成果 521 项。

基于构建的气象科技成果转化为标准的评价指标体系和转化对象要求，研究组邀请相关气象标准化专家在认真查阅登记和备案成果材料的基础上，对初筛后剩余的 521 项成果进行了试评价，通过评价主要选出转化的必要性为优和良、可行性为优以及适用性为优的成果。试评价结果显示，521 项科技成果中有可能转化为国家标准或行业标准的成果有 124 项，占试评价成果总量的 23.8%。

3.2 实证分析

针对试评价的 521 项科技成果，研究组一开始准备将这些成果与中国气象局已发布的国家标准和行业标准进行比对分析，从而确定已转化标准情况后进行实证分析。但由于标准制定时没有与登记和备案时的成果进行挂钩，即使有部分标准是从相关成果转化而来，其名称与登记和备案的成果名称差异也很大，且很多成果还是综合性成果，一个大成果转化了好几个标准或者其中一个小成果转化为了标准，所以比对分析很难开展。研究组进一步通过成果与标准名称的关键词、成果完成人和完成单位与标准起草人和起草单位进行比对分析，由于缺乏信息化手段，该项工作也很难开展。各项权衡比较之后，研究组设计了一份气象科技成果转化为标准的摸底调查问卷，并就问卷内容征求了标准化管理部门和相关专家的意见，问卷内容主要围绕成果是否已经转化为标准、是否可能转化为标准、可以转化为哪种类型的标准等问题开展，该方法相比之前的两种方法切实可行，且效果好。为了提高实证分析的可靠性，研究组没有只针对少部分成果进行问卷调查，而是对筛选后的 521 项成果全部发放了问卷，发放对象为成果的主要完成人，521 项成果总共涉及全国 30 个省（区、市）气象局、8 个中国气象局直属科研业务培训单位、1 个中国气象局直属企业和 1 个大学，由于部分成果完成人调离或者退休等原因，最后回收问卷 482 份。通过对 482 份问卷的统计分析发现，其中已经转化为标准或者已被标准立项的成果有 84 项，占试评价成果总数的 17.4%。没有转化的成果有 398 项。398 项没有转化为标准的成果中，成果完成人有转化意向或认为有可能转化的成果有 124 项，没有转化意向或认为不可能转化的成果有 144 项，不清楚能不能转化为标准的成果有 130 项（含未反馈是否可能转化为标准的成果 5 项）。

结合 482 份问卷调查结果，研究组对相应的 482 项成果的试评价结果进行了实证分析。比对发现，去除在登记和备案时已经转化为标准或已被标准立项的成果（29 项）后，试评价结果中有可能转化为标准的成果（107 项）与问卷调查中已经转化为标准的成果（55 项）的重合项为 20 项，与问卷调查中有可能转化的成果（124 项）的重合项为 47 项，合计重合项为 67 项，重合项占试评价结果中有可能转化成果数的 62.6%；实证分析结果说明，该指标体系基本是可用的。

4 小结

针对实证分析结果，研究组进行了认真的梳理和总结，发现试评价与调查问卷结果之间的差异主要是由以下几个因素造成的：一是成果材料与评价指标不能很好地匹配，目前中国气象局登记和备案的气象科技成果主要是各级各类科研项目成果和各级气象部门认定的成果，登记和备案时提供的信息与成果转化为标准的评价指标无法精准匹配，需要评价专家在查阅成果简介、技术报告及相关证明材料的基础上进行主观的定性判断，这本身就有难度。还有就是成果登记和备案时虽然对成果的可行性也就是技术成熟度有专门的指标要求，但是目前对于处于成熟阶段的成果只要求提供至少一份应用证明材料，应用证明可以是本单位的，也可以是外单位的，只要求业务应用了即可，所以很多成果都无法判断是否真的非常成熟或可重复使用。且很多成果是综合性成果，可能其中一个成果有可能转化为标准，但是成果材料中对该成果的介绍非常少或者几乎没有，所以很容易遗漏。二是成果完成人本身的标准化水平参差不齐，对成果是否能够转化为标准的判断不够准确。三是评价指标设计时对可操作性的要求比较高，所以指标本身比较简单，还不够全面细致，而成果是否能够转化为标准受多种因素影响，所以准确率还不够高，有待进一步完善。

目前，基于国家在科技成果转化为标准方面的系列政策引导，各行各业都在积极开展成果转化为标准工作[9-12]，但是围绕登记与备案科技成果转化为标准的还未见到。本文针对当前的行业现状和需求，通过构建简单操作性强的评价指标和方法，可从大批量的气象登记与备案科技成果中及时筛选出可能转化为标准的成果，这些成果可作为气象标准化管理部门征集年度标准立项的储备清单，相关的做法也可为气象标准化管理部门和科技管理部门联合开展成果转化为标准工作提供参考，同时也可为其他行业或部门提供参考与借鉴。

参考文献

[1] 实施标准化纲要 促进高质量发展——国新办举行新闻发布会介绍贯彻落实《国家标准化发展纲要》相关情况[J]. 工程建设标准化，2021（12）：10-21.

[2] 庄国泰. 推进气象科技自立自强 加快建设气象强国[N]. 科技日报，2022年3月3日（第01版）.

[3] 李涵.《科技成果转化为标准指南》（GB/T 33450—2016）解读[J]. 中国质量与标准导报，2017（5）：34-35.

[4] 郑鹰，韩朔. 科技成果转化为技术标准的评价模型构建及实证分析[J]. 科技管理研究，2018（23）：44-49.

[5] 柳成洋，丁日佳，任向阳，等. 科技成果转化为技术标准理论及方法[M]. 北京：中国标准出版社，2009.

[6] 柳成洋，于欣丽，尹彦. 科技成果转化为国际标准潜力分析方法研究[J]. 世界标准化与质量管理，2007（1）：41-43.

[7] 肖翔. 新兴技术标准化潜力分析方法研究[D]. 北京：中国科学技术信息研究所，2017.

[8] 中华人民共和国国家质量监督检验检疫总局，中国国家标准化管理委员会. 科技成果转化为标准指南：GB/T 33450—2016[S]. 北京：中国标准出版社，2016.

[9] 裘慧，闫诚，韩晶，等. 检验检疫科技成果转化为标准的机制探讨[J]. 科技成果管理与研究，2014（9）：23-27.

[10] 郭春莉，付强. 中医药科技成果向标准转化模式探析[J]. 世界科学技术-中医药现代化，2013（8）：1850-1852.

[11] 李健，马晓琨. 我国海洋仪器科技成果转化为技术标准现状浅析[J]. 标准科学，2014（11）：54-56.

[12] 谭越，郑辉，吴炜. 企业科技成果转化为技术标准模式研究[J]. 石油科技论坛，2015（5）：19-23.

气象科技成果转化为标准路径与策略研究①

马春平　　成秀虎　　纪翠玲

（中国气象局气象干部培训学院，北京　100081）

摘　要： 党中央、国务院和有关主管部门近年来颁布了多项法律和政策对科技成果转化为标准的体制机制建设、措施提出、方法研究等做出明确要求。本文在总结国内外开展科技成果转化为标准的研究与实践基础上，梳理了气象科技成果转化为标准的现状和难点，结合气象部门实际需求，提出了气象科技成果转化为标准的路径，并给出了措施建议，以期为气象行业或相关部门开展科技成果转化为标准工作提供参考。

关键词： 气象科技成果，标准，路径，建议

1　引言

标准是科技成果的一种重要表现形式，同时是促进科技成果转化为生产力的桥梁和纽带，更是产业和地区参与国内外竞争的重要手段之一，对国家经济发展、社会进步有重要的基础支撑作用，已成为科技成果转化为生产力的一种有效模式[1]。党中央、国务院和有关主管部门高度重视科技成果转化为标准，近年来颁布了多项法律和政策文件，对机制建设、措施提出、方法研究等做出明确要求。2015 年修订的《中华人民共和国促进科技成果转化法》中提出，国家加强标准制定工作，对新技术、新工艺、新材料、新产品依法及时制定国家标准、行业标准，积极参与国际标准的制定，推动先进适用技术推广和应用。2015 年中共中央、国务院发布的《深化科技体制改革实施方案》提出，强化标准化促进科技成果转化应用的作用，健全科技与标准化互动支撑机制，制定以科技提升技术标准水平、以技术标准促进技术成果转化应用的措施。2016 年中共中央、国务院发布《国家创新驱动发展战略纲要》提出要强化基础通用标准研制，健全技术创新、专利保护与标准化互动支撑机制，及时将先进技术转化为标准。同年，国务院印发的《"十三五"国家科技创新规划》（国发〔2016〕43 号）中指出，要健全技术标准体系，统筹推进科技、标准、产业协同创新，健全科技成果转化为技术标准机制。科技部、质检总局、国家标准委《关于在国家科技计划专项实施中加强技术标准研制工作的指导意见》（国科发资〔2016〕301 号）中要求，科技主管部门和标准化主管部门建立健全科技成果向技术标准转化的工作机制，选择部分重点领域开展科技成果向技术标准转化试点，支持在研或已结题验收的专项项目（课题）产出应用前景广、市场需求大的成果转化为技术标准，加速科技成果产业化、市场化应用进程。科技部、质检总局、国家标准委联合发布的《"十三五"技术标准科技创新规划》（国科发基〔2017〕175 号）中进一步明确提出，开展科技成果转化为技术标准的方法研究，研制科技成果向技术标准转化的指南，为科技计划成果转化为标准提供技术支撑。2021 年，中共中央、国务院发布的《国家标准化发展纲要》提出到 2025 年实现共性关键技术和应用类科技计划项目形成标准研究成果的比率达到 50% 以上的发展目标。还提出推动标

---

① 本文受中国气象局 2019 年标准预研究项目"气象科技成果转化为标准实证分析研究"资助。

准化与科技创新互动发展，包括"建立重大科技项目与标准化工作联动机制，将标准作为科技计划的重要产出，强化标准核心技术指标研究"等；健全科技成果转化为标准的机制，包括"完善科技成果转化为标准的评价机制和服务体系，推进技术经理人、科技成果评价服务等标准化工作。完善国家标准化技术文件制度，拓宽科技成果标准化渠道"等。2021年12月修订的《中华人民共和国科学技术进步法》同样强调，"国家推动研究开发与产品、服务标准制定相结合""引导科学技术研究开发机构、高等学校、企业和社会组织共同推进国家重大技术创新产品、服务标准的研究、制定和依法采用"。

目前，我国气象事业已进入高质量发展的新阶段，高质量发展离不开高标准的引领。基于当前气象标准的质量不高、好用标准不多、有影响力标准较少的现状，以党中央、国务院的上述政策为指引，以相关法律法规为依据，采取有针对性的措施，大力推动气象科技成果及时转化为标准，不断提高高水平标准的有效供给，是贯彻落实习近平总书记关于气象工作重要指示精神、用科技创新引领气象事业高质量发展的有效路径之一。

2　国内外科技成果转化为标准的研究与实践

目前，在科技成果转化为标准方面，发达国家已经形成了成熟机制，且不同国家有不同的特点。一种是以美国为主导的企业自由竞争模式，政府一般不参与技术标准的制定和实施，而是为其提供坚实的法律和政策保障，设立各类专项计划，投入大量的资金支持，同时，中介机构为科研主体开展科技成果转化提供全面的信息服务和技术服务，从而有效地提高了科技成果转化效率；另一种是以欧洲和日本为主导的政府联合模式，如日本政府的各级部门都设有科技成果转化机构，并通过实施一系列政策措施，引导并支持科技成果转化为技术标准活动的开展[2-3]。

与国外相比，我国科技成果转化为标准的机制还不健全，因经济基础相对较弱以及市场经济体制不健全等因素，无法完全照搬国外的成果转化标准模式，但在学习国外经验的基础上也逐步形成了具有自己特色的3种转化模式：技术推动模式、市场需求模式、政府介入模式。技术推动模式在高新技术研发产业应用广泛，它强调技术创新在技术标准形成中的决定作用，通过研发技术的不断革新，促进相应技术标准的形成与更改；市场需求模式强调市场的需求作用，对于市场中的新兴产品，发布产品技术标准的企业往往在竞争中占有主导地位，从而推动产品技术标准的产生；政府介入模式主要针对产品化模式较弱，技术难度较大的行业，由于其受到诸多条件的限制，只有通过政府的驱动和帮扶，才能促进技术标准的形成[4]。

为推进我国科技成果转化为标准工作的深入实施，2014年科技部发展计划司、国家质检总局科技司和国家标准委综合业务部印发了《科技计划研制技术标准工作手册》，旨在提高广大科技工作者的标准化意识和水平，同时为提升科技计划研制技术标准工作的有效性提供参考。2016年，质检总局、科技部、国家标准委又制定了《科技成果转化为技术标准试点工作方案》，并在全国科研院所、高等院校、企业等范围内遴选部分单位开展科技成果转化为技术标准试点工作，探索建立科技成果转化为技术标准效果的评估评价机制，为后续全面推广提供经验示范。同年，国家质量监督检验检疫总局、国家标准化管理委员会批准发布了GB/T 33450—2016《科技成果转化为标准指南》（以下简称《指南》），该标准提出了推动科技成果转化为标准的通用路径，也为各行各业科技成果转化为标准提供了指导[5]。尽管在国家层面我国大力支持科技成果转化为标准工作，但由于科技成果转化为标准的机制还不完善、相关理论研究还很薄弱、符合市场需求的创新型成果还比较少以及懂得标准化的科技人才还很少等原因，我国科技成果的标准转化率与发达国家相比依然较低。

近年来，随着国家在科技成果转化为标准方面的一系列政策推动下，各行各业对成果转化为标准工作愈加重视，围绕成果转化为标准的方法、指标、模式、路径及对策等研究也越来越多。柳成洋等[6-7]提出了科技成果转化为技术标准的理论及方法，并以公共标准、联盟标准和私人标准为例开展了应用研究。张恒等[8]针对标准与科技成果协同发展的因素进行了分析，提出了科技成果转化为标准的共性流程。李姗婧等[9]提出在科技成果转化为技术标准的过程中，需要按照科技成果和标准的性质、特点、种类建立相互匹配的转化模式和路径。裴慧、闫诚等[10]建立了不同类型检验检疫科技成果转化为标准的潜力评价指标体系。郭春莉、付强[11]根据中医药科技成果的不同类别探讨了基础公益类成果和产品技术类成果转化为标准的模式。李健和马晓琨[4]就海洋仪器科技成果转化为技术标准提出了存在的问题和应对的措施。刁海燕和王玉英[12]对油气企业的科技成果转化为技术标准进行了可行性分析，并提出了石油行业上游领域科研成果转化为技术标准的原则和方向。谭越和高鹏等[13-14]就企业科技成果转化为技术标准的模式和路径进行了研究，并提出了转化的建议。这些研究成果不仅为相关行业和部门的成果转化标准工作提供参考，也可为笔者所在的气象行业科技成果转化为标准工作提供重要借鉴。

3 气象科技成果转化为标准的现状与难点

气象部门于 2018 年才着手开展科技成果转化为标准相关工作，目前气象科技成果转化为标准的形势还不容乐观，距离国家标准化发展纲要提出的发展目标还差距巨大。根据气象科技成果登记与备案系统平台统计，截至 2020 年底，在中国气象局进行登记和备案的成果有 9000 余项，成果量虽然很大，但是转化为标准的成果占比非常少。气象标准大部分是公益性质，主要依靠政府部门来主导制定，标准化主管部门针对标准制定单独立项是目前大部分气象标准制定的典型路径，主要做法是：各级标准化管理部门每年定期向全社会征求年度标准制修订项目建议，对申报的标准项目，由标准化管理部门组织同行专家进行评审后立项。只有少量标准是在立项阶段就已纳入相关科技计划项目的验收指标中，标准制定与项目研发同时开展，结题时就已完成标准制定或者立项，目前按照这种路径制定的标准还比较少，主要是科研项目立项标准困难，科研成果转化标准机制尚未形成；从标准立项过程可以发现，无论是国标、行标还是地标均未发现有将标准的申报与科技成果登记和备案进行挂钩的现象。

根据 2021 年开展的气象科技成果转化为标准摸底情况调查表明，气象科技成果转化为标准有三方面难点：一是科研人员的标准转化要求不强，动力不足，积极性不高，44%的成果完成人表示标准立项难、周期长、经费少、编写过程复杂，没有动力；25%的成果完成人认为没有硬性要求，转不转无所谓；24%的成果完成人认为没有政策支持或领导不重视，很难开展。二是科研人员的标准化知识和水平还比较低，34%的成果完成人不知道怎么编写标准，18%的成果完成人不懂标准、不知道什么成果能转化为标准。三是高质量全局性应用性强的重大气象科技创新成果产出还较少，79%的登记与备案科技成果为地方性科技成果；61%的登记与备案科技成果不能成熟应用于气象业务。因此，强化政策引导、健全转化机制及提高转化意识是解决气象科技成果转化为标准的关键。

4 气象科技成果转化为标准的优势与路径分析

气象部门开展科技成果转化为标准有 3 方面优势：一是气象科技创新成果资源丰富且集中。气象部门是科技型、基础性社会公益事业部门，且是垂直管理，因此具有大量的科研人员和丰富的科研资源，在开展科技创新活动的同时承担了大量国家/行业/地区重点研发项目，产出了大量的科技成果，且具备成熟的成果登记制度和成果汇缴平台，成果资源相对集中。二是气象标准化体系建设完备充分。"十三五"

以来气象部门已经建立了比较完整的气象标准体系和气象标准化制度体系，构建了适应需求的气象标准化技术支撑体系和标准化信息服务平台，具有专业的标准化支撑机构和工作人员，标准化信息渠道畅通，标准化需求清晰。三是科技成果转化为标准的机制初步建立。气象科技管理部门和标准化管理部门都比较重视气象科技成果转化为标准工作，该工作不仅纳入了2018年全国气象局长会议文件，标准化管理部门还积极立项支持该项工作的持续深入研究，成秀虎等人通过开展气象科技成果转化为标准的潜力评价指标体系和实证分析研究等已经初步建立了气象科技成果转化为标准的相关机制，并利用2015—2020年中国气象局登记与备案成果进行了实证分析，为后续相关工作的开展奠定了坚实基础。

气象部门开展科技成果转化为标准可以从以下3条路径着手，具体如图1所示：

（1）通过气象科技成果登记和备案收集并整理各级气象部门汇缴的气象科技成果产出情况，建立气象科技成果库，对现有科技成果进行评估，确定哪些成果可以转化为标准以及转化为哪种类型的标准，通过评估可以形成气象科技成果转化为标准的清单，为部门标准立项提供重要支撑；

（2）气象科技成果登记或备案时，请成果完成人同时填写成果转化为标准的情况问卷，从而确定哪些成果可以转化为标准以及转化为哪种类型的标准；

（3）按照气象事业高质量发展和气象强国建设需求，并围绕业务和工作布局，充分考虑先进技术趋势，构建动态管理的气象标准体系，根据标准体系，找出标准缺失情况。同时推动已发布标准的应用实施并进行监督，对实施效果差或者已经过时的标准及时进行修订或者废止。对标气象科技成果库进行筛选，找出可以转化为标准的科技成果。对于没有成果支撑的重大急需标准，可推荐气象科技管理部门纳入立项计划中，从而推进气象科技、标准与业务协同创新。

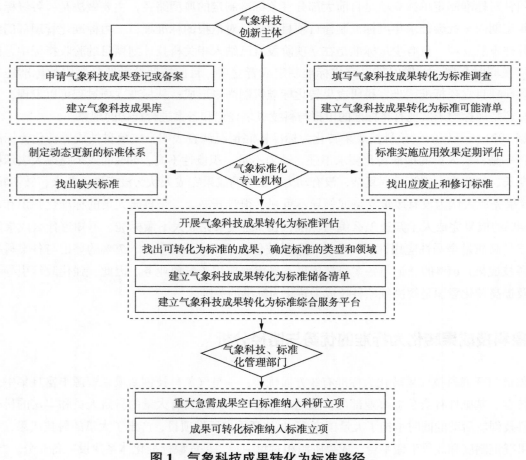

图1 气象科技成果转化为标准路径

5 气象科技成果转化为标准工作建议

根据气象科技成果转化为标准工作中的难点、优势和路径分析，笔者结合自身在科技评估与标准化等方面的工作经验，特提出以下 3 点建议。

（1）联合出台鼓励气象科技成果转化为标准的政策文件

根据国家相关政策措施，气象科技管理部门和气象标准化管理部门应联合制定促进气象科技成果转化标准的政策措施，积极引导科研人员的标准转化意识，提高标准转化的积极性，争相为提高标准的技术水平、增加高水平标准的有效供给做贡献。比如可以对登记备案科技成果转化为标准的组织或个人给予额外激励，如标准奖补、优先立项，将标准研制作为重要的成果纳入职称评审、科技奖励和人才奖励等。

（2）建立科技成果转化为标准的配套机制

包括建立登记成果转化为标准的科技评估机制、标准融入科技项目的立项机制、重大标准研制专项机制。要根据科技成果转化为标准的需求修订完善气象科技成果登记备案制度、改进成果登记系统；建立既懂标准又懂科技成果转化的标准与科技创新融合互动专家库；建立标准化专家参与科研项目验收、成果认定评价、科技与人才评奖的机制；科技成果转化专家参与标准立项、标准审查和标准化技术委员会工作的机制等。

（3）搭建科技成果转化为标准的综合服务平台

组织搭建气象科技成果转化为标准的综合服务平台，专事从标准化技术内容需求到标准研制过程的导航式服务，助力科研与标准从项目到实施评价一体化、全过程对接；推进气象科技与标准化资源共建共享，实现气象科技信息资源与标准化信息资源的对接和交汇融合；提供科技成果转化为标准所需的诸如最新气象科技成果名称与内容检索、国内外标准题录检索、强制性国家标准和行业标准的全文信息和技术服务；提供不同类型气象标准的编写模板和标准在线生成技术服务，组织气象科技成果转化为标准的培训；开展气象科技成果转化为标准的理论、方法、模型及规范研究，支撑气象科技成果转化为标准的需求。

参考文献

[1] 郑鹰. 科技成果转化为技术标准对策研究[J]. 标准科学，2017（12）：80-83.

[2] 高京，王德成，李海斌，等. 科技成果转化为技术标准发展现状与典型路径[J]. 科技管理研究，2020（8）：185-190.

[3] 王金龙，沈丽娜，王明秀. 国外科技成果转化的成果经验及启示分析[J]. 生产力研究，2017（12）：103-106.

[4] 李健，马晓琨. 我国海洋仪器科技成果转化为技术标准现状浅析[J]，标准科学，2014（11）：54-56.

[5] 李涵.《科技成果转化为标准指南》（GB/T 33450—2016）解读[J]. 中国质量与标准导报，2017（5）：34-35.

[6] 柳成洋，丁日佳，任向阳，等. 科技成果转化为技术标准理论及方法[M]. 北京：中国标准出版社，2009.

[7] 柳成洋，于欣丽，尹彦. 科技成果转化为国际标准潜力分析方法研究[J]. 世界标准化与质量管理，2007（1）：41-43.

[8] 张恒，郭慧敏. 对科技成果转化为技术标准的思考[J]. 质量探索，2017，14（3）：69-76.

[9] 李姬婧，谢秋琪. 科技成果转化为技术标准现状分析与路径研究[J]. 中国标准化，2018（3）：101-106.

[10] 裘慧，闫诚，韩晶，等. 检验检疫科技成果转化为标准的机制探讨[J]. 科技成果管理与研究，2014（9）：23-27.

[11] 郭春莉，付强. 中医药科技成果向标准转化模式探析[J]. 世界科学技术—中医药现代化，2013（8）：1850-1852.

[12] 刁海燕，王玉英. 浅谈油气企业技术成果标准有形化问题[J]. 中国标准化，2018（23）：90-94.

[13] 谭越，郑辉，吴炜. 企业科技成果转化为技术标准模式研究[J]. 石油科技论坛，2015（5）：19-23.

[14] 高鹏，刘春霞，吴艳艳，等. 中小企业科技成果向标准转化措施与路径的探究[J]. 中国标准化，2020（9）：94-97.

气象科技成果中试基地建设与发展对策研究[①]

马春平[1]　崔晓军[1]　成秀虎[1]　赵　瑞[2]

（1.中国气象局气象干部培训学院，北京　100081；2.中国气象局科技与气候变化司，北京　100081）

摘　要： 中试基地能够有效链接创新链和产业链，是推动科研与产业紧密结合、加快科研成果转化为生产力的重要通道，对科技成果的转移转化具有十分重要的意义。文章在总结我国不同主体中试基地建设现状与特点的基础上，从建设布局、制度支撑、考核评估等方面梳理了我国气象科技成果中试基地的建设现状，分析了存在的问题，并提出了气象科技成果中试基地未来发展的对策建议，可为相关部门决策提供参考。

关键词： 气象，科技成果，中试基地

当前，我国经济进入新发展阶段，产业驱动力从要素驱动、投资驱动向创新驱动转变，科技成果高效转化是实现创新驱动的重要支撑。习近平总书记指出："科技要发展，必须要使用。科技创新绝不仅仅是实验室里的研究，而是必须将科技创新成果转化为推动经济社会发展的现实动力。要围绕产业链部署创新链，聚集产业发展需求，集成各类创新资源，着力突破共性关键技术，加快科技成果转化和产业化。"中试基地作为保障科技成果顺利转化的关键平台，能够有效链接创新链与产业链，是推动科研与产业紧密结合、加快科研成果转化为生产力的重要通道，在有效提升成果经济价值和技术成熟度、保证转化效率、降低转化风险等方面起到了十分重要的作用。有数据表明，未经过中试验证的科技成果，转化成功率不足 30%，而经过中试验证的科技成果，转化成功率可达 50%～80%。目前，我国大部分科技成果并未进行中试实验或者技术放大，这也是我国科技成果转化率较发达国家严重偏低的"卡脖子"问题[1]。

1　我国科技成果中试基地建设现状

鉴于中试基地在科技成果转移转化过程中的重要作用以及经济社会发展对科技成果转化的现实需求，我国自 20 世纪 90 年代初期就有了中试基地建设发展的相关理论研究与实践探索，当时的研究主要集中在中试基地建设的重要性、必要性以及概念特征和建设方式等方面，实践方面主要依托科研院所率先建立了一批中试基地[2~3]。2000 年后，研究重点转向中试基地建设过程中遇到的问题、如何处理内外部关系以及中试基地建设政策支持等[4]，实践方面在国家的逐渐支持下，依托高校、院所分别建立起了国家级或省市级的中试基地[5]。随着社会主义市场经济体制逐步完善，企业的创新主体地位日益明确并成了中试基地建设主体。近年来，多主体共建中试基地也逐渐发展成为了一种被积极采用的新模式[6~7]。现阶段，政府、高校、院所、企业和多主体建设中试基地发展各具特色，下面简要总结我国

---

①　本文系中国气象局气象干部培训学院 2022 年重点项目"气象科技成果转化路径与策略研究"（项目编号：2022CMATCZD21）研究成果之一，在 2023 年《科技成果管理与研究》第 8 期发表。

各类中试基地建设的一些特点（表1）。

表1　我国中试基地建设的特点

建设主体	特点
政府	以行业发展为主导，投资规模大，硬件条件好，政策优势明显，有利于促进行业共性技术的共同攻关和相关技术的集成，有利于促进科技成果向工业界疏导，有利于构建我国工业企业的核心竞争力
高校	我国自主创新科技成果的重要来源地，专利数量占全国近半数以上，成果转化需求大，其中试基地可全流程跟进科技成果的开发和转化应用，能有效解决科研方向、专利成果与产业需求相互匹配的问题，真正发挥高校科研成果与企业间技术转移的桥梁作用，为企业提供强大的原创性技术源，提高产业技术水平
院所	成果偏向于应用基础或应用技术研究，转化的意愿强烈，工程化能力比较强，运行经费充足，与行业学业之间的产学研关联密切，是当前我国最具科研实力的产学研一体化平台
企业	主要围绕企业自身发展需求建立，由于资金量需求比较大，仅限于大中型企业，且大多集中在科技类和生产类行业，市场定位清晰，管理制度优越，环境仿真度高、中试风险低，但较为封闭，小微企业的中试以外包为主
多主体	如企业与高校或科研院所联合共建，能有效解决单一主体在人才、资金、场地、设施等方面的不足，同时可有效配置资源，实现短板互补，信息对接流畅，较单主体更具开放性

从表1可以看出，政府建设的中试基地以行业发展为主导，投资规模大，硬件条件好，政策优势明显，有利于促进行业共性技术的共同攻关和相关技术的集成。高校建设的中试基地可全流程跟进科技成果的开发和转化应用，并有效对接企业需求，真正发挥高校科研成果与企业间技术转移的桥梁作用。科研院所建设的中试基地工程化能力比较强，与行业学业之间的产学研关联密切，是当前我国最具科研实力的产学研一体化平台，其成果转化往往高于高校。企业建设的中试基地主要围绕企业自身发展需求建立，由于资金量需求比较大，仅限于大中型企业，且大多集中在科技类和生产类行业，市场定位清晰，管理制度优越，环境仿真度高、中试风险低，但较为封闭，小微企业的中试以外包为主。多主体联合建设中试基地主要体现在企业与高校或研究院所联合建设，该类中试基地能有效解决单一主体在人才、资金、场地、设施等方面的不足，同时可有效配置资源，实现短板互补，信息对接流畅，较单主体更具开放性。

目前，我国中试基地建设发展已有近30余年，中试基地在成果转化过程中也发挥了重要作用，但是还存在着诸如中试基地理论研究缺乏、中试资金保障不健全、科研产业联系不紧密、信息对接不畅通、人才体系不完善、中试主体间信任体系脆弱等问题[8]，严重制约了中试基地建设的质量和效益。为解决中试这一难点堵点，近年来，国家出台了一系列政策支持中试基地建设。2017年科技部印发《国家科技成果转移转化示范区建设指引》，提出建设科技成果中试熟化与产业化基地，构建面向产业需求的研发机制，提供技术研发与集成、中试熟化与工程化服务，支撑行业共性技术成果扩散与转化应用。2020年中共中央、国务院发布《关于构建更加完善的要素市场化配置体制机制的意见》，明确要求加强科技成果转化中试基地建设，支持企业与科研机构合作建立中试基地等新型研发机构。2021年国家发改委、教育部、科技部等多部门联合发布《关于加快推动制造服务业高质量发展的意见》，该意见指出，支持科技企业与高校、科研机构合作建立中试基地等新型研发机构，盘活并整合创新资源，推动产学研协同创新。在国家相关政策的支持引导下，各部门、行业和地区都在大力推进中试基地的建设工作。

2　气象科技成果中试基地建设现状

气象行业科技成果较多，且 90% 以上为应用基础或应用技术类研究成果，但一直以来气象科技成果的转化应用水平都不甚理想，且与发达国家相比差距较大。为此，中国气象局在借鉴国内外中试基地建设经验的基础上，积极探索行业特色中试基地建设之路，并从中试基地的建设布局、制度完善以及考核评估等方面多措并举，大力推进气象科技成果的转化应用。

2.1　中试基地建设布局

与相关院所和高校相比，气象部门中试基地建设起步较晚。中国气象局自 2012 年才开始中试基地的建设探索工作，并于 2013 年遴选了天气预报业务领域作为试点在国家气象中心建设了第一个中国气象局级科技成果中试基地，并通过 2 年的试点运行后，于 2015 年开始正式运行[9-10]。天气预报科技成果中试基地的成功建设和正式运行为气象部门其他业务领域中试基地的建设提供了良好的引领示范和带头作用。随后，中国气象局依托相关国家级业务培训单位和省级气象部门在气候与气候变化、气象探测、气象服务、区域数值预报、气象信息、卫星气象、气象业务培训、区域数值预报、人工影响天气等重点业务领域又陆续批复试点建立了 12 个中试基地。截至 2022 年底，中国气象局共建立了 13 个中国气象局级科技成果中试基地，其中 9 个基地的依托单位是国家级业务培训部门，4 个基地的依托单位是省级气象部门。目前正式运行的中试基地有 4 个，分别是国家气象中心承建的天气预报科技成果中试基地、中国气象局气象探测中心承建的气象探测科技成果中试基地、中国气象局公共气象服务中心承建的气象服务科技成果中试基地以及上海市气象局承建的华东区域数值预报科技成果中试基地，其他 9 个基地目前还是试点运行（表 2）。

表 2　中国气象局中试基地建设清单

序号	单位名称	中试基地	开始试点时间	正式运行时间
1	国家气象中心	天气预报科技成果中试基地	2013 年	2015 年
2	国家气候中心	气候与气候变化科技成果中试基地	2015 年	
3	中国气象局气象探测中心	气象探测科技成果中试基地	2015 年	2018 年
4	中国气象局公共气象服务中心	气象服务科技成果中试基地	2015 年	2018 年
5	中国气象局气象干部培训学院	气象业务培训科技成果中试基地	2015 年	
6	上海市气象局	区域数值预报科技成果中试基地（华东）	2015 年	2019 年
7	国家卫星气象中心	卫星气象科技成果中试基地	2016 年	
8	国家气象信息中心	气象信息科技成果中试基地	2016 年	
9	江苏省气象局	强天气监测预报科技成果中试基地	2017 年	
10	新疆维吾尔自治区气象局	区域数值预报及环境气象监测预报科技成果中试基地	2017 年	
11	北京市气象局	城市精细化预报科技成果中试基地	2019 年	
12	中国气象局地球系统数值预报中心	数值预报科技成果中试基地	2022 年	
13	中国气象局人工影响天气中心	人工影响天气科技成果中试基地	2022 年	

在中国气象局级中试基地的引领带头下，省级气象部门也积极开展了中试基地的摸索建设，根据2015—2022年气象科技统计数据显示，辽宁、浙江、安徽、福建、江西、湖北、广东、广西、重庆、四川、贵州、陕西、甘肃、青海等10余个省（区、市）气象局也均建立了科技成果中试基地。目前，气象部门已经基本建成了以国家级气象科技成果中试基地为主，省级气象科技成果中试基地为补充，层次清晰、任务明确、布局合理的两级气象科技成果中试基地体系。国家级气象科技成果中试基地基本满足天气预报、气候预测、气象服务技术、气象仪器设备与观测方法、站网设计与评估、信息技术和数据产品研发等重点领域核心、重大、关键、共性业务科技成果中试任务，省级气象科技成果中试基地作为国家级气象科技成果中试基地的补充，提供特色、本地气象科技成果中试服务。

2.2 中试制度建设

气象部门是科技型部门，中国气象局高度重视科技创新活动全过程，特别是在科技成果转化中"最后一公里"工作中不断增加推力。党的十八大以来，中国气象局出台了一系列的政策支持中试基地建设。2014年印发的《气象科技创新体系建设指导意见（2014—2020年）》和2015年印发的《全国气象现代化发展纲要（2015—2030）》中均明确要求健全气象科技成果转化体制机制，建设科技成果转化中试基地（平台）。2015年中国气象局还印发了《加强气象科技成果中试基地（平台）建设的指导意见》，该意见对建设气象科技成果中试基地的重要意义、总体要求、主要功能、建设要点及保障措施等均进行了梳理和规范，为气象科技成果中试基地（平台）建设提供了政策指引。2018年中国气象局印发《科技成果中试基地（平台）管理办法（试行）的通知》，该办法进一步规范了中国气象局科技成果中试基地（平台）管理，完善了其测试与检验、集成与二次开发、评估与评价、技术示范推广与交易等功能，提出了中试结果可作为项目验收和转化应用的重要依据，促进气象科技成果转化应用。同时，该办法还界定了中试基地依托单位、中国气象局相关职能司的职责，明确了中试基地基本功能，规范了中试基地申报、审批流程，提出了运行和保障具体措施，加强中试基地考核和评估，强调中试结果的使用等，为部门各级气象科技成果中试基地（平台）的建设指明了方向和路径。

在中国气象局相关中试政策的指引下，通过试点摸索和多年实践，相关国家级业务单位和部分省级中试基地在运行过程中也纷纷制定了中试制度（表3），在规范中试基地建设的同时，有力促进了气象科技成果的转化应用。

表3 气象科技成果中试制度建设清单

时间	文件名称	发布单位
2014年	《气象科技创新体系建设指导意见（2014—2020年)》	中国气象局
2014年	《陕西省气象局办公室关于搭建科技成果转化中试平台的通知》	陕西省气象局
2015年	《全国气象现代化发展纲要（2015—2030)》	中国气象局
2015年	《加强气象科技成果中试基地（平台）建设的指导意见》	中国气象局
2018年	《科技成果中试基地（平台）管理办法（试行）的通知》	中国气象局
2018年	《广西气象局科技成果中试基地（平台）管理办法（试行）》	广西壮族自治区气象局
2018年	《重庆市气象局科技成果中试基地（平台）管理办法（试行)》	重庆市气象局
2019年	《国家气候中心科技成果中试基地管理办法》	国家气候中心

时间	文件名称	发布单位
2019 年	《北京市气象局科技成果业务中试管理办法》	北京市气象局
2019 年	《四川省气象局科技成果中试基地（平台）管理办法（试行）》	四川省气象局
2020 年	《中国气象局气象服务科技成果中试基地运行管理办法》	中国气象局公共气象服务中心
2020 年	《浙江省气象局科技成果中试和业务准入管理暂行办法》	浙江省气象局
2022 年	《天气预报科技成果业务转化认证管理办法》	国家气象中心
2022 年	《天气预报科技成果业务转化准入管理办法》	国家气象中心
2022 年	《中国气象局天气预报科技成果中试基地工作管理办法》	国家气象中心

2.3　中试基地评估

评估具有"指挥棒"和"风向标"作用，通过持续监测评估气象科技成果中试基地的建设和发展状况，可为动态调整中试基地的定位、布局和运行管理并切实发挥促进成果转化应用提供有效支撑。为强化以业务贡献为导向的科技机构（平台）评估机制，根据《中国气象局科技成果中试基地（平台）管理办法（试行）》的要求，中国气象局每 4 年对中试基地开展 1 次阶段性评估，评估的主要内容包括中试基地建设、运行管理、成果转化、对业务发展的贡献、人才队伍建设、开放合作情况等。评估结果分为优秀、良好、合格和不合格四个档次。对评估为优秀的中试基地，在资源配置上给予倾斜；对评估为不合格的中试基地，核减其专项经费并责成整改，整改评估仍为不合格将不再列入中国气象局中试基地序列。2018 年和 2022 年，中国气象局分别对试点和正式运行的相关中试基地进行了阶段性评估，并根据评估结果及时对中试基地的运行管理和布局进行了调整，有效促进了国省两级中试基地体系的建设发展。

3　气象科技成果中试基地建设中存在的问题

研究发现，气象科技成果中试基地（平台）的建设和发展中还存在不少问题。

（1）满足业务需求的高质量气象科技成果还不多。通过对 2018 年和 2022 年中国气象局中试基地评估材料的分析发现，半数以上中试基地中试项目较少，年中试项目不超过 2 项，究其原因主要是能够应用于中试的高质量成果较少，能够顺利通过中试并进行转化应用的成果则更少。

（2）中试基地建设的体制机制还不健全、不规范。中试是一项复杂的系统性工程，想要顺利完成一项成果的中试，不仅要具备中试所需的资金、软硬件设施、技术方案、人员和信息等资源，还需要对各种资源进行合理的统筹安排，在各部门之间建立有效沟通机制，这其中涉及的要素和因素众多[11]。通过 2022 年中试基地评估发现，11 个被评估的中试基地中只有 5 个具有较完善的制度，其他 6 个还没有建全相关的运行管理办法以及相关保障制度，主要原因是相关中试基地中试任务比较少，还没有建立起常态化、业务化、规范化的中试流程，同时也反映出相关依托单位领导和中试人员不重视体制机制建设。

（3）开放合作不足。大部分中试基地的中试成果主要来源于本单位或者合作单位的科研项目，且以本单位科研项目成果为主，基本都是自主研发—中试—应用的闭环，对外单位需要中试的成果信息掌握不全，且受合作项目建设周期和项目自身指标限制，与行业内相关科研机构、高校、企业等尚未形成长期、深度、广泛、密切的开放合作关系。此外，中试基地的市场定位意识和服务意识还不强，主要面向的是气象行业内部，缺乏在其他行业、其他领域的推广转化。

（4）中试基地建设信息化水平不高。截至 2022 年，11 个中试基地单位中虽有 8 个已建立了中试信息平台，但目前主要是通过气象局内网公开中试成果信息，其他单位人员或部门外的高校、院所、企业等很难检索查看，还有 3 个中试基地单位没有建设相关的中试信息库，部门目前也没有建立统一的中试基地信息共享服务平台，各中试基地之间的学习、交流、经验分享等几乎没有，部门内的中试资源也无法有效共享。

（5）中试专职人员团队没有建立，中试人员能力不足。根据评估发现，目前只有 1 个中试基地具有专职人员，其他 10 个基地都是兼职人员，且目前中试团队成员以短期（年度）项目参与为主，长期、深度参与的中试骨干成员还比较少。此外，成果中试、推广转化需要既懂技术、又懂应用、还了解市场的专业人员，而目前中试基地还以专业技术人员为主，缺乏可以使成果工程化、市场化的专业人员。

（6）中试经费不足、激励不够。目前各中试基地主要依靠中国气象局年度拨付的少量运维经费维持，这些经费一方面用于中试成果的遴选购买、测试、评估等，还要用于中试平台的软硬件建设、中试人员交流学习培训等，而大部分依托单位都没有稳定的配套经费来支持中试基地建设，同时缺乏对中试团队和人员的激励举措，很难激发中试团队人员的动力和活力。

（7）中试基地理论研究缺乏。通过对中试基地建设的文献调研发现，对于如何建设中试基地、怎样开展中试服务、中试的运作规律、开发环境建设以及中试绩效评估等问题，学术界目前还没有进行深入的研究，相关的专著和论述还很少，有关气象科技成果中试的理论方法研究几乎是空白，中试人员缺乏理论指导，只能自己在实践中摸索，这严重阻碍了气象科技成果中试基地的建设和发展。

4 推进气象科技成果中试基地建设发展的对策建议

基于前面的问题分析，结合气象业务发展新需求，本研究针对气象科技成果中试基地的建设发展分别从体制机制建设、资金投入保障、开放合作、共享平台建设、人才团队建设以及中试理论研究等提出了对策建议，以期为部门或其他行业科技成果中试基地的管理和建设提供参考。

4.1 加强中试基地体制机制建设

气象科技主管部门应加强气象科技成果中试基地（平台）的统筹规划和顶层设计，不断完善中试基地运行管理的相关政策制度，并加强政策的宣贯和落实，同时应强化对各中试基地的指导、监测、评估和管理。在应用开发类气象科研项目研发和结题验收中强化中试基地等第三方机构参与科技成果的业务应用测试评价，建立以业务转化应用为目标的科技成果评价机制。各中试基地依托单位应围绕核心业务进一步明确中试基地发展方向和定位，制定相应的团队奖励和激励政策，不断优化中试流程，制定相关标准和规范，完善相关管理机制，为更加有效发挥中试基地作为科研业务有机融合桥梁作用创建良好氛围。

4.2 强化中试基地资金投入保障

中试工作在科技成果转化链条中的角色和地位特殊，需要软硬件等各方面条件的支持，建议在中央财政经费中建立稳定的中试基地建设经费，或在相关科研项目方面加大中试基地项目支持，同时积极引导各中试基地依托单位通过各级各类科研项目或者自有资金对中试基地进行持续、稳定的投入，还可积极探索市场转化机制反补中试平台建设，使中试基地发展进入良性循环，构建可持续发展的中试及成果转化机制。

4.3 强化中试基地开放合作

加强中国气象局中试基地与部门内外的科研院所、高校、企业等单位的中试合作与交流，通过"联合研发+共享平台+助推转化"的模式，着力解决企业研发力量弱、中试平台缺乏、技术放大难度大、技术与业务发展不匹配等成果转化痛点难点，推动产业链上中下游融通创新和产业链、创新链、价值链的协同发展。加强国省两级气象科技成果中试基地的开放利用，大力推进中试基地间的学习交流和成果共享，打通气象科技成果在"监测—预报—服务"业务上下游的转化链和"国—省—市—县"业务体系的成果转化网，促进成果的协同转化、多次转化和深度转化。

4.4 积极搭建中试资源共享服务平台

建议由气象科技主管机构为主，各中试基地依托单位、相关高校、企业和中介机构等为辅共同建立气象中试资源共享服务平台，整合各方资源，实现集科研成果发布、中试需求公示、政策查新、中试项目管理、成果推广、资质认证、专业咨询、经验交流和宣传、队伍培训等功能为一体的综合性服务平台，构建科研人员科研成果研发与科研成果业务化市场化的桥梁，为科研成果的中试进行全方位的精准服务，不断提高行业科技成果转化效率。同时，通过平台还可对各中试基地进行动态监测，为行业的统筹管理和相关政策制定提供决策支撑。

4.5 强化中试基地人才队伍建设和中试理论研究

针对气象科技成果中试环节的人才发展需求，发挥引才育才作用，培育从事中试的专业人才队伍。通过制定中试人才培养规划，配套中试人才培养政策，鼓励科研人员、技术应用人员向中试环节流动，对中试活动人员、管理人员、服务人员等分类开展专业培训，不断提高中试基地工作人员综合素质，培育一批优秀的成果转化复合型人才，建立一批高质量的中试团队。同时，积极鼓励气象科技成果中试人员、各类科研人员及相关智库人员争取国家社科基金、气象软科学、创新发展专项及自有资金等开展气象科技成果中试理论方法研究，为气象科技成果中试基地的建设和高质量发展提供理论支撑。

5 结语

通过对气象科技成果中试基地的建设研究可知，气象科技成果中试基地建设还存在体制机制建设不健全、人财物投入不够、开放合作不深、国家级中试基地带动能力不强等诸多问题，亟待引起部门的足够重视。这就要求气象科技管理部门积极谋划，加强顶层设计和统筹协调，并从政策、项目、资金、人才等方方面面加大中试基地建设扶持力度，切实推进气象产业链、创新链、价值链的协同发展，为气象高质量发展提供强大支撑。

参考文献

[1] 申轶男. 我国中试基地发展现状及政策建议[J]. 科技与创新，2018（8）：11-14.

[2] 孙文良. 科研院所中试基地建设刍议[J]. 科研管理，1993（4）：38-40.

[3] 赵修卫. 中试基地建设与管理中的问题和对策[J]. 科研管理, 1994 (2): 17-22.

[4] 侯小星, 曾乐民, 罗军, 等. 科技成果转化中试基地建设机制、路径及对策研究[J]. 科技管理研究, 2022, 42 (21): 112-119.

[5] 付宏, 金学慧, 孙若丹, 等. 首都科技成果转化中试资源建设共享机制研究[M]. 北京: 兵器工业出版社, 2021.

[6] 刘德兵. 浅谈加强中试基地建设与管理的必要性[J]. 科学与管理, 2008, 28 (4): 94-96.

[7] 汪杰. 基于创新型国家战略背景下我国化工中试基地的现状模式及其对策研究[J]. 当代化工研究, 2020 (11): 169-170.

[8] 吴建强. 我国中试基地建设的路径研究[J]. 中小企业管理与科技, 2022 (20): 82-84.

[9] 孟庆涛, 张润福, 李萍阳, 等. 天气预报中试基地支撑环境设计及建设[J]. 气象科技进展, 2020, 10 (4): 37-41.

[10] 林建, 毕宝贵, 金荣花, 等. 论天气预报科研业务结合可持续发展机制[J]. 气象, 2016, 42 (10): 1263-1270.

[11] 李元广. 科技成果转化中试环节的特征及影响因素研究[D]. 西安: 西安电子科技大学, 2014.

关于加强高校科技成果在气象部门转化的对策建议①

崔晓军[1]　何　勇[2]　成秀虎[1]　李乐中[3]　李焕连[1]　薛建军[1]　王志强[1]

（1.中国气象局气象干部培训学院，北京　100081；　2.中国气象局科技与气候变化司，北京　100081；
3.成都信息工程大学，成都　610000）

　　党的十九届六中全会提出"推进关键核心技术攻关和自主创新，强化知识产权创造、保护、运用，加快建设创新型国家和世界科技强国"的目标；国务院印发的《气象高质量发展纲要（2022—2035 年）》进一步明确"到 2025 年，气象关键核心技术实现自主可控""到 2035 年，气象关键科技领域实现重大突破，气象监测、预报和服务水平全球领先"的目标。高校是我国科技创新的主阵地，是科技成果转化的重要力量。习近平总书记在 2021 年全国两院院士大会上指出，要强化研究型大学建设同国家战略目标、战略任务的对接，加强基础前沿探索和关键技术突破；在同年的中央人才工作会议上习近平总书记强调，要发挥研究型高校作用，围绕国家重点领域、重点产业，组织产学研协同攻关，为高校坚持"四个面向"进一步强化科技创新指引了方向。气象事业是科技型、基础性、先导性社会公益事业，我国气象事业的发展与通信、遥感、信息等新兴前沿领域的科技进步紧密相关。中国气象局一贯重视发挥高校在气象科技关键技术协同攻关和气象科技自立自强中的作用，先后与全国 26 所高校开展了局校合作，其中与南京大学、南京信息工程大学、成都信息工程大学等国内相关高校更有着悠久的合作传统和历史，双方在科技攻关、学科建设和人才培养等方面紧密合作，为气象科研业务发展提供了有力的支撑。"十三五"期间（2016—2020 年）气象部门直属单位以及省局与相关高校合作开展了密切的科技合作，而同时期高校科技成果在气象部门转化的只有 143 项。如何突破"高校科技成果转化率低"这一瓶颈，充分发挥高校在推进气象知识创新和气象技术创新方面的引领作用，是当前实施创新驱动发展战略需要解决的关键问题。

1　高校科技成果在气象部门转化现状

　　基于收集的 2016—2020 年南京大学等国内 39 所高校在气象部门转化应用的 143 项科技成果，从转化领域、转化成效以及成果供给高校情况等 3 方面进行分析，结合中国气象局天气预报科技成果中试基地以及北京市气象局开展的高校科技成果转化应用情况调研，得出当前高校科技成果在气象部门转化现状如下。

---

① 本文基于中国气象局软科学研究项目"高校科技成果在气象部门转化应用研究及政策建议"（2021ZZXM24）的研究成果而作。

1.1 转化领域

高校科技成果在气象部门转化的主要领域为天气，占 36.4%；其次为气候与气候变化，占 16%；第三为生态与农业气象，占 11.1%；卫星遥感、气象信息、大气探测、环境气象分别占 7.7%、7.0%、6.4%、4.9%。不同领域的转化占比表明高校科技成果在气象部门转化主要是围绕气象部门最核心的天气预报业务开展，体现了气象部门对高校科技成果转化的需求导向。

1.2 转化成效

高校科技成果为气象业务服务提供技术支持的占 64.3%，建立天气预报预测模型或业务系统的占 28.7%，而形成数据集或专业服务产品的则仅占 7.0%。从转化成效来看，高校科技成果主要是为气象业务服务提供技术支持，气象部门急需的业务模型（系统）或数据集、专业服务产品等还较少，表明高校科技成果与气象部门业务需求还存在一定的差距。

1.3 成果供给高校

从提供科技成果的高校情况来看，转化数量排名前十的高校分别为南京大学 27 项，成都信息工程大学 23 项，南京信息工程大学 22 项，清华大学、中国农业大学、天津大学、中国海洋大学各 5 项，北京大学、复旦大学以及武汉大学各 4 项。其中，除了天津大学、武汉大学外，其余 8 所高校都设有大气科学专业，并与中国气象局签署了局校合作协议。大气科学专任教师人数排名前三的为南京信息工程大学 611 人、成都信息工程大学 158 人、南京大学 93 人，同时，南京大学、南京信息工程大学为 2017 年教育部公布的第一批大气科学学科双一流高校建设名单，是全国大气科学专业水平最高的高校，表明大气科学学科水平以及与气象部门合作情况，对高校科技成果在气象部门转化有较大影响。

1.4 案例分析

调研中国气象局天气预报科技成果中试基地（以下简称"中试基地"）以及北京市气象局开展的高校科技成果转化应用情况发现，截至 2020 年底，中试基地转化应用了南京大学等 4 所高校的 6 项科技成果，占同期中试基地科技成果转化应用总数（20 项）的 30%。这些科技成果主要涉及环境气象、天气、海洋气象等领域。2018 年以来北京市气象局转化了北京大学、成都信息工程大学等 6 所高校的 8 项科技成果，主要为天气领域。两个单位高校科技成果的转化领域、转化成效以及成果供给高校情况均与统计分析结果一致。

2 高校科技成果在气象部门转化存在的主要问题

基于高校科技成果在气象部门转化现状，分析高校科技成果在气象部门转化存在的主要问题如下。

2.1 高校科技成果与气象部门需求脱节

目前我国设置气象专业（包含本科生和研究生）的高校多为研究型大学，例如北京大学、复旦大学、南京大学、中山大学、兰州大学、南京信息工程大学等，受以往以论文数量和影响因子为评价重点的科研评价体系和科研考核机制的影响，这些高校的科研人员倾向于开展国际前沿的基础性科学研究，追求发表高影响因子的论文；而气象部门需要的是能在业务上应用、产生实效的技术成果，例如数值预报模式技术、灾害性天气监测技术、气象探测设备等研究很少有人关注。这就导致了高校的科技成果与气象部门需求存在脱节，对气象部门核心业务的科技支撑作用不突出。

2.2 高校科技成果向气象部门转化缺乏有效的合作机制或平台

目前高校与气象部门的科技合作仅限于双方之间共同申报项目，而气象部门与高校之间缺乏有效的合作交流机制，高校科技人员不了解气象部门的科技需求，气象部门各单位对于高校产出的科技成果也知之甚少，二者之间的科技信息交流不畅。另外，由于气象部门业务工作的实效性，高校科技成果一般不能直接应用，需要经过中试转化，待检验成熟后才能移植到气象业务系统。2016 年以来，中国气象局批准成立了 4 个科技成果中试基地（另有 7 个正在试点运行），为高校科技成果在气象部门转化应用搭建了平台，但是这些中试基地主要集中在国家级业务单位中，省级气象部门很少，一定程度上也制约了高校科技成果在气象部门的转化。

2.3 科技成果转化在高校教师职称评聘、绩效考核中的比重需要增加

教育部、科技部印发《关于规范高等学校 SCI 论文相关指标使用 树立正确评价导向的若干意见》，科技部会同财政部印发《关于破除科技评价中"唯论文"不良导向的若干措施（试行）》之后，高校在教师职称评聘、科研评价和绩效考核等方面已经做出巨大改革。以往科研考核仅注重科研项目、科研经费、专利授权和论文迅速得到弱化，科研成果转化得到强化，在教师职称评聘、科研评价、绩效考核等方面先后出台许多文件和政策，得到广大教师理解和支持。但多年的积弊，相当部分教师短时期内还是仅仅从事以发表论文为主的科学研究，对以需求为导向的科研重视不够，科研成果转化不多。

高校教师兼有人才培养和科学研究双重任务，其职称晋升考核主要包括教学和科研两个方面。科研考核主要关注项目级别、科研经费、专利授权和论文发表，而对于科技成果转化应用未作为主要的考核指标，导致高校教师对于开展科技成果向气象部门转化应用缺乏积极性，意愿不高。而 2015 年修订的《中华人民共和国促进科技成果转化法》中提到科研机构对科研人员的考评体系没有充分体现科技成果转化特点，存在重理论成果、轻成果应用的现象，也在一定程度上影响了高校教师科技成果转化的积极性。

2.4 高校科技成果向气象部门转化激励机制不完善

2015 年修订的《中华人民共和国促进科技成果转化法》规定，对于完成、转化职务科技成果做出重要贡献的人员给予奖励和报酬的提取比例不低于该项科技成果转让净收入或者学科净收入 50% 的比例。北京、上海、广东等地方政府将科技成果转化收入分配比例则提高到了 60%～70%，有效地激发了科技人员开展成果转化的积极性。而调研显示，中国气象局天气预报科技成果中试基地和北京市气象局目前对于已经转化的高校科技成果都没有进行成果转化交易，科技成果拥有者也无法获得收益分配，制约了高校推动科技成果在气象部门转化应用的积极性。

3 高校科技成果在气象部门转化对策建议

3.1 建立以行业需求为导向的科研立项机制，提高科研效能

2020 年发布的《中共中央关于制定国民经济和社会发展第十四个五年规划和二〇三五年远景目标

的建议》提出了我国科技创新要面向世界科技前沿、面向经济主战场、面向国家重大需求、面向人民生命健康。我国气象科技领域的主战场就是中国气象局气象业务服务的需求，高校科技人员应围绕数值预报、灾害性天气监测预警以及智能气象探测等气象关键核心技术开展攻关，解决我国气象领域的"卡脖子"技术。要建立以行业需求为导向的高校科研立项机制，在国家气象领域的重大科技攻关任务中，发挥气象行业主管部门的主导、协调作用，调动高校、科研院所主动融入、主动服务业务研发的积极性，充分发挥科研项目负责人的科研主体作用。要做好气象科研统筹布局，合理调配高校、科研院所以及气象部门科技力量开展联合攻关。例如，在开展地球系统数值预报模式研发过程中，充分发挥高校科技人员基础理论水平高、跟踪国际科技前沿知识紧密的特点，引导高校以及科研院所的科技人员开展模式参数化方案以及生态、化学、海洋、海冰等模式子模块的技术研发；利用气象部门科技人员掌握观测资料齐全、对业务熟悉的特点，重点开展模式框架、耦合系统以及资料同化等的研制，提高我国气象科研的整体效能。

3.2 建立局校科技合作交流机制，提升成果转化效率

要建立气象部门与高校科技成果交流机制，搭建合作交流平台。气象部门科研业务单位以及高校定期在这个平台发布科研需求和成果展示，为科技成果的供需双方提供衔接。定期组织召开高校和气象部门科技业务技术交流会，促进高校科技人员与气象部门业务人员的沟通和交流。大力推进中国气象局科技成果中试基地的建设，鼓励高校与气象部门业务单位联合共建中试基地，使高校在参与中试基地的建设过程中，熟悉和了解中试基地的运行流程以及气象部门业务单位的科技需求，以提升高校科技成果在气象部门的转化应用效率。

3.3 引导高校完善科技人员考核评价机制，发挥导向作用

党的十九大以来国家出台了一系列人才评价政策，大力破除人才评价中的"唯论文、唯职称、唯学历、唯奖项"四唯倾向，要求建立以注重质量、贡献、绩效为导向的人才评价机制，将成果转化效益、科技服务满意度等作为人才评价的重要评价指标。局校合作过程中，要引导高校建立多元的科研评价体系和绩效考核机制，鼓励建立分类多元的科研评价机制。在对社会公益性研究、应用技术开发等类型的科技人才评价中，弱化SCI（科学引文索引）和核心期刊论文发表数量、论文引用榜单和影响因子排名以及承担科研项目要求，注重科技人员的成果在行业部门转化应用的成效，注重科技成果的实际贡献；在人才评价体系中引入社会评价、同行评价、市场评价、服务对象评价，鼓励科技人员与气象部门紧密合作，把科技成果应用到气象业务服务中，支持气象事业高质量发展。

3.4 完善气象科技成果转化激励政策，激发创新活力

在气象部门内部选取科技成果转化应用较多或有积极性的单位（例如中国气象局天气预报科技成果中试基地）开展高校科技成果转化收益分配试点，在实践中建立高校科技成果在气象部门转化、评价、交易、分配等规章制度，比如改变科技人员的现行考核评价体系，把项目绩效、成果及专利的转化率、转移转化及推广应用收益列入考核的重要指标中，逐步形成科技成果转化激励制度体系，为高校科技成果在气象部门转化应用提供政策保障，提高科技成果供需双方开展转化应用的积极性，提高气象科研业务服务水平。

发挥培训平台作用，
推进气象科技评估与成果转化服务深入发展①

马春平　成秀虎　纪翠玲　薛建军

（中国气象局气象干部培训学院，北京　100081）

为充分发挥培训平台促进气象科技成果转化应用的作用，利用好中国气象局气象干部培训学院（以下简称"干部学院"）作为国家级培训机构集培训研究咨询三位一体的独特优势，摸清干部学院在促进气象科技成果推广应用方面存在的主要问题和未来的发展方向，结合干部学院开展气象科技评估和运维气象科技管理信息系统的工作经验以及未来发展需求，除通过大量查阅国家相关政策文件和相关行业部门好的经验做法外，先后对中国科学技术发展战略研究院、国家科技评估中心和华风创新研究院等单位以网站、文献及座谈的方式进行了调研，现结合实际，提出发挥培训平台作用，推进干部学院科技评估与成果转化服务深入发展的建议。

1　国家对科技评估和成果转化工作的要求

习近平总书记在 2016 年 5 月 30 日召开的全国科技创新大会上发表重要讲话指出："要改革科技评价制度，建立以科技创新质量、贡献、绩效为导向的分类评价体系，正确评价科技创新成果的科学价值、技术价值、经济价值、社会价值、文化价值。"因此，2016 年国家正式废止了科学技术成果鉴定办法，实施各级科技行政管理部门的科技成果评价工作，将由委托方交给专业评价机构执行。

2016 年 12 月 11 日，科技部财政部发展改革委关于印发《科技评估工作规定（试行）》的通知（国科发政〔2016〕382 号），提出积极开展科技评估理论方法体系研究和国内外科技评估业务交流与合作，推动建立科技评估技术标准和工作规范，加强行业自律和诚信建设。有关部门和地方积极引导和扶持科技评估行业的发展，建立健全科技评估相关的法律法规和政策体系，完善支持方式，鼓励多层次专业化的评估机构开展科技评估工作，推动评估信息化建设。该规定的发布实施，旨在加强科技评估管理，建立健全科技评估体系，推动我国科技评估工作科学化、规范化，更好地支撑和服务于深化科技体制改革和落实创新驱动发展战略，对在新形势新需求下做好科技评估工作具有重大指导意义。

2020 年 3 月 30 日，中共中央国务院印发《关于构建更加完善的要素市场化配置体制机制的意见》，要求加快发展技术要素市场，完善科技创新资源配置方式，加强科技成果转化中试基地建设。支持有条件的企业承担国家重大科技项目。建立市场化社会化的科研成果评价制度，修订技术合同认定规则及科技成果登记管理办法。建立健全科技成果常态化路演和科技创新咨询制度。

---

① 本文撰写于 2020 年 12 月，收入本书时标题有修改，内容有补充。

2020 年 5 月 11 日,《中共中央国务院关于新时代加快完善社会主义市场经济体制的意见》(中发〔2020〕10 号)要求,构建更加完善的要素市场配置体制机制,进一步激发全社会创造力和市场活力。建立以企业为主体、市场为导向、产学研深度融合的技术创新体系,支持大中小企业和各类主体融通创新,创新促进科技成果转化机制,完善技术成果转化公开交易与监管体系,推动科技成果转化和产业化。完善科技人才发现、培养、激励机制,健全符合科研规律的科技管理体制和政策体系,改进科技评价体系,试点赋予科研人员职务科技成果所有权或长期使用权。

2 气象部门在科技评估和成果转化方面的要求

2014 年,中国气象局印发了《气象科技创新体系建设指导意见(2014—2020 年)》(气发〔2014〕99 号),明确提出要健全气象科技评价机制。积极探索并加快实施第三方气象科技评价与国际同行专家评价,将评价结果作为科技资源配置、绩效考核等的重要依据。推进科技成果转化应用,发挥中试基地(平台)在引领研发任务、引导资源配置和成果评价中的重要作用,并对中试基地给予稳定支持。探索建立重要技术报告认定制度,制定科研成果业务准入办法。搭建科技成果管理、信息发布和推广交流平台,加强核心共性技术成果培训。注重知识产权保护和成果推广应用,推动科技成果向技术标准和技术规范的深度延伸。

2016 年,中国气象局办公室印发了《加强气象科技成果转化指导意见的通知》(气办发〔2016〕19 号),明确提出促进气象科技成果转移转化是实施创新驱动发展战略的重要任务,是全面推进气象现代化,推动气象核心技术突破的关键环节,也是实现我国由气象大国向气象强国迈进的战略抉择。促进气象科技成果转移转化,一是要建立和完善有利于科技成果产出的工作机制,促进产业技术创新联盟建设;二是开展科技成果认定,加强科技成果登记与发布,推动科技成果分类评价;三是推动科技成果中试与业务化(产业化),搭建科技成果转化中试基地(平台),完善科技成果业务准入制度,建设科技成果产业化基地,探索构建气象技术交易网络平台;四是加强科技成果知识产权保护,鼓励科技人员在科研院所和业务单位、企业间合理流动,落实科技成果转化收益分配措施,建立有利于科技成果转化的绩效考评体系;五是加强科技成果转化人才队伍建设,强化科技成果转化的多元化资金投入,鼓励设立气象科技成果转化引导基金或者风险基金。

2018 年,中国气象局关于印发《加强气象科技创新工作行动计划(2018—2020 年)》的通知(气发〔2018〕108 号)中将强化气象科技成果转化应用作为主要任务提出,一是要建立完善的中试基地体系;二是推进科技成果在业务单位的应用;三是支持企业科技创新工作。

3 相关部门在科技评估和成果转化方面的经验做法

3.1 中国科学技术发展战略研究院

该研究院是科技部的直属事业单位,主要围绕中国特色社会主义科技创新思想与理论构建、国家创新体系建立、体制机制改革、科技促进经济社会发展、科技创新预测和监测等领域开展研究,积极拓展国内外科技创新理论、战略、政策交流与合作,是服务于党和国家科技创新重大决策的专业性、战略性、前瞻性和国际化高端智库。研究院下设的科技统计与分析研究所,重点负责全国科技统计和创新调查相关具体业务工作的组织实施,开展科技统计、创新调查、科技指标的理论、方法与应用研究,组织编写科技统计和创新调查相关出版物。对全国科技活动进行监测、分析和评价，为制定科技发展战略、科技创新规划和宏观科技决策提供服务。组织全国科技统计、创新调查及指标研究和对外交流。

为监测和评价创新型国家建设进程，中国科学技术发展战略研究院从 2006 年起就开展了国家创新指数的研究工作，并于 2011 年发布了第 1 期《国家创新指数报告》，目前已发布了 8 期。除此之外，他们还制定发布了《中国区域创新能力监测报告》《中国研究机构创新能力监测报告》《中国普通高校创新能力监测报告》《全国科技进步统计监测报告》《国家创新指数报告》《中国区域创新能力评价报告》《中国区域科技创新评价报告》《国家高新区创新能力评价报告》和《中国企业创新能力评价报告》等系列监测与评价报告产品。这些报告为国家科技决策提供了重要支撑，也为相关行业开展科技创新能力监测与评价提供参考。

3.2 国家科技评估中心

国家科技评估中心（科技部科技评估中心）是科技部直属事业单位，1997 年依托原中国科学技术促进发展研究中心正式组建，2004 年经中央机构编制委员会办公室批准，成为具有独立法人资格的国家级专业化科技评估机构。在科技规划、计划、项目、人才、机构和创新政策及政府绩效等领域承担了一系列重大科技评估任务，为科技部、外交部、发展改革委、财政部、农业农村部等多个国务院组成部门及地方科技管理单位的管理和决策提供了重要的评估和咨询服务。该中心在共享科技部专家数据库资源的同时，专门建立了一支由 10 万名各领域专家组成的评估队伍，其中两院院士就有数百名。还与国内外 60 多家评估机构、全球 30 多个国家及国际组织有着广泛的交流和合作。

国家科技评估中心主要研究国内外科技评估的理论、发展现状及未来趋势，提出构建和完善国家科技评估体系的相关政策建议；研究科技评估制度、标准和方法，提出评估行业规范与标准建议，为指导和规范科技评估活动提供技术支撑；组织开展科技评估行业的业务培训与咨询服务，推进评估行业能力建设；为科技部系统的科技评估、评审工作提供业务规范与质量控制等专业化服务；组织开展科技改革与发展重大战略、科技政策的实施效果评估，各类科技计划、科技专项的综合评估，区域创新能力评估以及科研机构运行绩效评估，提出综合性评估意见，为科技部科学决策提供技术支撑；面向社会开展科技评估与评审服务；承担与科技评估相关的国际合作和交流工作，推动与国际评估接轨。

同时，国家科技评估中心目前还是全国科技评估标准化技术委员会的秘书处承担单位，归口管理全国科技评估标准化的相关工作，涵盖科技政策评估、计划评估、项目评估、成果评估、区域科技创新评估、机构与基地评估、人才评估、经费评估，以及科技绩效与影响评估等。具体工作包括提出科技评估领域标准化工作的政策和措施建议，编制科技评估领域国家标准体系，开展国家标准的推荐立项、制修订、审查、宣贯、培训、推广、实施、跟踪、技术咨询和国际化等方面工作，组织开展相关调研、合作与交流，推动全国科技评估标准化发展。根据行业需求，牵头制定了 Q/NCSTE 1001—2018《科技评估基本术语》、Q/NCSTE 1002—2018《科技评估基本准则》和 Q/NCSTE 1003—2019《科技评估报告基本规范》3 项评估标准。为全国科技评估工作的规范化和标准化发展奠定了坚实基础。

作为全国科技评估行业的引领单位，国家科技评估中心目前在相关科技评估的业务服务、制度建立、平台建设和专业技术人才培养上都比较成熟和完善，对国内相关行业和部门开展科技评估工作都具有很好的借鉴和参考意义。

3.3 华风创新研究院

华风创新研究院是华风气象传媒集团有限责任公司（简称"华风气象传媒集团"）下设的一个研究

院，成立于 2017 年 12 月。华风气象传媒集团是中国气象局直属的气象服务龙头企业，致力于融媒体公众气象服务，承担"中国天气"品牌运营工作；承担面向国家建设和市场需求的精密监测、精准预报、精细服务；聚焦防灾减灾，弘扬气象文化事业。华风创新研究院除了负责华风集团基础性项目、青年发展基金项目及集团自立重大应用性项目的管理之外，还重点负责企业科技成果转化工作，是气象部门按照现代企业制度运行的气象科技成果应用研发与成果转化中心，同时具有"科研实体"与"产业孵化器"的职能。中国气象局《加强气象科技创新工作行动计划（2018—2020）》中提出：要以华风创新研究院为试点，建立健全企业在研发投入、项目管理和成果转化等方面机制。

目前，华风创新研究院在推进气象科技成果转化方面已经开展了不少卓有成效的工作：一是加强知识产权管理，统一申报管理企业的专利、软件著作权以及技术秘密等；二是加强成果登记管理，构建了创新成果库，实现了创新成果的统一管理与查询、运维、对外产品合作的接口提供与安全管控、相关协议、文档等的归口管理等；三是深入推进了成果认定评价工作，并制定了《华风创新研究院气象科技成果认定办法（试行）》和《华风创新研究院气象科技成果评价办法（试行）》；四是进一步加强科技成果的转移转化和收益分配管理，制定了《华风创新研究院创新成果转化管理办法（试行）》。华风创新研究院在成果转化方面的做法和经验也值得行业部门学习借鉴。

4 干部学院在科技评估和成果转化服务业务方面的现状和相关建议

4.1 干部学院气象科技评估业务发展现状和建议

干部学院自 2007 年成立标准化与科技评估室，先后开展过中国气象局组织承担的奥运科技攻关专项、农业科技成果转化资金项目、社会公益研究专项和科技基础性工作专项等四类科研项目的成果应用效益评估、中国气象局人才评估、中国气象局科技成果转化中试基地评估、气象科技成果评价、气象科技创新贡献评价和气象科技创新监测与评价等工作。2019 年 12 月，干部学院将原培训发展部有关培训评估的职责合并到了标准化与科技评估室，通过科教融合更好促进科技与教育培训评估的统一与发展。

经过多年的工作积累，干部学院在规划评估、人才评估、中试基地评估、成果评价、教育培训和科技创新能力评价等方面已经积累了一些经验，但是目前还没有形成成熟规范的评估业务体系，相关制度、规范和标准还不健全，评估的理论、方法研究也比较薄弱，评估的专业人才队伍还不足，评估信息化建设才刚起步，评估的能力和条件建设还有待进一步加强，评估服务产品还比较少，结合国家和部门的相关要求以及标杆单位的做法，提出以下几点建议。

（1）围绕气象科技强国发展需要，应大力开展气象科技评估业务能力建设，积极开展气象科技评估理论方法体系研究和国内外气象科技评估业务交流与合作，推动建立气象科技评估技术标准和业务规范。

（2）重点开展气象科技政策、规划、机构、人才、成果和创新能力等评估，建立分类评估指标体系、方法和模型。国家科技评估中心和中国科学技术发展战略研究院是国内评估行业的引领者，它们的评估业务（职责任务）也主要覆盖这些方面，结合行业需求，气象评估下一步可以从这些方面进一步深入系统的开展。

（3）推动评估信息化建设，充分运用大数据、人工智能等技术手段，开发数字化业务评估模型，提升评估的现代化水平，同时研究开发多样化的评估服务产品。气象行业信息化建设比较迅猛，但是与评估工作的结合还不紧密，只有教育培训评估目前有相关的系统平台，其他评估业务平台还没有建立，因此需要统筹谋划，提前部署，逐步建设。

（4）进一步加强气象科技评估的能力和条件建设，健全内部管理制度，规范评估业务流程，提高评估人才队伍素质。气象科技评估目前只是起步阶段，严重缺乏专业人才队伍和学科带头人，在制度规范建设方面也需要重视并逐步健全。

4.2　干部学院气象科技成果转化服务业务发展现状和建议

根据中国气象局要求，干部学院自 2009 年就建立了"气象科技管理信息系统"，并依托该系统先后承担气象科技统计、气象科技成果登记、气象科技成果认定和气象科技成果评价等业务工作，同时还通过该平台向社会公众公开共享气象科技论文、专利、软件著作权、标准、论著和奖励等科技成果信息。与此同时，干部学院还于 2015 年在气象业务培训方面获批建立中国气象局第一批气象科技成果转化中试基地。

经过多年发展，干部学院在气象科技成果转化应用方面为气象科技管理部门提供了重要的科技支撑，但目前的成果转化应用效益还不高，相关的成果转化政策还需进一步落实，成果转化平台还需进一步规范完善，专业化技术转移咨询和人才服务能力还有待提升，有关成果转化的研究还需进一步加强，结合已有工作基础和干部学院中试基地的定位，根据国家部门的相关要求，并参考兄弟单位好的做法，提出以下几点建议。

（1）推动成果登记、认定与分类评价工作标准化建设。成果登记、认定与分类评价工作以及气象科技统计工作是中国气象局通过职能下放给干部学院的任务，与干部学院中试基地建设紧密相连，目前虽已发展为业务工作，但还需要进一步的规范化、标准化。

（2）规范气象科技统计指标和填报行为，建设气象科技大数据资源整合信息化管理平台，建立气象行业科技成果集成数据库。气象科技管理信息系统经过多年的业务积累已经收集了大量的气象科技成果和统计信息，但是对这些数据的挖掘利用还比较少，需要先规范气象科技统计指标和填报行为，同时需要对这些大数据资源作进一步的规范整合，建立行业科技成果集成数据库。

（3）积极开展气象科技成果推广应用研究，发布优秀气象科技成果推荐评价报告，公开行业（部门）重大科技进展和成果，搭建气象科技信息共享与成果推广应用平台，推动科技成果形成知识产权和技术标准，促进气象科技成果转化为气象业务能力。有关气象科技成果转化评价方面还需要结合工作实际进行探索研究。

（4）进一步加强专业化技术转移咨询和人才服务能力的培养。目前高水平、专业化技术转移服务人才普遍缺乏，学院从事科技成果转化应用的专职人员少且能力不足，要大力推进气象科技成果转化工作，必须加强专业人才队伍的培养，并为人才提升服务能力提供平台和路径等保障。

（5）探索开展气象科技成果转化评价和培训推广平台一体化建设，搭建气象综合测评与成果推广应用平台。开展气象科技成果转化评价和培训推广是推进气象科技成果转化应用的重要手段，也是符合干部学院特色的成果推广方式方法，同时也是干部学院成果转化中试基地建设的重要内容，应发挥信息化集约化优势，将培训、评估与标准化工作融合起来，形成集测量、评价、应用转化于一体的气象综合测评与成果推广应用平台（参见图 1），加快科技创新成果业务转化能力，大力提升气象科技创新效能。

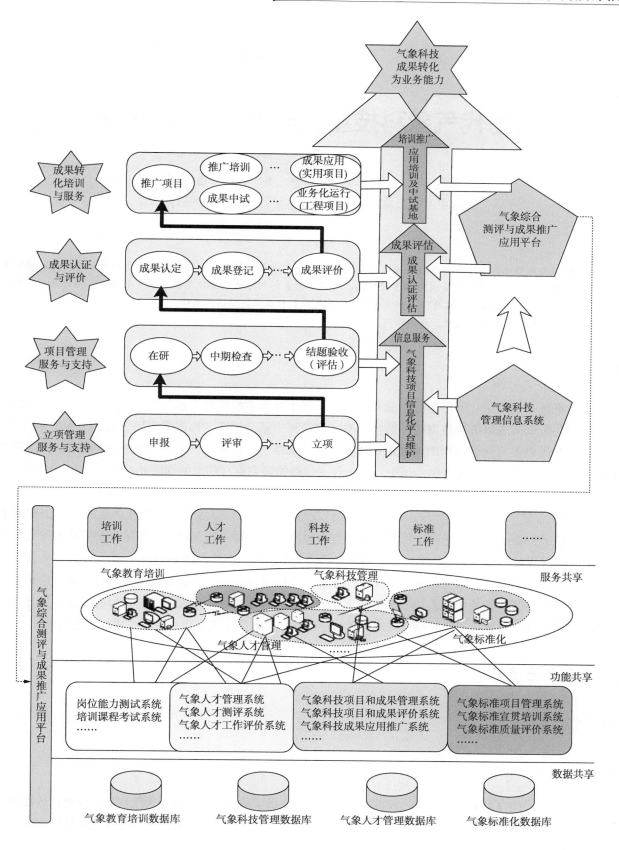

图1　成果转化培训与科技项目成果评价推广应用一体化平台建设

中国古代气象科技重要成就评判指标构建①

薛建军　崔晓军　马春平　何　桢　成秀虎

(中国气象局气象干部培训学院，北京　100081)

摘　要： 为更好地开展气象科技重要成就梳理和分析，本文借鉴科技评估成熟的评价方法和科技史研究的典型案例，提出了中国古代气象科技重要成就的 3 种分类，构建了分类评判方法和参比指标并以 3 个典型案例进行了评判方法及指标实证研究，为后续提出具有重要影响的中国古代气象科技成就提供技术支撑。

关键词： 气象，气象科技成就，分类评判，指标构建

1　引言

习近平总书记指出"不忘历史才能开辟未来，善于继承才能更好创新"[1]。中华民族创造了灿烂的古代文明，其众多杰出的科技发明创造在人类文明长河中熠熠生辉，构成了先民智慧的历史回响[2]。那么，中国在历史上究竟有怎样的重大发明或发现呢，这是一个仁者见仁、智者见智的问题[3]。现代意义上的中国科技史研究已有近百年的历史，各个分支学科的研究都有相当的深度并拥有一批具权威性的学者或机构，他们为了解决这些争议，开始聚焦于涉及发明特别是大发明的评价标准问题上[2-7]。

一直以来有不少学者致力于中国古代气象科技成就的研究。但由于不同研究的目的、方法和侧重点，当前若要回答历史上，中国古代究竟有哪些重要的气象科技成就，对评定其是否属于重大发明发现或对其分类分级的科学依据是什么？这些问题尚需进一步研究，有待发展和完善。

鉴于现实需求和已有研究基础，本文试图探索一套既符合一般科学认知规律又兼具气象特色，相对客观、科学和易于操作的中国古代气象科技重要成就的评判方法和参比指标，进而为后续提出具有重要影响的中国古代气象科技发明发现，阐述世界第一或重要影响的中国古代气象科技成就奠定基础。

2　对象和方法

2.1　概念界定

2.1.1　中国古代气象

气象与人类生存发展息息相关，人类在长期的生产生活实践中，逐步认识天气现象，探索自然规律，形成了对科学的认识和应用。这些在气象科学的认知和实践领域留下了宝贵的中国古代气象科技成就。本

---

①　本文在 2014 年《气象标准化》第 1 期上发表。

文所指的中国古代气象，是指远古以来至近代以前中国先民从事的气象活动，从石器时代到清代前期，与《中国气象史》的古代编保持一致。

2.1.2 发明与发现

在研究中国古代科技成就时一个无法回避的，但又难以界定的问题就是发明还是发现的问题。发明一词在《辞海》中的释义为创制新的事物，首创新的制作方法，又有发现阐明之意。发现则是指本有的事物或者规律，经过探索、研究，才开始知道。发明是创造出一种从未出现过的东西，是在既有的基础上进行进一步的改进，在功能上与前者有所不同。发现则是在自然社会的原有基础上发现某些不为人知的事物，是一个探索的过程。发明强调应用自然规律解决技术领域中特有问题而提出创新性方案、措施的过程和成果。发现则突出对自然界中已经客观存在的未知物质、现象、变化过程及其特性和规律的认识。因此，一定程度上发明是人创造出来的，而发现是人对固有的东西的认识，比如自然规律。从这个角度来说，人类可以发明技术，但是却不能发现技术，可以发现自然规律，但是不能发明自然规律。

2.2 评判方法

分类、分级评判（评价）是科技评价的基本理论和方法[8]，不但在现代科技评估领域成熟运用，在古代科技成就的研究中也被不少学者所借鉴。本文在讨论中国古代气象科技成就时充分借鉴了上述研究中用到的分类评判思想和方法[2-7]，先将中国古代气象上的科技成就分为科学发现与创造和技术发明两类。此外，气象学不仅研究大气的变化规律，而且要根据所掌握的规律预测大气的变化和发展过程，使人们在生产实践中充分利用气象和气候资源，控制局部天气和改造小气候，趋利避害，为人类的社会生产服务[9]。这是一门兼具科学性、应用性和实用性极强的学科。根据考古和文献记录显示我国古代气象科学活动一直处于世界先进地位，在对气象规律探索、气象知识应用方面都取得了很高成就[9-14]。在阐述中国古代气象科技成就时不可忽略的一项内容就是古代先民们利用气象知识（发明发现）趋利避害，服务社会经济发展等。因此，借鉴"科技服务"的概念，中国古代气象科技成就还应有一类，即气象科学技术应用与服务。因此本文提出中国古代气象科技成就可分为科学发现与创造、技术发明和气象科学技术应用与服务这三类。

3 指标构建

3.1 构建原则

通过相关的文献[3-14]、研究的梳理分析，中国古代气象科技重要成就评判指标的构建应遵循以下原则。

（1）继承性原则。中国古代气象科技重要成就作为中国古代科技成就的一部分，对其的评价首先应符合一般科学认识规律。对其的筛选评判应继承已有研究的成功经验。

（2）发展性原则。既然是气象科技重要成就，那就与一般的、"面面俱到"的重要科技成就的筛选方式有所不同，特别是中国古代不同科学与技术门类发展并不均衡，参比的因素也更加复杂，文献记载的多寡、详略、真伪程度也不同。因此，在借鉴已有评判的标准上要有发展，要能突出气象特色，不能完全照搬。

（3）简洁实用性原则。当前研究中，在对待发明、发现的分级和排序，或在界定科学发现、工程创造和发明的界限时仍存在较大争议，一定程度上还是一个仁者见仁、智者见智的问题，很难进行多维的评价和复杂的定量测算。因此，指标的构建遵从简洁和实用的原则，突出最重要的特征，基于当前实际最大程度上提供一种相对客观、科学和易于操作的方法。

3.2　指标设计

中国古代气象科技重要成就评判指标的构建分两个层级，一是筛选，二是考察。筛选性指标一要判定所列古代气象科技成就否是符合科技成就的先决的条件，即是否符合一般科学认识规律性；二要判定是属于气象科技的范围。考察性（竞争性）指标，是在筛选项基础上，进一步确认通过筛选的成就按照分类评判的方法应该归属于哪一类型，是科学发现、技术发明还是科技应用与服务。特别地，若三方面都有体现，兼而有之时，通过该指标项考察其最显著的特征，并以此进行分类。

我们按照继承、发展、简洁实用的原则，对文献[7]提出的遴选标准进行了气象化改造。提出了筛选性指标 4 项。具体见表 1。

表 1　本研究指标与中国古代重要科技发明创造筛选指标对照简表

本研究设计	中国古代重要科技发明创造研究组	修改说明
1.创新性	1.原创性	发展了原指标。原创性与创新性都有"新"的意思，但原创性更强调初创或者独创。本研究采用"创新性"因其概念和内涵更为丰富，且更加符合发明、发现的概念分析以及关于气象科技成就分类评判的思想
2.反映古代科技发展的先进水平	2.反映古代科技发展的先进水平	采用原指标。既然是气象科技成就必然是科技成就的一部分，因此应当能够反映古代科技发展的先进水平
3.对世界文明或者中华文明有重要影响	3.对世界文明有重要影响	对原指标部分继承和发展。受制于气象科技成就客观上基数小，对世界文明有重要影响的较少。此外，天气、气候现象、事件，灾害性天气本身有一定的地域特征，因而中国古代气象科学技术活动的地域特色比较明显
4.对气象科学技术认知及其实践有重要的推动作用	—	新增指标。古代的气象科技活动多是基于人类生活和生产的需要，这一时期的气象科技成就多数与其他活动结合在一起的，"纯粹的"气象科学技术领域成就不太容易获得，在选取时需要对相关成就分析其是否对气象科学技术认知及其实践具有重要的推动作用，从而分离出所需内容

一是创新性，这是由原有的"原创性"发展而来。原创性与创新性都有"新"的意思，但原创性更强调初创或者独创，在评估某项发明的原创性，要有可靠的考古或文献证据，能证明它是迄今所知世界上最早的，或者属于最早之一且独具特色[7]。但若由于文献记录不足，则难以确定是否是独创或者原创。为此本研究采用"创新性"。创新是一个较为广泛的概念，含义丰富，包含创造、改变、更新，可表示新的发现、发明、创造；提出新的思想、理论；构想出新的组织形式、政策体系、制度框架[15]。

二是反映古代科技发展的先进水平。这一条是照搬了现有指标。既然是气象科技成就必然是科技成就的一部分，因此应当能够反映古代科技发展的先进水平。

三是对世界文明或者中华文明有重要影响。这是对原指标"对世界文明有重要影响"的部分继承和发展。原因主要基于以下两点：（1）受制于气象科学成就客观上确实数量有限，基数较小，如果还要做到对世界文明有重要影响，可能就所剩无几。（2）天气、气候现象、事件，灾害性天气本身有一定的地域特征，古人对气象的科学认识，气象科技的发展，利用气象科技趋利避害、指导实践也具有一定地域特征，因此要求对世界文明有重要影响确实不易达到。

四是对气象科学技术认知及其实践有重要的推动作用。气象科学是一门很年轻的学科，现代科学范式下的气象科学技术在古代是没有独立分支的。而气象学是一门和生产、生活密切相关且涉及多学科的应用科学。正是由于这样的特点，古代的气象科技活动多是基于人类生产和生活的需要，进行了大量零散的、局部的气象观测，积累了一些感性认识和经验，对某些天气现象做出一定的解释，从生产实践和日常生活中积累气象知识，并重视气象知识的实际运用，比如气象在农业生产中的应用，在航海中的应用，在军事斗争中和日常生活中的应用等[12-13]。这一时期的气象科技成就不太容易是聚焦在"纯粹的"气象科学技术领域，而是与其他活动结合在一起的。因此，评判某项科技成就是否属于"气象科技成就"时要注重去分析其是否对气象科学技术认知及其实践具有重要的推动作用。

在筛选性指标的基础上，提出了3类古代气象科技成就的考察性指标（见表2）。具体含义解释如下。

表2　三类中国古代气象科技成就的考察性指标

分类	指标	释义
A气象科学发现与创造	A1 科学发现与知识创新	认知，发现天气、气候变化，气象灾害规律以及相关概念、理论等形成和提出，知识的创新等。
B气象技术发明	B1 新颖性	基于一定证据证实该技术发明较早成型。
	B2 创造性	该发明具有突出的实质性特点和显著的进步。
	B3 实用性	该发明能够制造或者使用，并且能够产生积极效果。
C气象科技应用与服务	C1 指导实践	有组织、有意识地基于科学认知或者技术发明等指导实践。

3.2.1　气象科学发现与创造

气象科学发现与创造由1项指标来进行考察，即A1科学发现与知识创新。科学发现是指人们在科学活动中对自然界客观存在的未知的物质、现象及其变化过程和客观规律的认识和揭示，主要包括事实的发现和理论的提出。因此对该类成就的考量主要突出其是否具备科学发现与知识创新的特性。结合气象科技的特征，侧重考察在认知、发现天气、气候变化、气象灾害规律以及相关概念、理论等形成和提出、知识的创新等方面的内容。

3.2.2　气象技术发明

气象技术发明作为技术发明的一类，对其的考察充分借鉴了知识产权保护确认的做法，及参照专利法[16]对发明型专利的授权确认的办法，通过3个指标来进行考察。

B1 新颖性。专利法强调该发明不属于现有技术，也没有任何单位或者个人就同样的发明在申请日以前向有关部门提出过申请，并记载在申请日以后公布的专利申请文件或者公告的专利文件中。显然对于古代技术发明，当时并未有"专利"的意识，也无从去申请专利保护或者确认。因此，新颖性这里主要强调"不属于现有技术"，即要求基于一定证据证实该技术发明较早成型。

B2 创造性。借鉴专利法对发明的基本要求，突出该发明具有突出的实质性特点和显著的进步。

B3 实用性。要求该发明能够制造或者使用，并且能够产生积极效果。这也是借鉴专利法对发明的基本要求。

3.2.3　气象科技应用与服务

气象科技应用与服务由1个指标来进行考察，即C1指导实践。中国古代气象科技的产生和发展具有密切服务生产生活实际的显著特征，是否有组织、有意识地基于科学认知或者技术发明等趋利避害、指导实践也是考察并反映古代气象科技成就的一个重要方面。

4　评判方法及指标实证研究

根据现有古代气象科技成就清单，按照分类评判思想和指标筛选了 3 项重要成就，进一步阐述评判方法及指标实证研究。其中科学发现与创造 1 项，技术发明 1 项，气象科技应用与服务 1 项。具体见表3。

二十四节气作为古代气象科技成就具有广泛的共识[7, 9-13, 17-19]。首先具有创新性，它是我国独创，不晚于战国时期起源，成熟于西汉时期。其次，反映了古代科技发展的先进水平，是古人在长期观测日影变化的基础上总结形成的，并在农业生产实践中不断总结和发展，体现了中国古人先进的科学思想以及"顺应天时"的适应自然的理念。最后，尽管主要反映的是汉民族对中国中原地区（黄河流域）气候规律形成的科学性总结与认识，但经过千年传承和发展已经被中国不同民族、不同区域所共享，并结合当地实际所改造，反映了当地生产生活、习俗、文化等的一些显著特征，对中华文明有重要影响。作为古代中国科学史上一个辉煌成就，2016 年被正式列入联合国教科文组织人类非物质文化遗产代表作名录。但是，二十四节气到底归属于科学发现与创造还是技术发明，似乎有不同的表述。有的学者将其阐述为"可与四大发明并列的第五大发明"[17]，有的说是"重要气象发明"[12]。笔者认为从其本质出发，二十四节气集中反映了中国古人在天文气候特征等领域的认识，并将形成的科学性总结与认识指导实践，是应更突出其"科学发现与知识创造"的属性。建议将其归入气象科学发现与创造类，这一归属同时与"中国古代重要科技发明创造"研究组对二十四节气的归类是一致的[7]。

表3　三项中国古代气象科技成就辨析简表

	筛选项				考察项
	创新性	反映古代科技发展的先进水平	对世界文明或者中华文明有重要影响	对气象科学技术认知及其实践有重要的推动作用	气象科学发现与创造/气象技术发明/气象科技应用与服务
二十四节气	我国独创，起源于战国时期，成熟于西汉	古人在长期观测日影变化的基础上总结形成的，体现了中国古人先进的科学思想以及"顺应天时"的适应自然的理念	多民族、多地区共享，2016 年已列入联合国教科文组织人类非物质文化遗产代表作名录	对自然现象运动和变化的长期思考和积累，以观察中国黄河流域一年中天象、气温、降水、物候等时序变化，为生产生活提供指南	气象科学发现与创造。反映了中国古人在天文气候特征等领域的认识
陶寺古观象台天文气象观测	约公元前 4300 年，比英国巨石阵观象台还要早 500 多年	观测日出，确定季节，中国古人观测天象的独特系统，表现了"取象比类"这一中国古代传统科学思维	观测天象制定历法，华夏文明诞生的重要标志之一	气象观测已掌握了太阳的运动变化周期	气象技术发明。通过 12 条观测缝观日出、定节气，具有新颖性、创造性和实用性特征
中医医疗气象	我国独创，战国时期形成了医疗气象理论体系，东汉时期进一步完善，并为后世所继承和发展	阐述了许多以气候条件为依据的诊断、治病、养生、防病原则以及疾病形成的气象原因	推动和发展了古代中医理论体系	反映人体适应气象环境方面的情况，揭示气象变化与人体健康的关系	气象科技应用与服务。有意识地传播和利用医疗气象知识和医疗气象保健知识，发挥了积极作用

陶寺古观象台天文气象观测作为古代先民观日出、定节气的重要科技成就，比著名的英国巨石阵观象台还要早 500 多年[19-22]（创新性）。观测日出，确定季节，形成了中国古人观测天象的独特天文气象观测系统，它的设计也体现了"取象比类"这一中国古代传统科学思维[22]，一定程度上反映了当时科技发展的先进水平。"观象授时"，观测天象制定历法，这是华夏文明诞生的重要标志之一。此外，陶寺古观象台天文气象观测还表明古人当时的气象观测已掌握了太阳的运动变化周期[20-21]，这对气象科学技术认知及其实践有重要的推动作用。作为一套独特的天文气象观测系统，具有新颖性（基于目前的史料证实）、创造性和实用性，故建议将其列入技术发明的分类。

中医医疗气象为我国独创，战国时期形成了医疗气象理论体系，东汉时期进一步完善（创新性），阐述了许多以气候条件为依据的诊断、治病、养生、防病原则以及疾病形成的气象原因（反映当时的科技发展水平），从三国至明清以来医疗气象作为古代气象科学的亮点，出现了许多著名的医、药学家，他们继承和发展了古代中医医疗气象理论体系，推动和发展了古代中医理论体系[9, 10, 12-13]（对中华文明有重要作用），反映了人体适应气象环境方面的情况，揭示气象变化与人体健康的关系（推动气象科技探索与实践）。作为有意识地传播和利用医疗气象知识和医疗气象保健知识，医疗气象对中国古代社会发展与科技进步发挥了重要作用，建议将其作为中国古代气象的重要成就之一，列入气象科技应用与服务分类。

5　结语

气象科学是一门古老而又年轻的科学，由于东西方差异、古代科学与技术门类不均衡、资料缺失等因素，在界定科学发现、技术发明和对待发明的分级和排序时仍有较大争议，本研究试图借鉴成熟的方法和案例，开展中国古代气象科技重要成就的评判研究，按照分类评判的思想构建了一套参比指标。但受制于主客观因素和学识水平，还有诸多不足之处。

中国古代气象科技究竟取得了哪些重大科技成就、拥有怎样的知识体系创新，这对推动以史为鉴的气象科学技术创新具有重要价值。如何盘点、审视和发掘这些成就，它们蕴含的科学价值、社会功用和文化意义又是什么，它们对当今气象工作的启示是什么？值得进一步思考、研究和探索。

参考文献

[1] 习近平 . 在纪念孔子诞辰 2565 周年国际学术研讨会暨国际儒学联合会第五届会员大会开幕会上的讲话[EB/OL]，2014 年 9 月 . http://cpc.people.com.cn/xuexi/n1/2017/0213/c385476-29075643.html.

[2] 中国科学院自然科学史研究所"发明创造"研究组 . 中国古代重要科技发明创造纵览[J] . 决策与信息，2015（8）：63-65 .

[3] 华觉明，冯立昇 . 中国三十大发明[M] . 郑州：大象出版社，2017 .

[4] 华觉明 . 中国三十大发明之分说[J/OL] . 寻根，2017（3）.

[5] 华觉明 . 基于文化自觉理念的中国大发明研究[J] . 中原文化研究，2017：33-37 .

[6] 冯立昇 . 重新审视中国的重大发明创造——《中国三十大发明》述要[J] . 科学，2018（2）：59-62 .

[7] 中国科学院自然科学史研究所 . 中国古代重要发明创造[M] . 北京：中国科学出版社，2016 .

[8] 叶茂林 . 科技评价理论与方法[M] . 北京：社会科学文献出版社，2007 .

[9] 温克刚 . 中国气象史[M] . 北京:气象出版社，2004 .

[10] 洪世年，刘昭民 . 中国气象史——近代前[M] . 北京:中国科学技术出版社，2006 .

[11] 吕不韦，刘安 . 吕氏春秋·淮南子 . 杨坚，点校[M] . 长沙:岳麓书社，2006 .

[12] 郑国光 . 中国气象百科全书[M] . 北京:气象出版社，2016 .

[13] 赵同进，彭莹辉，姜海如．中国古代气象[M]．北京：气象出版社，2017．

[14] 王鹏飞．中国古代气象上的主要成就[J]．南京气象学院学报，1978（1）：141-151．

[15] 科学技术部发展计划司，中国科学技术指标研究会．创新的基本概念与案例[M]．北京：科学技术文献出版社，2013．

[16] 中华人民共和国专利法[EB/OL]，2020 年 10 月．http://www.scdongqu.gov.cn/zwgk/ztzl/dqzscqzl/ 1712609.shtml．

[17] 杨萍，王邦中，邓京勉．二十四节气内涵的当代解读[J]．气象科技进展，2019，9（2）:36-38．

[18] 崔曼，胡楠，姚萍．漫谈二十四节气．气象科学技术历史与文明——第三届全国气象科技史学术研讨会论文集[M]．北京：气象出版社，2019．

[19] 陈正洪．古代气象科技怎样照进现实[EB/OL]．光明日报，2021.02.03. https://news.gmw.cn/2021-02/04/content_34596747.htm．

[20] 孙小淳，何驽，徐凤先，等．中国古代遗址的天文考古调查报告——蒙辽黑鲁豫部分．中国科技史杂志[J]，2010，31(4)：384-406．

[21] 徐凤先．"陶寺史前天文台的考古天文学研究"项目组春分观测纪行．[J]中国科学史杂志，2009，30（2）：265-268．

[22] 周京平．山西陶寺古观象台遗址时空探析．气象科学技术的历史探索——第二届全国气象科技史学术研讨会论文集[M]．北京：气象出版社，2017．

气象科技创新业务发展贡献率研究初探[①]

成秀虎[1] 马春平[1] 臧海佳[2] 杨蕾[1] 薛建军[1] 骆海英[2]

（1.中国气象局气象干部培训学院，北京 100081；2.中国气象局科技与气候变化司，北京 100081）

前言

按照党中央、国务院关于建设创新型国家的战略部署，《国家中长期科学和技术发展规划（2006—2020 年）》提出了评价创新型国家建设的 4 个量化指标，明确了"到 2020 年我国科技进步贡献率要达到 60%"。科技部组织专家学者开展了国家科技进步贡献率研究和测算，农业、林业、海洋等部门和许多地方政府也进行了行业部门和地方科技进步贡献率的测算。

气象事业是科技型、基础性社会公益事业。在全面推进气象现代化、着力提高气象事业发展质量和效益的关键时期，中国气象局党组更加重视发挥科技的力量，强调要坚持把科技创新作为实现气象现代化的内生动力，把科技创新驱动发展战略贯彻到气象现代化建设的整个进程中。《中共中国气象局党组关于全面深化气象改革的意见》明确指出，要围绕核心技术突破深化气象科技体制改革，指明了科技体制改革的方向和重点。为全面、客观、系统地监测气象科技创新体系建设成效，充分体现科技型的部门特点，中国气象局组织了科技创新对现代气象业务发展贡献率初步研究。拟通过"科技创新对业务发展贡献率"来表述气象部门各创新主体围绕业务发展科技需求和优势科研领域开展创新活动的业务贡献，引导气象科技资源和科研力量向着力突破重大核心业务技术瓶颈聚集，引导气象科技创新活动围绕提升自主创新能力和驱动业务发展能力来开展。同时，科技创新对业务发展贡献率指标体系还将作为重要的科技评价指标为完善科技政策和科学决策提供依据，持续提升气象科技创新支撑引领现代业务发展的能力和水平。

1 科技进步贡献率理论

科技进步贡献率是指科技进步对经济增长的贡献份额，反映了科技进步在国家和地区的经济增长中所起的作用，它是衡量区域科技竞争实力和科技转化为现实生产力的综合性指标。科技进步贡献率所指的科技进步并不仅指狭义的技术自身的发展变化，它把一些非技术因素，如制度、组织管理、社会文化、资源配置的改善、规模经济以及自然条件的变化等引起的单位投入产出增加的因素都涵盖其中，国内一些学者又称其为广义的技术进步。广义科技进步概括起来包含五个方面：①提高技术水平；②改革生产工艺；③提高劳动者素质；④提高管理和决策水平；⑤经济环境的改善[1]。在具体测算中，科技进

---

① 本文成稿于 2014 年。

步贡献率=全要素生产率增长率/经济增长率。根据经济增长理论，全要素生产率指不能被要素投入所解释的那部分产出增长，它是测算科技进步贡献率的关键。

关于科技进步贡献率的测算研究方法很多，主要有柯布-道格拉斯生产函数法、索洛余值法、CES生产函数法、丹尼森增长因素分析法、超越对数生产函数法和指标体系评价法[2]。

1.1 柯布-道格拉斯生产函数（C-D生产函数）法

1927年，美国芝加哥大学数学家柯布（Charles. W. Cobo）与经济学家道格拉斯（Paul Howard Douglas）阐述了产出量和投入量之间关系的生产函数理论，他们运用统计分析方法，对美国制造业1899—1922年的有关资料进行了研究，得出美国制造业的生产函数。他们认为产出与资本、劳动力之间存在这样的函数关系：

$$Y = AK^{\alpha}L^{\beta} \quad A > 0, \ 0 < \alpha < 1 \tag{1}$$

式中，Y为产出量；K为资本投入量；L为劳动力投入量；α代表资本的产出弹性系数，$\alpha = \dfrac{\partial Y}{\partial K} \dfrac{K}{Y}$；$\beta$代表劳动的产出弹性系数，$\beta = \dfrac{\partial Y}{\partial L} \dfrac{L}{Y}$；$A$为常数，表示一定条件下的技术水平。

C-D生产函数第一次运用数学方法和模型分析生产活动，使技术进步对经济增长的作用研究从抽象的纯理论研究转向实证分析，为这一研究领域的进一步发展奠定了基础。但此函数也有很多缺点，它认为除了劳动和资本，其他因素对产出的贡献都是渺小的，可以忽略不计。因此，它只能在特定的技术水平下，表示产出与投入的关系，这个前提假设条件限制了它在实际中的应用。

1.2 索洛余值法

1957年，索洛（R·M·Solow）提出了计算技术进步贡献率的新方法，该方法以C-D生产函数为基础。索洛应用该方法测算出1909—1949年间美国制造业总产出中约有87.5%来自于技术进步，只有12.5%来自于生产要素投入的增加。索洛生产函数的形式为：

$$a = y - \alpha k - \beta l \tag{2}$$

式中，a为技术进步速度，y为产出增长速度，k为资本投入量的增长速度，l为劳动投入量的增长速度，α为资本投入的弹性系数，β为劳动投入的弹性系数。

式（2）的经济含义是，技术进步对经济增长的作用贡献等于扣除资本和劳动力投入增长的作用外，所有其他因素作用的综合。这就是著名的"索洛余值法"。

索洛认为产出只包含资本、劳动、技术进步三个投入要素，将总产出增长减掉资本、劳动带来的那部分产出增长，剩余的增长可以认为是技术进步的作用。索洛的这种看法有一定的科学性。一方面高度概括并简化处理复杂的经济问题，使经济关系更加简明了；另一方面，余值法的技术进步是广义的技术进步，包括提高装备技术水平、改革工艺、提高劳动者素质、提高管理决策水平等，从而能为提高管理水平提供有用的依据。索洛余值法计算简单，所需数据容易得到，所以实用性较强。目前，世界各国经济学家和各国政府部门纷纷运用此方法。

索洛余值法是建立在柯布-道格拉斯生产函数基础上的，前提假设如下。

（1）除了技术进步以外，只有资本投入量K和劳动投入量L两种因素影响经济的增长。而且这两种因素可以相互代替。

（2）经济为完全竞争形态。

（3）K和L充分利用。

（4）技术进步为中性技术进步，即$\alpha + \beta = 1$。

国际上确定α值大致有三类方法：①回归分析法；②经验确定法，又称要素分配份额法；③经济理论分析法。在假定资本和劳力最优配置的条件下，可推导得到α=积累率。目前国外大都采用经济理论分析法。国内的测算多数采用人为性比较强的经验法确定参数α，以求计算简单和易于推广应用。

索洛余值法的这些前提假设，限制了它在实际中的运用。其前提要求资本、劳动得到充分利用，这完全是理论假设，与实际经济活动根本不相符。另外，影响总产出的因素，除了资本、劳动、技术进步，还有其他很多种因素，例如经济政策、法律法规、国际经济形势等。余值法将这些因素都包含在技术进步之中，从而影响了技术进步作用测算的准确性。同时，索洛余值法本身也存在一定的局限性。如技术进步速度和贡献率是由余值法计算所得，没有直接计算公式，无法进一步揭示其内在机制。由此可知，当经济增长速度一定时，技术进步水平与资源投入成反向变动，这与实际结论存在矛盾；弹性系数α、β不易确定，且不能随时间改变；在运算过程中直接把微分方程改为差分方程，数学推导上不够严谨。

1.3 CES生产函数法

1961年，阿罗（Arrow）等提出了CES生产函数（Constant Elasticity of Subsitition），这种生产函数的替代弹性为一个常数。其函数形式为：

$$Y = A\,[\delta K^\rho + (1-\delta)\,L^\rho]^{\gamma/\rho} \tag{3}$$

式中，Y为产出量，K和L分别为资本和劳动投入量，δ和$1-\delta$分别为K和L的分配系数（$0<\delta<1$），ρ为替代系数（$0<\rho<1$），γ为反映规模报酬的参数。

CES生产函数的替代弹性不是1，这是与C-D生产函数最大的不同。虽然CES生产函数的函数形式比较合理，但是参数估计难度很大，估计方法复杂，估计所得结果一般会出现许多的系统误差，精确性不高，因此，CES生产函数一般只是用于理论分析，实际应用中很少利用它来测算技术进步。

1.4 丹尼森增长因素分析法

20世纪60年代初，美国布鲁金斯学会的丹尼森提出了增长因素分析法。他们在西蒙·库滋涅茨的国民收入核算和分析的基础上，借助于相关历史统计资料，对美国的经济增长因素进行分解，提出了一种分解残差项的方法。这一方法是用"余值"来测算技术进步，其基本思想与索洛余值法大体相同，但增长因素分析法的研究更为具体详尽。丹尼森称"余值"为"知识进步"，这个概念与索洛的"技术进步"的概念含义十分相近，但是知识进步并不包含规模经济。丹尼森对经济增长影响因素详尽的分类，为后人准确测算技术进步贡献率提供了一种新的思路。但这种方法需要考虑的因素较多，在实际测算中进行的难度较大。

1.5 超越对数生产函数法

1973年，乔根森（D·Jorgenson）、克里斯汀森（L·Christensen）和莱恩（L·Lane）在详细划分生产函数投入要素的基础上，提出了超越对数生产函数，其一般形式为：

$$\ln Y = a_0 + a_1 t + (a_2 t^2)/2 + \sum_{i=1}^{n}(b_{0i}+b_{1i}t)\ln x_i(t) + \frac{1}{2}\sum_{i=1}^{n}\sum_{j=1}^{n}C_{ij}\ln x_i(t)\ln x_j(t) \tag{4}$$

式中，a_0、a_1、a_2、b_{0i}、b_{1i}、C_{ij}均为参数，交叉项$\ln x_i(t)$、$\ln x_j(t)$反映了要素之间的替代性，超越对数生产

函数比C-D生产函数、CES生产函数更具普遍性，比丹尼森的增长因素分析法更精确，但该模型的参数估计更为复杂，因此在实际测算中很少用到。

1.6　指标体系评价法

技术进步评价的指标体系法是由俄国经济学家阿兹诺宾和巴普洛夫最早提出的。它是指设计一系列能反映技术进步作用的指标，并将这些指标构成指标评价体系。综合技术进步率E可用各个子指标E_i的加权求和来表示，即

$$E=\sum \lambda_i E_i \tag{5}$$

式中，$\sum \lambda_i=1$，同样可由下一级子指标E_{ij}的加权求和来表示。

在我国测算技术进步作用的指标体系的方法也很多，其中国家计委和国家统计局曾推荐的叠加法和综合指标评估法两种方法是目前比较权威和通用的。

（1）叠加法

前面介绍的生产函数测算法的几种模型中，技术进步是指广义上的技术进步。叠加法的评价对象是工业行业或企业具体的技术进步，是针对狭义技术进步的一种方法。首先，逐项计算技术进步带来的直接经济收益，再将其叠加，最后的结果能够反映某行业或某企业在特定时期技术进步情况。

这种方法的计算范围是各行业或企业在一定时期或报告年度内，完成并转入生产的技术进步项目所取得的直接经济效益。这些项目包括国家重点科技项目，行业或企业的科技项目，还应包括技术进步为主的技改项目等。其一般计算公式可表示为：

$$M=E-C \tag{6}$$

式中，M表示一定时期内的技术进步所创造的经济效益的净值，E表示同一时期内各技术进步带来的经济效益总和，C表示技术进步各项目在实施过程中投入的总费用。

技术进步项目实施所带来的经济收益的计算方法可以从如下5个方面进行。

①增加产量。通过缩短生产周期、提高生产率增加产量得到销售收入，减去相应的投入和成本费用后，为新增收益。

②提高产品质量。通过产品质量的提高创造新增收益。

③增加产品品种。通过产品的更新换代来新增收益。

④节约资源。主要是指降低能耗、资源高效利用、减少回收量以及类似的技术进步带来的收益。

⑤其他。如：改善环境，减轻劳动强度，加强经营管理等。有的能测算出其产生的经济效益，有的则可评测出其带来的社会效益。

（2）综合指标评估法

综合指标评估法，能够比较全面地考察行业和企业的技术进步水平，分析各种技术进步因素对经济增长的促进作用，特别是在提高企业劳动生产率、增加产品品种、提高产品质量、节能减排等方面的重要作用。根据行业或企业的实际情况，对指标体系具体指标进行调整，结合本行业的特点，确定出各项指标的权重，然后进行综合指标评估，可采用成分分析法与层次分析法相结合的方法计算。

综合指标可以克服单项指标的局限性，评价的准确性更高。过去为了综合评价经济效益，一般采用的是简单的加权求和法，例如AHP方法。这种方法是人为地确定权重，主观性太强，一方面会导致对某一因素过高或过低的估计，评价结果不能准确反映企业或行业的真实情况；另一方面，也会诱导片面追求权重较高的指标。

2 科技进步贡献率的应用与实践

2.1 国外科技进步贡献率应用与实践

美国是科技进步贡献率测算应用最早的国家。1957年，美国经济学家索洛提出了索洛余值法。索洛[3]将技术进步纳入生产函数中，将产出增长率、投入要素(资本、劳动)增长率和全要素生产率增长率之间的关系进一步量化，并对美国1909—1949年间科技进步作用进行了实证研究。1967年，丹尼森[4-5]从索洛模型出发，扩大了生产要素投入的种类，并把其中质的因素也纳入考虑；另外，他还将影响全要素生产率的因素进一步分解为资源配置的改善、规模节约、知识进步，并采用美国数据表明知识进步解释了技术进步对经济增长的约2/3的贡献。1986年，Griliches[6]对上千家美国制造业调研数据进行实证研究，表明科技投入与其生产力提高之间具有明显的依赖关系，科技投入越高，生产力提高越快。1989年美国的J.O.Hilbrink[7]在*Economic Impact and Technical Change*《经济影响与技术变化》中，利用索洛余值法对工业生产中技术进步贡献率进行了测算分析。1995年，Coe和Helpman[8]对22个国家的科技投入数据进行研究，表明欧盟国家生产力增长的50%可归功于科技投入的增加。1999年美国加利福尼亚大学的Paul P.Tallon[9]在《The Impact of Technology on Ireland's Economic Growth and Development（技术对爱尔兰经济增长与发展的贡献）》一文中，测算出在爱尔兰的经济增长中，技术进步的贡献率是17.7%。2003年美国休斯敦大学的M.F.Schipley、A.de Korvin和J-M.Yoon[10]运用模糊综合评价法，测算出休斯敦经济增长中技术进步的贡献率。2004年加利福尼亚大学的Jatik.Sengupta[11]运用DEA方法测算出1987—1998年间美国IT行业的技术进步贡献率。

随着科技进步在经济增长中所起的作用越来越重要，一些国际组织和政府机构也纷纷开展了针对自身和国际比较的技术进步（全要素生产率）的测算工作。美国劳工部在《劳工月报》中定期公布采用增长速度方程对技术进步作用的测算结果，联合国工业发展组织每年也会对外公布世界工业技术进步的状况，世界银行也在《世界发展报告》等材料中多次提到对科技进步的测算结果。1991年，世界银行对68个发展中国家技术进步情况进行了测算和分析[12]，结果表明，1960—1987年间，68个发展中国家平均技术进步速度是0.6%，技术进步贡献率是14.3%；在同一时期，德国的技术进步速度是1.4%，技术进步贡献率为45.1%；法国的技术进步速度为1.7%，技术进步贡献率为56.7%；英国的技术进步速度是1.2%，技术进步贡献率是50%，可以看出技术进步对发展中国家经济增长的贡献远低于法、德、英等发达国家。表1给出了部分国家测出的在不同阶段的科技进步贡献率。

表1　部分国家在不同阶段的科技进步贡献率

%

	1960—1985年	1985—1990年	1990—1995年	1995—2003年
美 国	50.0	43.3	23.3	45.5
日 本	59.0	81.9	60.5	47.1
加拿大	—	—	10.3	30.7
英 国	78.0	33.3	43.2	45.3
瑞 典	—	18.0	23.6	54.9
新加坡	14.0	—	—	—
韩 国	29.8			

2.2　国内科技进步贡献率应用与实践

2.2.1　国家科技进步贡献率应用与实践

我国对科技进步贡献率的研究测算起步较晚。因为国外理论基础已经很丰富，所以我国经济学家对技术进步研究的重点主要放在了定量研究方面，大致经历了三个阶段。

第一阶段为 20 世纪 80 年代。21 世纪 80 年代初，我国提出了 2000 年国民经济翻两番的目标，强调其中一番要靠科技进步获得。为此，1982 年国家计委在制定第六个五年计划时，把技术进步对经济增长的作用列入了计划指标，同时国务院科技领导小组要求完成技术进步对经济增长作用指标体系的研究。国内学者开始吸收国际研究经验，探索测算我国技术进步问题，由此引发我国科技进步贡献率研究的第一个高潮。1983 年，史清琪、秦宝庭领导的研究小组第一次分析与测算出我国工业的技术进步作用，并撰写了《技术进步与经济增长》一书。但在 1986 年之后对科技进步的定量测算工作由于多种原因停滞。

第二阶段为 20 世纪 90 年代。1992 年国家计委、国家统计局联合下达了《关于开展经济增长中技术进步作用测算工作的通知》，进一步要求把定量评价科技进步的贡献作为经济发展分析的重要内容，而且要为国民经济长期发展规划提供依据，并逐步纳入国民经济宏观指标体系进行考核。这项工作产生了深远影响，各地区已在其国民经济发展规划中引入了这项指标。技术进步在经济中的作用又重获重视，使得科技进步贡献率的定量研究进入第二个高潮。直至今日，许多学者仍采用 1992 年国家计委、国家统计局测算的劳动、资本的产出弹性值，作为科技进步贡献率测算的辅助参数。

第三阶段为 2006 年至今。2006 年，胡锦涛在全国科学技术大会上发表了关于"坚持走中国特色自主创新道路，为建设创新型国家而努力奋斗"的讲话，随后国务院颁布的《国家中长期科学和技术发展规划（2006—2020 年）》及《"十一五"发展规划》中提出了建设创新型国家的 4 个量化指标，明确了"到 2020 年我国科技进步贡献率要达到 60%"。

国内进行科技进步贡献率研究测算具有代表性的机构及其测算结果的可分为以下五类。

第一类是科技部系统，主要代表是原中国科技促进发展研究中心研究员狄昂照[13-14]。狄昂照对我国 1979—1997 的科技进步贡献率进行了测算，结果表明，这一期间的科技进步贡献率为 47%[15]。科技部下属的中国科学技术信息研究所的于洁、刘润生、曹燕等[16]采用非参数的 DEA-Malmquist 指数方法，对我国科技进步贡献率进行了定量分析。结果表明：1979—2004 年，我国科技进步贡献率均值为 17%。近年来，科技部下属的中国科学技术发展战略研究院负责定期测算我国科技进步贡献率，通过测算发现近几年我国的科技进步贡献率为 50% 左右。2012 年，王利政、高昌林、朱迎春等[17]通过研究"欧洲竞争力、创新和无形投资"专项研究计划，建议将无形资本投入带来的经济增长作为测算科技进步贡献的一部分，并在分析了我国应用该方法测算科技进步贡献率的局限性基础上，建议尽快建立全国创新调查制度。

第二类是国家计委和国家统计局系统。原国家计委科技司曾专门成立了以江均露为负责人的科技进步贡献度测算课题组，并做了深入的研究。国家计委宏观经济研究院史清琪研究员对科技进步贡献度的研究具有代表性。姜均露测算出 1979—1996 年我国科技进步贡献率为 46%，史清琪的研究结果表明 1991—2000 年中国科技进步贡献率为 39.6%[1]。

第三类是中国社科院数量经济技术经济研究所。该所曾在 20 世纪 80 年代末期与美国哈佛大学乔根森教授合作，对中国经济增长与生产率问题进行了深入研究。该所周方教授摒弃了经济学界的传统做法，建立了一个新的增长核算理论和简便的计算方法，他没有采用传统的生产函数的方式，而是利用描述投入产出空间内增长路径的增长函数来考察科技进步。在此方法中，没有设立规模收益不变的假设，也没有设立技术进步中性的假设，对科技进步测度问题的研究有独到的见解。周方[18]测算出1978—1990年中国的科技进步贡献率为38.96%。

第四类中国科学院系统。中国科学院的学者采用滤波方法对我国科技进步贡献率进行了测算研究。

第五类是教育部高校系统。若干大学对科技进步贡献率进行过广泛研究。各高校系统的研究绝大多数采用的是生产函数法，只有北京大学中国经济研究中心姜照华教授是根据马克思的劳动价值理论，提出了CSH模型，测算了1976—1995年我国工业经济增长中科技进步的贡献率[19]。模型的表达式为：$Q=C+S+H$，其中Q表示商品的价值，C表示生产过程中消耗掉的生产资料的价值；H表示的是劳动创造的价值；S表示的是科技创造的价值；根据这一模型，科技进步对经济增长的贡献率记为dS/dQ。王天营[20]在放宽规模报酬不变假设的基础上，对全国1981—2002年的科技贡献率进行了测定；周海春[21]以2000年价格为不变价格，用索洛余值法计算出近十五年来我国的科技贡献率为50.2%；宋卫国、李军[22]总结了改革开放以来到"十五"计划之间国内主要研究机构的科技进步贡献率研究成果，贡献率最高达到了47%，最低的也有38.7%。

国内学者在科技进步贡献率计算结果上存在明显差异（见表2）[23]。这主要是因为：一是对科技进步的内涵界定不一，有的是狭义的科技进步，有的是广义的科技进步，有的把一些要素从科技、资本、劳动要素中分离出去，对各要素所包含的内容进行重新界定；二是所采用的测算模型不一；三是模型的前提假设不一；四是数据的收集、处理调整方法不同。

表2　我国专家学者测算的科技进步贡献率结果

研究机构和研究者	时间跨度（年）	科技贡献率/%
吴敬琏（国务院发展研究中心）	1978—1989	28.73
李京文（中国社会科学院）	1979—1990	30.30
邱晓华（国家统计局）	1979—1993	25.00
周方（中国社会科学院）	1978—1995	36.23
江均露（原计委科技司）	1979—1996	46.00
狄昂照（科技部研究中心）	1979—1997	47.00
沈坤荣（南京大学）	1979—1997	37.80
张军（复旦大学）	1979—1998	28.90
史清琪（原计委宏观经济研究院）	1991—2000	39.60
巴威（国家统计局综合司）	1980—2004	39.00

2.2.2　地方科技进步贡献率应用与实践

随着国家科技进步贡献率的研究热潮，我国许多地方政府机构和研究单位都曾广泛进行过地方科技进步贡献率的测算，主要为制订地方政府的发展规划服务。

刘思峰、党耀国等[24]利用改进的索洛余值法，建立了一种新的技术进步测度模型——G-C-D模型，分4个不同的时段建立了河南G-C-D模型，测算出河南不同时期技术进步贡献率。陈冬生、魏建国等[25]对武汉市1980—2000年各年度及相应年度的科技进步贡献率进行了实证研究，结果表明武汉市科技进步贡献率总体水平偏低。陈榕[26]对福建科技进步贡献率进行了测定；郑小勇[27]对浙江省科技进步贡献率进行了测定；王元地、潘雄峰等[28]采用姜照华提出的方法，对大连市1979—2001年间的技术进步率进行了测算；朱团钦[29]对湖北省科技进步贡献率进行了测定；董西明、董长瑞等[30]对甘肃省科技进步贡献率进行了测定；李写一、郭亚军[31]对陕西省科技进步贡献率进行了测定；刘敏、尚新玲[32]对西安科技进步贡献率进行了测定；王雄军、郭小群[33]在考虑科技进步累积效应和滞后效应的基础上，对江西省科技进步贡献率进行了测定；王郁晶、李刚[34]采用同样的方法测算和比较了江苏省2002—2007工业各细分行业的全要素生产率，结果表明，总体上江苏省工业行业TFP增长率呈下降趋势，平均增长率为7.6%，对工业增加值增长的贡献平均达到27.9%；孟波、张定猛、张桂平[35]对贵州省科技进步贡献率进行了实证分析；何静[2]通过引入多项式分布滞后模型对"索洛余值法"参数估计进行改进，然后运用改进的"索洛余值法"对山东省和山东省内不同区域的技术进步贡献率进行了测算。李兰兰、诸克军等[36]依据新经济增长理论，提出了一种基于C-D生产函数和索洛余值法测算科技进步对经济增长贡献率的新方法，并对我国31个省(市)1998—2007年间的科技进步贡献率进行了测算。

2.2.3 国内相关行业及部门科技进步贡献率应用与实践

科技进步贡献率指标在评价行业发展中有着重要作用，特别是在长期跟踪测算和分析中可以看出科技、资本和劳动这三大要素年增长情况以及在行业间的流动分布情况，从而了解到经济增长的主要贡献和动力来源。

农业部从1982年开始组织研究农业科技进步贡献率的测算方法，并对我国"六五""七五""八五"期间的农业科技进步贡献率进行了测算与比较。农业部科学技术与质量标准司于1997年1月23日发布了《关于规范农业科技进步贡献率方法的通知》，把中国农业科学院农业经济研究所研究设计的"我国农业科技进步贡献率的测算方法"作为农口测算农业科技进步贡献率的统一使用方法。这一方法的实施推动了国内各学者对农业科技进步贡献率的测算研究。

1997年，朱希刚[37-38]考虑到我国农业生产的特点，采用索洛余值法同时加入了土地变量，测算出"八五"和"九五"期间全国农业技术进步贡献率分别为34.8%和45%。刘建峰、魏和清[39]采用索洛模型测算了"七五""八五""九五"时期的农业科技进步贡献率分别为19.7%、14.7%和33.7%。王斌、孔翠翠[40]采用索洛余值法测算出山东省1986—2004年农业技术进步贡献率为43.1%；李双奎、谈存峰[41]采用C-D生产函数对1998—2005年甘肃省农业科技进步贡献率进行了测算，并运用Eview软件对方程进行回归得到1998—2005年甘肃农业科技进步贡献率为44.95%。赵志燕、黎元生[42]采用农业部颁布的全国统一方法，即索洛余值法测算了福建省农业科技进步贡献率，结果表明：1991—2006年福建农业技术进步贡献率平均为45.7%，并呈明显的上升趋势；"八五""九五"和"十五"以来三个阶段平均值分别为33.5%、53.7%和63.0%。王佳、余世勇[43]采用C-D生产函数和索洛余值法相结合的方法对1986—2006年重庆市农业技术进步贡献率进行了测算，结果为27.05%，并呈现稳步增长的趋势。魏利平、朱宏登[44]采用索洛余值法测算出乌兰察布1996—2005年的农业科技进步贡献率为40.82%，并呈逐渐递增的趋势。田晓琴、范勇[45]采用索洛速度增长方程测算了贵州省"八五""九五""十五"时期农业科技进步贡献率分别为24.7%、27.83%及35.86%。陈丽媛[46]利用索洛增长速度方程法测算出吉林省1995—2010年间农业科技进步贡献率为35.53%。

张龙生、费乙[47]运用层次分析法，设计了与林业科技进步贡献率评估紧密相关的林业科技进步贡献率AHP评价指标体系，并结合专家打分，计算出林业科技进步贡献率的值在15%~25%之间。汪晓萍、周小玲、邓绍宏等[48]利用层次分析法和专家问卷调查相结合的方法，分析了影响科技进步的因素，计算出"十五"期间湖南省林业科技进步贡献率为30.13%。黄敏、管宇等[49]运用索洛余值法对我国林业科技进步贡献率进行了计算，得到1991—1995年、1996—2000年、2001—2005年、2006—2010年4个时期的林业科技进步贡献率分别为14.6%、10.7%、13.6%和37.7%。

刘大海、李朗等[50]以"索洛增长速度方程法"为基础，构建了测算海洋科技进步贡献率的基本公式，并对我国"十五"期间的海洋科技进步贡献率进行了测算，得出平均值为35%。殷克东、卫梦星[51]运用生产函数法与索洛余额法相结合的方法，对典型海洋产业科技进步贡献率进行的测算发现，2001—2005年我国海洋科技进步贡献率为13.45%，2005—2007年为28.06%。

刘拓、傅毓维[52]运用时间序列互谱分析方法，实证分析了改革开放以来中国财政科技投入和教育投入对经济增长的贡献率。分析结果表明1979—2006年间中国国家财政科技投入对经济增长的平均贡献率为12.66%。崔锐捷、于渤[53]利用生产函数的变形公式作为实证模型方程组的基本形式，建立了国防工业经济发展实证评价的联立方程模型，并利用国防工业基本数据对建立的结构方程进行了回归分析，得出我国高等教育对国防工业经济增长的贡献率。

李顺才、王苏丹[54]以C-D生产函数为基础提出了公益型企业技术进步贡献率的测算思路和测算模型，并以长江航道数据为实例测算出其2002—2006年间技术进步贡献率为48.58%，略高于交通运输行业科技进步贡献率45%的水平。

盛学良、任炳相等[55]运用国家计委、国家统计局《关于开展经济增长中科技进步作用测算工作的通知》（计科技〔1992〕2525号）所确定的计算模型，以单位产值排污当量为目标函数，人力资本、环保投入、政策影响为投入变量，对江苏省1980—2000年科技进步在控制环境污染中的贡献份额进行了定量分析，并对"十五"期间科技进步贡献率进行了预测。

尤琦英、陈引社[56-57]利用C-D生产函数法与索洛余值法相结合的方法对铁路、公路、水路和航空运输业的科技进步贡献率分别进行了测算，测算结果见表3。

表3　交通运输业技术进步贡献率　　　　　　　　　　　　　　　　　　%

	技术进步的平均贡献率	
	"九五"期间	2001—2004年
铁路	28.80	44.30
公路	16.25	11.80
水路	50.38	68.02
航空	46.94	45.25

袁汝华、孔德财[58]应用柯布-道格拉斯生产函数法对我国改革开放30年来水利科技贡献份额进行了定量测定。测定过程中，使用回归分析的方法对资金与劳动产出弹性作了估算，测算出我国水利行业1980—2006年的科技进步贡献份额平均值为38.63%。

朱玉春、李鹏等[59]利用C-D生产函数对我国淡水养殖业科技进步贡献率进行了测算，结果表明：总体上，1990—2007年间我国淡水养殖业科技进步贡献率为60.87%。

围绕行业科技进步贡献率研究测算方面，除了以上农业、林业、海洋、交通、教育等行业之外，还有很多其他如人力资本[60-61]、旅游[62]、电子信息[63]、烤烟[64]、高技术产业[65]、第三产业[66]等行业也有相关科技进步贡献率的研究与测算。

2.2.4　对科技进步贡献率在应用中的认识

（1）科技进步贡献率在应用中的作用和意义

科技进步贡献率是一个评价指标，不是统计指标。这一指标用于分析经济增长与科技进步、劳动和资本的长期发展趋势与相互关系具有重要参考意义[21]。主要表现在：

①科技进步贡献率指标的测算对制定国家、地区发展战略和宏观经济管理具有重要的参考指导意义；

②科技进步贡献率指标在评价地区、产业和行业发展中有着不可替代的作用，特别是在长期跟踪测算和分析中可以看出科技、资本和劳动这三大要素年增长情况以及在产业和行业间的流动分布情况，从而了解到经济增长的主要贡献和动力来源；

③科技进步贡献率指标与其他指标相结合，还可以用于横向经济比较，揭示出国家、地区经济运行中存在的问题和发展规律。如美国经济学家克鲁格曼等通过对泰国、韩国等国家经济高速增长中科技贡献率低、资本贡献率高等现象的分析，提前预示了亚洲的金融危机。

（2）对科技进步贡献率在应用中的认识

2012年，为贯彻落实全国科技创新大会精神，科学测度创新驱动经济发展成效，科技部于9月21—22日在北京香山饭店召开了以"科技进步贡献率研究"为主题的学术讨论会，组织相关专家对科技进步贡献率指标进行深入研讨，全面了解全国各地区、各领域科技进步贡献率指标研究成果，通过学术交流准确把握我国科技进步对经济社会发展的实际贡献，更好的支撑国家科技管理和科学决策。会议执行主席、中国科学技术发展战略研究院常务副院长王元指出，科技进步贡献率只是一个分析和测度指标，但这一指标正面临被滥用的危险，不少地方正将其用作区域比较和地方业绩考核，需要正确理解和使用科技进步贡献率指标的测算结果。

①不测总量测增量

"科技进步贡献率"是一个经济学概念，国际上也称之为"多要素生产率对经济增长的贡献率"。经济学家达成的共识是，这一指标反映了广义的技术进步，不单指"技术变革"。"无论从理论还是实际角度，全要素生产率变化并不完全来源于技术进步，还包括组织创新、管理创新、制度创新等。"从定义上看，科技进步贡献率是在经济增长中，除去资本和劳动因素外，由科技进步等其他因素带来的经济增长所占份额。中国科学技术发展战略研究院研究员高昌林强调："这是在增量而非总量中考察技术进步所发挥的作用。"香山会议专家一致认为，对这一指标进行横向攀比没有意义，它更适合一个国家或地区的纵向比较。比如，我国东部地区科技、经济和社会均相对发达，经济增量本身较小，由此计算的科技进步贡献率数据便可能较小。有的测算结果显示，部分西部地区的科技进步贡献率比中部地区还高。例如，中国地质大学（武汉）经管学院李兰兰[36]测算了1998年到2007年间全国各省市的科技进步贡献率。结果显示，西藏自治区该指标超过湖北、安徽、湖南等多个中部省份。因此，科技进步贡献率的高低并不能和技术先进与否、经济增长质量好坏等同起来。而且这个指标只能做到反映各因素综合作用的平均效果，不能反映某项具体的政策或技术措施在短时间内的效果。

②测算结果差别大

可用于测算科技进步贡献率的模型比较多，但不同模型和变量的选择都会影响测算结果。纵观过去的研究，即使是相同阶段的科技进步贡献率，有时也会相差10个百分点左右。例如，原中国科技促进发展研究中心研究员狄昂照在1994年对我国1979—1997年间的科技进步贡献率进行测算，结果为47%，而复旦大学经济系教授张军的测算结果则为28.9%。香山会议的与会专家认为，目前很难有一套统一标准，让各具特色的行业和地区都采用同一种算法。在变量意义不同的前提下，测算结果也无法进行横向比较。

③适宜作长期趋势指标

科技进步贡献率指标具有波动特性，适宜作长期趋势指标，不适宜作为短期指标来使用。

科技进步贡献率的动态曲线反映的最重要的信息是它的长期发展趋势。就纵向比较而言，科技进步贡献率高比低好。如果这个指标很高只能说明利用效率本身很高，一个成熟的潜力挖尽的系统可能有很高的投入产出比，但科技进步贡献率不一定很高；相反，一个新建的或原有基础较差的经济系统，在一定时期内可能会有较高的科技进步贡献率。但科技进步贡献率并不会总是年年上升，它是有波动的，这是因为科技对经济增长的贡献具有滞后性、长期性和一定的周期性。它的作用大小与经济周期和科技自身发展的规律有关。科技自身的发展（重大科学发现和技术发明）需要一个储备过程，科技对经济增长的贡献也有一个积累过程。测算科技进步贡献率依据的是数学模型，易受经济增长率、资本增长率和劳动增长率三个统计数据的影响。特别是经济剧烈波动时，由于数学模型的局限性，模型的短期测算结果往往失真。

多数经济学家一个基本一致的观点是，对科技进步的度量（经济学意义上的）应是一个长期性问题，如在10年以上的时间跨度里是有意义的，而在短期（如一年内）对科技进步的度量意义不大，因为在短期内外界冲击对产生的影响并不反映科技进步的作用。在短期内，非科技进步的因素如市场波动、需求变化以及心理预期等因素，对产出往往会有更大的影响作用。但从长期来看，实际产出是围绕着生产能力可到达的产出（经济学上称为自然产出）而波动的，即从长期来看实际产出最终取决于实际的生产能力。因此，科技进步的度量主要适用于实际的生产能力和长期分析。

3　国家创新指数研究与应用

创新型国家是指将科技创新作为基本战略，能够通过大幅度提高科技创新能力，形成日益强大的竞争优势的国家。这些国家具备四大共同特征：一是创新综合指数明显高于其他国家，科技进步贡献率在70%以上；二是研究开发投入占国内生产总值的比重大都在2%以上；三是对外技术依存度指标在30%以下；四是这些国家获得的三方专利（美国、欧洲和日本授权的专利）数占到世界总量的97%。《国家中长期科学和技术发展规划纲要（2006—2020年）》明确指出，提高自主创新能力，到2020年中国要进入创新型国家行列。为了监测和评价创新型国家建设进程，科技部下属的中国科学技术发展战略研究院（以下简称"战略研究院"）从2006年起开展了国家创新指数的研究工作。通过借鉴国内外有关国家竞争力和创新评价等理论与方法，从创新资源、知识创造、企业创新、创新绩效和创新环境五个方面构建了国家创新指数的指标体系，并于2011年3月首次发布《国家创新指数报告2010》，该报告是年度系列报告，截至2014年3月已发布四期。

2012年，根据中共中央6号文件关于"建立全国创新调查制度，加强国家创新体系建设监测评估"的要求，科技部加快推进国家创新调查制度建设，创新活动统计调查和创新能力监测评价是其两大重要组成部分。创新能力监测评价是通过构建指标体系，对国家、区域和企业等主体的创新能力进行综合分析、比较与判断。根据建立国家创新调查制度的新要求，《国家创新指数报告2013》调整和完善了之前的评价指标体系和分析内容，并形成了一套比较完整的评价思路和方法，力求通过指标描述和数据分析来客观反映中国国家、区域和企业的创新能力及其与世界先进水平的差距。

3.1　评价思路

3.1.1　评价目的

通过构建评价指标体系和测算国家创新指数，力求全面、客观、准确地反映中国国家创新能力在创新链不同层面的特点以及中国创新在世界中的位置；通过评价实践，形成规范的国家创新能力评价指标体系、指标解释和计算方法以及分析框架，为监测评价创新型国家建设进程，完善科技创新政策提供支撑和服务。

3.1.2 创新型国家内涵

比较世界科技与经济排名前15名的国家及其他国家的区别可以发现，创新型国家的最主要特征是国家的经济发展方式与传统的发展模式相比发生了根本的变化。创新型国家的判别应是主要依据经济社会和财富增长是否主要依靠要素（传统的自然资源消耗和资本）投入来驱动，还是主要依据以知识创造、传播和应用为标志的创新活动来驱动。创新型国家应具备五个方面的能力：①具有较高的创新资源综合投入能力；②具有较高的知识创造与扩散应用能力；③具有较高的企业创新能力；④具有较高的创新产出影响表现能力；⑤具有较好的创新环境。

3.1.3 评价思路

考虑到创新是从创新概念提出到研发、知识产出再到商业化应用的完整过程。国家创新能力体现在科技知识的产生、流动和商业化应用的整个过程中。应该从创新资源投入、知识创造与应用、企业创新到创新产出与绩效影响、创新环境的整个创新链主要环节来构建指标，评价国家创新能力。《国家创新指数报告》参考了欧盟国家创新绩效评价的方法，采用综合指数评价方法。从创新过程选择一级指标，最终选择了创新资源、知识创造、企业创新、创新绩效和创新环境五个一级指标；通过选择二级指标形成国家创新指数评价指标体系；再利用国家创新综合指数及其指标体系对国家创新能力进行综合分析、比较与判断。

3.1.4 指标选择原则

（1）数据来源具有权威性。基本数据必须来源于公认的国际组织机构和国家官方统计和调查，通过正规渠道定期搜集，确保基本数据的准确性、权威性、持续性和及时性。

（2）评价对象具有代表性。所选取的评价对象必须是科技资源投入与创新产出较大的国家，最终选取了世界上40个主要国家，其研发投入总量之和占全球的98%以上，GDP产出占全球的88%以上。

（3）指标具有国际可比性。选取国际通用指标构建评价指标体系，指标内涵定义和数据统计口径与国际规范一致。

（4）指标具有可扩展性。每一指标都具有独特的宏观表征意义，定义相对宽泛，非对应唯一狭义数据，便于指标体系的扩展和调整。

（5）评价体系兼顾大国和小国。选取指标以相对指标为主，兼顾不同国家在创新投入产出效率、创新活动规模和创新领域广度上的不同特点。

（6）定量测评与定性分析相结合。既采用定量统计指标，也采用权威的来源可靠的定性调查指标。

（7）纵向分析与横向比较相结合。既有横向的国际比较，也有纵向的历史发展轨迹分析。

3.2 指标体系

国家创新指数指标体系由创新资源、知识创造、企业创新、创新绩效和创新环境5个一级指标和30个二级指标组成（见表4）。

表 4　国家创新指数指标体系

一级指标	二级指标
创新资源	1.研究与发展经费投入强度
	2.研发人力投入强度
	3.科技人力资源培养水平
	4.信息化发展水平
	5.研究与发展经费占世界比重
知识创造	6.学术部门百万研究与发展经费的科学论文引证数
	7.万名科学研究人员的科技论文数
	8.知识服务业增加值占GDP的比重
	9.亿美元经济产出的发明专利申请数
	10.万名研究人员的发明专利授权数
企业创新	11.三方专利总量占世界比重
	12.企业研究与发展经费与工业增加值的比例
	13.万名企业研究人员拥有PCT专利数
	14.综合技术自主率
	15.企业R&D研究人员占全部R&D研究人员比重
创新绩效	16.劳动生产率
	17.单位能源消耗的经济产出
	18.有效专利数量
	19.高技术产业出口占制造业出口的比重
	20.知识密集型产业增加值占世界比重
创新环境	21.知识产权保护力度
	22.政府规章对企业负担影响
	23.宏观经济环境
	24.当地研究与培训专业服务状况
	25.反垄断政策效果
	26.员工收入与效率挂钩程度
	27.企业创新项目获得风险资本支持的难易程度
	28.产业集群发展状况
	29.企业与大学研究与发展协作程度
	30.政府采购对技术创新影响

创新资源：反映一个国家对创新活动的资源投入力度、创新人才资源供给能力以及创新所依赖的基础设施投入水平。

知识创造：反映一个国家的科研产出能力和知识传播能力。

企业创新：主要用来反映企业创新活动的强度、效率和产业技术水平。

创新绩效：反映一个国家开展创新活动所产生的效果和影响。

创新环境：主要用来反映一国创新活动所依赖的外部软硬件环境。包括 10 个二级指标（选自世界经济论坛《全球竞争报告》中的调查指标）。

3.3　计算方法

国家创新指数的计算采用国际上流行的标杆分析法（Benchmarking），即洛桑国际竞争力评价采用的方法。标杆分析法是目前国际上广泛应用的一种评价方法，其原理是：对被评价的对象给出一个基准值，并以此标准去衡量所有被评价的对象，从而发现彼此之间的差距，给出排序结果。

（1）二级指标数据处理

对 40 个国家的 30 个二级指标原始值分别进行指标的无量纲归一化处理。无量纲化是为了消除多指标综合评价中，计量单位上的差异和指标数值的数量级、相对数形式的差别，解决指标的可综合性问题。二级指标采用直线型无量纲化方法，即：

$$y_{ij}=\frac{x_{ij}-\min x_{ij}}{\max x_{ij}-\min x_{ij}} \tag{7}$$

式中，$i=1\sim40$；$j=1\sim30$。

（2）一级指标计算

采用等权重计算出一级指标得分 $\overline{Y}_{ik}$

$$y_{ik}=\sum_{j=1}^{5}\beta_j y_{i(j+5k-5)} \tag{8}$$

$$y_{i5}=\sum_{j=1}^{10}\beta_j y_{ij} \tag{9}$$

$$\overline{Y}_{ik}=100\times Y_{ik}/\max(Y_{ik},i=1\sim40) \tag{10}$$

式（8）和式（9）中 β_i 为权重，$i=1\sim40$；$k=1\sim4$。

（3）国家创新指数计算

采用等权重计算出国家创新指数 $\overline{Y}_i$，并据此给出 40 个国家的排序。

$$Y_i=\sum_{k=1}^{5}\omega_k \overline{Y}_{ik} \tag{11}$$

$$\overline{Y}_i=Y_i/\max(Y_i,i=1\sim40) \tag{12}$$

式中，ω_k 为权重，$i=1\sim40$。

（4）中国创新指数的增长计算方法

采用国家创新评价指标体系中的指标，利用 2005—2012 年指标数据，以 2005 年为基年（得分为100），分别计算以后各年的创新指数与一级指标得分，与基年比较即可看出中国创新指数增长情况。

①一级指标计算

采用等权重计算出一级指标得分 $\overline{Y}_{ik}$

$$y_{ij}=100X_i/X_{1j} \tag{13}$$

式中，$j=1\sim30$ 为指标序号，$i=1\sim8$ 为 2005—2012 年编号。

$$\overline{Y}_{ik}=\sum_{k=1}^{5}\beta_j y_{i(j+5k-5)} \tag{14}$$

$$\overline{Y}_{i5}=\sum_{j=1}^{10}\beta_j y_{ij} \tag{15}$$

式（14）和式（15）中 β_j 为权重（定量指标等权重为 0.2，定性指标等权重为 1/10），$i=1\sim8$；$k=1\sim4$。

②国家创新能力增长指数计算

采用等权重计算出国家创新指数$\overline{Y_i}$，并据此得出历年指数值。

$$\overline{Y_i} = \sum_{k=1}^{5} \omega_k \overline{Y_{ik}}$$

（16）

式中，ω_k为权重（等权重为0.2），$i=1 \sim 8$。

3.4 国家创新能力测算与应用

根据《国家创新指数报告2013》的数据分析显示，中国正在从世界制造中心迈向世界创新中心。创新资源总量稳步增长，2012年R&D经费总量和R&D人员总量分别位居世界第3位和首位；知识创造能力快速提升，2012年发表国际科技论文数量位居世界第2位，国内发明专利申请量和授权量分别位居世界首位和第2位；科技服务经济社会发展的能力不断增强，科技进步贡献率2012年达52.2%，R&D经费投入强度达1.98%，逐步接近创新型国家水平；高技术产业和知识服务也蓬勃发展，产业结构进一步优化。在全球竞争背景下，中国国家创新指数依然保持着连续提高的态势，2012年国际排名达到第19位，超越了处于同一发展水平的国家。中国创新资源排名连续三年保持第30位，知识创造排名第18位，企业创新排名第15位，创新绩效位居世界中上游水平，创新环境排名第14位。

从纵向历史比较来看，中国在创新资源、知识创造、企业创新和创新绩效指标上均呈现出明显的上升态势。如以2000年中国国家创新指数为100，则2008年中国国家创新指数为209，到2012年则达到375，增速正在持续加快（见表5）。

表5 中国国家创新指数一级指标指数变化情况

年份	综合指数	创新资源	知识创造	企业创新	创新绩效	创新环境
2000	100	100	100	100	100	—
2001	114	113	102	130	109	—
2002	122	126	109	135	117	—
2003	138	142	135	151	126	—
2004	152	153	158	167	130	—
2005	151	149	165	201	140	100
2006	168	163	182	225	161	110
2007	188	204	188	260	188	102
2008	209	229	201	280	229	108
2009	265	262	284	401	263	115
2010	303	288	310	491	316	112
2011	350	314	367	579	381	109
2012	375	345	418	595	404	112

2000—2012年，创新资源分指数平均增速为11%，体现了中国科技创新资源投入持续增加的发展态势。创新资源的大幅增长为国家创新能力的提高和经济转型发展提供了根本保障。

2000—2012年，知识创造分指数年均增速达13%，表明中国的科学研究能力迅速增强，知识创造及转化应用为创新活动提供了强有力的支撑。知识创造能力的提高为增强国家原始创新能力、提高自主创新水平提供了重要源泉。

企业是技术创新的主体，企业创新能力的高低是国家创新能力的体现。2000—2012年，中国企业创新能力稳步提高，企业创新分指数年均增速为16%。

经济发展和社会进步是开展创新活动的终极目标，是任何创新能力评价都不可或缺的组成部分。从近年来的变化趋势看，中国的创新绩效稳步提升。2000—2012年，创新绩效分指数年均增速达12%。

创新环境是创新活动顺利高效开展的重要保障，《规划纲要》颁布实施以来，中国创新环境已经极大改善。2005—2012年，中国创新环境分指数虽未大幅增长，但有8项指标得分上升。

与主要发达国家相应历史阶段进行对比可以发现，中国研发经费投入强度居中等水平，符合世界研发活动的基本规律。但研发人员投入强度只有42人年，明显偏低。中国研发人员的发明专利产出效率只达到20世纪80年代的德国、法国、英国和瑞典水平。研发人员的科技论文产出效率则低于1990年德国、法国、英国、瑞典等国家的水平。

国家科技发展规划中提出的科技指标是测度国家科技创新事业发展的核心指标，对其发展目标实现情况进行分析是检验国家创新能力演变的重要视角。国家创新指数的研究成果已经被《国家"十二五"科学和技术发展规划》所采纳，成为提出到2015年要基本建成"功能明确、结构合理、良性互动、运行高效的国家创新体系，国家综合创新能力世界排名由目前第21位上升至前18位"的规划依据。如今，"十二五"规划时间过半，从主要指标发展目标完成情况分析发现：①部分指标已经提前完成规划目标，参见表6。主要体现在论文和专利产出方面。2013年，国际科学论文被引次数已经上升到世界第5位，提前完成"十二五"发展目标。研发人员的发明专利申请量已上升至16件，迅速超越12件的发展目标。②部分指标即将实现规划目标。主要包括研发人员投入和专利及技术交易指标。每万名就业人员的研发人力投入已经从2010年的33人年快速跃升至42人年，离"十二五"规划提出的43人年只有一步之遥。每万人发明专利拥有量从2010年的1.7件迅速增长到3.2件，与规划目标仅差0.1件。2013年，全国技术市场成交合同金额达到7469亿元，已完成规划目标的90%。③部分指标增长态势良好。集中体现在反映科技支撑经济转型和国家综合创新能力方面的指标。"十二五"以来，中国R&D/GDP增速明显加快，已经由2010年1.76%提高到1.98%，年均增长0.11个百分点，远高于"十五"时期年均0.08个百分点和"十一五"期间的年均0.09个百分点。科技对经济增长的贡献越来越大，科技进步贡献率由2010年的40.9%提高到52.2%。中国国家创新能力显著提升，国家创新指数世界排名从2010年的第21位升到第19位（见表6）[67]。

表6　国家"十二五"科技规划主要指标及实现情况

主要指标	2010年	2015年发展目标	2012年
R&D/GDP/%	1.76	2.2	1.98
每万名就业人员的研发人力投入/人年	33	43	42
国际科学论文被引用次数世界排名/位次	8	5	5（2013年）
每万人发明专利拥有量/件	1.7	3.3	3.2
研发人员的发明专利申请量/（件/百人年）	10	12	16
技术市场成交合同金额/亿元	3907	8000	7469（2013年）
科技进步贡献率/%	50.9	55	52.2
国家创新指数世界排名	21	18	19

4　气象科技创新对业务发展贡献率研究成果简述

4.1　研究思路

根据 2013 年 10 月、11 月三次赴中国科学技术信息研究所、中国科学技术发展战略研究院科技统计分析研究所、人力资源和社会保障部中国人事科学研究院对科技进步贡献率、国家创新指数、人才贡献率研究的实地调研和对国内外研究相关文献的学习，研究小组提出了 4 种可用测算气象科技进步贡献率的思路和方法以及目前可借鉴的研究成果。

（1）从国家科技进步贡献率中分离出气象科技进步贡献率

目前国内的"科技进步贡献率"是基于索洛增长速度方程而展开的广义科技进步贡献率的测算，试图从影响经济增长的源头中找出科技进步对经济增长的作用。借助这一分析模型，建议可以以国家已经测算发布的"科技进步贡献率"为基础，从中分离出气象的贡献，称为"气象科技进步国家贡献率"，这一方法完全遵从前人对"科技进步贡献率"的定义，是真正意义上的气象科技进步贡献率，反映的是气象科技进步对国家经济增长的贡献。

研究目标：测算出在影响我国经济增长的各类要素中，气象科技进步的作用有多大？

科学基础：气象科技是国家科技中的一部分，在影响国家经济增长的所有要素中，科技进步要素的贡献，已通过国家科技进步贡献率这一指标由科技部测算出来，作为国家科技中的一分子，气象科技必然有其贡献，本研究试图从中找到这种贡献占科技进步贡献率的比例或直接分离出气象对国家经济增长的贡献。

测算方法：①以国家科技进步贡献率为基础，从中分离出气象科技进步贡献率所占的比例，从而得出气象科技进步贡献率。②以国家科技进步贡献率为基础，将C-D函数的各个贡献的因子分解为气象与非气象部分，可以计算出气象科技进步国家贡献率。目前没有好的办法找出气象在科技进步贡献率中所占的比例。第二种办法理论上可行，但还需经实际计算检验。

（2）利用索洛余值法测算

不直接应用索洛经济增长源泉分析模型的结果，而是借用其研究思路，将研究缩小为"气象发展源泉分析"，即在影响气象事业发展的诸要素中，科技进步的贡献是多少，称为"气象科技进步发展贡献率"，该方法不再关注气象科技对国家经济增长的贡献，而是关注科技进步对气象发展的贡献，前者气象科技作为经济增长的原因，后者气象发展作为科技进步的结果，两者研究思路相同，但关注的对象不同。

研究目标：测算出在影响我国气象事业发展的各类要素中，科技进步的作用有多大？

科学基础：索洛"广义科技进步在经济学增长中作用"的研究思路已广泛应用于国家、地区、行业和区域科技进步贡献率的研究中，但那些均有直接的经济产出为基础，投入统计指标数据也比较全面，因而可以直接应用索洛增长速度方程。而气象属于非直接经济产出部门，也非通过增长速度来核算的部门，因而直接应用有困难，只能借助最基本的投入产出模型概念，试图找到一个测算非直接经济产出行业（部门）发展中科技进步贡献的方法，测算其行业（部门）发展中，有多少动力来源于科技进步。

测算方法：借用索洛广义科技进步的概念模型，将促进气象事业发展的要素分为劳动投入、资本投入和科技投入（扣除劳动、资本投入以外的投入），计算科技投入的产出部分占气象总产出的比重，作为科技进步气象发展贡献率，以衡量气象事业发展中除劳动力投入、资本投入之外的，包括新技术应用、新思想新观点采用、人力资本专业能力提高、专业化管理水平提高带来的贡献。气象产出以气象直接产出、间接产出之和进行测算；气象投入以国家、地方和各地创收收入转移到气象业务服务中的投入之和作为气象总投入，从中分离出人力资本投入（主要是工资，不包括培训费用）、气象资本投入（固定资本、日常业务运行与维持费等），总投入减去人力资本投入、气象资本投入后为气象科技投入，计算气象科技投入对气象产出的贡献比。

（3）以气象业务服务能力的提升代替经济产出的增长的方式进行测算

避开索洛"科技进步贡献率"研究模型不谈，直接应用施幕克勒和曼斯费尔德"科技进步"的定义，将气象科技进步的产出与气象现代化的核心指标相关联，试图测量出气象科技投入对气象业务服务能力提升的影响度，称为"气象科技进步贡献度"，用以反映气象科技投入对气象业务服务水平提高的贡献，间接反映科技创新对气象现代化的贡献。

研究目标：测算出气象科技投入对我国气象服务能力水平提高的影响度有多大？

科学基础：投入-产出效率模型的基本原则是：相同投入更多产出，同样产出更少投入，相同投入质量更高，相同投入更多新产品。可以按此原则构建一个能够反映气象业务服务能力产出的、具有气象特色的综合指标。

测算方法：按照投入-产出效率模型，分别计算气象科技的投入和产出，这里的产出不用经济学概念，而用业务服务能力概念，设计体现现代气象业务服务能力的综合定量指标，通过计算气象科技投入与业务服务能力之间的相关度，反映气象科技投入转化为业务服务能力的效率。气象科技投入以中国气象局范围内可以掌控的气象科技经费为口径加以统计，气象产出以服务水平指标（包括天气预报准确率、预警及监测信息及时率、公众满意度）、科研产出指标（如团队数量、论文数量和层次）、业务能力提高指标（如新增业务服务产品数量、新建业务系统数量及业务服务产品、系统优化改进状况）三个指标作为核心指标，构建可以定量化的综合业务服务能力指数，建立气象科技投入与综合业务服务能力指数之间的对应关系，以衡量气象科技投入转化为业务服务能力的效率。

（4）通过气象科技创新指数进行测算

借鉴科技进步贡献率综合指标评价法和国家创新指数的研究方法，我们尝试用"气象科技创新业务贡献率"指标反映气象部门各创新主体围绕定位开展创新活动并对业务发展产生的贡献，突出以对业务发展实际贡献为核心，以创新主体的不同定位为出发点，以实现创新体系整体目标为落脚点，引导各主体的创新活动朝着突破重大核心业务技术瓶颈的方向发展，解决气象科研与业务结合不紧密的问题，提升气象科技创新驱动业务发展的能力，从而为实现气象业务现代化提供强有力的科技支撑。具体研究思路：①充分考虑气象行业特点与部门实际。气象事业是科技型、基础性社会公益事业，气象科技进步更直观地体现为气象预报准确率和精细化水平的提高，体现为气象防灾减灾和应对气候变化的工作成效，并不适合简单地套用"科技进步贡献率"这一经济学指标进行衡量和评价。从指标可用性和导向性的角度，我们关注的重点不是气象科技进步在国家经济增长因子中所占的比重，而是更为关注气象科技进步对现代气象业务发展的贡献程度以及更深层次的气象科技进步中各要素对业务发展的贡献程度，因此建议针对气象科技创新对现代气象业务发展的贡献率开展研究，侧重于监测气象科技创新体系的建设成效，评价其对现代气象业务发展的实际贡献，对各级气象部门配置科技资源、组织科技工作发挥导向作用。②以对气象科技创新主体分类评价为切入点。现代气象业务体系由公共气象服务业务、气象预报预测业务和综合气象观测业务构成，各业务间相互衔接；气象科技作为现代气象业务发展的重要支撑也包含了多方面的要素，属于广义科技进步范畴，衡量现代气象业务发展增长率以及其中科技创新的贡献份额是一个复杂的问题。因此，建议以对科技创新主体的分类评价为切入点，研究测算不同主体科技创新工作对业务发展的贡献率，进而探索建立气象科技创新对现代气象业务发展的贡献率测算模型。

研究目标：按照《中共中央 国务院关于深化科技体制改革加快国家创新体系建设的意见》（中发〔2012〕6号）和《中国气象局关于强化科技创新驱动现代气象业务发展的意见》（气发〔2012〕111号）要求，结合气象科技报告制度和创新调查制度的建设，创造有利条件，定期开展气象科技创新活动统计调查，通过建立气象科技创新评价指标体系，全面、客观地监测、评价气象科技创新状况，评估测算科技创新对现代气象业务发展的贡献，逐步健全和完善气象科技创新的分类评价，引导科研机构、科研项目、科技人员集中解决气象业务发展中关键的和长远的科技问题，为推进气象现代化，完善科技创新驱动现代气象业务发展的新机制提供支撑和服务，为科技决策提供基础数据和科学依据。

科学基础：目前围绕国家、区域、行业、高校等创新能力评价的研究已经很多，国家开展创新能力评价的理论和方法也已较成熟，气象行业可借鉴。此外，2012年中国气象局围绕现代业务需求，对"一院八所"以及12个部门重点实验室的科技创新能力和对业务发展的支撑能力与效果进行了评估，评估的实践经验和方法亦可借鉴。

测算方法：对建立的气象科技创新业务贡献能力指标体系中的各级指标进行简单的加权求和法，通过专家咨询法（德尔菲法）给各级指标赋予权重。

（5）可资借鉴的已有研究成果

①气象产出的计算

理论上，应当按实物量来分析产出量，陆域经济中常用国内生产总值GDP作为总体经济测算指标，在对行业进行测算时，多用总产值指标。由于气象领域很少有直接的产品，很难计量产出，在计算中可分别计算直接产出和间接产出。其中直接产出为气象社会服务所取得的直接经济效益，比如气象设备、产品和技术等跨行业交易所取得的经济效益；直接产出可按照《气象统计年鉴》中各部门/各地创收，以及依靠气象信息的自负盈亏单位收入（如气象报社、华云、华风、艾维斯、各地防雷公司等）；间接产出主要是指气象服务为社会生产带来的效益增加值和损失减少值，具体计算方法可参见《气象服务效益评估理论方法与分析研究》[68]《风电行业气象服务效益评估报告（2011）》[69]《气候对国民经济影响评估模型研究》等。

②气象资本投入的计算

资本投入的计量，目前还没有一个统一的计量方法，国内外大多数学者认为资本投入指标包括固定资产的投入和流动资金的投入两部分。气象投入可参考这种思路，但是具体数据可参考《气象统计年鉴》，其中：

气象资本投入=每年各项收入总额值［中央财政拨款（包括基建投资）+地方财政拨款+部门创收］+往年的固定资产折算值−职工工资总额（此项可作为劳动者投入计算）

③综合业务服务能力指数定量化的考虑

（a）各指标及分量的计算

气象服务水平指标（包括天气预报准确率、预警及监测信息及时率、公众满意度）的计算可参见《气象现代化指标研究》中相关计算，科研产出指标（如团队数量、论文数量及发表刊物的层次）可参考气象部门成果登记，业务能力提高指标可依据《气象统计年鉴》、新建立的气象科技统计系统，统计新增业务服务产品数量（《气象统计年鉴》）及产品质量、决策气象服务质量［计算方法见《决策气象服务质量评估方法》（QX/T 112—2010）］、新建业务系统数量及业务服务产品增加量、系统优化改进情况。

（b）综合业务服务能力指数的计算

指标间的权重系数可参考指标年投入变化和指标分量年变化做相关性分析，看投入产出的相关性如何，同时使用德尔菲法确定权重系数。

在计算中也要考虑其他因素（如气象劳动力资本）对指标提高的影响，可通过计算劳动力资本变化和指标的相关性来考虑。

④气象现代化指标中气象科技贡献率的测算

在 2012 年印发的气象现代化指标的研究（气发〔2012〕44 号）中，部门能力评价指标中提出了气象科技创新指标，该指标由数值模式发展水平、气象科技贡献率和气象科学知识普及程度三个二级指标组成。其中对气象科技贡献率提出了评价方法和测算公式。

评价方法：针对气象行业特点，参考柯布—道格拉斯生产函数公式，设定 4 个方面具体指标，通过加权计算得到综合贡献率，权重系数根据德尔菲法，并结合主成分分析得出。

计算公式为：

$$A = (A_1 \times 0.4 + A_2 \times 0.2 + A_3 \times 0.2 + A_4 \times 0.2) \times 100\% \tag{17}$$

式中，A 为气象科技贡献率；A_1 为气象科技成果转化率，主要是指实际转化应用的科研项目数量占科研项目总数的比例；A_2 为新技术对气象服务的贡献率，主要评价新技术应用后形成的新服务能力，用新增气象服务产品的比例衡量；A_3 为数值预报模式对气象预报的贡献率，可用时效和预报准确率综合评价；A_4 为先进气象观测仪器装备的国产化程度，主要用气象卫星、新一代天气雷达、先进地面自动观测仪器的国产化率来表征。

测算结果：按照上述测算公式，结合目前相关情况得出，2012 年气象科技进步贡献率（A）为 53%（该法提及的科技进步因素中未包含科技组织管理、资源配置、人才培养和创新环境等因素，测算的气象科技进步贡献率为狭义科技进步贡献率）。

4.2　研究成果

通过对提出的 4 种气象科技进步贡献率研究思路的深入分析和比较，结合目前国家和部门科技政策的导向和可资借鉴的成果，我们发现 4.1 中第四种思路——测算气象科技创新业务贡献率（即测算气象科技进步对现代气象业务发展的贡献程度以及更深层次的气象科技进步中各要素对业务发展的贡献程度）对现阶段及未来一段时期的科技管理更具有现实意义。因此，围绕不同创新主体的气象科技创新能力评价进行了深入的研究，在明确技术路线和基本原则的基础上，初步提出了气象科技创新能力评价指标体系，并在此基础上首先以国家级科研院所为切入点，细化建立了国家级科研院所的科技创新能力评价指标体系框架及测算模型。

（1）指标构建基本原则

①科学性。根据气象科技创新的特点和规律，尽可能从相关要素中选取那些最能体现气象科技创新本质、实力和潜力的衡量指标，保持各指标的相对独立性与均衡性。

②系统性。评价指标要具有足够的涵盖面，以系统、全面、真实地反映气象科技创新主体发展全貌和各个层面的基本特征。

③可操作性。尽量做到简单、易行、可操作，兼顾定量指标和定性指标。定量指标的选取与已有的科技统计指标相结合，尽量不牵扯太多部门，不给各级单位增加额外负担。

（2）气象科技创新能力评价指标体系

参考国家级和省级气象现代化指标体系现有研究成果，充分借鉴科技部牵头制定的国家创新指数评价研究方法，拟从创新资源、创新绩效、协同创新、创新环境等四个方面来评价气象科技创新能力，力求全面、客观、准确地监测气象科技创新体系建设进程、反映气象部门的科技型特点，为完善气象科技创新政策提供支撑。详见表7。

表7　气象科技创新能力评价指标体系

指标	要　点
创新资源	反映对气象科技创新活动的投入力度、资源配置结构以及平台建设、团队建设和人才培养等
创新绩效	反映气象科技创新的重要成果产出与应用推广，以及对现代业务发展的贡献等
协同创新	反映气象科技活动的开放合作情况和成效，以及相关体制机制建设情况
创新环境	反映气象科技创新相关的制度建设和支撑保障等创新活动所依赖的外部软硬件环境

（3）国家级科研院所科技创新能力评价指标体系

围绕气象科技创新能力评价的主要方面，首先从前期工作基础相对较好的国家级科研院所评价入手，根据《中国气象局关于加强气象科研机构评价工作的指导意见》（气发〔2013〕104 号）的评价导向，在气象科技创新能力评价指标基础上，进一步细化，初步构建了国家级科研院所创新能力评价的三级指标体系，并采取定量评价和定性评价相结合的方式，初步构建了国家级科研院所科技创新业务发展贡献综合指数的测算模型。

以国家级科研院所紧密围绕目标定位持续提升支撑引领现代气象业务发展能力为核心，强调集中解决现代气象业务发展中的重大关键共性科技问题，强调出成果、出人才、出思想，在创新资源、创新绩效、协同创新、创新环境等 4 个一级指标之下，进一步提出了 12 个二级指标以及 42 个三级指标组成的指标体系框架，并根据专家咨询法（德尔菲法）给每一级指标赋予权重。42 个三级指标中，定量评价指标有 21 个，可通过统计调查结果进行量化评价；定性评价指标 21 个，主要采取同行专家与业务用户综合考评的方式进行定性评价，根据指标性质的不同，相应调整专家结构，详见表8。

表8　国家级气象科研院所创新能力评价指标体系框架

一级指标U_i	二级指标u_{ij}	三级指标u_{ijk}	权重β_{ijk}/%	定量评价	定性评价 同行专家	定性评价 业务用户
创新资源U_1 (25%)	科技资源配置u_{11}	科研人员数量和结构u_{111}	1	✓		
		科研经费总数及人均u_{112}	1	✓		
		支撑国家级重大核心业务技术任务的经费总数u_{113}	2	✓		
		大型科学仪器设备数量、原值、效益及开放共享u_{114}	1	✓		
	人才培养u_{12}	人才培养机制建设u_{121}	2		✓	
		优势学科领域人才培养情况u_{122}	2	✓		
		其他人才培养情况u_{123}	1	✓		
		为气象培训机构授课情况，向其他业务、科研单位输出人才情况u_{124}	2	✓		

续表

一级指标U_i	二级指标u_{ij}	三级指标u_{ijk}	权重β_{ijk}/%	评价方法		
				定量评价	定性评价	
					同行专家	业务用户
创新资源U_1（25%）	团队建设u_{13}	领军人才、学科带头人情况u_{131}	3	✓		
		优势学科领域创新团队建设情况及效益u_{132}	3		✓	✓
		其他创新团队建设情况及效益u_{133}	1		✓	✓
		参与国家级创新团队情况u_{134}	1	✓		
	科技创新平台建设u_{14}	重点实验室、工程技术研究中心等创新平台建设及效益u_{141}	2		✓	✓
		野外科学试验基地建设及效益u_{142}	3		✓	✓
创新绩效U_2（55%）	围绕定位、研究方向承担的重大研发任务u_{21}	承担国家级重大核心业务技术任务情况u_{211}	5	✓		
		承担四项研究计划重点任务情况u_{212}	5	✓		
		承担国家和地方重大重点任务情况u_{213}	5	✓		
	成果产出u_{22}	在重大核心技术上取得的突破u_{221}	5		✓	✓
		在专业研究方向上取得的突破u_{222}	5		✓	
		业务技术成果（模式工具、数据集、软件系统平台、设备装备、元器件等）u_{223}	5	✓		
		基础研究成果（论文著作、理论方法、决策咨询报告等）u_{224}	3	✓		
		成果奖励情况u_{225}	2	✓		
	成果转化应用u_{23}	成果登记情况u_{231}	2	✓		
		成果转化应用机制建设情况u_{232}	4			✓
		成果在国家、区域和省级气象业务服务中的转化应用情况u_{233}	6			✓
		与业务单位建立定常合作情况u_{234}	4			✓
		推进成果的科普资源开发，促进科技知识普及的能力u_{235}	2		✓	
		获得科技成果转化奖励情况u_{236}	2	✓		
协同创新U_3（10%）	国际合作u_{31}	与国外相关机构合作情况及成效u_{311}	0.5		✓	
		海外引智情况及成效u_{312}	0.5		✓	
	国内合作u_{32}	与部门内科研业务单位合作情况及成效u_{321}	2		✓	✓
		局校合作情况及成效u_{322}	2		✓	
		与部门外其他单位合作情况及成效u_{323}	1		✓	
	合作体制机制u_{33}	激励政策与机制u_{331}	0.5		✓	
		设立开放课题情况u_{332}	0.5	✓		
		重点实验室、工程技术研究中心、合作研究中心等创新平台共建情况u_{333}	2		✓	✓
		参与科技成果转化平台工作情况u_{334}	1			✓

续表

一级指标U_i	二级指标u_{ij}	三级指标u_{ijk}	权重β_{ijk}/%	评价方法		
				定量评价	定性评价	
					同行专家	业务用户
创新环境U_4（10%）	现代院所制度建设u_{41}	岗位设置、绩效考核评价、科研经费预算及使用监管等制度建设情况u_{411}	4	✓		
		法人责任制落实情况u_{412}	2	✓		
		科研诚信体系与创新文化建设情况u_{413}	1	✓		
		学术委员会组成、运行及发挥作用情况u_{414}	1		✓	✓
	省局对专业所的支持与保障u_{42}	在高层次人才引进与培养、岗位设置与绩效等方面的支持情况u_{421}	2		✓	

基于上述指标体系，设立国家级气象科研院所科技创新业务贡献率指标W，用以全面衡量国家级科研院所围绕目标定位开展科技创新活动所产生的业务综合贡献：

$$W = \sum \beta_i U_i \tag{18}$$

式中，β_i为指标权重（具体见表8），$i = 1 \sim 4$。

5 后续研究重点

（1）完善国家级气象科研院所创新能力评价指标体系和贡献率模型，研究提出标准值和目标值，并组织试点测算。同时加强重点实验室、工程技术研究中心、合作研究中心、野外科学试验基地、科技成果转化中试基地等科技创新平台的科技评价指标及贡献率测算模型研究。完善气象科技管理信息系统的科技统计功能，加快推进气象科技报告制度和创新调查制度建设，为气象科技创新业务贡献评价提供支撑和保障。

（2）建立和完善区域、省级科技创新评价指标体系，建立监测评价国家级和省级气象科技创新体系建设成效的有效平台，形成气象科技创新监测评价报告，为科学决策提供信息支撑。

参考文献

[1] 孟祥云. 科技进步与经济增长互动关系研究[D]. 天津：天津大学，2004.

[2] 何静. 基于"索洛余值法"改进模型的技术进步贡献率量化研究[D]. 青岛：山东科技大学，2009.

[3] SOLOW R M. Technical change and the aggregate production function[J]. The Review of Economics and Statistics，1957.

[4] DENISON E. Why Growth Rates Differ[M]. Washington D.C: The Brooking Institution，1967.

[5] DENISON E. Trends in American Economic Growth，1929-1982[M]. Washington D.C: The Brookings Institution，1985.

[6] GRILICHES Z. Productivity R&D and basic research at the firm level in the 1970's[J]. American Economic Review，76，1986.

[7] HILBRINK J O. Economic impact and technical change[J]. IEEE Transactions Engineering Management，1989(2).

[8] COE D，HELPMAN E. International R&D spillovers[J]. European Economic Review，1995，39.

[9] PAUL P Tallon，KENNETH L Kraemer. The impact of technology on Ireland's economic growth and development:Lessons for developing countries[J]. Proceedings of the 32nd Hawaii International Conference System Sciences，1999(4).

[10] SHIPLEY M F，KORVIN A.de，YOON INTL J M. Fuzzy quality function deployment: Determining the distributions of effort dedicated to technical change[J]. Trans in Op Res，2004(11).

[11] JATIK・SENGUPTA. Estimating technical change by nonparametric methods[J]. Applied Economics，2004(12).

[12] 1991 年世界发展报告[M]. 北京：中国财政经济出版社，1991.

[13] 狄昂照. 科技进步规范化算法[J]. 系统工程理论与实践，1994（4）：9-15.

[14] 狄昂照. 科技进步贡献率的规范化[J]. 中国科技论坛，1997（3）：36-40.

[15] 徐瑛，陈秀山，刘凤良. 中国技术进步贡献率的度量与分解[J]. 经济研究，2006（8）：93-103.

[16] 于洁，刘润生，曹燕，等. 基于DEA—Malmquist方法的我国科技进步贡献率研究：1979—2004 年[J]. 软科学，2009，23（2）：1-6.

[17] 王利政，高昌林，朱迎春，等. 引入无形资本因素对科技进步贡献率测算的影响[J]. 中国科技论坛，2012（12）：39-44.

[18] 周方. 广义技术进步与产出增长因素分解[J]. 数量经济技术经济研究，1994（12）.

[19] 姜照华. 科技进步与经济增长的CSH理论[J]. 科学学与科学技术管理，2001（3）：20-21.

[20] 王天菅. 我国经济增长中科技进步贡献率的计量分析[J]. 生产力研究，2003（5）：49-52.

[21] 周海春. 改革开放 30 年我国科技进步对经济增长的贡献[J]. 中国科技投资，2009（7）：30-31.

[22] 宋卫国，李军. "十五"规划我国科技进步贡献率目标选择分析[J]. 中国科技论坛，2000（6）：10-14.

[23] 何宽. 基于索罗模型的浙江海洋科技进步贡献率研究[D]. 舟山：浙江海洋学院，2013.

[24] 刘思峰，党耀国，等. 河南各时期技术进步贡献率测度[J]. 河南农业大学学报，1998，32（3）：203-207.

[25] 陈冬生，魏建国，严琼芳，等. 武汉市科技进步对经济增长贡献率的测算与分析[J]. 武汉理工大学学报，2003（4）：84-87.

[26] 陈榕. 科技进步对福建经济增长的贡献率分析[J]. 市场论坛，2004（5）：26-28.

[27] 郑小勇. 浙江省经济增长要素贡献率的实证分析[J]. 经济与管理，2004，18（7）：66-68.

[28] 王元地，潘雄峰，刘凤朝. 科技进步贡献率测算及预测实证研究[J]. 商业研究，2005（313）：28-31.

[29] 朱团钦. 湖北省科技进步对经济增长的贡献率测算[J]. 统计观察，2005（10）：83-84.

[30] 董西明，董长瑞，吴书光. 甘肃经济增长中科技进步贡献率分析[J]. 科技管理研究，2006（10）：48-50.

[31] 李写一，郭亚军. 陕西省科技进步贡献率测定[J]. 科技导报，2007，25（4）：63-66.

[32] 刘敏，尚新玲. 基于索洛余值法的西安科技进步贡献率测算研究[J]. 科技广场，2008（9）：10-12.

[33] 王雄军，郭小群. 江西省科技投入对经济增长贡献的定量分析[J]. 时代经贸，2008（104）：102-104.

[34] 王郁晶，李刚. 江苏省工业全要素生产率行业比较分析——基于DEA-Malmquist方法[J]. 现代商贸工业，2009（20）：83-84.

[35] 孟波，李定猛，张桂平. 贵州科技进步对经济增长贡献的实证分析[J]. 贵州商业高等专科学校学报，2009（3）：18-21.

[36] 李兰兰，诸克军，郭海湘. 中国各省市科技进步贡献率测算的实证研究[J]. 中国人口资源与环境，2011，21（4）：55-63.

[37] 朱希刚，刘延风. 我国农业科技进步贡献率测算方法的意见[J]. 农业技术经济，1997（1）：17-23.

[38] 朱希刚. 我国"九五"时期农业科技进步贡献率的测算[J]. 农业科技，2002（5）：12-13.

[39] 刘建峰，魏和清. 我国农业科技进步贡献率测算研究[D]. 南昌：江西财经大学，2003.

[40] 王斌，孔翠翠. 山东省农业技术进步贡献率的测算与分析[J]. 经济与科技，2007（11）：21-22.

[41] 李双奎，谈存峰. 甘肃省农业科技进步贡献率的测算及分析[J]. 甘肃农业大学学报，2007（6）：143-147.

[42] 赵志燕，黎元生. 福建省农业技术进步贡献率的测算与分析[J]. 台湾农业探索，2008（3）：34-38.

[43] 王佳，余世勇. 1986—2006 年重庆市农业技术进步贡献率的计量分析[J]. 安徽农业科学，2008（25）：11129-11131.

[44] 魏利平，朱宏登. 提高乌兰察布市农业科技进步贡献率的探讨[J]. 内蒙古农业大学学报，2008（1）：74-77.

[45] 田晓琴，范勇. 贵州省农业科技进步贡献率的测算 1990—2015 年[J]. 西藏科技，2010（10）：223-226.

[46] 陈丽媛. 吉林省农业科技进步贡献率测算分析研究[D]. 长春：吉林农业大学，2012.

[47] 张龙生，费乙. 甘肃省林业科技进步贡献率层次分析法测算研究[J]. 甘肃林业科技，1997（4）：13-17.

[48] 汪晓萍，周小玲，邓绍宏，等. AHP法计算湖南"十五"林业科技进步贡献率[J]. 湖南林业科技，2005，32（4）：8-12.

[49] 黄敏，管宇，邱峰. 我国林业科技进步贡献率测算[J]. 安徽农业科学，2012，40（28）：14152-14154.

[50] 刘大海，李朗，等. 我国"十五"期间海洋科技进步贡献率的测算与分析[J]. 海洋开发与管理，2008，25（4）12-15.

[51] 卫梦星. 中国海洋科技进步贡献率研究[D]. 青岛：中国海洋大学，2010.

[52] 刘拓，傅毓维. 我国科教投入对经济增长贡献率实证分析：1979—2006[J]. 经济科学，2008（5）：37-40.

[53] 崔锐捷，于渤. 高等教育对国防工业发展的贡献率测度模型分析[J]. 哈尔滨工程大学学报，2008（10）：1108-1115.

[54] 李顺才，王苏丹. 公益型企业技术进步贡献率的测算研究[D]. 武汉：华中科技大学，2008.

[55] 盛学良，任炳相，朱德明．环境保护科技进步贡献率的测算方法及预测研究[J]．环境污染与防治，2003（6）：365-366．

[56] 尤琦英，陈引社．技术进步对交通运输业贡献率的定量分析[D]．西安：长安大学，2007．

[57] 李晓宇，于树青，闫春晖．管道运输企业科技进步贡献率计算方法及实证分析[J]．石油科技论坛，2012（6）：18-24．

[58] 袁汝华，孔德财．应用生产函数对水利科技进步贡献率的研究[J]．科技管理研究，2009（11）：155-157．

[59] 朱玉春，李鹏，唐娟莉．我国淡水养殖业科技进步贡献率测算分析[J]．中国渔业经济，2011，29（1）：56-63．

[60] 桂昭明．人力资本对经济增长贡献率的理论研究[J]．中国人才，2009（12）：10-13．

[61] 丁仁船．人力资本对经济增长贡献率计量方法述评及其改进[J]．技术经济，2005（10）：20-24．

[62] 余构雄，江金波．区域旅游产业科技进步贡献率研究[J]．旅游论坛，2013，6（2）：38-42．

[63] 夏万利．我国电子信息产业科技进步贡献率实证研究[J]．电子科技，2009，22（12）：81-83．

[64] 苏新宏，蔡宪杰，张冬平．我国烤烟生产科技进步贡献率的测算与分析[J]．现代烟草农业，2010，16（3）：67-71．

[65] 许玉明．中国高技术产业的科技进步贡献率分析[J]．中国西部科技，2005（5）：7-9．

[66] 曾国平，陈朋真，李燕清．我国第三产业发展中的科技进步贡献率研究[J]．商场现代化，2009（588）：60-61．

[67] 中国科学技术发展战略研究院．国家创新指数报告2013[M]．北京：科学技术文献出版社，2014．

[68] 徐小峰，等．气象服务效益评估理论方法与分析研究[M]．北京：气象出版社，2009．

[69] 国家电力监管委员会安全监管局，等．风电气象服务效益评估：2011[M]．北京：气象出版社，2012．

气象科技创新业务贡献度评价指标研究[①]

成秀虎　骆海英　马春平　薛建军　王一飞

（中国气象局气象干部培训学院，北京　100081）

摘　要： 实施创新驱动发展战略，必须面向世界科技前沿、面向经济主战场、面向国家重大需求，加快各领域科技创新。科技创新重在应用，重在产生效果。对于气象部门而言，创新的效果主要体现在气象业务能力和水平的提升上，然而如何判断科技创新是否对业务产生了贡献，或科技创新对业务产生的贡献大小，需要建立一个具备可比性的、不以评价人的主观意志为转移的客观标准来衡量。为此本研究设计了一个叫作"气象科技创新业务贡献度"的评价指标，试图通过"气象科技创新业务贡献指数"的客观计算，来建立一套客观评价和衡量气象科技创新业务贡献大小的评价标准，供评价项目、单位、区域或部门气象科技创新业务贡献大小时使用。该指标设计的特点是，以突破重大气象业务核心技术为重点，以满足气象业务服务质量和效率提高为指向，形成用于测量气象科技创新业务贡献的定量测量模型，以此为基础，可以开发出满足气象科技创新业务贡献评价需求的、供全国统一使用的气象科技创新业务贡献评价标准。

关键词： 气象科技创新，业务贡献度，评价标准

1　引言

1.1　问题的提出

习近平总书记在 2016 年全国科技创新大会上强调，创新始终是一个国家、一个民族发展的重要力量，始终是推动人类社会进步的重要力量；必须坚持走中国特色自主创新道路，面向世界科技前沿、面向经济主战场、面向国家重大需求，加快各领域科技创新，掌握全球科技竞争先机；要深入实施创新驱动发展战略，统筹谋划，加强组织，优化我国科技事业发展总体布局。

气象事业是科技型、基础性社会公益事业。在全面推进气象现代化、着力提高气象事业发展质量和效益的关键时期，中国气象局党组更加重视发挥科技的力量，强调要坚持把科技创新作为实现气象现代化的内生动力，把科技创新驱动发展战略贯彻到气象现代化建设的整个进程中。2014 年，《中共中国气象局党组关于全面深化气象改革的意见》明确指出，要围绕核心技术突破深化气象科技体制改革，指明了科技体制改革的方向和重点。2016 年，《中国气象局气象现代化领导小组关于推进气象现代化"四大体系"建设的意见》明确指出，"改进气象科技评价制度，建立以科技创新质量、贡献、绩效为导向的评价体系，引导各创新主体集中资源解决气象现代化的核心业务科技问题，促进科技成果转化应用，提升科技创新对全面推进气象现代化的贡献率。"为此我们需要寻找到一个可以全面、客观、系统地监测气象科技创新体系建设成效，描述气象部门各创新主体围绕业务发展科技需求和优势科研领域开展创新活动的业务贡献指标，以引导气象科技资源和科研力量向着突破重大核心业务技术瓶颈聚集，引导气象

①　本文受到 2015 年中国气象局气象软科学项目支持，文章完成于 2016 年。

科技创新活动围绕提升自主创新能力和驱动业务发展能力来开展。

1.2 科技创新的度量

创新是指以现有的知识和物质，在特定的环境中，改进或创造新的事物（包括但不限于各种方法、元素、路径、环境等），并能获得一定有益效果的行为。创新这个概念最早由美国哈佛大学经济学家约瑟夫·熊彼特（Joseph Alois Schumpeter）提出，熊彼特认为，经济的发展是由于经济本身内部存在一种破坏均衡又恢复均衡的力量，这种力量就叫创新。熊彼特在其论文中提出了五种创新情况：第一种，引入了一种新产品，或者引入一种新的产品质量。第二种，采用新的生产方式，如改进新工艺提高产品合格率。第三种，开辟一个新市场，如在电视机市场在大城市出现饱和，想办法开辟到农村。第四种，获得一种原料和半成品的新来源，如发现新能源。第五种，实现一种新的企业组织形式，如股份公司。他认为，创新就是建立一种新的生产函数，把一种从来没有过的生产要素和生产条件的新组合引入生产体系，转化为可获利的商品及其产业，即技术创新。随着全球化进程，创新日益成为"产出和生产率增长的核心动力"的观点已被广泛接受。创新的概念和内涵也在不断泛化和发展，已经由技术创新延伸到营销创新和组织创新等。在我国引入技术创新理论后，大多都接受了熊彼特的理论，但也有一些不同理解，并在更广泛的意义上使用科技创新这一概念。同时，赋予科技创新新的内涵，使其超出了技术创新的范畴，认为科技创新是原创性科学研究和技术创新的总称，是指创造和应用新知识和新技术、新工艺，采用新的生产方式和经营管理模式，开发新产品，提高产品质量，提供新服务的过程。科技创新可以被分成三种类型：知识创新、技术创新和现代科技引领的管理创新。知识创新的核心科学研究，是新的思想观念和公理体系的产生，其直接结果是新的概念范畴和理论学说的产生，为人类认识世界和改造世界提供新的世界观和方法论；技术创新的核心内容是科学技术的发明和创造的价值实现，其直接结果是推动科学技术进步与应用创新的良性互动，提高社会生产力的发展水平，进而促进社会经济的增长；管理创新既包括宏观管理层面上的创新——社会政治、经济和管理等方面的制度创新，也包括微观管理层面上的创新，其核心内容是科技引领的管理变革，其直接结果是激发人们的创造性和积极性，促使所有社会资源的合理配置，最终推动社会的进步。

由于科技创新的概念本身源于经济学，再加上国内研究主要是围绕社会经济发展、产业结构调整、区域创新能力建设、行业经济效益提升等方面展开，目前的研究可主要归为两类。一类侧重"效益"，从投入产出的观点入手，研究表征科技创新投入和产出的指标和测算模型，研究提升科技创新的效率，促进经济社会发展，如科技进步贡献率，计算的方法有柯布—道格拉斯生产函数法、索洛余值法、CES生产函数法、丹尼森增长因素分析法、超越对数生产函数法和指标体系评价法。另一类关注"能力"，从创新基础、创新环境、创新活动和创新绩效等方面入手，研究测算国家、地区或者行业的创新能力问题，研究提高创新能力，促进经济社会发展，如全球创新指数/中国创新指数/科技创新发展指数等。如"十三五"科技创新就把国家创新能力排名列入前15位；科技进步贡献率达到60%；研究与试验发展经费投入强度达到2.5%；基础研究占全社会研发投入比例大幅提高，规模以上工业企业研发经费支出与主营业务收入之比达到1.1%；国际科技论文被引次数达到世界第二；每万人口发明专利拥有量达到12件，通过《专利合作条约》（PCT）途径提交的专利申请量比2015年翻一番等等12项指标列入"十三五"科技创新总体目标。

气象事业是科技型、基础性社会公益事业，气象科技创新更直观地体现为气象预报准确率和精细化水平的提高，体现为气象防灾减灾和应对气候变化的工作成效，并不适合简单地套用"科技进步贡献率"这一经济学指标进行衡量和评价。而从指标可用性和导向性的角度，我们关注的重点不是气象科技创新在国家经济增长因子中所占的比重，而是更为关注气象科技创新对现代气象业务发展的贡献程度，因此更侧重研究气象科技创新对现代气象业务发展的贡献度。

1.3　气象科技创新业务贡献度研究思路

气象科技创新业务贡献度是表征气象科技创新对现代气象业务发展实际贡献程度的指标，是结合气象部门实际对科技进步贡献率概念的延伸和拓展。此项研究以突破重大气象业务核心技术为重点，以满足气象业务服务质量和效率提高为指向，通过构建评价指标和测算模型，测量气象部门产出的各项创新成果对现代气象业务发展产生的实际贡献进行综合分析、比较与判断，从而引导各创新主体和人员朝着突破重大核心业务技术瓶颈的方向发展，为提升气象业务现代化业务服务水平做出最大贡献。

理论上，气象科技创新是从创新概念提出到研究开发、知识或技术产出再到业务化应用的完整过程。在现代气象业务发展导向目标下，所有气象科技创新活动均应直接指向业务应用，在创新成果业务化过程实现之前，创新过程并不能算完成，所以将业务应用作为任何气象科技创新活动的主要目标所在，这构成了评价的基本思路，即在业务上得到应用的创新，较没有得到应用的贡献要大；处在创新过程始端如仅仅停留在概念上的创新，较得到业务上应用的创新贡献要小。为此我们构建如图1所示的气象科技创新业务贡献矩阵图。该图以横坐标代表气象科技创新业务应用情况，纵坐标代表气象科技创新对业务贡献的大小，显然对业务贡献最大的区间应位于矩阵图中的第Ⅱ区间。研究者的任务是要找到一项评价指标，能从所有的气象科技创新中寻找出那些居于第Ⅱ区间的气象科技创新，并赋予定量分值，以此为最高值，再区分出其他不同创新的业务贡献程度，称为创新业务贡献度。从矩阵图中不难判断，凡位于矩阵右上角Ⅱ区间的，创新业务贡献度就高；位于左下角Ⅳ区间的，创新业务贡献度就低。位于左上角Ⅰ区间的，可以理解为创新潜在贡献大，比如一些重大的核心创新理论和关键技术，一旦实现突破，即可转化到右上角，成为真正的业务发展能力。位于右下角Ⅲ区间的，可以理解为一般性的技术创新，其对日常业务的改进有一定的贡献，日常的小改进不断积累，也可以向上突破，转化成对业务发展的重大贡献。从创新对气象业务发展的贡献角度看，在面临科技资源有限这一硬约束条件下，气象部门的创新活动如果能主要位于矩阵的上半部分并向右方倾斜，则是现代气象业务发展导向下气象科技创新的最优模式。

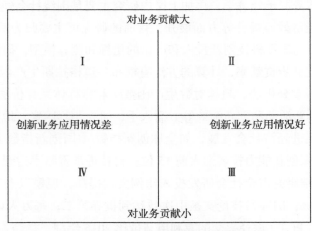

图1　创新业务贡献度矩阵

2　气象科技创新业务贡献度指标的构建

综合各位学者的研究成果，本研究将创新的含义归结为四条。第一是指发现、创造或者应用新的知识、技术和其他经济文化要素；第二是指知识、技术和其他经济文化要素重新组合，实现生产方式、经营管理模式更新；第三是指通过创新活动实现对创新人才的培养；第四是指通过创新对创新所处的大系统所进行的改进。前三条含义指的都是创新产出，第四条则强调的是创新的效果。对于以业务服务为主的气象部门而言，更应突出第四条含义，即突出气象科技创新的产出对现代气象业务系统的优化、改进，对现代气象业务服务能力的提升和质量、效率的提高。

从这一理解出发，以下我们首先确定气象科技创新的产出如何衡量，其次试图寻找到创新产出与现代气象业务系统改进与提高之间的关系，构建一个叫作气象科技创新业务贡献指数的指标，以定量的测量气象科技创新业务贡献度。

2.1 气象科技创新产出的确定

从一般意义上来看，创新产出包括知识成果、技术成果与人才成果三种类型，具体而言就是论文、论著、技术报告、专利、软件著作权、新设备、新仪器、新产品、新系统及人才等，考虑到定量化的需要，本研究不把人才作为创新产出的一种类型来考虑。对照创新的含义，论文、论著可以作为知识发现的产出，技术报告、专利、软件著作权等可以作为技术创造的产出，新设备、新仪器、新产品、新系统均可以作为知识与技术应用的产出。上述产出在气象上都表现为气象科技成果，所以我们可以将经过认定的气象科技成果作为气象科技创新的产出。

综合中国气象局印发的《中国气象局科学技术成果认定办法（试行）》（气发〔2015〕47 号）、《气象科技成果登记实施细则（修订版）》（气发〔2015〕64 号）中有关气象科技成果的描述，结合国家科技成果分类方法，可以将气象科技成果概括为如表 1 所示的三种类型 21 种成果。

表 1　气象科技成果分类

成果类型	成果形式	说明	来源文件
基础理论类	机理理论	在科学研究与技术开发等过程中形成	《气象科技成果登记实施细则》
	论文		《气象科技成果登记实施细则》第二条；《中国气象局科学技术成果认定办法》第二条
	论著		
应用技术类	项目成果	在各类科研、业务、服务、工程建设项目中产出，需通过鉴定或验收程序	
	专利	需获得授权证书	
	软件著作权	需取得登记号	
	标准	需公开发布	
	系统	指以处理信息流为目的的人机一体化系统，在科学研究、工程业务建设和气象服务等过程中形成	《中国气象局科学技术成果认定办法》第二条
	平台	指基于数字化网络技术运行的信息系统	
	设备		
	软件		
	数据集	在科学研究与技术开发等过程中形成	《气象科技成果登记实施细则》第二条
	方法		
	指标		
	科普作品		

续表

成果类型	成果形式	说明	来源文件
应用技术类	重大技术标准研究成果	为形成标准做的预研究	《气象科技成果登记实施细则》第二条
软科学类	业务技术报告	在全面推进气象现代化建设中形成	《中国气象局科学技术成果认定办法》第二条、《气象科技成果登记实施细则》第二条
	决策服务材料		
	发展战略		
	规划计划		
	重大软科学研究成果		

考虑到定量评价的需要，本研究将把气象科技创新的产出限定在应用技术类成果上。

2.2　气象科技创新产出效果的测量

创新产出的效果，主要体现在创新知识成果转化成业务服务上的新技术、新流程、新产品和新服务上，体现在对业务转型升级的推动与促进上。现代气象业务发展导向下的气象科技创新，应直接指向气象业务服务能力提升。在创新成果业务化过程实现并产生能力之前，创新只有产出并无效果，决定创新产出效果的关键因素是创新产出的业务化应用。创新与业务服务能力提升之间的关系可以总结成图 2 所示的概念模型。

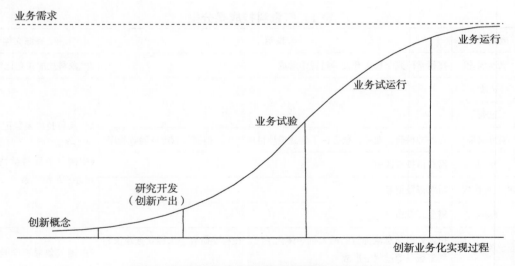

图 2　创新与业务服务能力提升之间的关系

图 2 表明，从创新概念的提出到业务服务水平的提升有一个完整的创新业务链条，这里创新成果的应用是关键。创新成果的应用可以包括业务试验、准业务化和业务化三个阶段，每一个阶段对业务都有贡献，从效果角度看，当然是业务化以后的效果才最终实现。

仅仅从创新成果是否得到应用还不足以准确衡量一项成果对业务贡献的大小，同样是在业务上得到应用的成果，其对业务的实际贡献和长远影响仍可以有很大区别。显然，解决气象业务关键、长远发展问题和核心领域发展瓶颈问题的创新较解决一般问题的创新贡献要大。所以创新业务贡献度在强调业务应用的同时，还要强调重大创新成果的突破及其应用。这里所说的重大成果，是指那些解决重大科学问题、开辟新方向、突破关键核心技术、提供系统解决方案或建设和高效运行重大科技基础设施及重大科研仪器设备等的重大创新。

3　气象科技创新业务贡献度的评价指标及评价方法

3.1　评价维度

科技创新评价一般有定性评价、定量评价和综合评价三种方法。定性评价法是一种同行评议法，该评价法主要基于依靠科学家群体的集体智慧、知识、经验等对某一科研活动或科研机构、科研人员的科研状况形成正确的评判，其特点是评价结果的权威性取决于评价专家的权威性。定量评价法主要是将某一评价对象的评价目标分解为可量化的指标，评价专家再结合自身经验和实际情况对每一个指标打分。定量评价法将量化的数学方法引入科技评估，从而为科技创新评价提供了更为精确的测量手段，评价结果相对客观。综合评价则是将定性评价与定量评价综合运用的评价方法，特点是评价有针对性，结果更能反映特定评估对象本身的特性。

目前国内还没有专门讲述气象科技创新业务贡献度的评价方法，在行业专项的结题验收中采用了专家打分的评价方法，项目验收中有一项指标是要求验收专家对项目成果的应用情况进行打分，之所以设这样的验收指标，是因为行业专项设置的目的是指向业务应用的。气象科技创新业务贡献度评价，希望能寻找到一种客观定量的评价方法。上一章的分析为我们提供了评价测量创新业务贡献度的两个维度，即业务应用性维度和成果重大性维度，为此我们构建一个二维定量化的测量模型，见图3。该图表明，停留在一般结论没有得到实际应用的创新活动对业务贡献的分值会很低，而属于业务发展瓶颈的难题或关键技术的突破则会得到很高的分值。对于那些虽然没有马上得到应用、但由于其在理论或机理上解决了业务发展长远问题的技术创新，仍然可以获得不低的分值，而对于日常业务发展中的积累性改进也可以

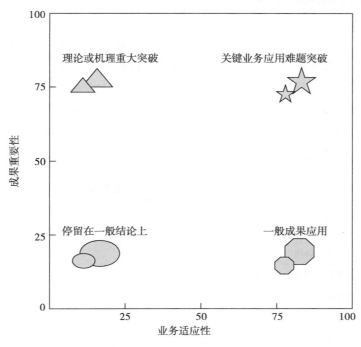

图3　创新业务贡献度二维测量模型

得到应有的分值，显然给予这些人员的创新以必要的分值是十分必要的，毕竟大众创业、万众创新不是一句空话，鼓励和支持所有业务和科研人员的创新、发挥所有气象人员的科技创新积极性有着重大的现实意义，不能指望所有的气象业务科研人员都去做突破性的气象科技创新。

3.2　评价指标

上节为我们评价气象科技创新业务贡献度提供了基本的二维测量模型，实际工作中，一项研究创新成果的应用除了业务应用性和成果重大性之外，还有一个应用范围宽窄的问题，为此我们构建一个叫作气象科技创新业务贡献指数的指标，用以全面衡量一项科技创新的业务贡献度，该指数可以用以下公式表示。

$$Q=C \times (\alpha+\beta) \tag{1}$$

式中：

C——创新成果的业务应用程度，赋值方法见表2；

α——创新成果的重大程度，赋值方法见表3；

β——反映成果的应用广度，赋值方法见表3。

表2为C的赋值方法，对于处于业务化、准业务化、业务试验、研究开发四种不同阶段的创新成果其赋值分别是100，80，60，30。

表2　创新成果业务应用程度（C）赋值规则

成果业务应用情况	分值
业务化	100
准业务化	80
业务试验	60
研究开发成果（不具备进入业务试验的条件）	30

表3显示了α、β的计算方法，α、β之和实际上是一个系数，称为成果应用深度系数，其总和最高为1。考虑到成果的重大程度和成果的应用广度同等重要，故将α、β的权重各设为0.5，α、β的计算见表3，先将解决中长期关键性发展问题的特别重大创新成果、解决中近期发展瓶颈问题的重大创新成果、解决日常发展问题的一般创新成果分别赋予100、90、80的分值，将本单位使用、区域使用、全国使用的创新成果分别赋予80、90、100的分值；再将这些分值与α、β获得的权重分别相乘，即得到相应的系数值，据此计算出来的应用深度系数（即α、β之和）介于0.8~1之间。

表3　创新成果应用深度系数赋值规则

因子	评分标准	分值	应用深度系数(=分值×0.5/100)
成果重大程度α	特别重大成果（解决中长期关键性发展问题）	100	0.5
	重大成果（解决中近期发展瓶颈问题）	90	0.45
	一般成果（解决日常发展问题）	80	0.4
成果应用广度β	本单位使用	80	0.4
	区域使用	90	0.45
	全国使用	100	0.5
合计		160~200	0.8~1

公式（1）表明，某项成果如果得到业务化应用，并且属于应用范围广的业务性关键技术创新成果，则其创新业务贡献指数为100，其他处于不同阶段的创新成果，视其应用范围和成果的重要性，均可以获得相应的指数值，但都不会超过100。

3.3 评价方法

有了公式（1）和表2、表3做基础，我们就可以对已经形成的任何创新成果进行创新业务贡献指数的计算，任何情况下的成果创新指数，其理论值都会落在表4的数值分布之中，该指数的区间范围为24～100。

表4 创新业务贡献指数理论分布

成果业务应用情况	业务应用度得分	成果应用广度系数	成果重大程度系数	创新业务贡献指数
业务化	100			
准业务化	80	0.4～0.5	0.4～0.5	24～100
业务试验	60			
研究开发	30			

表4表明，任何创新成果，在经过分析其应用状况和该成果的应用广度、重大程度之后，均可以代入公式（1）并计算出相应的创新业务贡献指数，该指数的区间值位于24～100之间。我们认为这一指数区间是合理的，因为业务发展导向下的气象科技创新成果，首先表现为在业务上得到应用，只要在业务上有可能得到应用的成果都会对业务发展有贡献，但所有有贡献的成果中，只有那些应用范围广、同时解决中长期发展关键问题的创新成果对业务发展的贡献最大（参见图3）。

为了进一步确定一项创新成果对业务贡献的大小，我们在创新指数计算基础上，再根据指数的分布，将创新指数的大小转化成创新业务贡献度的高低，以实现对气象科技业务贡献度的评价。

如前所述，创新业务贡献指数理论值位于24～100之间，指数值的现实意义在于，凡指数低于60的，表示创新业务贡献度较低，反映还没有进入准业务化阶段或虽进入准业务化阶段但在应用范围、解决问题的深度方面还有不足；位于80分以上的，表示创新业务贡献度高，反映进入了业务化阶段，且解决了制约业务发展的长远问题，应用范围广。30分以下，表示还处于研究开发阶段，应用前景未知。据此，得出利用创新业务贡献指数评价创新业务贡献度的规则，见表5。根据表5，可以确定任何创新成果的业务贡献度等级。

表5 创新业务贡献度等级确定

创新业务贡献指数Q	$Q < 30$	$30 \leqslant Q < 60$	$60 \leqslant Q < 80$	$Q > 80$
创新业务贡献度等级	低	一般	较高	高

4 气象科技创新业务贡献度评价实例

4.1 公益性（气象）行业科研专项业务贡献度评价

利用创新业务贡献指数法，我们对截至2015年6月份已结题的54项公益性（气象）行业科研专项进行了创新业务贡献指数的计算和创新业务贡献度的评价。公益性（气象）行业科研专项的结题验收项目成果简表有完整的成果阶段信息、成果应用广度信息，对于成果重要程度信息则依据行业专项立项以及给予经费的多少综合判断而得到[①]。纳入计算的行业专项及其创新业务贡献指数计算结果见图4，分类统计结果见表6，据此得到的创新业务贡献度评价结果见表7。

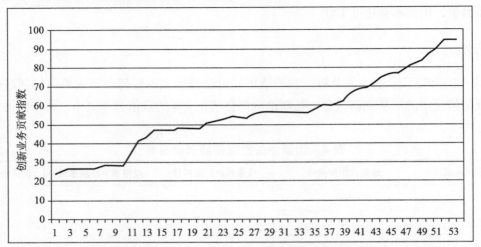

图4　截至 2015 年 6 月已结题行业专项创新业务贡献指数计算结果

表6　截至 2015 年 6 月已结题行业专项创新业务贡献指数计算结果统计

Q值区间	位于区间项目数
30（不含）以下	10
30~60（不含）	25
60~80（不含）	11
80~100	8
合计	54

表7　截至 2015 年 6 月已结题行业专项创新业务贡献度评价结果

项目贡献度大小	项目数	项目占比
业务贡献度低	10	18.5%
业务贡献度一般	25	46.3%
业务贡献度较高	11	20.4%
业务贡献度高	8	14.8%
合计	54	100%

　　从表7中可以看出，目前公益性（气象）行业科研专项创新业务度较高以上的项目占到已结题项目的35.2%，项目成果的业务贡献度总体看还不高，这一评价结果应该说与当前业务急需关键技术成果创新不足、应用不够的现实是相符合的，也从一个侧面解释了为什么国家和中国气象局会反复强调科技创新要服务于国家重大需求和现代气象业务发展需要的现象，显然科技创新围绕业务发展需求是短板，所以需要加强。这一评价结果的可信度还可从图5中得到进一步的证实。对于一个统计序列，在没有人为干预的情况下，通常呈现出两头小中间大的正态分布，上述评价结果的比例刚好符合这一分布。现代气

---

　　① 公益性（气象）行业科研专项中将项目投入 600 万元及以上的作为特别重大成果看待，将项目投入 200 万~600 万元的作为重大成果看待，将项目投入 200 万元以下的作为一般成果看待。

象业务发展导向下的气象科技创新就是试图打破上述正态分布，使其峰值向左偏移，从而实现气象科技创新向图1所期待的第Ⅱ区间中转移。

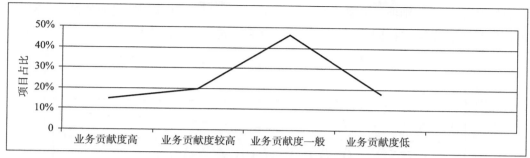

图5　行业专项创新业务贡献度评价结果项目比例分布

4.2　与专家评价法的对比

如前面所述，公益性（气象）行业科研专项在结题验收时，要求验收专家对成果的应用情况进行评价，满分为4分，为了验证创新业务贡献度评价方法的可用性，我们对此进行了对比研究。公益性（气象）行业科研专项专家结题验收时通常邀请10人左右的专家进行评价，为了便于对比，我们取其平均值并将分值转换成创新业务贡献指数，转换方法见表8，得分结果见图6。

表8　行业专项成果应用情况专家评分规则及其与创新业务贡献指数的转换

成果应用转化状态	验收专家打分规则	对应的创新业务贡献指数分值
已经业务化，对气象业务水平有显著提升	4	100
准业务运行，效果良好	3	75
成果已形成，已开展业务试验	2	50
成果初步形成，但尚需进一步改进	1	25
尚未形成成果	0	0

图6给出了专家对54个行业专项应用情况的打分情况，图7给出了不同专家对同一项目应用情况的一致程度分析，图8给出了气象科技创新业务贡献度方法和专家打分法转换得到的创新业务贡献

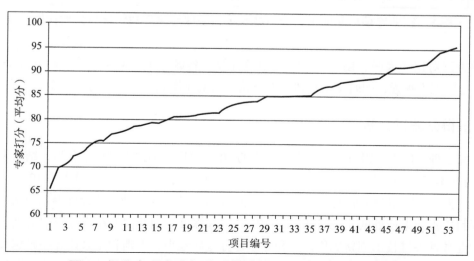

图6　行业专项专家打分法转换得到的创新业务贡献指数

度分值。从中不难看出，除客观评价的最高项目之外，专家打分的情况普遍高于客观评价，且平均评分差距界于 70~90 分之间的居多，差距没有拉开。另一方面，对同一个项目，不同专家的评分差距却出入很大（参见图 7），只有个别项目大家评价意见一致，由此可见对于应用情况的理解，专家之间差别很大，这样的评价其结果的客观性和与实际情况的符合程度可能有一定的不足。

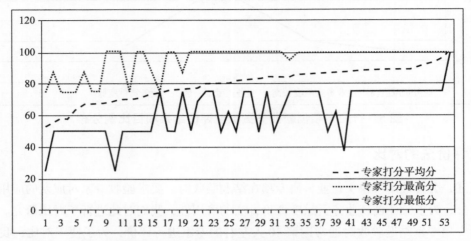

图 7　行业专项专家打分法不同专家对应用情况打分的一致程度分析

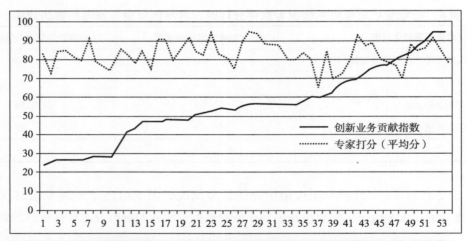

图 8　行业专项创新业务贡献指数及项目验收专家应用情况打分对比图

　　图 8 两种方法对比还表明，创新业务贡献指数计算具备区分出不同项目成果创新业务贡献度的能力，而且这种分辨能力很强，同时又不会遗漏专家认为确实应用效果很好、对业务贡献很大的项目。

4.3　2 种方法得分差异分析

　　将利用上述 2 种不同方法得分差异最大和最小的 10 个项目分别挑出进行了分析，结果发现：差异最小的 10 个项目基本都是利用创新业务贡献度方法计算得分最高的项目，差异最大的 10 个项目均是利用创新业务贡献度方法计算得分最低的 10 个项目。也就是说，造成这 2 种方法计算得到的结果差异大的主要原因在于项目申报成果所处的应用状态及应用的广度和深度，创新成果在实际当中得到了应用，且是应用范围广的业务性关键技术创新成果，其和专家评分差异越小，否则和专家评分差异越大，这一特点与欲区分出创新结果对业务产生的贡献大小的研究目标相符合和一致，其导向性明确，即气象科技创新成果研发出来之后，目的是要广泛应用于现代化气象业务并产生业务能力与水平的提升，而非束之高阁。

5 方法应用建议

本研究为气象科技创新业务贡献度提供了一种较为客观的定量评价方法，其中成果的应用程度、成果的应用广度和成果的重要度都可以由评价人根据成果推广应用的实际情况和立项情况做出客观判断。

本方法以创新产出的最底层成果为基础进行评价，因而从理念上看具有广泛的实用性，既可以用于单个项目创新业务贡献度的评价，也可以用于单位、区域或全国范围的气象创新业务贡献度评价。对于项目创新业务贡献度而言，建议依据项目各类成果业务贡献指数累计平均值确定。对于单位创新业务贡献度，建议依据单位完成的项目成果业务贡献指数累计平均值确定；对于区域或全国的创新业务贡献度，建议依据区域或全国范围内各单位创新业务贡献度指数累计平均值确定。

创新业务贡献度是一个静态指标，对于单个项目而言，只能反映创新成果的当前贡献状态。但对于单位、区域和全国而言，由于创新成果产出的年际差异有明显的不同，如能持续进行评价，则可以动态地反映单位、区域或全国的气象创新业务贡献度的变化情况，从而客观衡量气象科技创新对业务贡献的大小，反映各单位、区域或整个气象系统围绕业务发展需求方面开展气象科技创新活动的情况。决策者依据这一指标，可以制定更多的政策，通过项目立项、考核、验收和经费投向等手段，将气象科技人员、科技项目和科技成果更好地引导到气象业务发展急需的气象科技创新上来。

但是，针对不同类型成果本方法能不能完全适用还不确定，譬如对于创新成果的重大程度依据经费多寡来划分对公益性（气象）行业专项可行，但对其他成果未必可行等，这些都值得进一步进行研究和探索。

参考文献

[1] 白春礼. 以重大成果产出为导向，改革科技评价[J]. 中国科学院院刊，2012.
[2] 国务院. "十三五"国家科技创新规划：国发〔2016〕43号文[Z]. 北京：国务院，2016.
[3] 倪明. 和谐社会建设导向下科技创新节点的科技创新能力评价模型[J]. 科技进步与对策，2009，26（16）.
[4] 乔章凤，周志刚. 城市科技创新能力评价及实证研究[J]. 西安电子科技大学学报（社会科学版），2011，21（3）.
[5] 谭荣志，党跃武. 中国科学院研究所科技评价探讨[J]. 现代情报，2012，132（19）.
[6] 田志康，赵旭杰，童恒庆，等. 中国科技创新能力评价与比较[J]. 中国软科学，2008（7）.
[7] 汪寅，黄翠瑶. 科技创新评价指标体系研究进展综述[J]. 科技管理研究，2009，6.
[8] 王乃明. 论科技创新的内涵—兼论科技创新与技术创新的异同[J]. 青海师范大学学报（哲学社会科学版），2005.
[9] 习近平. 为建设世界科技强国而奋斗——在全国科技创新大会、两院院士大会、中国科协第九次全国代表大会上的讲话[R]. 北京，2016.
[10] 姚笑秋，张乐萍，许斌. 科研院所创新能力评价指标体系研究[J]. 统计科学与实践，2011（7）.
[11] 中共中央，国务院. 国家创新驱动发展战略纲要：中发〔2016〕4号[Z]. 北京：国务院，2016.
[12] 中国气象局. 中国气象局关于加强国家级业务单位科技创新工作的意见：气发〔2011〕105号[Z]. 北京：中国气象局，2011.
[13] 中国气象局. 中国气象局关于强化科技创新驱动现代气象业务发展的意见：气发〔2012〕111号[Z]. 北京：中国气象局，2012.
[14] 中国气象局. 国家气象科技创新工程（2014—2020年）实施方案[Z]. 北京：中国气象局，2014.
[15] 中国气象局. 气象科技成果登记实施细则（修订版）：气发〔2015〕64号[Z]. 北京：中国气象局，2015.
[16] 中国气象局. 中国气象局科学技术成果认定办法（试行）：气发〔2015〕47号[Z]. 北京：中国气象局，2015.
[17] 中国气象局. 中国气象局气象现代化领导小组关于推进气象现代化"四大体系"建设的意见[Z]. 北京：中国气象局，2016.
[18] 中国气象局办公室. "一院八所"优化学科布局方案：气办发〔2015〕29号[Z]. 北京：中国气象局，2015.

气象科技创新业务贡献评价标准研究①

成秀虎　马春平　骆海英　薛建军　王一飞

（中国气象局气象干部培训学院，北京　100081）

摘　要： 科技创新重在应用，重在产生效果。对于气象部门而言，创新的效果主要体现在气象业务能力和水平的提升上，然而如何判断科技创新是否对业务产生了贡献，或科技创新对业务产生的贡献大小，需要建立一个具备可比性的、不以评价人的主观意志为转移的客观标准来衡量。为此本研究设计了一个叫做"气象科技创新业务贡献度"的评价指标，试图通过"气象科技创新业务贡献指数"的客观计算，来建立一套客观评价和衡量气象科技创新业务贡献大小的评价标准，供评价项目、单位、区域或部门气象科技创新业务贡献大小时使用。该指标设计的特点是，以突破重大气象业务核心技术为重点，以满足气象业务服务质量和效率提高为指向，形成用于测量气象科技创新业务贡献的定量测量模型，以此为基础，可以开发出满足气象科技创新业务贡献评价需求的、供全国统一使用的气象科技创新业务贡献评价标准。

关键词： 气象科技创新，业务贡献度，评价标准

1　气象科技创新业务贡献评价标准的需求

2012 年，中国气象局发布了《关于强化科技创新驱动现代气象业务发展的意见》，要求气象科技工作必须"紧密围绕国家发展需求和现代气象业务发展需要，以增强气象业务服务能力为目标，以解决气象业务服务中的重大科技问题为重点，强化科技创新驱动气象事业发展，着力提高事关现代气象业务发展核心领域的科技创新水平。"该意见同时指出，要通过"气象科技的分类评价，引导科研机构、科研项目、科技人员集中解决气象业务发展中关键的和长远的科技问题。"开展分类评价的前提，是建立有效的、相对客观的、具有可比性的评价标准。在目前缺乏客观公正和具备可比性的科技创新业务贡献评价标准的情况下，探索建立一个科学的评价标准，用以引导气象科技人员、科研项目和科技成果朝着现代业务发展急需的方向转变，不适为一个好的途径。

2　构建气象科技创新业务贡献评价标准的基本思路

气象科技创新是从创新概念提出到研究开发、知识或技术产出再到业务化应用的完整过程（参见图1），其中业务化应用是创新这一概念的关键，否则就不能称为是创新。

---

①　本文在 2016 年《标准科学》第 8 期发表。

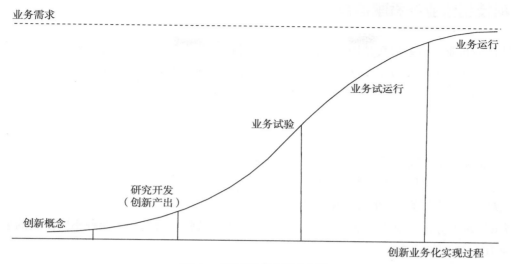

图1 气象科技创新过程

从这一概念出发，我们得到的结论是所有创新成果都应在业务上得到应用，得不到应用的成果就不能视为对业务有贡献，或虽有贡献，但贡献不是最大。为此构建如图2所示的气象科技创新业务贡献矩阵图。该图以横坐标代表气象科技创新业务应用情况，纵坐标代表气象科技创新对业务贡献的大小，显然对业务贡献最大的区间应位于矩阵图中的第Ⅱ区间。制定评价标准的目的是通过设立一项评价指标，能从所有的气象科技创新成果中区分出不同的成果所处的区间。这一评价指标要能将所有成果进行定量评分，并确保居于第Ⅱ区间的气象科技创新成果分值最高。为此，我们计划构建一个称为"气象科技创新业务贡献指数"的指标，以第Ⅱ区间的创新成果作为最高指数值100，据此分别计算出其他不同创新的指数值，进而定位出其所在区间，形成创新成果的业务贡献程度分布等级。

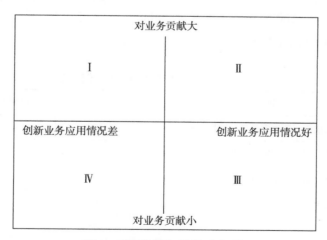

图2 创新业务贡献度矩阵

该矩阵图的意义在于，凡位于矩阵右上角Ⅱ区间的，创新业务贡献度就高；位于左下角Ⅳ区间的，创新业务贡献度就低。位于左上角Ⅰ区间的，可以理解为创新潜在贡献大，比如一些重大的核心创新理论和关键技术，一旦实现突破，即可转化到右上角，成为真正的业务发展能力。位于右下角Ⅲ区间的，可以理解为一般性的技术创新，其对日常业务的改进有一定的贡献，日常的小改进不断积累，也可以向上突破，转化成对业务发展的重大贡献。

3　气象科技创新业务贡献指数

气象科技创新业务贡献指数是用于全面衡量一项科技创新业务贡献度的评价指标。经过分析认为，该指标可以由创新成果业务应用程度、创新成果重大程度、创新成果业务应用广度三个因子构成，其计算公式见式（1）。

$$Q=C \times (\alpha + \beta) \tag{1}$$

式中：

C——新成果的业务应用程度，赋值方法见表 1；

α——创新成果的重大程度，赋值方法见表 2；

β——成果的应用广度，赋值方法见表 2。

表 1 为 C 的赋值方法，对处于业务化、准业务化、业务试验、研究开发四种不同阶段的创新成果其赋值分别为 100，80，60，30。

表 1　创新成果业务应用程度（C）赋值规则

成果业务应用情况	分值	成果业务应用情况	分值
业务化	100	业务试验	60
准业务化	80	研究开发成果（不具备进入业务试验的条件）	30

表 2 显示了 α、β 的计算方法，α、β 之和实际上是一个系数，称为成果应用深度系数，其总和最高为 1。考虑到成果的重大度和成果的应用广度同等重要，故将 α、β 的权重各设为 0.5。α、β 的计算如表 2 所示，先将解决中长期关键性发展问题的特别重大创新成果、解决中近期发展瓶颈问题的重大创新成果、解决日常发展问题的一般创新成果分别赋予 100、90、80 的分值，将本单位使用、区域使用、全国使用的创新成果分别赋予 80、90、100 的分值。再将这些分值与 α、β 获得的权重分别相乘，即得到相应的系数值，据此计算出来的应用深度系数（即 α、β 之和）介于 0.8~1 之间。

表 2　创新成果应用深度系数赋值规则

因子	评分标准	分值	应用深度系数(=分值×0.5/100)
成果重大程度α	特别重大成果（解决中长期关键性发展问题）	100	0.5
	重大成果（解决中近期发展瓶颈问题）	90	0.45
	一般成果（解决日常发展问题）	80	0.4
成果应用广度β	本单位使用	80	0.4
	区域使用	90	0.45
	全国使用	100	0.5
合计		160~200	0.8~1

式（1）表明，某项成果如果得到业务化应用，并且属于应用范围广的业务性关键技术创新成果，则其创新业务贡献指数为 100，其他处于不同阶段的创新成果，视其应用范围和成果的重要性，均可以获得相应的指数值，但都不会超过 100。

4 气象科技创新业务贡献度

有了公式（1）和表1、表2，我们即可以对已经形成的任何创新成果进行创新业务贡献指数的计算，对于任何气象科技创新成果，其创新业务贡献指数计算结果均会落在如表3所示的指数分布区间之中，该指数的区间范围为24～100。

表3 创新业务贡献指数理论分布

成果业务应用情况	业务应用度得分	成果应用广度系数	成果重大程度系数	创新业务贡献指数
业务化	100			
准业务化	80	0.4～0.5	0.4～0.5	24～100
业务试验	60			
研究开发	30			

为了进一步确定一项创新成果对业务贡献的大小，我们在创新指数计算基础上，再根据指数的分布，将创新指数的大小转化成创新业务贡献度的高低，以实现对气象科技业务贡献度的评价。

如前所述，创新业务贡献指数理论值位于24～100之间，指数值的现实意义在于，凡指数低于60的，表示创新业务贡献度较低，反映还没有进入准业务化阶段或虽进入准业务化阶段但在应用范围、解决问题的深度方面还有不足；位于80分以上的，表示创新业务贡献度高，反映进入了业务化阶段，且解决了制约业务发展的长远问题，应用范围广。30分以下，表示还处于研究开发阶段，应用前景未知。据此，得出利用创新业务贡献指数评价创新业务贡献度的规则，见表4。根据表4，可以确定任何创新成果的业务贡献度等级。

表4 创新业务贡献度等级确定

创新业务贡献指数Q	$Q < 30$	$30 \leqslant Q < 60$	$60 \leqslant Q < 80$	$Q > 80$
创新业务贡献度等级	低	一般	较高	高

5 气象科技创新业务贡献度评价实例

5.1 公益性（气象）行业科研专项业务贡献度评价

利用创新业务贡献指数法，我们对截至2015年6月已结题的54项公益性（气象）行业科研专项进行了创新业务贡献指数的计算和创新业务贡献度的评价。公益性（气象）行业科研专项的结题验收项目成果简表有完整的成果阶段信息、成果应用广度信息，对于成果重要程度信息则依据行业专项立项拟解决问题的难易度及给予经费的多少综合判断而得到。纳入计算的行业专项及其创新业务贡献指数计算结果见图3，分类统计结果见表5，据此得到的创新业务贡献度评价结果见表6。

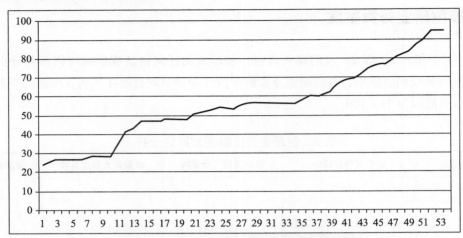

图3　行业专项创新业务贡献指数计算结果

表5　行业专项创新业务贡献指数计算结果统计

Q值区间	位于区间项目数
30（不含）以下	10
30～60（不含）	25
60～80（不含）	11
80～100	8
合计	54

表6　行业专项创新业务贡献度评价结果

项目贡献度大小	项目数	项目占比
业务贡献度低	10	18.5%
业务贡献度一般	25	46.3%
业务贡献度较高	11	20.3%
业务贡献度高	8	14.8%
合计	54	100%

　　从表6中可以看出，目前公益性（气象）行业科研专项创新业务度较高以上的项目占到已结题项目的35.2%，项目成果的业务贡献度总体看还不高。

5.2　评价结果合理性探讨

　　这一评价结果的合理性可以从以下两个方面加以说明。一是这一评价结果与当前业务急需关键技术成果创新不足、应用不够的现实相符合，要不解释不了为什么国家和中国气象局要反复强调气象科技创新要服务于国家重大需求和现代气象业务发展需要的现象。事实上气象部门作为科技型业务部门，其科技活动并不缺少，科技成果也较为丰富，所欠缺的应该是科技成果在业务上的应用，欠缺的是重大和关键业务技术的突破。

　　二是这一评价结果与一般的统计规律相符合。对于一个统计序列，在没有人为干预的情况下，通常会呈现出正态分布。图4为根据上述评价结果画出的不同贡献度项目占比分布，从中可以看出基本上是呈现出中间大两头小的状态，可以理解为是一种正态分布。这一形态恰恰为气象科技管理者指明了努力的方向，即要通过政策引导和有效的立项、验收管理等手段，打破上述正态分布，使其峰值向左偏移，从而实现气象科技创新向图1第Ⅱ区间转移的目的。

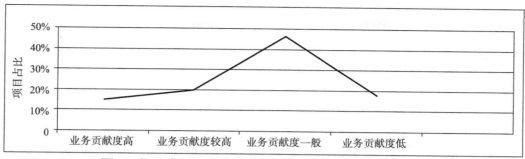

图4 行业专项创新业务贡献度评价结果项目比例分布

6 气象科技创新业务贡献度评价标准的适用

基于气象科技创新业务贡献指数的业务贡献度评价方法，是一种客观的定量评价方法，其成果的应用程度、成果的应用广度和成果的重要程度都可以由评价者根据成果推广应用的实际情况和立项目标、给予支持情况做出客观判断。

该方法以创新产出的最底层成果为基础进行评价，因而从理念上看具有广泛的实用性，既可以用于单个项目创新业务贡献度的评价，也可以用于单位、区域或全国范围的气象创新业务贡献度评价。对于项目创新业务贡献度而言，建议依据项目各类成果业务贡献指数累计平均值确定。对于单位创新业务贡献度，建议依据单位完成的项目成果业务贡献指数累计平均值确定；对于区域或全国的创新业务贡献度，建议依据区域或全国范围内各单位创新业务贡献度指数累计平均值确定。

创新业务贡献度是一个静态指标，对于单个项目而言，只能反映创新成果的当前贡献状态。但对于单位、区域和全国而言，由于创新成果产出的年际差异有明显的不同，如能持续地进行评价，则可以动态地反映单位、区域或全国的气象创新业务贡献度的变化情况，从而客观衡量气象科技创新对业务贡献的大小，反映各单位、区域或整个气象系统围绕业务发展需求方面开展气象科技创新活动的情况。决策者依据这一指标，可以制定更多的政策，通过项目立项、考核、验收和经费投向等手段，将气象科技人员、科技项目和科技成果更好地引导到气象业务发展急需的气象科技创新上来。

参考文献

[1] 白春礼. 以重大成果产出为导向，改革科技评价[J]. 中国科学院院刊，2012.

[2] 倪明. 和谐社会建设导向下科技创新节点的科技创新能力评价模型[J]. 科技进步与对策，2009，26（16）.

[3] 乔章凤，周志刚. 城市科技创新能力评价及实证研究[J]. 西安电子科技大学学报（社会科学版），2011，21（3）.

[3] 谭荣志，党跃武. 中国科学院研究所科技评价探讨[J]. 现代情报，2012，132（19）.

[4] 汪寅，黄翠瑶. 科技创新评价指标体系研究进展综述[J]. 科技管理研究，2009，6.

[5] 王乃明. 论科技创新的内涵——兼论科技创新与技术创新的异同[J]. 青海师范大学学报（哲学社会科学版），2005（5）.

[6] 姚笑秋，张乐萍，许斌. 科研院所创新能力评价指标体系研究[J]. 统计科学与实践，2011，7.

[7] 中国气象局. 中国气象局关于加强国家级业务单位科技创新工作的意见:气发〔2011〕105号[Z]. 北京：中国气象局，2011.

[8] 中国气象局. 中国气象局关于强化科技创新驱动现代气象业务发展的意见:气发〔2012〕111号[Z]. 北京：中国气象局，2012.

[9] 中国气象局. 国家气象科技创新工程（2014—2020年）实施方案[Z]. 北京：中国气象局，2014.

[10] 中国气象局. 中国气象局科学技术成果认定办法（试行）:气发〔2015〕47号[Z]. 北京：中国气象局，2015.

[11] 中国气象局. 气象科技成果登记实施细则（修订版）:气发〔2015〕64号[Z]. 北京：中国气象局，2015.

[12] 中国气象局办公室. "一院八所"优化学科布局方案:气办发〔2015〕29号[Z]. 北京：中国气象局，2015.

气象培训

国际标准化教育发展趋势及其启示[①]

骆海英　成秀虎

（中国气象局气象干部培训学院，北京　100081）

广义的教育是指一切有目的地影响人的身心发展的社会实践活动。国际标准化教育更多的是这一意义上的教育概念，而狭义的学校教育还只是其中很小的一部分。20世纪90年代初，国际上多数国家还只是为专业人士，包括政府官员、商业人员、标准化协会成员等提供标准教育，伴随标准化工作在经济社会中的作用日益凸显，自20世纪90年代末期始，标准化教育得到了国际标准界、产业界、教育界等各方面的广泛关注，教育的对象也拓展至与包括普通消费者在内的各类人群。以下为目前国际上一些组织开展标准化教育的情况。

1　国际组织、机构开展标准化教育的情况

国际标准化组织（International Organization for Standardization, ISO）：ISO日益强调创新发展，高度重视标准化教育对自身能力的提升。2011年ISO提出"今天的学生将成为未来的管理者和高级人才"教育理念，建立了与之相适应的系统的、具有一定战略高度的标准化教育体系，并纳入ISO《2011—2015年战略规划》。其中第7个战略目标是"加强与教育机构在国家和国际层面上的合作，制定标准化教材，开发标准化教育课程，鼓励学术科研机构参与标准化活动。"为此又制定了《ISO 2011—2015年发展中国家行动计划》以进一步推动标准化教育工作。其中第6个目标提出"要将标准化内容纳入教育课程，并提出了要加强信息交流、制定教材、召开会议、开展培训、设立奖励机制等具体措施"，以达到良好的教育效果，为实现ISO的战略目标服务。

ISO标准化教育体系的特点是"围绕战略目标，既重视周期较长、重在鼓励和学习提高的长期教育，也重视周期较短、重在实用和技能的短期培训"，将各种教育方式有机地组合在一起，使其更加规范、合理。其所采取的中长期教育措施有推动与大学在学科教育方面的合作，培养标准化高学历人才；设立奖励机制，鼓励高校开展标准化教育，2007年中国计量学院就获得ISO专门针对高等院校设立的"高等教育奖"；组织召开国际标准化教育会议和学术研讨；搭建标准化教育信息平台，整合各成员国标准化教育资源，推动国际标准化组织与各成员国共享相关资料和信息，开发教材资料库。目前该数据库已收集了包括德国、西班牙、印尼、韩国、中国等9个国家133本书籍和45份相关资料；与教育机构的合作，开展标准化理论研究，2011年，在各成员国开展ISO标准的经济效益研究项目，要求由国家标准组织、被评估的公司、当地的科研院所、教育机构和ISO中央秘书处等四方合作完成，强调应邀请至

---

① 本文发表于2014年10月29日《中国气象报》第3版。

少一名大学生参与项目。其所采取的短期教育措施主要是从加强标准化人员的技能出发，开发了一套标准化培训系统，主要包括培训课程、培训师资、培训效果评估等三个部分，把零散的培训资源有机、系统地结合在一起，从而保证培训能持续、有计划地开展下去。

亚太经济合作组织（Asia-Pacific Economic Cooperation，APEC）：成立了标准和一致化分委员会（SCSC），以在亚太地区采取行动共同推进学校的标准、合格评定课程教育及相关活动。2006年的第十八届APEC部长级会议明确了标准化教育的重要性，并鼓励成员国开发与标准化相关的课程和材料，培养标准化领域的人才。2007年3月，由韩国发起，中国、印尼、日本、新加坡、泰国、美国和越南参与，共同发起了标准化和合格评定教育战略项目（SEPSC），分别从案例教学内容开发、教材开发、学校试点三个阶段组织实施，以丰富标准化和合格评定教育的教育模式，推进标准化人才的能力建设。项目通过对APEC成员国的问卷调查和访谈全面了解其在标准化教育上的需求和现状。调研发现，日本、韩国、美国和越南的标准化教育战略具有较好的广度和深度，而中国、智利、马来西亚则正好相反。韩国为了构建标准化教育基础，在大学建立标准化系；美国鼓励高校在工程、科学、技术、政府公共政策、商科和经济、法学专业领域开展标准化教育计划；越南在高校和专业机构诸如大学、学院、职业技术学院等建立和开展适当的标准及合格评定的教育和培训等。通过调研和实践，项目提出了标准化教育分类和主要教学内容的意见。

世界气象组织（World Meteorological Organization，WMO）：WMO是ISO确认并公布的49个国际标准化机构之一。作为联合国系统的一个专门机构，WMO始终把帮助世界范围，尤其是发展中国家的气象和水文部门的教育和培训作为其工作重点之一，并为此积极采用各种途径来开展教育与培训的工作，其中包括建立世界气象组织区域培训中心。目前已在全球各地建立了23个区域培训中心，各区域培训中心按照WMO关于气象从业人员的分类标准和教育培训规范化要求，进行规划、组织、管理业务工作。

2011年世界气象大会通过决议，出版《技术规则》，主要规定各会员气象业务的"标准"及"推荐"的规范和程序两种。按照《WMO公约》要求，会员如无力实施大会通过的技术决议中某些要求时，须通知秘书长，说明其不能实施是暂时的还是长久的，并陈述其理由。"标准"是WMO对会员所提要求的最高级别，各会员必须遵循或执行。

此次WMO大会还将气象学家和气象技术员的定义及基础教学大纲，从原来要求级别较低的"指南"变成最高级别要求的"标准"，较之前的规定在性质上是一个质的飞跃。即不再执行No.258出版物第一卷《气象和业务水文人员教育培训指南》，改为使用WMO-No.1083《气象学和水文学教育培训标准实施手册 第一卷 气象学》。

为了规范和指导各成员国的气象教育培训工作，WMO还相继出版了其他的教育培训文件，例如：WMO No.258出版物的补充出版物1，更具体和详细地描述了航空气象从业人员培训和资格要求；WMO No.240出版物（第四部分）记录了WMO区域培训中心的培训项目；WMO No.551出版物为农业气象培训授课讲义；WMO No.701出版物为中尺度气象学和短期预报授课讲义及学员练习册；WMO No.726出版物为气候学讲义概略；WMO TD1058（ETR-16）出版物第一部分为气象业务水文师资培训笔记；WTD1154（ETR-17）出版物为成员国气象业务水文的教育培训需求、机遇和能力等。

国际标准化教育合作组织（International Cooperation for Education about Standardization，ICES）：是目前全球唯一的一个专门关注标准化教育问题的，由民间发起、非营利的国际协作组织，成立于2006年。主要目的是在国际范围内提升标准化教育，交流教育信息和材料，加强与培训和教育机构的合作。ICES成立后不断有来自政府和政府机构、国际标准机构的成员加入，平时主要通过电子邮件及其网站发布信息。ICES每年组织一次成员会议，该年会正在成为国际范围内交换标准化教育相关资讯、开展标准化教育国际合作的重要平台。

2 国际标准化教育的发展趋势

国际标准化教育的发展态势，主要呈现如下特点。

（1）国际标准化组织从战略高度重视对标准化人才的培养，教育的广度和深度都有明显的推进，大众教育的普及和高层次专业人才的培养双管齐下。其中，德国、日本、韩国、加拿大等国都实施了标准化教育战略，为推进标准化教育提供了强有力的组织保障。

（2）标准化教育受到重视和推广，并对教育活动提供政策和奖励。韩国明确从提高标准化意识出发，鼓励各类学校和老师参与标准化活动。从2003年起，政府每年拨款100万美元专门用于标准化教育项目的开展，并指定韩国标准协会负责项目的实施。德国针对涉及标准化的优秀本科和硕士论文设立"青年科学奖"，对优秀博士论文设立"特殊科学奖"。通过设立奖励机制，高校师生参与的标准化活动开展得有声有色，极大地提升了他们的责任感和荣誉感。

（3）针对不同目标对象的标准化分类教育成为主流，同时针对不同教育类型进行课程的设置、教材的开发和教学方式的探索也将成为未来标准化教育研究的重点。

（4）政府、产业、教育界的更为广泛的合作和交流将是未来标准化教育健康发展的重要保证。多方参与正在成为国际标准化教育的亮点。不仅国际标准组织和国家标准化组织在积极推动标准化教育，政府、高等院校、企业和协会也在探索标准化教育模式和开发教材。

（5）标准化教育的国际交流和合作不断加强，标准人才的国际流动日益频繁。

3 对气象部门开展标准化教育培训的启示

目前气象部门的标准化教育主要通过短期培训完成，还缺乏针对发展战略的系统教育培训规划和设计，根据国际标准化教育培训的发展趋势，建议气象部门今后从以下方面加强标准化的教育培训工作。

（1）根据气象事业发展战略需求，设计气象标准化教育培训体系，将标准化教育培训体系要求纳入气象事业发展和气象干部教育培训规划之中。气象标准作为气象技术的重要载体，早已渗透到各项业务工作中，这些工作都需要懂得标准化的人才来管理。按照标准办事、进行标准意识的培养将对气象工作的发展有促进作用。

（2）在气象高校及继续教育培训相关教材编写上，将本专业涉及国内外气象标准的规范（如WMO文件）、气象标准或相关基础标准（如图形符号和标志标准、计量单位标准等）纳入其中。加强标准化案例的收集和研究，将之融入教育培训当中。除了设置课程、开发教材、举办研讨会等传统的标准化教育手段外，也可邀请学生实地考察国家标准机构或标准化实施效果较好的单位，亲自体验标准的好处。

（3）与相关气象高校合作，在气象高等教育专业中开设或选修气象标准化课程，提高气象专业学生的标准化意识，鼓励和吸引更多的高校教师投入到气象标准化教育活动中。继续发展和利用现代远程教学，开发标准化教育课件，通过气象部门远程教育网和中国气象标准化网使得气象部门职工足不出户地学习气象知识和标准化知识。

（4）多渠道开展针对性的分类培训，对不同人员实施不同的标准化教育。

（5）积极参与和开展标准化教育国际交流，引进国际先进的教育培训理念。

国内外标准化教育培训概况及其对气象部门的启示[①]

骆海英　成秀虎

（中国气象局气象干部培训学院，北京　100081）

教育是在一定的社会背景下发生的促使个体的社会化和社会的个性化的实践活动。教育有广义和狭义之分：广义的教育泛指一切有目的地影响人的身心发展的社会实践活动；狭义的教育主要指学校教育。本文所指的标准化教育是广义的教育概念。20世纪90年代初，多数国家还只是为专业人士，包括政府官员、商业人员、标准化协会成员等提供标准教育，伴随标准化工作在经济社会中的作用日益凸显，自20世纪90年代末期始，标准化教育得到了国际标准界、产业界、教育界等各方面的广泛关注，教育的对象也拓展至与包括普通消费者在内的各类人群。教育对象和教育目标的转变，给标准化教育工作提出了新的要求。本文搜集了国内外有关标准化教育的文献，从中整理出开展标准化教育培训的国际标准化组织、各国开展标准化教育培训的情况等，供气象部门开展标准化教育培训时参考。

1　开展标准化教育的国际组织、机构及其主要教育培训活动

1.1　国际标准化组织（International Organization for Standardization，ISO）

标准化教育是一项系统性工作，要使教育达到应有的效果，就需要建立完善的教育体系。当前ISO日益强调创新发展，高度重视自身能力的提升，尤其关注标准化教育工作。2011年ISO专门开设了教育专栏，提出并宣传其教育理念，即"今天的学生将成为未来的管理者和高级人才"。为配合其教育理念的实施，ISO建立了系统的、具有一定战略高度的标准化教育体系，从宏观（战略）和微观（具体操作）层面对标准化教育进行系统设计，推动教育工作的长远发展。

ISO《2011—2015年战略规划》第7个战略目标明确提出，ISO要加强与教育机构在国家和国际层面上的合作，制定标准化教材，开发标准化教育课程，鼓励学术科研机构参与标准化活动。

为配合五年战略规划的实施，ISO还制定了相关行动计划，进一步推动标准化教育工作。《ISO 2011—2015年发展中国家行动计划》第6个目标明确指出，要将标准化内容纳入教育课程，并提出了要加强信息交流、制定教材、召开会议、开展培训、设立奖励机制等具体措施，以达到良好的教育效果，为实现ISO的战略目标服务。

围绕其战略目标，ISO进一步完善和优化了标准化教育体系，既重视周期较长、重在鼓励和学习提高的长期教育，也重视周期较短、重在实用和技能的短期培训，将各种教育方式有机地组合在一起，使

[①]　本文发表于2016年《标准科学》增刊。

其更加规范、合理。

1.1.1 中长期教育措施

a）推动标准化学科教育

标准化学科教育是一种规范化的教育，相比其他教育方式而言，它是有目的、有计划、有组织的教育。从长远来看，标准化学科教育既是培养标准化高学历人才的场所，更是培养高质量标准化人才的基地，对于提高标准化人员的综合素质和能力将起到无可替代的作用。因此，ISO高度重视与大学在学科教育方面的合作。2011年，ISO与瑞士日内瓦大学合作开设了为期两年的"标准化、社会规范和可持续性发展"硕士学历教育课程。在19门必修课程中，与标准化直接相关的课程包括5门，各占3个学分，24个学时，相关的教案两千多页，来自国际组织、知名企业、非政府机构的高管以及大学教授等20多名专家参与了教学。同时，为了保证教学及学生的质量，该校严格控制每年的招生数量。2011年招收了8名学生，2012年招收了16名学生（大约70名学生提交了申请）。

b）设立奖励机制，鼓励高校开展标准化教育

为鼓励高等院校积极参与标准化活动，2006年ISO专门针对高等院校设立了"高等教育奖"，从2007年开始每两年颁发一次。参评院校应有两年以上开发标准化课程或培训项目的成功经验。课程或项目应着重于国际标准在经济、环境和社会发展中发挥的重要作用，能达到培养标准化专家、提高标准化意识、宣传标准化推动技术和经济发展的重要作用等目的。该奖曾颁发给中国计量学院（2007年）、荷兰鹿特丹大学管理学院（2009年）和加拿大蒙特利尔高等技术学院（2011年）。

c）组织召开国际标准化教育会议和学术研讨

世界标准合作组织（WSC）成立于2001年，是ISO、IEC、ITU为加强自愿性标准体系而成立的合作组织。为促进各国标准化教育信息的交流，分享和借鉴各国的成功经验和做法，2010年在日内瓦召开的第9届WSC会议决定设立"WSC学术周/学术日"。同年开始，国际标准化教育合作组织（ICES）年会和WSC学术周/学术日会议每年5月、6月同期同地召开，由全球相关机构轮流申请承办，免费提供场地、会务等组织工作，不收取任何会费。这是三大国际标准化组织为推动标准化学术研究和教育活动而联合举办的大型论坛，每年围绕标准化教育、标准化理论、标准化原理和方法等领域进行交流。三大标准化组织、美国、印尼、日本等都承办过年会活动，中国计量学院也于2011年6月在杭州承办过。

d）搭建标准化教育信息平台

为整合各成员国标准化教育资源，推动国际标准化组织与各成员国共享相关资料和信息，ISO于2012年搭建了标准化教育信息平台，开发了教材资料库，鼓励各成员国将本国的标准化教育信息包括教学材料、科研论文、政策报告等在平台上进行分享。目前该数据库已收集了包括德国、西班牙、印尼、韩国、中国等9个国家133本书籍和45份相关资料。我国也提供了包括《标准化基础知识实用教材》《现代质量成本管理》等23本书籍和1份研究报告。

e）开展标准化理论研究

2011年，为了对标准给企业收入和利润带来的贡献进行量化评估，同时促进与教育机构的合作，经ISO理事会研究决定，在各成员国开展ISO标准的经济效益研究项目。该项目要求由国家标准组织、被评估的公司、当地的科研院所、教育机构和ISO中央秘书处等四方合作完成，并着重强调应邀请至少一名大学生参与项目。ISO共选取了全球19个国家21家不同行业的企业作为研究对象，目前已出版了《标准的经济效益—全球案例研究》两册汇编，其中收纳了我国开展的针对大连船舶重工集团有限公司和新兴铸管股份有限公司等两家企业的研究案例。2012年，ISO还计划把该研究拓展到社会领域，组织成员国开展标准的社会效益研究。

1.1.2 短期教育措施

在开展中长期标准化教育的基础上，ISO还注重与标准化短期培训的结合，两者互为补充，以推动其教育活动的全面开展。为了在短时期内加强标准化人员的技能，ISO高度重视标准化培训，开发了一套针对性较强、较为完善的培训系统，主要包括培训课程、培训师资、培训效果评估等三个部分，把零散的培训资源有机、系统地结合在一起，从而保证培训能持续、有计划地开展下去。

a）培训课程。ISO于每年初向各成员国发函，征求各国的实时培训需求后，根据当年的战略发展目标对成员国的需求进行分析，根据分析结果对当年的培训课程进行设计。2011年，ISO针对食品安全、消费者参与标准化、社会安全、社会责任、信息安全、环境和气候变化、能源管理、基础设施建设等八个领域开发了包括ISO秘书工作程序、使用ISO标准起草模版、ISO国际标准的推广、ISO全球目录等十个课程。每个课程均有针对性的培训对象，既包括技术委员会的主席、秘书、工作组召集人和TC成员，也包括支撑标准化工作的负责市场营销、国际关系、技术管理等其他人员。其培训方式既包括面授教育，也包括远程教育。这种课程开设体系将单个的、不连贯的培训课程有机地组合在一起，为培训的系统化和规范化打下良好的基础。

b）培训师资（TOT）。ISO目前的师资队伍主要包括内部讲师和外部讲师。内部讲师主要来自ISO中央秘书处，外部讲师主要包括大学、企业、行业、国际组织、国家标准机构的专家。ISO高度重视对标准化师资的培训，充分认识到师资除发挥标准化培训的功能外，也是传播ISO文化和理念、实现标准化战略的重要力量和途径。因此，ISO非常重视对标准化师资的培训，围绕各领域课程均开设了针对师资的系列课程。

c）效果评估。为了确保培训计划与实际需求的紧密衔接，ISO开发出一套定位清晰、结构完整、可操作性强的评估体系，通过调查问卷的形式，对每个参与培训的人进行效果评估。通过对反馈信息的分析，检查培训参与者是否能通过培训更好地履行其日常工作，以便ISO对培训活动及时进行调整，实现对培训的动态优化管理。

1.2 亚太经济合作组织（Asia – Pacific Economic Cooperation，APEC）

为总结各国开展标准化教育经验，促进标准化教育的国际交流，建立和充实标准化教育的目标、内容和方法，进一步推动各国标准化教育的开展，APEC成立了标准和一致化分委员会（SCSC），并在SCSC会议上分享标准化教育方面的经验，在亚太地区采取行动以推进学校的标准、合格评定课程教育及相关活动。

2006年的第十八届APEC部长级会议明确了标准化教育的重要性，并鼓励成员国开发与标准化相关的课程和材料，培养标准化领域的人才。2007年3月，由韩国发起，中国、印尼、日本、新加坡、泰国、美国和越南参与，共同发起了标准化和合格评定教育战略项目（Strategic Education Program on Standards and Conformance，SEPSC）。项目旨在丰富标准化和合格评定教育的教育模式，使公众充分认识其在高等教育系统中的重要性，从而在更广泛的战略意义上推进标准化人才的能力建设。项目从2007年3月开始至2010年8月，共42个月，分三个阶段：第一阶段时间为2007年至2008年，工作重点是案例教学内容开发；第二阶段从2008年至2009年，工作重点是教材开发；从2009年到项目结束的第三阶段，主要工作是选择部分学校进行试点。

项目通过对APEC成员国的问卷调查和访谈全面了解其在标准化教育上的需求和现状。问卷调研内容包括国家标准化战略和标准化教育的实践、课程学习两大方面。对标准化战略的调研发现，日本、韩国、美国和越南的标准化教育战略具有较好的广度和深度，而中国、智利、马来西亚则正好相反。调研还识别出一些重要战略举措，其中包括：韩国为了构建标准化教育基础，在大学建立标准化系；美国鼓励高校在工程、科学、技术、政府公共政策、商科和经济、法学专业领域开展标准化教育计划；越南在高校和专业机构诸如大学、学院、职业技术学院等建立和开展适当的标准及合格评定的教育和培训等。通过对标准化实践和课程内容的调研，项目提出了标准化教育分类和主要教学内容。

1.3 世界气象组织（World Meteorological Organization，WMO）

WMO是ISO确认并公布的49个国际标准化机构之一。作为联合国系统的一个专门机构，WMO始终把帮助世界范围，尤其是发展中国家的气象和水文部门的教育和培训作为其工作重点之一，并为此积极采用各种途径来开展教育与培训的工作，其中包括建立世界气象组织区域培训中心。目前已在全球各地建立了23个区域培训中心，各区域培训中心按照WMO关于气象从业人员的分类标准和教育培训规范化要求，进行规划、组织、管理业务工作。

2011年世界气象大会通过决议，出版《技术规则》，主要规定各会员气象业务的"标准"及"推荐"的规范和程序两种。按照《WMO公约》要求，会员如无力实施大会通过的技术决议中某些要求时，须通知秘书长，说明其不能实施是暂时的还是长久的，并陈述其理由。"标准"是WMO对会员所提要求的最高级别，各会员必须遵循或执行。

此次WMO大会还将气象学家和气象技术员的定义及基础教学大纲，从原来要求级别较低的"指南"变成最高级别要求的"标准"，较之前的规定在性质上是一个质的飞跃。即不再执行No.258出版物第一卷《气象和业务水文人员教育培训指南》，改为使用WMO-No.1083《气象学和水文学教育培训标准实施手册 第一卷 气象学》。

为了规范和指导各成员国的气象教育培训工作，WMO还相继出版了其他的教育培训文件，例如：WMO No.258出版物的补充出版物1，更具体和详细的描述了航空气象从业人员培训和资格要求；WMO No.240出版物（第四部分）记录了WMO区域培训中心的培训项目；WMO No.551出版物为农业气象培训授课讲义；WMO No.701出版物为中尺度气象学和短期预报授课讲义及学员练习册；WMO No.726出版物为气候学讲义概略；WMO TD1058（ETR-16）出版物第一部分为气象业务水文师资培训笔记；WTD1154（ETR-17）出版物为成员国气象业务水文的教育培训需求、机遇和能力等。

1.4 国际标准化教育合作组织（International Cooperation for Education about Standardization，ICES）

ICES（网址WWW.standards-education.org）是目前全球唯一的一个专门关注标准化教育问题的国际组织。该组织是一个由民间发起、非营利的协作组织，成立于2006年，主要目的是在国际范围内提升标准化教育，交流教育信息和材料，加强与培训和教育机构的合作。ICES成立后不断有来自政府和政府机构、国际标准机构的成员加入，平时主要通过电子邮件及其网站发布信息。ICES每年会组织一次成员会议，并同时举办ICES研讨会，一般会期两天，会议内容包括展示该年度中各参与方的相关工作，介绍和讨论会议举办地的标准化教育情况，亦就成员感兴趣的专题展开研究，同时确定次年年会的承办方。

ICES及其年会正在成为国际范围内交换标准化教育相关资讯、开展标准化教育国际合作的重要平台。

2　国外部分国家标准化教育和培训开展情况

2.1　美国和加拿大

美国当前仅有天主教大学、科罗拉多大学波尔多分校、匹兹堡大学、普度大学和耶鲁大学法学院等几所院校的本科教学中开设了标准化课程。与我国的情况类似，美国大学里也缺少具备相应经验和技能的标准化课程教师，缺少开设标准化课程所需的实验资源。标准化科目横跨诸多学科领域，标准化教育培养的人才必须是懂技术、会管理的复合型人才，不但熟谙自身专业领域，同时还需要掌握标准化管理的知识，并且善于利用外语、法律、信息技术等工具。根据以上需求及特点，美国教育界认为标准化人才的培养仅仅依靠学校教育远远不够，而政府标准化部门和企业的培训将更为有效和直接。

基于此，美国逐步构建产学研相结合的标准化人才培养体系。一方面，在高校中通过第二学位或硕士学位培养高层次标准化人才。一般通过技术管理即MOT（Management of Technology）的研究和教育来造就。在美国，设MOT硕士课程的院校已经超过100所。与此同时，企业也通过讲座、培训等方式，广泛地参与到标准化教育中来。另一方面，美国通过学会、研究院推动标准化教育。美国国家标准学会（ANSI）是美国的标准化管理机构，其下设教育委员会主要负责美国标准化教育的长期战略规划。2002年9月，ANSI和美国标准技术研究院（NIST）在美国政府支持下与哥伦比亚大学联合组织召开标准化专题研讨会，研讨如何在高校设置标准化课程、开展标准化研究等问题。同年，ANSI的教育委员会建立了在线学习网站，以提高学习者对于标准化和合格评定的意识。

加拿大主要致力于针对高校学生开展标准化教育，加拿大标准化委员会每年都总结本年度加拿大标准化高等教育的发展情况。近年来加拿大政府和加拿大标准化委员会也逐步在中小学中开展一些活动，以推动中小学生学习、了解标准。如加拿大标准委员会于2008年在加拿大的纽芬兰和拉布拉多东部教区举办了由3~6年级的在校学生参加的学生海报竞赛，采取对在校学生和教师进行问卷调查的方式，让他们了解标准，并鼓励他们学习标准。

2.2　英国和德国

英国的标准战略目标之一就是提高社会各界对标准化的认识，理解何为标准以及标准的作用，促进标准的高效使用，以强化标准化的科学基础作用。此外，英国还制定了相应的补充附录、指南和定期活动报告，以考察标准化教育的发展情况。目前英国是世界上为数不多的从7岁开始进行标准化教育的国家。

德国的标准化教育基本涵盖了标准化学校教育、在职培训和社会意识等方面。在德国，联邦基本法对义务教育（小学、普通中学、实科中学、文理中学、综合中学）、职业教育及大学教育都有明确规定。尤其在职业教育方面，联邦德国具有完整的国家监督之下的职业培训制度。任何职业都必须持证上岗，都需要按相关标准来进行严格的培训，由政府、学校和行业企业共同完成对学生的培训。

2.3　韩国和日本

韩国的标准化教育开展较早且较为普及，并建立了相对完整的标准化教育体系。韩国标准协会（KSA）是韩国推广标准化教育项目的重要组织，在标准化教育活动中扮演了组织、宣传、开发设计课程等多种重要角色。

在小学和初中阶段，通过标准奥林匹克和夏令营等活动，给孩子以最初的标准认识，初中和高中课程中尽管没有专门的标准化课程，但在常规课程的部分章节中融入了标准化的基本概念。2006年，韩国制订了为期5年的"国家标准化大师计划"，从大学进行标准化理念的宣贯和公司的标准化活动培训两个方面提升标准化人力资源的能力建设，并在2004年开展了大学标准化教育项目（University Education Program on Standardization，UEPS），为大学生提供先进的标准化内容培训。UEPS的培训内容包括标准化概论、国际标准化、标准化在韩国、标准化管理、测量标准、合格评定、标准和知识产权等内容。在教学方式上充分运用了小组教学、学术活动、学期项目、班级讨论、野外实习、团队实验和空中课堂等方式，一改原来枯燥单调的课堂教学模式，使大学生充分了解标准的意义和标准化职业的前景，从而增强该领域对于大学生的吸引力。2006年，韩国有46所大学里开设了87门标准化课程，共有6681个学生选了这些课程。UEPS项目在韩国很多大学进行了推广，目前已出版了普及性质的教科书——《未来社会和标准》，KSA在课程提纲设计和讲座专家的提供方面给予了大学极大帮助。

在继续教育阶段，韩国推出了为期2天的模块化专业培训，主要面向企业、研究协会及其他与标准相关的社会公众，培训内容涵盖国际标准化组织及标准的重要性、如何提高标准的制定水平、国际标准的制定程序、如何参与国际标准化工作等。

日本政府特别重视标准化人才的培养，2004年开始致力于在大学和其他教育机构中开展标准化人才的培养工作。政府鼓励高校在课程中加入与专业相关的标准化知识，以便培养能够直接进入商业的标准化专业人才。到2008年3月，日本已经有37所大学和学院开设了64门标准化相关课程，开设标准化课程的学校比例为5%左右。为了提高日本参与国际标准化活动的能力，日本专门提出了"支持大学等机构里的标准教育"，为了达到这一目标日本主要采取了以下几种措施：一是推动各大学自主开展有关工作，比如以理工科为中心，制定并提供标准教材，广泛面向学生提供国际标准的基础教育；二是面向各企业、日本知识产权协会、日本律师会等，以企业技术人员、知识产权负责人、律师等为对象，实施并扩充国际标准基础性研修；三是推动研修、教育机构开展自主性工作。

日本经济、贸易和产业省（METI）下设的标准计划办公室（Standards Planning Office）和日本产业标准委员会（JISC）是主要负责日本标准化工作的政府部门。这两个组织为提高日本在国际标准化活动中的地位和实力制定了多项行动计划：一是通过与企业领导者的对话，组织研讨会和座谈会提高管理者的标准化意识。二是加强R&D和标准化的协同作用，使标准成为国家R&D战略的目标之一。三是通过培训和教育计划来增加各种类型的标准化专家数量，包括标准化撰写者和开发者，也包括那些标准化技术需求的研究者，还包括那些能够确定制定什么标准，何时和怎样制定的计划者。此外，日本拟建立"标准人才培养中心"，它将制定标准化人才培养的战略方案，收集各类目标人群的信息，建立关于标准实践的数据库，开拓标准人才的职业生涯等。

2.4 澳大利亚

澳大利亚的职业教育与培训是世界上先进的、具有代表性的职业教育成功模式之一。澳大利亚所有的培训机构都必须符合澳大利亚质量培训框架（Australia Quality Training Framework，AQTF）标准，该标准是全澳大利亚所有职业教育培训机构运作的纲领性文件，由"注册培训机构的标准""注册／课程认证机构的标准"和"注册培训机构的优秀标准"组成，其目标是提供一套可保证全国统一的高质量的职业教育与培训系统的基本标准，以保证注册培训机构及其所颁发的资格在全国获得承认。在AQTF的规范下，从教育与培训机构的准入、教育与培训输出质量标准的制定、职业资质与文凭的互认与流动、课程内容与开发的要求等都实现了标准化。同时，对教师实现准入制，成为一名职业教育与培训的教师，一般应具备这样三条：一是职业资质证书，要求至少拥有不低于其所教授课程水平的资质等级。二是专业文凭，要求至少接受过文凭以上教育。三是行业经历，要求至少3年以上本专业的行业工作经历。对教师的选用，并不盲目要求高学历，而是更注重教师的工作经历、经验。

2011年，澳大利亚技能质量局成立，主要负责监管澳大利亚所有提供职业教育与培训的学院或机构，监管领域主要涉及教学大纲、教学质量、学生管理等，以确保课程与培训提供者达到全国一致的质量标准。

3　国内标准化教育培训开展情况

我国《质量振兴纲要》（1996—2010年）中明确提出"有条件的大专院校，应该开设标准化课程，培养标准化人才"。2003年，国家质量监督检验检疫总局依据《全国人才规划纲要》提出"关于大力实施人才强检战略，加速培养专业技术人才的实施意见"和"百千万人才工程实施方案"等等，使我国标准化培训和教育在各地开展起来。

3.1　标准化理论研究和标准化学科建设

2007年，中国标准化研究院（CNIS）标准化理论与战略研究所开展了"标准学学科建设的可行性研究"，构筑了标准化教育的理想模型。同时，基于国家质检总局公益性行业专项的支持，国内学者提出了标准化学科的研究对象、知识体系的总体框架等，但知识体系在细节上还缺乏丰富的规律和理论支持。此外，中国标准化研究院还成立了理论和教育研究所，集中全国最优秀的专业人才致力于从事标准化教材的编写、统筹工作。截至2008年8月，我国共出版了162册标准和标准化方面的理论书籍，为标准化教育提供一定的理论和教材支撑。

在标准学学科的建立方面，中国计量学院开展了一系列的实践，学校1996年就开始招收标准化与质量管理方向的全日制本科生，并于2008年4月成立了标准化学院，成为全国首个建在高校的标准化二级学院，主要承担本科生、研究生，以及在职人员继续教育等各层次标准化专门人才的培养和培训工作，着手开展标准化本科专业申报、标准化学科建设，以及标准化系列教材的编写出版工作。2010年教育部正式批准中国计量学院开设"标准化工程"本科专业。这是我国第一次正式在国家高等教育本科专业目录中增设"标准化工程"专业，成为标准化学科建设的重要成果。

3.2　高等院校标准化教育

我国目前的高等教育中，有超过7所院校开展了标准化的本科教育，11所高校在硕士研究生阶段设置了此方向的研究，另有1所院校设立了标准化方向的博士研究生教育，并有21所高校开展了相关教育，其中主要涉及经济管理、工科、农业和法学等专业，而事实上，很多工程类专业的学生在学习研究过程中已经使用了大量的标准。目前，课程教育是高校正式教育中的主要方式之一，课程教育即在公共课、选修课中开设标准化方向的课程，作为管理、工程专业学生的知识补充；另一重要方式是双学位，即在具有工科背景或管理学背景的基础上进行双专业、双学位的人才培养模式，学生在原来专业的基础上，通过附加以一定学分的标准化专业方向理论知识和实践训练，从而达到相应的能力要求，但是在未来的发展趋势中，本科阶段的标准化专业培养将会逐渐成为主流。

3.3 标准化继续教育和非正式教育

人才的需求最初均是来源于产业的需求，因此，在标准化教育方面，我国在继续教育阶段培养的起步也早于正规教育。我国开展标准化继续教育的部门主要有国家标准化管理委员会和各标准协会等部门，以短期培训班、讲座等较为灵活的方式进行培训，其面对的对象也主要是标准化行政管理部门、标准化专业技术委员会、各类科研机构、协会和企业的相关工作人员。

为了进一步推动标准化职业教育的开展，2005 年，上海市质量技术监督局和上海市人事局就开展了标准化工程师职业资格考试，从而获得标准化工程师的任职资格。这一举措从源头上增强了标准化职业教育的动力，也为未来标准化工作实施职业资格制度奠定了良好的基础。

实现正式教育和职业教育的充分结合，正式教育关注知识导向型的了解、学习，职业教育更多是技能导向型的学习实践和商业实践，使更多的教育对象具备了在标准化领域的就业能力。

此外，我国在非正式教育领域也一直开展积极的活动。如"世界标准日"开展的宣传活动、标准化科普书籍等的出版，各种相关的论坛、标准化信息网及杂志、媒体的报道等，都不断加深社会对标准化的认识和了解。

3.4 标准化教育的国际合作

国际化是标准化人才的重要属性，尤其是高层次的标准化人才，必须具备国际化的视野。作为 ICES 成员之一，我国与 ICES 之间建立了广泛和密切的交流和合作，承担了数次标准化教育国际合作研讨会，同时，与 ISO、IEC、ITU 等国际主要标准化机构和组织均建立长期的合作关系。我国还是 APEC 标准化和合格评定教育战略项目（SEPSC）、亚洲标准化教育合作计划（Asian Link Project on Standardization Educations）及欧盟亚洲标准化教育合作项目（EU Asia-Link Project on Standardization Educations）的积极参与者。通过这些会议和合作项目的开展，进一步加强了与国外主要标准化教育机构和国家的联系和交流，并且也在一定程度上保证了在标准化教育的教学框架确立、教材建设、教学案例选择、课程开发等方面的同步。

除了与国际上各标准化组织建立长期的合作关系之外，考虑到标准化人才所需知识的多样性、综合性和实践性，而这些知识、能力和素养既需要在高等教育阶段接受系统训练，更需要在专业教育阶段进行针对性的强化培训和实战演练，国内的各标准化机构也开设了一系列旨在提升标准化人才国际性的培训，例如：国家标准化管理委员会（SAC）开设了国际标准化知识英语培训班，还与 ISO 签署了 2012—2015 年合作培训备忘录，每年选拔标准化领域的高层次人才参与 ISO/SAC 秘书周培训班，进而实质性地提升我国标准化人才参与国际标准化的能力和水平。

4 国内外标准化教育培训发展趋势

综上发现，国际标准化教育的发展态势，主要呈现如下几个方面的特点。

（1）国际标准化组织和各国对标准化人才培养的重视程度不断加强，并纳入国家的战略任务，教育的广度和深度都将有明显的推进，大众教育的普及和高层次专业人才的培养双管齐下。其中，德国、日本、韩国、加拿大等国都成立了标准化教育委员会，实施标准化教育战略，这为推进标准化教育提供了强有力的组织保障。

（2）标准化教育受到重视和推广，并对教育活动提供政策和奖励。韩国的五年国家标准战略规划明确指出，要提高标准化意识，鼓励各类学校和老师参与标准化活动。同时，从2003年起，政府每年拨款100万美元专门用于标准化教育项目的开展，并指定韩国标准协会负责项目的实施。德国针对涉及标准化的优秀本科和硕士论文设立"青年科学奖"，对优秀博士论文设立"特殊科学奖"。通过设立奖励机制，高校师生参与的标准化活动开展得有声有色，极大地提升了他们的责任感和荣誉感。

（3）针对不同目标对象的标准化分类教育成为主流，同时针对不同教育类型进行课程的设置、教材的开发和教学方式的探索也将成为未来标准化教育研究的重点。

（4）政府、产业、教育界的更为广泛的合作和交流将是未来标准化教育健康发展的重要保证。多方参与正在成为国际标准化教育的亮点。不仅国际标准组织和国家标准化组织在积极推动标准化教育，政府、高等院校、企业和协会也在探索标准化教育模式和开发教材。

（5）标准化教育的国际交流和合作不断加强，标准人才的国际流动日益频繁。

5 对气象部门开展标准化教育培训的启示

目前气象部门的标准化教育主要通过短期培训完成，如参加气象标准培训班、标准项目启动会和国标委、中国标协等部门组织的标准化培训等。但对培训缺乏系统的规划和设计，实际参训人员也不全都符合送培要求，加上培训师资受限，培训类型有限，导致培训针对性不强，标准化教育效果不理想。根据国内外标准化组织及有关国家的标准化教育做法，今后，气象部门的标准化教育可以从以下方面加强。

（1）将标准化教育培训要求纳入气象事业发展和气象干部教育培训规划之中。气象标准作为气象技术的重要载体，早已渗透到各项业务工作中，这些工作都需要懂得标准化的人才来管理。按照标准办事、进行标准意识的培养将对气象工作的发展有促进作用。

（2）在气象高校及继续教育培训相关教材编写上，将本专业涉及国内外气象标准的规范（如WMO文件）、气象标准或相关基础标准（如图形符号和标志标准、计量单位标准等）纳入其中。加强标准化案例的收集和研究，将之融入教育培训当中。除了设置课程、开发教材、举办研讨会等传统的标准化教育手段外，也可邀请学生实地考察国家标准机构或标准化实施效果较好的单位，亲自体验标准的好处。

（3）与相关气象高校合作，在气象高等教育专业中开设或选修气象标准化课程，提高气象专业学生的标准化意识，培养对标准化作用的认识，提高利用标准化知识服务气象的能力，鼓励和吸引更多的高校教师投入气象标准化教育活动中。继续发展和利用现代远程教学，开发标准化教育课件，通过气象部门远程教育网和中国气象标准化网使得气象部门职工足不出户地学习气象知识和标准化知识。

（4）多渠道开展针对性的分类培训，对不同人员实施不同的标准化教育。如对教师进行标准化培训，主要从学习标准化基础知识，提高教师有意识地在教材编写和授课中运用标准化理念，传播标准化知识角度教授；对于一般的技术人员，着重培养其理解标准的能力与严格执行标准的意识，提高其操作的规范性、科学性；对编制人员则要集中开展编写知识培训、对标委会人员重点开展制修订技术管理方面的培训等。

（5）通过各种媒体广泛传播标准化常识，深入开展标准化专题宣传活动，表彰奖励在标准化工作中做出突出贡献的组织和个人，形成全行业重标准、用标准的良好氛围。

（6）积极参与和开展标准化教育国内外交流，宣传和推广气象部门成功经验，汲取其他行业和国家的先进经验和做法。

参考文献

[1] 余晓，吴伟，周立军．标准化教育发展的国际经验及中国的策略选择[J]．现代教育管理，2011（9）．

[2] 刘瑾，刘辉．国际标准化教育发展对我的启示[J]．商情，2010（33）．

[3] 黄立．国标国外标准化教育的做法和对我的启示[J]．中国标准化，2013（7）．

[4] 杨锋．我国与主要发达国家标准化教育政策对比研究[J]．标准科学，2009（12）．

[5] 赵文慧，赵朝义，逢征虎．标准化教育的现状与发展[R]．2009—2010标准化科学技术学科发展报告，2010．

[6] 余晓，宋明顺，周立军，等．我国标准化教育的发展现状分析[J]．中国标准化，2012（5）．

[7] 范红．WMO教育培训政策变化对我国气象教育培训的影响[J]．继续教育，2012（3）．

[8] 刘华，刘国平．中国气象局培训中心国际气象教育培训实践与思考[J]．继续教育，2007，21（2）．

[9] 王益谊，赵文慧．标准化教育系统初探[J]．中国标准化，2013（9）．

[10] 李春田．标准化学科基础建设[R]．2009—2010标准化科学技术学科发展报告，2010．

[11] 刘志成，王咏梅，张莹．对接行业标准的专业教学质量标准构建与实施[J]．职业教育研究，2012（12）．

[12] 李上，刘波林．高等院校标准化学科与专业建设的思考[J]．中国标准化，2013（8）．

[13] 庞美蓉，郭恒，胡玉华．立足标准化实践 深化标准化教育[J]．大众标准化，2012（3）．

[14] 张莹．培养标准化意识加强标准化教育[J]．中国标准化，2011（6）．

[15] 洪生伟．我国标准化教育点滴回顾[J]．标准生活，2009（9）．

[16] 李佳．我国标准化学科发展框架浅析——以中国计量学院标准化学科发展为例[J]．工程评价，2010，31:309．

[17] 白殿一，2010．标准化教育的理想模型[J]．标准生活（6）．

[18] 辛涛，李珍，姜宇，等．美国教育标准化改革现状及其启示[J]．清华大学教育研究，2011（6）．

[19] CHOI Donggeun．标准化终身教育的内容模块[J]．标准生活，2010（6）．

[20] 胡仲勋，俞可．在标准化和多样性之间——美国基础教育州共同核心标准及启示[C]//世界教育信息，第二届中国教育国际化与信息化论坛论文集，2013．

[21] 余红梅．标准化，做中学，德国职业教育的精髓[J]．师道·情智，2014（2）．

[22] 姜峰，秦晓林．从德美职业教育的视角分析影响职业教育与就业关系的因素[J]．教育与职业，2007（18）．

[23] 陈玥，李洋．新世纪以来澳大利亚职业教育"标准化运动":背景、演变及特征[J]．职业技术教育，2013，34（28）．

[24] 黄义仿．澳大利亚质量标准化下的职业教育与培训之启示——以巴拉瑞特大学TAFE学院为例[J]．兰州石化职业技术学院学报，2011，11（1）．

气象标准化人才素质需求及培训内容研究[①]

《气象标准化人才素质需求及培训内容研究》软科学课题组

1　引言

气象标准化作为国家标准化发展战略的重要组成部分，是气象事业科学发展的支撑和保障。近年来，随着气象标准化工作的蓬勃开展，对各类标准化人才的需求非常迫切，但从数量和质量来看，目前的人才队伍还不能很好地适应气象标准化事业快速发展的需要。《气象标准化"十二五"发展规划》提出，要为标准化事业发展提供人才保障，即要把标准化人才队伍建设纳入全国气象人才队伍体系建设规划，建立有利于标准化人才健康成长和施展才能的良好机制和导向。要通过政策引导、分类培训，形成一支既懂业务又熟悉标准化知识、内外结合的气象标准编制和审查队伍，建立一支覆盖国家级和省级单位的标准化管理队伍，培养更多熟悉国际标准化工作规则的国际标准化人才。

提高气象标准化人员素质、加强气象标准化人员培训，是气象教育培训机构关注的课题之一。《2010—2020年干部教育培训改革纲要》指出，干部培训要"适应经济社会发展需要，围绕党和国家工作大局谋划和推进改革，突出干部在学习培训中的主体地位，强化培训需求导向，真正做到科学发展需要什么就培训什么，干部成长缺什么就补什么，更好地为科学发展服务，为干部成长服务。"本研究从气象标准化工作实际需要出发，提出气象标准化人才的素质需求，分析当前从事气象标准化工作人员的知识、技能和能力方面的不足，按照"工作需要什么、培训什么""干部缺什么、补什么"的原则，希望探索提出一套既有课程体系的完整性，又有知识体系互补性的分类别、分层次的标准培训课程体系，为中国气象局标准化人才培养、培训班型设计和培训教学活动开展提供参考。

2　气象标准化工作的主要职责任务

《中华人民共和国标准化法》第三条规定，标准化工作的主要任务是制定标准、组织实施标准并对标准的实施进行监督。《中华人民共和国标准化法条文解释》进一步明确，"制定标准"是指标准制定部门对需要制定标准的项目，编制计划，组织草拟，审批、编号、发布的活动。"组织实施标准"是指有组织、有计划、有措施地贯彻执行标准的活动。"对标准的实施进行监督"是指对标准贯彻执行情况进行督促、检查和处理的活动。上述活动都是在政府标准化管理部门主导下完成的。具体到气象标准化，其工作就是在中国气象局政策法规司的领导下，经过国家标准化管理部门的授权或同意，完成气象领域

[①]　本文成稿于2015年。课题组成员：成秀虎、纪翠玲、周韶雄、胡赫、黄潇、韩锦、马锋波、边森，执笔人：成秀虎、纪翠玲、边森、黄潇。

的标准制定、气象标准的组织实施和对气象标准的实施进行监督工作。

为了更好地落实气象标准化的上述工作任务，2013年底中国气象局联合国家标准化管理委员会发布了《气象标准化管理规定》，进一步明确了气象标准化各组织机构的工作职责和任务。

2.1 中国气象局的气象标准化工作职责

贯彻执行国家标准化法律、法规和方针、政策，制定气象标准化管理的规章制度；组织制定、实施气象标准化战略、发展规划和工作计划，组织建立气象标准体系；组织完成气象国家标准项目任务；组织管理气象行业标准的计划、审批、编号、发布、出版和备案工作；受国家标准化管理委员会委托，管理气象领域全国专业标准化技术委员会，根据需要组建和管理气象行业标准化技术委员会；组织开展气象标准的宣传、贯彻、培训和实施监督；承担气象领域的标准化工作的国际交流与合作；指导省、自治区、直辖市气象主管机构开展气象标准化工作。

2.2 省、自治区、直辖市标准化行政主管部门的地方气象标准化工作职责

负责本行政区域内的气象地方标准的统一编制计划、组织制定、审批、编号、发布；管理气象领域地方标准化技术组织，根据需要组建地方气象专业标准化技术委员会；负责在本行政区域内组织实施气象地方标准并对其实施情况进行监督检查。

2.3 省、自治区、直辖市气象主管机构的气象标准化工作职责

贯彻执行国家标准化工作的法律、法规和方针、政策，制定在本行政区域内实施的具体办法；组织制定和实施地方气象标准化工作规划和年度计划；组织本行政区域内气象标准制修订计划项目的申报；组织气象领域相关国家标准、行业标准和地方标准的编制，在本行政区域内组织气象标准的实施；负责向中国气象局报送已发布的气象地方标准档案材料；组织开展本行政区域内气象标准的宣传、贯彻、培训和实施监督；在本行政区域内对气象标准实施情况进行监督检查；指导下级气象主管机构开展气象标准化工作；协助省、自治区、直辖市标准化行政主管部门开展工作，受委托指导和管理本行政区域内地方气象专业标准化技术委员会；组织管理本行政区域内非气象部门所属企事业单位参与气象标准化工作的活动。

2.4 气象领域全国和行业的标准化技术委员会的工作职责

分析本专业领域标准化的需求，研究提出本专业领域的标准化发展规划、标准体系和气象标准制修订计划项目建议；负责本专业领域国家标准和行业标准项目申报材料及送审稿的审查，提出立项建议和审查意见；协助组织本专业领域国家标准和行业标准的制修订工作，并对所归口气象标准的技术内容和质量负责；负责本专业领域国家标准和行业标准的复审工作，提出标准继续有效、修订或者废止的建议；负责本专业领域国家标准和行业标准的宣讲、解释，承担已发布标准实施情况的调查、评估工作；根据国家标准化管理委员会的有关规定，协助进行本专业领域国家标准的对外通报和咨询工作。承担或协助承担本专业领域的国际标准化技术工作，跟踪、分析相关国际标准和国外先进标准，并提出采用国际标准的建议；每年至少召开一次全体委员会工作会议。及时向国家标准化管理委员会和中国气象局报告工作，每年1月15日前应当上报年度工作报告和年度工作报表；建立和管理本专业领域国家标准和行业标准立项、起草、征求意见、审查、报批等相关工作档案；承担国家标准化管理委员会和中国气象

局交办的气象标准化方面的其他工作。

3 气象标准化工作对人才素质的需求

完成好《气象标准化管理规定》赋予的各项职责和任务，气象标准化组织机构需要根据各自职责培养与之相适应的标准化人才。所谓人才，按照《国家中长期人才发展规划纲要（2010—2020年）》的定义，是指"具有一定的专业知识或专门技能，能够进行创造性劳动并对社会做出贡献的人，是人力资源中能力和素质较高的劳动者"。从这一定义出发，我们对气象标准化人才的定义是，掌握标准化知识、具备将气象技术、管理或工作要求上升为标准的技能的人，这些人能够通过运用标准化知识与气象专业知识相结合的创造性劳动，实现气象技术、管理或工作要求在一定范围内达成统一。一般而言，标准化人才是一种复合型人才，其知识结构涉及自然科学、社会科学、专业技术和标准化技术四大类知识的综合，并需要根据工作在其广度和深度上延伸。气象标准化工作涉及面广、专业性强、技术进步快。因此，气象标准化工作者们不仅要具备渊博的知识，掌握气象及相关专业、标准化、外语、管理等多学科知识，熟悉国家有关法律法规、政策，而且学习能力要强，能够密切跟踪相关的新技术、新成果和行业发展动向，还要具有很强的国际标准化意识，以及文字表达、计算机应用、协调和沟通能力等。本研究以下仅从气象标准化人才所需具备的基本的标准化知识和标准化技能做一探讨，不涉及诸如气象专业知识、外语知识及文字表达能力等其他技能方面要求的内容。

3.1 需要掌握的标准化知识

（1）标准化基本理论和基础知识，包括标准化的基本概念、术语，标准化原理与方法，标准的作用、种类，标准化组织、标准化发展史等。

（2）标准化管理知识，包括国家有关标准化法律、法规、方针、政策和行业的有关规定，如标准化法及其条文解释、标准化法实施条例，我国的标准管理体制机制，国际、国内、行业、地方、企业标准化活动组织与管理等。

（3）国际标准化知识，包括国际标准化组织、国外标准化组织议事规则、工作程序、主要使命、重要成果，国际互认及我国参加国际标准化活动规定、参与国际标准化活动程序、承担国际秘书处工作技巧以及国际标准过程文件投票方法等。

（4）标准化发展前沿知识，包括当前世界标准化热点及在中国的开展情况介绍，国际标准化发展前沿知识，相关专业领域未来发展重点与趋势（如综合标准化、服务标准化、社会管理标准化）等。

3.2 需要掌握的标准化技能

（1）标准制修订技术，重点掌握标准编写技能，要熟练掌握支撑标准编制工作的基础性系列国家标准和各类标准的编写技巧。国家公布的支撑标准编制工作的基础性系列标准有：标准的结构和编写要求（GB/T 1.1）、标准编制程序要求（GB/T 1.2）、专项标准编写规则（术语、符号、分类、分析方法；词汇、采标、引用、安全、环境、标准化机构行为规范、管理体系标准论证制定）（GB/T 20001，GB/T 20000）、特定内容起草规则（儿童安全、老年人和残疾人需求）（GB/T 20002）、标准分类要求（含国际标准分类、中国标准文献分类）、量单位符号系列标准、参考文献标引系列标准等。

（2）制修订项目管理技能，重点掌握国家、行业有关标准项目管理的规定，包括《关于国家标准制修订计划项目管理的实施意见》《国家标准制修订经费管理办法》《采用快速程序制定国家标准的管理规定》《采用快速程序制修订应急国家标准的管理规定》《关于标准修改单管理规定》《关于国家标准复审管理的实施意见》《气象标准制修订管理细则》等。

（3）标准化业务技术管理技能，重点了解不同层级标准的技术管理要求，熟悉《国家标准管理办法》《国家标准化指导性技术文件管理规定》《行业标准管理办法》《地方标准管理办法》《企业标准化管理办法》《企业产品标准管理规定》《国家实物标准暂行管理办法》以及《气象标准化管理规定》《标准档案管理办法》等内容。

（4）标准实施与推广应用技能，重点了解国家有关法律法规对标准应用方面的要求和规定，包括《关于强制性标准实行条文强制的若干规定》《关于加强强制性标准管理的若干规定》《中华人民共和国认证认可条例》《产品标识标注规定》《商品条码管理办法》以及《中华人民共和国产品质量法》《中华人民共和国计量法》《中华人民共和国环境保护法》《中华人民共和国节约能源法》中有关对标准应用的要求；掌握标准推广应用政策、技术与方法，如了解通过示范推广标准的方法，这方面的规定有《国家农业标准化示范区管理办法》《国家高新技术产业标准化示范区考核验收办法》《关于推进服务标准化试点工作的意见》《服务业标准化试点实施细则》《社会服务和公共管理综合标准化试点实施细则》等。

以上这些知识和技能是从标准化工作开展所需掌握的内容体系角度来划分的，并不特别针对具体某一类型的标准化工作人员，实际上各类标准化工作者都需要不同程度的掌握了解这些知识和技能，只不过主次要求不同而已。这种划分可以成为标准化工作人员知识技能掌握情况分析，不同类型人员培训课程设置、组合和课时安排多少的基础依据。

4 当前气象标准化人才素质现状

经过多年的发展，目前气象部门业已形成贯穿气象标准立项、编制、征求意见、审查、批准与发布、复审、实施等各个环节，包括领导干部、标准化具体工作管理人员、标准起草人、标委会成员、研究人员等在内的一支 800 多人的气象标准化队伍（见表 1）。然而这支队伍除干部学院、政策法规司标准化处外，其余基本都是兼职。所有这些人员全都没有接受过标准化方面的专业训练，都是边干边学，在工作中补充标准化知识，在实践中完善标准化技能。

表 1 气象标准化人才队伍规模

类型	人员	人数	测算依据
技术型	标准起草人	275	2000—2014 年年均 55 个项目，每个项目平均 5 个起草人
	标准审查人（委员和专家）	430	14 个标委会和分标委会，标委会按 38 人、分标委会按 21 人计算
管理型	归口机构标准化管理人员	6	
	牵头机构标准化管理人员	12	只计算了减灾、预报、观测、科技四个职能司，每司 3 人
	直属单位标准化管理人员	20	只计算了大院十个直属单位，每单位 2 人
	省局法规处标准化管理人员	62	每省法规处 2 人，地方标委会人员未算
	标委会管理人员	33	14 个标委会和分标委会
应用型	标准宣贯和应用骨干、认证人员	不详	无法统计
研究型	干部学院标准化室	10	
合计		848	

有关座谈和调查表明，气象标准化队伍当前存在的主要问题是对标准化知识掌握不够、对标准化工作要求不熟、对标准化政策了解不多、对标准的作用认识不足，推动标准有效实施的方法不多，导致气象标准在气象业务、服务和管理方面发挥的作用有限，距离预期目标差距较大。以下根据2013—2014年法规司组织的安徽、云南、山东等标准化工作调研和标委会、标准编制人员2个标准培训班的调查座谈结果对当前标准化人才素质的不足做一概括。

4.1　标准编写知识严重缺乏，编制技能掌握较差

图1、图2为2014年对标准起草人进行的调查，可以看出，认为"不需要"进行标准编写知识培训的人员比例为0%，认为"非常需要"培训的比例为59%，最希望接受的培训课程是"气象标准编写方法与要求"，可见所有承担标准编写任务的人员都认为非常需要接受标准编写知识方面的培训。而管理人员的情况也并不乐观，图3为2013年对标委会秘书处工作人员进行的调查，可以看出，他们同样需要补充标准编写知识，认为"气象标准编写方法和要求"是最迫切需要培训的内容。

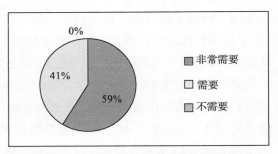

图1　标准编写知识培训需要情况调查

（来源：第8期标准编写知识培训班调查）

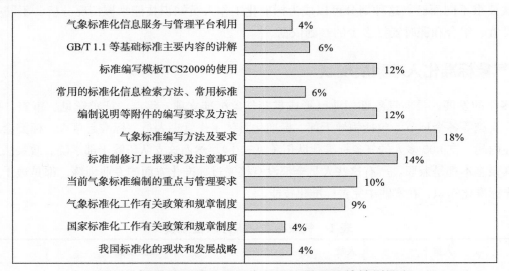

图2　标准项目编写承担人员认为最重要的培训课程

（来源：第8期标准编写知识培训班调查）

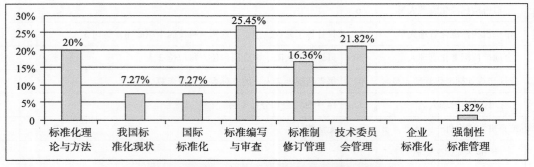

图3　标委会人员目前最希望接受的培训

（来源：第7期标委会培训班调查）

编写知识缺乏、编制技能差的情况，在提交给干部学院进行复核的标准报批稿中同样得到印证，具体表现为提交报批的标准在质量上参差不齐，有的标准甚至在结构、表达方面完全不符合要求，需要推倒重来。标准报批稿中出现的绝大多数问题，所透露出的信息是：标准起草人、标准管理部门、标委会管理人员和标准审查人员对气象标准编写程序、要求和规定的不熟悉。许多问题本应在审查及其之前的阶段解决，但大都积累到报批阶段，少量的甚至到了出版和发布阶段。

4.2　与标准化岗位工作相关的知识、技能掌握不够

调查及座谈表明，各类标准化人员对所从事标准领域的专业业务知识普遍较为了解（见图 4），但对与岗位工作相关的标准化知识、技能掌握不足。以标委会为例，其工作是制订完善专业领域的标准体系，组织具体标准的编写、审查、复审工作，开展标准实施的宣贯与解释等，因而对标准的编写与审查、标准制修订管理、技术委员会管理、标准化理论与方法等知识都迫切需要（参见图 3）。不同培训班调查和有关座谈会都对负有标准编制组织与实施使命的标委会人员培训提出希望，要求加强标委会管理人员和审查人员的培训，增加专家委员在标准制修订规范方面的知识，加强地方标委会人员标准化知识的普及，提高指导标准编制的能力，提升专家委员的审查能力。

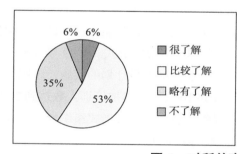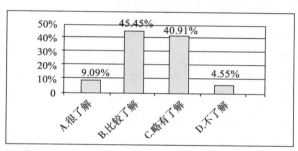

图 4　对所从事领域专业知识的了解程度

（来源：左图第 8 期编写知识培训班，右图第 7 期标委会培训班）

4.3　利用标准推动气象工作发展的能力不强

调研表明，当前气象服务和社会管理中急需要用的诸如工程方面的"气候可行性论证标准"、涉及新农村建设、城镇安全及可持续发展的"建设规划方面的气候可行性论证标准"等缺乏，而已经发布的标准其发挥作用的余地不大，这与单位领导标准化意识不强、对标准的地位和作用认识不到位有关，行动上就表现为不会主动以标准为手段去推动各项业务服务和管理的开展，不知道通过标准"早下手、早发布"也可以达到"提高气象工作社会认可度、提升气象管理话语权"的效果；还有一些领导不重视对业务人员标准化知识的宣传，导致业务人员宁报科研项目而不愿意承担标准编写项目。当前，各级、各单位领导标准作用认识不足、标准化知识了解不多的现象相当普遍，表现为对

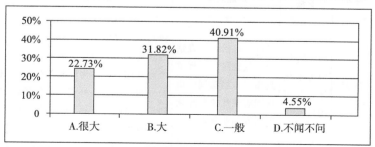

图 5　所在单位领导对标准化工作的支持力度如何

（来源：第 7 期标委会培训班调查）

标准化工作重视不够，对标准化工作支持力度有限。图5为标委会依托单位领导对标准化工作支持力度情况调查，从中可见单位领导大力支持的不到23%。标委会依托单位尚且如此，一般单位其领导的支持力度也就可想而知。所以，加强对各级、各单位领导的标准化意识、标准化作用方面的培训十分必要（见图6）。

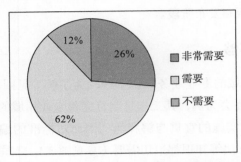 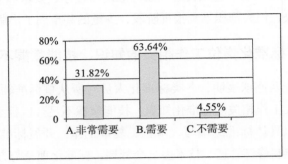

图6 所在单位领导加强标准化知识培训必要性情况调查

（来源：左图第8期编写知识培训班，右图第7期标委会培训班）

5 当前气象标准化培训的现状

在我国长期以来缺少标准化专业高等教育的背景下，标准化知识的获取只能通过培训和继续教育的方式来解决，而且这种方式一直也是气象标准化人才培养的一种非常重要的形式。1999年以来，中国气象局积极通过多种渠道自上而下地开展培训，每年结合国家和行业标准项目计划的实施，组织举办气象标准编写研讨会、标准编制启动工作研讨会和标准编制培训等共10余次，参加培训人数达到2000多人（次）；中国气象局气象干部培训学院及各省（区、市）气象局每年也采取多种形式组织气象标准编写技术培训，但离中国气象局规划提出的标准化人才队伍建设要求仍存在很大差距。

中国气象局气象干部培训学院作为气象部门高层次人才的国家级培训基地，把标准化培训列为教育培训体系中的重要内容。2007年以来，每年举办一期"气象标准化基础知识和应用"面授培训班，目前已举办8期（见表2）。为了贯彻落实全国气象标准化工作会议精神，加大气象标准的培训普及力度，2010年利用远程教学资源，陆续开展了防雷标准的宣贯培训。然而，从目前总体情况看，由于对培训缺乏系统的规划和设计，实际参训人员不符合教学计划的要求和条件，师资力量受限等因素，导致培训针对性不强现象突出，培训预期效果还远远没有达到。

表2 国家级培训机构历年气象标准化培训班培训计划汇总

年份	培训班名称	培训对象	培训目标	培训内容	培训类别
2007	第1期气象标准化知识与应用培训班	各省（自治区、直辖市）气象局、计划单列市气象局法规处负责同志或气象标准化的研究和业务人员。	提高中国气象局气象标准化工作的宣传和贯彻力度，培养气象标准化专门人才。为气象部门标准管理与业务人员补充标准化基础知识，提高气象标准的应用、研究和编写能力。	分为五个单元，涉及标准化基本理论及标准编写与应用的基本知识、气象行业标准化的国际进程、我国气象标准化工作的发展及新形势、我国气象标准化工作的总体规划和气象标准体系、气象技术标准化和管理标准化工作的研究与应用实践等内容。	基础知识

续表

年份	培训班名称	培训对象	培训目标	培训内容	培训类别
2008	第2期气象标准化知识培训班	各直属单位、省（区、市）气象局、计划单列市气象局和一院八所有一定经验的标准起草人员，负责标准化工作的管理人员，各气象标委会和分委会秘书处人员。	使各单位标准主要起草人员和标准化工作管理人员及时掌握全局标准化工作动态和需求，学习部门内外和国内外相关行业标准化工作经验，充分认识标准制修订过程中存在的问题，切实提高我国气象标准的质量和标准化工作的管理水平。	分为四个单元。第一单元：国内外、部门内外标准化工作动态和经验总结（包括我国气象标准化工作的形势和挑战、WMO和主要发达国家气象标准化工作经验及对我的启示、国内相关部委标准化工作经验及对气象部门的启示）；第二单元：标准化基础知识（标准化基础知识及标准制定常见问题和易出现错误分析、标准化过程中的知识产权问题）；第三单元：气象标准的制修订需求分析和经验介绍（气象仪器和观测标准的立项和编制经验、气象预报、灾害预警与评估标准的立项和编制经验、气象国家标准编制的常见问题分析和对策、气象基本信息标准编制经验及对气象标准采标的建议、全国卫星气象与空间天气专业标委会介绍、雷电监测、预警与防护标准在申报、编制和宣贯中的注意事项）；第四单元：总结与座谈。	综合知识
2009	第3期气象标准化知识培训班	中国气象局各直属事业单位、省（区、市、县）气象局的气象标准化管理和标准制修订人员。	——	宣传贯彻GB/T 1.1—2009和GB/T 20000.2；解读《全国气象标准体系构建与2009年到2011年标准发展规划》；解读国家标准GB/T 13016—2009标准体系表编制原则和要求；讲解标准化管理工作流程以及标准申报、制定中注意事项；介绍中国气象标准化信息网；解读新发布的标准或交流标准编制经验；交流案例。	综合知识
2010	第4期气象标准化知识培训班	各直属单位、省（区、市）气象局、计划单列市气象局负责本单位标准送审前编写质量把关的专职人员，要求参加过气象标准编写或管理工作，具有一定的编写经验。	通过培训，使各单位气象标准编写指导员熟练掌握标准编写的理论知识、技术和技巧，充分认识气象标准草案中的常见错误及解决办法，熟悉气象标准制修订的总体规划、管理办法和存在的问题，从而进一步规范我国气象标准制修订流程，解决存在的常见问题，切实提高标准编写质量。	第一单元：我国气象标准制修订现状、规划与管理；第二单元：标准编写理论和技术技巧（GB/T 1.1—2009介绍、标准编写基础知识、标准编写工具和技巧）；第三单元：气象标准复核常见问题分析及标准编写实习；第四单元：气象标准制修订管理经验和服务工作介绍（气象标准制修订管理过程中发现的主要问题，标委会标准制修订管理工作介绍，中国气象标准化信息网、标准复核和地标备案工作介绍）；第五单元：结业汇报交流与国家标准馆现场教学。	标准编写
2010	雷电防护类标准培训班	各省(区、市)法规处（防雷办）或防雷中心的防雷技术或管理人员。	——	——	标准应用

续表

年份	培训班名称	培训对象	培训目标	培训内容	培训类别
2011	第5期气象标准化知识培训班	各省（区、市）气象局政策法规处和各直属单位标准化工作管理人员；各标委会秘书处人员；各职能机构标准化联络员。	通过培训，使各单位气象标准编写指导员熟悉国家和部门标准化工作相关的政策和规章制度，理解部门标准化规划精神，熟悉国家和部门标准化工作流程，熟练掌握GB/T 1.1和术语标准、产品标准、服务标准等不同类别标准编写的理论知识、基本原则和方法，充分认识气象标准草案中的常见错误及解决办法，了解标准宣贯与评估的意义，学习评估方法，能提供相应评估材料。为有效指导气象标准编写和应用实施、提高气象标准质量和效益发挥作用。	第一单元：标准化基础知识与标准编写方法（GB/T 1.1—2009、GB/T 20000.2—2009、GB/T 20001.1—2001、术语标准编写、产品标准编写、服务标准编写）；第二单元：气象标准化现状、规划与管理（气象标准化管理有关规章制度、气象标准制修订管理程序与要求）；第三单元：气象标准制修订过程中存在的主要问题分析（气象标准复核过程中存在的主要问题分析、气象标准制修订现状及2011年施行标准介绍、管理过程存在问题分析与座谈）；第四单元：气象标准的宣贯与实施；第五单元：标准编写实践（上机实习、改错实习、参观中国标准化研究院）。	综合知识
2012	第6期气象标准化管理研习班	各省（区、市）气象局政策法规处和各直属单位标准化工作管理人员；新加入标委会秘书处工作的人员。	使气象标准化管理人员系统地了解标准化工作有关的政策、规章制度和工作要求，掌握标准制修订工作有关的基础知识和国家标准，增强对气象标准化工作的理解和认识，提升运用标准化知识开展气象标准化工作的能力。	第一单元：气象标准化管理知识（气象标准化发展现状与规划、气象标准化管理有关规章制度、气象标准化管理有关工作要求）；第二单元：气象标准编写知识（标准化基础知识、标准编写方法和规则、气象标准编写注意事项、气象标准草案改错实习）；第三单元：标准化工作经验交流研讨（气象标准宣贯与实施工作、标准化组织机构建设与协作、气象标准化信息服务）；第四单元：笔试考核。	标准化管理
2013	第7期气象领域标准化技术委员会管理研习班	中国气象局受托管理的全国气象专业标准化技术委员会、全国气象行业标准化技术委员会秘书长(或副秘书长)和秘书；14个地方气象标准化技术委员会秘书处工作人员。	使全国气象标准化技术委员会和地方气象标准化技术委员会管理人员系统了解国家及气象标准化工作有关的政策、规章制度，完整理解技术委员会的工作职责，准确掌握技术委员会的相关工作要求，充实技术委员会开展工作所必备的标准化知识，探讨科学公正开展气象领域标准化工作的途径和方法，提升技术委员会科学合理、公开公正、规范透明、独立自主地开展气象标准化工作的能力。	我国标准化工作形势、要求、任务以及国际标准化的相关知识；标委会工作政策文件导读；气象标准化管理要求；标准起草的组织与要求；标准技术审查的组织与要求；标准档案管理及制修订系统的使用；研讨：如何提高标委会履职能力？研讨：如何组织好标准的起草与技术审查，以提高标准的编制质量；标委会工作经验交流研讨。	标准化管理
2014	第8期气象标准编写知识培训班	各省（区、市）气象局和各直属单位承担2014年气象标准制修订任务的起草人。	使气象标准编写人员系统地了解气象标准制修订的程序和管理要求，熟悉标准的结构，掌握标准编写的方法，学会使用标准编写模板，学会利用气象标准化信息服务与管理平台中的资源编制标准，提升编制人员编制合格标准的能力。	第一单元：标准制修订管理规定与要求；第二单元：气象标准编写知识介绍；第三单元：标准编写案例教学研讨；第四单元：体验式教学；第五单元：考试考核。	标准编写

　　调研及培训座谈表明，过去的培训很好地解决了气象标准化人员标准化知识从无到有的问题，但没有解决从有到专、从有到精的问题，对于今后的标准化培训，大家的建议如下。

　　（1）培训课程要有针对性，要释疑解惑，有实战效果，能解决实际问题。标准化人员面临的问题不少，如不知道业务如何转化成标准，研制标准与搞科研有什么不同，从哪儿找到与拟定标准相关的国内、国外、国际标准和相关技术报告，推荐性标准有没有强制性、如何保证标准的严肃性等。

　　（2）培训要分层次、有重点，分类进行培训。如可将培训对象分为标准管理人员、审查专家、标准起草人等。培训对象不同，培训内容就应不同。管理人员掌握什么，编制人员培训什么，标委会人员培训什么，培训者心里要清楚。进一步细化的话，以标委会为例，还应根据标委会主任委员、副主任委员，标委会委员，秘书长及秘书各自不同的职责，确定不同的培训重点。此外还应加强对各级气象局领导、各级职能部门领导的标准化培训。还可以按标准化制修订程序及工作内容进行分类培训，如标准预研与立项培训、标准编写培训、标准技术审查培训等，图7~图9为有关分类培训的调查结果。从中可

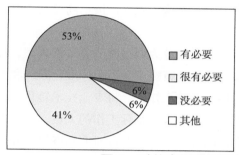
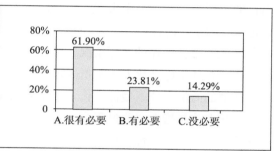

图7　对从事标准化工作的人员进行分类培训必要与否

（来源：左图第8期编写知识培训班，右图第7期标委会培训班）

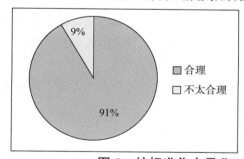
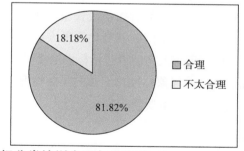

图8　按标准化人员分工进行分类培训合理与否调查

（来源：左图第8期编写知识培训班，右图第7期标委会培训班；

人员分类：标准起草人员、省局标准化管理人员、标委会工作人员及标委会委员、标准化工作的主管领导）

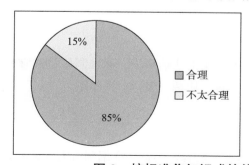
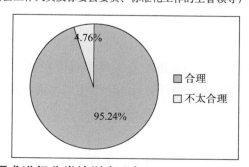

图9　按标准化知识或技能要求进行分类培训合理与否

［来源：左图第8期编写知识培训班，右图第7期标委会培训班；知识或技能内容分类：标准预研与项目申报知识、标准化基础知识、标准化制修订能力提高（初级、中级、高级）、标准技术审查、标准实施推广应用］

见，85%以上的人员认为有必要进行分类培训，91%以上的标准编写人员认为应按人员进行分类培训，95%以上的标委会人员认为应按各类岗位对知识技能要求的不同进行分类培训。

6 气象标准化培训的内容建议

6.1 气象标准化人才的类型划分

正如前章调查所显示的那样，开展分层分类培训不仅必要，而且合理。这不仅是气象标准化工作人员的呼声，更是国家对干部教育培训的要求。《2013—2017 年全国干部教育培训规划》指出，干部教育培训应"坚持分类分级、全员培训，把干部教育培训的普遍性要求与不同类别、不同层次、不同岗位干部的特殊需要结合起来，增强针对性，实现全覆盖"。可见分层分类培训是教育培训规律的体现，是增强培训针对性的重要措施之一。未来气象标准化人才培训也应遵循这一原则，按不同类型、不同层次人员的需求确定重点的培训内容。

根据目前气象标准化工作的实际情况，可以将气象标准化人才分为四种类型，即管理型、技术型、应用型、研究型。管理型标准化人才是指通过制定和实施标准化政策规章，运用标准化原理和方法，组织开展标准化活动的人员。技术型标准化人才是指能够运用专业技术知识，将专业技术转化为标准的人员。应用型标准化人才是指在实践过程中，通过应用标准来指导和规范实际工作的人员。研究型标准化人才是指对气象工作中的全局性、战略性、基础性、综合性的标准化问题开展研究和咨询，提供标准化技术支撑和服务的人员。

不同类型的气象标准化人才，又可以划分为不同的层次。例如，管理型气象标准化人才可以分为领导干部和一般管理人员，前者指各级气象职能部门、直属单位的领导，后者指负责标准化具体工作的管理人员，包括各级气象部门的标准化管理人员，以及标委会管理人员。技术型气象标准化人才可以分为标准起草人、标准审查人，后者包括标委会委员和技术专家。

本研究根据当前气象标准化工作的实际情况，将气象标准化人才具体划分为六类，各类人才在标准化知识与技能方面的基本要求为：

6.1.1 领导干部

管理工作中具有标准化意识，能够充分认识标准及标准化的作用，了解国家和中国气象局对标准化工作的要求，能够决策和指导本单位有效开展标准化工作。

6.1.2 一般管理人员

熟悉国家和部门标准化有关规章政策和要求，具备标准化基础知识、标准制修订和宣贯实施的指导、把关技能，组织和开展具体标准化工作所应具备的管理、协调、表达、操作能力。

6.1.3 标准起草人

精通领域内专业技术知识，掌握本领域的最新技术发展动态，具备标准编制所需的标准化知识和将成果转化为标准的知识和技能。

6.1.4 标准审查人

精通领域内专业技术知识、标准，掌握本领域的最新技术发展动态，熟悉标准化基础知识、国家和部门有关的政策和要求，具备标准审查和把关的技能。

6.1.5 标准使用人员

掌握基本的专业知识和标准编写知识，能够正确理解标准的表述和技术要求、运用和宣传标准。

6.1.6 标准化研究人员

根据工作需要，应具备全面、广泛的相关知识，知识结构和技能更加综合。

6.2 各类标准化人员的培训内容

由于面授培训往往针对共性需求且需要一定规模才能办班，所以上述六类人员中并不是所有类型人员都适合采取集中面授培训的方式。具体而言，领导干部、管理人员、审查人员和起草人员等四类人员有其共同的需求特点，也有一定的规模，所以可以总结凝练提出相应的培训内容重点。而标准使用人员，由于人员分散众多、需用标准各异，所以更适合采取由具体标准使用单位组织培训的方式或者采取具体标准课件远程挂网培训的形式，当然也可以通过在相应的业务、管理培训班中增加对某类标准培训的课程；至于标准化研究人员，由于人数太少，则主要靠他们自己去自学或参加外部门的培训，不适合由气象部门单独组织培训。以下是对领导干部、管理人员、审查人员和起草人员等四类人员培训内容的建议。

6.2.1 领导干部

重点加强标准化意识、标准及标准化的作用、国家对标准化工作的要求方面的培训，提供如何抓标准化工作、如何参与国际标准化活动的技能，介绍我国的标准化管理体制、应用标准推动工作的重大案例（如标准对科学技术促进的案例、争夺国际话语权的案例、抢占发展制高点的案例）等。

6.2.2 一般管理人员

负责标准化具体工作的管理人员，包括归口机构和牵头机构的气象标准化管理人员，中国气象局各直属单位、各省（自治区、直辖市）的气象标准化管理人员、标委会的管理人员。

（1）标委会业务管理人员：具体承担本领域标准的编制、实施及相关标准的解读、宣贯组织工作，需要了解本领域的发展热点，应具备识别领域内可上升为标准的热点科研成果的慧眼，能为标准立项指南编制做前期准备工作，发现和培养标准项目起草人并对准备起草标准的人员提供指导。所以他们需要掌握编制的组织管理（项目管理），编制程序、审查、复审和具体标准的编制知识（GB/T 1.1），掌握标准质量控制的方法和技能，具备参加国际标准化活动的知识和能力等。

（2）其他管理人员：需要组织标准项目申报，对立项标准进行编写、审查和把关，对标准实施进行组织和监督，所以要重点加强标准立项、制定、实施、实施监督、质量管理（复审）知识培训，熟悉标准化管理（政策）文件，提高处理标准制修订管理工作中常见问题的能力，掌握标准化技术发展动向。

6.2.3 标委会审查人员

标委会委员和专家需要对标准技术内容科学性、先进性、合理性、适用性、规范性等负责，要具备对标准中的技术试验验证方法、结论做出准确判断的能力，是标准质量好坏高低的主要把关人。他们需要熟悉气象标准化领域产生的最新研究成果，掌握本领域的最新技术发展动态，能对技术内容所达到的水平做出准确客观评价，要对国内平均技术水平状况了如指掌，需要具备平衡各项技术指标尺度的能力，以保证技术指标的确立既不超越现实，又不保护落后。此外，他们还应对标准化基础知识有基本的了解。由于这些人大都为有较高学术地位的专家，工作业务繁忙，所以很难有效地组织起长时间的集中面授培训，或许采取年会交流的方式进行培训比较可行。

6.2.4 标准起草人（含准标准起草人）

（1）标准起草人：标准是对科学、技术、经验综合成果的总结，所以标准起草人通常是该标准领域有专长的专业人士，他们对技术内容有较深入的了解，缺乏的是标准化知识，所以对他们的培训重点为标准化基本理论与基础知识，包括标准化原理与方法、标准制修订程序（GB/T 1.2）、标准编写知识（GB/T 1.1 及其他基础标准）、采标知识，标准编制说明、标准解读撰写知识、项目管理及经费使用要求、标准文献与技术报告利用技能以及标准编制过程中经常遇到的问题、错误剖析等。

（2）准标准起草人：主要是计划申报标准项目的人员、标准预研项目承担人员，这些人员的共同特点是期望将已有的技术内容通过研究和总结上升为国家标准、行业标准或地方标准。他们需要掌握标准立项的要求、标准预研的方法等内容，对标准化原理与方法，标准编写知识、技能等也需要有一般性了解。

综合上述分析结果，现根据培训对象和培训需求的迫切程度，提出如表3所示的培训内容重点，同时对培训时长、培训频率、培训人员数量提出建议。

表3　气象标准化分类培训重点一览表

培训对象	工作职责	培训目标	培训内容	培训方式	培训时长	培训频率	培训量
标准起草人	申报标准、起草标准，完成送审稿、报批稿，负责标准的解读，参与标准的宣贯	1．了解标准化基本概念，标准分级与分类等知识，熟悉我国标准化体制与组织机构，采用国际标准基础知识等；2．掌握支撑标准制修订工作的基础性国家标准体系，标准信息资源及其检索技术等。3．掌握标准编写的方法和规则	1.标准化原理与方法；2.标准制修订程序与编写注意事项；3.标准编写方法和规则4.标准编制说明等附件的编写要求；5.气象标准编写常见错误及案例剖析；6.标准编写模板TCS—2009 使用技能；7.标准解读撰写案例分析；8.标准预研与立项申报基本要求	集中培训，专家面授与案例式教学、体验式教学相结合	5～6天	每年一次，可分为预研立项班、标准编写班	100人/年
标准化管理者	标准的立项、报批、发布、实施、监督、宣贯、标准化管理等	1.系统掌握标准化工作有关的政策、规章制度和工作要求；2.掌握标准制修订工作有关的基础知识和国家标准；3.具备运用标准化知识开展气象标准化工作的技能	1.国家标准化发展形势和战略；2.气象标准化发展战略与重点；3.气象标准化管理有关规章制度；4.气象标准化管理有关工作要求；5.标准化工作经验交流与研讨：（1）气象标准制修订组织管理问题研讨（2）气象标准宣贯与实施工作研讨（3）标准化组织机构建设与协作研讨	集中培训，面授、专题研讨相结合	3～5天	三年一次	45人/年

培训对象	工作职责	培训目标	培训内容	培训方式	培训时长	培训频率	培训量
专业标委会业务管理人员	分析本领域标准化的需求，研究提出本专业领域的标准发展规划、标准体系；组织并负责本专业领域标准的起草和技术审查工作；负责本领域发布标准的宣贯和实施解释工作	1.系统了解标委会的管理职责和工作职责，增强对气象标准化工作的理解和认识； 2.掌握运用标准化知识开展各项气象标准化技术工作的技能	1.国家标准化管理方针政策； 2.专业标准化委员会业务管理与要求； 3.标准制修订管理； 4.标准编写基础知识。 5.标准宣贯与实施管理； 6.专业领域标准化技术发展动态	集中培训，面授与研讨、专题讲座相结合。	3～5天	三年一次，视国家、行业、地方标委会人员规模，可分国家级、地方级标委会分别培训	30～40人/次
领导干部	标准的宣贯和实施；标准化工作的组织与总体推进	1.培养标准化意识； 2.了解标准的作用，学会利用标准推动气象工作发展	1.国家标准化发展战略； 2.气象标准化的发展现状与趋势； 3.气象标准化基础知识； 4.标准化手段推动事业发展的重大案例介绍	集中培训，专题讲座	1/2～1天	一年多次，以讲座形式纳入领导干部培训课程	与各类领导干部培训班人数相同

6.3 气象标准化培训的核心课程设置

在确定了分类培训的内容重点之后，具体组织培训班时要坚持核心课程与专项课程相结合的原则，做好有关课程的衔接与协调配合工作。根据各类人员的需求特点，从中凝练各类人员需要经常使用、应该长期掌握、具有共同需求特性的基础性知识或技能，作为核心课程用于各类培训中，并建设与之相配套的培训教材、开发相应的培训课件、建立相应的案例库和能力测试题库等。

从标准化知识体系出发，结合当前气象标准化工作需要，现提出如表4所示的气象标准化培训核心课程。这些核心课程在各类培训班组织中，应视培训对象的不同和知识、技能掌握情况的不同选取其中一种或多种进行组合式培训。教材建设成熟后，还可根据情况选取其中的部分章节进行讲授。

表4 气象标准化培训核心课程设置一览

课程名称	讲授内容	适合对象
气象标准化发展战略与管理	标准的作用和意义、气象标准化发展需求与概况、气象标准化发展规划、气象标准化方针政策与法规等	领导干部、标准化管理人员，审查人员及其他标准化人员
气象标准编写指南	以GB/T 1.1要求为主，介绍标准起草法、采标法等相关内容，详述标准的结构要求、内容起草要求、标准技术内容的确定方法、标准编写步骤、合格标准编写技巧、标准编制说明要求等内容	标准起草人员，审查人员，标委会工作人员，标准化管理人员等
专项标准编写方法	以GB/T 20001.1—GB/T 20001.3要求为主，分别介绍气象术语标准、符号标准、信息分类编码标准编写的要求和起草方法、需要遵守的基本原则	同上
标准制修订活动管理	以GB/T 1.2、《气象标准化管理规定》等要求为主，介绍标准预研、立项、起草、征求意见、审查、报批、出版、复审、废止各阶段的主要任务、工作职责和需要遵守的规定	同上
标准质量管理	按照系统管理的思想，介绍标准质量的内涵、质量包括的方面、质量检验方法、合格认定办法，质量控制方法与质量控制体系的建立等	标委会业务管理人员、标准审查人员、标准化管理人员、复核人员
标准化技术基础	介绍标准的起源、作用及标准化技术的产生、发展历史，标准化原理与方法，标准化技术（编制技术、审查技术、实施技术）应用、标准化技术未来的发展方向等	标准化管理人员、领导干部，审查人员及其他标准化人员

7 结束语

本研究从气象标准化工作对人才素质的需求出发，分析了气象标准化人才应掌握的知识、现有标准化人员知识技能的不足，确立了弥补不足需要补充的分类培训的内容重点，提出了满足常态性培训需求的核心课程清单，供气象标准化培训组织者参考。

需要指出的是本课题确定的培训内容重点不是一成不变的，而是需要随着标准化人才知识、技能水平的提高而不断有所更新和调整。在关注培训内容重点之外，还建议标准化培训的组织者，要多从成人培训的特点出发，广泛采用案例式、研讨式、体验式等多种教学方式，以加强培训效果；要加强培训班开设时间、开设频率、开设班型的设计和管理，做好核心课程在各分类培训课程中的配置比例，强化培训考核、培训效果的信息反馈，形成培训班型与培训内容之间的良性协调机制。就当前气象标准化人员工作状况、人员配置机制而言，提高标准化工作者整体素质和水平十分紧迫，要充分利用好培训这一手段，合理确定培训内容，加强培训课程建设，达到通过培训实现气象标准化人员业务能力和水平提高的目的，造就一支高素质的气象标准化人才队伍。

参考文献

[1] 柳成洋，等服务标准化导论[M]．北京：中国标准出版社，2009．

[2] 中国气象局，国家标准化管理委员会．气象标准化管理规定：气发〔2013〕82号[Z]．北京：中国气象局，2013．

[3] 中国气象局办公室．气象标准制修订管理细则:气办发〔2013〕55号[Z]．北京：中国气象局，2013．

标准化纳入气象业务培训的探索与实践①

杨霏云　崔晓军　黄　潇　韩佳芮　成秀虎

（中国气象局气象干部培训学院，北京　100081）

摘　要：基于标准化纳入气象业务培训的实践，立足新发展阶段，梳理和分析了将标准化纳入气象业务培训存在的问题与不足，提出了加强顶层设计、开展气象标准约束力分析及评价研究、开展标准化课程和教学内容研究及建立标准化纳入气象业务培训的考核与评估机制等对策建议，以期为标准化助力气象高质量发展提供借鉴。

关键词：干部教育培训，气象业务培训，气象标准，标准化

1　引言

2021年10月，中共中央、国务院印发《国家标准化发展纲要》[1]，提出要"加强标准化人才队伍建设。将标准化纳入普通高等教育、职业教育和继续教育，开展专业与标准化教育融合试点"，并提出要"构建多层次从业人员培养培训体系，开展标准化专业人才培养培训和国家质量基础设施综合教育。……提升科研人员标准化能力，充分发挥标准化专家在国家科技决策咨询中的作用，建设国家标准化高端智库"。这一重要文件的出台，为标准化纳入气象业务培训提供了遵循。2022年5月，中国气象局印发《气象标准化改革工作方案》[2]（气发〔2022〕62号），在重点任务"多举措提升标准化人才能力建设"中提出"把标准化专业技能培训纳入业务人员培训中"。在此背景下，文献调研了标准化纳入气象业务培训研究进展[3-6]，基于标准化纳入气象业务培训的实践，梳理和分析了存在的问题与不足，提出了相应的对策建议，以期为标准化助力气象高质量发展提供借鉴。

2　标准化纳入气象业务培训研究进展

文献调研发现，关于标准化纳入气象业务培训的研究较少。包正擎等[3]针对气象标准化工作机制存在的问题，提出"增强意识，建立气象标准学习宣传培训的常态机制"的建议。骆海英等[4]搜集整理了部分国际标准化组织、机构（如：ISO、APEC、WMO、ICES）以及国内外部分国家（如：美国、加拿大、英国、德国、韩国、日本、澳大利亚、中国）开展标准化教育培训的情况等，提出气象部门开展标准化教育培训工作的建议。针对气象标准化人才培养，成秀虎等[5]提出了一套既有课程体系的完整性，又有知识体系互补性的分类别、分层次的标准化培训课程体系。崔晓军等[6]开展了气象干部教育培训标准体系研究，提出通过建立气象干部教育培训科研项目与标准项目同立项机制、加强教师和学员标准

①　本文受中国气象局创新发展专项"作物模型在西北小麦农田水肥管理中的应用研究及培训"（项目编号：CXFZ2022J053）以及中国气象局气象软科学项目"生态文明建设气象保障标准体系研究"（项目编号：2023ZZXM13）、"气象标准约束力分析与评价研究"（项目编号：2023ZZXM18）资助，在2023年《标准科学》第4期发表。

化知识培训、拓展标准化研发资金投入渠道、加强相关标准化技术委员会和主管部门的管理和指导、完善标准实施评估制度等措施，不断优化气象干部教育培训标准体系结构，推动气象干部教育培训标准化工作与气象改革发展深度融合，提高标准在推进气象治理体系和治理能力现代化中的基础性、引领性作用。以上文献或局限于理论上的建议或探讨，缺少教学实践的支撑[3~5]；或仅是提出建议，未给出具体的实施途径[6]。

3 标准化纳入气象业务培训的实践

我国高等院校的标准化教育尚不完善，标准化知识的获取多是通过培训和继续教育的方式来解决[5,7]。中国气象局气象干部培训学院（以下简称干部学院）是气象部门高层次人才的国家级培训基地，中国气象局又在干部学院设立了国家级气象标准化技术支撑机构。因此，干部学院既拥有高水平的师资队伍，又拥有专业的标准化技术人才。自 2007 年起，在中国气象局的领导和支持下干部学院开始举办气象标准化专题培训和气象业务等培训。但由于体制机制问题，气象标准化专题培训的师资主要来自国家级气象标准化技术支撑机构，气象业务等培训的师资则来自培训部门的专兼职教师，长期以来两方面师资各自为营，未打通使用。下面以干部学院教学管理平台和中国气象局远程教育网数据为基础，以对兼任气象标委会委员的气象业务培训专职教师的调研为依据，介绍标准化纳入气象业务培训的实践情况。

3.1 气象业务人员标准化知识现状

在干部学院以往举办的气象业务服务类培训班中，培训教师调研了部分培训班学员的专业知识背景，发现不同层次的学员对已发布的气象标准了解程度差异较大。国家级和省级的气象业务人员对气象标准化工作有所了解，但即使对气象标准化关注程度较高的学员，也存在对本专业已发布的国家标准、行业标准了解不够全面的现象，一是对究竟发布了哪些标准不甚了解，二是对标准的获取渠道所知有限。基层气象业务人员更是对气象标准化工作知之甚少，业务服务中需要应用相关气象指标、业务服务技术时，仍然采用文献查阅的方式获取。但由于文献中的指标和技术常常基于不同区域的试验或其他研发手段得出，跨区域应用的可靠性得不到保证，因此直接套用常常会影响服务效果。

3.2 气象标准化专题培训

气象标准化专题培训主要面向气象标准制修订人员和气象领域标委会工作人员，据干部学院教学管理平台统计，自 2007 年举办第一期专题培训班以来，截至 2022 年 10 月共举办 24 期，有数据记载的 2011—2022 年共培训 968 人次。由于培训对象的局限性，每年的参训人员与往年会有重复，而且课程内容设计的局限性大，标准化知识普及范围也很有限[5]，远远满足不了气象业务服务对标准化的需求。

3.3 气象标准化远程培训

为了加大气象标准的宣传普及力度，干部学院于 2010 年启动了气象标准远程培训，当年举办了雷电防护类标准远程培训、气象数据格式类标准远程培训、气象预报服务及相关标准远程培训，培训对象分别为各级气象部门从事雷电防护业务的技术人员与管理人员，各级气象部门从事气象数据存储归档的业务人员与管理人员，各级气象部门从事气象预报、农业气象及负责新一代天气雷达选址工作的相关人员。2011—2016 年每年都有相关的新课程在中国气象局远程教育网发布，主要是 2009 年以来发布的气象领域国家标准或行业标准解读，培训对象为各级气象部门从事相关业务的管理与技术人员，以在线自学为主，未再集中培训（http://www.cmatc.cn/www/res/all/5811.shtml）。2017—2022 年未检索到新发布的课程，也未检索到气象标准远程培训班。由此可见，气象标准远程培训的内容更新慢，未充分发挥网上培训信息传输快捷、共享性好、灵活性强等优势。

3.4 将标准化纳入气象业务培训的实践

气象业务服务在多年的发展历程中，形成了各类技术依据或成果。各级气象业务服务部门在使用科研文献、业务规范、标准等不同形式的技术依据时比较随意，并没有统一的使用标准。干部学院专职教师在农业气象灾害监测预警培训班和农业气象业务服务技术培训班中，介绍了农业气象类标准的发展、农业气象灾害类和农业气象服务类已发布的标准情况、强制性标准和推荐性标准约束力的区别和应用范围，并将已发布的农业气象类标准进行了整编，发放给培训班学员，让学员了解本领域的标准现状，并指导学员如何应用标准。

在宣传和讲解标准的过程中，以应用案例作为授课内容，以加强学员对标准的理解，掌握应用标准的方法。例如："农业气象专业基础知识及技术培训班"的培训对象是县级气象服务人员，县级气象局是中国气象局农业气象观测的主体单位，在"农业气象观测"这门课程中，设计农业气象观测类标准的章节，讲授已发布的农业气象观测类标准的主要内容和应用方法。吉林省永吉县的一名学员通过参加"农业气象专业基础知识及技术培训班"和"东北区域农业气象服务轮训班"，学习到了 2017 年发布的国家标准 GB/T 34808—2017《农业气象观测规范 大豆》的相关知识，授课的主要内容正是该县乡村振兴工作中急需的相关技术。培训过后，该学员及时将标准的相关内容应用于本地大豆观测和服务中，发挥了很好的指导作用。

在"省级及以上农业气象业务人员上岗培训班""农业气象灾害监测评估预警培训班"上，教师讲授了 QX/T 167—2012《北方春玉米冷害评估技术规范》的主要内容、应用方法以及如何上升到业务规范的过程，为北方省（区、市）农业气象灾害监测预警评估业务服务的开展提供了思路和相关技术依据。通过培训，学员掌握了北方春玉米冷害评估的依据并应用于农业气象业务服务实践，收到了很好的效果。如：2021 年夏季，东北发生大范围冷害，国家气象中心的参训学员专门组织相关省份参加"东北地区近期低温影响分析及后期农业生产形势分析"专项会商，在服务材料中应用了标准中的相关内容进行灾害预警评估，并组织撰写了 3 期服务材料，上报给国家发展改革委、农业农村部、民政部等相关部委，为采取有效措施减轻灾害损失抢得了先机。

4 标准化纳入气象业务培训存在的问题与不足

干部学院在标准化纳入气象业务培训方面进行了有益的探索和实践，但由于气象业务涉及面广、专业性强、技术进步快，立足新发展阶段，目前的标准化纳入气象业务培训还存在如下问题和不足。

4.1 顶层设计中关于标准化纳入气象教育培训的要求不够明确

《气象高质量发展纲要（2022—2035 年）》[8]中，"标准"这一关键词仅出现 3 次：在提高全社会气象灾害防御应对能力中提出"根据气象灾害影响修订基础设施标准"；在加强法治建设中提出"健全气象标准体系"；在推进开放合作中提出"加强气象开放合作平台建设，在世界气象组织等框架下积极参与国际气象事务规则、标准制修订"。未提及《国家标准化发展纲要》[1]中提出的"将标准化纳入普通高等教育、职业教育和继续教育"的内容。《气象标准化改革工作方案》[2]虽然提出"把标准化专业技能培训纳入业务人员培训中",但没有具体措施,也尚未出台相关的配套政策。

4.2 对标准化纳入气象业务培训缺乏系统的规划和设计

由于中国气象局顶层设计中对标准化纳入气象教育培训的要求不够明确,相应的,其他一系列文件也缺乏系统的规划和设计,如:《气象人才发展规划(2022—2035 年)》[9](气发〔2022〕81 号)提出"在精密气象监测站网规划设计领域……强化全球气象观测站网和部门内外气象观测站网的规划设计、效益评估、标准规范等方面人才培养""在地球系统大数据领域,培养掌握数据全生命周期管理、数据标准与政策的专业人才"。《2019—2023 年全国气象部门干部教育培训规划》提出"组织开展科学管理、法规标准、组织人事……等务实管用的专题培训"。2022 年 11 月 11 日印发的《中国气象局气象干部培训学院发展规划》(气干院发〔2022〕83 号)提出"完善满足气象事业高质量发展需求的文献信息服务、标准化技术和研究服务、科技成果服务、气象外事服务、气象人才服务等信息化平台""组织开展科学管理、领导能力、法规标准……宣传科普等务实管用的专题培训""建设气象标准化人才数据库和教育培训数据库"。以上规划文件提出的法规标准专题培训即自 2007 年延续至今的气象标准化专题培训班,而对标准化纳入气象业务培训未进行系统的规划和设计。

4.3 气象标准的制度属性尚未有效体现,不同部门间未建立有效的沟通协调机制

《气象标准化改革工作方案》[2]分析了气象标准化工作存在的问题与不足,指出:气象标准的制度属性尚未有效体现,没有真正将标准作为履行行政管理和行业管理职能的重要抓手,"谁主管、谁主抓"的标准化工作要求落实不到位,各领域标准体系的科学性、计划性、协调性有所欠缺,标准的权威性不够、约束力不强,还没有转化成对依法履职最有力的技术支撑。由此造成国务院气象主管机构、干部教育培训主管职能部门、标准化技术委员会、干部学院之间,以及国家级气象标准化技术支撑机构与干部学院培训部门之间未建立有效的沟通协调机制,相关配套政策措施不到位,虽然自 2007 年起举办了 20 多期气象标准化专题培训班,但从未举办标准化师资培训班,没有形成标准化专业技术人员、授课教师、领导干部、业务科研骨干学标准、讲标准、编标准、用标准的良好氛围。

4.4 气象业务培训体系尚不完善,在培训班次、学科发展等方面未纳入标准化的内容

气象业务培训有班次体系、课程体系、教材体系、学科体系四大体系。自 2007 年起每年仅举办 1 期标准化专题培训班,并没有根据气象业务人员对标准化知识和技能掌握情况形成由轮训班、进修班、专题研讨班等组成的分层分类的完善的标准化培训班次体系。从多年的标准化专题培训班学员名单可知,参加培训的"气象领域标委会工作人员"多为标委会秘书,个别秘书长也参加过培训,但基本没有标委会主任或副主任参加培训。气象领域标委会主任或副主任多由司局级干部或具有高级职称的专业技术人员兼任。按照《干部教育培训工作条例》[10]中的有关规定"干部应当根据不同情况参加相应的教育培训",包括"从事专项工作的专门业务培训",但中国气象局层面并未设置面向这些领导干部的标准化培训班次,导致有的领导干部标准化意识淡薄,缺乏从事标准化工作所需的知识、技能和方法,对标准化纳入业务培训的顶层设计和计划规划造成一定影响。在气象业务培训的课程体系上,未见设置专门针对标准化的课程;在教材体系上未见有气象标准化自编教材;在学科体系上未设置气象标准化这一独立的学科。

4.5 专职教师标准化知识有限，授课内容单一

目前气象部门有一支 800 多人的气象标准化队伍，其中除干部学院标准化与科技评估中心、中国气象局政策法规司标准化处外，其余基本都是兼职[5]。从标准化纳入气象业务培训的实践来看，专职教师的标准化知识有限，授课内容单一，仅是对现行标准的整编发放和对个别标准的内容介绍。究其原因：一是从未针对学院的专职教师开设标准化知识传播的专题培训，目前将标准化纳入气象业务培训属于教师的个体自发行为，未纳入教学规划或课程设计，更未纳入课程考核中，这种个体自发行为的成效比较弱，距通过对标准的宣传推动标准的实施应用，从而以标准支撑气象高质量发展的目标有很大的差距。二是专职教师极少参与标准的编制工作或其他标准化相关活动，目前干部学院除一名教师为标委会委员，一名教师牵头起草并发布过一个标准，两名教师正在主持编制两项标准外，其他教师对标准的立项、编制工作及标准的相关知识了解较少。

5 标准化纳入气象业务培训对策建议

针对标准化纳入气象业务培训存在的问题与不足，以《国家标准化发展纲要》[1]（以下简称《纲要》）、《贯彻实施〈国家标准化发展纲要〉行动计划》[11]（国市监标技发〔2022〕64 号）、《气象高质量发展纲要（2022—2035 年）》[8]（国发〔2022〕11 号）、《气象标准化改革工作方案》[2]（气发〔2022〕62 号）的相关要求为依据，提出如下对策建议。

5.1 加强顶层设计，强化气象标准化工作统筹推进

《贯彻实施〈国家标准化发展纲要〉行动计划》[11]提出，要"完善《纲要》贯彻落实配套政策，积极将标准化纳入产业、区域、科技、贸易等各类政策规划，加强与标准化相关要求的协同衔接。建立健全标准化工作协调推进领导机制"。从中国气象局层面，在制定《气象高质量发展纲要（2022—2035 年）》[8]具体行动计划、气象干部教育培训规划或年度培训计划时增加有关标准化教育培训的内容，国务院气象主管机构、干部教育培训主管职能部门、标准化技术委员会、干部学院及省级培训机构、气象科研项目主管部门等相关部门宜建立标准化协调推进领导机制，在相关政策规划中制定标准化纳入气象业务培训的对策和措施；加强标准化与科技创新有效互动，将标准作为重要产出指标纳入科技计划实施体系，以教育培养人才，以人才创新科技，以科技支撑气象高质量发展。

5.2 开展气象标准约束力分析及评价研究，强化气象标准的制度属性

在中国气象局软科学项目、标准预研项目等立项时鼓励开展气象标准约束力分析及评价研究，为《气象标准化改革工作方案》[2]提出的"区别标准在实际业务服务及行业管理等工作中是否具有严格执行的必要性和可行性，将气象领域的推荐性标准分为约束类和指导类两类"提供依据和借鉴。增强约束类标准的权威性和约束力，真正形成将标准作为履行行政管理和行业管理职能的重要抓手和技术支撑。将标准宣贯经费以及所需的人员、技术条件等纳入各单位业务建设、培训和技术改造等工作计划和流程，在气象业务培训中常设标准化课程，全面提升气象业务人员的标准化意识，培养一批既有深厚的气象专业功底，又掌握标准化知识和技能，具有国际视野的高素质的气象标准化人才。

5.3　开展标准化课程和教学内容研究，加强标准化纳入气象业务培训体系建设

《贯彻实施〈国家标准化发展纲要〉行动计划》[11]，明确了 2023 年底前的标准化重点工作，提出要"加强标准化人才教育培养""在相关专业中安排标准化课程或教学内容"。《气象高质量发展纲要（2022—2035 年）》[8]提出要"加强气象教育培训体系和能力建设，推动气象人才队伍转型发展和素质提升"。气象行业具有高新技术推广应用快、业务专业性强、从业人员知识更新快、服务面宽、与国际接轨密切等特点，这些特点决定了气象业务培训在保障事业发展中有着不可或缺的重要作用，因此，建立完善的气象业务培训体系，对保障气象高质量发展至关重要。经过多年的探索和实践，干部学院形成了基于岗位的分层分类的培训班次体系和课程体系（如图 1、图 2 所示）。在此基础上开展标准化课程和教学内容研究，真正实现将标准化纳入气象业务培训体系。举例如下。

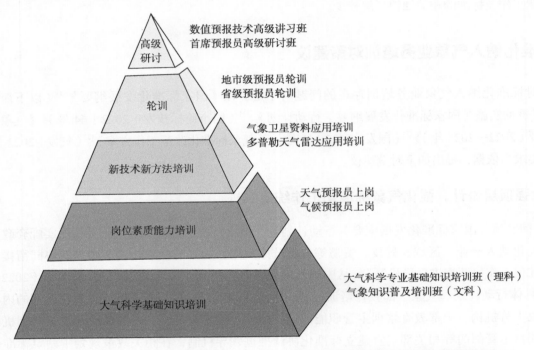

图 1　面向气象业务人员的基于岗位的分层分类的培训班次体系和课程体系

（图片来自干部学院原副院长王梅华教授的课件）

（1）大气科学基础知识培训，培训对象为新入职的非气象类专业毕业生，学习时间为 3 个月，可开设标准化知识课程，系统讲授标准的概念、标准的地位、标准的功能和作用、标准化发展史、气象标准化发展规划历史沿革等内容。

（2）岗位素质能力培训，细分为上岗培训和岗位培训（如图 2 所示），针对不同领域（气候、观测、预报、农业气象、人工影响天气……）不同阶段（初级岗、中级岗、高级岗或普通岗、关键岗、首席岗）开展不同的标准化培训，如：初级（普通）岗课程设置侧重于介绍标准的内容和标准制修订流程；中级（关键）岗课程设置侧重于介绍科技成果转化为标准的关键技术、标准对科技的促进作用、标准中核心技术要素的解释应用、标准编制技巧、采标知识等；高级（首席）岗，主要培训对象为高层次技术人才、领军人才，课程设置侧重于国家标准化战略、标准体系的构建原理与方法、国际标准化、各领域的标准化热点难点、科技创新与标准互相促进的案例等，以激发这部分学员抢占标准化制高点的动力和潜力，培养行业标准化科技领军人才。

（3）新技术新方法培训，可根据培训时间长短和培训重点侧重于介绍国内外相关标准中蕴含的新技术新方法，以及如何前瞻性、超前性地研制标准等。

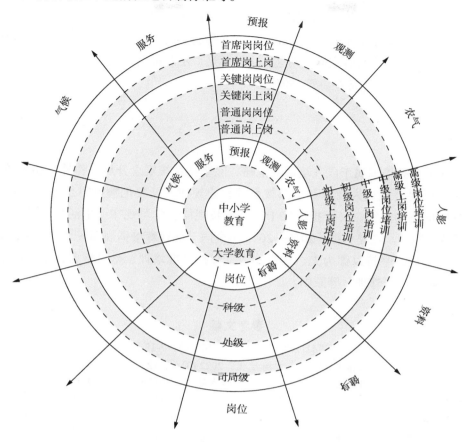

图 2　网格化培训课程体系

（图片来自干部学院原副院长王梅华教授的课件）

5.4　重视人才培养，建设高素质的气象标准化师资队伍

加强气象标准化师资队伍建设是标准化纳入气象业务培训的重要环节。建设高素质的气象标准化师资队伍，必须坚持《干部教育培训工作条例》[10]提出的"政治合格、素质优良、规模适当、结构合理、专兼结合"的原则。从多年的教学实践来看，可采取以下途径：一是大力培养现有教师。通过进修学习、考察调研、挂职锻炼、编制标准等措施，帮助现有教师提高标准化素质和能力。二是积极引进标准化优秀人才。从高等学校和科研院所中吸引标准化优秀人才和青年骨干，在大学毕业生中选拔热爱标准化工作的优秀人才，充实到气象标准化专职教师队伍中。三是选用社会优质教师资源。选聘党政领导干部、企业经营管理人员、国内外专家学者等标准化人才担任兼职教师，增强标准化纳入气象业务培训的师资力量。气象领域标准化技术委员会的一些工作人员，比如：有的秘书长长期从事标准化工作，既具有深厚的气象专业功底，能够把握专业发展趋势，又具有丰富的标准编制和标准实施应用经验，能够把握气象标准化工作的热点和难点，是优质的兼职教师资源之一。

5.5　建立标准化纳入气象业务培训的考核与评估机制

《干部教育培训工作条例》[10]提出"建立干部教育培训考核和激励机制。干部接受教育培训情况应当作为干部考核的内容和任职、晋升的重要依据"。气象业务培训属干部教育培训的内容之一，应当建立标准化纳入气象业务培训的考核与评估机制，对气象业务人员接受标准化培训的情况进行了解、核实和评价，并将结果运用到气象业务人员的课题申报、职称评审、职务晋升等环节，从而激发气象业务人员树立标准化意识、学习标准化知识、提高标准化素养和能力的潜能和动力；并通过考核评估发现培训中存在的问题与不足，及时采取措施解决问题、弥补不足，不断提高培训质量；考核评估结果还可为发现、培养和选拔标准化人才和干部提供重要依据。

6　结语

标准化纳入气象业务培训属于成人培训的范畴，除坚持系统观念开展工作外，还须遵循以下原则：一是规律性原则，既要遵循成人教育和干部教育的普遍规律，又要把握好思想政治教育的个性规律；既要遵循成人学习的普遍规律，又要把握好干部的成长规律、学习规律、生活规律[12]。二是遵循科学化、制度化、规范化原则。三是根据《2018—2022 年全国干部教育培训规划》[13]的要求，必须遵循"坚持政治统领、服务大局，坚持以德为先、注重能力，坚持精准培训、全员覆盖，坚持改革创新、共建共享，坚持联系实际、从严管理"等原则。

参考文献

[1] 中共中央,国务院.国家标准化发展纲要[J].气象标准化,2021(4):7-13.

[2] 中国气象局.气象标准化改革工作方案[J].气象标准化,2022 (3):7-12.

[3] 包正擎,周韶雄.改进气象标准化工作机制的思考[J].标准科学,2015(z1):216-222.

[4] 骆海英,成秀虎.国内外标准化教育培训概况及其对气象部门的启示[J].标准科学,2015（z1）:230-238.

[5] 成秀虎,纪翠玲,边森,等.气象标准化人才素质需求与培训内容研究[J].标准科学,2015（z1）:239-249.

[6] 崔晓军,吴明亮,黄潇,等.气象干部教育培训标准体系研究[J].标准科学,2022（12）:81-88.

[7] 汪子轶、王永瑜、郭姗姗.五所在汉高校试点"专业+标准化"课程教育[A/OL].（2022-08-04）[2022-11-09]. https:// baijiahao.baidu.com/s?id=1740157649247223059&wfr=spider& for=pc.

[8] 中国气象局.《气象高质量发展纲要（2022—2035 年）》辅导读本[M].北京:气象出版社,2022.

[9] 中国气象局.气象人才发展规划（2022—2035 年）:气发〔2022〕81 号[Z/OL].（2022-08-11）[2022-12-02]. http://www. cma .gov.cn/2011x zt/2015t gmb/20 2208/ t20220811_5028154.html.

[10] 中共中央组织部干部教育局.《干部教育培训工作条例》学习辅导[M].北京:党建读物出版社,2015.

[11] 市场监管总局,中央网信办,国家发展改革委,等.关于印发贯彻实施《国家标准化发展纲要》行动计划的通知[Z/ OL].（2022-07-13）[2022-12-03].https://www.mca.gov.cn/ article/xw/tzgg/202207/20220700042962.shtml.

[12] 肖小华.加强党性教育培训机构标准化建设[J].党政论坛,2018（9）:18-20.

[13] 中华人民共和国中央人民政府.中共中央印发《2018—2022 年全国干部教育培训规划》[Z/OL].（2018 - 11- 01） [2022-10-04].http://www.gov.cn/zhengce/2018-11/01/ content_5336680.htm.

WMO气象教育培训标准的主要内容及其实施要求①

成秀虎

（中国气象局气象干部培训学院，北京　100081）

1　标准的发布

世界气象组织有关"气象教育培训的标准"并不是以单独文件发布的，而是包含在《技术规则》第一卷"通用气象标准和推荐规范"中。该标准位列WMO《技术规则》（WMO-No.49）第一卷第二部分第四章，标题为"气象人员的教育和培训"，意在表明所有世界气象组织会员国在其气象人员的教育和培训方面均须遵照这一技术规则的规定。

2　发布标准的目的

发布气象教育培训标准的目的，是为了让每一个WMO会员按照WMO认可的标准对其工作人员进行最基本、最必要的气象教育和培训，以保证会员能够完成WMO《技术规则》其他章节中规定的本国和国际责任。标准强调会员对其工作人员不仅初次招聘时应当符合WMO有关教育和培训的要求，而且在其职业持续发展期也要有进修培训，以跟上科技进步、不断变化的服务和职责要求。为了保证对上述要求进行监管和落实，标准要求会员应将职工教育和培训的经历进行存档，并作为其质量管理体系工作和人力资源发展工作内容的一部分。会员要根据WMO教育培训符合标准情况的检查需要，视情况及时提供相关档案材料供审查者参考。

3　标准的主要内容

气象教育培训标准的内容包括气象人员的分类、基本专业课程、区域气象培训中心设置要求等。

3.1　气象人员分类

WMO根据气象工作的科学技术机构性质，从专业人员和技术人员的角度，将工作人员分为两大类，这两类人员的英文名称分别叫作meteorologist和meteorological technician，中文名称一般直译为气象学家和气象技术员。那么气象学家和气象技术员是如何区分的呢，按照标准中的定义，其区别如下。

---

① 本文刊载于2015年《气象标准化》第1期。

气象学家是指已成功完成气象学家基本专业课程（BIP-M）并达到各项要求的人员。气象学家将主要承担天气分析和预报、气候监测和预测或其他相关应用的专业工作；一些气象学家将参与咨询、指导、决策和管理工作；其他气象学家将参与研究和开发或教学工作。成功完成BIP-M课程的途径可以有三条，一是完成大学气象学学士学位，二是完成气象学研究生学习计划（在获得大学学士学位之后，包括数学和物理学的基础科目，这类科目通常涵盖科学、应用科学、工程学或计算课程），三是参加由一些教育和培训机构［如那些由国家气象和水文部门（NMHS）或区域培训中心运行的机构］提供的涵盖所有BIP-M课程要求的学习计划，这些计划专为达到BIP-M课程要求而设计，与大学的学习计划具有同样严格的学业要求。

气象技术员是指已成功完成气象技术员基本专业课程（BIP-MT）并达到各项要求的人员。气象技术员将主要承担天气、气候和其他环境观测任务；协助天气预报员编制和分发产品和服务；负责安装并维护设备（如航空气象观测地面接收站、自动气象站、天气雷达或电信设备），可分别归为气象观测人员、气象服务人员或其他类型的技术人员（如机械、电气和电子技术员等）。成功完成BIP-MT课程的途径有三条，一是通过具有气象学专门培训计划的技校、学院或大学正规教育达到，二是通过气象观测和测量的职业和/或在职培训达到，三是通过在某一机构（如NMHS培训机构或继续教育学院）完成专科学习计划达到。

对应于国内，气象学家是指完成气象本科课程并达到从事气象预报、气候预测、专业气象服务和气象科研、教学要求的人员；气象技术员是指完成气象专科课程并达到气象观测与设备安装运行维护等保障气象预报、气候预测、专业气象服务顺利进行的人员。

3.2 基本专业课程

WMO要求会员根据需要确保其气象工作人员分别接受以下两类基本专业课程的教育或培训，扎实、广泛地掌握与其工作类型相关的各种大气现象和过程的知识，并具备应用这些知识的技能。

3.2.1 气象学家基本专业课程（BIP-M）

（1）课程内容要求
WMO规定会员应确保被称为气象学家的人员，接受如下基本专业课程的教育。
（a）基础与辅修科目，包括：
——数学；
——物理学；
——其他科学及相关科目（辅修），如基础物理化学、海洋学、水文学、地理学，通信、团队合作、资料分析和利用等。
（b）大气科学科目，包括：
——物理气象学（含大气成分、辐射和光学现象，热力学和云物理，边界层气象学和微尺度气象学，常规观测和仪器，遥感）；
——动力气象学（含大气动力学、数值天气预报）；
——天气学和中尺度气象学（含中纬度和极地天气系统，热带天气系统，中尺度天气系统，天气观测、分析与诊断，天气预报，气象服务提供）；
——气候学（含全球大气环流、气候与气候服务，气候变率与气候变化）。

（2）各科目学习成果要求

学完基础与辅修科目的人员，须能够：

（a）具备气象学家基本专业课程中气象部分所需的数学和物理学知识；

（b）具备补充气象学基本专业课程中所涵盖的气象专业知识的其他科学及相关科目的基本知识；

（c）分析和使用资料，传达并陈述信息。

学完《物理气象学》科目的人员，须能够：

（a）解释大气的结构和成分、影响大气辐射传输的过程和全球能量平衡，以及大气光学现象的成因；

（b）将热力学定律应用于大气过程，使用热力图来评估大气的特性和稳定性，确定水对热力过程的影响，并解释水滴、云、降水和电学现象形成的过程；

（c）利用湍流和地面能量交换的知识来解释大气边界层的结构和特点以及污染物的行为；

（d）比对、对照和解释用于进行大气参数地面和高空测量的常规仪器的物理原理，并解释误差和不确定性的同源以及使用各项标准和最佳规范的重要性；

（e）描述来自遥感系统的各类气象资料，解释如何进行辐射测量以及从这些测量中获取大气资料的过程，并概述遥感资料的用途和局限性。

学完《动力气象学》科目的人员，须能够：

（a）从强迫和参照系统方面来解释运动方程的物理基础，利用尺度分析来确定平衡流的动力过程，描述平衡流的特点，并利用运动方程来解释准地转和非地转以及大气中波的结构和传播；

（b）描述并解释短期、中期和长期数值天气预报的科学依据、特点和局限性，并解释数值天气预报的应用。

学完《天气学和中尺度气象学》科目的人员，须能够：

（a）运用物理学和动力学推理来描述并解释中纬度和极地地区以及热带地区天气尺度天气系统的形成、演变及特征（包括极端或灾害天气条件），并评估有关这些天气系统的理论和概念模式的局限性；

（b）运用物理和动力推理来描述并解释对流和中尺度现象的形成、演变及特征（包括极端或灾害天气条件），并评估有关这些现象的理论和概念模式的局限性；

（c）监测和观测天气形势，并利用实时或历史资料（包括卫星和雷达资料）来准备分析和基本预报；

（d）从关键产品和服务的性质、使用以及效益方面进行描述，提供服务，提供包括天气相关风险的预警和评估。

学完《气候学》科目的人员，须能够：

（a）根据相关的物理和动力过程来描述和解释地球的大气环流和气候系统，描述基于气候信息及其内在不确定性和主要产品及服务的使用方法；

（b）运用物理和动力推理来解释各种产生气候变率和气候变化（包括人类活动影响）的机制，从可能的变化影响全球环流、主要气象因子和对社会的潜在影响方面阐述各种影响，并概述可能采用的适应和减缓战略，描述气候模式的应用。

（3）总体学习成果要求

开设BIP-M课程的目的，是为气象学家在开展诸如天气分析和预报、气候模拟和预测、研发等领域工作方面提供知识、技能和心理基础，并为进一步的专业化打下基础。学完BIP-M课程的人员，应能够：

（a）通过将当前天气资料与概念模式合成获取有关物理学原理和大气相互作用、测量方法和资料分析、天气系统规律等方面的知识，进而获取有关大气环流和气候变化的知识；

（b）在使用科学推理的基础上，利用知识解决大气科学中的问题，参与天气和气候对社会影响的分析、预测和通报。

3.2.2　气象技术员基本专业课程（BIP-MT）

（1）课程内容要求

WMO规定会员应确保被称为气象技术员的人员，接受如下基本专业课程的教育。

（a）基础与辅修科目，包括：

——数学；

——物理学；

——其他科学及相关科目，如基础海洋学、水文学、地理学，沟通、资料分析和处理等。

（b）普通气象学科目，包括：

——基础物理气象学和动力气象学；

——基础天气学和中尺度气象学；

——基础气候学；

——气象仪器和观测方法。

（2）各科目学习成果要求

学完基础科目的人员，须能够：

（a）具备气象技术员基本专业课程中气象部分所需的数学和物理学知识；

（b）具备在气象技术员基本专业课程中所涵盖的气象专业知识的其他科学及相关科目知识；

（c）分析和使用资料，传达并陈述信息。

学完《基础物理和动力气象学》科目的人员，须能够：

（a）解释大气中发生的物理和动力过程；

（b）解释大气参数测量仪器所利用的物理原理。

学完《基础天气学和中尺度气象学》科目的人员，须能够：

（a）描述天气尺度和中尺度热带、中纬和极地天气系统的形成、发展和特征，并分析天气观测资料；

（b）描述预报过程以及对相关产品和服务的使用。

学完《基础气候学》科目的人员，须能够：

（a）描述大气环流和导致气候变率和变化的过程；

（b）描述气候信息及其产品和服务和利用。

学完《气象仪器和观测方法》科目的人员，须能够：

（a）解释用于测量大气参数的各类仪器的物理原理；

（b）进行基本的天气观测。

（3）总体学习成果要求

开设BIP-MT课程的目的，是为气象技术员开展诸如天气观测、气候监测、网络管理以及向用户提供气象信息和产品等方面的工作提供必要的知识、技能和心理基础，同时为其今后进一步提高专业知识奠定基础。学完BIP-MT课程的人员，应能够：

（a）掌握有关物理原理和大气相互作用、测量方法和资料分析、对天气系统的基本描述、大气环流和气候变率基本描述的基础知识；

（b）运用基础知识于观测及大气监测，并能解释常用的气象图和产品。

3.3 区域气象培训中心

拟被指定为WMO区域气象培训中心的培训机构应该满足下列基本条件：

（1）可以对区域内所有国家的学生开放；

（2）所开设各种课程的教育水平应与WMO会员发的各种指导材料相协调；

（3）具有适当的教学楼、培训设施以及胜任的教师。

要成为区域气象培训中心还需要满足如下条件。

（1）该中心仅是为了满足该区域内会员提出的要求而建立，且这些要求该区域内现有会员的设施还不能满足。

（2）该中心的设计应可满足该区域会员提出的要求，这些要求应由区域协会的决议中提出。

（3）每个中心应设在有关的区域内，它的位置应由执行理事会根据区域协会的意见和WMO秘书长的建议来确定。

（4）中心的建设和维护大部分是主办国的职责。WMO有权监督中心的工作。WMO和主办国的职责可由两者按某些原则签订的协议来执行。这一协议将包含下列事项：

（a）中心的目的和功能；

（b）学生的数量和入学资格考试；

（c）WMO有权审查教学大纲和其他有关材料以保证教育水平与WMO颁发的指导材料相协调；

（d）结业考试的范围和水平；

（e）中心的行政管理安排；

（f）WMO的职责——财政资助或其他；

（g）主办国政府的职责；

（h）中心的职责；

（i）中心任命的撤销；

（j）协议的终止。

4 标准的实施

实施气象教育培训标准是各会员国的责任，WMO仅负责标准的制定并提供相应的实施指导，WMO还通过协议的形式对区域气象培训中心实行监管。WMO的标准分为要求性标准（条款）和推荐性标准（条款），正如《技术规则》"通则"第6章所规定的那样，要求性标准（条款）是"会员须尽各自最大努力来执行的"，当然各会员国也可以根据本国的实际需要做必要的调整。执行情况要以书面形式告知世界气象组织秘书长，会员还须至少提前3个月告知秘书长他们在执行要求性标准（条款）中所做出的任何改动以及这些改变的生效日期。以《技术规则》形式发布的"气象教育培训标准"是WMO的要求性标准，对各会员国有约束力，如无特殊情况，需各会员国遵照执行。

4.1　WMO 提供的指导

为配合气象教育培训标准的实施，WMO制定了《气象学和水文学教育培训标准实施手册　第一卷 – 气象学》（WMO-No.1083），作为WMO《技术规则》，第一卷-通用气象学标准和推荐规范的配套出版物，并成为WMO《技术规则》的附录8，以帮助各会员国实施气象教育培训标准。正像手册前言中所述的那样，该手册的目的是便于各国对WMO规定的被承认为气象学家或气象技术员的个人具备所要求的基本资质有一种共同的认识，与此同时还有助于各会员国NMHS建立各自的人员分类体系和培训计划，以便令人满意地达到技术规则规定的各项要求。

4.2　会员须按照标准的规定组织实施

气象教育培训标准对会员国提出的强化标准实施方面的要求有：

（1）会员应该尽力为其职工的教育和培训提供本国设施；

（2）会员应尽力为其职工参加区域气象培训中心的培训提供条件；

（3）每一个会员应该保证其气象工作人员在本国获得与完成他们各自职责所需的技术和其他资质相一致的教育服务条件及普遍认可。

由于达到BIP-M课程要求通常可以通过成功获得气象学大学学位，或大学学位（包括数学和物理基础科目、例如一般科学、应用科学、工程或计算课程）完成后的气象学研究生课程实现；达到BIP-MT课程的要求通常可以通过完成专科学习计划来实现。为此，会员应牵头与适当的国家和区域机构协商，确定本国气象学家、气象技术员所需的学力资质。会员也应当与本国的教育和培训机构合作，确保气象学毕业生完成基本专业课程的所有学习，并将它作为学力的一部分。

（4）会员须确保气象工作人员能够接受基本专业课程之外的进一步的教育和培训，以便在这些领域达到专业工作的能力。

（5）会员须确保气象工作人员通过在整个职业生涯中不断参加职业教育和培训的方式继续提高他们的知识和技能。

参考文献

[1] 范红 . WMO教育培训政策的新变化[J] . 气象软科学，2012 .

[2] 世界气象组织 . 技术规则（第一卷）：通用气象标准和推荐规范（WMO-No.49）[Z] . 日内瓦：世界气象组织，2012 .

[3] 世界气象组织 . 气象学和水文学教育培训标准实施手册（第一卷）：气象学（WMO-No.1083）[Z] . 日内瓦：世界气象组织，2012 .

气象专业技术岗位培训标准体系初探①

王亚光　骆海英　成秀虎　边　森

（中国气象局气象干部培训学院，北京　100081）

1　编制背景

近年来，中国气象局加快了气象培训体系建设，不断推进在职员工的继续教育，除干部学院作为气象部门实施气象业务技术培训的主体外，先后成立了河北、安徽、湖北、湖南、四川和新疆6个省级培训分院，形成气象教育培训的"共同体"。但在"共同体"内部的师资队伍、学科设置、培训教材、课程体系、培训环境、组织机构、规范管理和工作机制等方面尚未建立相对一致的标准或规范。本文仅就其中的气象专业技术岗位培训标准体系的编制做了一些尝试性研究，现将研究结果整理出来以达抛砖引玉的目的。

2　气象教育培训标准建设现状

在《气象标准化"十二五"发展规划》中，气象教育培训的标准体系还不是一个完整独立的体系，只是在气象基础与综合标准分体系下，分散的隶属于气象人才管理子体系（1.5）和气象业务服务质量管理子体系（1.6）。如，气象人才管理子体系（1.5）下的气象教育培训技术、气象教育培训管理、从业资质和认证管理子子体系。就具体的标准而言，目前，在已发布的188项气象行业标准和37项气象国家标准中，教育培训领域的标准尚属空白，气象专业技术岗位培训相关标准当然也不例外。"十二五"规划中涉及教育培训的标准仅2项，分别是《气象教育培训岗位规范》和《气象教育培训质量评估规范》。

3　气象专业技术岗位培训的概念界定

从专业技术岗位培训的内容、教学过程和特点来看，专业技术岗位培训隶属于职业培训，其培训目标具体、清晰；培训课程设计以岗位为中心，培训内容以技能传递为主；培训为中短期培训，多则半年，短则数天；培训过程由培训目标设定、知识和信息传递、技能熟悉演练、作业达成评测、效果交流等内容构成。专业技术岗位培训具有专业性、层次性、经常性和实践性的特点。

气象专业技术岗位培训可定义为从气象事业的发展和气象专业技术的岗位要求出发，有目的、有计划、有组织地对已经从事或计划从事气象专业技术的人员进行职业素质、专业知识和岗位技能的培训。

---

①　本文刊载于2013年《气象标准化通讯》第1期。

4 气象专业技术岗位培训标准体系

4.1 标准体系概述

标准体系是指一定范围内的标准按其内在联系形成的科学的有机整体。其中，"一定范围""内在联系"和"有机整体"是定义的三个关键词。"一定范围"可以指国际、区域、国家、行业、地区、企业范围，也可以指产品、项目、技术、事务范围；"内在联系"指体系内的标准有其内在的相互关系；"有机整体"指标准体系是一个整体，构成标准体系的各部分之间是互相作用，缺少某部分就不成整体。

一般标准体系都具有结构性、协调性、整体性和目的性特征。所谓结构性是指标准体系内的标准按其内在的联系分类排列，标准体系的基本结构形式有层次结构和过程结构；协调性是指标准体系内的各项标准由于标准对象的内在联系而具有相关性，制定或修改其中任何一个标准，都必须考虑到对其他各相关标准的影响；整体性是指由于标准对象的内在联系形成的标准整体并非是个体标准的简单集合。对于一个孤立的标准，人们往往关注该标准提出的具体要求是否合理。当该标准置于标准体系之中后，才能发现，要实现该标准规定的要求，需要其他一系列标准相配合，如果标准体系不完备，该标准所规定的要求将难以保证实现；目的性是指任何标准体系都有其明确目的。

标准体系的形成过程一般有两种途径，一是从局部到整体，即根据实际需要制定急需的标准，再根据新的需要增加新标准，渐渐形成一个小体系。这些实施中的标准和局部体系在实践中接受检验，并根据客观要求，不断调整、修改、补充和完善。世界各国的标准体系大都是沿此途径形成的。另一种是从整体到局部，即首先确定标准化目标，同时规划、设计实现该目标所需要的全套标准（系统总设计），然后根据总体设计，制定出全部所需标准，形成一定规模、具备一定功能的标准体系。

实践证明，从整体到局部的体系建设，对于有限目标和小范围的局部标准体系是可行的。标准体系的覆盖面越宽、体系的要素越多，要素的更新越频繁，采用从整体到局部这种途径越困难。这也是本研究不直接选择研制气象教育培训标准体系而选择研究气象专业技术岗位培训标准体系的原因之一。

4.2 编制的目标和思路

研究气象专业技术岗位培训标准体系的目的是以我国现行气象专业岗位培训实践为起点，为全面编制气象专业技术岗位培训标准做必要的前期准备工作，以气象专业技术岗位标准化为开端，按照教育基本规律从上自下探讨专业技术岗位培训体系及子体系，以适应和支撑不断发展的气象继续教育事业。设计的基本思路是从气象专业技术岗位的各项要求出发，针对职业素质、专业知识和岗位技能不同的专业技术人员，涵盖岗位培训的各个环节，如设计相应课程，聘请合格教师，使用专门教材，以及培训过程管理；此外，作为一个标准体系还需要配置一套与之相应的基础性标准，即标准所需的规范性用语、名词、术语等。

4.3 编制标准体系遵循的原则

标准体系表是指一定范围的标准体系内的标准按一定形式排列起来的图表，它是标准体系的一种表现形式，即用图或表的形式把一个标准体系内的标准按一定形式排列起来，表示该标准体系的概况、总体结构，以及各标准之间的内在联系，它是编制标准、修订规划和计划的依据之一，是一定范围内包括现有、应有和预计制定标准的蓝图。根据《标准体系表编制原则和要求》（GB/T 13016—2009），标准体系表应目标明确、全面成套、层次适当、划分清楚。结合气象部门气象教育培训的实际情况，本标准体系遵循以下三个原则。

（1）系统性原则

气象专业技术岗位培训标准体系自成一个完整的系统，包括通用术语、培训师资、培训教材、培训环境（设施、设备、手段）、培训对象、教学过程管理六个子系统。气象专业技术岗位培训标准体系要体现出与相关标准体系的上下位关系，如与国家的教育培训标准体系、气象标准体系、气象培训标准体系等相衔接，如气象专业技术岗位培训师资标准要与气象标准体系中的岗位标准相衔接，气象专业技术岗位培训课程设计标准要与国家的教育培训标准体系相衔接。

（2）协调性原则

协调性表现在两个方面，一是该体系与中国气象局标准计划库中的岗位标准、上岗资格等标准相协调；二是气象专业技术岗位培训标准体系要贯穿整个培训过程活动，并与各培训构成环节相互协调。

（3）适用性原则

气象专业技术岗位培训标准体系必须符合当前气象专业技术岗位培训的实际，既能促进气象专业技术岗位培训业务的发展，又可以给未来的发展留有适当的空间，并与气象培训标准体系中的其他相关部分相衔接。

4.4 基本框架

从教育培训活动的一般规律来看，保证培训活动运转正常的主要是教育培训机构资质和教师、教学（课程和教材）、教学资源（环境、设备、手段等）、教学过程管理和接受培训者六个要素，这六个关键因素相互联系，构成培训活动的过程形式，以此构建标准体系的框架结构（见图1）。

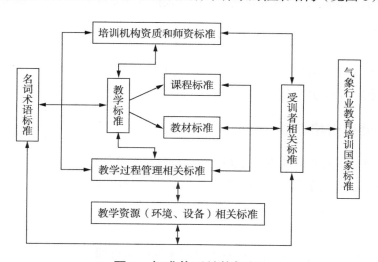

图 1　标准体系结构框架

从以往的培训实践活动层次的结构需要来看，气象培训标准体系中的培训师资标准中含有教授、副教授、讲师的三个层次（见图2）；课程标准中含高级、中级、入门三个层次，如预报员岗位系列课程含有三个高级培训班型，即首席预报员轮训培训、天气预报业务骨干高级研讨班、关键岗（领班）预报员轮训班，1个中级培训班，即普通岗（主副班）预报员轮训班；教材标准中也有与课程设置等级相对应的讲义、课本、课件等。对于不同专业、不同水平和不同需要的人员，其安排培训教育的内容和方式会不同。例如对于初级、中级、高级专业人员，由于他们承担的任务不同，知识和技能需求各异，培训的内容和方式就自然有所不同。初级人员应当侧重本职工作需要，加强基础知识和技能培训，掌握本职工作必须的基本技能，解决专业基础知识薄弱的问题。中级人员应侧重拓宽知识面，不断掌握新的技术能力。高级人员则应偏重"知其所以然"的培训，也包括新技能培训。

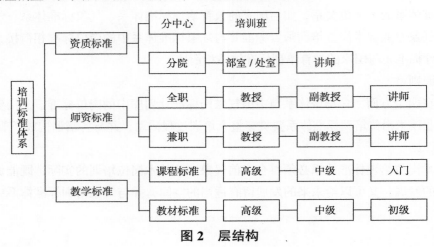

图 2　层结构

4.5　框架详解

气象专业岗位技术培训标准体系设计的基本思路是以受训者需求为目标，按照教育培训的规律和气象业务的实际要求，建立涵盖气象专业技术岗位培训所有环节的标准，突出气象培训的关键标准，即有关教师、教材、课程的相关标准，气象专业技术岗位培训标准体系应由以下六个部分组成（参见图1）。

4.5.1　通用术语标准

内容包括：气象专业技术岗位培训标准体系中教育培训机构资质和教师、教学等各子体系所涉及标准的共同通用的术语概念名词与定义。

4.5.2　培训机构和师资资格标准

内容包括：具有何种资质的培训机构才能进行何种气象专业岗位的技术培训；何等程度的培训教师可以教授何种专业和何等程度的受训者，授课教师的再教育和科学研究等。

4.5.3　教学标准

内容包括：①课程标准。针对不同培训对象设置不同的培训课程（班型）。包括课程性质、课程目标，内容目标、实施建议［如课程内容、教学方法、课程计划管理（课时安排、技能实践等），以及对修完相应课程，知识和技能应能达到何等程度］。譬如，WMO 258 号文件，规定气象学家基本专业课程（BIP-M）含有数学、物理学基础课程与辅修课，大气科学课程，物理气象学课程，动力气象学课程，天气学和中尺度气象学等专业课。②培训教材标准。根据课程标准，确定相应每门课程具体教授的内容。体现出什么层次的受训者，学习什么内容、使用何等水平的教材，可以达到培训的目标。

4.5.4　培训过程管理标准

内容包括：培训组织程序（招生、宣传、入学）、教学过程管理评价（如课程资源评价、教学环境评价）、培训考核标准、教育服务质量管理、培训质量评估标准等。

4.5.5　教学资源（环境、设备、手段等）标准

内容包括：教育预算与资源配置、基础设施（教室标准、必备教学设施）、教学实习基地、图书及信息服务、教育专家、教育交流等。

4.5.6　受训者相关标准

内容包括：入学学员需要具备的能力，毕业学员应具备的能力等，包括学员入学资质标准、学力定义、结业上岗标准等。

4.6　框架应用

下面以预报员岗位培训为例列出所需制定的部分标准。

（1）资质标准，包括培训机构、师资以及学院资格标准（属于急需制定的标准）。如名称为以下的标准：

气象专业技术岗位培训机构准入资质　第一部分：预报员培训

气象专业技术岗位培训教师资质　第一部分：预报员培训（包括授课教师、实习指导教师、班主任）

（2）教学标准，包括课程标准和教材标准（属于急需制定的标准）。如：

预报员岗位培训课程标准（包括培训班型、各班型的培训目标、课程计划、内容、课时安排、应达到的目标）

预报员岗位培训教材标准

（3）培训过程管理标准。如：

培训教学管理规程（属于急需制定的标准）

预报员岗位培训学习成果测试标准

预报员岗位培训质量检验标准

预报员岗位培训效果检验办法。

预报员岗位培训教学服务质量评价标准

（4）教学环境（设备、资源等）标准。如：

预报员岗位培训教学设备标准（属于急需制定的标准）

预报员岗位培训教学实习基地选择标准（属于急需制定的标准）

……

5　结论与建议

气象专业技术岗位培训标准体系的编制和建立是一项系统性的、长期的工作，需要不断地修改、补充和完善，目前的结果，只是以编制专业技术岗位培训标准体系为例，提出编制思路，今后有待优化与完善。

气象干部教育培训标准体系研究①

崔晓军　吴明亮　黄　潇　薛建军　成秀虎

（中国气象局气象干部培训学院，北京　100081）

摘　要： 总结梳理国内外教育培训标准化研究现状及气象标准情况，分析气象干部教育培训标准化存在的不足，提出研究的必要性。根据标准体系构建原则，以近年关于气象干部教育培训的相关政策文件为依据，构建由基础通用标准、气象干部教育培训师资水平、气象干部教育培训水平、气象干部教育培训组织管理、气象干部教育培训学风建设、气象干部教育培训保障、气象干部教育培训质量评估等7个子体系构成的气象干部教育培训标准体系框架，并提出实施对策建议。

关键词： 干部教育培训，气象保障，标准化，标准体系

1　引言

干部教育培训是社会事业的重要组成部分，是干部队伍建设的先导性、基础性、战略性工程，在进行伟大斗争、建设伟大工程、推进伟大事业、实现伟大梦想中具有不可替代的重要地位和作用[1]。气象行业具有高新技术推广应用快、业务专业性强、从业人员知识更新快、服务面宽、与国际接轨密切等特点。这些特点决定了气象干部教育培训在服务气象事业中发挥了重要作用，同时，其自身也取得了长足发展，尤其是党的十八大以来，气象干部教育培训业务取得新进展，培训课程体系开发、教材案例资源建设、实习实训环境建设、教学方式方法探索、培训质量管理等教育培训核心能力不断增强，干部教育培训对气象事业发展的针对性和实效性逐渐凸显[2, 3]。这些好经验好方法的推广、优化、改进、提升以及气象干部教育培训事业的规范化、科学化发展都需要标准化来实现。而标准体系建设状况是各级各类教育成熟水平的重要标志，也是保障各级各类教育规范化、科学化发展的必要政策工具[4]。但文献调研中关于干部教育培训标准体系的研究并不多，更未建立气象干部教育培训标准体系。在此背景下，本文分析了国内外研究现状及气象标准情况，以近年关于气象干部教育培训的相关政策文件为依据，提出气象干部教育培训标准体系构建原则，构建气象干部教育培训标准体系框架并提出实施对策建议。

①　本文受中国气象局创新发展专项"重点实验室年报、局校合作年报运行维持"（项目编号：CXFZ2022P065）、中国气象局标准预研项目"《气象标准体系表》标准研究"（项目编号：Y-2018-10）资助，在2022年《标准科学》第12期发表。

2 国内外研究现状及气象教育培训标准情况

2.1 国内外研究现状

关于教育培训标准化，发达国家起步较早，美国、英国、德国、澳大利亚等国家已经建立了比较成熟的行业规范[5~8]，我国则起步较晚，20世纪90年代末开始用ISO 9000加强培训管理，改进教学质量；2002年，国家经济贸易委员会开始在国内推广以教育培训机构的培训流程为核心的ISO10051标准[8]。目前已发布的与教育培训相关的国家标准并不多。截至2022年9月20日，国家标准全文公开系统[9]收录的现行有效强制性国家标准2022项，现行有效推荐性国家标准39675项，其中，标准名称中含有关键词"培训"或"教育"的104项，仅占现行有效国家标准的0.25%；标准名称中同时含有"教育"和"培训"的仅有54项，含有关键词"教育培训"的仅有全国教育服务标准化技术委员会归口的GB/T 28913—2012《成人教育培训服务　术语》、GB/T 28914—2012《成人教育培训工作者服务　能力评价》、GB/T 28915—2012《成人教育培训组织服务　通则》。专门针对"干部教育培训"制定的国家标准仅有中共中央组织部于2020年发布实施的《干部网络培训》系列标准。由此可知，与教育或培训相关的国家标准集中于网络培训、信息技术、语言培训、人力资源培训、非正规教育与培训的学习服务质量要求等几个方面，缺乏系统性和整体性，远远满足不了干部教育培训需求。

关于气象干部教育培训标准化的研究极少，李焕德等[8]提出构建由教育培训课程建设标准、教育培训质量评估标准、培训资源环境建设标准组成的河北省气象教育培训标准子体系框架，但未介绍该子体系的具体内容，仅以天气预报员培训实训环境标准化建设实践为例，对教育培训实训环境标准进行了探索。骆海英等[10]提出由过程管理标准、师资标准、教学标准组成气象专业技术岗位培训标准体系框架构想，并对框架进行简要说明。以上学者的研究对气象干部教育培训标准体系的构建有重要的借鉴意义。

2.2 气象教育培训标准情况

截至2022年9月20日，中国气象标准化网[11]收录现行有效气象领域国家标准203项、行业标准580项、地方标准872项、团体标准34项，分别输入关键词"培训"，气象领域国家标准、行业标准、团体标准检索数据为0，地方标准仅有1项，为DB14/T 1988—2020《地面人工影响天气作业人员培训规范》。

编制中的与教育培训相关的行业标准有3项：QX/T—2013—30《气象教育培训质量评估规范》、QX/T—2019—04《人工影响天气作业人员培训规范》、B—2022—054《气象干部培训资源建设指南教学案例开发》[11]。其中，行业标准《人工影响天气作业人员培训规范》由地方标准《地面人工影响天气作业人员培训规范》升级而来；而QX/T—2013—30《气象教育培训质量评估规范》在技术委员会审查阶段更名为《气象教育培训质量评估　学员评价》，并提出制定《气象教育培训质量评估规范同行专家评价》和《气象教育培训质量评估规范　管理部门评价》系列标准的计划。

由于没有足够数量的标准做支撑，一直以来，气象教育培训标准体系在气象标准体系框架中都不是一个完整独立的体系或子体系，在《气象标准化"十二五"发展规划》[12]中设在气象基础与综合标准分体系下，分散隶属于气象人才管理子体系和气象业务服务质量管理子体系；在《"十三五"气象标准体系框架及重点气象标准项目计划》[13]中设在气象综合领域下的气象人才管理子体系下。这与《气象高质量发展纲要（2022—2035年）》[14]提出的建设高水平气象人才队伍的目标极为不符，急需开展气象干部教育培训标准化研究，通过建立科学性、前瞻性、协调性、全面性、实用性强的气象干部教育培训标准体系，推动气象干部教育培训事业高质量发展，为气象高质量发展和气象强国建设提供坚强的人才支撑和智力支持。

3 气象干部教育培训标准体系设计原则

气象干部教育培训标准体系构建，一是遵循"目标明确、全面成套、层次适当、划分清楚"[15]的标准体系构建的普遍性原则。二是遵循规律性原则，既要遵循成人教育和干部教育的普遍规律，又要把握好思想政治教育的特殊性规律；既要遵循成人学习的普遍规律，又要把握好干部的成长规律、学习规律、生活规律[16]。三是遵循科学化、制度化、规范化原则。四是根据《2018—2022年全国干部教育培训规划》[1]的内容，必须遵循"坚持政治统领、服务大局，坚持以德为先、注重能力，坚持精准培训、全员覆盖，坚持改革创新、共建共享，坚持联系实际、从严管理"等原则。

4 气象干部教育培训标准体系设计

以《2018—2022年全国干部教育培训规划》[1]（以下简称《规划》）的有关内容为基础，以近年关于气象干部教育培训的相关政策文件[14,17-19]为依据，构建气象干部教育培训标准体系（如图1所示）。

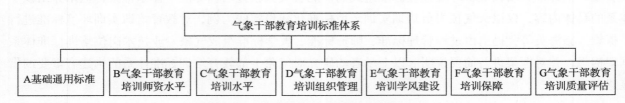

图1 气象干部教育培训标准体系框架

4.1 基础通用标准子体系

基础通用标准子体系主要包括术语标准、教育培训机构建设标准（如图2所示）。

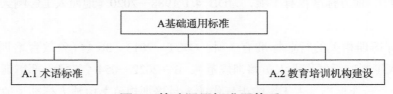

图2 基础通用标准子体系

4.1.1 术语标准

主要统一气象干部教育培训的相关概念认识，形成气象干部教育培训标准化工作的语言基础。需要注意与GB/T 28913—2012《成人教育培训服务术语》[9]、GB/T 5271.36—2012《信息技术词汇 第36部分：学习、教育和培训》[9]等已发布的相关标准相协调。

4.1.2 教育培训机构建设标准

按照分工明确、优势互补、布局合理、竞争有序的干部教育培训机构体系[17]建设要求，气象部门形成了开放式的气象干部教育培训体系（如图3所示）。因此，教育培训机构建设标准主要描述气象部门干部教育培训机构、气象及相关专业的高等院校、气象部门业务单位、科研院所、相关社会教育培训机构、海外人才培训基地等的办学定位、发展理念等，规范其相互关系，确保办学定位与发展理念的统一。

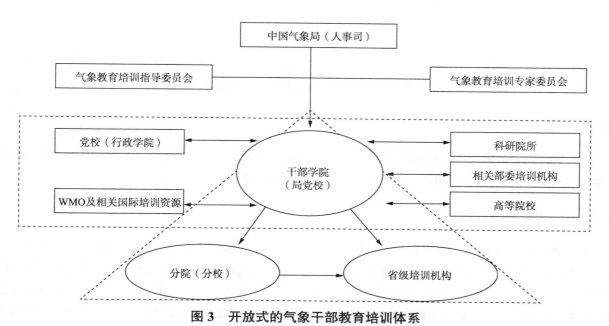

图3　开放式的气象干部教育培训体系

（注：此图来源于中国气象局气象干部培训学院原副院长王梅华教授的课件）

4.2　气象干部教育培训师资水平子体系

按照政治合格、素质优良、规模适当、结构合理、专兼结合[17]的干部教育培训师资队伍建设原则，气象干部教育培训师资水平子体系主要包括师资结构和师资队伍建设两方面（如图4所示）。

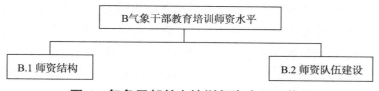

图4　气象干部教育培训师资水平子体系

4.2.1　师资结构标准

主要规范专职教师、兼职教师的配置比例及其专业结构、年龄结构、职称结构、学历结构、性别结构、地域结构等[1,16,17]，以反映编制的合理性和缺编或满编情况。

4.2.2　师资队伍建设标准

主要规范师资队伍的师德师风、师资培养、师资准入和退出、师资考核评价、职称评定和岗位聘任、教学团队建设、人才激励机制等[1,16,17]。其中，教学团队建设包括团队的组建、团队建设任务、团队评估考核、团队组织管理和保障措施等内容。

4.3　气象干部教育培训水平子体系

气象干部教育培训水平子体系主要包括培训设计、培训内容、培训方式方法、培训质量 4 个方面（如图 5 所示）。

图 5　气象干部教育培训水平子体系

4.3.1　培训设计标准

主要规范培训需求调研、目标设定、培训内容设置、培训方式、师资配备、运行方案等，使培训项目做到"一班一策"，具有针对性、差异性；培训内容具有系统性、内在逻辑性。

4.3.2　培训内容标准

干部教育培训内容是干部教育培训的核心，直接关系干部教育培训的性质、方向和目标实现[17]。培训内容的载体主要是课程体系和教材体系两大类，但课程建设和教材建设的基础是学科建设和科研管理[16]。因此，培训内容标准主要规范党的基本理论教育、党性教育、专业化能力培训、管理能力培训、业务岗位培训、气象新技术新方法培训等的内容体系[1,14]；课程规划、课程开发、课程执行、课程之间的逻辑关系、课程的更新淘汰机制等课程体系[16]；教材规划、教材开发、教材之间逻辑关系、教材的更新淘汰机制等教材体系；学科建设长期计划、学科建设与培训机构的功能定位和党性教育关系、学科建设对课程开发和教材建设的支撑情况、特色学科建设情况等学科建设水平；科研成果的数量、科研人员的比例、科研成果的质量、科研成果转化为课程和教材情况等科研水平[1,16,17]。

4.3.3　培训方式方法标准

干部教育培训方式，指的是组织干部参加学习培训活动的形式[17]。气象干部教育培训方式标准主要规范脱产培训、党委（党组）中心组学习、网络培训、在职自学、境外培训等方式的需求调研、培训计划、培训内容、培训时间、培训频次、制度保障、培训对象、过程管理、效果评价、培训机构的选择等方面，体现学员在教学中的主体地位，有效调动学员的积极性和参与性。其中，网络培训标准在执行中共中央组织部于 2020 年发布实施的《干部网络培训》系列标准外，可以申请制定该系列标准尚未规范的其他方面，也可结合气象部门的网络资源、培训资源等特点制定气象行业标准，但需注意与《干部网络培训》系列标准的协调一致性。

干部教育培训方法，指的是为达到既定的教学目标，将教育培训内容转化为干部的素质能力而运用的方法和手段[17]。气象干部教育培训方法标准主要规范讲授式、研讨式、案例式、模拟式、体验式等方法的教学方案、教学方法的综合运用情况、吸引力、感染力和持久性等方面，引导和支持气象干部教育培训方式方法的创新，提高干部教育培训质量和效益。

4.3.4　培训质量标准

培训质量是干部教育培训机构的生命线，是办学水平高低的综合体现，通常采用教学质量和培训效果来衡量[16]。教学质量标准主要包括施教者的教育理念、教学依据的掌握、教学艺术的运用、教学结构的设计、教学方法的采用、教学管理、教学总体效果等。培训效果标准主要包括参训学员在培训后工作能力及素质的提高程度，运用所学知识和技能解决实际问题的情况，学员所在单位的领导和同事对其培训结束后能力、素质变化的评价以及对其自我评价的确认程度等。

4.4 气象干部教育培训组织管理子体系

组织管理是为实现培训目标，通过组织、指挥、协调、控制、纠偏等一系列的管理行为，确保培训工作顺利进行的一项系统工程[16]。《规划》[1]提出要健全教学组织管理制度，加强干部教育培训全流程精细化管理。气象干部教育培训组织管理子体系包括领导班子建设、组织结构、管理队伍建设、档案管理等4部分（如图6所示）。

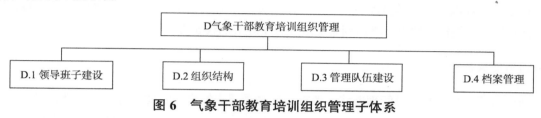

图6 气象干部教育培训组织管理子体系

4.4.1 领导班子建设标准

主要规范干部教育培训机构领导班子的专业、学历、职称、年龄等情况，确保真正把政治理论功底扎实、实践经验丰富、年富力强、开拓创新、忠诚于党的干部教育培训事业的优秀干部选拔充实到干部教育培训机构的领导班子中来。

4.4.2 组织结构标准

组织结构是指组织中的各个部门围绕工作任务的分解、组合和协调而形成的框架体系[20]。组织结构标准主要规范培训项目的立项、招标、实施、监督、验收等，培训机构的集体备课、教学督导、评价反馈等，教师的跟班管理、学员的自我管理等。

4.4.3 管理队伍建设标准

主要规范管理队伍结构和管理队伍培养两方面。管理队伍结构主要包括人员编制、综合素质、年龄结构、学历层次等；管理队伍培养主要包括学习需求调研、在职进修、考察调研、挂职锻炼、跟班学习等。

4.4.4 档案管理标准

干部教育培训档案主要包括：培训机构承办的各种类型的培训通知、教学计划、课程表、学员名单、成绩单、结业证书登记表，培训班预算、结算、总结以及有关教学方面形成的文件。档案管理标准主要规范档案管理人员要求、档案材料的范围、档案整理、档案的保管与保护、档案的统计、归档流程等内容。其中，关于电子档案管理系统的设计、开发、实施、使用和检测，可参照GB/T 39784—2021《电子档案管理系统通用功能要求》[9]执行，也可制定适合气象行业特色的气象行业标准。

4.5　气象干部教育培训学风建设子体系

气象干部教育培训学风建设子体系包括校园文化建设和培训制度执行两部分（如图 7 所示）。

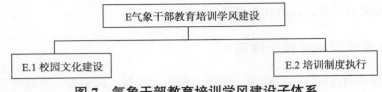

图 7　气象干部教育培训学风建设子体系

4.5.1　校园文化建设标准

主要规范校园环境布置、学员课余生活、工作人员精神面貌、相关活动的开展情况等内容，以促进形成具有自身特色、能把党性教育渗透到学员培训各个环节的校园文化。

4.5.2　培训制度执行标准

培训制度执行一是考察学员管理办法、考核制度是否建立健全，制度执行是否严格；二是考察是否强化了校风、教风管理，是否强化讲坛纪律，严守政治纪律[16]。因此，培训制度执行标准主要规范教师管理、学员管理、学风督查工作。教师管理包括教师讲课、参加会议、接受采访、发表文章等；学员管理分为党性教育、学习管理、组织管理和生活管理[18]，主要包括报到、学习、学籍、考勤、考核、纪律等[19]；学风督查包括督查的主要内容、工作程序、主要形式等。

4.6　气象干部教育培训保障子体系

气象干部教育培训保障子体系包括基础设施、经费管理、信息安全管理和资源环境建设等 4 部分（如图 8 所示）。

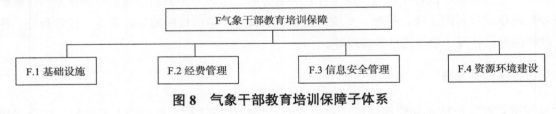

图 8　气象干部教育培训保障子体系

4.6.1　基础设施标准

主要规范干部教育培训机构的基本环境、活动场地、教学场地、教学设施、食宿保障等方面。例如：可以制定《气象干部教育培训党性教育基地》系列标准，包括建设、教学、管理、评价等。

4.6.2　经费管理标准

主要规范人员经费、专项培训经费、基本建设经费、科研经费的预算编制和审批、经费支出和报销、决算编制和审批、经费使用监督和检查等内容。

4.6.3　信息安全管理标准

主要规范信息安全管理体系、风险管理、运维管理、事件管理与应急处置、关键信息基础设施安全等方面。

4.6.4 资源环境建设标准

主要规范教材讲义、案（个）例、课件等培训资源建设，培训师资库、课程库建设，以及教学基础环境、数据环境、培训系统、实训环境（雷达机务仿真培训环境、地面观测实习实训环境、雷达产品应用实验室、智慧教室）等培训信息化环境建设。例如：结合气象业务技术体制重点改革的新进展，加强业务岗位培训课程及教材资源建设，如：编制中的《人工影响天气作业人员培训规范》和《气象干部培训资源建设指南教学案例开发》；围绕气象科技创新和研究型业务，加强新技术新方法培训资源建设；优化气象网络培训课程体系，加强优质网络课件资源建设，建成种类齐全、动态更新、务实管用的课件资源库。

4.7 气象干部教育培训质量评估子体系

评估是指评估主体运用科学的方法手段和合理的程序对被评估对象的价值做出科学判断的过程[17]。气象干部教育培训质量评估子体系包括培训机构办学质量评估、项目质量评估、课程质量评估等3部分（如图9所示）。

图9 气象干部教育培训评估子体系

4.7.1 培训机构办学质量评估标准

主要对培训机构的办学方针、培训质量、师资队伍、组织管理、学风建设、基础设施、经费管理[1]进行评估。办学方针包括全面落实"姓党"要求，办学目标、方向、定位及规划等指标；培训质量包括培训规模、培训内容、培训方法、培训效果等指标；师资队伍包括现有教师规模、结构，专职教师队伍建设，兼职教师队伍建设等指标；组织管理包括党委（党组）重视情况、班子建设、机构设置、管理队伍、制度规范等指标；学风建设包括理论联系实际，严以治校、严以治教、严以治学，校园文化建设等指标；基础设施包括教学设施、学员生活和文体设施、信息化建设等指标；经费管理包括经费保障、经费使用、经费监督等指标[1]。

4.7.2 培训项目质量评估标准

主要对培训项目的培训设计、培训实施、培训管理、培训效果[1]进行评估。气象干部教育培训经过多年创新发展，形成了"3+1"全流程培训项目质量管理模型（如图10所示），"3"代表培训质量的全流程质量控制机制，包括项目设计质量控制机制、项目实施质量监控机制、项目效果评估机制；"1"代表气象教育培训数据共享平台。通过在各个阶段制定相应的标准，可以有效避免培训项目散乱现象，并通过数据产品改进项目，提高质量。

4.7.3 培训课程质量评估标准

主要对培训课程的教学态度、教学内容、教学方法、教学效果[1]进行评估。《规划》[1]提出要"完善课程质量评估制度，健全由学员、教师(或者专家)、跟班管理人员、教学管理部门等多方参与的评估机制"，据此 2.2 节中《气象教育培训质量评估》系列标准名称考虑更改为《气象干部教育培训质量评估》，其包括的学员评价、同行专家评价、管理部门评价 3 个方面可以拓展为学员评价、教师评价、专家评价、跟班管理人员评价、教学管理部门评价 5 个方面，使评价的主体更加明确。

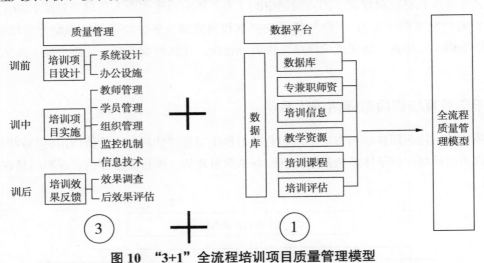

图 10 "3+1"全流程培训项目质量管理模型

5 实施对策建议

《气象标准化改革工作方案》[21]提出：以贯彻"管业务必须抓标准，管行业必须用标准"理念为基础，以优化标准体系结构和建立分类管理机制为抓手，强化气象标准的制度属性，增加优质气象标准的供给，加强气象标准"研究、立项、制定、应用"的一体化、全周期管理。据此，建议通过建立气象干部教育培训科研项目与标准项目同立项机制、加强教师和学员标准化知识培训、拓展标准化研发资金投入渠道、加强相关标准化技术委员会和主管部门的管理和指导、完善标准实施评估制度等措施，不断优化气象干部教育培训标准体系结构，推动气象干部教育培训标准化工作与气象改革发展深度融合，提高标准在推进气象治理体系和治理能力现代化中的基础性、引领性作用。

参考文献

[1] 中华人民共和国中央人民政府.中共中央印发《2018—2022 年全国干部教育培训规划》[Z/OL].（2018-11-01[2022-10-04]. http://www.gov.cn/zhengce/2018/11/01/ content_5336680.htm.

[2] 中国气象局气象干部培训学院.党的十八大以来气象干部教育培训总结报告[J].气象继续教育，2017（2）：1-16.

[3] 范红.WWO教育培训政策变化对我国气象教育培训的影响[J].继续教育，2012（3）.

[4] 胡马琳.教育标准化背景下我国学前教育标准体系建设的进展、问题与完善对策[J].现代教育管理，2021（1）：61-68.

[5] 胡东成，彭瑞霞.我国教育培训机构标准建设的研究[J].继续教育，2011，25（7）：6-10.

[6] 钱阳阳.我国职业教育培训标准建设研究[D].天津：天津大学，2014.

[7] 阎桂芝，王爱义.澳大利亚培训机构标准建设研究[J].成人教育，2011，31（2）：126-128.

[8] 李焕德，郭雪莉，李开元，等.教育培训实训环境标准建设的探索与实践——以气象教育培训实训环境标准建设为例[J].农业灾害研究，2020，10（5）：166-167，170.

[9]　国家标准化管理委员会．国家标准全文公开系统[Z/OL]．http：//www.gb688.cn/bzgk/gb/index.2022-09-20．

[10]　骆海英，成秀虎，边森，等．气象专业技术岗位培训标准体系初探[J]．标准科学，2015（气象增刊）：21-25．

[11]　中国气象局政策法规司．中国气象标准化网[Z/OL]．http://www.cmastd.cn/.2022-09-22．

[12]　中国气象局．气象标准化"十二五"发展规划：气发〔2012〕27号[Z/OL].（2015-07-02）[2022-10-04]. http://www.cma.gov.cn/2011xzt/2015zt/20150702/2015070202/201507020203/201507/t20150702_286783.html．

[13]　中国气象局．中国气象局关于印发"十三五"气象标准体系框架及重点气象标准项目计划的通知：气发〔2017〕26号[Z/OL]．（2017-04-17）[2022-10-04]. http://www.cma.gov.cn/zfxxgk/gknr/ ghjh/202006/t20200623_1771163.html.

[14]　国务院．国务院关于印发气象高质量发展纲要（2022—2035年）的通知：国发〔2022〕11号[Z/OL]．（2022-05-19）[2022-08-12].http://www.gov.cn/zhengce/content/2022/05/19/ content_5691116.htm．

[15]　中国标准化研究院．标准体系构建原则和要求：GB/T 13016—2018[S]．北京：中国标准出版社，2018．

[16]　肖小华．加强党性教育培训机构标准化建设[J]．党政论坛，2018（9）：18-20．

[17]　中共中央组织部干部教育局．《干部教育培训工作条例》学习辅导[M]．北京：党建读物出版社，2015．

[18]　中华人民共和国中央人民政府．中共中央印发《中国共产党党校（行政学院）工作条例》[Z/OL]．（2019-11-03）[2022-09-28]. http://www.gov.cn/zhengce/2019-11/03/content_5448149.htm．

[19]　中共中央组织部．中组部印发《关于在干部教育培训中进一步加强学员管理的规定》[Z/OL]．（2019-05-04）[2022-10-04]. https://zzb.xxu.edu.cn/info/1008/1411.htm．

[20]　管理科学技术名词审定委员会．管理科学技术名词[M]．北京：科学出版社，2016．

[21]　中国气象局．中国气象局关于印发《气象标准化改革工作方案》的通知：气发〔2022〕62号[Z/OL]．（2022-06-06）[2022-10-04]. http://www.cma.gov.cn/zfxxgk/gknr/wjgk/qtwj/202206/ P020220606564081960074.html．

新版教学质量评估指标体系试用研究报告①

邓　一　成秀虎　赵亚南　吴明亮　马春平

（中国气象局气象干部培训学院，北京　100081）

摘　要：为满足中央对党校提出的质量评估的要求及气象教育培训质量高质量发展的需求，中国气象局气象干部培训学院在原有教学质量评估指标基础上研究制定了新版指标体系并在业务上试用，试用结果说明了新指标的特点与优势，得出了新教学质量评估指标体系适用性好、评估结果与原指标可比性强的结论。并进一步思考提出了应用大数据人工智能新技术和强化评估结果智能化推送及针对性应用的建议。

关键词：教学质量评估，指标，研究

1　试用背景

干部教育培训是干部队伍建设的先导性、基础性、战略性工程。2018年12月后，随着《2018—2022年全国干部教育培训规划》《中国共产党党校（行政学院）工作条例》的陆续印发及干部学院出台落实《2019—2023年全国气象部门干部教育培训规划》的若干举措等系列文件精神，明确要求进一步健全气象干部教育培训质量评估制度，加强气象干部教育培训全流程精细化管理。

干部学院始终坚持"评估是确保培训质量的关键环节"的原则。教学质量评估业务从2003年开展至今，探索形成了评估业务体系，在确保培训质量上取得了一定成效。然而，评估指标较为单一、体现党校姓党要求的评估指标更新不及时，不同教学方式评估指标不加区分、评估结果差异化程度不高，评估结果对培训质量提升、培训管理的决策支持作用发挥不够的问题也还存在。党的十八大以来，干部学院围绕"教学、科研、咨询"三位一体，不断提升培训核心能力，党的十九大以来，干部学院成立"中共中国气象局党校"，加强理论建设和思想引领，进一步深化教学供给侧改革，开发了任职系列、党员党务干部系列等核心班次体系，在原有基础上进一步开发讲授式、案例式、研讨式、模拟式、体验式等系列大课重课，涵盖"习近平新时代中国特色社会主义思想"等系列课程体系。为满足新形势新任务新要求，不断提高教学质量，2019年，干部学院下发学院重点科研项目《气象部门党校教学质量评估及其应用研究》，初步构建了具有气象干部教育培训特色的新版教学质量评估指标体系（以下简称新指标）。2021年，参考中央党校（国家行政学院）、中国浦东干部学院、中国延安干部学院充分运用拥有自身特色的质量评估指标体系于培训质量监测评估中的做法，在学院领导和教务处的支持下，选择干部任职系列和培训师资班等11个班次对新版气象干部教育培训质量评估指标体系进行了试用，目的是检验新评估指标的适用性及满足需求的程度，提出正式推广使用的意见建议。

---

① 本文刊载于2021年《气象继续教育》第1期。

2 试用指标

2.1 班次质量评估指标

班次质量评估指标见表1，分为4个一级指标和15个二级指标。一级指标包括培训设计、培训实施、培训管理、培训效果，涵盖整个培训全流程管理环节，实现与干教规划指标的一致，同时又覆盖了干部学院原有指标的内容（参见表1备注）。二级指标的评价除政治纪律用"是否"方式由学员定性评价之外，其余指标均按照"非常满意""满意""一般""较不满意""不满意"五档进行定量评价。

表1 班次质量评估指标

一级指标	二级指标	评价内容	备注
培训设计	目标设定	培训目标的准确性	原指标
	课程设置	课程安排的合理性	原指标
	师资配备	师资配备的合理性	规划指标
	教材适用	培训教材的适用性	原指标
培训实施	政治纪律	授课教师是否有违反政治纪律的现象，如有请反馈	党校与三大干部学院新增指标
	教学内容	培训内容的针对性，课程内容的理解程度	原指标
	教学方法	教学方法的适用性	规划指标
	教学水平	教学主题符合课程目标，定位准确聚焦，教师授课水平高超	规划指标
	培训保障	教室及客房服务，餐厅服务，校园软硬件环境配置满足培训需求	原指标
培训管理	校风教风	严以治校、严以治教	规划指标
	学员学风	严以治学，具有理论联系实际的马克思主义学风，学习态度端正，严守培训纪律，学风浓厚	规划指标
	组织管理	严格组织调训、严格班级管理和学员管理，班主任能及时掌握并处理学员需求	
培训效果	对实际工作的指导	对实际工作的指导	原指标
	能力素养的提高	知识能力或理论党性的提升	规划指标

2.2 课程质量评估指标

课程质量评估指标分为讲授式、案例式、研讨式、模拟式、体验式五大类，见表2—表6。每类课程质量评估指标均包括教学内容、教学方法、教学态度、教学效果4个一级指标。二级指标根据不同类型课程教学方式特点设计，均按照"非常满意""满意""一般""较不满意""不满意"五档由学员进行定量评价。

表2 讲授式课程质量评估指标

课程分类	一级指标	二级指标	评价内容
讲授式	教学内容	学理支撑	"用学术讲政治",观点明确,逻辑严谨,论述充分,要点突出,具有国际视野和历史参照,有广度和深度
		问题导向	紧密联系当前形势、学员思想或工作实际,针对性强
	教学方法	讲课艺术	表达清晰,语言生动,互动充分
		教辅资料	教辅资料严谨,富有实用性和启发性(课件脉络清晰)
	教学态度	教学准备	教学准备充分,语言流畅,教态自然
		计划执行	态度严谨,授课内容符合教学计划的要求
	教学效果	能力素质	对知识能力(理论党性)提升和对工作的启发思考

表3 案例式课程质量评估指标

课程分类	一级指标	二级指标	评价内容
案例式	教学内容	学理支撑	定位准确,理论分析框架严谨,内容丰富,要点透彻,论述充分
		问题导向	案例典型,有深入分析的意义和对工作的实践指导价值
	教学方法	课堂组织	有序组织,引导学员积极参与,围绕案例充分思考、分析与讨论
		总结点评	能够准确归纳和提炼学员观点,并提出富有启发性的见解
	教学态度	教学准备	教学准备充分,语言流畅,教态自然
		计划执行	态度严谨,授课内容符合教学计划的要求
	教学效果	能力素质	对工作实践的指导,对思想理念和能力提升的启发作用

表4 研讨式课程质量评估指标

课程分类	一级指标	二级指标	评价内容
研讨式(分组研讨、访谈、学员论坛等)	教学内容	学理支撑	观点明确,理论分析框架清晰,论述充分
		问题导向	研讨题(主题)具有思辨性和现实针对性
	教学方法	研讨引导	引导性强,使学员按逻辑层次展开讨论,氛围活跃
		理论提升	对不同学员观点进行了辨析,给人启发
	教学态度	教学准备	教学准备充分,语言流畅,教态自然
		计划执行	态度严谨,授课内容符合教学计划的要求
	教学效果	能力素质	对知识能力(理论党性)的提升,对工作的指导价值

表5 模拟式课程质量评估指标

课程分类	一级指标	二级指标	评价内容
模拟式（桌面推演、角色扮演）	教学内容	演练导入	定位准确，逻辑严谨，内容丰富，背景和要点论述充分
		问题导向	场景选择具有典型性和现实针对性，问题设置具有现实性和启发性，演练资料能够提供参考和借鉴
	教学方法	组织实施	节奏控制合理，引导得当，流程衔接流畅，互动充分
		现场总结	总结（点评）准确、客观，要点明晰，富有启发性
	教学态度	教学准备	教学准备充分，语言流畅，教态自然
		计划执行	态度严谨，授课内容符合教学计划的要求
	教学效果	能力素质	对能力提升和工作开展的启发借鉴

表6 体验式课程质量评估指标

课程分类	一级指标	二级指标	评价内容
体验式（现场教学、破冰、行为训练等）	教学内容	专业知识	定位准确，讲解深入，提炼深刻
		问题导向	教学点（教学主题）有现实针对性、典型性、示范性
	教学方法	组织实施	教学组织周密，设计科学，节奏合理
		讲课艺术	表达清晰，语言生动，引导得当，感染力强
	教学态度	教学准备	教学准备充分，语言流畅，教态自然
		计划执行	态度严谨，授课内容符合教学计划的要求
	教学效果	能力素质	借鉴启发大（利于解决问题、推动工作）

3 试用班次与范围

此次教学质量评估指标试用范围包括干部学院、河北、安徽、湖南、湖北、四川、新疆等6个教学点11个班次，班次名称见表7。其中干部学院教学点4个班次，湖南分院2个班次；河北分院1个班次，安徽分院1个班次，湖北分院1个班次，四川分院1个班次，新疆分院1个班次。调查时间从2021年3月到10月底截止。

表7 试用班次与范围

班次	教学点	培训时间
第4期省级以上正处级领导干部任职培训	干部学院	9月16—30日
第9期省级以上副处级领导干部任职培训	湖南分院	5月16—22日
第11期省级以上副处级领导干部任职培训	湖南分院	5月23—29日
第4期地市局长任职培训	干部学院	10月11—23日

续表

班次	教学点	培训时间
第 3 期地市局副局长任职培训	干部学院	6 月 15—27 日
第 4 期地市局副局长任职培训	河北分院	6 月 20 日—7 月 2 日
第 3 期地市局纪检组长任职培训	安徽分院	7 月 19—31 日
第 13 期县局局长任职培训	新疆分院	5 月 16—28 日
第 14 期县局局长任职培训	湖北分院	5 月 17—29 日
第 15 期县局局长任职培训	四川分院	10 月 12—24 日
2021 年培训机构主要负责人专题研讨班	干部学院	3 月 24 日—4 月 1 日

4　数据采集与质量控制情况

4.1　数据采集情况

为避免对原质量评估业务工作造成干扰，本次试用采用在原评估业务基础上通过问卷星增加新指标测试的方式进行，同时获得两套可对比的数据，为新、原指标评价结果的对比提供了基础。11 个班次共有 471 人参训，涵盖县局长、正副地市局长、地市局纪检组长、省级以上正副处级领导干部以及培训机构主要负责人（处级）四类人员。教务系统回收 431 人，回收率达到 91.5%；测试指标回收 457 人，回收率达到 97.0%。两者的差异原因在于第 11 期省级以上副处级领导干部任职培训教务系统仅 5 人参与调查。

4.2　数据质量控制情况

鉴于第 11 期省级以上副处级领导干部任职培训教务系统数据回收率太低，为保证新原指标评价结果的可比性，将该班数据从试用分析数据中剔除，实际参与教学质量评估指标数据分析的班次为 10 个班次，具体分析数据见表 8。在课程质量评估数据中，少量课程是参观式课程，因此剔除了少量参观式课程质量数据，共计统计 141 门核心课程质量评估数据。

表 8　数据采集情况

班次	教学点	人数	教务系统答题人数	问卷星答题人数
第 4 期省级以上正处级领导干部任职培训	干部学院	45	43	43
第 9 期省级以上副处级领导干部任职培训	湖南分院	45	44	45
第 4 期地市局长任职培训	干部学院	34	32	31
第 3 期地市局副局长任职培训	干部学院	36	34	36
第 4 期地市局副局长任职培训	河北分院	52	52	52
第 3 期地市局纪检组长任职培训	安徽分院	50	50	50

班次	教学点	人数	教务系统答题人数	问卷星答题人数
第 13 期县局长任职培训	新疆分院	43	43	43
第 14 期县局长任职培训	湖北分院	51	51	51
第 15 期县局长任职培训	四川分院	49	47	43
2021 年培训机构主要负责人专题研讨班	干部学院	32	30	32

4.3 学员对新指标适用性反馈意见情况

为了解新指标在不同班次中的适用性，测试问卷中增加了要求学员对评估指标适用性进行评价的内容，该条意见的调查结果见表9，所有参与调查的学员均对新指标持肯定态度，其中有 32 人提出了具体的肯定意见，包括指标设计得当合理、与时俱进、切合实际，对实际工作指导价值高等。

表 9 对指标意见反馈

培训对象	持肯定态度人数	提出具体肯定意见人数	提出肯定意见摘要
省级以上正副处级领导	88	10	1.挺好的 2.已经非常不错了！ 3.指标设计得当 4.很全面
地市局领导	169	14	1.评估指标设计合理，无其他意见 2.可以 3.很好 4.对评估指标无意见
县局长	137	2	1.评估指标切合实际，在实际工作中指导价值很高 2.非常好
培训机构主要负责人	32	6	1.指标设计合理 2.指标与时俱进 3.好 4.没有意见

5 新、原指标试用结果对比分析

5.1 班次质量评估结果对比

10 个班次满意度对比情况见图 1，原指标平均值为 99.0，新指标平均值为 98.5，下降 0.5 分。各班次质量评估值与原指标趋势有 70%保持一致，显示与原指标有较好的一致性。反位相的三个班次与新指标增加了师资配备、教学方法、教学水平、校风教风、学员学风、组织管理等指标造成的差异所致。第 3 期地市局副局长任职培训、第 13 期县局长任职培训、2021 年培训机构主要负责人培训班新增指标平均值分别为 98.0 分、99.7 分、96.9 分，拉高了评分值，弥补了原指标反映培训师资配备、教学方法、教学水平、校风教风、学员学风、组织管理等方面状况的不足。

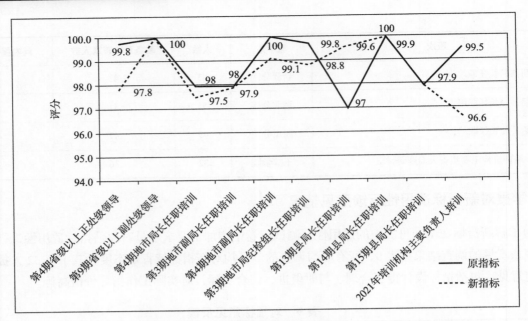

图 1　班次质量评估结果对比

5.2　课程质量评估结果对比

针对 10 个班次 141 门课程的评估结果对比见图 2，原指标课程质量得分平均值为 98.9 分，现指标平均值为 98.2 分，较之前下降 0.7 分。各班次质量评估值与原指标趋势基本保持一致，但区分度会更高一些。

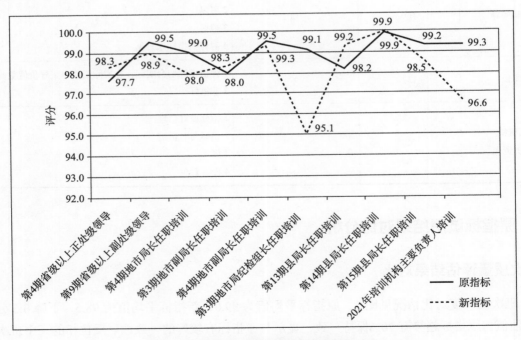

图 2　不同班次课程质量评估结果对比

不同教学方式课程质量评估结果对比见图 3。对讲授式、案例式、研讨式、模拟式、体验式五类课程授课评估结果分析显示，新指标分值低于原指标。讲授式、案例式、研讨式、模拟式、体验式平均分下降 0.7 分、1.1 分、0.9 分、1 分以及 0.1 分。表明案例式、模拟式课程有更大的改进空间，从而可以增大对具体教学方式、不同班次教学方式改进的指导性。

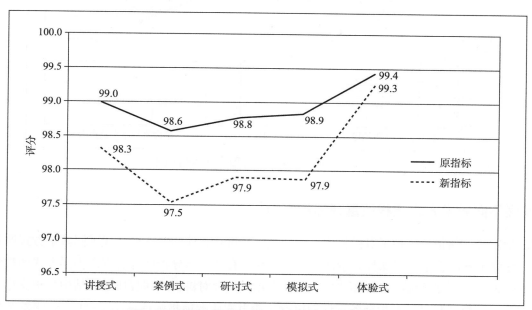

图 3　不同教学方式课程质量评估结果对比

6　新指标的优势与特点

6.1　反映干部教育培训讲政治的要求

吸收中央党校（国家行政学院）、中国浦东干部学院、中国延安干部学院等院校指标，在班次质量评估指标中增设"政治纪律"，相应评价内容为"授课教师是否有违反政治纪律的现象，如有请反馈"。在课程质量评估指标中体现"用学术讲政治""态度严谨，授课内容符合教学计划的要求"等要求。评估结果显示，学员反馈没有发现违反政治纪律的现象，指标符合党校姓党、旗帜鲜明讲政治的要求。

6.2　强化校风教风学风监督

《2018—2022 年全国干部教育培训规划》明确要求严以治校、严以治教、严以治学。原教学质量评估指标没有对教风校风学风的质量监控。新教学质量评估指标能够以数据的形式有效反映校风教风和学员学风情况。针对省级以上正处级领导干部、地市局领导、县局长、培训机构主要负责人对校风教风学风评估结果见图 4，新指标平均值分别为 98.9 分、98.3 分、99.3 分、97.3 分，反映各培训点校风教风和学员学风普遍良好。

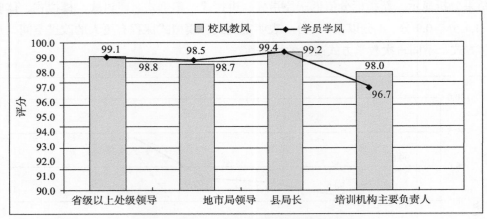

图4　校风教风学风评估结果

6.3　增强不同教学方式课程质量评估的针对性

新教学质量评估指标实现了对讲授式、案例式、研讨式、体验式、模拟式不同教学方式课程质量分类评估，增强了不同教学方式课程质量评估的针对性，有利于指导授课师资提升不同方式的教学水平，帮助培训管理部门找到培训的薄弱环节或管理的重点。如针对讲授式课程质量评估中学理支撑、问题导向、讲课艺术、教辅资料、教学准备、计划执行、能力素质七项指标评估结果见图5，平均分值为98.3分，但能力素质满意度低于平均值。

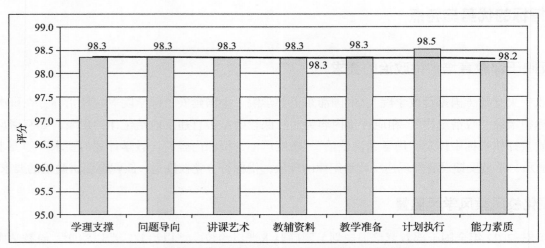

图5　讲授式课程质量评估结果（实线为平均值）

针对案例式课程质量评估中学理支撑、问题导向、课堂组织、总结点评、教学准备、计划执行、能力素质七项指标评估结果见图6，平均分值为97.5分，计划执行满意度略低于平均值。

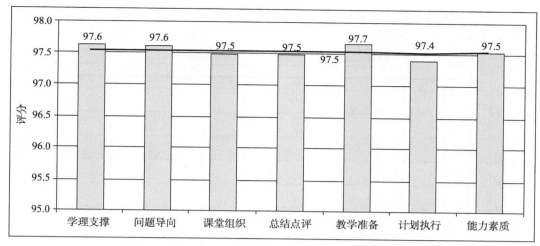

图 6　案例式课程质量评估结果（实线为平均值）

针对研讨式课程质量评估中学理支撑、问题导向、研讨引导、理论提升、教学准备、计划执行、能力素质评估结果见图 7，平均分值为 97.9 分，研讨引导、能力素质指标分值低于平均值。

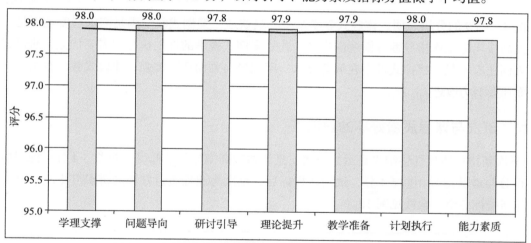

图 7　研讨式课程质量评估结果（实线为平均值）

针对模拟式课程质量评估中学理支撑、问题导向、研讨引导、理论提升、教学准备、计划执行、能力素质评估结果见图 8，平均分值为 97.9 分，演练导入、问题导向、能力素质指标分值略低于平均值。

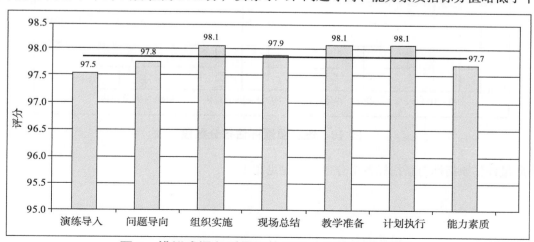

图 8　模拟式课程质量评估结果（实线为平均值）

针对体验式课程质量评估中专业知识、问题导向、组织实施、讲课艺术、教学准备、计划执行、能力素质评估结果见图9，平均分值为99.3分，组织实施、教学准备指标分值略低于平均值。

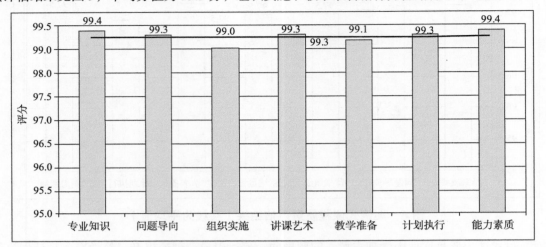

图9　体验式课程质量评估结果（实线为平均值）

综合图5—图9的分析表明，体验式教学最受学员欢迎，案例式教学满足需求程度还不足，对学员能力素质提高或实际工作指导性方面还需提高。此外案例式教学的计划执行力需要加强，研讨式教学在研讨引导方面还有不足，模拟式教学在演练导入、问题导向方面还要加强，体验式教学在组织实施、教学准备方面还要努力改进。

5.4　增加了班次与课程质量好坏的辨识度

10个班次新指标质量评估结果显示，班次质量评估最高得分与最低得分相差3.4分；课程质量评估指标最高得分与最低得分相差5.4分，试用新指标后，班次与课程质量好坏的辨识度更高。班次质量评估原指标与新指标各个分数段见图10。

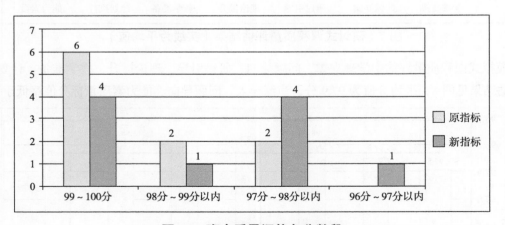

图10　班次质量评估各分数段

课程质量评估原指标与新指标各个分数段情况见图11。

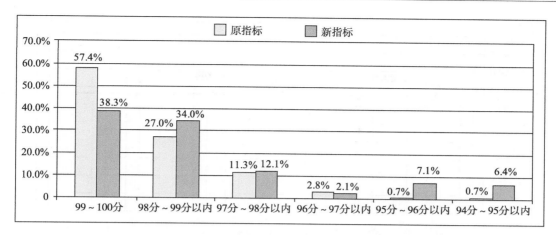

图 11　课程质量评估各分数段

5.5　便于不同班次、不同课程、不同教学点质量比较

5.5.1　不同班次质量评估

评估结果显示，省级以上正副处级领导干部任职培训班次获得学员的认可，评估结果见图 12。省级以上处级领导干部反馈培训非常好，继续保持。对培训建议如下：在教学方法方面，建议增加案例教学比例和案例分析课程；在培训保障方面，建议增加南方人口味食品。

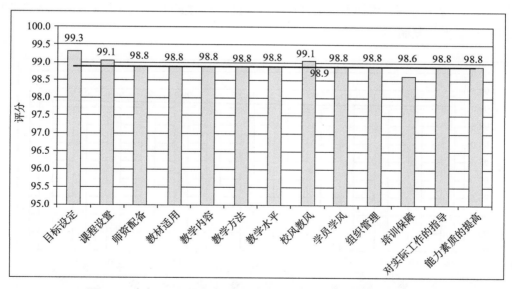

图 12　省级以上处级领导干部班次系列（实线为平均值）

正副地市局长和地市局纪检组长任职培训班次学员反馈培训非常精彩，意犹未尽，评估结果见图 13。反馈建议如下：在师资配备方面，邀请北大清华教授授课。在课程设置上，多一些实践活动，增加现场调研学习，增加案例分析课并根据不同培训对象差异，提炼不同层次学员思考。在组织管理方面，定期组织培训学习，不断强化提升科学管理能力。在对实际工作的指导方面，更多侧重联系实际。

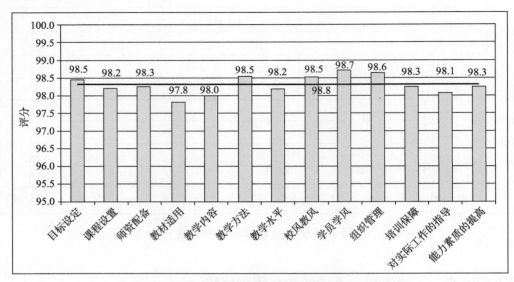

图 13　地市局领导班次系列（实线为平均值）

县局长任职培训班次学员纷纷表示通过培训获益匪浅，学到了台站管理知识，评估结果见图 14。反馈意见如下：在课程设置上，建议既注重课堂教学，也注重实地实景教学与交流，可以选择成都乃至全省有特色特点的基层局作为教学点。学员们通过参观台站建设、气象文化氛围营造、业务服务平台等，加深对基层气象高质量发展的体会；课程增加团队建设内容。建议增加案例课程、情景教学课程、体验式调研学习。在培训保障方面，增加不同地区口味的菜品。在对实际工作的指导方面，多总结基层经验和亮点，便于推广借鉴和复制。

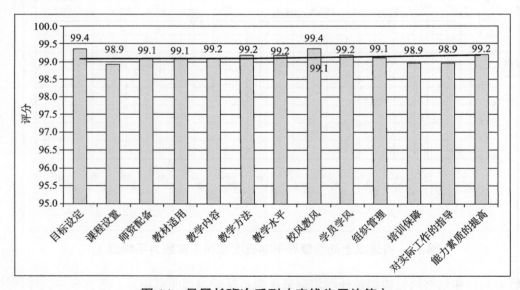

图 14　县局长班次系列（实线为平均值）

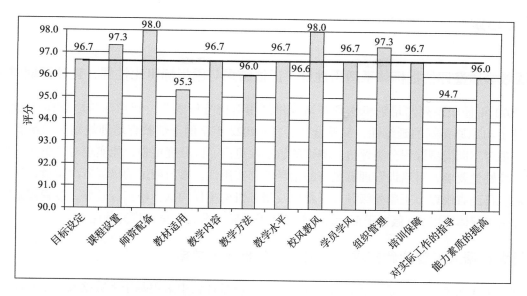

图15 培训机构主要负责人（实线为平均值）

培训机构主要负责人研讨班次获得学员认可，评估结果见图15。学员建议以后可以多办此类研修班，并建议在教学方法上，增加互动性环节，研讨组间交叉，做到广泛交流。在对实际工作的指导方面，建议增加对省培中心更为具体指导。

5.5.2 不同类型师资课程质量评估结果

针对中国气象局领导、职能司领导、外部门专家、省局领导、部门内专家、干部学院教师、分院教师7类教师授课满意度调查见图16，专职师资授课平均满意度为98.5分；兼职师资授课平均满意度为98.2分。省局领导授课满意度相对略低

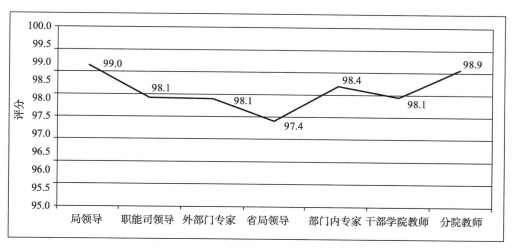

图16 不同类型师资课程质量评估

7　结论与建议

7.1　新版教学质量评估指标体系适用性好、评估结果与原指标可比性强，建议适时推开使用

通过 2021 年任职系列与培训机构师资培训班试用对比分析表明，新指标与原指标有很强的可比性，既保持了与原原指标的延续性，又符合《2018—2022 年全国干部教育培训规划》的新要求，新增指标还能实现对不同类型课程分类评价，测试的敏感度更高、区分度更强，能实现对培训质量的有效监控，满足党校姓党要求，对培训管理有更好的指导性和实用性。参与测试的培训班次学员，从县局长到正副地市局长再到省级以上正副处级领导干部以及培训机构主任均认为新指标较好，故建议适时将新版教学质量评估指标体系以 2.0 版在干部学院（党校）及分院（分校）全面推开使用。

7.2　应用大数据人工智能新技术一体化采集分析评估数据

大数据和人工智能的应用是发展趋势。建议在教学质量评估中采用基于大数据及人工智能的新技术新方法开展教学质量评估数据采集与分析工作，实现评估问卷调查、数据汇总、数据分析、图表制作一体化运行，尽快开发基于移动网络、手机终端的评估调查数据采集系统与基于互联网的评估业务数据分析系统，形成新型集约化智能化的教学质量评估业务平台。

7.3　强化评估结果智能化推送和针对性应用

实现按需智能推送到培训管理部门、培训实施部门、培训计划部门领导和教师，强化评估结果的指导性应用，形成评估报告或结果分层反馈机制，将评估结果作为教师岗位职称考核评聘依据，作为相关奖励评优和课程设计与改进的参考，将相关措施纳入学院培训管理的相关制度建设中。

全国气象部门县局长综合素质轮训教学质量和培训效果评估分析报告①

县局长综合素质轮训教学质量评估组

按照"集中组织、分散实施"的原则，在中国气象局党组的领导和人事司的统筹指导下，中国气象局培训中心牵头河北、安徽、湖北、湖南、四川、新疆 6 个培训中心，实行"统一教学计划、统一教学要求，统一培训教材"的教学组织方式，于 2009-2011 年共同组织实施了全国气象部门县局长综合素质轮训，圆满完成了党组交办的县局长轮训任务。为了对轮训工作的质量和效果做出全面的评估，中国气象局培训中心依据轮训过程中 8 期 46 个班的教学质量调查和轮训后组织的培训效果调查数据，对这次轮训工作的质量和效果进行了全面分析，借以了解轮训的教学及教学组织能力，评价整个轮训工作的成效，并为今后继续开展大规模的全国性干部培训、增强培训效果提供经验和参考。

1 评估方法与资料来源

本次评估依据柯氏四层次评估理论建立的中国气象局培训中心县局长轮训四层评估模型进行，把培训效果评估分为反应层、学习层、行为层、结果层四个层次。（1）反应层用于评估学员接受培训时对培训本身是否满意及满意的程度；（2）学习层用于评估学员在接受培训后知识和技能是否得到提高及提高的程度；（3）行为层用于评估学员所学的知识和技能是否在工作中得到运用和运用的程度；（4）结果层用于评估学员是否通过所学知识和技能使得单位的业绩得到改善和改善程度，评估模型结构见表1。依照评估模型建立的评估指标进行资料采集，并在轮训结束后结合学员座谈情况和后效果调查情况，建立了评估的基础数据集。

表 1　中国气象局培训中心县局长轮训四层评估模型

评估层次	主要评估内容	主要评估事项
反应层	了解学员的反应	对培训课程计划的满意程度
		对课程内容的理解程度
		对培训师资的满意程度
		对培训保障的满意程度

---

① 本文在 2011 年《气象继续教育》第 1 期上刊载，执笔人：成秀虎、刘莉红、余森、马旭玲、赵红艳、张蕾。

续表

评估层次	主要评估内容	主要评估事项
学习层	检查学习效果	学员学到了什么
		培训前后、学员知识、技能哪些地方得到提高
行为层	衡量培训前后工作表现变化	工作中应用了哪些知识、技能
		工作行为的改善程度
结果层	衡量单位业绩变化	单位因为培训业绩增加产生的变化

由于本次培训采取的是"集中组织、分散实施"的组织形式，各个教学点是否围绕培训目标实施有效的教学安排，教学要求是否统一，是评价轮训工作成败的关键。统一的教学要求以统一的评价数据为基础，本次评估数据完全依据轮训前制订的轮训评估方案中规定的样本采集标准由培训中心统一进行采集，共有两千多名学员参与了问卷调查。评估数据分别取自表 2 中的问卷调查表以及学员的综合考核成绩，四类问卷的回收率在 94% ~ 100%之间，数据分析结果有较强的可靠性。

表 2 资料来源情况

问卷名称	发放份数	回收份数	回收率
全国气象部门县局长轮训教学质量调查表	2217	2217	100%
全国气象部门县局长轮训教学组织与实施情况调查问卷	2217	2217	100%
全国气象部门县局长综合素质轮训效果评估调查问卷*	2217	1999	90%
全国气象部门县局长综合素质轮训送培单位轮训效果反馈调查问卷	332	318	96%

*问卷内容参见报告附件 1、2。

本次评估重点对培训内容设计（含课程设置）、教学组织（保障）情况、教学质量情况和培训效果进行了评估，结果如下。

2 培训内容设计质量评价

培训内容设计与课程设置合理、培训针对性强是轮训达到预期目标的关键。评估结果表明，学员对培训内容的安排普遍感到满意，认为课程设置科学，符合基层气象部门的工作实际，教学内容设计合理，具有较高的实效性和较强的针对性。

2.1 培训内容设计的总体评价

学员对各培训内容设计满意度的综合评价值介于 9.57 - 9.91 之间，平均值为 9.77，普遍得到了学员的认可。不同期次的比较发现，评价值前三期相对偏低，反映了学员对培训内容针对性、实用性的渴望，对实际工作指导性的强烈要求，如北京第一期学员建议在内容设计上增加领导艺术类、国际国内形势等内容，四川教学点第三期的学员提出希望多讲一点现实的且适用的管理方法及结合实际开展有特色的实用内容。这些试点培训中发现的问题，在七个点全面铺开的轮训中通过调整区域特色课程、增加相关内容和设置培训计划导读而得以解决。

　　教学计划与培训内容在各教学点得到很好的贯彻和执行，各教学点数据比较发现培训内容对学员开展工作的帮助程度大于对个人能力提升的帮助（见图1、图2），体现了此次培训的组织要求特点，更多的是帮助县局长解决县局发展中共同面临的工作问题而不是偏重于解决县局长个性化的需求问题，恰好印证了举办轮训是为了推动县局长按照党组战略部署开展基层气象工作这一目的。

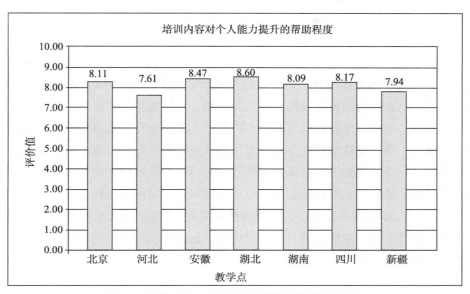

图1　培训内容对个人能力提升的帮助程度

（说明：将每个因子的5级评估分别赋予相应的值，用平均数反映每个因子的变化。纵坐标值表示：0~2表示没有帮助、2~4表示帮助较小、4~6表示帮助一般、6~8表示较大帮助、8~10表示很大帮助）

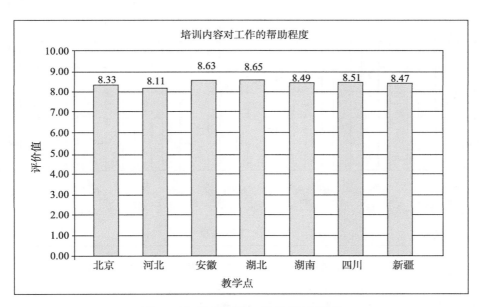

图2　培训内容对工作的帮助程度

（说明：将每个因子的5级评估分别赋予相应的值，用平均数反映每个因子的变化。纵坐标值表示：0~2表示没有帮助、2~4表示帮助较小、4~6表示帮助一般、6~8表示较大帮助、8~10表示很大帮助）

　　总体而言，学员普遍认为课程内容设置紧贴气象现代化建设中县局发展的需要，在强化党性观念的基础上，强调现代气象业务的新理念、新知识和新方法，使学员更准确地把握了基层工作定位、明确了基层业务范畴。调查显示，课程内容设置对学员个人能力和综合素质提高都有不同程度的帮助。

2.2　课程设置满意度评价

　　本次培训课程分为15门必修课和由七个教学点自行设置的区域特色课程（含专题讲座）4门课，本次评估对区域特色课程作合并处理作为一门课程评价，结果如图3。

　　结果表明15门必修课和区域特色课程均受到学员欢迎，评价值全部超过9.8分。其中《认清形势把握方向 扎实工作，全面推动气象事业科学发展》最高达9.92分，说明县局领导对气象事业未来朝哪个方向发展十分关注；另外《气象部门基层财务管理与项目管理》《基层台站人才培养与使用》受欢迎程度也很高，说明人才、财务问题是困扰县局长的主要问题，与目前基层气象部门的实际情况相吻合。如在双重计划财务体制下，中央、地方财权与事权不匹配，中央、地方气象事业界限不明晰，以及区域经济发展的不平衡，导致一些欠发达地区在争取地方气象事业经费上存在困难；基层财务人员配备不足，会计岗位责任不明确，财务人员是一人多岗，未接收过专门的专业培训，使基层财务管理难度增大，也给基层气象财务管理工作适应公共财政体制改革带来了阻碍；气象服务和社会管理职责加重，但基层人手紧，编制解决不了，人才结构不合理、人员积极性不高等。《气象防灾减灾与新农村建设》与《人工影响天气业务发展与管理》两门课程评价分值相对偏低，前者可能与工作尚未全面开展、后者可能与工作相对熟悉，需求不那么强烈有关。

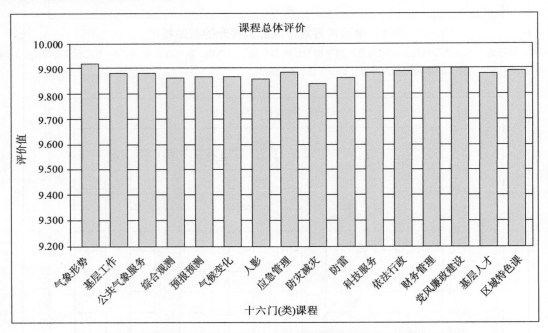

图3　轮训学员对十六门（类）课程的平均总体评价

（说明：将每个因子的5级评估分别赋予相应的值，用平均数反映每个因子的变化。纵坐标值表示：0~2表示不满意、2~4表示满意度较低、4~6表示一般满意、6~8表示比较满意、8~10表示十分满意）

2.3　教材满意度评价

　　培训教材（讲义）是培训内容的有形载体，是学员学习的第一帮手。本次轮训共提供了轮训讲义、轮训经验交流材料、轮训案例分析选编、轮训学习材料四种辅导材料。调查结果发现，轮训讲义和学习材料对学员的帮助较大（见图4）；轮训经验交流材料和案例分析选编也对学习有一定的帮助，说明体现党组战略思想的教材和有关中央政策、文件汇编、领导讲话的学习材料对学员来说十分重要，轮训交流材料和案例选编评分略低，反映以经验、案例为主的学习辅导材料针对性还应加强。

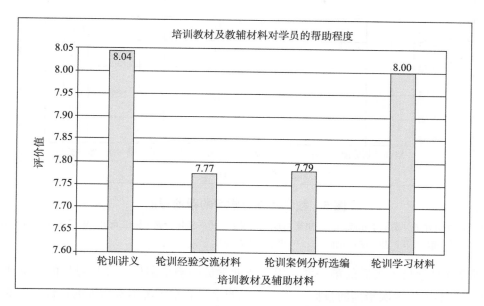

图4　培训教材及教辅材料对学员的帮助

(说明：将每个因子的5级评估分别赋予相应的值，用平均数反映每个因子的变化。纵坐标值表示：0～2表示没有帮助、2～4表示帮助较小、4～6表示帮助一般、6～8表示较大帮助、8～10表示很大帮助)

3　教学组织（保障）质量

轮训是否成功，培训的有效组织实施和提供必要的培训保障十分重要，本部分重点评价轮训实施单位的教学组织能力与培训保障能力。

3.1　教学组织管理能力

学员报到后能否尽快转变身份、进入角色，从一开始就明了培训目标，全身心投入学习，反映了培训实施单位的教学组织管理能力。本次评估重点考察实施单位培训流程、学习制度是不是具备、学习条件与食宿安排是否妥当，课程安排是否合理，教师是否能如期到堂上课，能否为学员提供相互熟悉和交流的机会以促进学员更好地开展学习等。

图5显示各培训实施单位的培训组织能力评分7.69以上，8分以下，低于培训内容设计的评价，但仍在较好偏上的水平。反映各教学点的轮训教学组织工作做得比较好，对促进县局长的学习有较大帮助，尤其是培训班日常管理、学员手册、培训计划导读对学员尽快进入学习状态帮助较大；但课程安排评分最低，与经常调课、教学计划的完整性受到一定程度的影响有关。

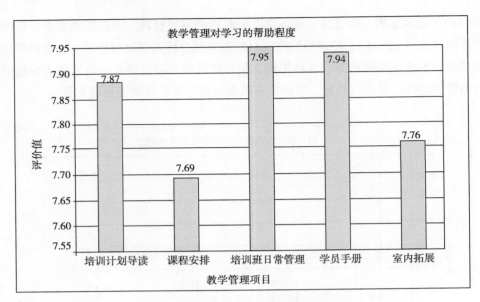

图 5 教学管理对学习的帮助程度

(说明：将每个因子的 5 级评估分别赋予相应的值，用平均数反映每个因子的变化。纵坐标值表示：0~2 表示没有帮助、2~4 表示帮助较小、4~6 表示帮助一般、6~8 表示较大帮助、8~10 表示很大帮助)

  培训计划导读是学员入校后的第一课，用于帮助学员明确培训目标和学习目的。统计数据表明，99%的学员表示基本了解本次培训的目标，其中 57%的学员非常了解本次培训的目标。图 6 显示，在不同教学点参加培训的学员都对此次培训目标有较好的了解，反映了各教学点在开班导读这一环都做了扎实的工作。

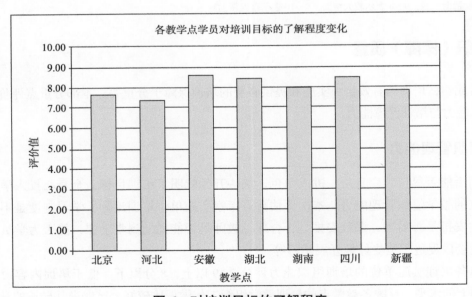

图 6 对培训目标的了解程度

(说明：将每个因子的 5 级评估分别赋予相应的值，用平均数反映每个因子的变化。纵坐标值表示：0~2 表示没有变化、2~4 表示微小变化、4~6 表示中等变化、6~8 表示较大变化、8~10 表示很大变化)

3.2 组织教师上课能力

  此次轮训主要依靠各级领导干部上课，从学员对授课教师出勤情况的满意度可以看出各单位组织教师的能力（参见图 7）。总体上看 83% 以上的教师能按照各教学点的要求按时按计划到堂上课，也有 16% 多一点的教师在按时出勤上课方面有一定不足，这与轮训教师队伍以兼职教师队伍为主、上课时间有时不能保证有关，建立一支稳定的专兼职教师队伍是未来管理类培训面临的共性问题。

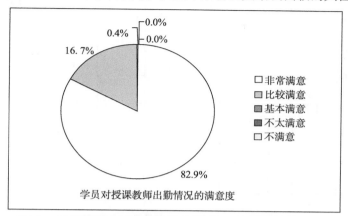

图 7　轮训学员对授课教师出勤情况的满意度评价

3.3　培训保障能力

从教学保障能力来看，各教学点的教学保障整体都在 9.5 分以上，反映各教学点对做好本次轮训的教学保障工作准备充分（图 8）。七个教学点中河北平均水平偏低的原因是前两期(2、3 期)学员在校外住宿校内上课、造成学员生活上的不便所至，第 4 期培训班开始后，河北教学点使用了新建的培训学员宿舍，极大地改善了食宿条件，后期的评价结果明显提高（图 9）。由此可见，领导干部对食宿条件的好坏、学习环境的方便程度是非常在意和敏感的。

3.3.1　客房服务质量评价分析

对各教学点的客房服务质量的评价值平均都在 9.0 以上，说明各教学点为学员提供了生活上较满意的保障，其中基础设施条件不好的教学点还安排学员住在局招待所。

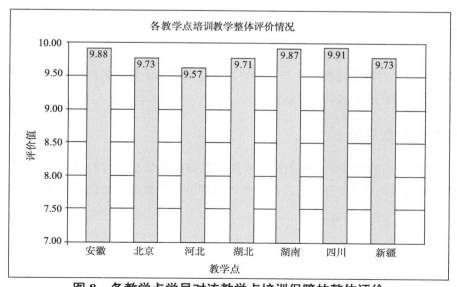

图 8　各教学点学员对该教学点培训保障的整体评价

(说明：将每个因子的 5 级评估分别赋予相应的值，用平均数反映每个因子的变化。纵坐标值表示：0~2 表示不满意、2~4 表示比较不满意、4~6 表示一般满意、6~8 表示比较满意、8~10 表示非常满意)

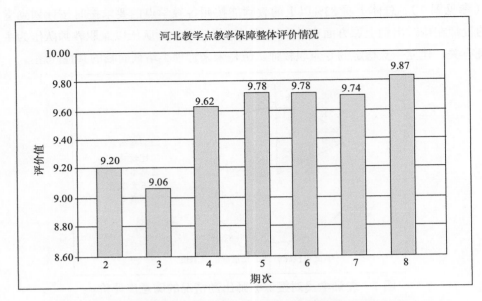

图9 河北教学点学员对该教学点培训保障的整体评价

(说明：将每个因子的5级评估分别赋予相应的值，用平均数反映每个因子的变化。纵坐标值表示：0~2表示不满意、2~4表示比较不满意、4~6表示一般满意、6~8表示比较满意、8~10表示非常满意)

3.3.2 餐厅服务评价分析

总体来讲，学员对餐厅的服务比较满意。但是分析的结果也显示，北京教学点的餐厅服务综合评价值是8.95，相对其他教学点偏低，原因可能是：北京物价高，按照同一就餐标准在北京就餐，饭菜质量是无法与其他教学点相比的。

学员对餐厅服务评价相对不满意的地方主要集中在菜肴花色及质量上。这也说明随着生活水平的提高，学员们对饮食的需求已由若干年前的吃饱上升到了吃好，这给培训的餐厅服务工作带来了一定的压力。

4 教学质量评估

教学质量评估目的是对教学过程中教与学的双方进行跟踪和了解，掌握教师的授课情况、教学方式方法的应用情况以及学员在班上的学习收获情况。

4.1 教师教学质量分析评价

图10为根据本次轮训的专兼职任课教师的来源对教师授课情况进行的分类评价。结果显示，专兼职教师的授课质量评价值均在9.8分以上，说明本轮培训各任课教师的知识水平高、教学能力强、学员的认可度高。

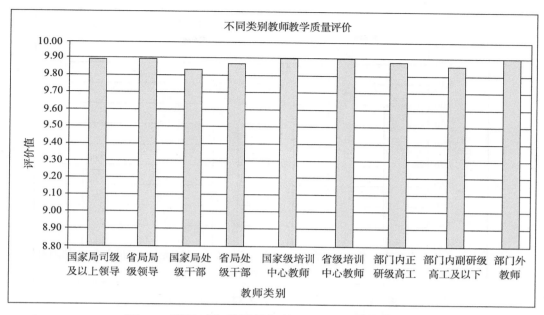

图10　学员对各类别教师教学质量的评价结果

分类来看，培训中心以及部门外的专职任课教师整体评价值高于兼职教师，这与专职教师积累多年的教学工作经验、掌握丰富的教育教学理论知识和灵活的教学方法以及较强的教学能力有关，所以能受到学员的普遍欢迎。像"杂交水稻之父"袁隆平院士作为教授在湖南教学点所上的《发展杂交水稻 造福世界人民》区域特色课，以丰富的理论与实践相结合的经验，让学员深刻体会了气象部门为杂交水稻的制种和推广种植做出的突出贡献，精彩的授课内容获得了学员很高的评价。

在兼职教师中，中国气象局领导、机关职能司领导及省气象局局级领导的授课评分靠前，反映高层领导到班授课效果好于司局级以下干部的授课。

4.2　教学方式方法应用评价

案例教学、体验式教学、专题研究、主题研讨、学员论坛、"两个带来"交流研讨等多种教学方法，突破了传统的讲授法教学，符合成人的学习规律与干部的认知规律，针对学员的工作实际，学员有较强的参与性，对提高学员分析问题、解决问题的能力有很大的促进，受到学员的普遍欢迎，由于在本次轮训中上述方法主要由专职教师所采用，所以图10中专职教师授课质量评分高于兼职教师可能与此有关。图11显示了各种教学方法对学员学习的帮助程度，从中可以看出，体验式教学、案例教学和主题研讨最受学员欢迎，说明县局长们在接受传统的讲授式教学的同时，渴望理论联系实际的学习方式，亲眼看看同行的做法，亲身体验一下相似情境下自己的反应能力，亲耳听听同行的真实想法与思路。

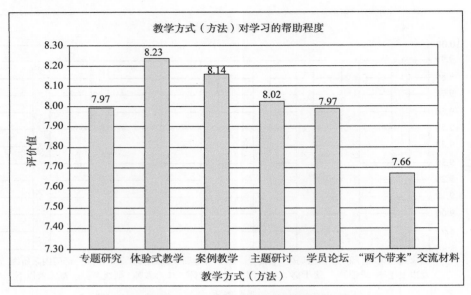

图11 教学方式（方法）对学习的帮助程度

(说明：将每个因子的5级评估分别赋予相应的值，用平均数反映每个因子的变化。纵坐标值表示：0~2表示没有帮助、2~4表示帮助较小、4~6表示帮助一般、6~8表示较大帮助、8~10表示很大帮助)

在学员学习过程中，中国气象局培训中心还注意采集了应用上述方法中反映学员学习成果的信息，如专题研究的研究成果、学员论坛的发言稿和学员座谈会的记录，这些材料已形成专题报告汇编，从中不难看出学员培训后在理论知识增长、认识水平提高方面的变化。

4.3 学员在校学习效果评价

4.3.1 学员对学习内容的掌握程度

本次轮训按照教学要求组织了统一的命题和考试，试卷的考察内容主要为学员对政策的把握和对中国气象局工作部署的理解以及如何开展基层工作的思路，考试成绩可以反映学员对学习内容掌握的程度，也能看出学员平时的学习积累如何。考试成绩分析表明，所有学员学习成绩均超过88分，但东中西部学员之间、不同学历层次学员之间其成绩分布存在着一定的差异（图12、图13）。东中西部学员的成绩整体分布情况为东部最高，中部次之，西部最低；按学历分析，随着学历层次的提升成绩也呈上升趋势。成绩分布特征一定程度上反映了东部地区由于县域经济较发达、学员们对国家及中国局的有关政策和工作部署把握得比较准确、工作思路也较为开阔的特点。学历高学习能力强、考试成绩好并没有超出常理，属于正常现象，选拔学历高的人担任县局长或对现有县局长提升其学历层次显然有利于县局长队伍整体素质的提高和基层工作的有效开展。

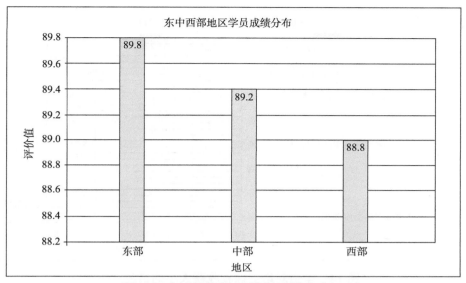

图 12　东中西部地区学员成绩分布

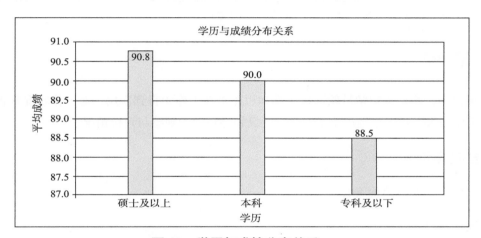

图 13　学历与成绩分布关系

4.3.2　学员学习核心课程的收获大小

为了了解学员对核心培训内容的掌握程度，对 15 门核心课程的掌握程度进行了调查，结果显示学员觉得《贯彻落实科学发展、推动气象事业科学发展》《新形势下进一步加强气象工作》《公共气象服务》《气象部门财务管理和项目管理》等 8 门课学员学习收获很大（参见图 14），《气象防灾减灾和新农村建设》《气象台站人才队伍建设》《雷电灾害防御》等 7 门课收获较大，总体上有 97.3% 的调查对象认为学完这些课程对自己的工作帮助很大或较大。

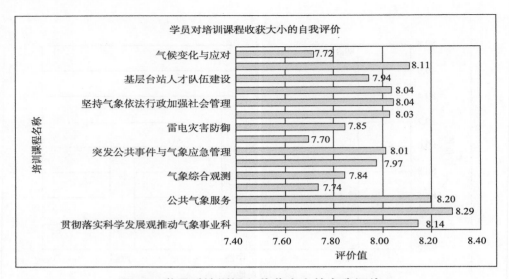

图 14　学员对培训课程收获大小的自我评价

（说明：将每个因子的 5 级评估分别赋予相应的值，用平均数反映每个因子的变化。纵坐标值表示：0~2 表示没有收获、2~4 表示收获较小、4~6 表示收获一般、6~8 表示收获较大、8~10 表示很大收获）

5　培训效果评估

　　培训效果评估，着重了解学员轮训后所学知识是否在工作中得到应用、对工作状况是否有改善以及县局的各项工作是否因这次轮训产生了变化，上级领导对他的观感与评价情况。

5.1　学员自我评价

5.1.1　个人综合素质及能力的变化

（1）政策理解力

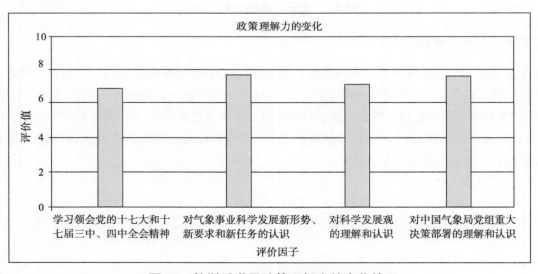

图 15　轮训后学员政策理解力的变化情况

（说明：将每个因子的 5 级评估分别赋予相应的值，用平均数反映每个因子的变化。纵坐标值表示：小于等于 2 表示没有变化、2~4 表示微小变化、4~6 表示中等变化、6~8 表示较大变化、8~10 表示很大变化）

政策理解力从六个方面来分析，即：（1）对十七大和十七届三、四中全会精神、（2）气象事业科学发展新形势、新要求和新任务、（3）科学发展观、（4）中国气象局党组重大决策部署、（5）现代气象业务体系建设的科学内涵和发展方向的理解和认识以及（6）推进基层党建工作的自觉性六个方面的变化程度来体现。图15的分析结果表明，轮训后在这几个方面学员的认识发生了较大的变化。因此，通过轮训县局长的政策理解能力上了一个新台阶。

（2）组织管理能力

选择了"对上级决策的执行力、与地方政府沟通协调能力、创造性地推进基层气象工作的能力、依法管理水平、应急管理能力和水平、县局内部运行管理"这六个因子作为对象来分析组织管理能力的变化情况。

图16表明通过县局长轮训，学员的组织管理能力都有一定程度的提高，取得了较大的变化。对上级决策的执行力得到提高，与地方政府沟通协调能力也有较大的变化。

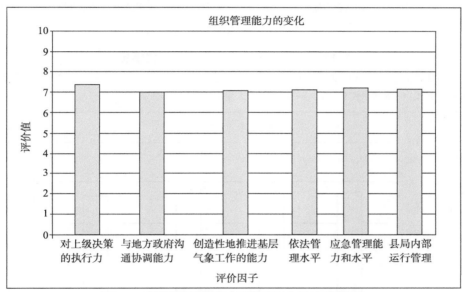

图16　轮训后学员组织管理能力的变化情况

（说明：将每个因子的5级评估分别赋予相应的值，用平均数反映每个因子的变化。纵坐标值表示：0~2表示没有变化、2~4表示微小变化、4~6表示中等变化、6~8表示较大变化、8~10表示很大变化）

（3）工作氛围

工作氛围选择了"团队合作、职工工作满意度、服务对象满意度"三个小指标来进行分析。从图17所示的工作氛围的三个指标调查反馈可以看出，学员工作氛围的营造能力发生了较大程度的变化。

（4）个人综合素质

轮训后学员个人综合素质从"理论修养、业务素养、廉洁自律意识、政治修养"四个方面的变化情况来分析。图18的分析结果表明，个人综合素质发生了较大变化，变化相对较大的是廉洁自律意识方面，可能有两方面原因：第一方面与开设了《党风廉政建设》课程有直接的关系，通过课程的学习，学员认识到了廉政执政的重要意义；第二方面随着科技服务能力的加强，对县局财务的规范化管理要求越来越严，县局长从思想上开始重视廉政。

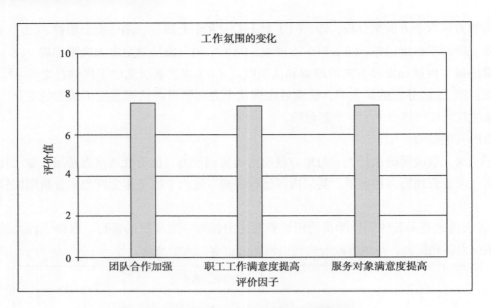

图 17　轮训后学员工作氛围的变化情况

（说明：将每个因子的 5 级评估分别赋予相应的值，用平均数反映每个因子的变化。纵坐标值表示：0~2 表示没有变化、2~4 表示微小变化、4~6 表示中等变化、6~8 表示较大变化、8~10 表示很大变化）

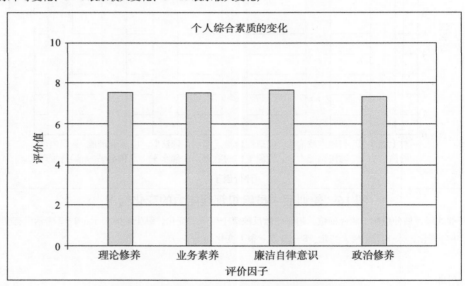

图 18　轮训后学员个人综合素质的变化情况

（说明：将每个因子的 5 级评估分别赋予相应的值，用平均数反映每个因子的变化。纵坐标值表示：0~2 表示没有变化、2~4 表示微小变化、4~6 表示中等变化、6~8 表示较大变化、8~10 表示很大变化）

5.1.2　轮训对县局工作产生的影响

轮训对县局工作产生的影响从以下 14 项内容来分析：综合观测业务、公共气象服务业务、预报预测业务、人工影响天气业务、气象防灾减灾体系建设、气象科技服务、雷电灾害防御、气象探测环境保护、专业气象服务、台站综合管理、人才队伍建设、基层财务管理 、争取地方政府经费及社会管理。

从图19中看出，学员通过综合素质轮训对推动基层气象工作都有一定程度的影响，影响程度值均在6.4以上。相对产生影响程度较大是公共气象服务、气象防灾减灾体系建设、气象探测环境保护、台站综合管理及基层财务管理等五项业务。充分体现了县局工作的特点要不断增加其社会职能，不断提升公共气象服务能力和防灾减灾能力，实现基层气象部门发展方式的转变。

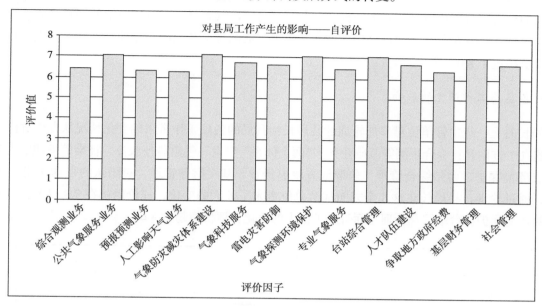

图19 轮训对县局工作产生的影响程度

（说明：将每个因子的5级评估分别赋予相应的值，用平均数反映每个因子的变化。纵坐标值表示：0～2表示没有变化、2～4表示微小变化、4～6表示中等变化、6～8表示较大变化、8～10表示很大变化）

5.2 地区局领导对参训学员的评价

5.2.1 县局长的个人素质改变情况

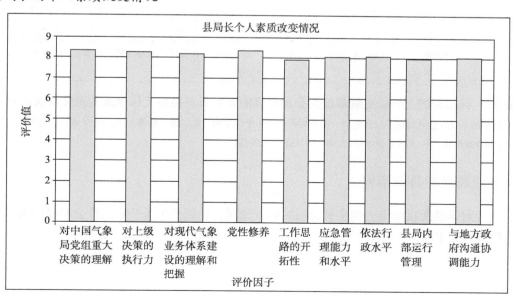

图20 县局长的上一级主管单位对参加轮训的县局长的个人素质改变情况的评价

（说明：将每个因子的5级评估分别赋予相应的值，用平均数反映每个因子的变化。纵坐标值表示：0～2表示没有变化、2～4表示微小变化、4～6表示中等变化、6～8表示较大变化、8～10表示很大变化）

县局长的上一级主管单位对参加轮训的县局长的个人素质改变情况从九个方面做了评价，即：对中国气象局党组重大决策的理解、对上级决策的执行力、对现代气象业务体系建设的科学内涵和发展方向的理解和把握、党性修养、工作思路的开拓性、应急管理能力和水平、依法行政水平、县局内部运行管理、与地方政府沟通协调能力。从图 20 中可以看出，这九个方面的值都在 7.8 以上，上级部门普遍认为县局长的个人综合素质得到了较大的提高。尤其是对中国气象局党组重大决策的理解、对上级决策的执行力、对现代气象业务体系建设的科学内涵和发展方向的理解和把握、党性修养方面发生了很大的变化，评价值超过了 8.0。

5.2.2　对各县局工作产生的影响

县局长的上一级主管单位对参加轮训的县局长给县局的各项工作带来的变化情况从九个方面给出了评价，这九个方面是：综合观测等基础业务、"两个体系"建设、气象科技服务、社会管理职能的深化、气象探测环境保护、台站综合管理、争取地方政府经费、基层财务管理、对团队的带动作用。从图 21 中可知，通过轮训，县局长在这几个方面都给单位带来了较大的变化，评价值都在 7.8 以上。其中，在气象探测环境保护和台站综合管理方面带来了很大的变化，评价值超过 8.0。

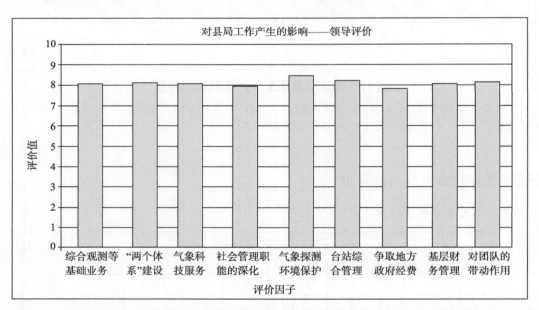

图 21　县局长的上一级主管单位对参加轮训的县局长对县局工作带来的变化情况的评价

(说明：将每个因子的 5 级评估分别赋予相应的值，用平均数反映每个因子的变化。纵坐标值表示：0~2 表示没有变化、2~4 表示微小变化、4~6 表示中等变化、6~8 表示较大变化、8~10 表示很大变化)

5.3　反映培训效果的具体事例

结合轮训后对学员所在地上一级主管部门的调查情况，轮训产生了一定的社会和经济效益，促进了基层气象部门的各项工作。

5.3.1　轮训产生了一定的经济效益

通过轮训，一些学员充分利用培训所学知识，不断拓展服务领域，争取地方政府经费支持，取得了一定的经济效益。比较典型的例子见框图 1。

框图 1　学员所在单位的上一级主管部门列举的典型事例

湖南咸宁市气象局：我市崇阳局局长参加培训后，行政管理能力与沟通能力明显提高，今年争取到的地方经费已超过 60 万元，是以前的 2 倍多。

江西吉安市气象局：参加轮训后，我市县局长们在与地方政府沟通协调方面的能力明显增强。如吉水、泰和县气象局，争取到的地方投入有了大幅度提升。去年吉水县气象局地方气象事业预算经费仅 16.6 万元，而今年达到了 28.2 万元；去年泰和县气象局地方气象事业预算经费只有 8.6 万元，但今年达到了 29.6 万元。

广西来宾市气象局：通过培训，我市各县气象局局长了解到了其他省份基层气象事业发展好的经验和做法，并结合本单位的实际情况，学习借鉴、开拓创新，推动了本县气象事业的发展，特别是在地方气象事业经费落实方面，取得了较大的进步。各县气象局更加注重加强与地方政府及各部门间的沟通协调，积极争取地方支持，地方气象事业经费、气象专项经费均有所增长，其中有一个县气象局地方人影专项经费 2010 年比 2009 年增长了 40% 多，预计 2011 年年增长率也能达到 40%。

云南大理州气象局：灵活应用轮训所学知识，大理州县市气象局 2010 年度气象科技服务收入较 2009 年度有了较大幅度增长，增幅达到 49%。

云南玉溪市气象局：安宁市气象局局长参加培训后，结合本市实际，大力推进气象科技服务工作，建立健全防雷工作体制机制，全局防雷技术服务收入从 2010 年的 100 万元增长到 2011 年 1—6 月的 220 万元。另外，寻甸县气象局局长参加培训后，立足地方经济社会发展，大力开展烤烟特色气象服务，人工防雹经费从 2010 年的 220 万元增至 2011 年的 423 万元，建立人工防雹作业点 25 个，在创造效益的同时，有力地推进了地方气象事业的发展。

5.3.2　基层工作卓有成效

轮训有力地促进了基层气象部门的各项工作，通过对学员列举的工作收获实例的汇总，县局长轮训对以下七个方面的工作起到了明显的推动作用（按案例数量排列）：（1）破坏探测环境保护的案件得到了有效抑制，部分县局进入了县城乡建设规划委员会，实现了探测环境保护关口前移；（2）双重财务体制得到加强，"两个体系"逐步被地方政府所重视，"政府主导"作用日益显现，地方经济较好的地区加大了对"两个体系"建设的投入；（3）科技服务工作进一步规范，出现了由重经济效益向重社会效益的转变；（4）依法行政工能力进一步提升，社会管理职能进一步强化；（5）人工影响天气工作稳步推进。（6）台站综合管理能力增强，运行机制进一步完善；（7）学习型台站建设受到了重视，通过学习型台站建设，提升了台站的可持续发展能力；具体事例摘录见框图 2。

框图 2　学员所在单位的上一级主管部门列举的典型事例

安徽淮南市气象局：经过培训，县局长对重要任务的责任敏感性和执行力都有显著提高。凤台县气象局长吴家贤同志在处理今年"五一"期间气象探测环境即将受到破坏的突发事件时，具有高度的敏感性和责任感，措施得当，执行有力，及时妥善地化解了一场探测环境危机。

安徽芜湖市气象局：南陵县局长参培后，对农村"两个体系建设"的认识有了很大提高，在今年的乡村气象服务专项建设中以镇、村气象服务示范点为依托，以袁隆平超级水稻和"大浦现代农业试验区"服务为特色，以优质化服务于"三农"和提升农村防灾减灾能力为目标，扎实开展气象为农服务工作，不断完善农业气象服务体系和农村气象灾害防御体系，取得良好的成效。

湖南益阳市气象局：沅江市气象局在局长带领下，坚持公共气象服务方向，通过拓展服务领域、创新工作思路、强化工作措施，今年气象科技服务取得突破进展，有望成为益阳气象部门气象科技服务突破两百万元的第一个县局。

青海格尔木市气象局：我局都兰县气象局局长通过县局长综合素质培训，对县局长所肩负的使命和职责有了全面深入的理解，大局意识、责任意识、发展意识显著增强，工作思路更加明晰，在各项管理工作中能够统筹全局突出重点，管理工作更加规范有序，在执行上级决策、与地方政府协调沟通、争取地方政府经费、履行社会管理职能、积极开展气象科技服务、扎实推进反腐倡廉建设等方面都取得了令人满意的新成效。

甘肃平凉市气象局：静宁县局长通过学习，加强了气象社会职能管理，地方气象事业发展迅速，先后落实了人影地方编制，启动了县级防雷监测社会管理职能。华亭县气象局长培训后，通过协调沟通，县政府启动了"政府主导部门联动，社会参与"机制的气象预警发布系统建设，气象预警覆盖到全县各自然村。

湖南永州市气象局：轮训后比较突出的是，各县县局长向地方政府领导汇报人影作业火箭车更新换代的必要性，多数县局已经争取到了十万元以上车辆购置资金，个别县局达到二十万余元。

甘肃兰州市气象局：榆中县气象局局长轮训后对台站综合管理能力明显提高，双文明建设成效显著。榆中站于2010年被中国局授予"全国气象部门文明标兵台站"；被甘肃省气象局授予"全省气象部门廉政文化建设示范站"。

河南周口市气象局：轮训后沈丘县气象局局长将所学知识用于实际工作，2010年对沈丘县境内新建工程的行政执法力度和效率都较2009年有很大提高，执法程序更为规范，执法方式更为科学，立案42件，其中40件均有效结案，出具了结案报告。

6 结论与建议

6.1 评估结论

评估表明，轮训有利于提高县局长的综合素质，促进县局工作。通过轮训，县局长的政策理解力、组织管理能力、工作氛围营造水平、个人综合素质等都得到了较大的提升；有力地促进了县局的各项工作，对气象防灾减灾体系建设、公共气象服务业务、气象探测环境保护等三项工作产生了较大的影响，同时基层气象局应增强基层气象部门的社会管理职能、加大争取地方政府经费的力度。

从培训的组织实施角度看，评估数反映了此次轮训的如下一些特点，揭示出一些规律性的东西，可以为以后大规模培训提供借鉴：

（1）各教学点数据比较发现培训内容对学员开展工作的帮助程度大于对个人能力提升的帮助，体现了此次培训的组织要求特点，更多的是帮助县局长解决县局发展中共同面临的工作问题而不是偏重于解决县局长个性化的需求问题。

（2）《认清形势 把握方向 扎实工作，全面推动气象事业科学发展》最高达 9.92 分，说明县局领导对气象事业未来朝哪个方向发展十分关注。

（3）轮训讲义和学习材料对学员的帮助较大，评价值达到了 8 分以上；轮训交流材料和案例选编评分略低，反映以经验、案例为主的学习辅导材料针对性还应加强。

（4）课程安排评分最低，与经常调课、教学计划的完整性受到一定程度的影响有关。

（5）对各教学点的客房服务质量的评价值平均都在 9.0 以上，说明各教学点为学员提供了生活上较满意的保障。

（6）北京教学点的餐厅服务综合评价值相对其他教学点偏低，原因可能是：北京物价高，按照同一就餐标准在北京就餐，饭菜质量是无法与其他教学点相比的。

（7）在各种教学方法中，体验式教学、案例教学评分相对较高，最受学员欢迎，"两个带来"交流材料评分较低。

（8）上级部门普遍认为县局长的个人综合素质得到了较大的提高。尤其是对中国气象局党组重大决策的理解、对上级决策的执行力、对现代气象业务体系建设的科学内涵和发展方向的理解和把握、党性修养方面发生了很大的变化，评价值超过了 8.0。

总体评估结果表明，学员对本次轮训项目的实施情况普遍感到满意，专兼职教师的授课质量全部得到学员的肯定，县局长轮训的课程设置科学，符合基层气象部门的工作实际，教学内容设计合理，具有较高的实效性和较强的针对性。教学保障有力，学员学习生活条件得到保证；培训效果良好，学员在校学习合格，回到工作岗位上取得了一定的成绩，尤其是其上级领导感觉到了学员的明显变化，证明此次培训是有效的，党组开展县局长轮训的决策是正确的，通过县局长轮训推动基层气象工作向前发展的目标基本可以实现。

6.2 建议

通过评估，收集了学员对开展基层干部综合素质培训提出的建议，归纳起来为如下五条：

（1）要建立县局长培训长效机制，坚持基层可持续学习。必须把县局长综合素质培训工作作为全局性和基础性的重要工作。加快推进干部教育培训工作的制度化、规范化。调查表明，学员们对增加培训的频次，不断为基层县局长充电，提高综合素质和管理水平的呼声较高。建议每隔 1—2 年培训一次，减少每次培训的时长，建议在 15 天之内。

（2）要不断探索成人教育规律，创新培训教学方式。要坚持"实际、实用、实效"的原则，创新培训方式，突出时代特色、基层特色。在调查问卷中，学员对本轮培训采用的教学方式给予了较好的评价，建议多开展拓展训练、体验式教学、案例教学等活动。

（3）要加强培训需求调研，让培训内容实现新突破。全国县级气象部门的现状差距太大，建议在今后培训中进行分类，适当对不同区域、业务性质、地方发展水平分类，应注重业务、科技服务、现代化建设、科学的财务管理等内容的设置；加强国家政策的学习，特别是要对县局局长法律和廉政风险、效能风险、政治风险的培训；增加心理学、领导艺术等方面的课程；增加中国农业农村现状分析相关内容。

（4）要扩大培训对象范围，进一步提高培训影响力。要扩大培训范围，包括加强对新提拔的县局长进行就职培训；加强对中、西部县局局长的培训，对县局副局长、纪检员进行常态培训等。

（5）要丰富兼职教师资源，实现多层次、多角度师资的共享。要加强师资队伍建设，选配更多优秀教师上讲台。要在现有的优质兼职教师资源基础上，扩大外部门兼职教师的数量，实现部门内、部门外教师的共享。

附件1 全国气象部门县局长综合素质轮训效果评估调查问卷

附件2 送培单位轮训效果反馈调查问卷

附件3 县级气象部门现状调查问卷

附件4 全国气象部门县局长轮训背景及实施情况简介

附件1　全国气象部门县局长综合素质轮训效果评估调查问卷

尊敬的学员：

　　本问卷旨在了解全国气象部门县局长综合素质轮训（以下简称"县局长轮训"）效果，您的反馈意见对我们很重要，请按提示的方式回答此问卷。

　　最终提交的问卷将以匿名的方式呈现，衷心感谢您对我们工作的支持，祝您身体健康，工作顺利！

1.您参加了哪一期县局长轮训班

　　①第一期 ②第二期 ③第三期 ④第四期 ⑤第五期 ⑥第六期 ⑦第七期 ⑧第八期

2.您参加培训的地点是

　　①北京　②河北　③安徽　④湖北　⑤湖南　⑥四川　⑦新疆

3.通过参加县局长轮训，在以下几方面的改进程度上您达到了怎样的变化

　A.政策理解

　1）学习领会党的十七大和十七届三中、四中全会精神

　　①没有变化　②微小变化　③中等变化　④较大变化　⑤很大变化

　2）对气象事业科学发展新形势、新要求和新任务的认识

　　①没有变化　②微小变化　③中等变化　④较大变化　⑤很大变化

　3）对科学发展观的理解和认识

　　①没有变化　②微小变化　③中等变化　④较大变化　⑤很大变化

　4）对中国气象局党组重大决策部署的理解和认识

　　①没有变化　②微小变化　③中等变化　④较大变化　⑤很大变化

　5）对现代气象业务体系建设的科学内涵和发展方向的理解和把握

　　①没有变化　②微小变化　③中等变化　④较大变化　⑤很大变化

　6）推进新形势下基层气象部门党的建设和各方面工作的自觉性

　　①没有变化　②微小变化　③中等变化　④较大变化　⑤很大变化

　B.　组织管理能力

　1）对上级决策的执行力

　　①没有变化　②微小变化　③中等变化　④较大变化　⑤很大变化

　2）与地方政府沟通协调能力

　　①没有变化　②微小变化　③中等变化　④较大变化　⑤很大变化

　3）创造性地推进基层气象工作的能力

　　①没有变化　②微小变化　③中等变化　④较大变化　⑤很大变化

　4）依法管理水平

　　①没有变化　②微小变化　③中等变化　④较大变化　⑤很大变化

　5）应急管理能力和水平

　　①没有变化　②微小变化　③中等变化　④较大变化　⑤很大变化

　6）县局内部运行管理

①没有变化 ②微小变化 ③中等变化 ④较大变化 ⑤很大变化

C. 工作氛围

1）团队合作加强

　　①没有变化 ②微小变化 ③中等变化 ④较大变化 ⑤很大变化

2）职工工作满意度提高

　　①没有变化 ②微小变化 ③中等变化 ④较大变化 ⑤很大变化

3）服务对象满意度提高

　　①没有变化 ②微小变化 ③中等变化 ④较大变化 ⑤很大变化

D.个人综合素质

1）理论修养

　　①没有变化 ②微小变化 ③中等变化 ④较大变化 ⑤很大变化

2）政治修养

　　①没有变化 ②微小变化 ③中等变化 ④较大变化 ⑤很大变化

3）廉洁自律意识

　　①没有变化 ②微小变化 ③中等变化 ④较大变化 ⑤很大变化

4）业务素养

　　①没有变化 ②微小变化 ③中等变化 ④较大变化 ⑤很大变化

4.通过参加县局长轮训，您认为对您所在县局的业务产生了多大程度的推动作用

A.综合观测业务

　　①无影响 ②微小影响 ③中等影响 ④较大影响 ⑤很大影响

B.公共气象服务业务

　　①无影响 ②微小影响 ③中等影响 ④较大影响 ⑤很大影响

C.依法行政

　　①无影响 ②微小影响 ③中等影响 ④较大影响 ⑤很大影响

D.人工影响天气业务

　　①无影响 ②微小影响 ③中等影响 ④较大影响 ⑤很大影响

E.气象防灾减灾

　　①无影响 ②微小影响 ③中等影响 ④较大影响 ⑤很大影响

F.气象科技服务

　　①无影响 ②微小影响 ③中等影响 ④较大影响 ⑤很大影响

G.雷电灾害防御

　　①无影响 ②微小影响 ③中等影响 ④较大影响 ⑤很大影响

请引用其中一至两项具体的例子，或者提供详细的说明：＿＿＿＿＿＿＿＿＿＿＿＿

＿＿＿＿＿＿＿＿＿＿＿＿＿＿＿＿＿＿＿＿＿＿＿＿＿＿＿＿＿＿＿＿＿＿

＿＿＿＿＿＿＿＿＿＿＿＿＿＿＿＿＿＿＿＿＿＿＿＿＿＿＿＿＿＿＿＿＿＿

5.由于参加了县局长轮训，您认为您所在的县局获得了哪些收益（请列举具体业务成果，例如从地方政府争取更多的项目及资金等）

＿＿＿＿＿＿＿＿＿＿＿＿＿＿＿＿＿＿＿＿＿＿＿＿＿＿＿＿＿＿＿＿＿＿

＿＿＿＿＿＿＿＿＿＿＿＿＿＿＿＿＿＿＿＿＿＿＿＿＿＿＿＿＿＿＿＿＿＿

＿＿＿＿＿＿＿＿＿＿＿＿＿＿＿＿＿＿＿＿＿＿＿＿＿＿＿＿＿＿＿＿＿＿

6.如果将上述收益转化为经济收益，您认为这些收益价值多少？

预计每年的收益（人民币）＿＿＿＿＿＿＿＿＿＿＿＿＿＿＿＿＿＿＿＿

您做预计时的依据是什么？

_____

7.上面的收益估测，县局长轮训带来的因素所占的比例是多少？

_____% （说明：请填写百分比例，可从0~100%。0%表示没有县局长轮训的因素，100%表示全部是县局长轮训的因素）

8.参加县局长轮训，您还有什么其他收获？

_____

_____

9.对于基层领导干部培训，您还有什么具体建议？

_____

_____

附件2 全国气象部门县局长综合素质轮训送培单位轮训效果反馈调查问卷

尊敬的领导:

本问卷旨在了解全国气象部门县局长综合素质轮训(以下简称"县局长轮训")效果,您的反馈意见对我们很重要,请按提示的方式回答此问卷。

最终提交的问卷将以匿名的方式呈现,衷心感谢您对我们工作的支持,祝您身体健康,工作顺利!

1.轮训后,您辖区的县局长的个人素质改变情况
　①没有变化　②微小变化　③中等变化　④较大变化　⑤很大变化

2.对上级决策的执行力
　①没有变化　②微小变化　③中等变化　④较大变化　⑤很大变化

3.对现代气象业务体系建设的科学内涵和发展方向的理解和把握
　①没有变化　②微小变化　③中等变化　④较大变化　⑤很大变化

4.党性修养
　①没有变化　②微小变化　③中等变化　④较大变化　⑤很大变化

5.工作思路的开拓性
　①没有变化　②微小变化　③中等变化　④较大变化　⑤很大变化

6.应急管理能力和水平
　①没有变化　②微小变化　③中等变化　④较大变化　⑤很大变化

7.依法行政水平
　①没有变化　②微小变化　③中等变化　④较大变化　⑤很大变化

8.县局内部运行管理
　①没有变化　②微小变化　③中等变化　④较大变化　⑤很大变化

9.与地方政府沟通协调能力
　①没有变化　②微小变化　③中等变化　④较大变化　⑤很大变化

10.培训后对各县局工作产生的影响
　①没有变化　②微小变化　③中等变化　④较大变化　⑤很大变化

11."两个体系"建设
　①没有变化　②微小变化　③中等变化　④较大变化　⑤很大变化

12.气象科技服务
　①没有变化　②微小变化　③中等变化　④较大变化　⑤很大变化

13.社会管理职能的深化
　①没有变化　②微小变化　③中等变化　④较大变化　⑤很大变化

14.气象探测环境保护
　①没有变化　②微小变化　③中等变化　④较大变化　⑤很大变化

15.台站综合管理
　①没有变化　②微小变化　③中等变化　④较大变化　⑤很大变化

16.争取地方政府经费

　　①没有变化　②微小变化　③中等变化　④较大变化　⑤很大变化

17.基层财务管理

　　①没有变化　②微小变化　③中等变化　④较大变化　⑤很大变化

18.对团队的带动作用

　　①没有变化　②微小变化　③中等变化　④较大变化　⑤很大变化

附件3 县级气象部门现状调查问卷

尊敬的学员：

　　本问卷调查旨在了解县级气象站的现状及未来发展的建议。您的反馈对我们的工作非常重要。请在选项后括号内打"√"。谢谢您的合作！

一、本局气象站基本信息

1.本局所在地隶属_____省（直辖市或自治区）_____市。

2.本局气象站在　　年建成。

3.本局气象站属于以下哪些类型？（可多选）

（1）国家基准气候站（　）　　　　（2）国家基本气象站（　）　　　　（3）一般气象站（　）

（4）一级艰苦台站（　）　　　　　（5）二级艰苦台站（　）　　　　　（6）三级艰苦台站（　）

（7）四级艰苦台站（　）　　　　　（8）五级艰苦台站（　）　　　　　（9）六级艰苦台站（　）

（10）基本农业气象站（　）　　　（11）一般农业气象站（　）　　　（12）农业气象试验站（　）

（13）自动气象站（　）　　　　　（14）地面天气观测站（　）　　　（15）高空观测站（　）

（16）水文气象站（　）　　　　　（17）天气雷达观测站（　）　　　（18）卫星云图接收站（　）

（19）大气本底及污染观测基准站（　）　　　　　　　　　　（20）大气本底及污染观测区域站（　）

（21）降水酸碱度分析站（　）　　（22）航空天气观测站（　）

（23）太阳辐射观测站（　）　　　（24）其他_____

4. 本局区域自动气象站的数量是　　个；设备型号是否相同？

（1）是（　）　　　　　　　　　（2）否（　）

5. 本局站址搬迁的次数是_____次。

二、现代气象业务

6. 本局气象站最近一次气象探测环境综合评估的得分是_____；

　　本局气象站是否面临被搬迁的压力？

（1）是（　）　　　　　　　　　（2）否（　）

7. 本局自动站的维护单位是_____。

（1）上级气象单位（　）　　　　（2）县局自行维护（　）

（3）委托公司专业维护（　）　　（4）其他_____

8. 本局从事观测业务的人员总数是_____，其中编外人员数是_____；本局观测

　　业务人员是否承担其他业务服务或管理工作？

（1）是（　）　　　　　　　　　（2）否（　）

9. 本局是否开展天气预报预测业务？

（1）是（　）　　　　　　　　　（2）否（　）

10. 您认为在本局开展天气预报业务是否必要？

（1）是（　） （2）否（　）

11. 本局参与了以下哪些气象防灾减灾工作？（可多选）

（1）参与编制气象灾害防御规划（　）

（2）参与制定气象灾害应急预案（　）

（3）建立气象灾害数据库（　）

（4）参与气象灾害预警信息发布系统（　）

（5）本县局局长是本县气象灾害防御领导小组成员（　）

（6）以上工作都没有参加（　）

12. 当地政府是否已经成立气象灾害防御领导小组？

（1）是（　） （2）否（　）

气象灾害防御领导小组的工作机构是否设在本局？

（1）是（　） （2）否（　）

13. 当地政府是否已经编制气象灾害防御规划？

（1）是（　） （2）否（　）

14. 当地政府气象灾害应急预案的编制工作进展是 _____。

（1）尚未制定预案（　） （2）县级制定了预案（　） （3）乡级制定了预案（　）

（4）村级制定了预案（　） （5）其他 _____

15. 当地政府是否已经建立了气象灾害数据库？

（1）是（　） （2）否（　）

16. 当地政府是否已经建立了气象灾害预警信息发布系统？

（1）是（　） （2）否（　）

17. 本局气象灾害预警信息发布方式有 _____。（可多选）

（1）卫星广播（　） （2）网站发布（　） （3）气象频道（　）

（4）手机短信（　） （5）电话传真（　） （6）农村有线广播（　）

（7）广播电视（　） （8）广播电台（　） （9）电子显示屏（　）

（10）宣传车（　） （11）高音喇叭（　） （12）无（　） （13）其他

18. 本局是否开展了气象灾害风险区划业务？

（1）尚未开展（　） （2）计划开展（　） （3）已经开展（　）

19. 当地是否开展了气象灾害应急准备认证工作？

（1）尚未开展（　） （2）计划开展（　） （3）已经开展（　）

20. 当地政府对气象防灾减灾经费的投入方式是 _____。

（1）纳入地方政府经常性预算（　） （2）按临时项目下达（　）

（3）其他 （4）无（　）

21. 本局已建 _____ 个乡镇气象信息服务站，气象信息员有 _____ 名，已经实现 _____。（可多选）

（1）气象协理员到乡（　） （2）气象信息员到村（屯）（　）

（3）以上均未实现（　）

22. 气象信息员队伍建设的资金来源有 _____。（可多选）

（1）中央政府（　） （2）地方政府（　） （3）本局（　）

（4）没有资金支持（　） （5）其他 _____

23. 本局目前开展了哪些灾害监测预警服务？（可多选）

（1）雷电、暴雨、冰雹、霜冻等突发灾害性天气短临气象预警（　）

（2）中小河流防洪区、山洪地质灾害易发区气象监测预报预警服务（　）

（3）极端气候事件以及旱涝、冷暖等气候趋势预测（　）

（4）农业气象灾害的监测预警服务（　）

（5）其他 _____

（6）以上服务均没有开展（　）

24. 本局是否开展了气候资源开发和利用工作？

（1）是（　）　　　　　　　　（2）否（　）

25. 当地政府对本局人工影响天气业务的年度投资约 _____ 万元。

26. 实施防雷工程的单位是 _____。（可多选）

（1）本局（　）　　　　　（2）上级单位（　）　　　　　（3）其他 _____　　　　（4）无（　）

27. 本局是否建有气象科普基地？

（1）是（　）　　　　　　　　（2）否（　）

28. 本局开展了哪些专业气象服务？（可多选）

（1）交通气象服务（　）　　　（2）水文气象服务（　）　　　（3）旅游气象服务（　）

（4）农业气象服务（　）　　　（5）地质灾害气象服务（　）　（6）体育气象服务（　）

（7）风电气象服务（　）　　　（8）气候影响评价服务（　）　（9）林业气象服务（　）

（10）保险气象服务（　）　　　（11）城市建设气象保障服务（　）

（12）气象数据和情报服务（　）　　　　　　　　　　　　　　（13）海洋气象服务（　）

（14）其他 _____　　　　　　　　　　　　　　　（15）以上服务均没有开展（　）

三、人才与经费

29. 本局在职职工总人数是 _____ ；其中，部门编制内人数是 _____ ，地方编制人数是 _____ ，编外用工人数是 _____ 。

30. 您认为，本局是否能够争取到地方政府编制？

（1）能（　）　　　　　　　　（2）不能（　）　　　　　　　（3）不知道（　）

31. 您认为，根据本局气象事业的发展，未来本局人员的理想结构是：

参照公务员管理人员 _____ 人，业务人员 _____ 人，其他人员（含企业）_____ 人。

32. 本局 2010 年科技服务收入约为 _____ 。

（1）10 万元以下（　）　　　（2）10 ～ 50 万元（　）　　　（3）51 ～ 100 万元（　）

（4）101 ～ 200 万元（　）　　（5）201 ～ 500 万元（　）　　（6）500 万元以上（　）

（7）没有科技服务收入（　）

33. 本局创收收入来源从多到少排序是 _____ 。

（1）气象影视　　　　　　（2）防雷技术　　　　　（3）121 天气信息资讯

（4）专业气象服务　　　　（5）手机短信　　　　　（6）其他 _____　　　　（7）没有创收收入（　）

34. 目前，本局人均收入与当地人均收入相比，_____ 。

（1）偏高（　）　　　　　　　　（2）基本持平（　）　　　（3）偏低（　）

35. 本局每年支出项目中，经费缺口最大的是 _____ 。

（1）人员津补贴（　）　　　　　（2）公用经费（　）　　　（3）业务经费（　）

（4）离退休人员经费（　）　　　（5）其他 _____

四、行政管理

36. 气象工作进展情况是否纳入当地政府考核目标？

（1）是（　　）　　　　　　　　（2）否（　　）　　　　　　　（3）不知道（　　）

37. 目前，本局已经开展了哪些行政管理工作？（可多选）

（1）气象探测、预报、资料、气候影响评价等管理（　　）

（2）气象防灾减灾与应急管理（　　）

（3）气候资源开发利用与保护及应对气候变化（　　）

（4）气象探测环境和设施的规划与保护（　　）

（5）实行资质（格）许可、认证、准入管理制度（　　）

（6）气象法律法规的贯彻执行及行政执法等（　　）

（7）组织协调气象科技教育和科普活动（　　）

（8）气象信息发布与传播及气象有偿服务管理等（　　）

（9）气象行业管理（　　）

（10）气象行政执法与处罚（　　）

38. 制约本局开展行政管理工作的因素有哪些？（可多选）

（1）以事业单位身份履行社会管理职能，主体不明确，地位不被认可（　　）

（2）机制不健全，机构设置不合理（　　）

（3）部门职责交叉，工作职责不清，存在推诿、扯皮现象（　　）

（4）法制化、标准化滞后，缺乏可操作性强的规定（　　）

（5）管理不规范，引发投诉、诉讼（　　）

（6）部门联动机制不完善（　　）

（7）社会认知度较低，行政执法手段单一、能力不强（　　）

（8）履职行为不规范，部门保护思想仍然存在（　　）

（9）其他 _____

附件4 全国气象部门县局长综合素质轮训背景及实施情况简介

为巩固科学发展观学习实践活动成果,加强基层气象部门领导班子建设,提高县局长领导基层气象事业科学发展的能力,2009年年初中国气象局党组决定按照中央《关于2008—2012年大规模培训干部工作的实施意见》(中组发〔2008〕22号)精神,开展全国气象部门县级气象局长综合素质轮训,用3年左右的时间将全国气象部门的县级气象局长轮训一遍。按照"集中组织、分散实施"的原则由中国气象局培训中心牵头,河北、安徽、湖北、湖南、四川和新疆6个气象培训分中心共同组织实施。轮训工作采取"统一教学计划、统一教学要求、统一教材"的教学管理模式,来保证教学效果,达到培训质量。自2009年10月启动第1期培训试点班开始,至2011年4月底第8期培训班结束,在一年半多一点的时间内,共举办8期46个培训班,培训县局长2217人(见表1),全面完成了中国气象局党组部署的三年完成县局长轮训的任务,圆满实现党组制订的各项培训目标。

表1 县局长轮训实施进度统计表

教学点	2009年			2010年			2011年	合计
	第1期	第2期	人数	上半年	下半年	人数	上半年	
北京	1	1	93(42+51)	3	2		3	10
河北	0	1	45	2	2		2	7
安徽	0	0	0	2	2		2	6
湖北	0	0	0	2	2		2	6
湖南	0	0	0	2	2		2	6
四川	0	1	50	2	2		2	7
新疆	0	0	0	2	2		2	6
合计班次	1	3		15	14		15	48
合计人数	42	146	188	780	728	1508	521	2217
进程人数			188			1696		

注:7个教学点,共8期48个班,培训2217人。

县局长轮训是建局60多年以来的第一次,以国家级培训中心牵头、6个省(区)气象培训中心共同参与的教学组织方式也是第一次尝试。本次轮训是全国面向基层开展干部培训的一次超前部署,体现了中国气象局率先实现气象现代化的战略眼光,有很多经验值得总结。

一、轮训基本情况

(一)组织调训,进展有序

轮训工作启动后,按照中国气象局党组审批的全国气象部门县局长轮训实施方案,在人事司的统筹指导下,由中国气象局培训中心统一分配送培指标，各省人事处按计划选派县局长参训，保证了轮训工作平稳有序的开展，首次实现大规模干部调训。

（二）试点先行，逐步推开

　　为稳妥地推进轮训，保证轮训取得效果，带动培训分中心的工作，县局长轮训工作首先于2009年10月在培训中心举办第一期试点班，请河北、四川气象培训分中心跟班学习以取得经验；随后11月在北京、河北、四川三个点同时举办第二期试点培训班，扩大到让安徽、湖北、湖南、新疆四个气象培训分中心跟班学习。试点结束后及时总结经验，制定并下发统一的轮训管理工作流程和学员管理规定，固化试点成果，顺利实现由点到面的转变，形成"一带六"的大规模培训能力，为全面完成培训任务奠定基础。

（三）内容统一，教材先行

　　县局长轮训，采取"教学内容统一化，教学方式多元化、教学组织灵活化"的设计思路，每期培训班设计培训时长为三周，教学内容分为七个模块：主干课程、特色课程、体验式教学、主题研讨、经验交流、学员论坛、专题研究，其中主干课程共15讲。培训班举办前共召开四次教学研讨会，组织各方专家、各级领导、教师代表、培训组织单位对培训内容进行认真的学习，深入研讨如何做好教学活动，力求体现党组的要求，贴近县局长的需求。成立专职小组，编写培训教材（参见表2），收集培训案例和经验交流材料，组织专门人员制作统一课件。在培训开始前将培训教材、培训课件发到实施培训工作的各培训中心。

表2　全国气象部门县局长综合素质轮训教材讲义统计表（单位：字数）

名　称	字　数
全国气象部门县局长综合素质轮训经验交流材料	313632
全国气象部门县局长综合素质轮训案例分析选编	138600
全国气象部门县局长综合素质轮训讲义（第三版）	512325
全国气象部门县局长综合素质轮训学习材料（上册）	487872
全国气象部门县局长综合素质轮训学习材料（下册）	743175
合计	2195604

（四）高层师资，质量保证

　　本次轮训参与授课的教师阵容强大，有来自中国气象局的领导、有关职能司的领导，省（区、市）气象局的领导和专家学者，培训中心教师及其他部门的专家，共有230位专兼职教师为县局长培训班授课，八期培训班授课总课时达3360学时。其中中国气象局党组书记、局长郑国光在县局长轮训第一期培训班开班典礼上做了重要讲话并亲授第一课，期间又与学员进行了座谈。党组副书记、副局长许小峰多次赴七个培训点为学员开班、授课并与学员座谈。据统计中国气象局领导授课达37人次148学时，占4.4%，职能司领导授课132人次528学时，占15.7%，省局领导参与授课163人次652学时，占19.4%，外部门专家授课28人次112学时，占3.3%。教学质量评估分析表明，学员对任课教师的平均教学评价打分为9.88分（满分10分），显示专兼职教师的水平是高的，学员对教师的教学活动是满意的。高水平的专兼职师资队伍保证了轮训工作顺利进行、确保了培训质量。

（五）组织到位，管理规范

　　中国气象局培训中心制定并下发了《全国气象部门县局长轮训培训管理工作流程》《全国气象部门县局长轮训学员管

理规定》《学员学习手册》等一系列教学组织管理及学员学习的规定规范，设计并发放了《教学质量调查表》《学员信息调查表》，对整个轮训过程实施质量监控，随时发现问题。轮训期间中国气象局领导、人事司、培训中心领导和骨干教师多次到各教学点巡查督导，了解各教学点的师资组织情况、学员管理情况、教学组织实施情况，检查教学效果。每到一处均召开学员座谈会，收集反馈意见建议，研究解决教学中出现的问题。还通过培训中心的网络视频系统组织召开县局长轮训工作沟通交流和阶段总结会，了解教学运行情况，商讨解决教学中的问题。轮训期间还组织召开了中期及年度总结交流评估会，及时总结成功经验，通报阶段性评估结果，强化落实组织管理方面的措施，推广教学中的有效做法。

二、轮训的特点

此次轮训参与单位多，学员分布广，在教学准备、教学实施等环节中表现出了以下几方面的特点。

(一) 统一性

1. 统一教学内容。中国气象局培训中心牵头组织相关单位（职能司、业务单位、省级培训中心）的有关人员编写了15个专题课程的培训讲义；统一制作了课件；完成案例收集、整理、汇编工作，形成了培训案例汇编供学员交流；选择与基层气象工作相关的文件和资料，汇编成册，作为培训班的学习参考资料；结合课程内容和新形势下基层工作的特点制定了专题研究指南；选取了13个研讨主题供学员们研讨。

由于形势变化发展很快，培训中心及时在轮训期间组织人员对教材讲义与课件内容进行了四次修订，并督促任课教师加强对课件的修改、对PPT内容的更新，以确保轮训内容的时效性。

2. 统一进度和管理流程。按照统一的培训计划，以国家级培训中心为总调度，在与各省人事处充分沟通的情况下随时掌握应训人数的变化，动态调整、合理分配各培训点的招生名额，保证轮训进度，实现应培尽培。管理上在明确教学要求和标准的基础上通过统一的工作流程，各分中心严格按流程办事，相互配合，上下呼应，保证了教学进度的一致、实现了教学要求的统一。

(二) 丰富性

1. 强化开班导学活动。通过班主任精心设计的"破冰之旅"的拓展训练，通过开班讲话的及时要求和入学导言的正确引导，通过"教师＋班委"的合作式班级管理方式，通过加强学习型班级建设的系列活动，促进了班级学习风气的建立，学员变被动学习为主动学习，提高了培训的实效。

2. 创新培训方式。针对同样的教学计划和教学内容，本次轮训特别鼓励教学方式方法的创新使用，要求各教学点注重结合本地区的师资和区位优势，积极探索新的教学方法，不断创新教学组织形式，丰富培训内容，提升培训效果。网络同步课堂教学、案例式教学、体验式教学、互动式教学（学员上讲台）、研讨式教学、研究式教学等形式多样的教学方式方法在县局长轮训实践中都逐步得到应用和推广，取得了非常好的效果。如北京教学点《德清气象为农服务示范活动剖析》的案例教学，通过案例引入、问题思考、学习辩论找到案例的成功点，再通过总结思考获得经验得到启示；河北教学点的"参观一个地方，学到一条经验，推进一项工作"的体验式教学；四川教学点"以学员为中心，以经验为基础，以解决问题为核心"，以"参加县局长培训的收获及对工作的促进"为主题的新老学员网络视频交流；安徽教学点为保证论坛效果"五环一体"的教学模式的运用，新疆教学点突出气象为当地特色经济服务的特色课设置；湖南教学点以学员为中心的"我为县局发展出谋划策"主题班会；湖北教学点根据县气象局工作实际和县局长领导实践特点开展"即兴演讲"等等，这些特色鲜明的教学组织形式，极大地调动了学员的学习热情和思考问题的积极性和主动性，深化和提升了培训效果。

(三) 实效性

县局长轮训通过"两个带来"（带来一个典型案例，带来一个想通过培训解决的问题）融入课堂教学，带着问题听课，带着经验交流研讨，带着思考进行专题研究，实现短时间、大信息量的充电和积累，间接丰富了自己的工作经验，启迪了工作思路，取得了比较好的学习效果。

《全国气象部门县局长轮训教学安排情况》调查问卷分析表明，98.8%的学员认为此次轮训对工作的帮助很大或较大，87.6%的调查对象认为课程安排对学习的帮助很大或较大。各项教学安排作用大小的学员认可度排名依次是体验式教学96%，案例教学95.3%，专题研究95.2%，主题研讨94.9%，学员论坛92.9%，轮训教材（讲义）91.85%，培训计划导读91.3%，室内拓展88.8%，"两个带来"交流研讨87.2%；另外班主任的日常管理也对学员的学习也起到了较好的促进作用，92.5%的调查对象认为培训班日常管理对学习的帮助很大或较大。

三、轮训的主要成果

（一）提升了基层领导的综合素质，推动了基层工作的开展

全国气象部门县局长综合素质轮训在气象事业发展史上尚属首次，县局长长期工作在基层一线，缺少高层次的学习培训机会。这次培训，对县局长而言既是一次知识的全面更新，一次思想的革新，一次能力的再塑造，更是一次综合素质的全面提升。中国气象局培训中心把培训过程本身也看作是训练学员综合素质一部分，培训期间严格要求学员加强组织纪律性，全身心投入学习。学员们在学习中也能按要求认真听课，主动学习，利用课余甚至是晚上的时间积极完成各项作业，有的学员带病坚持上课，形成了比较好的学习氛围。大家研讨交流积极踊跃、专项研究献计献策、典型问题实事求是、体验式教学多问多学。通过培训提高了对气象事业科学发展新形势、新要求和新任务的认识，加深了对中国气象局党组重大决策部署的理解，准确把握了现代气象业务体系建设的科学内涵和发展方向，进一步了解和掌握了相关的业务和管理知识，加强了党性修养，全面提升了自身的综合素质和对上级决策的执行力。同时，以培训为平台加强了东西部地区，发达与欠发达地区的工作交流，增进了友谊，开拓了思路，学到了经验，促进了工作。

《全国气象部门县局长综合素质轮训效果评估调查问卷》结果显示，县局长轮训对学员回到工作岗位后以下七个方面起到了明显的推动作用：（1）破坏探测环境的案件得到了有效抑制，部分县局进入了县城乡建设规划委员会，实现了探测环境保护关口前移；（2）双重财务体制得到加强，"两个体系"建设逐步被地方政府所重视，"政府主导"作用日益显现；（3）科技服务工作进一步规范，出现了由重经济效益向重社会效益的转变；（4）依法行政能力进一步提升，社会管理职能进一步强化；（5）人工影响天气工作稳步推进。（6）台站综合管理能力增强，运行机制进一步完善；（7）学习型台站建设受到重视，台站的可持续发展能力有了一定程度的提升。

（二）积累了丰富的基层情况素材，增进了对县局现状的了解

入学时学员的"两个带来"，轮训过程中的专题研究、学员论坛、研讨座谈资料以及培训中心从教学质量与效果评估、培训需求调查问卷等活动中获得的信息，无形中积累起一笔反映基层现状的丰富资料，涵盖县局工作的方方面面。既有县局长个人基本信息、个人素质、工作感受、自身发展、学习培训等方面的资料，也有基层急需解决的困难问题，还有破解基层气象工作难题的成功案例，对基层气象事业发展的政策建议，对人才建设、"三农"服务、科技服务、农村气象灾害防御体系建设、社会管理等方面的认识与思考等。这些材料是反映基层现状的第一手材料，具有相当的真实性（当然局限性和片面性也在所难免）。轮训结束后中国气象局培训中心对此进行了系统的收集、整理，形成基层现状材料数据集，并从教学的角度对相关材料进行了初步分析，形成《县级气象局现状分析报告》，上报相关职能部门，了却县局长们下情上达的心愿。

（三）锻炼了教师，提升了培训软实力

各培训中心以此次县局长轮训为契机，高度重视加强专兼职教师队伍建设，建立起各级培训中心的兼职教师资源库。轮训期间，一些年轻教师走上讲台，增进了对基层气象培训需求的了解，教学针对性得到加强。学员的认可增强了年轻教师做好干部培训工作的信心，锻炼了能力，提高了水平，形成多篇有关县局长轮训的教学经验交流文章及教

学研究成果。轮训工作让更多教师有机会参与到教学和管理工作中去，促进了分中心教师由中职教育向成人教育培训的转型；让更多的省级培训中心参与到面向全国的培训之中，教学活动设计、教学过程监控、教学效果评价等体现教育培训规律的活动——得到实践，气象培训的软实力得到明显提升。

(四) 探索形成业务指导模式，牵头指导作用充分发挥

组织异地多点同步培训，无前人的经验可供借鉴，无先例可寻，中国气象局培训中心在轮训实践中充分运用现代培训理论，利用先进培训技术，采取试点先行、总结经验后再由点到面快速推进的方式，带领承担轮训任务的省级培训中心，不断研究和运用教学规律，改进和推广教学方式方法，在实践中促进各教学点教学水平的提高；管理上逐步摸索出国家级培训中心与分中心之间的业务指导模式，从教学安排、管理流程、师资培训、督导评估、考试发证等五个环节入手，加强对分中心的引导、指导和监控，及时发现问题、解决难题，形成规范化的业务管理模式和总结交流、持续改进的机制，发挥了国家级培训中心的牵头指导作用，其指导能力得到培训分中心的认同。

(五) 为大规模开展基层气象干部职工培训奠定了基础

县局长轮训开创了基层气象领导干部培训的先河，探索形成了面向基层开展大规模培训的可行办法，促进了分中心建设的加快，推动了分中心教学、师资与管理能力的提升，带动了培训机构整体培训能力的提高，为今后开展大规模基层干部职工教育培训奠定了基础。比如借县局长轮训胜利结束的东风，先后利用气象远程培训系统将县局长轮训的成果进一步延伸，在全国范围内组织开展基层气象职工科学发展的主题培训、地市级气象局长轮训和地市级预报员轮训等。

基层气象部门领导干部轮训成果[①]

高学浩　肖子牛　孙博阳　成秀虎　余　淼　戴　洋　王卓妮　叶梦姝
（中国气象局气象干部培训学院，北京　100081）

1　总体情况

在中国气象局党组的直接指导和关心下、在各职能司和相关省局的大力支持和指导下，此次轮训工作按照"集中组织、分散实施"的原则，采取"1+6"的轮训组织模式，由中国气象局气象干部培训学院牵头组织，河北、安徽、湖北、湖南、四川和新疆六个教学点共同参与实施。自2009年10月至2011年4月，共举办8期46个培训班，培训县局长2217人，提前完成了县局长综合素质轮训的目标。

轮训确定了"三统一"的教学要求，即统一培训计划、统一培训大纲、统一培训教材，以践行气象事业科学发展为主题、贯彻落实中国气象局党组战略部署为主线，结合轮训目标和基层需求，设计了8个教学单元，包含15门必修课，以及区域特色课、专题讲座、体验式教学、学员论坛和专题研究等创新教学单元。在教学实施中，各教学点充分发挥地方特色，结合业务工作和区位优势，共开设了66门特色课程；深入河北平山县西柏坡、安徽凤阳县小岗村、震后重建的四川映秀县气象局等基层一线进行了体验式教学；以"如何当好一名县气象局长"为题组织了46次学员论坛，围绕培训主体课程开展了184次研讨交流；针对基层气象工作的突出问题，开展了18项专题研究，形成了82份专题研究报告。

轮训期间，郑国光、许小峰、袁隆平、李泽椿等223位部门内外的领导、院士、专家和教师走上讲台，为县局长授课3628学时。气象干部培训学院和各教学点还配备了班主任和专职辅导教师，加强教学引导、组织专题研究、强化学风建设，确保了轮训的顺利实施。

本次轮训所有学员均参加了由中国气象局气象干部培训学院统一组织的考试，平均成绩达89.2分。学员对教师教学质量的满意率达98.0%，对本次轮训的总体满意率达97.7%，普遍认为轮训对工作帮助很大。

2　轮训的主要成果

2.1　局党组的战略部署全面系统地直接传达到基层

轮训首次搭建了中国气象局党组和职能司领导向广大一线基层气象干部"零距离"宣传贯彻党组战

---

①　本文在2011年《气象继续教育》第1期上刊载。

略部署的平台。在授课、座谈和研讨的过程中，高层领导亲自为县局长分析当前形势、解读决策背景、讲解重点任务、启发战略思考，使县局长对局党组的战略决策部署有了更全面系统的理解，更新了观念，认清了形势，坚定了信心。这种直接面向基层的培训模式"一竿子到底"，使 2000 多位县局长坐上了直接聆听高层领导和专家授课的"直通车"，有效减少了层层传达可能造成的曲解，将党组战略部署直接、全面、系统、高效地传达到基层，有力推动了中国气象局党组各项决策部署的贯彻落实。

高层领导的亲自授课和直接解读，使县局长收获颇多，对教学内容理解更加深刻透彻。教学效果评估显示，县局长认为必修课教学内容的"收获很大"和"收获较大"的比例平均达 88.7%，其中最高达97%。其中，高层领导讲授的"贯彻落实科学发展观推动气象事业科学发展"是县局长评分最高的课程，高达 99.2 分。通过系统学习，学员对中国气象局党组的战略部署有了全面深刻的理解，对气象事业发展的伟大成就感到自豪，对气象事业发展面临的新形势有了清醒的认识，对气象现代化体系的科学内涵有了深入的理解，对新时期基层台站在气象事业发展中的地位、作用和主要任务有了更为全面的把握；轮训还解除了"发展为了什么、朝什么方向发展、怎么发展"等一系列思想上的疑惑，县局长在学习体会中写道："这些问题在聆听领导和专家的授课中给出了答案，在学习气象现代化体系战略思想中找到了解答，在座谈交流研讨中得到了启发"。

2.2 县局长综合素质得到提升

根据《干部教育培训工作条例》中关于"全面提高干部的思想政治素质、科学文化素质、业务素质和健康素质"的要求和推进气象部门基层事业科学发展的实际需要，轮训精心设计了 8 个教学单元，教学内容丰富，方式方法新颖，对县局长综合素质的提高起到了潜移默化的作用。培训效果评估显示，县局长综合素质在"政治理论修养、廉洁自律意识、业务素养和管理能力"四个方面的变化较为显著。

轮训强化了县局长的政治理论修养和廉洁自律意识。通过学习十七届三中、四中、五中全会精神，开展反腐倡廉教育和到艰苦台站参观学习，增强了学员的党性观念，提高了县局长开展基层党建工作的自觉性。学员们深深感到"作为基层党员领导干部，必须保持、维护党的先进性，发扬艰苦奋斗精神和勤政廉洁的作风，这是带好队伍，做好工作的基础"。

轮训提高了县局长的业务素养，加深了县局长对现代气象业务体系的理解。培训效果评估显示，县局长在理解现代气象业务体系内涵、提升业务素质方面有了较大变化。县局长们有了这样的共识："在气象现代化飞速发展的时代，知识不更新就会落后，就不知道怎么抓业务，更做不好服务""不懂业务的领导不是称职的领导"。

轮训增强了县局长科学管理的意识和能力。"视人才为资源、向管理要效益""系统管理""风险管理"和"应急管理"，制度先行等现代管理的概念和方法成为县局长经常谈论的话题。"这次轮训使我们认识到科学管理的重要性，回到单位后要继续学习、大胆实践，希望今后举办针对科学管理的专项培训"成为县局长们共同的心声。

3 县局长的执行力得到加强

县局长的执行力是指县局长贯彻中国气象局党组的各项战略意图，完成预定目标的操作能力，是将决策部署落到实处的基础和保障。培训后评估的调查反馈显示，县局长把对党组战略部署的学习领会较好地内化为谋划发展、推动工作的自觉意识，提高了对上级决策的执行力，推动了基层工作的开展。

县局长执行力变化情况调查显示，对上级决策的执行力发生"很大变化"和"较大变化"的比例达

82%；对团队合作的执行力发生"很大变化"和"较大变化"的比例达84%；与政府沟通能力、应急管理能力和依法管理能力也有明显提升。

县局长综合素质轮训效果评估调查了轮训对县局十四项工作开展的影响，分析显示，培训对基层工作起到了很好的推动作用，尤其是气象防灾减灾体系建设、气象探测环境保护关口前移、公共气象服务业务、气象台站综合管理和基层财务管理等方面。县局长们感言："没有这次培训，仅靠自己摸索要解决这些问题，可能还要3年、5年甚至更长时间。"

培训后评估调查表明，轮训对推动基层气象工作也产生初步效果，如：湖南隆回县气象局积极向政府汇报工作并争取防汛办等部门的支持，争取到县财政资金130多万元用于购置车载移动雷达，有效提升了气象科技服务和防灾减灾的能力；陕西山阳县气象局在3个尾矿库安装了气象灾害监测预警系统，在30个乡镇、12个示范村建成气象灾害预警信息网，成立了县气象防灾减灾应急指挥部，有效服务了当地经济建设；天津市蓟县气象局，与地质矿产局联合发布了《地质灾害气象等级预报发布规定》；河南安阳市各县气象局配合市气象灾害应急指挥部成功举行了安阳市重点气象灾害应急演练；河南渑池县气象局积极与有关部门沟通，成功将探测环境保护纳入当地建设工程行政审批流程，实行住建、国土、环保、气象等相关部门会签制度，使县局气象探测环境保护走向制度化、规范化轨道。

4 增强了东中西部县局长之间的交流

通过安排来自不同地区、不同发展水平县局的局长一同培训，轮训为长期工作在基层气象业务一线的县局长搭建了相互学习、交流经验的平台。"二十多天的培训学习，每位县局长都将自己的工作亮点、成功经验和好的做法毫无保留地讲出来，也把工作中遇到的问题、困难、困惑、教训讲出来，大家共同探讨破解。"

浙江德清县局长介绍了开展气象灾害防御工作、提升气象社会管理水平、构建基层气象工作体系服务新农村建设的探索与实践；重庆市北碚区局长结合本地区多年的防雷工作经验，介绍了"雷电灾害防御"的典型案例；湖北红安县局长介绍了拓展县局科技服务渠道的经验；浙江慈溪市气象局、安徽萧县气象局局长也都介绍了各自的发展特色和经验；其余例子不胜枚举。在这样的氛围里，东西部学员之间、发达地区与欠发达地区之间，通过各种形式进行了广泛交流，推动了地区间相互学习、共同发展。青海海南州贵德县气象局长说："通过培训交流，学习和借鉴了发达地区的工作方法、工作理念，开阔了眼界，对欠发达地区气象事业的发展具有很强的促进作用。"

湖北教学点充分利用学员的"两个带来"材料，对每期案例和问题进行分类汇总，形成了《湖北气象培训》案例特刊六期，以电子版形式发放给学员，并组织学员对所带案例进行深入学习和充分交流；安徽、湖南教学点积极响应县局长的要求，为每个班的学员建立了用于网络交流的QQ群，把通过轮训平台建立的联系继续传递下去；培训结束后，江苏省丹阳市气象局、内蒙古四子王旗气象局又专程到保定市气象局、涿州市气象局、满城县气象局考察学习；县局长轮训的平台进一步促进了援疆工作中结成对子的共建单位之间的沟通，对欠发达地区气象事业的发展有很强的促进作用。

5 搭建了中国气象局了解基层的直通桥梁

轮训为中国气象局高层领导提供了一个真实、全面了解基层实际情况的平台。中国气象局领导和有关职能司领导纷纷通过召开座谈会、参与学员研讨等方式，直接聆听县局长的心声。党组对基层的关怀使学员倍感亲切，消除了他们的思想顾虑，学员普遍能够坦诚直言，反映基层存在的实际问题和困惑："人员编制不足怎么办?…探测环境保护面临挑战怎么办?""津补贴如何解决?""满足公共气象服务的基本业务该如何发展?"轮训使中国气象局决策部门对基层情况有了较为全面系统的了解。

县局长反映的问题有的当场得到解答或批复、有的问题引发了直接沟通深入探讨、有的情况促进了相关政策制订出台。在北京教学点，黑龙江密山市气象局长反映的边境艰苦台站基础设施差（职工需要自打水井以解决喝水问题，冬季风雪天气职工上班困难）、工资待遇较低，公务车辆破旧等问题，得到了领导的高度重视；厦门同安、河北唐山等地气象局长提出了县局预报工作开展难的问题，从技术能力、服务责任角度和领导们探讨了县局预报业务的探索模式和县局预报员的培养方式；县局长反映的人员编制不足、探测环境保护困难、艰苦台站津补贴等等实际问题，为党组做出相关决策提供了丰富的一手资料，直接促进并加快了艰苦台站补贴新政策、基层防灾减灾工作条例等基层政策的出台。

6 积累了丰富的干部培训资源

轮训收集了反映县局现状的一手材料，全面了解了基层培训需求。82份专题研究报告、学员"两个带来"、座谈研讨记录和《县局长综合素质分析报告》《县局长轮训教学质量和培训效果评估分析报告》《制约县级气象局发展的若干问题》《县局长轮训专题研究汇总分析》等，形成了丰富的干部培训资源，为今后基层台站人员培训的统筹布局、科学设计、按需施教奠定了坚实的基础。

轮训形成了15讲、50余万字的培训讲义，编辑制作了15门必修课课件，整理了辅助课件27份，录制了81份流媒体课件，制作了16讲主体课程和66门区域特色课程的光盘，为更大规模的基层台站职工科学发展主题远程培训的开展创造了重要的条件；新开发了"气象为新农村建设服务""基层台站探测环境保护""基层党建工作""基层人才队伍建设"和"创新思维——六顶思考帽"等一批教学案例，丰富了教学案例库；征集整理60多份基层气象工作案例，汇编了《全国气象部门县局长综合素质轮训经验交流材料》（30余万字），并精编形成《全国气象部门县局长综合素质轮训案例分析选编》（14余万字），这些材料不仅为县局长提供了重要的学习参考，也为今后干部培训提供了基础性资料；收集中央领导和中国气象局领导的重要讲话以及相关文件，汇编成《全国气象部门县局长综合素质轮训学习材料（上、下册）》（120万字），成为学员和教师案头政策手册；轮训也推动了气象干部培训学院"基层台站气象业务系列培训教材"（16卷）的编写工作，其中《天气预报技术与方法》《地面气象事业观测》和《县级气象局综合管理》已经正式出版。

7 锻炼和培养了一批干部培训的骨干师资

轮训过程是教学相长的过程，此次轮训培养了一批业务能力强、教学水平高、深受学员欢迎的专职教师，形成了一批相对稳定的兼职教师，学员对教师的总体评价的均值达98.8分。

专职教师是县局长轮训师资队伍的中坚力量。在此次轮训过程中，专职教师"专思教学之道、专修教学之法"，从讲义编写到课件制作，每个流程都认真准备，提升了对成人教学规律和教学重点内容的把握能力，提高了讲课水平；通过了解基层发展现状，专职教师将"教""学""研"三者融为一体，为更好地开展案例教学、专题研究、体验式教学等创新教学模块奠定了基础；在轮训开班前专职教师互相试讲、互提建议，并在阶段总结会上交流教学中好方法、好经验和遇到的问题，加强了教学交流，提高了教学质量；各教学点在首期开班前还选派骨干教师到中国气象局或其他教学点参加了全程跟班学习，有力推进了分中心的师资队伍建设。

兼职教师在现代干部培训中具有重要作用。通过轮训，也遴选出一批业务水平较高、实践经验丰富、热爱培训工作、教学素养良好的兼职教师，他们在教学中发挥了不可替代的作用。其中，有一批教师多次受聘为县局长授课，他们以渊博的学识、广阔的视野和对气象事业科学发展的深度掌握，深受学员欢迎。这些教师将成为一支稳定的干部培训师资队伍。同时，轮训也加深了授课教师对干部培训工作重要性的认识，对轮训课程内容全面系统的理解、对成人教育规律的认识和把握，授课教师普遍感言："讲课也使自己受益匪浅。"

8 推进了培训分中心建设

轮训推动各教学点逐步形成了"事业要发展、人才需先行、培训是保障"的共识，改变了过去重学历教育轻在职培训的思想观念，推动了省级气象干部培训学院工作重心的转移。中国气象局气象干部培训学院以多年开展干部培训工作积累的经验，在"1+6"的培训组织模式和"三统一"业务指导原则下充分发挥牵头指导作用，各教学点按照"改善硬环境，提升软实力"的总体要求，逐步提高了需求调查分析、教学计划编制、教学流程制定、效果评估和总结等一系列规范化的培训组织和管理能力。所在省局对培训工作更加重视，纷纷加大了投入力度，各教学点克服困难，对培训教室、宿舍、食堂、操场等培训基础环境进行了不同程度的改造，添置了现代化的教学设备，完善了远程教学平台，培训环境明显改善，学员对培训环境的满意率达90%以上，初步具备了可承担全国性培训的学习环境和教学组织能力，成为落实"强工程"各项培训任务的新生力量，目前已被确定为国家级培训分中心的试点单位，成为气象培训体系中的骨干力量。

轮训激发了各教学点创新教学方式的意识。通过轮训中的总结交流和相互学习，各教学点不断探索和实践现代教学方法，开展案例教学、学前引言、课前导读、五分钟演讲等新型教学活动，极大地丰富了培训的内容和教学方式，例如：河北对研讨环节不断进行优化，运用动态分组法、分散-集中法、问题解答法、专项研讨法等，收到良好效果；安徽开展"永远的小岗村精神，永远的沈浩书记，永远的气象为农服务"的主题体验式教学；湖南举办"我为基层作贡献与县局局长面对面"青年科技人员座谈会和"我为县局发展出谋划策"主题班会。各省气象干部培训学院还结合学员需求开设了《领导艺术》《领导干部压力管理》《学习型台站建设》《气象文化建设》《创新思维——六顶思考帽》等特色课程，为今后干部培训工作的开展积累了丰富的素材。

县局长综合素质轮训主要特点和经验①

高学浩　肖子牛　孙博阳　成秀虎　余　淼　戴　洋　王卓妮　叶梦姝

（中国气象局气象干部培训学院，北京　100081）

1　领导高度重视，亲自部署，全面推动

中国气象局党组高度重视轮训工作，始终把基层干部的培训作为贯彻落实科学发展观、加强基层气象工作的重要抓手，并把基层轮训工作列为 2009 年度全年的五项工作重点之一。

党组书记、局长郑国光亲自指导轮训总体方案的制订，亲临轮训启动仪式发表动员讲话，强调加强基层工作和开展县局长轮训的重要意义，对建设高素质县局长队伍提出了"五个着力"，对整个轮训工作提出了"四点要求"；为首期培训班讲授了题为《认清形势，把握方向，扎实工作，全面推动气象事业科学发展》的第一课；亲自主持学员座谈会，认真听取了来自地震灾区、中西部地区、东部沿海地区等不同地区的县局长的意见建议，了解轮训的有关问题。党组主要负责同志对轮训工作的亲力亲为，使学员感受到了党组对基层气象工作高度重视、对基层同志的高度关爱、对基层所面临困难的高度关切，极大地调动了县局长的学习积极性和主动性，启发了他们对创新基层工作的主动思考。

党组副书记、副局长许小峰带头狠抓轮训的组织落实工作，亲自主持轮训教学计划、教材的审定会议，多次主持召开县局长轮训工作研讨会，听取轮训工作汇报，3 次出席轮训阶段总结汇报会，要求轮训要充分体现基层气象部门实际和区域特色，教学方式和内容要实用有效，富有针对性。许小峰副局长还亲临 7 期培训班开班、授课和座谈，深入各教学点指导工作，了解学员学习情况和培训组织情况。中国气象局其他局领导也多次参与各教学点培训班的授课、座谈和研讨，对轮训工作进行实地检查指导。

中国气象局相关职能司、各省（区、市）气象局领导凝聚共识、积极配合，在讲义编写、教学授课、学员选派、经费落实等方面给予了大力支持，共同推动了轮训工作的顺利开展。承担轮训任务的 6 个省（区）气象局专门成立了由省局主要领导为组长的轮训工作领导小组和教学指导委员会，确保了轮训工作的有序开展。

2　围绕轮训目标，精心准备，狠抓落实

围绕轮训目标，加强教学基本环节管理。针对教学计划、培训课程、教学大纲以及轮训师资组织等轮训基本环节，强化了前期策划和组织落实工作。

科学制定教学计划。中国气象局气象干部培训学院在认真总结以往多年举办县局长综合素质培训

---

①　本文刊载于 2011 年《气象继续教育》第 1 期。

（示范）班教学经验的基础上，按照"落实党组思想、满足轮训需求"的要求，围绕"全面提升县级气象局长队伍的综合素质和对上级决策的执行力"的培训目标，采取"教学内容统一化、教学方式多元化、教学组织灵活化"的设计思路，紧扣气象现代化体系建设、气象防灾减灾、气象社会管理和基层党风廉政建设等基层实际需求，在广泛征求各方面意见，反复论证的基础上，精心设计了由8个教学单元模块组成的教学计划，不仅包含15门必修课程，而且也增加了区域特色课程、专题讲座、体验式教学、学员论坛和专题研究等特色教学单元。针对"学员应掌握什么、教师应讲什么、学习效果如何"等关键问题，反复斟酌，对8个课程模块的内容进行了细化，编制了统一的教学大纲，明确了各类课程的教学基本要求，以便于各轮训参与单位统一实施。

加强培训教材编写。县局长轮训教材的内容涉及面广、政策性强、针对性和实用性要求高，编写难度较大。为此，中国气象局气象干部培训学院主要领导牵头组建了以气象干部培训学院教师为主、有关职能司和省局等10余个单位70余位专家、教师共同参与的教材（讲义）编写团队。按照中国气象局教材总体内容要"四个注重"（注重对中国气象局发展思路的理解和把握，注重基层领导班子和队伍建设，注重基层工作和生活条件的改善，注重思想政治工作和规范化管理）的要求，本着"突出重点、针对需求、讲求实用"的主导思想，围绕轮训教学大纲，组织教师认真研究、收集大量资料，对每门课程的具体内容反复研讨，先后组织三次大规模的讲义编写修改会，编写完成了15讲50余万字的培训讲义，并在此基础上制作了统一的课件（PPT）。此外，气象干部培训学院收集整理了大量有关基层工作的领导讲话、文件和基层气象工作案例，形成4册近170万字的学习辅导（参考）资料，为县局长全面系统的理解中国气象局的有关决策提供参考。

精心组织轮训师资。中国气象局气象干部培训学院采取了多项措施，加强轮训师资的组织，以确保教学任务的高质量完成。一是加强了师资的统一调度。开班动员和第一课都坚持安排中国局高层领导直接授课，并通过远程直播系统向各教学点直播；根据各教学点的实际情况，对大院师资到各教学点授课进行了统筹安排，确保了各教学点师资力量的相对平衡。二是加强了专职教师的培养和选拔。中国气象局气象干部培训学院积极组织教师学习研讨，帮助专职教师深化对培训目标的理解，强化教学内涵的把握、组织教学方法和教学规律的研究；通过多次组织授课教师试讲、案例教学方法研讨、管理经验交流等活动培养选拔了一批教学能力和管理水平相对较高的教师参与轮训教学，受到学员的普遍欢迎；同时对各教学点参与轮训的师资和教学管理人员，采取参与试点班跟班学习、参与教学研讨交流等形式进行先行培训，为各教学点培养了一批教学和管理的骨干力量。三是加强了兼职教师的管理，注重遴选聘请那些有实践经验、讲课效果好的领导专家担当授课重任，并保持师资相对稳定。对兼职教师授课提出明确的教学要求，强调教学的互动交流环节，较好地发挥了兼职教师在轮训中的主力军作用。各教学点也按照统一的教学要求，注重发挥地方党校、行政学院的优势和区域内各省局领导、专家的特长，优选授课教师，加强师资力量。

3 强化组织管理，确保轮训高效运行

县局长轮训规模大、涉及面广、任务重、要求高、持续时间长，在气象史上尚属首次，没有可借鉴的经验。为了圆满完成轮训确定的各项目标任务，中国气象局气象干部培训学院在轮训的组织管理工作方面进行了积极探索。

实施"1+6"培训组织模式。中国气象局气象干部培训学院在前期组织评估省局气象干部培训学院的基础上，根据轮训的总体进程要求，研究确定了由中国气象局气象干部培训学院牵头，河北、安徽、

湖北、湖南、四川、新疆等教学条件相对较好、有一定培训组织管理经验的6个省局气象干部培训学院共同参与的轮训组织模式，采取了"试点先行、逐步推开"的做法，由中国气象局气象干部培训学院先行试点，再带动河北、四川教学点试点，直到7个教学点全面铺开。实践证明，这种"1+6"培训组织模式，充分发挥了国家级气象干部培训学院的牵头指导作用，全面调动了省级气象干部培训学院的培训资源，保证了县局长轮训的高效有序。

加强教学协调指导。中国气象局气象干部培训学院按照"三统一"的要求，组织拟订了《全国气象部门县局长综合素质轮训实施方案》《全国气象部门县局长轮训培训管理工作流程》《全国气象部门县局长轮训学员管理规定》等一批教学管理文件，成立了以气象干部培训学院主要负责人为组长，人事司、6个省局分管领导为副组长的轮训教学指导协调组，统筹协调轮训的组织实施工作。从教学计划编制、规范管理流程、教学组织实施、培训方法应用、骨干教师培训、培训评估总结六个方面，加强各教学点的教学管理和业务指导。通过多次召开轮训研讨会，解决教学实施中的关键问题。在教学实施过程中，气象干部培训学院按计划统一下发培训通知，统筹分配和协调各教学点的学员名额，及时下发统一的培训教材和PPT课件，按照统一的教学工作台历组织关键性课程和教学活动，如统一开班、统一开展专题研究、统一考试等，保证教学进度和教学要求的一致。这些活动把分散实施的七个教学点紧密地联系在一起，形成一个教学整体，保证了培训质量的均一化，为今后大规模培训的组织实施积累了经验。

发挥气象远程教育平台作用，开展跨地域同步教学和网上教学管理。通过远程培训系统，同步直播了8期局领导主持的开班仪式和讲授的第一课，组织了3次网上学员论坛，交流各地基层气象工作的丰富经验，共享教学资源。召开了4次教学工作网络视频会议，进行阶段性工作总结、教学经验交流和后续任务部署。四川教学点通过网络视频组织在培学员与往期学员进行深入交流，畅谈培训对工作的实际帮助和促进作用，有效提高了培训效果。通过远程培训管理系统，实现了网上报名、资料交换、情况通报、档案存储等管理功能，同时培训资料和课件通过远程学习平台直接传送到每个学员手中。这种以现代信息技术应用为特点的混合培训方式为县局长轮训的组织工作提供了方便，提高了效率，也体现了与部门垂直管理体制相适应的气象教育培训体系的特色。

4　坚持持续改进，不断提高培训质量

轮训始终把培训针对性和教学质量放在首要位置，坚持"阶段性总结，持续性改进"的工作思路，坚持在教学内容更新、教学方式方法创新推广、教学质量监督等方面与时俱进。

及时更新教学内容。本次轮训时间跨度大、持续时间长，对教学内容的更新提出了更高的要求。据多年积累的培训经验和对气象干部培训规律的认识，中国气象局气象干部培训学院针对这次轮训的特点，研究确定了主体课程教学为主、特色课程为辅的课程安排，有利于课程内容的调整。在教学内容上坚决贯彻落实郑国光局长提出的"紧密结合当前形势，不断完善培训内容，使培训内容能够紧扣党的十七大和十七届四中全会精神的贯彻落实，紧扣中国气象局党组推动气象事业科学发展的新思路、新任务和新要求，紧扣县局长提高综合素质和执行力的实际需求"，对教师提出了授课内容要与时俱进的明确要求。轮训期间组织对教材进行了四次修订，及时把党中央、国务院领导对气象工作的指示精神和中国气象局党组的发展新思路纳入其中，反映气象事业发展的最新动态。

不断创新教学方式方法。针对县局长的特点，各教学点广泛采用课前导读、案例教学、研讨交流、专题研究、学员论坛、现场教学等多种方式方法。如：北京教学点开展了《关于德清气象为农服务示范活动的思考》案例分析；河北教学点开展了"参观一个地方，学到一条经验，推进一项工作"的体验式

教学；安徽教学点为保证论坛效果运用了"五环一体"的教学模式；湖北教学点根据县气象局工作实际和县局长领导实践特点开展了"即兴演讲"；湖南教学点开展了"我为基层做贡献——县局长面对面"的座谈活动；四川教学点开展了以"参加县局长培训的收获及对工作的促进"为主题的新老学员网络视频交流；新疆教学点突出当地特色经济开展了"新疆棉花气象服务"的特色课。这些创新的教学组织形式，极大地调动了县局长的学习热情和思考问题的积极性和主动性，强化并提升了培训效果。

加强阶段总结和质量监督。轮训期间召开了4次全面系统的阶段总结评估会、7次专题研讨会，及时部署阶段性工作，总结推广各教学点好的做法，提高各教学点的教学组织管理水平。中国气象局气象干部培训学院领导带队进行了4次教学督导巡视，发放2217份教学质量调查表，及时了解各教学点的教学情况和学员学习情况，及时掌握各教学点教学质量和教学管理水平，加强了对培训教学过程的监督。气象干部培训学院还多次组织教学协调会，研究解决教学组织中的具体问题，加强对轮训工作协调和指导。

5 严格学员管理，强化学风建设组织管理上抓班风

入学教育时要求学员做到"两个转变"（从领导干部到学员的身份转变、从工作到学习的状态转变），为形成良好学风奠定基础；在建好一个班子（班委），带好一个团队上下功夫。开班前通过省局人事处了解县局长状况，摸清学员基本情况；开班初期选择有进取心和学习热情的县局长担任班、组长，促进学习型班级建设，提高学员自我管理能力；严格学员管理，制定了《全国气象部门县局长轮训学员管理规定》和《学员守则》；强化学习纪律，严格班风建设，坚持县局长请假必须由中国气象局人事司批准。

教学过程中抓学风。按照郑国光局长"坚持理论联系实际的马克思主义学风，切实推动实际问题的解决"的要求，在轮训过程中强调"两个结合"：一是把理论知识学习与解决实际问题相结合通过组织"在防灾减灾社会管理中的作用研究"等专题研究，开展"华东沿海某县气象局私分国有资产、收受贿赂案"等案例教学，以"如何当好一名县气象局长"为题组织学员论坛，结合"两个带来"的分析等，培养县局长运用理论解决基层实际问题的能力；二是把培养良好学风与增强党性修养相结合，在学员中广泛开展学理论、正品行、讲党性、树新风的教育活动，用社会主义核心价值体系，教育学员树立正确的世界观和人生观，通过组织学员前往韶山、西柏坡革命根据地，进行革命传统教育，为玉树地震灾区捐款，充分发扬气象人精神。参观反腐倡廉展览，端正学员价值观和权力观，增强廉洁自律意识。

6 加强质量评估，注重轮训效果建立科学的评估模型

首次采用柯氏四级培训评估模式（Kirkpatrick Model）对轮训质量和效果进行评估分析，建立了中国气象局气象干部培训学院县局长轮训教学质量效果四层评估模型和评估指标体系，对培训前、培训过程中以及培训后等工作进行综合评价。其中包括对培训内容设计（含课程设置）、教学组织（保障）情况、教学质量情况和培训效果等一系列评价。

广泛调查收集评估基础数据。为跟踪、了解、评估各轮训实施单位的教学组织与教学质量情况，判断学员学习效果，中国气象局气象干部培训学院在轮训开始前制订了轮训评估方案，设计并向所有学员发放了《全国气象部门县局长轮训教学质量调查表》《全国气象部门县局长轮训教学组织与实施情况调查问卷》和《全国气象部门县局长综合素质轮训效果评估调查问卷》，还向地市气象局发放了《全国气

象部门县局长综合素质轮训送培单位轮训效果反馈调查问卷》，全面了解县局长轮训后所学知识是否在工作中得到应用、对工作状况是否有改善以及县局的各项工作是否因这次轮训产生了变化，各类评估问卷的回收率均在 90%以上。在每一期培训班中组织各教学点开展教学质量数据收集工作，并不断查遗补漏，以此为基础，综合学员的综合考核成绩，建立了评估的基础数据集。评估结果表明，学员对培训内容满意率平均达 97.7%，普遍认为课程设置科学，符合基层气象部门的工作实际，教学内容设计合理，具有较高的实效性和较强的针对性。同时对教材、师资、组织、管理和保障等方面也有较高的评价（详见《全国气象部门县局长综合素质轮训教学质量和培训效果评估分析报告》）。

7 注重轮训宣传，扩大部门社会影响

注重发挥宣传工作的特殊作用，对轮训的宣传工作进行了系统策划，确定不同阶段的宣传主题和形式。从中国气象局党组的战略思想的高度、从加强气象部门基层领导干部队伍建设的角度、从轮训内容的广度等多方面，对本次轮训进行广泛深入的宣传报道，既营造了大规模培训的学习氛围，又扩大了气象部门的社会影响。

集中优势媒体凸显基层培训主题，营造规模培训氛围。在轮训启动之时，邀请新华社、《人民日报》《科技日报》等知名媒体以及《中国教育报》《中国人事报》、紫光阁网站等相关行业媒体，对气象部门县局长轮训工作进行了大量报道。2009 年 10 月，新华网以"气象部门启动大规模县局长综合素质轮训""郑国光：县局长要做好基层气象事业发展的带头人"等为题宣传中国气象局举办县局长轮训目的、意义和举措。2009 年 4 月，中国气象局党组副书记、副局长许小峰和中国气象局气象干部培训学院主任高学浩接受新华网记者独家采访，为中国气象局即将开展的大规模干部轮训工作奏响序曲。

利用培训交流平台，反映基层风貌，弘扬气象人精神。轮训过程中，联合紫光阁网站、新华网、中国气象局网（CMA网站）等媒体从教学组织、教材编写、教学研究、学员反馈、效果评估、培训进展等各方面进行了跟踪报道，充分展示了轮训工作的亮点和成就。《中国人事报》以"重视基层 夯实执政之本"为题，作为加强基层干部队伍建设系列评论之一，对本次轮训做了专题报道。CMA网站就基层气象为农服务、公共气象服务等专题，与第 3、4 期培训班的 12 位县局长进行了访谈。2010 年《中国气象报》《科技日报》以及《科学时报》记者赴京外 4 个教学点对轮训进行深入采访调研，并以"锻造气象事业的基石""气象系统轮训：学历后教育的新模式"等为题进行综合报道。据统计，新华社、《中国人事报》《科技日报》《科学时报》、紫光阁网站等 15 家媒体共发表 60 余条有关轮训的报道，向社会广泛宣传气象部门落实中央精神、加强领导干部队伍建设、推进基层气象事业科学发展的举措和成效。

邀请部门外知名专家授课也为气象部门做了很好的宣传。袁隆平院士在湖南省气象局气象干部培训学院讲授《发展杂交水稻，造福世界人民》一课中，高度评价"气象为杂交水稻做出了巨大贡献，如果没有气象部门的支持，杂交水稻研究成果至少推迟几年"，并题词"加强三农气象服务，为国家粮食安全提供气象保障"，给予学员很大鼓舞，在社会上产生了很大影响。

这次轮训的成功实践为开展气象教育培训积累了宝贵经验。

7.1 思想重视，凝聚共识，是培训工作的根本保证

中国气象局党组高度重视轮训工作，郑国光、许小峰等中国气象局领导始终关注轮训的进展情况，把握轮训大局，亲临教学一线，指导教学工作；中国气象局各职能部门和各省局领导视本次轮训为"一把手"工程，凝聚"事业要发展、人才是关键、培训须先行"的共识，落实相关措施。在部门

上下统一思想、统筹协调、齐心协力的努力下，确保了轮训的组织协调到位、投入保障到位、教学管理到位，为轮训工作的顺利完成提供了根本保证。实践证明，各级领导高度重视，各个部门达成共识、齐抓共管，大规模培训工作的开展就有了根本的保证。

7.2 精心筹备，统筹规划，是培训工作的重要基础

作为轮训的牵头单位，中国气象局气象干部培训学院借鉴了往年举办 4 期县局长培训（示范）班的成功经验，认真总结分析了基层领导干部培训的需求和规律，在此基础上，针对中国气象局党组确定的培训目标，在教学计划制定、培训教材编写、组织体制确定、管理机制建立、培训效果评估等教学基础工作上狠下功夫，精心筹备、统筹规划，建立了一整套符合实际、具有操作性的教学基本文件和管理规定，为轮训工作的有效开展奠定了坚实基础。实践证明，越是大规模的培训，越是要把前期的教学准备工作做得更加充分，精心筹划前期准备工作是培训有序高效完成的重要基础。

7.3 尊重规律，不断创新，是轮训工作的重要手段

在职培训有其必须遵循的客观规律，单向灌输式授课已经不能满足学员主动思维式的学习，单纯理论的授课已经不能解决学员遇到的实际问题，良好的学习环境已经成为干部培训的必备条件，这些因素，都对现代干部培训提出挑战。本次轮训在把握规律、不断创新培训方式方法上取得了显著成效，遵循培训规律，在案例式教学、体验式教学、研讨交流、专题研究、学员论坛等行之有效的现代培训方式方法方面进行大胆的探索和创新，深受学员欢迎。实践证明，在现代干部培训过程中，研究和把握培训（教学）规律，不断创新教学方式方法，促进"教学相长、学学相长"，已成为实施干部培训的有效手段。

7.4 建立机制，规范管理，是轮训工作的关键

实现轮训的各项目标，关键在于组织协调机制的建立和管理制度建设。中国气象局气象干部培训学院在业已建立的规范化培训的基础上，针对轮训的特点，建立了组织协调机制、管理制度流程、教学组织实施等一系列规范和指导意见，形成和确立了"1+6"组织模式和"三统一"要求，通过不断完善培训组织管理制度的规范化建设，较好地发挥了国家级气象干部培训学院的牵头指导作用，充分调动了各教学点的培训资源，为大规模培训的高效运行提供了组织制度保障。实践证明，正是由于中国气象局气象干部培训学院 10 多年来在培训规范化建设、师资队伍建设、教学经验积累等方面的常抓不懈和不断探索，才使其具备了有效组织开展大规模轮训的能力。加强培训管理规范化建设，是做好培训工作，提升气象培训体系整体实力的关键。

7.5 加强评估，追求效果，是轮训工作的核心

在轮训伊始就确立了以质量和效果为核心的主导思想和工作目标，在制定教学计划时，反复斟酌是否体现了中国气象局党组的战略思想；在实施教学过程中，时刻关注能否使学员真正理解和掌握中国气象局党组的战略部署；在组织管理工作上，重点考核是否达到了预期目标。坚持"阶段性总结，持续性改进"的工作思路，采取"试点先行、逐步推开"的工作方法，形成了"试点—总结—改进—推广—全面总结"的工作机制，确保了培训的整体质量和效果。实践证明，只有坚持"阶段性总结，持续性改进"的工作思路，自始至终地追求质量，培训效果才能得到不断提高。

利用"德清模式"进行案例教学的实践与思考①

成秀虎

（中国气象局气象干部培训学院，北京　100081）

1　引　言

县局长轮训是中国气象局党组推动现代气象业务发展、加强基层建设、提高气象领导干部执政能力的重大举措之一。大规模培训基层气象局领导干部，这在全国还是第一次，没有现成的经验可寻，因而需要不断摸索，边实践边思考，边总结边提高。本人参与了在中国气象局培训中心举办的前后四期县局长轮训的实施过程，包括第一、二期试点培训和三、四期七地共同举办的大规模培训，先后承担了班主任管理与课程教学的任务。在教学过程中，我们把德清模式引入课堂进行案例教学的实践，取得了较好的教学效果，既使学员学有所获，也使自身水平得到了提高，真正实现了教学相长。

2　德清模式引入课堂的教学实践活动

气象防灾减灾与新农村建设是县局长轮训中的一门重要课程，授课内容主要是气象为新农村建设的重要意义、中国气象局为新农村建设服务的基本思路、气象在新农村建设服务中的成绩和经验、基层气象部门在新农村建设中的重点工作与要求等。试点培训期间，通过授课县局长们对气象为新农村建设服务的重要性有了更为深刻的认识，但对如何搞好气象为新农村建设服务，如何建立农村公共气象服务体系，如何做好农村气象防灾减灾工作仍然缺乏经验，不知从何下手，碰到的诸如人员不足、经费缺乏等困难更不知如何解决。面对学员的这些困惑，2010 年 3 月份中国气象局培训中领导特别邀请德清县气象局张克中局长到第三期县局长轮训班北京教学点现身说法，当面讲授。张克中以《气象为新农村建设服务——以德清全国新农村建设气象工作示范县为例》为题从基层气象工作体系建设、提升气象为农服务水平、气象灾害风险与防御规划、气象社会化管理与气象灾害应急准备认证、加强农村气象科普提高气象应用能力等五个方面向同行们介绍了德清是如何做好气象为农服务工作的。我以主持人的身份参与了这堂课的教学活动。讲课前我提前一天将张局长的讲义发到班上每个学员，讲课结束后安排学员与张局长进行对话与提问。由于事先有准备，课上学员发问踊跃，其中一些问题还相当尖锐，很富挑战性。比如有学员问道"如果你在一个年产值只有 3000 万的小县当局长，你该如何做到呢？"这些发问从一个侧面反映了学员对这堂课投入很深，参与度很高，结合自己的工作实际开始认真思考了一些深层次的问题。

4 月，在第四期县局长轮训班上，我以张克中局长讲课材料为背景，开设了《气象防灾减灾与为新

---

①　本文成稿于 2010 年，刊载于当年《气象培训通讯》第 4 期。

农村建设服务——关于德清模式的案例分析》的讲座,以德清为农服务的实践活动为材料,通过学员正反辩论的方式,分析德清经验学得到学不到,引导学员思考从德清模式中学什么,共同分析德清模式成功的原因、德清模式产生的背景与必然性,并就势引出中国气象局有关做好新时期气象为农服务工作的要求和部署,对县局长做好气象为农服务的工作提出自己的建议。通过这次教学我从中了解到县局长们对德清经验的真实态度,他们普遍认为德清模式是气象部门的努力方向,但在能不能学的问题上存着两种截然相反的观点,80%的县局长认为学不到,只有20%的县局长认为德清经验可学,我称之为"二八现象"。

5月份,在第10期处级干部综合素质培训班上,我又以《关于农村公共气象服务体系建设的思考》为题对全国气象为农服务示范实践活动进行了案例分析,与地区局长、省级业务科技减灾处长们一起讨论了县局长中关于德清模式两种截然不同观点("二八现象")产生的原因,让学员们从领导者的角度分组探讨如何从德清创建全国气象工作示范县的实践活动中吸取成功经验,推动各省、各地区的气象为农服务工作,最后再由各组推选代表到班上汇报各组的讨论成果,我加以总结,通过建立的农村公共气象服务体系模型,分析出推动农村公共气象服务体系建设最需要迫切解决的是体制机制问题。

3 关于案例教学的初步认识

干部培训是成人培训,应该采用适合成人学习规律的教学方法。成人学习理论之父马尔科姆·诺尔斯认为,成人总是认为自己可以自我指导和负责,所以培训师要学会调动成人参与到学习过程中来,激发他们主动学习的积极性;成人具有大量的工作和实践经验,培训师要在教学中善于利用成人获得的经验,让他们自我展示,获得自我满足感,增强自我成就感;成人希望学习那些能够帮助他们有效应对日常生活的东西,愿意获取那些能够帮助他们执行任务或解决问题的知识,所以培训要有针对性和实用性。通过我的初步实践,我觉得案例教学是一种符合成人教育规律、便于调动学员积极性、利于发挥学员特长和经验优势的教学方法。

传统的教学模式把学员假设为可以被任意塑造的坯料、一张可以被任意涂画的白纸。但干部不是儿童,他们有自己的思想和经验,而且形成了一定的思维定式与工作习惯。作为领导干部他们更执着于根据自己已有的理论知识和过往经验来表达自己的观点,强调情况的特殊性,不会被动的、像白纸的学生一样去吸收老师的教学内容。以我国的气象干部队伍为例,他们大多数人都具有一定的文化功底和理论基础,特别是近年来气象部门加强了政策的宣传和学习,他们中一些人还具备较高的政治理论水平和分析问题解决问题的能力,有的是某一方面的专家,他们通常不会盲从教师的见解和看法,有时碍于面子或慑于权威,不愿争辩,但内心并不真正服气和认同。

案例教学可以发挥学员经验丰富的优势。教师从案例现象入手,引导学员利用其丰富的已有经验对问题进行思考和解释,通过教师与学员之间、学员与学员之间的研讨,让学员重新认识自己的先前经验,调整其思维方式。

教师恰当的引导,学员的积极参与配合是教学成功的关键。只有每个学员积极参与,全身心地投入,做到老师与学员之间、学员与学员之间的充分交流和互动,才能实现通过师生合作来让学员获取知识、方法和思路的目的,达到提高学员思想认识、打破传统思维定式、找到解决问题的办法、提升工作能力的效果。

4 利用"德清模式"进行案例教学的几点启示

4.1 干部培训中需要大胆创新，寻找并尝试多种有效的教学方法

我国的气象干部培训事业虽然历经多年发展，但系统完整成熟的教学培训体系和方法应用还比较缺乏，所以需要任课教师大胆的探索和创新。我以案例教学理论为起点，本着从满足培训对象需求、追求最佳培训效果的朴素思想出发，借助德清模式这一典型案例，进行了案例教学的尝试，收到了良好的教学效果（两个班的教学测评显示学员满意度为100%）。即使我们没有完全掌握成人培训的理论基础，但只要用心琢磨，从培训目标出发，从干部面临的任务出发，从学员自身的需求出发，同样可以找到合适的教学方法。如我根据县局长和处长综合素质班不同的教学要求、学员的不同层级与不同的关注点，分别采用了辩论式、讨论式的案例教学方法，实现了老师与学员之间、学员与学员之间的有效互动，调动起全班每一个学员的积极性，形成思想观念方法的大爆发，最后又与讲授法相结合，实现思想观念的聚拢与方法的汇总，把培训课程的要求贯彻到学员的思想深处。

4.2 案例教学要选取有代表性的案例

德清模式是全国气象部门正在推广的学习典型，代表性强。由于该案例讲的是学员们身边的事、现实中的事、眼下要做的事，案例中的主人公与学员们面临着相同的任务、相似的政策、类似的处境，这种教学现实感强，容易引起学员们的兴奋点，学员们情不自禁地参与了进去，一切都显得那么的自然而不做作，争相上台发言，各抒己见，大胆争辩，全然不见了平时的拘束与谨慎，其投入程度出乎意料。

4.3 案例教学不光要做到表面上热闹，还要注重实效

学员投入程度高，教学效果也要好。德清模式引入教学后，无论是在教学座谈会上还是在课下学员们都对这种教学方式表示了欢迎。县局长们表示通过这一课，他们知道回去之后自己该怎么干了，比如他们说回去也要加强与地方政府沟通，马上着手气象灾害风险普查与气象灾害防御规划编制工作，要想办法将农业气象服务体系建设、气象灾害防御体系建设纳入地方新农村建设、农村公共气象服务建设等规划中去等等，这种自觉自愿的行动比传统的授课形式所起的作用要大得多。

4.4 案例教学是气象干部培训中有效的教学方式之一

案例式教学能够让学员开动脑筋、相互启发、开阔眼界，自己找到解决问题的思路和办法。学员个体通过积极参与教学过程，可以从中获得知识、技能和正确的行为方式，通过独立思考达到观念、态度、行为的改变，通过对教学内容的深刻理解和学员之间取长补短的相互交流学习，能获得所学的知识和方法，并回去后将其应用于各自的工作实践中，这正应该是培训的目的所在。

5 县局长轮训中引入案例教学的几点建议

5.1 县局长轮训应以讲授式教学方式为主

县局长轮训是组织培训，需要进行形势、理论、思想方面的教育，需要统一思想认识，提高战略执

行力，澄清一些发展上的模糊观念，这就决定了要以传统的讲授式教学方式为主，因为不同的教学内容需要以不同的教学方式来表现。思想教育性课程、战略理论性课程还是要以讲授为主。在县局长轮训中邀请中国气象局的领导和各职能司的领导进行授课，保证了教学的权威性和政策的准确性，不至于误导学员，引起思想混乱。县局长轮训不同于一般的教学活动，有很强的政治性和政策性要求，采用讲授式教学方式有利于实现组织目标。

5.2 县局长轮训中实践性很强的课程可以采用案例教学的方式

县局长轮训不是单一的思想教育培训，还是一种综合素质的培训、能力提升的培训。作为基层领导干部，县局长们还担负着贯彻落实中国气象局党组战略部署的重任，要把公共气象服务落到实处，要提高执行力，要提高分析问题、解决问题能力，要提升创造性应用的能力。据联合国教科文组织对案例分析、研讨、课堂讲授、模拟练习等教学方法的研究发现，讲授式教学法在提高学员分析问题能力方面效果最差，而案例教学法效果第一，所以县局长轮训中对实践性较强的课程应鼓励采用包括案例教学法在内的多种形式进行授课。

5.3 案例教学中要注意选取有典型意义的案例

选取的案例最好是学员熟悉的人和事，有代表性，有典型性，有可分析性。比如德清模式就是气象为农服务方面具有典型意义的好案例。一是案例的主人公与县局长们背景相似，要处理的问题相同，在学员间容易引起共鸣。二是该案例与国家对气象为农服务的要求一致。今年的中央一号文件和春季农业生产工作会议上对气象为农服务工作提出的要求，建立农业气象服务体系和农村气象灾害防御体系的要求与德清模式的实践活动不谋而合，把德清模式研究透了，自己就知道该如何落实中央气象为农服务工作的部署了。三是德清模式的成功有其独特的政治经济环境，有其深厚的个人魅力，有恰当的时机，有可供分析的深度和厚度，学员比较容易参与进去，有可说的话，容易形成互动，教学效率高。

5.4 案例教学要注意实现师生之间、学员之间有效的互动

现代教育学的研究认为，教学是教师教与学生学的统一，这种统一的实质就是师生之间、学员之间的人际交往。根据这一理论，案例教学在具有交往经验的成人教育中更易实现，而对于没有交往经验的非成年人则不易实现。师生间、学员间的广泛交往与联系，是学员学习主动性、积极性得以发挥的前提，是促进学员能力提高的重要途径。学员主动地进入角色，不仅能充分地调动其学习积极性，避免倦怠感，而且能吸收大量信息，产生深层的思想交锋，更深刻地理解、掌握教学内容，建构新的知识，培养解决实际问题的能力。

5.5 案例教学可以采取多种形式来组织实施，以效果好坏作为评判标准

常见的案例教学实施方式有讨论式案例教学、辩论式案例教学、体验式案例教学、讲授式案例教学、对话式案例教学等。教学实践中我们采取了多种方式来实施，比如第三期我们把案例当事人德清县局张克中局长邀请进入课堂与学员们讲课和提问，就是一种对话式的案例教学，当事人与学员地位平等，有共同的语言，可以平等地进行对话、讨论，交流中有思想观念的交锋与碰撞，有兴趣点和兴奋点，受到学员们的欢迎。但限于条件，案例中的当事人有自己的工作要做，不可能每次都来与学员对话，所以我们在第四期中采用了辩论式的案例教学法，同样收到了良好的效果。由于当事人不在场，学

员放得更开，结合自己的实际更紧，更愿意谈出自己的真实看法与观念，能够显露出县局长们内心的真实思想，触碰他们工作中面临的实际困难和问题，争辩更激烈，交流更充分，学员个体投入度更深，整体参与度更高。至于第十期处级干部综合素质培训班，由于他们的层级更高、要解决的问题也不一样，所以我采取了讲授式为主、课堂讨论为辅的方式来实施案例教学。在这里案例只是教学内容的一部分，案例讨论旨在帮助学员们分析问题，发现农村公共气象服务体系构建中的难点和关键环节所在，从而正确领导县局长们开展农业气象服务体系建设和农村气象灾害防御体系建设。

6 结束语

利用德清模式进行案例教学的实践表明，在县局长轮训中适当采用案例式教学，符合教学目标要求，符合学员的实际工作需要，有助于实现较好的培训效果。这种方式突破了传统教学中以教师为中心的教学思维定式，减少了灌输式的理论讲授，增加了灵活多样的教学手段，提高了教学水平。当然这样的探索还只是初步的，还有很多不完善之处。就案例教学而言，一个完整的教学案例和师生之间、学员之间的互动是案例教学必备的两大要素。目前我们的教学实践还是基于德清县局长提供的材料，尚未形成一个真正的、完整的教学案例。德清模式作为一个成功的典型，有其特殊的环境和背景，如果不加以改造，会限制学员的思维方式，其实践价值也会因学员过于看重其特殊性而出现分析上的偏差，从而影响教学效果。案例教学还需要形成一套标准的规范，比如要编写教学案例使用说明书，包括案例的主题是什么、适合哪些班上、用多长时间上、如何上、提供哪些辅助材料、理论框架是什么、讨论些什么问题等等。总之案例教学是一项相对复杂的教学工作，以一定的研究为基础，需要教师投入相当的精力才能做好。个人认为目前编写完整的教学案例是做好案例教学的当务之急，形成系列的教学案例是今后的努力方向。

参考文献

[1] 刘炳香. 领导干部案例教学与执政案例[M]. 北京：中共中央党校出版社，2008.
[2] 魏促瑜. 现代培训教学技能应用[M]. 北京：中国林业出版社，2008.
[3] 伊莱恩·比斯. 培训师手册[M]. 叶盛龙，译. 北京：机械工业出版社，2006.

县级灾害性天气监测预警专项培训后效果评估报告①

气象科技教育评估中心　业务培训部

为深入贯彻习近平总书记关于气象工作的重要指示精神，落实中国气象局"强化基层预报员特别是县级预报员对雷达、卫星资料的理解和应用能力以及极端天气监测预警能力"的工作要求，将"人民至上、生命至上"的理念贯穿到预报员培训的各个层面，切实提升基层灾害性天气监测预警能力，筑牢气象防灾减灾第一道防线，中国气象局气象干部培训学院（以下简称"干部学院"）按照局党组的部署，在相关职能司的指导下组织完成了全国首届县级气象部门灾害性天气监测预警专项培训，共计培训县级预报员 4382 人。此次培训的目的是帮助基层预报员更好地了解灾害性天气（暴雨、强对流天气等）发生规律，掌握灾害性天气监测、预报、预警技能，尤其是运用雷达、卫星资料综合判断灾害性天气并发出预报和预警的技能。

为客观了解该次专项培训的实际效果，干部学院在培训完成后组织了此次培训的后效评估，重点了解学员回到工作岗位后在一个预报季内的技能掌握与实践情况。评估结果表明学员捕捉灾害性天气的能力得到加强，县级预报业务人员对灾害性天气的监测预报预警的整体能力得到明显提升，专项培训在推动县级气象部门灾害性天气监测预报预警的第一道防线作用方面成效显著。

1　培训组织实施情况

县级灾害性天气监测预警专项培训共分三个阶段四个模块，总计 142 学时，分学员网络自主学习（即第一个阶段，模块一主要针对非气象专业毕业预报员）、干部学院网络直播培训（即第二个阶段，包括模块二、模块三）、省局本地化特色培训（即第三个阶段，模块四）三个阶段实施。其中教学计划由干部学院设计提出，中国气象局审定，干部学院负责组织实施，各省培训机构负责组织本省学员针对当地特点的本地化培训，培训方式以网络自主学习、网络直播面授培训和本地化直播或集中面授培训三种培训方式分阶段进行，具体组织实施情况见表 1。

表 1　县级灾害性天气监测预警专项培训组织实施情况

培训模块	培训内容	培训方式	培训学时	实施时间	教学组织
第一模块	天气分析基础知识	网络自主学习	42	2022 年 1—2 月	干部学院气象网络教育中心
第二模块	暴雨和强对流天气基础知识	网络直播面授	32	2022 年 1—4 月	干部学院业务培训部
第三模块	暴雨和强对流天气监测预警	网络直播面授	48		
第四模块	本地化特色教学内容	网络直播或集中面授	20	各省汛前安排时间	省局培训机构组织

---

①　本文成稿于 2022 年 11 月，主要执笔人：成秀虎、赵亚南、邹立尧、李焕连。

2 培训质量与即时效果

2.1 培训模块设计合理，衔接紧密

县级灾害性天气监测预警培训从"补基础-学方法-本地化"三个层次进行系统设计，前期培训是后期培训的基础，各模块间好的衔接性是培训效果的有效保证。图1给出了学员对县级灾害性天气监测预警专项培训各模块衔接性满意度评价。从图中看出，92.0%的学员认为，各模块之间衔接性很好或较好。

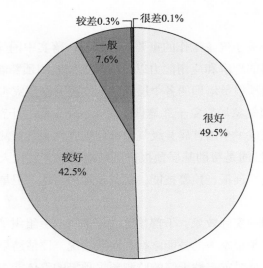

图1 各模块衔接性学员满意度评价

2.2 培训内容实用性强，对实际能力提升帮助大

2.2.1 网络自主学习阶段

针对非气象专业毕业预报员，开展中国天气概况、天气分析、卫星气象、新一代天气雷达等方面的基础知识培训，使学员了解相关内容的基本的概念、原理和方法。统计分析结果表明，学员普遍认为网络自主学习阶段培训目标明确，培训内容与培训目标契合度较高，教学组织管理有序，学员整体满意度平均分为92.9分，反映了对非气象专业毕业预报员开展气象基础知识培训是十分必要的。

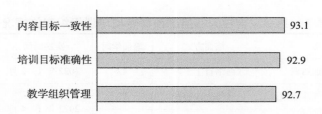

图2 网络自主学习阶段学员满意度评价

气象培训|

通过网络自主学习培训，82.6%的学员认为收获很大或收获较大，有效提高了学员对预报工作相关基础知识的了解程度，参见图3。

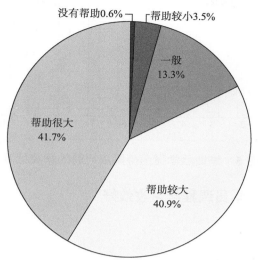

图3　网络自主学习对后期培训的帮助程度

2.2.2　网络直播培训阶段

针对县级气象预报员暴雨和强对流天气基础知识不足、监测预警技能不高的问题开展了针对性强的知识与技能培训。学员对培训目标的准确性、课程安排的合理性、培训内容的针对性、培训教材的适用性、课程内容的理解程度、对实际工作的指导等6项指标的综合满意度平均分为91.3分，尤其是对培训目标的准确性学员最为满意（得分最高，为93.3分），反映基层对提升能力的培训需求迫切。（图4）

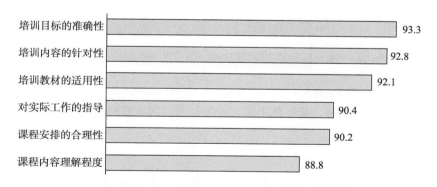

图4　网络直播培训阶段培训项目满意度评价

通过培训，70.9%学员认为在培训前亟待解决的灾害性天气监测预警工作中存在的强对流天气预警预报思路不清晰、气象资料利用率低、业务软件不熟悉等问题，得到了较大程度的解决，表明培训对提升县级预报员灾害性天气监测预警能力、解决实际预报中的难点有很好的效果。

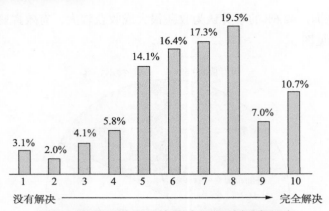

图5　培训后学员亟待解决问题的解决程度

2.3　培训教师教学水平高，学员课程学习收效好

2.3.1　网络自主学习阶段

网络自主学习阶段共设置中国天气概论、天气分析、卫星气象和新一代天气雷达基础知识等四门课程，学员对授课教师满意评价平均分为93.8分，近五分之四的学员认为课程收获很大或较大（图6），认为所开课程内容充实、条理清晰、重点突出、难易得当，方便学员自学。其中，"新一代天气雷达基础知识"学员收获相对较高，为80.5%。

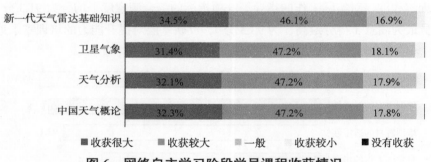

图6　网络自主学习阶段学员课程收获情况

2.3.2　网络直播培训阶段

网络直播培训阶段共有14名专兼职教师授课，其中，干部学员专职教师占授课教师总人数的92.9%，教师授课学员满意度评价平均分为96.8分，教学准备充分，教学态度优秀，教学内容掌握有度，表明教师授课能力得到学员的普遍认可。

网络直播培训阶段，共开设观测资料应用、暴雨短期预报、强对流短期预报、雷达图像与产品应用和分类强对流监测预警等五门课程，80%以上的学员认为课程学习收获较大或很大（图8）。其中，雷达图像与产品应用学员收获程度相对较高，为85.1%。

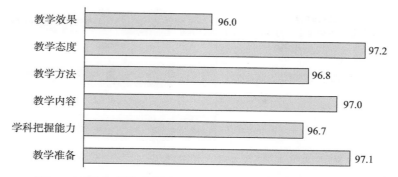

图 7　网络直播培训阶段学员对授课教师的满意度评价

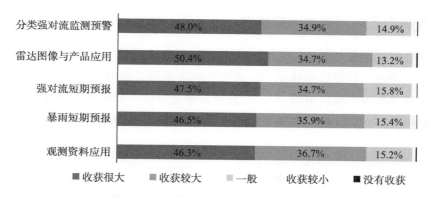

图 8　网络直播培训阶段培训课程模块学员收获程度

3　培训后效果

县级灾害性天气监测预警专项培训旨在帮助基层预报员更好地了解灾害性天气发生规律（暴雨、强对流天气），掌握灾害性天气监测、预报、预警技能，尤其是运用雷达、卫星资料综合判断灾害性天气并发出预报和预警的技能，牢固树立"人民至上、生命至上"的预报服务思想，最终达到提高县级预报员灾害性天气监测预报预警能力、推动县级气象部门在灾害性天气监测预报预警前沿中发挥更好的作用的目的。以下给出了学员经过培训回到工作岗位后经历一个预报季度实践的培训效果调查评估情况。

3.1　"人民至上、生命至上"服务理念提升明显

图 9 给出了培训一段时间之后学员回到岗位后经过工作实践所认为的培训效果调查结果。77.7%的学员认为通过培训其"人民至上、生命至上"监测预警服务意识提升很大或较大；70.0%的学员灾害性天气监测预警业务能力提升很大或较大；65.1%的学员气象知识理论素养提升很大或较大，反映县级灾害性天气监测预警专项培训在学员气象知识理论素养、灾害性天气监测预警业务能力和"人民至上、生命至上"监测预警服务意识都有了不同程度提高，其中"人民至上、生命至上"服务意识提高最为明显。

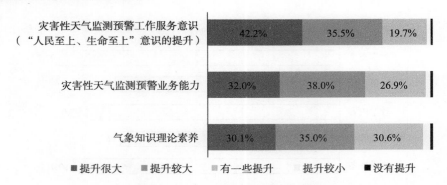

图 9　培训后学员思想和能力素质提升情况

3.2　雷达及卫星等产品应用能力大幅提升

在灾害性天气监测预警能力提升方面，图 10 给出了雷达及卫星等产品应用能力、气象专业基础知识、业务平台操作和使用、预报思路建立、公众服务和决策服务能力等方面对学员的培训调查结果，显示学员在"雷达及卫星等产品应用能力""气象专业基础知识"方面收获相对较高，分别为 76.6%和 72.5%；其次，"业务平台操作和使用""预报思路建立"，分别为 68.7%和 65.7%。

图 10　培训后学员收获情况

3.3　县级预报员灾害性天气预报预警技能应用效果明显

图 11 给出了学员经过培训回到工作岗位后经历一个预报季度实践的监测预报预警技能提升情况。从图中可以看出，通过培训，87.8%的学员掌握了一些能够应用于预报预警工作中的技巧和技术，78.0%的学员学到了实用的新理念、新知识、新方法。通过新知识、新技术的学习，55.5%的学员认为自身的预报预警工作效率提升了，例如，学员反馈通过培训提高了暴雨预报服务的准确性、增强了分析天气形势能力、加深了灾害性天气监测预警的认识、能够更加清晰的复盘灾害性天气过程等。

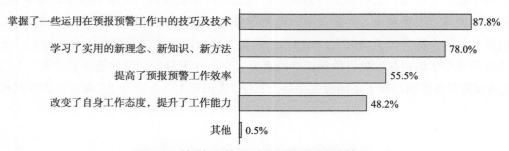

图 11　培训后学员对培训项目评价情况

3.4 县级气象部门灾害性天气监测预报预警和防灾能力有效提升

从综合观测、公众和决策气象服务、气象灾害防御、监测预报预警等四个方面对县局业务能力提升情况开展学员自评价。统计结果显示，72.9%的学员认为"监测预报预警"能力提升很大或较大；70.7%的学员认为"气象灾害防御"能力提升很大或较大。

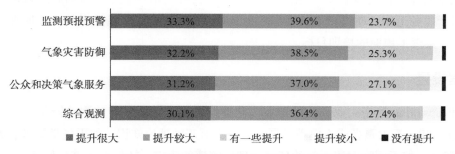

图 12 学员对所在县局业务能力水平提升自评价情况

3.5 专项培训对实际业务指导性强、效果好

对于此次培训的后续效果，78.2%的学员认为此次培训对实际业务指导作用很大或较大（图 13），学员通过培训将所学知识和技能应于监测预报预警业务工作后，提高了灾害性天气监测预警服务能力。具体案例包括"成功预测上海 8 月 6 日冰雹天气过程""准确判断出佳木斯市富锦市 6 月 22 日出现的雷暴大风""江苏省淮安市 6 月 26 日强对流天气过程中及时发布预警信号""7 月 20 日江苏溧阳经历飑线过程，大部分地区出现 9 级以上大风，通过雷达回波图准确判断雷暴大风天气，及时发布预警信号"等，反映通过培训学员的灾害性天气监测预警相关知识、技能均得到有效提升。

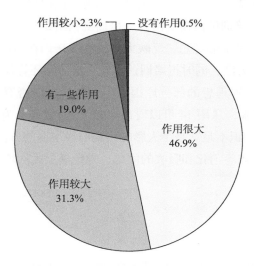

图 13 学员对县级灾害性天气监测预警专项培训对实际业务指导作用评价

以上后效评估结果表明，该次专项培训提高了县级气象部门预报员灾害性天气监测预报预警的知识和技能，改变了基层一线预报员的自身工作态度，树立起了预报员"人民至上、生命至上"的服务理念，实现了以学员能力意识的提升带动全国基层气象部门灾害性天气监测预报预警水平整体提升的目的。

4 评估结论、问题与建议

4.1 本次培训得到了学员的普遍认可

学员对培训项目整体满意度在 90 以上，培训取得了良好的培训效果。培训后效果评价显示，学员将培训内容应用于业务工作，通过一个预报季的实践时间证明，学员自身业务能力、所在县局相关业务水平均有所提升，实现了预期的培训目标。

4.2 培训课程设置

建议加强Micaps和Pup等相关业务软件学习，调查结果显示县级从事监测预警业务人员中近三分之一的学员对Micaps和Pup不太熟悉或不熟悉。同时，学员对基础理论知识（如天气学原理、天气过程分析等）、预报思路建立（如不同强对流天气的环境物理量阈值的确定、转折性天气分析等）、气象多源资料应用（如相控阵雷达的运用、卫星产品在对流天气中的应用等）等方面存在较大培训需求。

4.3 课程内容组织

由于县级从事监测预警业务人员气象知识、预报技能掌握程度不同，有 25% 左右的学员认为本次培训课程模块内容非常容易或比较容易，35% 左右的学员认为本次培训课程模块内容比较难或非常难，所以进一步细分培训对象提高培训的针对性和教学组织的有效性仍有一定的提高空间。

4.4 培训组织

省级培训机构的统筹领导还需加强，在线培训的培训效果如何保证需要进一步研究。从培训实施过程中评估问卷回收情况看，此次培训第四模块由省局培训机构组织实施，培训期间的培训质量调查问卷和培训后的后效调查问卷回收率都不够理想，反映大规模在线培训在组织的协调连贯性、培训计划执行的有效性方面还需要加强统筹的力度，同时把培训评估作为培训闭环管理一部分的意识还要深化。

培训后效调查问卷回收率不够理想的部分原因，应该与学员能否有效学习有关，这里面既有学员"基础知识不足"的个人影响因素，从图 14 可以看出，58.1%的学员认为"个人因素"是在线培训培训效果的主要因素，其中，"基础知识不足"是个人影响因素中最主要的方面，占比为 95.0%。也有单位学习时间无法保证问题、影响培训内容消化和吸收的问题，导致学员无法填写后效评估问卷。

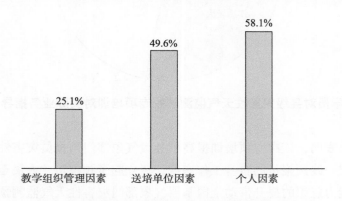

图 14 影响学员在线学习效果的主要因素

49.6%的学员认为"送培单位"是影响线上培训效果的主要因素，其中，"学习时间保证"是送培单位影响因素中最主要的方面，占比为95.2%（图15）。

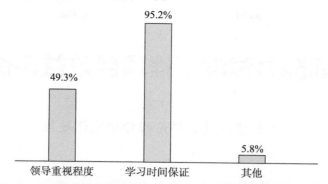

图15 学员对送陪单位影响因素中主要影响方面的反馈

气象教育培训能力建设工程项目效益评价指标研究①

工程项目效益评价指标研究课题组

摘　要：气象教育培训能力建设工程是实现气象教育培训现代化的重要措施。为了更好地发挥气象教育培训能力建设工程效益，围绕当前工程项目效益综合评价的有关要求，借鉴项目理论以及培训效益评价等成熟的理论、案例、方法和模型，结合气象教育培训能力建设实际，对气象教育培训能力建设工程项目效益进行评价，构建客观、科学、系统的工程项目效益评价指标体系，达到以评促建、以评促用、以评促效益发挥、以评促项目立项和管理的目的。重点研发定量与定性相结合的气象教育培训能力建设工程项目综合效益评价指标，本研究以雷达工程项目中培训能力建设工程项目为样本，通过对已有项目投入产出进行梳理分析，提出培训能力建设工程项目评价指标构建建议，希望探索形成一套具有普遍性意义的培训能力建设工程项目效益评价的通用技术方法和评价指标。

1　引言

1.1　研究背景

气象高质量发展纲要（2022—2035 年）、气象人才发展规划（2022—2035 年）对建设高水平气象人才队伍提出了更高的要求，气象干部教育培训作为先导性、基础性、战略性工作，这必然要求我们要更加自觉地在气象事业高质量发展大局中谋划、思考和推进气象教育培训工作。气象教育培训能力建设工程是实现气象教育培训现代化的重要措施。通过该工程的实施，可以保障气象教育培训的软硬件环境不断改善，气象教育培训的核心能力大幅提升，服务保障气象事业高质量发展的人才支撑能力持续得到加强。然而，在当前的工程项目建设中，尚无气象教育培训能力建设工程专项项目的设计。因此，在中国气象局相关单位共同努力和紧密协作下，将气象培训能力建设工程一并纳入气象工程建设进行统筹考虑和安排，在建设气象工程的同时持续推进气象教育培训能力建设工程的落地。

作为财政投入的项目，过去气象教育培训能力建设是作为气象工程建设的组成部分来推进实施的，因而该部分的效益也与整体工程一并打包进行过验收性绩效评价，但以气象教育培训能力建设作为主体单独进行评价还十分缺乏，特别是依托气象工程实施的气象教育培训能力建设项目投入效果到底怎样、效益到底如何尚无统一的具有说服力的评价指标与评价方法。

鉴于气象工程效益评价已有完善的评价要求和工作安排，本研究重点关注气象工程建设中，其用于支持气象教育培训能力建设部分投入的效益评价问题。即研究气象工程建设中气象教育培训能力建设工

---

①　本报告为中国气象局 2022 年度气象软科学研究项目研究报告，项目编号为 2022ZZXM12，主要执笔人为成秀虎、赵亚南、薛建军、马旭玲等。

程项目投入效果，包括形成了哪些培训能力，这些培训能力产生了什么样的效益，还存在哪些不足和短板等，在借鉴国内外关于对项目评价、教育培训效益评价等工作的成熟经验和做法基础上，以气象雷达工程项目为例，从教育培训能力建设工程项目对高素质雷达人才队伍的形成有怎样的支撑、对我国灾害性天气监测预警能力的提升有什么作用角度，开展教育培训能力建设工程项目效益评价指标研究，特别是进一步细化其在建设、利用效益等方面的定量和定性的综合绩效评价指标，构建气象教育培训能力建设工程项目的综合效益评价指标，实现以评促建、以评促用、以评促效益发挥、以评促项目申报和管理的目的。

1.2　研究样本

本研究以 2017 年以来实施的《气象雷达发展专项规划（2017—2020 年）》《气象雷达发展专项规划（2021—2025 年）》中设置的气象培训能力建设子项目的整体为样本，共涉及气象雷达应用与机务培训系统、新一代天气雷达培训系统建设，气象雷达虚拟仿真学习及课件资源共享系统三个方面 5 个项目（见表 1），时间跨度为 2017—2021 年，涉及总经费投入 6469 万元。建设目标是构建有效提升捕捉监测预警灾害性天气能力、满足高素质雷达人才队伍需求的雷达实习实训环境与统一布局、层次分明的雷达培训体系，提升气象雷达整体效益、业务能力和科技实力，充分发挥气象雷达在气象防灾减灾第一道防线中的前哨和主力军作用，有效提升气象防灾减灾救灾的整体能力和水平。

表 1　雷达工程培训能力建设主要内容

序号	项目名称	建设内容	经费投入
1	气象雷达虚拟仿真学习及课件资源共享系统（一期）	基于互联网的雷达虚拟仿真学习和展示平台建设；气象雷达培训课件建设；气象雷达培训服务支撑系统建设	1833 万元
2	气象雷达应用培训系统建设（一期）	雷达资料质量控制及产品应用实习实训环境建设；雷达资料质量控制及产品应用培训试点建设	653 万元
3	气象雷达机务培训系统建设（一期）	建设S波段新一代天气雷达机务培训实习实训环境；建设C波段新一代天气雷达机务实物仿真培训系统；完成雷达机务示范性培训	1504 万元
4	新一代天气雷达培训系统建设	开展S波段双偏振天气雷达观测技术培训 S波段新一代天气雷达原理与机务保障培训 C波段新一代天气雷达原理与机务保障培训 天气雷达产品应用培训	609 万元
5	新一代天气雷达培训系统建设（二期）	气象雷达机务培训系统建设（二期）；气象雷达应用培训系统建设（二期）；气象雷达远程培训课件开发；雷达培训能力基础设施建设	1870 万元

1.3　研究方法

（1）文献研究法。本研究通过搜集、整理、分析项目评价、培训效益评价等相关书籍、研究论文等获取所需的资料，通过大量的文献调研，为论文研究提供参考依据（见参考文献）。

（2）问卷调查法。问卷调查法是用控制式的测量对所研究的问题进行度量，从而搜集到可靠资料的一种方法。本研究通过编制培训班学员质量和效果评估调查问卷，对送培学员开展问卷调查，先后回收历时五年的培训质量评估调查问卷 9212 份，获取学员知识和技能提高、业务水平提升等研究所需资料，为研究开展提供数据支持。

（3）专家咨询法。通过专家咨询的方式，专家利用其知识、经验和分析判断能力对本研究内容提出意见和建议。本研究在问卷编制、报告撰写等方面，通过咨询雷达业务服务一线工作人员、培训机构骨干教师、业务管理人员等对研究内容进行修改完善。

2　评价理论选择

不同的评估目的、不同的评价对象选择不同的评估方法和评估指标是国内外评估评价的通行做法，有关的评估理论评价方法也很多，以项目评价为例，我国《政府投资条例》（国务院令第 712 号）、《中央预算内直接投资项目管理办法》（国家发展和改革委员会令第 7 号）和《中国气象局重点工程项目管理办法》等，都对工程项目在建设之初、建设过程和建设之后做出了明确的评估评价要求，形成了一系列项目立项验收等绩效评价办法，如《中央预算内投资项目管理办法》就规定，项目建议书要对项目建设的必要性、主要建设内容、拟建地点、拟建规模、投资匡算、资金筹措以及社会效益和经济效益进行评估，《中国气象局重点工程项目管理办法》提出对完成竣工验收两年后的项目要进行后评价等。鉴于对项目评价目的、内容、阶段和结果导向的不同，各类评价多以定性、定量或定性与定量相结合的方式进行。以下重点介绍几个与培训能力建设项目评价相关的评价理论。

2.1　项目效益评价

项目效益评价是指对项目竣工后的实际经济效果所进行的财务评价和国民经济评价。其评价指标主要包括内部收益率、净现值及贷款偿还期等反映项目盈利和清偿能力的指标；评价方式是以项目建成运营后的实际数据为依据，重新计算项目的各项经济指标，并于项目评估时预测的经济指标进行对比，分析二者间的偏差及产生偏差的原因，总结经验教训；评价内容主要包括项目总投资和负债状况，重新预算项目的财务评价指标、经济评价指标和偿还能力等。项目效益分析应通过投资增量效益的分析，突出项目对企业效益的作用和影响。

2.2　培训经济效益评价

最先对培训效益进行理论研究的是美国经济学家雅各布·明塞尔(Jacob Mincer)。1958 年他发表的《人力资本投资与个人收入分配》首次建立了个人接受的培训量和其收入之间的数学模型。明塞尔在考察在职培训对终身收入的影响时，提出了"赶超"期的概念。这一模型对于具有同样学校教育程度但是在职培训量不同的个人同期组显示了良好的经验预测能力，它表明单个人之间的工资收入方差在达到"赶超点"之前将递减，随后转而上升。"赶超点"概念的提出和"赶超点"的模型计算，表明在职培训的投资在总收入的概念上，其回报是显然的，也是可观的。

加里·S·贝克尔最早提出的确立了在职培训与个人收入分配之间的关系的模型，只有当各个时期（这里指收益期）获得的净收益的现值与培训的所有成本现值相等时，企业实现利润最大化均衡状态的初期边际收益才会等于当期工资，因此，企业雇佣决策的均衡问题就转换成了寻求各个时期的现值和培训成本完全等同的均衡点。在此点上，市场贴现率等于培训投资的内部收益率。体现在职培训与个人收入分配之间的关系。

对培训投入产出计量研究有杰出贡献的Phillips在他出版的《培训评估与衡量方法手册》《培训投入产出与绩效改进》《人力资源计分卡:培训投入产出评估》等诸多著作中,详细论述了培训项目的评估计划、信息搜集及整理、培训效果的识别、培训价值转换等具体实施内容,并建立了一个投资回报率公式。

我国对干部教育培训的效益研究始于 20 世纪 80 年代。目前,对干部教育培训效益大致可以分为以下五种角度:一是从效益产生的途径来看,有直接效益和间接效益。二是从效益的期限来看,有长期效益和短期效益。三是从效益的体现方式来看,有显性效益和隐性效益。四是从效益的范围来看,有宏观效益和微观效益。五是从工作的环节来看,有培训管理效益、教学效益和学习效益。

2.3 重大科技基础设施效益评估

澳大利亚联邦科学和工业研究组织(CSIRO)的影响评估指南中指出,评估影响必须基于对投入到影响过程的跟踪,并提出了投入、活动、产出、成果、影响的CSIRO的影响评估逻辑框架来阐明"影响路径",经济合作与发展组织（OECD）报告"评估研究基础设施的科学和社会经济影响的参考框架"中基于该评估影响框架形成了研究基础设施（RIs）影响评估的框架,评估指标数据分别来自投入、活动、产出及影响。投入是RIs开展活动的资源;活动是RIs做的事情,包括促进科学技术的发展、针对经济和社会开展的活动、发展人力资源的技能和能力培训等;产出是RIs活动的结果,包括在科学、教育、合作和经济方面的产出;影响是RIs活动和产出超出其生命周期外产生的影响,特别对社会和经济产生的长期影响。Technopolis咨询公司在"RIs社会经济影响报告"中使用的影响评估逻辑框架,把RIs影响分为建设阶段和运行阶段,并明确了两个阶段的影响途径:在建设阶段时增加就业、供应商利润、采购引发创新、形成新技能;在运行阶段是增加就业、吸引人才、形成新技能、成立初创及衍生公司、申请专利、产生新知识,进而提升区域创新能力,在直接和间接经济、创新、人力资源、科技方面产生积极影响。

2.4 项目影响理论

美国评估专家彼德·罗希从社会项目评估的设计、实施、绩效和效率的角度提供了一个供项目评估使用的项目影响理论分析框架（图 1）。项目影响理论认为,人们设计投资一个项目,总是试图通过有关项目的实施去影响一些社会行为（直接产出）,通过社会行为的变迁去改善社会状况（后续产出）。

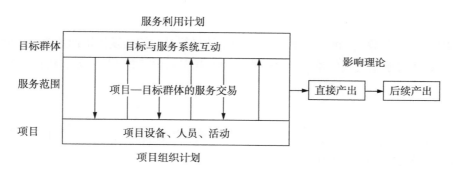

图 1　项目影响理论分析框架

项目影响理论框架由包括三个不同的、但相互联系的理论组成,即项目影响理论、服务利用计划和项目组织计划。项目影响理论是有关项目行动导致变迁,并在变迁中改善社会状况的项目假设。其中最重要的是项目-目标人群之间的关联，包括项目达到预期效果所需使用的运作方式。如果有关通过项目行为达到预期变化的设计本身有漏洞，或者这些设计很有效但没有很好地被组织起来，那么被期待的社会收益便实现不了。

项目理论是因果关系式的，它被用来描述特定项目活动（诱因）和特定社会收益（效果）之间的因果关系。项目很少能对社会环境进行直接控制从而达到改善环境的目的，而是需要尝试改变一些重要的、但可更改的环境的某些方面，进而导致更多社会环境的改善。

2.5 评价理论选择

开展工程项目效益评估及其指标研究是当前一些行业的普遍做法。除了前面介绍的与本项目相关的主要四种评价理论之外，实际上国内外学者借鉴项目效益评价的方法和思路开展了一系列的研究实践，具体见参考文献。此外，在气象培训效益评价方面，中国气象局气象干部学院在早在 2014 年也开展了以新一代天气雷达培训效益评估为例开展的培训效益的评价研究，计算了新一代天气雷达培训的投入产出比为 1:91，对气象培训效益评估技术方法进行初步总结和探索。上述研究为进一步开展气象教育培训能力建设工程项目效益评价指标研究提供了经验和积累，但是基于评价阶段、评价对象、评价目标和评价关注点的不同，研究者需要对各种评价理论和方法加以选择。现有的工程项目效益评估、大设施综合效益评估等，都是将整个工程或者设施在某种程度上看作一个"整体"进行评估，而培训经济效益评价理论和实践又难以凸显气象工程中"教育培训能力建设"的作用，因而对工程项目中关于教育培训能力建设项目的综合效益评价需要另寻方法。为此我们选择了以项目影响理论为基础，参考重大基础设施评价注重投入、产出、影响的做法，从培训能力建设最终对人的能力产生的影响角度来构建评价综合效益指标模型和方法。

3 培训能力建设工程项目效益评价指标分析框架构建

3.1 构建原则

气象教育培训能力建设工程项目效益评价指标体系是由反映气象教育培训能力建设成效及其相互联系的多个指标所构成的有机整体，构建指标体系遵循以下原则。

3.1.1 科学性原则

指标体系构建从加强气象培训能力建设，促进教学质量提升，切实发挥培训效益的角度，要遵循教育培训的基本规律，较为准确地反映气象教育培训能力的客观实际和固有特性以及各指标之间的真实关系。

3.1.2 系统性原则

评价指标之间存在一定的逻辑关系，从不同方面反映气象教育培训能力建设工程的效果，综合所有指标即能反映出气象教育培训能力建设工程特征和状态。

3.1.3 典型性原则

评价指标应具有一定的代表性，尽可能准确地反映气象教育培训能力建设工程的特征。

3.1.4 简明性原则

评价指标设置应本着简明性原则，在满足基本要求的前提下，尽量选择具有典型性和代表性的指标，避免指标过多过细和相互重叠。各指标尽量简单明了，数据容易获取，计算方法简单易行。

3.2 构建依据

根据项目理论分析框架，构建气象培训能力建设工程项目影响理论分析框架，如图2所示。气象培训能力建设工程项目以提升送培学员的岗位工作能力或履职绩效并实现单位整体绩效的提升为最终目标，即气象培训能力建设工程项目的后续产出；通过项目建设产出成果应用，对送培学员开展培训，使学员在知识、技能、态度、行为等方面发生改变，即为培训能力建设工程项目产出成果的直接产出。需要指出的是，培训能力建设工程项目产出效益最终取决于培训能力建设产出成果的服务利用计划，具体通过培训计划的实施对送培学员开展培训来实现，即气象培训能力建设工程项目利用计划；气象培训能力的形成需要通过有计划的组织建设来完成，包括制定项目建设计划、组织项目资金、实施项目建设等，这是气象培训能力建设项目组织计划的内涵。

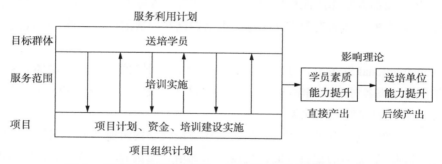

图2 气象培训能力建设工程项目影响理论分析框架

通常培训能力包括教学软硬件能力和教学服务能力两个方面，其中教学软件和硬件能力主要包括教材、课件、教学系统、教学设施等；教学服务能力包括从事教学、管理等人员提供的教学服务能力。本研究中涉及的培训能力建设主要是指教学软件和硬件方面建设产出的成果，仅在这些产出成果的应用效益方面对教学服务能力提升的贡献有所考虑。

根据项目影响理论存在的因果关系原理，图3给出了气象培训能力建设工程项目影响图解。从图中可以看出，气象培训能力建设内容集中在教材、课件、教学系统、培训设施与环境等四个方面；由项目组织而产生的培训能力建设工程项目产出成果，通过制定合理的教学计划，对送培学员开展培训，使得工程项目产出成果能够得到有效的组织利用；培训计划实施的完成，使得学员在知识、态度、行为、技能等方面朝着预期的方向发生直接的改变；培训后学员回到单位，将培训的直接收获应用于岗位工作，使得岗位工作质量和绩效达到预期的目标；在岗位工作质量绩效提升基础上，因为学员的带动或单位整体效能的提升，送培单位业务功能质量得到整体改进或提升，社会效益经济效益得到整体提高，社会影响力、社会形象得到整体加强，领导或社会满意度得到提升。同时培训机构教师对工程项目成果的有效利用，也提升了培训教师、教学团队和培训机构的教学任务水平和品牌影响力。

关于培训能力建设内容的分类界定，本研究综合《中国大百科·教育卷》《教育大辞典》、新课程师资培训资源包《新教材将会给教师带来什么》等文献资料的相关定义，对培训能力建设项目内容进行如下归类，涵盖了目前工程项目建设中培训能力建设的实际内容（培训班单列，不作为培训能力的内容考虑）：

● 教材：教师为实现一定教学目标，在教学活动中使用的、供学生选择和处理的、承载着知识信息的一切手段和材料。广义的教材是指有利于学习者增长知识或发展技能的材料都可称之为教材。据此将个例、案例归入此类。

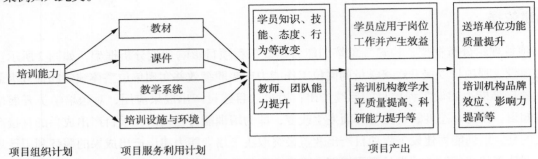

图3 培训能力建设工程项目影响图解

● 课件（courseware）：根据教学大纲的要求，经过教学目标确定，教学内容和任务分析，教学活动结构及界面设计等环节而加以制作的课程软件。多媒体课件是根据教学大纲的要求和教学的需要，经过严格的教学设计，并以多种媒体的表现方式和超文本结构制作而成的课程软件。据此远程课程资源归入此类。

● 教学系统（Instructional System）：师生共同参与，旨在实现教学目标的活动体系。由教学人员（教师和学生）、教学信息（以各种形式编制的软件）、教学材料、设备（各种形式的教学硬件）构成。据此将各类培训系统、模拟仿真系统归入此类。

● 设施环境：包括教学场所和教学用具，是物理环境最核心的组成部分，完备、良好的教学设施是衡量整个教育培训机构培训能力的重要方面，直接关系到培训质量和教学活动能否顺利进行。据此将各类实习实训教室、网络环境、校园基础设施改造归入此类。

4 培训能力建设工程项目效益评价指标构成

在工程项目效益评价研究过程中，从项目试图影响的最终经济社会改造目标出发，通过理论框架界定及对影响效益发挥的重要因素进行归类，用于解释项目与经济社会改造目标之间的因果关系，更加清楚的呈现出项目建设与效益发挥之间的互动关系。图3阐述了气象教育培训能力建设通过"项目组织—项目产出成果—项目产出成果应用—项目产出成果效益"的因果关系链条，其中因果关系中各阶段所处的状态或结果就是需要评估的内容，本质上是以项目组织计划为出发点，以项目形成的培训能力产出成果为效益评价起点，以产出成果的利用计划为支撑点，呈现其利用计划产生的直接效益与间接效益，据此形成的评价指标体系如表2所示，以下详细解释各指标的含义。

项目产出成果。用于对气象培训能力建设工程项目的产出成果进行描述。主要包括：教材（含讲义、个例、案例等教学中供学员使用的教学材料）、课件（即课程软件，是学员网络学习中使用的课程资源）、教学系统（培训系统、模拟仿真系统等教学中供学员使用的软件系统、平台）、培训设施与环境（实习实训教室、网络环境等培训所需的教学场地和设施）的建设数量与质量。

产出成果利用计划。用于对气象教育培训能力建设工程项目产出成果的组织利用情况进行描述。主要包括：有目的有组织的在哪些培训计划（将培训能力建设成果进行有效组织对送培学员开展相关培训）、学科建设计划（利用培训能力建设资源，有组织、有计划开展相关学科建设）中使用这些工程项目的产出成果、如何有意识地有目的的促进产出成果的使用频率与使用效率，发挥产出成果的效用等。

产出成果直接效益。用于客观衡量气象教育培训能力建设工程项目产出成果实际利用产生的直接效益情况。主要考察项目服务利用计划是否得到切实的贯彻落实，包括：产出成果支撑完成的面授培训量（以面授方式对送培学员开展相关培训形成的班次数、人天数）；远程培训（以网络方式对送培学员开展相关培训）班次、时长或人天数；培训结束时学员收获情况（学员能力朝着预期目标方向获得提升的情况，学员在知识、技能等方面的改进和提升情况）；支撑教学团队（气象培训能力建设推动促进相关教学团队）建设情况。

产出成果间接效益。在对气象培训能力建设工程项目产出成果应用直接效益描述的基础上，进一步衡量项目产出成果直接应用所产生的间接效益。主要包括：学员岗位绩效改善提升情况（送培学员培训结束回到工作岗位后一段时间呈现出的自身岗位工作能力提高或改进的情况）、送培单位业务能力水平提升情况（送培学员回到工作岗位后将培训收获应用到岗位工作后带动单位整体业务水平提升的情况）；社会效益（送培单位在重大活动保障、防灾减灾等方面因服务保障能力提升产生的良好社会效果与反响或效益、获得表彰荣誉情况等）；培训机构影响力（促进培训机构学科建设、教师团队、科研能力产生的效果情况）（表2）。

表2　气象培训能力建设工程项目效益评价指标体系

一级指标	二级指标	指标说明	备注（与项目影响理论模型的对应关系）
项目产出成果	教材	教材、讲义、个例、案例等教学材料建设完成情况	项目组织计划
	课件	远程课程资源（课程软件）建设完成情况	
	教学系统	培训系统、模拟仿真系统等建设完成情况	
	培训设施与环境	实习实训教室、网络环境等建设完成情况	
产出成果服务利用计划	培训计划	产出成果纳入培训计划情况	项目服务利用计划
	学科建设计划	产出成果纳入学科建设计划规划情况	
产出成果应用直接效益	面授培训量	支撑的面授培训培训量（班次数、人天数等）	项目产出（直接+后续）
	远程培训量	支撑的远程培训培训量（学时等）	
	学员能力提升	培训结束时学员收获情况，包括知识、技能等变化及提高情况	
	教学团队	支撑的教学团队与名师建设情况	
产出成果应用间接效益	学员岗位绩效提升情况	学员岗位绩效改善提升情况	
	送培单位业务水平整体提升情况	学员所在单位相关业务水平整体提升情况	
	社会效益	领导、社会公众对气象服务评价（包括公众气象服务满意度或重大活动气象保障领导肯定、防灾减灾效益提升情况）	
	培训机构影响力	促进培训机构学科建设、教师团队、科研能力产生的效果情况（获奖、获取重大项目、入选团队等）	

5 培训能力建设工程项目效益评价指标应用举例——以雷达工程项目中的培训能力建设工程项目为例

2017—2021 年间中国气象局通过雷达工程项目分不同阶段共投入雷达培训经费 6469 万元，其中作为能力建设组织计划用于雷达培训能力建设的经费 4952.79 万元，作为产出成果服务利用计划用于雷达培训的经费 1516.21 万元，以下是这些投入的产出效益情况。

5.1 项目产出成果

表 3 给出了雷达工程培训能力建设所形成的主要产出成果，涉及雷达工程培训所需的教材、课件、教学系统和培训设施环境等四个方面。

表 3 雷达工程培训能力建设产出成果及投入经费情况

序号	建设内容	产出成果	投入经费/万元
1	教材	雷达资料质量控制及产品应用教材	70.00
		雷达机务培训教材	40.00
		雷达产品在实时天气预报中的应用培训个例库	100.00
		雷达故障维修培训个例库	80.00
2	课件	气象雷达远程培训专业课程	154.00
		气象雷达业务类课程之交互式网络课程	76.00
		气象雷达业务类课程之微课程	55.00
3	教学系统	基于互联网的S波段雷达虚拟仿真实训系统	275.00
		雷达虚拟仿真开发平台	557.00
		体验式风廓线雷达虚拟仿真实训系统	197.50
		多媒体课件协作开发系统	120.00
		气象雷达远程培训基础云应用环境	287.00
		雷达产品应用模拟培训系统	120.00
		雷达资料同化应用培训系统	113.00
		雷达资料及产品的专业气象应用培训系统	80.00
		雷达资料及产品的专业气象应用培训系统（升级版）	24.00
		雷达机务实物仿真培训系统	100.00
		雷达信号测试培训模拟系统	30.00
		雷达观测资料应用培训系统	164.00
4	培训设施与环境	无线网络环境建设	150.00
		雷达机务实习实训环境建设	1185.79
		雷达机务实习实训环境建设（升级）	395.00
		气象雷达机务实训环境电力保障项目	273.28

以下为项目已建成重要产出成果的详细情况介绍。

5.1.1 教材产出成果

培训教材产出方面，编制完成《雷达产品在强对流天气临近预报中的应用》《气象雷达短时临近预报预警业务平台》《双偏振雷达技术在云和降水物理中的应用》《气象雷达资料质量控制》等雷达产品应用系列教材（见表4）；编写完成雷达机务教材2本，已通过专家初审。

培训个例库产出方面，开发雷达产品在实时预报中的应用个例以及雷达产品在强对流潜势分析和预报中的应用个例共40个，开发历史天气短时临近预报个例21个；建立了历史天气个例库，并对个例库中的个例进行了分类，可供学员按需检索和下载，亦可供教师按需将个例推送给学员课堂实习使用。

表4 部分教材成果及其主要内容

序号	教材名称	主要内容
1	雷达产品在强对流天气临近预报中的应用	雷暴和强对流产生的环境条件、对流风暴的分类及其雷达回波特征、强冰雹的天气雷达探测和预警、龙卷的天气雷达探测和预警、雷暴大风的天气雷达探测和预警、对流性暴雨的临近预报、雷暴生成发展和消散的临近预报，新增雷暴的闪电发生机理及其特征、雷暴闪电的预警预报和临近预报系统简介
2	气象雷达短时临近预报预警业务平台	临近预报系统SWAN的应用介绍、GR2 Analyst2.0雷达资料三维分析系统资料三维分析系统介绍、短临预报数据一体化显示平台（CIDD）讲义、WRF-3DVAR、VDRAS等可同化雷达资料的中尺度和风暴尺度数值模式系统讲义、美国大气研究中心的雷达资料质量控制系统介绍、雷达产品应用及雷达资料质量控制培训个例库介绍
3	双偏振雷达技术在云和降水物理中的应用	双偏振雷达数据处理方法（剔除非气象雷达回波、剔除噪音、去除非水成物雷达回波、反射率因子和差分反射率衰减订正、反射率衰减订正方法）、双偏振雷达降水粒子的相态识别方法（决策树方法、统计决策理论、模糊逻辑降水粒子识别法）、双偏振雷达降水粒子相态识别法，用偏振参量识别冰雹、降雨、冰晶的含量、双偏振天气雷达降水估测方法
4	气象雷达资料质量控制	天气雷达资料中的固定地物、超折射和径向干扰回波的分布情况介绍以及干扰回波的质量控制方法；电磁干扰回波的分析和处理、降水和非降水回波以及对非降水回波自动剔除和降水损失补偿的质量控制方法、雷达资料如何消除噪音、速度模糊和距离折叠、双偏振雷达观测资料回波强度、向速度和方位定位的质量控制方法、利用概率分布法订正对的双多普勒雷达回波强度的方法

5.1.2 课件产出成果

雷达工程培训能力建设支持的课件资源开发，形成了表5所示的用于远程培训的气象雷达课件资源，充分利用信息化技术手段实现了气象雷达的远程教育，降低了培训成本，取得很好的时间和空间效益，还在各级的气象行业层面上进行了共享，实现资源共享的效益。

表5 部分课件成果及其主要内容

序号	课件名称	主要内容
1	新一代天气雷达原理与业务应用基础	以新一代天气雷达的原理和业务应用基础知识为主线，重点介绍新一代天气雷达的基本原理，阐述新一代天气雷达在探测和预警冰雹、龙卷、灾害性大风、短时暴雨、暴洪等强对流天气和雨量估计方面的业务应用
2	雷达应用气象基础知识	大气科学的基本原理、基本概念和基础知识；大气探测的基本理论、技术和方法；中小尺度天气系统；数值天气预报原理及其应用；云和降水物理以及天气学分析等

序号	课件名称	主要内容
3	雷达资料在气象灾害风险评估中的应用	自然灾害和灾害风险基本概念介绍，致灾临界气象条件及相关分析方法，承灾体脆弱性分析方法，气象灾害风险评估原理和方法，气象灾害风险区划原理和方法；不同气象灾害的风险评估与区划应用；气象雷达产品在气象灾害风险评估与区划中的应用
4	雷达在线监测与参数测试微课程	SA雷达的在线监测与参数测试课程，可对新增 103 个测试点的系统、发射机、接收机、天线、铁塔及附属分系统进行在线检测与监控参数测试

5.1.3 教学系统产出成果

教学系统产出方面，形成雷达产品应用模拟培训系统、雷达资料同化应用培训系统、雷达资料及产品的专业气象应用培训系统等 10 余个教学系统建设（见表 6），并逐步应用于教学。

表 6 部分教学系统及其主要功能

序号	系统名称	系统主要功能
1	临近预报模拟培训系统	系统能对不同的天气类型、不同地域的天气个例进行分类调取，通过用户简单的选择希望练习哪种天气类型、地域和难易程度，为用户进行智能推送适合需求的天气个例进行练习。系统将区分教师端用户和学员端用户，并在教师端增加历史天气个例制作模块，通过操作上的简化颠覆以往编写代码的繁琐方式，快捷高效地创建历史天气个例。建成的临近预报模拟培训系统，相对于旧版的"雷暴临近预报模拟培训系统"更加智能，取得了明显的教学效果
2	雷达资料及产品的专业气象应用培训系统	主要包括突发性农业生态气象灾害监测子系统、农用天气预报子系统、数据库子系统，系统并设计实现了针对培训学员及教师不同用户具有不同功能，其中学员用户具有产品制作、提交、提问等模块，教师具有收集作业、点评、回答提问等功能，提高了相关培训中实训的智能化水平
3	基于互联网的雷达虚拟仿真学习实训教学环境及开发平台	建成基于互联网的S波段雷达虚拟仿真实训系统和基于体验式的风廓线雷达虚拟仿真实训系统，实现了对雷达硬件结构、雷达系统信息流（数据流）、雷达工作原理、雷达实际探测环境、重要故障等内容的虚拟仿真，为雷达机务和应用培训的提供技术平台支撑。搭建了一个集科研、教学、展示汇报等功能于一体软硬件结合的高科技雷达培训教学环境，提供基于体感、人机交互、多人协同体验操作和、数字沙盘联动分析和交互体验等功能齐全的培训和研发环境，搭建起一个技术先进、功能全面、配置高效、组合灵活、开放共享的雷达虚拟仿真实训系统开发平台，提升了气象雷达虚拟仿真学习及远程培训能力
4	多媒体课件协作开发系统	为提高课件开发媒体素材管理和共享水平提供了支撑，提供规范分级管理课件开发项目功能，以发挥培训机构、业务科研单位专兼职教师作用，提高雷达培训课件建设效率和质量

5.1.4 培训设施与环境产出成果

气象雷达机务培训实习实训环境如雷达实装实习实训室、雷达仿真实习实训室等是开展气象雷达培训的基础保障和基本条件，通过培训能力建设项目完成了表 7 所示的雷达机务培训实训环境、气象雷达机务实训环境电力保障、无线网络环境等方面的建设，形成了开展雷达培训的基础能力。

表7　部分培训设施与环境建设项目与内容

序号	名称	建设内容
1	雷达机务培训实训环境	建成雷达实装实习实训室、雷达仿真实习实训室各一间,配备SA型新一代天气雷达1部(主机);配套有全套雷达专业检测仪表1套;与中电41所合作,研发订制SA型、CC型气象雷达观测设备仿真培训器各1套,提升了气象雷达虚拟仿真学习能力
2	气象雷达机务实训环境电力保障	提升中国气象局气象干部培训学院的雷达与地面观测教室等设备设施用电服务保障能力,为国家防灾减灾、雷达扩容保障、培训业务现代化等持续提供电力基础保障
3	无线网络环境	实现了学院无线信号的无缝漫游覆盖,无线网络覆盖区域包括办公楼、综合教学楼、教学楼、实验楼、演播室以及室外重点区域(含操场)等

5.2　项目产出成果服务利用情况

项目产出成果只有得到有效利用才能获得期望的变化,这是项目影响理论的核心所在。雷达工程培训能力建设项目产出成果主要通过雷达业务专项培训计划、雷达业务远程培训课程计划得到应用,同时在涉及中小尺度灾害性天气监测预报预警服务方面的气象业务培训计划中也以专门课程的方式得到利用。以下是雷达工程项目培训能力建设产出成果(包括教材、课件、教学系统、实习实训环境)的服务利用情况介绍。

表8为根据不同培训目标开展的雷达资料与产品应用、雷达观测技术、雷达机务保障等培训的情况,展示了项目产出成果通过雷达专项培训计划得到应用的情况。

表8　项目产出成果在雷达专项培训计划中使用的情况

培训类别		培训目标	培训对象	举办期数	培训人数
雷达资料与产品应用培训	天气雷达产品应用培训班	雷达资料质量控制与产品应用基础理论,回波图像的识别,雷达数据质量控制、雷达产品与算法、雷达产品应用、强对流天气的临近预报、数值预报、集合预报、个例研讨、个例应用分析、专题讲座等	预报员	15	590
	雷达资料同化高级讲习班	使学员理解资料同化的理论基础,了解气象雷达资料同化方法及质量控制方法,掌握雷达等多源观测资料在区域高分辨率数值模式中的应用技术。通过课程学习、研讨交流巩固资料同化业务和研究人员的理论基础,提高雷达资料同化分析和应用能力,从而提升气象雷达资料在数值预报业务中的应用水平	科研与业务骨干	1	25
雷达观测技术与机务保障培训	天气雷达观测技术	天气雷达双偏振技术和工作原理;业务管理及工作流程;业务软件的使用;设备操作和日常维护技术;故障检测、诊断和维修技术;数据处理和产品应用	雷达技术保障人员	3	114
	天气雷达机务保障	多普勒天气雷达基本探测原理;雷达系统的组成和结构;业务管理及工作流程;业务软件的使用;设备操作、管理和日常维护技术;故障检测、诊断和维修技术		6	174
	雷达机务保障岗位能力培训班	理解双偏振天气雷达的探测原理,掌握双偏振天气雷达系统的基本结构;掌握双偏振天气雷达日常运行保障的规定要求和考核内容,了解双偏振天气雷达定标基本技术;掌握双偏振天气雷达业务考核要求,了解数据质量控制方法和升级关键技术;了解双偏振天气雷达软件及产品应用。通过培训,具备从事双偏振天气雷达机务保障工作的基本能力		1	25
	雷达机务保障高级研讨班	理解双偏振天气雷达升级改造及相关技术保障,熟悉双偏振雷达产品故障诊断、维修技术,掌握新一代双偏振天气雷达业务管理及工作流程,提升从事双偏振天气雷达相关业务工作的能力		1	36
共计				27	964

表9为根据不同培训需要开展的天气预报员、大气科学基础知识班、天气预报员岗位能力培训班、县级综合业务能力培训班等培训班中开设雷达相关课程的情况，展示了项目产出成果在气象业务培训计划中通过开设雷达相关专门课程、扩大雷达工程培训能力建设成果应用、促进雷达在天气监测预警中发挥更大作用和效益的情况。

表9 项目产出成果在气象业务培训计划中使用的情况（开设雷达相关课程）

序号	培训班名称	培训目标	培训对象	培训期数	培训人数
1	地市级天气预报员培训	掌握新一代天气雷达原理的基本知识，掌握强对流天气雷达图像特征识别的基本方法，掌握天气雷达产品应用的基本技能，了解双偏振雷达的原理与应用，培养预报员的短时临近预报思路，提高预报员解决短时临近预报实际问题的能力	地市级预报员	11	342
2	县级灾害性天气监测预警专项培训	了解我国暴雨、强对流天气的特点，理解其发生发展的基本规律，了解常规气象观测资料的使用方法，熟悉多源数据在暴雨和强对流天气分析和短期预报中的综合应用，掌握强对流天气雷达图像和卫星图像特征识别的基本方法，掌握新一代天气雷达产品和风云卫星产品应用的基本技能，掌握基于雷达、卫星、地面加密资料等的暴雨和强对流天气监测预警基本思路，从而提高暴雨和强对流天气临近时段监测预警能力	县级预报员	4	4382
3	大气科学专业基础知识班	普及大学气象专业基础知识，使之夯实基本的大气科学专业基础概念、原理和方法，熟悉基本气象业务流程和管理规范，为从事气象业务、服务、科研和管理等工作打下必要的知识基础	理工类非气象专业业务人员	28	1014
4	天气预报员岗位能力素质培训班	掌握新一代天气雷达原理的基本知识，掌握强对流天气雷达图像特征识别的基本方法，掌握天气雷达产品应用的基本技能，了解数值预报技术在天气预报中的应用，培养预报员的短时临近预报思路，提高学员解决短时临近预报实际问题的能力	新预报员	11	369
5	县级综合业务能力培训班	使学员进一步提升综合气象观测业务、天气预报业务、气象服务和防灾减灾等气象业务的综合能力，从而更好地从事新时代气象部门县级综合业务工作	县局技术骨干	1	38
7	气象观测骨干师资班	深入了解地面观测自动化业务发展、掌握新版观测规范、了解研究型综合观测业务建设等，加强综合气象观测方向的师资队伍建设	专兼职教师	2	113
8	山洪工程防灾减灾骨干师资培训班	了解气象防灾减灾现状及发展趋势、综合气象业务系统与产品应用、气象服务和应急管理等，提升综合防灾减灾骨干师资的综合素质，为后续开展相关培训打下良好基础	专兼职教师	1	46

表10为利用气象远程教育平台面向所有培训项目、培训机构或根据社会行业学员自主学习需要开放的气象雷达培训课件资源。这里主要列出了由培训机构根据教学计划选取适用的内容、面向学员开展的雷达相关培训，展示了项目产出成果在雷达业务远程课程计划中应用的情况（表11）。

表10 项目产出成果在雷达业务远程课程计划中的应用情况

序号	课件名称	学时数	学习人数	总学时数/万小时	培训班应用情况
1	气象灾害风险评估与区划	48	4348	10.3	2021年气象灾害风险评估与区划网络培训班；山洪易发区农业生态气象灾害风险评估培训班
2	风能太阳能开发利用	48	2126	18	2022年风能太阳能开发利用网络培训班

续表

序号	课件名称	学时数	学习人数	总学时数/万小时	培训班应用情况
3	气象雷达故障排除微课	50	604	1.04	雷达机务虚拟仿真操作与维护网络培训班
4	新一代天气雷达原理与业务应用	60	10580	32	在包含网络培训的各类培训班中得到使用,详见表11。

表 11 《新一代天气雷达原理与业务应用》课件在包含各网络培训在内的各类培训班中的应用情况

类别	序号	培训班名称	培训期数	培训人数
面授或在线培训	1	天气预报员岗位素质和能力培训	4	119
	2	地市级预报员培训	14	402
	3	雷达机务保障能力培训	4	130
	4	新一代天气雷达原理与应用	1	72
远程培训	1	天气预报业务远程培训班	1	453
	2	山西省天气预报理论知识远程培训	3	430
	3	新一代天气雷达机务保障能力网络培训	1	184
	4	内蒙古气象部门新一代天气雷达原理与业务应用网络培训	1	570

表12给出了部分教学系统在雷达培训中的应用及作用发挥情况。教学系统作为雷达工程培训能力建设的重要部分,对于提升培训质量和效果具有重要作用。例如,临近预报模拟培训系统对不同的天气类型、不同地域的天气个例进行分类调取,为用户进行智能推送适合需求的天气个例进行练习,通过操作上的简化颠覆以往编写代码的繁琐方式,可以快捷高效地创建历史天气个例,提高临近培训的时效性。

表 12 教学系统在培训中的应用情况

序号	名称	应用情况
1	雷达资料及产品的专业气象应用培训系统	应用于2020年特色农业气象服务培训中,为培训提供了良好的培训平台,有助于提升培训质量
2	气象雷达应用培训系统	应用于2020年第1期多普勒天气雷达资料分析和产品应用培训,使学员有效掌握了新一代天气雷达原理的基本知识,掌握了强对流天气雷达图像特征识别的基本方法,掌握了天气雷达产品应用的基本技能,了解了数值预报技术在天气预报中的应用,培养了预报员的短时临近预报思路
3	雷达机务培训实训环境	应用于2021年第1期新一代双偏振天气雷达机务保障岗位能力培训班、2021年新一代双偏振天气雷达机务保障高级研讨班,突出实践性,紧贴基层台站雷达技术保障人员需要,受到学员广泛好评,为应对2021年各地频发的气象灾害做出了贡献
3	多媒体课件协作开发系统	为规范分级管理课件开发项目,发挥培训机构、业务科研单位专兼职教师作用,提高雷达培训课件建设效率和质量,提高课件开发媒体素材管理和共享水平提供了支持
4	高性能培训服务器及培训专用存储设备	支撑了临近预报模拟培训系统,应用于第68期天气预报员岗位素质和能力培训班,2019年第5期天气雷达产品应用培训班(51期雷达班),第24期省级以上天气预报员轮训培训班(B2班)中,获得学员好评
5	气象远程教育培训视频云应用环境安装调试及接口开发	集约化构建云计算教育培训资源池,建设云视频、云直播、云文档等气象教育培训云基础应用环境,实现IT系统资源共享与按需分配,解决了现有远程教育视频直播、点播等应用资源存储和带宽占用等瓶颈问题

5.3 产出成果应用的直接效益

2017—2021 年通过上述培训计划的实施，培训能力建设形成的教材、课件、教学系统为天气雷达产品应用培训班、雷达机务保障岗位能力培训班等 20 余个班型、100 余个班次、近万人次提供了服务；形成的培训设施与环境支撑保障了多普勒天气雷达资料分析和产品应用、新一代双偏振天气雷达机务保障岗位能力培训等中国气象局重点培训班的顺利举行。通过举办雷达专项培训及相关业务中设置雷达专门课程培训、雷达远程培训等，全国气象学员在雷达知识、技能及应用能力等方面均得到显著提升。举例来说，通过雷达产品应用培训，让来自不同区域的预报员们巩固了短时临近预报方面的基础知识，提升了短时临近预报的能力，掌握了天气雷达产品应用的基本技能，了解了双偏振多普勒雷达技术在天气预报中的应用；学员返回工作单位后有效应用相关理论知识，能够提高解决短时临近预报实际问题的能力。通过雷达资料同化培训，使学员理解资料同化的理论基础，了解气象雷达资料同化方法及质量控制方法，掌握雷达等多源观测资料在区域高分辨率数值模式中的应用技术，通过课程学习、研讨交流巩固资料同化业务和研究人员的理论基础，提高雷达资料同化分析和应用能力，从而提升了气象雷达资料在数值预报业务中的应用水平，学员满意度达到 90% 以上。通过雷达机务培训，有效提升了雷达机务保障人员的机务保障能力，为应对 2021 年强降水极端天气频发、防汛抗洪，发挥了重要作用，2021 年在汛期来临之际，先后完成了 2021 年第 1 期新一代双偏振天气雷达机务保障岗位能力培训、2021 年新一代双偏振天气雷达机务保障高级研讨班，极大疏解了业务单位对雷达机务培训的迫切需要，各期培训学员培训满意度均在 97% 以上。

有关学员在校培训获得的知识、技能提升情况可以 2022 年 1—4 月举办的"县级灾害性天气监测预警培训班"做进一步的说明。该班是中国气象局为深入贯彻习近平总书记关于气象工作的重要指示精神，落实"强化基层预报员特别是县级预报员对雷达、卫星资料的理解和应用能力以及极端天气监测预警能力"而首次举办的一项全国性专项培训，目的是要将"人民至上、生命至上"的理念贯穿到预报员的思想意识层面，帮助基层预报员更好地了解灾害性天气（暴雨、强对流天气等）发生规律，掌握灾害性天气监测、预报、预警技能，尤其是运用雷达、卫星资料综合判断灾害性天气并发出预报和预警的技能，切实提升基层灾害性天气监测预警能力，筑牢气象防灾减灾第一道防线，该专项培训共计培训县级预报员 4382 人。该班结束后经过一个预报季的实践检验，课题组于 10 月向所有受训学员进行了培训后效果的调查，从学员回到工作岗位后再回头看培训的视角评估学员在培训中的收获大小及培训所获对岗位工作的支撑情况，前者可以反映培训能力建设项目产出成果应用的直接效益，后者反映的是间接效益。

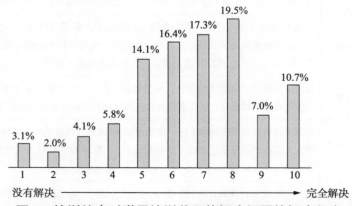

图 4 培训结束时学员培训前亟待解决问题的解决程度

图4表明，70.9%学员认为在培训前亟待解决的灾害性天气监测预警工作中存在的强对流天气预警预报思路不清晰、气象资料利用率低、业务软件不熟悉等问题，通过此次培训得到了较大程度的解决，表明本次培训对提升县级预报员灾害性天气监测预警能力、解决实际预报中的难点有较好的效果。

在课程学习方面，网络自主学习阶段设置的四门课程中"新一代天气雷达基础知识"获得学员的认可度最高（认为收获大的比例占学员总数的80.5%，见图5），网络直播培训阶段开设的五门课程中"雷达图像与产品应用"获得学员的认可度最高（认为收获大的比例占学员总数的85.1%，见图6），一定程度上反映了雷达工程培训能力建设产生了良好的直接效益。

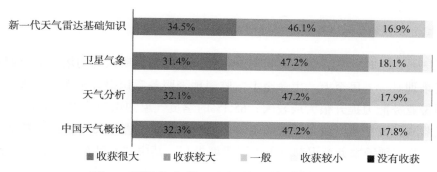

图5　网络自主学习阶段学员课程收获情况

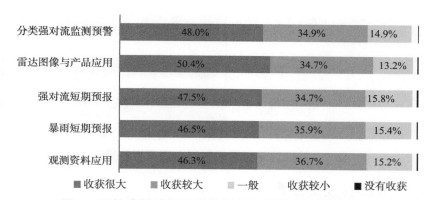

图6　网络直播培训阶段培训课程模块学员收获程度

在提升学员雷达知识与应用技能的同时，雷达培训能力建设也支撑了干部学院雷达教学能力的提升，尤其是支撑了短时临近预报、中短期天气预报、生态与农业气象等3支教学团队的建设，其中，短时临近预报和生态与农业气象教学团队成为全国气象教学团队，表13为这两个团队的研究方向和成果。

表13　干部学院全国教学团队及其研究方向和成果

序号	名称	应用情况
1	短时临近预报教学团队	研究方向包括灾害性强对流天气雷达特征及其短临预报、高架雷暴、雷电物理、基于观测和风暴尺度模式的强对流发生发展机理及可预报性研究、卫星雷达资料同化等强对流天气相关，是国内雷暴短临预报方面教学和研究的一支重要力量，尤其是在与天气预报业务紧密联系的雷暴和强对流临近预报的教学方面处于国内领先、国际先进的地位
2	生态与农业气象教学团队	团队主持或骨干参与国家级、省部级以上项目25项，主持司局级以上项目43项，发表论文80余篇，根据培训需求开发了生态与农业气象理论、服务技术、案例、实训等系列中英文课程27门，出版了5本教材或教学参考书，撰写了12本讲义，开发了"雷达资料及产品的专业气象应用培训系统"等8个教学平台或软件，打造了"锦州生态站农业气象实验操作教学基地"等3个农业气象现场教学基地

5.4 成果产出应用的间接效益

雷达工程培训能力建设最终服务于气象部门业务水平和服务能力的提升，还拿"县级灾害性天气监测预警培训班"为例，此次专项培训旨在帮助基层预报员更好地了解灾害性天气发生规律（暴雨、强对流天气），掌握灾害性天气监测、预报、预警技能，尤其是运用雷达、卫星资料综合判断灾害性天气并发出预报和预警的技能，牢固树立"人民至上、生命至上"的预报服务思想，最终达到提高县级预报员灾害性天气监测预报预警能力、推动县级气象部门在灾害性天气监测预报预警前沿中发挥更好的作用的目的。以下给出了学员经过培训回到工作岗位后经历一个预报季度实践的培训后效果调查评估情况。

5.4.1 "人民至上、生命至上"服务理念提升明显

图7给出了培训一段时间之后学员回到岗位后经过工作实践所认为的培训效果调查结果。77.7%的学员认为通过培训其"人民至上、生命至上"监测预警服务意识提升很大或较大；70.0%的学员灾害性天气监测预警业务能力提升很大或较大；65.1%的学员气象知识理论素养提升很大或较大，反映县级灾害性天气监测预警专项培训在学员气象知识理论素养、灾害性天气监测预警业务能力和"人民至上、生命至上"监测预警服务意识都有了不同程度提高，其中"人民至上、生命至上"服务意识提高最为明显。

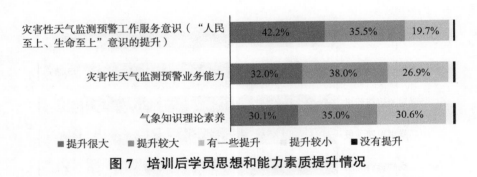

图7　培训后学员思想和能力素质提升情况

5.4.2 雷达及卫星等产品应用能力大幅提升

在灾害性天气监测预警能力提升方面，图8给出了雷达及卫星等产品应用能力、气象专业基础知识、业务平台操作和使用、预报思路建立、公众服务和决策服务能力等方面对学员的培训调查结果，显示学员在"雷达及卫星等产品应用能力""气象专业基础知识"方面收获相对较高，分别为76.6%和72.5%；其次，"业务平台操作和使用""预报思路建立"，分别为68.7%和65.7%。

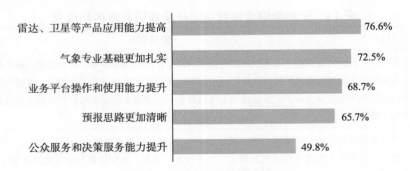

图8　培训后学员收获情况

5.4.3 县级预报员灾害性天气预报预警技能应用效果明显

图9给出了学员经过培训回到工作岗位后经历一个预报季度实践的监测预报预警技能提升情况。从图中可以看出，通过培训，87.8%的学员掌握了一些能够应用于预报预警工作中的技巧和技术，78.0%的学员学到了实用的新理念、新知识、新方法。通过新知识、新技术的学习，55.5%的学员认为自身的预报预警工作效率提升了，例如，学员反馈通过培训提高了暴雨预报服务的准确性、增强了分析天气形势能力、加深了灾害性天气监测预警的认识、能够更加清晰的复盘灾害性天气过程等。

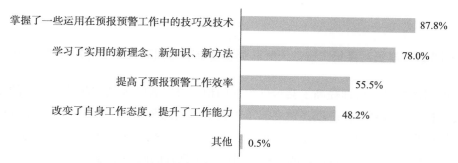

图9　培训后学员岗位能力提升自评价情况

5.4.4 县级气象部门灾害性天气监测预报预警和防灾能力有效提升

从综合观测、公众和决策气象服务、气象灾害防御、监测预报预警等四个方面对县局业务能力提升情况开展学员自评价。统计结果显示（图10），72.9%的学员认为"监测预报预警"能力提升很大或较大；70.7%的学员认为"气象灾害防御"能力提升很大或较大。

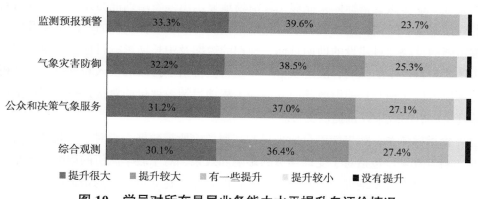

图10　学员对所在县局业务能力水平提升自评价情况

对于此次培训的后续效果，78.2%的学员认为此次培训对实际业务指导作用很大或较大（图11），学员通过培训将所学知识和技能应于监测预报预警业务工作后，提高了灾害性天气监测预警服务能力。具体案例包括"成功预测上海8月6日冰雹天气过程""准确判断出佳木斯市富锦市6月22日出现的雷暴大风""江苏省淮安市6月26日强对流天气过程中及时发布预警信号""7月20日江苏溧阳经历飑线过程，大部分地区出现9级以上大风，通过雷达回波图准确判断雷暴大风天气，及时发布预警信号"等，反映通过培训学员的灾害性天气监测预警相关知识、技能均得到有效提升。

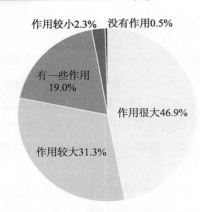

图11　学员对县级灾害性天气监测预警专项培训对实际业务指导作用评价

　　上述结论说明该次专项培训提高了县级气象部门预报员灾害性天气监测预报预警的知识和技能，改变了基层一线预报员的自身工作态度，树立起了预报员"人民至上、生命至上"的服务理念，实现了以学员能力意识的提升带动全国基层气象部门灾害性天气监测预报预警水平整体提升的目的。在一定程度上也反映了雷达工程项目培训能力建设的后续产出产生了良好的间接效益。

6　培训能力建设工程项目效益评价指标研究小结

　　本研究以项目影响理论为框架，构思了气象教育培训能力建设工程项目效益评价指标模型分析框架，并以该框架为基础形成以产出为核心的产出成果、产出成果服务利用计划、产出成果应用直接效益与间接效益4个一级指标14个二级指标的评价指标体系，通过雷达工程培训能力建设项目的评价进行了评价指标的验证，证实该套指标体系能够比较清晰地显示出气象培训能力建设工程项目对各个利益相关者所带来的直接影响和间接影响，有利于对气象培训能力建设工程项目的产出结果及影响进行层次划分，包括能够清晰的反映项目建设的即期目标、预期的短期及中长期影响目标是否得到完成，能够客观动态持续地去衡量项目产生的影响，决定项目后续是否值得给予持续的投入和支持。从分析框架上看，该指标体系还可以方便实现与目前财政部门开展的工程项目绩效评价的对接，一定程度上也能够为工程项目验收绩效评价以后的效果评价提供支持。

　　按照这套评价指标体系，如果能够全面采集和掌握评价所需数据，则对于客观评价气象培训能力建设工程项目的影响与效果，包括对于受训学员的影响和效果、对于教学队伍的影响和效果都是有用的工具；同时对于为后续改进气象培训能力建设工程项目的管理及建立可持续的培训能力建设工程项目投入机制也是有益的。从雷达工程培训能力建设工程项目效益评价结果来看，本案例证明了五年来中国气象局通过气象雷达工程项目有计划、有目的的向雷达气象教育培训能力建设进行的持续投入是值得的，通过这些投入所形成的用于支持雷达培训的教材、课件、教学系统和培训设施与环境等建设成果，大大改善了我国气象雷达产品应用、保障、实习实训平台的软硬件教学环境与能力，形成了全国有影响力的2支雷达相关教学团队，产生了3名学科带头人，10个可以全年提供开放服务的培训系统与平台。通过上述雷达培训能力产出成果应用和服务计划的实施，大幅提升了各级、各行业、各类雷达产品应用与保障人员的综合素质和业务水平，为中国气象局雷达业务的可持续发展提供了有效的人才支撑和智力支持，为基层灾害性天气监测预警能力水平整体提升做出了贡献，为建立气象防灾减灾第一道防线发挥了重要作用。

参考文献

[1] 中国气象局. 中国气象局关于印发《研究型业务试点建设指导意见》的通知: 中气函〔2019〕82号[Z]. 北京: 中国气象局, 2019.

[2] 李新文, 李秀萍, 陈强强, 等. 草原建设工程项目效益评价的准则层指标[J]. 草业科学, 2013, 30 (9): 1482-1487.

[3] 李新文, 陈强强. 草原建设工程项目效益评价指标体系的构建[J]. 兰州交通大学学报, 2013 (2): 24-28.

[4] 宋旭东. 对水利水电工程项目综合效益的评价[J]. 科技资讯, 2014 (7): 130-131.

[5] 王伟伟. 基于多层次模糊和BP神经网络的水利工程项目综合效益评价分析[J]. 水利科技与经济, 2019: 65-69.

[6] 董栋, 仇蕾. 综合集成赋权法在水利项目综合效益评价分析中的应用[J]. 项目管理技术, 2013: 98-101.

[7] 程铁信, 高燃, 潘菲, 等. 基于DEA的水利工程项目绩效评价研究[J]. 东南大学学报 (哲学社会科学版), 2014: 58-61.

[8] 鲁敏. 林业投资项目综合效益评价模型研究[D]. 北京: 北京林业大学, 2007.

[9] 周小舟. 天然林资源保护工程效益评价[D]. 北京: 中国林业科学研究院, 2008.

[10] 宋立雪, 宋继堂, 顾青峰, 等. 人工影响天气工程效益评价指标与方法研究 [J]. 湖北农业科学, 2019, 58 (7): 27-31, 34.

[11] 姚秀萍, 吕明辉, 范晓青, 等. 我国气象服务效益评估业务的现状与展望[J]. 气象, 2010, 36 (7): 62-68.

[12] 狄靖月, 徐辉, 许凤雯, 等. 基于逆推法和德尔菲法的地质灾害气象服务效益评估[J]气象, 2019, 45 (5): 705-712.

[13] 张云惠, 王勇, 车罡, 等. 农业气象决策服务潜在经济效益的理论评估方法研究[J]. 中国农业气象, 2005, 2, 6 (2): 142-145.

[14] 王富, 陆其峰, 于天雷. 气象卫星应用效益评估方法及其应用[J]. 气象科技, 2021, 49 (3): 348-354.

[15] 许小峰. 气象服务效益评估理论方法与分析研究[M]. 北京:气象出版社, 2009.

[16] DEL Bo C F. The Rate of Return to Investment In R&D: The Case of Research Infrastructures[J]. Technological Forecasting and Social Change, 2016, 112: 26~37.

[17] DEL Bo C F, FLORIO M, FORTE S. The social impact of research infrastructures at the frontier of science and technology: The case of particle accelerators: Editorial introduction[J] Technological Forecasting and Social Change, 2016, 112: 1-3.

[18] STFC. STFC Impact Report [R/OL], 2018. https://stfc.ukri.org/files/stfc-impact-report-2018/.

[19] OECD. Reference framework for assessing the scientific and socio-economic impact of research infrastructures[R], 2019.

[20] KOLAT J, CUGMAS M, FERLIGOJ A. Towards Key Performance Indicators of Research Infrastructures[R/OL], 2019. https://arxiv.org/abs/1910.00304.

[21] ESFRI. Roadmap 2018:Strategy Report on Research Infrastructures[R/OL]. https://www.esfri.eu/roadmap-archive, 2018.

[22] 王婷, 陈凯华, 卢涛. 重大科技基础设施综合效益评估体系构建研究——兼论在FAST评估中的应用[J]. 管理世界, 2020 (6): 213-236.

[23] 彼德·罗希, 等. 评估: 方法与技术: 第7版[M]. 重庆: 重庆大学出版社, 2008.

[24] 王勇. 投资项目可行性分析——理论精要与案例解析: 第3版[M]. 北京: 电子工作出版社, 2017.

[25] 张青. 项目投资与融资分析[M]. 北京: 清华大学出版社, 2012.

[26] 于鉴夫. ISO10015国际培训标准读本[M]. 北京: 中国经济出版社, 2004.

[27] 莱斯利·瑞. 培训效果评估: 第三版[M]. 北京: 中国劳动社会保障出版社, 2003.

[28] 托尼·纽拜. 培训评估手册[M]. 北京: 中国劳动社会保障出版社, 2003.

[29] 马汀·奥林. 如何进行培训[M]. 北京: 中国劳动社会保障出版社, 2003.

[30] 莱斯利·瑞. 培训技术[M]. 北京: 中国劳动社会保障出版社, 2003.

[31] 冯俊. 干部教育培训改革与创新研究[M]. 北京: 人民出版社, 2011.

基于项目影响理论的
气象培训能力建设工程项目效益评价指标构建研究①

赵亚南　成秀虎　马旭玲　薛建军

（中国气象局气象干部培训学院，北京　100081）

摘要：借鉴彼德·罗希提出的项目影响理论构建气象培训能力建设项目理论分析框架，对气象培训能力建设工程项目效益评价指标进行层次划分，按照"项目组织—项目产出成果—项目产出成果应用—项目产出成果效益"因果关系链，明确各阶段需要评估的内容，确定评价指标来源及其主要内容，最终形成气象培训能力建设工程项目效益评价指标体系。

关键词：项目影响理论，气象，培训能力，工程项目效益，评价

1　引言

培训能力建设作为气象教育培训现代化建设的主要内容，对发挥气象教育培训先导性、基础性和战略性作用至关重要，是落实《2019—2023年全国气象部门干部教育培训规划》和推动气象培训事业发展的有力支撑。近年来，在气象工程项目的支持下，气象教育培训能力显著提升。为客观评价气象培训能力工程项目建设效益，通过评价发现培训能力建设工程项目组织中的短板，在借鉴国内外学者关于效益评价理论和方法研究的基础上，开展气象培训能力建设工程项目效益评价分析研究，构建气象教育培训能力建设工程项目的综合效益评价指标，实现以评促建、以评促用、以评促效益发挥的目的。

2　项目影响理论

项目影响理论是通过对项目建成一段时间后产生的实际效益与项目预期目标进行对比，分析实际效益与预期目标之间的差异，以评价项目质量，为后续项目管理和组织实施提供依据。基于项目影响理论，彼德·罗希给出了用于项目评估的项目理论分析框架，如图1所示。项目理论分析框架是以项目建设产出为前提，通过项目产出与项目目标群体之间的互动应用，对目标群体自身产生直接影响，为项目产出成果的直接产出；目标群体通过自身变化进而对社会、经济等方面产生进一步的影响，为项目产出成果的后续产出[1]。彼德·罗希认为实现目标群体与预期目标的关联行动需要完善的项目组织计划和项目服务利用计划。同时，项目作为有组织的实体，包括人员、资源、活动、辅助工具等；关注目标群体及其表现，与项目服务送达有着密切的关系。

---

① 本文发表于2023年《中国标准化》第2期（上）。

从图1可以看出,项目影响理论是一种因果理论,项目执行和项目产出之间存在因果关系,项目通过有效的组织产生可服务于目标群体的项目产出成果,通过对项目产出成果的组织利用对目标群体产生直接影响,直接影响进一步产生间接影响。有效的项目影响理论能够清晰的显示项目组织实施及其产出成果所产生的预期结果链,同时区分出直接产出和间接产出。

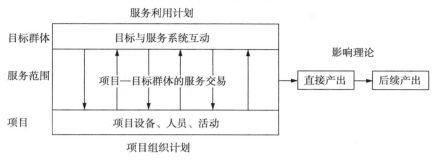

图1　项目理论分析框架

3　气象培训能力建设工程项目效益评价分析框架

根据项目理论分析框架,构建气象培训能力建设工程项目影响理论分析框架,如图2所示。气象培训能力建设工程项目以提升送培学员的岗位工作能力或履职绩效并实现单位整体绩效的提升为最终目标,即气象培训能力建设工程项目的后续产出;通过项目建设产出成果应用,对送培学员开展培训,使学员在知识、技能、态度、行为等方面发生改变,即为培训能力建设工程项目产出成果的直接产出。需要指出的是,培训能力建设工程项目产出效益最终取决于培训能力建设产出成果的服务利用计划,具体通过培训计划的实施对送培学员开展培训来实现,即气象培训能力建设工程项目利用计划;气象培训能力的形成需要通过有计划的组织建设来完成,包括制定项目建设计划、组织项目资金、实施项目建设等,这是气象培训能力建设项目组织计划的内涵。

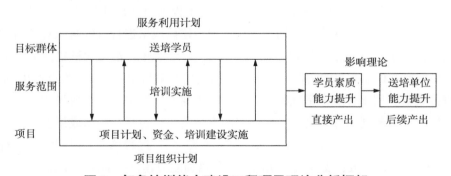

图2　气象培训能力建设工程项目理论分析框架

通常培训能力包括教学软硬件能力和教学服务能力两个方面,其中教学软件和硬件能力主要包括教材、课件、教学系统、教学设施等;教学服务能力包括从事教学、管理等人员提供的教学服务能力[2-3]。本文中涉及的培训能力建设主要是指教学软件和硬件方面建设产出的成果。

根据项目影响理论存在的因果关系原理,图3给出了气象培训能力建设工程项目影响图解。从图中可以看出,气象培训能力建设内容集中在教材、课件、教学系统、培训设施与环境等四个方面;由项目组织而产生的培训能力建设工程项目产出成果,通过制定合理的教学计划,对送培学员开展培训,使得工程项目产出成果能够得到有效的组织利用;培训计划实施的完成,使得学员在知识、态度、行为、技能等方面朝着预期的方向发生直接的改变；培训后学员回到单位，将培训的直接收获应用于岗位工作，使得岗位工作质量和绩效达到预期的目标；在岗位工作质量绩效提升基础上，因为学员的带动或单位整体效能的提升，送培单位业务功能质量得到整体改进或提升，社会效益经济效益得到整体提高，社会影响力、社会形象得到整体加强，领导或社会满意度得到提升。

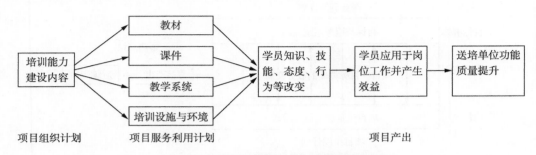

图3 气象培训能力建设项目影响图解

4 气象培训能力建设工程项目效益评价指标体系

在效益评价研究过程中，理论框架界定及对影响效益发挥的重要因素进行归类，用于解释因果关系，更加清楚的呈现项目建设与效益发挥之间的互动关系[4-5]。气象教育培训能力建设通过"项目组织—项目产出成果—项目产出成果利用—项目产出成果效益"因果关系进行阐述，因果关系中各阶段所处的状态或结果就是需要评估的内容，其表现点构成评估指标来源，如表1所示。

培训能力建设工程项目产出成果。用于对气象培训能力建设工程项目的产出成果进行描述。主要包括：教学材料（教材、讲义、个例、案例等教学中供学员使用的资料）、课程软件（学员网络学习中使用的课程资源）、教学系统（培训系统、模拟仿真系统等教学中供学员使用的软件系统）、培训设施与环境（实习实训教室、网络环境等培训所需的教学场地和设施）的建设数量与质量。

产出成果利用计划。用于对气象教育培训能力建设工程项目产出成果的组织利用情况进行描述。主要包括：有目的有组织的在哪些培训计划（将培训能力建设成果进行有效组织对送培学员开展相关培训）、学科建设计划（利用培训能力建设资源，有组织、有计划开展相关学科建设）中使用这些工程项目的产出成果、如何有意识地有目的的促进产出成果的使用频率与使用效率，发挥产出成果的效用等。

产出成果直接效益。用于客观衡量气象教育培训能力建设工程项目产出成果实际利用产生的直接效益情况。主要考察项目服务利用计划是否得到切实的贯彻落实，包括：产出成果支撑完成的面授培训量（以面授方式对送培学员开展相关培训形成的班次数、人天数）；远程培训（以网络方式对送培学员开展相关培训）班次、时长或人天数；支撑教学团队（气象培训能力建设推动促进相关教学团队）建设情况；培训结束时学员收获情况（学员能力朝着预期目标方向获得提升的情况，学员在知识、技能等方面的改进和提高情况）。

产出成果间接效益。在对气象培训能力建设工程项目直接产出衡量基础上，衡量能力建设产出成果的直接应用所产生的间接效益。主要包括：学员岗位绩效改善提升情况（送培学员岗位工作能力提高或改进情况）、送培单位业务能力水平提升情况（送培学员回到工作岗位后，将培训收获应用于岗位工作情况）；社会效益（送培单位在重大活动保障、防灾减灾等方面效益发挥情况）；培训机构影响力（促进培训机构学科建设、教师团队、科研能力产生的效果情况）。

表1 气象培训能力建设工程项目效益评价指标体系

一级指标	二级指标	指标说明	备注（与项目影响理论模型的对应关系）
项目产出成果	教学材料（教材）	教材、讲义、个例、案例等教学材料建设完成情况	项目组织计划
	课程软件（课件）	远程课程软件建设完成情况	
	教学系统	培训系统、模拟仿真系统等建设完成情况	
	培训设施与环境	实习实训教室、网络环境等建设完成情况	
产出成果利用计划	培训计划	产出成果纳入培训计划情况	项目服务利用计划
	学科建设计划	产出成果纳入学科建设规划情况	
成果产出应用直接效益	面授培训量	支撑的面授培训培训量（班次数、人天数等）	项目产出（直接+后续）
	远程培训量	支撑的远程培训培训量（学时等）	
	教学团队	支撑的教学团队建设情况	
	学员能力提升	培训结束时学员收获情况，包括知识、技能等变化及提高情况	
成果产出应用间接效益	学员岗位绩效提升情况	学员岗位绩效改善提升情况	
	送培单位业务水平整体提升情况	学员所在单位相关业务水平整体提升情况	
	社会效益	领导、社会公众对气象服务评价（包括公众气象服务满意度或重大活动气象保障领导肯定、防灾减灾效益提升情况）	
	培训机构影响力	促进培训机构学科建设、教师团队、科研能力产生的效果情况（获奖、获取重大项目、入选团队等）	

5 结语

综上所述，项目影响理论能够比较清晰地显示气象培训能力建设工程项目对各个利益相关者所带来的直接影响和间接影响，有利于对气象培训能力建设工程项目的影响结果划分层次，依此建立的工程项目评价指标，能够清晰的反映项目预期目标是否得到完成，项目产生的成效如何，从而为后续改进气象培训能力建设工程项目的管理及建立可持续的培训能力建设工程项目投入机制提供决策支持。

参考文献

[1] 屈宝强. 基于项目影响理论的科技文献机构资源共享分析框架[J]. 中国科技论坛，2009（5）.
[2] 段崇江，谢春晖. 提高远程教育设备和资源教学效益的思考[J]. 现代教育技术，2009（2）：72-79.
[3] 王婷，陈凯华，卢涛，等. 重大科技基础设施综合效益评估体系构建研究——兼论在FAST评估中的应用[J]. 管理世界，2020（6）：213-216.
[4] 胡华科. 专业实验室建设模式及效益评价探析[J]. 实验室研究与探索，2006（4）：508-511.
[5] 李波，姜开岩. 区域高等教育投资效益研究[J]. 教育与经济，2011（2）：62-65.

气象防灾与标准化科普

农村气象灾害防御体系理论模型初探①

成秀虎　王卓妮

（中国气象局气象干部培训学院，北京　100081）

摘　要：根据灾害防御基本原理，简要分析了气象灾害致灾因子对气象灾害防御的影响。在此基础上，结合浙江、重庆、山西、辽宁、安徽、江西、广东、内蒙古、贵州等省（区、市）的农村气象灾害防御实践，借鉴国外实害防脚体制建设和机制设计的经验，探索性提出了构建农村气象灾害防御体系的6项基本内容，即农村气象实害风险识别与评价、农村气象灾害监测与预警发布机制、气象灾害预警信息传播与应急响应、气象灾害防御组织体系、气象灾害防御的工程体系以及气象灾害防御的法制化；构建了农村气象灾害防御体系的理论模型；并在专业能力支撑、行政支持、组织保障、政策法规等方面，对未来农村气象灾害防御体系建设提出了建议。

关键词：理论模型，农村气象灾害防御体系，气象灾害，致灾因子

中国分类号：5166，X43 文融标志码：A 文置编号：1000-8113120121010117-05

1　引言

我国农村气象灾害防御的实践，使得各级气象部门在推进气象灾害防御体系建设中取得了很大的成绩[1]，形成了全国社会主义新农村建设气象示范县的浙江"德清模式"[2]，自然灾害预警预防工作的重庆"永川模式"，出现了河北的农业-气象专家联盟、山西的突发事件预警信息发布系统、辽宁的具有地方编制的县级气象灾害防御机构、安徽的农村综合信息服务站、江西的农村合作社服务、广东的应急气象频道、内蒙古的预警收音机、贵州的农村经济信息网等一批好的做法。但这些都只是在气象灾害防御的一个或几个方面取得了成功。

灾害防御基本原理表明，减灾是一项系统工程。从自然灾害致灾机理看，自然灾害的发生由三要素决定，即灾害源、灾害载体及承灾体[3]。气象灾害作为自然灾害之一，其致灾机理与自然灾害相同。气象灾害的灾害源是指雷雨大风、台风、冰雹、寒潮、高温、少雨干旱等灾害性天气；灾害载体主要是弥漫在天地间的空气、不断在三态之间变化的水以及地面或空中的沙尘颗粒及化学污染物质等，很难想象真空中会发生灾害，或没有水汽能够产生暴雨洪水、雪灾、霜冻等气象灾害；承灾体是指灾害性天气伤害的对象，城市乡村表现不同，动植物表现各异，经济发展强弱产生的损失大小各异，农村承灾体主要为人畜房屋或其他财产、农牧业与种养殖业、乡镇经济产业与工贸服务业、乡镇文化教育设施，各种生产生活、交通、文化娱乐设施等。气象灾害源具有种类多、危害范围广、影响深度大、准确预报难、影响时间长短不一、春夏秋冬盛夜早晚均可发生、与承灾体所处的环境条件和自身状态关系密切等众多特点，而气象灾害载体是人类生活的必备条件，空气和水须臾不可离开，所以也不可能消除。

---

① 本文获中国气象局2011年度气象软科学研究项目"县级农村气象灾害防御体系模型及其运行机制预研究"〔2011〕第（036号）支持，在2012年《灾害学》第4期上发表。

灾害的致灾机理取决于灾害源、灾害载体、承灾体三个方面的因子，灾害的大小取决于灾害源的强度、频率、作用时长、承灾体的易损性以及当地的减灾能力[4]。气象灾害的危害程度取决于灾害性天气的强度、频度或影响时长（即灾害源）、承灾体的易损性及减灾的能力大小三个方面。气象灾害的防御需要针对不同的致灾因子采取独特的干预、削减、防御和保护措施，运用系统的综合思维方式，形成相互配套的完整防御体系。灾害防御应从三方面入手；①消灭或削弱灾害源；②削弱、限制、分流、疏导灾害载体，切断灾害链；③保护受灾体，提高承灾体的抗灾能力。

日本和美国在灾害防御方面有许多值得借鉴的经验[5]：在构建我国气象灾害防御体系时，考虑建立一个综合防灾行政体制；形成健全的组织体系，配备专业的气象灾害防御人员，给予充足的人员编制；制定符合本地区气象灾害特点的综合规划，并在规划中明确县乡镇两级政府、行政村以及居民的责任和义务，明确县级各部门之间拥有哪些资源和能力，减少发生灾害后在各部门间的协调成本，增强规划的可执行性、针对性和效率，减少行动方面的迟缓与延误。

本文试图在各个成功案例中提取成功因素，识别致灾因子，以减灾系统工程的相关理论为基础，分析农村气象灾害防御所应采取的有效措施。从中提出其所应包含的基本内容，从而形成气象灾害防御体系的框架模型。

2　农村气象灾害防御体系的基本内容

气象灾害致灾因子识别和国外气象灾害防御经验，为构建气象灾害防御体系提供了理论思路和组织借鉴[6]。就农村气象灾害防御工作而言，在灾害源、灾害载体方面与一般气象灾害的防御方法并无特殊之处，但在承灾体方面，农村经济不发达，防灾知识少，防灾能力弱，防灾意识差，且人员财产分散，有效防范气象灾害的难度大[7]。所以，建立一个完整的农村气象灾害防御体系，才能奏效[8]。从系统的角度看，农村气象灾害防御体系应该包括以下一些基本要素或内容。

2.1　农村气象灾害风险识别与评价（预估）

了解县域范围内的天气气候特点，就要对县域范围内的气象灾害风险开展调查，从而分析县域范围内的主要气象灾害类别及灾害影响的对象。结合县域地形地貌特征和农村经济、社会特点和生活习俗，分析成灾条件，形成县域气象灾害风险区划，指导农业生产与农民生活。如为农作物、经济作物布局提供依据，为农村住宅建设规划和新农村建设规划提供参谋。结合当地农村居民的生产、生活习惯，对天灾的态度等自然和人为因素，综合考虑分类型确定气象灾害致灾临界指标与灾害风险级别，在灾害监测数据基础上做出准确的灾害预估，提出灾害预警与防灾抗灾决策建议。

2.2　农村气象灾害监测与预警发布机制

根据县域农村气象灾害风险区划，合理布设与区域气象灾害相适应的气象灾害及衍生灾害的观测仪器与设施。在灾害性天气来临时随时监测可能引发气象灾害及其衍生灾害的致灾要素值，跟踪分析引发灾害的可能性，达到一定的概率时，对外发布灾害预警。

气象灾害监测设施应由地方政府根据统一的气象灾害监测仪器标准和数据采集标准投资布设，数据分析由专业部门（主要是基层气象台站）收集和分析，做出影响本地的气象灾害预估，提出预警建议。预警发布由地方政府做出并启动相应级别、相应类别的气象灾害应急预案。

预警发布须由政府设立（或授权设立）的灾害预警发布中心独家发布，避免引起社会混乱，预警发布中心需建立多渠道、多途径的灾害预警发布系统，在第一时间将灾害预警信息公布出去。

2.3 气象灾害预警信息传播与应急响应

灾害预警的发布权在政府，灾害预警信息传播则要通过社会力量来完成[9]。政府签署灾害预警发布令后，要通过预警中心的预警发布系统迅速向社会公布和传播，传播的手段多种多样，包括原始的室外挂风球、高层大楼外颜色预警级别显示、锣鼓声音警告、人工挨家挨户通知（气象信息员），还有现代的广播、电视、互联网（天气网、兴农网）、报刊、电子显示屏、信息专栏广播与刊登，以及主动通过手机、电话、警报器、乡村大喇叭通知等。预警信息的传播者应赋予相应的权利和义务，接受相应法律的约束，进行相应的资质认证，不能滥发信息，扰乱社会秩序。

收到灾害预警信息的组织和个人应立即对预警信息做出反应，采取相应的防灾措施。对于县、乡镇、村的农村各级组织而言，应根据灾害预警级别和类别启动相应的气象灾害应急预案，有效地组织农村防灾抗灾工作。由于气象灾害影响范围较广、涉灾人员多，非政府能完全顾及，所以气象灾害的防御要走个人与政府防御相结合的道路，气象灾害应急响应要更多地重视和发挥个人与民间组织的能力，教会乡村居民在收到灾害预警后做好防灾抗灾的准备，重在依靠自身和邻里互助的力量开展自救互救和相互帮助。在一定程度上个人和社区力量比政府采取的防灾措施会更迅速、更有效、更到位。

2.4 气象灾害防御组织体系

按照"政府主导、部门联动、全社会参与"的原则建立起贯通县级、乡镇、行政村、中小学校，农村工商企业为一体的相互衔接的气象灾害防御组织体系。县长担任气象灾害防御领导小组的组长，气象局及各相关县级职能局担任领导小组的成员，组织全县农村的气象灾害防御工作，乡镇长、行政村长、中小学校长、农村工商企业负责人负责组织本辖区、本单位范围内的气象灾害防御工作，县、乡镇、村都应建立气象灾害应急抢险与救援队伍，配备必要的应急救灾设备，气象局负责气象灾害的监测和预警发布工作，农业局、国土局、水利局、电力局、教育局等县级职能局负责本行业气象灾害应急预案的制订与防灾措施的部署，各级气象灾害防御机构负责预警信息的传递、气象灾害应急预案的启动和气象灾害防御的组织工作，乡镇企业、农村家庭、农村中小学要按照应急预案的要求做好自身的气象灾害防御工作，农村志愿者组织、家庭成员内部、邻里之间要相互提醒和帮助，共同抗御来临的气象灾害。

2.5 气象灾害防御的工程体系

气象灾害防御分为预防和抵御两部分，人工影响天气是通过消除、削弱灾害源方式减轻气象灾害的影响，属于气象灾害预防工程的一部分；针对不同气象灾害构建相关的防御工程，屏蔽灾害源，保护承灾体，削弱、限制、分流、疏导灾害载体，以增强农村承灾体抵御气象灾害的能力，属于气象灾害抵御工程的一部分。气象灾害防御工程措施可以减少甚至避免气象灾害造成的损失。

常见的工程措施包括栽种成片防护林以防御风灾与沙尘暴，加固建筑物、构筑物以抵抗风灾，沿海构筑海堤以抵抗强风暴引起的海水倒灌和风暴潮引发的洪水，山区修建水库调蓄暴雨引发的山洪、泥石流灾害，在农村居民住宅、中小学校舍安装避雷装置以防止雷电灾害。通过人工影响天气可消除雹灾或人工增雨防火抗旱，通过提高电线防冰建设标准可阻止电线积冰灾害，通过建立挡风墙能防止公路、铁路上的雪灾等，这些都是有效的防灾工程措施[10]。县政府应根据影响县域的气象灾害类别和级别，统筹规划构建气象灾害防御工程，发挥工程抗灾的作用，有效减少甚至避免正常生产生活秩序遭到破坏。

2.6　气象灾害防御的法制化

将防御气象灾害的有效做法规范化是气象灾害防御体系建设的重要内容[11]。将防御气象灾害必不可少的人力投入、经费投入制度化，将防御气象灾害的责任主体法律化，制订并颁布县级气象灾害防御规划，做到气象灾害防御工作有领导、有组织、有经费、有预案、有考核，构建有效联动的农村气象灾害应急组织体系，建立起预防为主的农村气象灾害防御机制。

3　农村气象灾害防御体系的模型构建

依据前述分析，初步提出图1所示的农村气象灾害防御体系框架模型。该模型囊括了从防灾理论出发提出的气象灾害防御的基本内容，借鉴了日美两国在灾害防御组织管理方面的经验，从保护农村、农业、农民等县域气象灾害主要承灾体少受损失或不受损失出发，由里及外提出工程防御和应急响应两大核心措施，从增强恢复重建与自救能力出发，提出灾害补偿救济措施（保险）；围绕核心措施的实施需要建立县级气象灾害防御规划和县级气象灾害应急预案，从规划和制度层面统领全县的气象灾害防御工作；气象灾害防御规划和气象灾害应急预案的制订需要专业的知识和技能，需要基础的资料和数据，应由县级气象部门代表政府起草，由县政府颁布；气象灾害应急预案的启动以专业的气象灾害预测为前提，这是县级气象机构当务之急的工作，只有对县域气象灾害有了全面的了解，形成预报能力，才能提出有效的灾害预警建议，产生好的气象防灾效果，减少不必要的社会混乱，合理利用好有限的防灾资源。

以上部分形成气象灾害防御体系模型的专业支撑部分，专业能力的发挥需要外部环境的配套，包括经费、物资的保障体系，人员、编制的组织体系，灾情采集与评估体系以及保证这些体系正常运转的行政支持体系与法律、政策法规体系。这些体系之间相互关联，环环相扣，组成一个气象灾害防御的有机整体，缺一不可。

实现气象灾害防御体系的正常运转，其前端依赖于灾害性天气预报的水平（准确率、精细化），其效率有赖于气象灾害监测体系的完善（合理布局）与灾害预报（估）的水平，其效果有赖于气象灾害防御措施到位、组织有力。其持续性有赖于法律制度体系的完善、行政支持或领导的力度及经费保障的常态化落实。

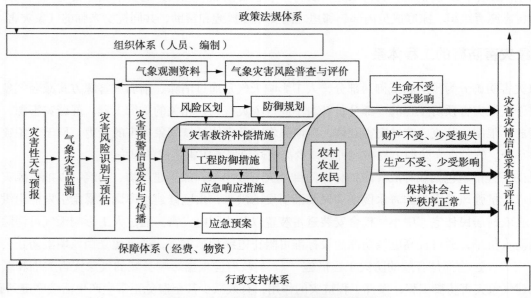

图1　农村气象灾害防御体系模型

鉴于我国气象灾害发生频繁、气象灾害影响范围广、农村人口多且分散，气象灾害防御工作完全依靠政府是不现实的[12]。这一点与日本类似，所以气象灾害防御体系建设应借鉴日本多个部门和多种主体参与和协作的模式[13]。另一方面，我国有着长期集权统治的传统，群众主动防灾的意识不强，依赖政府等待上面部署再行动的思想在乡村阶层普遍存在，加上气象灾害防御工作需要调动多方面的资源和人员，且有很强的专业性，需要政府的强力介入和专业人员的指导，所以美国灾害防御的集权化和专业化模式值得借鉴[14]。我国提出了"政府主导、部门联动、全社会参与"的防灾模式，是一种适合国情的有效做法。对农村而言，就是要在县政府主导下，加强统一规划和行政执行力，充分发挥县级职能局和乡镇、村各级组织和农村社区、村民个人、志愿者组织等多方面力量，共同做好气象防灾工作。

4 未来农村气象灾害防御体系建设的建议

我国从 2006 年起开始重视气象灾害防御工作，多部门联动的气象灾害防御机制建设取得新成效，适应我国特点的"政府主导、部门联动、社会参与"的气象灾害防御机制正在建立，一些地方开展了农村气象灾害风险排查和风险区划。农村气象灾害监测预报能力得到提高，农村气象灾害预警信息进村入户得到推进，农村气象灾害防御的科普宣传和气象灾害防御工程建设得到加强。尽管取得了上述成绩，但从严格意义上讲，一个完整的、成熟的、可持续的、科学高效的农村气象灾害防御体系尚未形成。按照该模型并与目前各地推出的成功典型案例进行对比分析可以看出。除浙江"德清模式"体系比较完整外，其他各省的实践大多偏重于预警信息传播与监测能力建设，对气象灾害风险识别与预报等核心技术着墨不多掌握不够；一些地方政府的认识不到位，气象灾害防御的组织体系和保障体系不够完善，行政支持体系和县级政策法规与考核体系大都尚未形成。持续发展能力弱。

建议气象灾害防御体系建设在抓气象灾害预警中心建设、预警信息发布体系建设、区域自动站建设的同时，重点做好以下几项工作。

（1）加强气象灾害防御的专业支撑能力建设

做好县域气象灾害风险识别与风险区划的研究，形成气象灾害监测、预报、预警能力和气象灾害防御的指导能力，这是做好县域气象灾害防御的基础性工作，也是体现气象灾害防御专业性、发挥气象部门优势、争取地方政府重视和支持大有可为之处[15]。天气预报与灾害预报不可混为一谈。实际上气象灾害是否发生，除了与高影响天气有关外，还与农村当地的具体自然环境条件、受灾体的多少及承灾能力等多种因素有关，所以必须加强县域气象灾害致灾因子、承灾体的研究，准确掌握成灾条件和指标。针对性的防灾措施、应急措施的提出，气象灾害防御规划、气象灾害应急预案的科学性、可行性都有赖于对影响县域气象灾害种类、分布、强度的认识，气象灾害的预报、预警的发布依靠对气象灾害风险识别与预估的准确性。气象灾害的监测布点需要以县域气象灾害区域为基础。这些工作如果没有做好，形不成有说服力的业务化产品，政府的热情会随着效果的不好而减退。因为频繁的动员社会力量不但会浪费有限的防灾资源，还会让社会各方面产生厌倦和审美疲劳，从而为气象灾害防御体系的建设工作设置人为障碍。

（2）加强行政支持体系的建设

行政支持体系建设，尤其是要争取县政府对气象灾害防御工作的组织领导[16]。在我国，行政力量的支持是办好所有事情的基础，气象防灾工作也一样。政府领导缺位，是组织气象灾害防御工作的瓶颈，是建立气象灾害防御体系必须首先解决的问题[17]。《气象灾害防御条例》的颁布，增强了县乡政府防御气象灾害的责任，为推动气象灾害防御体系建设争取政府的领导创造了良好的法律政策环境[18]。

（3）加强气象灾害防御组织体系建设

气象灾害防御是一项任务繁重的系统性任务，要从人员、编制上加以保证。仅以气象灾害信息环节为例，就需要专业的信息收集员、信息处理员和信息发布员等一批专业素质人员参与。如果没有相对固定的编制、稳定的岗位和可考核的职责，只采取外聘、合同制等方法解决一时人员不足的困难，难以保证气象灾害防御队伍的稳定性和气象灾害防御的质量，形不成专业的力量。

（4）加强气象灾害防御的保障体系建设

解决经费、防灾物资等关键性问题。农村气象灾害防御能力弱最根本的原因在于经费不足，要强化政府作为气象防灾投入的主体地位，依靠中央、地方多渠道筹措气象灾害防御资金，根据灾害影响范围和受益群体确定财政投入的主体和比重，保证气象灾害防御体系的建设资金和运行维持资金，形成持续维持能力。

（5）加强县域气象灾害防御的政策法规体系建设

加强气象灾害防御的政策法规体系建设，就是把行政领导的支持固化成政府的施政目标，列入地方事业发展规划和重点工作，形成考核的机制，调动尽可能丰富的行政资源建设气象灾害防御体系，营造有利于气象灾害防御体系建设的政策环境。

参考文献

[1] 罗慧，李良序. 陕西气象服务白皮书[M]. 北京：气象出版社，2012.
[2] 王勤. 小气象大服务，小平台大舞台——德清全国新农村建设气象工作示范县实践与探索[N]. 中国气象报，2009-12-15（4）.
[3] 高庆华，李志强，刘惠敏，等. 自然灾害系统与减灾系统工程[M]. 北京：气象出版社，2008.
[4] 陈颙，史培军. 自然灾害[M]. 北京：北京师范大学出版社，2007.
[5] 顾林生. 从防灾减灾走向危机管理的日本[J]. 城市与减灾，2003（4）：8-11.
[6] 韩晋，夏志勇. 我国防灾、抗灾、救灾综合能力建设体系构建研究[J]. 理论探讨，2010（2）：79-82.
[7] 陈明艳，黄汝红. 农业气象服务"三农"的思考[J]. 气象研究与应用，2009，30（S1）：124-125.
[8] 娇梅燕. 健全农业气象服务和农村气象灾害防御体系[J]. 求是，2010（6）：56-57.
[9] 曹国昭，阎俊爱. 农村综合防灾减灾能力评价指标体系研究[J]. 科技情报开发与经济，2010，20（1）：156-157.
[10] 郭新，闵东红. 气象为农村发展改革服务的思考[J]. 陕西气象，2009（4）：50-52.
[11] 刘颖. 我国的防灾减灾对策研究[J]. 法制与社会，2007（7）：714-715.
[12] 董明. 防灾减灾体系建设问题研究[J]. 大众商务，2009（3）：238.
[13] 林家彬. 日本防灾减灾体系考察报告[J]. 城市发展研究，2002，9（3）：36-41.
[14] 王伟. 我国防灾减灾系统的现状、问题及建议[J]. 陕西建筑，2009（11）：99-102.
[15] 高庆华. 中国自然灾害风险与区域安全性分析[M]. 北京：气象出版社，2005.
[16] 王春光. 对中国县乡行政机构改革的现实分析——以西部D县为研究个案[J]. 学习与实践，2006（9）：67-74.
[17] 任德胜. 关于深化灾害管理体制改革的探讨[J]. 中国减灾，2004（9）：35-36.
[18] 中国气象局. 关于加强农村气象灾害防御体系建设的指导意见：气发〔2010〕93号[Z]. 北京：中国气象局，2010.

雷电灾害影响因子的统计和计量分析[①]

王卓妮　成秀虎

（中国气象局气象干部培训学院，北京　100081）

摘　要： 雷电灾害损失控制在近几年取得了一些成效，但是要进一步提高雷电灾害防御的效率，还需要从雷电灾害影响因子入手。本文基于 2010 年的雷电灾害自然强度和频率、地区人均生产总值和地区人口水平为自变量，以雷电伤亡人数为因变量，对面板数据进行了描述统计的定性分析和建立计量模型和聚类分析为主的定量分析。分析结果表明，地区经济发展水平的提高虽然增加了地区灾害的易损性和提高灾害防御能力，但净效应是降低了灾害人口损失，而且是影响雷电灾害的主要影响因子，其次是地区人口；雷灾影响因子在不同地区的影响程度不同，分成三类的聚类分析结果，可为制定针对地区的雷电灾害防御措施提供一定的政策依据。

关键词： 雷电灾害影响因子，统计分析，计量分析

0　引言

从自然灾害致灾机理看，自然灾害的发生由三要素决定，即灾害源、灾害载体及承灾体。气象灾害作为自然灾害之一，其致灾机理与自然灾害相同。气象灾害的灾害源是指雷雨大风、台风、冰雹、寒潮、高温、少雨干旱等灾害性天气；灾害载体主要是弥漫在天地间的空气、不断在三态之间变化的水以及地面或空中的沙尘颗粒及化学污染物质等；承灾体是指灾害性天气伤害的对象，城市乡村表现不同，动植物表现各异，经济发展强弱产生的损失大小各异。气象灾害源具有种类多、危害范围广、影响深度大、准确预报难、影响时间长短不一、春夏秋冬昼夜早晚均可发生，与承灾体所处的环境条件和自身状态关系密切等众多特点，而气象灾害载体是人类生活的必备条件，空气和水须臾不可离开，所以也不可能消除。

雷电灾害是联合国"国际减灾十年"公布的最严重的十种自然灾害之一，也是中国十大自然灾害之一。据统计，我国有 21 个省、区、市年雷暴日在 50 天以上，最多可达 149 天。自然界中的雷电损害可以分为直接雷击灾害和雷电感应灾害。前者是雷电直击人体、建（构）筑物、设备、牲畜、树木等，并对他（它）们造成直接的伤害；后者与前者破坏对象不同，主要是破坏电子设备等。在消除、削弱雷电灾害源方面，主要是通过为建筑物等安装避雷针、线、带、网等防直击雷的危害。从一定意义上看，只要人类无法控制天气系统，雷电灾害的发生就不可避免，因而雷电灾害的防御主要还是要着眼于减轻气象灾害危害的影响，识别雷电灾害影响因子及其特点。

1　雷电灾害损失及防御

气象部门长期一贯地重视雷电防御工作，最近几年进一步加强了雷电监测和预警服务，中国气象局

---

① 本文发表于 2012 年《中国科技信息》第 24 期。

正在建设覆盖全国的雷电监测网，目前大部分省市建立了覆盖全省的雷电监测网，通过加强科学研究和技术开发，提高雷电天气的预报水平。特别地，中国气象事业发展战略明确了雷电灾害防御保障的战略任务，并把雷电灾害防御列为气象业务之一。

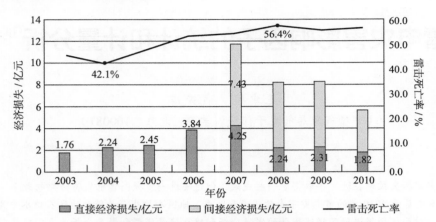

图1　中国近些年雷电灾害损失和雷击死亡率情况

*数据来源：《中国气象灾害年鉴（2011年）》。

*注：雷击死亡率指当年雷击死亡人数占雷击伤亡人数的比例。

经过多年努力，雷电灾害防御，特别是损失控制取得了一定成效。据气象部门的不完全统计数据显示，2010年雷电灾害7515起，达近几年最低点，死亡人数和受伤人数均达近几年最低。直接间接经济损失从2007年以后有所下降，在2010年达5.4亿元，占当年GDP的万分之0.13，较2007年的万分之20.44有明显下降，达近几年的历史最低点，但仍然较高，雷电灾害防御的任务依然艰巨。特别是雷击死亡率仍然较高，达到55.0%，仅次于2008年的56.4%。

2　雷电灾害影响因子定性分析

气象灾害的危害程度，取决于灾害性天气的强度、频度或影响时长（即灾害源的属性），承灾体的易损性及减灾的能力大小三个方面，雷电灾害亦然。试以2010年全国雷电灾害发生情况为例，说明三者关系。表1给出了2010年全国雷电灾害伤亡及事故率前五名排序，特别列示了当年人口数及GDP前五名的省份与雷灾指标作对比。

表1　2010年全国省（市、自治区）雷击/雷灾指标及人口、GDP排序

名次	雷击死亡率/（人/百万人）	雷击伤亡率/（人/百万人）	总雷灾事故率/%	人口/百万人	GDP/万亿元
1	青海（1.2）	西藏（3.5）	浙江（47.4）	广东（104.3）	广东（4.55）
2	江西（0.8）	青海（3.1）	北京（15.8）	山东（95.79）	江苏（4.09）
3	西藏（0.8）	云南（1.8）	江苏（11.5）	河南（94.02）	山东（3.94）
4	云南（0.7）	江西（1.2）	广东（11.4）	四川（80.42）	浙江（2.71）
5	福建（0.5）	浙江（0.9）	湖南（9.9）	江苏（78.66）	河南（2.2）

*数据来源：雷击死亡率、雷击伤亡率和总雷灾事故率来源于《中国气象灾害年鉴》（2010年11日公布的第六次全国人口普查主要数据公报），2010年GDP来源于中国经济网（http：//www.ce.cn macr/more/201102/15/t20110215 22214061 shtml）。

采用雷击伤亡率和雷击死亡率来表征雷电灾害的危害程度，总雷灾事故率来表征雷电灾害的频度。一般而言，人口多、经济产值高，意味着单位国土面积上人口密度大，可受雷击的建构筑物、生产生活设施多，承灾体受损的概率大，即承灾体易损性强；另一方面，地区GDP反映了地方经济实力，代表了政府筹集资源用于防御灾害的能力。因此，人口和地区GDP指标来表征承灾体的易损性，同时，地区GDP又表征了减灾能力的大小。

从表1可知，雷击百万人口伤亡率前四位分别是西藏、青海、云南、江西，与雷击死亡率一致，只是排名不同，这反映经济欠发达省份防雷减灾能力较弱，防灾意识不强。因为从灾害源的强度来看，西藏、青海、云南、广东、广西、海南、四川、江西、福建、浙江都是雷暴天气最活跃的省份，雷击灾害风险应较大，但只有经济不发达西藏、青海、云南、江西等的雷击死亡率和雷击伤亡率约占前四位，从承灾体密度看，上述四省既不是人口大省，也不是经济大省，承灾体的易损性并不算高，因而突显出其防雷减灾能力不足；雷灾事故率排名居前的四省中，浙江、北京、江苏、广东均为经济发达和人口密度较高地区，承灾体的易损性强，灾害源的频率和强度也较高，所以承灾体遭受打击的概率要高于一般地区，但由于防雷减灾能力强，百万人口死亡率均未进入前五名，浙江百万人口伤亡率位居第五名，反映雷击事故死人不多，但受伤人数比例较高，这与总雷灾事故率排名第一有关，浙江雷灾事故率是排名第二的北京的3倍还多，但灾害源强度却不是全国最高的，其深层次原因值得探讨，可能的原因是报灾体系的完善导致统计的成灾总量较高，也可能是防雷减灾方面还有做得不到位之处。

3 雷电灾害影响因子的定量分析

不同灾害的致灾机理的差异往往会导致其影响因素的影响程度有所区别。为了与前文定性分析具有可比性，此节仍以雷电灾害为例，以2010年31省（自治区、直辖市）的数据进行进一步统计分析和计量分析，进一步探索灾害危害程度与人口数量、经济总量之间的关系。之后，将2010年的各省进行聚类分析，比较各地在雷电灾害影响因素和程度的差异。

3.1 回归模型分析

3.1.1 变量的选择

以衡量灾害危害程度的指标雷电伤亡人数（L_p）作为因变量，以2010年底完成的第六次人口普查的地区总人口数作为各省人口数（POPULATION）指标，以2010年地区人均生产总值（GDPPER）作为衡量经济总量的指标*，以雷灾总事故率（LRATE）作为衡量灾害源强度、频率的指标，以上三个变量作为自变量。变量LP和LRATE数据来自《中国气象灾害年鉴（2011）》中的相关数据间接计算获得，变量POPULATION和GDPPER数据来自《中国统计年鉴（2011）》。

3.1.2 模型的参数估计

使用EViews软件建立数据文件。为了更好地观察各个解释变量是否对自变量产生影响以及影响程度，逐步添加解释变量，通过运用最小二乘法（OLS）进行模型估计。建立的回归模型及其参数估计的结果如下：

$$\lg(L_P) = \alpha \lg(GDPPER) + \beta \qquad (1)$$
$$-0.542 \qquad\qquad 3.162^{***}$$
$$(0.426) \qquad (0.490)$$

$$\lg(L_P) = \alpha \lg(GDPPER) + \beta \lg(POPULATION) + \gamma \qquad (2)$$
$$-0.735^* \qquad\quad -0.628^{***} \qquad\quad 1.125$$
$$(0.375) \quad (0.201) \qquad\quad (0.779)$$

$R^2 = 0.314$，校正决定系数 $R^2 = 0.261$，回归标准差 $= 0.860$，F统计量 $= 5.939^{***}$。

$$\lg(L_P) = \alpha \lg(GDPPER) + \beta \lg(POPULATION) + \gamma \lg(LRATE) + \delta \ (3)$$
$$-1.478^{***} \quad 0.578^{***} \qquad 0.508^{***} \qquad 1.629^{***}$$
$$(0.330) \qquad (0.153) \qquad (0.113) \qquad (0.602)$$

$R^2 = 0.620$，校正决定系数 $R^2 = 0.574$，回归标准差 $= 0.653$，F统计量 $= 13.586^{***}$

注：括号内为标准差。"***"表示在信度 0.01 的显著性水平上显著。"**"表示在信度 0.05 的显著性水平上显著，"*"表示在信度 0.1 的显著性水平上显著，下同。

3.1.3　讨论与分析

从模型的参数估计和方差分析结果可见，（3）是最显著的，方程和参数都在 1% 的显著性水平上显著；从（1）到（3），自变量逐渐增加，模型对雷电实害造成的危害程度的解释水平不断提高。雷电伤亡人数与地区人均GDP之间，始终呈负相关，而与地区总人口数呈正相关。但仅仅只有经济总量这一解释变量的情况下，其解释力相当有限，而且即使增加地区总人口数变量，两个变量大约能解释雷电伤亡人数变化的 31.4%。当在（2）基础上，加入解释变量雷灾总事故率时，大约解释了雷电伤亡人数变化的 62.0%，模型显著水平提高。雷电伤亡人数与雷灾总事故率之间，呈正相关的关系，这一点很好解释：同等经济水平和人口总数情况下，雷电灾害越频繁或强度越大的地区，雷电伤亡人数越高。

在（3）中，比较三个解释变量对因变量变化的弹性估计值情况，人均GDP绝对值 1.478，地区人口总数绝对值 0.578，雷灾总事故率绝对值 0.508。这表明 2010 年，地区人均GDP是影响雷电伤亡的主要因素，其次是地区人口总数，雷灾总事故率的影响力明显不如人均GDP，略逊于地区人口总数。地区人口总数和雷灾总事故率都相当的两个地区，人均GDP越高的地区，雷灾伤广人数越低，这表明经济发展水平的提高虽然让地区灾害易损性增加，但同时，地区雷电灾害防灾减灾能力得到了有效增强，如此而来，提高经济发展水平能增强地区雷电灾害的防灾减灾能力。地区人口总数与雷电伤亡人数呈正相关关系，这表明，2010 年，其他条件相同情况下，地区人口总数越高、雷电灾害的易损性越高，从而雷电伤亡人数越多。

综上所述，地区经济水平，比雷电自然强度、频率和地区人口总数，更能影响该地区受雷电灾害防护及程度。地区经济水平的提高，能较显著提高地区雷电灾害的防灾减灾能力。

3.2　聚类分析

3.2.1　数据来源

以上述四个变量作为聚类分析的依据，即 2010 年各地区雷电伤亡人数（L_P），2010 年底完成的第六次人口普查的地区总人数（POPULATION），地区人均生产总值（GDPPER），雷灾总事故率（LRATE）。

3.2.2 聚类结果

由SPSS的k-均值聚类和系统聚类分析都可以得到如下结果。SPSS给出的树形图，从中可见31个样本的类间距离和样本点间距离。

由树形图（图2）的特征，本文倾向于将31个地区样本数据分为三类，其类中心如表2所示。第一类的成员有浙江、江西、广西和云南，其类中心的特征是雷灾总事故率最高、地区人均GDP最低、伤亡人数最多。第二类的成员有北京、天津、上海等共18个省（区、市），其类中心的特征是雷灾总事故率最低、地区总人口数最低但地区人均GDP最高，从而雷电伤亡人数最低。第三类的成员有山东、广东、江苏等共9个省（区、市），其类中心的特征是雷灾总事故率和地区人均GDP均在三类中居中，但地区总人口数最高，雷电伤亡人数也居中。

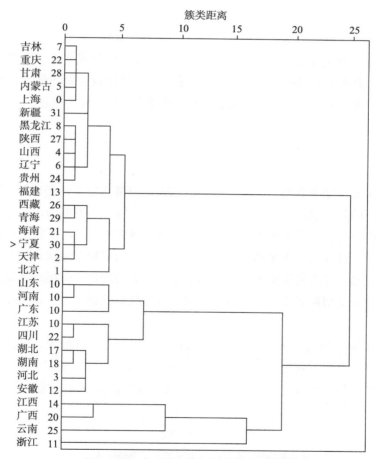

图2 31省（区、市）聚类树形图

表2 各省（区、市）雷电灾害情况聚类结果及类中心

变量	类及其类中心		
	1	2	3
***雷电伤亡人数/人	52.75	7.83	25.33
地区人均GDP/万元	2.72	3.51	3.17

续表

变量	类及其类中心		
	1	2	3
***地区总人口数/百万人	47.75	24.13	78.61
**雷灾总事故率/%	14.62	2.97	5.58
类别中的成员	浙江、江西、广西、云南	吉林、重庆、甘肃、内蒙古、上海、新疆、黑龙江、山西、陕西、辽宁、贵州、福建、西藏、青海、海南、宁夏、天津、北京	山东、河南、广东、江苏、四川、湖北、湖南、河北、安徽

注："***"表示在1%的置信水平上显著，"**"表示在5%的置信水平上显著。

3.2.3　讨论与分析

由树形图，类别1与类别3之间距离较近。如果31个样本要分成两类，可将类别1和3合并成新类别1，形成类别2与新类别1。图中还值得关注的是，浙江是比较特别的样本，与其类中心、与其他点的距离都相对较远。这从统计分类学上印证了前文对该样本点特殊性的描述。

4　主要结论

由上述定性和定量分析结果表明，我国近些年雷电灾害防御取得了一定成效，灾害损失得到了较为有效的控制。雷电灾害的致灾取决于灾害源、灾害载体、承灾体三个方面的因子，灾害的大小取决于灾害源的强度、频率、作用时长、承灾体的易损性以及当地的减灾能力。地区雷灾的损害程度确实与所选取的地区经济发展水平、地区人口水平和雷灾自然强度和频率的解释变量密切相关。定量分析模型分析结果显示，其中，提高地区经济发展水平尽管提高了地区雷灾易损性，但同时也增强了地区雷灾防御能力，而且，二者的净效益是增强了雷灾防御能力。地区人口数量控制对减少雷电伤亡和灾害损失有重要意义。

雷灾影响因子在不同地区的影响程度不同，可将中国31个省（自治区、直辖市）分为三类。除了按照雷灾自然强度和频率加强雷灾防御之外，针对不同类别地区人口密度和经济发展水平，制定并采取分类的干预、削减、防御和保护措施，能提高目前雷电灾害防御的效率和效益。

参考文献

[1] 肖稳安，张小青. 雷电与防护技术基础[M]. 北京：气象出版社，2006：1.

[2] 黄荣辉，张庆云，阮水根，等. 我国气象灾害的预测预警与科学防灾减灾对策[M]. 北京：气象出版社，2005：22.

[3] 刘彤，闫天地. 气象灾害损失与区域差异的实证分析[J]. 自然灾害学报，2011（2）：84-91.

[4] 李宏. 自然灾害的社会经济因素影响分析[J]. 中国人口·资源与环境，2010（11）：136-142.

[5] 陈颙，史培军. 自然灾害[M]. 北京：北京师范大学出版社，2007：37-41.

[6] 中国气象局. 中国气象灾害年鉴：2011年[M]. 北京：气象出版社，2011：53-56.

[7] 国家统计局. 中国统计年鉴：2011年[M]. 北京：中国统计出版社，2011：56，96.

气象灾害预警与评估的研究及实践[①]

吕明辉[1]　李焕连[2]　成秀虎[2]　姚秀萍[2]

（1.中国气象局公共气象服务中心，北京　100081；2.中国气象局气象干部培训学院，北京　100081）

2020 年气象服务为接近 5 成的公众避免或减少过一定的因灾经济损失，气象信息为城市公众挽回因气象灾害损失约 295 元/人，为农村公众挽回因灾损失约 468 元/人。

我国是受气象灾害影响较为严重的国家之一，气象灾害具有种类多、发生频率高、影响范围广、持续时间长、造成损失重等特点。气象灾害还会诱发其他次生灾害，气象灾害平均每年造成的经济损失占全部自然灾害的 70% 以上。

气象灾害预警工作目的是使大众能够提高警惕，做好必要的防范措施，提升全社会灾害防御能力，最大限度地防御和减轻气象灾害造成的损失。加强气象灾害监测预警及信息发布是气象防灾减灾救灾工作的关键，是防御和减轻灾害损失的重要基础。

1　气象灾害防御体系

气象灾害防御是在气象灾害发生前、发生中和发生后，政府、社会各单位和公众采取的相关的各种防灾、减灾、抗灾、救灾措施及行动的总称。气象灾害防御是国家公共安全体系的重要组成部分，是政府履行社会管理和公共服务的重要体现，也是国家应急管理体系的重要内容。

世界各国高度重视包括气象灾害在内的自然灾害防御工作，积极构建气象灾害防御体系。气象灾害防御体系涉及的领域多，一般包括气象防灾减灾法制体系、管理组织体系、灾害预警体系、防灾教育与培训等内容。美国、日本的灾害防御体系较为完善，主要特点是政府主导、配套完善的法制体系和防灾减灾规划。英国、澳大利亚的灾害防御模式相对灵活，主要特色是社会参与，在灾害防御体系中，非政府组织的作用相对突出。俄罗斯、印度气象灾害防御实践经验丰富，其在灾害联防、防灾教育培训方面颇具特色。中国基本形成了"政府主导、部门联动、社会参与"的气象防灾减灾机制，即中央和地方人民政府主要负责灾害防御工作的行政组织协调、发展规划制定、政策法规建设、公共财政投入、管理体制和灾害防御队伍建设等；不同部门之间建立了气象灾害应急联动机制、信息共享和交换机制、预警服务和信息发布合作机制等；此外，积极推动社会力量参与气象防灾减灾工作，全面提高气象灾害防御能力。

整体看来，国际气象灾害防御工作发展具有以下特点：一是注重从气象预报、预警到气象灾害综合管理，并加强气象部门与其他部门之间的联动作用；二是越来越重视多灾种预警及气象灾害风险评估的

---

① 本文获国家重点研发计划重点专项项目（2018YFC1507804，2018YFC0807004）支持，在 2021 年《气象科技进展》第 4 期上发表。

重要作用；三是重视公众的气象防灾理念在气象灾害风险管理中的作用。

2 中国气象灾害预警业务与成效

中国于 2015 年建立了国家突发事件预警信息发布系统，这是覆盖全国的突发事件预警发布系统，也是在国家、省、市三级部署和县级应用的业务体系。国家突发事件预警信息发布系统实现了多灾种预警信息统一发布，同时涉及多部门的 71 类预警信息的实时收集、共享和发布，其中气象灾害预警信息的发布数量在突发事件预警信息发布总量中占绝对优势。2019 年和 2020 年通过国家预警信息发布平台发布的预警信息总数分别为 27.0 万条和 34.2 万余条，其中气象类预警信息所占比例分别为 96.37% 和 90.75%。预警信息发布系统搭建了多部门预警信息共享、协调合作、应急联动的平台，推动各地逐步建立了以预警信息为先导的全社会应急联动机制，预警信息成了应急工作的"发令枪"，促进了防灾减灾应急联动效率提升。

新技术也在气象灾害预警业务中得到广泛应用，其中北斗卫星通信技术可为全球用户提供全天时、全天候、高精度的定位、导航和授时服务，并为中国及周边地区用户提供定位精度优于 1 m 的广域差分服务和 120 个汉字/次的短报文通信服务。智能手机应用推送技术是移动端应用软件（APP）综合利用全球定位系统（GPS）定位、交通地理信息系统（GIS）信息、用户信息上传、微博等多种社交平台信息融合技术、实时拍照摄像及信息上传技术，提供高精准、高并发、社交化、互动化的智能服务，其服务内容涵盖天气实况及预报、预警发布、空气质量报告、天气实景互动、灾情信息上传等。

3 气象灾害预警评估

世界各国建立了多灾种预警系统，提前发布灾害性天气信息进行气象灾害预警。评估一个预警系统的评价指标主要包括预警系统的设计、监测预警服务、通讯和传播、应急和响应能力等内容。法国的多灾种早期预警系统对 7 类气象灾害（大风、暴雨、暴雪、热浪、雷暴、强降温和雪崩）分为绿色、黄色、橙色、红色四个等级进行预警。法国气象局对多灾种早期预警系统从用户是否读懂预警图、不同年龄段人员对预警信息的关注度等开展大量社会调查和评估，每年发布对预警系统的评估报告，以改进和完善预警系统。美国国家天气局（NWS）从预警准确率、预警提前时间、预警错报率等方面对气象灾害预警信息进行评估。

中国的多灾种预警系统对 14 类气象灾害（台风、暴雨、暴雪、寒潮、大风、沙尘暴、高温、干旱、雷电、冰雹、霜冻、大雾、霾、道路结冰）分为蓝色、黄色、橙色、红色四个等级进行预警，分别表示一般、较重、严重和特别严重的灾害级别。为进一步促进气象灾害预警信号质量的提高，中国气象局于 2014 年发布了《气象灾害预警信号质量检验办法（试行）》（气预函〔2014〕113 号），对省、地、县三级气象台发布的暴雨、暴雪、大风、雷电、冰雹、大雾、霾 7 类气象灾害预警信号进行质量检验，检验内容主要包括预警信号的准确性和发布时效性。

2013 年以来，中国气象局公共气象服务中心在与国家统计局社情民意调查中心连续多年联合开展的全国公众气象服务满意度调查工作中，增加对气象灾害预警服务的评估内容，具体包括气象灾害预警服务的接收率和公众满意度、对气象灾害预警信息的理解程度等社会效益评价指标，以及公众使用气象灾害预警服务挽回因灾（气象灾害）损失费用等经济效益评价指标。

2020 年的评估结果（图 1、图 2）可以看出，在公众对气象灾害预警信号的理解程度方面，有

56.2%的受访公众表示对气象灾害预警信号表示"了解"和"比较了解"，对气象灾害预警信号的含义及相应的防御措施表示"了解""比较了解"和"一般"的比例分别为36.6%、19.6%和29.7%（图1）。从2014—2020年的连续调查评估监测可以看出，气象灾害预警服务的公众接收率和公众满意度，均呈现逐年提升的趋势。

气象灾害预警服务的经济效益评估结果显示，2019年和2020年气象服务均为接近五成的公众避免或减少过一定的因灾经济损失。其中，2019年47.3%的公众认为气象服务为个人及家庭避免或减少了一定的经济损失，气象信息为城市公众挽回因灾（气象灾害）损失约266元/人，为农村公众挽回因灾损失约470元/人。2020年56.0%的公众认为气象服务为个人及家庭避免或减少了一定的经济损失，气象信息在一年中为城市公众挽回因灾（气象灾害）损失约295元/人，为农村公众挽回因灾损失约468元/人。调查中还利用减少损失法测算公众气象服务效益，评估结果显示，气象信息在2019年为我国公众挽回的因灾损失总额4000多亿元，而这一数值在2020年达到4400多亿元。

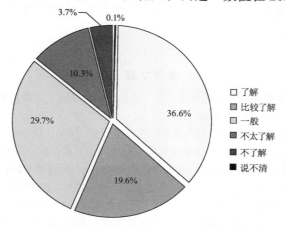

图1 2020年公众对气象灾害预警信号的理解度等级分布图

（来源：中国气象局公共气象服务中心[16]）

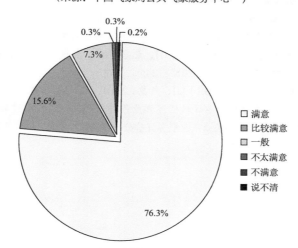

图2 2020年公众对气象灾害预警服务满意程度评价等级分布图

（来源：中国气象局公共气象服务中心[16]）

从评估结果可以看出来，目前气象灾害预警评估指标和业务实践尚未形成体系，评估结果的适用性较为宽泛，评估应用较少。目前常用的评估指标，如覆盖率、接收率等均未有明确定义和指标解释，气象灾害预警评估指标尚未形成体系，业务实践所应用的部分指标，仍为借用公共气象服务评价指标，在实际应用中尚有待改进和优化。

4　结语

　　从我国目前的研究和业务实践来看，经过 10 多年的发展和努力，虽然我国气象灾害预警信息发布所覆盖的地域和人群已经大幅提升，但"最后一公里"的问题仍然普遍存在，提高山区、海区、牧区等边远地区人群的接收和覆盖仍是当下急需解决的问题。此外，公众在应对突发灾害性天气过程时，如何正确引导公众解读和应用气象灾害预警信息，做出正确决策也应该是未来研究的一个重点和难点。未来气象灾害预警的制作将会向着综合灾害预警的方向发展，气象灾害预警评估也应实现灾前的预估、灾中的实时评估和灾后的效果或效益评估的全流程评估，才能更好地适应服务于大众服务于社会的最终目标，这也是灾害应急管理中需要加强研究、及时解决的关键技术问题。因此，开展和加强气象灾害预警评估研究，在当前已有气象灾害监测预警体系基础上，持续提升气象灾害监测水平，加强灾前信息发布和预警能力，从而为经济和社会发展提供科学依据具有重要意义。

参考文献

[1]　白静玉，赵会强．多灾种早期预警系统大会对推进我国"十三五"时期突发事件预警信息发布系统建设与发展的若干启示[J]．中国应急管理，2017，（12）：59-60．

[2]　丁一汇，李维京．中国气象灾害大典 综合卷[M]．北京：气象出版社，2008：11-36．

[3]　格央，杨丽敏，卓玛．2015 年上半年气象灾害预警信号质量检验[J]．西藏科技，2016（8）：57-61．

[4]　郭进修，李泽椿．我国气象灾害的分类与防灾[J]．减灾对策，2005，20（4）：106-109．

[5]　和海霞，李儒．美国灾害预警预报系统发展历程与经验借鉴[J]．中国减灾，2020（5）：56-59．

[6]　金磊，明发源．责任重于泰山—减灾科学管理指南[M]．北京：气象出版社，1996，31-61．

[7]　阚凤敏．联合国引领国际减灾三十年：从灾害管理到灾害风险管理（1990—2019 年）[J]．中国减灾，2020（3）：54-59．

[8]　李宁，李春华，胡爱军，等．气象灾害防御能力评估理论与实证研究[M]．北京：科学出版社，2017：217-242．

[9]　刘勇洪，息海波，房小怡，等．冰雪灾害对北京城市交通影响的预警评估方法[J]．应用气象学报，2013，24（3）：373-379．

[10]　彭兴德，王彪，杨静，等．气象灾害预警信号质量检验系统设计、开发与应用[J]．中低纬山地气象，2019，43（6）：81-88．

[11]　夏保成．美国 IPAWS 系统及对我国预警系统建设的启示[J]．电子科技大学学报（社科版），2011，13（4）：66-71．

[12]　辛吉武，陈明，胡玉蓉，等．气象灾害防御体系构建[M]．北京：科学出版社，2014：1-32．

[13]　许小峰．气象防灾减灾[M]，北京：气象出版社，2012：245．

[14]　张文建．世界气象组织综合观测系统（WIGOS）[J]．气象，2010，36（3）：1-8．

[15]　姚秀萍，吕明辉，张晓美，等．气象服务效益评估研究和业务进展[J]．气象科技进展，2012，2（3）：39-44．

[16]　中国气象局公共气象服务中心．2020 年全国公众气象服务评价分析报告[R]．北京：中国气象局公共气象服务中心，2020．

公众气象灾害预警信息获取与使用情况调查报告[①]

成秀虎[1]　赖鑫[2]　殷淼[1]

（1.气象出版社，北京　100081；2.南京信息工程大学，南京　210044）

　　台风、暴雨、雷暴、大雾等灾害性天气是导致气象灾害发生的原因，所以当有灾害性天气出现时，气象部门会及时发布气象灾害预警信息，并通过各种渠道向社会发布，那么公众及时接收到了这些信息了吗?他们重视这些信息吗?他们会使用这些信息吗?他们对气象灾害关注的程度如何?气象部门究竟采取什么样的科普宣传方式才能达到有效防灾的目的?带着这些问题，气象出版社和南京信息工程大学师生联合组成调查组于 2007 年 7 月 10—13 日在浙江省杭州市及其周边地区，开展了一系列有关公众气象灾害预警信息使用情况的调研工作，本次调研得到了中国气象局预测减灾司和浙江省气象局的大力支持，以下是这次调研的成果。

1　调查方法

　　组织学生作为调查员以小组为单位分别对学生、司机、商人、公务员、农民、工人等不同社会群体以问卷形式进行随机采访调查，共有 200 人接收了采访。

　　调查问卷设问的重点是气象灾害对人们生产生活的影响大小、人们对气象灾害应急预警信号及防御措施的关注程度和了解程度、对气象防灾知识科普宣传有何要求等，凡配合调查的人都获得一份小礼品并赠送气象出版社出版的"气象灾害防护指引"宣传页，社区、农村和学校学生还分别获赠相应的"气象灾害避险指南"宣传册。

2　主要结果分析

　　通过对 200 份调查问卷进行分析，得出如下一些结果。

2.1　公众对气象灾害的关注程度逐渐增加

　　由于近年来极端天气和灾害性天气增多，公众对气象灾害的关注程度也逐渐增加。在本次调查中，超过 90% 的受访者对气象灾害非常关注或比较关注，只有极少数人表示完全不关注。虽然公众普遍对气象灾害有所了解，但了解程度有限，而且不同的社会群体之间存在一定程度的不平衡。

　　（1）由于农民获取信息的方式有限，使其对气象灾害预警信息的接收和防御知识了解都相对较少。此次调查的农民主要是茶农，对于"靠天吃饭"的茶农来说，气象灾害就意味着经济损失，有近 50%

---

①　本文刊载于 2007 年《全国气象部门优秀调研报告文集》。

的茶农都曾由于"倒春寒"、霜冻、高温等气象灾害遭受过不同程度的经济损失，因此受访农民都比较关注气象灾害，尤其是在三、四月份的采茶季节，如果能在这之前及时收到天气动态方面的信息，就能更好地保护茶叶，合理安排采摘时间等。另据统计，2007 年截至 7 月初，我国由于雷击事故伤亡的人数比上年同期增加将近一倍，伤亡人数达到 416 人，其中有 90%以上是农民，在全国引起了高度重视。这突出体现了在农村普及气象灾害防护知识的必要。

（2）青少年学生是一个接受新事物较快的群体，电视、网络、手机短信等都是他们常用的信息交流平台，因此他们获取气象信息的途径相对较多。但是有 85.1%的受访学生对气象灾害并没有特别关注过，大多数学生对气象灾害防护工作的了解程度不高，一半以上的学生对气象灾害应急预警信号只是见过，但看不懂，有的甚至根本没见过，总体情况不容乐观。

（3）司机群体由于其职业特性，使用收音机获取气象信息的频率明显高于其他群体。由于天气的好坏对行车有较大的影响，而且有时与出租车司机的收入直接相关，因此该群体对气象灾害尤其是大雨、大雾、高温等有较高的关注度。但受访司机中，只有 15.4%的人能够准确识别气象灾害预警信号。有相当一部分司机对气象灾害的防范措施了解程度也不够，比如驾车遇到龙卷风时应立即离开汽车，而发生雷击时，汽车是躲避雷击的理想地方等。

（4）45%的受访商人对气象灾害达到了非常关注的程度，这一比例远远高于除农民外的其他社会群体。同时，商人中能识别气象预警信号的比例也达到 45%。另外，商人关注的气象灾害类型比较全面，几乎覆盖了调查中涉及的所有的灾害类型。

（5）在本次调查中，半数以上的公务员受访者能够较为准确地识别气象预警信号并且对气象灾害的防护工作比较了解，在所有受访者中比例最高。另外，受访工人中能识别气象预警信号以及基本了解气象灾害来临前的防御措施的比例也达到 50%，这可能与他们的职业性质有关。

2.2　台风是最具摧毁力的灾害

调查发现，公众普遍认为台风对人民生命财产和经济损失最具影响力，是最具摧毁力的气象灾害。其次是洪涝和干旱，主要原因是随着全球变暖趋势的加剧等因素，导致 2007 年全国分布不均的严重的旱涝形势，使之成为群众普遍关心的热门话题。受 2007 年 5 月底在重庆开县发生的多起雷击事故的影响，雷电灾害受关注的程度正在提高，但仍然处于一个较低的水平，多数人认为雷击虽然会导致一定的人员伤亡，但范围较小，不值得过多重视，防雷意识仍然十分淡薄。无论哪个群体，出行的人都更为关心天气的变化。

2.3　电视是获取气象信息的主要来源

随着社会的不断进步，通信工具越来越发达，人们获取气象预警信息的途径也越来越多，如电视、报刊、广播、网络、手机短信、街区显示屏、"12121"咨询电话或当地气象咨询台等。在这些途径中，约83%的受访群众主要是通过电视来获取气象信息，具有突出的优势;其次是网络、手机短信、广播和报刊，均约占 25%;而通过气象咨询电话、当地气象咨询台以及电子显示屏来获取气象信息的人相对很少，仅占调查总人数的 4%。但电子显示屏由于其较强的时效性和全面的功能，具有一定的发展潜力。

3　初步结论

就我国当前状况而言，由气象灾害所导致的经济损失和人员伤亡都是比较严重的，公众对象灾害的关注和了解程度也达到一定的水平。但就整体而言，气象预警信息的公众接收面还存有空隙、预警信号的识别率还不够高，如何合理正确的使用气象预警信息还存在差距，大多数人只是被动地接受气象信息，缺乏主动获取气象信息和气象防灾知识的意识。气象部门应当加强宣传力度，努力使公众更深刻地认识到气象与自身利益的密切关联，提高公众的关注度，逐渐培养公众主动积极获取气象信息的意识和习惯，这将对气象防灾工作起到有效的促进作用。

减轻气象灾害的有效途径，一是要提高预报准确率、加强预报服务的多样性、增强预报时效性;二是要完善气象预警信息发布渠道与传播途径，使灾害预警信息传播到位:三是要完善气象防灾科普知识的宣传机制，加大气象灾害防御宣传的力度，使宣传途径多样化，针对性加强，尤其是要加大对农村农民、学生群体的宣传力度。

4 建议和对策

由于不同社会群体对气象灾害及其防护措施在信息的需求情况、获取途径、关注程度和了解程度等方面存在较大差异，导致气象预警信息的使用效率有很大的不同，防灾的效果就有很大的不同，所以气象防灾的宣传应当采取"多渠道，大信息，因人而异，个性宣传"的方式。

4.1 影视的宣传力量不容小觑

调查表明，电视是目前人们获取气象灾害预警信息的主要方式。利用这一优势途径，可以在电视屏幕下方不间断地滚动播出实时气象信息，尤其在灾害性天气来临前，使公众打开电视就能随时获取气象灾害预警信息。同时，建议制作更具吸引力的气象知识宣传片，除常见的气象科普宣传短片外，可以进行大胆创新，尝试使用科幻片、纪录片(讲述真实的气象故事或气象人物)、动画片等新的表现形式，同时努力扩大影视产品的传播和销售渠道。

4.2 气象灾害防御宣传工作的重心应放在信息相对闭塞的农村

在本次调查中，农民普遍表示自己有了解气象防灾知识意愿，但不知道从哪里获得相关信息。建议通过政府部门利用行政手段将学习、宣传气象防灾减灾知识的任务下达到基层，在农村建立固定的气象防灾站点，供农民获取气象信息、学习气象知识，并为农民提供及时迅捷的气象服务和保障。

4.3 遵循"教育从娃娃抓起"的原则

联合教育部门，将防灾知识编入中小学教科书，要求学校组织学习，同时加强对气象灾害事故的宣传，提高学校对气象灾害的关注程度与重视程度。

4.4 用好交通部门的资源

由于交通与气象息息相关，可与交通部门进行如下合作宣传:
（1）在高速公路收费站处设立电子显示屏，显示由此公路通向的某城市的气温、降水情况等；
（2）充分地利用公共汽车、出租车、火车等交通工具上的广播和移动电视传播气象信息和防灾常识；
（3）目前部分城市的公交车配有外置喇叭，可以在极端或灾害性天气来临前利用该途径进行全城播报；

（4）灾害性天气来临前可以用专门的宣传车进行广播。

4.5　张贴宣传标语

制作简单易懂的宣传标语张贴在有等候人群的公共场所，如公交站台、公交车内、某些公共场合的吸烟处等，也可在某些必要的地点设立警示牌。

4.6　利用好宣传栏等宣传窗口

在社区、大中小学、农村宣传栏及橱窗等宣传窗口，以海报、宣传画等形式进行长期宣传；争取在各社区、各学校、各农村气象站点都常备一个气象公告栏，由专人每天填写当日气象信息，如条件允许可设立电子显示屏以获取实时气象信息。

4.7　编制各类宣传品

组织编制不同群体阅读使用的、形式各异的气象防灾宣传品，如下。

（1）可将气象灾害预警信号、防御措施等有关气象灾害的防护知识编入日历或挂历里，制作成气象主题日历或挂历。

（2）宣传材料的内容应通俗易懂，简单实用，以符合没有太多专业气象知识的普通大众的要求，如抗旱中的"保水剂"，大部分受访群众不明白是什么意思。

（3）针对农民的宣传材料要抓住农民"靠天吃饭"的特点，告知获得气象灾害预报的重要性，力争通过内容让农民真正认识预警信号及其他防护知识，并且了解到通过哪些渠道可以及时、准确地获取相关信息与服务，以及实害过后如何将损失减到最低。

（4）面向社区的宣传材料可以尝试设计成教材的形式，同时可以制作配套的视频资料或课件，通过社区开展气象知识普及活动进行宣传，增强宣传的效果。

两千多年前的一次气象灾害预报①

成秀虎

（中国气象局气象干部培训学院，北京　100081）

成语"坐怀不乱"讲的是春秋时鲁国人柳下惠的故事，说他在城门住宿时，碰到一名女子无处可住，因怕其冻坏而将其揽在怀里，用衣服裹住，抱了一夜而没有发生非礼行为，由此而获得了正人君子的美名。《荀子·大略》更是对此事进行记载，以褒扬他见美色而心不动、抱美女而无邪念的君子美德。近日，读《鲁语上·展禽论祀爰居》，方知柳下惠不仅人品高尚，而且才学过人，早在 2400 多年前，就准确地做过一次气象灾害预报。

柳下惠姓展，名获，字禽，因其家在一个名叫柳下的地方，死后谥惠，故后人称他为柳下惠。《展禽论祀爰居》一文中的展禽即是"坐怀不乱"的柳下惠。该文中记载了这样一件事，说有一只叫爰居的海鸟，"止于鲁东门之外二日"，鲁国大夫臧文仲认为这只鸟是神鸟，就叫国人带着供品去祭祀它。柳下惠认为此举既破坏了祖宗祭祀的规矩，又十分可笑和愚蠢。他说："今海鸟至，难道不是海其有灾乎？"海上的鸟兽因为"恒知而避其灾也"。换句话说，他认为是海上气候要发生变化，海鸟提前感知，所以飞到东门外避灾来了。

事实是"是岁也，海多大风，冬暖"，这验证了柳下惠的预言。也就是说，当时海上有寒潮大风，而鲁国冬天温暖，所以海鸟当时是飞到这里来越冬的。

这段故事向我们揭示了一个事实，即早在春秋时期，古人就已经注意到物候的变化状况，并能据此判断有无气象灾害的发生。人品高尚的柳下惠见海鸟而知寒潮大风将至，说明他对气象灾害有了一定的研究，可以说，他是我国历史上较早进行气象灾害预报的人。

数千年来，人们会因为柳下惠的"坐怀不乱"而对他肃然起敬，但我们希望越来越多的人能记住他曾经做过气象灾害预报。其实，做好预报，也要有一种"坐怀不乱"的精神，需要全神贯注，心如止水，不为功利所累，不为声色所迷，这样才能潜心钻研，找到规律。

---

①　本文发表于 2010 年 3 月 25 日《中国气象报》第 4 版。

"呼风唤雨"看今朝①

成秀虎

（气象出版社，北京　100081）

　　"呼风唤雨"是人类久已向往的目标，我国古代神话故事、传说中亦有不少这方面的描述，古典小说《三国演义》中更是绘声绘色地描述了诸葛亮草船借箭的故事，然而在技术不发达的古代，故事终归变不了现实，所以当人们遇到干旱等自然灾害时，仍不得不乞求于苍天。几千年来，世界各地当遇到长期干旱时，人们就会成群结队举行各种仪式，表演部落舞蹈，祈求老天爷"开恩息怒，降下甘霖"。这种看来纯粹是迷信的求雨活动，即使在今天偶尔也能在世界一些不发达国家或地区见到。令人欣慰的是，在科学技术不断进步的今天，随着人工影响天气事业的发展，古人"呼风唤雨"的幻想正在逐步变成现实，或者更确切地说，正在朝这一目标有力地迈进。

　　说起来很有趣，人工影响天气的创始者兰米尔是一位诺贝尔化学奖获得者，他以一个局外人的身份介入气象学研究中，并预言人类通过采用某种技术能按自己的意愿来改变天气。他享有盛名和颇受尊敬的地位使这种设想迅速获得了社会的广泛重视，进而导致了对人工影响天气有着重大意义的播云技术的诞生。所谓播云技术就是向云中播撒干冰或碘化银，由于这种办法所需经费是人们承受得起的，因而一直延续到今天。

　　人工增雨是人工影响天气的一部分，它的作用很大，好处不言而喻。1958年夏季吉林省出现了60年来未遇的大旱，在吉林省政府的支持下，我国首次利用飞机撒播干冰，先后进行了20多次人工降水试验；同年8月至10月，为解决我国西北地区干旱问题，中国科学院地球物理研究所在甘肃省进行了人工降水、高山融化雪水和河西水库防止蒸发的综合性考察与试验。人工增雨除了用于抗旱减灾外，还可用于改善作物生长所需特殊环境，增加水库蓄水，缓解城市供水矛盾，甚至解决某些国家的水资源紧张状况。这方面的事例很多。20世纪60年代后期，美国科罗拉多州圣路易斯峡谷的一大批大麦种植者，为履行一家酿酒厂的合同，生产最适宜当地生育条件的优质摩拉维亚大麦，不得不求助于商业天气顾问公司，要求他们给予天气方面的支持，即在大麦生长季前期，增加雨量；仲夏季节，抑制冰雹；近成熟期，减少雨量。再如1949—1950年，纽约市区供水告急时，曾求助于造雨公司。南加利福尼亚爱迪生公司自1950年后，为增加圣华金峡谷水电站集水区的降水，一直在实施播云计划。另一个例子是以色列的供水问题。以色列的用水大都取自太巴列湖，该湖每年最大供水量为35亿m³。20世纪50年代就已清楚，这个量不能满足进一步发展之需，为寻找其他方面的水资源，有人想到了播云计划，并认为这是迄今为止最好、最经济的解决水资源的办法。

　　除了上面提到的人工增雨外，人工影响天气的领域还很多，如机场消雾、抑制闪电、消除冰雹和风暴的危害等。此外，人工影响天气在军事领域的应用也日益引起人们的重视。

　　大雾是机场工作中经常遇到的麻烦之一，因为浓雾常常使航班延时、飞机不能着陆，甚至发生飞机相撞的事故，给机场管理者和乘客带来精神和物质上的双重损失，因而机场消雾很早就得到研究。起初主要是用一种硬拼的办法，即根据雾是"在湿空气冷却至露点以下而形成"的原理，采用加热空气的办

---

① 本文写于1993年，收入中央民族大学出版社1994年出版的《大预测：21世纪的中国》。

法，迫使空气温度超过露点，以达到消雾的目的。目前消散冷雾已有一套成熟的技术，即向冷雾中播撒干冰等，由于其作用可靠，因而已被广泛地应用于机场的日常工作中。至于暖雾的消散目前仍然依靠传统"硬拼"的方法来实现，最多是在消雾装置上有所改进。

雷暴的防御是人工影响天气领域里最年轻的分支。据统计，美国每年大约有600人被闪电击死，另有1500人被击伤，我国报刊也经常能见到人畜被雷电击死击伤的消息，雷电造成火灾的例子也不罕见。据估计，美国每年因闪电造成的财产损失约为几亿美元。目前世界各国在防御闪电方面找到了几种方法，如通过过量催化阻止雷雨云形成的方法，向雷雨云下面或雷雨云中引入几厘米长的镀铝尼龙丝的方法，以及向空中发射许多造价低廉的小型火箭的方法等，这些方法在试验中都取得了令人满意的结果。

人工防雹经历了一个漫长的历史，长期以来，人们一直用迫击炮轰击冰雹以保护农作物免遭冰雹之害。据世界气象组织召集的防雹专家会议估计，雹灾给世界造成的经济损失每年不下20亿美元。我国是世界上多雹的国家，每年农业受灾面积平均2600万亩①，重灾年份超过6000万亩。冰雹灾害虽常在局部发生，但其后果非常严重，轻则使农业大幅度减产，重则绝收，所以我国民间很早就有用土炮防雹的活动存在。目前被公认较为有效的防雹方法之一，是播云防雹，即通过过量催化的方法，使有可能形成大块的雹块变成数目多得多的小雹粒，这样当这些小雹粒在落到地面时，造成的灾害就会较小，有的甚至在没有到达地面时就会被融化。

热带风暴是大家十分熟悉的天气现象，有的被称为台风，风力特别大的称为飓风，因其破坏力强而给人们留下了深刻的印象。第一次人工影响飓风试验是1947年10月由兰米尔完成的，他的那次实验在今天看来还不能算作成功。人类被认为有效的飓风试验是1969年8月由美国人在飓风"黛比"中实现的，他们通过两次重复播云实验，第一次使风暴中的阵风风速在5 h内由180 km/h减到125 km/h，第二次在6 h后使风速从185 km/h减至155 km/h。另一种能够使旋转中热带风暴的整体活动减弱的办法是用薄层油或其他化学物质覆盖洋面，形成油膜以减少洋面海水的蒸发。有人认为，把油膜方法和有目标的播云方法巧妙地结合起来，可以改变飓风的路径，一旦这种设想被证实，那么飓风将会变成一种可怕的武器。一些科学家指出，在不久的将来，军事上有可能利用改变飓风路径、触发破坏性干旱、改变高层大气等人工影响天气的方法来达到自己的目的，从而引起严重的后果。事实上，美国在越战期间就已经运用了播云的方法来增加"胡志明小道"上的降雨，目的是使道路泥泞，冲坏河流的渡口，从而给丛林中的交通造成更多的困难，以妨碍越方的军需供给。

天气与每个人的生活密切相关，天气的变化将影响到我们每个人，因而我们应该关注人工影响天气技术的每一步发展。人类步入科学的人工影响天气时代不过40年，我国的人工影响天气活动始于1958年，专家们从一开始就在人工增雨和防雹方面做了很多工作，也取得了可喜的成绩，预计在"八五"期间我国将建成国家级的人工增雨和防雹的科学试验基地，逐步形成比较稳定的区域性作业飞机的基地和高炮作业基地，并制订全国性人工影响天气的科学技术计划。这个计划将包括应用基础研究(如室内实验、数值模拟、催化原理和方法等)、分析研究(如适宜作业的天气、气候背景和环境条件)、检验和评估方法研究（如何设计比较合理的试验方案以检验人工影响天气的效果、效益)以及技术装备研究（如研制新的用于人工影响天气的高效能的雷达探测系统；研制机载焰弹发射系统；研制高射程和高能量的增雨、防雹火箭发射系统；研制和仿制飞机、地面探测仪器，改造现有的"711"雷达，并配备上数字化处理系统等等）。无疑这个计划将耗资巨大，但与人工影响天气所带来的巨大潜在效益相比这项投入是值得的。尤其在某些地区，人工影响天气还是抗御自然灾害的唯一途径，因而随着减灾防灾工作的深入开展，人们会愈加明确地认识到，人工影响天气在我国，乃至在世界范围内都应该、也一定会有一个较大的发展。

---

① 1亩 ≈ 666.67 m²。

舒适的奥秘①

成秀虎

（气象出版社，北京 100081）

　　炎热的夏季，天气闷热，常使人热得喘不过气。寒冷的冬季，滴水成冰，不少人手上、耳朵上会生起冻疮，使人难受。只有春秋季节，和风细雨，气候宜人，令人觉得特别舒适。所以春秋季节，也就成了最受人们喜欢的季节。为什么人们偏爱春秋天而讨厌夏冬天呢?这还得从"舒适"这个字眼谈起。

　　舒适是人的一种感觉，是人通过自己的感觉器官，尤其是皮肤与外部环境联系时在身体上或精神上所获得的一种轻松愉快的感受。要给舒适下个科学的定义是困难的，但要说出你感觉舒适不舒适，谁都不会有困难。影响舒适感的气象因素有四个，即温度、风、湿度和辐射。

　　在夏季或者冬季，人们收听天气预报时，对温度是特别敏感的。假如预报明天最高温度40℃，人们就会说"热死人"了，如果预报-20℃，人们又会说"冻死我了"。日常生活中，冷热是造成不舒适乃至疾病的一个重要因素，当发展到极端时，甚至会威胁到人类生存。人类学家发现，人类大约起源于21.1℃等温线附近。这是因为这个温度带所存在的气候条件，适合于人类通过自然生物调节，维持身体的体温。像所有其他动物一样，人对环境也具有一定的适应和调节能力。这种能力使得它在居住地四季气候变化条件下，可能过上一种舒适的生活而不会有什么困难。但与其他动物比起来，人类这种对自然的适应能力是非常微弱的。动物固然有其生活习性，但对不理想的环境，他们也是可以生存下去的。人就不行，离开了适宜的温度带，它就无法通过自我调节把体温维持在37℃。气温太高了，人会中暑;气温太低了，人会被冻伤乃至冻死。这就是人类为什么一开始仅仅限于35°N附近的地方上居住的道理。现在就不同了，全球上可以说任何一个地方都留下了人类的足迹，这是因为人类在长期的生存斗争中，靠着自己的聪明才智，学会了抵御和改造自然环境，使原来不能生存的地方变得适宜居住和生存了。人们学会了建造房屋躲避风寒，遮挡阳光;学会了用火取暖，用衣服保持体温。夏季有了空调机、电风扇;冬季有了暖气和各种取暖设备。于是外界的冷热不再成为问题，人们在不同的地区仍可获得较为舒适的环境。

　　风是生活中最常见的现象。炎热的夏季，风常常是最受欢迎的对象。当你从拥挤闷热的工作场所或密不通风的房间走出来时，恰好迎面送来阵阵清风，使人非常舒适。风能使人产生凉爽的感觉，但它并非降低了温度，而是通过空气流动加快了身体上热量的散失。但这种效应是有极限的，当气温超过了一定限度，风的效应就会不起作用。所以在高温天气时，即使风刮得很大，可仍不觉得凉爽。

　　众所周知，云、雨、雪、雹等天气现象皆源于大气中所包含的水汽，它的多少可用水汽压来表示，也可用相对湿度表示。湿度越大，空气中水汽压就越大。夏季空气中的水汽压相当大，它是使人感觉气闷的主要原因。要获得这种体验并不难，人们在浴室洗澡时，假如水温很高，浴室里弥漫着水蒸气，常常会觉得胸口憋得发慌，严重时甚至可以晕倒。一般认为，风有使人凉爽的作用，但随着水汽压的增加，这种

---

①　本文写于1991年，收入科学普及出版社1992年出版的《气象知识丛书·得天者独厚》。

作用会降低。夏天刚从南京到北京来的人可能会有这样的感觉，南京的夏天难过，北京就比较好过。同样是高温天气，在南京往往是汗流浃背，而在北京则很少有这种情况。并非在北京不出汗，而是汗一出来很快就蒸发掉了，所以感觉上就不怎么难受。其原因在于南京的相对湿度大，北京的相对湿度小。对于那些相对湿度较小，尤其是那些干热的地区来说，通过增加水汽蒸发可以造成降温而恢复舒适感，如用凉水擦身，在屋内泼洒冷水等。在某种程度上，树木、绿草、水池喷泉也起到蒸发冷凝、降低气温的作用。所以夏季人们往往喜欢在公园湖面上划船，在树林或草地上休憩。

辐射，对许多人来说是一个陌生的字眼。但我们天天都在接受着太阳的辐射而获得热量。我们自身也无时无刻不在以辐射的方式向外散失热量。当然人体热损失的途径不只辐射一种方式，其他还有蒸发、热传导、对流等。研究表明，在高温或低温条件下，人体在一定程度上可通过辐射来调节温度的平衡，以维持正常体温。这意味着低温时身体的热损失可通过太阳辐射得以补偿。所以在冬季中午人们坐在太阳底下晒一晒就会觉得很舒适。不过这种补偿效应是有限度的。温度特别低时，即使我们身在太阳下，仍然会觉得很冷，这时就必须借助于其他办法（如升温）调节气候环境，以获得舒适感。

由以上看来，舒适涉及气象、医学、生物学、环境等几个方面。舒适作为一种感觉还因人而异。种族、性别、年龄和居住地的不同以及所从事的自然活动不同，都会对舒适感有不同的理解。比如英国人认为夏季理想的舒适温度是18.9℃，而德国人则认为是20.8℃。同样是美国人，同样从事办公室工作，纽约和安托尼（Antonio）的舒适温度可相差2℃。但不管人们的理解怎样不同，温度、风、湿度和辐射作为影响舒适感的四种气象要素是不会改变的。它们对人体的作用不是孤立的，而是相互联系、相互影响、互为补偿的。对于干热的高温天气，风可能不起作用，但蒸发冷凝会起作用；对于湿热的高温天气，风在一定程度上则可以帮助人们恢复舒适感。我们的感官主要是皮肤，就是这样在气候条件各要素的共同作用下，或者吸收或者调节它们而逐步适应了环境，并使自身形成和达到了一种生理平衡状态。这种状态下的气候条件可称为舒适区，在舒适区内，人类的许多能量可以自由地用于其他方面的活动，如劳动、锻炼、生活和学习。

到太空中定居①

成秀虎

（气象出版社，北京　100081）

当美国宇航员尼尔·阿姆斯特朗乘坐阿波罗 11 号宇宙飞船降落在月球表面，并花了 6 h 挤出登月舱的舱门，爬下短梯，踏上月球表面时，他动情地说了一句话：这是我个人的一小步，却是人类的一大步。的确，正是阿姆斯特朗的这一小步，把人类的活动与生存空间从海洋与大气层扩展到了大气层外的整个宇宙。

第一颗人造卫星进入太空以来，在短短的 30 多年中，人类的空间活动有了长足的进步。1957 年 10 月 4 日，苏联发射了第一颗人造地球卫星；1960 年 8 月 10 日，美国成功地发射了首颗返回式卫星；1960 年 4 月 1 日，美国发射了首颗气象卫星；1961 年 4 月 12 日，苏联宇航员加加林乘第一艘载人飞船沿轨道绕地球飞行一圈；1961 年 6 月 29 日，美国首次完成"一箭发射三星"的壮举；1963 年 7 月 26 日，美国发射第一颗地球同步定点通信卫星；1969 年 7 月 16 日，美国的"阿波罗"11 号升空并于 4 天后实现了人类首次登上月球的梦想；1971 年 4 月 19 日，苏联建立了第一个载人轨道站；1972 年 3 月 2 日，美国"先驱者"10 号开始了人造物体首次飞向恒星际空间的航程；1981 年 4 月 12 日，美国第一架航天飞机"哥伦比亚"号首航成功。截至今日，各国发射的各类空间飞行器总数已近 4200 个，载人航天则已创下了近 300 人次和累计约 20 万 h 的飞行记录，并有 12 人登上月球又安全返回，取回了 382 kg 月球的物质；行星际探测器已拜访了太世纪阳系内除冥王星以外的七大行星，最远的空间飞行器，正从太阳系边缘飞向浩瀚的银河系空间。我国于 20 世纪 50 年代后半期独立自主地开始了自己空间飞行器技术的研究工作，经过 30 多年的艰苦奋斗，取得举世瞩目的成就。迄今为止，我国共发射了各类卫星 37 颗（包括科学实验卫星 5 颗，返回式遥感卫星 12 颗，模拟卫星 1 颗，气象卫星 2 颗），预计到 2000 年我国还将发射 20 颗新型卫星，如今在若干重要领域（如卫星返回、一箭三星、卫星通信、卫星遥感、卫星姿控、卫星温控、微重力试验、环境试验等方面），我国也已跨入世界先进行列。与国外同行相比，我国还创造了以较低投资获得较快发展速度和较好经济效益的先例。我国通过发射科学实验卫星和气球卫星，获得了空间物理和空间环境方面的第一手资料；通过返回式遥感卫星和技术试验卫星取得的遥感资料，已广泛地应用于国民经济各部门，转化成了强大的生产力，这些遥感资料对我国的国防建设也具有重大价值；我国还利用返回式遥感卫星搭载进行了多项材料加工和生物试验，在开发利用空间微重力资源方面迈出了可喜的步伐；静止通信卫星的发射成功，使我们开通了数字和模拟电话、电视和广播节目传送、图片文字传真、数据报表传输等通信业务，从而使我国边远地区通信、广播、电视传播的落后状况有了明显的改变，目前卫星通信系统已成为我国信息交换体系中的新生力量和重要组成部分；气象卫星的发射成功，对我国气象现代化建设和提高天气预报准确率起到了良好的作用。在火箭技术方面，我

---

①　本文写于 1993 年，收入中央民族大学出版社 1994 年出版的《大预测：21 世纪的中国》。

国现已拥有自己的液氢液氧火箭发动机，因其性能优越，造价不及国外的昂贵，因而受到国外客户的青睐，1992 年 8 月 14 日和 12 月 21 日，我国用新式大推力火箭"长二捆"两次发射了两颗美国休斯公司制造的澳大利亚卫星，10 月 6 日又用"长二丙"火箭一箭双星发射了中国返回式卫星和瑞典"弗雷贾"卫星，从此跻身于国际商业发射市场。预计到 20 世纪末，我国参与谈判的国际商业航天发射项目将不少于 20 项。

向太空发展，到太空中定居，实现人类"九天揽月"的理想，是 21 世纪空间技术发展的主旋律，由于航天事业耗资巨大，单靠一个国家的人力、物力、财力显然不够，因而各国都将在空间技术领域寻求广泛的合作。人类首次完全以生命科学实验为目的的飞行是在 1991 年 6 月 5 日由美国"哥伦比亚"号航天飞机完成的。在那次飞行中，"哥伦比亚"号航天飞机装载着太空实验室和 7 位工作人员，其中 5 位是科学家，3 位拥有医学博士学位。这次飞行的目的在于到太空中详细探讨人体的变化，并以动物和乘员为实验对象进行各种医学实验，以便为今后建立航天站和更长时期的滞留太空计划获得宝贵的实验资料。目前将人类带入太空中生活已不再是个梦想，而是正在按时间表逐步实现，据称我国正准备与俄罗斯进行大规模的合作，其中包括载人航天。预计到 20 世纪末，随着美国"自由号"航天站的完成，人类将正式进入太空生活时代。到那时人们在太空将可以获得与地面同样舒适的生活，如每天睡眠 6 小时，获得必要的身体检查，吃到接近地面上经常食用的一日三餐。为提供高质量的饮食条件，"自由号"上还将设有一个小厨房，厨房中包括冷藏冷冻箱、保温箱、饮料配给箱、对流微波炉、用餐器皿和洗涤设备等，工作之余，只要有兴趣，就可以亲自烹制一道色香味美的菜肴供自己享用。除此之外，洗手、洗澡甚至连上厕所这样的事情，也不用费心，因为"自由号"上有一套令人满意的卫生设备，包括洗涤装置、淋浴设备、洗衣房和卫生间，这样的条件将使人们有可能长期居住在太空中，并充分利用太空的失重环境和高远位置做各种大规模的科学实验。以无重力加工为例，科学家们发现了一种不需中继而能传输 1 万 km 的新型光导纤维，它是由含氟玻璃制成的，当在地球上制造时，由于玻璃的微结晶会引起光散乱，因而需采取加热的办法来解决，但麻烦的是玻璃在熔化状态下产生的对流会降低光的折射率，因此在地球上是无法制成这种光导纤维的。我们知道，含氟玻璃在熔化状态下发生的对流是由重力引起的，一旦移入太空中，这项制造就会获得成功，并由此引发一场光纤制造工业的巨大突破，从而促使光导通信事业产生一个飞跃。

至于利用高远位置做实验的例子很多，现介绍一个"留住"太阳的例子。1993 年 2 月 4 日，格林威治时间 5 时多，俄罗斯科学家张开了在宇宙空间的太阳帆，使 4 km 宽的里昂、日内瓦、伯尔尼、慕尼黑等一片地区的夜幕出现闪光，从而实现了人类将黑夜变成白昼的理想。这面太阳帆实际上是一面直径达 20 m 的巨大反光镜，它是由强度极高、可作防弹材料的凯夫拉纤维制成的，表面镀有铝箔，因而反光能力甚强，亮度相当于 40 ~ 50 个满月。由于采用定点式照射，故可使漫漫长夜中的极地地区，或大城市、大工地或某些发生严重自然灾害需紧急抢险地区能"夜以继日"地工作。科学家预言，到 20 世纪末，地球上许多地方将会成为真正的"不夜城"

除此之外，人类还可以将航天站作为据点，去建立月球基地，并完成开发月球的宏伟计划。开发月球是人类开发空间的下一个主要目标，国际宇航学会提出分四步完成国际月球基地的建造。第一步，月球基地选点勘测，发射自主月球车和长期生活的月球站，建立载人月球轨道站；第二步，建立包括 30 人的月球研究实验室；第三步，发展制氧生产设备，开采月球资源，向地球输送月球资源；第四步，目标直至 21 世纪末，建成具有高度生产能力的月球基地。以上种种事例表明，人类在向太空迈进的过程中，早已度过了她蹒跚学步的婴儿期，而正在向朝气蓬勃的青年时代过渡，毋庸置疑，实现人类到太空中生活的理想已经为期不远了。

人类正步入信息时代①

成秀虎

（气象出版社，北京　100081）

当今世界正面临着一个对人类命运有着深刻影响的信息时代。

这一时代的特征之一，表现在信息传播和信息处理技术的重大变革上。在人类历史上，语言、文字、印刷的产生作为信息传播的重要手段而起着重要作用，而现代社会的发展，传统的信息传播方式已远远满足不了要求，应运而生的是现代卫星通信、光纤通信、计算机技术和终端技术，这种传播手段上的变化，不仅使信息传播速度、范围和内容大大增加，而且使信息处理的水平和效益也得到了极大提高。信息时代的另一个显著特征是，信息技术的飞跃发展正在引起生产方式、产业结构等方面的重大变化。以机械制造业综合自动化系统为例，它把设计、生产及管理的各个环节，以计算机为核心建立子系统，再把这些子系统有机地集结成一个高度综合的自动化系统，这样工厂企业在计算机管理下，直接根据订单生产，缩短加工准备时间，压缩中间库存，缩短机器实际运行时间，加速资金周转，从而带来巨大的社会经济效益。如果说过去的生产主要是依靠体力劳动或者以体力劳动机械化、自动化途径来进行生产，那么现在开始向主要依靠脑力劳动的过程转变，向管理、设计、生产、检验、销售高度综合的一体化方式转变。当以各种信息装置与智能系统代替劳动者的部分脑力劳动后，人们就从某些重复而繁重的脑力劳动中解放出来，并腾出时间去从事目前机器尚不能完成的活动。随着电子信息技术在社会各方面的渗透，信息已成为众多工业部门的一种资源，它的影响遍及制造业、矿业、建筑业等"物质产品"部类，也涉及通信、金融、保险、房地产业以及传统服务业等"知识产品"部类中。据美国经济社会形态的一项统计，在非农业的国内生产总值中，物质产品类所占的份额从20世纪60年代中期的45%下降到1984年的37%，而信息部类则上升到60%以上，同一时期，信息部类的从业人员，从占非农业从业人员的10%，增长到55%。由此可见，信息部类在产业结构中所占比例及产业从业人员都发生了较大的变化。

电子信息技术的发展，使劳动者必须通过系统学习和训练，掌握科学技术才能从事生产劳动，这就对劳动者素质提出了新的要求，这种新的趋势也必将推动教育事业的发展。计算机、网络和通信的结合，改变了传统的生产方式、学习方式，也正在改变着我们的工作方式和生活方式。

几年前我们还在为汉字进不了计算机而苦恼，而今天，汉字不但进入了计算机，还可以利用它进行排版、印刷，从而使印刷工业摆脱了铅与火而进入了光和电的时代。人们在办公室的日常业务管理中，也已能自如地运用计算机处理文件或传送文字、数字方面的信息。彩色复印、彩色打印也正在逐步进入办公室，从而为人们免去了许多不必要的周折和麻烦。近年来，融文字、数字、图形、图像于一体的多媒体技术，继个人计算机之后应运而生，它将改变我们的工作、教育、培训以及家庭娱乐方式。多媒体

---

① 本文写于1993年，收入中央民族大学出版社1994年出版的《大预测：21世纪的中国》。

技术是一种全新的电子信息技术，它使电话、传真、电视、录像、音响等以新的形式进入计算机，从而使计算机从办公室进入家庭，使用对象普及到小孩和老人，它比目前家用电视、音响作用更为广泛，利用交互性的特点，人们还可以自由选择自己所喜爱的节目。

在家庭娱乐方面，高清晰度电视将为我们带来无穷的乐趣。在 20 世纪里，电视从无到有，从黑白到彩色，成为人们生活中获得信息的主要渠道和消遣娱乐打发闲暇时光的好伴侣。随着人们欣赏水平的日益提高，对彩色电视的屏幕尺寸和清晰度提出了更高的要求。日本在这方面做了开创性的工作，欧美紧接着提出了各自的方案并付诸实施。有人预计，在欧美先进国家，有可能从 21 世纪 20 年代开始，高清晰度电视机将在市场上逐渐居于主导地位，而我国则可能在稍后一段时间得以普及。在高清晰度电视大战仍未结束的时候，1992 年日本公司再"燃烽火"，它们正计划建立一个投资 1.1 亿美元的合资项目，联手研制清晰度比高清晰度电视还要高一倍的超清晰度电视，按设想这种电视将于 2001 年问世。有人预计，下一代电视将由现在的封闭系统转成开放式的，换句话说，它能像计算机那样，接入许多外围设备，并能与通信线路和计算机网络相联接。都可以接受包括地面广播、卫星广播、有线电视乃至摄像机等在内的多种信号，利用屏幕作计算机的显示终端，并可以把视频信号送到家庭内部每一个需要它的地方。我们只需在家庭主要场所安置一台高清晰度彩色显示屏，而在家庭其他地方如厨房、卧室、通道甚至厕所等地方安置普通的显示屏，都可以随时看到想看的电视。如此之后，电视机进入人们的日常生活，并成为家庭中的信息终端这样一个理想也就接近实现了。

以上事例说明信息技术涉及面很广，影响深远，事实上它导致了许多行业、技术或学科的产生，如计算机、电信、自动化、商业与办公系统、电子银行业务、通信技术、电影与摄影术、机器翻译、计算机辅助翻译、磁记录、声像技术、缩微摄影、字符与图像识别、语音识别与合成、字处理、电话与电视会议、无线电与广播电视、卫星通信、造纸技术、印刷与出版、情报检索术、人工智能、计算机辅助照相排版、电子杂志、电子邮件、图像传真传输、信息电视系统、电视唱片等。现代信息技术虽然包含范围相当广泛，但其中最为突出的是计算机技术和通信技术，前者是进行数据计算和信息处理的基本工具，后者则包含信息采集、信息传输和信息交换，也包含语声、数据和图像信号的综合服务信息网。信息技术依赖于电子技术和光子技术，特别是微电子的超大规模集成和包括激光在内的光电子集成。信息技术之普遍应用于工厂自动化、机关自动化和家庭自动化，将对各行各业机关单位和家家户户产生重大而深刻的影响。事实上信息技术的先进性和使用普及率，已成为衡量一个国家现代化程度的主要标志之一。我国对信息技术的发展十分重视，改革开放以来，电子信息技术和工业有了很大发展，党和国家也把发展电子工业放到了突出的位置上，预计到 2000 年将会具有相当的规模和水平。可以肯定，到那时我们将真正跨入一个全新的、充满生机活力和效率的信息时代。

延长寿命　梦幻成真①

成秀虎

（气象出版社，北京　100081）

　　早在远古时代，长寿就是帝王将相们追求的目标，民间为了迎合皇上的嗜好，产生了不少带有浓厚神秘色彩的炼丹养生术，今天看来，其中不乏封建迷信的东西，但其中亦有一些包含着一定的科学道理。随着科学技术的发展，人类对自身的认识越来越清楚，控制疾病和死亡的能力越来越强，营养状况也得到不断的改善，因而人口平均寿命也在不断延长。美国科学家指出，150年来医学和健康科学的长足进步，使人们有理由期望将来比现在活得更长，自19世纪中期以来，人的估计寿命几乎翻了一番：从40岁到75岁。今天许多人的寿命已超过100岁，最高的已达130多岁。拿我国来说，统计资料显示人的估计寿命从1949年的35岁提高到80年代初的70多岁。人的寿命得以不断延长的奥秘主要在于生活水平显而易见的提高以及由此带来的营养状况的不断改善和医疗保健水平的普遍提高。

　　美国先进科技协会在其发表的一项科技成就预测报告中指出：20世纪结束前，人类在科技领域将有五项重大突破，其中有三项是与延长寿命有关的，这三项突破是：①人身体内的蛋白质将能制造一种疗效极高的"超级药物"，治疗范围极广，能达到药到病除的神效；②一种和人脑分泌物质类似的药物将由科学家发明出来，此种药物对治疗帕金森症及神经衰弱等脑部疾病有奇异的效能；③世界将出现超级植物，未来的植物特别是农作物，其抵抗自然灾害的能力将大为增强。

　　延长寿命的努力，首先在于生活条件的改善，而粮食的自给是其中一个重要问题。国际农业经济专家认为21世纪将存在着粮食危机的潜在威胁，其主要理由是：①随着世界人口的增加，对粮食的需求也在不断增加，而近年来灾情不断，世界粮食储备已跌至1973年"世界粮食危机"以来的最低点；②由于沙漠化、城市扩张等因素，耕地面积正以每年数十万公顷的速度减少；③粮食产量徘徊不前，自然资源和生态环境破坏严重；④基于全球的粮食已经足够了的错觉，对粮食生产不像过去那样重视，对粮食生产研究资金投入明显减少。而实际情况是，哪怕全球粮食减产1%，世界上就会出现饥荒而导致许多人饿死。科学家预言，如果不能满足21世纪人们对食物的需求，那么地球上的人谁也别想自在地生活，灾祸随时会降临。近几十年来，各国农业科学家和技术人员通力合作，在改进作物品种、提高抗病害能力和不良环境的能力、减少化肥和农药的使用等方面作了不懈的努力，也取得了一定的成效。但是所有成果全没突破常规育种技术的框框，因而21世纪的粮食问题主要要靠运用世界高科技来解决：如生物育种技术的运用，可以改变种子的基因，从而培育出集高产优质于一体的新品种；遗传工程技术的应用，可以有效提高作物根系的固氮能力，减少化肥的使用；培育多年生粮食作物是又一条新路子，如改变水稻每年插播或直播的传统方式，代之以像果树那样的多年生旱稻。此外还可运用植化相克的原理，培育一种作物产生的自然化学成分抑制野草的生长，或采取生物技术控制措施，培育一种专门除野

---

　　①　本文写于1993年，收入中央民族大学出版社1994年出版的《大预测：21世纪的中国》。

草的菌类。可以肯定，以上这些前沿课题在 21 世纪的突破，必将为那时的人们带来丰衣足食的保证。

医学的发展和药物对疾病的有效控制，为人们走上长寿之路大开了方便之门；有关人士认为目前世界制药业正在进行一场革命。科学家在分子生物学和"电脑化学"等领域取得的非凡进展，使人类开始进入"合理的药物设计时代"，目前应用合理药物设计已能制成可能抵抗感冒的药物，即将试制的还有治疗动脉粥样硬化、癌症、艾滋病、气喘病和关节炎等疾病的药物，合理药物的研制步骤不是从药物本身，而是从药物在人体内针对的目标开始。掌握了主攻的目标之后，下一步就是利用先进的巨型电子计算机，使目标结构中的原子详细情况显示在图像信号监视器上。这样研究人员可以探测目标分子的唯一弱点和药物能产生强力作用的部位。药物设计者因此可以在计算机上一种药物一种药物地"测验"它们干扰目标的能力。尽可能地采用合理药物设计的原理来研制新药将是世界上很多大制药公司采取的步骤，因为这一步骤能大大加速高效和安全药物的研制过程，使制药技术向前迈进一大步。

低温生物学，即关于低温环境对于生物体影响的科学，为现代医学展示了新的前景。目前科学家们正在探索用冷冻休眠技术，去奇迹般地实现延长寿命的理想。洛杉矶一位教授因身患肺癌而要求将他置于-200℃的液氮里冷冻起来，待医学发展到能根治他疾病之后再让他复活，这个消息在 1973 年听起来似乎耸人听闻，而放在今天则一点也不奇怪。早在十年前日本一位冷藏汽车司机因不堪炎热而跑到冷藏厢内待了好几天，好心的人们把这位冻僵了的司机送去医院时，并不抱什么希望，不料经过医生们几个小时的忙碌竟然把他救活了。事后的多次动物试验表明，尽管心脏停止了工作，但机体的生命活动仍然可以恢复。哈佛大学的外科医生曾不止一次地救活已经停止呼吸、心脏处于深度僵冻状态的猴子；日本学者也已成功地将几只老鼠放在液氮里冷冻起来，然后又使它们的心脏恢复了跳动。1986 年，攀上阿尔卑斯山的一支登山队在经过一条河时，发现冻层中躺着一具身着法国士兵服装的"尸体"，神态栩栩如生，就像一个活人在熟睡一样，他们觉得这是一具与众不同的尸体，马上报告了当地博物馆，于是这具尸体被送到马塞城的医学研究所。所长史威博士迅速组成医疗小组并拟定了严密的解冻程序。医生们在对"冷藏人"解冻的过程中，施用了最为妥善的保脑措施，并尽量不刺激他的心脏，从而战战兢兢地进行了一场史无前例的大手术。人们期待着奇迹的出现，果然数日后"冷藏人"的身躯开始出现微微抖动，又过数日他的眼睛蠕动起来，不多久睁开了眼睛，并惊奇地看着四周，开口说了 69 年来的第一句话："我在哪里？"原来他是第一次世界大战期间战斗在意大利、法国之间高山地带的法国步兵团的士兵，那时他才 22 岁，在一次急行军中掉队不慎陷入雪堆里，从此在冰层里一睡就是 69 年，到他醒来时，他的实际年龄已 90 岁了，可是他看上去仍像一个 20 来岁的青年，而他的妻子和儿子却已经不在人世了。这件事给人类又一个旁证，那就是"人体冷藏"确实可使生命无限期地延长下去。71 岁的雷蒙·马蒂诺原是法国一名妇科专家，他退休后专门学习了冷冻技术，成为一名冷冻专家。当他的妻子不幸猝死时，他将她的遗体冷藏在-45℃的冰柜里，并将冰柜放在地窖里直到今天，他对人们说，他希望活着的时候能够看到他妻子的复活。在科学技术不断发展的今天，我们有理由对他的话充满信心。假如有一天您突发奇想，希望看看千年以后的世界，那么不妨找找低温生物学家，或许他会帮上您的忙。

远隔重洋 互道晚安①

成秀虎

（气象出版社，北京 100081）

十多年前，当我们第一次听说可以与处在地球另一面的人打电话时，会觉得这个世界真是不可思议。可今天，即使人们想边打电话边看看对方在干些什么也不再是件可望而不可及的事情，甚至我们可以像往日住在一起一样，在上床之前，互道一声晚安!人类冲破空间距离的阻隔而能在同时获得对方的信息，宛若近在咫尺的美好感觉，需要归功于现代通信事业的发展。因为自从有了它之后，整个世界就像变成了一个小小的村落。

集多种处理功能于一体，能为用户提供高效、周到、综合性服务的现代通信终端设备，冲淡了人们因为分别而带来的忧愁或不快，因为人们借助于现代通信终端设备可以像住在村落里一样，听到对方的声音或看到对方的音容笑貌。以电话机为例，自1876年贝尔发明电话以来，电话机先后经历了人工电话机、机电式电话机和电子电话机三个阶段。目前电话机技术正朝着增加功能、提高集成度方向发展，我们已经见到的电话机有，可以存储几个甚至几十个电话号码、不用拿手柄就可以拨号的电话机、录音电话机、无绳电话机、电视电话机、磁卡电话机甚至是语音电话机(不用拨号，用语音完成拨号过程)。随着数字交换机和数字中继在通信中的普遍应用，数字电话机的设计也已提上了议事日程。目前人们已成功地把用户线到电话机这段传送所使用的模拟信号改变成数字信号，从而建立起一个综合性业务数字网，使得各种数字终端可以直接通过这一网络传送和接收信息。从国际趋势看，今后研究开发的多功能通信终端，必须具备多功能、标准化、综合化、智能化和小型化的特点。国际上目前开发的产品大致可分为六类：①多功能电话机，具有图像显示、立体声通话功能，并能显示出被叫号码、呼叫状态和计费信息等；②多功能工作站，它主要用于个人计算机通信和电话、智能用户电报、数据静止图像、文字处理、电子邮箱等业务；③多功能图文终端，在打电话的同时，可以交替进行可视图文、电写、图像扫描、收发静止或活动图像等；④智能传真复印机，具有多址呼叫、电子邮箱、高速传真及复印、文件编辑和管理功能；⑤多功能视频终端，具有双向活动图像传输功能，主要用于会议电视、电缆电视、高清晰度电视等宽带图像业务；⑥移动通信终端，既可用于移动电话，又可用于高速数据、传真等综合移动业务。

先进的现代通信终端设备需要先进的传输技术作保证。我国正在计划形成一个以光通信和卫星通信为主，多种新的传输手段为辅的新格局。据邮电部称，到2000年，我国将建成以光缆、数字微波为主要传输手段的长途数字干线网和以程控交换为主体的电话网。邮电部已规划，到2000年，全国2300多个县市中，98%实现市话自动化，80%实现国内长途电话自动直拨，60%实现国际电话直拨，农村基本实现村村通电话。"八五"期间，争取实现东部地区的县城、中西部地区的地市及部分县城进入全国长途

① 本文写于1993年，收入中央民族大学出版社1994年出版的《大预测：21世纪的中国》。

自动电话网，建设以光缆为骨干的大容量数字干线传输网，"九五"期间将建成以北京为中心，联接除拉萨以外的所有省会城市的光缆骨干网，整个工程要完成 22 条光缆干线的建设和扩容任务，总长度约达 3.2 万公里，建成后可开通电话约 40 万条，我国干线传输能力将提高 10 倍。西藏因地理条件限制，可通过卫星地球站与北京和其他地区沟通。上述 22 条光缆工程与正在改、扩建或新建的 17 条微波干线和 19 座大中型卫星地球站，将形成一个立体的数字传输骨干网，我国干线传输的数字化水平将会登上一个新台阶。此外我国还将建成中日海底光缆，通过这条海缆可以联通国际光缆网，从而沟通美洲、亚洲、大洋洲等众多国家和地区，成为与卫星通信互为补充的出口通道，以适应进一步对外开放的需要。

在任何时间、任何地点与任何人进行通信联系是人类通信的最终理想，如今人们借助于移动通信已可能部分地实现这样一个理想。移动通信是近 10 年来迅速发展起来的新的通信方式。移动通信在我国发展极为迅速，目前无线寻呼业务已在全国几乎所有省、市、自治区的大城市中展开了，接入公众网的无线寻呼业务发展到 160 个城市，国产无线寻呼基站设备推广到 14 个省市的 109 个城市，在不到 10 年的时间内，移动式无线电话（大哥大）成为当今通信设备市场上最畅销的热门货之一，统计资料表明，截至 1992 年 3 月底，我国已有 5.8 万移动电话用户。据悉，到"八五"末期，我国除少数地区外，移动电话将在全国普及，计划拥有量为 15 万到 20 万台，乐观的估计为 30 万到 40 万台。移动电话之所以走红，主要是由于蜂窝状移动通信是当今世界上一种较为先进的集无线通信和程控交换于一体的现代通信系统。其特点是可在移动中进行通信，具有高度的机动性和实时性，在覆盖区内可不受时空限制，随时随地与外界进行联系。毫无疑问，移动通信系统在 20 世纪末之前会有一个较大的发展，但令人遗憾的是现用移动电话网的通信方式还离不开地面电话终端交换设备，因而依靠卫星进行通信，从而摆脱大量地面的复杂设备，将是人们努力的又一个方向。

卫星通信是当今世界开展最普遍的空间业务，也是首先形成商业化的空间应用领域。第一次通信卫星实验是 1960 年 8 月 12 日美英两国利用"回声"1 号卫星（气球状）进行的越洋反射通信，1962 年 7 月 10 日"电星"1 号卫星实现了美英法三国之间的电视、电话和图片传送。1963 年 7 月 26 日第一颗赤道同步定点通信卫星发射成功，使世界进入了全球卫星通信时代。至今全球共有 167 个国家和地区用上了卫星通信，各类通信和广播卫星已发射约 1000 颗，提供了 100 多种不同的服务项目。1984 年 4 月 8 日我国依靠自己的力量发射了第一颗赤道同步定点通信卫星，至今已发射了 5 颗用于通信的通信卫星。计划中的"东方红"3 号通信卫星上天后，国内通信容量将扩大一倍。专家认为，世界卫星通信事业将朝着高性能、多波束，集传输、交换和信号处理功能于一体的"空间节点"方向发展，目前一种新颖的极轨卫星移动无线电话网正在设计之中，它的最大特点是摆脱了大量复杂的地面设备，用太空卫星作交换，并以此达成个人移动电话"立交"通信，到那时，每个用户将拥有一个终身的识别码，不论他在何时何地，使用何种终端，只要呼叫这个号码，就能找到他，并进行语言或其他多种业务的万能个人通信。

心随风动①

这个冬季，四面"霾"伏，就连北大的雕塑都"害怕"得戴上了口罩，风成了人们期盼的"贵宾"，风来了，人们兴奋地走上街头，在蓝天下贪婪地做着一次次深呼吸，体验一下久违的畅快。一个阴霾的早晨，一位朋友不无感慨地告诉我，20世纪80年代曾有人预言北京以后卖空气也能赚钱，那时他还不信，但今日空气净化器热卖，城市"引风"也在规划之中，"卖空气赚钱"已不再新鲜了。

说到新鲜，空气的"新鲜"是众人所盼，我国的空气质量标准进行了重新修改，增加了$PM_{2.5}$作为衡量指标之一，本期介绍了$PM_{2.5}$与空气质量的关系。气象部门联合国家环保部门首次开展了"京津冀空气污染预报"，本期介绍了与之相关的标准情况。2013年中国气象局在气象社会管理和气象服务方面有诸多举措，那么对标准化又提出了哪些需求呢，本刊对此进行了回顾与盘点。

新的一年，《气象标准化》实现了改版，今后刊物力求贴近业务、贴近需求，以标准化独特的视角和方式关注中国气象业务、气象服务和气象社会管理的发展，提供可能的技术支撑，比如会增加先进技术、科学实践与管理经验在标准中应用方面的研究文章，力图增强对标准化工作的引领和指导能力。刊物的改版，希望得到所有标准人的支持和关注，希望大家能像关注空气质量一样，关注这个刊物的每一点变化。如果把改版比作一股清新的小风，那么期盼这股小风能吹散您心中有关标准化方面的疑惑与"雾霾"，并给大家带来一个可以畅快呼吸的春天。

（2014-1）

认可的力量

认可有一种震撼人心的力量，"呼风唤雨撒豆成兵""草船借箭火烧赤壁"的故事家喻户晓，这一闪耀着中华智慧光芒的诸葛亮如果不是刘备三顾茅庐的认可，又怎么会成为千百年来人们津津乐道的话题。认可对生命个体的激励作用不言而喻，认可在社会领域同样发挥着传递信任的作用，成为降低社会运营成本、增进企业互信、促进社会和谐稳定与可持续发展的利器。

6月9日，全球迎来第七个世界认可日，其主题是"认证认可在能源供应中传递信任"，关注的是当今世界围绕发展与能源的矛盾，各方如何利用认可的力量在相互博弈和竞争中取得信任的问题。因为大家相信，遵守共同的准则——标准，通过获得认证认可的第三方机构的认证、检查和检测，实现友好的排放和能效标准是实现全球可持续发展的必由之路。

标准界对"认可"的定义是，由认可机构对认证机构、检查机构、实验室以及从事评审、审核等认

---

① 本篇以下文章是作者以万戈笔名为2014—2019年出版的每期《气象标准化》刊物撰写的刊首语，文后的标注表示年代和期数。

证活动人员的能力和执业资格，予以承认的合格评定活动，实际上是对合格评定机构满足所规定要求的一种证实。这种证实大大增强了政府、监管者、公众、用户和消费者对合格评定机构的信任，以及对经过认可的合格评定机构所评定的产品、过程、体系、人员的信任。这种证实在市场，特别是国际贸易以及政府监管中起到相当重要的作用。目前中国认可已取得可喜的进步，正朝着"一次认可、全球承认"的方向迈进。最近传来的另一个好消息是李克强总理访问非洲时签署了价值38亿美元的肯尼亚蒙内铁路，成为第一个带动中国铁路技术标准走出去的大型项目。这一事件使我们有更多理由相信，中国标准走向世界、成为世界各国广泛认可、有国际影响力的标准的时代已经来临。

（2014-2）

深化改革开放呼唤更多气象服务标准

2014年世界标准日的主题是"标准营造公平竞争"，这与党的十八届三中全会"深化改革开放、进一步形成公平竞争的发展环境"的要求十分契合，为此我国标准化行政主管部门将世界标准日在中国的宣传主题确定为"标准构建统一市场规则"，以强调标准在市场经济中的引导和规范作用，意在通过标准的引导，让"市场在资源配置中起决定性作用"的要求落到实处，同时也呼应了今年李克强总理在中国首届质量大会上"坚持标准引领"的有关要求。毫无疑问，在整个国家全面深化改革、加大开放力度，强调让市场在资源配置中起决定性作用的情况下，气象服务市场的开放也将不可避免。为此，中国气象局在全面深化改革中将"更好发挥政府主导作用、气象事业单位主体作用和市场在资源配置中的作用，创造有利于多元主体参与气象服务、公平竞争的政策环境，引入市场机制激发气象服务发展活力"作为一项重要改革内容提出。如此一来，通过标准引导国内外意欲参与气象服务竞争的主体，共同遵守统一的气象服务市场规则就显得特别重要。希望今年世界标准日的东风，能够唤醒国内业界加速气象服务市场统一规则的建立，尽早研制和发布一批气象服务市场准入与气象服务质量要求的标准，以引导未来参与竞争的各类气象服务主体，从一开始就提供规范的、符合市场需求的优质气象服务。

（2014-3）

新常态下的标准化创新

2014年12月闭幕的中央经济工作会议系统阐述了我国经济发展进入了新常态。面对新常态，气象工作者要主动作为，创造性地适应经济发展新常态，与时俱进地抓好新常态下的各项气象工作。甲午岁末，有着中国改革开放前沿之称的深圳再次传来好消息，全国气象行业首个国家级服务业标准化试点项目高分通过国家标准化委员会组织的试点评估，这是深圳气象服务中心利用标准化手段，创造性地满足经济社会发展新常态下气象服务需求的一次成功尝试，他们围绕对当地经济社会发展影响大、气象服务需求旺盛的城市安全、城市运行生命线和支柱产业、重点行业，选择市应急办、市地铁、大型集装箱港口企业等7家单位，通过建立"挂一块牌子、贴一副标示、建一套系统、印一套用户手册"的服务模式，实现了与试点单位在服务渠道、服务需求、服务实施、服务互动等方面的标准化对接，取得了良好的社会效益和经济效益。正像拥有全球最大集装箱吞吐量的盐田港操作部经理对专家所表达的那样，盐田港一头连着世界，一头连着深圳与珠江三角洲，一旦港口堆场关闸，不仅影响世界各地客户的经济利益，也牵动着珠江三角洲甚至整个华南、华东的交通大动脉的畅通，准确的气象信息不仅关乎盐田港的企业利润，更关乎盐田港的企业形象与社会责任，所以他上任的第一件事就是去拜访深圳气象服务中心。

深圳气象服务中心通过气象服务标准化试点活动，突破了传统的气象部门、行业这个框框，完成了从气象技术导向服务向社会需求导向服务的转变，实现了与交通、旅游、规划、环境保护、港口物流、能源供给、金融保险、农林渔业、建筑施工、城市管理等众多行业社会网络的有效对接，以及对社区、街道、学校等基层末端信息的全覆盖。据统计，试点期间，深圳气象服务中心每年通过短信、"12121"、影视节目、网络、电台等各类渠道、方式服务公众总数达8亿人次，服务满意度连续三年保持在90%以上，气象服务数量和经济效益实现了一到几个翻番。

全国首个气象服务标准化试点实践表明，在经济社会发展新常态下，气象服务工作者只要勇于创新，敢于尝试，紧紧围绕新常态下国家经济社会发展的新需要，围绕把国家经济社会发展推向质量时代的新要求，充分利用标准化的手段就一定可以提供更加优质高效的公共气象服务。习近平总书记在河南省兰考调研时指出，"标准决定质量，只有高标准才有高质量"。气象部门要很好地履行公共气象服务职能，就需要建立高质量的气象服务标准。深圳气象服务中心的气象服务标准化试点活动，为探索建立全国高质量的气象服务标准开了个好头，愿"深圳气象服务标准化试点之花"可以在"满足新常态下经济社会发展多元化气象服务需求"中结出丰硕之果。

（2014-4）

气象教育培训课程标准与合格人才培养

新年伊始，教育部和中国气象局联合发布了《加强气象人才培养工作指导意见》，提出"将建立以气象行业需求为导向的专业结构动态机制"，制订完善"大气科学类专业人才培养标准"，这一举措很好地契合了世界气象组织（WMO）气象教育培训标准实施的要求。中国作为WMO的重要成员，理应遵守并执行好WMO制定的对会员有约束力的标准。2011年世界气象大会通过决议，决定将指导会员教育培训工作的第258号文件《气象和水文业务人员教育培训指南》上升为第49号出版物《技术规则》第一卷中的有关内容（配套出版物为WMO-NO.1083），并自2013年12月1日起正式实施，从而成为对会员国有约束力的标准。该标准要求会员国应"牵头与适当的国家和区域机构协商，确定本国气象工程师、气象技术员所需的学力资质"，也应当"与本国的教育和培训机构合作，确保气象学毕业生完成基本专业课程的所有学习成果，并将它作为学力的一部分"。各国的国家气象和水文部门是气象人才的用人单位，要想有不断满足需求的合格人才，就需要与教育培训机构广泛合作，既向其明确进入气象行业所需人才的学历标准（如气象学大学学士、非气象学硕士等），又向其提出气象专业学习计划中要涵盖 BIP-M、BIP-MT课程的要求。不光如此，国家气象和水文部门还要负责与其磋商，制定"BIP-M、BIP-MT课程规定的学习成果是否已经取得"的评估标准，确保WMO规定的教育培训要求在各国教育培训机构中得到落实。《加强气象人才培养工作指导意见》的出台，是中国国家气象部门与国家教育部门贯彻执行WMO教育培训标准的一种有益尝试，作为一种类似制度性安排的指导意见发布，必将在培养和造就更多既符合国内气象业务服务需求、又满足国际气象事业发展需要的合格人才上产生深远影响。

（2015-1）

标准国际化在路上

掌握了标准就掌握了国际竞争的话语权。长期以来，欧美等发达国家始终将主导制定国际标准作为提升市场竞争力的重要手段，力图用先进的技术标准掌控国际市场竞争的主导权。面对崛起中的中国对发达国家在国际标准制定领域发起的挑战，发达国家往往采取各种手段来掣肘中国。本期国际视窗栏目以物联网领域国际标准为例介绍了美国试图遏制和阻挠中国取得国际标准制定主导权的情况。让更大范围的国际市场接受和采用中国标准，积极推动中国标准走出去，已经成为中国推进对外活动中的重要战略之一。为此国家在推进"一带一路"的整体战略中，强化了中国标准输出、标准互认、区域标准共建等话题的讨论。所以今年中国世界认可日的宣传有别于国际上的健康主题，它强调认证认可服务于"一带一路"建设，详情请见聚焦栏目。中国还在积极创造国际舞台中主导标准话题的机会，将标准内容引入对外政治经济谈判中，如在全球气候变化、粮食安全等国际重大问题上，宣传和推广中国标准。与此同时，跨国公司通过技术提供、标准联盟、标准化教育等途径也在广泛深入地参与到中国国内标准化活动中。具体到气象领域，气象服务市场的对外开放也不可逆转，引导国外气象服务机构进入中国气象服务市场并参与中国气象服务标准的制定，可以使中国气象标准的国际性得到更大程度的体现，那么构建具有国际化视野的中国气象服务标准体系是第一要务，专题研究栏目对此提供了一些业者的思考。

中国标准进入国际市场、打造中国形象、形成中国声音可能还有很长的一段路要走，国际话语权的构建必然要经历一个"从无到有""由点带面""逐渐张扬"到"深化影响"的过程，我们欣喜的是中国标准正踏在"走出去"路上，未来我们深信，只要迈开了步，就一定可能获得更多的话语权。

（2015-2）

以改革促进气象标准化基础能力提升

2015年是标准化的改革年。3月国务院印发《深化标准化工作改革方案》（国发〔2015〕13号），落实

《中共中央关于全面深化改革若干重大问题的决定》《国务院机构改革和职能转变方案》和《国务院关于促进市场公平竞争维护市场正常秩序的若干意见》（国发〔2014〕20号）中关于深化标准化工作改革、加强技术标准体系建设的有关要求；12月国务院办公厅下发《关于印发国家标准化体系建设发展规划（2016—2020年）的通知》，落实《中共中央关于制定国民经济和社会发展第十三个五年规划的建议》和国务院上述《深化标准化工作改革方案》精神，推动实施标准化战略，加快完善标准化体系，提升我国标准化水平。与之相对应，中国气象局先后出台了《关于贯彻落实国务院<深化标准化工作改革方案>的实施意见》和《关于国家级气象标准化主要工作职责分工的通知》，强化落实改革要求，目前气象标准化体系建设发展规划也正在有序推进中。

综观来看，标准化发展的环境无论从宏观还是中观来看，都是一片大好。但从微观层面来看，则仍显基础能力不足，尤其表现在标准制修订和实施层面困难较多，能力不足问题突出。"十三五"期间，气象标准化应该进一步推进标准化核心工作能力的建设，加强气象标准化人才培养和气象标准化技术支撑体系的完善，整体提升标准化发展的基础能力。标准化核心工作能力建设的重点是强化标准化技术委员会履职能力和加强对标准制修订工作的全过程管理。宜考虑建立技术委员会协调、申诉和退出等机制，加强技术委员会工作考核评价；应开展对标准立项、研制、实施的全过程评估，以优化标准体系、清理滞后老化标准、缩短标准制定周期。标准化技术支撑体系建设的重点是加强标准化科研机构能力建设，系统开展标准化理论、方法和技术研究，夯实标准化发展基础；应加强标准研制与科技创新的融合，进一步加强标准化信息化建设，利用大数据技术凝练标准化需求。以上这些基础能力如果得到有效提升，相信必将大大促进气象标准在国家经济建设、气象行业管理和社会治理、气象现代化建设、气象防灾减灾与应对气候变化中发挥好更多的支撑作用。

（2015-4）

打好深化标准化改革的攻坚战

2016年对标准化工作来说，是深化标准化改革发展的关键之年，也是狠抓《国家标准化体系建设发展规划（2016—2020年）》任务的落实之年。为此国家标准委将着力推进标准体系结构性改革，组织打好改革攻坚"大会战"，具体将做好以下5个方面的工作。

一是加快整合精简强制性标准。按照国务院办公厅印发的强制性标准整合精简工作方案，通过对现行强制性国家标准、行业标准和地方标准的清理评估，推进强制性标准的改革，实现"废止一批、转化一批、整合一批、修订一批"现行强制性标准的目的，切实解决强制性标准中存在的交叉、重复、矛盾等突出问题。

二是优化完善推荐性标准。将推进推荐性标准体系优化和复审试点，更加突出推荐性标准的公益属性，更好适应政府履职需要。

三是培育发展团体标准。要加快出台培育和发展团体标准的指导意见，加大对试点工作的指导力度。研究制定团体标准制定发布程序、评价准则等管理要求，规范、引导团体标准有序、健康发展。鼓励制定一批市场和创新急需的团体标准，加速培育一批具有影响力的团体标准制定机构。

四是全面推进企业标准管理制度改革。在全国范围推开企业产品和服务标准自我声明公开制度，逐步取消政府对企业产品标准的备案管理。鼓励标准化专业机构对公开的标准开展比对和评价，探索建立企业标准"排行榜"制度，激励企业制定高于国家标准、行业标准和地方标准的企业标准。制定实施加强和改进企业标准化工作指导意见，修订企业标准化工作指南等国家标准，推动形成大型企业领跑标准化、中型企业提升标准化、小微企业推广标准化的发展格局。

五是强化标准化全生命周期的管理。加强国家标准技术审评中心建设，加快建立国家标准立项评估制度，改进完善标准审查报批工作。研究制定加强标准样品工作的意见，提高标准样品管理和研复制水平。

总之，整个标准化改革工作都要紧紧围绕"五位一体"总体布局和"四个全面"战略布局，牢固树立创新、协调、绿色、开放、共享的发展理念，把握好新常态下标准化面临的新形势和新任务，充分发挥好标准"树标杆"的引领作用和标准"划底线"兜底作用。

（2016-1）

认证认可，通行世界

2016 年 6 月 9 日是第九个"世界认可日"，今年国家把"认证认可，通行世界"作为 2016 年世界认可日的中国主题，旨在向社会各界表明，认证认可作为一种手段，可以助力中国高铁创新发展、走向世界、通行世界，引领中国制造迈向中高端，带动中国经济巨龙驶向全面小康。

认证认可是国际通行的质量管理手段和贸易便利化工具，是依据国际通行规则和标准而实施的第三方质量评价制度。开展认证认可活动的目的是通过采用社会各方都认同的质量管理方法和评价结果，建立并传递信任，降低交易成本和管理成本，促进贸易便利和经济可持续发展，实现"一张证书，社会承认，全球通行"。目前，我国已建立了与国际接轨的认证认可制度，加入了与世界互联互通的国际互认体系，认证认可广泛应用于经济社会发展的各个领域，在维护质量安全、引导产业升级、促进贸易便利、推动合作共赢等方面，发挥着"传递信任，服务发展"的积极作用。

铁路是国民经济的基础命脉，是国家重点发展的基础设施。我国历来高度重视铁路的认证认可检验检测工作，为铁路企业加强质量管理、提高市场效率、降低风险成本等，作出了重要贡献，使得中国高铁成为中国制造和中国质量的杰出代表。"世界认可日"主题活动作为一个契机，促成了中国轨道交通检验检测认证联盟的组建，这一联盟必将大大提升"中国铁路"的质量控制和质量保证能力，进而为提升"中国高铁"的品牌形象和"一带一路"建设作出新的更大贡献。

（2016-2）

以标准助力创新、协调、绿色、开放和共享发展

标准化工作事关经济社会发展全局，近年来我国标准化事业取得了长足进步，为经济社会持续健康发展作出了积极贡献，但原有标准体系和标准化管理体制与社会主义市场经济发展不相适应的矛盾亦很突出，为此党中央、国务院决策部署开展了全面深化标准化改革的工作，2016年稳步推进了强制性标准清理整合、推荐性标准复审修订、团体标准和企业标准改革试点等重点任务，标准化改革取得了积极成效。2017年，标准化工作将在党的十八届六中全会和中央经济工作会议精神指引下，进一步深化标准化改革，加强部门协调、持续攻坚克难，扎实推进标准化改革各项重点工作取得更大进展。这些任务包括加快强制性标准整合精简和推荐性标准修订更新，扩大团体标准试点，放开搞活企业标准，完善企业标准信息公共服务平台；加大国际标准化工作力度，积极服务"一带一路"建设和国际产能合作；加强战略研究，制定标准化战略纲要，实施标准化战略，充分发挥标准化职能作用；深入开展"标准化+"行动，以标准助力创新发展、协调发展、绿色发展、开放发展、共享发展，全面提升标准服务经济社会发展能力。

（2016-4）

重构中国标准体系，提高标准化科学管理水平

标准来源于生产生活，也服务于生产生活。我们在经济社会各个方面处处都有标准，处处都讲标准，处处都用标准。党的十八大以来，党中央、国务院深化标准化改革，将从优化标准的供给结构、提升标准的供给水平及提高标准的科学管理水平三个方面发力。打破政府单一供给标准的格局，构建新型标准体系，使政府标准、市场标准协同发展、协调配套；大力实施企业标准领跑者制度，鼓励标准化专业机构发布一批企业标准排行榜，培育企业标准领跑者；以"三同步"推动科技成果的转化，推动科技研发、标准研制与产业发展同步推进，以"三化"来提高标准的制修订效率，标准制修订工作做到无纸化、专家投票电子化、标准编审一体化。通过深化对标准化工作的改革，来重构中国标准体系、重建标准化管理机制、提高标准化科学管理水平。

（2017-1）

以技术标准创新促进科技创新、产业升级协同发展

当前，世界新一轮科技革命和产业变革加速推进，科技创新从"科学"到"技术"再到"市场"的演进周期日益缩短。2016年我国全社会研发经费支出超过1.5万亿元，专利申请总量稳居世界第一，国际论文发表总数也仅次于美国，居世界第二，因而科技创新成果转化为市场发展能力的空间巨大。加速科技成果的转化、促进产业升级发展是实现创新驱动发展的重要国策，技术标准作为架在科技创新与产业发展之间的重要桥梁，正日益找到自己的用武之地。近日，科技部、国家质检总局、国家标准委联合发布了《"十三五"技术标准科技创新规划》，旨在通过技术标准的科技创新，实现将技术标准嵌入到科技活动的各个环节，与科技创新同步、甚至引领创新发展的目的。开展技术标准创新的目标是既发挥科技创新在技术标准工作中的引领作用，全面提升技术标准水平；又发挥技术标准在促进科技成果产业化、市场化和国际化中的作用，促进科技成果转化应用、培育中国标准国际竞争新优势。通过技术标准科技创新的开展，必将有效整合标准、科技、产业优势资源，促进科技创新与标准化互动支撑机制的形成，不断提升科技创新、技术标准研制与产业发展的互动支撑能力，助推产业发展动力的转换，促进科技创新、产业升级的协同发展。

（2017-2）

新时代加强全面标准化建设新目标

党的十九大作出中国特色社会主义进入了新时代这一重大政治论断，新时代对标准化工作提出了新的更高要求。新时代加强全面标准化建设的新思路、新目标为：标准化工作要有新气象、新作为，尤其要有新蓝图，大力实施标准化战略；要有新理念，推进全面标准化建设；要有新视野，瞄准国际标准提高水平；要有新基石，全面实施新标准化法。2018年全国标准化工作的主要任务是全面推进标准体系建设，全面推进标准化工作改革，全面推进标准国际化进程，全面推进标准化管理提升；突出抓好标准化战略研究，突出抓好新标准化法贯彻，突出抓好"百千万"专项行动，突出抓好"一带一路"行动计划，突出抓好基层党建标准化实践探索。通过不断提升标准自身建设的水平，提高标准引领发展、保障安全的水平，提升标准助力经济社会发展的水平等，开启全面标准化建设新征程，满足人民不断增长的对美好生活的需要。

（2017-4）

开启全面标准化建设新征程

2018 年是全面贯彻党的十九大精神的开局之年，是改革开放 40 周年，是决胜全面建成小康社会、实施"十三五"规划承上启下的关键一年，也是全面标准化建设的开启之年。根据国家标准化管理委员会的部署，2018 年的标准化工作要全面贯彻党的十九大精神，以习近平新时代中国特色社会主义思想为指导，围绕"五位一体"总体布局和"四个全面"战略布局，坚持新发展理念，坚持战略引领、法治先行、改革创新、协同推进、科学管理、服务发展，以推动供给侧结构性改革为主线，以打赢三大攻坚战为重点，以支撑引领质量提升为着力点，开启全面标准化建设新征程。具体表现为：全面推进标准体系建设，推动经济高质量发展；全面推进标准化领域拓展，服务国家治理体系和治理能力现代化；全面推进标准化工作改革，释放发展新活力；全面推进标准国际化进程，助力形成全面开放新格局；全面推进标准化管理提升，增添发展新动能。在五个全面推进基础上还要突出抓好标准化战略研究、新标准化法贯彻、"百城千业万企对标达标提升专项行动""一带一路"行动计划、基层党建标准化实践探索五项重点工作，以为全面建成小康社会、全面建设社会主义现代化国家提供坚实支撑。

（2018-1）

迎接计量单位全面量子化的新时代

计量是保证国民经济正常运行和公平贸易的重要基础，也是国家核心竞争力的重要标志。2018 年世界计量日以"国际单位制量子化演进"为题，预示着计量单位全面量子化的新时代即将来临。

计量作为人类文明的产物之一，亘古至今、不断演进，变革创新、方兴未艾。历史上，每一次计量单位制演进，都直接或间接推动了经济社会的发展。"米制公约"的签署，有力支撑了工业化进程。"秒"和"米"的量子化变革，催生了激光测长技术，成就了数万亿美元的卫星导航定位市场，推动了信息技术、精密科技、纳米材料、装备制造、太空探测等领域的重大突破和发展。国际单位制量子化带来的影响广泛而深刻，一是将改变国际计量体系和现有格局，二是将有力支撑新一轮工业革命，三是将引发仪器仪表产业的革命性创新发展。全新的量子计量技术、传感技术与信息技术的高度融合，使所有的计量单位可以溯源至时间单位"秒"，这将是一场从理念、制度到各领域的全方位变革，使得计量基准可随时随地复现，将最准"标尺"直接应用于生产生活，进而推动以实物计量器具为主体的计量管理模式创新。

计量承载着千年的文明和人类的希望，从最初的实物到现在的量子，既是客观世界自然规律的演进，更是人类发现规律、遵循规律的主动变革。让我们怀着对量值准确、测量精准的永恒追求，迎接一个计量单位全面量子化新时代的到来吧。

（2018-2）

以标准化创新助推气象事业高质量发展

全国气象局长会议向全国气象工作者发出了"开拓创新推动气象事业高质量发展"的号召，气象标准化工作者也将不断开拓创新，认真谋划气象标准化服务新时代国家重大发展战略和气象现代化发展新需求的新思路，充分发挥标准的基础性、战略性和引领性作用。2019年气象标准化工作包括制定并实施气象标准化管理规定和深化气象标准化工作改革的意见，推进生态气象监测评估、气候可行性论证、气象信息化等重点领域标准建设，推动"执行标准清单"常态化实施。重点完成的标准化工作有：发展宜居、宜业、宜游气候生态评估技术和标准体系，满足国家绿色发展需要；完成贫困县农村气象防灾减灾标准化建设，为打赢脱贫攻坚战提供气象保障；推进军民通用气象标准化体系建设，促进气象军民融合深度发展；以强化评估和业务标准为抓手推动统筹集约的业务体制改革；研究制定气象事业高质量发展政策、标准、绩效评价体系，稳步推进管理保障机制创新。开展党支部标准化和规范化建设行动，全面落实新时代党的组织路线要求。一句话，气象标准化工作者将以标准创新为着力点，不断深化气象标准化改革，丰富完善气象标准化管理制度，在依法依规基础上大力推进气象工作全方位、全过程有标可循、依标办事，充分发挥气象标准化在全面推进气象现代化和全面深化气象改革中的作用，助推气象事业高质量发展。

（2018-4）

开启深化标准化工作改革第三阶段任务，
建设更加科学合理的标准体系

2019年是决胜全面建成小康社会关键之年，是深化标准化工作改革第三阶段开局之年，也是标准体系建设之年。标准化工作全年的总体思路是：以习近平新时代中国特色社会主义思想为指导，全面贯彻党的十九大和十九届二中、三中全会以及中央经济工作会议精神，紧紧围绕统筹推进"五位一体"总体布局和协调推进"四个全面"战略布局，坚持新发展理念、坚持战略引领、法治先行，坚持改革创新、协同推进，坚持科学管理、服务发展，以建设推动高质量发展标准体系为中心，持续深化标准化工作改革，着力提升标准化水平，不断完善标准体系，强化标准实施与监督，加强标准化支撑保障，为促进经济社会平稳健康发展作出新贡献。具体任务是开启深化标准化工作第三阶段改革，建设更加科学合理的标准体系；全面提升标准水平，建设更加先进适用的标准体系；着力强化标准实施与监督，建设更高效能的标准体系；大力推进国际标准化工作，建设更加开放兼容的标准体系；提升标准化基础能力水平，建设更加保障有力的标准体系。

（2019-1）

把握新时代发展机遇，推进气象标准化全面发展

　　党的十九大作出了中国特色社会主义进入新时代、我国社会主要矛盾已经转化、我国经济已由高速增长阶段转向高质量发展阶段等重大论断。气象事业是党和国家事业发展的重要组成部分，是高质量发展的重要推动力量，加快建设现代化气象强国，为推动我国经济高质量发展作出更大贡献是气象人在新时代的必然追求。作为气象现代化建设的重要支撑，气象标准化又一次面临着难得的历史发展机遇。

　　过去十年的气象标准化发展史已经证明，只有紧扣气象事业改革发展需求和国家标准化重点工作要求，气象标准化事业才能得到发展。今后气象标准化也必须紧密围绕气象高质量发展的需要和国家标准化改革的发展方向才能发挥更大的作用。推动气象事业高质量发展必须成为气象标准化工作的重中之重，核心要义是要紧密围绕全面实现气象现代化、智慧气象、"五个全球"和研究型业务四个维度的需求开展标准化工作，要发挥好气象标准在全面实现气象现代化建设中的保障作用、以"智慧气象"为标志的气象业务全球领先作用、全球气象治理中的支撑作用、气象和科技成果转化中的技术引领作用，要努力用全球视野来实现气象标准由国内向国际的转化，使标准全球引领成为世界气象强国的重要标志之一。

（2019-2）

气象出版

中小科技出版社竞争力研究①

成秀虎
（气象出版社，北京 100081）

摘 要： 中国的出版业，作为中国最后一块尚未开垦的处女地，即将向外资、民营资本和国有资本敞开大门，与此相适应，中国政府酝酿已久的出版业改革的政策细节也即将在今年出台，显然，原有能让科技出版社存在的理由和环境正在发生改变，科技出版社尤其是中小科技出版社必须认真应对这种变化，认清自己的竞争地位和态势，选择正确的战略定位，采取果断的措施，以提升参与市场竞争的能力，这些是本文所探讨的主要问题。

本研究首先回答的问题是，在一个完全的市场环境下，中小科技出版社能否生存下来，能否发展起来？第 1 章对这个问题作了肯定的回答。既然在一个发达的市场经济环境中，中小科技出版社有其存在和发展的空间，那么它靠什么取得竞争力呢？为了回答这个问题，我们必须了解中国图书出版业的现状，第 2 章告诉我们有足够的市场份额和市场前景能够为中小科技出版社留下发展的余地。接着第 3 章分析了我国图书出版业的竞争环境，由于其行业所具有的结构吸引力，不得不使中小科技出版社面临激烈的竞争环境；第 4 章试图客观地分析一下中小科技出版社的优势、劣势，及其面临的机遇和挑战。第 5 章则在前述各章的基础上，结合中外中小出版社发展的成功经验提出中小科技出版社发展的最佳道路。最后，在第 6 章中针对当前出版社的实际，提出中小科技出版社提高竞争力的对策和建议，希望能够为中小科技出版社在新的形势下参与竞争、做强做大自己提供一个有益的参考。

主题词： 中小出版社，科技，竞争力

0 前言

2003 年 5 月 1 日起，我国出版业中的印刷业与发行业都将分阶段对外资开放，由此开始，中国出版业，作为中国最后一块尚未开垦的处女地，也将向外资、民营资本和业外国有资本敞开。因此原有能让科技出版社存在的理由和环境正在发生改变，科技出版社尤其是中小科技出版社，能否继续生存下去？作为其中的弱小者，当与其他竞争对手竞争时，能否不被淘汰？面对不利的环境，中小科技出版社该如何认清自己的竞争地位，化劣势为优势，积极参与竞争呢？又该如何选择正确的战略定位，采取哪些措施去提升参与市场竞争的能力呢，这些都是本文所努力要回答的问题。

文中所称中小科技出版社是指那些计划经济时期依据行政管理部门要求而设立的、以出版科技图书为己任的中小出版社，其最初的使命是为某个行业服务，最典型的出版社有气象、地震、海洋、宇航等出版社，其特点是行业容量小。以气象出版社为例，其服务的气象全行业不过 5 万人，而分成 3 个主要专业和其他辅助人员，以这样一个市场容量，要想把出版社做活是很难的。之所以这么多年能够生存下来，靠的就是政策的保护和主管单位的支持。但是这种情况将随着向外资和民营资本的开放而发生根本的转变。当大家都站在同一条起跑线上时，谁更有实力，谁更有竞争力，谁才会笑到最后。

---

① 本文为 2003 年完成的对外经济贸易大学工商管理硕士（MBA）学位论文。

1　市场经济条件下出版业发展的一般规律

1.1　图书的本质

1.1.1　图书的功用

图书是一种知识、文化与信息的载体。人们购买图书主要是关心其内容。在图书之前，人们通过竹简来记录文字、作品，其缺点是不便于阅读。印刷术和造纸术发明后，人们把文字、作品通过图书的形式加以保存。正是因为有了书，人类的文明历史与文化传统才得以保存，后人通过阅读而学习和继承了前人的智慧并创造发明了科学技术。这种阅读习惯直到今天，仍然是支撑一个产业——出版业发展的基石。由于人类历史长河中创造了无数的知识、技术、文化，而且还在不断地创造着各种各样的知识、技术、文化，使得内容变得如此丰富，以至不得不靠编辑来进行分类和加工，使读者可以有选择地阅读。

回顾这段历史可见，图书的功能首先在于其文化积累与知识的保存价值。但随着市场的发育，这种单一功能渐渐转化，人们开始因为娱乐休闲的需要而阅读（如小说、散文），因为实用的需要而阅读（如工作、研究、学习、培训、管理），因为心灵的需要而阅读（如心理自助、励志）。总之随着生活节奏的加快，读书不再是读书人的事，其神圣的光环慢慢褪去，变得越来越大众化、商品化、消费化。

1.1.2　图书的本质

作为商品的图书是有形的，即按照一定开本和规格印刷的纸质标准化产品（开本固定）。但其本质上，是通过这种纸质的印刷品提供了能满足读者需求的内容（参见图1）。所谓内容，是指通过文字、图像等形式来表达某种思想、概念、观念，并具备准确性、科学性、实用性、娱乐性等功能，这些构成了图书的本质。

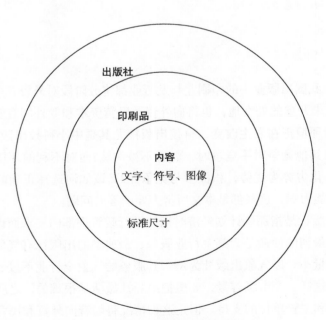

图1　图书的构成

读者对这种内容的需求是千差万别的，所以图书绝不是千篇一律的一种标准化产品，而是差异化极大的商品。读者分布的广泛性与数量的巨大性、需求的多样性与不确定性决定了图书还是一种便利品，有调查表明，读者购书具有很大的偶然性，很多时候是"碰上"就买了[①]*。所以，出版社要尽可能通过各种手段增加图书与读者接触的机会。有人调查后，对刺激美国读者购买的 9 种因素归纳为：（1）一位作者的访问记或报告会；（2）某一事件或热门话题的新闻或特写；（3）一篇书摘；（4）电影或电视的上映；（5）各种传媒的广告；（6）直接邮寄目录资料，对象是各种学/协会、图书俱乐部、政治团体；（7）各种媒体上的书评；（8）无意浏览中见到此书，如在图书销售点看见某本书的护封、封面、图书陈列、读过首页或封面文字，然后决定买书；（9）口头宣传，一位名人或朋友、教师、同事的推荐。这与中国的相关调查是相似的，说明读者购书的偶然性，所以对以上各种机会出版社应充分加以利用。

1.1.3 图书市场的大小

由于内容是通过文字来表达的，而文字又与语言相关，所以文种的不同，及与之相关的文化的不同，造就了不同的图书市场及其市场的大小。英语是全世界最大的通用语言，所以其图书市场可以占领全世界的市场，而中文只在中国及华人地区使用，因而中文图书市场基本上就局限在中国（包括台湾省，香港、澳门特别行政区）及海外华人聚居区。

当然图书市场的大小与一国的科学文化技术发达程度密切相关，英语图书市场的巨大与英美发达的科学技术和高度的社会文明程度相关，因为落后国家要想学习其先进的技术和管理，就必须先学习其语言文化，这就带动了其文化产业的发展。

归纳起来说，图书是一种单个品种消费数量有限、品种个数消费量无限的商品。可以说，有多少种内容，就会有多少种图书；有多少种需求，就会有多少种图书；不同的民族、文化、语言、文字、风俗习惯、不同的科学技术发达程度、不同的喜好，都会有不同的市场需求，但每种图书的需求量却不一样。这一特点，对于出版业发展道路的选择尤其重要。

1.2 出版业的实质

图书的核心是"内容"这一性质决定了出版业实际上是一个"内容"提供商[②]，即以图书的形式满足读者对于内容的需求。所以精于此道的出版社把"内容为王"作为自己的口号，可谓一语道出了其中的真谛。所谓"内容为王"，说的是图书是一种创意型产品，谁掌握了内容并善于组合和创新，谁就能影响整个市场格局。

1.2.1 出版业的本土性

全球化主要受市场准入和资本的影响。相对而言，出版业全球化除市场准入和资本等因素外，还有另外一个壁垒，即文化语言。出版本质上是文化产业，因此语言和文化是其全球化最大的障碍。

迄今为止，全球只有 10%的图书出口到其他国家，这说明在许多国家，图书仍主要面向国内市场。在经济全球化的过程当中，所有产品都会受到冲击但出版业可以说受到的冲击会最小，除了涉及意识形态的敏感性而作为幼稚工业加以保护外，语言文化的差异性是出版业免受冲击的天然堡垒。例如像日本这样高度市场化的国家，其出版市场基本仍无外资进入[③]。

1.2.2 出版业的驱动因素

人们的阅读习惯是出版业存在的基础。读者的阅读兴趣和偏好是出版业决定提供一些什么样的内容，

---

* 本文中[ ]上角为注释。

即出版什么样的图书的驱动因素。而阅读人群的大小，决定了出版物市场的容量。所以一个国家出版业的发达程度，最终取决于"国民中阅读人群的大小"，取决于"阅读人群中阅读量的多少"和"阅读量中出版物购买力的强弱"[④]。如果人们不再阅读了，出版业就会"寿终正寝"。如果人们改变了阅读习惯，出版业就会出现危机。比如现在互联网的出现，吸引了大批年轻人的眼球，他们不再喜欢读书，于是出版业总产值就会出现下降。韩国的一项研究表明，由于该国信息化高速公路的快速发展，59%的人拥有手机和利用因特网，这些人当中，多达30%的人回避读书，沉迷于因特网[⑤]，这一现状引起韩国出版界的普遍担忧。

1.2.3　技术对出版业的影响

技术的发展，一直对图书出版业的发展产生着巨大的影响，而现代信息技术的应用，正在给图书出版业带来不可估量的危机。当初信息技术的发展曾经为出版界欢呼过，因为激光照排技术的应用，大大加快了图书出版的速度，缩短了图书出版的周期，更好更快地满足了读者的需求。但随着互联网的出现，信息量的大量集中和便于处理，使图书出版业作为一个内容提供商的优势尽失，越来越多的读者开始远离图书，走向了网络。富于远见的"美国在线"与"时代华纳"的合并，正可谓抓住了这一趋势的先机。作为传统出版业的代表，"时代华纳"丰富的"内容"资源与新技术代表的"美国在线"所拥有的网络优势相结合，将改变传统出版业的格局。所以有远见的出版者呼吁，不要让出版文化成为信息技术转换的牺牲品，要有意识地引导和强化人们读书的习惯，以维持出版业的稳定和发展。

1.2.4　出版业的生存空间

信息技术的发展，成为出版业未来的威胁，但短期内网络出版与网络阅读要找到合适的赢利模式还需要大量的时间，"美国在线"与"时代华纳"合并后遭遇巨额亏损便是最好的证明[⑥]；改变人们的阅读习惯也绝不是一朝一夕的事，最终决定谁生谁死的还是读者的阅读习惯，而网络阅读充其量只是增加了读者的一种阅读选择。图书出版业会以其阅读的舒适性、休闲性和方便性与其他出版形态长期共存下去。而出版资源（内容）的丰富性、多层次性、多种类性和各种文化背景读者的千差万别的阅读偏好与需求，构成了无数的出版机会，使得包括网络出版在内的现代出版业实际上是一个可以分工很细的行业，这种特点给图书出版业留下了足够的生存空间。

1.3　市场经济条件下出版业的发展模式

1.3.1　国外出版业的发展模式

美国纽约大学出版中心 Robert Baensch教授指出，出版业的发展有 4 种模式：第一种模式是在现有的市场发展现有的产品，假如你是一家儿童出版社，你就在国内发展你的儿童读物；第二种模式是把现有的产品推向新的市场，例如，美国的儿童出版社把它的儿童图书拿到英国、加拿大、澳大利亚等英语国家去销售，或者向国外出售版权；第三种模式是在现有市场发展新产品，例如，儿童出版社不仅出版儿童图书，而且开发儿童电子读物、玩具，开办儿童电视台等等；第四种模式是到新市场去开发新产品。例如，德国的贝塔斯曼兼并美国的兰登书屋[⑦]。

从上述 4 种模式中，我们可以把出版业的发展归纳成两种不同的发展道路，第一和第二种模式是立足于单类品种的开发与销售范围的开发，我们称之为做强的道路，适合于规模小的出版社；第三和第四种模式是立足于出版业作为"内容'提供商的实质，进行与内容相关的互补产品的开发及跨媒体的经营，我们称之为做大的道路，适合于资金实力雄厚的大出版集团。

1.3.1.1 靠专业化做强

美国出版业走的是一条做强的道路。美国传统出版业的特点是高度的专业分化，首先是图书业与期刊业分化。这种分离造就了美国期刊业的世界霸主地位，其经济实力与影响力都远大于出版业。其次是图书出版业逐步分化为几个大门类：儿童书、教学参考书、专业书、畅销书、大众读物、美术读物、宗教书等等，它们也有各自相对独立的发行渠道。

1.3.1.2 靠多元化做大

出版业做强容易，做大却不易。高度专业化的美国出版业，虽然有实力，却难逃被欧洲出版业兼并与收购的命运。其原因在于，图书产品的单一性，其单一品种消费量的有限性，虽然保证你有足够的赢利，却并不能保证有很大的规模，最后只能被迫出售。例如，美国著名的兰登书屋先被美国NBC吞并，再被德国贝塔斯曼吞并。据2000年有关资料统计，美国的图书市场基本上被20家大公司垄断，而这20家大公司当中，大部分是欧洲国家的传媒大公司。这一令人惊讶的事实说明，出版业的做大最终要靠跨媒体经营才能做到，单纯靠出版图书很难做大。

德国是一个欧洲国家，只有35万km²，8000多万人口。但贝塔斯曼却从出版业起家发展成世界级的传媒大公司，其发展道路就是靠多元化做大的典型。这类跨国公司的出现既体现了资本运动从分散到集中，从集中到垄断的规律，也体现了经济全球化过程中资本向利润最大化方向流动的趋势，同时还反映了传统出版业即将被大文化产业所包容及成为文化产业一部分的大趋势。认识到这一点，对于整个中国出版业在考虑未来的发展战略时特别重要，即不能把出版业同文化产业、同传媒、互联网等截然割裂开来。

1.3.2　中小出版社的生命力

从宏观上讲，出版社可以靠专业化做强、靠多元化做大，具体到各个出版社，其发展道路的选择，则十分不同。一方面要根据自身的实力选择发展道路，另一方面又不能违背一些基本的经营法则，其中最根本的有两条：第一，读者需求是第一要素；第二，要千方百计让读者见到你的图书。一个出版者，不论规模大小，只要充分考虑了这两条并做出与之相适应的战略部署，就一定会取得市场的主动权。

由于出版业基本上作为一个分割行业而存在，读者需求多样，地域分布广泛，因而需要大量中小出版社去满足各种需求。中小出版社以其小而灵活的经营、低廉的成本可以满足大出版社所无力顾及的市场。尤其是图书这种本身差异化极大的商品，使大出版公司只能集中精力于某些市场容量大的领域。决定出版社成败的关键是人的创意上的差距，即策划出符合市场需求的选题，这是中小出版社的生命力所在。有了好的选题，小出版社可以用与大出版社差不多的经营成本参与市场竞争，如果产品定位准确，细分市场选择适当，还可以迅速成长为大的出版社。

市场经济国家或地区大量出版社的存在，间接说明了中小出版社有其生命活力（见表1）。2000年日本与我国文化较为相似，但其国土面积和人口都远不如中国，然而却拥有4490家出版社，其中10人以下的出版社约占总数的50%，11～50人的有1010家，51～100人的有201家，员工1000人以上的只有10家[8]。中国台湾的情况大致类似。据2000年对1005家中国台湾出版社的抽样调查，1～10人的出版社占总数的71.7%，10～80人的占3.6%，100人以上的占0.5%，可见规模很小的出版社占大多数。

表1　2000年中外国家或地区出版社数量比较[9]

国家地区	韩国	美国	德国	日本	中国台湾	中国大陆
出版社数	16801	9000	6000多	4490	8887	568

这么多出版社怎么能生存呢，靠的是专业化。1997 — 1999 年，中国台湾专营出版业务的出版社由54.2%提高到 71.9%，兼营出版与发行业务（中盘⑩和经销）的出版社由 24%下降到 11.2%⑪。由此可见，海外小出版社之所以能够生存，除了专业化经营外，还与其有相配套的实力强大、吞吐能力强、具有现代信息物流能力的大中盘的存在有关。这些公司，解决了出版社的下游发行力不足的问题。

2　中国图书出版业的现状分析

多年以来，我国一直把出版业作为意识形态的领域加以管理，因而体制上一直延续计划经济的管理模式，并未有真正意义上的体制改革。尽管如此，国民经济的快速增长还是带动了出版业的快速增长。据统计，从"九五"期间到现在，我国出版业的增长速度一直是国民经济增长的两倍。以 2001 年为例，出版业在我国年销售 500 亿元以上的 37 个规模行业中排名第 11 位，上缴利税排名第 6 位，可见，出版业正在成为国民经济的支柱产业⑫。正是看到这种发展势头，同时也是全面建设小康社会的客观要求，以及加入世贸组织以后外资进入后的形势所迫，国家正在酝酿和出台体现市场经济和产业发展内在规律要求的出版业改革发展规划。随着这些规划的出台，市场经济真正意义上的竞争将在出版社间展开。作为竞争的起点，我们有必要了解一下目前中国出版业的现状。

2.1　我国出版业的主要特点

由于体制上的原因，我国出版社一直维持在 560 多家（见表 2），加上新闻出版总署对各出版社实行书号总量控制管理，这实际上就控制了整个出版业的出版总量。就全国出版规模而言（指总定价额），大体上与国外一个大的出版公司的图书销售额相当，与我国的人口、国土面积及经济发达程度极不相称。表 2 列出了我国出版业的主要经济特征，下面我们就其主要特点进行分析。

表 2　1998—2002　年全国出版社设立情况⑬

年份	1998	1999	2000	2001	2002
中央社	219	220	220	218	219
地方社	347	346	345	344	349
全国总计	566	566	565	562	568

表 3　我国出版业的主要经济特征⑭

经济特征量	经济特征值	可能的影响
市场规模	出书品种、印数和销售额都有一定规模，且有增长潜力	跨国出版公司有意染指中国出版业
市场增长率	处于垄断向市场转型时期，预期有一个高速增长期	新进入者可以获得高速成长的机会
行业利润率	无需高投资，成本低，利润率高于全国平均利润水平	对外资、民资都有吸引力
资本需求大小、进入退出障碍	资本需求少，有政策壁垒，进入难，退出易	有垄断利润，体制外的个体书商想方设法挤进来谋取利润
竞争者数量及其规模	相对于其人口与国土面积而言，出版社数量不多且无绝对领先者	市场未达到饱和，竞争只在教辅、畅销书等少数领域展开

续表

经济特征量	经济特征值	可能的影响
购买者数量及其规模	读者数量巨大但分布广泛	单个出版社满足所有读者需求的能力弱
竞争范围	主要在国内市场，有地方保护和地区封锁	进入市场较难，图书销路不能有效打开
纵向一体化的程度	出版社都有自办发行	增加营运成本，与没有有效的中盘有关
分销渠道	小社主要依靠新华书店，大社有自己的分销商，二渠道日渐发达	受制于新华书店，二渠道因信誉差而不能被充分利用，图书不能有效接近读者
技术与创新	生产技术相对固定，内容创新从不间断	生产成本较为固定，靠不断推出新书吸引读者，跟风慢了，易造成图书积压
产品特征	外形标准化，基本无需售后服务	读者无转换成本，出版社无服务成本
规模经济效应	单品种印量越大，成本越低，销售折扣越低，书越有竞争力	迫使出版社出版畅销书或教材、教辅
产业群效应	有产业群效应，出版社主要集中在北京，数量占全国出版社总数的40.5%	出版产业本身就是文化产业的一部分，所以必然向文化发达的地区集中
价格敏感度	科技书不敏感，一般书敏感；实用性书不敏感，休闲书敏感	降价销售对大众读物有促销作用，对科技书、教材等无大作用

2.1.1 我国出版社的规模及其发展的主要制约因素

从各出版社的市场规模看（见表4），全国有80%以上的出版社是中小出版社，反映了我国中小型出版社占绝大多数。通过两年的资料比较发现，小型出版社向中型出版社、中型出版社向大型社出版社转化明显，表明中小型出版社的竞争力在增强。表5统计了全国最大的10家出版社出版总量，从中看到其总额还不到全国出版总量的11.8%，所以中国目前还没有形成垄断者，但出版总量占市场总量的份额还是有所上升（2000年十大出版社所占市场份额为11.09%[15]），反映出大型出版社正在加紧扩张的趋势，尤其是近年来改革有声有色的高教出版社、科学出版社、外研出版社都有很大的增幅，将来中国的出版业巨头有望从这些增长较快的出版社中产生。

表4 2000年、2001年全国出版社出版规模（定价总金额）分类统计表[16]

规模	大型社（1亿元以上）	中型社（5000万~1亿元）	小型社（1000万~5000万元）	微型社（<1000万元）
2001年/个	104	107	254	61
比例/%	19.77	20.34	48.29	11.59
2000年/个	93	81	294	60
比例/%	17.68	15.3	55.7	11.4

与市场经济国家相比，我国的出版社无论从数量还是从规模上比，都还有很大差距。原因在于我国长期以来一直把出版业作为宣传意识形态的领域加以管理，实行按行政级别设置出版社，原则上每个省部级单位一家出版社，各省的出版社形成地方出版社，主要为各省服务；各部委及民主党派的出版社形成中央级出版社，主要为各行业服务。这种管理方式是造成地区割据、市场分割、出版范围上"划地为

牢"、不能打破专业分工限制的主要原因，也是造成各出版社苦乐不均、不公平竞争、普遍规模偏小、市场需求得不到充分满足的重要原因。

表5　2001年全国十大出版社出版总量市场占有率

出版社名称	总定价额/亿元		市场占有率/%	2000年占有率/%
	其中教材量			
高等教育出版社	9.92	1.32	2.13	2.09
江苏教育出版社	7.27	1.6	1.56	0.91
辽海出版社	5.61	4.31	1.20	1.29
科学出版社	5.02	0.12	1.08	0.89
人民教育出版社	4.95	2.59	1.06	1.01
山东教育出版社	4.75	0.25	1.02	1.07
人民卫生出版社	4.69	3.03	1.01	—
外语教学与研究出版社	4.57	2.23	0.98	—
重庆出版社	4.20	2.88	0.90	1.0
地图出版社	4.02	3.54	0.86	1.15
全国图书总定价额	466.82		11.8	

2.1.2　我国出版业的双重属性

图书的本质是其内容，即是一种满足读者心理和精神需求的产品，这就决定了其既有一般产品的经济属性，又有意识形态的属性。图书的意识形态属性，决定了各国对于图书的管制。我国把图书作为意识形态的领域加以管理，设立出版社都必须经过严格的审批，这种传统虽经改革开放二十多年，仍一直延续下来未敢放松，这构成了当今我国出版社的一个基本格局。我国在入世的承诺中，只承诺出版业下游的图书销售领域对外资开放，而对出版社的编辑权是不对外开放的。换句话说，出版业以"幼稚"工业的名义而受到了保护。这种保护给这个行业的竞争带来了不同于一般产品的特点，这种保护还会一直延续下去。

2.1.3　个性化的图书市场正在形成

人是感情的动物，人的精神需求远比物质需求丰富得多、复杂得多，不同的人，同一个人在不同时期对图书的需要有着极其巨大的差别，不同的民族、人种、不同的文化背景，对于图书都会有不同的选择。尤其是我国正处于社会剧烈变动的时期，这种多样性、差异化、个性化的需求会更为明显。与此相对应的是，我国自费购书为主的消费市场已经基本形成[17]。国民读书目的的实用性、功利性走强，市场在进一步细分。

2.1.4　国民收入对图书需求的影响

读者是图书市场的主体，其购书行为与收入有很大关系。有关研究表明，需求的收入弹性小于1的商品为必需品，需求的收入弹性大于1的商品为超必需品。图书的收入弹性为1.44，明显大于1，属于超必需品[18]。换句话说，图书属于那种可买可不买的商品，有钱了就多买，没钱了就少买。当然需求的收入弹性也应分门别类分析，不可一概而论。例如，教材的收入需求弹性就很低，是一种需求刚性很强的必需品。而对一般图书而言，不同类别的图书的收入弹性差异很大。总体而言，随着恩格尔系数的降低，居民用于购买图书的支出正在增加。

2.2 我国图书出版的现状

由于体制上的原因，我国图书的出版结构不尽合理，一些出版社靠教育图书养活，创新不够，竞争力差。下面以 2002 年的最新资料为例进行分析，各年的情况大体相当。

2.2.1 教材教辅占据半壁江山

表 6 显示，我国教材的出版量相当于整个图书市场份额的三分之一强，加上教辅材料的出版，全国出版业"吃教育饭"的占一半以上，可见教育产业对出版业的影响之大。据 2001 年资料统计，全国 562 个出版社中有 255 个争取到出版教材的任务，基本靠教材养活的有 57 家[⑨]。一个有趣的现象是表 6 中开列的全国十大出版社几乎都跟出版教育图书有关。科学出版社尽管教材很少，但其属下的龙门书局专出教辅材料，在业内很有影响。

表 6　2002　年图书出版业值统计

分类	一般图书	教材	图片	总计
种类/万种	14.3	2.58	0.22	17.1
所占比例/%	83.63	15.09	1.28	100
定价总金额/亿元	335.05	195.74	4.34	535.13
所占比例/%	62.61	36.58	0.81	100

图 2、图 3 对比显示，教材出版仅用 15%的书号资源就创造了 37%的市场份额，平均每种图书的产值是 75.87 万元。与之相比，一般图书的效率则低得多，全行业用 84%的书号资源，只创造了 63%的市场份额，平均每种图书的产值是 23.45 万元，只相当于教材的 1/3 左右。这一数据说明，教材在我国图书市场中所占份额较大，反映了教材出版效率更高，利润较为丰厚。如果再加上教辅，其市场份额占50%以上，这就是为什么全国几乎所有的出版社都在争相出教材教辅的原因。

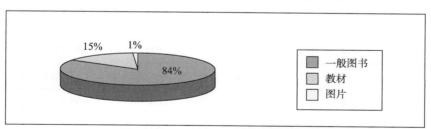

图 2　2002 年全国图书出版种类

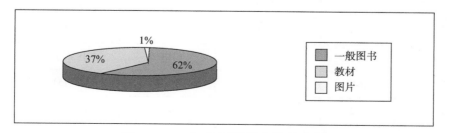

图 3　2002 年全国图书定价总金额

2.2.2　专业出版市场份额有限

　　表 7 是根据使用中国标准书号进行分类统计得出的 2002 年图书版况。由于我国出版社行政设立的特点，中央级出版社代表了部委主办的出版社，而部委基本上是一个行业的代表，尤其是与科技有关的一些行业基本是如此，如中国气象局、国家地震局、国家海洋局、国土资源部（原地质部）四个部级单位分别管理气象、地震、海洋、地质四个行业的事情，这种管理办法，使表 2.6 的数据分类统计在一定意义上正好代表某些专业出版社的图书出版情况，如天文、地球科学类的市场份额，基本上就是上述四家出版社出版这类图书所占的市场份额。表 7 中市场份额居第 1 位的是文教类图书，排在第二位和第三位的分别是工业技术类和经济类图书。市场份额倒数前三位分别是航空航天类、地球科学类、马列类。这些数据代表了我国出版业的真实状况，专业出版社的市场份额都很小，而与国民经济发展密切相关的教育、工业、经济领域的出版社市场份额很大，在这些领域内都有数得出的一些大型出版社，如人教社、高教社、电子、邮电、机工、中国财经等出版社。

表 7　2002 年图书分类统计表

分类	品种数/种	所占比例（1）/%	定价总金额/万元	所占比（2）/%	分类效率比（2）/（1）
马列主义、毛泽东思想类	324	0.19（22）	9379	0.18（21）	0.95（3）
哲学类	2053	1.22（14）	33208	0.63（14）	0.52（18）
社会科学总论类	1986	1.18（15）	35384	0.67（13）	0.57（17）
政治法律类	7102	4.21（7）	176877	3.36（7）	0.80（7）
军事类	493	0.29（21）	10919	0.21（18）	0.72（9）
经济类	12599	7.47（3）	270288	5.13（3）	0.69（11）
文化教育类	69488	41.17（1）	3066794	58.2（1）	1.41（1）
语言文字类	8253	4.89（6）	256272	4.68（5）	0.96（2）
文学类	11199	6.64（4）	235045	4.46（6）	0.67（12）
艺术类	10087	5.98（5）	248036	4.71（4）	0.79（8）
历史、地理类	5245	3.11（9）	153528	2.91（9）	0.94（4）
自然科学总论类	853	0.51（17）	24932	0.47（17）	0.92（5）
数理化类	3077	1.82（10）	58941	1.12（11）	0.62（15）
天文学、地球科学	597	0.35（20）	4824	0.09（22）	0.26（23）
生物科学类	685	0.41（18）	10539	0.2（19）	0.49（20）
医药卫生类	7105	4.21（8）	153802	2.92（8）	0.69（10）
农业科学类	2936	1.74（11）	29870	0.57（16）	0.33（21）
工业技术类	19517	11.56（2）	378973	7.19（2）	0.62（14）
交通运输类	1647	0.98（16）	29850	0.57（15）	0.58（16）
航空航天类	122	0.07（23）	1246	0.02（23）	0.29（22）

续表

分类	品种数/种	所占比例（1）/%	定价总金额/万元	所占比（2）/%	分类效率比（2）/（1）
环境科学类	640	0.38（19）	9830	0.19（20）	0.50（19）
综合类	2761	1.64（12）	70482	1.34（10）	0.82（6）
图片	2193	1.28（13）	43400	0.81（12）	0.63（13）
总计	17.1 万种	100	535.12 亿元	100	0.68（均）

2.2.3 专业出版社效率低下

表7中计算了一个分类效率比，其基本意义是每一类图书的单位品种相对数与所占市场份额相对数之比，其实际意义在于考核了每一类图书中每使用一个书号的效率。因为目前新闻出版署管理出版社的主要手段之一就是书号控制，这就使得书号成为一种稀缺资源。从表7可以看出，排在前三位的分别是文教类，语言文字类，马列、毛泽东思想类。排在后三位的是天文、地球科学类，航空航天类，农业科学类。这却好反映了文教类（教材、教辅）、外语类和党政类读物三大热点及其利润潜力，而气象、地震、天文、海洋、地质、航空航天、农业等图书效益差，相关出版社生存困难、毫无竞争力。一个有趣的现象是，排名第一位的文教类图书，其出书品种和市场份额均列第一位，反映了这类图书基本处于一个完全竞争的状态，进入壁垒很小。实际情况是尽管国家一直强调专业分工，呼吁减轻中小学生负担，不许各出版社出教辅，但各出版社迫于生计，总是想尽一切办法出教辅、出教材，因为这类书风险小，回款快。另一方面，在这一领域中，书商介入得也很深，甚至一些品牌书都是书商在运作。所以文教类图书实际上已经没有什么进入壁垒。排名第三的马列政治类读物，其出版品种数和市场份额数都分别排在倒数第二位和第三位。这恰好说明了其效益较好，但进入壁垒很大，处于完全垄断的出版状态。事实上像政府工作报告、国家领导人讲话这些单本发行量大的图书，只有人民出版社、党建读物出版社等少数出版社才有资格出版。

再看看品种效率比排名靠后的几类图书，倒数第一的是天文、地球科学类，其出书品种和市场份额分别排名倒数第四位和第二位，说明这类图书市场份额小，尽管没有进入障碍，但很少有人愿意问津。之所以还有人出版，是因为这些出版社受专业分工的限制，不出版就失去了存在的合理性，主管部门就会撤销这家出版社。排名倒数第二位的航空航天类其出版品种和市场份额均为倒数第一位，原因恐怕主要在于保密的限制，大量图书不允许公开所致。处境较为尴尬的农业类图书，其市场效率低，但市场份额、出版品种数排名都较靠前，反映了市场需求大但效益低的事实，尽管天天喊着要增加农民收入，但实际收入就是上不去，反映在出版业上也是同样的问题（参见图4）。

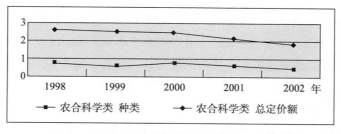

图4 近5年农业类图书出版比重走势图

概括起来说，把表7中（1）（2）（3）前后三项排名综合起来，绘成图5（说明：为便于比较，对纵坐标进行了对数化处理，此图只有位置高低上的比较意义）。三者排名趋于一致的（图中位置高低趋于一致），说明进入障碍小，品种效率比排名越靠前，说明该类图书效益好，大家都趋之若鹜；排名越靠后（位置越低），说明效益差，大家都避之唯恐不及。而三者排名差别很大（位置间距大），说明要么是进入障碍大（由低位到高位者，指出书品种和市场份额排名靠后而效率排名居前者，下同），有高额的垄断利润；要么是进入障碍小（前高后低型），但看着"热闹"，实际上没什么"油水"。对于一个充分竞争的市场，这三者最终应该趋向一致，出版者只能获得市场的平均利润。造成现在这种不均衡的原因在于现行的"专业分工加书号控制"的管理模式，限制了竞争，人为地控制了市场的规模，出版资源没有得到合理利用和配置，市场处于一种失衡的状态。

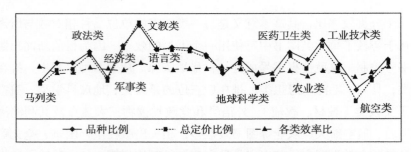

图5　2002年全国各类出版品种、总定价金额与分类效率比排名图

2.2.4　专业图书需求不能得到充分满足

在一个充分竞争的市场中，分类效率比应该等于1，也就是说，每出一本书，它都达到了其应有的市场份额，不可能再大了，也不可能再小了，这是一种市场均衡。表7反映的是现有管理模式中垄断条件下的一种均衡。品种效率比大于1，说明其图书处于过饱和状态，资源没有得到有效的配置，大量教辅图书充斥市场，"题材撞车"、内容重复正是其真实写照[20]。品种效率接近于1，若是在完全竞争的市场中，说明接近它应有的市场份额。若是在垄断的市场中说明读者的需要还没有得到充分的满足。差距越大，说明读者需求的满足程度越低。一些图书市场调查反映了这一事实，读者总是反映缺书，但市场上却又买不到，这类图书基本上是处于排名末位的一些类别。

2.2.5　出版社利润极不均衡

表7中还计算了品种效率比的平均数，它反映了现有垄断条件下市场的平均效率，即平均利润情况。超过平均数0.68以上有11类，说明这类图书获得了市场平均以上的利润；接近平均数的有4家，说明这类图书可以获得市场的平均利润；剩下的8类低于平均数，且有3类低于平均数一半以上，说明无法获得市场的平均利润甚至就没有利润，这与前面品种效率比排名倒数前三名的排名是一致的（即天文、地球科学类，航空航天类，农业科学类）。这些图书之所以得以出版，主要靠诸如作者补贴、国家退税、主管单位补贴或出版其他超过利润平均数的图书加以弥补，即所谓的"以书养书"。

曾有人撰文认为出版业是国内少数几个获大利的行业之一，从某种意义上说的确如此，但这种盈利并不均衡。据新闻出版署公布的数据，1999年，有超过40%的出版社亏损。这些出版社之所以还能够存在下去，一方面是参与了教辅类图书的出版，另一方面是"自费出书"、与书商合作出书甚至买卖书号，也在一定程度上帮助这些出版社"渡过难关"，这就是为什么新闻出版署三令五申不准买卖书号，但总是屡禁不止的原因。另外，国家对于科技出版社的退税政策也在很大程度上

气象出版|

解决了科技出版社的一些困难。

2.3 市场前景

根据恩格尔的研究，消费者的总收入越高，用于食品消费的支出比就越小，用于其他消费包括文化消费的支出比就越多。有关研究表明，改革开放 20 多年来，随着我国城乡居民收入的持续提高，导致居民消费结构发生根本性变化。1978 年，我国居民的消费水平是 184 元，到 1998 年上升到 2972 元，扣除物价上涨因素增长了近 4 倍，每年的平均增幅达 7%。进入到 20 世纪 90 年代以后我国的居民消费的恩格尔系数降到了 50% 以下，说明我国居民从总体上告别了温饱，进入了小康。到了 20 世纪 90 年代末，我国城镇居民的恩格尔系数降至 40% 以下，开始进入了所谓的"富裕社会"。家庭中用于文化教育的消费支出迅速增长。

出版业的统计数据反映了这一需求增长的趋势。截至 2001 年底，我国共出版图书 260.4 万种，古代至 1949 年数千年间只出版 28 万种，1950—1989 年 40 年间出版 95 万种，而 1990—2001 年 11 年间出版 137 万种，可见发展速度之快，市场潜力之大。发达国家经验表明，当人均国内生产总值在 800 美元以上时，文化产业和文化消费将明显增长。有关部门预测，到 2005 年，我国的文化消费将达到 5500 亿元，而目前我国的书报刊消费才达到 1000 亿元。1999 年人均消费书报刊水平，美国为 185 美元，我国为 5.4 美元，仅是美国的 2.9%。这些数据都在向我们证明，中国图书市场的潜力十分巨大，尤其是入世后国家政策的调整，将出版业作为一个产业来发展，必然会有一个高速增长期，并出现世界级的出版业巨子。

2.4 出版社竞争的本质

出版社提供的是一种精神文化产品，而这种产品实际上是全人类一切精神文明的总和，正是这种内容的丰富性构成了出版社的竞争基础，也构成了其生存基础。所以出版社之间的竞争，实际上是一种出版资源的竞争，是一种内容的竞争，反映在计划经济时代，就是一种谁可以出某些内容，谁又不能出某些内容的竞争，体现的是政府意志，这实际上构成了今天中国出版业的现状及实力的差别。举例来说，电子出版社今天的实力和地位很大程度上来源于政府的安排，恰好赶上了计算机的浪潮，让它发展起来了，从这一点来说，电子社的强大并不是竞争的必然结果。经济类、外语类出版社的崛起与我国近年来经济的发展、对外开放程度的提高有很大的关系。所以，打破专业分工，让每个出版社都有平等的机会分享改革开放的成果，一直是业内反复呼吁而始终未能得到解决的事情。现在入世了，出版业的下游要向外资开放，也必然要向内资开放，出版资源的公平竞争有望得到解决，今后的竞争将从争取政策的竞争转向准确把握读者需求的竞争。谁能最先、最快以较低的成本向读者提供他们期盼的"内容"，谁就能取得竞争优势，谁就能做大做强。

当然竞争的起点是不平等的，中小科技出版社因为一直限制在一个很小的领域内运作，其市场意识、经营观念、人才储备、掌握出版资源的能力都不能一蹴而就，所以他们将面临更大的挑战。

3 我国图书出版业竞争环境分析

图 6 是在波特的竞争理论基础上绘制的一个分析主导出版产业竞争力量的模型。我们可以把他理解为一个行业的利润是如何被各种力量所左右的。对于一个成熟的行业而言，一定时期内行业规模是一定的，因而行业内的利润也是相对稳定的，如果这个行业的利润高于社会平均利润，就会有潜在的进入者试图进入这个行业来瓜分利润。新进入者将"抢夺现有行业内参与者的饭碗"，行业平均利润将

655|

下降。供应商和客户的议价能力越强，就会压缩行业利润向内缩小。替代品的威胁主要是限制了行业利润的扩张，同时也可能使行业被新的竞争者所取代。互补互动力的作用是双向的，行业内的企业如果能够充分利用互补互动力，可以扩大行业利润。反过来，行业外的企业如果利用互补互动力，也会减少行业内的利润。

对于一个处于成长期的行业，如当今的中国出版业，由于其规模处于不断的扩张之中，利润框是不断向外扩大的，每一个市场参与者都可以获益，上述 6 种力量的作用常常受到忽略，因为竞争不是主要矛盾，抢占行业制高点，迅速扩大地盘是竞争的主要焦点。

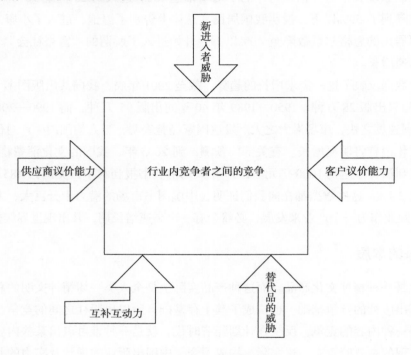

图 6　波特竞争模型

3.1　"进入威胁"

3.1.1　急不可耐的个体书商

出版业从来没有像现在这样面临着潜在进入者的威胁。正像前面已经分析的那样，出版业其实门槛很低，只是因为政策的限制，才使许多人望而却步。党的十六大以后，中央将加快新闻出版业的改革，在出版业对外开放的问题上将实行"如能够对国外开放的要对外开放，能够对海外开放的要对海外开放，能够对民营经济、个体经济开放的要对民营经济、个体经济开放，能够对国有经济开放的要对国有经济开放，对这些都不能开放的，行业内部也要开放。……"[22]。按照这一精神，中国政府既已承诺向外资开放出版业的下游，因而将首先对国内资本开放，而个体书商将是这一政策的最大得益者，因为他们已在体制外不太合法地干了十几年，通过买卖书号实际获得了出版权并壮大了自己。现在生存下来的一批书商都是生机勃勃的、有极强市场竞争力的成熟的挑战者，素质较高，生存力极强。其数量亦相当庞大，全国少说也有三四万家。出版业大约有一半以上的市场已被他们占领。书商最大的优点就是网络健全，渠道畅通，机制灵活。据摸底，有一批书商资产已过千万，过亿的也已出现[23]。书商现在不能称为个体出版社，只因为国家的政策没有承认他们，他们还在"偷偷摸摸、名不正言不顺"地做着出版的生意，所以从竞争和发展的角度看，他们已是实实在在的进入者，只不过从政策面来看，是潜在的进入者罢了。

3.1.2 业外资本即将大举进入

在没有保护的条件下，资金向高利润、低技术、低门槛的行业流动是很正常的。现在搞家电生产，利润率普遍不到5%。新闻、出版、文化产业高达100%、50%的毛利率，对社会资金有着巨大的吸引力。现在之所以还没有出现这种大规模的资本流动，主要还在于政府的一纸禁令。随着这种政策的松动，一大批国内大公司将会对出版文化产业产生兴趣。目前正在进入的是一批文化产业开始控制出版社，如人民日报、光明日报、经济日报等报业集团，都是以报纸为依托，拥有出版社、杂志社。

3.1.3 国外资本的悄然进攻

出版业向外资开放，国外强大的集团资金进来，虽然只允许进入发行领域，但其最终目标还是中文图书的出版市场。在市场经济条件下，销售决定生产，谁控制了销售，谁就有可能控制整个产业。何况图书的发行与生产是没有严格界限的。这方面的典型例子就是国内"二渠道"经过十几年的发展之后，开始挟发行渠道之便，大举进入图书出版领域。

现在德国的贝塔斯曼已经以俱乐部的形式首先在上海抢滩，然后建立网点，其发展速度惊人；有些国内的网上书店已与国外资金合作，有的国外出版公司通过版权贸易、单项合作、联合出版等形式涉足于我国的出版市场。

拿贝塔斯曼为例，其进入中国后，因为出版没有放开，它就先建网络。几年之内，已发展到5万家网点，俱乐部发展了160多万会员。贝塔斯曼进货5折，对会员7折甚至5折售书（邮购），现在年销售额超过3亿元，比中国哪一家一般图书零售商量都大。出版行业对内都要求保住6折以上的批发折扣，可却拿贝塔斯曼无法。如果让贝塔斯曼不加限制地发展，当他以几万家网点，几百万会员，再加上多年经营中对中国读者口味的了解，做出10亿元、20亿元、上百亿元的规模，占据了主要的发行市场之后，他能不以一个强有力的客户而与出版社讨价还价吗？就像沃尔玛可以以极低的折扣进货一样。更为可怕的是，出版业是一个后向整合很容易的产业，像贝塔斯曼这样的跨国企业集团，本身在国外就拥有出版产业，一旦让它占有了有利的市场地位，一定不会放过后向整合的机会，向中文出版进军。

3.2 替代品

3.2.1 电子出版物

对图书来说，替代品主要包括电子、音像出版物和网络出版物。电子出版物制品的特点是优质低价、使用方便、形象逼真，它的大量普及，必然减少消费者对图书的需求。而随着电子技术的飞速发展，按照摩尔定律，电子产品的价格每18个月下降一半，而且电子制品的质量价值比在不断提高，所以电子制品对图书这种传统的出版形式正在形成现实的冲击，分流图书的购买者。

3.2.2 网络出版

网络出版目前主要是作为传统出版单位的补充而存在，主要以出版本版图书、期刊、报纸、音像制品和电子出版物的网络版为主。为了照顾人们的阅读习惯，现在开发了电子书（E-book）和阅读软件，其作用是可以像翻动纸质书那样方便和人性化，如果眼睛累了，还可以让电子书读给你听，其功能是一般纸质图书所无法做到的。现在之所以没有大量推广，主要是价格和体积方面还未达到理想的效果，但可以预见不久的将来，这些阅读器会进入千家万户，所以网络出版很有可能取代传统出版业而成为新的出版形态，扮演真正的"内容提供商"的角色。

网络出版能够作为图书的替代品主要是由图书的"内容"特性决定的。网络出版的优点大大优于传统的出版业，它在读者和作者之间直接建起了一个桥梁，其速度、方便性、互动性都远较传统出版为优。纵览出版业数千年历史，每一次重大变革都与信息载体的变化有着重要的联系。从甲骨、竹简、丝帛到纸张，到磁介质，再到光盘介质，都让出版业经历了革命性的变化，这次当互联网出现时，它的影响也许会像纸张代替竹简一样，将纸张取代，如果今后所有人都习惯了网上生活和学习，那么改变传统的阅读习惯也就不足为奇。所以网络出版对传统出版业的冲击决不应小视。

3.2.3 盗版图书

盗版书作为正版图书的替代品出现，是中国图书出版业的悲哀，也是我国知识产权保护不完善、市场经济秩序严重不规范的必然结果。一般而言，出版社花费大量资金策划出来并有良好市场前景的图书，只要刚一上市，就会遭遇盗版。全国有一批人专吃盗版的饭，而打击盗版、取证往往十分困难，加上地方保护主义盛行，常常让出版社打击盗版后反而得不偿失，陷出版社于进退两难的境地，其合法权益长期得不到保护，亦严重侵害了作者的权益。盗版已经成为严重阻碍出版业发展的毒瘤之一。

3.3 供应商

对于出版社而言，供应商主要是作者和纸张材料公司。由于材料是一种标准化产品，生产厂家众多，且纸厂也不具备前向整合的条件，而出版社是纸厂的主要客户，因而纸厂几乎不能形成对出版社的制约。

作者在一定程度上可以制约出版社的获利能力，尤其是新的著作权法限制了出版社的权力，比如专有出版权必须通过合同约定，不同的文种并不自动授权，改编权仍归作者，作者可以通过版税制分享出版利润等，这实际上使弱小的出版社处于不利的竞争地位。加上目前出版市场的不规范，大量买卖书号现象的存在，实际上使作者的地位大大加强了，如果市场看好，作者干脆就自己买书号出书，目前考研类辅导书，大都可以看到这种运作的影子。

3.4 发行商

出版社出版的图书基本上是一种廉价品，有着批量小、品种多的特点，且有的为非必须品，其直接购买者是读者，但他们大都分散在各地，因而出版社无力也不可能直接满足读者的需求。所以尽管图书的真实购买者是读者，但真正对出版社构成威胁的是发行商，因为读者和出版社之间必须通过中间商来搭桥。目前，我国图书发行渠道五花八门，有所谓新华书店为代表的"主渠道"，有个体书店为代表的"二渠道"，有出版社自办的发行站，还有日益渗透和壮大的外资发行企业或图书俱乐部。

3.4.1 新华书店——"不堪一击的巨人"

新华书店以其丰富的网点布局，上下一体的管理体制，本是最易成为中国图书中盘的机构，但由于其体制僵化、地区分割、人员太多且长期主要靠发行教材养活，观念陈旧，不思进取，所以对出版社的服务差，官商作风十足。为应对入世后的挑战，中国政府采取的应对措施之一是通过培育一批发行集团、大型书报刊连锁经营企业及现代物流配送中心，进一步推动新闻出版业内部机制和劳动人事制度的改革，给予发行单位更多的自主权和发展权，增强他们的市场竞争力。遗憾的是成立的几大发行集团大都为行政"捏合"的结果，且以原省地新华书店为主，并未真正按资本为纽带，实施重组，因而短期内难以改善出版业下游的瓶颈问题。

由于新华书店效率低下，生存困难，但其却有着向后整合的优势，一旦发现某种选题不错，他们就会与出版社讨价还价，以主发、包发的名义谋求与出版社分取出版利润。

3.4.2 "二渠道"——经历信任危机

中国发行业经过多年的改革发展，投资、经营多元化的格局已经初步形成。在全国数万家发行企业中，个体和私营书店有 7.8 万家，年销售码洋超亿元的数十家，数量上是国有发行企业的四倍以上，其经营额，如不包括学生教材，"已经和国营发行企业平分秋色"。[24]

"二渠道"的发展很快，但仍以规模偏小者居多，其中不少是专业书店，对于中小科技出版社而言，其能量不可小看，但鉴于"二渠道"历来在回款问题上信誉度不高，所以许多出版社至今仍不肯与之做生意，其结果是反而缩小了自己的生存空间。

"二渠道"因为对图书的销售渠道熟悉，了解读者的需求，很多人除了发书之外，还"做书"（即到出版社买书号），以争取更大的利润，因其对出版发行都很熟悉，因而将来是出版社最有力的竞争对手。

3.4.3 外资发行企业——改变中国发行业布局的推动力量

2002 年，中国履行入世承诺，已批准少数外资公司进入北京、上海等 6 个城市及 5 个经济特区的书、报刊零售市场。2003 年 5 月 1 日起，中国颁布实施了有关外资进入中国大陆书、报刊分销市场的规定，进一步开放重庆、宁波及所有省会城市书、报刊零售市场，正式受理外商投资的申请。据介绍，目前，60 多家外资企业已在中国大陆设办事机构，拟申请在大陆投资设立书、报刊分销企业。只要准备充分，条件具备，符合规定的，都将有望获准进入中国市场。

外资企业进入中国发行领域的运作模式报道的不多，但其挟资金之优势，广建发行渠道和图书俱乐部是众人皆知的事实，其用意决不仅止于发行领域的利润，更多的恐怕还在向上游出版的拓展。从目前来看，他们至少可以起到"鲶鱼效应"，激活中国发行业。

3.4.4 网上购书——大有前途的增值业务

有调查表明，在网上购物方面，人们购买得最多的是图书，因此网上购买图书有可能是发展电子商务的突破口。网上书店是目前比较成功的模式，也是出版社应该很好争取的机会。如果运作得好，出版社不仅不会被制约，还可能成为今后新的利润增长点，因为网上书店还有可能成为网上出版的先驱，因此出版社应积极介入。

由于网络是无边界的，可以不受时空的限制，只要上了网的人看到了，感兴趣的都会购买。这种网上网下的互动，会吸引更多的读者。相信将来会有更多的网上作品变成纸质图书，也会有纸质图书变成电子图书。不仅如此，出版社还应充分利用网络来发现有价值的选题、宣传自己的形象、进行售后服务实现与读者的直接沟通与交流，还应积极探索网络出版的新途径。可以预期，网络出版必将以其方便性、内容的丰富性、及时性、互动性等优点，受到人们越来越多的欢迎，传统出版社应该有这种危机感和超前意识。

3.5 互补互动力

3.5.1 书刊互动

图书与杂志本质上都是"内容"的载体，在一定意义上是可以相互弥补的。杂志的优点是时间快、信息量大，但其深度、研究性远不及图书。书刊的互动表现在杂志的信息量可以为图书的选题提供思路并为图书的发行进行宣传。目前市面上卖得很火的《我的野生动物朋友》（连印 10 次，至 2002 年底总印数达 19 万册）[25]就是由云南教育出版社 2001 年创编的、《人与自然》杂志主编刘硕良根据其杂志上的有关介绍开发的，并由此计划每月推出一种"人与自然文库"系列环保图书，进而形成一定的规模和品牌，同时使云南教育出版社加入了畅销书行列。

3.5.2 影视互动

影视互动是指因为影视作品带动图书畅销的案例，这种手法已被许多出版社广泛运用，如大片《哈利波特》的上演，人文社早就有意识地出版了相关的系列产品，几乎没有不成功的。近来随着学习外语热的升温，大量电台、电视台播放的教学片，如《空中英语》《洋话连篇》等，其图书都销得很好。

3.5.3 网络互动

同一内容在网上出版后，同时或以后再以纸介质的形式出版。比较成功的例子是台湾网民痞子蔡创作的"网上第一部热销小说"《第一次亲密接触》，其纸质版第一年在台湾销了 60 万册，大陆的简体中文版仅 3 天即售完初印的 3 万册。[26]另一个例子是气象出版社利用一个私人创办的猴哥英语网站出版了猴哥 GRE 写作教程亦大受欢迎，收到意想不到的效果。

3.5.4 名人互动

名人互动的例子可以从刘晓庆《我的路》开始，其后出版界便有意识地利用名人做书，比如赵忠祥的《岁月随想》等，这些图书利用名人效应，几乎"做一本火一本"，其本质上是利用了读者对名人的好奇心，广告策划与宣传也做得很到位。

3.6 出版社之间的竞争

当前出版社之间的竞争主要体现在资源的整合与充分利用上。尽管出版资源的行业垄断还存在，许多出版社还靠教育"吃饭"，但业内的有识之士已经开始从出版业的实质——争夺"内容"、建立优势地位入手，整合原有的出版资源，一些有特色的出版社正在走专业化的道路。在一些领域，如计算机类中的电子、清华、邮电等，外语类的外研社，辞典类的商务印书馆、文学类的人民文学出版社等，都已形成市场的领先者。

出版社之间的强强联合也已展开，形成了出版集团，如中国出版集团、上海出版集团等。由于这些联合不是按资本形成的联合，而是行政干预的结果，因而出版社之间实际上是一种松散的横向联系，其生命力还有待观察。也有的出版社在竞争中失去了方向，趋于无个性化，表现为跟风炒作，无创新选题，无定位，无战略。中小出版社表现得尤其明显。

另一个值得注意的动向是，国家政策正在放宽进入出版业的条件，原有的书商会慢慢从地下转为公开，或被正规出版社收编，或承包一个出版社的编辑部，或双方以某种方式合作，这几年也造就了一批很有市场影响的图书和出版社。

竞争的趋势将沿着从图书向出版物、向文化、信息、娱乐产业这一完整的链条上发展和渗透。出版社办杂志，办报纸，去同电台、电视台、网络、电影、娱乐产业、文化科研机构及其他产业大的上市公司开展战略性合作，发挥媒体之间的互补互动力，更充分地占有更大的信息资源，形成具有灵活应变机制和市场反应能力、同时更具引领市场能力的大的文化产业集团。或者其他的文化、娱乐机构兼并出版社，并最终将两方面资源整合起来。市场整合的结果，必然是从自由竞争，走向垄断或垄断竞争，即少数几个大企业占有大部分市场份额，主导市场。

4 中小科技出版社的竞争地位与发展潜力

通过行业分析可以发现，出版业外部的威胁主要来自于潜在进入者和发行商，而内部的竞争者正在整合，形成新的强有力的竞争者。从现有出版社的实力看，可以将所有出版社分成"靠教材吃饭"和"靠专业吃饭"的两类，前者是目前的强者，科技出版社属于后者，其中中小科技出版社则处于弱小者的地位。

从长远看，强者将会是经过新的市场竞争考验之后生存并发展起来的出版社。可以肯定，那些完全"靠教材吃饭"的出版社，将会是市场经济的牺牲品，因为教材的改革已经开始，国家实行一纲多本，教材出版实行招标制，大的出版社决不会拱手相让这一块市场，其结果必然是教材出版利润的重新瓜分，原有靠地方保护"吃教材饭"的出版社将会毫无竞争力。

相反，那些过去没有教材出版任务，这几年又在市场中摸爬滚打了多年的中小科技出版社却还是有竞争力的，其竞争力主要体现在思想观念、用人制度上的改革，不再指望别人养活自己。其不足之处在于，不知道如何按照市场经济的规律要求和出版业行业特点来制订自己的战略，找准自己的定位，积极主动的参与市场竞争。

为了便于对个体出版社进行微观的分析，我们可以把出版社分成三种类型，即作者驱动型、编辑驱动型、市场驱动型。作者驱动型的表现是其出书范围凌乱，几乎市场上有的书，该类出版社都能找到，原因在于作者投什么稿，就出版什么书，整个出版社出版没有计划，跟着作者转，只要有补贴或者包销就为作者出版图书。

编辑驱动型的表现是一个出版社就那么几个作者，一本一本地出，看起来像一个系列书，实际上是编辑就认识那么几个作者，于是自己出题，让作者写。这类出版社图书虽成系列，却未必符合市场的需要，多少有点"闭门造车"。

真正有竞争力的出版社应该是"市场驱动型"的，即市场需要什么就出版什么，根据市场需要确定明确的出版方向，有明确的读者群，特色明显，在一个或几个细分市场上占有领先地位。

下面我们对中小科技出版社即将面临的挑战，存在的发展机遇，以及在竞争中要注意规避的不足和发挥哪些优势做一个详细的分析。

4.1 生存面临威胁

本文第 2 章的分析表明，中小科技出版社无论从市场份额和运营效率来看，都是居于末几位的。这类出版社的困境主要是传统专业分工造成的，而在国家经济改革的大潮中又没有找到自己的发展方向，所以基本上处于一种无个性化的生存状态，属于作者驱动型，成了一个来料加工型企业，作者投什么，就出版什么，或者市场上流行什么，就跟风出版什么。翻开图书目录会发现，市场上有什么书，该社就有什么书，但就是没有规模，看不出有什么重点和特色。这类出版社之所以还能生存，主要是国家对于出版的保护政策，使一些潜在进入者还不能明目张胆地进入出版领域，加上国家的退税政策、主管单位的补贴、作者的补贴出书和合作出版的收入。在即将到来的出版产业化改革中，将按照市场的规律决定谁可以生存下去，谁将被淘汰，国家不再保护弱小的中小科技出版社。可以预计，出版业内部的竞争将会加剧，对社会资本的开放也指日可待，所以眼下威胁中小科技出版社生存的最大因素，反而是原先使其存在的理由。

4.2　机遇与挑战并存

有人形容中国的出版业是一块尚未开垦的处女地，尽管国内出版业在某些领域，比如计算机、外语类以及畅销书领域竞争激烈，跟风炒作严重，但在大部分领域，还处于待开发的状态，而且随着国民收入的提高，国家对科技投入的增加，新的需求会不断产生，所以保护政策取消之后，中小科技出版社将会摆脱原有出版范围的限制，根据自身的学科优势，向相关领域拓展，选定那些市场较大，大出版社又无力顾及的领域，而不是现在漫天撒网式的经营。

以某出版社为例，现在它参与了图7中所有图书的竞争，但每一个方格的竞争力是不一样的。教辅类图书参与竞争者众多、作者要价高、新华书店进货折扣低、各家出版社出的教辅书多如牛毛，完全可以相互替代，与其他出版社相比，在名气、规模、稿酬、销售渠道等方面均不具备优势，如何参与竞争？相反在科技类图书中，由于竞争者少，有的领域甚至是空白，大出版社很少留意或看不上眼，如安全类图书，但市场潜在需求量大，且以团体消费、单位消费为主，很适合中小科技出版社去做。再比如气象类图书，尽管市场总体需求量不大（1000~5000册），但其定价可以相对较高，其读者明确，如果抓住气象行业网络系统发达的特点，只需加挂一个气象图书销售网站，即可解决大部分图书的销售问题，而且读者和出版社都可以从中间环节节省下来的费用中收益。由此可见，中小科技出版社面临的机遇还是很多的，关键在于要有勇气和魄力敢于打破框框，否定过去，破除传统的事业单位管理模式，真正按照市场经济规律的要求和企业管理的思路，大胆起用新人，敢于吸引人才，勇于创新，彻底转变经营管理理念，跟上形势发展的要求，与时俱进，这是中小科技出版社能否顺利转型所面临的最大挑战。

		直销	专业书店	新华书店	网上销售
科技类	气象				\\\\\\\\\
	环境		======		
	安全	/////////			
文教类	英语				
	教辅			° ° ° ° ° °	
社会类	经济				
	法律				

图7　图书分类与销售渠道单元竞争力

4.3 扬长避短，潜力巨大

中小科技出版社长期以来致力于相对狭小的专业领域内出版图书，其运作模式主要是靠政府补贴和退税、作者补贴和包销出书等，因而一旦面向市场，其缺陷和不足是明显的。

在选题方面，由于对需求方的实际需求缺乏严密、科学的分析和研究，因而主要根据编辑的经验加以判断，有的甚至仅凭感觉就出书。在销售渠道方面，长期以来主要依靠新华书店，而多年来主要是通过在《科技新书目》上征订作为主要手段，辅以各书店的订货，小出版社的专业图书始终未成为订货会的主流品种。

为了拓宽出书范围，近年来中小科技出版社都出版了大量与专业无关的图书，主要是想闯市场，结果因为没有合适的发行渠道，或运作不当，如"跟风"晚了、图书质量不高、跟踪市场不准确、规模太小折扣下不来等原因造成图书的大量退货和库存积压，不仅形成资源的严重浪费，还浪费了有限的流动资金，失去了新的机会

总之，中小科技出版社人员结构单一、规模小、市场意识差、抗御风险能力弱等，都是其弱势所在。但如果正视这些弱点，规避这些风险，发挥自己的长处，仍可以是一个强有力的竞争者。

这一点首先是由出版业的特殊性决定的。出版业是一个知识密集型产业，出版社之间的竞争主要体现在选题的策划能力上，对于资本的需求并不大。一个好的选题可以救活一个出版社，可以带动一批书的出版，甚至形成一个特色的品牌。如广西出版社的《新编十万个为什么》，一举奠定了其作为全国大社的地位。

其次，出版业面临的读者分布广泛，需求千差万别，任何一家出版社也无法满足所有读者的需求，这样一种市场结构天生就为中小出版社的生存留下了空间。

第三，由于其规模小，人员少，负担轻，机制灵活，"船小好掉头"，发现了市场机会，可以迅速调整方向，正好适合了市场需求多样化的要求。

第四，中小科技出版社的人员由于长期与科技打交道，其科技素质都比较高，在接受新技术的速度和能力方面都比较强。新技术的出现，会为中小科技出版社的发展提供新的机遇。如网络的出现，可以迅速搭建起读者与出版者之间的桥梁，传统的业态模式将会发生改变，使印数少不再成为科技出版社亏损的原因。

最后，科技出版社与特定的行业和职业有着天然的联系，一旦发现了某个特定行业中某个有前途的细分市场，其编辑就可以以"内行"或"专家"的眼光，很快地融入这个行业中，迅速了解行业的现状和发展趋势，并以读者熟悉的专业语言，与读者对话，发现新的需求，形成一定的出版规模。

综上所述，中小科技出版社并不缺乏做强的机会，也不缺少做大的资源，关键是要充分利用自己的优势，选择对手没有注意的领域，准确把握读者的需求，迅速调整自己的经营战略，选择与自己能力相匹配的市场去做。

国外出版业发展表明，西方中小型或专业出版社虽然生存在大型媒体集团的夹缝之间，但因其规模小，运营成本相对较低，对市场反应灵活，因而都有较好的成长性。1999—2001年美国在整个出版业净收入下降6%的情况下，14家增长最快的中小型出版社平均增长43.5%，其中最快的两家达100%。[20]其增长较快的原因在于提高生产力，紧缩库存，提高单品种销量，实行员工分享利润机制，监控印数，削减退货；突出和利用自身特点，做区域性或行业（专业）性畅销书；利用本社在某一领域的优势，特许分销其他出版社的图书。这些经营理念，值得我国出版社去研究和借鉴。

5　中小科技出版社成功发展模式研究

5.1　关键成功因素

5.1.1　对读者需求敏感的策划编辑

图书是一种创意型产品，它对货币资本的依存度相对较低，而对人力资源主要是指策划编辑的依存度较高，策划编辑是指具有独立选题策划能力和较高的市场运作能力的编辑，他们是影响图书价值的关键因素，是出版社成功的核心资源。

图书商品尤其是单制品是最能体现规模经济的商品。随着单制品供给规模的扩大，固定成本在整个成本结构中所占的比例迅速降低，当达到一定规模或在一定条件下有些固定成本趋于 0，而决定单本图书规模（数量）的主要因素取决于策划编辑策划的选题的质量。好的选题有利于降低成本，实现销售利润，对出版社的赢利起着决定性的作用。

5.1.2　获得高水平作者的能力

好的选题还需要好的作者相配合。图书的原始形式是书稿，提供书稿的作者，是游离在出版社之外的，书稿资源的一个显著特点是它具有作者的专有性和书稿的"易移动性"。很多选题的作者带有独占性，别的作者做同样的选题读者不认，例如大部分读者只购买金庸、梁羽生、古龙等少数几个作家的武侠小说，对其他作家的武侠小说不屑一顾。而对出版社而言，对这种资源的获得具有均等性，它不像土地、资本等其他资源那样对地域、企业规模等有严格的要求，资源获得机会的均等性与作者资源的独占性和易移动性结合在一起，给图书供给带来极大的不确定性和风险性，因此，获得并维持好与一流作者的良好合作关系，是出版社增加出版价值的一个重要措施，具有战略意义。

5.1.3　全程营销的理念

现代出版改变了传统出版从编辑到读者的模式，而应以读者需求为起点，变"为作者服务"为"为读者服务"（见图 8），实际上体现了一个从推销到营销的转变过程，东北财经大学出版社提出的"出版全程营销理念"是这一转变的最好体现。其 1999 年开始实施的"把营销工作导入"到出版社的各个工作流程中去，使策划、编辑、印刷、发行等各个环节构成相互联系、不可或缺的统一整体，从而使出版社的选题与发行工作得到质的提升。具体来说，就是把营销中的 4P（Production，Price，Promotion，Place）应用到出版社的各项工作中去，解决编辑部门与发行部门相互脱节的问题，受到了良好的效果。

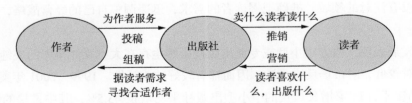

图 8　现代出版与传统出版模式比较

用营销导入工程改造既有的业务流程，体现了以市场为导向，以读者为根本的经营方略，从根本上改变了传统出版既不主动开拓市场，也没有服务客户的缺陷，实现了由过去主要向新华书店发行图书，到现在面向全国的图书消费者全方位开展市场营销的飞跃。

5.1.4　低成本接近读者的分销渠道

图书的直接消费者是广大读者，但几乎没有哪家出版社可以直接面向所有读者售书，原因在于其成本太高，所以一般出版社都需要中盘的配合，才能很好地生存。但国内尚未有真正意义上的中盘商存在。各出版社目前的主要销售渠道有以下几种方式：直接面向需求方（如邮购、向出版社网上订购等）、通过零售商（图书俱乐部、书店、系统发行机构如图书代办站、网上书店等）再到需求方、通过批销商（主要是新华书店发行所）到零售店再到需求方。

通过上述三种渠道销售图书的成本是不一样的，各出版社选择渠道的能力也不一样，目前生存困难的中小科技出版社主要依赖第三个渠道，这是传统延续和惰性的结果，因为新华书店机制僵化，销售不积极、不主动，使得一些本来很有市场的书也积压下来，不可避免地拖累了中小科技出版社的发展。

每个出版社图书销量的大小不仅取决于读者实际需求的大小，还取决于其图书在上述各种供给渠道是否顺畅以及利用的程度如何。从某种意义上说，后者是目前制约出版社销量的主要因素，所以中小科技出版社应积极探索和寻求新的低成本发行渠道，以增加图书的销量，降低图书运作成本。

5.1.5　组织结构优化能力

图 9 是一幅出版社内部及其上下游价值链关系图，从中我们可以看出制约出版社发展的两股力量，对应的解决办法就是靠出版社内部的策划编辑和发行来加以制衡。所以出版社的最佳组织结构应是以策划编辑部和发行部为两头、其他部门为中间的哑铃型结构。而发行部的存在，是中国中小出版社所必不可少的环节，主要是中国没有成熟的中间商所致，国外的中小出版社则未必需要发行部，因为出版社可以把这一块外包给中间商或分销商来完成。如美国西部出版集团，建立了专业化、现代化的物流配送系统，使其代理了150多家中小出版社的发行工作，全年销售2亿多美元[8]。

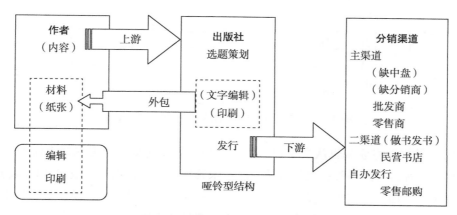

图 9　出版社的上下游价值链

5.1.6　专业化出版与个性化发展

仅有良好的组织结构并不能保证中小出版社很好的发展，就像一台运转良好的航天飞机，如果方向不正确，也会走向毁灭。中小科技出版社在强大的竞争面前，为了生存和发展，只能向专业化方向、个性化出版方面寻求出路。只要根据市场的客观需要和自身的能力，制订出明确的出版战略，并随机调整自身的出版定位，就能取得市场的主动权。

中小科技出版社的竞争优势，在于其改变策略的速度非常快。在考虑其自身定位的同时，如果能以前瞻的眼光，考虑到时代的转换，就可以使其运行在一个有前途的领域，并获取超额的利润。就正常运作而言，当出版社发展到一定程度时，要有选题构成层次的全面提升，立足于形成规模经济和品牌特色，以图做强做大。

5.2 成功案例举要

上节分析了中小科技出版社发展的关键成功因素，在我国出版业改革尚未真正开始的阶段，任何其中之一的改革，都能带来出版社意想不到的质的飞跃。多年前金盾出版社采取"低成本接近分销渠道"的策略，靠费用低廉、吃苦耐劳和敬业爱岗、责任心强的退役军人为其跑遍全国各地县级以上新华书店，使其图书布货能力迅速提高，销售量猛增，一举奠定了全国大社的地位，成为业内许多人想学而学不来的榜样。近年来，科学出版社实施策划编辑与文字编辑分离的改革，既保证了传统科学大社注重质量的声誉，又缓解了经济上的压力，通过龙门书局大量策划和出版时效性强、销售量大的教辅类图书，创出了名牌，取得了明显的经济效益。

下面我们再举两个比较典型的由小型、中型科技出版社通过关键要素的改革向中型、大型科技出版社转化的例子。

5.2.1 上海交通大学出版社——实施"哑铃"战略，两头与市场对接

上海交大出版社是 1983 年成立的大学出版社，经过 20 年的发展，构建了"一体两翼"的基本定位，将出版大学教材和专著作为主体，以出版科技图书和工具书为两翼，成为近年来国内较有影响的中型出版社之一。其较快的发展速度（见图 10），得益于近年来在结构方面的调整与改革。具体说就是实施"哑铃"战略，建立起适应激烈市场竞争需要的社内组织机构，以提高企业的竞争力。

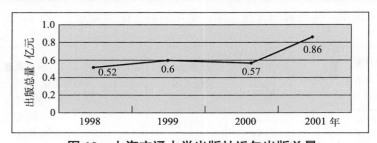

图 10　上海交通大学出版社近年出版总量

其基本做法一是推动专职编辑从文字加工型向选题策划型转变，让编辑把工作重心放在选题开发与策划上，这形成"哑铃"的一头；二是推动职能技术管理人员从技术型向技术管理型转化，将出版社中的许多技术性工作，如文字编辑、设计制作、排版、校对、印制等逐步外移，依靠社会服务来解决。这形成"哑铃"的中间。三是推动发行改革，加大市场营销的力度和对发行财务的监控与管理，明确要求发行部门在图书的造势、市场营销方面有所作为，与编辑策划人员一道携手打造图书市场，研究营销策略，分析市场动态，为选题策划、销售、开发提供反馈信息，为社领导的决策提供参考依据。这形成"哑铃"的另一头。

经过改革以后，上海交大出版社形成了以"策划编辑"和"市场营销"为两头的"哑铃"型组织结构，其编辑人员能以超前的出版理念和敏锐的市场意识，活跃在作者和读者之间，使出版社每年都有一批有生命力的选题问世。发行方面，逐步建立起了适合自身特点的营销网络，使策划与营销逐渐实现了

"两头与市场对接"的局面，扩大了本版图书的辐射发货能力，提高了出版物的市场占有率，扭转了编辑与发行"两张皮"的现象，取得了令人鼓舞的效果。以 2002 年为例，全年新出图书首次突破 300 种，共出图书 559 种，图书销售码洋 7573.6 万元，销售收入近 5000 万元，经营利润 580 万元[29]，各项指标均不断增长。

5.2.2 化学工业出版社——靠专业特色成为细分市场的领先者

化学工业出版社是一个专业性很强的出版社，1993 年作为原化工部的试点改革单位，开始了长达 10 年的改革，取得了丰硕的成果（见图 11），形成了明显的专业出版特色。2002 年出书码洋达 1.6 亿元，销售码洋 1.4 亿元。近 3 年年平均增长率分别为：出版品种 34%，出书码洋 33%，销售码洋 33%。[30]北京开卷图书市场研究所 2002 年 8 月、9 月、10 月三个月的全国图书零售市场简明分析报告表明，化工版的化学类、环境科学与工程类、材料科学与工程类、精细化工类、腐蚀与防护类、化学化工综合及工具类等主要专业图书的市场占有率稳居全国第一，工业装备类专业图书排名第二，医药科技类、印刷类、生物技术类图书市场占有率在第二位和第四位之间，总体呈上升趋势。

化工出版社在短短 10 年的时间内，从一个小社迅速成长为过亿元的大社，关键是立足化工专业，形成出版特色，向与专业相关的领域拓展，准确定位，形成出版规模。几年前，出版社即根据市场变化和读者需求，将原有散乱的出版范围调整为六大重点出版板块：材料科学与工程、环境科学与工程、现代生物技术与医药科技、工业装备与信息工程、基础化学与应用化学、各类教材。2000 年初，该出版社又按照现代企业制度的要求，参照事业部制管理模式，在调整优化出书专业结构的基础上，重组九个出版中心，走内涵式的发展之路，待各出版中心做大做强后，再裂变为分社，最后组建专业化出版集团。[31]其目标是，到 2005 年，出书码洋 3 亿元，销售码洋 2.8 亿元，总收入 1.9 亿元。到 2010 年出书、销售码洋双双突破 6 亿元。[32]

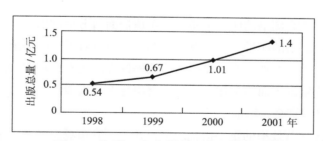

图 11　化学工业出版社近年出版总量

5.3　小科技出版社运作模式比较

就目前而言，几乎所有成功的出版社，都只在一个或几个细分市场上开展自己的业务，其定位十分明确，采取焦点战略，力争做到细分市场上的"老大"。这是出版业内在的规律决定的，图书是一种即兴购买的便利品，其销售方式适合分散经营，对于任何一家有实力的出版社也不可能将自己的图书送到所有零售书店，所以锁定一定的目标顾客群，做好特殊的需求服务，反而可以做深、做透，形成品牌效应。而生存困难的出版社大都违背这个原则，定位模糊，自己的专业图书领域因为市场容量小，该放弃的没有放弃；非专业图书市场上，以为跟风就可以赚钱，市场流行什么，就做什么，结果因为没有特色而惨遭退货，不要说去与别人竞争，能"打个平手"，不亏损就不错。

在同样的市场环境下，针对同样的市场，不同的运作模式会产生不同的竞争效果，通过不同模式之间的比较，可以发现竞争优势是如何产生和形成的。图 12 反映了中小科技出版社与市场需求之间匹配的过程，通过它可以揭示竞争力是如何产生的。

所谓竞争力，其实就是一种比较优势，即针对相同的市场，你能比竞争对手以更快、更好的质量和更低的价格去满足市场的需求。波特的竞争理论告诉我们，竞争优势取决于两个方面，第一，行业的平均利润率。第二，企业的运作效率。对于行业内部的细分市场，这个规则同样适用。定位解决了中小科技出版社选择的细分市场获利潜力的大小，对于市场容量大、竞争者少的细分市场，做到了领先地位，一样可以获得丰厚的利润。但这只是可能性，要想取得领先地位，还需提高运作效率。图书本身是一个差异化很大的商品，即使同一个题目，作者不同，内容风格也会不相同，这给差异化战略留下了很多空间。一般而言，图书的价格不同于其他商品的定价方式，它到达读者手里的价格是由出版社决定的，所以出版社要想通过提高商品价格来增加读者的价值是很困难的，取得竞争优势的较好办法，是采用低成本战略。

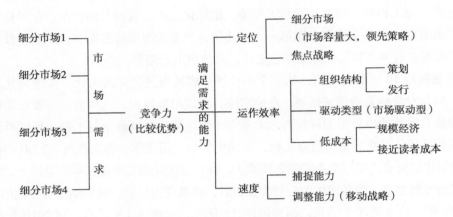

图 12 中小科技出版社获取竞争优势

降低成本的办法主要靠提高图书的印数来做到。正像前面所分析的那样，图书的固定成本很低，单本的规模经济效应明显。而图书的印量大小又取决于图书到达读者手里的渠道，选择在乎你的销售渠道和方式会减少降低折扣的压力，增加利润。提高运营效率的方法还有市场驱动的运营方式，即图书选题的确定是根据市场需求来确定的，而不是作者投什么就出什么或编辑想出什么就出什么，这种漫无目标的出版，实际上浪费了书号和资金，增加了机会成本。

组织结构的调整是提高运营效率的重要措施之一，几乎所有市场份额处于上升趋势的出版社在近几年都进行了组织结构的创新。如文字编辑与策划编辑的分离，使策划编辑更好地集中思考选题的对象、营销方法、宣传、销售等问题。发行部门加强营销的力度，改变推销的做法，加强对编辑部门的信息反馈等。针对几个方向进行的梅花桩式布局的事业部制的改造，每一个事业部实行独立核算等。

满足市场需求的能力除了定位准确、运营效率高之外，还要有速度才行，如果竞争对手比你更快，那你就失去了先机。如果你不能迅速捕捉到新的市场需求，进行重新定位，那么，再好的运营效率，也会被对手打败。

6 提高中小科技出版社竞争力的对策与建议

中小科技出版社面临的问题很多，如冗员过多、销售渠道不畅、大量退书严重、资金周转困难、出版品种杂乱无章等，在市场竞争中处于一种混乱的状态，如果处置不当，随时面临"关门"的危险。所以其要想获得竞争力，实际上包括三个层次的问题，一是解决好生存竞争的问题，二是如何发展的问题，三是做强做大的问题。本文也就从这三个层面上提出一些对策和建议。

6.1 生存竞争对策

6.1.1 组建"哑铃型"组织结构

正像国有企业冗员过多不能摆脱经营困境一样，中小科技出版社存在大量不适合做编辑出版的人员，这些人员的进入有其历史原因，必须下大决心甩掉这些包袱。解决的办法，当然不能靠解雇、开除等极端手段，而是通过优化组织结构来调整，其目的是让真正适合干编辑、发行的人员到关键岗位，并获得相应的报酬，实行按岗定薪、竞争上岗的制度。出版业是一个智力密集型企业，不是靠人多就可以发挥经济效益，相反如果人多，意见多，反而不易形成正确的决策，而且不能发挥作用的人，与特别能干的人获得相同的报酬，也会影响有创造力的人的积极性，实际上是增加了企业的运营成本。所以要按照出版社发展战略的要求，组建"哑铃型"的组织结构，形成策划编辑和发行为两头的新型组织模式，让关键岗位的人发挥作用，并获得相应的报酬，而贡献小的人只能获得较低的报酬，实际上降低了出版社的运营成本，提高了经营效率。在此基础上实行竞争上岗，就可以自然淘汰一部分人到非关键岗位上，达到精减人员、精干队伍、提高效率、降低成本的目的。

6.1.2 实施文字编辑与策划编辑的分离

计划经济时期的出版业，文字加工和选择来稿进行出版是编辑的主要职责，选题一般由作者投稿或领导分配，不需要编辑自己组稿，也不需要编辑对利润负责。现在面向市场，需要编辑提出有市场潜力的选题，传统的编辑管理模式已不能适应新的形势的要求。由于选题成了出版的源头，而编辑又是确定选题的源头，一个选题从确立到成书再到投入市场，能否获得预期的发行量，取决于编辑的市场判断力。出版社的竞争，表现为编辑对选题把握能力的竞争。而编辑的市场判断力来自于能否花费足够的时间进行市场调研和思考。尤其是现代出版，需要综合考虑图书的营销、创意与包装等，所以有远见的出版社，都实行了选题策划与案头加工的分离，让编辑集中精力搞好选题策划与开发，以求把目标市场上最能满足读者需求的图书及时出版出来。

6.1.3 选择在乎你的销售渠道

长期以来，依靠新华书店这个单一的销售渠道，如今成了中小科技出版社的软肋。新华书店自恃老大、体制机制僵化，小社不是其关注重点，因而其服务、信息都无法适应中小出版社的要求，而中小科技出版社出版的图书一般都具有较强的专业性、时效性和实用性，需要有针对性的快捷运作，方能收到良好的效果。所以出版社的发行人员必须学会选择那些"在乎"你的书店，建立自己专业图书的分销渠道，而不是一味地依靠新华书店这一个关系客户，求他多进点自己的书。现在民营书店中的一些专业书店，其能量不可小看，由于其专门从事专业图书的经营，其客户群相当广泛和稳定，新华书店销不了几十本，在他们手里却可能成百上千地卖出去。而且折扣比新华书店的高，有的可以当时结账。像这样的渠道，出版社应有意识地加以培养和联络，以扩大专业图书的发行量，不能因为其民营身份而不屑一顾。另外，应该尽快建立专业图书的销售网站，或寻找网上的专业书店代销自己的图书。

6.1.4 变作者驱动型为市场驱动型

所谓市场驱动型，就是要使出版社所出的图书，根据市场需求来生产，而不是根据编辑的主观臆断或作者随机投稿来确定。要做到这点，关键是建立全过程营销的理念。确定图书选题时，要有营销的意识，要一切从读者的需求出发来确定图书的选题、规格、开本、定价，明确读者的分布、数量等基本数据，考虑通过什么渠道将图书送到读者手中、通过哪些促销方式刺激读者购买等，只有这些因素考虑清楚了，做出的图书才不会砸在自己手里，才不会因占用过多资金而陷于被动。

6.1.5　实行编辑与发行之间的互动

科技出版社生产的图书，由于其量本来就不大，如果发行不努力，就极易造成亏损。所以图书生产出来了，最重要的是扩大发行。编辑与发行的互动，就是要让编辑积极参与发行工作，对图书的宣传、营销与预订作出指导性意见，因为只有编辑对自己的图书内容、读者对象和用途有更多的了解。而发行部门把销售过程中遇到的问题和情况，及时反馈给编辑部门，以利于及时改进、调整选题和图书的不足，达到为图书拓疆扩土的宗旨。通过双向交流，有利于抓住有潜力的新选题，实现发行渠道和确定专业选题优势互补，使出版物更贴近市场，使新书的覆盖面达到最大程度的扩大。

6.2　加速发展的建议

生存策略解决的是中小科技出版社的现金流问题，只有产生足够的现金流，才能维持现状并获得参与市场竞争的资格。因为中小科技出版社没有教材这一块"养着"，所以他首先面临的是生存问题，而有教材这一块，哪怕是 1000 万～2000 万元的码洋，也会使其从容得多。所以解决生存问题，实际上就是集中出版社现有的最优秀的资源，形成合理的组织生产结构，提高内部的运营效率，形成拳头产品的过程。而出版行业智力密集型的特点，会使得这种策略取得成功，业界不乏一本书、一套书救活一个出版社的案例。

解决了生存问题之后，应该考虑走专业化发展道路的问题，中外的案例都说明，只有走专业化的道路，才能充分发挥中小出版社的特长，把市场做深、做透、做细，成为某个专业领域的佼佼者。

6.2.1　市场细分策略

中小科技出版社过去实际上也是在一个细分市场上出版图书，只不过这不是自觉选择的结果，而是行政命令的结果，由于人为划分的出版范围天生市场容量小，所以出版社就发展不起来。现在出版社应自己主动对市场进行细分，选择合适的目标读者群，确定自己的图书出版类型与风格，形成鲜明的特色，形成准确的定位。

市场细分，就是要把市场需求分类划细，分清不同读者群之间的需求差别，然后把需求大体相同的读者归为一类，形成一个子市场，即细分市场。市场细分的意义在于：（1）发现潜在的、尚未得到满足的需求，从而发现最佳市场机会；（2）选择符合自己需要的目标市场，集中资源和能力去取得局部市场上的相对优势，从而制定最佳的营销方案；（3）更加明确地掌握目标读者群的需求特征，调整出版物产品的结构，增加出版物产品特色，提高出版物的市场竞争力；（4）有利于占领某个目标市场，形成"拳头"产品，逐步向外延伸，拓展新的市场，提高市场占有率；（5）了解更多的出版信息，更好地为目标读者服务。

6.2.2　聚焦战略

在确定了一个或几个目标细分市场之后，应采取聚焦战略，集中全员的力量和资源，力求在细分市场上达到领先者地位。这样才能使选题和渠道的作用发挥至最大，使需求得到最大的满足，出版社可以通过规模经济和价值链之间的互动发生作用，取得最佳的经济效益。

6.2.3 利基者策略

通过第二章的分析，我们知道中小科技出版社是市场的弱小竞争者，如果与大出版社去争夺计算机、教辅、英语类读物等热点领域，无疑是"鸡蛋碰石头"；即使是"跟风"，也经常因为"慢半拍"或品牌、渠道、选题定位不准等多种原因，遭致损失。但第四章给我们提示了市场仍有许多空白点，还有一些大出版社看不上或顾不上的领域，这些领域远比现有行政指令划分的领域市场容量大，发展潜力大（如安全类图书），所以应该选择这些领域，形成专业化的服务，建立起专业化的渠道，加速发展，这样当其他出版社转过头来再做这一块时，你已经足以与之抗争了。

6.2.4 移动战略

中外以弱胜强的战例很多。毛泽东的法宝是游击战、运动战，在运动中取得局部优势后，打败敌人。运用到企业里面，就是要以柔克刚，避实就虚，避免正面交锋，通过移动寻找有利于自己的市场，获得比较优势，成为强有力的竞争者，这就是所谓的移动战略。如果我们把上面建立起来的出版社的运行机构比作一台高效率的机器，那么移动战略，就是要让这台机器，不断寻找到可以发挥最大效用的地点，这些地点，可以是细分市场的空白点，可以是新兴的领域，可以是大出版社未注意的领域，或他们虽注意却无力马上调整过来的领域，机动灵活、快速调整，这是小出版社的优势所在，这种优势只有在需要移动时，才会体现出来。

6.3 可持续发展的建议

企业要想获得持续的发展，要从业务安排上，围绕核心竞争力，建立起三层业务链并处理好三者的平衡。这三重业务链是核心业务、增长业务、种子业务。[33]核心业务是直接影响近期业绩、提供现金流维持企业存在的那些业务。增长业务是正在崛起的新业务，具有高成长性，并且有代替核心业务的潜力。种子业务，是面向长远的可能成长为"大树"的核心业务。对出版业而言，核心业务就是现在依靠赚钱的业务，大部分出版社靠的是教材，中小科技出版社没有这一块，所以也缺乏核心业务。增长业务是目前国内亿元以上出版社正在积极开拓的图书领域。种子业务，笔者认为应该是那些未来可以成为主要出版业务的出版领域，网络出版无疑是一个很好的种子业务。

由于出版业的特点，中小科技出版社要想生存并不困难。要想发展，就需要找准定位，走专业化发展的道路，以增强自己的竞争实力，形成某一领域的领先者。但要使这种领先优势保持下去，还需要从核心竞争力、组织结构和学习能力方面加以培养。

6.3.1 培育核心竞争力

竞争力，体现的是一种比较竞争优势，这种比较优势会随着别人的学习、模仿而渐渐丧失，只有那些不易被别人模仿和学会的东西，才是核心竞争力。低成本、短周期、高质量、快速服务、高顾客满意度等可以是竞争力，但都不能称之为核心竞争力。核心竞争力应该是"包含在企业内部，与组织融为一体的技能和技术的组合，是企业内部集体学习的能力。"[34]"借助该能力，企业能够按一流水平实施一到多项核心工程，能够发现并掌握形成先行一步优势的事实或模式。"[35]

一个成功的出版社最重要的是选题创新、发现能力与服务读者的渠道布货能力，这些能力可以通过吸引人才、努力工作做到，可以产生一时的效益，但未必能产生长远的成功，关键是没有形成核心竞争能力。核心竞争力是一种组合，是一套机制，是一种文化，是一种模式，是与组织同生的东西，所以别人模仿得了形式，模仿不了实质。这种东西主要是领导人的智慧和意志，是可以培养却不是他人所能强求的。下面提到的组织的学习能力有助于达成核心竞争力，一旦形成了核心竞争力，出版社就会吸引到发展所需的人才、资源，就会"百川归海"，迅速地抓住市场机会快速发展，不易被别人打败。

6.3.2 建立梅花桩式的组织结构

前面讲到"哑铃型"组织结构是出版社生存战略的一部分，这种结构是目前中国出版业没有中盘商情况下不得已的选择。图书作为一种便利品，价格不高，品种多，要建立自己的营销网络实在不是一种经济的做法，尤其是品种规模都不大时更是这样，所以从长远看，中国的中小科技出版社要想有竞争力，还有赖于中盘商的出现。出版社的最佳组织结构应该是"梅花桩"式的，即围绕分类选题策划展开的、针对不同读者群的数个专业化出版中心，在市场规模扩大时裂变成不同的出版分公司，实行先内涵式发展培育种子做强，再外延式扩张做大的发展模式。

6.3.3 提高组织的学习能力

变动时代唯一持久的竞争能力，是你有能力比竞争对手学习得更快更好。[⑧]出版业的最大特征就是变动，它没有固定不变的产品，不像传统的制造业一样，设计出一个新的产品可以销售 3 年、5 年，如果没有新书的推出，出版社活下去就很难。而不断推出新产品靠的是不断创新选题，发现新的市场需求，如果没有针对市场需求的选题开发，就算是不断推出新书，也难以持续发展。所以出版业的持久竞争力的获得，更多的要靠学习，不只是编辑个人的学习能力，更重要的是组织的学习能力。

组织的学习能力，就是组织内部成员之间相互学习的能力，彼此间以一种开放的心态，广泛接纳不同意见，为着一个共同的愿景，从全局的、整体的、系统的观点出发，达成共识的能力。组织的学习能力就是形成一种开放的、探询的习惯和传统，彼此像伙伴、朋友一样相互质疑求真，这样才能找到事实的真相，看清事物发展的关键因素

系统思考表明，小而专注的行动，如果用对了地方，就能够产生重大的、持久的改善，这就是杠杆作用，也是事物发展的关键所在。处理问题的关键就在于寻找高杠杆解的所在之处，这时全体员工的智慧和知识，显然比个别人的智慧和知识更有益。把分散的、为单个员工所掌握的知识变为系统的、为整个组织所拥有的知识是靠组织的学习能力完成的。

提高出版社的组织学习能力，就是要用系统的观念来看待出版社的图书，内部各个环节、各个岗位都要有一种系统的观念、全局的观念，朝着一切有利于满足读者需求这个方向调整自己的行为和方式。如全程营销的理念能否被各岗位忠实地履行，就是对组织学习能力的一种考验。锻造和修炼组织的学习能力，就是增加组织内部各部门之间、各岗位之间和个人之间的协调一致的能力，是打组合拳，提高群体智力，就是形成核心竞争力的过程。而这一过程中，每个人都是自觉自愿地参与，彼此之间形同伙伴，持一种开放的态度，达到个人成长与组织追求完全一致的目的。

6.3.4 创立独特的企业文化

美国麻省理工学院教授、学习型组织提出者彼得·圣吉（Peter·Senge）认为，许多企业领导人都有自己的愿景，但这些愿景却没有转化为大家共同的愿景进入组织的血液。致力于建立一个大家共同认可的价值体系和制度体系，在于把核心竞争能力融入每个员工具体行为这么基础的层面为止。这样即使

别的公司知道其模式却无法模仿与复制。摩托罗拉的承诺是"只要公司明确指明了方向，公司的员工与经理就会有足够的动力和能力去实现目标"，此种承诺来源于其企业文化的力量。㊲德国出版巨商贝塔斯曼前主席、首席执行官马克·魏斯纳总结公司成功的秘诀时说，贝塔斯曼的"企业文化精神"是其取得成功的巨大驱动力，"通过这种文化，我们找到一种办法，既能保障公司的连续性，又能保证对变化的业务状况做出灵活的反应。"正是由于贝塔斯曼的文化精神，才使庞大的企业集团在瞬息万变的国际竞争环境中保持着应变性和活力，并成为最富创造力的青年企业家的归宿。㊳

7　结束语

作为身在中小科技出版社多年的一名编辑，深感中小科技出版社发展的艰难，尤其是国家自 20 世纪 90 年代开始的对事业单位的"断奶"行动，使得许多出版社迫于自身生存的压力进行了改革，但这些改革仍是在"意识形态属性"和"专业分工严格限制"下的不那么彻底的改革，并不是真正市场意义上的改革。在这一过程中，有远见的出版社抓住了机遇，在市场竞争不激烈的情况下，大胆创新，获得了先发优势，得到了长足的发展，而部分中小科技出版社由于观念不解放、经营意识淡薄、对中国市场化改革的趋势看不太清，也可能会失去一些发展的良机。现在党的十六大报告中明确了出版产业化方向改革的总体思路。可以说，中国出版业真正意义上的市场竞争才将开始，这也许是中小科技出版社面临的最后一次机会，如果在这场改革中能够立住脚，就会取得市场的主动。有鉴于此，笔者结合 MBA 所学的课程对中小科技出版社的竞争力问题进行了一个系统的思考，尽管笔者已经十分努力，但因为学识和水平所限，仍然存在很多问题值得探讨，不足之处敬请各位老师和专家批评指正。

注释

① 中国图书商报，北京开卷图书市场研究所. 中国六城市读者调查报告[N]. 中国图书商报，2003 年 5 月 23 日第 10 版.
② 联合国教科文组织. 文化、贸易和全球化[J]. 张玉国，朱筱林，译，中国出版，2003 年第 1 期. 该文中指出，"文化产业"是指那些包含创作、生产、销售"内容"的产业，文化产业包括印刷、出版、多媒体、视听、录音和电影制品、手工艺品和工艺设计等行业，这些行业统称为"内容产业".
③ 路英勇. 国际化进程中的日本出版业[J]. 中国出版，2002（7）.
④ 辰目. 阅读能否成为我们生活方式的一部分?[J]. 出版发行研究，2003（5）卷首语.
⑤（韩）李钟国. 21 世纪出版业的发展道路[J]. 出版发行研究，2002（12）.
⑥ 孙鲁艳. 美国在线与时代华纳的合并重组及启示[J]. 中国出版，2002（10）：51.
⑦ 安庆国. 从欧美出版之比较看中国出版的发展[J]. 出版广角，2002（9）.
⑧ 张曼玲. 从"东贩"模式看我国发行业的出路与发展[J]. 出版与发行研究，2002（12）.
⑨ 表中数据系根据《出版发行研究》2002 年第 5、9、12 期和 2003 第 4 期相关文章整理而得，出版社数量的数据来源可能不是同一年数据，敬请使用者注意.
⑩ 中盘是指为出版社代理图书分销并为零售商供书的中间商，一般都拥有较为发达的信息系统和物流系统. 美国的中盘包括分销商和批发商，中国目前还没有可以称得上中盘的机构.
⑪ 魏玉山. 台湾图书出版业考察综述[J]. 出版发行研究，2002（5）：66.
⑫ 赵玉山. 出版业的产业化趋势与应对策略[J]. 科技与出版，200:（3）：49.
⑬ 副牌社作为独立社统计，2000 年、2001 年为 37 个，其余年为 36 个.
⑭ 此表根据陈云峰 MBA 论文《我国中小出版社生存发展战略研究》（未发表）和《2002 年全国新闻出版业基本情况》（见 2003 年 5 月 9 日新闻出版报）整理分析而成.
⑮ 据陈云峰"我国中小出版社生存发展战略研究 MBA2002 年学位论文（未发表）"表 1．10 推算而得.
⑯ 副牌社未作统计，其出版总量含在正牌社内，2001 年 526 个出版社，2000 年 528 个出版社.
⑰ 曾培红. 学习社会，小康买书[M]. 中华读书报，2003 年 1 月 8 日第 1 版.

⑱ 陈昕，等. 中国图书业经济分析[M]. 上海：学林出版社，1990.

⑲ 指教材出版量占其总出版量一半以上的出版社.

⑳ 中国新闻出版报 2003 年 5 月 13 日第 2 版虹飞"出版界的警钟"报道，吉林省实验中学学生对教辅书的调查显示，仅数学一门课就有近百种教辅书，而且内容非常非常相似的竟占了其中的 70%，其他学科重复率分别为物理 63%、化学 57%、语文 40%、英语 75%.

㉑ 书业看点：数字——我国出版系统销售 694 亿元[N]. 中国图书商报，2002 年 12 月 6 日.

㉒ 柳斌杰. 关于出版业改革与发展的若干问题[J]. 出版发行研究 2003.4.

㉓ 哪些出版社会死掉——有关出版社生存状态的对话[J]. 出版广角，2000.11.

㉔ 刘波. 支持引导民营书业健康发展[N]，中国新闻出版报，2003.4.2 第 2 版.

㉕ 2003 年值得关注的产业人物. 中国图书商报，2003.1.3.14 版.

㉖ 许正明. 互联网为出版业插上振飞的翅膀[N]. 中国新闻出版报，2003.4.2.第 3 版.

㉗ 刘锋. 出版集团制胜之招[N]. 中国新闻出版报，2003 年 4 月 1 日第 3 版.

㉘ 周五一. 我们离市场有多远[N]. 中华读书报，2003.2.19.6 版.

㉙ 刘晓荣. 居高声远天道酬勤——上海交通大学出版社创业"三级跳"[J]. 出版发行研究，2003（5）：65.

㉚ 五十载辛勤耕耘，半世纪执着追求——化工出版社立足特色，改革创新，跨越发展[J]. 中国出版，200:（3）.

㉛ 刘颖. 谁能驶上"大社""名社"快车道. 中国图书商报，2003 年 3 月 14 日第 1 版.

㉜ 刘颖. 柳斌杰考察化工社，鼓励出版社走内涵式发展道路[N]. 中国图书商报，2003 年 3 月 7 日第 2 版.

㉝ 姜汝祥. 在否定与创新的基础上重建中国公司持续发展战略[N]. 经济观察报，2002.9.2C5 版.

㉞ 姜汝祥. 核心竞争能力决定谁笑到最后[N]. 经济观察报，2002.9.16C7 版.

㉟ 杨晓军，方敏. 论出版企业核心竞争力的界定与拓展[J]. 出版发行研究，2003（3）：23.

㊱ 傅宗科，彭志军，袁东明. 第五项修炼 300 问[M]. 上海：上海三联书店，2002：3.

㊲ 姜汝祥. 如何管理高速发展的公司[N]. 经济观察报，2002.9.30C7 版.

㊳ 蔡晓睿. 企业文化与贝塔斯曼的经营战略[J]. 出版发行研究，2003（3）：69.

参考文献

[1] ARTHUR A Thompson，STRCLAND A J Il. Strategic Management：Concepts and Cases（12th edition）[M]. Beijing：China Machine Press，2002.

[2] [美]大卫B. 尤费，玛丽. 夸克. 柔道战略：小公司战胜大公司的秘密[M]. 傅艳凌，孙海龙，译. 北京：机械工业出版社，2003.

[3] 吴克禄. 小公司的求生策略[M]. 北京：民主与建设出版社，2002.

[4] 孙学敏. 中小企业成长与战略研究[M]. 郑州：郑州大学出版社，2003.

[5] [美]WILLIAM L Megginsan，MARY Jane Byrd，LEON C Megginson. 小企业家管理——企业家指南[M]. 李刚，范存会，俞海，译[M]. 北京：电子工业出版社，2002.

[6] 迈克尔. 波特. 竞争论[M]. 高登第，李明轩，译. 北京：中信出版社，2003.

[7] 迈克尔. 波特. 陈小悦. 竞争优势[M]. 北京：华夏出版社，2003.

[8] 迈克尔. 波特. 陈小悦. 竞争战略[M]. 北京：华夏出版社，1997.

[9] 苏亚明，现代营销学：第三版[M]. 北京：对外经济贸易大学出版社、首都经济贸易大学出版社联合出版，2001.

[10] 新闻出版署计划财务司. 中国新闻出版统计资料汇编：2002[M]. 北京：中国劳动社会保障出版社，2002.

[11] 新闻出版署计划财务司. 中国新闻出版统计资料汇编：2001[M]. 北京：中国劳动社会保障出版社，2001.

[12] 新闻出版署计划财务司. 中国新闻出版统计资料汇编：2000[M]. 北京：中国劳动社会保障出版社，2000.

[13] 新闻出版署计划财务司. 中国新闻出版统计资料汇编：1999[M]. 北京：中国劳动社会保障出版社，1999.

[14] 傅宗科，彭志军，袁东明. 第五项修炼 300 问[J]. 上海：上海三联书店，2002.

[15] 董新兴. 出版业需要公平竞争[J]. 中国出版，2002（5）.

[16] 安庆国. 从欧美出版之比较看中国出版的发展[J]. 出版广角，2000（9）.

[17] 周蔚华. 我国出版业的改革：回顾、经验和当前的重点[J]. 中国出版，2003（4）.

[18] 姚永春. 兼并：西方书业集团扩张之路[J]. 出版发行研究，2002（6）.

[19] 孙鲁艳. 美国在线与时代华纳的合并重组及启示[J]. 中国出版，2002（10）.

[20] 沈仁干．加入世贸组织与我国出版产业的发展[J]．中国出版，2002（1）．

[21] 朱晨光，邬珠．把自己的事情办好是保护市场的最好办法——日本文化、音像、出版考察报告[J]．中国出版，2002（1）．

[22] 郑晓红．一位英国教授眼中的中国出版业——专访牛津国际出版研究中心主任保罗·里查森[J]．中国出版，2002（6）．

[23] 于殿利．对放开图书零售市场的思考[N]．中国新闻出版报，2003.4.25 第 3 版．

[24] 王和平．合作出版与文化工作室现象[J]．出版发行研究，2002（10）．

[25] 孙庆国．中国书业未来批发商、分销商的生存位置[N]．中国图书商报，2003.3.14 第 10 版．

[26] 王立强，魏晓薇，古隆媛．图书分销：面临重新洗牌[N]．中国新闻出版报，2003.4.8 第 1 版．

[27] 蔡庆华，苏剑．浅谈出版社市场细分和目标市场策略[N]．中国新闻出版报，2003.5.22 第 3 版．

[28] 杨晓芳．出版社全员营销浅析[N]．中国新闻出版报，2003.5.8 第 3 版．

[29] 钱艳，程晓龙．网络，引领传统出版；出版，跨越数字鸿沟[N]．中国新闻出版报，2003.4.17 第 8 版．

[30] 朱侠．网上书店：非常时期的赢家．中国新闻出版报，2003.5.13 第 2 版．

[31] 对我国出版业市场进入与退出关系的思考[J]．中国出版，2003（3）．

[32] 应中伟．影响我国书业发展的五种力量要素[J]．出版发行研究，2001（10）．

[33] 丁群．出版社组织变革的一个新亮点——对国内出版社实行事业部制的分析[J]．出版发行研究，2002（8）．

[34] 郑绍辉．论图书出版的板块结构[J]．中国出版，2003（4）．

[35] 杨卫红．顾客的威胁[J]．出版发行研究，2003（4）．

[36] 郭洁．策划与精编：难以两全——编辑业务分工必要性之探讨[J]．中国出版，2003（2）．

[37] 鲁卫泉，李祥洲．析中小出版社编力不足问题[J]．出版发行研究，2002（1）．

[38] 王秋林，李义发．出版核心竞争力理论思辨[J]．出版发行研究，2002（11）．

[39] 封延阳．核心竞争力：中国出版业的战略选择[N]．中国出版，2002（4）．

[40] 金孝立．如何加强出版特色的计划性[N]．中国新闻出版报，2003.4.23 第 6 版．

[41] 孙牧．中小型出版社的发展战略——"特种部队：小而精，中而特"[N]．中国新闻出版报，2002.1.11 第 1 版．

[42] 陈颖青．我很小，可是我很成功[J]．中国图书商报，2003.5.6 第 9 版．

[43] 李琪．试论出版社企业文化[J]．科技与出版，2003（1）．

[44] 姜新祺，向伟．简论中小型科技出版社的战略选择[J]．科技与出版，2003（2）．

[45] 张爱绒．创建学习型科技出版组织[J]．科技与出版，2002（3）．

[46] 张卉．从两间屋到出版大厦的背后——金盾出版社成功经验透视[J]．科技与出版，1998（4）．

[47] 范树立．一花"读"秀报春来——东北财经大学出版社坚持专业出版纪实[J]．中国新闻出版报，2002.12.25 第 1 版．

[48] 俸培宗．化工出版社立足特色，改革创新，跨越发展[J]．出版发行研究，2003（1）．

致谢： 本研究得到我的老师，对外经济贸易大学教授马春光先生的悉心指导，是他严谨治学的作风鼓励我克服困难做一些有实际意义的探讨。尽管本研究的观点和结论都是初步的，还有待实践加以检验。但能够得出这些结论，完全归功于对外经济贸易大学MBA 教学所给予我的研究问题的方法，开启了我人生的新视野，在此我要向所有教过我的老师表示感谢。

柔道战略——中小科技出版社转制之路①

成秀虎

（气象出版社，北京　100081）

按照国家有关新闻出版业的改革计划，所有科技出版社都面临着转制问题。转制以后，科技出版社将成为独立经营的文化企业，与原有的主管部门彻底脱钩，这意味着出版社多年来所依赖的行业(部委)资源的垄断优势的终结，原有的主管部门不再把扶持所属科技出版社当作自己的义务。同时，科技出版社作为以利润为目标的市场经营主体，也可以理直气壮地不再受主管部门的行政干预，而直接服务于市场。

对于大型科技出版社而言，这也许是福音，但对中小科技出版社尤其是那些出书码洋在五千万以下的中小科技出版社而言，所受到的影响却可能是致命的，因为过去很长一段时间，行业的垄断优势和主管部门的扶持，一直是这些出版社赖以生存的基础。所以中小科技出版社要想在这一轮改革中生存下来并有所发展，笔者以为出路只有一条:及早摒弃观望等待的消极思想，认真转变观念，制订切实可行的生存发展战略。

美国哈佛商学院竞争战略专家大卫·B·尤费的柔道战略为所有中小企业战胜大企业提供了方向，中小科技出版社如能充分运用这一战略原则，是有希望摆脱目前不利被动局面的。

柔道战略的核心是当与大企业同处一个市场相互竞争时，小企业要避其锋芒，放弃硬碰硬的思维模式，以取得立足之地并采取移动、平衡和借力等策略，使自己成长为一家大企业。

运用这一战略取得成功的企业不胜枚举，如美国的Palm公司利用柔道战略中的移动策略，成功地在掌上电脑领域击败了微软的进攻，成为该领域的领先者。其成功的经验，有助于国内中小科技社在转制过程中，克服恐惧和盲目的心理，增强其获得竞争的主动权和从弱小转为强盛的信心。

具体而言，中小科技出版社最重要的是要重新界定自己的出版领域。过去的出版范围带有明显的计划经济色彩，行业特色明显，出版范围划定在一个狭小的范围内。其特点是图书印量少出版品种多、出版效率低、利润少，主要靠事业经费补贴和出书补贴维持生存。后来在"立足本专业、面向大科技"的改革中又一下子把选题范围放得太宽，成了大杂烩，什么都出，没有重点、没有方向，形不成优势和特色，作者投什么稿就出什么书。其特点是出版社没有特色、经济效益低下，管理混乱，甚至出现了靠买卖书号为生的自杀性行为，主要原因是一些出版社缺少经营能力，失去了选题方向感，因而也就丧失了组稿能力，更谈不上市场运作能力了。如果说过去的出版范围是政府划定的话，那么，现在该到了中小科技出版社自己去认真考虑该出什么的时候了。换句话说，是要自己去认真研究市场的需求，确定自己的选题出版方向。

为了实现这一目标，就要用到柔道战略中的移动策略。中小企业的特点是规模小、调整快，拥有

---

①　本文发表于 2004 年 11 月 23 日《中国新闻出版报》。

机动灵活的优势，因而"移动"(指战略调整)起来比较方便。如可口可乐公司为设计新的瓶子式样花了22年，因为可口可乐公司有1000多个特许瓶装商需要谈判，而幼小的百事可乐公司抓住了自己小的优势，从这个小瓶子上开刀，采取与可口可乐同样的价格但却装两倍容量的战略，从而坐上了行业的第二把交椅。

中小科技出版社在自己的经营过程中，也要善于运用移动策略，不断寻找竞争对手的弱点。以确定自己的选题方向，而不要与竞争对手正面冲突。比如中小学教材、教辅的图书市场，虽是一个市场容量很大的市场，但不是所有中小科技出版社都"玩得起"的，一方面开发教材需要大量的投入，另一方面教辅图书已是一个完全竞争的市场，像人教社、北师大社和科学出版社等行业的领先者已经形成，此时贸然进去，很可能碰得头破血流。正确的做法应该是在对市场进行细分的基础上，确定那些市场容量较大但竞争不激烈、大出版社尚未注意到或虽注意但无力顾及的领域，利用自己船小好调头的优势，采取移动策略，集中力量，攻其一点，以形成局部优势，从而获得这个细分市场的领先者地位，达到与大出版社在某一细分市场上分庭抗礼的目的。

中小科技出版社在运用移动策略重新界定了自己的竞争范围之后，还要从人才配备、组织结构、经济资源配置等诸方面优先满足新的战略目标的需要，这样才能在转制后形成的新的竞争环境中取得相对竞争优势，达到生存与发展的目的。

打破地区封锁与出版产业①

成秀虎

（气象出版社，北京　100081）

近日读到一篇案例，觉得对眼下我们正在实施的出版产业战略，很有借鉴意义。

西班牙素以阳光、海滩闻名于世，但作为欧洲第五大经济体，却只拥有唯一一家世界著名的跨国公司，而且这家公司居然只是一家专门生产棒棒糖的公司，谁能想到生产棒棒糖这么单一的产品也能成为跨国公司！综观其发展历程，我们发现关键的问题在于：一个开放的市场是其得以发展的基础。从1950年创立公司开始，公司就面临着"为一个市场生产数百种糖果"还是"为数个市场生产一个产品"的选择，公司选择了后者，并在以后的历次扩张中坚持了这一思路。从西班牙的一个城市到西班牙的所有城市，从西班牙到法国、德国，从欧洲到美洲的美国再到亚洲的日本，从发达国家到发展中国家如中国，每当在一个市场取得支配地位后，公司就会向下一个市场进发。正是这种不断以地域扩大为导向的扩张成就了一家世界著名的跨国公司，而一个开放的、可以自由进入的市场，是其得以成功扩张的基础。联想到国内出版业要想做大做强，市场的开放也是必要条件。

目前国内为了应对加入世贸组织后的挑战，已经成立了7家出版集团和5家发行集团，旨在增强整体实力，应对世界出版业巨头。毫无疑问，强强联合有助于整合出版资源、造大船，与国外相关企业相抗衡，但如果不能在国内实现市场开放，出版发行仍画地为牢，搞地方割据，地方保护，搞贸易壁垒，你的市场我进不去，我的市场你也别想进来。这样下去，是不能做大做强的。要想壮大实力、增强竞争力并达到与国外企业相抗衡的目的，就必须打破地区封锁，让企业在竞争中发展壮大，扩大产品市场占有率，实现规模经济效应，获得超强的经济实力。很难设想，一个没有大型骨干单位的出版业会真正形成一个产业，并在国民经济中占有一定的比重，发挥重要的影响力。中国的出版业要想真正形成可以与国外大的出版集团抗衡的"航空母舰"，必须从打破各省（区、市）之间的市场分割开始，改革出版管理机构，要把各省新闻出版局只管本省的出版发行业改成依照党和国家的出版政策、法律法规对市场的监管，形成类似于中国证监会、保监会、电监会的管理模式，实行对市场的事前审查、事中抽查、事后调查的监管模式，让市场的力量说话，让出版发行业在畅通无阻的市场环境中自我发展壮大。只要有好的竞争发展环境，又何愁不会出现大的跨国出版集团呢。

---

① 本文发表于2003年3月14日《中国新闻出版报》。

试论公平与效率的关系①

成秀虎

（气象出版社，北京　100081）

　　管理的核心问题是提高效能和效率，用通俗的话讲，就是要"做正确的事"和"正确地做事"。前者解决的是"做什么"的问题，即组织现有的或可能调动的资源最适合做什么、朝哪个方向走最容易成功、最容易取得成果，这是战略层次的问题，一般是组织高层领导考虑的事；后者解决的是"怎么做"的问题，即目标方向确定之后，如何动用最少的资源、花费最小的代价和时间去迅速达成组织的目标，这是战术层次的问题，一般既涉及组织的上层领导、也涉及中下层领导。对出版社而言，高层决定战略，中层负责实施战略，提高效率。作为中层笔者多年的实践表明，要想提高效率，公平是基础。

　　目前，随着社会主义市场经济的发展，出版业走向"事业性质、企业管理"的轨道是势在必行，以"转制"为基础的改革最终目标是由市场决定出版社的命运。这样出版社的企业性质就是确定无疑的。既是企业，就不能避谈"营利性"，因而建立一套"以社会效益为前提，以经济效益为中心"的绩效考核评估体系是一种必然，这套体系的基础应该是"提高效率"。

　　效率指的是投入与产出的关系。就出版社的编辑业务而言，是指投入相同的编辑力量，使用相同的书号和一定数量的资金，出版相同品种的图书，通过市场销售最大的码洋以取得最大的经济效益。当然也可以讲，为取得同样的经济效益而花费尽量少的编辑、书号和资金投入。这里把书号也作为一种投入，是因为国家目前的出版管理模式客观上使得书号成为一种稀缺资源。至于把资金放在投入的最后，是因为由于出版业的垄断，资金并不是出版社最缺的资源，甚至，如果运作得好的话，一个出版社可以不掏一分钱，通过向下游赊账的方式，迅速回笼资金而赢利。在一切因素中，人的因素是最重要的因素。把编辑力量放在第一位，是因为编辑力量不只是人的数量的投入，更是人的素质、积极性和内在潜能的投入。

　　编辑工作不同于一般的体力劳动，其价值更多的是一种智力活动，简单的劳动纪律管得住人的身，管不住人的心，"身在曹营心在汉"是不能搞好工作的。一个好的选题策划可能带来几万、十几万、几十万元甚至上百万元的利润，而好的选题策划需要编辑的主动性、创造性的思维活动，积极地调研市场，显然单纯的以编辑加工和质量来考核奖励是不能适应以经济效益为主要考核指标的情况的，必须创造一种能够反映智力活动并最终与经济效益挂钩的薪酬、奖励制度。这种制度，应体现公平的原则，它包括形式上的公平（全员参与、取得共识）；内容上的公平（体现公正原则，编辑之间为实现优势互补而进行合作的选题，对于出点子、寻找合适的作者、编辑加工三者之间的分配关系要考虑正确的比例；编辑部门负责人提供选题的利润分配要有合适的比例，自己的奖金分配要考虑自身地位带来的优势等）；执行上的公平（不怕干得好的编辑多拿奖金、不怕干得差的编辑少拿奖金）。按照上述公平原则制订的制

---

　　①　本文成稿于 2005 年。

度,有利于实现编辑室整体利益最大化、提高编辑部门的整体竞争力,更好地实现出版社的战略目标。

有人认为效率和公平是一对矛盾,讲了公平,就必然要牺牲效率。如果这里的公平是指平均的话,的确是这样。计划经济时代"吃大锅饭",大家一起下地干活,一块收工回家,干多干少一个样,实际上就是一种平均主义,造成出工不出力,所以效率低下。

这里所讲的公平,不是指"平均",而是指一种制度的公平,是大家都在同一条起跑线上,这样大家就有了一个可以相互比较的基础。公平理论认为,每个人不但会把自己从工作中得到的(产出)与投入进行比较,还会把自己的投入产出比与别人的投入产出比进行比较,当发现别人的投入产出比高于自己时,就会产生不平衡感,从而减少自己的投入,进而影响到组织的效益。所以制度的公平,为评价个人的业绩提供了客观的依据,避免了不公平的产生。

一般而言,制度定下来以后,只要编辑部门负责人能平等的对待每个人,用同一个尺子量人,用同一个游戏规则对待人和事,不轻易否定编辑的想法,给予每个编辑以均等的机会,不乱分配任务,不照顾偏袒任何人,让每个人都觉得公平,就一定会提高编辑业务的整体效益。这是制度执行的公平在起作用,即制度面前人人平等。

通常,有了一个制度,并严格执行就可以做到制度的公平。但这还不是最难的,最难的是制订一个大家认同的制度。如果领导者只做表面文章,并不真心实意地听取不同意见,对不同意见采取不同的标准进行取舍,则尽管形式上大家都参与了制度的制订,但却不能真正达到效果。厉以宁[1]曾经对公平有四种解释,其中第四种解释是"公平来自认同"。如果大家认同这个制度,就如同是自己制订的一样,他就不会产生不公平感。领导者的责任就是要让员工产生公平感,只有大家从心里拥护这项制度,真心实意愿意按照制度去做,才会提高员工的满意度。员工满意度提高了,就会产生激励作用,而不满意则会消极怠工,得过且过,甚至破坏,散布流言,增加内耗等等。

关于公平如何提高效率的问题,厉以宁教授作了精辟的论述,他说,效率有两个基础,一个是物质基础,一个是道德基础,物质基础只能产生常规效率,而有了道德基础,就能产生超常规效率。譬如一个民族受到外族侵略时所产生的强大的凝聚力和战斗力即是例证。当把公平提高到认同的水平上,把效率提高到道德的基础上看时,公平和效率就是相互促进的。所谓效率的道德基础,我以为就是大家认同的价值观、认同的制度,并自愿接受制度的约束,愿意按照制度的约定来评价自己的行为,获得相应的报酬。实践证明,公平的确可以成为提高效率的利器。笔者相信,通过员工参与的方式,制订科学、客观的绩效评估考核管理办法,让员工产生公平感,是提高员工满意度,积极投身工作,并最终提高效率、提高管理水平的有效办法。

参考文献

[1] 厉以宁. 制衡成为保护人才的必须代价[J]. 现代企业教育,2002:11.

提升竞争力从争夺人才开始①

成秀虎

（气象出版社，北京 100081）

出版产业化的方向确认以后，出版社的企业性质也将得以确认。对于绝大多数无缘于事业单位的现行出版社来说，转制为企业将是其不可更改的选择。

企业的生存本质是赢利能力，而出版社的赢利能力主要来源于适销对路的图书，所以策划满足读者需求、有广阔市场前景的选题将是出版社竞争的根本。而能否找到、用好能够策划出满足市场需求的选题的人才，将成为各出版社竞争取胜的关键。可以预见，今后一段时期，随着业外资本和民营资本的进入，出版业更会上演一场人才的争夺战。谁善于用人、敢于吸引人才，谁就能取得市场的主动权。如果人才不能得到应有的使用，就会出现大量的文化公司，因为人才终究是要脱颖而出的，当出版社内部旧有的体制不能容纳，就会以社会可以容纳的方式存在，这大概就是文化公司或图书工作室得以大量存在的部分理由吧。《富爸爸，穷爸爸》等系列图书策划的过程及其读书人文化公司的成立，反映了现行出版社体制的弊端——没有科学的选题决策机制和投资机制，反倒是行业外的个人投资商对图书市场更有把握。国内畅销书大都有书商运作的影子也从一个侧面反映了这一事实。另一个不争的事实是长江文艺出版社得到了金丽红、黎波，就得到了冯小刚《我把青春献给你》等一批名人系列书的选题，其所创造的价值，可以等于再造一个长江文艺出版社。

对于一个出版社而言，人才流失可能是致命的，一旦出版精英被别人挖走，其选题、市场资源也将随之丧失。而一些外资或民营公司以先进的薪酬奖励机制吸引人才，则很难让他们抵御住诱惑。据报载，去年上海就有三位社级人物被外资公司以高薪挖走，对出版社而言，这形同釜底抽薪。所以，对一个出版社而言，一定要善待自己的员工，注意用好自己的人才，学会留住人才，充分发挥人才的作用，避免因人才流动而在选题竞争中陷于被动。

从客观上讲，每个出版社都知道选题的重要性，但往往对策划选题的人才重视不够。人才流动的原因很多，但组织行为学的公平理论认为，人才的流动始于对自己的处境感到不公平。每个人不但会把自己从工作中得到的(产出)与投入进行比较，还会把自己的投入产出比与别人的投入产出比进行比较，当发现别人的投入产出比高于自己时，就会产生不平衡感，从而减少自己的投入，进而影响到组织的效益。

出版社的利润来源于读者对所出图书的认可，而图书来源于选题和策划，选题策划又依靠编辑来完成，所以一个出色的选题策划编辑，一个有着敏锐洞察力和市场意识的策划编辑，就是一座取之不尽、用之不竭的充满财富的宝库。对于这样的人，不能简单地用劳动时间或工作量的投入多少来衡量，而应按人的素质、积极性和内在潜能来衡量。

---

① 本文成稿于 2004 年。

策划工作不同于一般的体力劳动，他的价值更多的是一种智力活动。一个好的选题策划可能带来几万元、几十万元甚至上百万元的利润，而好的选题策划需要编辑的主动性、创造性的思维活动，积极的调研市场和敏锐的悟性，所以必须创造一种能够反映智力活动并最终与经济效益挂钩的薪酬、奖励制度。这种制度，应体现公平的原则，它包括形式上的公平(如员工参与、取得共识)；内容上的公平(体现公正原则，个人与出版社的利益均衡)，执行上的公平。按照这种原则制订的政策，有利于让人才产生公平感。当他觉得公平的时候，会自觉增加其投入，其投入越多，出版社的书就越受社会欢迎，影响越广，市场份额越大，获得利润越高，从而形成一个良性循环的局面，达到双赢的目的，有利于实现出版社的利益的最大化和提高出版社的竞争力。

反之，当策划编辑产生不公平感时，就会自动减少对工作的投入和热情，选题质量下降，出版的图书不能适应市场的需求，造成图书积压和大量资金与人员的浪费。如果是人才，决不会甘于浪费自己的才华，必然要寻找新的出路，以实现自己的人生价值，这就形成了人才流动。

出版社要想在市场经济中获得竞争优势，除了要重视管理之外，还必须学会利用公平理论用好策划人才、留住策划人才，这样才能不断推出新的、有市场竞争力的选题。

参考文献

[1] 出版业版图面临新变局[EB]. 重庆商报，2003 年 5 月 26 日.

[2] 红娟. 出版人才大流动[EB]. 中华读书报，2003 年 1 月 8 日.

[3] 厉以宁. 制衡成为保护人才的必须代价[J]. 现代企业教育，2002，11.

[4] ［美］斯蒂芬·P·罗宾斯. 组织行为学:第七版[M]. 北京: 中国人民大学出版社，1997.

将选题策划进行到底①

成秀虎

（气象出版社，北京 100081）

选题是图书出版的第一步，选题质量的好坏直接关系到出版社出版图书的社会效益和经济效益。现在一些出版社的编辑在申报选题时往往凭自己的主观臆测或从个人的兴趣爱好出发，或者沿用计划经济时期选题设计思路，或者凭道听途说的信息设计选题，而忽视了选题策划要从读者的最终需求这一出发点，使选题策划从一开始就建立在沙滩上。图书上市后卖得好，不知道为什么卖得好，卖得不好，不知道为什么卖得不好，完全凭运气，结果到结账时，往往把亏损的责任归咎于外部原因。这一现象的根源出在社会主义市场经济条件下编辑对图书市场的规律缺乏深刻的了解，对图书选题的策划需要与"整个图书出版发行过程中充分考虑读者的需求"相结合缺少切身的认识。在把出版业作为产业发展的今天，编辑必须要学会策划选题，以适应出版社转制为企业后的市场竞争。

提出将选题策划进行到底的概念，就是要求编辑在一开始考虑选题是否可行时，就要把图书出版发行及读者购买行为的全过程考虑进去，从向出版社提出选题计划开始，到出版社内部的编辑稿件、印制图书再到出版社外部的发行渠道选择、最后到让读者拿到图书并愿意掏钱购买为止的全过程负责的理念。要对每一个阶段的关键问题、注意事项、可能存在的困难及解决对策有一个通盘的考虑与周密的计划，要对全程的成本有一个总体的估算与控制，只有那些读者愿意掏钱购买的终端有效销售量足以抵销全过程中发生的成本并有所盈余的选题才是可行的。

那么如何才能将选题策划进行到底呢？笔者以为市场营销学中4P概念，有助于编辑策划选题时取得成功。

所谓"4P"是指英文"Product""Price""Place""Promotion"的首写字母的缩写，其本意是指商品营销过程中的四个要素，即产品、定价、渠道、促销。当图书的商品属性得到承认以后，作为商品营销的一般规律，上述四个要素在图书的销售过程中也必然会起作用，编辑作为一本图书的总设计师，在策划选题时要学会考虑这四种要素，将选题开发赢在起跑线上。

就图书而言，"Product"是指编辑想要"为什么样的读者提供一本(套)什么样的书"，包括内容是什么，能满足读者的何种需求；书名是什么，取什么样的名字好；开本尺寸如何选择；选择什么样的封面，用什么介质和什么档次的材料出版；选择什么样的作者来撰稿等。这些是传统意义上编辑设计选题时所应考虑的，但在市场经济条件下，编辑在确定选题时还要特别注意考虑选题的同质性问题，如果选题是市场上的空白点，图书出版后就会有一定的优势，如果不是市场的空白点，就要注意产品的差异化，如在内容取舍、排版格式、开本大小、介质选择、作者选择、媒体宣传、渠道选择上有所创新，不能和别人一样。同时要注意读者群的分布、市场容量的大小、成本的核算与盈亏平衡点的计算，保本印

---

① 本文成稿于2004年，主要内容以《营销学在选题策划中的应用》在2007年《编辑之友》第6期上与袁凤杰共同发表。

数是多少，只有这样策划的选题才能做到心中有数。

"Price"是指定价策略。影响图书定价的因素不光是成本，它还与很多其他因素有关，比如需求量、供应量的大小、需求弹性的大小和读者购买心理等。如果市场容量很大，而同类书又比较多，为了与竞争对手竞争，可以采用低价策略以取得更大的市场份额；对于需求弹性刚性的图书，如考试用书、非国家规定的中小学教材、反映最新科技成果的新书等，完全可以采用偏高定价的策略，读者的购买欲望不会因为定价偏高而降低；在利用读者购书心理方面，高定价低折扣的图书以及金箔类礼品书都是成功应用读者购书心理的经典案例。不管何种定价策略，最终目的都是通过定价的手段达到促进读者购买和让自己赢利的目的。

"Price"是指图书从出版社到读者的过程，用现在时髦的话说，就是物流，实际上讲的是选择发行渠道的问题。编辑在策划选题时要考虑到该选题印成书后，通过什么样的渠道送达读者手中。渠道的选择与读者的分布、读者的数量以及其需求量、读者对象是否明确、图书的定价等因素有很大的关系。如果读者很分散，即使需求数量很大，也只能借助现有的主渠道发行，因为其有着丰富的零售网点。金盾出版社充分利用主渠道已有发行渠道的成功经验，从一个侧面印证了选题策划过程中考虑发行渠道的重要性。如果不能充分利用已有的渠道，没有与现有渠道沟通和布货的能力，同样的选题，别人能成功，你就不行。如果读者对象明确、即使读者数量不多，但由于图书定价可以相对较高，亦可以通过建立自办发行的渠道或选用直销渠道来达到赢利的目的。近年来民营渠道日益发展壮大，但其壮大的过程恰恰说明选题策划与渠道的紧密结合是选题成功的优势所在。

"Promotion"是指图书出版之后，通过什么方式促销。"好酒也怕巷子深"，尤其是现在图书品种特别丰富的情况下，没有促销，图书的销售量就难达到理想的状态。图书促销的手段主要有媒体广告、名人推荐、权威书评、签名售书、报纸宣传、评奖、读书竞赛、与影视互动、打折销售、赠送礼品等。对于大多数图书而言，由于其定价并不很高，所以低价销售并非最佳促销手段。最高明的做法当属从改变读者理念入手的促销方式，如外研社在大学英语教材推广时所做的那样，通过培训教师，促进其英语教学理念发生改变，从而培养起自己稳定而忠实的读者群。

编辑在策划选题时若能把上述四个因素都考虑透了，一个选题能不能做、能做到什么程度也就大致心中有数了。需要特别指出的是，选题策划过程中要特别重视成本上是否可行。从理论上讲任何图书都有需求，任何渠道都可以利用，但只有那些通过销售渠道获得的收入足以补偿各种成本并有所盈余的方案才是可行的。如果没有可控的成本，再好的选题也不能做成功。

参考文献

[1] 李洁．对选题论证会的一些想法[J]．中国出版，2004，2（6）：50-51．
[2] 李阳．拥有策划力 才有竞争力[J]．编辑之友，2007（2）：43-45．
[3] 杨晓芳．期刊出版社全员营销浅析[N]．中国新闻出版报，2003-05-08（第3版）．
[4] 吴新宇．期刊专题策划的五个要素[J]．编辑之友，2006（1）：53-55．
[5] 郭爱民，等．编辑策划选题的十大基本原则[J]．编辑之友，2006（2）：21-24．
[6] 苏亚明．现代营销学：第3版[M]．北京：对外经济贸易大学期刊出版社、首都经济贸易大学期刊出版社联合出版，2001．
[7] 陈昕．中国图书业经济分析[M]．上海：学林期刊出版社，1990．

数字出版的难点及中小科技出版社的解决方案①

成秀虎

（气象出版社，北京 100081）

数字出版在 2008 年得到了业内前所未有的重视，许多出版社都在积极参与，然而总体上给人的感觉仍然是讨论得多、进展得少，探索的多、成功的少。这一现象与数字出版还处于发展初期有关，传统出版业决策者观望等待也是重要原因之一，反映了人们对数字技术革命将对出版业产生的致命冲击还认识不足，重视不够，对其发展壮大的必然性认识不清。

1 数字出版是大势所趋

100 多年前经济学家熊·彼特提出的动态经济理论认为，革命性的创新将取缔旧的生产方式，并开创一个新的时代。现代出版人对此不应陌生，因为我们刚刚经历过告别"铅与火"，正在走向"光与电"的时代。这一过程中传统的印刷业发生了深刻的变化，如铅排厂、拣字车间没有了，铸字车间不见了。历史上造纸术的发明改变了甲骨、竹简作为内容载体的方式，光盘、互联网等的出现也正在对内容载体形式产生冲击，如果网络阅读、手机阅读等基于数字的阅读方式被普遍接受，谁又能保证印刷业不会萎缩、纸质图书不会消失呢？这从数字出版业近年的迅速发展可窥见一斑。

2006 年我国数字产业收入为 200 亿元，2007 年为 360 亿元，2008 年预计为 530 亿元，而同期的图书出版总定价为 649.13 亿元(2006 年)、676.72 亿元(2007 年)。由这些数字可以看出，一是数字出版增速很快，传统出版增长很慢；二是数字出版规模已经接近传统图书出版规模，而且大有快速超越之势。从品种上看，截至 2007 年我国的电子书为 40 余万种，而纸质出版物仅为 24.8 万种。另一个令人不安的现象是，公众图书阅读率不断下降，国外更有每周至少关闭一家书店的报道。有数据显示，改革开放 30 年来中国图书出版业得到了飞速的发展，但近年来这种发展主要体现在品种的增加上，图书定价总额增长并不明显，平均单种图书印量下降，这从一个侧面反映了公众多元化的需求倾向。而在满足读者多样化的阅读需求以及阅读的便利性方面，传统出版业是没法与数字出版相比拟的！

2 数字出版面临的难点

正像所有的技术创新在起步阶段所遇到的困难一样，因为新技术的不成熟、前景的不确定、应用成本偏高、没有立竿见影的利润效果等，使得传统的出版企业在新技术的应用方面积极性不高，介入不及

---

① 本文成稿于 2009 年，写作过程中参考了北京超星公司、方正阿帕比公司、北京书生公司及Goolgle公司的相关产品推广材料，特此致谢！

时，从而坐失了一些发展的机遇，反而为业外的技术开发商及内容运营商提供了进入这个行业的机遇。传统出版单位在数字出版方面面临的主要困难为如下几个方面。

2.1　缺乏成熟的技术服务商

目前国内介入数字出版的公司或从拥有某些技术的开发商转变而来，或从图书馆电子图书供应商转变而来，或从出版社利用项目资金自主开发专题数据库转化而来，国内外也都有从网络运营商转变为数字出版商的案例，如起点中文网。综观来看，大多数数字出版公司还是在对纸质图书进行内容载体的变化以及传播方式的变化，并试图通过实现这种方式的转变获利，由于实现这种转变方式所应用的技术传统出版企业不掌握，但单纯的购买这种技术出版社又不能赢利，甚至还会冲击现有纸质图书市场，所以逼得技术开发商自己经营，由技术服务商向数字出版商转变。

可怕的是传统出版企业在这一以技术为优势的竞争中处于劣势，技术开发商又不想完全固守一个技术提供商的地位，为传统出版企业提供低成本的技术服务。另一方面，传统出版的模式也不具备为技术服务商提供生存下去的条件，而数字技术服务商出于竞争的需要，相互保密，格式标准不统一，在这种情形下要出现普遍适用的数字出版技术服务商基本上是不可能的。

2.2　技术标准不统一、不兼容

国内几家数字出版技术提供商提供的数字图书版式文件格式各自为政，互不相容，如方正阿帕比的是CEB格式，超星的PDG格式，书生的SEP格式，国际上还有PDF、DOC、PPT、TXT等等，这些文件格式在一定意义上是这些公司的核心竞争力，争取成为标准是他们的共同追求，在没有形成技术标准之前，就是技术壁垒，相互不能通用，给读者、技术应用者都造成很大的麻烦和困扰。据报道，国外一个名为"fictionwise"的新兴电子书网站，为满足客户需求，一本电子书要提供12种不同的格式，如此多的不便只能逼跑顾客。所以阅读器的发展前景并不看好，因为其建立在读者对砖块式纸质图书阅读的偏好上面，实际上读者对内容的需求胜于形式，纸质图书不过是特定技术历史条件下的一种方便阅读的选择，当有更便利的阅读方式出现时，旧的形式就会消失。

格式不统一对出版社的困扰是重复建设，浪费资金，使实力弱的出版社不敢轻易建设。因为当购买了某项技术产品后，需要更新换代或与其他系统对接时，一旦原有的技术提供商服务跟不上，就得将原产品全部废掉。

2.3　版权制约

传统出版社在与作者签订出版合同时，一般取得的是作者的复制权与发行权。数字技术发展以后，新的著作权法规定了信息网络传播权。带来的后果是，已出版的图书其数字出版权不在出版社；新出的图书如果作者不愿意把信息网络传播权授予出版社的话，出版社的纸质版就面临着被数字出版发行冲击的巨大风险。从一定意义上讲，信息网络传播权不应是作者的一种单独权力，而是复制权与发行权在新的载体形式下的一种综合体现，信息网络传播权的分离使得出版社要再付一次成本，作者又期望再获得一份收益，而现实情况是出版社尚未能从网络传播中获得足够的利益，作者也未能从网络传播中获得额外的收益。一方面出版社迫切需要加大投入发展数字出版，另一方面信息网络传播权的阻碍使得出版社不敢作为或因联系不到原作者而无法作为，生怕侵犯了作者的著作权，惹上官司。因为纸质版权与电子版权的分离，使出版社和作者都不能得到好处，反而形成了对数字出版发展的制约。

2.4　开发成本大

就数字出版的关键因素来看，数字技术大多掌握在技术提供商手里，内容资源大多掌握在出版社的手里，现在的趋势是技术提供商挟自己的技术优势，来争取出版社的内容资源。无论是自己运营或出版社运营，都是试图通过分成的模式合作，技术提供商得大头，出版社得小头。出版社感觉这种代价太高，因而大都只提供不怎么动销的品种做试验，每年也没有多少收益，因而不可能做大。有条件的出版社依靠自有资金或争取主管部门的项目，自己开发数字出版系统，其投入都在百万、千万量级，且打算慢慢培育市场，短期内不要求马上赢利，这是一般中小出版社所无法承担的。

2.5　没有形成明显的赢利模式

近年来数字出版的探索很多，形式多样，如阅读器、电子光盘书、数字图书馆，在线阅读、下载，数字内容超市，数字出版平台，在线出版，网络出版，手机出版等等，但这么多的数字出版产品，却鲜有成功赢利模式的推广报道。国内外成功的赢利模式大多集中在内容的信息集成与检索方面，且针对特定的客户群销售，如超星的数字图书馆、知识产权社的专利出版与分类检索、按需出版，国外全球期刊门户网站的数据库集成，用户可在线阅读与查询、检索，其吸引力在于科研人员不必再到图书馆翻阅成堆的论文资料，一个按钮即可搞定学术研究所需资料。

2008年，德国法兰克福书展对全球出版商的一项调查显示，超过70%的出版商都表示已经为出版电子书做好了准备，但有60%的出版商没有采用电子书模式，原因在于互联网和移动终端的发展尚未搭建起可行的赢利模式，这与国内的情况是基本一致的。

3　中小科技出版社的可行选择

目前数字出版处于发展的初期，尽管没有形成普遍适用的赢利模式，但可以肯定的是数字技术与网络技术的结合将会改变传统出版的格局，围绕纸质图书生产的传统出版业及其上下游都会发生一系列深刻的变革，因书而起的包括小到书桌、书柜、书房，大到书店、图书馆及其他为图书生产服务的出版社、印刷厂、装订厂、造纸厂、发行企业都会或多或少受到影响。

在数字化出版上，中小出版社面临的困难在于资金和技术，有一种悲观的观点认为，中小出版社没有机会，这种断言显然过于武断。相反，专业型出版社由于其独特的小众市场和高度的专业性，反而更容易成功。因为技术因素的变化并没有改变支撑专业出版社生存的基础。专业出版社生存的理由有三个，一是能满足作者发表作品的需要，二是能满足读者对所阅读的作品权威性的需要，三是能满足读者阅读便利性的需要。出版社的最大优势在于（通过编辑）对作品的权威性审查，数字技术与网络技术可以使另二者变得更容易实现。中小科技出版社由于其高度的专业性，使其在内容审查方面具有独特的优势，专业读者需求又有人数少、地点分散、需求刚性、权威性要求高等特点，数字出版恰好可以将满足这几种需求完美地结合起来，所以目前成功的一些赢利模式都与高度的专业化有关。

中小科技出版社在数字化出版的进程中，其可能的选择途径为：

（1）将已有纸质图书数字化。这一过程要注意选定有一定成熟度的技术文件格式，尤其要与未来数字出版的格式相统一；

（2）将数字化图书分类集成制作成带有交互功能、索引和信息导航功能的电子光盘或数据库，向专业读者或专业图书馆发售；

（3）将纸质图书内容资源提供给技术服务商，通过其数字化并利用其搭建的平台销售。其难点是利润分成比例问题，这方面谷歌数字图书馆与出版商之间达成的分配比例具有指标性意义，即出版商得63%，技术服务商得37%。这一比例的合理性在于它兼顾了出版商、作者与技术服务商三者之间的利益，尤其是与传统出版发行比例基本一致，技术服务商作为发行商而出现；对出版社而言，好处是无需考虑将资源偏重于纸质还是数字的问题；缺点是技术服务商的平台无法针对特定专业读者群提供个性化、周到的服务，没有规模，利润就无保障。

（4）利用技术服务商的技术搭建出版社自己的销售平台。现在方正阿帕比愿意以纯技术服务商的地位出现，免费提供技术支持，在出版社运营中提成，如果提成比例达到类似于谷歌与出版商之间的比例相信还是有吸引力的。这样的好处是，出版社可以充分利用自己原有的客户资源，延伸了纸质图书的销售渠道，为读者提供了更多的选择，而且容易发现新的机会，创新新的出版方式，版权处理也更容易一些。

（5）自筹资金购买或开发专业的数字化出版平台，实现在线查询、检索、阅读、下载、购买甚至交稿、发表等功能。对于那些有固定客户，有专业特色，具备开发会员制条件的出版社可能是最佳选择。类似于爱思维尔数据库那样，由于其掌握全球1/4科技、医学领域的期刊电子版全文文献，独此一家，专业客户有明显的路径依赖，价格刚性可以确保其利润空间。在赢利前景明确的情况下出版社投入不是问题，更何况科技出版社一般都有其行业资源可以利用。

中小科技出版社经济实力弱、运用数字出版技术的能力差，但各个出版社有其不同的专业特色与读者群，我相信未来的数字出版可能不会有统一的模式，因而各中小出版社更应从挖掘自身作为一个发表机构存在价值［即审查功能（编辑）、专业权威功能、大量传播功能］的角度去思考如何参与数字化出版的问题。从一定意义上讲，要不要数字化是一个战略问题，而不是技术问题。只有从战略的高度，审视自身的规模、专业和客户特点，探索、寻找到一条适合自己的数字化之路，才能摆脱在新一轮技术革命中被淘汰的命运。

参考文献

[1] 2007—2008年中国信息产业发展研究年度总报告[R/OL].http://www.askci.com/reports/2008-01/ 2008118142014.html.
[2] 刘放.人文书店们的挣扎[Z/OL].2009-02-02.http://blog.sina.com.cn/s/blog_4bbed4e40100c11l.html?tj=1.
[3] 普马.为什么时Google无法复制？[R].出版商务周报，2008-10-26（28）.
[4] 商报特别报道组.6大截面，图说中国书业30年[R].中国图书商报，2008-11-18（2，3）.
[5] 吴雨珊.谷歌数字图书馆初步扫清版权障碍[R].出版商务周报，2008-11-09（26）.
[6] 颜彦.2008数字出版实现跨越[R].出版商务周报，2008-10-26（13）.
[7] 姚红.出版企业如何应对数字化之变[R].出版商务周报，2008-6-22（13）.

跋

——上下求索，三位一体的追求

2011 年也是机缘巧合，使我有机会自主选择了心仪已久的气象标准化工作并一干就是 12 年。如今的气象标准化研究所（科技教育评估中心）脱胎于 2007 年中国气象局培训中心成立的标准化研究室，2011 年、2019 年、2022 年因机构改革和工作职能调整的需要先后将气象科技成果推广与应用、气象科技项目管理系统建设、气象科技统计与评估、气象教育培训研究与评估等工作并入，机构名称也先后变更为标准化与科技评估室、标准化与科技评估中心和气象标准化研究所（科技教育评估中心），逐步形成气象标准化、气象科技评估、气象教育培训评估三足鼎立的业务布局，履行气象标准化发展战略和基础性研究与标准化技术支持服务、气象科技评估和气象科技成果推广应用技术支持和保障、气象教育培训评估三大任务。气象标准化研究所 16 年的发展历程中我经历了后面的 12 年，本着向历史学习、向同行学习、向领导学习的精神，亲自谋划、设计并推动了以研究探索起步带动多点业务逐步形成的发展模式，确立了标准化技术支持服务以国家标准审评中心为标杆、科技支撑服务以国家科技评估中心为标杆的发展目标，按照以研究为起点、以业务化为目标，以信息化为基础，以业务技术研发为根基的工作思路，在各级领导的支持和同事们的共同努力下，逐步建设完善气象标准化信息服务与管理平台、气象科技管理信息系统两大业务系统，建成权威准确全面的气象标准资源数据库和气象科技项目成果信息数据库，夯实气象标准化技术支持服务业务与气象科技评估两大业务体系的基础能力，初步建起一支能够基本胜任标准化技术支持服务与科技教育培训评估业务发展的专业化队伍，人员规模增加 3 倍，高级职称比例达 92%（其中二级、三级、四级正研各一名），所在团队不同时期的工作先后三次获得中国气象局创新工作奖。三大业务中，气象标准化技术支持服务业务起步最早，也发展得最为完善。目前作为中国气象局唯一的专职标准化技术支持机构，已形成适应国家标准化改革要求、基本满足气象高质量发展需要的，以 1+3+1 为特征的气象标准化技术支持业务格局，即 1 个气象标准化技术支持业务服务体系，气象标准制修订管理信息平台、气象标准化宣贯学术交流平台、气象标准化人才培训培养平台等 3 个平台，1 个气象标准资源数据库，气象标准化工作的技术支撑能力得到显著提升，具备了未来裂变为独立支持性研究机构、作为中国气象局标准化对外交流窗口的条件。

回首一路走来的经历，深感作为出生在 20 世纪 60 年代的我们这一代人是幸运的，上大学赶上了国家免费培养，毕业时赶上了中国百废待兴的好时机，工作后赶上了改革开放的大环境，亲身感受到了中国站起来、富起来、强起来的辉煌历程，亲历了跨越新千年全球的躁动与期盼，见证了全球化带来的发展红利与危机，体验了高科技带来的便利与忧恐，每个置身其中的人都既是历史的见证者，也是历史的参与者，还是历史的奋斗者与业务发展的探索者！大学时代读到青年毛泽东"路漫漫其修远兮，吾将上下而求索"的事迹，深深为之感动并以此作为座右铭，就此立下要不畏长路、敢于追求真理走前人没有走过路的志向。工作之后读到陈云同志"不唯上、不唯书、只唯实"的名言，又进一步激励我敢于接触新事物，不断求真务实、勇于探索创新。回首一路走来的工作经历，除了大学学习之外，自觉大多时候乐于参与做一些开路先锋的事，某些方面也算得上是所在单位或部门第一个"敢吃螃蟹"的人，尤其是气象安全图书的开拓、气象活页培训教材的开发、气象培训体系与培训班次的系统化设计、气象工程培训经费的归口使用、气象标准复核规范化建设、气象标准化期刊学术化改造、气象标准化与科技评估信息系统运维的标准化管理，气象科技、人才、培训评估技术开发完善等方面多有思考与探索。本书定名为求索集，意在记录自己在气象标准化与科技评估、气象培训、气象出版三段不同经历中不断推动业务化发展的规律性探索。概括而言，在气象标准化方面，从气象标准的顶层设计和底层质量方面对标准入口与标准出口进行了质量把关的规律性探索，创建了标准全生命周期质量控制评价技术（见图1）；在气象科技评估方面，以评估为手段对气象人才、气象科技项目、气象科技成果与转化应用等气象科技创新全链条进行了评价指标与模型、评价数据与分析、评价标准与实务的业务化探索，构建了气象创新成果转化价值增值模型（见图2），创建了气象科技创新全链条监测评价技术（见图3）；在气象出版方面，提出中小科技出版社转制发展的理论模型并进行了成功的实践；在气象培训方面则对建立以培训需求为导向、培训能力提升为目标的培训质量管理与培训评估指标优化进行了探索性试验。

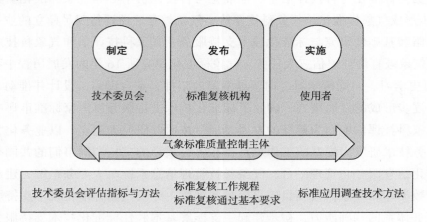

图1　标准全生命周期质量控制评价技术
（技术的核心：通过在标准制订、发布、实施三个关键环节制定评价指标和评价标准的方法，
实现对气象标准全生命周期的标准质量控制评价）

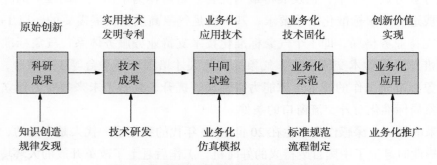

图2　气象创新成果转化价值增值模型

思想是行动的指南，业务是成功的标志。几十年来，不管从事什么工作，都始终坚持求真务实的初心不变，得到的收获则是理论探索使自己从外行到内行，实践探索使所在部门业务能力由弱到强、业务范围由窄到宽，形成了可考核可复制并具有技术内涵做支撑的规范化标准化可持续的业务